電子商務

E-commerce
business · technology · society

Kenneth C. Laudon · Carol Guercio Traver　原著
國立台灣大學管理學院副院長　**曹承礎** 教授　編審

 台灣培生教育出版股份有限公司
Pearson Education Taiwan Ltd.

國家圖書館出版品預行編目資料

電子商務 / Kenneth C. Laudon, Carol Guercio Traver 原著. -- 五版. -- 臺北市：臺灣培生教育, 2009.12
　面；　公分
譯自：E-commerce : business, technology, society, 5th ed.
ISBN 978-986-154-932-3(平裝)

1.電子商務 2.網路行銷 3.資訊技術

490.29　　　　　　　　　　98021558

電子商務

原　　　著	Kenneth C. Laudon, Carol Guercio Traver
編　　　審	曹承礎
發 行 人	郭魯中
主　　　編	陳慧玉
封 面 設 計	陳韋勳
美 編 印 務	楊雯如
發 行 所 出 版 者	台灣培生教育出版股份有限公司
	地址／台北市重慶南路一段 147 號 5 樓
	電話／02-2370-8168
	傳真／02-2370-8169
	網址／www.Pearson.com.tw
	E-mail／Hed.srv.TW@Pearson.com
台灣總經銷	台灣東華書局股份有限公司
	地址／台北市重慶南路一段 147 號 3 樓
	電話／02-2311-4027
	傳真／02-2311-6615
	網址／www.tunghua.com.tw
	E-mail／service@tunghua.com.tw
香港總經銷	培生教育出版亞洲股份有限公司
	地址／香港鰂魚涌英皇道 979 號（太古坊康和大廈 2 樓）
	電話／852-3180-0000　　傳真／852-2564-0955
出 版 日 期	2010 年 1 月初版一刷
I S B N	978-986-154-932-3

版權所有・翻印必究

Authorized Translation from the English language edition, entitled E-COMMERCE 2009, 5th Edition by LAUDON, KENNETH; TRAVER, CAROL GUERCIO, published by Pearson Education, Inc, publishing as Prentice Hall, Copyright © 2009, 2008 by Kenneth C. Laudon and Carol Guercio Traver.

All rights reserved. No part of this book may be reproduced or transmitted in any form or by any means, electronic or mechanical, including photocopying, recording or by any information storage retrieval system, without permission from Pearson Education, Inc.

CHINESE TRADITIONAL language edition published by PEARSON EDUCATION TAIWAN, Copyright © 2010.

目　　錄

第 1 單元　電子商務簡介

第 1 章　革命才剛揭開序幕

MySpace 和 Facebook：「你」的世界 1-2
1.1　電子商務：革命才剛揭開序幕 1-5
　　科技觀點：蜘蛛網、蝴蝶結、無尺度網路和深網 1-23
1.2　電子商務簡史 1-26
　　商業觀點：Dot.com 似曾相識 1-30
1.3　瞭解電子商務：主題整理 1-36
　　社會觀點：為你的線上隱私好好把關 1-39
　　個案研究：P2P 網路打噴嚏，音樂產業跌個四腳朝天 1-44
　　學習評量 1-48

第 2 章　電子商務商業模式與概念

線上零售業 2-2
2.1　電子商務的商業模式 2-4
2.2　主要的企業對消費者（B2C）商業模式 2-11
　　科技觀點：搜尋、廣告和應用服務：Google（以及微軟）的未來 2-14
2.3　主要的企業對企業（B2B）商業模式 2-20
　　商業觀點：ONVIA 的發展 2-24
2.4　演變中的電子商務範疇的商業模式 2-25
　　社會觀點：在無線世界能有隱私嗎？ 2-29
2.5　網際網路和 Web 如何改變了商業：策略、架構及流程 2-31
　　個案研究：Priceline.com 的商業模式 2-38
　　學習評量 2-41

第 2 單元 電子商務基礎架構

第 3 章 電子商務基礎架構：網際網路與全球資訊網

Web 2.0：Mashup 驅使新的網路服務 3-2
   3.1   網際網路：技術背景 3-4
          商業觀點：點對點運算開始運作 3-17
   3.2   網際網路的現況 3-20
   3.3   第二代網際網路：未來的基礎建設 3-28
          社會觀點：網際網路中的政府管理 3-29
   3.4   全球資訊網 3-43
   3.5   網際網路和 Web 的功能介紹 3-51
          科技觀點：聊天機器人遇上 Avatars 3-56
          個案研究：Akamai 科技：Web 內容散佈者 3-66
          學習評量 3-69

第 4 章 建立一個電子商務網站

正確評估網站的規模 4-2
   4.1   建立電子商務網站：系統化的方法 4-3
          商業觀點：捲頭髮和刺青：從便宜開始 4-9
   4.2   選擇伺服器軟體 4-14
   4.3   選擇電子商務網站的硬體 4-23
   4.4   其他電子商務網站工具 4-30
          科技觀點：用 Ajax 和 Flash 來做更快的表單與高速的互動 4-35
          社會觀點：設計網站的可進入性 4-38
          個案研究：REI：多通路的成功重建了網站 4-40
          學習評量 4-44

第 5 章 電子商務安全與付款系統

網路戰爭開始 5-2
   5.1   電子商務安全環境 5-3
   5.2   電子商務環境中的安全威脅 5-11
   5.3   科技解決方案 5-22
          社會觀點：追求電子郵件安全 5-32
   5.4   政策程序與法律 5-36
          科技觀點：保護你的資訊安全：Cleversafe Hippie Storage 5-40

5.5	付款系統	5-42
5.6	電子商務付款系統	5-46
5.7	電子帳單和付款	5-52
	商業觀點：行動付款的未來發展：WAVEPAYME 和 TEXTPAYME	5-55
	個案研究：PayPal	5-57
	學習評量	5-60

第 3 單元 商業概念與社會議題

第 6 章　電子商務行銷概念

Netflix 發展並捍衛它的品牌		6-2
6.1	線上的消費者：網路使用者和消費者行為	6-4
6.2	基本行銷概念	6-18
6.3	網路行銷技術	6-25
	社會觀點：Web bugs 的行銷應用	6-28
	科技觀點：長尾理論：暢銷商品與小眾商品	6-34
6.4	B2C 和 B2B 電子商務行銷與品牌策略	6-37
	商業觀點：社群網路行銷：影響社會大眾消費的新方法	6-43
	個案研究：Liquidation.com：B2B 行銷的成功故事	6-54
	學習評量	6-56

第 7 章　電子商務行銷傳播

影片廣告有效取代橫幅廣告：String Master		7-2
7.1	行銷傳播	7-5
	社會觀點：社群網路時代的孩童行銷	7-28
	商業觀點：有錢人和你我人不同：Neiman Marcus、Tiffany & Co. 與 Armani	7-33
7.2	瞭解網路行銷傳播的成本與利益	7-34
	科技觀點：現在是晚上 10 點，你知道誰在你的網站上嗎？	7-44
7.3	網站作為行銷傳播工具	7-45
	個案研究：廣告軟體、間諜軟體、廣告炸彈、埋伏行銷，以及搶奪顧客，網路上侵略性行銷技術成長	7-49
	學習評量	7-52

第 8 章　電子商務之道德、社會及政治議題

第二人生得到另一種生活：探索虛擬世界的法律與道德		8-2
8.1	瞭解電子商務之道德社會及政治議題	8-4

8.2	隱私權與資訊權	8-10
	商業觀點：隱私長	8-24
	科技觀點：隱私權拉鋸戰：廣告商 VS. 消費者	8-29
8.3	智慧財產權	8-30
8.4	治理	8-44
8.5	公共安全與福利	8-48
	社會觀點：網際網路藥品市場	8-51
	個案研究：[線上] 列印圖書館：究竟 Google 是合理使用，還是只是想賺錢？	8-53
	學習評量	8-56

第 4 單元 運作中的電子商務

第 9 章　線上零售與服務業

Blue Nile Sparkles — 為了你的埃及豔后		9-2
9.1	零售部門	9-5
9.2	分析線上公司的可行性	9-12
9.3	運作中的電子商務：電子零售的商業模式	9-15
	運作中的電子商務	9-16
	科技觀點：在網站上買東西買到手軟	9-31
9.4	傳統和線上服務業	9-33
9.5	線上金融服務	9-34
	社會觀點：Turf 之戰：反壟斷與線上不動產市場	9-46
9.6	線上旅遊服務	9-48
	商業觀點：ZIPCARS	9-52
	運作中的電子商務	9-54
9.7	線上人力招募服務	9-59
	個案研究：IAC/InterActiveCorp：線上服務集團	9-64
	學習評量	9-67

第 10 章　線上內容與媒體

從華爾街日報電子報看 Web 2.0		10-2
10.1	線上內容	10-4
10.2	線上出版業	10-19
	商業觀點：DRM：誰擁有你的檔案？	10-20
	科技觀點：電子書的未來	10-35

　　　　運作中的電子商務 10-37
　10.3　線上娛樂產業 10-42
　　　　科技觀點：好萊塢需要一個新的劇本 10-49
　　　　個案研究：Google 與 YouTube 的結合：Google 有辦法讓 YouTube 賺錢嗎？ 10-52
　　　　學習評量 10-55

第 11 章　社交網路、拍賣與入口網站

　　　　社交網路風潮蔓延至各專業領域 11-2
　11.1　社交網路與線上社群 11-3
　11.2　線上拍賣 11-10
　　　　社會觀點：社交作業系統：FACEBOOK 與 GOOGLE 的對決 11-11
　　　　社會觀點：動態定價：這個價錢對嗎？ 11-14
　11.3　電子商務入口網站 11-31
　　　　商業觀點：入口網站間的戰爭 11-33
　　　　運作中的電子商務 11-38
　　　　個案研究：iVillage：發現成功之路 11-44
　　　　學習評量 11-46

第 12 章　B2B 電子商務：供應鏈管理與協同商務

　　　　福斯集團建立 B2B 網路市集 12-2
　12.1　B2B 電子商務與供應鏈管理 12-4
　　　　科技觀點：RFID 自動辨識：讓你的供應鏈看得見 12-17
　12.2　網路市集 12-20
　　　　運作中的電子商務 12-25
　　　　社會觀點：網路市集是反競爭的壟斷組織嗎？ 12-37
　12.3　私有產業網路 12-38
　　　　商業觀點：Wal-Mart 發展私有產業網路 12-42
　　　　個案研究：西門子：點擊 Click2procure 12-46
　　　　學習評量 12-48

譯 序

曾有人說，電子商務不過是一窩蜂的熱潮，久了便會退燒。事實證明，有越來越多商品和服務透過網際網路進行交易，帶動產業隨之轉型而更趨多樣化。過去十多年來，電子商務從企業早期的發想、野心和實驗，到後來的刪減緊縮與重新評估，最終演變成真正能獲利的成熟商業模式。不知不覺中，電子商務已和現代人的生活息息相關，成為經濟活動中不可或缺的一環。有關於電子商務的創新與革命，也無時無刻地在進行。

本書以廣泛的市場導向觀點切入，探討影響電子商務發展的三個主要議題：科技演進、商業發展與相關社會議題，幫助讀者了解電子商務、科技、社會、以及電子商務與法律間的關連性。作者針對許多電子商務實際案例定義公司願景、分析財務執行狀況、評論現有策略並估量其未來前景，培養讀者透過電子商務執行深度商業、策略、與財務分析的能力。書中每一章節，皆標明電子商務領域中最新及最經典之研究文獻，並包括來自 eMarketer、Jupiter Research、Forrester Research、Gartner 等全球知名期刊之市場資訊，是一本綜合最新資訊與研究成果、內容又簡單易懂的優質教科書。

本書中文版得以順利付梓，必須歸功於許多人的參與，在此特別感謝徐俐婷、夏蓉、楊明宜、薛鈺蓉、羅敬鈞、林俞均，以及幫忙翻譯前一版本的黃芯成、工寧頎、林方傑、彭鼎鈞及喬凱妮。他們都為此書付出了諸多心力。同時，也感謝培生出版社這一路走來所提供的協助。

誠心希望這本書的問世，能讓讀者對電子商務有進一步的認識。更盼以書會友，聆聽各方達人不吝賜教。翻譯若有未盡之處，也懇請海涵並提出指正。

曹承礎
國立台灣大學管理學院 副院長
資訊管理學系暨研究所 教授

第1單元

電子商務簡介

第 1 章　革命才剛揭開序幕

第 2 章　電子商務商業模式與概念

革命才剛揭開序幕

學習目標

讀完本章，你將能夠：

- 定義電子商務並描述其與電子化企業有何不同
- 辨別並描述電子商務科技的特性並討論其在商業上的重要性
- 認識並描述 Web 2.0 應用
- 描述主要的電子商務種類
- 瞭解電子商務早期到現在的演進
- 瞭解電子商務最近五年來的運作的願景及力量，並評估其成功、意外與失敗
- 辨認出左右電子商務未來的幾個因素
- 描述學習電子商務的主要架構
- 辨別出對電子商務研究有貢獻的主要學科

MySpace 和 Facebook：「你」的世界

你知道總共有多少人收看了美國史上最熱門影集《黑道家族》的精彩完結篇嗎？答案是：1200 萬人（整體電視觀眾共約 1 億 1 千萬人）。

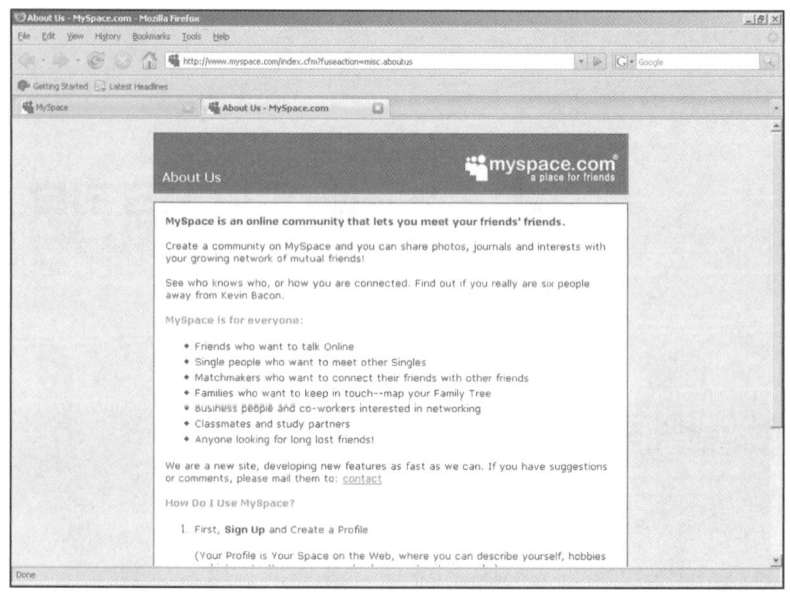

那麼，你覺得美國每個月有多少人造訪當今最熱門的社群網站 MySpace 和 Facebook 呢？答案是：2008 年的夏天，MySpace 與 Facebook 分別創下一個月有 7200 萬以及 4000 萬個來自美國的使用者造訪紀錄，這個數字讓《黑道家族》的觀眾數相形見絀。Facebook 和 MySpace 在世界上吸引了廣大的使用群，Facebook 每個月有超過 1.3 億不重覆瀏覽人次，MySpace 則有 1.15 億，這兩個網站都擁有超過一億使用者。

MySpace、Facebook 以及 YouTube、Photobucket、Second Life 等其他「社交」（social）網站，展現了二十一世紀電子商務（e-commerce）新面貌。當提到電子商務時，我們一般會先聯想到在網路上賣東西──一個零售實體物品的商業模式，在這個既定的印象仍然深植人心，而且美國的網路零售業成為國內零售業成長最快的一環的時候，一股賣服務而不是賣商品的新價值流（value stream）正在成長，逐漸形成電子商務的服務模式（service model）。

這些電子商務服務是什麼？它們的價值為何？你如何能夠透過銷售這些線上服務來獲利？你可以做到什麼程度？以下將簡單提供一點有幫助的背景資訊。

MySpace 的創辦人 Tom Anderson 和 Chris DeWolfe 發現人們喜歡談論自己有關的事物，甚至是行銷自己，而且會到網路上找人聊這些，因此他們想要建立一個讓使用者能夠以個人方式漫談自己喜好的網站，也就像是電子佈告欄但又可以輕鬆建立的個人網頁。MySpace 從 2004 年 1 月開始營運，立刻以驚人的幅度成長，至今已晉升為世界五大網站之一，在當前只有 Yahoo 使用者持續在增加的情況下，總有一天 MySpace 會迎頭趕上並超越競爭對手 Google、Amazon 和 eBay！MySpace 的營運靠廣告收入來支撐，因此使用者數量是關鍵，許多公司樂於用較優惠的價格去買與一億名使用者接觸的機會。舉例來說，2008 年 6 月頂級珠寶公司卡地亞（Cartier）在上面發表了由 12 位藝術家創作配樂的「Love by Cartier」產品系列網頁；寶橋家品公司（P&G）則是將新產品網頁與一些 MySpace 上音樂家的網頁連結，因為這些音樂家網頁的訪客正是寶橋的目標客群；另一個例子是 TOYOTA 在 MySpace 上面為他們的車款 Yaris 建立了個人檔案，讓使用者可以跟 Yaris 當「朋友」。

2005 年 6 月媒體大亨梅鐸（Rupert Murdoch）旗下的新聞集團（News Corporation）以 5.8 億美元天價買下 MySpace，當時外界普遍認為這個價格高估了 MySpace 的價值，而更不尋常的是這樁併購案是由一個傳統的報紙、電視傳媒企業買下一間尚未開始獲利的網路商。但是現在回想起來，許多人認為 MySpace 實際上甚至有 10 億美金以上的價值。2006 年 8 月 MySpace 與 Google 達成一項 9 億美元交易，正式授權 Google 以 MySpace 提供的資訊來做 Google 關鍵字廣告，梅鐸只用了一年就回收了他的投資，而且大賺了一筆。

分析家們認為截至 2008 年 6 月會計年度為止，MySpace 的營收將達 6.85 億美元，而到 2010 年時將超越 10 億美元，其主要收入會來自於 Google 搜尋以及其他的廣告合作案。2008 年 6 月，MySpace 與其他共同隸屬新聞集團旗下福斯公司（Fox Interactive Media）網站第一次從 Yahoo 手中奪走美國網路廣告的龍頭地位，福斯公司的廣告有 523 億筆（其中 MySpace 佔了 510 億筆），相較之下 Yahoo 的廣告只有 347 億筆，但是 Yahoo 的廣告費率比 MySpace 多上五倍。

儘管 MySpace 所隸屬的部門在 2008 年會計年度從之前的 1.93 億美元虧損進步到獲利 4200 萬美元，但是新聞集團並未單獨提供 MySpace 的財務報告，因此外界仍然無從得知 MySpace 是否真的有獲利能力。

MySpace 並非全然獨創的網站，像是 Friendster 等類似的社群網站在之前就已經存在，不過 MySpace 看準了 Friendster 的侷限性，推出 Friendster 無法做到的功能，例如 MySpace 讓樂團和藝術家可以在網站上行銷自己，Friendster 這一方則是限制樂團與藝術家自我行銷。在 MySpace 使用者可以找到他們喜愛的樂團並且與朋友分享，藉由朋友間口耳相傳讓樂團的知名度漸漸打開，同時 MySpace 也逐漸散播一種是個找好音樂的地方的印象。然而，因為 MySpace 讓使用者發表任何想說想放的事物，許多公司與學校都封鎖這個網站。儘管如此，MySpace 的使用者社群有一半以上超過 34 歲。

MySpace 有一些競爭對手，更精確的說法是在它之後衍生出了數以百計主題性、利基型的社群網站，例如投資網、青少年網、商務人士網、家庭網、釣魚網、音樂網以及旅遊網，以上只是列舉了其中的一小部份當例子，而它最大的競爭對手就是 Facebook。

Facebook 是哈佛學生 Mark Zuckerberg 的興趣之作，最初由 thefacebook.com 起家，其構想源自於想要建立網路數位化的校內通訊錄來取代傳統的通訊錄，該網站一上線就在哈佛大受歡迎並隨即開放給耶魯大學、史丹佛大學使用，之後也陸續開放給美國國內 3000 多所大專院校。這讓 Facebook 在校園創造了一股「社交現象」，約略有百分之九十的美國大學生在 Facebook 上擁有個人檔案，上面紀錄了個人喜好、個人活動等。就如同 MySpace 推出時一樣，Facebook 很快地成為管理一般社交生活的平台。

由於一開始僅限制大專生使用而且個人版面只能使用樣版不可自行編排，Facebook 微量的用戶數在初期很輕易因 MySpace 而失色，但是自 2006 年起 Facebook 致力於將用戶數向上提升，正式開放給所有的人註冊，並且同時將網頁開放編輯工具集（widget）—使用者可以用來發表照片、音樂、影片等等的小工具。Facebook 甚至讓使用者可以發表廣告並從中獲利，而 MySpace 並未讓使用者在網頁上刊登自己的廣告，也未開放讓其他廠商掛載自行開發的軟體在網站上，相反地，Facebook 提供程式原始碼給其他公司，並且鼓勵各路廠商開發應用軟體與工具掛載於 Facebook 網頁上，因此 Facebook 將 MySpace 比較追求結構化、清晰、精確使用環境的使用者給吸引了過來。2008 年 Facebook 以 MySpace 兩倍的速度成長，但就如同 MySpace 的情況一樣，雖然網

路研究公司 eMarketer 在 2008 年 5 月估計 Facebook 在 2008 年大約會有 3 億美元的收入，沒有人知道 Facebook 是否真得能夠獲利，這家私有公司的老闆並未對外界說明。

就仍然擔任 CEO 的 Zuckerberg 而言，公司的目標是成為「網路上的社交作業系統」，致力立足於使用者網路生活的中心，這與 Google 和 Amazon 的野心不謀而合（「組織全世界的資訊」以及「成為世界上最多的選擇」），但是，別忘了他們還得先通過 MySpace 這一關。

MySpace、Facebook 以及其他利基導向社交網路網站是新電子商務的標誌，這些網站和其他諸如 YouTube、Photobucket、Second Life 等網站被定義為新興電子商務模式，這個新興模式與以 Amazon 及 eBay 為首的傳統電子商務零售模式一起成長。在新模式中，服務（非零售物品）同時提供給訂閱者以及將企業的廣告帶給全新的觀眾。其次，觀眾轉移到社交網路網站和由使用者發表內容的網站意味著電視觀眾、好萊塢迷的減少，報紙及雜誌的讀者也減少了，在媒體發展的歷史中不曾發生如此大規模地接受並群聚行為。社交網路是瓦解傳統媒體公司的新科技，它成為新產品發表的地方、它讓新業務員可以用迄今無法做到的程度精確地接觸到目標區塊的群眾，歡迎來到以服務為基礎的新電子商務！

這不是電子商務第一次自我再造，在過去的十年裡電子商務經歷過兩次變革。電子商務的早期（也就是 90 年代末）是一段企業願景、野心和實驗的時期，但是很快地就瞭解到用這些理想來建構成功的商業模式（business model）並不是那麼簡單的事情，因此接著就是一段緊縮與重新評估的時期。這次緊縮造成從 2000 年 3 月延伸到 2001 年 4 月的股市大崩盤，許多電子商務、通訊產業和其他科技股公司在歷經這場股市浩劫後市值剩不到原來的 10%。泡沫化之後許多人馬上認為電子商務已經結束了，並預期電子商務的成長會停滯，且網際網路的使用人數會進入穩定期，但他們錯了。在這個第一次變革中存活下來的企業持續精煉、焠鍊他們的商業模式，最後發展出實際能夠獲利的商業模式，成就電子商務零售業超過 25% 的年成長率。

在電子商務零售業繼續以年百分之十四比例擴張的同時，電子商務第二次變革正朝服務的方向改變，例如製作與發表照片、應用軟體、部落格和影片、以及藉由網站建立新社群與連繫。我們可以保守的預測這將不是電子商務最後一次變革。

1.1 電子商務：革命才剛揭開序幕

事實上電子商務的革命才剛揭開序幕，2008 年的電子商務變革舉例如下：

- 線上顧客銷售額（零售、旅遊及在線內容）增加約 14%，估計有 2.55 兆美金（eMarketer Inc., 2008b; Internet Retailer, 2008）。

- 網路零售業主要的成長來自於既有的線上買家而非新買家，它們建立了商譽與顧客信心。顧客開始在線上購買高單價、「高技術個性化」的產品，例如消費型電子產品、家俱、衣服。

- 美國的網路使用者從 2006 年的 1.5 億與 2007 年的 1.7 億一路成長到 2008 年的 1.73 億（美國總人口數約 3 億）（eMarketer Inc., 2008c）。

- 美國 1.2 億的家庭中使用網路的增加到 8400 萬戶，約佔了家庭總數的 70%（eMarketer Inc., 2008c）。

- 平均每日有 1.12 億人上網，約 9700 萬人寄 email、3300 萬人透過 P2P 網絡分享音樂、3500 萬人搜尋某個產品。大概 6200 萬人曾經使用過維基百科（Wikipedia）、2800 萬人曾經建立社交網路的個人檔案、2100 萬人曾經建立過 blog，以及 5500 萬人曾經使用網際網路去評價產品、人或服務（Pew Internet and American Life Project, 2008）。

- 曾經使用網路購物的人數上升到 1.17 億，另外有 2100 萬人只逛未購買（eMarketer Inc., 2008b）。

- 人口統計資料顯示，新的網路購物族與一般的美國購物者愈來愈接近，同時明顯地世代購物習慣差異也顯露出來（eMarketer Inc., 2008b）。

- B2B 電子商務成長 13%，超越了 3.8 兆美元（U.S. Census Bureau, 2008；作者推估）。

- 網路技術影響越來越深遠，在美國約有 62% 的家庭用戶（超過 7200 萬的家庭用戶）透過寬頻或 DSL 存取網路（eMarketer, Inc., 2008c）。

這些發展成為本書探討的主要議題（見表 1.1）。越來越多的個人和企業利用網際網路來進行交易；小型的、地方型的公司學習利用網路的優點；電子商務這個通路會隨著越來越多商品和服務上線而更加多樣化；會有越來越多的產業藉著電子商務轉型，包括所有的傳統媒體（電影、電視、

表 1.1 電子商務主要趨勢 2008－2009 年

商業
◆ 新興商業模式是源自於社交技術和消費者所提供的內容（從影音、照片到部落格及閱覽等）。
◆ 當消費者將注意力轉移到網路上，搜尋引擎市場挑戰了傳統市場和廣告媒介。
◆ 消費者零售電子商務持續以兩位數的比例成長。
◆ 線上使用者數成長減緩，但是線上購物的平均購買力增加。
◆ 線上購物者的人數擴增，尤其是青少年以及稍長的成年人這些年齡層。
◆ 網站持續精進他們的商業模式，並利用網際網路的能力強化獲利。
◆ 第一波電子商務改變了書本、音樂、經紀業與航空旅遊的世界，今日產業界面臨一次類似的轉變，包含行銷／廣告、通訊、娛樂、印刷媒體、不動產、飯店、帳單繳納、軟體等產業都受到影響。
◆ 電子商務的幅員特別為旅遊業、娛樂產業、服飾零售業、器具廠商、以及家具業帶來成長。
◆ 許多小型的商店、企業紛紛進駐到像是 Amazon、eBay、Google 這樣的產業巨擘所建立的電子商務平台與市集。
◆ Sears、JCPenney、L.L.Bean 和 Wal-Mart 之類的大企業利用網路，透過實體與虛擬（bricks-and-clicks）結合的多通路整合拓展其品牌。
◆ B2B 供應鏈交易和商務合作持續的茁壯，營業額已經超越 3.8 兆美元大關。

科技
◆ 無線網際網路連線市場快速成長（Wi-Fi、WiMax、3G 手機）。
◆ 整合在 iPhone 與黑莓機上的新型行動電腦與通訊平台，挑戰舊有的 PC 平台。
◆ 播客（podcasting）成為一種新的影音傳播媒體，iTunes 儼然成為 Windows 中用來播放音樂、影片的「影音作業系統」。
◆ 家庭與企業的寬頻基礎建設漸趨完善，通訊公司也降低了頻寬費用。
◆ 電腦與網路零件價格持續大幅下降。
◆ 網路化的電腦模式（例如：.NET、Web services）增加了 B2B 的機會。

社會
◆ 顧客、使用者提供的內容，以及 blogs、wiki、虛擬生活、社交網路的聯合組織塑造了數百萬使用者自我推銷的地方。
◆ 虛擬生活，例如 Second Life 這種新興網路娛樂讓電視減少了數百萬計的觀眾。
◆ 報社、電視台、雜誌社等傳統媒體持續流失訂戶，並嘗試轉移到線上和互動的模式。
◆ 顯現版權管理與操控的衝突。
◆ 超過 7600 萬成年人加入社交網路，且主要的族群年紀在 35 歲以上。
◆ 網路銷售物品稅的徵收愈來愈普及，且為線上大型網路零售商所接受。
◆ 關於內容的規範與控制的糾紛增加。
◆ 監視網路通訊成為反恐戰爭的一部份。
◆ 企業與政府個人資料因入侵而外洩的問題受到關注。
◆ 網路詐騙、濫用、身份盜用事件增加。

音樂、新聞)、以及軟體、教育和財務等;隨著寬頻進入更多家庭,網際網路科技會繼續帶領這些改變;純電子商務的商業模式會被修正而達到更高的獲利水準;而如 Sears、J. C. Penny 和 Wal-Mart 等傳統零售品牌會更加延伸他們多通路虛實合一策略,且藉由加強網路的營運維持他們在零售業的領導地位。在社會層次方面也有許多很明顯的趨勢,網際網路創造了讓數以百萬計的人建立與分享內容的平台、透過社交網路網站、部落格與類似 YouTube 的影音分享網站,來建立新的以及強化現有的社交連繫。主要的數位版權擁有者增加了對檔案交換服務的追蹤;許多州也開始對線上銷售課稅了;有許多國家增加了對網路通訊和內容的監視和控制,以作為反恐活動的一部份,同時也窺探公民。數以百萬的人在網路上建立公開的個人檔案,隱私的意義在這個時代似乎已經失去了。

1994 年時,我們現在知道的電子商務根本還不存在,但就在 14 年後的 2008 年,預計約有近 1.17 億名美國消費者在網路上購買產品或服務,總消費會達到 2500 億美金左右(eMarketer Inc., 2008d)。雖然網際網路(Internet)和全球資訊網(World Wide Web)常常被當成互通的兩個名詞,事實上他們是兩個非常不同的東西。網際網路是一個連結全世界的電腦網路,而全球資訊網是網際網路上最受歡迎的服務,能讓使用者存取超過 400 億個網頁,本章和第 3 章會針對這兩個名詞作更清楚的解釋。2008 年時,企業在網路上向其他企業購買商品和服務的總值,估計將超過 3.8 兆(U. S. Census Bureau, 2008)。從 1995 年的時間點來看,這種叫做電子商務(electronic commerce or e-commerce)的商務型態,有著一年超過一倍的成長率,雖然現在已經趨緩到年成長率約 14%。這些發展創造了有史以來分佈最廣的電子交易市集。甚至比起之前更令人印象深刻的,是未來預期會有的成長。分析師預估到了 2012 年消費者和企業分別會花費 4000 億與 6.3 兆美金在線上交易上(eMarketer Inc., 2008d, U. S. Census Bureau, 2008)。

最初的 30 秒

我們必須瞭解的是,電子商務在之前 14 年的快速成長與變動只是序曲 — 可以說只是電子商務革命的最初 30 秒鐘而已。驅動電子商務第一個 10 年的科技(參見第 3 章)持續呈指數型成長。網際網路與全球資訊網技術潛在的因子帶給企業家兩個新契機,包括在傳統產業創造新事業與新商業模式,以及摧毀舊商業。在提供企業家機會與資源的情況下,商業的變化愈來愈快速、具破壞性。

電子商務

資訊科技相關的改變、和持續的創業創新，在接下來 10 年所帶來的改變，將不亞於過去 10 年。21 世紀將會是個數位化社會及商業活動的世代，那個景象是我們目前很難想像的。看起來似乎所有的商業活動最終都可能會受電子商務影響，到了 2050 年時，所有的商業行為都將變成電子商務。

電子商務飛馳的速度有沒有極限呢？它能不能持續用現在的速度無限成長？有可能在某一些時點電子商務的成長會減緩，因為人們沒有多餘的時間可以收看更多的網路電視節目或是瀏覽愈來愈多的電子郵件。然而，目前科技依然呈指數成長，企業應用這些科技的創造力也尚未看到邊際，因此至少現在這個分裂性的過程仍會持續。

在這種異常變動的時期，創造了商業財富，但同時也喪失了。接下來的五年，對於想利用數位科技來獲得市場優勢的傳統及新產業，將會有很多的機會（當然也有風險）。對整個社會來說，隨著數位革命佔有越來越大的世界經濟版圖，有著高生產力、高收入成長的無通膨環境，在未來數十年將帶來驚人的社會財富。

對於商學或資訊科技的學生，本書將協助你察覺和瞭解前方的機會與風險，當你讀完本書時，你將能夠明瞭科技、商業與社會對電子商務的影響，並能將此知識延伸到未來幾年對電子商務的瞭解。

何謂電子商務？

電子商務（e-commerce）
利用網際網路（Internet）和全球資訊網（Web）進行交易。更正式的說法是電子化促成之個人與組織間的商業交易

本書的重點是**電子商務**（e-commerce）：利用網際網路與全球資訊網進行商業交易。更正式的說，我們將重點放在組織與個人間數位化的商業交易。任何一個對於電子商務的定義要素都很重要。數位化交易包括所有透過數位科技所完成的交易行為，大多是指在網際網路與全球資訊網上完成的交易。商業交易指的是跨組織或個人之間換取產品或服務的價值（例如：金錢）交換行為。價值交換對於瞭解電子商務的定義是相當重要的。若沒有價值交換，就沒有任何商業行為發生。

電子商務和電子化企業的差異

電子化企業（e-business）
企業內交易和流程的電子化，包含企業所控制的資訊系統

在顧問業與學術界之間，對於電子商務（e-commerce）與**電子化企業**（e-business）的定義與限制一直有著爭論。有人說，電子商務包含所有用來支持一間公司進行市場交易的電子式組織活動，包括整個資訊系統的基礎建設（Ratport and Jaworksim, 2003）。另一方面，有人主張電子化企業

是公司內部和外部所有電子化活動,且包含電子商務在內(Kalakota and Robinson, 2003)。

我們認為電子商務與電子化企業代表著不同的現象,所以區分這兩者是一件相當重要的事,並不是任何企業所做與數位有關的都叫電子商務。在本書中,我們將以「電子化企業」來代表一間公司內部的電子化交易與流程,包含它所控管的資訊系統。我們認為多數情況下電子化企業並不牽涉到跨組織的商業交易、價值交換。例如,一個公司的線上庫存管理機制是電子化企業的一部分,但這種內部的程序,並不像電子商務直接由外部商業活動、或消費者身上為公司創造收入。然而,一個公司的電子化企業基礎建設可以支援電子商務交易活動這觀念並沒有錯,電子商務和電子化企業牽涉到相同的基礎建設和技能。電子商務與電子化企業營運系統之間的連結在企業的邊界上,在內部企業系統連結到供應商和顧客的交界點上(如圖 1.1),當價值交換發生時,電子化企業的應用立即明確地轉變成電子商務(Mesenbourg, U.S Department of Commerce, 2001 有著類似的觀點),我們將於第 12 章進一步討論這個轉變的過程。

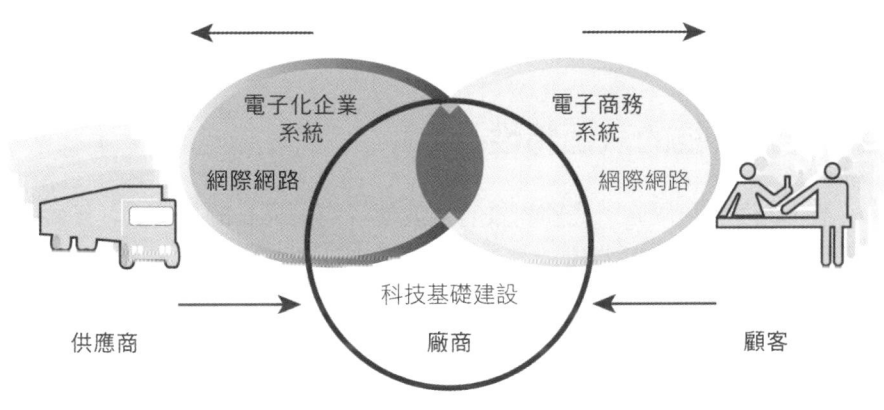

■ 圖 1.1 電子商務和電子化企業的差別

為何要研究電子商務

儘管電視商務、郵購商務等技術對 20 世紀的商務活動有著深遠的影響,且佔的比重還較電子商務還多,但為什麼大學裡有電子商務的課程與教科書,卻沒有「電視商務」、「廣播商務」、「郵購商務」、「鐵路商務」或「高速公路商務」?包含麻省理工學院(MIT)、柏克萊大學、康乃爾大學等多所大學在內的學校開設了社會互動科技與技術、線上社交網路、線上社群開發、顧客參與式媒體等領域課程,至少一間以上的學校開設了 YouTube 101 課程,叫做「Learning from YouTube」。

會特別對電子商務感興趣的原因，在於相較於過去一個世紀我們所熟知的其他科技，電子商務的科技（參見第 3、4 章）是相當不同且更強大的。電子商務和其所產生的數位化市場為商務帶來根本上的、史無前例的改變。

在電子商務的發展之前，行銷與產品銷售是以大眾行銷和推銷導向的方式進行，消費者被視為廣告活動下被動的對象，品牌推廣試圖影響消費者對於產品的長期認知和立即的購買行為。公司在獨立的「通路」中銷售產品，消費者礙於地理與社會範圍限制，無法廣泛地尋找最佳價格、最佳品質的產品。消費者可能不清楚有關價格、成本與費用的資訊，而為銷售的公司創造有利的「**資訊不對稱**」（information asymmetry）。資訊不對稱指的是在一個交易中，所有參與者對相關市場資訊的取得不相等的情況。在傳統零售業中，要改變全國性或區域性定價的成本很高（稱為菜單成本，menu cost），所以全國單一定價是常態，隨著實體市集（markerplace）動態即時調整定價更是前所未聞，倚靠大量生產的製造商也無法提供客製化的服務。電子商務的出現大幅削減交易雙方資訊不對稱的情況，也使得廠商很難防止顧客知道價格差異化策略、成本與獲利等資訊，潛在地讓整個市場進入價格戰。

資訊不對稱
（information asymmetry）
交易參與者對相關市場資訊的取得不相等的情形

電子商務科技的八個特性

表 1.2 列出八個電子商務科技有別於傳統商業觀點的特性，並解釋為何我們對電子商務有著高度的興趣，這些有別於傳統商務或其他科技商務的面向帶來了市場和銷售的新契機 — 一系列互動的、個人化、豐富的訊息提供給特定的目標族群。

表 1.2 電子商務科技的八個特性

電子商務技術面	商業要項
普遍性：任何時間、任何地方都可使用網際網路／全球資訊網，無論是工作場所、家中或利用行動裝置。	市場範圍已經超過傳統疆界，離開了暫時性和地域性的位置。「虛擬市場」誕生，購物的行為可以於任何地方進行，讓消費者的便利性提升並降低購物成本
全球可及性：技術可以跨越國家的藩籬，觸及全球。	商務不需重新塑造就可以跨越文化與國家的藩籬順利進行。「虛擬市場」包括全世界數十億潛在消費者與數百萬企業公司
全球性標準：只有一套技術標準，就是網際網路標準。	世界有一套通用、價格低廉、全球化的技術供商業使用

電子商務技術面	商業要項
豐富性：可以傳送影像、聲音與文字訊息。	整合影像、聲音與文字的行銷訊息成單一行銷訊息與消費體驗
互動性：此項技術透過使用者間的互動進行。	消費者處於一種交談狀態，因個人不同而動態調整，並使消費者成為運送商品至市場的共同參與者
資訊密集度：此項科技降低資訊成本並提升資訊的品質。	當資訊的流通性、正確性與及時性大量提升的同時，資訊的處裡、儲存與通訊成本亦大幅度地降低。資訊愈來愈充足、便宜且正確
個人化／客製化：此項科技可以傳遞個人化的訊息給個人或群體。	針對個人特性，發展不同的個人化行銷訊息與客製化的產品服務
社交科技：使用者自創內容（user content generation）與社交網路。	新網際網路社會模式和商業模式讓使用者資訊可以被創造、散佈並支援社交網路

普遍性

傳統商務中，**實體市集**（marketplace）指的是一個可以供你造訪並進行交易的實體地點，例如電視與廣播經常慫恿消費者到某個地方去購物。相對的，電子商務的特色是它的**普遍性**（ubiquity），它是無所不在的──它可以在任何時間、任何地點進行。電子商務將交易市場從實體空間的限制中解放，讓你無論是從桌上型電腦、家中、工作場所，或甚至在車上，都可利用行動商務進行購物，這個結果被稱為**虛擬市集**（marketspace）──超越傳統的市場疆界，跳脫了時間和地理空間的市集。從消費者的角度看來，普遍性降低了交易成本（transaction cost）──也就是參與一個市場的成本，相較之下，你不需再花額外的時間與金錢造訪實體市集，整體而言，電子商務的普遍性降低了在虛擬市集中進行交易所需的認知成本（cognitive cost）。認知成本指的是完成一件事情心理上所需的付出，人類一般都尋求降低認知成本的支出，當可選擇時，人類會選擇最省力的，也就是最方便的途徑（Shapiro and Varian, 1999; Tversky and Kahneman, 1981）。

實體市集（marketplace）
為了交易而實際上造訪的地方

普遍性（ubiquity）
幾乎無時無刻都可以獲得

虛擬市集
（marketspace）
超出傳統的市場疆界，跳脫時間和地理空間的市集

全球可及性

電子商務技術允許商業交易跨越文化與國家的藩籬進行，遠較傳統商務來得便利及具成本效益。因此，電子商務的潛在市場大小約等於世界上網人口總數（產業資料顯示，上網人數於2008年時已超過14億，且在快速成

可及性（reach）
一個電子商務企業可以獲得的使用者或客戶總數

長中）（Internet Worldstats, 2008）。電子商務企業可以獲得的使用者或消費者總數，是以**可及性**（reach）來衡量的（Evans and Wurster, 1997）。

相反的，大部分傳統商務是地方性與區域性的 — 牽涉到在地零售商或在各地有銷售點的全國性零售商，比方說電視台、廣播電台與報社，主要都是地方性或區域性的機構，具有有限但強大的全國性網路，可以吸引全國的觀眾。和電子商務科技相比，這些舊式的商業科技較不易跨越國家的藩籬而接觸到全球的觀眾。

全球性標準

全球性標準（universal standards）
全世界共同遵守的標準

電子商務科技一個極不尋常的特性，就是網際網路的技術標準是**全球性標準**（universal standards），因此從事電子商務的技術標準是全世界各國所共用的。但大部分傳統的商務科技卻會因國家而有不同，例如電視與廣播的標準會因國家不同而有差異，行動電話科技也是。電子商務全球性標準的特性，大幅地降低了市場進入成本（market entry cost）— 商人為了將產品帶進市場所需支付的成本；同時對消費者而言，全球性標準減低了搜尋成本（search cost）— 尋找適合的產品所需花費的力氣。藉由創造一個單一、全世界共通的虛擬市集，可以便宜的方式將價格和產品說明展示給所有的消費者，價格搜尋（price discovery）變得更加簡單、快速和正確（Banerjee, et., al., 2005; Bakos, 1997; Kambil, 1997）。網際網路的使用者（包括企業和個人）都能會體驗到網路外部性（network externalities）— 因為每個人都使用了相同的科技而產生的好處。有了電子商務科技，史上第一次能夠輕易地從全世界的所有供應商、價格與運費資訊中找到一個特定商品，而且是在一致且可以比較的環境中檢視這些商品，雖然現實中並不是所有或部分的產品都有此需要，但這是未來可以善加利用的一項潛能。

豐富性

豐富性（richness）
一個訊息的內容和複雜度

資訊豐富性(richness)指的是一個訊息的複雜度與內容(Evans and Wurster, 1999)。傳統市場、全國性的業務團隊與小型零售店都具有極佳的豐富性：他們可以透過視覺與聽覺，在銷售時提供個人化的面對面服務。傳統市場的豐富性，使它成為強而有力的銷售或商業環境。在全球資訊網技術開始發展之前，豐富性與可及性（reach）兩者必須有所取捨：接觸到的觀眾越多，其訊息也越不豐富（見圖 1.2）。

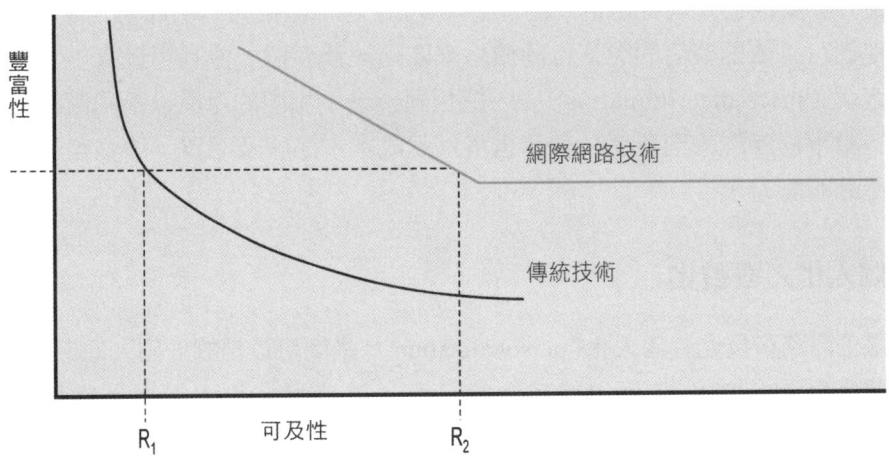

■ 圖 1.2 豐富性與可及性之間取捨的變化

網際網路有提供可觀資訊豐富性的潛力,因為網路有互動性,可為個別使用者調整訊息,例如使用者與業務在網路上對談,也可以有類似臨場的購物體驗。全球資訊網的豐富性,讓零售商與服務廠商可以把實體店面留給真正需要面對面的複雜屬性商品的銷售,例如二手車、非標準型金融保險、甚至是鑽戒,它們通常是昂貴的,且難以比較。

互動性

不像 20 世紀的其他商業科技(電話除外),電子商務允許**互動性**(interactivity),讓買賣雙方能夠雙向溝通。以電視為例,它不能詢問觀眾任何問題或加入觀眾的談話,也不能要求他們在表單中輸入客戶資料,相反的,以上所有的動作,都可以在電子商務網站上達成。互動性使線上賣方能以更大、更全球化的規模讓消費者得到類似面對面的體驗。

互動性(interactivity)
讓買賣雙方可以雙向溝通的科技

資訊密集度

網際網路與全球資訊網大幅地提升**資訊密集度**(information density)—即市場中所有參與者(消費者和廠商)所能擁有的資訊總量與品質。電子商務降低了資訊蒐集、儲存、處理與溝通的成本,同時,這些科技增進了資訊的流通性、正確性與及時性,而讓資訊較以往更加有用及重要。也因如此,資訊變得更多、取得更便宜、也更有品質。

資訊密集度(information density)
市場參與者可獲得的資訊總量和品質

資訊密集度的提升對商業產生了一些影響,在電子商務市場中,價格與成本變得更透明化。價格透明化(price transparency)指的是消費者可以輕鬆找到市場中多種價格的程度;成本透明化(cost transparency)指的是消費者知道業者實際支付之商品成本的能力(Sinha, 2000)。但

這對於廠商仍是有好處的，透過這些資訊，線上廠商可以更瞭解消費者，他們可以依消費者願意支付的價格來區隔消費族群，並且可以實施差別定價（price discrimination）— 把相同或幾乎相同的產品以不同價格銷售給不同族群的消費者。廠商也可以就成本、品牌及品質，增強差異化產品的能力。

個人化／客製化

電子商務科技允許**個人化**（personalization）：廠商可以根據一個人的名字、興趣與過去的消費來調整其行銷訊息。這些科技也可以做到**客製化**（customization）— 針對使用者的偏好或之前的消費行為來改變銷售的產品或服務。由於電子商務科技的互動性本質，消費者在市集中購買產品的同時，大部分相關的資訊也會被收集起來。由於資訊密集度的提升，網路廠商可以儲存與利用消費者過去的消費資訊和購買行為，這結果達成了現有商務科技所無法想像的個人化與客製化程度。

> **個人化（personalization）**
> 根據特定個體的名字、興趣和消費紀錄而進行調整的行銷訊息
>
> **客製化（customization）**
> 根據使用者偏好或過往行為而改變所提供的產品或服務

社交科技：使用者自創內容與社交網路

相較於之前的技術走向，網際網路和電子商務科技的發展更為社交化，它讓使用者自創文字、影片、音樂或是照片等內容，並可和全球社群共享，這類的溝通方式讓使用者可以創造出新的社交網絡且也同時鞏固現有的社交圈。先前的現代大眾傳媒（包含印刷）都是一對多的廣播模式，由專家在總部製作內容，觀眾則是聚集來消費標準化產品。電話可能是其中的例外，但是它並不是「大眾溝通」科技，而是一對一科技。新興的網際網路與電子商務科技則有扭轉這些媒體標準模式的潛力，它讓使用者擁有創造與散佈內容的力量，網際網路提供了獨特的多對多大眾溝通模式。

Web 2.0：試試我的版本

Web 2.0 是將許多電子商務和網際網路的特色，集結成一個應用與社交科技的集合。網際網路（Internet）從簡單的網路起家，一開始只有支援以專家互相溝通為目的的遠距 e-mail 和檔案交換，之後全球資訊網（World Wide Web, the Web）應用網際網路來呈現簡單的網頁，並讓使用者可以瀏覽，你可以將這個最早的網際網路視為 Web 1.0。直到 2007 年時產生了轉變，全球資訊網和網際網路開始發展以使用者為中心的平台，讓使用者可以編輯自創內容，並散佈給數百萬的網友；與其他人分享他們的喜好、書籤、線上個人檔案；加入虛擬生活；建立網路社群。這樣的「新」網際網路形態許多人稱呼他為 Web 2.0，與「舊」網際網路 Web 1.0 相比，這無疑是一次重大的革新。

> **Web 2.0**
> 一個應用與科技的集合，讓使用者可以創造、編輯以及散佈自創的內容；分享偏好、書籤、線上個人檔案；參與虛擬生活；以及建立網路社群

以下為 Web 2.0 的應用和網站：

- Photobucket 的使用者從 400 萬急劇上升到 5000 萬人，並擁有 500 億圖片與影片，儼然成為最受歡迎的相簿網站。它提供輕鬆傳送照片和影片的功能，並提供 YouTube 或部落格可使用的外部連結（Photobucket.com, 2008）。

- Google 以 16.5 億美金買下的影片分享網站 YouTube，是當今最大的使用者自製影片分享網站，有超過 7000 萬的網友每日上傳至少 6 萬 5000 筆影片、每月 30 億的點閱數。YouTube 佔有線上影片的六成，但是它目前還在尋找獲利的商業模式。

- MySpace（A place for friends）和 Facebook 是線上社群網站的龍頭，各有超過一億的使用者（Facebook, 2008; News Corporation, 2007）。

- Joost.com 成為第一個資本額 5000 萬美金的網路電視頻道，並與網路商簽得同意，可將電視節目傳送到任何可與網路連接的設備，像是 iPod、MP3 player、手機、機上盒（TV set top box）或是任何使用無線的電腦等器材（Joost.com, 2008）。

- Google 用它不斷創新的服務吸引了最多網路使用者，每月約 1.4 億美國人與 5.75 億國際使用者使用 Google，它提出了 Google 應用服務（Google Apps）、Google 地圖、Google 街景（Google View，街景照片）、影片與照片分享、Gmail、Google 學術搜尋（Google Scholar）等服務。Google 搜尋結果的前二十名品牌，有四分之一提供了使用者自創內容的連結，像是評論、部落格和照片。

- Second Life 是一個 3D 立體虛擬世界，由居民在「這個世界」創造大約 1300 萬個在上面生活的虛擬人物，除了使用遊戲專屬林登幣（Linden dollars，與美金有實際的兌換匯率）這個特色外，還可以在遊戲中擁有房地產、分享服飾設計、文學作品等創作品。在 2008 年，Second Life 每月有超過 2700 萬人造訪，居民每日花費超過兩百萬真實美金購買林登幣以支付 Second Life 內的消費（Secondlife.com, 2008）。

- Wikipedia 維基百科是最成功的線上百科全書，它由線上的投稿人共同編輯分享知識，超越了 Encarta 和大英百科全書等專業的百科全書。維基百科是全世界最大的文獻編輯協同合作專案之一，2008 年 8 月，維基百科上有超過 2500 萬篇英文文章，並有 7 萬 5000 名活躍的投稿人致力於 250 種語言共 1000 萬篇文章的編輯。維基百科基金會是非營利組織，靠募款與捐款維持運作，維基百科目前為全世界瀏覽人數最多的十大網站之一，有 6200 萬名使用者。（Wikipedia.org, 2008; Pew Internet and American Life Project, 2008）。

以上這些應用軟體與新興網站的共同特色為何？首先，它們都倚重使用者和消費者創作的內容，由 18 到 34 歲以及 7 到 17 歲的這兩個年齡層為主，創造許多「應用」（applications），即使不是專家也可以創作、分享、修改、散佈作品。第二，容易搜尋是它們成功的關鍵。第三，它們是「社交型」（Social）網站，本身擁有高度互動性，為人們創造社交互動的新機會。第四，透過寬頻與全球資訊網連結。第五，儘管都注入了可觀的投資，但除了 Google 外，其餘都在獲利的邊緣，它們的商業模式尚未被驗證。第六，它們吸引了極大量的觀眾，遠超過傳統的 Web 1.0 和電視、廣播觀眾，且這些觀眾之間的關係緊密，並且會持續地互動，等同於提供行銷者一個可對目標客群做廣告的極佳機會。這也給予消費者機會瀏覽與評比產品，而企業則可藉此獲取創新的想法。最後一點，這些網站以應用軟體開發平台的型態存在，使用者可以免費使用這些軟體。簡而言之，這是一個全新的網路世界，之後的章節會提供更多 Web 2.0 的資訊。

電子商務的類型

電子商務有許多不同的類型，且可用多種方法進行分類。表 1.3 列出本書即將討論的五種電子商務主要類型[1]。

表 1.3 電子商務的主要類型

電子商務的類型	範例
B2C：企業對消費者（Business to Consumer）	Amazon 是個販賣消費性產品給顧客的一般業者
B2B：企業對企業（Business to Business）	Foodtrader 是獨立的第三方商品交換、拍賣提供者，以及提供食品與農業的市場資訊。
C2C：消費者對消費者（Consumer to Consumer）	在許多拍賣網站（如 eBay）與清單網站（如 Craiglist），消費者可以拍賣或直接向其它消費者銷售物品
P2P：點對點（Peer to Peer）	BitTorrent 是一個軟體應用程式，允許消費者與別人直接共享影片檔案，而沒有像 C2C 電子商務受到市場創造者的介入
M-commerce：行動電子商務（Mobile Commerce）	像個人數位助理（PDA）或行動電話等無線行動器材可被用來進行商務交易

---

[1] 企業對政府（B2G）也可被列為一種電子商務，我們將其歸類在企業對企業（B2B）裡，從物品跟服務的仲介功能來說，政府也算是一種企業。

大多數的情況，我們以市場中的關係，即「誰賣東西給誰」來區別電子商務的類型。只有 P2P 電子商務與行動電子商務（m-commerce）除外，它們是以技術來區分。

B2C 電子商務

電子商務最常被探討的類型就是 **B2C 電子商務**（Business- to-Consumer e-commerce），在這類電子商務中線上企業試著接觸個人消費者。雖然 B2C 的交易量相對之下較少（2008 年約 2500 億美元），但自 1995 年起它就呈指數型成長，而且也是最多消費者會接觸過的電子商務類型。B2C 類型中有許多不同的商業模式，第 2 章中會詳細探討 7 種不同的 B2C 商業模式：入口網站、電子零售商、內容提供者、交易仲介商、市場創造者、服務提供者與社群提供者。

> **B2C 電子商務**（Business-to-Consumer（B2C）e-commerce）
> 銷售東西給個人的線上企業

B2B 電子商務

B2B 電子商務（Business-to-Business e-commerce）是企業向其他企業進行銷售，是最大型的電子商務，美國 2008 年 B2B 的交易額高達 3.8 兆美元，之後更有成長到 12 兆的可觀潛力。在 B2B 電子商務中，主要有兩種商業模式：電子交易市集（Net marketplaces），包括電子配銷商（e-distributors）、電子採購公司（e-procurement companies）、交易市集（exchanges）和產業聯盟（industry consortia）；以及私有產業網路（private industrial networks），包括了獨立的企業網路及產業的網路。

> **B2B 電子商務**（Business-to-Business（B2B）e-commerce）
> 銷售東西給其他企業的線上企業

C2C 電子商務

C2C 電子商務（Consumer-to-Consumer e-commerce）是藉由像拍賣網站 eBay 這類線上市場創造者的協助，提供消費者一個互相銷售的方式。根據 eBay 在 2008 年創造的 6000 億美元交易額，可以保守推算全球 C2C 市場的規模在 7000 億美金以上（eBay, 2008）。在 C2C 電子商務中，消費者仰賴市場創造者提供的目錄、搜尋引擎與交易結算的功能，讓產品能夠輕易地展示、發現與購買。

> **C2C 電子商務**（Consumer-to-Consumer（C2C）e-commerce）
> 消費者直接賣東西給其他消費者

P2P 電子商務

點對點（P2P）科技讓網際網路使用者可以不需透過中央伺服器的協助，直接與其他使用者共享檔案或電腦資源。在最單純的 P2P 形式中，並不需要任何媒介，然而事實上，大部分的 P2P 網路都利用了中介的「超級伺服器」來加速作業速度。早從 1999 年開始，創業家與創投家便試著修改各

> **P2P 電子商務**（Peer-to-Peer（P2P）e-commerce）
> 在電子商務中使用能讓 Internet 使用者不需透過中央伺服器而分享檔案和資源的點對點技術

類 P2P 技術來完成 **P2P 電子商務**（Peer-to-Peer e-commerce）。當今最廣為使用的 P2P 網路是 BitTorrent 和 eDonkey，兩者佔據了整體網路 50%到 70%的流量，且多數是非法散佈檔案。合法的 P2P 平台與好萊塢合作朝向數位電影平台的方向發展，但截至目前為止，除了幾個非法下載版權音樂的著名案例外，P2P 電子商務成功的商業應用並不多。

Napster.com 也許是 P2P 電子商務中最為著名的例子，它建立一個協助網際網路使用者搜尋、並分享線上音樂檔案的應用程式。Napster.com 直到 2001 年因一連串不利訴訟才完全結束營業，但如 Kazza 和 Grokster 等檔案分享網路很快就取代了 Napster 的位置，而這些網路也遭受法律的考驗。2002 年，大型唱片公司所組成的貿易組織 — 美國唱片公會（Record Industry of America）對 Kazaa 和 Grokster 提出聯邦訴訟，理由為 Kazaa 和 Grokster 違反著作權法，允許並鼓勵會員在未付費給版權所有者情況下交換有版權的音樂。最高法院在 2005 年 6 月提出反對檔案分享網路的決定。在本章最後的案例研究中，我們將進一步探討檔案分享網路和合法分享網站（如 Apple 的 iTunes 與 Real Network 的 Phapsody）如何改變音樂產業。

行動商務

行動商務
（mobile commerce, m-commerce）

利用無線數位設備在 Web 上進行交易

行動電子商務（mobile commerce 或稱 m-commerce）指的是利用無線數位設備在全球資訊網上進行交易。我們將於第 3 章詳細介紹行動商務，但基本上，它們是利用無線網路將行動電話、手持設備（如 iPhone、Android G1、黑莓機）和個人電腦與全球資訊網連結。一旦連上網路，行動消費者便可以進行多種交易，包括股票買賣、比價、銀行交易與旅遊預約等。目前，在行動電話較為普遍的日本和歐洲（尤其是芬蘭），行動商務的使用最為廣泛。但正如下一節將討論的，美國的行動商務預計將於未來五年快速成長。

網際網路和全球資訊網的成長

網際網路（Internet）

建立在共通協定上的全球電腦網路

網際網路（Internet）與全球資訊網（World Wide Web），是電子商務背後的兩股巨大科技力量。如果沒有這兩項技術，就不可能有我們所認識的電子商務了。第 3 章將探討網際網路與全球資訊網的細節。

網際網路是一個利用共同標準所建立的全球性電腦網路，自 1960 年末被發明用來連結少數大型電腦與其使用者後，就成長為全世界最大的網路，連接全球至少 12 億台電腦。網際網路連結了企業、教育機構、政府

部門與個人使用者,並提供使用者類似電子郵件、檔案傳輸、新聞群組、購物、研究、即時訊息、音樂、影像與新聞等服務。

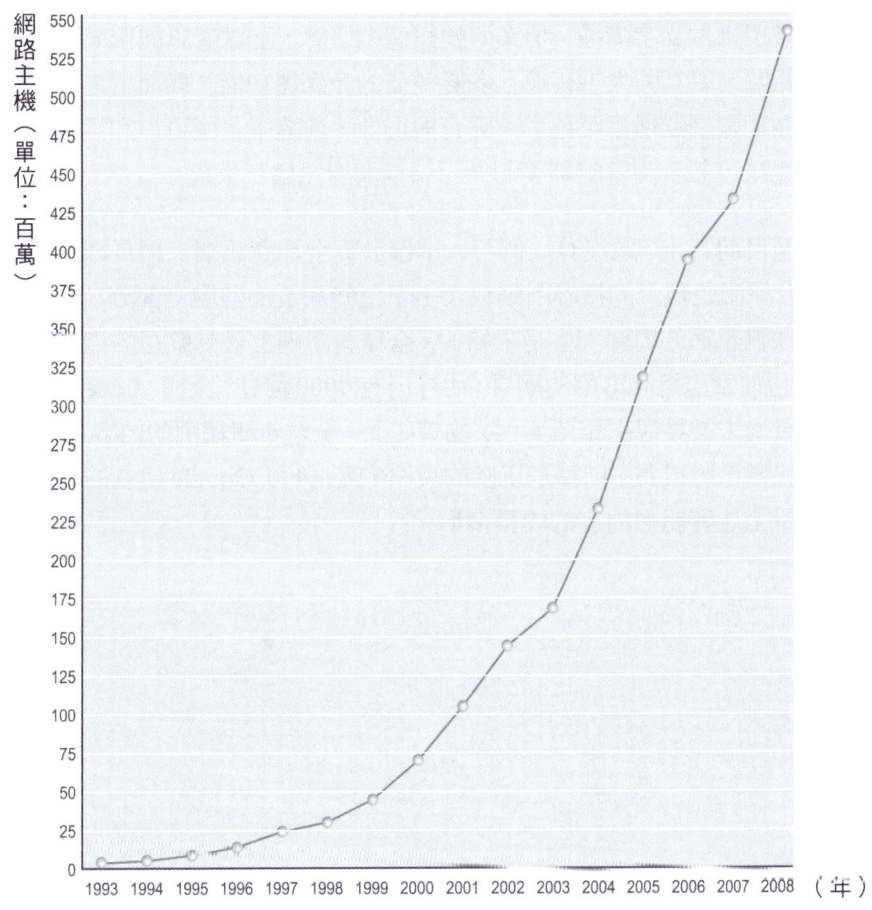

■ 圖 1.3 網際網路的成長(以有網域名網路主機數量評估)

　　圖 1.3 根據有網域名的網路主機(internet hosts with domain names)數量評估網際網路成長程度。網際網路以每年 35%的速度成長,已自 2000 年的 7000 萬台網路主機,成長到 2008 年 1 月的 5.4 億台網路主機(全球 245 個國家)(Internet Systems Consortium, Inc., 2008)。

　　跟過去其他的電子科技相比,網際網路呈現了驚人的成長模式。收音機花了 38 年才進入美國 30%的家庭,電視機花了 17 年取得 30%的佔有率,而自從 1993 年全球資訊網圖形使用者介面發明之後,網際網路與全球資訊網只花了 10 年就進入了 53%的美國家庭。

　　在網際網路的基礎架構上,**全球資訊網**(World Wide Web, Web)是最受歡迎的服務。全球資訊網是讓網際網路在商業活動上更引人注意,且極受歡迎的「殺手級應用」(killer application)。透過全球資訊網與搜尋

全球資訊網
(World Wide Web, Web)

網際網路上最受歡迎的服務,提供簡便存取網頁的服務

引擎(如 Google)的索引,使用者可以很輕易的接觸到超過 500 億以上利用 HTML(超文字標記語言)所創造的網頁,這些 HTML 網頁包含許多資訊:包括文字、圖形、動畫與其他物件。全球資訊網前身的網際網路,主要是被用來做文字溝通、檔案傳輸與遠端運算,全球資訊網帶來了和商業直接相關、更為強大、有趣且多彩多姿的多媒體功能。簡而言之,全球資訊網為網際網路增添了色彩、聲音與影像,創造了一個可以和電視、收音機、雜誌,甚至圖書館媲美的通訊架構與資訊儲存系統。

截至目前為止,還沒有一個可以準確計算全球資訊網上網頁總數的方法,部分原因是現今的搜尋引擎只索引了已知網頁的其中一部分,同時也因為全球資訊網的範圍大小是未知的。全球資訊網上最受歡迎的搜尋引擎 Google 目前索引近 400 億的網頁,估計仍有 9000 億在「深網」(deep Web)中的網頁尚未被搜尋引擎所索引。儘管如此,全球資訊網中的內容白 1993 年即以指數倍數成長,仍算是正確的說法。圖 1.4 以 Google 建立的網頁索引數衡量全球資訊網內容的成長情形。

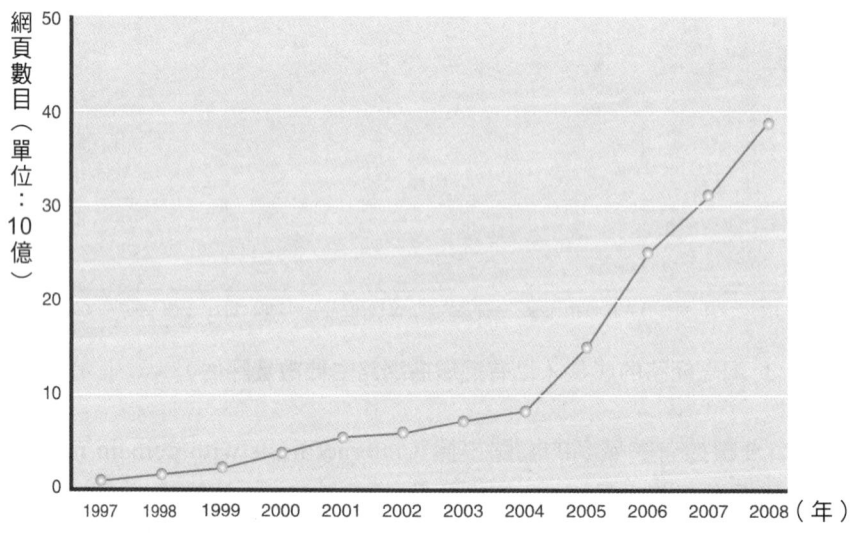

■ 圖 1.4 全球資訊網內容的成長(以 Google 建立的網頁索引數評估)

我們將於「科技觀點:蜘蛛網、蝴蝶結、無尺度網路和深網」中介紹網路結構研究者最新的看法。

電子商務的起源與成長

很難定義出電子商務是從何時開始的,它有許多的先驅者。70 年代末期一家名為 Baxter Healthcare 的藥廠開創了最原始的 B2B 電子商務,讓醫院可以利用電話數據機向 Baxter 訂貨,此系統之後在 80 年代被擴充成 PC 的遠

端訂單輸入系統，並早在網際網路成為商務環境之前，美國各地就廣為仿效。1980 年代訂定了電子資料交換系統（Electronic Data Interchange, EDI）標準，允許公司間藉由私人網路交換商業文件與處理數位化商業交易。

在 B2C 電子商務方面，第一個真正大型的數位交易系統於 1981 年時在法國登場。法國的 Minitel 是一個結合電話和八英吋螢幕的視訊文字系統，80 年代中期，Minitel 有超過 300 萬個使用者。Minitel 有超過 1 萬 3000 項不同的服務，包括訂票、旅遊服務、零售商品與網路銀行。Minitel 營運至 2006 年的最後一天，直到被老闆 France Telecom 關閉為止。

然而，這些電子商務的先驅者沒有一個有網際網路的功能。一般來說，當我們今日提到電子商務，他免不了是連結於網際網路上的，因此，我們認為電子商務起始於 1995 年，就在 ATT、Volvo、Sprint 等公司在 1994 年 10 月底刊登第一個橫幅廣告在 Hotwired.com，以及 1995 年初 Netscape 和 Infoseek 公司賣出第一個橫幅廣告空間之後，電子商務就是美國成長最快速的一種商務。圖 1.5、圖 1.6 估計未來幾年 B2C 與 B2B 電子商務都有高成長率，只是 B2C 市場的金額遠不及 B2B。

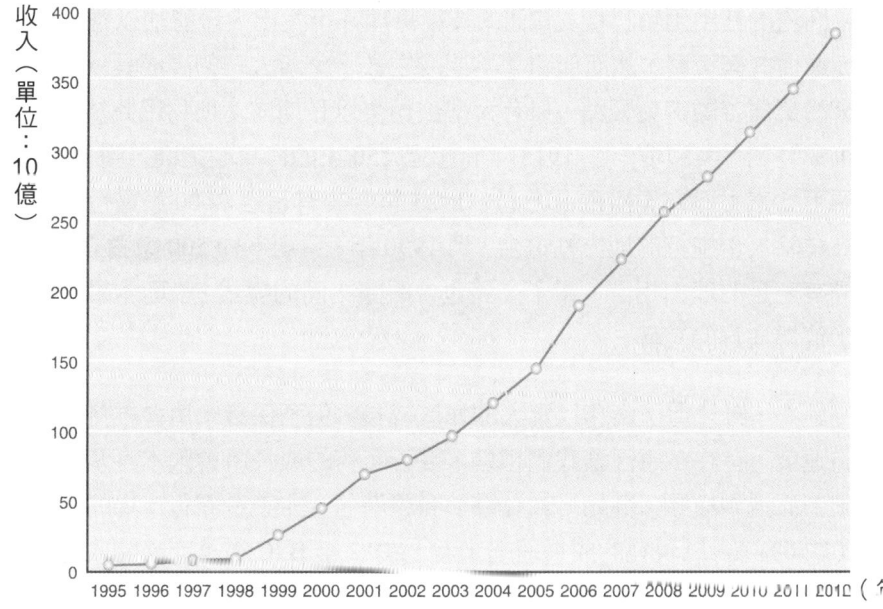

■ 圖 1.5 B2C 電子商務成長

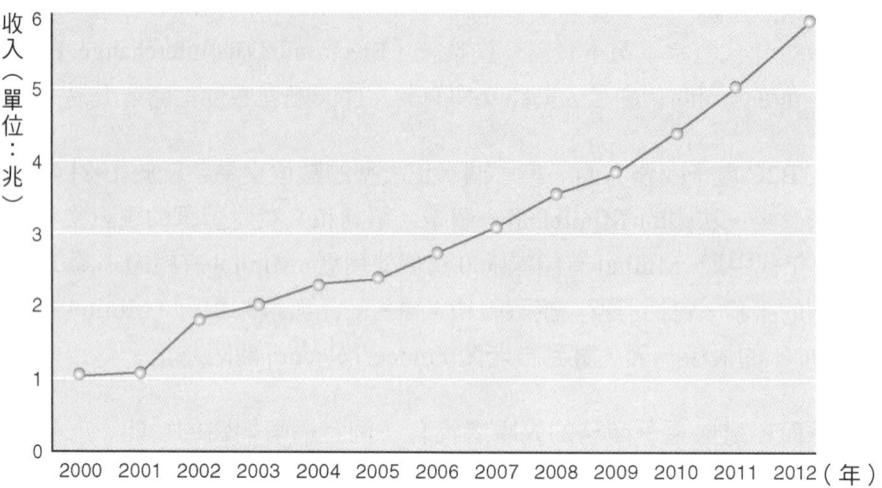

圖 1.6　B2B 電子商務成長

科技與電子商務的正確觀念

雖然在許多方面，電子商務是新奇且特別的，但對電子商務保有正確的觀點也是很重要的。首先，網際網路與全球資訊網只是一連串改變美國與全世界商務的其中兩項科技，其他的技術每項都衍生出大量能加以應用的獲利商業模式與策略，然而伴隨著早期成立數千家新公司的高成長率，隨之而來的是痛苦的資金緊縮，只有大型公司得以長期成功地利用此技術。以汽車業為例，美國境內在 1915 年有超過 250 家的汽車製造商，到 1940 年只剩下 5 家；而在廣播電台方面，1925 年全美有超過 2000 家電台，大部分為業餘人士主持的地方性電台，到 1990 年，只剩下約 500 家獨立電台，我們有充足的理由相信，電子商務也會跟隨相同的模式 ─ 而本書中也討論了值得注意的差異。

其次，雖然電子商務以驚人的速度成長，但不保證永遠會維持這樣的成長速度，有許多原因讓我們相信，電子商務的成長將會因本身基礎建設的限制而遇到瓶頸。例如，B2C 電子商務僅佔 4 兆美金零售市場的一小部分（約 6%）。以現在的成長速率來看，2012 年 B2C 電子商務總收益將差不多等於全世界最大、最成功零售業者 Wal-Mart 的年收入（4000 億美金）。但換個角度來看，目前所有線上零售銷售只佔 6%，這數字背後代表的是高度的成長空間。

科技觀點

蜘蛛網、蝴蝶結、無尺度網路和深網

全球資訊網（World Wide Web）往往令人聯想到一個巨大的蜘蛛網，裡面所有東西都是以隨機模式互相連結的，而你只要跟著對的連結，就可以從網的一端跑到另外一端。理論上，那是它之所以和一般索引系統不同之處：可以利用超連結在網頁間游走。根據「小世界」（small world）理論，全球資訊網中的每個網頁，平均可以藉由19個連結串在一起。在1968年，社會學家Stanley Milgram為社交網路（social network）提出了認為人跟人之間的關係會呈現六度分離（six degree of separation）的小世界理論（small-world theory）。在網路上，小世界理論為早期一個針對網站所作的小樣本研究所支持，但最近IBM、Compaq和AltaVista公司的科學家所作的共同研究，卻發現一些完全不同的東西，這些科學家用AltaVista公司的網頁搜尋程式「Scooter」來辨識2億個網頁、以及其中的15億個連結。

這些研究人員發現全球資訊網根本不是呈現蜘蛛網狀，反而比較像個蝴蝶結（bow tie，見下圖）。這種蝴蝶結網中有個由5600萬個網頁所組成的「強連結元件」（strongly connected component, SCC）。蝴蝶結的右邊是4400萬個能讓你從中心連過去，但卻回不去原點的OUT網頁，OUT網頁通常是企業內部網路，和許多設計用來引誘你進入某個網站的網頁；蝴蝶結的左邊是4400萬個能連結到中心，但卻無法從中心連過去的IN網頁，這些通常是剛建立，但還沒被連結到許多中心網頁的新網頁（newbie）；除此之外還有4400萬個沒連到中心網頁，同時也無法從中心網頁連到的網頁，這類網頁是被歸類為「藤蔓」的網頁（tendrils），然而，這些藤蔓網頁有時候會連到IN和／或OUT網頁，偶爾他們也會在不透過中心的情況下互相連結（這種網頁被稱之為「水

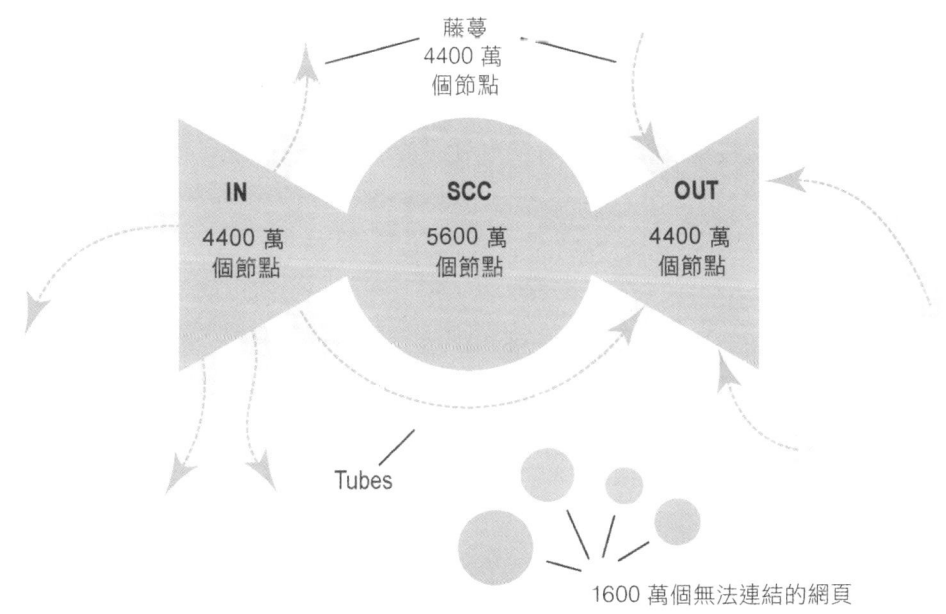

管」)。最後，有 1600 萬個網頁完全沒有跟任何東西連結在一起。

　　Notre Dame 大學所做的 Albert-Lazlo Barabasi 研究，也提供了更多對於全球資訊網呈現非隨機和結構特徵的證據。Barabasi 團隊發現網路上的 50 億網頁非但不是呈現隨機指數成長，而是非常集中在一些提供給其他連結性較不強的節點的超節點上活動，Barabasi 稱這種類型的網路叫「無尺度網路」(scale-free network)，並且發現與癌症、疾病的傳播和電腦病毒的傳染情況類似。無尺度網路很容易受到攻擊而被摧毀，一旦毀掉超節點，訊息的傳輸就會中斷。但換個角度來說，如果你是一個試著要散播有關產品訊息的行銷人員，只要將訊息放在超節點，它便會自動擴散，或是將超節點建的跟 Kazza 一樣(見本章後面的案例分析)，即可吸引一大群觀眾。

　　所以，從這個研究所顯示的全球資訊網圖像，跟早期的報告非常不一樣，認為大部分的網頁只由幾乎小於 20 的少數連結所串成一對，而且這些連結會隨著全球資訊網的大小呈指數成長，但這樣的觀念並未受到支持。事實上，隨機抽取一個網頁會有約 75%的機會無法連到另一個網頁。有了這樣的知識，就不難瞭解為何連最先進的搜尋引擎，對於網際網路上超過 5.5 億的網站也只能建立 2%的索引，大部分的網站沒辦法被搜尋引擎找到，因為它們根本沒有連到全球資訊網的核心。另一個重要的發現是「深網」(deep Web)，有 9000 億完全沒有被索引到的網頁，大部分網站搜尋公司的搜尋程式不容易找到這些網頁。事實上，這些網頁往往是私有的(無法被搜尋程式或非註冊用戶所存取，如華爾街日報的網頁)，或是不容易從首頁中找到的。最近幾年，一些新的(如醫學搜尋引擎 Mamma.com)和舊的(如 Yahoo!)搜尋引擎也經過修改，可以搜尋在深網中的網頁。因為電子商務的收入，有一大半是建立在客戶能夠用搜尋引擎找到網站，網站管理員必須做些事情，確認他們的網頁是連結到全球資訊網的核心或超節點。有一種方法是盡量讓自己的網站連到很多相關網站，特別是那些和強連結元件(SCC)有連結的網站。

B2C 電子商務成長的潛在限制

在 B2C 電子商務中,有其他限制因素會侷限 B2C 電子商務的成長速率與最後的規模。表 1.4 介紹了其中幾項限制。

表 1.4 B2C 電子商務的成長限制

限制因素	說明
昂貴的技術	使用網際網路需要至少價值約 400 美元的個人電腦,和每個月 10 到 100 美元不等的網路連線費用(依速率而定)
技能需求	能有效利用網際網路與電子商務所需具備的技能,遠較電視或報紙來得複雜
實體市場與傳統購物體驗的文化吸引力	對許多人來說,購物是一種文化與社會的活動,能夠與其他顧客與店家直接接觸。電子化形式的購物至今仍無法仿效出相同的購物環境
全球電話與個人電腦使用不平等性的限制	世界上多數的人口仍無法擁有電話服務、個人電腦或行動電話
飽和效應	網際網路使用者數成長至臨界點時開始趨緩

某些限制因素可能會在未來十年消失。舉例來說,至 2010 年,入門級個人電腦的價格將降到 200 美元。再加上性能的提昇,如與電視機的結合、以付費收看的方式與娛樂影片資料庫聯結、以及其它軟體技術的提升,2010 年時將使美國家庭個人電腦普及率與有線電視相同(約 80%)。個人電腦的作業系統也有可能從現行的 Windows 平台,轉變成類似 iPhone、iPod 和 Plam 等手持設備般更簡單的選項介面。

無線全球資訊網(wireless Web)科技是降低網際網路連結屏障最重要的技術(詳細說明請見第 3 章)。現在的消費者能夠利用一系列不同的行動設備,如行動電腦、行動電話、智慧型手機、和類似 Blackberries 的雙向呼叫器和 PDA 來上網。2008 年,美國可無線上網的行動電腦或行動電話使用者數約有 1730 萬;2008 年美國約有 2.5 億手機用戶,其中手機可上網的使用戶數正在增加(CTIA, 2008)。圖 1.7 說明美國寬頻與無線上網器材用戶數成長的情況。

總體上來說,目前影響電子商務成長的限制確實存在,但未來十年他們的影響力可能會減少。短期內社會與文化上的限制可能較難改變,不過全球資訊網正快速發展的虛擬購物經驗和虛擬實境,會讓許多人覺得和在實體購物中心購物一樣有趣。

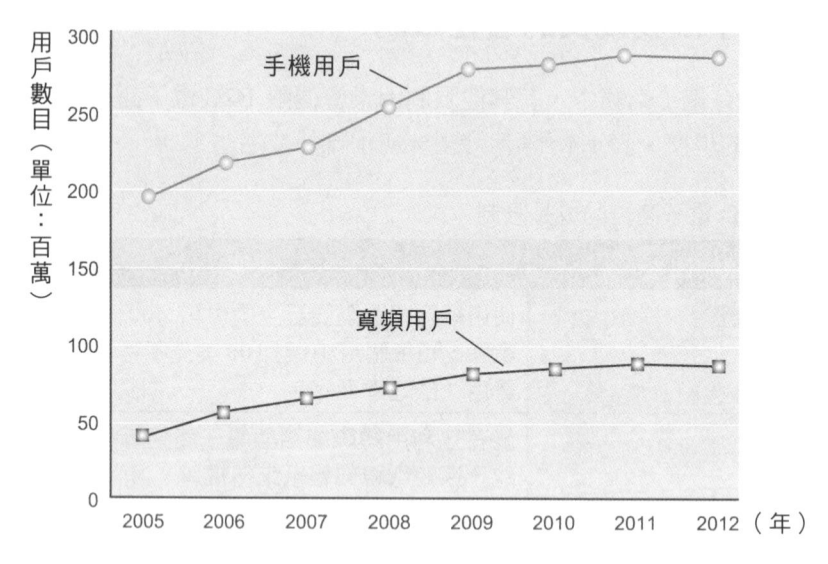

■ 圖 1.7 美國家用寬頻連線與無線網路設備的成長

1.2 電子商務簡史

雖然電子商務是 90 年代末期一個很新的現象，但它已有著簡短但動盪的歷史了。電子商務的歷史主要可以分為三個時期，早期的電子商務是一個爆炸性成長和極度創新的階段，從 1995 年首次廣泛地使用 Web 來宣傳產品開始，到 2000 年 3 月 dot.com 公司的股票價值到達頂點繼而崩盤而結束。在歷經重整的甦醒期後，開始呈現每年兩位數的成長率。2006 年由於社群網絡與使用者自創內容分享網站的出現，開始吸引大量的使用者，電子商務進入一個重新定義的時期。

電子商務 1995－2000：革命

早期的電子商務是美國商業史上最令人感到愉悅的時期之一，也是電子商務許多關鍵概念發展和探索時期。在超過 1250 億美元的資本支持下，有數千家 dot.com 公司成立 ─ 這也是美國史上最多創投基金投資的時期之一（PriceWaterHouseCoopers, National Venture Capital Association MoneyTree Report, Data: Thomson Financial 2008）。圖 1.8 呈現 1995 至 2007 年創投公司投資於網路相關企業的額度，儘管 2000 年之後的投資額大幅降低，但是仍然大於 1996 年之前的投資程度，2008 年第二季之後網路企業持續走強。2004 年起受到 Google 初次公開發行股票成功的鼓舞，網路公司的初次公開發行股票再度受到華爾街青睞，Google 的股票從 85 美元飆升到接近 700 美元。

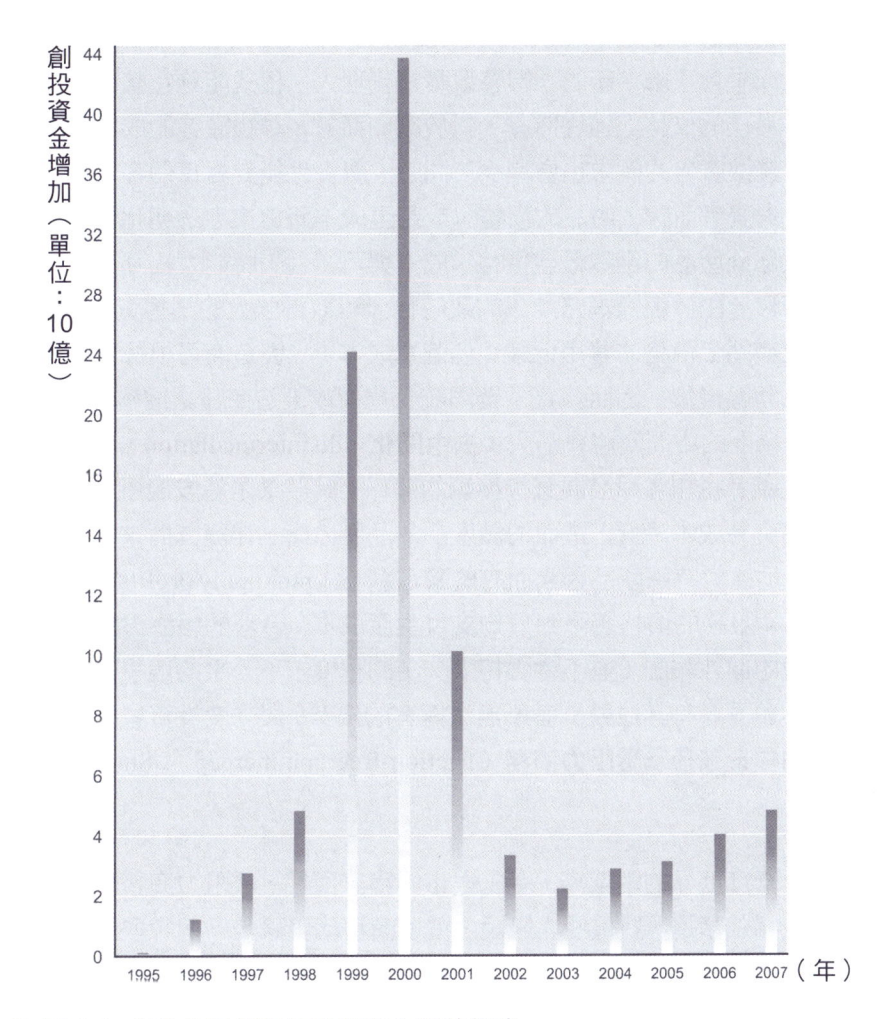

圖 1.8　創投公司投資網路相關企業總額度

　　對於電腦科學家與資訊科技家而言，早期電子商務的成功是 40 年間所開發一系列技術的最佳有效見證 — 從早期網際網路的發展到個人電腦，以至區域網路，其願景是創造一個全球的通訊及運算環境 — 一個存放數百萬個人與數千家圖書館、政府機關與學術機構所創造的 HTML 網頁所構成的全球知識庫，讓地球上每個人能夠利用便宜的電腦來存取。科技家慶幸網際網路並不是被任何人士、或國家所掌控，而是屬於大眾的，他們相信網際網路和在此基礎架構上成長的電子商務，應該維持一個自我管理與自我規範的環境。

　　對於經濟學家而言，電子商務增加了完美市場存在的可能性，價格、成本與品質資訊公平的發佈，同時有著近乎無限的供應商們互相競爭，同時消費者能夠接觸全球相關市場訊息的市場。網際網路會造成近乎完全資訊的市場，一個不太可能在真實世界發生的市場。廠商有相同的機會直接接觸到上百萬名消費者，在這個幾近完美的交易市集中，因為搜尋成本（用

來搜尋價格、產品說明、付費與訂單交易的成本）大幅減低（Bakos, 1997），所以交易成本會下降。新的「智慧型購物代理人」程式能夠在整個網路中自動搜尋最佳的價格與運送時程，對於廠商而言，尋找顧客的成本也會下降，花大錢做廣告的需求也會減少，同時，廣告也能針對每個客戶量身訂作。對於消費者而言，商品的價格、或甚至成本將愈來愈透明化，而能立即知道大部分產品的全球最佳價格、成本與可得性，將能大幅降低資訊不對稱的情形。由於網際網路通訊的及時性、可取得強大的銷售資訊系統，以及更改網站上價格的費用低廉（低選單成本），製造商可根據實際需求為其產品動態定價，因而終止了全國統一售價或製造商建議價格的觀念。接著，市場上的中間商將會消失（**去中間化**，disintermediation）。製造商和內容生產者將和客戶發展直接接觸的關係，其結果是造成競爭增加、仲介減少與交易成本降低，進而消滅產品的品牌效應，伴隨其而來的，是依據品牌、地區與特殊產品因素而有的獨占利益（monopoly profits）的可能性。產品與服務的價格將降到只夠支付生產成本、合理的報酬再加上對於創業努力的額外報酬（並不會維持太久）的程度，不公平的競爭優勢（當其中某一競爭者有其他競爭者所無法擁有的優勢）與高度投資報酬將會消失，這個願景被稱為**零阻力商務**（friction-free commerce）（Smith et al., 2000）。

去中間化
（disintermediation）
用直接介於製造商和創作者與客戶間的新關係來取代傳統在生產者和消費者之間的中間商

零阻力商務（friction-free commerce）
一種資訊平均分佈、交易成本低、價格可以隨時依需求調整、中間商減少且沒有不公平的競爭優勢的商務願景

對於真實世界的創業家、金主與市場專家而言，零阻力商務跟他們自己的願景相差甚遠。對這些人來說，電子商務代表著是一個賺取遠高出正常投資報酬的最佳機會，遠大於借貸資金所付出的成本。電子商務虛擬市場代表的，是能接觸到全球數百萬名使用網際網路以及一系列普及、便宜、且強大之行銷通訊科技（電子郵件與網頁）的消費者。這些新技術可以允許銷售者去實踐他們一直在做的策略：依需求與價格敏感度來區分市場族群、為不同客群開發不同的品牌與宣傳訊息、並為每個族群作產品定位與定價。在這個新的虛擬市場中，最先開發市場特定區域且迅速取得市場佔有率的**先進者**（first movers），將獲取異常多的利潤。先進者可以快速建立大量的消費者基礎、較早建立品牌認知度、建立一個全新的配銷通路，並藉由只有某一個網站才有的特定介面設計和功能，來增加消費者的轉換成本（switching costs）以抑制競爭者（新進入者）。使用新技術的線上企業將擁有傳統廠商無法擁有的資訊性與社群特性。這些「消費社群」也會增加價值，且傳統市場很難加以模仿，這個想法是：一旦消費者習慣某家公司特定的網頁介面與功能，他們將很難移轉到其他競爭公司。最好的情況下，一個企業會投資專屬科技和幾乎人人都使用的技術，創造出網路效用。**網路效應**（network effect）發生在當參與者會因其他人皆使用相同的工具或產品而獲得價值（例如一個共通的作業系統、電話系統、或者像即時訊息的軟體應用程式），且會因為越多人使用這些工具而增加其使

先進者（first mover）
一家最先進入某特定市場且迅速取得市場佔有率的廠商

網路效應
（network effect）
發生在當使用者感受到其他人使用相同的工具或產品而產生的價值

用的價值❷。成功的先佔優勢者將會成為電子商務裡新的中間商,取代傳統零售商和內容提供者,並藉由消費者對其服務與產品所認知到的價值,來收取費用而獲利。

為了能啟動這個過程,創業者主張價格必須非常低才能吸引消費者,並排除潛在的競爭者。電子商務最後成為可立即提供消費者一些中介成本效益的全新消費方式。然而,就是因為在網路上做生意,理論上應該比傳統企業來得更有效率(甚至和郵購業者相比),且因為顧客的取得與保持成本應相對減少許多,這些效率將造成利潤的產生。在如此變動的市場下,線上廠商早期的市場佔有率、網站瀏覽人數(eyeballs)與收入遠較利潤來得重要。在早期,電子商務的創業家與其背後的財團曾期望賺進驚人的利潤,但卻是必須先歷經數年的虧損。

所以,早期的電子商務主要是由「利用新科技而獲利」的願景所驅使,並強調迅速達到高度的市場可見度,而其資金是來自於創投基金。這個時期的意識形態是強調如「美國大西部」般不受管制的網站特色,以及認為政府與法院不太可能限制規範網際網路。那時候一般人都認為相較於電子商務,傳統產業的腳步較為緩慢與官僚,被侷限在舊的商業模式中而無法與電子商務競爭。因此,年輕企業家獲得龐大的創投資金金援,是早期電子商務的驅動力。重點在於解構(破壞)傳統配銷通路和去除中介商的存在,利用新的純線上公司來達成先佔優勢。總而言之,這個時期的電子商務的特性是實驗、資本與高度競爭(Varian, 2000a)。請閱讀「商業觀點:dot.com 似曾相識」瞭解電子商務公司的財務。

電子商務公司股價在 2000 年崩盤,是一個很容易可用來表示電子商務公司早期發展結束的指標。檢視早期的電子商務,很明顯的,電子商務大多時候都是個令人驚訝的成功科技。網際網路與全球資訊網將電子商務交易,由每年數千筆提升至數十億筆;2005 年 B2C 創造 1400 到 1700 億美元、B2B 創造超過 1.5 兆美元的收入;截至 2005 年,全美約有 1 億 1000 萬線上消費者、全世界其他地區有 1 億個線上消費者。之後的內容將探討有關電子商務基礎建設的提升與強化,可明顯看出,它紮實的數位基礎建設可以繼續承受電子商務未來十年的迅速成長。電子商務中的「電子」兩個字已經相當成功。

---

❷ 網路效應(network effect)可用梅特卡夫定律(Metcalfe's Law)定義:網路的價值,為使用者數目的平方。

商業觀點

Dot.com 似曾相識

電子商務建立於網際網路科技之上，但讓它運作的卻是錢 — 很多很多的錢。在 1998 到 2000 年間，創投在將近 12450 個 dot.com 新公司上投資了約 1200 億美金。投資銀行家之後更將其中 1262 間公司用初次公開發行股票（IPO）的方式上市。為了準備一個 IPO，投資銀行家必須分析這間公司的財務和營運計畫，並試圖估算這間公司的價值 — 投資大眾每股願意出多少錢、和有多少的股份可能會被大眾和其他機構購買。接著便在 IPO 上簽署並把股票賣給公開證券交易所，並在這樣的過程中賺取高額的手續費。

從 1998 到 2000 間的早期電子商務，dot.com 公司的 IPO 通常開賣幾分鐘之內就會飆漲，有時甚至第一天就漲了 3 到 4 倍，而 50%的漲幅只算是正常的現象。Dot.com 公司的 IPO 的價格通常一開始會設定在每股 15 美金左右，而通常當天就可賣到 45 塊以上。在被稱為「分股」（stock spinning）的做法中，投資銀行可以把這些 IPO 賣給他們希望將來能取得該公司業務的企業家。美國證券交易委員會在 1999 年裁定這樣的做法是不合法的。

在這段期間發行的 dot.com IPO 後來怎麼了呢？根據一家財金服務公司 Thomson Financial 的調查，2001 年 4 月時，這些在 1998 到 2000 年上市的公司中，有 12%的股價低於每股 1 塊，很難想像這些公司的股價不久前都還是 10 倍到 100 倍以上。股價掉到 1 塊以下的包括 Autoweb、iVillage 和 Drugstore.com。2005 年中，Autoweb 和 Autobytel 合併，合併後的公司股價賣到每股 4 塊美金；iVillage 在 2006 年賣給 NBC Universal，它仍然是女性最愛瀏覽的網站，只是已非獨立經營的公司；而 Drugstore 的股價則在 2 到 4 塊美金之間。這幾間公司現在都有高成長率（年成長率 10%以上）。在 dot.com 瘋狂高峰的 7 年之後，在 2007 年，至少有 5000 家網路公司被併購或是關閉。但有個好的跡象，是這些早期公司的折損率是每年 20%，與其它產業在新興期的折損率相同，截至 2007 年還有過半的早期 dot.com 公司仍存在市場上。

儘管如此，dot.com 在 2000 年 3 月泡沫之後，創投公司就跳脫了「先進者優勢」迷思，轉而投資已有獲利經歷的公司。IPO 的第二個時期，創投公司投資 2000 億美元資金購買超過 4000 家網路公司。這個時期熱門的投資包括購物網站（如被 eBay 以 6.2 億美元併購的 Shopping.com，和被 The E. W. Scripps Company 以 5.25 億美元併購的 Shopzilla.com）、網路行銷公司（如被 Hellman & Friedman 以 11 億美元併購的 DoubleClick）、搜尋引擎（如被 IAC/InterActive Corp 用 18.5 億美元買下的 Ask Jeeves）和社群網站（如 New York Times 以 4.1 億美元購買的 About.com 和 Myspace 的擁有者 Intermix，被 News Corp. 旗下的 Fox Interactive Media 以 5.8 億美元買下）。這個在基礎上投資的時期終止於 2004 年下半年 Google 的 IPO，在 Google 公開上市前它就已經有獲利能力。

但是銀行的行為變得有點奇怪，嚴謹的資金管理也成了過去式，當 Google 的股

票從 85 塊飆升到 750 塊美元（2007 年 11 月），創投公司又回到老樣子開始投資創意、快速壯大、收入成長（非獲利）型的公司。自 2006 年起有 62%上市的科技公司並未獲利（但與 2000 年是 85%公司都不賺錢相比是小巫見大巫）。快速壯大型的翹楚是 Google 花了 16.5 億美元買下的 YouTube，2008 年估計收入 2 億，但目前仍未獲利。，而投資者評估 Facebook 有 150 億的價值，這個數目是它現值的 32 倍。

然而，從商業的角度，早期的電子商務並不能算完全成功，而且有著許多的意外。從 1995 年起成立的 dot.com 公司，到 2008 年僅有約 10%以獨立公司的形式存活著，這些存活者僅有極少數是有獲利的。不過在 2008 年，線上 B2C 商品與服務銷售仍以 15%的速度成長。消費者已經學會利用全球資訊網作為在其他銷售管道（例如傳統的實體商店）購物時的資訊來源，對於昂貴的耐久性商品尤其如此，比方說家電、汽車與電子產品。舉例來說，有七成以上的新車買家會先在網路上研究後再向業者購買（Pew Internet and American Life Project, 2008; Tedeschi, 2007）。這個網際網路所影響的商務很難估計，大約在 4000 億到 1.4 兆美元之間（Forrester Research, Inc., 2007; eMarketer, Inc., 2008d）。若全部加總，2008 年 B2C 電子商務（網路購物、以及瀏覽網路後在實體商店購買者）可達 6000 億美元，約佔全部零售業銷售額的 17%。以持續吸引消費者與創造收入的觀點看來，電子商務中的「商務」基本上是相當健全的。

電子商務 2001－2006：強化

電子商務從 2001 到 2006 年進入強化時期。與之前的技術導向相較，這個時期更強調「商業導向」；傳統的大型企業學會運用全球資訊網來強化市場定位；品牌的延伸與強化比創立新品牌重要；資本市場財務緊縮，避開投資新興公司；而傳統銀行也以回收投資獲利為考量進行融資。

電子商務 2006－現在：再創新

從 2006 年開始，電子商務進入第三個時期。Google 是其中一個動力，但還有其他大型媒體企業快速收購發展快速的創業型公司（如 MySpace 和 YouTube）。這是一個再創新的時期，擴充網際網路科技、以使用者自創內容為基礎所發展出的商業模式、社交網路、和線上虛擬人生。這些新模

式之中目前只有少數能藉由使用者來實現獲利,但最終,相信其大多數仍將獲利。

表 1.5 為三個時期彙整。

表 1.5 電子商務演化

1995—2000 革命	2001—2006 強化	2006—未來 再創新
技術導向	商業導向	觀眾、顧客與社群導向
注重於收入成長	注重於獲利	注重觀眾、社交網路成長
以創投資金運行融資	傳統融資方式	小型創業投資、大型網路企業買下發展中的小企業
未受管理	更強的法令與管理	政府大規模監督
去中間化	加強仲介的重要	租用大公司商業流程的小型線上中間商激增
完全競爭市場	不完全市場,存在品牌與網路效應	不完全線上市場;選定市場商品競爭
純粹線上策略	混合式「虛擬與實體」策略	新市場回歸純線上策略;傳統零售市場延申綜合實體與虛擬行銷通路策略
先佔者優勢	策略跟隨者優勢;互補資產	因傳統網路企業迎頭趕上,新市場再度由先進者取得優勢
低複雜度零售產品	高複雜度零售產品	服務

評估電子商務:成功、驚訝與失敗

目前的電子商務,雖然消費者數量與收入仍持續以相當迅速的腳步成長,不過很清楚的是,許多電子商務早期發展出的願景、預測與主張並未被實現。例如,經濟學家的「零阻力商務」願景並未完全實現,有時 Web 上的價格會較低,但是低價格主因為企業以低於成本的價格銷售產品。消費者的價格敏感度比預期的低,更驚人的是,收入最高的網站往往價格也最高。全球資訊網上仍有持續一致甚至增加的價格分佈:一籃商品最低和平均價格的價差,從 2000 年的 8%增加到 2008 年的 10%(Nash-equilibrium.com, 2008),同一商品的價格標準差大概是 10%,貨比三家不吃虧!因此對於網路單一世界、單一市場與單一價格的觀念,在現實生活中並沒有發生,因為企業發現提供差異化的產品和服務的新方

法。全球資訊網上的價格和實體商店的價格相比，大致上可幫客戶平均節省 20%，有時全球資訊網上的價格比離線購買類似產品來得高，尤其是若也把運費列入考慮。廠商已經習慣了電子商務的競爭環境，利用游擊式定價（hit and run pricing）或每小時每天更改價格，讓競爭者永遠不會知道他們如何收費（消費者也不曉得）；藉由難以找到價格，以及誘惑消費者改變購買低毛利產品的態度，轉而改買高毛利產品的方式，來混淆消費者。「品牌」在電子商務環境中依然相當重要，消費者相信某些公司較能準時運送高品質商品（Slatallar, 2005）。

極度具市場效率的完全競爭模式並未出現，業者和行銷者持續製造資訊不對稱。搜尋成本或許已經降低，但實際在電子商務上完成一件交易的總成本依舊偏高，這是因為使用者有一堆新的問題需要考慮：商家真的會送出商品嗎？何時運送？商家真的有存貨嗎？我該如何填寫購物表格呢？因為消費者對這些問題的不確定，約有六成電子商務購買者會在購物車階段終止購買程序。在許多銷售領域中，打電話給信任的郵購廠商，會比在網路上下單來的簡單。最後，中間商並未如預期般消失，只有少數製造商和他們的最終消費者會建立起一對一的銷售關係，如大部分的廠商並沒有採用 Dell 的線上銷售模式，Dell 在 2008 年也往綜合型模式靠攏，讓顧客可以在店裡試用電腦。蘋果電腦就是實體零售店面極為成功的例子，人們還是喜歡逛實體商店。

電子商務創造了許多讓中間商可以把內容、產品與服務整合在入口網站和搜尋引擎的新機會，並藉此讓中間商變成新的仲介者，Yahoo、MSN、Google、Amazon 和 Orbitz、Expedia 等第三方的旅遊網站，就是這種類型的新仲介者。圖 1.9 顯示，雖然電子商務已經為給純網路形式的新廠商製造許多成功機會，但它並未讓現有的零售連鎖和郵購商消失。事實上，2007 年線上銷售額最高的，是這些既有實體商店也有網站的現存零售連鎖業者。

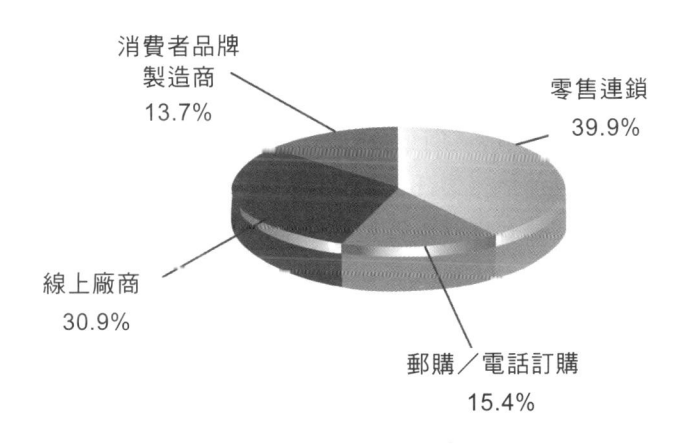

■ 圖 1.9 以公司型態區分線上零售的分佈

企業與創投者對於電子商務的願景，並未如預期完全實現，似乎只有少數網站具有先佔優勢。從歷史角度來看，先進者一般都為長期的輸家，早期市場的創新者往往會被已具備發展成熟市場所需的資金、行銷、法令與產品的「快速跟隨者」所取代，這種現象也確實在電子商務中出現。許多電子商務的先佔者，例如 eToys、FogDog（運動商品）、WebVan（雜貨）與 Eve.com（美容產品）都已關閉。電子商務早年的顧客取得與維持費用相當高，E-Trade 等廠商及其它金融服務公司需付出 400 美元才可獲得一個新顧客。2004 年，每當有人點了石棉和菸草責任訴訟的法律業者在 Google 的廣告，這些業者就得付出 90 塊美金（Bialik, 2004）。在全球資訊網上做生意的總成本（包括技術成本、網站設計與維護，以及訂單履行的倉庫），不會低於傳統有效率的實體商店所面臨的成本。不管一家公司是不是有網路商店，一個大倉庫要花上數萬美元，倉儲的運作知識是無價的，且不易被複製。創業初期的成本是非常嚇人的，嘗試以提升價格來達到獲利，通常會導致損失大量客戶的後果，以電子商務業者的觀點來看，電子商務的電子「e」並不代表容易（easy）。

預測未來：更多的驚喜

即便電子商務在過去兩年已有極大的轉變，但很難預測之後是否還會出現什麼樣的驚奇。有 5 個主要的因素可以幫助我們定義電子商務的未來。第一，電子商務技術（網際網路、全球資訊網、與許多成長中的無線網路設備造就的行動數位平台，如 iPhone、Android G1、黑莓機等）將會因商業行動而繼續普及。電子商務的總收入將持續以相當快的速度成長，到 2012 年前的成長速率約為每年 12%至 18%。網站上銷售的商品與服務，以及訂單的平均購買金額，也都以兩位數成長，而美國線上購物者的成長率下修到每年不到 5%，但與早期的電子商務產品多為書籍、電腦軟體和硬體相較，產品明顯地更多元，非旅遊電子商務中成長快速的主要類別，包括家用產品、辦公室用品、運動用品、服飾與配件（見第 9 章有關零售產品與服務業的改變）。

第二，電子商務價格將會上升到足以負擔實際營運成本，以及支付投資者提供資金的合理報酬。第三，電子商務利潤（margins）（銷售收入與成本的差異）與獲利將會提升到典型零售業的平均水準。第四，參與的人將會徹底的改變，Fortune 500 大公司中健全且具備豐富經驗的傳統公司，在電子商務中將越來越重要，並會扮演主導的角色，而新興公司會在這些大企業未觸及的新產品、新服務領域快速地累積使用者。在網際網路上，消費者集結的情況將會持續，前 25 大網站的消費者佔有率約為 90%，幾乎佔網路銷售業績的三分之一。表 1.6 列出前 25 大線上零售業者（以 2007

年銷售資料排名），從這個表中可以看到不容忽視的趨勢是，包括 Staples、Office Depot、Hewlett-Packard、OfficeMax、Sears、Sony、Best Buy、JCPenney 和 Wal-Mart 等傳統知名品牌全都名列前 15 名。

第五，相較於整合式的虛實合一商店（結合實體商店、型錄等傳統銷售通路與線上建設），成功的純線上公司的數目仍算是少數。舉例來說，傳統型錄式銷售商 L.L. Bean 轉型成為整合線上與郵寄投遞，且以線上為主的經營模式；Proctor & Gamble 會持續發展資訊性網站（如 Tide.com）；而且主要的汽車銷售公司雖未和顧客建立直接的銷售關係，但仍將會持續改進其網站內容，藉由網站來協助經銷商的銷售（因而增強傳統仲介商和通路）。

表 1.6 前 25 大線上零售商（以線上銷售額排名）

線上零售商	線上銷售額（2007 年）（單位：10 億）
Amazon	$14.8
Staples	$5.6
Office Depot	$4.9
Dell.com	$3.3
HP Home and Office	$3.1
Office Max	$2.7
Apple Computer	$2.5
Sears Holdings Corporation	$2.4
CDW Corp	$1.9
Newegg.com	$1.8
QVC Corp	$1.7
SonyStyle.com	$1.7
Best Buy Co.	$1.5
JC Penney	$1.5
Wal-Mart Stores	$1.4
Nteflix.com	$1.2
Costco Wholesale Corp.	$1.2
Victoria's Secret Direct	$1.1
Target Corp.	$1.1
Williams Sonoma Inc.	$1.1
L.L. Bean	$0.9
Systemax Inc.	$0.9
GAP	$0.9
HSN	$0.9

美國及其它國家未來將會增加對電子商務的規範活動，全世界的政府正在挑戰電腦科學家和資訊技術家的早期願景：認為網路會維持一個自我約束與自我管理現象。網際網路與電子商務變得相當成功與強大、且普遍，他們會對全國和其他文化的社會面、文化面與政治面有直接的影響，在歷史上每當一種科技達到這種社會重要性、力量和可見度時，它們就成為規範的首要目標，以確保科技的使用會產生正面的社會效益與大眾的健康福祉。收音機、電視、汽車、電力和鐵路都是規範和立法的主要目標，電子商務當然也是這樣，美國國會中，已經有超過 100 件與網際網路和電子商務管理相關的立法建議書，範圍從個人隱私到色情、虐待兒童、賭博與加密。我們可以預期，當電子商務的影響與重要性延伸時，美國與全世界的立法動作也會同時增加。

影響電子商務的新要素是能源消耗的成本，特別是汽油和柴油。當燃料成本提高的時候住郊區實體購物中心逛街會變成一種昂貴的購物模式，此時在線上購物可以節省時間和能源成本。有成長中的證據顯示由於燃料費用因素消費者正在改變消費習慣和場所，因此將線上零售業推往更高的境界。

1.3　瞭解電子商務：主題整理

對於學生和老師而言，瞭解電子商務是個困難的任務，因為電子商務現象有著許多面相，目前沒有可以單獨涵蓋電子商務所有面相的學術學科。數年來的電子商務教學與編撰此書的過程中，我們瞭解到「懂」電子商務真的很困難。我們發現，如果將電子商務概括於三個廣泛而相關的論題中會很有用：科技、商業與社會，這裡的順序不代表其重要性，因為本書和我們的想法可以自由地將這三個論題運用於我們嘗試瞭解與描述的問題中。然而，如同之前探討的科技導向的商業革命，這三個主題仍是有其歷史上的發展順序，首先是發展出科技，然後這些產出再運用於商業上，一旦技術廣泛運用在商業上，社會、文化與政治議題便隨之產生。

科技：基礎建設

數位運算與通訊的發展與成熟，是我們稱之為電子商務的新興全球數位經濟的核心。要知道電子商務的未來，必須先對其下的資訊科技有基本的瞭解，簡單地說，電子商務就是一個科技主導的現象，它仰賴資訊科技和電腦科學學科過去 50 年來發展的基本觀念。電子商務的核心是網際網路與全球資訊網，我們將於第 3 章詳細討論，在這些技術之下是一些互補的科

技：個人電腦、手持行動電話／電腦（如 iPhone）、區域網路、關聯式資料庫、主從式運算與光纖交換器等等。這些科技也是成熟商業應用程式的核心，例如：企業運算系統、供應鏈管理系統、製造資源規劃系統與客戶關係管理系統，電子商務必須依賴這些基礎技術，而不僅只有網際網路而已。網際網路雖然作為過去的企業運算和通訊技術的明顯分界點，卻只是企業運算方式演進的最新發展和一連串商業電腦化創新的某部分而已。

圖 1.10 呈現協同運算發展的主要步驟，並指出網際網路與全球資訊網如何加入這些發展的軌跡。

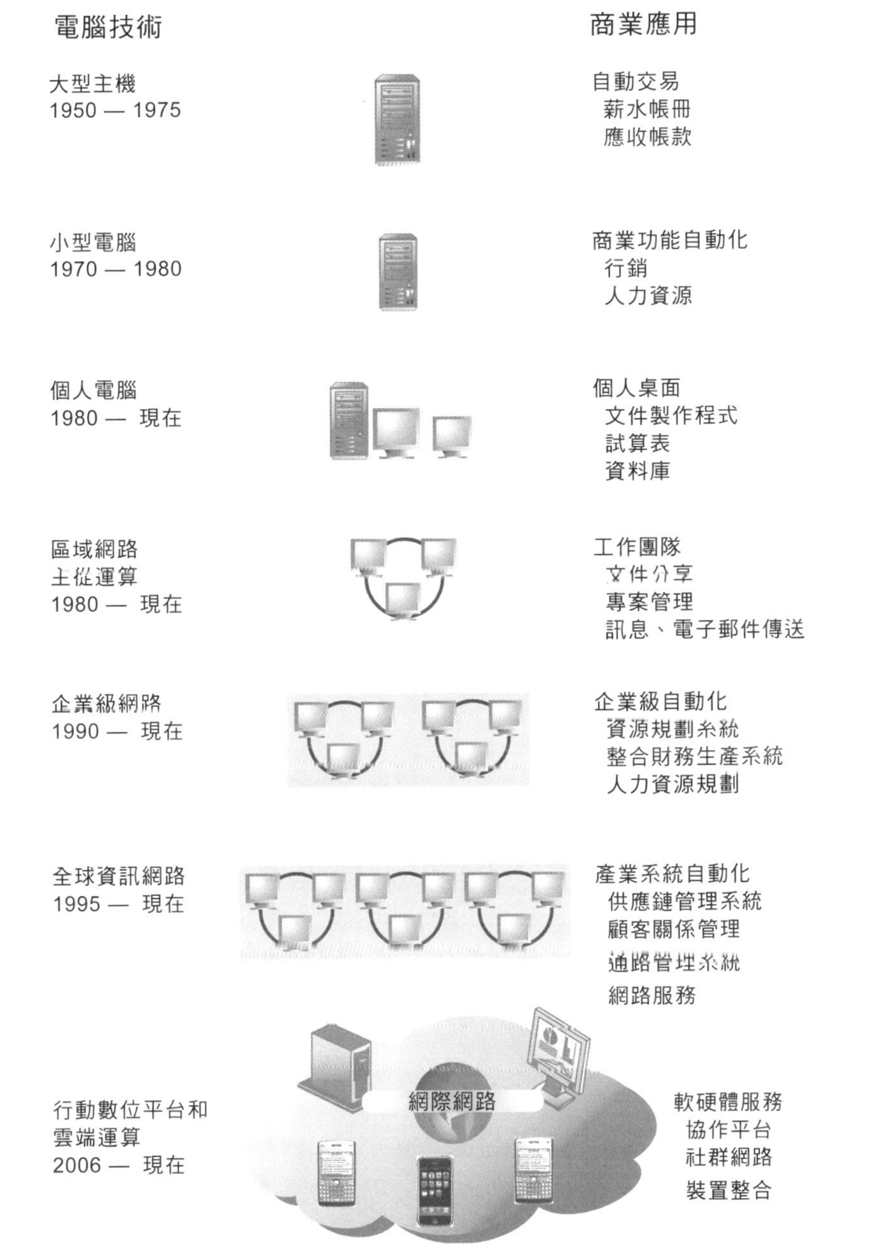

電腦技術	商業應用
大型主機 1950 — 1975	自動交易 　薪水帳冊 　應收帳款
小型電腦 1970 — 1980	商業功能自動化 　行銷 　人力資源
個人電腦 1980 — 現在	個人桌面 　文件製作程式 　試算表 　資料庫
區域網路 主從運算 1980 — 現在	工作團隊 　文件分享 　專案管理 　訊息、電子郵件傳送
企業級網路 1990 — 現在	企業級自動化 　資源規劃系統 　整合財務生產系統 　人力資源規劃
全球資訊網路 1995 — 現在	產業系統自動化 　供應鏈管理系統 　顧客關係管理 　通路管理系統 　網路服務
行動數位平台和 雲端運算 2006 — 現在	軟硬體服務 　協作平台 　社群網路 　裝置整合

■ 圖 1.10 網際網路與協同運算演進

若想真正瞭解電子商務，你必須先知道有關主從式運算、分封交換通訊、通訊協定（如 TCP/IP）、網站伺服器與 HTML、數位行動平台、雲端運算平台（Internet Cloud computing platform）。這些內容將於本書第 2 單元討論（第 3 章至第 5 章）。

商業：基本概念

在科技為電子商務提供基礎建設的同時，商業應用潛在的鉅額投資報酬，引發世人對電子商務的好奇與興奮。新技術代表著商業與企業可以用全新的方式來安排產品與交易活動，新科技改變了現有企業的策略或計劃：舊的策略被淘汰，而新的策略需要被發明，新科技使數以千計的新公司得以產生新產品與服務。想要真正瞭解電子商務，必須先熟悉一些重要的商業概念，例如，數位電子交易市場的本質、數位財、商業模式、公司與產業的價值鏈、價值網，產業結構與電子市場的消費者行為。我們將在之後的內容分別檢視這些概念。

社會：馴服巨大毀滅力量

目前美國約有 1.75 億到 2 億人使用網際網路，其中有許多是為了電子商務，而全球約有 10 億個使用者，電子商務與網際網路的影響是相當重大且全球性的。電子商務逐漸受到各國與全球法律的規範，為了成功從事電子商務事業或瞭解電子商務的現象，你必須清楚全球性電子商務對當今社會所造成的壓力。本書將探討智慧財產權、個人隱私與公共福利政策幾個主要社會議題，因為在網路上公開散佈複製有版權的智慧財產（有形的心智產物，例如音樂、書籍與影片）幾乎不需成本，電子商務挑戰了過去社會用來保護智慧財產權的許多方法。

因為透過網際網路與全球資訊網，極容易可追蹤線上使用者的身份與行為，電子商務造成保護個人隱私（個人可限制他人取得關於自身的資訊種類及數量，和個人資訊如何被使用）上的困難。「社會觀點：為你的線上隱私好好把關」將介紹電子商務使用個人資訊的某些方法。電子商務的全球性本質也引起許多有關公平性、平等使用、內容規範與稅法等公共政策議題。

社會觀點

為你的線上隱私好好把關

你是否覺得失去了個人資料在網路上的控制權？覺得上網時彷彿有人在背後跟蹤？覺得無法再控制自己的電腦螢幕或電子郵件收件匣？現在，有 75%以上的電子郵件是不請自來的垃圾郵件（spam）。一年當中，會有上千個廣告是你沒要求就出現在你的螢幕上，而且通常跟你完全無關的。雖然如此，電子商務科技的好處，或壞處（端看你的觀點），便是它允許賣方根據其所蒐集的個人資料寄送廣告。這種方式被稱為「一對一」（one-to-one）行銷或「個人化」（personalization）。這些個人資料可能包含你過去的購買紀錄、你在某個網站上看過什麼東西、如何連到這個網站（前一個瀏覽的網站為何？）、以及在這個網站或所有網站的瀏覽行為。瀏覽行為（clickstream）會變成建構你個人數位資料檔的基礎。你的瀏覽行為和資料檔是行銷人員和賣方的金礦：如果你知道人們喜歡什麼和最近買過些什麼，你有很高的機會能成功的賣其他東西給他們。網路公司是如何找出你的瀏覽行為呢？

首先，我們從有 8000 萬美國人每天都要使用的網站 — Google 開始。Google 知道與你點閱相關的哪些事呢？例如：

- Google 搜尋：搜尋關鍵字
- Google 桌面：使用者的電腦檔案索引，包括文件、e-mail、音樂、照片、以及聊天與網路瀏覽歷史紀錄
- Google Talk：即時聊天訊息
- Google Maps：地址（包含使用者的住家地址）
- Google Mail：使用者的 e-mail 史
- Google YouTube：影片瀏覽史
- Google Checkout：信用卡、付款資訊

Google 保留這些資訊約 18 至 24 個月，並且藉由這些資訊丟廣告給你。Google 宣稱他們並非真的知道你是誰，僅只使用你的電腦 IP 和瀏覽器資訊。但是評論家指出，將近九成的美國人只需生日、性別、郵遞區號三個資訊，就能被辨別出來。事實上，以上所提 Google 所儲存的任四種資訊組合，就能夠以名字辨別出多數的使用者。

並沒有法律或技術可以限制 Google 該如何使用這些能夠辨識出個人的資料，如果你曾納悶這些資料值多少錢，想想 Google 的股價最高曾到 750 美金，以及他的資本超過 2000 億美金，這個價值來自於將 Google 所擁有的使用者資訊「兌現」（monetizing），例如將資料賣給出價最高的投標者。

在隱私權團體的壓力下，Google 宣佈他們會將搜尋紀錄檔匿名 18 到 24 個月。但是隱私權團體並不買帳：為什麼要保存紀錄這麼久？為什麼不是 12 個月或 6 個月？有一部份的回答出乎意料：許多國家和州要求保留資料，以做為官方對個人行為的研究。舉例來說，在一場對 YouTube 提出的 10 億美元的訴訟案中，聯邦法官命令 YouTube 需交付所有使用者觀看影片的紀錄，理由是這是 Viacom 唯一可以證明多數在 YouTube 上的影片是受到著作

1-39

權保護的方法。同樣地，Apple 在最新版的 iTune 增加監控功能，可監控你在電腦上或在 iTune 網站上所聽的每首歌。

社群網站是收集個人資料的理想地點，Facebook 2007 年提出 Beacon 計劃，將使用者的動態廣播給他們的朋友，在消費者強烈地反彈下，才迫使 Facebook 將其改為需經過使用者同意才可進行這個分享動作。

另一種網路廠商將你的瀏覽行為私有化的方式，是透過 DoubleClick、ValueClick Media 和 24/7 Real Media 等廣告網路，這些廣告網路把自己放在你和賣方之間，透過他們網路追蹤你的行動。當你上網瀏覽成千上萬的網站時，這些公司會紀錄你造訪過哪些網站，然後追蹤你在網站上的動線（這些賣方也這麼作）。他們的表現奇佳，因此 Google 在 2007 年 4 月以 31 億美元買下 DoubleClick，而 Yahoo 則是以 5.8 億美元買了 RightMedia，微軟在同年 5 月跟進，以 60 億美元買下 aQuantive。你的瀏覽行為會跟其他上千個消費者的合併在一起，接著當你造訪這些廣告網路會員的網站時，他們會在你瀏覽器上彈出橫幅廣告（banner ad）。

賣家的網站也會保有一份你在他們網站上所有點選的紀錄。這是網路伺服器軟體內建的功能。這些資料會被儲存並進行探勘，以建立你在這個網站上的資料檔。所有的網站都會用 cookie，而大多數會使用 Web bugs。cookie 是從網站存到你硬碟的一個小文字檔，裡面包含任何賣方

選擇用來辨識你的資料。它們可以被其他網站讀取並用來追蹤你在網站間的行動。Web bugs 是一個很小的圖片，通常長寬都只有一個像素，嵌入在一個網頁或 email 中，通常是透明或是與背景顏色相同。網頁中的 Web bug 可以取得造訪者的 IP Address、cookie 資訊，並把網址轉介給伺服器或如網路廣告公司的第三方。如果藏在 email 訊息裡，它可以告訴賣家你是否開啟這封 email，更讓隱私權擁護者擔心的，是它可以比對電子郵件和之前設好的 cookie，而讓賣方去安排個人和網站上的行為。這些賣方就會有一堆在他們網站上產生、關於你的瀏覽行為和個人資料，包括在購物車中的所有輸入資訊和付款資料。所以當你再次造訪 Amazon，Amazon 會知道你的購買紀錄並推薦新產品給你。

現在讓我們看看最極端的狀況：網際網路上的最新害蟲是 spyware，通常也稱之為 adware。adware 和 spyware 的區別：adware 是設計來傳送廣告給你；而 spyware 則是設計來側錄你的電腦資料（比方說信用卡號碼或任何其他個人資訊），並把它們傳送給遠端的伺服器。兩個軟體都以同樣的原理運作 — 它們都是依附在一個比較大的軟體中，或是從網路上下載檔案，再偷偷把自己安裝到你電腦上的小軟體。adware 和 spyware 的來源常常是像 eDonkey、BitTorrent 這類的 P2P 檔案分享軟體，以及需要你下載軟體才能參與的線上競賽。一旦電腦被安裝了 adware，adware 便會通知其他網站，並且傳送橫幅廣告和其他莫名其妙的東西到你的螢幕上。Spyware 也可以把你在網路上的行為通知

其它電腦。比方說，如果你在瀏覽器上打了 www.llbean.com，adware 可以把你轉到一個競爭者的網站，或是在你的瀏覽器上跳出一個顯示造訪競爭者網站就會提供 10%折扣的橫幅廣告。當 Spyware 被用以傳輸使用者在鍵盤上所鍵入的東西到遠端的伺服器時，真的可以說是名符其實的間諜軟體。這類軟體可以在無從所悉的情況下，將你在鍵盤上打的東西（包括密碼、名字還有你的地址或財務資料）傳送到遠端的伺服器。

所有大型廣告商、媒體、零售公司的追蹤行為讓網路使用者感到緊張及不信任，超過半數的網際網路使用者較去年更關心安全和隱私，超過 36%網際網路使用者因為隱私和安全問題而從不在網路上購物。許多人覺得根據你的線上行為而行銷商品或服務是侵犯個人隱私，認為這樣的做法雖然短期內可能增加銷量，但違反隱私權是非常不好的商業行為。例如，在 Digital Future Report 的年報中，USC Annenberg School 發現有 87%的網路使用者對網路上缺乏隱私權有些疑慮，而有 46% 則非常在意線上購物的隱私。eMarketer 和 Forrester Research 報導，有52%的網際網路使用者認為網站註冊要求過多的資訊，45%認為個人的隱私權從上網後就開始減少，而 56%的人反對網站收集非關個人的資料，即使是用來進行相關的廣告。另外一方面，有上百萬的網路消費者願意獲得類似優質資訊內容（如報告和白皮書），或很單純的只是為了得獎機會而放棄隱私。另外，有上百萬民眾放棄姓名、朋友清單、聯絡資料等社交網站上的隱私。

在 Internet 時代你有辦法保護個人的隱私權嗎（而且還能繼續使用網路進行便利的購物）？有許多保護個人隱私的解決方法，包括：賣方隱私權政策、廣告網路隱私權政策、科技、強制執行現行和新法律。有許多稱為「匿名者」（anonymizers）的新科技可以幫忙。如 Anonymizer.com 已經開發出可協助使用者隱藏線上身份的套裝軟體和網站伺服器。而 SpySweeper 和 Ad-aware 這類軟體可以幫忙移除 spyware。

法律與積極的檢察官對於隱私權的保護也有幫助，2006 年 8 月華盛頓州律師 Rob McKenna 依據 Computer Spyware Act 提起對 Movieland.com 及其相關企業的訴訟，如這個電影分享網站使用有害軟體（malware）來轟炸百萬的造訪者，它使用侵略性的彈出式廣告，廣告一些付費的下載服務，而這些彈出式的要求付費廣告會佔據使用者的螢幕，並會妨礙使用者的電腦操作動作，直到使用者同意付給 Movieland 19.95 美元為止。

客戶在一個開放的市場有隱私「權」或期望隱私合法性嗎？如同我們在之後章節所介紹的（特別是第 8 章），在網路上規定線上政策和建立新法律來保護線上交易隱私的努力一直不見成效，不過廣告網路的自律已經可看出些微的進展了。

許多網路上的賣家也學習到，必須審慎處理消費者對隱私權的考量。信任對成功的電子商務來說是很重要的，幾乎所有的網站都有「選擇退出」（opt-out）的選

1-41

項,使用者可選擇不接收這個網站所送出的 email 或其他行銷訊息。許多網站有「選擇加入」(opt-in)政策,使用者可自動勾選希望收到的訊息。網路上前 25 大的網站和其他電子商店都在網站上張貼隱私權政策。不過問題依舊存在:這些網站的政策真的符合顧客需求嗎?

電子商務相關學科

電子商務現象非常廣博,以至於需要以一個跨學科的角度來探討(見圖 1.11)。我們主要從技術面與行為面說明電子商務。

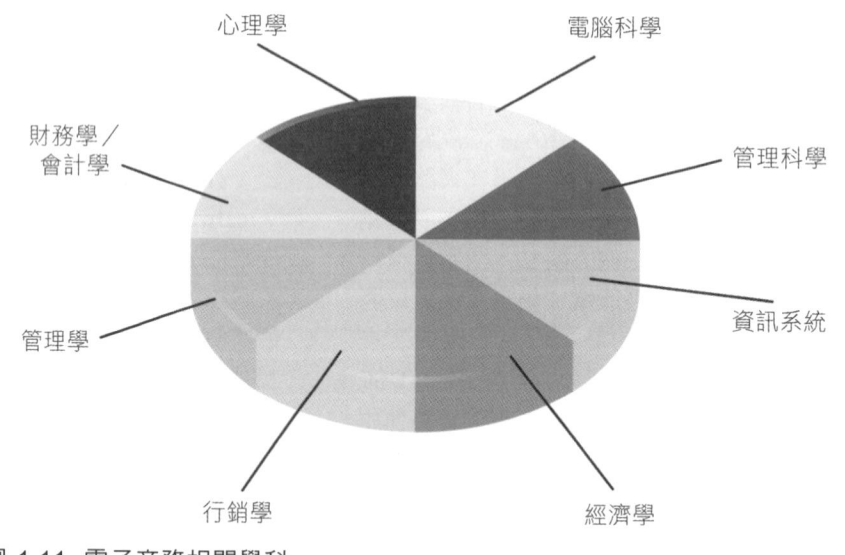

圖 1.11 電子商務相關學科

技術面

電腦科學家對利用電子商務做為網際網路技術的應用示範感到興趣。他們關心電腦硬體、軟體與通訊系統,以及規格、加密與資料庫設計與操作的發展。管理科學家主要關心建立商業流程的數學模式,並最佳化這些流程,他們視電子商務為一個瞭解企業如何善加運用網際網路,使企業營運能更有效率的機會。

行為面

在行為方面，資訊系統研究者主要對電子商務在公司與產業價值鏈、產業結構與企業策略的應用感興趣。資訊系統學科跨越了技術與行為兩種角度。舉例來說，在資訊系統中的技術小組也會將其焦點集中於資料探勘、搜尋引擎設計和人工智慧。經濟學家則重視消費者在網站上的行為、資訊財的定價，以及數位化電子交易市場的特性。行銷學者對行銷、品牌建立與延伸，網站的消費者行為以及利用網際網路科技區隔目標消費者族群和差異化產品等方面有興趣。經濟學家也跟行銷學者一樣，將焦點放在電子商務消費者對於行銷與廣告活動的反應，還有公司建立品牌、區隔市場、鎖定市場目標和產品定位以追求高於正常獲利的投資報酬的能力。

管理學者將其焦點放於創業行為，以及新公司必須在短期內發展良好組織架構所面臨的挑戰。財會學者將其焦點放在電子商務公司的評估與會計實務。社會學家（廣泛來看還包括心理學家）主要針對網際網路的使用、網際網路如何導致社會權益不公平的偏差，以及利用網站作為個人與群組溝通工具等方面。法律學者對於保護智慧財產權、隱私權與內容規範相當有興趣。

沒有一個單一觀點可以主導關於電子商務的研究。因此學習各方面的學術科學理論，是清楚瞭解電子商務重要性的最大挑戰。

個案研究 CASE STUDY

P2P 網路打噴嚏，音樂產業跌個四腳朝天

2005 年，經過多年的激烈官司之後，Metro Goldwyn Mayer Studio 對 Grokster 等的訴訟案最後還是鬧上了美國最高法院。法院在 2005 年 6 月一致通過，認為像 Grokster、StreamCast、BitTorrent 和 Kazza 等網路檔案分享服務，必須對侵犯版權負責，因為他們意圖引誘與鼓勵使用者去分享有版權的音樂。確實，這就是他們的商業模式：偷音樂、聚集大量的使用者、利用觀眾來賺取廣告費用。自從法院裁決之後，Kazaa、Mopheus、Grokster、BearShare、iMesh 以及其他許多類似的公司都已歇業或是與音樂公司合作，轉型成合法分享的網站。

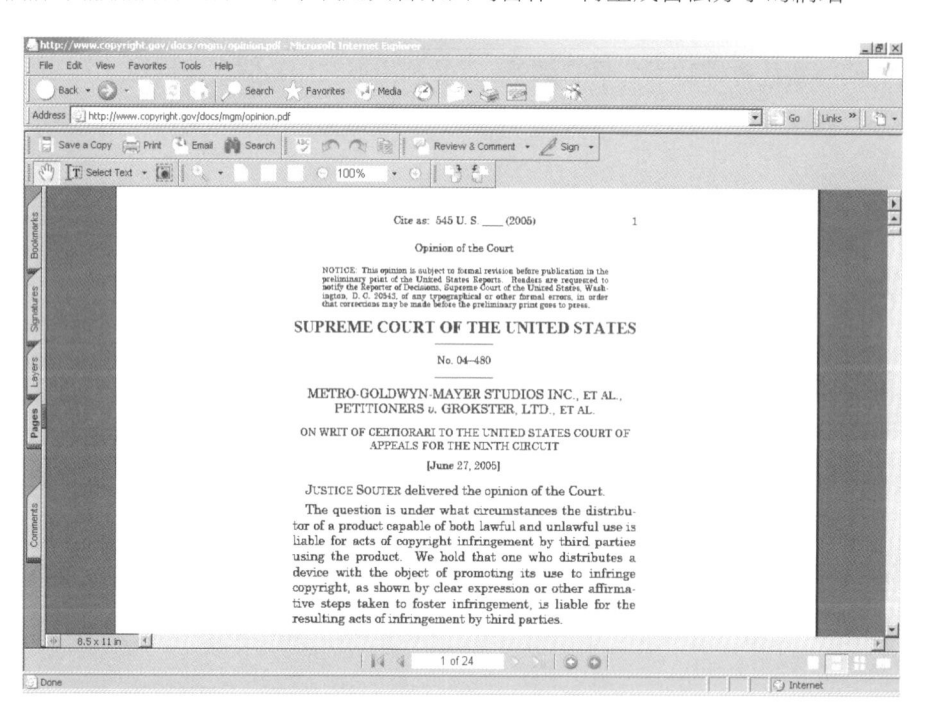

但是這次法律上的勝利尚未成為解決所有音樂產業問題的仙丹妙藥。除非法下載的議題外，合法數位音樂的銷售到目前為止還無法彌補 CD 銷售下降的損失。這兩個問題是相關的，如果消費者可以取得不用錢的音樂，他們為什麼要買數位版本或是 CD？

CD 銷售量持續下降不僅造成音樂公司悲慘的財務表現，也對 CD 的大型零售商造成衝擊（如 Tower Records、Sam Goody、Wal-Mart、Best Buy）。三大唱片公司（EMI、華納音樂、Sony Music）的收入幾乎全來自 CD 的銷售（有 12 首歌以上的實體光碟）。CD 的銷售從 2004 年網際網路頻寬連線能力上升時開始下滑，2007 年 CD 銷售急降 20%，2008 與 2009 年都將各降 11%。2006 年有 800 家、2007 年有 400 家音樂零售店關閉；Wal-Mart 縮減 CD 的銷售架，

現在只放熱門產品。雖然實體唱片的銷售數字下滑，但音樂的購買整體提升了 15%（包含合法數位下載）。

下載音樂（不論合法與否）是美國人的主要休閒，在 2008 年約有 7000 萬人下載音樂，其中約有 3500 萬使用非法 P2P 網路下載，其餘是於合法付費網站下載。使用非法網站的主要是年輕、通曉科技的 14-21 歲男性族群，超過 21 歲的人傾向使用像是 iTune 的合法網站下載音樂，存在這麼多使用非法 P2P 網站的年青人讓這些網站可藉廣告圖利。每個月約有 10 億首歌在非法 P2P 網路上分享，而 Apple 的 iTunes 需要約兩年的時間才能達到這個下載數字！非法下載約佔了九成音樂下載流量。如果聯邦最高法院判決這些網路行為非法，則情況會變成什麼樣？

於此同時，iTunes、Rhapsody、eMusic 的合法音樂銷售自 2006 年起已有 50%的年成長率，然而這個希望的徵兆，是來自於單首歌 99 分美元的銷售，而非零售價 15-20 美元的專輯，數位音樂銷售尚未穩固到足以彌補 CD 銷售下滑的損失。為什麼做不到呢？

我們逐一來探討這些問題。如果這些網站是非法且可被告發的，為什麼非法的檔案分享仍持續發生？你必須要有一點 P2P 網路知識才能回答這個問題。

點對點電腦網路倚重參與者的電腦運算能力，而非一個中央伺服器或一群伺服器。軟體程式會協助電腦連上能「貢獻」儲存空間、通訊以及運算處理能力的參與者電腦。當愈多人加入這個網路，力量就會愈大，很快就能找到交換的檔案。

P2P 網路是跟隨 Napster 的腳步（前免費音樂下載之王），Napster 於 1999 年創立，在 2001 年時擁有 8000 萬個用戶，但在 2001 年被美國聯邦法院裁定結束營運，並關閉它用來索引用戶端電腦的音樂的中央伺服器。Napster 維護會員所擁有之音樂的中央索引，讓會員直接分享音樂而違反著作權保護，意即，使用者並未付費給音樂的擁有者。

P2P 網路的運作方式不同，它們使用不需要中央索引的技術，Kazza 利用的是 Fast Track 程式，這是 Niklas Zennstrom（瑞典人）和 Janus Friis（德國人）兩位工程師在 1997 年發明的。以下是其運作的方式：使用者從網路上許多地方下載免費的 Fast Track 軟體，這個軟體會幫使用者建立一個本機端分享資料夾，讓他們存放願意分享和下載的音樂。當使用者想要在網路上找尋新歌時，他們會啟動 Fast Track 程式，這個程式會先蒐尋網路上由使用者自願擔任的高速伺服器「超節點」（super nodes），裡面包含的指標會指到存有欲搜尋歌曲的用戶端電腦。之後，要求端和分享端的電腦就會用各自的 Fast Track 程式建立一個直接的 P2P 連結，檔案傳輸就開始了。超節點藉由找出同一首歌曲的多個來源和建立多個下載連結來加速檔案的傳輸。這個軟體能在不透過外在指示的情況下，自動找出網路上哪台電腦可以當作超節點。

Bram Cohen 在 2001 年創造了一個更強大的 P2P 網路 — BitTorrent（BT），並由 BitTorrent 公司來發佈。由於很適合用於線上分享電影，BitTorrent 是一個通訊協定（也是個使用者端程式），有非常大量的檔案經由大量的使用者電腦在進行分享。當你要求一個檔案（例如電影），BitTorrent 程式會尋找附近存有部份這部電影的電腦，並向該電腦要求下載部分檔案到你的電腦，這個下載流程比從單一電腦下載快很多。

P2P 網路如何賺錢？早期下載 Fast Track 會連帶下載許多其他程式，偶爾還會有病毒。為了賺錢，Kazza 將 Fast Track 載入稱為「spyware」和「adware」的程式（請見本書相關說明），會彈出付錢給這個服務的廠商的廣告和垃圾郵件。換句話說，Fast Track 並不是在賣音樂，而是靠讓廣告商可以接觸到他數百萬用戶的「廣告網路」來賺錢。

在 Kazza 上的音樂，是用來吸引一大群的網際網路使用者。其他大部分的檔案分享服務也是基於相同的原理運作，除了有些是利用有版權的音樂，吸引使用者下載軟體並藉此在使用者的電腦上顯示廣告。2006 年和唱片公司的官司之後，如 Kazza 之類的網站已將他們軟體清乾淨，不再強迫使用者接受 spyware 和 adware，取代而之的賺錢方法是銷售音樂、在網站上刊登廣告（他們有百萬的使用者）以及透過他們發佈軟體。

隨這美國主要 P2P 網路的關閉或改為銷售合法音樂之後，這些軟體在網路上更為普及，許多新開放原碼型 P2P 程式也增生的很快（如驢子），任何人都可以為了 P2P 檔案分享下載這些程式和協定。其結果是成了的小 P2P 網路如雨後春筍般冒出來，而且許多是在等非法音樂分享不會被抓的地方（如瑞典和俄羅斯）。在這些國家裡的網站宣稱他們遵守該國的著作權法。在俄羅斯估計約有 95％的線上音樂是海盜版（非法侵權），這個現象遍及全世界，也包括歐洲。俄羅斯當局於 2007 年總理普丁參訪美國時關閉了俄國最大的網站 AllofMP3.com。

在搜尋引擎輸入「free music」，你會找到三百萬個以上的結果，多數都是非法的檔案分享網站。警告：這些網站的使用者在下載這些檔案和程式時要小心，有些已被唱片公司竄改，其他的則是可能夾帶病毒、廣告軟體、或是間諜軟體。在平常的日子裡，美國每天大約有一千萬人登入 P2P 分享網站。整體來說，P2P 軟體看起來是愈來愈普及，海盜版音樂似乎會和音樂產業共存很長一段時間。此外，獨立樂團甚至是一些知名歌手開始在網站上分享他們的作品，這對傳統唱片公司無疑是另一個麻煩，音樂產業急需一個新的數位商業模式。

為什麼數位音樂的銷售還不足以彌補 CD 銷售的損失？一首歌 99 分約等於一張空白 CD 的價錢，你可能會認為唱片公司從歌賺到的錢跟以前一樣多。不同處在於，唱片公司不是一次銷售一張 CD 內的所有歌曲（12 到 15 首），而是每次只銷售一首歌。在不是一整張 CD 的銷售下，銷售數字大幅下降，這是因為消費者可以只買一首歌，整個「專輯」的觀念對消費者來說已經消失，音樂文化已經改變。此外，合法網站使用頗為複雜的數位版權管理軟體來預防使用者免費在不同設備上播放，或是在使用者的不同電腦間轉移（如從筆記型電腦轉放在桌上型電腦）。當你購買一張 CD 後，你就擁有它了，而當你在 iTunes 線上購買一首歌時，這首歌的用途將會被限制。你無法在其他播放器上播放、或是以簡單的步驟將它移動到不同機器上。EMI 以及 Apple 等公司正考慮移除數位版權保護，改為不限制播放裝置的「付費一次」（pay once）概念。但 Apple 整個商業模式是建立在其專利聲音格式 ACC 之上，Apple 並不考慮釋出它的聲音壓縮軟體和檔案標準給其他設備廠商。對一般消費者而言，如何在 Zune 或其他播放器上播放 iTunes 歌曲，還是個難以回答的問題。

其他改變這個產業的方法，包括製作影片或聲音的假檔案，並散佈到 BitTorrent 和其他 P2P 網路上，在本質上，這是利用 P2P 網路來廣告他們的產品；還有直接在網路上銷售未特別受到著作權保護的 MP3，或是讓其他公司（如 Yahoo）來販售他們的 MP3。

在唱片業者和設備製造商可以針對如何在較少的播放限制下，達成以合理價格在網路上銷售音樂的協議之前，這個世界上最大的音樂盒 — 網際網路，仍然是音樂產業的最大威脅。

個案研究問題

1. 如果 P2P 檔案分享網路不賣音樂，還可以什麼方法賺錢？
2. P2P 檔案分享網路屬於電子商務形式的哪個或哪些類別？
3. 像 BitTorrent 這樣的 P2P 檔案分享協定和程式會造成哪類社會議題？唱片產業試圖讓其關閉的行為能得到正義嗎？為什麼？
4. 為什麼 21 歲以上的族群傾向使用合法下載網站，而年輕人傾向使用非法網站？
5. 如果現存音樂公司因為缺乏利潤而消失了，會與現在有什麼不同？唱片公司使用什麼合法方式來創作和散播原本的音樂？

學習評量

1. 什麼是電子商務？它與電子化企業有何不同？與電子化企業的交集為何？
2. 什麼是資訊不對稱？
3. 電子商務科技有哪些特性？
4. 什麼是虛擬市集？
5. 全球性標準的三個好處為何？
6. 請就豐富性來比較線上交易與傳統交易。
7. 試舉三個造因於資訊密集性成長而發生商業影響的例子。
8. 什麼是 Web 2.0？試舉出 Web 2.0 網站的例子並說明將其列入的原因。
9. 除本書所提的網站外，試列舉其他的 B2C、B2B、C2C 與 P2P 網站。
10. 網際網路與 Web 跟先前改變商務行為的科技有何相同和相異之處？
11. 解釋電子商務變革的三個不同階段。
12. 電子商務主要的成長限制為何？哪一項是最難克服的？
13. 提升美國網際網路普及度的三個因素為何？
14. 定義什麼是去中間化（disintermediation），並解釋此現象對於網際網路使用者的好處。去中間化對零阻力商務有何影響？
15. 做為先進者的優缺點為何？
16. 討論為何早期電子商務可同時被視為成功與失敗？
17. 早期電子商務與現在的電子商務五個主要的不同點為何？
18. 哪些要素可以協助推論電子商務未來五年的走向？
19. 為何必須以跨學科的角度來瞭解電子商務？

2 電子商務商業模式與概念

學習目標

讀完本章,你將能夠:

- 瞭解電子商務之商業模式的主要元素
- 認識主要的 B2C 商業模式
- 認識主要的 B2B 商業模式
- 瞭解新興領域中的電子商務之商業模式
- 瞭解電子商務中的重要商業概念與策略

線上零售業

餘燼中重新再起

2001年7月，Webvan.com投入了10億美元的資金在美國的七個城市進行配送，企圖建立起網路最大的線上零售商店；然而多數的分析家及投資者都認為這樣的商業模式不是失敗就是個騙局。Webvan企圖要提供下游市場合理產品價格以及不分晝夜的免費運送服務，就算是小量的訂單也會提供服務，但又常常必須到交通不良的都會區，因此它必須用建立新的倉儲及貨車的運送系統這兩種方式來滿足客戶需求。然而這種新的營運模式必須比現存的零售業花費更多的成本，更遑論還要加入行銷支出，所以專家並不信任曼哈頓的FreshDirect或是他將傳統零售鏈轉換成穩定可獲利之線上零售商業的能力。根據Jupiter Research估計，線上零售業將在2008年營業額達75億美元，並預期在2012年會以17%的年成長率成長到135億美元。FreshDirect和其它的傳統企業都在學習如何利用這個潛在市場開發獲利的商業模式。

今日加州大型的傳統公司如Safeway Stores、Royal Ahold，都跟隨著一家英國食品雜貨商Tesco的腳步。Tesco是一家英國最大超市連鎖店，它在1990年時成立了網路分店；但它與Webvan的作法並不相同，它是利用現行的倉儲架構及實體商店來存放消費者所選購的商品，而顧客可以自由的決定是要現在取回商品，或是支付運費指定將東西在某個時間區間遞送。Tesco主宰了英國的線上雜貨市場，在2008年3月到5月就有超過5400萬人造訪該網站，是他競爭者的三倍以上，Tesco每日有超過3萬筆線上訂單。在美國Safeway的直屬子公司GroceryWorks.com為Safeway在加州、俄勒岡州、華盛頓州、亞利桑那州、馬里蘭州、維吉尼亞州和哥倫比亞特區的店面以及Vons在南加州、拉斯維加斯、內華達州的店面提供線上購物和送貨服務。顧客可以在線上註冊後將個人資訊存入（包含常用的購物卡），接著就會看到最近選購過的商品快捷清單，而且線上產品價格跟實體店面的無異。Safeway有個線上「採集者」（pickers）功能，引導客戶就像在附近的商店挑選商品一般漫步在各走道之間，藉由電腦提供的分類清單有效地引導消費者在線上商店裡穿梭，甚至還會詳細的列出產品包裝與說明、裝袋的順序。兩個小時內，消費者所選購的物品就會放到貨車並送到消費者手中，這樣的服務酌收10美元的運費。共有18個區域的Stop & Shop和Giant Food商店的消費者可以在Peapod.com檢視線上採購記錄以及過去四個月在附近實體店面的消費記錄，該網站並會特別產出一個可以在當地店面購得的購物清單，消費者可以選擇線上訂購或是把購物清單印出來帶到店裡去。對這些傳統超級市場鏈而言，消費者僅需付出略高於親自購物的價格，就可以享受方便的購物方式並能節省時間。

FreshDirect採用了更創新但也更成功的銷售方式。在2002年7月，Job Fedele和Jason Ackerman於曼哈頓創立了FreshDirect，將其設計成一個高品質且高科技的食品製造及配送服務商。Fedele和他的合夥人（之前的銀行投資家）募集了1億2000萬美元的資金，在皇后區（曼哈頓跨河就可抵達的地區）建置了30萬平方英呎的工廠，然後FreshDirect在每個晚上運送貨品到人口稠密的曼哈頓區，以低於其它紐約食品商25%的價格，而其運送費用是5.49到6.79美元，依地區而有不同，而且最低消費必須是30美元的訂單。它針對消費者的價值主張是方便性且節省時間，同時以較低的價格取得較高品質的產品。

FreshDirect 是如何以這種銷售價格取得成功？答案之一就是 FreshDirect 集中於銷售未加工處理的生鮮食品，避開低利潤的乾貨。例如 FreshDirect 網站的特色是他提供了將近 3000 種的生鮮食品與 3000 種的包裝產品，比起一般的商店只提供了 2200 種的生鮮食品與 2 萬 5000 種包裝食品來說，多了許多生鮮食品選擇。為此 FreshDirect 在美國建立了現代化的自動化生鮮食品處理工廠。它自己處理肉塊、自己生產香腸、切碎魚、磨咖啡豆、烘培麵包和派，以及烹煮所有調製好的新鮮食物；工廠室內多數在 36 度的溫度控制下進行以確保新鮮；此外，在一個專門為蔬果所設計的房間內，從給冷凍食品的零下 25 度到高達 62 度的專屬空間都有。而 FreshDirect 的合夥人 Jason Ackerman 將 FreshDirect 比喻做 Dell Inc.，就這一點而言，FreshDirect 將 Dell 的生產哲學：現買現做，用到了食品業中。另一個必要的成功條件就是清潔：該工廠是通過美國農業局的標準檢測，而公司還用了 SAP 軟體（企業資源規劃系統）來追蹤庫存、生產財務報表及確認訂單，這套系統可以精確到告訴麵包師父每日的培果需求量、或是溫度要控制在幾度！它是使用自動的運轉機與傳送帶將訂單送到食品的負責人與包裝者手上。而 FreshDirct 的網站是使用強大的 BEA Systems（已被甲骨文併購）的 Weblogic 平台，這是一個可以方便追蹤客戶喜好的平台，例如水果的熟透度以及期待的肉片厚度；同時 FreshDirct 也使用了 NetTracker，這是一個線上流量與行為分析的軟體，可幫忙公司更有效的瞭解客戶，並對線上客戶做行銷；在尖峰的時段，整個網站約要處理 1 萬 8000 個購物交易。在這整個商業流程中，它之所以能從其中獲利，就是因為創造了一個新的供應鏈，包括直接從製造商和種植者進貨而省下了中盤商成本、並節省了傳統巨大的供應鏈成本；另外，FreshDircct 也不用支付食品上架費（供應商陳列產品在貨架上的費用），取代而之的是它要求供應商以較低的價格配合他們直銷到消費者手上的模式。為了鼓勵供應商降價，再進一步地，FreshDirect 進一步的會在產品運送後 4 個工作天內就付款，而非傳統 35 天後再付款的產業模式。

到了 2008 年 7 月時，FreshDirect 已經將其貨品傳送到紐約大都會區和鄰近郊區約 160 個郵遞區域，從它成立以來，已接受了 600 萬的訂單，2007 年營收高達 2.4 億美元，據報導是獲利的；而訂單的金額也由 79 美元成長到了超過 145 美元；每週的訂單數量約 4 萬張，目前公司已有 25 萬個活躍的顧客。但在這些成功的背後，FreshDirect 還是保持謹慎的態度，根據 Jason Ackerman 所述，他們由 Webvan 的失敗中所學到的是「這是一個很複雜的商業活動，客戶期待每次收到的東西都是完美的，所以 Webvan 的快速擴張導致了難以控制的後果…不管他們的經營團隊是多麼的好都將無法避免。」僅管 2007 年 1 月 FreshDirect 重申在短期內沒有擴展到全國的計畫，但是 2008 年 1 月時，這家公司開始改變他們的基調，FreshDirect 行銷長 Steve Druckman 表示「我們不會只是地區性的公司，只是時間的問題罷了」。

FreshDirect 表示他們並不擔心未來要與 2006 年就投入線上雜貨販售的 Amazon 競爭。起初 Amazon 只提供非生鮮的食品，如義大利麵條、麥片、罐頭等，但是 2007 年 8 月 Amazon 抄了 FreshDirect 劇本的一頁，一個小網站 Fresh.Amazon.com 上線了，提供當地生產的新鮮肉品、水果與蔬菜，剛開始這個網站只開放給 Mercer Island 這個位於西雅圖 Amazon 總部附近郊區的消費者使用，現在已擴展到西雅圖都會區 24 個郵遞區域。根據商業分析師 John Hauptman 表示，「他們正在試行的計劃和 FreshDirect 在紐約成功實行的商業模式非常的像。」

FreshDirect 該開始擔心了嗎？

在本章一開始的 FreshDirect 個案說明了把好的商業點子轉變成好的商業模式並不是一件容易的事。FreshDirect 和其他新興的線上零售商能發展成現有的商業模式，是因為它們的管理者對於新點子整個營運的細節都加以考慮可行性，並將其有效及精確地付諸實行。

電子商務的先驅者發現，他們所投入的錢遠比他們所能賺取的錢還要多；而在這些失敗的例子中，可以明顯的發現原因出在於這些公司的商業模式一開始就是錯誤的。相對的，因為電子商務而成功的公司是因為能夠維持其公司的獨特獲利商業模式，而提供消費者他們確實所需的價值，並發展有用且有效的營運方式以避免觸碰到法律與社會的爭議與損害，進而帶來利潤。

本章中，我們將重點放在瞭解電子商務的商業模式與基本概念。

2.1 電子商務的商業模式

簡介

商業模式

（business model）

在整個商業市場中為了獲得利潤而設計的一系列有規劃的活動

商業計劃

（business plan）

一份描述公司內所有商業模式的文件

電子商務商業模式

（e-commerce business model）

專門針對電子商務設計，並能於網際網路（Internet）和全球資訊網（Web）中創造獨特價值的商業模式

商業模式（business model）是指一系列有計劃的活動（有時亦可稱為商業程序），用以從市場中獲利。商業模式雖然在某些個案中與公司的商業策略很相似，但並非完全相同，它會很明確的考量到整個競爭的大環境（Magretta, 2002），而商業模式就是**商業計畫**（business plan）的核心，商業計畫是一份說明公司商業模式的文件，它通常會考慮到企業現存的競爭環境，**電子商務商業模式**（e-commerce business model）目標在於使用並創造網際網路及全球資訊網獨特價值之商業模式。

商業模式的八個關鍵元素

若希望在任何領域中都能發展出一個成功的商業模式，必須確定所擬定的商業模式具備了表 2.1 列出的八個元素。這八個元素分別是：價值主張、獲利模式、市場機會、競爭環境、競爭優勢、市場策略、組織發展與管理團隊（Ghosh, 1998）。許多人在看這八點時往往會把重點放在價值主張和獲利模式這兩個元素上面，它們或許的確是商業模式中最重要、也最容易定義的一環，但事實上在評估商業模式與計畫，或在試著分析一個公司的成敗原因時，其它的元素也扮演著相同重要的角色（Kim and MAuborgne, 2000）。下一節將會更完整的說明商業模式的每一個元素。

表 2.1 商業模式的關鍵元素

商業模式的元素	關鍵問題
價值主張	為什麼消費者要跟你購買？
獲利模式	你要如何賺錢？
市場機會	你要服務於哪一種虛擬市場，規模多大？
競爭環境	有誰已經在你欲加入的虛擬市場中？
競爭優勢	你的公司在虛擬市場中能有什麼特別的競爭優勢？
市場策略	你計畫如何促銷你的產品或服務，來吸引你的目標客戶？
組織發展	公司需要什麼樣的組織架構，才能實現商業計劃？
管理團隊	公司的領導人必須要有什麼樣的經驗與背景？

價值主張

一家公司的**價值主張**（value proposition）是其商業模式的核心部分。價值主張定義了一家公司的產品與服務如何滿足消費者的需求（Kambil, Ginsberg, and Bloch, 1998）。若要發展或分析公司的價值主張，就必須先暸解為什麼消費者會選擇與某家公司交易而非其他公司？而該家公司又提供了什麼樣的服務或產品是其他公司所沒有的？由顧客的角度來看，成功的電子商務價值主張應包括：提供個人化與客製化的產品、降低產品搜尋上的成本、降低價格發現成本，與管理產品運送促使交易的形成（Kambil, 1997; Bakos, 1998）。

價值主張（value proposition）
定義一家公司的產品與服務如何滿足消費者的需求

舉例來說，紐約的 FreshDirect 主要就是提供顧客最新鮮的生鮮食材，直接從生產商出貨、以最低的價格、在晚上送到顧客的家中比地方上的超商得花一兩個小時進行購物更方便、省時，這也是 FreshDirect 針對消費者的主要兩大價值主張。另外像是在亞馬遜網路書店出現前，消費者必須親自到零購書店中購買或訂購書籍甚至要等上一兩週，亞馬遜網路書店最主要的價值主張就是前所未有的選擇性與方便性，24 小時隨時可以上線購買並知道有無庫存。在多數的情況下，公司會根據目前市場狀況及趨勢來發展其價值主張。

獲利模式

一個公司的**獲利模式**（revenue model）是描述該公司如何獲利、產生利潤，並創造高額的投資報酬。我們也可以用財務模式（financial model）這個名詞來與獲利模式交換使用。公司組織的功能不只是要能產生利潤，也要產生高於其他投資的投資報酬率，因為單只有利潤無法使公司成功（Porter,

獲利模式（revenue model）
敘述公司如何獲利、產生利潤，並創造高額的投資報酬

1985），因此產生比其它投資更高的報酬率已被視為一個公司成功的要件，若通不過這些測試，公司就會消失。

雖然現今已發展出許多不同電子商務的獲利模式，但大多數的公司還是仰賴下列幾種主要的獲利模式之一或組合：廣告模式、訂閱模式、手續費模式、銷售模式與合作模式。

在**廣告獲利模式**（advertising revenue model）下，網站提供給使用者內容、服務或產品，也提供一個張貼廣告的地點，並藉此來收取費用。能吸引最多瀏覽率、或能明確區別瀏覽族群，以及能夠留住使用者的網站（黏性，stickness）就能收取較高的廣告費用。例如：Yahoo 的主要收入來源除了搜尋引擎之外，就是銷售各種線上廣告。

廣告獲利模式
（advertising revenue model）
網站提供給使用者內容、服務或產品，也提供一個廣告場所，向廣告商收取費用

在**訂閱獲利模式**（subscription revenue model）下，網站的內容或服務提供者藉由收取部分或全部產品的訂閱費來獲利。例如Consumer Report Online 版提供過季評比、建議等資訊，只有訂閱者可瀏覽，酌收每月 5.95 美元或年費 26 美元。訂閱獲利模式要成功讓使用者願意付費其內容必須要具備高附加價值、具有獨特性且難以被複製等特性。其它類似的成功網站有 Match.com、eHarmony（約會服務）、Ancestry.com、Microsoft Xboxlive.com（電動）、Rhapsody Online（音樂）等。

訂閱獲利模式
（subscription revenue model）
提供內容或服務給使用者的網站，收取產品的訂閱費用

在**手續費獲利模式**（transaction fee revenue model）下，公司藉由促進或是執行交易收取費用。例如，eBay.com 提供了一個線上的拍賣市集，並在成功的達成交易後向賣方收取小額手續費。另一個例子，是線上證券商 E*Trade.com 藉由幫忙顧客執行交易的服務，向顧客收取手續費。

手續費獲利模式
（transaction fee revenue model）
公司因促成或執行交易而收取費用

在**銷售獲利模式**（sales revenue model）下，公司藉由賣出商品、資訊或服務給客戶獲利。例如 Amazon.com（販售書籍、音樂和其它商品）、LLBean.com 以及 Gap.com，這些都是所謂銷售獲利模式的公司。

銷售獲利模式（sales revenue model）
公司藉銷售商品、資訊或服務給客戶來獲得利益

在**合作獲利模式**（affiliate revenue model）下，為共同合作公司帶來生意的網站，可以收取仲介費或是以依其獲利收取部分酬勞。例如，MyPoints 提供特別的交易機會給其會員，藉由撮合公司和潛在客戶來獲利，當會員接受網站的介紹且雙方進行交易後，會員就會得到相對的點數，這些點數可用來換取免費的禮品，而 MyPoints.com 則會獲得一筆酬金。這類型網站還有 Epinions，引領顧客到購物的網站。

合作獲利模式（affiliate revenue model）
為「合作公司」帶來生意的網站，可以收取仲介費或是依其獲利收取部份酬勞

表 2.2 整理出主要的獲利模式。

表 2.2　五個主要的獲利模式

獲利模式	範例	收入來源
廣告	Yahoo	廣告商刊登廣告的費用
訂閱	WSJ.com Consumerreports.org	訂戶取得內容或使用服務的費用
手續費	eBay.com E*Trade	促成或執行交易的費用（佣金）
銷售	Amazon LLBean Gap JCPenny.com	銷售商品、資訊或服務
合作	MyPoints	仲介生意的費用

市場機會

市場機會（market opportunity）代表公司所想要進入的**交易市集**（marketspace）（一個有真正或潛在商業價值之領域），以及在交易市集中公司可能取得的潛在財務機會，而市場機會通常會再細分為較小的市場利基；實際的市場機會定義就是：在每一個公司想進入競爭的市場利基中所存在的獲利潛力。

例如，假設你正在分析一家在網路上銷售自製學習軟體的軟體訓練公司，整體軟體訓練市場規模大約是 700 億美元，而整個市場可再分為兩個主要的區塊：講師指導的訓練產品約佔了其中 70%（約 490 億美元），電腦輔助訓練軟體約佔了 30%（約 210 億美元）；在每個市場的區隔中又還有更小的市場利基，例如 Fortune 500 大企業的電腦輔助訓練市場，以及小型企業的的電腦輔助訓練市場（參見圖 2.1），知名的訓練公司主導了大企業的電腦輔助訓練 150 億美元市場，但仍有極需合理價格之訓練服務的 60 億美元小公司利基市場。

市場機會
（market opportunity）
關於公司企圖進入的交易市集，以及這個交易市集中這家公司可取得的潛在財務機會

交易市集
（marketspace）
一個具有真實或潛在商業價值的領域

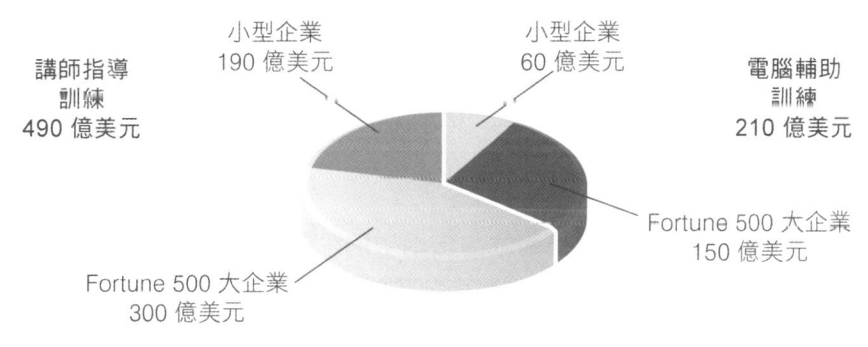

圖 2.1　軟體訓練市場的交易市集和市場機會

- 講師指導訓練　490 億美元
- 小型企業　190 億美元
- 小型企業　60 億美元
- 電腦輔助訓練　210 億美元
- Fortune 500 大企業　150 億美元
- Fortune 500 大企業　300 億美元

競爭環境

競爭環境（competitive environment）
關於在同一個交易市集運作，販賣類似產品的其它公司

一家公司的**競爭環境**（competitive environment）與該公司在同一個交易市集中賣相同產品或服務的其他公司有關，它同時也與存在的替代商品、潛在的新進競爭者，及與公司相關之客戶及供應商的影響力相關，本章將會討論公司的環境。一家公司的競爭環境主要受到活躍競爭者的數目、生意的範圍、每個競爭者所占的市場大小、競爭公司的獲利程度，以及競爭者的產品定價等因素影響。

公司通常會同時有直接和間接的競爭者。直接競爭者是指在同一個市場中銷售相似商品者。間接競爭者是指在不同的產業，但是銷售的產品依然可能成為彼此的替代品，所以還是有著間接的競爭關係。舉例來說，汽車製造商與航空公司屬於不同產業，但因為他們都是提供交通上的運輸工具，所以還是有間接的競爭關係存在。分析競爭環境可以瞭解競爭者的情況，藉以評估獲利空間以及利基是否足以獲利。

競爭優勢

競爭優勢（competitive advantage）
公司如果可以生產出高級的產品，並（或）以低於大部分或全部競爭者的價錢在市場販售，此即達成了競爭優勢

公司達到所謂的**競爭優勢**（competitive advantage），是指當公司可以生產出較高級且具優勢的產品，且（或）能以低於競爭者的價格推出（Porter, 1985）。另外，公司在規模上也會有競爭，有的公司可以打入全球市場，但有的只能發展成全國性或區域性的市場。能以低成本提供高級產品的全球性公司，佔有相當優勢。

公司能達到競爭優勢的一個重要因素，是因為他們能夠取得競爭者所沒有的獨特生產資源，在短期內至少會佔有很大的優勢（Barney, 1991）。這個優勢可能是這家公司可以取得很優惠的供應商、承運商或勞力條件，這家公司可能比其他競爭者擁有更多的資深、聰明且忠誠的員工，也許是這家公司擁有他人無法模仿的產品專利，或者它可透過之前的商業夥伴由網絡取得資金，亦或有其他公司無法仿效的產品，以及受歡迎的品牌名稱及形象。當市場中的參與者擁有比其它人更多的資源時，不論是財務支援、知識、資訊或力量，就稱為有**不對稱**（asymmetry）的存在。而不對稱使得某些公司能有更高的利潤，也可以推出比競爭者更快、更低成本的產品。

不對稱（asymmetry）
當市場中任一個參與者有比其它參與者更多的資源，就有不對稱存在

先進者優勢（first mover advantage）
首先為某交易市集提供產品或服務的公司所得到的競爭市場優勢

另一種獨特的競爭優勢是做為市場中的先趨者，**先進者優勢**（first mover advantage）是指第一個進入某交易市集中提供產品或服務的公司所取得的競爭市場優勢。如果此優先進入者能成功的建立起忠誠度，或是擁有別人難以模仿的特殊優勢，它們就能長時間保有這份優勢（Arthur,

1996），如 Amazon。然而在過去以來，大部分科技導向的創新商業中的先進者卻缺少**互補性資源**（complimentary resource）來保有優勢，反而是跟隨的公司會奪去最大獎（Rigdon, 2000; Teece, 1986）。的確，本書中所討論的許多成功個案都是屬於後來的跟進者，學習先驅公司的失敗經驗，獲得商業知識後才進入市場。

有些競爭優勢是被稱為「不公平」的。這種**不公平的競爭優勢**（unfair competitive advantage）是發生在一家公司將其優勢建立在其他公司無法購買的因素上（Barnet, 1991）。例如，品牌名稱是無法購得的，這就是個「不公平」的優勢。本書於第 6 章會討論到，品牌是建立於忠誠度、信賴、可靠與品質上面。一旦取得了，將很難去複製或模仿，且公司可針對該品牌的產品收取高價。

完美市場（perfect market）是指沒有競爭優勢或不對稱的發生，因為所有的公司取得生產因素的機會都是相同的（包括資訊和知識）。然而，真實的市場是不完美的，而且因不對稱造成的競爭優勢現象至少都會存在一小段時間。公司利用它們的競爭優勢，在周遭市場中達到更多優勢時，就是在**有效運用**（leverage）它們的競爭性資產，例如 Amazon 有效運用他們公司龐大的顧客資料庫和電子商務經驗來跨足線上零售業的市場。

市場策略

一家公司的身分地位再高，它的**市場策略**（market strategy）與執行依然一樣重要。一個最好的商業概念或想法若無法成功地推銷給其潛在客戶，也可能會失敗。行銷就是為了把公司的產品與服務推展到潛在顧客中的所有事情，而市場策略，就是將如何進入一個新市場、如何吸引新顧客的方法彙整出全部細節的計畫。

例如 FreshDirect 一部份的策略是發展和供應商的緊密合作關係，以直接從源頭用較低的價格購入產品，這使得他們得以用較優惠的價格賣給消費者，藉由與供應商的友好關係讓 FreshDirect 提升對市場的競爭力。YouTube 和 PhotoBucket 使用社交網絡行銷策略，鼓勵使用者免費在自己的空間發表內容、建立個人資料頁面、與朋友聯繫、建立社群，在這個例子裡消費者就是行銷人員！

組織發展

儘管許多企業的創始人都是很有遠見的人，但很少人能夠真的靠一己之力把構想變成幾百萬的大公司。在大部分的個案中，員工以及一系列的商業

互補性資源（complimentary resources）

並非直接包含於產品生產過程中所需的資源或是資產，但仍是公司成功的一環，例如行銷、管理、財務資產以及公司聲譽

不公平競爭優勢（unfair competitive advantage）

當一家公司利用其它公司無法購買的因素來發展出優勢，就產生不公平競爭優勢

完美市場（perfect market）

一個沒有競爭優勢也沒有不對稱性存在的市場，因為所有的公司都能有相同的機會去得到生產所需之元素

有效運用（leverage）

公司利用它們的競爭優勢，在周遭市場中達到更多優勢時，就是在有效運用（leverage）它們的競爭性資產

市場策略（market strategy）

把打算如何進入新市場，以及吸引新顧客的方法，匯整所有細節整理而成的計畫

組織發展（organizational development）

描述公司要如何整合需要完成的工作計畫

程序才能真正幫助公司快速成長 — 特別是在電子商務中。簡單來說，所有的公司都需要一個能夠有效實行商業計劃和策略的組織，許多失敗的電子商務公司或是企圖嘗試電子商務的傳統公司，都是因為缺少組織結構以及支援新型態商務所需的有利文化價值（Kanter, 2001）。

想要成長的公司，都需要有一份用以描述公司如何完成所需工作的完整計畫。一般的工作都會分到幾個不同的部門，包括生產、運送、行銷、客戶支援和財務。這些部門的工作內容都是必須先定義好的，然後再依不同的需求招募不同的員工。而隨著公司不斷的成長，招募就必須更專業化。

舉例來說，eBay 的創立者 Pierre Omidyar 建立了一個線上拍賣網站，就是為了使他女友能夠與其他同樣在收集 Pez dispenser 的人，相互交流。但在幾個月內，交易量就遠遠超越他原本所能負擔的工作量，所以他開始僱用有較多商業經驗的人來幫助他。很快的，這家公司有了許多員工、不同的部門、以及不同職責的主管。

管理團隊

事實上，在商業模式中被認為最重要的元素，是負責推動這個模式中所有工作的**管理團隊**（management team）。一個強而有力的管理團隊能夠讓投資者可以信賴這個商業模式，同時也肯定他們擁有特定市場知識與實行商業計劃的經驗。一個有力的管理團隊不一定能夠挽救一個弱勢的商業模式，但他們必須能夠改變這個模式，並能夠重新定義它，讓它變為可能成功的模式。

最後，大部分的公司都會同時有多位資深經理或主管，不過值得注意的是，這些主管的能力可能是公司的競爭優勢，但也可能是劣勢。此時公司最大的挑戰，就是必須在遇到困難時，能夠找到既有經驗、又有能力把這個經驗套用到新情勢上的人。

電子商務商業模式分類：一些困難

電子商務商業模式每天不斷的更新、產生。各種商業模式在人類的想像力不斷延伸，因此本書無法窮舉出所有的商模式。雖然書中可以盡量列舉出各種不同電子商務範疇內的執行模式，並描述他們不同的特點，但重點是必須知道，並沒有一種真正正確的方式，可以為這些商業模式進行分類。本書將依照利用電子商務的不同角色來區分商業模式，如 B2C、B2B、C2C 等等。不過值得注意的是，基本上相似的商業模式並非單單只出現在一個

管理團隊
（management team）
負責推動公司內商業模式的人員所組成之團隊

種類之下，如電子零售商（e-tailer）和電子配銷商（e-distributor）就很相似只是分屬 B2C 和 B2B。

不同的電子商務技術種類也影響了商業模式的分類。例如：行動電子商務（M-commerce），表示其商務作業是利用無線通訊來完成的；而電子零售商務（e-tail）的商業模式同樣的也可以用在行動電子商務上面，而這個商業模式基本上跟在 B2C 類別使用的一樣，只是他同時也需要行動商務的功能來做為模式的輔助。

最後，值得注意的是，有些公司同時運用了好幾個商業模式，例如，eBay 最開始的時候是被視為 B2C 的市場建立者，但同時也被認為具有 C2C 的商業模式。而且若 eBay 增加了讓客戶可從他們的電話或無線網路電腦等無線通訊技術來競標，eBay 也可被看成是一種 B2C 行動電子商務商業模式。可以預測的是，基本上許多公司的商業模式都會與 B2C、B2B 和行動電子商務等有著密不可分的關係，而主要的目的就是能夠充分的利用資產與投資將一種商業模式發展到另一種新的不同模式中。

2.2 主要的企業對消費者（B2C）商業模式

最有名也最為熟知的電子商務是企業對消費者（B2C）的電子商務，這是一種企業企圖爭取個人消費者的電子商務模式。表 2.3 說明 B2C 範疇使用的主要商業模式。

入口網站

許多**入口網站**（portal）像是 Yahoo、MSN 以及 AOL 等，提供使用者強大的搜尋引擎工具，同時也在同一個介面中提供了一整套的服務內容，例如新聞、電子郵件、即時訊息、行事曆、購物、音樂下載、影音服務等等。一開始的時候，入口網站被大眾視為進入網路的一個窗口通道，但今日的入口網站商業模式已轉變為成為目標網站，他們的市場定位為消費者上網的起始處並且希望他們長時間停留讀新聞、找樂子或是與其他人互動（想像休閒渡假村）。這個市場機會非常大：2008 年，不論是在家或上班，美國大約有 1.73 億人在工作或家中使用網際網路（eMarketer，Inc., 2008a）。此類入口網站的主要獲利來源，是收取廣告刊登的費用、收引介顧客到其他網頁的仲介費，以及進階服務的費用。

入口網站（portal）
提供使用者強大的網路搜尋工具，還有一整套的服務和內容

表 2.3 B2C 商業模式

商業模式	變化	範例	說明	獲利模式
入口網站	水平／一般	Yahoo AOL MSN	提供一整套的服務和內容，例如搜尋、新聞、電子郵件、聊天、音樂下載、影音串流和行事曆。希望能成為使用者的基地	廣告費、訂閱費、手續費
	垂直／特殊（Vortal）	Sailnet	提供服務和產品給特殊市場	廣告費、訂閱費、手續費
	搜尋	Google Ask.com	主要集中在提供搜尋服務	廣告費、合作廠商
	虛擬業者	Amazon	零售業的線上版本，客戶可以不用離開家裡或辦公室，隨時都可以購物	商品銷售
	虛實合一	Wal-Mart.com Sears.com	已經有實體商店的公司在線上的配銷管道	商品銷售
	郵購業者	LLBean.com LillianVernon.com	郵購目錄的線上版本	商品銷售
	製造商直銷	Dell.com Mattel.com Sony.com	製造商直接做的線上銷售	商品銷售
	內容提供者	WSJ.com Sportsline.com CNN.com ESPN.com RealRhapsody	像報紙、運動網站和其它線上資源等資訊和娛樂提供者，提供客戶最新新聞和特殊興趣消息、基本指南和秘訣或資訊販售	廣告費、訂閱費、合作廠商介紹費
	交易仲介商	E*Trade Expedia Monster Travelocity Hotels.com Orbitz	線上銷售交易的處理者，例如股票經紀和旅行社，協助客戶更快更經濟地完成事情以增加客戶的生產力	手續費
市場創造者		eBay Priceline	Web 事業利用網際網路技術，創造出一個仲介買方和賣方的市場	手續費
服務提供者		VisaNow.com xDrive Linklaters BlueFlag	藉由銷售服務、而非產品給使用者來獲利	服務銷售
社群提供者		iVillage Friendster MySpace Facebook About.com	有特殊興趣、嗜好和共同經驗的個人或社交網絡聚集的網站	廣告費、訂閱費、合作廠商介紹費

雖然有許多入口網站／搜尋引擎，但前五大網站就佔去了 95% 以上的搜尋引擎流量（Google、Yahoo、MSN/Windows Live、AOL、Ask.com），因為它們打出了品牌的知名度與辨識度（Nielsen Online, 2008）。前幾大網站有些是極早就出現在網路市場中的，因此擁有了先佔優勢，第一個進入市場者有其一定的優勢，因為客戶會相信他的可靠性，而且若顧客想轉換到其他業者的服務時，會有轉換成本。先進者取得主要的市佔率，例如單一的電信網路，能提供使用者較通用的標準和使用經驗。

Yahoo、AOL 和 MSN/Windows Live 等其他相似的網站被稱為水平入口網站，因為它們將自己的市場定義為包含了所有的網際網路使用者。垂直式的入口網站（有時稱為 vortal）是指試著提供與水平入口網站類似的服務，但他會將自己的服務內容集中在特定的市場區隔上，如以美國八百萬帆船玩家為目標用戶的 Sailnet。雖然垂直入口網站能吸引的使用者數量遠比水平入口網站要少得多，但是如果能在這個市場區隔中佔有一席之地，廣告商還是會花錢企圖吸引目標族群的注意。同樣地，往往使用垂直入口網站的使用者會願意花較多的錢換取想要的內容服務。

電子零售商

線上的零售商店不論大小通常稱為**電子零售商**（e-tailer），大至 Amazon 的網路書店，小至地方性有網站的小型商店。除了顧客可在網路上確認庫存與訂單以外，電子零售商與傳統的實體商店類似，有些是實體店面與網路商店兼備，例如，JCPenney、Barnes & Noble、Wal-Mart 和 Staples 就是這類電子零售商最好的實例。而有些網站，只在虛擬市場做交易，並沒有實際的實體商店，如 Amazon、BlueNile.com、Drugstore.com 就是這種類型的電子零售商實例。另外也存在幾種不同電子零售商的型態，例如線上版郵購、線上購物中心和線上製造商直銷（Gulati and Garino, 2000）。

根據統計，2008 年美國全部的零售市場估計有 4 兆美元左右（U.S. Census Bureau，Economic and Statistics Administration, 2008）。每個網際網路使用者都是潛在客戶，而覺得時間不夠用的客戶更是這塊市場的推動者，因為他們希望不用出門就可滿足生活所需（Bellman, Lohse, and Johnson, 1999）。產品是電子零售商的獲利模式基礎，客戶付錢購買網站所提供的特定產品。

電子零售商（e-tailer）

線上的零售商店

科技觀點

搜尋、廣告和應用服務：Google（以及微軟）的未來

當全球資訊網（Web）剛開始被創造時，沒有人能想像線上搜尋在 2008 年時會成長為超過 100 億美元的事業。事實上早期的專家認為線上搜尋會成為一個日常商業，至多在電子商務中是小利基企業，但是在 2008 年美國搜尋廣告佔了線上廣告市場的 40%，年成長約 20%，搜尋引擎大受好評，也帶來更大的網際網路廣告市場，估計約有 260 億美元。美國大約 85% 的網際網路使用者每個月至少使用一次搜尋引擎，2008 年 5 月，十大搜尋引擎處理了約 78 億筆搜尋，平均每天 2500 萬筆。沒有人知道網路搜尋需求的極限在哪裡，但是隨著搜尋的成本（錢和時間）逐漸降低，而搜尋引擎的能力增強，很明顯的搜尋將是主要的科技導向網路產業，而愈不明顯的是誰實際主宰了這個市場，以及科技最後會扮演什麼樣的角色。一個相關的問題是有多少搜尋引擎在競爭結束後會存留下來？

目前以下五個網站包辦了超過 95% 的網路搜尋：Google（59.3%）、Yahoo（16.9%）、MSN／Windows Live Search（13.3%）、AOL（4.1%）以及 Ask.com（2.1%）。真正的搜尋大宗是 Google 和 Yahoo，合計包辦了超過 75% 的搜尋量；2005 年 2 月微軟推出它自己的搜尋引擎技術，佔了一部份 Yahoo 和 Ask.com 的市場；AOL 並沒有獨立的搜尋技術能力，他的搜尋結果和廣告都是向 Google 購買的。

這幾間公司當中，Google 是唯一以搜尋引擎為主要業務且相當出色的「純」搜尋引擎公司，其他公司有的是以入口網站（portal）型態存在（Yahoo 和 AOL），微軟則是全球 95% 桌上型電腦作業系統的供應商。2004 年 Google 成為上市公司，而使其資產大幅提高以支援進一步的成長擴充。美國證券交易委員會中有關於 Google 的文件指出搜尋生意的獲利已經成長到什麼規模。2007 年 Google 的收入是 166 億美金，其中 99% 來自各種型態的搜尋廣告收入，Google 的淨收入（獲利）是 42 億美金。當 Google 以獨特的搜尋技術作為他們的商業模式基礎，搜尋以及搜尋引擎廣告的成長已經開始減緩（從 100% 年成長率到 2007 年時已經降到 20%，預估在 2011 年會降到 15%），Google 也相應地轉換成主打三種產品：搜尋、廣告、應用服務（應用軟體）。

搜尋引擎的龍頭公司已經換過好幾家，第一回合搜尋引擎戰中，原本的關鍵字搜尋引擎（例如 Alta Vista）被有優秀技術的 Google 和除了搜尋外還提供其他內容的 Yahoo 取代。第二回合一家叫 GoTo.com 異軍突起躍上臺面，並且快速地創造了付費購買搜尋引擎上位置的市場。取代模糊的搜尋引擎排行演算法，這種付費買位置的方式讓企業可以付費購買 Top 1 的第一個排行順位，而且只有在被點選時才付費，GoTo.com 成長為 Overture.com（2003 年被 yahoo 買下），幾年後可能就會跟 Google 一樣大。

Google 早期透過它獨有的優良軟體技術和有效率的硬體建設來達到它龍頭的地位。Google 是在 1998 年由兩位研究資料探勘和資料分析的史丹佛研究生 Sergey

Brin 和 Larry Page 所創，此搜尋技術後來成為他們事業的基礎，Google 一秒內可以搜尋數以百萬計的網頁。早期的搜尋引擎如 Alta Vista（曾經佔有九成搜尋引擎市場）僅只是計算在頁面上關鍵字出現多少次來決定該頁面排行，如果你搜尋「iPhone」，Alta Vista 會列出網站首頁跟其他有最多 iPhone 這個字的網頁，而 Google 則是以網頁的熱門程度、內容作為最重要的排行依據，愈多網頁連結到該特定網頁，這個網頁在 Google 的網頁排名（PageRank）就會上升，這稱為鏈結分析（link analysis）與檢索的服務是獨立分開的。一旦已做好所有全球資訊網上的索引網頁的排名，Google 還會考慮其他因子，例如網頁上的文字內容、連結的結構、網頁上的鄰近關鍵字、字體、標頭、鄰近網頁的文字等，他們使用數個軟體演算法和利用未公開數量的伺服器來完成每個搜尋，謠傳有 10 萬台到 45 萬台不等的伺服器放在世界各地的伺服器「農場」（farms）裡，許多人相信 Google 擁有全世界最大的計算系統。

在 Yahoo 和微軟還有其他較小但受歡迎的搜尋引擎（如 AOL 搜尋市佔 4%、Ask.com 市佔 2%）持續投資下，Google 是否能夠保持它在搜尋的技術優勢還是個未知數。原始的網頁評比 PageRank 專利為它的創造地史丹佛大學所擁有，期限到 2017 年，而 Larry Page 和 Sergey Brin 則擁有獨佔性的授權至 2011 年，這個專利的效力尚未被測試過，而且有許多可以避開專利限制的類似設計。

對 Google 而言，分析社交網絡、評比傳送及接收最多連繫（communication，也就是 link）的「參與者的影響力」幾乎是很新穎的觀念，但是對於 1950 年代研究社群社交網絡的社會學家而言，它只是基本的洞察力而已。在搜尋引擎的競爭中，很明顯的搜尋本身並不是關鍵要素，它只是致勝手牌的基礎，必要，但尚不足以致勝。

Google 的策略在過去是擴展它搜尋的長處到兩個領域中，並嘗試以創造、發明來跳脫競爭。這兩個新領域分別是廣告和應用服務：CEO Eric Schmidt 的說法是「Google 就是搜尋、廣告和應用服務」。Google 已經擴展到搜尋圖片、書籍、學術、內容、金融和新聞，並藉由 AdWords 和 AdSense 程式拓展廣告服務。AdWords 是一個拍賣程式，可讓廣告商競標 Google 頁面上的廣告位置，而 AdSense 則是讓 Google 把廣告放在「發行者（publisher）網站」上（基本上任何全球資訊網的網站都是一個發行者網站），基於網站的內容提供相關的廣告。其它服務包括 Google 地球（地圖、地球、當地資料）和 Google Checkout（線上錢包）。

Google 也開始涉入微軟的應用軟體市場，提出了包含 Gmail、文件、試算表、行事曆、Groups、Orkut（一個社交網絡環境）以及 Blogger 等服務。假使你錯過了過去的二十年，那麼可以提示你上面那些服務多數是微軟目前所壟斷的辦公室應用軟體。要如何定位 Google 以 16.5 億美元買下 YouTube 的事件？華爾街分析師也對這個問題很頭痛，YouTube 是三樣東西

組成：它是一個儲存和分享影片的線上應用軟體、是一個搜尋影片的系統、是廣告商夢想成真的地方，根據 comScore 指出，2008 年 1 月有將近 8000 萬使用者觀賞超過 30 億個由使用者上傳的影片。

Google 的應用軟體或許受歡迎，但他們尚未帶來大量獲利，且微軟仍然「擁有」全世界 95%個人電腦的辦公室軟體環境，Google 的收入仍然幾乎全部（99%）來自於搜尋和廣告（包含 AdWords 和 AdSense）。而且微軟也投入幾十億美元研發他們自己的搜尋引擎，目前為止，它只增加了 AOL 和 Ask.com 的佔有率，市佔率約在 13%-14%之間（相較於前一年的低於 10%是有進步了），Google 的市佔率則是小幅從 51%成長到 53%。

在一個人生模仿藝術（life imitates art）的時刻，兩家公司都購買廣告網路來協助目標廣告行銷，Google 在 2007 年 4 月以 31 億美元買下 DoubleClick，微軟強力反對這樁採購案，抗議他們違反反競爭協議（anti-competitive），一個月後微軟就以 60 億美元買下了 aQuantive，堪稱微軟史上最大的併購案。早在 2006 年時，它也買下了遊戲廣告的先驅 Massive 公司，專利、壟斷的這些少數把持者並沒有羞恥心！

未來意味著會有一場全球最大的網路技術巨人之間對於搜尋、廣告和個人電腦應用軟體的控制的昂貴競賽。別轉台，持續觀察。

進入障礙
（barrier to entry）
進入一個新的交易市集所需的總成本

智慧財產
（intellectual property）
關於各種可被放入實體媒介中的人類表達方式，例如文字、CD、或是 Web

內容提供者
（content provider）
在 Web 上散佈資訊內容，例如電子新聞、音樂、照片、影片和藝術作品

然而，這個市場競爭非常激烈。因為電子零售市場的**進入障礙**很低（barrier to entry，進入新市場的全部成本），線上商店如雨後春筍冒出，要獲利並存活相當困難。試圖要吸收每一個上網的使用者之線上公司，資源消耗速度是非常快的，若要能獲利，首要之務便是開發一個利基策略、並清楚地指出目標市場和市場需求。電子零售業成功的關鍵在於維持低成本、廣泛的商品選擇和控制存貨，而存貨是其中最難估計的（請參閱第 9 章探討的線上零售商店相關主題）。

內容提供者

雖然網際網路可以用在許多不同之處，但最主要的用途之一，就是提供「資訊內容」，這可被定義為包括各種**智慧財產**（intellectual property）的內容資訊，智慧財產是指可轉換為文字、CD 或 Web 等實體媒體之人類表達方式（Fisher, 1999）。**內容提供者**（content provider）就是專門將這些資訊內容散布在網路中，例如電子新聞、音樂、照片、影片和藝術作品等。

在 2005 年美國的消費者總共花了 20 億美元在獲得線上內容（Online Publishers Association, 2006）。自此之後，線上音樂、電影等成為市場重要的一部份，並預期 2008 年將會創造超過 36 億的收入（eMarketer, Inc., 2007b; 2007c; 作者推測）。

內容提供者的主要收入是向訂戶收取訂閱費，如 Harvard BusinessReview。然而並非所有的線上內容提供者都會收取費用，例如 Sportsline.com、CNN.com 和許多其他的線上報章雜誌，使用者都可以免費取得這些網站上的新聞和最新資訊，因為這些受歡迎的網站可以利用其他的方法獲利，例如透過站上的廣告和合作公司的推廣。

一般來說，擁有內容就是成為專業的內容提供者之關鍵，因此傳統的版權擁有者（例如書本或報紙的出版商、廣播電視的傳播電視、音樂出版商和電影工作室）都佔有極強大的優勢。不過，內容提供者有時並非同時為內容的擁有者，只是將他人的內容資訊做了整理與統合而產生的內容。聯合內容資訊（syndication）是標準內容提供者模式的一種變型，而另外一種新的內容提供者是網路整合者，業者不單單只是將所收集到的資訊呈現，它並更進一步加以整理，注入新的價值，Shopping.com 就是將既有的價格資訊重新整理加值，然後轉賣給想要在網站上打廣告的廣告商（Madnick and Siegel, 2001）。

任何新興公司若想藉由提供內容來獲利，除非自己擁有了其他公司難以取得的特別資訊，否則就會面臨極大的困難。這個商業類型多數是由傳統的內容提供者主導。

交易仲介商

交易仲介商（transaction broker）是指處理一般由人工、電話或郵件來處理的消費者交易的網站，使用本商業模式的大宗是金融服務業、旅遊服務業以及工作媒合業。線上交易仲介商最重要的價值主張是可以幫顧客節省金錢與時間，除此之外，大部分交易仲介商還提供額外的即時資訊及建議。像 Monster.com 網站就提供求職者與顧主一個找到適合的工作或是人才的全國性交易市集，吸引使用者使用此網站的動力就是便利與資訊的即時性。另外，像線上股票經紀商對客戶所收取的手續費就少於傳統經紀商，而為了吸引更多的新客戶，還提供如現金或免費交易次數等優惠（Bakos, Lucas, et al., 2000）。

線上交易仲介的市場機會很大，因為根據資料顯示，消費者對於財務規劃和股票市場的興趣在不斷提升中；然而，雖然已有數百萬客戶漸漸的轉換成由線上仲介商經手，還是有很多人不願轉換，造成這個現狀的原

交易仲介商
（transaction broker）

為消費者處理一般由人工、電話或郵件來處理的消費者交易的網站

因，部分是因為害怕隱私被侵犯以及失去個人財務的控制權，交易仲介商必須強調與克服安全性問題以讓使用者安心。

每當交易發生，交易仲介商就可獲利。對這類的公司來說，吸引新客戶並鼓勵所有客戶常常交易是產生獲利的一大關鍵。而因為新進入者不斷加入，且提供客戶更多的折扣，仲介商之間的競爭隨著時間也越演越烈。在這個市場的先進者，如 E*Trade、Ameritrade、Datek 和 Schwab 等，在早期採取了許多昂貴的行銷活動，甚至願意支付到 400 美元來取得一位客戶。然而，現在線上交易仲介必須直接與跨足電子仲介的傳統仲介商競爭，競爭激烈遠超過以往，合併的現象也正出現在這個產業中。

市場創造者

市場創造者（market creator）專門建立數位化的環境，好讓買方和賣方可以有機會找到彼此、展示商品、搜尋商品，並訂定產品價錢。主要的例子有讓消費者自訂旅遊住宿價格的 Priceline 和 eBay 拍賣。eBay 的拍賣商業模式是創造一個數位化電子環境給買賣雙方接觸、議定價錢、進行交易，並從中抽取交易手續費。若公司能有夠吸引買賣雙方到交易市集的財務資源和行銷計畫，市場創造者成功的機會是可以很大的。在 2008 年 6 月時，eBay 有將近 8450 萬個活躍會員，而這些會員就集結而成了一個有效的市場（eBay, 2008）；想要成為一個市場創造者的新公司，必須不斷積極做品牌上的推廣，才能吸引到足夠的消費者大眾來信任它並利用它。

除了行銷和品牌的推廣，公司管理團隊和組織也是創造新市場能否成功的關鍵因素，例如，有些主管若能擁有類似經驗，成功的機會也相對較大。在市場創造者中，速度往往會是成功的一個關鍵，有時成敗就要看公司主管是否有能力與經驗來快速經營事業、擴展市場。

服務提供者

相對於電子零售商在線上出售產品，**服務提供者**（service provider）則是在線上提供服務。Web 2.0 應用，如影音分享、使用者自創內容分享（在 blog 或社交網站中）等，都是提供給消費者的服務，Google 發展 Maps、Docs、Gmail 等應用率先走在前方，ThinkFree 和 Buzzword 也推出 Microsoft Word 以外的線上選擇。有些服務提供者會直接收取服務費用、另一些則是利用其它獲利的來源，例如廣告或收集可立即用在行銷的個人資訊，或是像 Google 採部份收費，若想要企業版的 Google Apps，平均每員工需付 50 美元。

當然有些服務是無法被線上服務提供者所取代，如看病和修理汽車，不過可透過網路進行預約。但擴大層面來看，線上服務可提供更多元的內

市場創造者
（market creator）
建立一個數位化的環境，讓買方和賣方可以碰面、展示產品、搜尋產品，並訂定產品價格

服務提供者
（service provider）
在線上提供服務

容。許多的金融交易仲介商提供大學學費和退休計畫等服務，旅遊仲介除了提供訂機票和旅館的交易服務之外，也會有相關的假期規劃服務。到目前為止，許多銷售實體產品的公司目前所追求的有力商業策略，就是在現有的公司中再加上線上購物的服務。

這些服務提供者所採用的基本價值主張，就是他們提供消費者一個比傳統服務者更有價值、便利、省時、低成本的服務模式，也可能是他們找到了一種在 Web 中新出現的獨特服務，如搜尋引擎。研究指出消費者會使用線上購物服務的主因就是沒有時間，他們沒有時間去領包裹、跑銀行，因此服務提供者的市場機會就跟多元的服務一樣大，並有超越實體商品的實力。我們生活在服務導向的社會和經濟體中，消費者對方便的產品與服務的需求與日俱增，服務提供者必須安撫消費者使用線上服務的恐懼，並且建立現有客戶與潛在客戶的熟悉度及信心。

社群提供者

儘管網路的社群已是舊有的東西，但社群提供者提供這種網站服務就是要讓想法相近的人能夠有一個不受時空阻礙認識和交談的管道。**社群提供者**（community provider）創造了數位化的線上環境，讓興趣相投的人可以在上面進行交易（買賣商品）、分享影音相片、想法交流、取得興趣相關資訊，甚至利用線上的虛擬人物來製作幻想。數以百計的社交網站如 Facebook、MySpace、Twitter 等提供使用者建立社群的工具與服務。

社群提供者的基本價值主張，是創造一個快速、方便、集中的場所，讓使用者能就他們感興趣議題做進一步的交流；這些提供者往往使用的是混合式獲利模式，其中可以包含訂閱費的收取、銷售收入、手續費、合作費，以及被集結之興趣族群所吸引的廣告公司支付的廣告刊登費。像 iVillage 這類的社群網站就是藉由與零售商合作以及廣告費來獲利。例如，父母在 Babystyle 上面尋找如何幫寶寶換尿布的訣竅時，會看到一個到 Huggies.com 這樣的連結，如果父母點選這個連結，然後在 Huggies.com 購買東西，Babystyle 就得到介紹費。

近年來，大眾對社群這個東西愈來愈感興趣，社群可以說是成長最快的線上活動。傳統線上社群發現網站上知識的廣度和深度是很重要的一個要素，社群會員經常尋求建議與知識，若缺乏有經驗的人員會嚴重打擊社群的成長；對新社群社交網站而言，成功的最大要素是容易使用、操作彈性大以及成功的客戶價值定位。線上社群網站受益於現實中的口碑效應、病毒式行銷，線上社群傾向於反映出現實中的人際關係，當你的朋友說他

社群提供者
（community provider）
創造數位化線上環境，讓有類似興趣的人們可以交易（買賣商品）、分享影音相片、與想法相近的人交談並接收興趣相關的資訊

們有 Facebook 個人首頁並邀請你來看的時候，你有更大的動機在上面也建一個自己的資料頁。

2.3 主要的企業對企業（B2B）商業模式

雖然大家都把注意力集中在 B2C 的電子商務上，但是其實第 1 章介紹的企業對企業（B2B）電子商務的商業規模大約會是 B2C 的十倍。例如，2008 年中各類 B2C 的電子商務總收入，約有 2580 億美元（eMarketer, Inc., 2008b），相較之下同年的各類 B2B 商務，則估計有 3.8 兆美元（U.S. Census Bureau, 2008），很明顯地大部分的電子商務收益是來自 B2B 的商務，且還有許多的活動是未被看見或是未知的。

表 2.4 列出 B2B 範疇使用的主要商業模式。

表 2.4 B2B 商業模式

商業模式	範例	說明	獲利模式
（1）電子交易市集			
電子配銷商	Grainger.com Partstore.com	經銷或總經銷店的網路版公司；提供保養、維修和操作材料；間接產品	販賣商品
電子採購商	Ariba Perfectcommerce	創造數位市場的公司，有數千個買家及賣家在此進行間接交易	市場媒合的費用；供應鏈管理，及交易完成服務
交換市集	Farm.com Foodtrader	獨立擁有的直接提供產品的垂直數位市集	交易的收費及佣金
產業聯盟	Elemica Exostar Quadrem	產業所擁有的垂直數位市場 開放給經篩選過的供應商	交易的收費及佣金
（2）私人企業網路			
私人公司網路	Wal-Mart Proctor&Gamble	公司所擁有的網路，用來連結供應鏈和少數合作公司	由網路所有者吸收成本，然後藉由製造及運送效率來彌補

商業模式	範例	說明	獲利模式
產業網路	1 SYNC Agentrics	產業所擁有的網路，用來制定標準，連結產業的供應和物流	由產業的公司會員所貢獻，藉由製造及運送效率來彌補；交易和服務的收費

電子配銷商

電子配銷商（e-distributor）是向各公司直銷商品與服務的公司。例如，W. W. Grainger 是保養、維修和營運（MRO）庶務用品的最大配銷商。MRO 庶務用品係指並非直接用來製造最終產品，所購買的商品或服務跟成品的生產沒有直接關係；過去，Grainger 主要是靠型錄銷售以及在都會區中的實體配銷中心，而它所銷售之設備的型錄在 1995 年於 Grainger.com 上提供，企業得以從中搜尋到超過 30 萬種產品。公司的採購代理商可以在上面用類別搜尋產品，例如馬達、HVAC 或機油，或是用特定品牌搜尋。

電子配銷商是一種會尋找並服務許多顧客的公司。然而，就如同交易市集（之後會介紹）般，臨界數量還是主要的影響因素，對電子配銷商來說，若要能吸引更多的潛在顧客，這個網站就必須提供愈多不同的產品與服務，因為客戶永遠喜歡享受一次購足的感覺，而厭倦必須瀏覽好幾個網站來尋找想要的零件或產品。

電子採購商

如同電子配銷商提供產品給其他公司般，**電子採購商**（e-procurement firm）則是建立並銷售一個能夠進入數位電子市場的通路。例如 Ariba 製作軟體協助大企業組織他們的採購流程，為一個公司建立數個小數位市場，Ariba 建立客製化的整合線上型錄給採購的公司（供應商可以在上面列出供應的貨品）；在銷售方 Ariba 提供軟體處理型錄製作、運輸、財務、保險事宜以協助小廠商賣給大買家。

B2B 服務提供者（B2B service provider）的收入分別來自於收取手續費、依據服務中所用到的工作站數量來計算費用，亦或是年費。它們提供採購公司精細的資訊以及供應鏈管理工具，讓公司能夠減少供應鏈成本。在軟體世界中，像 Ariba 這樣的公司被稱為**應用服務供應商**（application service provider, ASP），藉由達到**規模經濟**（scale economies），讓他們得以提供其他公司以較低的成本使用軟體。規模經濟是經由商務規模的擴

電子配銷商
（e-distributor）
直接向每個公司供應產品和服務的公司

電子採購商
（e-procurement firm）
創造且銷售進入數位電子市場的管道

B2B 服務提供者（B2B service provider）
銷售商業服務給其他的公司

應用服務供應商
（application service provider, ASP）
銷售網路應用軟體存取服務的公司

規模經濟
（scale economies）
經由商務規模的擴大所帶來的效益

大所帶來的效益,例如多複製一份軟體的邊際成本近乎是零,若能找到買家來購買昂貴的軟體無疑是可獲利的。

交易市集

交易市集(exchange)雖然目前還是屬於整個 B2B 中的一小部份,但因為它們潛在的市場規模而獲得 B2B 的注意力及早期投入的資金。交易市集是一個獨立的數位電子交易場所,它讓上百家供應商能與數量少但規模大的商業採購商在上面進行交易(Kaplan and Sawhney, 2000)。交易市集是由獨立、通常是建立市場的新興公司所擁有,它們是根據一個交易量的大小來向買賣雙方收取費用、創造收益。它們通常是提供服務給單一的垂直產業,如鋼鐵、化學物,且將其焦點放在直接輸入到生產的交易以及短期的合約或現貨買賣。

理論上,交易市集讓潛在的供應商、客戶及合作夥伴得以有一個地方找到彼此、互相交易,以省下大量的成本與時間,因此,它們的價值就在於可以降低交易的成本(達成一筆銷售或購買的成本),交易市集也能夠降低產品成本及存貨成本(將產品放置在倉庫中的花費)。事實上,由於要讓成千的廠商轉移到單一的數位市場會面臨激烈的價格戰,以及試圖改變存在已久廠商長期合作商業習慣,讓交易市集面臨嚴峻的挑戰,因此僅管目前還存在的公司都有成功的經驗,交易市集的數目已從 2002 年的 1500 多家減少到低於 200 家(Ulfelder, 2004; Day, Fein, Ruppersberger, 2003)。「商業觀點:Onvia 的發展」會更深入探討 B2B 交換市場為了成功生存所發展的商業模式。

產業聯盟

產業聯盟(industry consortia)是指在一個產業中的垂直交易市集(vertical marketplace),它專門服務如汽車、航太、化學、花藝或木材等特定產業;相對的,水平交易市集(horizontal marketplace)則提供特別的產品和服務給大多數的公司。垂直交易市集只供應一些跟它們產業相關的特定產品及服務給產業中的公司,而水平交易市集提供特定產品給不同產業的公司,如行銷相關、財務或電腦相關服務。

產業聯盟有著比獨立的交易市集更容易成功的機會,部份因為它們往往都有強大且資金雄厚的產業巨頭贊助,同時也因為它們是企圖加強傳統的採購行為,而非試圖改變它。

交易市集(exchange)
提供給供應商與商業採購者交易的一個獨立數位電子交易市集

產業聯盟(industry consortia)
產業所擁有的垂直交易市集(給特定的產業)

私有產業網路

私有產業網路（private industrial network 或 private trading exchange, PTXs）幾乎佔了所有大型公司 B2B 支出的 75%，且在不同的網路交易市集中的支出還遠超過這樣的比例。私有產業網路是一種專門讓同一個商務中各公司之間的通訊流程得以傳送的數位網路（一般是以網際網路為基礎，但並非絕對）。例如，Wal-Mart 設計了一個世界最大的私有產業網路，讓他可以與其供應商順利的運作，他的供應商每天使用 Wal-Mart 的網路來控制產品的銷售、運送狀態及目前的庫存量。B2B 電子商務十分倚賴一種稱為電子資料交換（electronic data interchange, EDI）的技術（U. S. Census Bureau, 2008）。而私有產業網路分為兩種：私有公司網路和產業級網路。

私有公司產業網路（single-firm private industrial networks）是最常見的一種私有產業網路型態，這類的公司網路通常是由一個大型的採購公司所有，例如 Wal-Mart 或是 Procter & Gamble。得以加入其中的網路會員是一些長期合作且信任的產品供應商，而私有公司網路一般是依據公司內部的資源規劃系統（ERP）而開發，且影響公司本身企業決策的主要供應商都必須能夠加入其中（eMarketer, Inc., 2004）。

私有產業級網路（industry-wide private industrial networks）通常是依產業聯盟關係發展起來的，這個網路通常是由產業中較大型公司聯合共用，以下為他們的幾項目標：提供一套正式的商業溝通標準用在該網路上、共享資源並開放技術平台來解決產業的問題、提供讓整個產業的會員能夠在上面合作的網路；另外一種說法是，這種網際網路的出現呼應了上述私人公司網路的成功。例如，Agentrics 就是一個全球化的私有產業級網路，它是設計用來簡化零售商、供應商、合作夥伴及配銷商間的交易流程，是一種提供給零售商及供應商間，企業對企業的交易市集。Agentrics 目前有過半全球 25 大零售商以及超過 200 個分別來自非洲、亞洲、歐洲、南美以及北美的供應商，合計交易額已達到了 1.2 兆美元。Agentrics 所提供的工具包括合作案設計工具、規劃及管理、協商及拍賣、訂單執行、需求收集、全球性的項目管理、全球性的支援、還有用英文、法文、德文及西班牙文的交易關係全球分類目錄，此目錄有供應商提供的 3 萬種以上的商品項目（Agentrics LLC, 2008）。

私有產業網路（private industrial network）
是指數位網路設計來作為協調同一商務中各公司間的通訊流程

商業觀點

ONVIA 的發展

很少新興的電子商業公司可以像 Onvia 一樣展現出他做為網路中間商的聰明抉擇，它是由溫哥華的中間商 Glenn Ballman 於 1996 年成立，一開始時是做為一個市場的傳接或是轉運者，目的是要幫忙 1500 萬的美國小型企業能有最好的商品與服務處理方式。Ballman 是由本身的自家公司出發，建立了一個網站讓小型的企業可以在上面進行買賣、取得其他小型公司的資訊、並在線上購買商用的軟體；成立之初，該公司叫做 Megadepot.com，而在 1998 年時為了吸引企業資金的募集，Ballman 就將其據點移到了西雅圖並改名為 Onvia.com（拉丁語的旅途中之意）；在 1999 年時，終於在幾次集資中累積到了超過 7100 萬美元的資金，而 Onvia 在 2000 年 3 月即以價格 21 美元公開上市，經由發行股票而又再次的募集到了 2.4 億美元。

到了 2000 年時，已有超過百萬的小型企業使用者以及幾千家的供應商使用 Onvia，除此之外，它還與 Visa 和 AOL 建立了策略聯盟，共同推出聯合品牌的網站到小型企業市場中。可惜的是，該公司依然沒有獲利，因為就像其他許多的市集一樣，它無法吸引到足夠的供應商願意加入去對抗在開放市場中的其他供應商，這個原因減少了市場中的商品與服務，也減少了交易的數量；也因為 Onvia 只有在貨品交易時才能賺到錢，所以他的收入一直無法達到收支平衡。在 2000 年 12 月時，Onvia 決定裁員 200 人，而他的股票也落到在 NASDAQ 中的底線價格 — 1 美元。

但創立者 Ballman 並不想就此輕易的放棄，因而著手進行了一個復甦的計畫，他把 Onvia 的線上購物軟體、硬體以及商用產品賣給了一個競爭者 — Firstsource Corporation，只留下了可使買賣雙方找到對方的網路設備，然後他將整個公司的市場目標由小型的企業服務市場，完全轉換到政府的採購與服務市場。在這個新的市場中，Onvia 計畫提供地方、州與聯邦政府代理商的採購服務，並吸引想要投入這個市場的其他小型企業客源。

2001 年 3 月 Onvia 買下了 DemandStar Inc，這家公司是企業對政府的買方平台供應商龍頭，已有超過 270 個政府的代理商會員；而 Onvia 在 2001 年 6 月時又買下了 ProjectGuides，這是一家全國最大的線上拍賣服務商，而這項併購策略讓該公司得以大量增加投標者進入市場的數量。它開始建造一個專門的資料庫 Oniva Dominion，現在有 500 萬筆採購記錄、27 萬 5000 個廠商檔案、並涵蓋 7 萬 8000 個政府的採購單位。

2005 年 Oniva 推出了 Onvia Business Builder，一個商業情報工具讓公司能從 Oniva Dominion 資料庫中挖掘需要的商業資訊；接著在 2006 年新增了 Oniva Navigator，一個加強版的資料庫搜尋工具。2008 年 1 月再推出另一個新產品 Oniva Planning and Construction，將解決方案延伸到廣告及住屋市場。Onvia 的收入來自於收取使用產品與服務的會費、授權內容給第三方使用的授權費以及銷售市場調查報告給顧客。

雖然還沒有開始賺錢，改變商業模式讓 Oniva 得以回穩，2002 到 2007 年這段

期間它的收入躍增了 3 倍,從 7 百萬跳到 2000 萬,到 2007 年 Oniva 終於第一次有年度的淨利。在 2008 年 6 月時 Oniva 有將近 8100 個合約客戶價值約 1820 萬美元。根據 Oniva 的 CEO Mike Pickett 所表示,Oniva 對於他們的發展十分滿意。2008 年 Seattle Times 的西北企業排名 Oniva 從 120 名躍升為第 26 名,看起來 Oniva 最後找到了可行的商業模式,它的股票市值最近約在 4 到 6 塊錢之間。

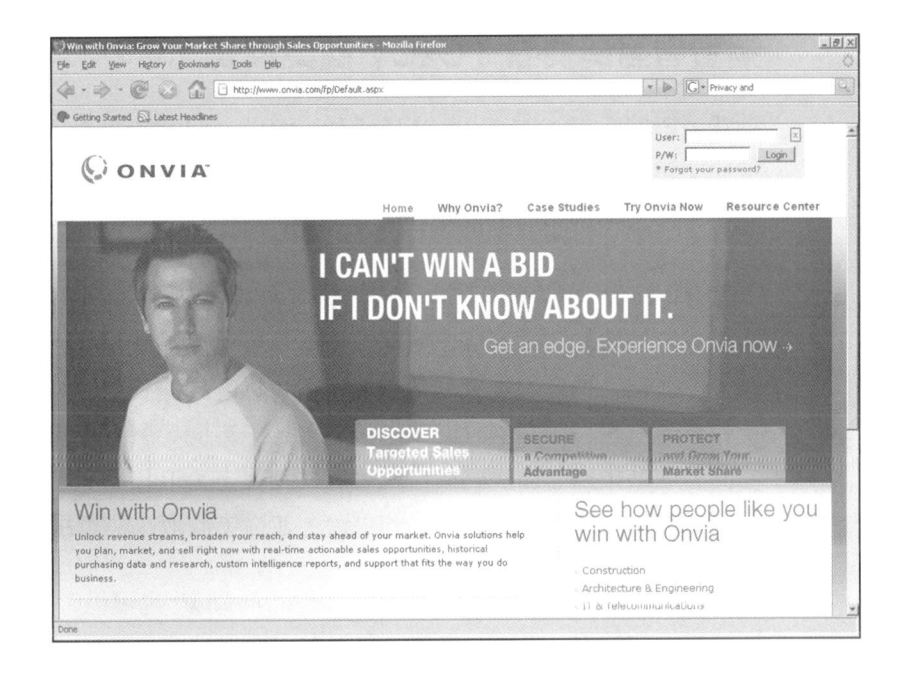

2.4 演變中的電子商務範疇的商業模式

通常提到一個企業,一般人會聯想到生產產品或物品銷售給客戶的企業。不過 Web 的出現,讓人們體認到一種新的企業模式已蔚然成形,例如消費者對消費者電子商務、點對點電子商務以及行動電子商務。表 2.5 列出了一些可在這個新興市場找到的商業模式。

2-25

表 2.5 演變中的電子商務範疇的商業模式

商業模式	範例	說明	獲利模式
消費者對消費者（C2C）	eBay.com Half.com	協助消費者聯絡上有物品要賣的消費者	手續費
點對點（P2P）	Kazaa.com Cloudmark	提供技術讓消費者得以無中央伺服器狀態在 Web 上分享檔案和服務	訂閱費、廣告費、手續費
行動電子商務（M-commerce）	eBay Mobile PayPal Mobile Checkout AOL Moviefone	利用無線技術延伸商業應用	商品銷售與服務

消費者對消費者（C2C）商業模式

消費者對消費者（C2C）的商業活動，提供一個讓消費者藉由線上公司的協助來銷售東西給彼此的管道。eBay.com 是這個商業活動中的最好實例，它使用了市場創造者的商業模式來開啟商機。

在 eBay 出現之前，有些個人消費者會藉由自家的車庫來做拍賣、跳蚤市場或慈善性的二手商店來處理掉一些不要的商品或是購入他人之二手商品。但在線上拍賣出現後，這些消費者可以輕易的找到買方，不再需要為了競標一項產品而踏出家門或辦公室，另一方面，賣方不需費心尋找零售店面的地點與擔心昂貴的價格就可以找到買方。eBay 讓有著相似想法的買賣雙方得到一個可以進行交易的平台，並從中收取小額費用作為報酬。

想取得二手商品但不喜歡競標活動的消費者，也可以考慮另一個 eBay 所擁有的網站 Half.com，它讓消費者在上面以自己設定的價碼賣出用過的書本、電影、音樂和遊戲。Half 會收取銷售額的 5%到 15%作為促成交易之佣金與報酬，當然，還會另外再向消費者收取運費。

點對點（P2P）商業模式

就如同 C2C 的模式，P2P 企業模式將使用者連接起來，讓他們不用靠共同伺服器即可互相分享檔案和電腦資源。P2P 公司重點是利用網路將使用者連結起來，以幫助個人能夠方便的取得上面的資訊。在過去，曾經因為使用者之間使用 P2P 的技術來免費分享有版權的音樂檔案，而觸犯了數位版權法；所以現在 P2P 企業急於找到的就是發展出可行的商業模式，才能在這個市場利用這種技術來獲利。

行動電子商務商業模式（M-commerce）

行動電子商務（mobile-commerce）簡稱 M-commerce，是利用新出現的無線技術來達到行動上網的能力，並採用了傳統的電子商業模式。無線網路使用了最新出現的頻寬以及通訊協定，把所有行動中的使用者也連到網際網路上，這樣的技術在日本和歐洲已經相當的普及，這幾年在美國也快速的發展。關鍵的技術是 3G 手機技術、Wi-Fi 無線區網以及藍芽短距無線傳輸。行動電子商務最大的優勢就是讓任何人隨時隨地可以存取網路。

目前全世界手機的訂戶數目（在 2008 年時約 30 億）還是遠高於網路的使用人數（TIA, 2008）。但在美國，手機的使用率遠遠低於歐洲和日本。然而 2007 年 6 月 iPhone 在美國上市，並在 2008 年 7 月推出 3G 款，對 3G 科技及其在電子商務定位的興趣又復甦起來。1997 年 Wi-Fi 的實作技術標準正式推出，美國及各國開始做深入的研究；分析家預測在 2008 年時全球已有超過 22 萬 5000 個無線網路熱點（Wi-Fi 的基地台，可以讓所有的網路設備連結上附近的無線網路）（JiWire.com, 2008）；同樣地手機中內嵌藍芽的數量也快速的以指數成長，美國 2007 年第四季有 70%銷售的手機含有藍牙功能。

即將有二種新興的無線網路科技會對現在的市場造成另一波的影響，其中一種是超級寬頻（無線 USB 的技術），他可以讓人在短距離時傳送極大的檔案，例如電影檔；而另一種技術 Zigbee 是類似藍芽的角色，它可以使所有的設備連結在一起，但使用較少的能量就可以傳到較遠的地方。

在新興科技不斷發展的今天，行動商務在美國的嘗試仍是讓人沮喪。根據 2007 年報告，美國 1000 大品牌只有 2%有經營行動網站，且在許多場合它們很少被用來做行銷工具（Siwicki, 2007），然而隨著 iPhone 以及類似功能的手機上市，這個情況已開始改觀，且 2008 年 9 月網際網路零售商調查發現約 7%的全球資訊網零售商現在有 m-commerce 的網站（Brohan, 2008）。伺服器端的軟硬體平台都已成熟，寬頻上網也就位了，跟電子商務其他領域一樣，各公司目前所面對的難題在於如何找到一個服務消費者又可以賺錢的 m-commerce 商業模式。最近顧客最高的需求主要是存取數位內容，例如個人化的手機鈴聲、遊戲以及桌布，隨著 iPhone 的推出，手機軟體也漸漸受歡迎；客戶專用的軟體也不斷大量的出現在高價值的個人化的交易中，像 AOL 的電影訂票系統、eBay 的行動系統、以及 PayPal 的 Mobile Checkout 行動付費平台。

打算倚賴推銷廣告的行動電子商務商業模式可能會面臨一場艱困的戰爭。

電子商務的促成者：掏金熱模式

在 1849 年加入加州掏金熱的近 50 萬採礦者中，只有不到 1%的採礦者得到了驚人的財富；然而如銀行、貨運公司、硬體公司、房地產投資者，以及如 Levi Strauss 等服飾公司，則成功的建立了長期的財富。在電子商務的討論中，相同的是有一群電子商務的促成者 — 網際網路基礎建設公司，它們提供了硬體、作業系統軟體、網路與通訊技術、應用系統軟體、網站設計、諮詢服務等等工具，讓電子商務得以成功的在 Web 上發展（見表 2.6）。

表 2.6 電子商務促成者

基礎建設	公司
硬體：網站伺服器	IBM、HP、Dell、Sun
軟體：作業系統和伺服器軟體	Microsoft、Red Hat Linux、Sun、Apache Software Foundation
網路：路由器	Cisco、JDS Uniphase、Lucent
安全性：加密軟體	VeriSign、Check Point、Entrust、RSA
電子商務軟體系統（B2C、B2B）	IBM，Microsoft、Ariba、BroadVision、BEA Systems
媒體串流方案	Real Networks、Microsoft、Apple、Audible
客戶關係管理軟體	Oracle、SAP、E.piphany
付費系統	VeriSign、PayPal、CyberCash
效能改善	Akamai、Kontiki
資料庫	Oracle、IBM、Mircosoft、Sybase
主機代管服務	Interland、IBM、WebIntellects、Quest

社會觀點

在無線世界能有隱私嗎？

你正走過必勝客，而你的電話響了，是誰打來的呢？不，不是你的父母、朋友或其他重要人士，它是必勝客，它們只是想讓你知道 pizza 正在特價：買一送一的優惠只到今天 6 點。想要尋找一個你只知道室內電話的某戶人家地址並找到地圖嗎？到 Google 上輸入那個人的電話號碼，上面的清單將提供給你這隻手機持有者的名字和地址，點擊一個按鈕你就可以取得目的住宅或公司的地圖，Google 叫他電話簿，但是卻從來沒有問你要不要加入，如果你夠努力的話，可以找到退出（opt-out）的地方。或者說你想要在你家中建立 Wi-Fi 無線網路（短程 802.11b 無線網路），在你的基地台 300 英尺內的鄰居都可以加入你的網路。

這些情境並不牽強，反而表現出現有科技的潛力，其中一些潛力是視親切的，或者說很人道主義傾向，舉例來說，自 2001 年 10 月所有的手機供應商都必須加入「E911」（Emergency 911）的功能，你的手機會安裝 GPS 晶片供緊急應變中心或是法律組織追蹤你的位置，即便你沒有開機。在真正的緊急事件這樣的功能很有幫助，如果你發生緊急事件並且使用手機求援，有關當局能夠立即找到你的位置。

雖然發展這些無線追蹤技術的主要目標是加強公共安全，但企業已經發展出商業模式應用這些技術。一些稱為適地性服務（location-based services）的公司（如 MapQuest）和當地產業合作，透過手機提供餐廳、戲院等娛樂場所指南。美國現在大約有 2.55 億手機使用者，很明顯的手機傳輸、地圖服務和當地商業這部份是很大的商機。2006 年手機廣告收入總額超過 3 億美元，並預期 2011 年會成長到 20 億美元。

創造「無線 411」手機電話簿的提案引起了更多的不安，舉例來說，2006 年 10 月最大的主要信貸機構之一 TransUnion 併購了 Qsent 這家新開發無線 411 服務的公司，由於 TransUnion 的緣故，Qsent 的技術已經可以推行到任何手機廠商要設立的地方。這個服務需要使用者主動去加入，手機號碼就會被列在號碼簿之中。然而這個保護措施不適用於 Intelius 的新手機號碼簿，它們藉由線上販賣背景資料來獲利，Intelius 的號碼簿資料來自於行銷公司和公開記錄，每次使用搜尋的費用是 15 塊美金。

對於擔心會有更多與當地「老大哥」（Big Brother）合作的非主動要求的、不想接的電話的恐懼，隱私權的主張已經亮起了警示燈。一位隱私權專家表示「發展無線技術顯示許多與兩項無線網際網路隱私權災難有關的徵兆：垃圾郵件和未經雙方同意的追蹤。」無線產業已開始留心線上電子商務引起的隱私權議題，它們必須自律以避免政府介入訂定規範。例如，行動市場聯盟（Mobile Marketing Association, MMA）就有一個從事無線行銷的規範，由 MMA 主導的隱私諮詢委員會所設計，成員包括 Cingular Wireless、Procter & Gamble、VeriSign 等，MMA 也建立了一個反無線垃圾訊息委員會。TRUSTe 這個經營網際網路隱私權圖章計

畫的非營利組織，擁有無線隱私權準則和實行守則，這些指導方針由 TRUSTe、AT&T Wireless、Microsoft、HP、MMA 等公司以及擁護使用者的科技團體組成的無線顧問委員會共同起草擬定。這些守則涵蓋了幾個主題，包括訊息通知、分享個人識別性資訊給第三方、以及位置資訊。在這個守則之下，他們鼓勵無線服務廠商在蒐集個人資訊或是第一次使用服務時，提供完整的隱私權說明，且在將使用者識別性資訊提供給第三方前，要讓使用者有自主選擇的權利。最後這個守則提到無線服務廠商只能將位置資訊利用於服務用途，不可側聽使用者的電話。Verizon Wireless 發言人表示「我們關心與顧客維持良好的關係，更甚於某些想要使用顧客位置資訊的人。」

那麼關於政府的規範呢？2003 CAM-SPAM Act 要求美國聯邦通訊傳播委員會發布保護無線用戶的規定，讓他們免於受到討厭的手機服務商業訊息，並提供 National Do Not Call 註冊清單讓使用者登記手機號碼。2004 年 8 月，FCC 與 CAN-SPAM Act 同調提出了規章，除非個人授權給發送者，FCC 禁止發送無線商業電子郵件訊息，FCC 也創立一個可公開取得的無線域名清單，標示出哪些域名用以提供行動訊息服務，發送商業訊息者可更容易找到行動服務的位址。

至今大多數的無線適地性服務仍然未受規範，無線委員會（Wireless Communications）和 Public Safety Act（通常叫 911 Act）增加「位置」（location）這個術語定義到消費者私人網路資訊（customer proprietary network information, CPNI）中。911 Act 也要求 FCC 建立關於電信業者如何處理 CPNI 的規範，FCC 在 2002 年 7 月採取措施如下：有些事項、事件必須經過個人確定同意（opt-in），並假定個人直到個人退出（opt-out）或轉移到他處前都為同意狀態。Wireless Location Industry Association 也草擬出給成員的無線政策標準，結合了 opt-in 同意和 opt-out 退出的方法。立法機關持續就如何進一步保護無線用戶進行討論，但自 2003 年 CAN-SPAM 之後沒有任何相關的法案通過。

消費者會著迷於根據他們所在位置來提供的客制化服務，卻不在意被追蹤嗎？隱私權守門人並不這麼覺得，並預測商業模式是基於這個假設的公司低估了美國大眾對隱私權的敏感程度。

2.5 網際網路和 Web 如何改變了商業：策略、架構及流程

到目前為止，讀者應該已對電子商務公司所用的各種商業模式有了清楚的認識，除此之外，還必須進一步瞭解在過去十年內網際網路和 Web 是如何讓商業環境有了這些轉變，其中的改變包括了產業結構、商業策略、產業及公司作業流程（商業流程和價值鏈）。一般來說，網路使得新的競爭者要進入市場的障礙變低了，它是一個所有的參與者（提供替代產品或運送管道的供應商）皆可取得的公開標準系統。因為人人取得資訊的能力都相同了，所以網際網路讓許多買家能在網路上很快地找到最便宜的供應商，這種趨勢增加了市場競爭；相反地，網路也展現了許多不同的新機會，如價值的創造、有品牌的產品以及收取加值的費用，並使得原本就是大規模的實體公司（如 Wal-Mart 或 Sears）將生意不斷的擴展。

以下列表提供電子商務技術每個特性對整體商業環境的意義，例如：產業結構、商業策略和運作。

表 2.7 電子商務技術的八個特性

性質	對商業環境的部分影響
普及性	創造新的行銷管道，並擴充整體市場的大小，而改變了產業結構的方式。為產業運作創造了新的效率，也降低公司銷售動作的成本。可以做到新的區隔策略
全球可及	改變產業結構的地方在於降低進入障礙，卻同時擴充市場。透過生產和銷售效率來降低產業與公司運作成本。可以做到全球化的競爭
全球化標準	降低進入障礙，並強化產業內競爭，而改變了產業結構。降低運算與通訊成本來降低產業與公司運作成本。可以做到大規模的策略
豐富性	減少強大配銷管道的強度而改變了產業結構。減輕對銷售人力的依賴，以減輕產業與公司運作成本。促進售後支援策略
互動性	透過改良性客製化過程來減少競爭者威脅，進而改變產業結構。減輕對銷售人力的依賴，以減輕產業與公司運作成本。可做到區隔策略
個人化／客製化	減少競爭者威脅，提高進入障礙，而改變產業結構。減輕對銷售人力的依賴，以減輕產業與公司的價值鏈成本

性質	對商業環境的部分影響
資訊密集性	減弱強大的銷售管道,把議價的權力轉移給消費者,而改變產業結構。降低供應商和消費者相關資訊的取得、處理和傳播成本,以減少產業和公司運作成本
社交網路科技	藉由將編製與編輯的決定權轉移給消費者改變了產業結構;產生了替代性的娛樂產品;激勵了大量的新供應商

產業結構

產業結構
(industry structure)

關於一個產業內的參與者情況以及他們相對的議價能力

電子商務改變了**產業結構**(industry structure),尤其在某些產業特別顯著。產業結構是指一個產業裡面的參與公司、及其相關的議價能力,產業結構包含五種力量:目前競爭者間的競爭行為、替代品的威脅、進入產業的進入障礙、供應商的議價能力和購買者的議價能力(Porter, 1985)。一般而言,在描述產業結構時所提到的是該產業中的商業環境,以及企業在該環境中的商業行為與獲利能力,而電子商務正慢慢的改變這些競爭力量的強度(見圖 2.2)。

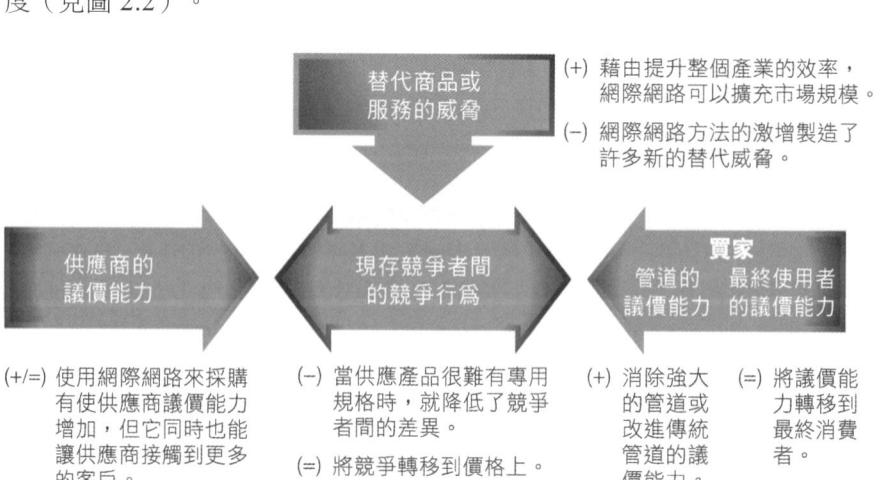

替代商品或服務的威脅
(+) 藉由提升整個產業的效率,網際網路可以擴充市場規模。
(−) 網際網路方法的激增製造了許多新的替代威脅。

供應商的議價能力
(+/=) 使用網際網路來採購有使供應商議價能力增加,但它同時也能讓供應商接觸到更多的客戶。
(−) 網際網路提供了供應商直接接觸最終使用者的管道,減少了中間公司的影響。
(=) 網際網路採購及數位市場讓所有公司都有接觸到供應商,將採購朝向變化較少標準化的產品。
(−) 降低了下游競爭公司轉嫁給供應商的能力及進入障礙。

現存競爭者間的競爭行為
(−) 當供應產品很難有專用規格時,就降低了競爭者間的差異。
(=) 將競爭轉移到價格上。
(−) 實體市場範圍更廣,增加了競爭者的數目。
(=) 相對於固定成本,降低了變動成本,且在價格折扣上增加壓力。

進入障礙

買家
管道的議價能力
(+) 消除強大的管道或改進傳統管道的議價能力。
(−) 降低進入障礙,如業務人員的需求,進入管道,還有實際資產 — 任何網際網路技術排除或使其變得更容易的事情都降低了進入障礙。
(−) 網際網路應用程式很難專用到制止新競爭者加入。
(−) 許多產業都加入了大量的新競爭者。

最終使用者的議價能力
(=) 將議價能力轉移到最終消費者。
(−) 減少轉換的成本。

■ 圖 2.2 網際網路如何影響產業結構

網路和電子商務對產業結構跟競爭情況有許多影響,從單一公司的立場來看,有可能是正面或負面,圖中,加號 (+) 代表正面影響,減號 (−) 是負面影響,等號 (=) 則是中立。不同的產業情況不同,必須個別分析。

思考商業模式及其潛在的長期獲利能力時，必須要做的一件事就是做該產業的結構分析（industry structure analysis），它的主要作用就是讓分析者可以瞭解產業中的競爭性質、替代產品、進入障礙和消費者及供應商間的強度。

電子商務正以一種不同於以往的方式在影響產業的結構及動態，看看唱片業就是一個因為網際網路和電子商務而歷經巨變的產業；在旅遊業像 Travelocity、Orbitz 這樣全新的中間商進入這個市場與傳統旅行社競爭，利用他們既有的優勢直接用電子商務銷售機票給消費者，完全排除掉中間商，為機票市場帶來衝擊。由以上的個案可以發現，電子商務和網際網路建立了新的產業動態，也闡述了市場版圖的挪移及競爭者間的財富的移轉。然而在其他產業中網際網路與電子商務強化了現有的企業，在製藥業與汽車業電子商務被製造商有效地用來強化他們的傳統配銷商。因此電子商務對每個產業的影響是不同的，需個別依產業特性去檢視了解其衝擊的影響。

新進市場進入者所帶來的新配銷型式可以完全的改變一個產業中的競爭影響力。例如，若軟體公司發現消費者願意以 50 美元、或甚至是免費的百科全書 CD-ROM 產品（數位資訊產品），替代購買 2500 美元的大英百科全書（實體資訊產品），而因此提供此類的數位資訊產品到市場中，它就會改變百科全書產業的競爭影響力。就算替代品是次級產品，消費者可能還是希望能以較低的價格得到他們想要的兒童教育產品（Gerace, 1999）。

廠商間的競爭升溫是電子商務造成的衝擊之一，網際網路造成了所有市場面臨價格競爭，另一方面卻又讓廠商得以創造差異化的產品與服務，因此無法斷言電子商務技術對公司的獲利能力整體而言有著絕對正面或負面的影響，因為每個產業所面臨的情況都不同，必須根據該產業的特性做不同的分析。

產業價值鏈

透過產業結構分析可以進一步瞭解電子商務技術對商業環境的影響，產業價值鏈分析則可以協助深入瞭解在產業階層上電子商務是如何改變商業運作（Benjamin and Wigand, 1995）。價值鏈是一種可以協助瞭解資訊科技到底對產業與公司運作產生何種影響的工具，**價值鏈**（value chain）是指產業中所執行的一系列活動（把一開始的輸入轉換成最後的產品和服務）。而整個流程中的每一個活動都會在最後的產品上注入不同的經濟價值，因此，價值鏈是一連串有著相互關聯的附加價值活動。圖 2.3 說明產

價值鏈（value chain）

一個產業或公司內所執行的一連串活動，用以從原始輸入創出最終產品

業價值鏈中六種常見的參與者：供應商、製造商、貨運商、配銷商、零售商和客戶。

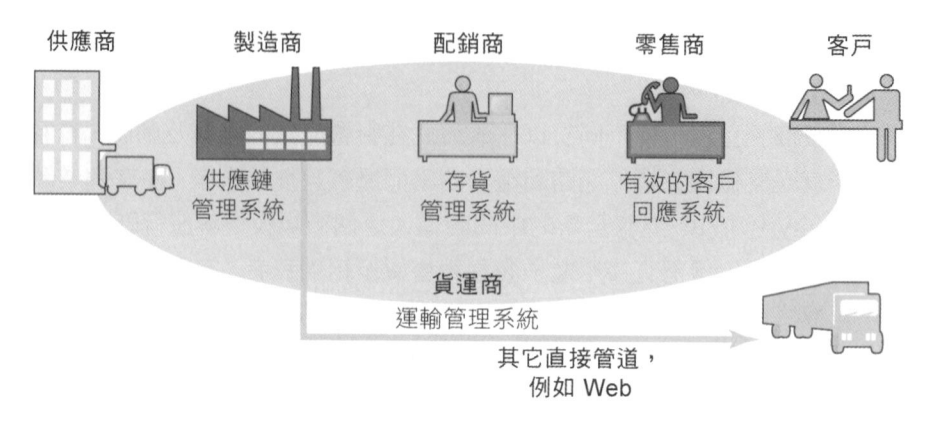

圖 2.3 電子商務與產業價值鏈

　　由於資訊成本的下降，網際網路提供產業價值鏈中的每個參與者一個新的商業機會，讓環結中的參與者都可藉由減少成本或提高售價來擴大原本的利基。例如，像 Dell 電腦採購的策略中，最有名的就是其個人電腦的銷售模式，它直接在 Web 上銷售產品給顧客；另外 Dell 電腦也已經發展出一套有效率的供應鏈管理系統，幫助公司減少生產成本，除此之外，還有一套高效能的客戶關係管理系統，可支援客戶服務，提升產品本身以外的附加價值。

公司價值鏈

公司價值鏈
（firm value chain）
公司從事的一連串活動，用以從原始輸入創造出最終產品

價值鏈的概念也可以用在分析一家公司的運作效率上。問題在於：電子商務技術如何潛在地影響了產業內的公司價值鏈？**公司價值鏈**（firm value chain）是指公司從事的一連串運作活動，由一開始的輸入到最終產品的整個流程，而流程中的每一步都會在最終產品上增加不同的價值。此外，公司還會發展出一些輔助活動，用來協調整個生產的過程、增加整體運作效率。圖 2.4 說明了公司價值鏈的各個主要活動與輔助活動。

網路使公司得以提升營運效能。例如：公司可透過網路準確協調在價值鏈中每個步驟以降低成本，也可以提供使用者差異化及更高價值的商品，Amazon 便利用網路以低成本提供使用者一大批書單挑選。

行政
人力資源
資訊系統
採購
財務／會計

次要活動

主要活動

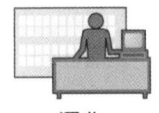

回程勤務　　　　運作　　　　去程勤務　　　銷售與行銷　　　售後服務

圖 2.4　電子商務與公司價值鏈

公司價值網路

當公司利用它們的價值鏈來創造不同的價值時，同時也可能依靠著合作夥伴的價值鏈；例如，它們的供應商、配銷商，還有物流公司。網際網路替公司間建立一個新的價值網，提供了合作的機會並創造了新的商業模式。**價值網路**（value web）是指利用網際網路來協調整合產業內合作夥伴的價值鏈，或是說在第一階段協調許多公司間的價值鏈的一種網路商務系統。圖 2.5 說明了這樣的價值網路。

價值網路（value web）
協調許多公司間的價值鏈，而成的網路商務系統

策略聯盟與夥伴公司

直接供應商　　　　　　　　　　　　　　　　客戶

公司／企業
ERP 系統
既有系統

供應鏈管理系統：
私人企業網路

客戶關係管理系統（CRM）

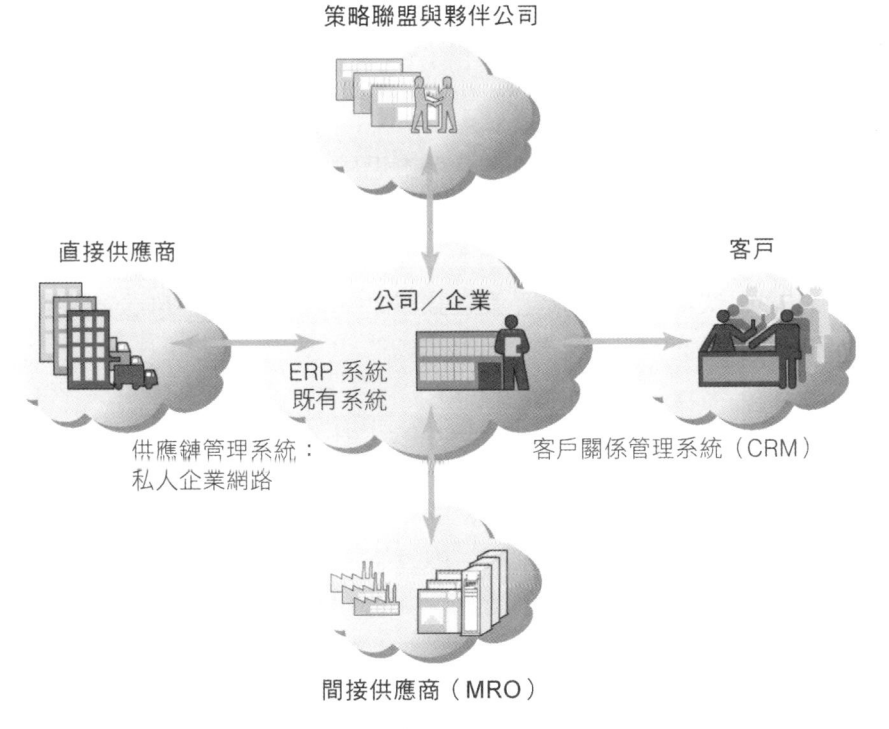

間接供應商（MRO）

圖 2.5　網際網路形成的價值網路

| 電子商務

價值網路是利用網路上之供應鏈管理系統，來協調一個公司與其供應商之間的產品需求，我們會在 12 章討論 B2B 系統。公司也會利用網際網路發展出與其他物流公司更密切的合作關係，例如，亞馬遜網路書店採用了 UPS 的追蹤系統，讓客戶可以隨時在線上追蹤訂購的包裹，同時，也利用了美國郵政系統來直接做包裹配送。亞馬遜網路書店跟上百家公司建立起合作關係（包含了玩具反斗城），目的就是要吸引不同興趣的顧客，並管理跟客戶間的關係（顧客關係管理在第 6 章會討論）。事實上，Amazon 帶給顧客的價值，不只是 Amazon 內部活動產生的結果，有一大部分是它和其他公司合作的結果。這是別的公司很難去模仿的。

商業策略

商業策略（business strategy）是指為了達成高投資報酬的一系列計畫。因此，那是在競爭的市場中，做一連串長期的獲利計畫。**利潤**（profit）就是指公司賣出產品的價格減去由生產與分配商端取得產品的成本，這之間的差價就是利潤，它代表了經濟價值，而當消費者願意購買的產品價格高於成本時，經濟價值就由此產生了。可獲利的公司，常見策略有以下四種：差異化、成本、規模與焦點；而不同公司所採用的策略，會因產品、產業以及所遭遇到的競爭對手而有不同。網路提供了競爭者無法模仿（短期內）的產品以及服務，而這也代表著在網路這樣的市場中，開發特有的產品、專屬的內容、不同於其它公司的程序（如亞馬遜網路書店的點選購物方式），以及個人化或客製化的服務和產品的重要性（Porter, 2001）。接著將深入討論這些內容的重要性。

差異化是指生產者讓產品在競爭市場中具有獨特且容易區別的特色；與差異化相對應的是**商品化**（commoditization），商品化是指生產者的產品或服務與其競爭者之間未有差異存在，所以競爭點只剩下價格。而解決辦法就是突顯產品，創造產品在該種類中的獨特性：把自己變成獨特產品的唯一供應商。

差異化公司產品的方法有很多種；公司可以由一些較重要的產品開始下手，接著，讓使用者期待購買公司產品的「經驗」，例如：「清涼止渴，只有可口可樂！」或是「駕馭 BMW 的經驗，無可比擬。」商業公司可以在既有的產品加上別人沒有的特性，與其他競爭者做出市場區隔，或是加強產品能力以解決消費者遇到的問題。例如，報稅程式可以讓使用者直接由內建的試算表程式匯入數據，也可以藉由網路來進行電子報稅。這些產品就是在功能上做了改良，解決了客戶問題。行銷的目的就是差異化特色，並讓消費者認識產品的特質，這個過程就是在建立可用來代表這些特

商業策略
（business strategy）
為要達成公司高投資報酬的一系列計畫，規劃長時間內在競爭環境中獲利的計畫

利潤（profit）
一個公司中，產品可賣出的價格與生產該產品所需成本之間的差額

差異化（differentiation）
關於生產者所使用的一切方法，致力於使其產品產生獨特的價值，並與其競爭者的產品有明確的區別

商品化
（commoditization）
在市場上一種不論是產品或是服務都沒有差別的情況，所以唯一用來選擇產品的標準只有價格

色的「品牌」。整體來說網路的一些特性提供電子商務公司差異化本身產品的能力。

當公司開始採用成本競爭策略時，代表該公司發現了一些特殊的商業流程或新的可利用資源，而這些資訊是該交易市場中其它公司尚未發現或是無法得到的。而商業流程是整個公司價值鏈中的最小單位，所以當一家公司發展了一系列更有效率的新商業流程，相對的就得到了多於其他競爭者的成本優勢，可以以較低的價錢提供產品給顧客卻依然能夠有漂亮的獲利。

網際網路提供了一些在短期內成本競爭的新方式，公司可以利用網際網路的普及性，盡量的壓低訂單輸入的成本（由客戶來填寫全部的表單，可節省訂單輸入作業）；運用全球可及性和全球化標準，採用全球統一的一套訂單輸入系統；運用豐富性、互動性和個人化在線上建立客戶的個人檔案，以客製化的方式對待不同的消費者，省去以往專門負責這些工作的昂貴銷售人力。最後，公司也可以運用 Web 的資訊密集性，提供客戶詳盡的產品資訊，而不必耗費昂貴的型錄維護管理或銷售人力。網際網路強化了成本上的競爭力，使得許多公司把焦點放在成本競爭策略上，但可能的危機就是在於競爭者也可以取得相同的技術，不過私有的知識、隱藏的專利知識、忠誠度與訓練有素的人力資源都是短時間內難以複製取得的要素，因此成本競爭方式仍是一種可行的策略。

另外常見的商業策略分別是「規模」與「焦點」。規模策略是指在全球的市場中競爭，而不限於單一地方、區域或國內的市場。網際網路的全球可及性、全球化標準和普及性，都可有效的運用到規模策略上面，協助公司在全球市場中競爭。例如 Yahoo 與其他 20 大電子商務網站就是顯而易見利用網際網路達到全球規模的例子。焦點策略是在狹小的市場區隔或產品區隔中競爭的策略，以成為小範圍市場的頭號供應商為目標的特殊策略，例如 Web 上最多人參觀的 B2B 網站 W. W. Grainger 就是把它的焦點集中在一種稱為 MRO 的狹小市場上，專門做商業建築物的保養、修理和營運。公司可以利用 Web 豐富的互動特性，為不同市場做區隔、產生集中式的訊息，甚至客製化以達到焦點策略。

產業結構、產業與公司價值鏈、價值網路以及商業策略是本書用來分析電子商務網站的可行性和未來發展的重要商業概念，各章節最後的案例都會有幾個問題要你做競爭力分或是該案例的價值鏈、商業策略等問題。9 到 12 章中的案例也用這些觀念來分析特定的企業。

個案研究 CASE STUDY

Priceline.com 的商業模式

Priceline 是 Web 上最有名的公司之一。其「自己喊價」（name your price）的反拍賣出價系統（該公司將其稱為需求收集系統）是自行發展出來的一種獨特商業模式，利用網際網路強大的資訊分享與通訊能力，創造了一種為產品和服務定價的新方法。在 Priceline 網站上，消費者可以針對旅遊、飯店、租車，甚至家庭金融等項目進行喊價看是否有人接受這個價錢。而 Priceline 則專門幫助顧客詢問賣方（航空公司、飯店和金融服務公司），若有公司願意接受該價格，則可成交。Priceline 提供了客戶不同於以往的價值主張，讓客戶可經由不同的賣方彈性與產品特色，以較低的價格購入商品；廠商也可以在不影響現存配銷管道和零售結構的情況下，另外接受網站上較低的賣出價格。因此，Priceline 就是一個利用網路做到區隔市場價格的典型例子：針對同一產品，不同消費者所支付的價錢都不相同。在 2007 年時，Priceline 已賣出 290 萬美元的機票、2770 萬美元的旅客住宿服務以及 860 萬美元的租車服務；這是電子商務個案中相當有希望的一個例子。

Priceline 的創立者 Jay Walker 一開始是為了要建立一個類似「需求收集站」的網站，因而建立了 Priceline。Walker 投入了上百萬美元，從牙膏到旅遊服務等商品和服務都可以輕易的在網站上找到。然而早期 Priceline 並沒有獲利，1999 年，它虧損超過 10 億美元，雖然在 2001 年時虧損減少到 1500 萬美元，但在 2002 年又因為 911 事件而虧損了 2300 萬美元。重要的主管辭職，而像「鋼索上的 Priceline」和「Priceline.com 鞠躬下台」等新聞標題在 911 事件後屢見不鮮。

然而在 2003 年時，Priceline 首度的獲利淨利為 1040 萬美元，更好的消息是這樣的獲利仍舊持續，在 2004、2005 及 2006 年的稅前純益分別為 3000 萬、3500 萬以及 6100 萬美元，而在 2007 年是 1 億 5550 萬美元（2003 年 6 月到 2006 年 12 月這段期間 PriceLine 的股票穩定在每股 20 到 30 美金，緩緩成長，但在 2008 年就一度升到 144 塊美金然後接著跌到 90-100 美金）。2008 年 Priceline 持續超乎分析家的預期第二季的營收達到 5410 萬美元，相較之下 2007 年同季僅 3460 萬美元，Priceline 頓時成為華爾街的新寵兒，股價在一年內變為兩倍，比收入在下降的 Orbitz 和 Travelocity 更為出色。Priceline 大約在油價上漲造成全球旅遊衰退的時期興起。

而 Priceline 是如何在這幾年中產生如此大的變化？他真的找到了適合的商業模式了嗎？而之前的商業模式究竟出了什麼問題？

Priceline 在 1998 年 4 月 6 日開始上線運作，一開始是銷售機票。若消費者要購買機票，可以先登入 Priceline.com 的網站，指定起點與終點、希望啟程的日期、與願意支付的價格，再填入有效的信用卡資訊以及一張保證訂單有效的證明單。而客戶必須同意讓 Priceline 幫他選擇任何一家主要的航空公司，且可在早上 6 點到晚上 10 點間任何時段起飛、可在一個以上

的地方停留或轉機、不能累積里程或升等、並且不能退換等等的條件。在 Priceline 收到訂單之後，會先與有合作關係的航空公司做連絡，提供的可能票價、規定和存量，最後決定該航空公司能否在請求的價錢內接受這份訂單。如果可以，就會在一個小時內將結果回報給客戶。對客戶來說，「自己喊價」這種商業模式的重點在於：有許多產品和服務類別，對於很多消費者而言，品牌、產品特性和銷售者是可以互換的，特別在有替換品牌或是其他銷售者願意提供商品，而可省錢的情況下。而對於廠商來說，Priceline 的商業模式，是建立在預測賣方一定會有過多的存貨或空位，賣方會願意在不壓低對零售客的售價及不需進行廣告的情況下，低價賣出商品給線上的客戶。Priceline 指出，他的商業模式特別適用於有期限限制或是快速老化的商品（例如，飛機起飛前尚未售出的機位，或是日期將至但還未出租的旅館房間）的產業，不過當它發展起來之後，其效益可能不會單單侷限在這類的產業中。

　　Priceline 在 1998 年 10 月時把系統延伸到了飯店房間的訂購服務上，1999 年 1 月再整合了家庭理財服務。並於 1999 年 3 月公開上市，而該年又加入了租車服務（甚至是提供新車）。為了促銷 Priceline 的產品和品牌，公司進行了一個大規模且昂貴的宣傳計畫，請到 William Shatner 作為代言人，Priceline 很快的就變成了 Web 上最有名的品牌之一。

　　2000 年初，Priceline 把「自己喊價」商業模式的專利，授權給幾家合作夥伴，其中，它試著把此模式套用到銷售日用品和汽油的 Priceline Webhouse Club，而 Perfect Yardsale 嘗試利用此模式在線上銷售二手商品，並銷售長途電話和旅遊保險服務。Priceline 也一直注意著朝向全球性發展的可能性，並在 2000 年時把其商業模式授權給亞洲和澳洲，在這二個地方做類似的生意。

　　然而到了 2000 年秋季，原本很順利的商業模式遇到了危機，2000 年 10 月，Priceline 的合夥公司 Priceline Webhouse Club 在運作十個月、耗費了 3 億 6300 萬美元之後，因無法再募得額外資金而結束營業。當時的公司把重點慢慢的轉移到獲利能力上，也因此使得 Priceline 的創立者 Jay Walker 無法在 Webhouse 獲利之前募得其所需的幾億元。不過 Walker 並未把 Webhouse Club 的失敗視為 Priceline 商業模式的失敗，反而將其解釋成一種投資者「無常的態度」所導致的結果。但很多分析家並不認同 Walker 的解釋，反而指出了其它的失敗因素，第一，許多食品和乾貨的主要製造商並沒有加入 Priceline Webhouse，因此 Priceline Webhouse 為了吸引消費者興趣，必須自行吸收大部分產品的折扣，雖然有些主要製造商最後還是簽約了（像家樂氏和好時巧克力），但還是有很多廠商如 P&G 沒有意願。第二個失敗的原因是在日用品及汽油的拍賣，無法提供一種「零風險」的線上拍賣購物方式，客戶必須在線上進行日用品競標和付款的動作，然後提出特殊的身份證明，到合作的超市領取貨品，但如果該商品在那家商店缺貨，客戶就必須要到另一家商店，或是改天再取貨。在很多地方，Priceline Webhouse 的失敗之處也就是 Priceline 商業模式的不健全之處，因此也增加了對於 Priceline 是否能持續經營的不信任。Priceline 的創立人 Jay Walker 在 2000 年 12 月做出了辭職的決定。

　　新的管理人員減少了 Priceline 的向外擴張策略，同時也資遣了上千名員工。新執行長 Richard Braddock 說：「Priceline 會考慮選擇性的擴充…一方面也要有嚴格的財務控制。我們會獲利且獲利會持續成長。」2002 年，Priceline 將它的核心業務放在旅遊訂購上，在 2003 到 2004 年之間，他又再度修改商業模式，增加了新的折扣零售機票以及租車的服務來呼應「自

己喊價」的品牌特色，其目的就是要能與 Expedia、Travelocity、Hotwire 及 Orbitz 這類公司（商務客最喜愛的訂購機票和租車公司）有效競爭。雖然這幾項服務在整個的商業模式並沒有很好的獲利（1.5 到 2.5 張的機票零售之總獲利，才等於他賣出一張自己機票的獲利）而且又必須與自己原本的業務競爭，但這些新服務的加入，擴充了事業本體。為了持續延伸這樣的策略，Priceline 跟潛在競爭者 Travelweb（五家大型飯店連鎖業者的聯盟）簽訂了協議，由他們提供 Priceline 折扣的飯店房間，並買下了 Active Hotels and Bookings B.V. 以及一間歐洲飯店的訂房服務，在 2005 年時全面擴充他們的零售商策略觸角到飯店的市場。2006 和 2007 年 Priceline 集中增加它的旅遊全程服務到美國，並承認他們在歐洲與亞洲的線上旅遊服務市場投入減緩，他們的國際業務佔了 2007 年訂單金額的 56%，並預期會持續成長，與 2004 年之前大部份收入都是來自美國的情形有很大的對比。2008 年 Priceline 取消了幾乎所有類似網站都會收的 5 到 11 塊美金飛機票手續費，而其他網站並沒有停收，因此 Priceline 成了低價的機票訂購網站。

　　就如前面所提，Priceline 因為這些策略的改變，自 2004 年起開始賺錢，然而要注意的是，雖然 Priceline 現在是有盈餘的情況，還是不能保證他擁有美好的前景，因為他正面臨了擔心恐怖攻擊與戰爭、高燃料費、經濟衰退所帶來的產業緊縮；除此之外，Priceline 也面臨了前所未有的極大競爭，不只是來自線上的中間商（如 Expedia、Travelocity、Hotels.com、Hotwire 以及 Cheaptickets），也同時面對了來自航空公司直銷折扣的競爭，同業也可以隨時減收訂票費用。而他今日的商業模式（折扣的旅遊服務），只不過優於 Jay Walker 之前提出的擴張模式而已，許多的投資者仍然認為他的未來是值得深入觀察的，所以雖然現在看似在市場中生存下來的 Priceline，還是需要不斷的問自己「這樣的模式可以走多久，而我們要怎麼做改變？」

個案研究問題

1. Priceline 商業模式的核心概念是什麼？

2. Priceline 最後會成功或失敗？為什麼？

3. Priceline 及類似的線上服務對旅遊服務產業帶來了哪些衝擊？

4. 2008 年 9 月之後，也就是在這篇 Priceline 案例完成後它的商業模式或策略做任何改變嗎？若有，是哪方向的改變？它最大的競爭對手是誰？他目前是獲利、還是虧損？

學習評量

1. 何謂商業模式？與商業計畫的不同處為何？
2. 何謂商業模式的八個關鍵元素？
3. 亞馬遜網路書店的客戶價值主張為何？
4. 請試描述電子商務所用的五大收益模式。
5. 為什麼社群提供者針對市場利基提供服務的方式比起針對大型市場區隔還要好？
6. 點對點的網站除了提供音樂外，還可以提供何種資訊？點對點電子商務還可以用在其他合法的商業用途上嗎？
7. 亞馬遜網路書店和 eBay 是直接或間接競爭者？請參考各網站後再做回答。
8. 有哪些特殊方式可以讓公司取得競爭優勢？
9. 除了廣告和產品試用以外，還有哪些市場策略？
10. FreshDirect 的商業模式中，哪些地方還可能有問題出現？目前的商業規模算是區域或全國規模？
11. 為何電子商務商業模式的分類不易？
12. 還有哪些是本章介紹之外的垂直與水平入口網站的例子？
13. 虛擬店面（例如 Drugstore.com）和虛擬與實體合一的店面（例如 walmart.com）有什麼差別？各有些什麼優缺點？
14. 內容提供者除了文章與新聞之外，還能提供哪些資訊？
15. 何謂反拍賣？有哪家公司是以這種模式在經營？
16. 交易市集（exchange）成功的關鍵為何？它與入口網站有什麼不同？
17. 何謂應用服務提供者？
18. 消費者對消費者、點對點電子商務中，有哪些商業模式？
19. 電子商務的特性如何改變了旅遊業的結構？
20. 產業價值鏈結中主要參與者為何，它們受到了什麼電子商務技術影響？
21. 哪四個常見的商業策略可以幫助公司達到獲利？

2-41

第 2 單元

電子商務基礎架構

第 3 章　電子商務基礎架構：網際網路與全球資訊網

第 4 章　建立一個電子商務網站

第 5 章　電子商務安全與付款系統

電子商務基礎架構：
網際網路與全球資訊網

學習目標

讀完本章，你將能夠：

- 瞭解網際網路的起源
- 認識網際網路背後的關鍵技術
- 瞭解網際網路協定以及工具程式的角色
- 認識目前的網際網路結構
- 瞭解今日網際網路的限制
- 瞭解第二代網際網路的潛在能力
- 瞭解全球資訊網如何運作
- 瞭解網際網路、全球資訊網的功能跟服務是如何支援電子商務

Web 2.0：Mashup 驅使新的網路服務

Mashup 源起於音樂產業。Disk jockeys 在英國、美國、以及其他國家發展了一種新風格的 ReMIX，而這種將兩首歌夾雜在一起的新風格，也就是我們所知的 Mashup。通常所做出來的音樂會有其中一首歌的旋律，但是卻有另一首歌的主唱。這種作法的概念是合併不同的來源來產生一個新的產品，而這個產品是比分別將兩個來源放在一起來的好的。一般而言，來源的差別越大，聽起來的樂趣也越多，尋找原始音軌的趣味性也越高。

不過，在網路上，Mashup 這個字有著全新的意義。網路的 Mashup 帶著 Web 2.0 的概念和音樂產業中 Mashup 的精神，結合了兩個或多個線上應用程式的能力來創造一種更高階的應用程式，提供更多的顧客價值。到目前為止，跟 Mashup 領域中相關的最偉大發明包括地圖以及與當地資訊相關的衛星影像軟體。例如，在 Oregon 的一個城市 Portland，將 Google Earth 的衛星影像和城市中的土地使用情況、地區、街道建設、地區家庭收入、犯罪率和城市電腦系統提供的資料，整合建立 PortlandMaps.com 網站；GusBuddy.com 網站則利用可搜尋的地圖展示目前的石油價格；還有許多房地產經紀人將 Google Earth 和 Microsoft Maps 整合在自家網站，讓顧客可以在線上瀏覽房屋和鄰近街坊的真實面貌。

2007 年 5 月，Google 開發出工具套件 Google Gear，允許程式開發者和一般人可以整合八個 Google 應用程式，包括網路搜尋、聊天、地圖、日曆、日曆排成和廣告等進入自己的網站，這就像 MyMaps 服務，提供一個使用者可以簡單建立客製化的地圖。Yahoo 跟 Microsoft 也提供了類似的工具，你可以將 mashups 想像成軟體樂高。

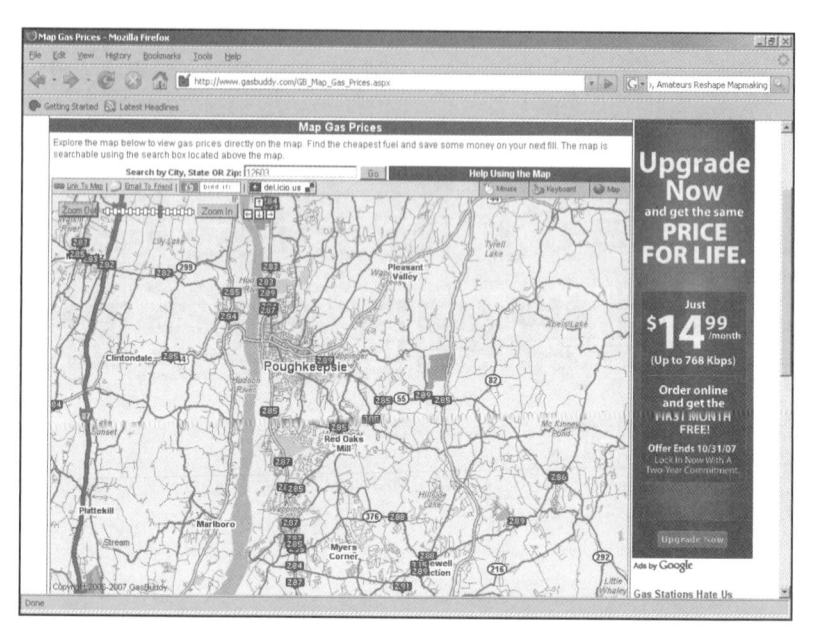

以網頁來建立軟體程式間的通訊並不是件新玩意兒（這稱為網頁服務），但線上地圖應用程式卻驅使網路服務嶄新的重整應用。網路服務行動底層是一個稱為 XML（可延伸標記語言）的新語言，可用來描述紀錄跟文件以及一系列新的電腦通訊標準，讓電腦程式不需要透過特殊的程式，就能互相交談。

對 Simplest-shop.com 的創造者 Calin Uioreanu 而言，網路服務代表他可以提供跟 Amazon 相同的功能給客戶 — 因為他使用了 Amazon 的系統。Uioreanu 租用一個伺服器，與 Amazon 的伺服器 24 小時通訊，以持續更新價格、產品、以及運送資訊。就某些物品，消費者可以選擇自 Amazon 或購自

Simplest-shop.com。Uioreanu 可自 Amazon 獲取售出價格的 15%的介紹費，並且能完整的標註其所銷售的產品。Uioreanu 不討論利潤或收入，而是宣稱他擁有每月大約 200 萬的點擊率。

其他地圖和衛星影像的 Mashup 也在進行中，Google 和 Yahoo 同時在 2005 年釋出 APIs（應用程式介面），讓其他應用程式可以從 Google 或 Yahoo 的地圖以及衛星影像輸入資訊。微軟將會釋出競爭程式，讓設計師可以使用相同的地圖以及衛星服務，稱作 Virtual Earth。Google 程式特殊的地方，在於將使用地圖資料的過程簡化到僅需插入四行 JavaScript 到程式中的程度。對網站設計者來說，這種簡化讓整合地圖到其他應用程式的程序變得非常簡單。藉由大眾可用的 APIs，程式設計師可以取得必須的工具，自不同的網站取得資料，並將他們和其他資訊合併，成為全新的網路服務。結果是 Web 除了變成網頁的集合外，也成為能力的集合，一個讓程式設計師得以快速且便宜的創造新服務的平台。

最近一些其他的 Mashup，像是 geomashups 是地圖結合資訊和知識；在 2007 年 4 月，Google 釋出 MyMaps 功能，直到 2008 年 7 月，使用者已經創造超過八百萬個客製化的地圖，如包括 HealthMap.org 提供顯示全球現今感染病的地圖；Chicagocrime.org 使用 Google Maps 來顯示 Chicago 哪裡發生犯案；另外，不是以地圖為基礎的 mashup 像是 Plaxo.com，提供包括內建日曆和排程等整合的個人聯絡資訊；而 Bookburro.com 是以 Amazon 的 API 以及其他工具來過濾其他書本網站的價格，讓使用者比較書價；Indeed.com 則是收集許多不同 Web 工作網站的工作清單，並且根據城市進行重組。Youtube 外掛允許使用者搜尋 Youtube，並可將選擇搜尋結果附加至自己的張貼文章中。Firefox 瀏覽器中的一個應用工具 Greasemonkey，允許使用者安裝 script 進入自己的電腦而能客製網際網站運行在使用者設定的特殊模式。

Mashups 也被廣泛的應用在商業上，IBM 在 2008 年 2 月發展了 IBM Mashup 中心，允許他們的客戶、員工藉著混合資訊隨時可以獲得業務洞察力來開發應用或 mashup，使工作更有效率。即使是非技術類的使用者能夠利用標準和基於 Web 的技術如網站、試算表、資料庫、應用程式、電子郵件的非結構式內容、視頻、音頻和其他網路上的資訊，只需短短時間就可獲得大量的信息來源。

這些科技發明的電子商務機會又在哪呢？Mashup 代表一種關鍵科技可以降低網站建置和應用程式開發費用。也就是說，降低網站創業初期所需資金，增加網站內建的應用程式，允許網站創業者免費或以低價格使用大公司所建置的應用程式。而對於這些大公司，如 Google、Micorsoft、Yahoo 和其他撰寫內建程式模組的公司來說，mashups 使他們能夠免費的打響品牌，明顯的製造更多廣告機會：你可以利用簡短幾行程式，將 Google 的 AdSense 廣告放置在自己的網站上。Mashup 可能會引爆電子商務的在地熱潮 — 這是目前 Web 在某種程度上較弱的部份。而廣告產業正在尋找方法來接觸那些找尋在地資訊的客戶，因為廣告內容與所在區域息息相關。使用 Google 或 Microsoft 的地圖 mashup 來搜尋，即可簡單的將顧客導到附近的餐廳、便利商店、藥妝店、以及其他當地服務提供者的廣告。這可能會有數十億的電子商務商機正等待著當地的廣告商在適當的時機開發。

本章在探討網際網路跟全球資訊網的現況及未來的情形。它們是如何產生的？如何運作？目前跟未來的網際網路架構以及網路會帶來什麼新商機？

本章一開始介紹的 Mashup 以及網路服務，說明認識網際網路及其相關技術，以及注意網際網路上的新技術對於企業人士有多重要。這可能會讓你的企業大幅的改變，並會帶來新的機會。在網路上運作一個成功的小型企業（例如 Simplest-shop.com），或者應用如個人化、客製化、市場分割、以及價格差異等關鍵的電子商務策略時，都需要瞭解網路技術並持續注意網路的發展。

網際網路以及其後端相關技術的變動相當快速。網際網路仍持續蓬勃發展。手持式電腦開始跟行動電話服務結合；家中的寬頻上網以及無線寬頻網路也開始快速的擴展；超過百萬的網路使用者使用部落格、社交網路以及 podcasting；新的軟體技術（例如網路服務、網格計算、以及點對點應用程式）持續在發展。在 2012 年第二代網際網路興起之後，未來的企業策略必須瞭解這些新技術，以提供顧客相關的產品或服務。

3.1　網際網路：技術背景

什麼是網際網路？它是從何而來？它又是如何支持全球資訊網的成長的呢？什麼又是網際網路最重要的運作規則呢？

網際網路（Internet）
一個包含了上千個區域網路以及上百萬台電腦的互連網路

第 1 章曾提及，**網際網路**（Internet）是數千個網路以及數百萬台電腦（有時稱為主機電腦，或者就稱為主機）互相連結的網路，把商業、教育機構、政府機關和個人連結在一起。網際網路為全世界大約 12 億人（全美大約 1 億 7500 萬至 2 億人）提供服務，包含電子郵件、新聞群組、購物、研究、即時傳訊、音樂、影片和新聞。沒有一個組織可以控制網際網路以及它所提供的功能，它不為任何人所擁有，同時它也提供了轉化商務、科學研究以及文化的基礎建設。網際網路這個字來自交互網路，或者說兩個以上的網路相連結。而**全球資訊網**（World Wide Web，簡稱為 Web），是網際網路最熱門的服務之一，它提供超過 500 億個網頁，一種用超文字標記語言的程式語言所創造的文件，裡面可以包含文字、圖片、音訊、影片以及其他的物件，也可以包含超連結，讓使用者可以從一個網頁輕易的跳轉到其他的網頁。

全球資訊網
（World Wide Web, Web）
網際網路中一個最熱門的服務，提供超過 500 億個網頁的存取服務

網際網路的演進：從 1961 到現在

今日的網際網路是過去四十年來演進而成的成果。也就是說，網際網路並不是新東西，它不是昨天才發生的。

網際網路的歷史可以分為三個階段（見圖 3.1）。第一階段從 1961 年到 1974 年，稱為發起階段（innovation phase）── 網際網路基本元件的概念形成，並且實現在真正的軟硬體上。基本元件包括：分封交換的硬體、主從式架構運算，以及一種 TCP/IP 的通訊協定。網際網路起源的目的是因為在 1960 年代，不同的大學校園需要連結到大型主機電腦，以往這種校園間的一對一通訊只能透過電信系統或郵件。

第二階段是 1975 年到 1994 年的機構化階段（institutionalization phase）── 一些大型機構如國防部、國家科學基金會等提供資金支援網際網路的成長。隨著網際網路的概念在多項政府支援的示範計畫中得到證實，美國國防部提出 100 萬美金來發展這個概念，以建立可以承受核戰的軍用通訊系統。這項努力，創造了當時所謂的 ARPANET（高階研究機構網路）。1986 年，國家科學基金會接下了發展平民網際網路（稱為 NSFNet）的責任，並且展開了一個為期十年的兩億美金的發展計畫。

發起階段
1961－1974

機構化階段
1975－1995

商業化階段
1995 →

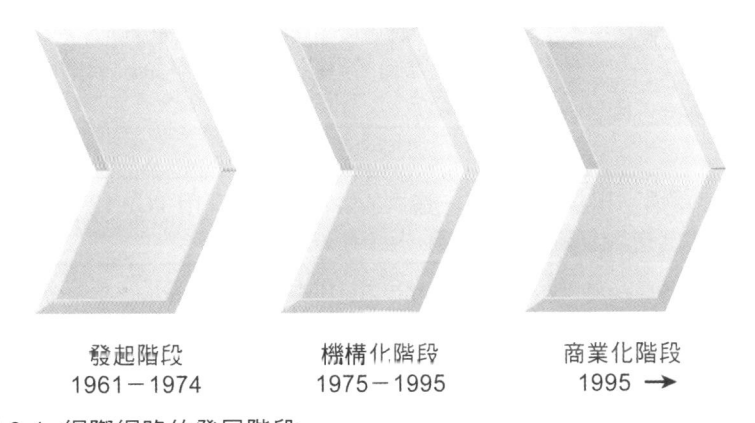

圖 3.1 網際網路的發展階段

第三階段，1995 年到現今的商業化階段（commercialization phase）── 政府機構鼓勵私人公司接管和擴充網際網路骨幹網路，並提供服務給當地的民眾（全美以及全世界非學生的家庭以及個人）。2000 年之前，網際網路的使用已經遠超過軍事設施和研究型大學。表 3.1 為 1961 年至今的網際網路發展。

表 3.1 網際網路發展時間表

年代事件	重要性
發起階段 1961 — 1974	
1961　Leonard Kleinrock (MIT) 出版一篇叫做《分封交換》論文	分封交換的概念誕生
1972　BBN 的 Ray Tomlinson 發明 Email，Larry Roberts 寫了第一個可以列表、轉寄、回信的電子郵件多功能程式	第一個網際網路上殺手級應用程式誕生
1973　Bob Metcalfe (XeroxPark Labs) 發明了乙太網路和區域網路	**主從式運算的發明**。乙太網路允許區域網路和主從式計算中的多工計算型電腦可以連接至短距離（1000公尺以內）的網路分享檔案、執行應用程式和傳送訊息。儘管 Apple 和 IBM 個人電腦都尚未被發明，但在 XeroxPark Labs，第一台連接到區域網路的桌上型電腦在 1960 年代被發明
1974　Vint Cerf (Stanford) 跟 Bob Kahn (BBN) 在論文中發表「開放式架構」網路和 TCP/IP 的概念	**TCP/IP 發明**。這個概念基礎是一個單一的共同通訊協定，可以連接不同的區域網路和電腦，使用通用的位址架構連接到網路
	這些概念發展了「點對點」和「開放」的網路，在這之前，電腦只能透過專有網路架構通訊，如 IBM 的 System Network Architecture 系統，現在利用 TCP/IP，電腦和網路不論其作業系統或網路協定皆可共同工作
機構化階段 1975 — 1995	
1980　TCP/IP 被採用為美國國防部標準通訊協定	全球單一最大的計算機組織採用 TCP/IP 和分封交換網路科技
1980　個人電腦發明	Altair、Apple 和 IBM 個人電腦發明。這些電腦成為今日網際網路的基石，提供數以萬計的人連接到網際網路和網頁
1984　蘋果電腦釋出 HyperCard 程式作為部份的圖形化使用者介面作業系統，稱為麥金塔	「超連結」文件和紀錄的概念被大量引進，允許使用者連結到不同的網頁和紀錄
1984　網域名稱系統（DNS）發明	DNS 提供一個友善的使用者系統，讓人們可以輕易的瞭解如何轉換 IP 位址到文字
1989　瑞士 CERN 物理實驗室的 Tim Berners-Lee 根據標記語言，提出一個全球網路的超連結文件稱為 HTML（超文字標記語言）	**根據 HTML 網頁概念產生的網際網路支援服務，全球資訊網誕生**。網路藉由不同標記式語言和超連結的網頁建構而成，允許使用者可以簡單的存取，這個點子並沒有馬上流行，多數使用者仍然依賴麻煩的檔案傳輸協定和提供雙向溝通的介面（查詢系統）來尋找文件

年代事件		重要性
1990	美國國家科學基金會（NSF）負責策劃民用網路骨幹並創建 NSFNET，ARPANET 至此功成身退	「平民」網路的概念透過非軍用組織 NSF 開始發展
1993	Mark Andreesen 和其他研究人員在 Illiois 大學的國家超級電腦研究中心發明第一個圖形化介面瀏覽器，稱為 Mosaic	使用者藉由使用 Mosaic，可以輕易的連結到網際網路上的標記式語言文件。由瀏覽器功能主導的網路開始發展
1994	Andreesen 和 Jim Clark 合組 Netscape 公司	第一個商業化網站瀏覽器 Netscape 產生
1994	1994 年 10 月在 Hotwired.com 產生第一個橫幅廣告	電子商務的開端
商業化階段 1995 — 現今		
1995	美國國家科學基金會私有化網路骨幹，以商業化承運接管骨幹作業	完全商業化平民的網路誕生。主要的長途網路像 AT&T、Sprint、GTU、UUNet、MCI 接管骨幹作業，私人企業的網路解決方案是透過壟斷來指派網際網路位址
1995	Jeff Bezos 創立 Amazon, Pierre Omidyar 組成 AuctionWeb （eBay）	電子商務透過純粹的網路零售商店和拍賣開始獲利
1998	美國聯邦政府鼓勵成立網際網路名稱與號碼分配組織 (ICANN)	透過私人非營利國際性組織接管區域名稱與網路位址
1999	第一間只在網路上提供全部服務的銀行，First Internet Bank of Indiana 開始營業	網路上的事業延伸到傳統產業上
2003	Abilene 高性能主幹網絡所造成的互聯網（Internet2）升級到 10Gbps，互聯網內有超過 200 所大學、60 家公司、40 個分會會員等	主要成就為建立比現有骨幹網路高速幾倍的超高速跨洲網路
2005	美國國家科學基金會提出全球網絡環境調查（GENI）為網際網路開發新核心功能，像是新位址命名、架構確認、提高覆載力，包括額外的安全架構和支援可用性高的設計，以及新的網際網路服務和應用	透過重新思考現有網際網路科技來辨識未來網際網路的安全和功能需求

網際網路：主要技術概念

1995 年，聯邦網路委員會（FNC）著手通過一條正式定義「網際網路」這個名詞的決議（見圖 3.2）。

「聯邦網路委員會（FNC）同意下列的陳述反應了我們對『網際網路』這個字所作的定義」

『網際網路』代表的是一個具有下列特性的全球資訊系統：

(i) 邏輯上，透過網際網路通訊協定或其延伸協定的全球獨特位址空間來互相連結

(ii) 透過 TCP/IP 或其延伸的協定來支援通訊

(iii) 提供公眾或私人的通訊高階服務層以及文中提及相關的架構

最後修改日期 1995 年 10 月 30 日

■ 圖 3.2　聯邦網路委員會的決議

照此定義，網際網路代表的是使用 IP 定址機制，並且支援傳輸控制協定（TCP）的一種服務，而且使用者取得服務就像每個人都可以從電話系統得到語音及資料服務是一樣的。

這正式定義的背後，有三個極其重要的概念，是瞭解網際網路的基礎：分封交換、TCP/IP 通訊協定以及主從式架構運算。儘管網際網路在過去三十年有極為重大的轉變跟演進，但這三個概念依然是現今網際網路的核心，也將是第二代網際網路的基礎。

分封交換

分封交換（packet switching）是一種把數位訊息切割成稱為**封包**（packets）的小單位的方式，透過空間的不同通訊路線來傳送封包，然後在封包到達目的地時再予以組合（圖 3.3）。在發展出分封交換以前，早期的電腦網路利用零散、專用的電話線路來跟其他終端機或電腦溝通。像電話系統這類電路交換網路，要形成完整的點對點線路才可以進行通訊。可是，這些「專用」的電路交換技術昂貴又浪費可用的通訊設施 — 不管有沒有傳送資料，都要佔用線路。約有 70%的時間，專用的線路並沒有完全使用，原因在於字詞間的停頓以及組合電路片斷的延誤，這兩者增加了找尋和連結線路的時間。

分封交換
（packet switching）
一種將訊息轉換成封包傳輸的方法，透過獨立的路徑傳送個別封包到目的地，再在目的端將封包組合成完整訊息

封包（packet）
一種不連續的傳遞單位，將訊息切割之後置入封包中，以便在網路上傳輸

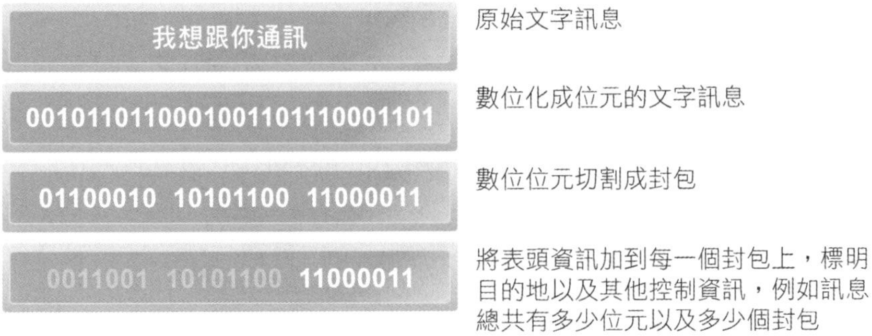

我想跟你通訊	原始文字訊息
00101101100010011011100011 01	數位化成位元的文字訊息
01100010 10101100 11000011	數位位元切割成封包
0011001 10101100 11000011	將表頭資訊加到每一個封包上，標明目的地以及其他控制資訊，例如訊息總共有多少位元以及多少個封包

■ 圖 3.3 分封交換

分封交換是一種把數位訊息切割成固定長度封包（通常是 1,500 byte），標頭資訊包括封包最初和最後的目標地址、訊息長度、該端點預期收到封包數，由於每個封包就像收據，紀錄接收電腦的回應，在一段長時間中，網路中並不止是傳遞訊息，而還有回應、製造稱為 latency 的延遲。

分封交換的第一本書是由 Leonard Kleinrock 於 1964 年出版，這項技術接著由英美兩國的國防實驗室進一步開發。數位網路的通訊能力，是以每秒能傳送的資料位元數（bit）❶來衡量。有了分封交換，網路的通訊能力提昇了 100 倍以上。

分封交換網路上，訊息會先切割成封包。每個封包會附上一個數位編碼，代表來源端位址（起始點）和目的端位址，還有封包的序列資訊以及錯誤控制資訊。封包不是直接送到目的端位址，而是在電腦間行進，直到到達目的地。這些電腦稱為路由器。**路由器**（router）是一種有特殊用途的電腦，它們連結起成千個電腦網路構成網際網路，並一路傳送封包到它們的目的地。路由器會利用一種叫**路由演算法**（routing algorithm）的電腦程式來確定封包以最佳的可用途徑到達目的地。

分封交換並不需要專門的線路，只要利用幾百個線路中任何空出來的可用線路即可。它幾乎完全利用了所有可用的通訊線路和效能。此外，如果有些線路停用或太忙碌，封包也可以用任何會到終點的可用線路來傳送。

路由器（router）
一種特殊目的的電腦，連結起網際網路中的各個區域網路，並且在封包於網際網路上傳輸時，決定傳輸的路徑

路由演算法（routing algorithm）
路由器中用來決定封包最佳的路徑的電腦程式

---

❶ bit是二進位的數字0或1組成，八個bit的字串組成一個byte，家庭撥接數據機通常是以56Kps（每秒鐘56000bit）的速度連結到網際網路，Mbps代表每秒鐘百萬bits，Gbps代表每秒鐘十億bits。

傳輸控制協定／網際網路協定（TCP/IP）

分封交換雖然是通訊效能上極大的進步，但還是沒有一種全球認同的方法，可用來把數位訊號分成封包、轉送到正確位址，接著重新組合成一個連續的訊息。答案是要發展一種**通訊協定**（protocol，一組資料傳輸的規則和標準）來管理格式、順序、壓縮以及訊息的錯誤檢查，同時也要定義傳輸的速度，以及在網路上該如何判斷到達哪台機器時應該停止發送及（或）接收訊息的方法。

在 1974 年，Vint Cerf 以及 Bob Kahn 提出了網際網路中的核心通訊協定：**傳輸控制協定／網際網路協定**（Transmission Control Protocol/Internet Protocol, TCP/IP）的基本概念。

TCP 建立了 Web 電腦中傳送者和接收者之間的連結，確保封包在發送端和接收端的順序是相同的，並且沒有任何的遺失。IP 提供網際網路的位址架構並且負責真正的封包發送。

TCP/IP 分成四層，每一層處理不同的通訊問題（圖 3.4）。**網路介面層**（Network Interface Layer）負責從網路媒介上收送封包，可能是乙太網

通訊協定（protocol）
資料傳輸的一套規則和標準

傳輸控制協定／網際網路通訊協定（Transmission Control Protocol/Internet Protocol, TCP/IP）
網際網路上的一種主要通訊協定

傳輸控制協定（TCP）
一種在網頁收送雙方建立連結的通訊協定，並且負責封包在接收端的重組工作

網際網路通訊協定（IP）
提供網際網路位址架構的通訊協定，並且負責封包的發送

網路介面層（Network Interface Layer）
負責透過網路媒體將封包放到網路上或是從網路上接收封包

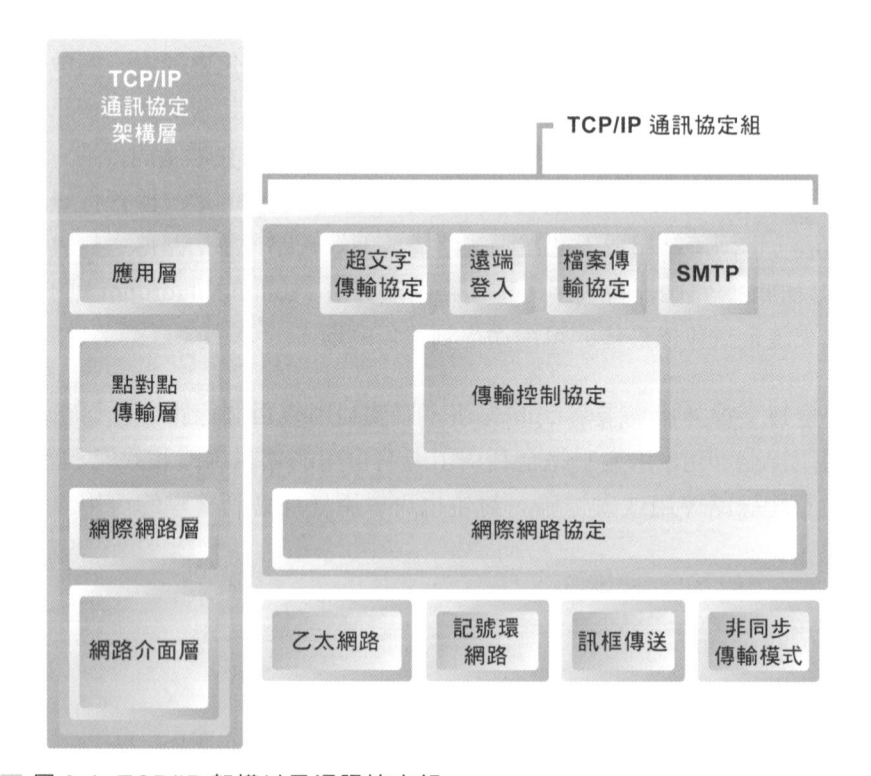

■ 圖 3.4　TCP/IP 架構以及通訊協定組

TCP/IP 是為了內部網路作業制定的標準產業協定，目的是為了提供高速的通訊網路連結。

路（Ethernet），或是記號環網路（Token Ring network），或其他網路技術。TCP/IP 與區域網路技術無關，可以隨區域層級的改變更動。**網際網路層**（Internet Layer）負責定址、包裝和在網際網路傳送訊息。**傳輸層**（Transport Layer）提供應用程式間的通訊功能，透過回應機制跟加上序號的封包在應用程式間交換封包。**應用層**（Application Layer）提供讓各種應用程式可以取得較低層服務的能力。著名的應用包括超文字傳輸協定（HTTP）、檔案傳輸協定（FTP）以及簡單郵件傳輸協定（SMTP）。

IP 位址

「連結到網際網路上的五億台電腦如何互相通訊呢？」IP 定址機制正好回答了這個問題：每台連到網際網路的電腦必須被指定一個位址，不然就無法傳送或接收 TCP 封包。比如說，當你利用撥接、數位用戶線路或纜線數據機登入網際網路，你的電腦就由你的網際網路服務提供者指定一個暫時的位址。大部分連結到某區域網路的公司及大學電腦都有永久的 IP 位址。

IP 位址（IP Address）是一連串以英文句號分隔成四個不同數字的 32 個位元數字，例如 64.49.254.91。這四個數字可以從 0 到 255。這種定址機制包含 40 億個位址（2 的 32 次方）。在典型的 Class C 網路中，前三個數字組是在定義網路（前例中 64.49.254 就是區域網路的識別），而最後一個數字（91）一般代表某部電腦的網路位址。

目前 IP 版本稱為第四版，或 IPv4。由於許多大型公司和政府網域各自有數百萬個 IP 位址（以容納目前與將來的工作量），而且網際網路上加入了許多新的網路和網際網路設備都需要特殊的 IP，因此 IP 通訊協定的新版本 — 稱為 IPv6，正在導入中。這個機制包含 128 位元位址，也就是千萬億個位置（10 的 15 次方）。

圖 3.5 說明 TCP/IP 和分封交換如何一起運作，在網際網路上傳送訊息。

網際網路層
（Internet Layer）

負責網際網路上的定址、形成封包、以及路徑選擇

傳輸層
（Transport Layer）

提供應用程式間的通訊功能，透過回應機制跟加上序號的封包在應用程式間交換封包

應用層
（Application Layer）

提供應用程式多種存取底層服務的能力

網際網路位址

網際網路位址為一 32 位元的二進制數字，代表了 4 個個別的數字，以區域來區分，例如 64.49.254.91

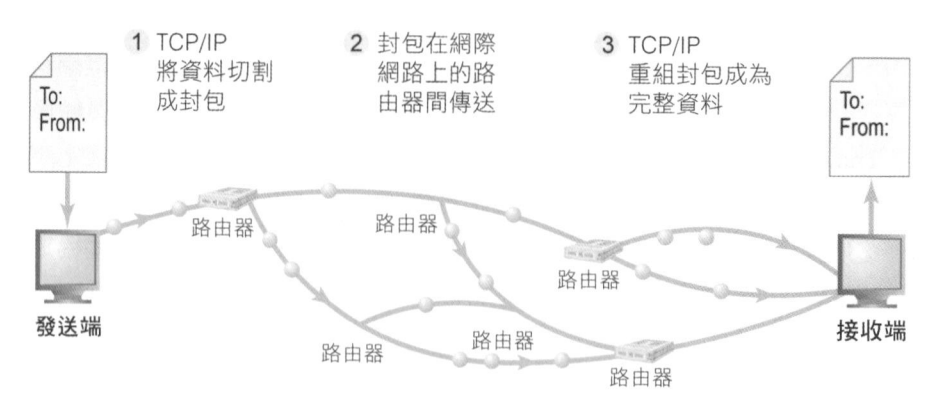

■ 圖 3.5 傳送網際網路訊息：TCP/IP 以及分封交換

網際網路使用分封交換和 TCI/IP 通訊協定來傳送、路由、組合訊息，訊息被拆解成封包，而同一訊息中的封包可在不同路由器中傳遞。

網域名稱、網域名稱系統與統一資源位址

大部分的人沒辦法記住 32 位元的數字。IP 位址可以用一種自然語言的慣用法來表示，稱為**網域名稱**（Domain Name）。**網域名稱系統**（Domain Name System, DNS）使得像 cnet.com 這種表示法，也可以代表數字的 IP 位址（cnet.com 的 IP 位址為 216.239.115.148）❷。**統一資源位址**（Uniform Resource Locator, URL）也就是網頁瀏覽器用來找出全球資訊網路上內容位置的位址，也利用網域名稱作為 URL 的一部份。一般 URL 包括存取該位址所使用的通訊協定，後面跟著它的位置。舉個例子，http://www.azimuth-interactive.com/flash_test 這個 URL，代表的 IP 位址是 208.148.84.1，網域名稱為 "azimuth-interactive.com"，且用來存取該位址的通訊協定是超文字傳輸協定。有個叫做 flash_test 的資源位在伺服器目錄路徑 /flash_test 下。URL 可以有二到四個部份，例如 name1.name2.name3.org。我們會在 3.4 節進一步介紹網域名稱和 URL。圖 3.6 說明了網域名稱系統，而表 3.2 總結了網際網路定址機制的重要成員。

網域名稱
（domain name）
用自然語言表達的網際網路位址

網域名稱系統（Domain Name System, DNS）
用來將網域名稱與網際網路位址做互相翻譯的系統

統一資源位址
（Uniform Resource Locator, URL）
網頁瀏覽器用的位址，用來定義網頁中內容所在的位置

---

❷ 你可以使用任何的網域名稱來檢查IP位址，在Windows作業系統中的DOS程式或使用Start/Run/cmd來打開DOS prompt，輸入 "ping <Domain Name>"，即可收到回傳的IP位址。

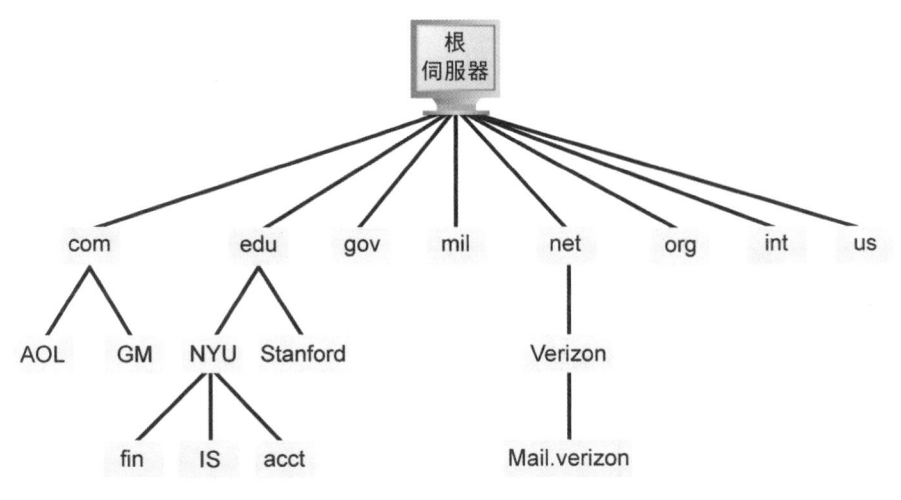

圖 3.6 網域名稱系統架構

網域名稱系統是階層式架構，最上層為根伺服器，第一層的網域代表組織類型（像是 .com、.gov、.org 等等）或地理位置（像是 .uk 為大不列顛或 .ca 為加拿大），第二層伺服器為每個第一層網域為組織或個人指定或註冊的第二層網域名稱像是 IBM.com、Mircrosoft.com、Stanford.edu，第三層網域是組織為特定電腦或團體電腦的識別，像是 www.finance.nyu.edu。

表 3.2 網際網路上的難題：名稱和位址

IP 位址	所有電腦連結到網際網路上必須擁有一個獨特的位址，稱為 IP 位址。即使電腦使用數據機也會被配發一個臨時 IP 位址
網域名稱	網域名稱系統允許類似 Prenhall.com（Prentice Hall 的 Web 網站）這類的表達方式來代表數字的 IP
DNS 伺服器	DNS 伺服器是一個在網路上記錄 IP 位址及網域名稱的資料庫
根伺服器	根伺服器是一種目錄，列出特定網域中所有目前在使用的網域名稱；例如 .com 根伺服器。DNS 伺服器在進行路由時詢問根伺服器來尋找未知的網域名稱

主從式運算

主從式運算（Client/Server Computing）是一種運算模式，其中稱為**客戶端**（client）的個人電腦在網路中跟一個以上的伺服器電腦連在一起。這些客戶端強大的足以顯示豐富的影像、儲存大型檔案、處理圖形和聲音檔案等複雜的工作，全都可以在本地端的桌上型電腦或手持式儀器上運作。**伺服器**（server）是專門當作處理網路上客戶端電腦所需之常用功能的網路電腦，比方像儲存檔案、軟體應用程式、Web 連線工具程式和印表機等（見圖 3.7）。網際網路是一個主從式運算的大型範例，上百萬分散在全世界的 Web 伺服器，可以被上百萬同樣分散在世界各地的客戶端存取。

主從式運算（client/server computing）
一種計算的模型，讓個人電腦可以跟網際網路上的一個或多個伺服器做連結

客戶端（client）
一種強力的個人電腦，是網路的一部份

伺服器（server）
一種網路上的電腦，提供一般客戶端電腦在網路上所需要的功能

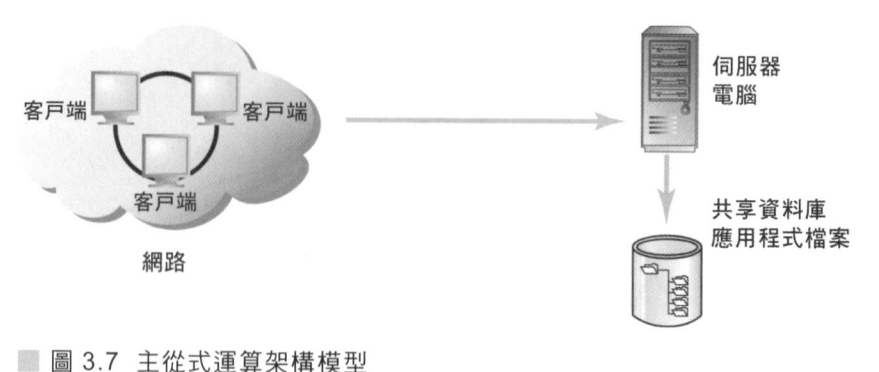

■ 圖 3.7 主從式運算架構模型

主從式電腦運算的運算模式下，客戶端個人電腦在網路中跟一個以上的伺服器電腦連在一起。

　　隨著 1970 年代末期和 1980 年代初期個人電腦和區域網路的發展，主從式電腦運算終於形成。主從式電腦運算比起集中式大型電腦運算有更多優勢，比如可以加上伺服器和客戶端而輕易擴充效能。另外，主從式網路比集中式運算架構更不容易受到傷害。如果某一台伺服器壞了，備用或鏡射伺服器仍可以接續工作；若一台客戶端電腦無法運作，網路上的其他部份依然能正常運作。另外，處理的工作是平均分配給多台強大的較小型電腦，而不是集中由一台大機器處理所有工作。主從式環境的軟體和硬體都可以較簡單且較經濟的完成。

　　現在全世界大概有 10 億台個人電腦（Gartner, 2008）。個人電腦的能力也漸漸轉移到手持式裝置上，例如黑莓機、Palm、HP iPAQ Pocket PCs 以及像是 Apple 的 iPhone 跟 T-Mobile 的 Android G1 等手機（更小的客戶端）。在這個過程中，會有更多的電腦程序是由中央伺服器（令人想起過去的大型主機）來處理。本章的「商業觀點」將討論一種跟中央伺服器無關的新運算形式。

其他網際網路通訊協定以及工具程式

還有許多其他的網際網路通訊協定以及工具程式，透過主從式網際網路應用程式提供服務給使用者。這些網際網路的服務是根據一套全球接受的通訊協定或標準所建立，每個使用網際網路的人都可以使用。這些協定跟工具並非任一機構所擁有，而是經過多年的開發提供給所有使用者。

網際網路「雲端運算」模式：軟體和硬體的服務

隨著網際網路中寬頻網路的成長，促成了新一代的主從式模式，稱為「雲端運算模式」。

雲端運算代表一種計算模式，公司或個人透過網際網路獲得運算能力或軟體應用，而不是需要購買軟硬體或安裝程式在自身電腦。目前雲端運算是在電腦計算當中成長最快的一項，估計 2009 年的市值為 80 億美元，而規模預計在 2012 年可達到 1600 億美元（Gartner 2008; Merrill Lynch, 2008）。

IBM、HP 和 Dell 等硬體公司正開發大規模的雲端運算中心，為仰賴網際網路上商業軟體應用的公司提供運算能力、資料儲存、高速網際網路連接。

像 Google、Microsoft、SAP、Oracle 和 Saleforce.com 等在網際網路上銷售軟體應用的軟體公司，在雲端運算的模式中，軟體將不再只是產品，而是一種網際網路中提供的服務，例如在 2009 年超過 50 萬間公司透過網際網路取得 Google 的商業軟體應用，如 word 文書處理、試算表和日曆等（Hamm, 2008; King, 2008）。此外，在 2009 年，全球超過 4 萬 3000 間公司使用 Saleforce.com 的顧客關係管理軟體，甚至透過他們的 iPhone 或 Android G1 來使用。

Microsoft 這間過去仰賴對公司或個人銷售盒裝軟體的公司，在這塊新的市場推出「軟體加服務」（買盒裝版本可獲得免費的線上服務），像是 Windows Live 或其他線上科技。

雲端運算對電子商務有重大影響。對電子商務的公司來說，由於需要的硬體設備和軟體可被視為服務從網際網路供應者取得。透過購買這些像產品的服務，雲端運算可降低建造和營運網站費用。這代表公司建造自己的網站時，可採用按用量或成長量付費(pay-as-you-go 或 pay-as-you-grow)的策略；舉例來說，估計有 1 萬 2000 間網路公司（並非全部都是小公司）採用 Amazon's Merchant Service Platform 來展示產品目錄、收取款項、交付貨物。對個人來說，雲端運算代表個人再也不需要購買功能強大的筆記型電腦或桌上型電腦來使用電子商務或其他網路活動，取而代之你可以使用較便宜的 net-PCs（也稱為 e-personal 電腦）或智慧型手機，花費幾百元美元就可以有效率的工作；而對企業來說，雲端運算代表在硬體與軟體的花費（基礎建設費用）可以大幅降低，只需付費給服務提供商來取得所需功能。他們甚至不再需要僱用資訊人員來維運這些基礎建設，然而這些好處也帶來必須完全依賴雲端服務提供商的風險。

■ 圖 3.8 雲端運算模式

雲端運算的模式下，硬體和軟體服務可透過網際網路上的大型主機公司和資料中心獲得

網際網路通訊協定：超文字傳輸協定、電子郵件通訊協定、檔案傳輸協定、遠端通訊協定以及傳輸加密機制

超文字傳輸協定
（HyperText Transfer Protocol, HTTP）
一種用來在網際網路上傳輸網頁的通訊協定

超文字文件傳輸協定（HyperText Transfer Protocol, HTTP）是一種用來傳輸網頁的網際網路通訊協定。HTTP 是由 W3C 及 IETF 所發展。HTTP 是在 TCP/IP 模式中的應用層執行（見圖 3.4）。一個 HTTP 程序的啟始於客戶端的瀏覽器向遠端的網際網路伺服器請求資源（例如網頁）。當伺服器傳送所請求的網頁作為回應，該物件的 HTTP 的程序就結束。由於網頁上可能有很多物件—例如圖形、聲音或影像檔—每個物件必須透過不同的 HTTP 訊息來請求物件。最常見的 HTTP 請求是 Get，是透過指定 URL 來要求資源（通常是網頁）。更多有關 HTPP 的資訊可以查詢 RFC 2616，其中詳述描述 HTTP/1.1 標準和今日最常用的 HTTP 版本（ISOC, 1999）（RFC 是 Internet Society (ISOC) 和其他參與網路規範的組織，為網際網路相關科技設立標準的文件，在之後的內容會探討更多與組織如何為網際網路設立標準的相關資料）。

商業觀點

點對點運算開始運作

2005 年 6 月，最高法院裁定點對點（peer-to-peer, P2P）分享網路（如 Grokster、StreamCast 以及 Kazaa）需要對侵犯版權物付出法律責任。然而，法院並未裁定 P2P 網路是非法的，而且判決也沒有損害到這項技術未來在合法使用上發展的可能。無論如何，這個判決對非法音樂檔案分享造成了影響，有許多合法的用途將在未來五年內擴展。

以影片和好萊塢電影為例，好萊塢的禍根、電視製作和廣播的夢魘就是透過開放軟體的點對點網路傳送盜版電影、影像、電視影集、或片段等，儘管這些影片內容的擁有者瞭解未來網際網路的趨勢就是使用者僅僅需要點擊滑鼠就可以看電影和電視。

雖然聽起來簡單，實現這一目標可沒這麼容易，一般壓縮好的電影下載需要一個小時（一首歌需要幾秒鐘），有高品質的電影在寬頻網路下下載則需要三小時，很難只需點擊就馬上可以看了，具有 DVD 品質的電影甚至需要一整晚的下載時間，更別說是電視影集了！使用者可以吃著爆米花等待下載到天亮，或是去租 DVD。

有一個解決辦法是採用串流影片內容，取代將整個影片下載到硬碟，將檔案放在網路上，利用快取記憶體的存取方式可以更即時播放影片，這種影片只能播放一次，並且不會被儲存在個人硬碟中，使用者將不會擁有影片，也無法重播影片。但串流和下載遇到同樣的問題：規模。當觀看影片或是下載皆是從單一主機而來，這些對單一主機和參與的路由器來說負擔很重，導致傳輸速度緩慢且癱瘓網路交通。在一定程度上多台伺服器是有幫助的，但在網際網路中的某段可能是壅塞關鍵點，舉例來說如果有 100 萬觀眾同時想要在網路上收看 American Idol，使用主從式架構的網路可能無法達成。

下載盜版電影和音樂最好用的工具可能也是對版權擁有者較好的解決方案。好萊塢片場、電視公司、影片製作商認為若想要實現點擊即可觀看，P2P 網路是一個好的解決方案。今日最常用的網路 P2P 軟體為 BitTorrent。P2P 網路不像傳統主從式網路而是使用參與者的電腦效能和頻寬，在點對點的網路中有兩件事發生，第一，不需要透過中央伺服器的協調，客戶端電腦可以跟對方建立檔案分享以及分享工作環境。第二，這個網路上閒置的電腦可以用來分享硬碟、計算能力及頻寬，用來處理集合的複雜事件。當客戶端電腦想要下載一個電影檔案，P2P 網路曾將檔案本身分割成好幾個部份，散布在鄰近網路位址上好幾百個客戶端機器，讓使用者下載回來之後再在自己電腦上重組檔案，越大的網路則有愈多人參與貢獻越多的電腦效能，加快網路速度而解決了規模大小的問題。

Netflix 是一間線上最大的 DVD 商店，正轉變他們的商業模式成為使用 BitTorrent 協定的線上串流電影，RealTime、Joost、Limelight、Brightcove 和 FEARNet（一個恐怖電影網站），與好

萊塢所擁有的 CinemaNow 開發 P2P 串流和下載網站，或者開始採用 BitTorrent 網路。現在再也不需要等待 30 分鐘或是一整晚去下載或等待串流影片的開始，BitTorrent 串流只需等待幾秒鐘就可以達到了。完整且高品質的下載檔案只需一小段時間，且允許使用者在 24 小時之內沒有限制的播放電影，畢竟這些下載的電影過了時限就無法再播放了！這種速度為 P2P 網路開發了潛在市場，Viacom's Spike Cable 頻道現在已經開始在 P2P 網路上開播電視影集。

目前在網際網路上最大且合法的電視和電影來源為 Apple's iTunes 商店，但這種情況隨時可能改變，BitTorrent 網路並不允許藉由像 ipod 的可攜式設備下載檔案，而且使用 BitTorrent 的數位下載管理和 Apple's DRM 也不相容。Apple 公司使用他們自家伺服器來下載影片和影集，也為終端使用者購買足夠的頻寬來下載檔案。這種方法是否能擴大規模到廣大的觀眾尚未明瞭。如果網際網路服務提供者已經在華盛頓州提供服務，他們必需要轉變有更多網路頻寬才能符合 Apple 公司的需求。基於這個觀點，Apple 公司有必要使用 P2P 網路科技像是 BitTorrent 或是和 BitTorrent 達成某一協議。

非法檔案分享的提倡者宣稱最高法院的決定會阻礙 P2P 技術的發展，但事情很有可能不是這樣。P2P 網路有希望能大大的加強我們協同作業以及分享資訊的能力，同時也能提昇現存頻寬的效能。

簡單郵件傳輸協定（Simple Mail Transfer Protocol, SMTP）

用來傳送郵件到伺服器的網際網路通訊協定

郵局通訊協定（Post Office Protocol 3, POP3）

客戶端所使用的通訊協定用來從網路伺服器取回郵件

網際網路訊息存取協定（Internet Message Access Protocol, IMAP）

較新的電子郵件通訊協定，允許使用者在從伺服器下載郵件之前能先搜尋、組織、過濾信件

電子郵件是最老、最重要且最常被使用的網際網路服務之一。就像 HTTP，各種電子郵件相關的通訊協定也是在 TCP/IP 應用層上執行。**簡單郵件傳輸協定**（Simple Mail Transfer Protocol, SMTP）是用來把郵件傳送給伺服器的網際網路通訊協定。SMTP 是一個相對簡單、基於文字的通訊協定，發展於 1980 年代早期。SMTP 只負責郵件的傳送。而郵件的接收則使用**郵局通訊協定**（Post Office Protocol 3, POP3）或是**網際網路訊息存取協定**（Internet Message Access Protocol, IMAP）。你可以設定 POP3 從伺服器取得郵件，接著把郵件從伺服器上刪除，或者可選擇保留它們。IMAP 是一個較新的電子郵件通訊協定，所有的瀏覽器以及大部分的網路服務提供者都支援這個協定。IMAP 讓使用者可以在從伺服器下載郵件前先搜尋、整合和過濾他們的郵件。

第 3 章 電子商務基礎架構：網際網路與全球資訊網

　　檔案傳輸協定（File Transfer Protocol, FTP）是最早的網際網路服務之一。他運作在 TCP/IP 應用層上，讓使用者從伺服器傳送檔案到他們的用戶端電腦上，反之亦然。被傳輸的檔案可以是文件、程式、或是大型的資料庫檔案。

　　遠端登入（Telnet）也是一種在 TCP/IP 應用層上執行的網路通訊協定，可允許遠端登入其他電腦。Telnet 這個詞也被拿來表示 Telnet 程式，Telnet 程式允許客戶端模擬大型主機的終端機（大型主機時代所定義的業界標準終端機有 VT-52、VT-100、IBM3250）。因此你可以連結網際網路上支援遠端通訊的電腦，並在上面執行程式或者下載檔案。遠端登入是第一個「遠端作業」程式，允許使用者在遠端電腦上工作。

　　SSL（Secure Sockets Layer）是一種在 TCP/IP 傳輸層跟應用層之間運作的通訊協定，用以確保客戶端和伺服器之間通訊的安全性。SSL 透過各種的加密機制以及數位簽章來協助電子商務通訊以及付款的安全性。詳細資訊請參見第 5 章的說明。

工具程式：Ping、Tracert、Pathping

　　封包網際網路探索程式（Packet InterNet Groper, Ping）允許你檢查客戶端電腦以及 TCP/IP 網路之間的連線情況（見圖 3.9）。Ping 也會告知你伺服器的回應時間，讓你知道伺服器跟網路目前的速度。你可以在有 Windows 作業系統的個人電腦上透過 DOS 模式執行 Ping 的功能，只要在命令提示工具列輸入：Ping <網域名稱>。有種可以降低網域電腦效能甚至癱瘓網域電腦的方式，就是傳送數百萬個 Ping 的請求封包。

檔案傳輸協定（File Transfer Protocol, FTP）
最早的網際網路服務之一。TCP/IP 通訊協定的一部份，允許使用者在客戶端與伺服器端之間傳送檔案

遠端登入（Telnet）
利用 TCP/IP 的終端機模擬程式

SSL（Secure Sockets Layor）
一種通訊協定，保護客戶端與伺服器間通訊的安全

Ping
讓你可以檢查客戶端與伺服器之間連線的程式

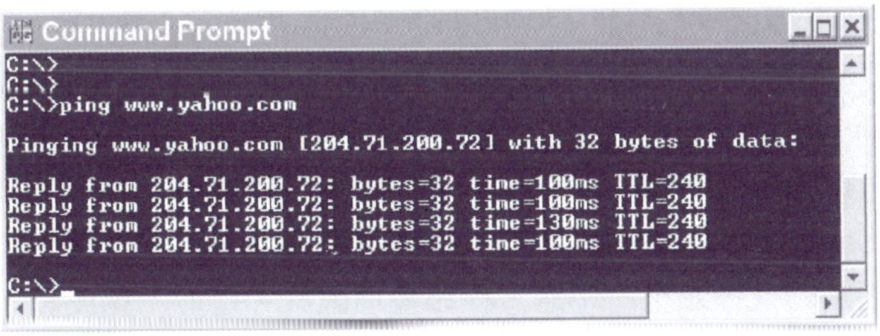

圖 3.9 Ping 的結果

Tracert

路由追蹤工具，可用以追蹤從客戶端電腦發送到網際網路上遠端電腦的訊息的路徑

Tracert 是一種路由追蹤工具，可用以追蹤訊息從客戶端送出到網際網路上一台遠端伺服器之間的路徑。圖 3.10 顯示一個傳送到遠端機器的訊息作路由追蹤的結果，使用的是稱為 VisualRoute 的一種視覺化路由追蹤程式（可自 Visualware 取得）。

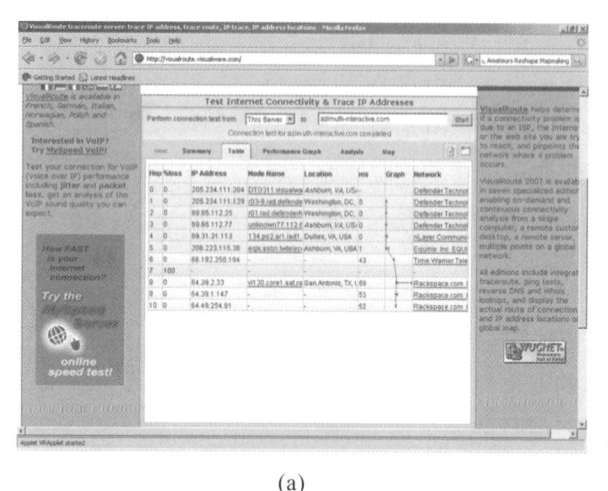

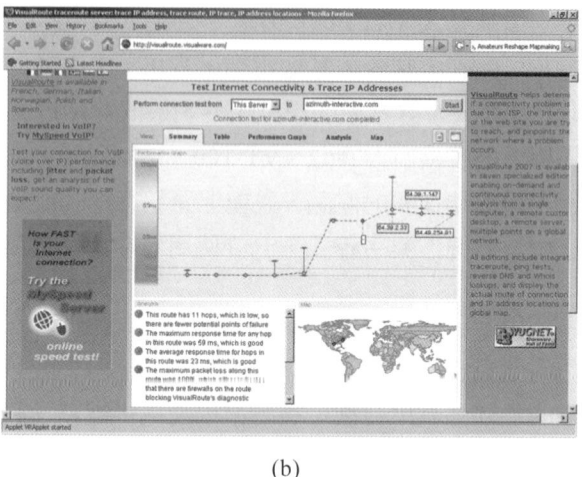

(a)　　　　　　　　　　(b)

■ 圖 3.10 追蹤一個訊息在網際網路上所經的路徑

Pathping

結合 Ping 與 Tracert 所提供的功能

Pathping 工具結合了 Ping 跟 Tracert 的功能。Pathping 根據起點與終點之間的節點數量，使用抽樣方法提供兩個站台在一段時間內，路徑上的各個節點的路徑資訊及統計資訊。

3.2 網際網路的現況

在 2008 年，全世界大約有 14 億的網際網路使用人口，在 1997 年年底的調查只有 1 億人口。儘管這是一個相當龐大的數字，但也只佔了全世界人口的 21%。這個數字預計在 2012 年會增加到 20 億（Internetworldstats.com, 2008）。在美國網際網路的使用者每年約增加 3%，在亞洲網際網路使用者人口的成長速度約為每年 12%。有人想，這樣驚人的全球性成長可能使網際網路的負擔過重。不過，根據幾項因素，這並不會成真。第一，主從式運算具有高度擴充性。只要簡單的加入伺服器端與客戶端，網際網路上的使用者人數可以無上限的增加。第二，網際網路的架構是分層的，所以每一層的改變都不會影響其他層的發展。舉例來說，可以徹底改變網際網路上的訊息傳輸技術，但這並不會影響到電腦中網際網路應用程式的運作。

第 3 章 電子商務基礎架構：網際網路與全球資訊網

圖 3.11 描述了網際網路的「沙漏」混合架構。網際網路概念上可以看成有四層：網路技術底層、傳輸服務和呈現標準、中介軟體服務以及應用程式[3]。**網路技術底層**（Network Technology Substrate layer）包含了遠距通訊網路和協定。中介軟體服務以及**傳輸服務和呈現標準層**（Transport Services and Representation Standards layer）儲存 TCP/IP 協定。**應用層**（Application layer）包含全球資訊網、電子郵件、影音檔案等客戶端應用程式。**中介軟體服務層**（Middleware Services layer）是把應用程式和通訊網路接合在一起的黏合劑，包含了安全性、認證、位址以及儲存等服務。使用者使用應用程式時，很少察覺到背後運作的中介軟體。由於各層都使用 TCP/IP 以及其他共通的標準來互相連結，網路層可以在不改變應用層的情況下作重大的變動。接著將探討網路技術底層。

網路技術底層
（Network Technology Substrate layer）
網際網路技術層，由通訊網路以及通訊協定所組成

傳輸服務和呈現標準層
（Transport Services and Representation Standards layer）
網際網路架構層，存放 TCP/IP 協定

應用層
（Application layer）
網際網路架構層，包含客戶端應用程式

中介軟體服務層
（Middleware Services layer）
連結應用程式與通訊網路的「黏合劑」，並包含安全性、認證、定址、儲存的服務

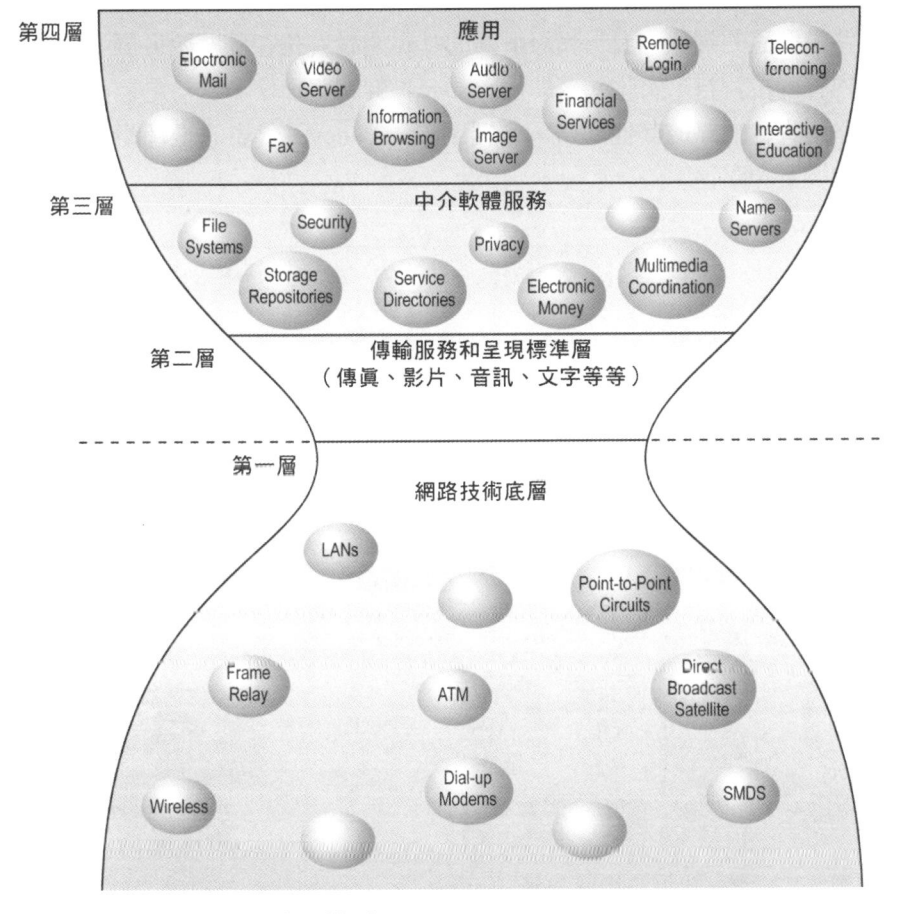

圖 3.11 網際網路的沙漏模型

網際網路可被視為沙漏型模組化架構，最底層為 bit 攜帶的架構（包括纜線或交換器），上一層為如 email 的使用者應用和互連網，在中間狹窄部份則為傳輸協定像是 TCP/IP。

---

[3] 前面章節提到TCP/IP通訊協定也有不同層架構，不要跟網際網路架構搞混。

3-21

網際網路骨幹網路

圖 3.12 說明了今日網際網路上主要的實體元件。原本網際網路有單一骨幹，不過今日的網際網路有許多不同的骨幹網路，這些私有網路彼此互相連結並且傳輸資訊。這種私有網路稱為**網路服務提供者**（Network Services Providers, NSPs），他們擁有並控制骨幹網路（見表 3.3）。為了能清楚辨別，我們統稱這些網路為「骨幹」。**骨幹**（backbone）可以想像成一種把資料傳遍世界的大管線。在美國，骨幹網路完全由光纖所構成，頻寬從 155Mbps 到 2.5Gbps。**頻寬**（bandwidth）是用來評估在固定時間內通訊媒介傳輸了多少資料量，通常以每秒位元（bps）、每秒千位元（Kbps）、每秒百萬位元（Mbps）以及每秒億位元（Gbps）來表示。

跨洲相連時，則是透過海底光纖纜線和衛星連線的組合。美國是骨幹網路最發達的國家，因為網際網路的基礎建設就是在此開始發展。骨幹網路內有備援資料，如此一來即使有部分骨幹網路損壞，資料還是可以重新傳送到骨幹網路的其他部份。**備援**（redundancy）代表的是網路中多個重複的裝置和路徑。

網路服務提供者
（Network Services Provider, NSP）
擁有並控制主要網路之一，組成網際網路骨幹

骨幹（backbone）
高頻寬光纖纜線，用來傳輸網際網路資料

頻寬（bandwidth）
測量在一段固定時間內有多少資料可以在通訊媒體上傳輸；通常用每秒位元（bps）、每秒千位元（Kbps）、每秒百萬位元（Mbps）來代表

備援（redundancy）
網路上多個重複的裝置以及路徑

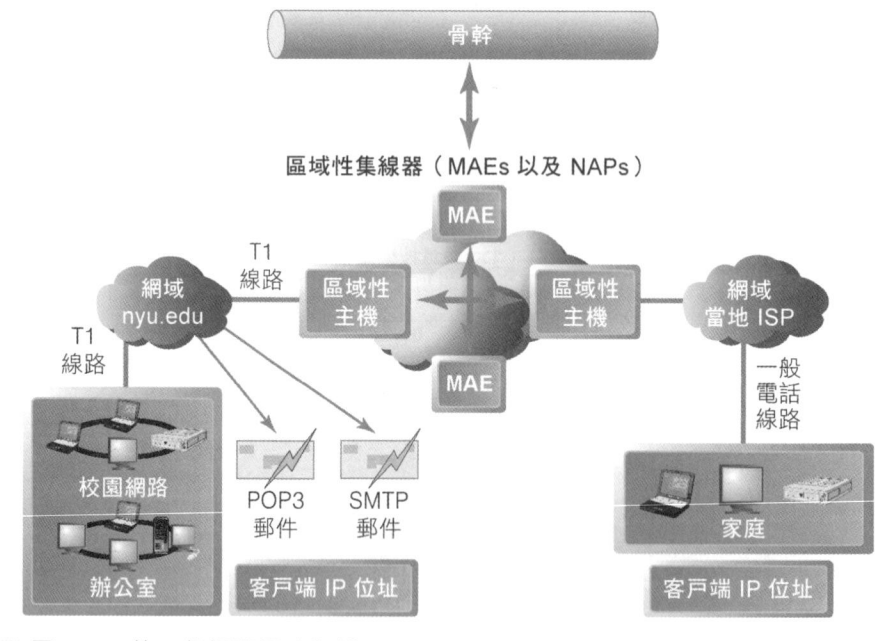

■ 圖 3.12　第一代網際網路架構

今日的網際網路中具有多重國際骨幹的多層次開放式網絡架構、區域的集線中心、校園區域網路和區域客戶端電腦等。

表 3.3 美國主要網際網路骨幹所有者

AT&T	NTT/Verio
AOL Transit Data Network（ATDN）	Qwest
Cable&Wireless	Spring
Global Crossing	Verizon
Level 3	

網際網路交換點

美國有一些集線中心是骨幹網路與區域或地方網路交接，以及骨幹網路擁有者彼此連接的位置（見圖 3.13）。這些集線中心稱為網路存取點（NAPs）或都會區域交換中心（MAEs），不過現在多通稱為**網際網路交換點**（Internet Exchange Points, IXPs）。網際網路交換點利用高速交換電腦把骨幹網路跟區域和地方網路連結在一起，並彼此交換訊息。區域和地方網路由地方上的貝爾電信公司以及私人電信公司所有，通常是以超過 100Mbps 在運作的光纖網路。區域網路授予控制權給網際網路服務提供者、私人企業和政府機構。

網際網路交換節點（Internet Exchange Point, IXP）

骨幹與當地以及地區網路交集的集線器，也是骨幹網路所有者互相連結的地方

地區	名稱	地點	主導者
東岸	MAE East	維吉尼亞和邁阿密	MCI
	New York International Internet Exchange（NYIIX）	紐約	Telehouse
	Peering and Internet Exchang（PAIX）	紐約、費城、北維吉尼亞	Switch and Data
	NAP of the Americas	邁阿密	Terramark
中部	MAE Chicago	芝加哥	MCI
	Chicago NAP	芝加哥	SBC
	MAE Central	達拉斯和亞特蘭大	MCI
	Peering and Internet Exchang（PAIX）	亞特蘭大	Switch and Data
西岸	MAE West	聖荷西和洛杉磯	MCI
	Peering and Internet Exchang（PAIX）	帕羅奧多、聖荷西和西雅圖	Switch and Data
	Los Angeles International Internet Exchange（LAIIX）	洛杉磯	Telehouse

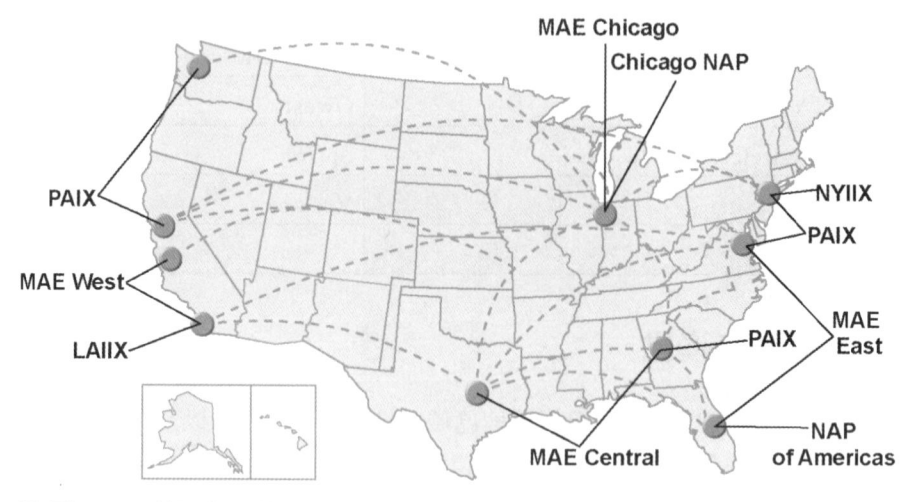

图 3.13 美國主要的網際網路交換點（IXPs）

校園區域網路

校園區域網路（Campus Area Network, CAN）

通常是一個運作在一個組織內的地區網路，向地區以及國家業者租用直接存取 Web 服務

校園區域網路（Campus Area Networks, CANs）一般是在單一機構運作的區域網路 — 像是紐約大學或是微軟公司。事實上，大部分大型機構有數百個這樣的區域網路。這些機構大的足以直接向區域和全國的營運商取得網路存取權。這些區域網路一般採用乙太網路（一種區域網路通訊協定），而作業系統則有 Windows NT/2002/2003、Novell Netware 等等，或其他讓桌上型客戶端可以透過他們校園網路上附屬的近端網際網路伺服器連上網際網路。校園區域網路的連結速度範圍為 10 到 100Mbps。

網際網路服務提供者

網際網路服務提供者（Internet Service Provider, ISP）

在多層次網際網路架構中提供最底層服務的公司，租用網際網路存取服務給家庭使用者、小型企業、以及一些大型機構

在多層的網際網路架構中，藉由授予網際網路使用權給家用者、小型企業、以及一些大型機構來提供底層服務的公司，稱為**網際網路服務提供者**（Internet Service Providers, ISPs）。網際網路服務提供者是零售的供應商 — 他們負責家庭或企業辦公室的「服務的最後一哩」。網際網路服務提供者一般是以高速電話線或纜線連上網際網路交換點（以 45Mbps 或更高的頻寬）。主要的幾間 ISP 公司像 AOL、Earthlink、MSN Network、AT&T WorldNet、Comcast（Optimum Online）、Verizon、Sprint 等 3500 間美國的地區性 ISP 公司，有些是區域電信公司提供撥接，或數位用戶迴路（DSL）電信透過電纜公司提供電纜數據機服務。此外，一些小型的 "mom-and-pop" 網際網路商店也提供小城鎮、都市或國家撥接上網的服務。如果用戶有家庭或小型商業網際網路需求，ISP 公司也能為此提供服務；衛星公司也提供上網服務，特別是在一些較遠，寬頻網路服務無法到

達的地區。但是衛星網路在網際網路服務提供者的競爭上有很大的困難，因為他們雖然提供高速的下載服務，但是卻需要透過電話服務達成上傳的功能。

表 3.4 總結了網際網路服務提供者的各種服務、速度以及費用。網際網路服務提供者的服務可分兩種：窄頻和寬頻。**窄頻**（narrowband）服務是傳統的電話數據機連線，現在是以 56.6Kbps 運作（雖然實際上因為雜訊跟封包重送大約只有 30Kbps 的速率）。這是過去最常見的連線形式，不過在美國、歐洲以及亞洲地區很快就被寬頻連線所取代。寬頻服務是利用 DSL、纜線數據機、電話線（T1 及 T3）以及衛星科技。**寬頻**（broadband）— 在網際網路服務的範疇中 — 代表任何讓客戶端能夠用可接受的速度播放影音串流的通訊技術，一般是超過 100Kbps。在 2004 年時，美國地區的寬頻使用者人數超越了窄頻使用者，而到了 2008 年，寬頻使用者人數約為 7500 萬人，而窄頻使用者人數只有 900 萬人（eMarketer, Inc., 2008a）。

窄頻（narrowband）
傳統電話數據機連線，目前以 56.6Kbps 運作

寬頻（broadband）
指任何允許客戶端以可接受的速率播放串流影音檔案的通訊技術 — 通常大於 100Kbps

表 3.4 ISP 服務等級頻寬選擇

服務	每月費用（美元）	傳輸速度
電話數據機	$10－$25	30－56Kbps
DSL	$15－$50	1Mbps－1.5Mbps
纜線數據機	$20－$50	1Mbps－2Mbps
衛星	$20－$50	250Kbps－1Mbps
T1	$1,000－$2,000	1.54Mbps
T3	$10,000－$30,000	45Mbps

資料的實際處理能力會因許多不同因素而有不同，這些因素包含了線路雜訊和訂戶請求服務的次數。T1 線路是一種公開標準化的線路，它保證了服務的品質，但是其他的網際網路服務的實際處理能力則未提供保證。

數位用戶迴路（Digital Subscriber Line, DSL）是一種利用家裡或公司已有的一般電話線提供數位連接的技術。服務的頻寬從 385Kbps 到 2.5Mbps。數位用戶迴路服務要求使用者居住在鄰近電話交換中心兩英里（約 4000 公尺）範圍內。

纜線數據機（cable modem）是在提供家庭電視訊號的類比影像纜線上，附加網際網路數位存取的有線電視技術。纜線型網際網路主要頻寬根據 DSL 服務而不同，通常為較快速度和多重訂閱：電話、電視、網際網路包在一起以月計算。纜線數據機的服務範圍從 1Mbps 到 15Mbps，而

數位用戶線路（Digital Subscriber Line, DSL）
透過家中或企業中的傳統電話線路提供數位連接的一種技術

數位電纜數據機（cable modem）
在提供家庭電視訊號的類比影像纜線上，附加網際網路數位存取的有線電視技術

Comcast、Time Warner Road Runner 和 Cox 則為最大的幾間纜線網際網路提供商。

T1 跟 T3 線路是數位通訊的國際電話標準。T1 專線保證以 1.544Mbps 傳輸，而 T3 專線提供 45Mbps 的傳輸速度。T1 每個月的花費約為 1000 到 2000 美元，而 T3 則為每個月 1000 到 3000 美元，這些可授權的專用線路，適合需要保證高速服務層級的公司、政府機關和 ISP。

一些衛星公司提供有安裝 18 吋衛星天線的家庭與辦公室，可寬頻高速下載網際網路內容。傳輸速度從 256Kbps 到 1Mbps。一般來說，衛星連線對家庭或小型公司並不可行，因為它只是單向的 — 你可以高速從網際網路下載，卻完全無法上傳。取而代之的，使用者需要電話或纜線的連線來做上傳。

DSL 服務的價格已經跌至每個月只需 14.95 美元，纜線寬頻使用者佔全部寬頻使用者的 60%，大多數的大型公司行號和政府機構皆是使用寬頻連接到網路，頻寬服務的需求逐漸增加，因為透過寬頻可以提昇載入網頁的速度，以及網頁上越來越多的大型影音檔案（見表 3.5）。隨著網際網路服務提供的品質擴展到包含好萊塢電影、音樂、遊戲以及其他豐富的媒體內容，對於頻寬存取的需求會持續的快速增加。為了和纜線公司競爭，電信業者引進一種稱為 FiOS（fiber optic service）的 DSL，它能提供比纜線系統更快的速度，最高可為家庭用戶提供每秒 50Mbps 的連線速度。

T1
一種數位通訊的國際電話標準，保證 1.54Mbps 的傳輸速率

T3
一種數位通訊的國際電話標準，保證 45Mbps 的傳輸速率

表 3.5 透過不同網際網路服務下載一個 10MB 檔案所需的時間

網際網路服務型態	下載時間
窄頻服務	
電話線數據機	25 分鐘
寬頻服務	
DSL @ 1 Mbps	1.44 分鐘
纜線數據機 @ 10 Mbps	8 秒
T1	52 秒
T3	2 秒

內部網路和外部網路

用以讓全球公眾網路運作的網際網路技術，一樣也能提供作為私人或政府機構的內部網路。**內部網路**（intranet）是在一個機構內部通訊和處理資訊的 TCP/IP 網路。網際網路技術比起專有網路通常較為便宜，且全球都可取得能在企業內部網路執行的應用程式。事實上，在公眾網路上可取得的所有應用程式，都可以在私人的內部網路上使用。最大的區域網路軟體的提供者為微軟的 Windows 2000/2003 伺服器軟體，以及公開原始碼的 Linux，它們都使用 TCP/IP 協定。

內部網路（intranet）
在一個機構內部通訊和處理資訊的 TCP/IP 網路

當公司允許外部人士存取他們內部的 TCP/IP 網路時，就形成了**外部網路**（extranct）。舉個例子，通運汽車允許零件供應商存取包含 GM 生產計畫表的 GM 內部網路，如此零件供應商就知道 GM 什麼時候需要零件，以及什麼時間要把零件送到哪裡。

外部網路（extranet）
當企業允許外部存取他們的內部的 TCP/IP 網路時形成

內部網路和外部網路一般不牽涉到市場上的商業交易，且大部分超出了本書的範疇。外部網路會因其是一種 B2B 交易而受到關注(請見第12章)。

誰管理網際網路？

網際網路的推廣者常宣稱網際網路不受任何人管理，網際網路也的確無法受到管理，因為本質上它已超出了法律的規範。但是這些人忘記了網際網路是在私人或是公共的通訊設備上運作，這些設備受法律規範，並且遭受跟所有通訊傳送者相同的壓力。事實上，網際網路受到來自管理者、國際法規和國際專業社群構成的複雜網絡的束縛。沒有一個管理者能控制網際網路的活動，但相反的，有許多機構影響了這個系統，並監看它的運作。網際網路的管理者包括：

- The Internet Architecture Board（IAB）：協助定義網際網路的整體結構。

- The Internet Corporation for Assigned Names and Numbers（ICANN）：指定 IP 位址，而 Internet Network Information Center（InterNIC）指定網域名稱。ICANN 由美國商業部於 1998 年創立，管理網路名稱系統以及 13 個處於網際網路定址架構核心的伺服器。

- The Internet Engineering Steering Group（IESG）：管理網際網路標準的建立。

- The Internet Engineering Task Force（IETF）：預測網際網路成長的下一步，持續觀察其演進和運作。

- The Internet Society（ISOC）：由監管網際網路政策及實作的公司、政府機構和非營利組織所組成的團體。
- The World Wide Web Consortium（W3C）：建立 Web 的 HTML 及其他程式標準。
- The International Telecommunication Union（ITU）：協助建立技術標準。

這些組織沒有真正控制網際網路和其功能，但是他們的確也影響了政府機構、主要網路擁有者、ISP、公司以及軟體開發者，目的是為了讓網際網路盡可能有效率的運作。

除了這些專業團體外，網際網路也必須遵守其運作所在國家的法律，以及該國現有的科技基礎建設。儘管在網際網路和 Web 發展初期少有立法或行政方面的干預，但近年情況已經改變。在資訊和知識的傳播上（包括一些會引起反對的內容），網際網路扮演愈來愈重要的角色。

最近美國商業部的 ICANN 打算接管網域名稱系統，這已不再是個案，在 2005 年 6 月美國改變法案，商業部宣佈將保留對 13 個主要用於全球網頁瀏覽和電子郵件系統的根伺服器監督權利。觀察家為這項行為提出幾點理由，包括恐怖組織利用網際網路進行通訊服務。而這種不確定性將造成國際機構接管，拒絕接受美國控制網際網路的國家可能必須要建立他們自己的網域名稱系統，將現有單一的互連網切割成不同或可能不相容的網路。聯合國專家小組原本將為網際網路提出一個全球計畫，然而因為各國意見不同而失敗。

3.3 第二代網際網路：未來的基礎建設

網際網路一直隨著新技術的出現和新應用程式的發展而不斷改變。接著將探討第二代網際網路。第二代網際網路是由今日的私人企業、大學和政府機構所建立。要感謝第二代網際網路帶來的好處，就必須先瞭解目前的網際網路基礎建設的限制。

社會觀點

網際網路中的政府管理

網際網路因為允許多數的公民能暢所欲言而受到喝采，某些人相信他們在網路上是匿名的，畢竟誰有辦法閱讀美國境內每天百萬封的電子郵件？多數人認為在廣大分散的網際網路上，要進行控制或監控是很困難的。

但實際上，監控網際網路和其中的內容是很簡單的事情，多數國家宣稱政府有權監控網站上的行為。例如在 2007 年埃及一名部落客因為冒犯宗教當局而被法庭處以四年徒刑；一名土耳其法官宣佈封鎖 Youtube，因為某些影片嘲諷國家創立人 Attaturk；泰國軍政府也因為 Youtube 上某些影片冒犯他們國王而將 Youtube 封鎖；在印度，政府暫時關閉了 16 個侮辱到當地傳統的網站；俄國通過一項法令，要求 50%的廣播新聞必需要是「正面的」，同樣的標準也套用到網站上，網站內容如果不是「正面的」或者損害到國家利益將會被關閉。

在中國大陸，民眾若利用網際網路發聲會有失去自由或甚至生命的風險。中國大陸使用三條巨大光纖幹線來控制網際網路流量，並要求國內所有公司要將公司內部或外部服務需求的路由器皆要和這些線路連接。當中國大陸國內出現一個連向芝加哥的網頁需求，中國大陸的路由器會先檢查這個網站是否在黑名單中，再檢查網頁中的字串是否含有黑名單中相符的名詞。最有名的黑名單名詞為「法輪」（在中國大陸受壓迫的宗教團體）和「天安門事件」（或任何有可能聯想到這個事件的名詞，如「198964」，這代表事件發生時間在 1989 年的 6 月 4 號）。這個系統被稱為「中國大陸的防火長城」（The Great Firewall of China），這個系統是由全球最大的路由器製造商 — 美商思科公司協助建置的。

中國大陸在 2008 年 8 月舉辦奧林匹克運動會。儘管剛開始有承諾國際奧林匹克委員會，但中國大陸政府在最後還是決定限制國際新聞訪問接觸國內外反對政府的網站。

此外在中國大陸的防火牆使用一種稱為「自我檢查」（或恫嚇）的更有效率方法。在 2002 年中國政府關閉內部連結到 Google 伺服器。而早在這個動作之前，Google 就常因為中國大陸的防火牆導致搜尋結果緩慢。在此事件之後，Google 決定放置伺服器在中國大陸本土（Google.cn），直接受到中國的新聞檢查制度，禁止來自網際網路上的任何「有損害國家榮譽或利益」、「擾亂公共秩序」或「侵犯了國家習俗和習慣」。為什麼這些強調「不作惡」、「組織世界資訊」的美國公司 Google 要和這樣的專制政府合作呢？

隨著 Yahoo 在中國大陸的行為，越來越多疑問產生。2002 年初，Yahoo 協助中國大陸政府指認在 Yahoo 匿名團體佈告欄中張貼批評政府文章的人權活動，因此造成四位網路上的部落客和記者被逮捕且遭遇高達十年徒刑；2007 年，Yahoo 在美國遭到一位記者和他太太根據外國人侵權索賠法和酷刑受害者保護法控告，Yahoo 為

了在中國從事商業活動，持續和中國大陸政府合作壓迫部落客和記者；其他美商公司被人權團體指出和中國大陸的審查、壓制政策同謀，像是 Microsoft 遵從中國大陸政府要求，刪除了一名中國記者在美國的伺服器上發表的部落格文章，也刪除了搜尋服務中的搜尋名詞「自由」；而 MySpace 則自我審查任何可能冒犯中國大陸政府的內容。如果你認為 MySpace 是一個使用者無法控制的野生前哨，那你應該要拜訪中國大陸的 MySpace，擁有該新聞集團的梅鐸和他當地的合作夥伴建置過濾軟體，禁止使用者討論一般被禁止的主題或張貼有青少年裸露過多的圖片和影片。更糟糕的是，中國大陸的 MySpace 鼓勵使用者檢舉其他使用者的不端行為（misconduct）。這些不端行為包括像「危及國家安全」、「洩漏國家機密」、「破壞政府」、「破壞民族團結」、「散播謠言」或「擾亂社會秩序」。可能有很多在美國的父母會讚賞中國大陸 MySpace 所採取的監控吧！

美國眾議院在 2006 年 2 月舉行聽證會。美國網路公司在中國大陸的行為讓社會大眾普遍譴責這些公司，並企圖透過立法來界定這些公司在未來應該如何表現，然而這些立法目前都尚未通過。

對這些公司來說，他們僅只是遵守當地國家的法律在當地做生意。Google 宣稱這不是針對特定具體的個人而是對中國大陸主權。因為它並沒有在中國大陸提供電郵或電子佈告欄服務，而只有搜尋服務是受到中國政府的監察，避免與中國政府衝突；思科公司聲稱他們並沒有和政府合作來針對特定使用者，並提出透過硬體可以「使用在各種不同目的上」；而在一份核心小組的聯合聲明中，Yahoo 和微軟表示，他們正在探索自願的方式，並且也談到與布希政府相關的問題，他們提出直接與北京提供網站服務的議題。這些公司說：「我們在許多國家充分利用和影響政府政策的能力受到嚴重限制」，他們希望美國政府可以協助他們避免必須遵守外國政府的監督和檢查。

並不是只有中國大陸這麼做，歐洲和美國也有許多關於監控網際網路和網頁內容、通訊的事情發生。歐洲和美國禁止買賣、散播、或佔有線上兒童色情圖片；法國和德國限制線上的納粹相關記事；美國嘗試要通過法律來禁止兒童色情內容，但到目前為止多被立法院否決。美國禁止線上賭博，也逮捕一些歐洲企業在美國本土推銷或參與線上賭博的網站。對於恐怖威脅，歐洲國家正準備立法保留網際網路身份和數據使用至少兩年時間；在美國，最近的改變是外國情報監視法（FISA）允許執法機構與外國當事人竊聽國內電話交談，並在沒有法院同意下逮捕的法條。這些團體包括一些禁止的主題或網站（像色情、毒品、免稅香煙、網路藥品和賭博等）。

網際網路成為對所有孩子來說可以通訊、自我表現、使用者產生內容的虛擬工具，但更需要努力控制和管理網際網路的發展。第一個釋出的可能是監視或監控工具；全球不同的國家和地區強調自我在網際網路上的價值，而不是一味改變，融入美國或歐洲網際網路的文化。

未來可能單一的全球網際網路將變成由一個個鬆散連結有自我監控的國家網際網路組合而成，諷刺的是網際網路被開發的原因是為了拉緊全球通訊，目前為止可以知道的是許多國家將嚴格限制言論自由，而這是真的發生在美國！

第一代網際網路的限制

多數現有的網際網路基礎建設已有幾十年之久（相當於網際網路時間的一世紀之久）。它有一些限制，包括：

- 頻寬限制。整個骨幹網路、都會區域交換中心，以及更重要的，連結到住家以及小型公司的「最後一哩」的效能不佳。產生的結果是緩慢的服務（塞車），以及處理影像和聲音流量的能力有限。

- 服務品質限制。今日的資訊封包是採取環狀路徑抵達最後目的地。這產生了**延遲**（latency）的現象 — 也就是因網路上不平均的資訊封包流量所造成的訊息延遲。電子郵件的延遲並不明顯，不過如果是串流影像或同步通訊（如電話），使用者就會注意到延遲。因此若網際網路需要繼續擴充新的服務，就必須有更好的服務品質。

  延遲（latency）
  訊息的延遲，網路上不平均的資訊封包流量所造成

- 網路架構限制。今天，若一個中央伺服器收到針對同一首音樂的請求 1000 次，就會讓伺服器把音樂下載到客戶端 1000 次，這會拖慢網路效能。這跟電視不一樣，電視是一次廣播給數百萬個家庭的。

- 語言開發限制。網頁的語言 HTML 適合文字和簡單的圖形，但是不適合定義和傳佈「內容豐富的文件」，如資料庫、商業文件或圖形等。定義 HTML 網頁的標籤是固定且通用的。

- 有線網際網路。這是以光纖纜線和銅軸纜線建立的網際網路。銅軸纜線是沿用了數百年的老舊技術，而將光纖電纜安置於地下的費用是很昂貴的。網際網路有線的特質限制了使用者的機動性。

3-31

Internet2® 計畫

Internet2® 計畫是由超過 200 所大學、政府機構及私人企業所組成的協會，合作找出讓網際網路更有效率的方法。

現在，想像有一個比目前網際網路強上 100 倍的網路，它不受前述頻寬、通訊協定、架構、實體連線以及語言的限制。歡迎來到第二代網際網路的世界，以及次世代的電子商務服務及產品。

Internet2® 背後的想法是產生一個「大型測試平台」，在不影響現有網際網路的情況下，測試新的技術。Internet2® 的三個主要目標為：

- 為國家的研究社群創造最先進的高速網路效能。
- 產生創新的網際網路應用。
- 確定新的網路服務和應用，能快速傳送到更廣大的網際網路社群。

Internet2® 參與者所重視的領域包括高階網路基礎建設、新網路效能、中介軟體，還有高階應用程式。

Internet2 成員所創造和使用的高階網路，提供了測試和改良新技術的環境。有一些新的網路已經建立起來，如 Abilene 和 vBNS（Worldcom/NSf 合作）。Abilene 和 vBNS（極高效能骨幹網路服務的簡稱）是高效能的骨幹網路，頻寬從 2.5Gbps 到 10Gbps，連結了 Internet2 成員用來存取網路的 GigaPoP。GigaPoP 是一個對外提供每秒至少 1GB 的資料傳輸速率的區域性網路接點（圖 3.14）。

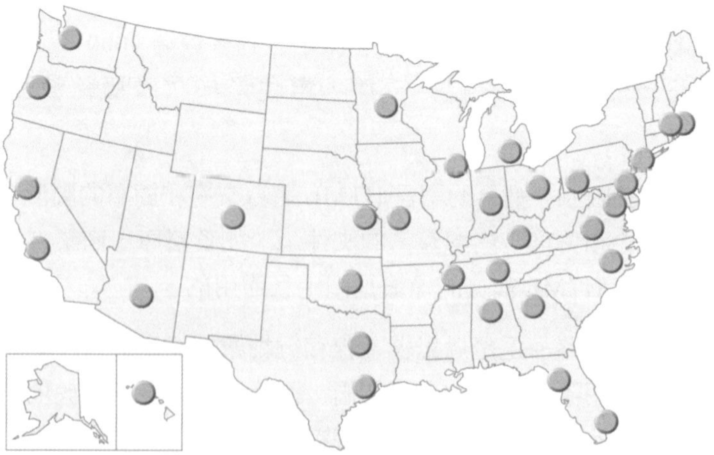

Internet2®
一個超過 200 所大學、政府單位、以及私人企業所組成的協會，共同合作來尋找讓網際網路更有效率的方法

GigaPoP
一個對外提供每秒至少 1GB 的資料傳輸速率的區域性網路接點

■ 圖 3.14 Internet2 的 GigaPoP 交換

Internet2 架構的骨幹是以 OC-192 光纖電纜網路連結到區域 GigaPoP 伺服器（以圓圈表示），每秒可傳輸十億 bits。

2004 年 2 月，Internet2 宣稱其在各 Abilene 網段（segment）成功升級到 10Gbps。2007 年 Internet2 開發了 100Gbps East-West 連結，在這樣的速度下，網路處理資料的速度漸漸與從客戶端電腦的硬碟讀取資料的速度相當了。以 100Gbps 的網際網路，在過去以典型的家用頻寬下載高品質版本的電影「駭客任務」需要超過兩天的時間，而在現今的 Internet2 可以在幾秒之內下載完成。

較大的 Internet2 技術環境：第一哩與最後一哩

Internet2 計畫只是網際網路改善的短期計畫。2005 年，NSF 提出全球網路環境調查（GENI）計劃書來發展新的網際網路核心功能，包含新的命名、定址、以及識別架構；加強的能力包含額外的安全性架構及支援高可得性的設計；新的網際網路服務跟應用程式。其他的團體 — 大多是私人企業和產業 — 也花了額外的努力來擴展網際網路的能力，以支援新的服務和產品，他們相信市場在不久的將來會有這些需求。最重要的改變由兩個地方開始：光纖通訊線路頻寬以及無線網際網路服務。光纖是與需要在長距離傳輸巨大的流量的第一哩或是與骨幹網路服務相關。無線網路是與最後一哩有關 — 從大型的網際網路到使用者的手機或電腦。

第一哩的光纖和頻寬爆炸

光纖纜線（fiber-optic cable）由上百束的玻璃或塑膠線所組成，利用光來傳輸資料。因為它能以更快的速度傳送更多資料，且干擾較少，資料安全性更佳，所以常用來取代現有的同軸電纜和雙絞線。光纖纜線也比較細、比較輕，安裝所需的空間較少。我們的期望是利用光纖來擴充網路頻寬，以應付開始採用 Internet2 服務時可能增加的網頁流量。

從 1998 年到 2001 年長途骨幹網路能力大量增加，再加上需求下降，造成超過 60 間電信公司包括 WorldCom 和 Global Crossing Ltd.宣佈破產，其他間公司則是因為巨額赤字，導致股東價值的損失。洛杉磯到紐約的 1.5Mbps 專線支出從 2000 年的 1800 萬美元減少至 2008 年只需 10 萬美元。在美國數以萬計公哩的光纖變成了無人管理。光纖費用的下降是因為在封包交換設備上的科技持續進步，使得公司可以透過改善現有光纖纜線的處理器和技術的方式，達到更高的傳輸量。安裝長途光纖纜線價格今後幾年可能仍然相對平穩，靠收取長途數位傳輸費用的公司可能全 2010 年仍不會有影響。

光纖纜線
（fiber-optic cable）
由上百束的玻璃或塑膠所組成，使用光線來傳送訊號

在這不明情況下仍有一線希望，光纖纜線將不會隨著時間消失或降低價值。它就像巨大的數位高速公路被一些高頻寬需求的應用，像 Youtube（Google）、MySpace 開發所使用。而通訊公司正重新調整資本和根據數位交通的市場價值建構新的商業策略模型。最終結果是，社會最終將根據他們先前已付的成果，受益於非常低的成本、長途、高頻寬的通訊設備。

當消費者需要從單一來源取得整合的電話、寬頻上網以及影片時，對光纖纜線的需求實際上可能會更多。線上互動電視、線上 Hollywood 電影、平價的 VoIP 電話、以及上網服務全都來自同一個提供單一纜線到家服務的公司，如 Verizon、地方 Bells 公司和其他纜線公司。Verizon 公司已經在 2004 年開始佈置光纖到 300 萬家庭用戶。這個科技稱為 FiOS（fiber-optic service），一個月花費約 40 到 200 美元不等。FiOS 提供的下載速度高達 50Mbps，而上傳速度也有 10Mbps。Verizon 公司預計將在 2010 年前花費 230 億建置到 1 億 800 萬家庭中（根據他目前一半的客戶數目推算）（Mehta, 2007）。所謂的 FTTP（Fiber to the Premises，光纖到府）將會是未來十年成長最快速的寬頻連線方式。

表 3.6 主要光學機會及廠商

技術	機會	主導者
DWDM	把一條光纖纜線變成多條虛擬的線路	Cisco, Cogent Communications
光開關器以及傳輸設備	擴充效能、降低花費、加速服務	Broadwing
使用光纖開關的 Gigabit 乙太網路	增加都會區域網路的使用	World Wide Packets；Zuma Networks
光學服務統計平台	封包大小的計算和收費；位元組傳換成位元	Ellacoya Networks
光交換元件	所有光學系統的基石	ADC Telecommunications；JDS Uniphase；
光整合電路	有鏡片和雷射的強大光學晶片	Bookham；Avanex
被動光學網路（PON）	低成本高效能的網路	Zhone；Broadlight
光纖纜線	高速網路材質	Corning；AT&T

表 3.6 描述了一些擴大原先光纖纜線效能的**光學**技術，而這些改進將使網際網路從窄頻帶向寬頻數位服務，從固定網絡接軌到行動網路世代。

光學（photonics）

使用光波通訊的研究

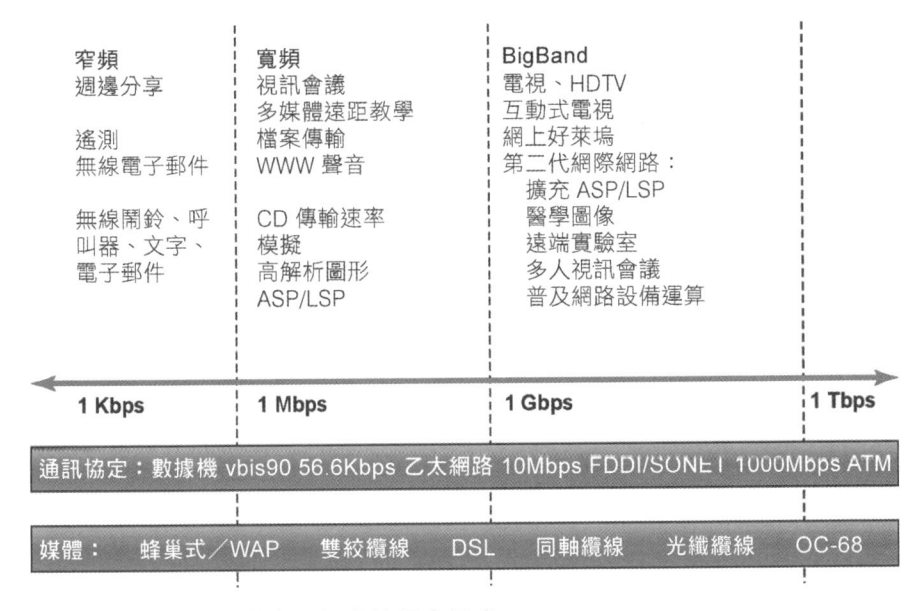

```
窄頻                寬頻              BigBand
週邊分享             視訊會議           電視、HDTV
                    多媒體遠距教學     互動式電視
遙測                檔案傳輸           網上好萊塢
無線電子郵件         WWW 聲音          第二代網際網路：
                                        擴充 ASP/LSP
無線鬧鈴、呼        CD 傳輸速率        醫學圖像
叫器、文字、        模擬               遠端實驗室
電子郵件           高解析圖形          多人視訊會議
                  ASP/LSP            普及網路設備運算

 1 Kbps           1 Mbps            1 Gbps            1 Tbps

通訊協定：數據機 vbis90 56.6Kbps 乙太網路 10Mbps FDDI/SONET 1000Mbps ATM

媒體： 蜂巢式／WAP    雙絞纜線    DSL    同軸纜線    光纖纜線    OC-68
```

■ 圖 3.15 不同網站應用程式的頻寬需求

最後一哩：行動無線上網

光纖網路帶動了網路上遠距離的大量流量，而且在未來，將會扮演將 Big Band 帶入家庭與小企業中的重要角色。繼光纖網路和光電技術之後，無線上網的轉變可以說是近五年來網際網路和 Web 最重要的轉變。

無線上網跟使用者從家裡、辦公室、車上、或用手機從任何地方上網的最後一哩相關。直到 2000 年，最後一哩連接到網際網路的方式，除了透過小型衛星連接到某種陸上線路的網際網路，大多數人是透過電視電纜或電話線，或光纖線路連接到辦公室。Internet2 將會漸漸的透過使用無線技術，將使用者的掌上型電話、個人處理器及筆記型和桌上型電腦連接到 Web 和區域網路，且相互連結（就像你的行動電話和你的電腦或電視間的數位連結）。

在 2008 年，美國約賣出 7500 萬台個人電腦，其中有一半是有內建無線網卡的行動電腦。估計到 2010 年，接近 60% 的個人電腦是行動電腦（IDC, 2008）。在 2008 年，美國約有 7 萬 7000 個無線熱點能讓 2000 萬台行動電腦連接到網際網路（eMarketer, Inc., 2008a, TIA, 2008）。當手機增加了 Wi-Fi 的功能，像是 Apple 的 iPhone 或 T-mobile 的 Android G1，數以萬計

的手機將會增加上網功能。明顯地，網際網路的未來有一大部分會以行動的、無線的、寬頻的服務來提供影片、音樂、網頁搜尋等傳遞內容。

電話 vs. 電腦的無線上網

無線網路連結有兩種不同的基本類型：電話為主和電腦網路為主的系統。這兩種基本類型又各自有許多的不同變化。

電話為主的無線網路將使用者連結到全球電話系統（基地台、衛星和微波），此系統已有很長的歷史可以同時處理數以千個使用者，也有大規模的適當交易帳單系統和相關的基礎建設。因為電話是人類史上接受度最高的電器，所以行動電話和電信業者是目前無線上網的最大供應商。在 2008 年，全世界賣出 120 億支總價值約 6 兆 5000 億的手機（eMarketer, Inc., 2008b）。

以電話為主的無線業者的挑戰，是將過去既慢又沒效率的電路交換電話網路轉變成更快速、具行動性和數位化的封包交換網路。這項全球的投資牽涉了超過 2000 億美元。第一代行動通訊網路是類比基礎，而**第二代（2G）行動通訊網路**（second generation (2G) cellular networks）是相對較慢的電路交換數位網路，可以傳送 10Kbps 的資料（是家用數據機的 1/5）。在美國，行動電話公司發展出他們稱為 2.5G 的過渡階段。**2.5G 網路**（2.5G network）透過 GPRS（**一般封包廣播服務**，General Packet Radio Services）提供 60－144Kbps 的速度，為一種相較於傳統電路交換網路更有效率（因此也較快）的分封交換技術。加強型版本的 GPRS 稱作 EDGE，可以用 384Kbps 的速度傳輸資料。**第三代行動通訊網路**（third generation (3G) cellular networks）的速度從 384Kbps 到大約 2Mbps。

行動電話史有兩種不同且互相競爭的標準 — GSM 和 CDMA。超過 100 個國家（全歐洲都是）使用的標準是 GSM，這是**全球行動通訊系統**（Global System for Mobile Communications）的縮寫，利用窄頻的分時多重存取，單一無線電波頻率可以有 8 個不同的電話使用者共享、分割區域或頻寬。在美國，使用的是另一種不同的標準 CDMA（分碼多重存取，Code Division Multiple Access），是二次世界大戰時由美國軍方所開發。CDMA 在許多頻率上傳送，頻譜利用率高，且隨機的指定頻率給使用者。一般而言，執行 CDMA 較便宜，且頻譜的使用也比較有效率。在聲音和資料的處理上都有較高的品質。但是，全世界估計 20 億支行動電話中有 3/4 是使用 GSM 系統。CDMA 和另一個稱為 WCDMA（廣頻 CDMA）的標準是現存 GSM 系統未來長期的目標。而在這過渡期，GSM 公司利用 GSM/GPRS 技術發展 2.5G 網路，可提供 60－144Kbps 的服務。CDMA2000

第二代行動通訊網路
（Second generation (2G) cellular networks）

相對較慢的電路交換數位網路，以約 10Kbps 的速度傳輸資料

2.5G 網路
（2.5G network）

中繼的蜂巢式網路，使用一般封包廣播交換（GPRS）提供 60－144Kbps 的速率

一般封包廣播服務
（General Packet Radio Services, GPRS）

使用封包來傳遞資訊，就像網際網路一般，但透過無線電頻率讓無線通訊成為可能

第三代行動通訊網路
（Third generation (3G) cellular networks）

新一代的行動電話標準，讓使用者可以 2.4Mbps 的速率連接 Web

全球行動通訊系統
（Global System for Mobile Communications, GSM）

在歐洲以及亞洲廣泛使用的行動通訊系統，使用窄頻分時多工（TDMA）

分碼多重存取（Code Division Multiple Access, CDMA）

在美國廣泛使用的行動通訊系統，使用完整頻譜的無線電頻率以及數位加密每一個通話

則是 CDMA 的 3G 版本，Sprint 和 Verizon 公司目前根據 CDMA2000/1xRTT 和 CDMA2000/EV-DO 網路提供 3G 服務，實際傳輸速率約 1Mbps。

這麼多種的技術，是數位生活中不可分割的部份，表 3.7 總結了各種無線網路存取的電話技術。

不論是哪一種標準，高速行動通訊網路的發展開創了網路應用設備的新紀元。其使用了新式的「混合式 PCS」通訊服務，或用於個人通訊設備的 PCS。這些可被稱為「智慧型電話」的設備結合了 PDA 和行動電話的功能，如 Apple iPhone、T-Mobile G1、RIM 黑莓機或是擁有 Wi-Fi 能力的行動筆記型電腦。表 3.8 描繪在 2008 年 7 月推出的各類型手持產品的功能。

表 3.7 電話無線上網技術

技術	速度	說明	主導者
2G			
GSM（全球行動通訊系統）	10Kbps	歐洲以及一些美國公司的基本行動電話服務；簡訊服務；使用 TDMA	Vodafone（歐洲）、Cingular、T-Mobile
TDMA（分時多工存取）	10Kbps	行動電話的早期標準。GSM 系統所採用	歐洲及日本的 GSM 網路
CDMA（分碼多工存取）	10Kbps	美國的基本行動電話服務標準。Qualcomm 所發展	Verizon、Sprint
2.5G			
GPRS（整體封包廣播服務） EDGE	30－170Kbps	TDMA/GSM 2.5G 服務提供者所採用的 ITU 廣播網路封包交換協定，能快速連接到網頁	Vodafone、Cingular、T-Mobile、Apple iPhone
3G（第三世代）			
CDMA2000 1XRTT CDMA2000 EV-DO W-CDMA	144Kbps－2Mbps	高速、行動且可以收發電子郵件、上網、即時傳訊。實作技術包括各種版本的 CDMA2000（被 CDMA 提供者所採用）以及 W-CDMA（GSM 的 3G 版本）	Apple iPhone 3G；TMobile G1；所有蜂巢式網路服務提供者

表 3.8 混合移動無線電話設備範例

產品	功能	供應商／網路	速度
Apple iPhone；Apple iPhone 3G；TMobile G1	電話、網路、電子郵件，充分整合 Wi-Fi 的移動設備	AT&T	60-284 Kbps EVDO 網路 /11Mbps Wi-Fi/1Mbps 3G
Palm T|X Handheld；Palm Treo	Wi-Fi 網路、電子郵件、影像、照片	Wi-Fi 熱點	11Mbps
Samsung SCH-A950	電話、網路（EV-DO）、電子郵件、V-cast 影像和 Verizon 音樂商店；照相	Verizon 3G 網路	144－2Mbps
Motorola Razr V3	電話、電子郵件、GSM 網路、藍芽相機	Cingular GSM 網路；CDMA2000 EV-DO 網路	60－170Kbps
BlackBerry Curve BlackBerry Bold BlackBerry Pearl	電話、網路（EDGE）、音樂、電子郵件；8820 是一個完全與 Wi-Fi 和 EDGE 網路相容的手機	黑莓機網路；Verizon GSM/ GPRS 網路；EDGE 網路	60－170Kbps

無線應用協定
（Wireless Application Protocol, WAP）

相對較新的通訊協定，可以支援虛擬以及無線網路，並支援所有的作業系統

Wi-Fi
（Wireless-Fidelity）

同時也指 802.11b、802.11a(Wi-Fi5)、802.16（WiMAX）。乙太網路的無線標準，速度比藍芽更快，通訊範圍更廣

一旦使用者的 PDA／行動電話連線上網後，有多種通訊協定可以傳輸網頁內容。Apple iPhone 有高解析度和大螢幕可瀏覽傳統的 HTML 網頁，用戶可以在網頁上滾動瀏覽網頁。同樣的，如黑莓機 8820s，較舊的設備螢幕較小可使用**無線應用協定**（Wireless Application Protocol, WAP）或另一種無線標準 iMode（日本 NTT DoCoMo 公司的專屬服務）。

無線區域網路（WLAN）的源起跟一般區域網路完全不同，區域網路是在連結某區域中數百公尺間的客戶端電腦（一般是固定式的）跟伺服器電腦。WLANs 藉由廣播特定頻段（2.4GHz－5.875GHz，視其標準而定）的無線電波訊號來工作。這裡所用到的兩個主要技術為 Wi-Fi（802.11）跟藍芽。而新興的無線區域網路技術包含了 WiMAX、UWB（超寬頻）以及 ZigBee（見表 3.9）。

802.11b（也稱作 Wi-Fi）是無線區域網路中第一個付諸執行的商業化標準，由美國政府所保留的 2.4GHz 頻率範圍內作不被規範的使用。其他頻寬的標準提供更快的速度，802.11n 在 2008 年成為標準。

表 3.9 網線網路存取技術

技術	範圍／速度	說明	主導者
Wi-Fi（IEEE 802.11a-802.11n）	300 呎／11-70Mbps	非常高速、固定頻寬的企業市場無線區域網路	Linksys、Cisco 及其他公司；中間網路開發者
WiMAX（IEEE 802.16）	30 哩／50-70Mbps	高速、中等距離、固定頻寬的無線都會網路	Fujitsu, Intel, Alcatel, Proxim/Terabeam
藍芽（無線個人網路）	30 呎／1-3Mbps	低速、短距離連接數位裝置	Ericsson, Nokia, Apple, HP/Compaq
超寬頻（UWB）	30 呎／5-10Mbps	低耗電、短距離高頻寬網路技術，（可用於取代）家中或企業中的纜線	Ultrawideband Forum, Intel, Freescale
ZigBee（無線個人網路）	30 呎／250Kbps	短距離、低耗電無線網路技術，對於遙控工廠、醫藥以及家中的自動化設備非常有用	ZigBee Alliance, Chipcon, Freescale, Mitsubishi, Motorola, Maxstream, San Juan Software

在 Wi-Fi 網路中，無線存取點（也稱作熱點，hot spot）會透過寬頻連線直接連結到網路上，接著傳送無線訊號到其他傳送點／接收點，這些支援工具通常是使用 PCMCIA 卡或製造時內建（例如 Intel 的 Centrino 處理器）在桌上型電腦或 PDA 中。圖 3.16 描繪了 Wi-Fi 網路是如何運作的。

Wi-Fi 提供了極高的頻寬，從 11Mbps 到 54Mbps（遠超過任何 3G 服務所提供的），但是服務範圍只有 300 公尺是其限制。Wi-Fi 也十分的便宜。在一棟有 14 年歷史的建築中建立一個每層樓都有一個無線存取點的 Wi-Fi 網路的費用，其每個無線存取點皆不超過 100 美元。若要在相同的建築物建立乙太網路，其花費可能會超過 50 萬美元。雖然乙太網路在傳輸速度的理論值可達到 100Mbps，是 Wi-Fi 的十倍，然而在此並不需要這種效能，而可以 Wi-Fi 取而代之。

較有名的無線網路包括如在全球佈建超過 10 萬個熱點的 Boingo（Boingo Wireless, Inc., 2008）。Wayport 也建置了一個大型網路，在旅館、機場、麥當勞、IHOPs、Hertz 機場租賃公司來提供 Wi-Fi 服務，在全球有超過 1 萬 2000 個熱點（Wayport, Inc., 2008）。甚至像 T-Mobile 跟 Sprint 等電信公司也開始在全美 2000 間星巴客咖啡店和眾多公共場所提供 Wi-Fi 網路。

電子商務

■ 圖 3.16　Wi-Fi 網路

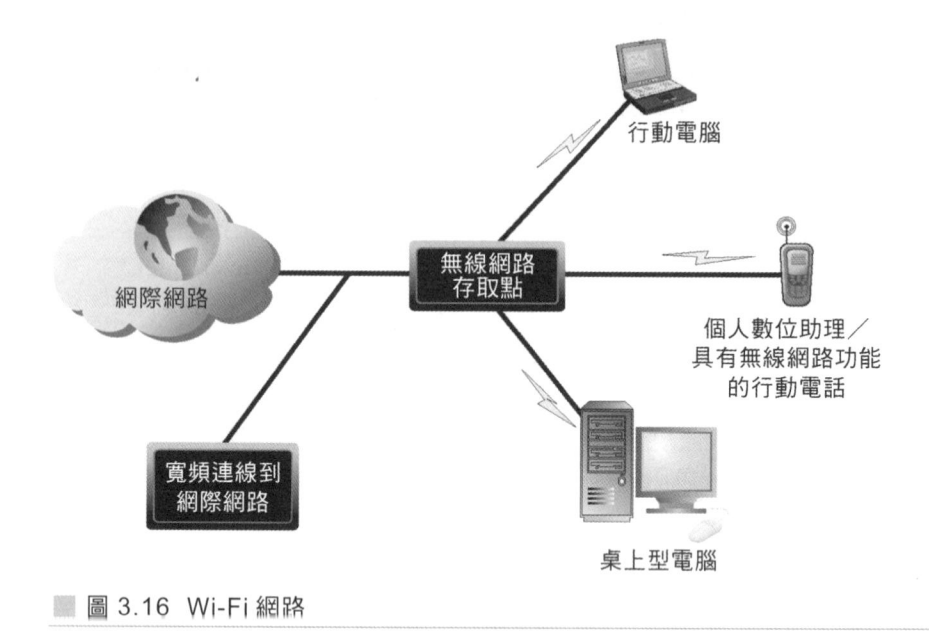

在 Wi-Fi 網路中，可使用陸上的寬頻連接到無線接收端；伺服器端的桌上型電腦、筆記型電腦、手機、PDA 則使用無線電訊號連接到到端點。

　　無線區域網路會跟 3G 服務直接競爭嗎？答案是「應該不會」。Wi-Fi 對於固定的客戶端電腦來說，原本是有限制範圍的區域網路技術，但是它提供了較佳的上網能力，並且對於某些企業來說符合其頻寬的需求。手機系統是幾乎沒有限制範圍的廣域網路，支援行動的客戶端電腦以及手持裝置，適合 e-mail、照相以及一點點的網頁瀏覽（在非常小的螢幕上）。然而，Wi-Fi 的低價加上發展中的 30 哩範圍的 WiMAX 服務的計畫，讓人聯想到 Wi-Fi 可能會佔去資本龐大的電信系統的許多商機。

　　第二種無線網路服務，且可以將無線裝置互相連結的技術稱為藍芽。藍芽（Bluetooth）是由北歐半島的電信通訊公司，如 Ericsson、Nokia 以及 Simens 在 1990 年所發展出的業界標準。藍芽是一種個人化的連結技術，可以讓電腦、行動電話、PDA 互相連結，也可以連結網際網路。藍芽普遍認為是用於取代纜線。透過藍芽，使用者不需要連接線路就可以在大廳或會議室共享檔案、讓 PDA 和桌上型電腦同步、傳送文件到印表機、甚至在餐廳時可以直接從餐桌連線到收銀台的藍芽裝置付帳。藍芽在 2.4Ghz 頻段也可以無限制的使用，但是傳輸距離只有 30 呎，甚至更短。它使用了頻率跳躍訊號，使其可以對干擾有很好的抵抗力。藍芽裝置設備像手機、PDA、筆記型電腦可以搜尋環境中的可連接的相容設備，現今幾乎每個手機或 PDA 都有藍芽裝置。

藍芽（Bluetooth）

低於 100 公尺的短距離無線通訊新的技術標準

3-40

第 3 章 電子商務基礎架構：網際網路與全球資訊網

一個更新的無線連接介面稱作 ZigBee。ZigBee 是一種較便宜、低耗電、以及更簡單的形式的無線電網路，其在 2.4G 頻段上工作，允許小型設備或感應器互相溝通。目前 ZigBee 所針對的目標，是替工業控制、醫療設備、煙霧以及侵入者探測器、建築物自動化以及家庭自動化發展簡單的網路。這些網路使用非常微小的電力，因此各個設備只要一個鹼性電池即可使用一到兩年。

> **Zigbee**
> 較便宜、低耗電、較簡單形式的無線電網路，在 2.4Ghz 以及其他頻段運作，允許小型器具及感應器互相通訊

表 3.10 整理了一些無線網路存取支援的電子商務服務。某些是推式服務—資料的傳輸是事先決定的，或是在決定好的情況下傳送的。這包含了主動提供的資訊，如新聞的傳送或股票市場價格等。其他服務是拉式服務—只有在使用者要求時才傳輸資料。

表 3.10 潛在的無線網路電子商務服務

服務	說明
水平市場服務	跨企業及跨產業的服務
個人化資訊	股價、新聞，根據使用者設定檔和需求報價
當地內容	地圖、找旅館、電影時間地點、餐廳菜單
方便的服務	照片、短片、簡易使用的選單
銀行服務	結算帳單、轉帳、帳單支付、透支通知
金融服務	交易、股票通知、根據使用者帳戶資訊的收益率
垂直市場服務	同一企業或同一產業內的服務
銷售支援	股票和產品資訊、遙控下單、行事曆和規畫資訊
預定系統	協調銷售和倉儲
公文發送	工作細節的溝通、細分資訊、修正例行公事
排程管理	服務人員的排程控制；監控位置及工作進度表
貨物運送	追蹤包裹、查詢、效能監控
家庭自動化	整合警報器以及家中的其他電子裝置
產業自動化	整合工廠中的機器控制器

第二代網際網路技術的優點

第二代網際網路增加的頻寬以及擴充的網路連線，所產生優點遠超過存取快速、通訊更豐富等好處。藉著光纖線路讓網際網路第一哩強化了可靠性及品質，產生新的商業模式及可能性。這些技術進步的主要好處，包括 IP 多點廣播、延遲的解決方案、確保服務等級、較低的出錯率以及降低花費。無線上網的普及可以讓線上購物市場的規模加倍，甚至是三倍的成長，因為消費者可以在任何地方上網購買東西。

IP 多點廣播

未來，網際網路很有可能會成為美國生活、替代廣播、電視、電影院的娛樂中心。這代表好萊塢電影、電視影集、音樂將散佈到網際網路中 1.7 到 2 億的使用者，這將導致網際網路幾近壅塞。而第二代網際網路將可利用 IP 多點廣播（IP Multicasting）的能力解決這個問題。

IP 多點廣播（IP Multicasting）是讓網路能有效傳送資料到許多位置的一系列技術。多點廣播並不是在訊息啟始點產生多份要送給接收者的訊息，而是一開始只傳送一份訊息，直到到達網路上最近的共同點為止，才複製給不同的接收者，因此能減少消耗的頻寬（見圖 3.17）。在該點上，路由器依照需要複製檔案來服務要求的客戶端，而發送端只在網路上傳送一份複製而已。因為不需耗費資源處理及傳輸數個大型檔案，因此網路效能明顯改善；每個接收端的電腦並不必向傳輸端電腦要求檔案。由於 Mbone（一種特殊用途的骨幹，用來傳送影像資料）的使用，多點廣播技術已經成為今日網際網路的一部分。使用結合像 BitTorrent 的通訊協定，IP 多點廣播將可擴大服務更多使用者。

IP 多點廣播（IP Multicasting）
一組有效發送資料到網路上多個地點的技術

A 單點廣播資料流

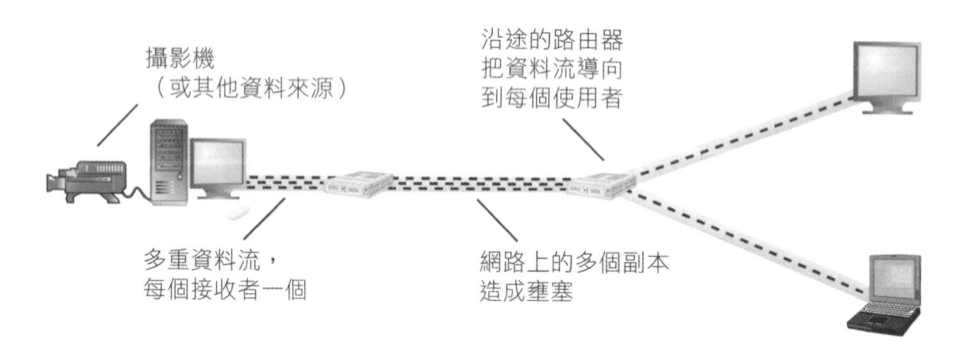

攝影機（或其他資料來源）

多重資料流，每個接收者一個

沿途的路由器把資料流導向到每個使用者

網路上的多個副本造成壅塞

B 多點廣播資料流

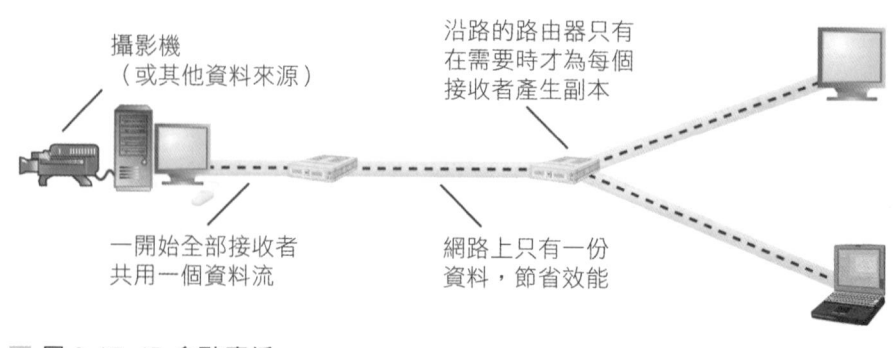

攝影機（或其他資料來源）

一開始全部接收者共用一個資料流

沿路的路由器只有在需要時才為每個接收者產生副本

網路上只有一份資料，節省效能

■ 圖 3.17　IP 多點廣播

IP 多點廣播是一個有效解決高頻寬影片造成網際網路阻塞和延遲的方法。

延遲的解決方案

資料被分成小段,然後個別送出,到目的地才組合的封包交換。其困難之一,就是網際網路無法區分是如影像的高優先權封包,還是如電子郵件的低優先權封包。且由於無法同時組合全部的封包,其結果就是扭曲的音效和影像資料流。

然而,第二代網際網路有希望做到 diffserv,也就是服務品質分級 — 依照傳輸的資料類型,對封包指定優先權的一種新技術。例如視訊會議封包,只要網路上沒有其他的影響,影音品質就會提升。一旦第二代網際網路完成,實況播送及隨選視訊就會成真了。然而隨著服務的不同,使用較多頻寬的使用者必須要為此付出較高費用。

差異化服務品質（differentiated quality of service, diffserv）

一種新的技術,根據傳送資料的形式給予封包優先權

確保服務等級和較低的出錯率

今日的網際網路並沒有確保服務等級,也沒有辦法購買權益,讓資料以固定的速度在網際網路間傳送。網際網路是民主的 — 每個人的流量會一樣快或慢。有了第二代網際網路,就有可能以較高的費用購買讓資料得以固定速度在網際網路傳送的權利。改善的效能和封包交換,當然會影響資料傳輸的品質、降低出錯率,並增加客戶滿意度。

降低費用

隨著網際網路的線路升級,頻寬服務會在都會區普及外,費用也會大幅減少。當產品和科技在大眾市場流行起來,使用者變多,較高的單位使用率,降低了提供者之服務成本便帶來較低的費用。所以寬頻和無線服務費用預期會隨著服務地區範圍的增加而降低,其中也包括產業競爭之故。

3.4 全球資訊網

沒有全球資訊網,就沒有電子商務。Web 的發明為數百萬的業餘電腦使用者帶來數位服務的特別擴充,包括彩色文字和頁面、格式化文字、圖片、動畫、影像和聲音。簡單的說,Web 使得全世界的非技術性電腦使用者,都可以取得建立商業市集所需要的全部元素。

網際網路從 1960 年代開始發展,而 Web 一直到 1989－1991 年才由歐洲分子物理實驗室（CERN）的 Dr. Tim Berners-Lee 發明。早期的幾位作家 — 像是 Vannevar Bush（1945）和 Ted Nelson（1960 年代）— 都提

出把知識整合成一系列互相連結的頁面，讓使用者可以自由瀏覽的可能性。Berners-Lee 和他在 CERN 的同事以這些想法為基礎，開發了最早的 HTML、HTTP、網站伺服器和瀏覽器這四樣 Web 的基本元件。

首先，Berners-Lee 撰寫一個電腦程式，可以利用關鍵字（超連結）來連上他自己電腦裡的格式化頁面。只要點選文件中的關鍵字，就可以讓他馬上到另一個文件。Berners-Lee 是利用一種強大的文字標記語言的修正版（稱為 SGML，標準通用標記語言）來產生這些頁面。

Berners-Lee 把這種語言稱為超文字標記語言（或 HTML）。他接著想把他的 HTML 網頁放到網際網路上。遠端的客戶端機器可以利用 HTTP（可參見 3.2 節）來存取這些頁面。不過這些早期的網頁，還只是黑白的文字頁面，上面的超連結是加上中括號。早期的 Web 只有文字：一開始的瀏覽器只提供文字的介面。

直到 1993 年 NCSA 的 Marc Andreesen 等人創造了一個有圖形化使用者介面的瀏覽器 — Mosaic，使得使用者可以觀看網頁上的圖形文件（彩色背景、圖像、甚至基本的動畫）。Mosaic 是一個軟體程式，可以在任何圖形式介面上執行，像 Macintoch、Windows 或 Unix。Mosaic 讀入網頁上的 HTML 文字，在 Windows 或 Macintoch 等圖形使用者介面的作業系統上，顯示成一個圖形介面的文件。跳脫了只有黑白文字頁面，全世界每個可以操作滑鼠和使用 Macintoch 或 PC 的人，都可以看 HTML 網頁。

除了讓網頁內容變得多彩、全世界的人都可以觀看外，圖形化瀏覽器開創了**統一運算**（universal computing）的可能，也就是在世界所有的電腦平台間共享檔案、資訊、圖形、聲音和其他物件，不論其作業系統為何。瀏覽器和 Web 為運算和資訊管理帶到一個全新的世界，這在 1993 年之前是無法想像的。

1994 年，Andreesen 和 Jim Clark 成立網景（Netscape），他們創造了第一個商用瀏覽器 Netscape Navigator。1995 年 8 月，微軟公司發表他們自己的瀏覽器 Internet Explorer。在後來幾年，網景從 100%的市場佔有率下滑到 2005 年只剩下約 2%左右。網景的命運說明電子商務事業重要的一課：創新者並不會是永遠的贏家，除非是聰明地將資源放在可以使其長期經營的地方。

Mosaic
有圖形化使用者介面（GUI）的網路瀏覽器，讓圖形化瀏覽網路文件成為可能

統一運算
（universal computing）
在全世界所有的電腦平台上分享檔案、資訊、圖片、聲音、影片、以及其他物件，不論其作業系統為何

Netscape Navigator
第一個商業化的網路瀏覽器

Internet Explorer
微軟的網路瀏覽器

超文字

透過網際網路可以取得網頁，是因為可以操作電腦上的瀏覽器，利用 HTTP 通訊協定請求存在網際網路主機上的網頁。**超文字**（Hypertext）是一種編排內有鏈結網頁的方式。鏈結可以連到文件，也可以連到聲音、影像或動畫等其他物件。當你點選一個圖片，影片就開始放映，那就表示你點選到超連結了。舉個例子，當你在瀏覽器輸入網址 http://www.sec.gov，你的瀏覽器就對 sec.gov 伺服器送出一個 HTTP 請求，要求 sec.gov 的首頁。

> **超文字**（Hypertext）
> 一種格式化網頁的方式，內嵌鏈結可以將文件互相連結，也可以連結網頁到其他物件，如聲音、影像、或動畫檔案

　　HTTP 是每個網址一開始的幾個字母，後面加上網域名稱。網域名稱指定擁有該文件之機構的伺服器。大部分公司的網域名稱會跟他們正式的公司名稱相同或類似。網址裡還包括其他兩項資訊：目錄路徑和文件名稱，協助瀏覽器找出請求的頁面。這些資訊所形成的位址稱為統一資源位址，或是 URL。當你把 URL 輸入瀏覽器，就等於告訴它去哪裡找這個資訊。舉個例子，下面這個 URL http://www.megacorp.com/content/features/082602.html 裡：

　　http = 顯示網頁所使用的通訊協定

　　www.megacorp = 網域名稱

　　content/features = 目錄路徑，代表網頁在網域伺服器中的位置

　　082602.html = 文件名稱和其格式（一個超文字標記語言網頁）

　　最常見的網域延伸（通用頂級域名，gTLDs）是由網域名稱與位址管理機構（ICANN）指派，請見表 3.11，國家有專屬網域名稱，如：.uk、.au、.fr（英國、澳大利亞、法國），這些稱為國家代碼域名（ccTLD），在 2008 年 6 月，ICANN 通過網域名稱可以根據社群延伸，像是 .nyc、.berlin、.writer 等等，不過到目前為止尚未有此類產生。

標記語言

雖然最常用的網頁格式語言是 HTML，文件編排背後的概念其實是起源自 1960 年代通用標記語言（Generalized Markup Language, GML）的開發。

標準通用標記語言

標準通用標記語言（Standard Generalized Markup Language，或 SGML）由 GML 演化而來，於 1986 年為國際標準組織所採用。標準通用標記語言的目的是協助大型機構編排和分類大量的文件。標準通用標記語言的好

> **標準通用標記語言**（Standard Generalized Markup Language，或 SGML）
> 一種早期版本的通用標記語言

處，是可以獨立於任何軟體程式來執行，但可惜的是，它十分複雜且難學。因為這個原因，SGML 並未被廣泛採用。

表 3.11　頂級域名

通用頂級域名（gTLD）	成立時間	目的	贊助商／運營商
.com	1980s	未限制（但針對商業登記）	VeriSign
.edu	1980s	美國教育機構	Educause
.gov	1980s	美國政府	美國總務管理局
.mil	1980s	美國軍方	美國國防部網路信息中心
.net	1980s	未限制（但起初針對網路供應商）	VeriSign
.org	1980s	未限制（但起初針對在其他項目不符合的組織）	Public Interest Registry（直到 2002 年 12 月 31 號由 VeriSign 營運）
.int	1998	根據政府間國際條約建置的組織	各項網際網路通信協定參數的總註冊中心（IANA）
.aero	2001	航空運輸行業	受認可之航空運輸服務組織（SITA）
.biz	2001	商業	NeuLevel
.coop	2001	合作企業	DotCooperation LLC
.info	2001	未限制使用	Afilias LLC
.museum	2001	博物館	Museum Domain Management Association, (MuseDoma)
.name	2001	個人註冊使用	Global Name Registry Ltd.
.pro	2002	會計師、律師、物理學家或其他專家	RegistryPro Ltd
.jobs	2005	工作搜尋	Employ Media LLC
.travel	2005	旅遊搜尋	Triallance Corporation
.mobi	2005	特別為行動電話設計的網站	mTLD Top Level Domain, Ltd.
.cat	2005	為促進 Catalan 語言和文化的個人、組織和公司	Fundació puntCAT
.asia	2006	在亞洲的公司、組織的地域名稱	DotAsia 組織
.tel	2006	電話號碼或其他聯絡資訊	Telnic, Ltd.

資料來源：ICANN, 2008。

超文字標記語言

超文字標記語言（HTML）是比較容易使用的通用標記語言。超文字標記語言提供網頁設計者一組固定的標記「標籤」，用來編排網頁（見圖 3.18）。這些標籤被插入到網頁裡，瀏覽器就會讀入它們，並解譯成顯示的頁面。圖 3.18 中，第一個螢幕的超文字標記語言程式碼產生第二個螢幕的顯示頁面。

> **超文字標記語言**
> （HyperText Markup Language, HTML）
> 下一代的通用標記語言之一，在網頁設計上相對簡單。超文字標記語言提供網頁設計者一組固定的「標籤」，用來格式化網頁

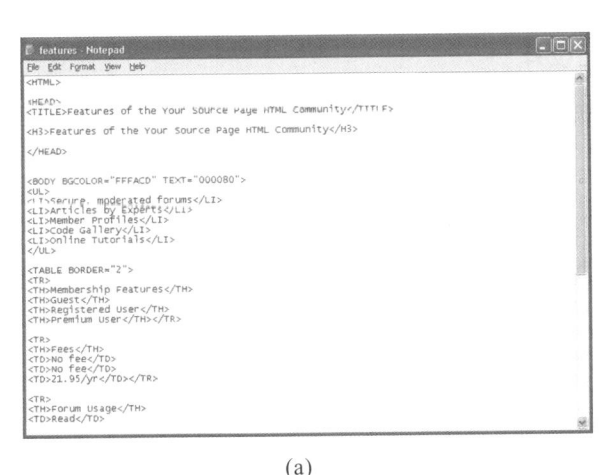

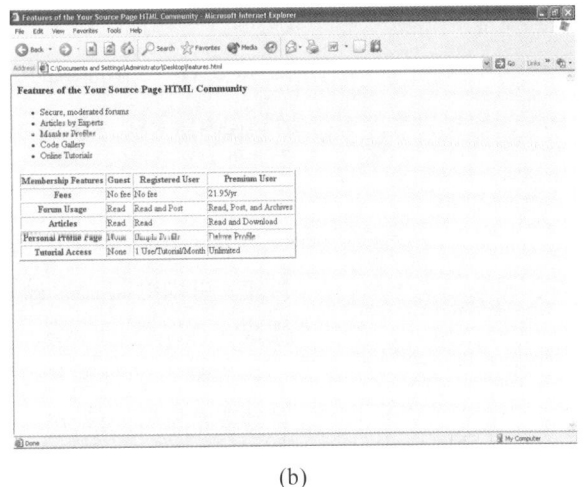

圖 3.18 HTML 程式碼範例 (a) 以及網頁畫面 (b)

　　超文字標記語言的功用，是定義文件的結構和風格，包括標題、圖形位置、表格和文字格式。主要的一些瀏覽器可以持續地增加 HTML，使程式開發者製作更精美的網頁。不過某些瀏覽器升級功能只能在特定公司的瀏覽器上觀看。當你想要建置一個電子商務的網站，務必要注意網站是否可以在主流瀏覽器上觀看，也要能對瀏覽器版本向下相容。HTML 網頁可以用任何文書編輯器產生，像是小作家或記事本、Microsoft Word（只要把 Word 文件存成網頁）或任何網頁編輯器像 FrontPage 或 Dreamweaver。

延伸標記語言

延伸標記語言（XML）把 Web 文件的編排往前帶了一大步。延伸標記語言是一種新的標記語言規格，由 W3C 所開發。它是像超文字標記語言的標記語言，但用途不同。超文字標記語言的用途是控制網頁上資料的「觀感」及顯示方式，而延伸標記語言是設計來描述數據和資料。舉個例子，圖 3.19 的範例中，第一行是延伸標記語言的宣告，它定義了文件的延伸標記語言版本。這個例子裡，文件符合了延伸標記語言的 1.0 版規格。下一行定義文件的第一個元素（根元素）：<note>。接下來四行定義根的四個

> **延伸標記語言**
> （eXtensible Markup Language, XML）
> 一種新的標記語言，由 W3C 所開發，設計來描述資料跟資訊

子元素（to、from、heading、body）。最後一行定義根元素的結束。注意，延伸標記語言沒有指定顯示資料的方式以及文字在螢幕上的樣子。超文字標記語言和延伸標記語言結合用來顯示資訊，而後者用來描述資料。

```xml
<?xml version="1.0"?>
<note>
<to>George</to>
<from>Carol</from>
<heading>Just a Reminder</heading>
<body>Don't forget to order the groceries from FreshDirect!</body>
</note>
```

■ 圖 3.19 一個簡單的 XML 文件

在這個簡易 XML 文件當中的標籤，<note>、<to>、<from>是用來描述資料和資訊，而非外觀和感覺的文件。

　　圖 3.20 說明了如何用延伸標記語言來定義公司目錄中的公司名稱資料庫。可以針對一家公司或整個產業定義如 <公司>、<名稱>、<特點> 等標籤。從基本面來看，除了你可以編輯自己的標籤之外，延伸標記語言十分容易上手且跟超文字標記語言非常相似。深入來看，延伸標記語言有豐富的詞彙跟軟體工具組，可讓延伸標記語言儲存和處理網路上各類型的資料。

```xml
<?xml version="1.0"?>
<Companies>
    <Company>
         <Name>Azimuth Interactive Inc.</Name>
        <Specialties>
              <Specialty>HTML development</Specialty>
               <Specialty>technical documentation</Specialty>
             <Specialty>ROBO Help</Specialty>
             <Country>United States</Country>
        </Specialties>
        <Location>
              <Country>United States</Country>
           <State />
            <City>Chicago</City>
        </Location>
             <Telephone>301-555-1212</Telephone>
    </Company>
    <Company>
      ...
    </Company>
   ...
</Companies>
```

■ 圖 3.20 公司住址電話的 XML 程式碼範例

XML 文件使用標籤來定義資料庫中的公司名稱。

XML 是「可延伸的」，這代表用來描述和展示資料的標籤可以由使用者定義，而不像 HTML 是被限制和已被定義好的；XML 也可以將資訊轉換成新的格式像是從資料庫輸入資訊再輸出展示成表格。藉由 XML 的使用，資訊可以被選擇性的分析和展示，相對於 HTML 功能更為強大。這代表公司行號或整個產業可以將他們的發票、應付帳款、發薪記錄、財務資訊使用網頁相容的標記式語言，一旦利用這種方法儲存，這些商業文件將可以儲存在內部網路伺服器並且分享給整個企業。

延伸標記語言不是超文字標記語言的替代品。目前大部分瀏覽器都支援延伸標記語言。對同一個網頁而言，延伸標記語言和超文字標記語言是相輔相成的。

網站伺服器和客戶端

什麼是網站伺服器？藉網站伺服器軟體，網站伺服器能將以 HTML 寫的網頁傳送到網路上以送出 HTTP 請求該項服務的客戶端電腦。網站軟體的兩大領導品牌分別為免費的網站伺服器分享軟體 Apache 和微軟網際網路資訊服務（Internet Information Services, IIS），前者有 50% 市佔率，後者佔 35%（Netcraft.com, 2008）。

除了回應網頁請求外，**網站伺服器**還提供一些額外的基本功能：

- **安全性服務：** 包括主要的認證服務，也就是驗證存取此網站的人有得到授權。處理付款交易的網站，網站伺服器也支援傳輸加密機制，這是網際網路上安全的傳送及接收資料的通訊協定。當必須提供像姓名、電話、地址和信用卡資料等私密資料給網站時，使用傳輸加密機制的網站伺服器能確保瀏覽器和伺服器間來回傳送的資料未外洩。

- **檔案傳輸協定：** 這個通訊協定讓使用者與伺服器之間可以傳送接收檔案。有的網站依照使用者的身份限制上傳檔案到伺服器，有的限制下載。

- **搜尋引擎：** 就像搜尋引擎網站讓使用者可以在整個 Web 上尋找特定文件，基本的網站伺服器套裝軟體裡的搜尋引擎模組可以索引網站上的網頁和內容，且可做到網站內容的簡易關鍵字搜尋。在作搜尋時，搜尋引擎會利用索引，也就是伺服器所有文件的列表。所搜尋的名詞會跟索引比對，以找到相近的符合結果。

- **資料擷取：** 網站伺服器也可用來監看網站流量、紀錄網站參觀者、使用者停留時間、每次參觀的時間，以及使用了伺服器上哪些網頁。

網站伺服器軟體
（Web server software）

讓電腦發佈用 HTML 寫成的網頁到網路上以發送HTTP請求該項服務的客戶端電腦的軟體

側欄術語	內文

資料庫伺服器
（database server）
設計用來存取資料庫特定資訊的伺服器

廣告伺服器
（ad server）
設計用來發送針對目標的橫幅廣告的伺服器

郵件伺服器
（mail server）
提供電子郵件訊息的伺服器

影片伺服器
（video server）
提供影片片段服務的伺服器

網頁用戶端
（Web client）
任何連結到網際網路的電腦裝置，可以發送 HTTP 請求以及展示 HTML 網頁，通常是 Windows PC 或 Macintosh

---

這些資訊被編譯並儲存在一個紀錄檔裡，可由管理者分析。網站管理者分析紀錄檔後，就可以找出參觀總人數、每次參觀的平均時間，和最受歡迎的目的地或網頁。

網站伺服器這個詞，有時用來表示執行網站伺服器軟體的實體電腦。網站伺服器電腦的領導製造商有 IBM、Compaq、DELL 和 HP。雖然任何個人電腦都能執行網站伺服器軟體，但最好是使用最適合此用途的電腦。作為網站伺服器的電腦，必須安裝前述的網站伺服器軟體，且連上網際網路。每個網站伺服器電腦都有一個 IP 位址。例如，如果你在瀏覽器輸入 http://www.prenhall.com/laudon，則瀏覽器軟體就會送出一個 HTTP 服務請求，給網域名稱為 prenhall.com 的網站伺服器。這個伺服器接著在他的硬碟裡找出名字叫「laudon」的網頁，把它送回到你的瀏覽器，並在你的螢幕上顯示。當然，公司也能利用網路伺服器來嚴格控管企業內部網路的區域網路連線。

除了一般的網站伺服器套裝軟體，其實 Web 上還有多種特殊的伺服器，從資料庫存取特定資訊的**資料庫伺服器**（database servers）；傳送標的橫幅廣告的**廣告伺服器**（ad servers）；提供郵件訊息的**郵件伺服器**（mail servers）；以及**影片伺服器**（video servers），提供影片片段。第 4 章會詳細討論電子商務網站的架構。

另一方面，**網頁用戶端**（Web client）是任何連結上網際網路，可以發送 HTTP 請求和顯示 HTML 網頁的電腦設備，最常見的客戶端是 Windows PC 或 Macintoch。然而，成長最快速的一種網頁用戶端不是電腦，而是像 Palm 和 HP Jornada 等個人數位助理，以及加裝無線 Web 存取軟體的行動電話。一般而言，網頁用戶端可以是能傳送和自網站伺服器接收資訊的任何設備。

網頁瀏覽器

網頁瀏覽器的主要目的是顯示網頁，但是瀏覽器也有附加的功能，例如電子郵件和新聞群組。瀏覽器的領導產品是 Internet Explorer，在 2008 年 1 月時的市佔率接近 73%。火狐現在是第二熱門的網路瀏覽器，在美國有將近 19% 的瀏覽器市佔率。第一版在 2004 年釋出，是一個免費、開放原始碼且基於 Mozilla 的程式碼（其原本提供程式碼給網景）的網頁瀏覽器，可供 Windows、Linux 以及 Macintosh 作業統使用。它小巧快速且提供如阻擋跳出式視窗以及標籤頁瀏覽等新功能。其他的瀏覽器包括 Apple 的 Safari、Opera、Netscape Navigator，市佔率約有 5%。

2008 年 9 月，Google 釋出一個稱為 Chrome 的較小、技術先進的開放原始碼瀏覽器，Google 希望建立一個更快、更安全、更穩定的瀏覽器，同時以一個精簡的平台呈現複雜的網頁以及各式各樣的應用。

3.5 網際網路和 Web 的功能介紹

網際網路和 Web 已經發展出一些新的強大的應用軟體，在其上建立了電子商務的基礎。

電子郵件

電子郵件（E-mail）從早期開始就成為網際網路最常用的應用。根據最近的研究，全世界每天有超過 60 億人在使用電子郵件，而這個數字預計在 2008 年底會達到每天約有 800 萬封電子郵件訊息。其中垃圾郵件約佔了 40 到 90%，電子郵件行銷和垃圾郵件請見第 7 章的說明。

電子郵件使用一系列的通訊協定，讓包含文字、圖像、聲音和影片的訊息，由網際網路上一端的使用者傳送給另一端的使用者。由於其彈性和速度，目前它是最普及的商業通訊形式。除了文字訊息外，電子郵件也允許**附加檔案**（attachments），也就是加在電子郵件訊息裡的檔案。這些檔案可能是文件、圖像、聲音或影片。

電子郵件（Electronic mail, e-mail）
網際網路上最常用的應用程式。使用一系列的通訊協定，讓包含文字、影像、聲音、以及影片的訊息，由網際網路上一端的使用者傳送給另一端的使用者

附加檔案（attachment）
加入到電子郵件訊息中的檔案

即時訊息

線上通訊成長最快速的是**即時訊息**（instant messaging, IM）。即時訊息軟體是一個客戶端應用程式，用來登入即時訊息伺服器。IM 允許即時傳送文字訊息，一次一行，跟電子郵件大不相同。電子郵件訊息在收發的時間上有好幾秒到好幾分鐘的延遲。即時訊息幾乎同時的把輸入電腦的文字顯示在螢幕上。接收端也可以立即的使用同樣的方式回應發送端，讓溝通就像普通的對話一樣。要使用即時訊息，使用者必須指定要交談的人員列表，接著輸入文字訊息，接著交談的人就可以立刻收到訊息。雖然文字依然是即時訊息中主要的溝通方式，不過使用者可以插入聲音或照片到訊息中，甚至可以直接參加視訊會議。

即時傳訊（instant messaging, IM）
幾乎同時的顯示打在電腦上的文字。接收者可以用同樣的方式立即回應發送端，使通訊比電子郵件更加像立即的對話

主要的即時通訊系統像 AOL 有 4 百萬的使用者（1997 年開始提供消費者即時通訊的服務），微軟的 Windows Live Messager 則有 180 萬的使用者，Yahoo Messenger 約有 270 萬，而 Google Talk 則有 20 萬；即時通訊系統最初開發的專有系統，與競爭對手公司提供的版本無法相容合作。

然而在 2006 年，Yahoo 和 MSN 結合提供系統相容與操作。在 2008 年，Google Talk 也宣布和 Yahoo 也可互相相容。

搜尋引擎

你要如何從 80 億個標記過的 Web 網頁中找到一或兩個你真的想要的 Web 網頁呢？**搜尋引擎**（search engines）能以近乎立即的速度搜尋到有用的資訊，而且，他們也是網際網路時代的「殺手級應用」。每天有大約 7100 萬美國人使用搜尋引擎，每個月產生超過 100 億個搜尋。全世界有幾百種不同的搜尋引擎，但是主要的搜尋結果是由五家頂尖的提供者所提供（見圖 3.21）。

> **搜尋引擎**
> （search engine）
>
> 標記符合使用者所輸入的關鍵字，也稱作要求的網頁，並且提供最佳吻合清單

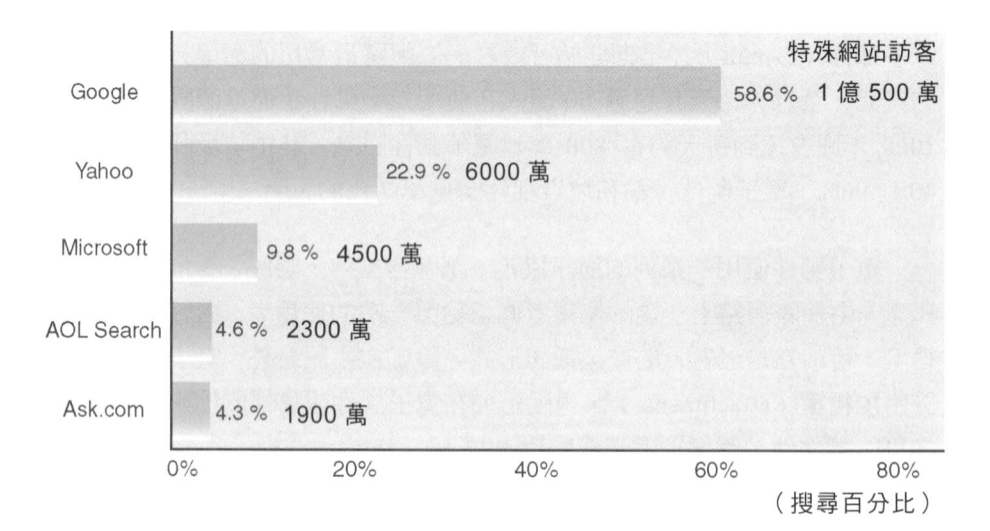

	搜尋百分比	特殊網站訪客
Google	58.6 %	1 億 500 萬
Yahoo	22.9 %	6000 萬
Microsoft	9.8 %	4500 萬
AOL Search	4.6 %	2300 萬
Ask.com	4.3 %	1900 萬

■ 圖 3.21 前五大搜尋引擎

根據搜尋數量百分比來算，Google 佔有領先地位，但以不重複訪客來算，前三大網站則不相上下。

　　Web 搜尋引擎從 1990 年代早期就開始發展，就在 Netscape 釋出其第一個商業的 Web 瀏覽器後不久。AltaVista（1994）是最早被廣泛使用的搜尋引擎之一，是第一個允許使用「自然語言」進行查詢，如 "history of Web search engines"，而不是 "history + Web search + search engine"。

　　1998 年，Larry Page 跟 Sergey Brin，兩位 Stanford 電腦科學的學生，釋出了第一版的 Google。這種搜尋引擎非常的不同：不只是將各個 Web 網頁的字標記起來，Page 發現 AltaVista 的搜尋引擎不只收集關鍵字，還計算其他網站是如何連到各個網頁的連結。AltaVista 對這種資訊沒有作任何的處理。Page 採用了這種概念並且使之成為 Web 網頁搜尋結果正確排序的核心要素。他替這種 Web 網頁排序的概念申請了專利，用這種方式

評估 Web 網頁的熱門程度。Brin 貢獻了一種獨特的 Web 網站探索器程式，這種程式不只標記網頁上的關鍵字，同時也標記關鍵字的合成（例如作者以及其文章的標題）。這兩種概念成為了 Google 搜尋引擎的基礎。圖 3.22 描述了 Google 是如何運作的。

搜尋引擎網站變得非常熱門並且容易使用，他們也被當成網際網路的主要入口網站（見第 11 章）。因為 Google 的領先地位使得搜尋市場變得非常競爭。微軟和 Yahoo 也投資了許多金錢以追趕上 Google 的搜尋引擎。

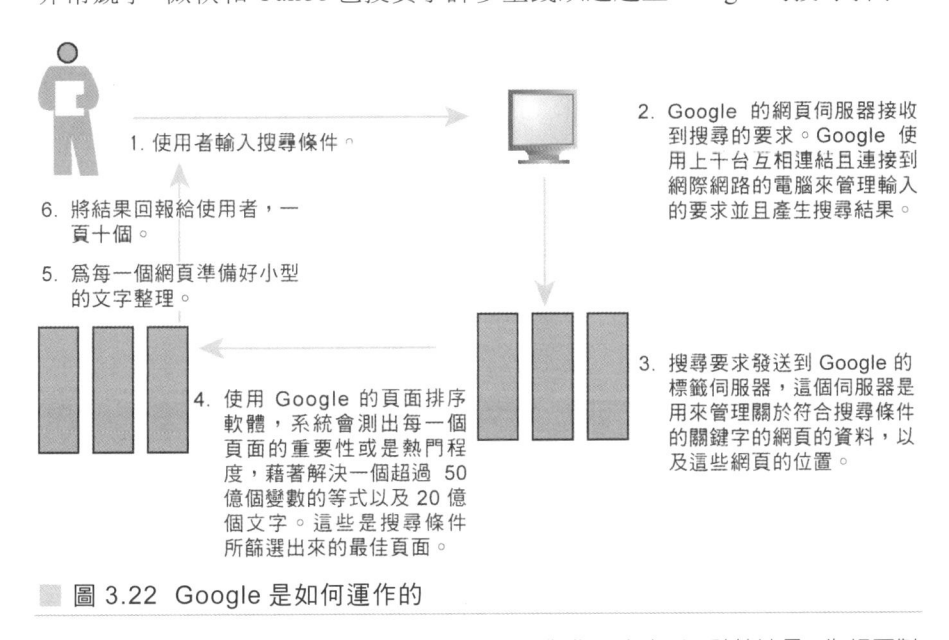

1. 使用者輸入搜尋條件。
2. Google 的網頁伺服器接收到搜尋的要求。Google 使用上千台互相連結且連接到網際網路的電腦來管理輸入的要求並且產生搜尋結果。
3. 搜尋要求發送到 Google 的標籤伺服器，這個伺服器是用來管理關於符合搜尋條件的關鍵字的網頁的資料，以及這些網頁的位置。
4. 使用 Google 的頁面排序軟體，系統會測出每一個頁面的重要性或是熱門程度，藉著解決一個超過 50 億個變數的等式以及 20 億個文字。這些是搜尋條件所篩選出來的最佳頁面。
5. 為每一個網頁準備好小型的文字整理。
6. 將結果回報給使用者，一頁十個。

■ 圖 3.22 Google 是如何運作的

Google 搜尋引擎透過持續的爬網頁並為每個網頁製作內容索引、計算流量，為網頁製作快取好讓使用者的搜尋能更快速的獲得結果，這整個過程只需要不到一秒的時間。

起初很少人明白如何靠搜尋引擎賺錢，而 Goto.com（之後改名為 Overture）藉由向廣告主收取位置和排序的費用改變了搜尋的世界，Google 跟隨著這個模式在 2003 年使用自己的 AdWords 程式，允許廣告商競標簡短文字廣告在 Google 搜尋結果的位置，最終發現了如何在搜尋引擎事業中賺錢的方法。網際網路上廣告收益的高度提昇（最近幾年每年約有 20－25%的成長），幫助搜尋引擎藉著提供目前稱為「搜尋引擎行銷」逐漸轉型為購物工具，在美國的搜尋引擎市場在廣告業快速成長，2008 年達到 110 億美元。當使用者在 Google、MSN 搜尋、Yahoo！或其他由這些搜尋引擎提供服務的網站輸入關鍵字，他們會收到兩種清單：贊助者連結，這些人是因付錢而出現在清單上（通常在搜尋結果的頂端），以及非贊助者的「有組織」搜尋結果。此外，廣告主也可以購買搜尋結果右端的小小的文字方塊。這些付費、贊助的廣告在網際網路上快速的成長，而且是一種強力的新行銷工具，能在打廣告時精確且適時的符合消費者的興趣。

雖然搜尋引擎主要是用來找到使用者感興趣的一般資訊，但是其也成為一種電子商務網站內的重要工具。顧客可以藉由其內部搜尋程式的幫助，更加輕易的搜尋他們想要的產品資訊；差別是，在網站中，搜尋的結果僅限於站內的資訊。此外，搜尋引擎藉著包含地圖、衛星影像、電腦圖片及論文來擴展他們的服務。

智慧代理人（機器人）

智慧代理人（或稱軟體機器人，簡稱機器人）是針對特定主題蒐集並過濾資訊的電腦程式，然後用好幾種使用者設定的方法提供結果清單，例如最低出售價格或是運費。智慧代理人是源自於科學家對於人工智慧（一系列相關技術，試著灌輸電腦人類的智慧）的興趣。然而，隨著 Web 上電子商務的興起，智慧代理人的技術很快就被用在商業用途上。今日已有許多不同用途的智慧代理人應用在電子商務上，且還有更多新的應用陸續開發（請見表 3.12）。

> 智慧代理人
> （intelligent agent）
> 收集並過濾特定主題資訊的軟體程式，並提供結果清單給使用者

表 3.12　各種網站代理人

類型	範例
搜尋代理人	Searchbot.com Altavista.com Webcrawler.com
購物代理人	Shopzilla.com Shopping.com MySimon.com Orbitz.com
網路觀察代理人	WebSite Watcher TimelyWeb.com
新聞代理人	WebClipper.com SporterSpider.com
聊天代理人	Anna (Ikea) Ask Vic (Qantas) Virtual Advisor (Ultralase)

購物代理人是另一種常見的機器人。購物代理人搜尋所有的線上零售網站，接著回報商品的存量和價格範圍。舉例來說，你可以使用 MySimon.com 的購物機器人搜尋 Sony 的數位相機。這個機器人提供了線上擁有特定型號相機的零售業者清單，同時也報告是否有存貨、價格及運費。另一種智慧代理人稱為網頁監視代理人，讓你監看網頁上的更新資料，並且在網站有新東西或改變的資訊時透過電子郵件進行通知。新聞代

理人會用全世界的新聞，為你創造客製化的報紙或文章片段。RSS 也是一種會發送更新跟新聞給用戶的自動程式，而且也迅速成為一種最主要的網頁內容監控工具。

在「科技觀點：聊天機器人遇上 Avatars」，解釋如何從學術基礎的代理人演變為電子商務客戶支持工具的過程。

線上討論區與聊天室

線上討論區（通常也稱為留言板、佈告欄、討論版、討論群組或簡稱看板或討論區）是一種 Web 應用程式，讓網際網路使用者可以互相溝通，雖然並非即時的。討論區提供了各類討論主題，由討論區中的成員（或稱「張貼者」）所發起，接著根據討論區管理員給予成員的權限，討論區成員可以開新的主題或是回應其他人所開的主題。大部分的討論區軟體允許設立一個以上的討論區。討論區管理者基本上可以編輯、刪除、移動或修改討論區中的任何主題。不同於電子郵寄清單會自動發送新訊息給用戶（如 listServ），討論區的新文章通常要使用者自己到討論區來查看。較新的討論區軟體通常提供「電子郵件通知」功能，通知使用者他們感興趣的主題有新文章。

線上聊天（Online chat）比較像即時通訊，可以讓使用者透過電腦即時的跟其他人溝通。然而，不同於即時通訊的是，即時通訊只能在兩人之間傳遞訊息，而聊天則能多人一起參與。一般而言，使用者登入的「聊天室」，是一個可以傳遞文字訊息給其他人的地方。某些聊天是提供虛擬對談，讓使用者可以混合 2D 或 3D 圖像在他們聊天中的虛擬身份（代表該使用者的圖像）身上，或者提供語音或影像通訊功能。聊天系統包括 Internet Relay Chat（IRC）、Jabber 以及眾多根據微軟 Windows 或 Java 平台設計的特有系統。

電子商務公司一般使用線上討論區以及線上聊天室來協助發展社群，並作為客服工具。第 11 章將深入探討以線上討論區作為社群建設工具。

線上討論區
（online forum）
一種讓網際網路上的使用者可以在不同時間與別人通訊的網路應用

聊天（online chat）
讓使用者可以透過電腦即時的通訊。不像即時通訊，聊天可以在多個使用者之間發生

科技觀點

聊天機器人遇上 Avatars

在 1960 年早期，一個在 Massachusetts 科技機構的電腦科學專家 Joseph Weizenbaum 創造 Eliza 的軟體程式。Eliza 是第一個允許電腦用自然語言「交談」的軟體，Weizenbaum 的程式讓 Elize 能辨認一段句子或問題當中的關鍵文字，再根據預先設計的程式規則作回應。有時候 Eliza 能夠發表一小段合理的交談，但多數時候的談話常會出現一些人類交談不會犯的錯誤。Eliza 背後的手法是回答一個人的發言和看似合理但最終毫無意義的問題，因為 Eliza 設計的角度是從 Regerian 心理治療的目的：鼓勵病人多談論自己。

從這個最基本的程式開始，計算機科學系興起了聊天機器人：商業品質的智能代理（電腦程式）能在電話或網路中透過文字或語音模式與顧客交談，有時候也稱為虛擬代表或遠端代理。聊天機器人可透過程式設計辨識人類語調和回答有意義的建議或問題，因此聊天機器人被視為解決電子商務網站顧客服務問題的方案，而在 2007 年終於為這個已耗費電子零售商數十億美元的問題找到曙光。例如有一份研究指出 Fortune 雜誌前一百大公司對簡易電子郵件詢問的回覆時間有待提高，只有 13%能在 24 小時之內回覆；37%的 Fortune 前 500 大公司對於在網站上提出的一般詢問並不作回應。另一份研究指出超過 65% 的顧客會在網路上購物時將已經填滿的購物車放棄消費，只因為在結帳之前的流程中遇到不好的網站設計、令人困惑的結帳流程、問問題不被回答等原因。

如果你是撥電話到一間銀行，如信用卡或電話客服部門，情況可能就會好多了。你將會被鼓勵與聊天機器人對話，他們是 24 小時每星期七天隨時都在值班。只需要一點花費就能運作，且可以和顧客用自然語言和同步語音回答問題。沒有人可以確定真正數字，但在美國和歐洲每天由聊天機器人處理數以百萬的交易。其中一間最大的語音代理商業提供商是英國公司 Creativevirtual.com。他們提供虛擬的線上銷售代表給 BP、Lloyds、Sky.com、Schering-Plough 等公司。

Avatars 是以電腦為基礎的人物代表，通常為一張動畫圖片，他們由不同的程式創造，一旦被創造可以在電腦遊戲、即時訊息服務、部落格或虛擬社群像 Second Life（有八百萬網路使用者視為「家」的線上 3D 數位世界）中用。Avatars 不像聊天機器人而是用創造者的智力與其他 Avatars 互動，表現的不僅只是電腦程式，藉由文字或線上語音 VoIP 表達自己，或是被紀錄成影片重複播放。

虛擬商業中心讓公司在 Second Life 可建構建築物或辦公空間，且當其他 Avatars 光臨時可以展示產品或服務，例如 IBM 設立一個虛擬商業員工中心給世界各地的 IBM 銷售代表，顧客想要購買硬體或軟體或服務皆可以從 IBM 的 Avatars（實際上是 IBM 銷售人員）獲得幫助，Avatars 可以處理任何顧客的疑問，不論是金錢交易或信用卡資料分享或合法文件簽署等，這些買賣交易面向都是由真正的人所處理，且 IBM 銷售人員的 Avatars 精通英語、

葡萄牙文、德語、西班牙文、義大利文、法文等等。

Reebok、Adidas、American Apparel 皆在 Second Life 中設立商店使用 Avatars 來表達自家產品。在 Reebok 商店使用者可以購買網球鞋給自己的 Avatars，來到 Reebok.com 則可以購買真實世界的網球鞋給自己。

為什麼實體商業要投資 Avatars 呢？可能性包括可以使用 Avatars 到某地或克服時間不同問題。舉例來說，藉由創造一個貿易展覽的出席而不用真正旅行到當地，或創造產品銷售展示、紀錄他們、重複播放給光臨的 Avatars，Kohl's、Sears、American Apparel 皆使用 Avatars 來對兒童展示和銷售衣服。

現今 Avatars 的商業性使用還在探索階段，但當許多企業加入像 Second Life 的數位環境時，Avatars 在遠距離銷售和服務的角色越來越重要。Avatars 的問題在於需要額外的人力在這些漂亮的圖片後支援，可能的解決方案是添加一些人工智慧進入 Avatars，而人類是否會接受還不知道。

線上討論區與聊天室

線上討論區（通常也稱為留言板、佈告欄、討論版、討論群組或簡稱看板或討論區）是一種 Web 應用程式，讓網際網路使用者可以互相溝通，雖然並非即時的。討論區提供了各類討論主題，由討論區中的成員（或稱「張貼者」）所發起，接著根據討論區管理員給予成員的權限，討論區成員可以開新的主題或是回應其他人所開的主題。大部分的討論區軟體允許設立一個以上的討論區。討論區管理者基本上可以編輯、刪除、移動或修改討論區中的任何主題。不同於電子郵寄清單會自動發送新訊息給用戶（如 listServ），討論區的新文章通常要使用者自己到討論區來查看。較新的討論區軟體通常提供「電子郵件通知」功能，通知使用者他們感興趣的主題有新文章。

線上聊天（Online chat）比較像即時通訊，可以讓使用者透過電腦即時的跟其他人溝通。然而，不同於即時通訊的是，即時通訊只能在兩人之間傳遞訊息，而聊天則能多人一起參與。一般而言，使用者登入的「聊天室」，是一個可以傳遞文字訊息給其他人的地方。某些聊天是提供虛擬對談，讓使用者可以混合 2D 或 3D 圖像在他們聊天中的虛擬身份（代表該

線上討論區（online forum）
一種讓網際網路上的使用者可以在不同時間與別人通訊的網路應用

聊天（online chat）
讓使用者可以透過電腦即時的通訊。不像即時通訊，聊天可以在多個使用者之間發生

使用者的圖像）身上，或者提供語音或影像通訊功能。聊天系統包括 Internet Relay Chat（IRC）、Jabber 以及眾多根據微軟 Windows 或 Java 平台設計的特有系統。

電子商務公司一般使用線上討論區以及線上聊天室來協助發展社群，並作為客服工具。第 11 章將深入探討以線上討論區作為社群建設工具。

串流媒體

串流媒體可以用區塊（chunks）來傳送音樂、影像以及其他大型的檔案給使用者，當使用者接收並且播放時，檔案可以不間斷的播放。串流檔案必須要「即時」觀看：他們不會保存在客戶端的硬碟上。微軟的 Media Player、Apple Quicktime 以及 RealMedia Player 都是被廣泛使用的串流媒體播放器。Adobe Flash 是成長最快速的串流音訊及視訊工具。Flash 擁有嵌入瀏覽器的優勢，播放 Flash 檔案時不需要其他的外掛程式。

網站像 Youtube、MetaCafe、Google Vedio 是由使用者產生的串流影片。網站廣告者也增加使用影片來吸引瀏覽者，最常見的串流媒體服務可能是廣告和新聞上使用的串流音訊和視訊片段。隨著網際網路容量的成長，串流媒體在電子商務上扮演越來越重要的角色。

COOKIES

cookie 是 Web 網站用來儲存使用者資訊的一種工具。當一個訪客進入 Web 網站，這個網站會傳送一個極小的文字檔案（cookie）到使用者的電腦中，如此一來，當這個使用者將來要再次造訪這個網站時，網站的資訊可以快速的傳送到使用者的電腦中。cookie 可以根據網站設計者的要求保存任何的資訊，包括瀏覽人數、瀏覽網頁數、瀏覽的產品以及其他消費者在這個網站上的所有行為。cookie 對消費者是很有用的，因為網站會記得曾經來過的顧客，因此不會要求他們再註冊一次。廣告商也利用 cookie 避免重複發送相同的廣告給接收者。Cookies 也可以用來幫助網站的個人化，藉著允許網站記得曾經來過的顧客並且根據使用者過去的行為提供特殊的選項。cookies 允許 Web 行銷者客製化產品和區隔市場 — 一種可以根據消費者資訊來改變產品或價格的能力。

串流媒體
（streaming media）
讓音樂、影片、以及其他大型檔案可以以區塊的方式傳送給使用者，因此當接收跟播放時，檔案就不會斷斷續續

cookie
一種網站用的工具，用來存放關於使用者的資訊。當造訪者進入網站時，網站發送一個小的文字檔案（cookie）到使用者的電腦，讓使用者下次再造訪時，可以更快速的從網站下載資訊。Cookie 可以包含任何網站設計者所希望的資訊

Web 2.0 特色和新興服務

今日，擴充的網際網路基礎建設促成新服務的快速發展，並且大大拓展電子商務的機會。這些新能力成為新的商業模式基礎，數位內容以及數位通訊是最先開發的兩個領域。

部落格

Weblog（或稱 blog，部落格）是一個個人網頁，基本上存放了一系列根據作者照時間排序的文章（最新的到最舊的），並且連結到相關的網頁。部落格可能包含了 blogroll（一系列其他部落格鏈結的集合）以及 TraceBacks（其他部落格上與第一個部落格上相關文章的列表）。大部分的部落格也允許讀者在每篇文章下方發表意見。創造部落格的動作通常稱為「blogging」。部落格存在一些第三方網站上，例如 Blogger.com（由 Google 所有，正式的名稱為 Blogspot.com）、LiveJournal.com、Typepad.com 以及 Xanga.com，或者未來的部落格主可以下載如 Moveable Type 以及 bBlog 等軟體來創造架設在其 ISP 上的部落格。部落格網頁通常有很多樣的樣板（由部落格服務或軟體提供），因此架設時不需要 HTML 的知識就可完成。所以，上百萬不會 HTML 的人依然能張貼文章，並且跟他們的朋友分享內容。部落格相關的整體 Web 網站通常被稱為 blogoshpere。

部落格
（weblog, blog）
個人或企業所作的個人網頁，用來跟讀者溝通

　　部落格中的內容從個人的沉思到團體的溝通。部落格對政治事件有相當重大的影響，並且漸漸的因為其成為新聞的角色而受到重視。部落格變得相當的熱門。根據部落格觀察網站 Technorati 估計，在 2008 年部落格數目約 1 億 1200 萬個，每天新增 17 萬 5000 個部落格和 1600 萬篇文章。沒人曉得這些部落是持續更新或者只是昨天的新聞，也沒人知道部落格作者之間的優劣。事實上在這麼多部落格當中，我們只需要使用部落格搜尋引擎來找到我們所想要的文章（如 Google 的搜尋引擎），或者在前 100 名最受歡迎的部落格名單中挖掘。我們將在第 6 章討論更多部落格的行銷機制，並會在第 10 章說明部落格是網際網路允許使用者產生內容的一個重要成長的一部分。

Really Simple Syndication

部落格的興起，跟那些時常定期更新內容，發佈新聞和資訊的一種新 Web 網站機制有關。Really Simple Syndication（RSS）是一種 XML 格式，讓網際網路可以自動的發送數位內容給使用者，這些內容包括文字、文章、部落格和 Podcasting 的音樂檔案。安裝在你電腦裡的 RSS 叢集軟體應用程式，會蒐集你告訴它要搜尋的網站和部落格的內容，並將其中的新資

Really Simple Syndication（RSS）
讓使用者可以獲得包含文字、文章、部落格、以及 podcasting 聲音檔等數位內容的軟體，自動透過網際網路發送到他們的電腦

訊帶給你。使用者下載 RSS 叢集軟體，然後訂閱 RSS。當你前往你的 RSS 叢集網頁，它會顯示你所訂閱的各頻道最近的更新資訊。

RSS 原本是一個技術人員的消遣進而成為大眾廣泛使用的活動。Time 雜誌的 RSS 訂閱者從約有 50 萬（包括頭條、摘要、完整文章連結）到現今超過 800 萬。事實上因為有許多使用者訂閱 RSS，線上的出版者將廣告放置入使用者訂閱的內容中。微軟整合 Vista 的 RSS 讀者和目前作業系統版本，Google 和 Yahoo 則是為 RSS 提供賣廣告的選項。

Podcasting

podcast
一種音訊的表現 ─ 例如廣播節目、電影音樂、或簡單的人聲 ─ 儲存成聲音檔案並張貼到網路上

Podcasting 是一種音訊表現方式 ─ 例如廣播節目、電影中的音訊或只是簡單的人聲表現 ─ 儲存成聲音檔然後張貼在 Web 上。你可以用任何的 MP3 播放器來聽 Podcasting 的 MP3 檔案。Podcasting 從類似「海盜電台」的業餘獨立生產媒體，轉變為一種專業的新聞以及談話內容發送頻道。超過三分之一美國成人擁有 iPod 或 MP3 播放器，且其中 20%（大約 600 萬）從網頁下載了他們所選擇的音訊。

主要的廣告業者視 podcasting 為一種新的廣告管道。微軟在 Vista 作業系統中內建了 podcast 產生工具。沒有人確切知道有多少 podcasts 存在，不過 Apple iTunes Web 網站提供了一個超過 30 萬個 podcasts 的索引，第 10 章將近一步探討 Podcasting。

Wikis

wiki
一種網路應用，讓使用者可以輕易的增加與編輯網頁上的內容

wiki 是一種 Web 應用程式，允許使用者輕鬆的在 Web 網頁上增加或編輯內容。Wiki 軟體讓文件能夠被共同編輯。大部分的 wiki 系統是開放原始碼的，伺服器端的系統使用關聯式資料庫儲存資料。這種軟體基本上提供樣板來定義輸出以及各頁的元件、顯示使用者可編輯的原始碼（通常是簡單的文字），接著交付內容到 HTML 網頁以在瀏覽器上顯示。有些 wiki 軟體只允許基本的文字格式內容，不過也有允許使用表格、圖像甚至互動式元件，例如投票或是遊戲。因為 wiki 的本質是讓任何人能夠輕易修改網頁內容，大部分的 wiki 提供一種透過「最近修改」的網頁的方法來檢查修改的合法性，這種方法可以讓 wiki 社群中的成員來監控並複閱其他使用者的工作、更正錯誤，希望能防止惡意破壞。

最有名的 wiki 是 Wikipedia，Wikipedia 是一種線上的百科全書，在各種主題上共包含了超過 250 萬篇英語系的文章。Wikimedia Foundation，運作 Wikipedia 的機構，同時也運作了許多相關的計畫，包含 Wikibooks ─

一種共同寫成的免費教科書及使用手冊的集合；Wikinews — 免費的新聞內容來源；Wikitionary — 一個產生免費多語言字典的合作計畫，內容包含定義、語源、發音、引用以及同義字，第 10 章將進一步討論 Wikis。

新的音樂及影片服務

隨著頻寬的大幅成長，在主要的大學以及其他地方的那些低於 25 歲的使用者，音樂和影片檔案是 Web 的主要流量。2004 年全世界超過 2700 萬台 MP3 播放器的銷售，讓網際網路成為了一條虛擬的數位音樂檔案河流。2005 年，Apple 引進了影片檔案到其 iTunes 服務之中，提供從主要唱片業者獲得授權的音樂錄影帶、Pixar 短片以及熱門電視節目，預期在 2008 年美國人至少每個月會觀看一次線上影片。iTunes 中有超過 800 萬卷錄音帶、2000 支電視影集、2000 片電影，已經賣出超過 50 億首歌、每天出租 50000 電視影集和 50000 電影，成為線上最受歡迎的音樂、電視、電影商店。

隨選視訊（digital video on demand）被認為是未來網際網路的「殺手級應用」。未來的數位影片網路將能夠從網際網路發送比廣播更好的品質的影片到家中、路上的電腦或任何其他裝置。高品質互動影音將會讓銷售員報告及展示的更有效率，並且讓企業能夠發展新的客戶支援形式。嶄新的影片、聲音以及報告方法也可能劇烈的改變媒體跟新聞企業的本質。好萊塢電影是否過時了呢？第 10 章見分曉。

網路電話

如果電話系統今天重新建置的話，他可能會採用以網際網路為基礎的分封交換網路並使用 TCP/IP，因為這比目前使用的混合電路交換及數位骨幹的系統便宜且有效率。

網路電話並不是什麼新玩意兒。IP 電話在技術上是很一般的名詞，其使用 VoIP 以及網際網路的分封交換網路，在網際網路上傳遞語音、傳真以及其他格式的聲音資訊。VoIP 讓使用者避開了傳統電話公司收取的長途電話費用。

圖 3.23 顯示目前到 2011 年為止的網路電話通話數上的成長。

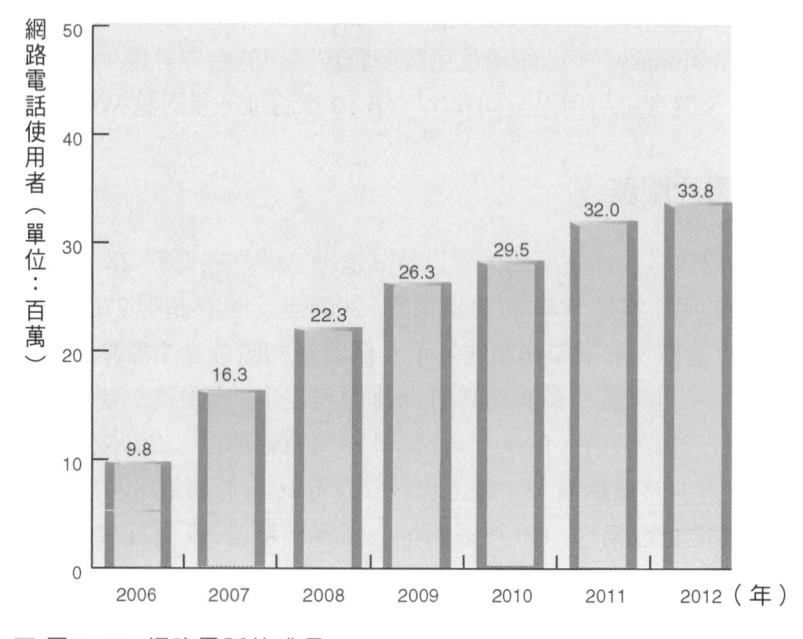

圖 3.23 網路電話的成長

網路電話使用者（單位：百萬）

- 2006: 9.8
- 2007: 16.3
- 2008: 22.3
- 2009: 26.3
- 2010: 29.5
- 2011: 32.0
- 2012: 33.8

VoIP 使用數目估計在之後的幾十年中將會成長 20%。

在 2009 年北美約有 2500 萬 VoIP 使用者，而這個數目估計將會隨著纜線系統提供電話服務成為「三網合一」（語音、網際網路、電視的單一套裝方案）而快速成長，國際電信中的 VoIP 比例已大幅成長，從 1998 年的 0.2% 到 2007 年超過 20%，全球約 3440 億分鐘語音流量，Skype 是美國最流行的 VoIP 服務，估計佔國際電話的 4%。

VoIP 是一個破壞性的科技。過去電信網路為語音和傳真所獨佔，隨著網際網路和電話的合流，這個優勢開始改變。地方和長途電信提供商和電纜公司組合成為網際網路服務供應商而進入電話市場（見表 3.13），獨立服務供應商像 VoIP 先驅 Vonage 和 Skype 估計 2004 年在美國提供超過 60% 的 VoIP 服務。但這個比例在 2008 年下降是因為傳統供應商像 Comcast、Time Warner、Verizon、AT&T、Cox 和其他電信電纜公司進入此塊市場。網際網路服務供應商也開始搶食這塊大餅：AOL 建設自己的網際網路電話服務，Yahoo 買下一間 VoIP 服務供應商 Dialpad 通訊，微軟開始建立自己的市場並買下網際網路電話公司 Tele Inc.。在 2005 年 9 月，eBay 用 26 億美元買下 Skype，儘管 Skype 在 2007 年市值下降到 9 億美元，eBay 仍然認為 Skype 的語音服務在未來有很大潛力。

表 3.13 主要的 IP 電信廠商

特長	公司
獨立設備基礎服務供應商	Vonage
	Time Warner Digital
	Comcast Digital Voice
	Cablevsion/Optimum Voice
	Cox Digital Phone
	Verizon
	AT&T
	SBC
客戶基礎的服務供應商	Skype (eBay)
	Net2Phone
	Msn
	Yohoo Messenger
	GoogleTalk
	AOL Phoneline

網際網路電視

IThere 代表三種在網際網路上看電視的方法：使用串流 Flash 基礎影片（像 Youtube 影片）、從網站像 Apple 的 iTunes 商店下載 podcasts 影片、使用 IPTV 協定的高品質串流檔案。目前最常見的網際網路影片多半是由 Youtube 提供，每個月有超過 400 萬串流影片；有些只是**網路電視**中的簡短片段。電視和電影製造商利用影片 podcasting 作為行銷工具。網站像 Apple 的 iTunes 和獨立網站像 vediopodcasts.tv 傳播數以萬計的電視下載，這些數字只是被下載的電視內容當中的一小部分數據。目前最大且合法的付費電視內容，是由 iTunes 商店銷售的整套電視節目內容。

IPTV 這個網際網路看電視方法使用高頻寬網路連接來傳送電視節目到府，標準品質電視使用 MPEG2 壓縮需要大約 3Mbps 的網路連接速度，但高品質電視傳輸則需要 19Mbps，MPEG4 格式的壓縮需要大約一半的頻寬即可，但仍然需要大量頻寬。

IPTV 的定義仍然未確定，且使用許多不同協定像 IP multicasting 在網際網路傳送壓縮數位電視串流；而品質的議題如傳統頻寬連接速度可以支援標準品質的電視串流，但高品質電視（HDTV）需要更多頻寬。商業的

網路電視（IP TV）

使用高頻寬的網路連接力以傳送電視節目到府

IPTV 並不只在美國風行，在歐洲也有緩慢成長。法國有最多的商業 IPTV 觀眾約 500 萬瀏覽者。

視訊會議

近幾年來，以網際網路為基礎的視訊會議開始取代傳統以電話為基礎的系統。任何人都能透過寬頻網路以及 Web 攝影機（Webcam）使用網際網路視訊會議。整合視訊會議與 Web 會議也開始成為可能。最常見的網路會議套裝軟體是 Cisco 擁有的 WebEx，VoIP 公司，如 Skype 也提供一些網路會議的能力。

隨著第二代網際網路的發展，其將會大幅的降低視訊會議的成本，並且令人更能負擔得起圖片或是聲音資訊的分享。使用 VoIP 技術，遠距離的會議將會變得相當簡單，並且影像與聲音的品質將會變得更好。

線上軟體及服務

過去我們習慣於在自己的電腦上安裝軟體，但隨著網路和電子商務服務模型的改變，網路上的應用大幅增加，取代購買套裝產品，使用者轉而只需付費購買網路服務。現在有許多種類型的網路服務提供，有些是免費的，從全功能的應用到以較小的程式碼所寫成的軟體（被稱為"widgets"和"gadgets"）工具。widgets 可在部落格中使用以豐富部落格的內容。

widget 可以將網路上的內容或功能放置到你需要的地方，例如自己的網頁、部落格、Facebook 頁面。在一些網站可以看到這些新的網路 widget 服務，像相片網站 Picnic.com 提供免費且功能強大容易使用的相片編輯應用，Yahoo、Google、MSN、Apple 也有許多有用的 widgets 在網站上供人使用。這些公司預計在 2008 年花費超過 4000 萬在 widget 上作為行銷工作（eMarketer, 2008c）。

gadgets 跟 widget 有部份相關，他們都是一小段的程式碼，通常提供單一有限功能像時鐘、行事曆、日記等，在 http://desktop.google.com/plugins 你可以看到許多 gadget 供下載。

隨著網際網路頻寬的增加，預計應用程式服務提供者（ASP）藉由網際網路發佈的軟體應用程式也會增加。目前明顯的領導者是 Google，有許多線上版本像 word processing、spreadsheet、presnetation 程式等，這些都與微軟的 office 套裝軟體競爭著。而微軟也計畫在未來將 Office 軟體成為網路應用之一，但營利方法尚未確定。在商業世界，軟體應用程式的數位

圖書館的出現，讓企業和個人不需購買軟體，可以直接租用（或購買軟體服務）。大部分的軟體公司（如 SAP 或 Oracle）都開始替小企業提供 Web 服務。這種服務對昂貴的套裝軟體特別有用，例如圖形設計或是軟體開發工具這類鮮少個人或小型企業有能力負擔的軟體。

應用程式服務提供者能夠給予處理資料以及儲存資料上面的幫助，他們將資料分散到多個伺服器上，而不只是放在單一伺服器中。線上備份有許多優點。你不用購買額外的硬碟，而且你的資訊是完全離線備份在由專業人員管理的安全環境中。

行動商務應用：下一件大事

將語音、資料、影像、聲音、以及影片結合在一個手持無線裝置上的想法，最近才剛在手機上實現。在日本，最大的無線電話公司 NTT DoCoMo 提供內建信用卡功能的手機。這讓行動消費者用他們的手機付款變得容易，展開了具有潛力的「行動商務」應用的潮流。在日本、韓國及歐洲，多種行動付費系統已經建置完成。此外，攜帶型電腦形式的行動電腦佔了世界上個人電腦總數的 25%，每年以 16% 的比例成長。隨著行動裝置能力的提昇，他們在電子商務的使用上是無可避免的。在 2007 年之前，美國的行動商務尚未成功是因為行動網路尚未開發足夠的頻寬應付網頁的展示，而部份原因是接收裝置沒有好的展示能力。在 2008 年這些情況開始改變，行動電子商務市場開始發展。Apple 的 iPhone 和 T-Mobile Android G1 和 BlackBerry Curve 和一些競爭對手，開始提供可接受速度和方案的網路瀏覽。而 Google 藉由開發自己手機雛型來支援自己的行動搜尋和廣告放置應用進入市場，和敦促美國聯邦通信委員會支援開放手機網路允許所有設備可運行在高速網路中，而不只是裝置被批准的營運商像 ATT 和 Verizon。

隨著行動裝置功能的成長，使用這些設備參與電子商務是無可避免的。目前，美國的行動商務還很少，低於所有 B2C 電子商務活動的 1%。但透過手機從網路或手機網路服務的成長迅速，包括下載鈴聲、音樂、影片、電視、新聞、注意事項等。無線供應商和網路巨人像 Google 存潛在未來行動內容和廣告市場已經有一番著墨，我們將在之後的章節對行動商務應用有深入的討論。

個案研究 CASE STUDY

Akamai 科技：Web 內容散佈者

大部分人喜歡 Web 但是卻討厭等待。研究顯示，如果某個網頁內容的下載時間超過 8 秒，大部分的人不會停留在這個網站上。今日，因為許多家庭中 DSL 以及纜線數據機的普及，願意給予的耐心甚至低於 8 秒鐘。對於任何希望使用 Web 來作電子商務的人士而言，這都是個壞消息。對於線上出版商或行銷者來說，線上影片已經快速地成為商業策略的重要工具，為了使這些策略得到回報，觀看體驗需要近乎完美。因此，對於使用影片來與消費者建立增進與品牌更緊密關係的行銷人員來說，對網路影片品質要求甚高。

在今日的寬頻纜線和數位用戶迴路環境中，讓使用者耐心的門檻大概只有幾秒鐘。增加的影片和音頻期待對試圖使用網路傳送高品質多媒體內容，像 CD 品質音樂或高解析影片，是一個壞消息。Youtube 和 MySpace 已經增加對影片的下載流量，造成網際網路流量以每年 50 至 100%成長；而 BitTorrent 檔案過去分享影片佔美國網際網路流量的一半，其中校園網路則佔 80%以上。如果你是 XM 廣播，有一天你想要對上百萬的使用者播送串流音樂，你將會需要一些幫助。如果你是 MTV，希望線上播放串流音樂錄影帶給你的 600 萬觀眾；或者 iTunes，希望提供給你的 1,000 萬個顧客音樂跟影片下載服務，你將會需要一些幫助。Akamai 是眾多的 Web 上的主要幫手之一，而上述所說的公司跟其他 2 萬家線上公司一樣，使用 Akamai 的服務。

網頁內容下載緩慢 — 從音樂到影片 — 有時是因為設計不良，不過更常見的問題是來自網際網路底下的基礎建設。如同本章所介紹的，網際網路的目的是為了在一小群的學者間傳送文字的電子郵件訊息，而不是為了給數百萬人傳送佔據頻寬的影像、聲音以及影片檔案。同時，在網路上傳送每 1,500 位元組為一單位的封包時，必須由接收端電腦確認，然後將收到的確認回傳給發送端的電腦。這減慢了內容（例如音樂）的發佈，同時也減慢了互動的請求，例如購買行為，這需要客戶端電腦跟線上購物車互動。此外，每個封包可能會經過多個不同的伺服器才能抵達目的地，從紐約傳送封包到舊金山需要回送的回應，就會因為好幾台伺服器的要求而有數倍的數量。這意味著目前網路花費了大部分的時間跟功能在檢查封包，因此造成延遲的現象。

今日的網際網路流量改變很大，BitTorrent 和其他 P2P 網路音樂取代以往的文字訊息而佔總效能的 33%，平均來說每分鐘有超過 50 萬位訪客到美國的音樂網站。而其他 10% 效能則貢獻給影片網站，從電影到簡短的行銷影片都有，估計到 2010 年影片的流量將會佔總網路效能的 30%。使用者產生內容的網站爆炸性成長，串流新聞網站、音樂、電影、遊戲、高品質電視和影像這些都是網際網路潛在威脅，造成延遲或癱瘓。Akamai 和其他在 CDN（內容散佈網絡）產業的公司可能是網路至今尚未解體的原因之一。

還有其他許多造成延遲的原因，包含網站頻寬限制、超過當地 ISP 路由器所能負擔的網路流量、ISP 間傳送資料時兩端的功能不全、以及共用資料中心的流量瓶頸。這實際上的結果是在忙碌時，從舊金山到紐約的一日平均傳輸流量為 30Kbps — 足以應付文字電子郵件，但是對於 CNN 新聞的影音下載是不夠的。Akamai 想出來的解決方法，是將一份複製檔案放在較接近使用者的地方，這樣檔案就只需要移動一小段距離即可。

Akamai（在夏威夷語中代表智慧、聰明或「酷」）科技由 MIT 應用數學系教授 Tom Leighton 以及研究生 Daniel Lewin 所創立，抱持著促進網路流量以克服這些限制的想法而作。當 Tim Berners-Lee（全球資訊網的創立者）發現網際網路壅塞是個大問題時，他向 Leighton 的團隊提出挑戰，希望他們能發明更好的傳送網路資訊的方法。而這結果是一連串的突破性演算法，這成為 Akamai 的基本概念。Lewin 在 1998 年取得他的電機工程與資訊科學碩士學位，他的碩士論文就是這家公司理論的開端。這個方式是將圖片或影片的內容存放在網路上多個不同的位置，這樣使用者就可以從最近的位置取得資料，讓網頁下載的速度加快。

Akamai 於 1998 年 8 月正式成立，主要產品是 EdgeSuite — 一種服務的套裝軟體，讓企業可以在發佈內容到網際網路時，最佳化他們的 Web 效能，並最小化他們的成本。EdgeSuite 可以讓客戶的網站內容更接近終端使用者。如此，一個在紐約的使用者，舉例來說，將會使用紐約大都會區 Akamai 伺服器所提供的 L.L. Bean 網站，而在舊金山的使用者就會造訪在舊金山 Akamai 伺服器上的 L.L. Bean 網站。網際網路轉眼間變快了。

Akamai 有很多大型的公司和政府客戶，範圍從 Yahoo! 到 NASDAQ、通用汽車、BestBuy.com 以及 FedEx。2001 年 911 之後，當 FBI 的網站因為巨大的流量而當機時，FBI 註冊加入了 Akamai，隨後美國國防部、Homeland Security 以及其他聯邦單位也立即跟進。今日，Akamai 有超過 2 萬個客戶以散佈在全世界的 2 萬台伺服器提供服務，這讓客戶的 Web 網頁以及其他內容的載入和執行變得快些。2009 年 Akamai 佔了美國網際網路流量的 20% 左右。其

他的競爭者有 BlueCoat、LimeLight、SAVVIS 和 Mirror Image Internet。而在 2008 年約有 90 萬個即時串流被 Akamai 所傳遞。

完成了這看似簡單的工作（Akamai 稱為「優勢計算」），Akamai 需要監控整個網際網路，找出潛在停滯的區域，並且設計出更快的路徑來傳送資訊。通常客戶端網站只有部份的內容被使用，或是那種很難快速傳送給使用者的大型影音檔案，都儲存在 Akamai 在全世界超過 70 個國家的 1100 個網路上的 2 萬台伺服器中。當使用者要求一首歌或是一個影片檔案，他的請求會被導向到附近的 Akamai 伺服器，再到這個當地伺服器的內容服務。Akamai 伺服器放在 Tier 1 骨幹支援網路、大型 ISP、大學、以及其他網路。Akamai 的程式決定哪一個伺服器對使用者是最好的，然後在當地傳輸「Akamaized」的內容。在任何地方存取「Akamaized」的 Web 網站，可以比沒有「Akamaized」的網站快上 4 到 10 倍。

Akamai 根據它的網際網路能力發展多種的商業服務，包括根據使用者位置及區號的內容目標廣告、內容安全、商業智慧、災難回復、隨選頻寬以及跟其夥伴 IBM 在網路流量尖峰時段計算能力、儲存、全球流量管理、以及串流服務。Akamai 針對行銷和廣告公司提供稱作 EdgeScape 的產品。EdgeScape 提供企業根據網路活動產生，在網路上最正確且最容易理解的知識。Akamai 大量的伺服器在全世界做了網路部署及關聯的工作，以便能收集到最佳的地理區域跟頻寬資訊。因為這些非平行資料收集的技術，Akamai 提供涵蓋全球的高度正確知識庫。顧客整合一個簡單的程式到他們的 Web 伺服器或應用程式伺服器。這個程式會跟 Akami 資料庫通訊，以取得最新的資訊。Akamai 伺服器的全球網路持續對應到網際網路，而在此同時，每個企業的 EdgeScape 軟體都持續的跟 Akamai 網路通訊。結果是：資料永遠都是正確的。廣告主可以根據國家、地區、城市、市場區域、地區代碼、鄉鎮、區域號碼、連接方式、以及速度來散發廣告。訪問 Akamai 的網站並點選 "View Visualizations" 將可以看到將網際網路根據即時的全球網路行動做有趣的視覺化反應。

當 Akamai 在這個領域中是其中的一個領導者時，在 2001 年以及 2002 年出現的網路泡沫化深深地衝擊了它的經濟表現。Akamai 在 1999 年上市，當時的股價飆升到一股 345 美元。在 2008 年儘管營收成長將近 50%且收益達到 6 億 3600 萬美元，股價約在 20 塊美元的範圍。Akamai 財務經理告訴華爾街分析師認為過去我們看到了好幾年期間的快速頻寬，如今媒體增長邁向放緩的步伐。在經濟不景氣的環境下，使用者並不急於更新他們的電腦系統，因此 Akamai 可能會遇到瓶頸；有些分析師則認為 Akamai 的技術將會受 P2P 影像傳播這種較便宜網路挑戰。但仍有許多對於 Akamai 的正面意見認為這間公司的架構仍在最佳狀態，擁有 Fortune 雜誌前 500 營收的客戶群將有助於公司避開競爭。

個案研究問題

1. 為什麼 Akamai 需要將伺服器設置在不同的地理位置？

2. 若你想在網際網路上傳送軟體內容，你會註冊使用 Akamai 的服務嗎？請說明理由。

3. 廣告商使用 EdgeScape 服務的優點為何？哪一類的產品適合這樣的服務？

4. 對於高頻寬音樂和影片爆炸性的需求，為什麼 Akamai 的股票不甚理想？若你是投資客，什麼樣的理由會讓你投資／不投資 Akamai？

學習評量

1. 網際網路的三大基礎為何？
2. 什麼是延遲？它如何干擾網際網路的功能？
3. 試描述分封交換是如何運作的。
4. TCP/IP 通訊協定跟網際網路上的訊息傳輸有何關聯？
5. 何種技術發明造成了主從式架構的產生？主從式架構對網際網路有何衝擊？
6. 不論網際網路上的個人電腦數量有多少，大量的資訊分享依然是受限的，為什麼？
7. 為何網際網路沒有超載？它會一直保持未超載的狀態嗎？
8. 什麼類型的公司建立了今日的網際網路骨幹？
9. IXPs 伺服器的功能是？
10. 什麼是校園區域網路？誰可以使用？
11. 試比較內部網路、外部網路、以及網際網路。
12. 今日網際網路的四大主要限制為何？
13. 管理網際網路的挑戰為何？管理時誰有最後的決定權？
14. 試比較 Wi-Fi 跟 3G 無線網路的功能。
15. 新的無線網路標準有哪些？它們對第二代網際網路又有何重大意義？
16. 預期會伴隨第二代網際網路出現的主要技術進展有哪些？試定義並討論各項的重要性。
17. 為甚麼瀏覽器的發展對於 Web 如此重要？
18. 試描述各項網頁標記語言的名稱及其不同之處。
19. 請列舉五項目前可透過 Web 取用的服務，並描述之。
20. 試列舉至少三項次世代網際網路上可以取用的新服務。

4

建立一個電子商務網站

學習目標

讀完本章,你將能夠:

- 瞭解建立電子商務網站時應該遵守的流程
- 認識外包網站開發及主機管理的主要問題
- 瞭解選擇網路伺服器和商用電子商務伺服器軟體的主要考量
- 瞭解選擇電子商務最合適的硬體及相關的問題
- 認識可改善網站效能的附加工具

正確評估網站的規模

在架構公司的網站之前，以下幾個問題是你必須思考的：網站需要多少的網路伺服器？每一個網路伺服器需要多少的 CPU？你的網站所需的資料庫伺服器能力為何？網站連結到網際網路所需的速率為何？過去找尋這些問題的解答通常是透過反覆試驗的方式；直到最近，如 IBM、Microsoft 和 HP 等硬體與軟體供應商開發了數種模擬的工具，幫助網站建構者針對上述問題找出正確的解答。

由 IBM 開發的模擬器稱為 On Demand Performance Advisor（OPERA）。OPERA 可以幫助使用者依據處理的工作量、期望的效能和個別軟硬體來評估網站伺服器的效能與容量。OPERA 內建的模型（依據使用者資料進行調整）可以用來處理多個電子商務應用程式，如購物、銀行業務、仲介、拍賣、入口網站、企業窗口和定位系統等，因此其介面對使用者而言是十分容易使用的。同時，它針對不同的效能標準，如處理能力、反應時間、資源使用率、單位時間的使用者數量和網站頁面瀏覽率提供 what-if 的分析。而它也利用特殊的演算法提高網站在使用量高峰期的流量。此外，OPERA 使用的分析模型可以幫助使用者產生瞭解軟硬體設定狀態、預估的效能以及可能的瓶頸的報表。IBM 也以 OPERA 為基礎提供了一個名為 Sonoma 的網路服務，主要目的是估計服務導向架構（service-oriented architecture, SOA）處理工作量的效能與容量。

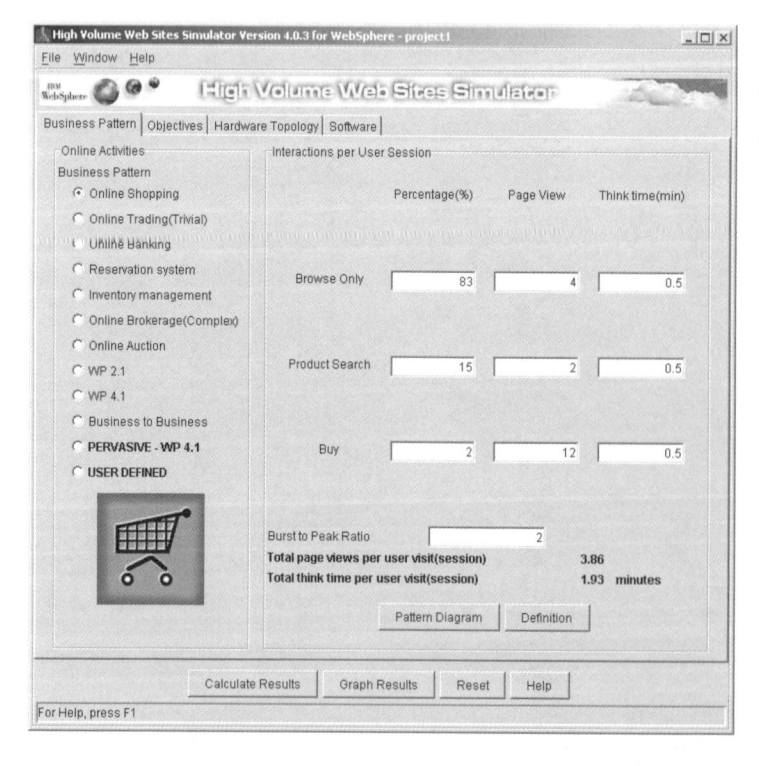

在使用該項模擬器的廠商中，eBay 是第一個使用模擬器來處理變動幅度劇烈的顧客需求。

在第 3 章，你已經學到有關網際網路、網頁架構與電子商務技術的基礎。現在是時候將重點放在下一步：建立一個電子商務網站。

這一章將會檢視建立電子商務網站需要考慮的重要因素，這裡的焦點會放在管理方面的商業決策。

4.1 建立電子商務網站：系統化的方法

建立一個成功的電子商務網站是一份複雜的工作，必須對商業、技術、社會問題有深入的瞭解，並且要有系統化的規劃方式。

在建立一個成功的電子商務網站最重要兩項管理的挑戰是 (1) 建立你的商業目標 (2) 瞭解如何選擇可以達到這個目標的技術。第一項挑戰需要建立一個開發組織網站的計畫；第二項挑戰需要瞭解一些電子商務架構的基本結構。

即使你決定要將整個電子商務網站的開發和運行外包給服務提供商，你仍然必須有一個網站開發的計畫和對電子商務基本架構包括花費、效能、限制等的瞭解。若缺少計畫跟基本知識，你將無法對公司的電子商務下正確的管理決策（Laudon and Laudon, 2009）。

網站建置拼圖

首先必須注意需要進行決策的主要範圍（見圖 4.1）。在組織和人力資源方面，必須集合一個團隊。這個團隊須具備建立和管理電子商務網站需要的技能。這個團隊將會做出有關這個網站的技術、網站設計和社會、資訊方針的關鍵決策。

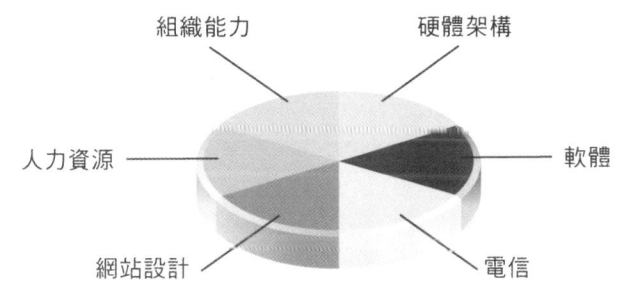

圖 4.1 電子商務網站建置的拼圖

建立一個電子商務網站需要有系統的考慮過程中的許多因素。

同時也需要決定網站的軟硬體和通訊架構。顧客的需求會影響技術的選擇，顧客會希望這些技術能幫助他輕易找到他想要的東西、檢視產品、購買產品並快速的收貨。一旦確認了主要的決策範圍，接著就需要想想這個專案的計畫。

規劃：系統開發生命週期

建立電子商務網站的第二步就是寫下規劃文件。你將需要有系統的進行一系列的步驟，而系統開發生命週期（見圖 4.2）則是建立電子商務網站的方法論。

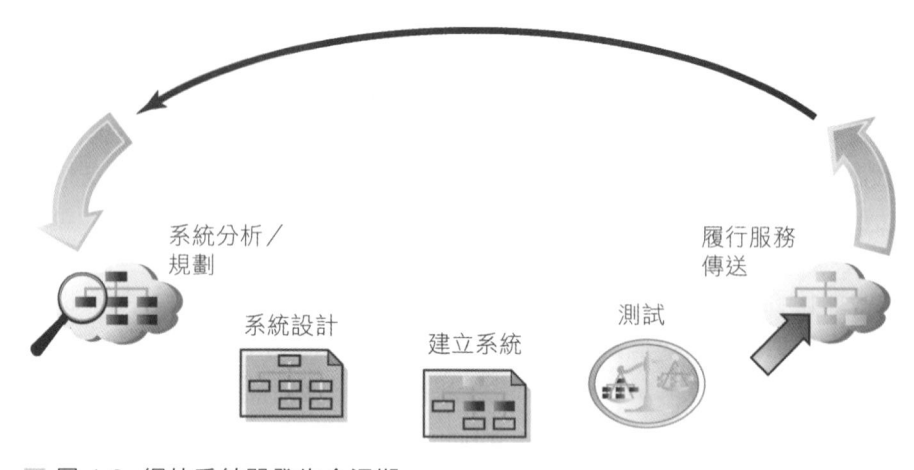

■ 圖 4.2　網站系統開發生命週期

系統開發生命週期
（system development life cycle, SDLC）
一種用來瞭解系統商業目的，並設計適當解決方法的方法論

　　系統開發生命週期（system development life cycle, SDLC）是一種用來瞭解系統商業目標，並設計適當解決方法的方法論。系統開發生命週期方法也能幫助撰寫用來和資深主管溝通網站目標、重要里程碑、資源使用的文件。系統開發生命週期中五項重要的階段分別為：

- 系統分析與規劃
- 系統設計
- 建立系統
- 測試
- 執行

系統分析與規劃：辨識商業目標、系統功能和需求的資訊

在系統分析與規劃的階段是為了回答「我們希望這個電子商務網站做什麼事？」。我們在這裡假設已經找出企業策略並選定好商業模式，以達成組織的目標（見第 2 章），但要如何把策略、商業模式和想法轉換成一個可以運作的電子商務網站呢？

其中一個方法就是辨識哪些是你的網站想要達成的目標，然後列出一個系統功能和需要的資訊的列表。**商業目標**（business objective）就是一個你希望網站具備的功能列表。

系統功能（system functionalities）是一個要達成商業目標所需要的資訊系統能力的列表。系統**需求資訊**（information requirements）是一個系統為了達到商業目標必須產生的資訊元素。提供這些列表給系統建立者和程式設計師，這樣他們才能知道管理者期待他們作什麼。

表 4.1 介紹一個基本的電子商務網站所需的一些基本商業目標、系統功能和需求資訊。如同表中所列，這裡有九個電子商務網站必須具備的基本商業目標。這些目標必須轉成系統功能說明，最後要成為一組精確的資訊需求。基本上，所需的資訊會遠多於表 4.1 所列。電子商務網站的商業目標跟一般零售商店並沒有太大不同，而其中的差異是對於系統功能和資訊需求的不同。在電子商務網站，商業目標必須以數位方式提供，而不是以建築物、銷售人員、一週七天或一天 24 小時的服務提供。

> 商業目標
> （business objective）
> 一個你希望網站具備的功能的列表
>
> 系統功能
> （system functionalities）
> 一個要達成商業目標所需的資訊系統能力的列表
>
> 需求資訊
> （information requirements）
> 一個系統為了達到商業目標必須產生的資訊元素

表 4.1 系統分析：典型的電子商務網站的商業目標、系統功能和資訊需求

商業目標	系統功能	資訊需求
展示商品	數位型錄	動態文字和圖片型錄
提供產品資訊（內容）	產品資料庫	產品介紹、存貨數量、庫存數量
個人化／客製化商品	站上顧客追蹤	每位顧客的網站記錄；具備資料探勘能力以找出共通的顧客
執行交易付款	購物車／付款系統	安全的信用卡授權核准；多種付款選擇
累積顧客資訊	顧客資料庫	所有顧客的姓名、地址、電話、e-mail；顧客線上註冊
提供顧客售後服務	銷售資料庫	顧客識別、產品、日期、款項、送貨日期

商業目標	系統功能	資訊需求
協同行銷／廣告計畫	廣告伺服器、e-mail 伺服器、e-mail 管理者、橫幅廣告管理者	網站行為記錄的預測與透過 e-mail 和橫幅廣告活動連結而來的顧客
瞭解行銷效果	網站追蹤與回報系統	由行銷活動帶來的參觀者數量、網頁參觀與產品購買
提供與製造商和供應商商的連結	存貨管理系統	產品與存貨程度、供應商識別、產品的訂單數量資料

系統設計：軟硬體平台

在確認商業目標、系統功能、並建立好明確的資訊需求清單後，即可開始思考如何達成這些功能。你必須提出一個**系統設計規格**（system design specification，系統的主要部分以及彼此間關係的說明）。系統設計本身可再分成「邏輯設計」和「實體設計」兩部分。邏輯設計包含了資料流程圖，資料流程圖介紹電子商務網站中資訊流動的情況、處理的功能要怎麼執行、資料庫要怎麼使用。此外邏輯設計也介紹了系統中對於安全性與緊急備份流程的規則與控制。

實體設計是將邏輯設計轉化成實體元件，例如實體設計詳細說明需採購的伺服器模型、要用的軟體、通訊連結需要的大小、系統備份和保護的方法等等。

圖 4.3(a) 呈現了一個非常基本的網頁的高階邏輯設計資料流程圖，這個網站提供一個根據使用者 HTTP 要求，提供回應的 HTML 網頁型錄；而圖 4.3(b) 呈現了對應的實體設計，每一個主要流程都能分解成更低階的設計，精確定義資訊如何流通和使用到哪些設備。

建立系統：自行開發或外包

現在可以開始思考實際網站建立了。這有多種選擇：從全部外包（包括實際的系統分析與設計）到全部自行開發。**外包**（outsourcing）表示要雇用一個外包廠商幫忙建立網站。「企業觀點：當自己動手做不划算時，外包是合理的」介紹某個組織選擇採用外包的方式。另外還有第二個選擇要做：要自己管理（營運）這個網站還是外包給網頁管理提供者呢？這兩個決定彼此獨立，但通常會同時被考慮。有些廠商可以協助設計、建立和管理網站，有些廠商則只能建立網站或只能管理網站，圖 4.4 說明了這些選擇。

系統設計規格
（system design specification）
系統的主要部分以及彼此間關係的說明

外包
（outsourcing）
僱用外部廠商提供無法在內部執行的服務

第 4 章 建立一個電子商務網站

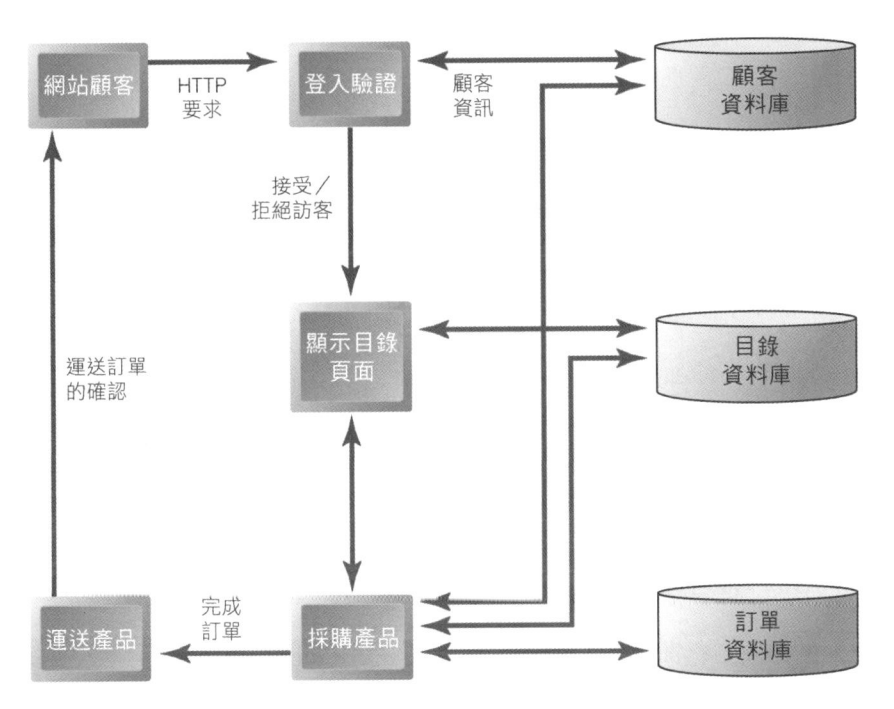

(a) 簡單的資料流程圖

這個資料流程圖描述了一個簡單網站的要求與回應的資訊流動。

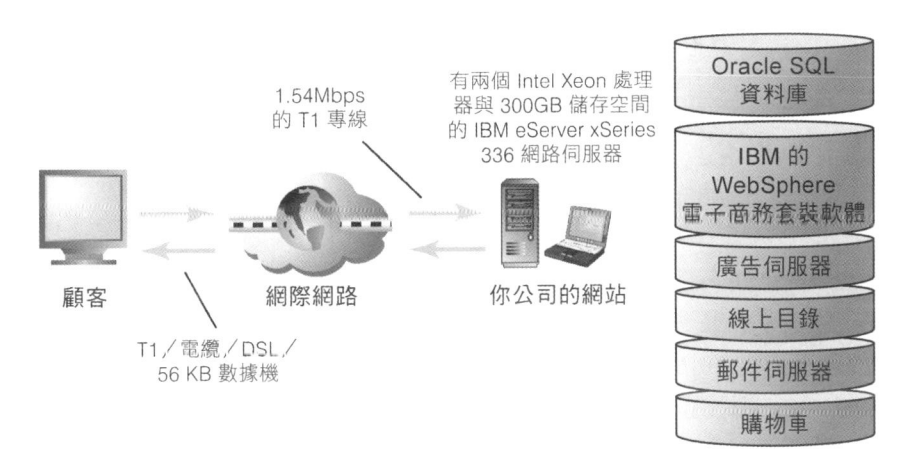

(b) 簡單實體設計

實體設計描述實現邏輯設計需要的軟硬體。

圖 4.3 一個簡單的網站邏輯與實體設計

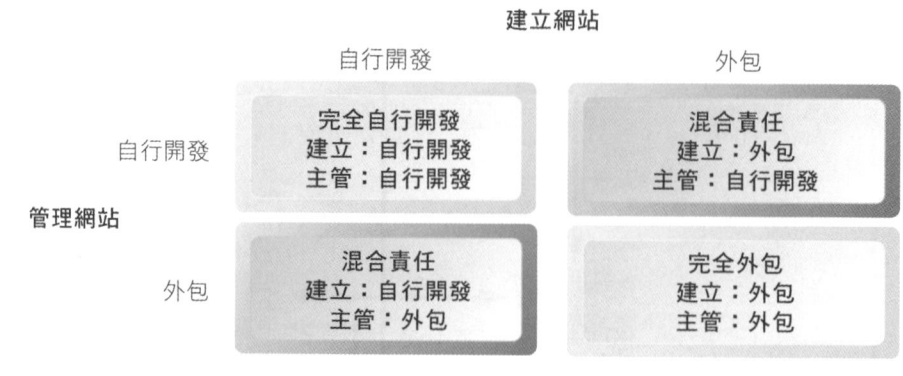

```
                          建立網站
              自行開發                    外包
            ┌──────────────┐        ┌──────────────┐
            │  完全自行開發  │        │   混合責任    │
   自行開發  │  建立：自行開發│        │  建立：外包   │
            │  主管：自行開發│        │ 主管：自行開發 │
            └──────────────┘        └──────────────┘
管理網站
            ┌──────────────┐        ┌──────────────┐
            │   混合責任    │        │   完全外包    │
     外包   │  建立：自行開發│        │  建立：外包   │
            │  主管：外包   │        │  主管：外包   │
            └──────────────┘        └──────────────┘
```

■ 圖 4.4　建立和管理網站的選擇

當建立和管理一個電子商務網站時，有一些選擇可以考慮。

自行開發或外包

首先先做出要自行開發還是要外包網站的決定。如果決定自行開發，就會需要程式設計師、美工人員、網頁設計師和管理者。也必須選擇軟硬體工具。有多種工具可用來自行開發網站，從可以做出所有東西（像是 Adobe Dreamweaver 和 Microsoft Expression），到最頂尖的套裝網頁建製工具（見圖 4.5）都有。第 4.2 節會更仔細介紹這些工具。

```
┌─────────────────┐  ┌─────────────────┐  ┌─────────────────┐
│  從零開始建立    │  │ 從套裝網站建立工具│  │ 使用預先建立好   │
│                 │  │                 │  │ 的範本           │
│  HTML           │  │ Microsoft Commerce│ │ BigStep         │
│  Dreamweaver    │  │ Server           │ │ Yahoo!Merchant  │
│  Expression     │  │ IBM Websphere    │ │ Solutions       │
│  CGI Scripts    │  │                  │ │ Amazon Stores   │
│  SQL Database   │  │                  │ │                 │
└─────────────────┘  └─────────────────┘  └─────────────────┘
```

■ 圖 4.5　建立你自己的電子商務網站的工具

　　決定自行建立網站有一些風險，可能會花費大錢卻只做出一個粗劣的成品。建立網站工作人員可能會需要一段很長又困難的學習曲線，因此延遲了進入市場的時機，而且努力還可能會失敗（Albrechtand Gaffney, 1983）。從好的角度來看，你可能建立出符合想像的網站；更重要的是，在建立這些網站時所獲得的知識，能讓你更有能力隨著商業環境的變動迅速修改網站。

商業觀點

捲頭髮和刺青：從便宜開始

一些國際品牌的大公司主宰電子商務市場。例如前百大的零售公司佔全部營收的90％，你是否會懷疑對小型公司是否還有任何機會呢？答案是肯定的：至少還有200億美元廣告收入是潛在線上零售銷售商可追求的利潤。因此身為大的公司並不會使你在市場上專美於前。

NatruallyCurly.com 是一個低進入成本、利基導向入口網站的好例子。Gretchen Heber 跟 Michelle Breyer 兩位記者在 1998 年用 500 美元開始營運網站。因為兩位都有自然捲的頭髮，Heber 說：「我們都有因為自然捲的頭髮而在悶熱天氣中不舒服的困擾」，或者他們也談論頭髮在其他日子裡多好看。基於預感其他人可能也需要協助捲頭髮的問題，他們開發了 NaturallyCurly.com。他們花費 200 美元在網域名稱上，同時也買一些捲頭髮的商品在網站上供參考。網站使用簡單的伺服器並由 14 歲的網頁設計師協助設計。作為一個有社群回饋意見內容的網站，他們增加一個電子佈告欄給使用者發表評論。

一開始沒有競爭者，也沒有在 Google 上打廣告。之後他們開始在 Google 的搜尋結果最前面或前幾個出現「捲頭髮」關鍵字。經過一年的經營後，他們收到一封來自 Procter & Gamble 的信，這是一間全最大的個人照顧產品公司，詢問他們是否願意接受每個月兩千元持續兩年的打廣告。從此這個網站藉由從一些知名頭髮照護產品公司像是 Aveda、Paul MitChell、Redken 等公司來增加廣告收入而成長。今天這個網站有每個月將近 20 萬的訪客，而且從廣告上的營收超過一百萬，同時也在自己的線上商店 curlmart.com 銷售捲髮產品。在 2007 年 5 月公司收到來自創投公司的 60

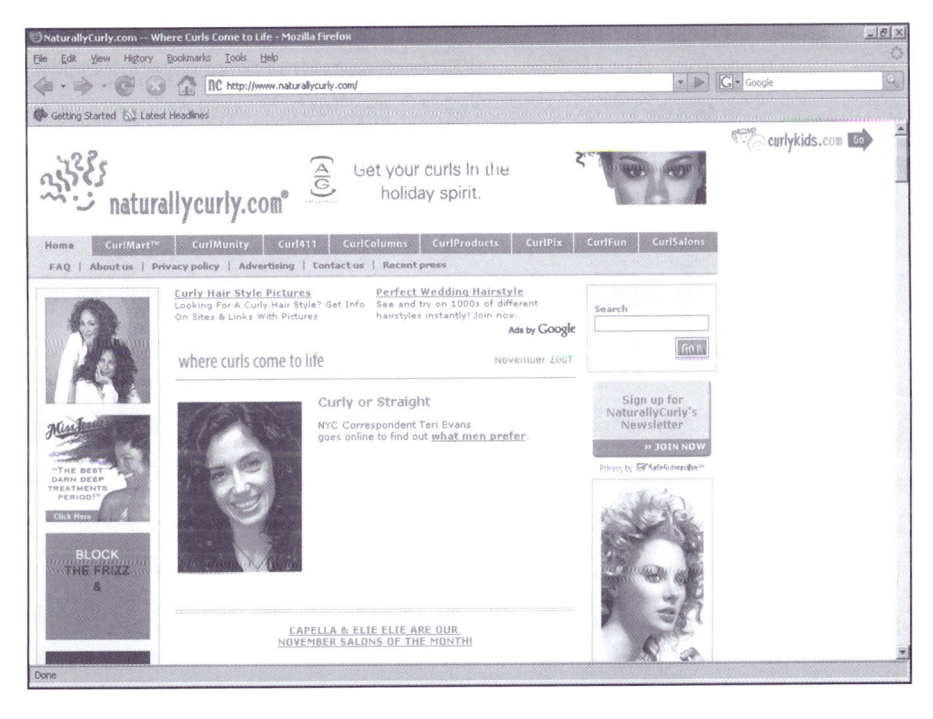

萬美元投資而能僱用行銷人員和支援員工來增進網頁科技，和擴大其運輸和裝卸業務。Breyer 先生說公司仍然尚未收益，因為他們將所賺得錢再繼續投資進去。2004 年時，這個成果已經夠好讓他們可以辭掉原本工作專注在網站事業。

公司提供科技、錢、和空間給小型公司來換取部份獲益，也是一種有許多廣告支援的利基導向電子商務網站；在早期電子商務網站，當 IdeaLab 和 CMGI 提供支援服務給一些零售導向的電子商務網站，一間稱為 RIVR 的媒體互動公司製造 15 個只能在線上瀏覽的網站。RIVR 製造電視程式給有線電視頻道像 A&E 和 Nickelodeon。利用這一視頻背景，RIVR 開辦他的第一個廣告支援網站 Needled.com。這個網站提供影片、照片、多媒體歷史、藝術家和聯絡資訊給有刺青的人。因為在美國有 6700 萬人有刺青，18-34 歲中有 34％的人有刺青。這個網站有一些比較年輕化的廣告像機車、影像遊戲、飲料、汽車等。Needled.com 一開始只是由 Marisa DeMattia 創立的部落格，被 RIVR 以不詳金額收購，而其他的 RIVR 網站包括針對休閒玩家的 Widgetgames.com，和允許使用者瀏覽國內或全世界的直播音樂會的網站 SyncLive.com。

這個故事在此告訴我們建立網站已經便宜許多且比以前更容易了。

如果你選擇更貴的網頁建製套裝軟體，這些經過良好測試的最新軟體，能讓你更快進入市場。然而，為了做出更好的決定，你可能需要很長的時間，來評估不同的套裝軟體。你也可能需要針對商業需求來修改這些軟體，並雇用外部廠商修改，而你的成本會隨修改的程度而上升（見圖 4.6）。如果選擇範本，你將會受限於這些範本內建的功能，不能再新增或修改功能。

過去的實體商店當有建立電子商務網站需求的時候，他們傾向於自己設計，因為他們已經有熟練的工作人員到位和資訊科技像資料庫和通訊方向的技術。然而當網站應用日新月異，今日的大型零售商仰賴供應商提供精緻的網站和營運上大量的技術人員；小型的新進入者可能會選擇自己建立網站，使用內部技術人員以減低成本。而中型的新進入者可能購買套裝軟體然後再修改以符合需求；家庭成員經營的非常小型零售店可能會尋求簡單的店面而使用樣板。根據需求的不同，建置電子商務網站的費用在過去五年已經下降許多，因而降低資本需求（請見本章「商業觀點」）。

4-10

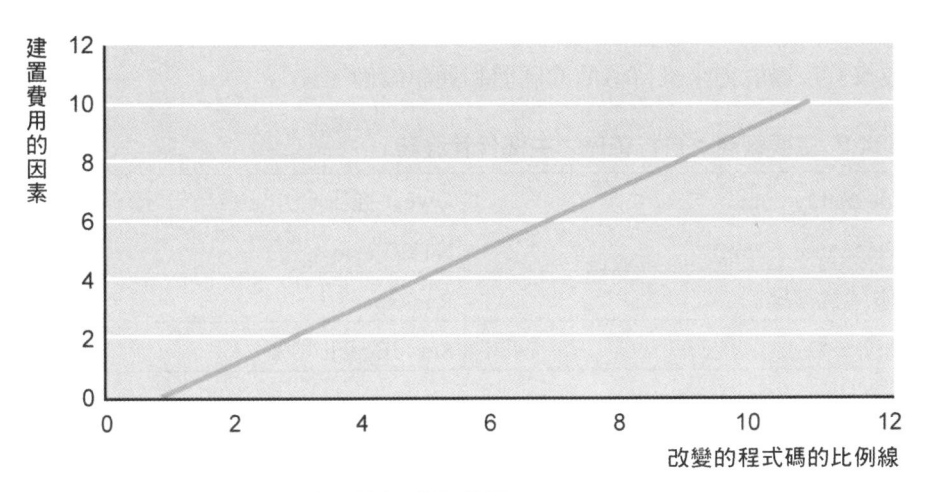

圖 4.6 客製化電子商務套裝軟體的費用

雖然複雜的網站開發套裝軟體可以降低成本和加快進入市場的速度，但隨著商業需求改變導致套裝軟體要修改的部分增加，成本也會指數增加。

自行管理或外包

大多數的企業會選擇外包網頁主機的管理，外包公司有責任確保網站一天二十四小時都是正常運作或可存取的。付完月費後，企業就不需要自己去關心有關架設、維護網站伺服器的技術層面問題，也不需再考慮雇用人員的需求。

你也可以選擇**主機代管**（co-location）。主機代管的協議表示公司買或租一個網路伺服器（運作時有完整的控制權），但這伺服器是放在其他廠商的實體場地，由廠商維護場地、通訊線路和機器。表 4.2 是一些主要的服務提供商，主機代管的費用差異很大，根據網站大小、頻寬、儲存量、支援服務的不同，費用從一個月 4.95 美元到數百萬美元不等。

主機外包或主機代管已經成為實用的功能。費用由像 IBM 或 Qwest 這些可達到大規模經濟效益的大型服務商提供，藉由在世界各地建立大型伺服器設備，使得純主機外包服務的價格每年下降 50%！由於通訊費用的下降，多數的外包商尋求差異化服務，像提供大規模的網站設計、行銷、最佳化等服務。而一些小型的 ISP 公司也提供主機外包服務，但服務的信賴度也是尚待商討的議題：小型的 ISP 公司是否有辦法提供全年無休的全天候服務？或當企業有需求時這些公司是否有足夠的服務人員？

外包主機管理的缺點是，當線上業務成長時，公司可能會需要更強的功能和更多的服務，而這卻超出外包公司所能提供的。多數 Fortune 雜誌中前五百大的企業都是自己管理主機，這樣才能控制網路環境。然而對小

主機代管（co-location）
公司買或租一個網頁伺服器（運作時有完整的控制權），但這伺服器是放在其他廠商的實體場地，由廠商維護場地、通訊的線路和機器

型企業來說管理自己網站是有風險的，花費將可能會高於外包，因為個人並沒有市場能力來維持低價的硬體和通訊設備。

表 4.2　主要廠商：自行管理／主機代管服務

GoDaddy.com	Qwest 通訊
Oneandone.com	NTT/Verio
IBM 全球服務	Rackspace
MOSSO	ServeBeach

測試系統

單元測試（unit test）
每次測試一個程式模組

系統測試（System test）
這網站視為一體來測試，就用如同典型的使用者一般會用的方法使用這個網站

驗收測試（acceptance test）
需要公司的關鍵人員和經理使用實際安裝在測試的網際網路和內部網路下的系統

一旦系統建立完成，即可開始測試流程。依照系統的規模，測試工作也可能相當的困難和漫長，但無論系統是外包還是自己建立，都必須經過測試的流程。一個複雜的電子商務網站可能有上千種存取的方式，每一種都要被寫成文件並測試。**單元測試（unit test）**意指每次測試一個程式模組。**系統測試**（system test）把這網站視為一體進行測試，根據典型的使用者在網站上會使用到的功能進行測試。由於沒有真正的「典型的」使用者，系統測試必須測試所有的功能。最後，**驗收測試**（acceptance test）需要公司的關鍵人員和經理使用實際安裝好的系統。驗收測試檢查系統是否符合一開始的商業目標。重要的是，測試的預算通常都被低估，軟體有高達 50%的工作都是花在測試和重建上的（通常依一開始的設計品質而定）。

執行和維護

不熟悉系統的人常會認為一旦資訊系統安裝完後，這個流程就結束了，但實際上系統的流程結束時，系統營運生命卻剛開始。系統故障的原因非常多，但大部分都是不可預期的，因此系統需要持續的被檢查、測試、維修。系統的維護是不可或缺的，但有時卻沒編好預算，一般來說，每年的系統維護成本會相當於開發成本。

為什麼維護一個電子商務網站要這麼多錢呢？不同於薪資系統，電子商務網站永遠不會完成：經常都是處在建立和重建流程的狀態下。

要長期成功的經營電子商務網站，必須仰賴一組專屬的工作團隊（網站團隊），他們的工作就是監看網站，並因應市場環境的變化修改網站。這個網路團隊第一項工作就是傾聽顧客意見並盡可能回應；第二項工作則是去建立一個有系統的監控和測試計畫。這個團隊的其他重要工作包

括**基準評價**（benchmarking，一個把和其他競爭對手的網站的回應速度、版面設計品質和設計作比較的流程）並維持網站上價格和促銷的正確性。

網站效能最佳化的要素

網站的目的是把內容傳送給顧客並完成交易，若能越快、越可靠，從商業的角度來看，這個網站就越有效率。網站效能的最佳化比字面上看起來更複雜，至少包括三個要素：網頁內容（page content）、網頁產生（page generation）、網頁傳送（page delivery）（見圖 4.7）。在這章，我們將介紹建立電子商務網站時，軟硬體需求的選擇，這也是網站最佳化的重要要素。

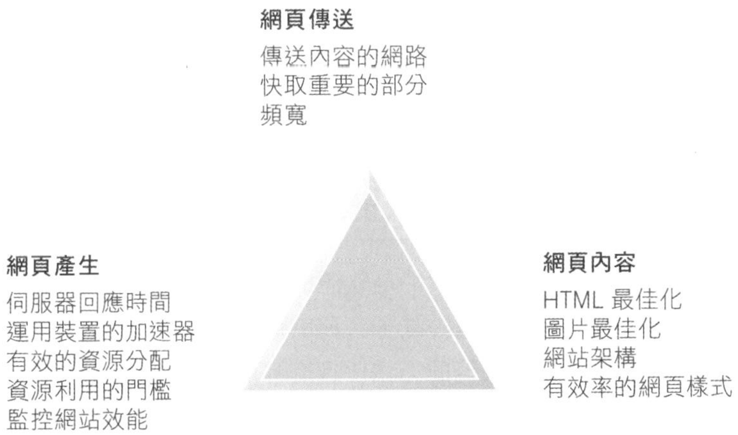

基準評價
（benchmarking）

一個把和其他競爭對手的網站的回應速度、版面設計品質和設計作比較的流程

網頁傳送
傳送內容的網路
快取重要的部分
頻寬

網頁產生
伺服器回應時間
運用裝置的加速器
有效的資源分配
資源利用的門檻
監控網站效能

網頁內容
HTML 最佳化
圖片最佳化
網站架構
有效率的網頁樣式

圖 4.7 網站最佳化的要素

網站最佳化需要考慮三個因素：網頁內容、網頁產生和網頁傳送。

在設計網頁和內容時，使用有效率的樣式和技術可以減少 2－5 秒的回應時間。分割電腦伺服器的時間來執行工作、使用廠商的各種裝置來加快伺服器速度，可以增快網頁產生的速度。使用快取服務（像是 Akamai）、特定內容傳輸網路（像是 RealNetworks），或增加區域頻寬，可以加速網頁傳送。本章會討論部份的要素，但最佳化的完整討論則不在本書的範圍。

網站的預算

要花多少錢來建立網站，可根據財務狀況，當然也可取決於機會的大小。圖 4.8 提供一些關於實際網站營運花費的概念。目前在硬體、軟體、通訊方面建置和營運網站的費用已經大幅下降 50％。直到 2000 年，小型企業建立精緻的網站已不是難事，技術也使得系統開發的費用下降。但是，系

統維護、內容產生的費用已較傳統網站預算提高許多,提供內容和平穩的全天侯營運則都是勞力密集服務。

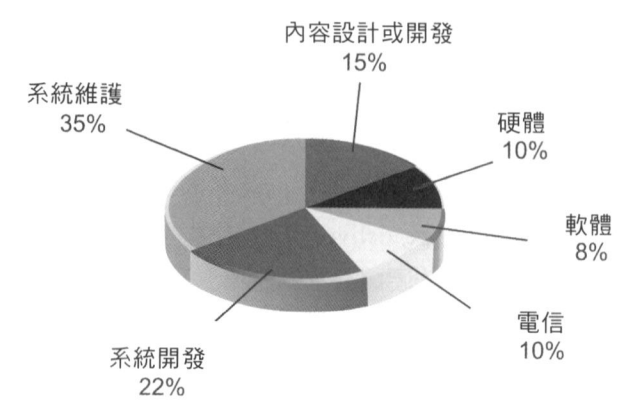

■ 圖 4.8　網站預算的組成部份

- 內容設計或開發 15%
- 系統維護 35%
- 硬體 10%
- 軟體 8%
- 電信 10%
- 系統開發 22%

4.2　選擇伺服器軟體

在電子商務網站可以做的事,大都是軟體的提供的。當公司經理要求你建立一個網站時,你需要知道關於電子商務軟體的一些基本資訊。越複雜的軟體提供越多銷售產品與服務的方法,且交易處理也會越有效率。本節將介紹現代電子商務網站運作時所需要的一些軟體;第 4.3 節討論使用這些軟體時,所需搭配的硬體。

單一結構或多層式網頁架構

在建立電子商務之前,網站只是簡單的傳送網頁給要求 HTML 網頁的使用者而已,網站軟體也只用一個伺服器電腦執行著基本網站伺服器軟體,這叫做單一結構的系統架構。**系統架構**(system architecture)指的是資訊系統中的軟體、機器、工作的安排,以達到特定的功能。系統架構就像是一個房子的架構,安排建築材料以達到特定需求。

然而電子商務的開發需要更大量的功能,這種延伸的功能需要開發網路應用程式伺服器和多層式的系統架構才能處理。

為了應用伺服器的特殊需求,電子商務必須要能從之前既有的資料庫中取出資訊或新增資訊,而在電子商務時代這些資料庫被稱為後端或傳統數據資料庫。公司投資大量金額在系統上來儲存他們在顧客、產品、員工、通路商等資訊,現在這些後端系統構成了多層式網站中的額外一層。

系統架構
(system architecture)
一些和在資訊系統中軟體的安排、機械、工作會需要達到特定功能有關的事

圖 4.9 指出一個簡單的兩層式和更複雜的多層式電子商務系統架構。在**兩層式架構**（two-tier architecture）中，一個網路伺服器回應網頁的要求，而資料庫伺服器提供後台的資料儲存。形成對比的，在**多層式架構**（multi-tier architecture）中網路伺服器連到中層，裡面通常包含了一系列的應用程式伺服器來執行特定的工作，也一樣連到一個存放產品、顧客、價格資訊的組織後台系統。

兩層式架構
（two-tier architecture）

一個網頁伺服器回應對網頁的需求而資料庫伺服器提供後台的資料儲存

多層式架構
（multi-tier architecture）

網頁伺服器連到多層式中的一些層，這些通常包含了一系列的應用程式伺服器來執行特定的工作，也一樣連到一個存放產品、顧客、價格資訊的組織系統的後端系統

(a) 兩層式架構
在兩層式架構中，網路伺服器回應對網頁的要求，而資料庫伺服器就提供後台儲存

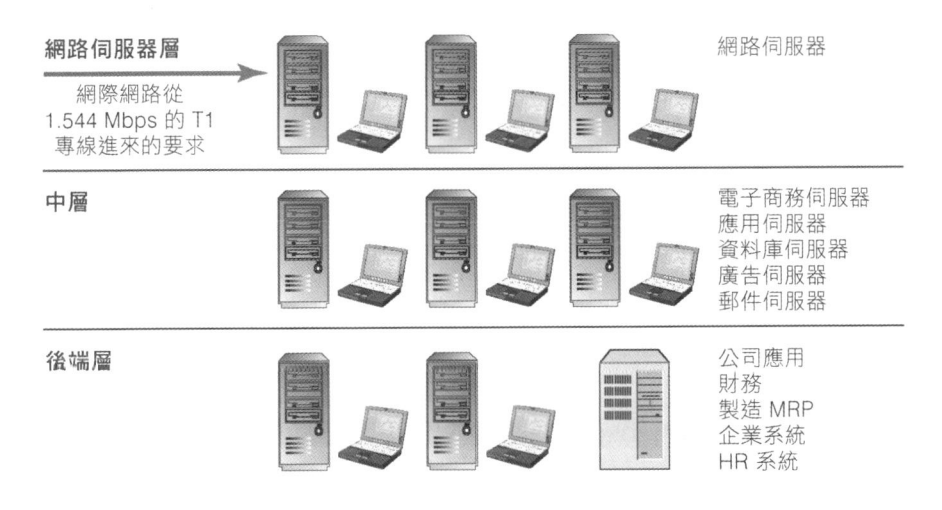

網路伺服器層
　網際網路從
　1.544 Mbps 的 T1
　專線進來的要求

網路伺服器

中層

電子商務伺服器
應用伺服器
資料庫伺服器
廣告伺服器
郵件伺服器

後端層

公司應用
財務
製造 MRP
企業系統
HR 系統

(b) 多層式架構
在多層式架構中，網路伺服器連結到中層，中層通常包括一系列的應用伺服器來執行特定工作，此外也連結到現有公司系統的後端層

■ **圖 4.9 兩層與多層式電子商務架構**

由圖中可知最受歡迎的網站伺服器軟體的市場佔有率。
資料來源：E Soft, Inc, 2008。

　　本節將接著介紹基本的網路伺服器軟體功能和各類的網路應用程式伺服器。

4-15

網路伺服器軟體

所有的電子商務網站都需要基本的網路伺服器軟體去回應顧客要求的 HTML 與 XML 網頁，圖 4.10 列出主要的網路伺服器軟體選擇。

選擇網路伺服器軟體時，也要選擇網站電腦使用的作業系統。最主要的網路伺服器軟體是 Apache，市場佔有率達 50%，只能在 Unix 和 Linux 作業系統上運作。Unix 是網際網路的原始程式語言；而 Linux 是一個由 Unix 衍生設計出來的作業系統；至於 Apache 則是透過網際網路由世界各地的人所開發。Apache 不但免費而且可以從網際網路上許多網站下載，能安裝在大部分的 IBM 網站伺服器。由於好幾千名的程式設計師長年都在 Apache 上工作，因此可知 Apache 非常穩定。有幾千種實用的軟體是在 Apache 上使用，提供現代的電子商務網站所需的所有功能。若要使用 Apache，員工需要對 Unix 或 Linux 有一定瞭解才行。

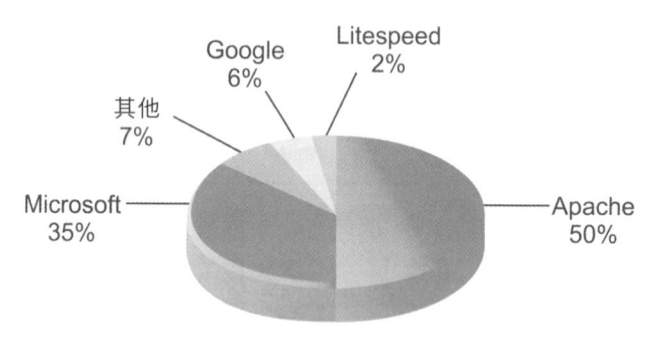

■ 圖 4.10　網站伺服器軟體的主要公司

微軟的網際網路資訊服務（Internet Information Services, IIS）是第二名的網路伺服器軟體，約有 35%的市佔率。IIS 是在 Windows 作業系統上運作，相容於 Microsoft 眾多實用的支援程式。這個數字和 Fortune 前 1000 大的公司（55%的公司是使用微軟的 IIS）調查得出的並不同，若將個人使用微軟或 Google 經營的部落格個人網站放入考慮，數字也將不同。

此外也有至少其他 100 種小型提供者的網路伺服器軟體。這些大都是在 Unix 上使用，值得注意的是，這些選擇對系統的使用者沒什麼差別，因為不論什麼樣的開發環境，他們都會看到相同的網頁。用 Microsoft 整套的開發工具也有一些好處 — 整合完成、功能強、又容易使用。相反的，Unix 作業系統則是特別可靠且穩定，且有世界各地的開放軟體社群在 Unix 作業系統上開發並測試網路伺服器軟體。

網站管理工具

第 3 章介紹了大部分網路伺服器的功能（見表 4.3），但其中一個功能並沒被介紹到，那就是網站管理工具。如果想保持網站運作並瞭解其運作成果，這工具就是必要的。**網站管理工具**辨識網頁中的連結是否有效，並檢查是否有孤立檔案（orphan files）或有檔案沒被任何網頁連到。藉由檢視網站的這些連結，網站管理工具會快速的回報使用者可能會遇到的潛在問題和錯誤。

更重要的是，網站管理工具可以幫助你瞭解在自己的網站上的顧客行為。網站管理軟體或服務像是由 WebTrends 提供監控顧客購買和行銷有效性競賽，也可以追蹤點擊數和網頁到訪率等資訊。圖 4.11 有許多網頁擷圖可說明由 WebTrend 軟體提供的不同功能。

網站管理工具
（site management tools）
辨識網頁中的連結是否有效並檢查是否有孤立檔案

表 4.3 網路伺服器提供的基本功能

功能	介紹
HTTP 要求的處理	接收和回應客戶端對 HTTP 網頁的要求
安全性服務（Secure Sockets Layer, SSL）	驗證使用者的帳號與密碼；處理信用卡處理需要的憑證和公開／私密金鑰和其他安全的資訊
檔案傳輸協定	允許在伺服器間傳輸非常大的檔案
搜尋引擎	網站內容的索引；搜尋關鍵字的能力
資料擷取	所有瀏覽、時間、停留期間和推薦的來源的記錄檔案
E-mail	傳送、接收和儲存 e-mail 訊息的能力
網站管理工具	計算並顯示網站的重要統計資訊，像是使用者人數、網頁要求次數、要求的來源；確認網頁上的連結

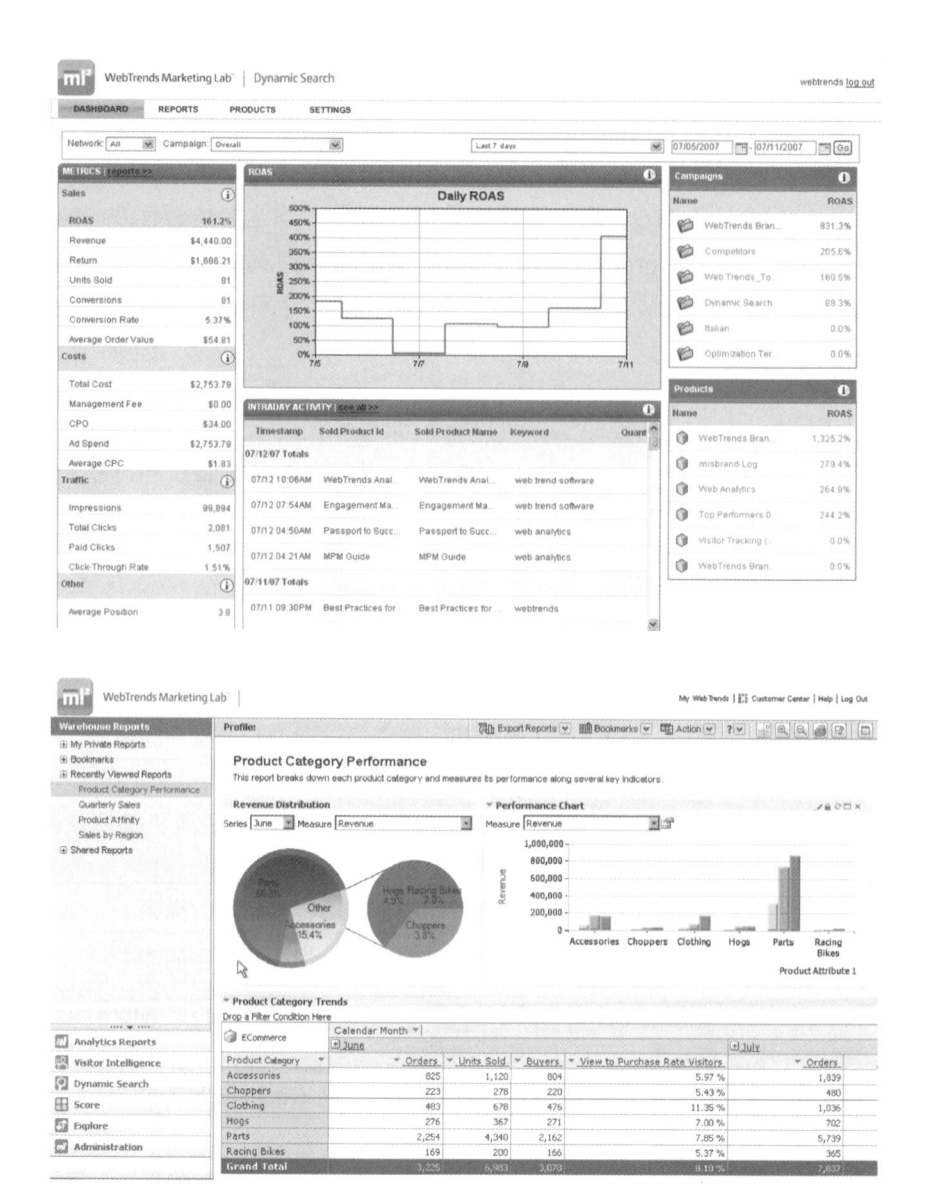

圖 4.11　網站管理軟體 WebTrends Marketing LAB2

使用像 WebTrends Marketing LAB2 的網站分析解決方案，經理可以快速瞭解線上行銷活動的投資回報率，而決定如何改善讓行銷更有效、更貼近不同類型的顧客。

動態網頁產生工具

其中一項最重要的網站營運的革新，就是動態網頁產生工具的發展。在電子商務的發展以前，網站主要傳送靜態 HTML 格式的內容。這樣的能力足夠呈現一些產品的圖片。但觀察一下目前典型電子商務網站需要的元素（參見表 4.1）或參觀些你認為傑出的電子商務網站，這些成功的電子商務網站的內容都是經常在改變的，而且通常是每一天都在改變。

電子商務網站動態與複雜的性質，使得除了一般靜態的 HTML 網頁需要的軟體以外，還需要一些專業的應用程式軟體，其中最重要的一種或許就是動態網頁產生軟體。由於動態網頁產生軟體，網頁的內容可以像物件一樣儲存在資料庫，而不是寫死在 HTML 程式中。當使用者要求一個網頁時，這頁的內容才從資料庫中取出。本章的最後一節將會介紹這個將物件從資料庫中取出的技術。

動態網頁產生工具提供電子商務更多在生產成本和獲利上的優勢。動態網頁產生工具可降低選單成本（menu cost）（這成本出現在需要修改商品的介紹與價格時）。此外，動態網頁產生工具也允許簡單的線上市場區隔（market segmentation，能在不同市場上賣相同產品的能力），這能力可以在幾乎不花費成本的情況下做到差別定價（price discrimination，能以不同的價格販賣給不同的顧客相同產品的能力）。總結來說，藉由動態網頁產生工具可讓不同的顧客得到不同的訊息與價格。

動態網頁產生工具也可以使用網路內容管理系統。網路內容管理系統（WCMS 或 WebCMS）可使用於創作或管理網頁。WCMS 將內容開發過程中的設計和內容呈現（像 HTML 文件、影像、影片）部份分開，內容由資料庫維護並動態聯集到網站上。WCMS 通常包括可以自動應用到既有內容或新的樣板，使用簡單編輯和描述內容（標籤）的 WYSIWYG 編輯工具，以及與工作流、文件管理工具等協同合作。目前有許多開放原始碼的內容管理系統，像是 Joomla、Drupal、OpenCMS 等（CMSWatch.com, 2008）。

應用程式伺服器

網路應用程式伺服器（web application server）是提供網站所需的特定商業功能軟體，應用程式伺服器基本的想法是把商業前端顯示網頁，和後台連結資料庫等細節中獨立出來。應用程式伺服器是一種提供連結傳統公司的系統與客戶的黏著劑，也提供電子商務需要的所有功能。

表 4.4 提出市場上目前有的各種應用伺服器，有幾千家軟體廠商提供應用程式伺服器軟體。而 Unix 環境上，有許多功能可以從網際網路上免費取得。大多數的廠商面對這些多到讓人困擾的選擇時，會選擇使用被稱作商用伺服器軟體（merchant server software）的整合軟體。

動態網頁產生工具（dynamic page generation）
網頁的內容可以像物件一樣儲存在資料庫，而不是寫死在 HTML 程式中。當使用者要求一個網頁時，這頁的內容才從資料庫中取出

網路內容管理系統（Web content management system, WCMS, WebCMS）
可使用於創作或管理網頁內容

網路應用程式伺服器（web application server）
是提供一個網站需要的專業商業功能的軟體程式

表 4.4 應用伺服器及其功能

應用伺服器	功能
顯示型錄	提供產品介紹與價格的資料庫
交易處理（購物車）	接受訂單和結帳
列表伺服器	產生和服務郵件論壇，以及管理 e-mail 行銷活動
Proxy 伺服器	監控和控制主要網路伺服器的存取；建置防火牆保護
郵件伺服器	管理網際網路的 e-mail
影音伺服器	儲存和傳送串流多媒體內容
聊天伺服器	創造在線上即時和顧客用文字和聲音互動的環境
新聞伺服器	提供連線和顯示網際網路新聞
傳真伺服器	使用網站伺服器提供傳真的接收和傳送
群體軟體伺服器	為線上協同運作創造群體工作環境
資料庫伺服器	儲存顧客、產品、價格資訊
廣告伺服器	維護廣告橫幅的網路資料庫，根據顧客行為和特色，提供客製化和個人化的廣告
B2B 伺服器	為商業交易建置購買、販賣和連結交易市場

商用電子商務伺服器軟體功能

商用電子商務伺服器軟體（e-commerce merchant server software）提供線上銷售需要的基本功能。這些功能包括線上型錄、用線上購物車訂貨、線上信用卡處理。

線上型錄

想在網路銷售產品的公司必須在網站提供產品列表，也就是**線上型錄**（online catalog）。商用伺服器軟體通常都會包含資料庫來建立客製化的線上型錄。型錄的複雜性和精密程度非常容易隨著公司和其產品線而有所不同。

購物車

線上購物車（shopping carts）和現實世界中非常相似，兩者都讓購物者把想買的東西擺進去準備結帳，而不同處在於線上版的是網站伺服器上的商用伺服器軟體的一部份。線上購物車讓顧客選擇商品、檢視選擇的東西、需要時修改選擇，在按下按鍵後才完成真正的購買動作，購物車的資料會由商用伺服器軟體自動儲存。

商用電子商務伺服器軟體（e-commerce merchant server software）

提供線上銷售需要的基本功能，包括線上目錄、用線上購物車訂貨、線上信用卡處理

線上型錄（online catalog）

網站上可以取得的產品的列表

線上購物車（shopping carts）

讓購物者把想買的東西擺進去準備結帳，並讓顧客選擇商品、檢視以選擇的東西、需要時修改做好的選擇，按下按鍵後才真正做出購買動作

信用卡處理

網站的購物車通常都會結合信用卡處理（credit card processing）軟體，信用卡處理軟體會驗證購物者的信用卡，然後將消費記錄記在該張信用卡上，並將該筆消費記錄到發卡銀行的帳戶。整合好的電子商務套裝軟體通常都會提供這個功能的軟體，否則將必須和各家信用卡銀行達成協議。

商用伺服器套裝軟體（電子商務套裝軟體）

與其用一堆不同的軟體應用程式來建立網站，還不如購買更簡單、更快、更划算的**商用伺服器套裝軟體**（merchant server software package，也稱作電子商務伺服器套裝軟體，e-commerce server suite）。商用伺服器套裝軟體／電子商務伺服器套裝軟體提供一個整合好的環境，提供開發精密的客戶導向網站時所需的大部分，甚至全部的功能。

有許多軟體公司提供電子商務套裝軟體，因此提高了電子商務上做出明智決定的花費，許多企業簡單地選擇能提供最好整體聲譽的供應商，然而卻可能是最昂貴的可用解決方案。表 4.5 列出被廣泛使用的中階與高階電子商務套裝軟體。

> **商用伺服器套裝軟體**（merchant server software package）
> 提供一個整合好的環境以供建立一個精密的顧客中新的網站會需要的大部分甚至全部功能

表 4.5 被廣泛使用的中階與高階電子商務套裝軟體

產品	售價
Microsoft Commerce Server	標準版每個處理器 6999 美元，企業版每個處理器 19999 美元。
IBM WebSphere Commerce	Express 版本，單一使用者版權 3610 美元；每個處理器 2 萬美元。 專業版本每個處理器 10 萬美元。 企業版，每個處理器 15 萬 9000 美元。
Broadvision Commerce	每個處理器 6 萬美元。
IntershopEnfinity Suite 6 Consumer Channel	12 萬 5000 美元到 25 萬美元。
ATG（Art Technology Group）	每個 CPU 版權 38 萬美元。

選擇一個電子商務套裝軟體

如何選擇正確的套裝軟體呢?真實的成本是看不到的,這些成本隱藏在訓練員工使用這些工具、整合這些工具以及商業流程與組織文化中。下列是一些必須考慮的關鍵因素:

- 功能
- 支援不同的商業模式
- 商業流程模組工具
- 視覺化網站管理工具和報告
- 效能與擴充性
- 與現存的商業系統的連結
- 符合標準
- 全球與多文化能力
- 銷售稅和運輸規定

建立自己的電子商務網站

若決定嘗試建立自己的電子商務的功能,有越來越多的工具可以協助你達成目標。電子商務範本是一個預先設計好的網站,它可讓使用者客製化網站的外觀與感覺,以符合商業的需求,並提供一些標準功能。今天,大部分的範本都包含立即可用的網站設計和內建的商務功能。

有許多(而且更貴)電子商務網站開發工具的提供者,舉例來說,BEA System 就把基本的電子商務網頁和網站產生工具,和一些功能強大的電子商務應用程式(像是顧客和產品資料庫、線上客戶追蹤、顧客關係管理工具)結合。它也提供產品與價格的後台資料庫介面。

當然也可以自己建立網站所有的東西,但是這要有必備的知識或支援人力。也可以考慮使用開放原始碼的軟體,這些由社群的程式工程師或設計師開發的開放原始碼的軟體允許免費的修改或使用,表 4.6 提供一些開放原始碼軟體的選擇。

表 4.6 開放原始碼軟體的選擇

商用伺服器功能	開放原始碼軟體
網路伺服器、線上目錄	Apache（小型和中階企業中的主要網路伺服器）
購物車	有許多提供商：ZenCart.com；AgoraCart.com；X-Cart.com；OSCommerce.com
信用卡處理	有許多提供商：Echo Internet Gateway、ASPDotNetStorefront，購物車軟體通常也提供信用卡處理，但可能你也需要銀行的商用帳號
資料庫	MySQL（企業主要的開放原始碼 SQL 資料庫）
程式／命令稿(programming/scripting)語言	PHP（是一種嵌在 HTML 文件中的命令稿語言，使用簡單的 HTML 編輯可在伺服器端執行；PERL 是一種具有動態特性的語言；而 Javascript 則為客戶端的語言，提供使用者操作介面的元件。）
分析(Analytics)	分析能追蹤網站中的客戶活動和網站廣告行銷是否成功。你可以使用 Google Analytics，它是一個良好的追蹤工具。而大多數網站的主機都提供此種服務。

使用開發原始碼網頁建置工具的好處是你能獲得真正需要的客製化網站，壞處是需要程式設計師花費許多時間開發網站並將各種工具組合在一起，你願意花多少時間來等待你的點子上市呢？

另一個建構網站的選擇是先建立部落格。在部落格中開發你的商業點子和累積潛在客戶，一旦在部落格上的創意獲得迴響，則可再轉而開發簡單的電子商務網站。

4.3 選擇電子商務網站的硬體

身為負責監督開發電子商務網站的管理者，你要為網站的表現負責，不管是自行管理主機或是把網站的管理與營運外包，都需要具備運算**硬體平台**（hardware platform）的知識。硬體平台指的是所有用來完成電子商務功能會用到的基本運算設備。目標是讓平台有足夠的能力去處理尖峰需求量（避免過載的情況），但卻不能有過多的平台而造成資源浪費。無法符合尖峰需求表示網站的速度會很慢，甚至會當掉。

硬體平台
（hardware platform）
所有系統用來完成電子商務功能會用到的基本運算設備

要回答這些問題，你需要知道影響電子商務網站速度、能力、擴充性的各種因素。

正確評估硬體平台的規模：需求面

影響網站最重要的因素就是顧客使用網站的需求，表 4.7 列出評估網站需求量時的考慮因素。

表 4.7 評估電子商務網站規模的因素

網站種類	出版／訂閱	購物	顧客本身的服務	交易	網路服務／B2B
例子	WSJ.com	Amazon	Travelocity	E*trade	Ariba e-procurement exchanges
內容	動態 多位作者 大量 非使用者指定	型錄 動態項目 配合資料探勘的使用者資料	舊有應用程式的資料 多個資料來源	易受時間影響 多個供應商和顧客 複雜的交易	舊有應用程式的資料 多個資料來源 複雜的交易
安全性	低	隱私 不可被否定的誠信 認證 規範	隱私 不可被否定的誠信 認證 規範	隱私 不可被否定的誠信 認證 規範	隱私 不可被否定的誠信 認證 規範
安全網頁的比例	低度	中度	中度	高度	中度
跨區的資訊	無	高度	高度	高度	高度
搜尋	動態 低量	動態 高量	非動態 低量	非動態 低量	非動態 中量
獨特的項目（SKUs）	高度	中度到高度	中度	高度	中度到高度
交易量	中度	中度到高度	中度	高度到非常高度	中度
舊有系統整合複雜性	低度	中度	高度	高度	高度
網頁瀏覽數（點擊數）	高度到非常高度	中度到低度	中度到高度	中度到高度	中度

網站上的需求是相當複雜的，主要依據經營的網站類型而不同，高峰期的訪客數量、顧客的需求、內容形態、安全要求、商品存貨、網頁瀏覽

數、應用服務速度等數據，可能需要提供資料給網站作為整體網站需求的重要參考因素。

當然，同一時間會有多少使用者拜訪網站是一個重要的因素。一位顧客只會對伺服器產生相當有限且短暫的的負載，但若同時間有太多使用者要求服務時，系統表現就會降級（degradation）。幸運的是，降級（用「每秒交易數」與「延遲（回應延遲時間）」來測量）在很大的程度上都是可以接受的，除非達到尖峰負載，才會造成使用者無法接受服務品質（見圖4.12）。

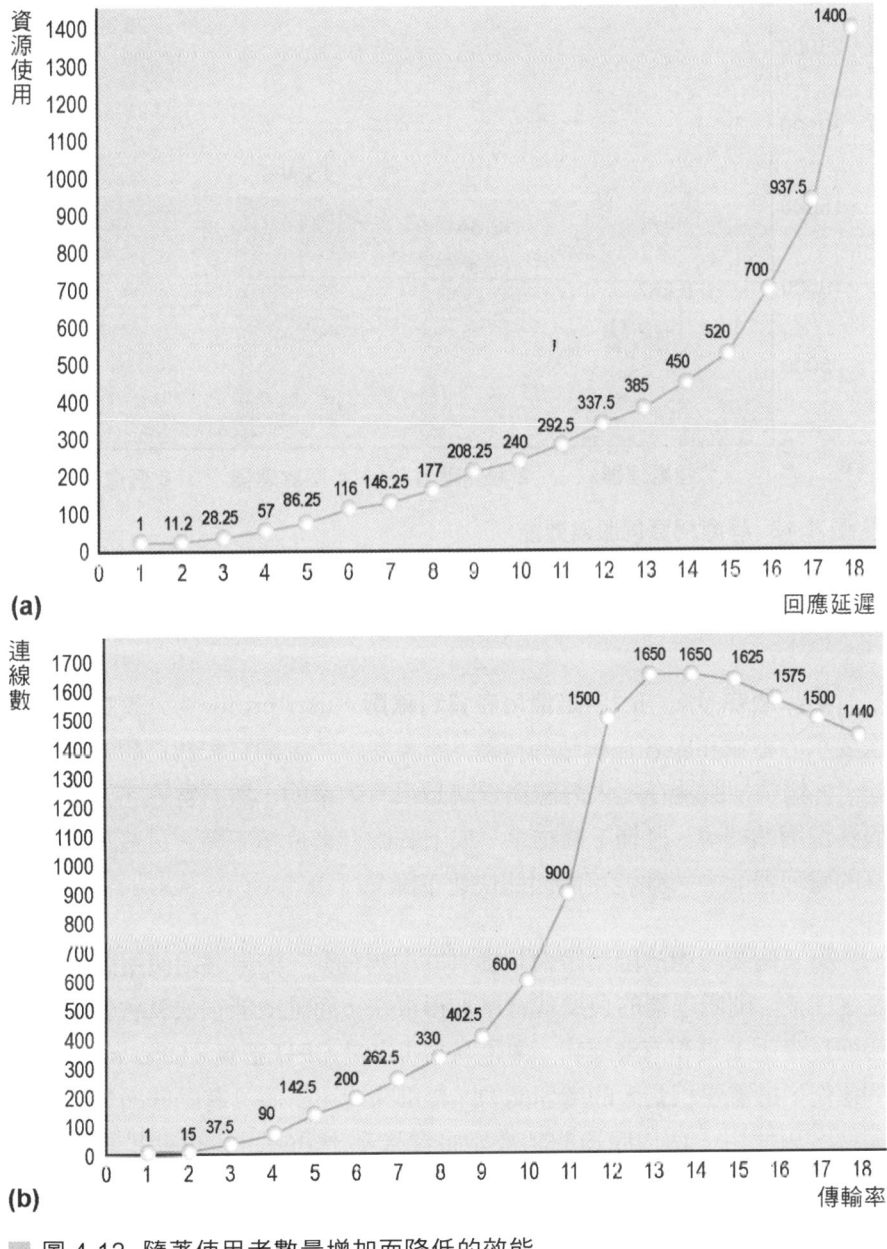

■ 圖 4.12 隨著使用者數量增加而降低的效能

電子商務

I/O 密集
（I/O intensive）
需要輸入／輸出運作，而不是強大的高負荷量的處理能力

服務靜態網頁是 **I/O 密集**（I/O intensive），這表示比較需要的是輸入／輸出運作，而不是處理高負荷量的能力。因此網站的表現主要受到伺服器的輸入／輸出和通訊連線所限制，而不是處理器的速度。

有一些步驟可以做為確保你使用可接受的服務品質，其中一個步驟是購買較快速度的 CPU 處理器、多核心處理器或容量較大硬碟。然而效能的成長與所花金額並非成正比，圖 4.13 指出當網站伺服器的處理器從一個增加到八個時，運算效能僅增加三倍。

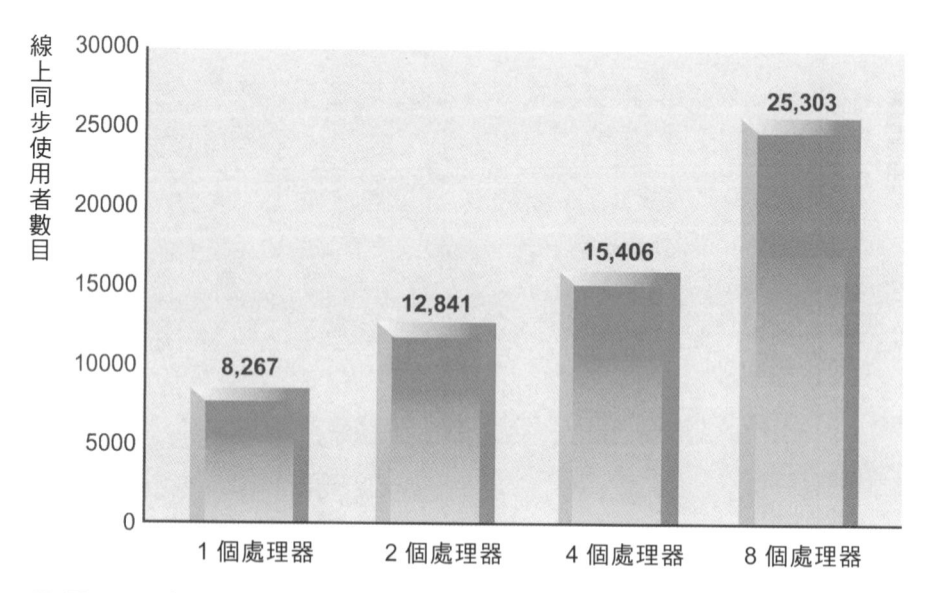

線上同步使用者數目

處理器數	1 個處理器	2 個處理器	4 個處理器	8 個處理器
使用者數	8,267	12,841	15,406	25,303

■ 圖 4.13 靜態網頁伺服器效能

典型單一 Pentirm 4.2Ghz 處理器的網站伺服器可以處理靜態網頁上 8000 個同步使用者，當有 8 個處理器時，則同一部電腦可以處理 2 萬 5000 個同步使用者。

使用者資料輪廓
（user profile）
顧客要求的種類和顧客在網站的行為

第二個要考慮的因素是**使用者資料輪廓**（user profile），這指的是顧客要求的種類和顧客在網站的行為（顧客要求多少網頁和他們想要哪種服務）。網站伺服器在提供靜態網頁時是很有效率的，然而當顧客要求更多服務像網站搜尋、註冊、購物車，或下載影音影片檔案時，這些都需要較高的處理器能力，效能可能因此快速下降。

CPU 密集
（CPU-intensive）
需要大量處理能力的運算

第三個要考慮的因素是網站提供的內容種類。如果網站使用動態網頁產生工具，則處理器的負擔就會增加得很快，而且效能很快就會變差。動態網頁產生工具和商業邏輯（像是購物車）是 **CPU 密集**（CPU-intensive）的運算，這需要相當大的處理能力。舉例來說，一個具有動態網頁內容的網站，只使用一個伺服器的話效能將會降到十分之一。也就是說，8000 個使用者，只有不到 1000 個使用者可以被有效率地提供服務。而任何使用者需要和資料庫接觸的互動，皆會對伺服器產生沉重的負荷。

最後要考慮的因素就是網站與網路的通訊連線和顧客與網路連線的變動性。圖 4.14 表示依照伺服器與網路的頻寬，網站每秒能處理的點擊數。可用頻寬越大，在同一時間就有越多顧客可以點擊網站。大多數企業會由 ISP 或其他服務提供者管理網站，他們會（或應該）依據契約提供網站足夠的頻寬，以達到尖峰需求量。然而，這並非絕對，ISP 可能會把他們自己的頻寬限制歸因於網路壅塞，因此請記得每天檢查你的 ISP 的頻寬和網站的效能。

隨著光纖建設的普及、顧客連線的改善，伺服器頻寬連線的限制已經少很多了。在 2008 年，美國大約有 7200 萬的家庭有寬頻網路，這數字在 2012 年預期會成長到 8700 萬（eMarketer, 2005a）。這表示他們將可以更頻繁的要求服務，而且對你的網站需要有更豐富的內容和體驗，這樣的需求將很快的導致動態內容與額外能力的需求。

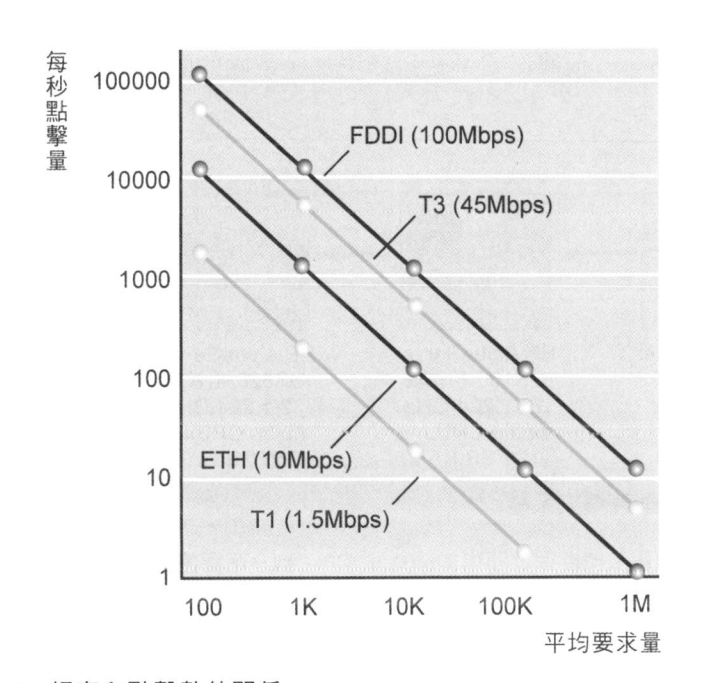

■ 圖 4.14 頻寬和點擊數的關係

正確評估硬體平台的規模：供應面

一旦評估好網站大約的需求量，接著將需要考慮如何擴大網站以滿足需求。**擴充性**（scalability）指的是網站可以根據需求增加大小的能力。有三種方法可用以滿足網站服務的需求：垂直提昇硬體、水平提昇硬體、和／或改善網站處理架構（見表 4.8）。**垂直擴充**（vertical scaling）指的是增加個別元件的處理能力；**水平擴充**（horizontal scaling）指的是讓多台電腦一起分擔工作量（IBM, 2002）。

擴充性
（scalability）
網站可以根據需求增加大小的能力

垂直擴充
（vertical scaling）
增加個別元件的處理能力

水平擴充
（horizontal scaling）
讓多台電腦一起分擔工作量

表 4.8 水平和垂直擴充的技術

技術	應用
使用更快的電腦	用在後端伺服器、呈現伺服器、資料伺服器等
建立電腦群組	平行的使用電腦來平衡負載
使用應用伺服器	用特殊功能的電腦來最佳化他們的工作
切割負載	切割工作給特定的電腦
批次要求	結合相關的要求，以群組來處理
管理連線	減少處理流程與電腦的連線數
聚集使用者資料	把從後端應用程式來的使用者資料聚集到單一的資料集
快取	常用的使用者資料儲存在快取中，而不是在硬碟中

你可以藉由把伺服器從單處理器升級為多處理器來垂直擴充網站（見圖 4.15）。根據作業系統持續增加，電腦的處理器也可以升級成更快的晶片。

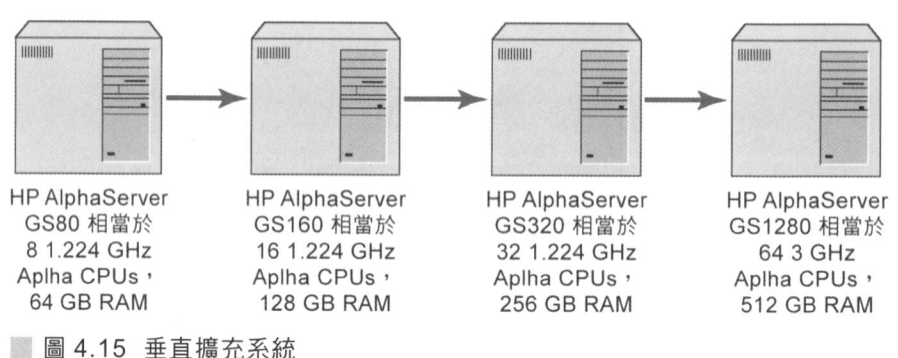

HP AlphaServer GS80 相當於 8 1.224 GHz Aplha CPUs，64 GB RAM → HP AlphaServer GS160 相當於 16 1.224 GHz Aplha CPUs，128 GB RAM → HP AlphaServer GS320 相當於 32 1.224 GHz Aplha CPUs，256 GB RAM → HP AlphaServer GS1280 相當於 64 3 GHz Aplha CPUs，512 GB RAM

圖 4.15 垂直擴充系統

你可以同時藉由改善處理器和增加額外的 CPU 到一個實體伺服器中來垂直擴充你的網站。

垂直擴充有兩個缺點。首先，每次成長週期都要購買新電腦將會所費不貲。其次，整個網站會變得依賴少數幾台功能非常強的電腦。如果有兩台這樣功能強大的電腦，但其中一台故障了，則網站或許會有一半甚至全部的功能都無法使用。

水平擴充是在網站加入多個單處理器的伺服器，並平衡這些伺服器間的負載。你也可以分割這些負載，讓一些伺服器只處理 HTML 或 ASP 的頁面，有的則專門處理資料庫應用程式。為此，會需要特別的平衡負載軟體（由各種不同的廠商提供，像是 Cisco、Microsoft、IBM），把進來的要求導向不同的伺服器（見圖 4.16）。

水平擴充有許多優點。它不貴，而且通常可以利用要丟棄的舊個人電腦。但水平擴充也造成了冗餘的問題 — 因為若一台電腦當機，可以讓其他電腦以動態方式處理負載。然而，當網站從一台電腦成長到大約十幾二十台電腦時，需要的實體設備的大小會增加，也讓管理更為複雜。

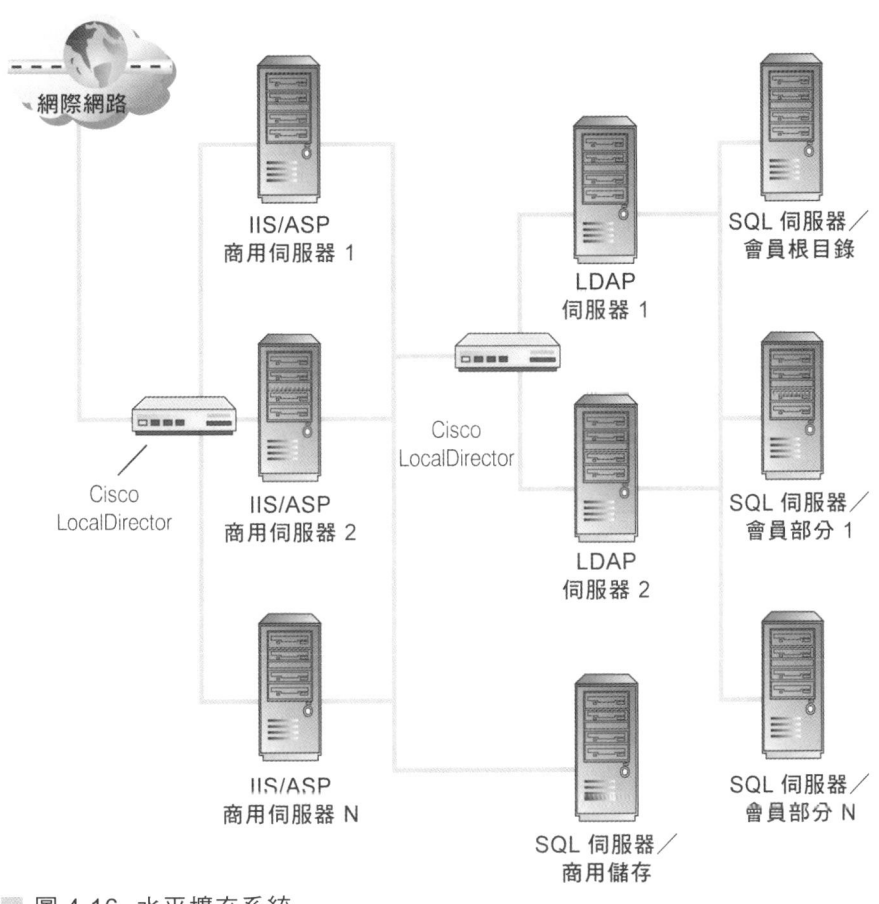

■ 圖 4.16 水平擴充系統

你可以藉由在網站增加不貴的單處理器伺服器和用負載平衡軟體把進來的顧客要求分配到正確的伺服器來水平擴充系統來達到需求。圖中使用的是 Cisco 的 LocalDirector。

　　第三種選擇是改善處理架構，這是一種結合垂直和水平的提升，再結合有技巧的設計決策。表 4.9 列出一些可以用來大幅提昇網站效能的常見方法，這些作法大部分是把負載分割成 I/O 密集活動（像是服務網頁）和 CPU 密集活動（像是接受訂單）。一旦採用分工，你可以依據伺服器負載不同而作適當微調，最昂貴的微調步驟僅是增加一些伺服器的隨機存取記憶體（RAM），並儲存你的 HTML 網頁在記憶體上，減低硬碟負擔並使速度加快。記憶體的存取速度是硬碟的好幾千倍快，而且記憶體的價格便宜。下一個重要步驟是將需要 CPU 密集活動像接受訂單等移轉到高階、

多核心處理器上，以便專注處理訂單和獲取必要得資料庫；這些步驟都可以讓你降低伺服器在同一時間內提供使用者所需的服務。

表 4.9 改善網站處理的架構

架構改善	介紹
從動態內容分割靜態內容	為每一種負載使用專用伺服器
快取靜態內容	把 RAM 增加幾百 GB，並把靜態內容存在 RAM 中
快取資料庫搜尋表	快取用來搜尋的資料庫紀錄表格
把商業邏輯統一放到專門的伺服器上	把購物車、信用卡處理等其他 CPU 密集的活動到專門的伺服器上
最佳化 ASP 程式碼	檢查程式碼以確保可以有效運作
最佳化資料庫略圖	檢查資料庫搜尋時間，並著手減少存取時間

4.4 其他電子商務網站工具

現在你已經知道影響網站速度、能力、擴充性的關鍵因素，接著可以考慮其他的重要需求。網站需要一致的網站設計來達到商業的敏感度（business sense），也需要知道如何在網站中建立動態內容與互動。

為了達到這些商業功能，需要瞭解一些設計準則和額外的軟體工具，以更有效的達到這些需求的商業功能。

網站設計：基本商業考量

這不是一本關於如何去設計網站的書（在第 7 章，我們會從行銷的角度來討論網站設計的問題），然而，站在公司主管的角度，必須和網站設計者溝通好某些程度的設計目標，才能讓設計者瞭解將如何評估他們的成果。同樣的，你也需要讓顧客瞭解如何在網站上找到需要的東西、完成購物、以及如何離開，造成顧客不悅可能會有從此失去該顧客的風險。圖 4.17 列出最常見的顧客抱怨網站的原因。

第 4 章 建立一個電子商務網站

網站惹惱顧客的原因

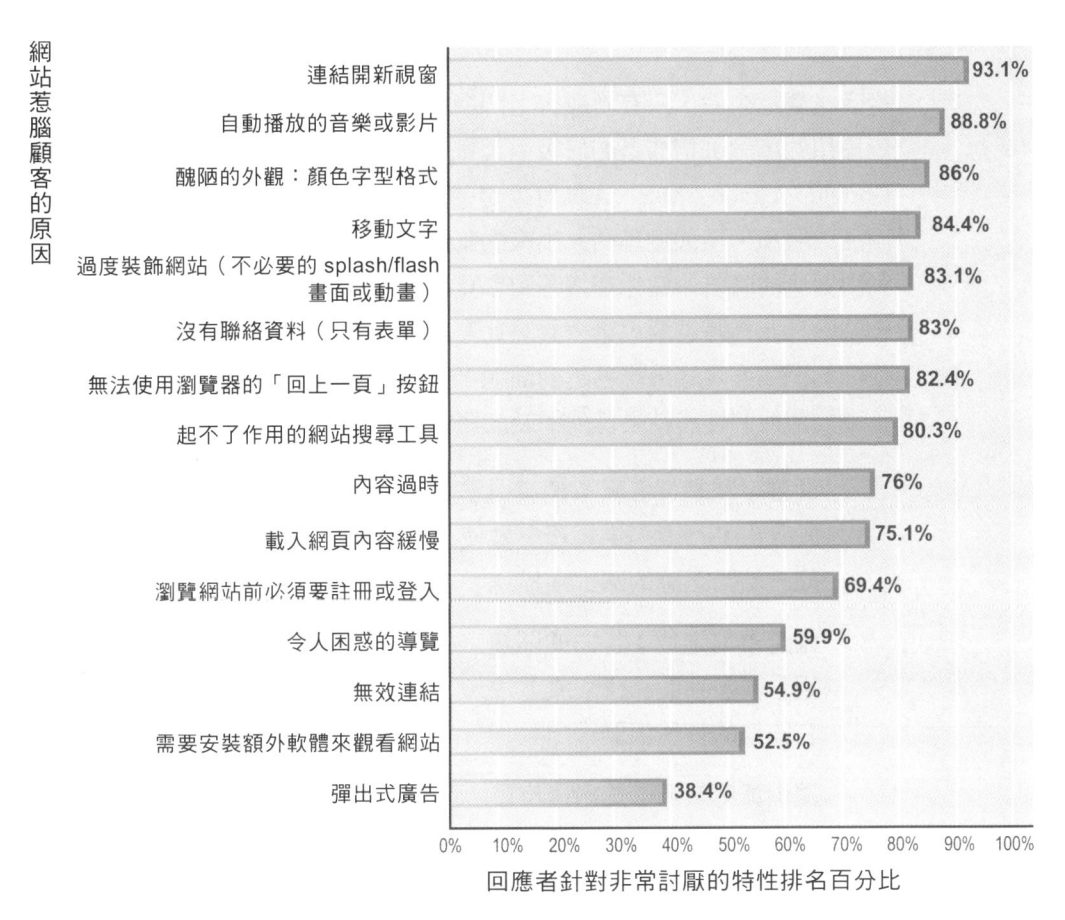

特性	百分比
連結開新視窗	93.1%
自動播放的音樂或影片	88.8%
醜陋的外觀：顏色字型格式	86%
移動文字	84.4%
過度裝飾網站（不必要的 splash/flash 畫面或動畫）	83.1%
沒有聯絡資料（只有表單）	83%
無法使用瀏覽器的「回上一頁」按鈕	82.4%
起不了作用的網站搜尋工具	80.3%
內容過時	76%
載入網頁內容緩慢	75.1%
瀏覽網站前必須要註冊或登入	69.4%
令人困惑的導覽	59.9%
無效連結	54.9%
需要安裝額外軟體來觀看網站	52.5%
彈出式廣告	38.4%

回應者針對非常討厭的特性排名百分比

■ 圖 4.17　電子商務網站惹惱顧客的原因

　　有些評論認為不好的設計比好的設計更常見，要介紹什麼網站使人惱怒比介紹如何設計一個好的網站簡單多了。表 4.10 把這些負面的經驗重新轉換成網站設計的目標。

表 4.10　成功的電子商務網站的八個最重要的因素

因素	說明
功能性	網頁的可以運作、讀取快速、將顧客導引到公司提供的產品
資訊性	顧客可以輕鬆的找到連結以發掘更多關於公司與產品的資訊
容易使用	簡單的防呆瀏覽方式
多種的瀏覽方式	同樣的內容有多種可以選擇的瀏覽方式
容易購買	一到兩次點擊就可以購買
多種瀏覽器功能	使用最受歡迎的幾種瀏覽器，網站都可以運作
簡單的圖片	避免使用者無法控制的令人分心、不快的圖片或聲音
易讀的文字	避免扭曲文字或讓文字不易讀的背景

4-31

網站最佳化工具

從商業觀點來看，只有當顧客上門網站才是有價值的，網站最佳化（本書所使用的名詞）指的是如何吸引大量人群光顧網站，其中一個方法是使用Google、Yahoo、Msn、Ask等搜尋引擎。大多數的顧客是透過搜尋引擎找商品或服務。根據搜尋結果出來的第一頁前幾筆資訊，同時在網頁右邊會列出對應的廣告。當你在搜尋引擎頁面搜尋出來的結果排列順序越高，則網站的拜訪率將越高，第一頁將比第二頁更好。如何在自然未付錢的狀態使你的網站搜尋結果排名越前面呢？然而每個搜尋引擎的機制都不同，也不會公佈他們搜尋結果排列網站的演算法。以下有一些簡單的法則可遵循。

- **關鍵字和網頁名稱**：搜尋引擎會「爬」網站和識別關鍵字、頁面抬頭，再進行索引供搜尋參數使用，因此將網頁依照你所要賣或要做的，給予正確的關鍵字描述。

- **確認市場定位**：行銷的關鍵字相對於使用「珠寶」，而更精確地使用「維多利亞珠寶」或「1950年代珠寶」，吸引真正對這時期珠寶有興趣的特殊族群。

- **提供專業知識**：透過白皮書、產業分析、FAQ問題頁面、索引等試建立部份使用者的信賴，讓他們將你的網站作為尋找幫助和指引必去的場所。

- **網頁互連**：鼓勵其他網站連結到自己的網站，建立部落格吸引人群，並透過張貼連結的過程藉此與別人分享你的網站，在Yahoo目錄上列出你的網站一年需要300美元。

- **買廣告**：利用購買搜尋引擎上的付費廣告和你的網站搜尋最佳化結果互補。選擇關鍵字和購買網頁上曝光率，你可以設定預算，控制廣告的最高限額以防止大筆損失。同時可以觀察哪個關鍵字串對你的網站可以創造較高的流量。

- **地區電子商務**：開發國際市場通常需要一段時間。如果你的網站是針對當地民眾，或產品是地區特產，可以使用關鍵字連結所在地讓人群更容易找到。將城鎮名字、城市名字或地區放入關鍵字中是很有效的，像是「Vermont起士」或「舊金山藍調音樂」。

互動工具與動態內容

身為一個負責建立網站的管理者，你會想要確定使用者可以迅速又容易與網站互動。由接下來幾章的內容會知道，網站的互動越多，能越有效的產生銷售和鼓勵參觀者再度光臨。

讓部落格閃亮：Web 2.0 設計元件

讓網站更有活力的簡單方法是加入合適的小工具（widget），有時也稱作 gadgets、外掛、snippets。widget 是小的代碼塊，可鑲嵌在 HTML 網頁中自動執行，而許多 widgct 都是預先建好並且免費的。社群網路和部落格網頁使用 widget 網路上的內容（包括新聞頭條、公告和其他一般內容）呈現給使用者。你只需要複製程式碼到 HTML 網頁上，就可以開始使用 Google Gadgets 和 Yahoo Widgets。

在第 3 章提過的 Mashup 相較於 widget 而言是更複雜一些的，包括將功能和資料從一個程式中涵括進入另一個程式碼中。一般的 mashups 像是將 Google 地圖資訊、軟體與其他資料結合。舉例來說，如果你有的是一個在地的實體網站，你可以下載 Google 地圖和衛星影像應用在你的網站上，訪客可以藉此對鄰近地區有更深一層認識。這些 Web 2.0 的應用提高了使用者對網站的興趣和參與，同時也以簡單容易使用的方式提供使用者更精緻功能和獨特的資料。

共同閘道介面

共同閘道介面（Common Gateway Interface, CGI）是一套瀏覽器和伺服器上程式通訊的標準，它讓使用者與伺服器得以互動。CGI 讓程式取得顧客要求的所有資訊，然後這個程式才能產出所有網頁所需的（如 HTML、script 程式碼、文字等），並透過伺服器把這些東西送給顧客。所有的運算都發生在伺服器端，這也就是為什麼 CGI 和其他類似的程式被稱作「伺服器端」（server-side）程式。

只要遵守 CGI 標準，CGI 程式可以用任何近似的程式來撰寫。現在，Perl 是最受歡迎的 CGI scripting 語言。一般來說，CGI 程式是用在 Unix 伺服器上的。CGI 主要的缺點是沒有很高的擴充性。這是因為 CGI 必須為每一個要求開一個新的流程，這限制了同時可處理的數量。CGI scripts 最適合用在不會有高流量的小型到中型的應用程式。

> 共同閘道介面
> （Common Gateway Interface, CGI）
> 是一套瀏覽器和伺服器上執行的程式通訊的標準，這讓使用者與伺服器得以互動

動態伺服器網頁

動態伺服器網頁（Active Server Pages, ASP）是 Microsoft Windows 的伺服器端程式。ASP 讓開發者能輕易的在資料庫新增或開啟記錄，並於 HTML 網頁中執行程式，也能處理電子商務中所有類型的互動。和 CGI 相同，ASP 使用與 CGI 一樣的標準與瀏覽器通訊。ASP 程式只限用在有執行 Microsoft 的 IIS 網路伺服器軟體的 Windows/2003/2000/NT 網路伺服器。

Java、Java 伺服器網頁（JSP）與 JavaScript

Java 是一個程式語言，它讓程式設計師在客戶端電腦建立互動與動態內容，因此能減少伺服器可觀的負載量。Java 是由 Sun Microsystems 在 1990 年發明，以作為跨平台的消費性電子產品程式語言。他的想法是要創造一個語言，它的程式可以在所有電腦上執行（因此被稱為 Write Once Run Anywhere（WORA）。

然而，在 1995 年，Java 顯然比消費性電子產品更適用在網路上。Java 程式（也稱為 Java applets）可以從網路下載到客戶端，並在客戶的電腦完整的執行。Applet 標籤可以放在 HTML 網頁中。當瀏覽器進入一個有 applet 的網頁，就會傳送一個要求給伺服器，以下載並執行這個程式，並安排網頁上的空間來顯示程式的結果。Java 可以用來呈現有趣的圖片、創造互動的環境（例如計算貸款）和直接存取伺服器。

許多公司因為安全性的理由，不讓 Java applet 進入防火牆內。儘管事實上 Java applet 並不會存取客戶端區域的系統資源（基於安全性的理由，Java 程式只會在「沙堆」（sandbox）上執行），資訊系統安全管理者仍然非常不願意讓遠端伺服器的 applet 進入防火牆內。

就像 CGI 和 ASP 一樣，**Java 伺服器網頁**（JavaServer Pages, JSP）是一個網頁程式的標準，它讓開發者結合 HTML、JSP Script、Java 回應使用者要求動態產生網頁。JSP 使用的是 Java "servlets"，這是個在網頁上指明的小 Java 程式，會在網路伺服器上執行，並在網頁送給使用者前作一些修改。現在，市場上大多數受歡迎的應用程式伺服器都支援 JSP。

JavaScript 是一個由 Netscape 發明的程式語言，它用來控制 HTML 網頁上的物件，並處理與瀏覽器的互動。它最常用來檢查使用者的輸入和實作商業邏輯。舉例來說，JavaScript 可以用在顧客的註冊表單，來確認是否有輸入正確的電話號碼、郵遞區號，甚至測試 e-mail 地址。JavaScript 顯然比較能夠讓大多數公司或其他環境接受，因為它被限制只能在要求的網頁上運作。「科技觀點：用 Ajax 和 Flash 來做更快的表單與高速的互動」會深入介紹用 JavaScript 和其他工具來創造高互動的網站。

科技觀點

用 Ajax 和 Flash 來做更快的表單與高速的互動

儘管目前在電子商務上的零售和服務多麼成功，許多人仍然比較喜歡在實體商店購物，享受感覺、觸摸、看到商品的感受。線上購物經驗仍被侷限在漂亮的線上目錄和繁瑣的「購物車」結帳流程。此外，多數網上零售購物缺少有意義的互動。低於20%的人曾拜訪優良的網站並購物，然而大多數網站僅有少於 5%的人會去購物，而約有 60%的購物車會在結帳前被放棄。至於超過 50%的人拜訪網站但不購買是因為他們覺得無法看到或觸摸到商品。

如果傳統的實體零售商店業績如此差，那麼就不會稱美國為「消費者經濟」，而 Macy's 百貨和 Wal-Mart 也可能破產了。從另一方面來看，如果購物車被放棄的機率為 0 而每個拜訪網站的人買一點東西，那麼零售的電子商務可能一年倍數成長至 3000 億美元的規模。

靜態 HTML 網頁可能將要消失。透過AJAX 技術的使用，購物經驗可以更虛擬、高度互動並可被體驗。這些新科技可以在地圖服務上看到像是 Google Maps、MapQuest、Yahoo Maps。當地圖出現在螢幕上時，你可以點選地圖移到任何方向而不需要讓整個 HTML 網頁重新載入。以零售產品來看，利用 AJAX 可以允許使用者使用滑鼠點選商品，旋轉商品以不同角度觀看而不需要重新載入 HTML 網頁；在 Timberland.com 上，你可以依不同顏色、字母、刺繡和設計即時建立客製的橡膠短靴。

今天大多數的網站仍然用標準網路架構在運作：客戶端要求一個網頁，網路伺服器就傳送這個網頁。現在高度圖形化的網站通常包含幾百 KB 的資料。但是即使你只輸入包括幾百 bytes 這麼少的資訊，在傳統的客戶／伺服器模式下，遠端的伺服器仍要處理一遍所有的流程，而客戶用到的差不多就是鍵盤、螢幕、介面。在傳統的模式下，整個網頁的資訊都經過網路傳送，這造成了使用者的延遲和網路頻寬的浪費。

但今天有另一種產生網頁的方式，這方法被稱做「Ajax」（JavaScript 和 XML 非同步技術，Asynchronous JavaScript and XML），或更簡單的被稱作「豐富網際網路應用」（rich Internet application, RIA）。在這較新的模式中，客戶與伺服器在幕後工作，使用者一輸入就立刻傳送資料，而伺服器會立刻回應。使用者完全不用注意傳送的過程，結果就是更為流暢、看似一直持續的使用者體驗。

RIA 是如何做到的呢？這裡有幾個建立 RIA 的方法，但這些都需要下載一個小程式到客戶端。Ajax 和 RIA 用既有的工具來改善使用者體驗。一個方法是下載一個小的 JavaScript 程式到客戶端的電腦。JavaScript 是其中一種最好的客戶端語言與技術。這小程式帶著一些與伺服器溝通需要的背景，並只擷取應用程式需要的使用者資訊。這個方法要求 JavaScript 程式能夠運行在所有目標客戶端的電腦，而目標客戶端的電腦可使用不同的瀏覽器或不一定是以 Java 為基礎的電腦。

另一個不同的方法是由 Adobe 所支援，這家公司做了美國將近98%的電腦都有用的 Flash 外掛程式。使用時，Flash 程

式要下載到客戶的電腦中,再由大多數瀏覽器都有安裝的 Flash Player 執行,Flash 提供了一個幾乎世界通用的解決方案。

無論是選擇哪一種方法,在消費者網站的初期成果是不錯的。TJMaxx.com 和 HomeGoods.com 都是由 RIA 為購物車。與之前要用很多頁的購物車相比,只用到一頁的購物車(這結合了結帳、廣告、運輸網頁)就讓大約多了五成的顧客完成購物的程序。TravelClicks 是使用 iHotelier 賣旅館預訂系統的一員,最近開始用 Adobe 的 Flex 程式(一個 Adobe 專門設計來建立豐富網際網路應用的程式)開發預訂系統。

約有 2,000 家旅館網站用 iHotel,顧客現在可以直接看到改變房間、改變日期帶來的影響,而不用載入新的網頁。

隨著 RIA 的流行,網路原本的夢想 —— 高度互動的媒介(相對於慢的網頁轉換)將會變得更實際。而且有希望的是購物車不再導致交易的結束,反而是一個更愉快的購物經驗。

ActiveX 和 VBScript

ActiveX
微軟所開發,用以和 Java 競爭的語言

VBScript
微軟所開發,用以和 JavaScript 競爭的語言

Microsoft 還沒被 Sun Microsystems 和 Netscape 擊敗,他推出了 ActiveX 程式語言與 VBScript 來和 Java 及 JavaScript 競爭。當瀏覽器收到的 HTML 網頁有 ActiveX 控制項(相當於 Java applet),瀏覽器會直接執行這個程式。然而和 Java 不同,ActiveX 可以完全存取客戶端的資源 —— 印表機、網路和硬碟等。VBscript 則和 JavaScript 的表現一樣。當然,只有你用 Internet Explorer,ActiveX 和 VBScript 才能運作。

一般來說,由於 Java、ActiveX 和 VBScript 的標準是互相衝突的,而且客戶端的電腦不同,許多電子商務網站選擇避開這些工具。CGI、JSP 和 JavaScript 才是提供動態內容的領導性工具。

ColdFusion

ColdFusion
是一個為開發互動網路應用程式整合好的伺服器端的環境

ColdFusion 是一個為開發互動網路應用程式,整合好的伺服器端環境。原本是由 Macromedia 所開發,ColdFusion 結合一個直覺性的標籤式語言和標籤式伺服器 scripting 語言(CFML)來降低創造互動性所需的成本。ColdFusion 提供了一系列強大的視覺設計、程式、除錯和部署工具。

個人化工具

企業當然會想要知道如何像傳統市場面對面一樣，可以用獨特的方式對待每一位客人。個人化（personalization，根據個人特質和之前的網站使用記錄來對待客人的能力）和客製化（customization，改變商品以更適合顧客的需求的能力）是電子商務兩大關鍵元素。

有一些方法可以達到個人化與客製化。舉例來說，若知道參觀者的個人背景，就可以個人化網頁的內容，也可以分析每位進入網站的參觀者的點擊模式和參觀途徑。之後的內容會討論這些方法。在第 8 章會更深入介紹 cookie 的使用和其與客戶一對一關係的效能。

資訊政策規定

建立電子商務網站的過程中，也需要注意相關的資訊政策，需要建立一套**隱私權政策**（privacy policy）──一套向顧客公開聲明網站會如何處理蒐集的資訊。也需要建立進入規章（accessibility rules）── 一套確保殘障的使用者可以有效使用網站的設計目標。美國有超過 5,000 萬名的殘障人士，而且需要特殊的進入途徑（見「社會觀點：設計網站的可進入性」）。電子商務資訊政策在第 8 章有更深入的介紹。

隱私權政策
（privacy policy）
一套向顧客宣布網站蒐集的資訊會如何處理的公開聲明

進入規章
（accessibility rules）
一套確保殘障使用者可以有效進入網站的設計目標

社會觀點

設計網站的可進入性

1998 年，美國國會修訂 Rehabilitation Act，要求美國行政機構、政府承包商和其他領有美國聯邦政府提供的經費做電子和資訊科技的服務者，提供殘障人士也可進入網站的服務。名為 Section 508 的法案要求國家提供資金的公司網站要對盲、聾、盲且聾或無法移動滑鼠的人，提供可進入性。然而，這項法案只適用在美國行政機構、政府承包商和其他領美國聯邦政府錢的機構，範圍並沒大到整個電子商務環境。

在 2001 年，Access Now Inc. 這一個殘障擁護團體因為超過 5000 萬殘障美國人無法進入 Southwest Airlines 網站，以違反 1990 Americans with Disability Act（ADA）為由控告 Southwest Airlines。2002 年 12 月，一個在佛羅里達聯邦地區的最高法庭根據 ADA 對網站的可應用性，裁定 ADA 只適用於實體的空間，不包含虛擬的空間。然而這項判決加入了一個備註，上面寫著：很驚訝像 Southwest Airlines 這樣顧客導向的公司沒有「為了視覺受損的顧客有可能可以增加收入，而使用所有可取得的技術增加網站的可進入性」。但是這個法院的判決並未終止一些政府官員對一些私人網站增加可進入性所做的努力。

在這個事件之後，法律和公眾情緒的互動造成一些知名網站在自願或宣導團體壓力之下朝向 Section508 法案運作。舉例來說 RadioShack, Amazon, Ramada, Priceline 等網站與美國失明者協議會、美國失明者基金會達成協議。同一時刻全國盲人聯合會對未能提供盲人使用的目標網站提出集體訴訟。他們聲稱盲人無法使用該目標網站的購物車，因為購物的過程中需要使用滑鼠，而難接近的影像地圖、座標，缺乏，在圖形下方嵌入一個看不見的程式碼讓螢幕閱讀軟體來描述圖像的 alt-text 也使得盲人難以購物。但目標網站聲稱 ADA 並未能運用在網站規範。

2006 年 9 月，聯邦地方法院訂定 ADA 可實行於網站上。法庭判定 ADA 的原意為禁制對享受物品、服務、設備、特權的歧視。也就是說，任何商品或服務的地方規定，不能歧視殘疾的人基礎上同等可以享受商品提供和服務。法庭因此拒絕這些目標網站認為只有實體商店被公民權利法律含括的辦稱，而是所有由目標企業提供的，包括網站都必須讓有殘疾的也可以使用。在 2007 年 10 月法院判集體訴訟勝利。

2008年8月這些被控告的網站與NFB和解。沒有承認違反ADA，但願意和一些輔助科技準則達成妥協並和 NFB 保證會遵從準則。此外，付出六百萬美元作為傷害賠償。許多無障礙倡導者表示失望的是，這個方案通過對案件的解決沒有提供任何明確的法律先例。

到底盲人如何使用網站和設計者該如何建立盲人可以使用的網站呢？大多數盲人使用的電腦和一般人是相同的，但盲人電腦使用螢幕碰觸軟體而可以將螢幕上的資訊轉換為同步語音或點字。盲人藉由點擊網頁上的超連結進入網頁，這通常使用 Tab 鍵來完成連結間轉換的過程，而螢幕碰觸軟體可以自動讀取連結跟連

結移動間所標示的文字。如果標示文字是像「聯絡我們」或「拜訪你的購物車」，盲人皆很容易理解連結的意思；但如果標示只是「點我」或「這裡」則很難讓盲人在沒有其他導覽方法之下理解意思。目前的螢幕碰觸軟體和瀏覽器結合，讓盲人可以更簡單地瀏覽網頁並減低這個問題。然而，需要透過瞭解網頁上每個詳細資訊才能瞭解超連結的意義是一個費時且不必要的過程。需要注意的是，螢幕碰觸軟體只接受 ASCII 的資訊才能將其轉換為語音或點字。

　　網站設計者可以用一些簡單的策略改善可進入性。在圖片後面埋藏一些文字介紹，讓螢幕閱讀機讀出這些介紹。當螢幕閱讀機經過一張圖片時，就不只說一聲「圖片」，取而代之的是，視障使用者可以聽到「在避風港內巡邏艦的照片」。讓使用者可以設定顏色和字形的系統對視覺受損的人也會有不同。在超連結出現的地方增加螢幕放大工具和聲音標籤，是兩個增加可進入性的方法。

　　以下是一些視覺內容「同等選擇」（equivalent alternative）的範例。殘障團體建議需要同時提供視覺和聲音的內容、確保傷殘人士能同樣的取得螢幕上的資訊。其他建立可進入性的網站指導方針包括：確保當圖片或文字沒有顏色時也能被瞭解、可以通過各種輸入裝置（像是鍵盤、Braille 閱讀機）讓網頁內起作用，並提供一個導覽途徑（像是導覽橫幅或網站地圖）幫助使用者。

　　企業付更多金額才能建置盲人可使用的網站。今日在美國只有10%的網站通過無障礙網頁規範，但一些圖形元件像是影片，在網頁內容和導覽中佔了越來越重要的角色，讓盲人也能使用這些元件也很重要。而大約1000萬視障人士代表了一個強大的經濟力量。

個案研究 CASE STUDY

REI：多通路的成功重建了網站

位於華盛頓的 Recreational Equipment, Inc（REI）是世界上最大的戶外工具零售商。REI 是一個有點特殊的公司，於 1938 年由在華盛頓西雅圖的登山者 Lloyd 和 Mary Anderson 所建立。他們為自己從澳洲引進了一種特殊的冰斧，並決定創立一個合作商店以幫助他們的朋友和其他需要高品質攀爬用具的戶外同好購買。今天，REI 是美國最大的合作社，有超過 340 萬付了 20 美元會費的成員，每年分到約 10% 年度採購金額的股息。估計公司賺的錢有 85% 被當作股息支出，但這企業仍然持續成長。今天，REI 在 28 個洲共有 96 家零售商、兩個線上商店、一個國際信箱訂購工作和 REI Adventures（一家旅行代理商）。每家店的 Kiosks 讓顧客可以進入 REI 的兩個網站（rei.com 和 rei-outlet.com）。REI 雇用了超過 9500 人並產生將近 13 億美金的毛利，其中約有 2.25 億美金是來自於他的線上商店。

　　REI 開始網際網路的探索是在 1995 年。當時 Netscape 才剛上市，且電子商務的發展才正要開始。就如同大多數成功企業的故事一樣，是由一個資深主管所帶領，他認識到網路在轉型的力量、呈現的機會與可能的威脅。

　　許多有實體店面的零售商在那時候害怕提供線上銷售對零售／型錄銷售只會是一種同類相殘（cannibalization）行為。也就是說，他們擔心開始線上商店以後，不過只是偷走他們原有通路的顧客而已，但 REI 並沒有因為這樣被嚇到。REI 的執行長 Dennis Madsen 說：「我們知道如果我們不能服務想要用線上採購的顧客，那麼他們就會找其他有提供線上採購的店家。那對我們從來都不是一個問題，提供線上表示可以更好服務顧客。我們的經驗證明『同類相殘』是一個很大的迷思，且多通路的顧客是我們最好的顧客。舉例來說，同時使用線上和商店這兩種通路的顧客的消費，會比只有一種通路的顧客的多 114%，而同時使用零售商店、網路和 kiosks 的消費，會比只用兩種通路的顧客多 48%。」

　　REI 給予 Matt Hyde 將近 50 萬美金的預算來啟動 REI 第一個網站的任務。那時候只有 Netscape 提供完整的電子商務套裝軟體，因此 REI 選擇 Netscape 的 Merchant Server 軟體安裝在 IBM RS/600 伺服器上。而且儘管 Hyde 瞭解到 REI 是一家交易的零售商，而不是一家編製程序商店，但他選擇自行設計這個網站，寧可用現有的網頁認證工具，而不是用外包建立網站。其基本的理由就是「既然我們對自己的價值做出這麼大的改變時，那麼我們需要保有這個核心競爭力，因此這個不能外包。」然而，這個決定並不是免費的，管理 rei.com 的內部成長，使得 REI 的人力資源有很大的負擔。REI 很快發現要找到條件適合的人才是很困難的，而且即使找到了，他們也會比銷售貴上許多。1996 年 9 月，當少數幾家零售商才在注意線上銷售時，rei.com 已經開始運作，最先從直接郵件和店內進行宣傳，而第一筆訂單在 20 分鐘後就來了。1997 年 2 月，Hyde 和他的團隊發現他們確實在正確的軌道上，流量在聖誕節後的兩個月增加了 50%。但是，他們自己卻提出了一個問題，Hyde 還記得：「早先我們選擇了

Netscape，而且他們確實是那方面的領導者（在那時候），但在系統啟動不久之後，我們發現到他的限制太多了。當你從幾千人看你的網頁到每個月有一百萬人，你需要更多的基礎架構。」

他也指出：「表面上，電子商務聽起來相當簡單，但直到你開始嘗試整合一個高容量、多功能的網站到既有的企業流程和應用程式為止，你會發現那其實困難得多，那就像一座冰山，瀏覽者只看到建立一個成功又有利潤的網站的 10%。」

REI 原本希望和 Netscape 一起去改進，但是就如同 Hyde 所說：「那並不有效。」這次他們有不只一個選擇，並檢視所有主要廠商，這些廠商包括 Microsoft、IBM、Broadvision 和 OpenMarket。「當你改變交易套裝軟體，就會有很大的學習曲線，我打算做這種改變，但我不打算再做一次，因此我想選對套裝軟體…用個好幾年。」1998 年初，REI 決定採用 IBM 的 Net.Commerce 伺服器軟體，一個重要的決定因素是 IBM 有能力去維護所有 REI 過去兩年寫的程式碼，且把線上商店連結到既有系統。「我有幾十萬，甚至有幾百萬美金繫在這個系統上，因此我也不想浪費，而且由於 Net.Commerce 也會降低未來自己去寫程式的必要，這是有一箭雙鵰的好處。」

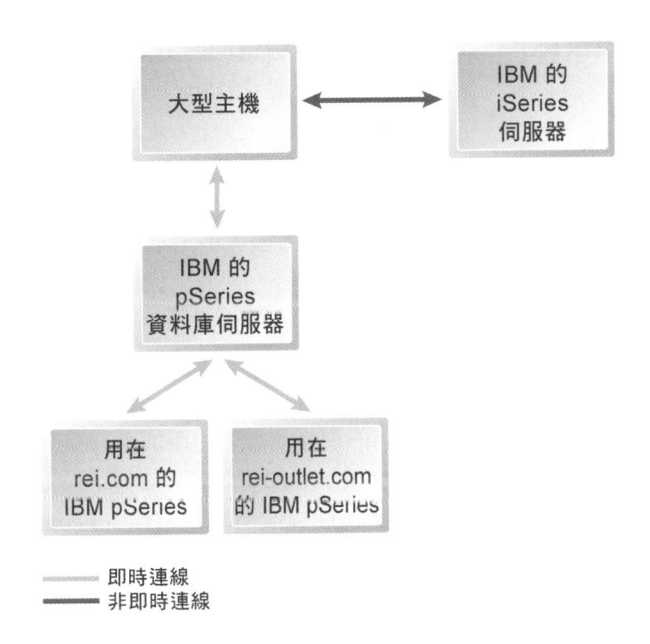

1998 年 8 月，REI 使用 Net.Commerce 伺服器軟體開始第二個網站（rei-outlet.com），隨著 rei-outlet.com 成功啟用，REI 接著遷移 rei.com 到新系統上，這個遷移在 1998 年 10 月完成。

在 2002 年，REI 從單一平台的標準化開始第三次網站重建。他們使用 IBM 的 WebSphere 這個整合電子商務網站開發的工具，這是一個自行開發和多家不同科技廠商混合寫成的軟體應用程式。1998 年，REI 第二次重建後，IBM 用 Java 和 Unix 這類的標準開發了一系列的工具和功能，包含 WebSphere 應用程式伺服器、WebSphere Commerce、MQ Series Integerator、用在 Java 上的 VisualAge、所有可以用在 Unix 上，可以執行多序企業規模的 pSeries 電腦

伺服器中執行的程式。在那時，REI 體認到長期來看，依賴像 IBM 這樣的獨立廠商提供一個整合好的電子商務應用程式套裝軟體，會比自行開發的成本更低。

今天 rei.com 提供了 1 萬 6000 多個獨特的產品（比他任何一個實體商店都還多，價格和零售商店相同）、有 4 萬 5000 頁深入的產品資訊、互動的社群系統和完整的旅行服務。rei-outlet.com 則賣這些公司特別為銷售買的商品。

REI 的技術平台持續依賴 IBM 的 pSeries 和 iSeries 伺服器連結網站、商店到儲存客戶與商品資訊的後台資料庫。新的 WebSphere 應用程式從購物到結帳提供顧客點對點的交易。網站的訂單就像是零售商店或郵購一樣流暢的處理。

這系統很明顯運作的很好，REI 獲得了「最佳電子商務創新」（Best in E-commerce Innovation）零售系統成就獎，這獎以 Forrester Research 命名，是 Forrester 依照經驗評估 30 件多通路公司必須作的事情。REI 被認為是美國最好的多通路公司之一，其中 REI 在「顧客經驗」和「技術整合」這兩項拿到最高分。

隨著致力於一家廠商提供整合好的平台，REI 利用此平台在個人服務與資訊上的功能為顧客建立新的功能，同時讓線上和商店的購物者也會更加的方便。REI 的銷售副執行長 Joan Broughton 說：「我們將可以去蒐集、整合、反應跟我們顧客有關每種有意義的資訊，以改善他們在 REI 的經驗。」

REI 虛擬與實體結合的策略已經漂亮的回收成本了，此外，除了增進現有顧客間的關係，線上商店也幫忙創造新的客源。大約有 36%的線上顧客不是 REI 的會員，這表示和 15%的零售顧客比，他們可能是新的顧客。而且雖然在早期，管理者擔心線上商店影響到原有的傳統實體商店的銷售，實際上正好相反，網站吸引了新的客戶，更加強了既有客戶的關係。在 WebSphere Commerce 平台下，REI Pickup 服務和 REI 的禮物登記這兩項新服務就是一個例證，2003 年 1 月，REI Pickup 服務提供實體商店顧客可以選擇如線上訂購般的免費運送，為了提供這個服務，REI 結合網站和實體商店的訂單系統，使用與運送商店每週訂存貨相同的卡車，將商品運送給顧客，而這個服務取得了極大的成功。前 12 個月，線上銷售就有 4000 萬美金的利潤，而現在則大約是三倍，今天將近四成的訂單是來自 rei.com 的網站，而其中三分之一的顧客在取貨時會額外採購 90 美元的商品。REI 的新多通路禮物登記又是另一個例子。顧客可以經由商店內電話亭中的電話或 rei.com 建立、監看、更新禮物登記，所有修改都會被即時更新。根據 Broughton 所說：「這些線上登記把顧客帶到 REI 的商店，商店的登記產生線上需求，而且當 REI 的顧客登記後，他們可以經由電子郵件通知朋友或家人，以許多途徑向新顧客介紹 REI。」

靠著和 Google 的搜尋引擎行銷，成為另一個關鍵讓 REI 線上目錄網頁可以出現在搜尋結果的第一頁。REI 和網路公司 Netconcepts 合作重新設計網頁，網頁不再使用動態網址，可讓目錄的網頁更簡易地被搜尋引擎爬到也更容易閱讀。這在沒有付費給搜尋引擎的情況下，也就是依藉「自然搜尋」的方式即創造 200%的成長銷售。2006 REI 開始使用軟體 Mercent Retail，以協助管理參考比較的購物入口網站像 Shopping.com 和製造商網站。這個服務整合 REI 後端零售管理系統，協助 REI 維持在自家網站和其他網站中的品牌和推銷規劃一致性，也將商品連結寄發

給通路夥伴最佳化；2007 年 REI 轉移搜尋引擎到 Mercado 軟體，顧客可以更快速的根據品牌、價格、暢銷品來進行搜尋。

由於他們的努力，REI 在線上銷售穩定成長，從 2006 年的 1.11 億美元增加到 2007 年 2.26 億美元。而根據前五百大網路零售商排行，REI 在線上運動類商品排名第二和全部排名第 62，但 REI 對於每年 20% 的成長並不滿意。根據 REI 電子商務及網路策略的副主席 Brad Brown 認為：「我們想要更積極的成長」。因此必須要建置豐富的線上媒體、影像傳播及其他 Web 2.0 元件，例如購物者可以觀看如何將更換輪胎的影片並連結到相關商品網址。豐富的多媒體應用讓使用者以 3D 不同角度觀看商品；RSS 也是另一項 REI 使用的工具。REI 使用 RSS 來處理 REI-Outlet.com 一天的處理量，他們增加顧客對商品的評論並有個 RSS 選項。在 2008 年他們完成耗時三年長、花費大量金額的專案，將店面、網路、聯絡中心、其他顧客接觸管道資訊結合蒐集到新建的單一資料倉儲，這個資料倉儲允許 REI 傳遞行銷訊息和顧客服務，在網路上必須不斷地創新和投資才能保持巔峰。

REI 並不是沒有競爭者，2007 年另一家運動商品零售商 Cabela's，根據網路零售統計超越 REI 成為上第一，在線上銷售有 4.59 億美元佔線上市場的 30%，而 REI 為 2.26 美元佔 15%。Cabela's 使用的許多技術都跟 REI 相同，像是線上訂貨／商店取貨、互動 kiosks、高等搜尋功能、擴大商品瀏覽，但明顯地更成功。在 2007 年的節慶季節，MegaView 線上零售將 Cabela's 列為前十大「電源轉換器」（power converters），有 16.8% 的轉換率。2008 年 2 月，Cabela's 建置 RightNow Technologies 應用在顧客關係管理解決方案，讓 Cabela's 的客服人員可以在線上跟顧客交談，減少放棄線上購物車的情況發生；而線上知識庫確保顧客可以找到他們在網站上所需的資訊。同時也提供資源給 Cabela 員工。這個系統可以根據顧客需求自動的轉達顧客 email 給合適的員工，因此 Cabela's 可以在 2.5 小時之內回覆顧客的 email，致使 Cabela's 電話客服中心的電話量也大量下降。2008 年 9 月 Cabela's 使用 MicroStategy 公司的商業智慧軟體，允許 Cabela's 的員工可以瀏覽線上每個被購買的品項，更瞭解一般顧客可能會同時購買哪些品項，Cabela's 因此可以提供更好互補的產品給線上顧客。

不僅有和 Cabela's 的競爭，其他像 Bass Pro Outdoor 線上商店也是競爭對手，REI 如果想要到達網際網路運動商品的巔峰，絕不能因為目前的成就而休息，REI 必須要繼續努力。

個案研究問題

1. 利用個案研究所提供的資訊和做一些研究，為 rei.com 網站作一個簡單的邏輯設計和實體設計。
2. 指出 rei.com 截至目前為止成功的主要原因。
3. 參觀 rei.com 網站，並用列在表 4.10 的八個因素，用 1–10 分來評量其表現（1 分最低，10 分最高）。寫下評分的理由。
4. 準備一個簡短的線上戶外運動商品和服飾產業的產業分析。誰是 REI 的主要競爭對手？他們多通路零售做得如何？

學習評量

1. 列舉建立電子商務網站的六個主要領域。
2. 定義系統開發生命週期並討論產生一個電子商務網站各種方法。
3. 討論簡單的邏輯設計和簡單的實體網站設計。
4. 為什麼系統測試很重要？列舉三種測試方法和彼此間的關係。
5. 比較系統開發和系統維護的成本。哪一個比較貴，為什麼？
6. 為什麼網站的維護這麼貴？討論影響成本的重要因素。
7. 單一與多層網站架構的主要差異是什麼？
8. 列舉應該提供的五個網站基本功能。
9. 當為你的網站選擇最好的硬體平台時，哪三個主要要素是你要考慮的？
10. 電子商務網站的頻寬為什麼是重要的問題？
11. 比較各種擴充的方法。解釋為什麼擴充性是一個影響網站的主要商業問題？
12. 哪八個最重要的因素會影響網站設計，他們如何影響網站的營運？
13. 什麼是 Java 和 JavaScript？他們在網站設計時，扮演什麼樣的角色？
14. 列舉並說明處理個別顧客的三個方法。為什麼他們對電子商務很有意義？
15. 什麼法則是電子商務企業在啟動網站前必須開發好，而且為什麼需要開發這些法則？

5

電子商務安全與付款系統

學習目標

讀完本章，你將能夠：

- 瞭解電子商務犯罪與安全性問題
- 描述電子商務安全的主要機制
- 瞭解安全性與其他價值的緊密關聯
- 指出電子商務環境中主要的安全性威脅
- 描述各種不同的加密技術如何保護訊息在網路上傳遞的安全
- 瞭解用來建立安全網際網路溝通管道與保護網路、伺服器、與終端電腦的工具
- 認識與安全性相關之政策、程序、與法律的重要性
- 描述傳統付款系統的特性
- 瞭解電子商務主要的付款機制
- 描述電子支票跟電子付款系統的特性跟功能

網路戰爭開始

位於歐洲東北部的愛沙尼亞是一個擁有一百多萬居民的小國家。其地理位置東有俄羅斯，北有芬蘭灣，而西邊則以波羅的海與瑞典相望。儘管愛沙尼亞是個小國家，它卻是一件重大網際網路安全事件的發生地。而這個事件不論大小、規模和影響的程度都可能是有史以來最為嚴重的網際網路安全事件。此事件始於 2007 年 4 月，當愛沙尼亞政府決定要將二次世界大戰蘇維埃政權所設立的士兵銅像從公園移往郊區的墓地，此舉引發當地俄羅斯人的不滿而上街頭抗議。至 4 月 29 日，街上的動亂已被平定，然而愛沙尼亞的網際網路基礎建設卻不斷遭受攻擊。

4 月 26 日開始，愛沙尼亞政府和銀行開始接收到幾個由國外的 IP 位址要求提供服務的封包，而有些位址被查證出是由位於克里姆林的俄羅斯政府發出的。到了 4 月 27 日，在一個小時之內，原本零星的流量突然變成從數以百萬計殭屍電腦所構成的殭屍網路發出如洪水般大量要求提供服務的封包而形成分散式阻斷服務攻擊。

攻擊者一開始以零星的封包來確認愛沙尼亞伺服器的位置，接著在短時間內傳送大量的資料來測量網路可承載的流量極限。一旦網路的最大承載量被攻擊者得知，攻擊者就可操控殭屍網路來發動對愛沙尼亞伺服器為期數周的攻擊。在如此大規模的襲擊中，全世界超過一百萬台電腦在十個小時內以每秒鐘製造 90MB 的資料量，其垃圾信件和封包的資料量遠大於愛沙尼亞的路由器、交換器和網路伺服器可乘載的最大流量，由此癱瘓愛沙尼亞的網際網路基礎建設。

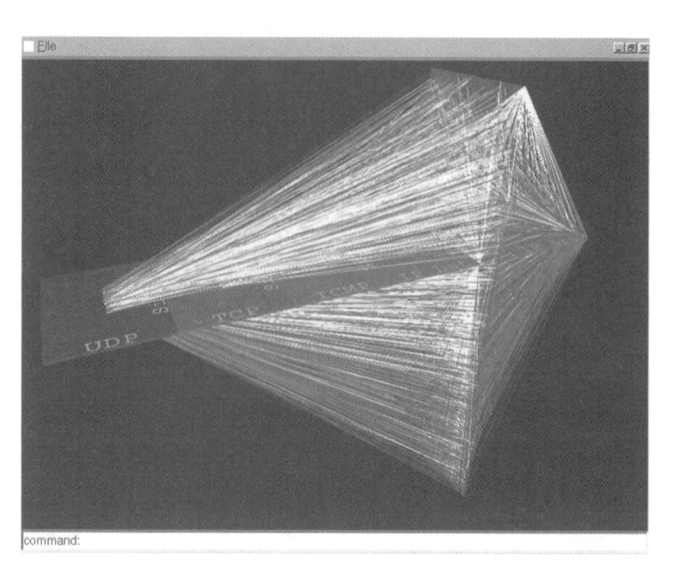

在愛沙尼亞，網際網路的重要性並不亞於美國或歐洲。對愛沙尼亞而言，網站和網際網路是基本的公用事業，也是經濟的基礎建設。人民使用網路支付生活必需品的各項費用，用數位錢包的方式購買報紙，並線上繳稅和交通罰款。而愛沙尼亞政府為求其網際網路的建設不會在這樣大規媒的攻擊中繼續遭受損害，愛沙尼亞的銀行被迫停止營業，並於一段時間內切斷與國外所有的聯繫。電子郵件、線上購物和付款全都放慢速度、減少流量；同時政府單位也暫時減緩網際網路的流通速度並關閉。

將近一年前，正當全世界注目的焦點都在 2008 年 8 月 8 日要於北京舉辦夏季奧運開幕式的同時，許多人對俄羅斯入侵欲脫離蘇維埃聯邦共和國掌控的喬治亞感到十分震驚。在兩個星期對愛沙尼亞進行的分散式阻斷服務攻擊，現在正將目標瞄準喬治亞的政府單位、媒體業、金融業和交通運輸業網站。駭客不僅讓喬治亞總統的網站被迫關閉 24 小時，同時也破壞國會議會的網站。儘管喬治亞政府指責俄羅斯的行為，但俄羅斯政府與以否認有參與過喬治亞的攻擊事件。如同攻擊愛沙尼亞的方

式，攻擊者以控制殭屍網路來破壞喬治亞的網際網路基礎建設。

想像一下：全球十幾億台連上網際網路的電腦中，有 10%的電腦在使用者不注意的情況下，利用電子郵件的附件、惡意連結或網路盜版的軟體等方式下載惡意程式，最後可將被竊取的電腦加入殭屍網路之中，如 RustockB 即為一個可竊取使用者電腦的惡意程式。這些程式在使用者未查覺的情況下竊取電腦的掌控權，並由一個伺服器遠端控制著。一旦電腦成為殭屍網路的一員，就可被用來發送垃圾信件。而殭屍網路所發送的垃圾信件涵蓋全世界垃圾信件總量的 80%，這也是殭屍網路最大的用途。此外，這些惡意程式也會蒐集信用卡的資訊、個人身分和銀行相關的資訊作為地下經濟體中竊取他人身分的依據。殭屍網路會「租用」這些被竊取的電腦在網際網路上發動分散式阻斷服務的攻擊，而被攻擊的對象可能會是你的公司，或是你的銀行。ShadowServer 是一個由電腦安全專家組成的基金會，它就發現在有 40 萬台電腦已被惡意程式感染，而其中大約 1500 台電腦可立即被用來發動攻擊。

若不重新設計網際網路的架構，而殭屍網路成長的速度又遠大於抵擋的速度下，防禦機構、政府單位以及公司將永遠需要面對這些網路攻擊事件的發生。

當網路戰成為現實中會發生的事，網際網路和網站在面對大規模的攻擊時，將會更容易找到弱點而被攻陷。此外，由於全球化的結果，這些在網路上發動的攻擊逐漸由全球性的犯罪集團所率領。然而，透過一些方法仍可以保護你的網站和個人資料，避免在進行電子商務交易時遭受攻擊的威脅。本章將詳細討論電子商務的安全與付款議題。首先，我們將點明主要的風險及所帶來的成本，並描述目前可得的各種解決方案。接者，我們將檢視電子商務主要的付款方式，並思考如何達到安全的付款環境。

5.1 電子商務安全環境

對於大部分守法的公民來說，網際網路提供了一個廣大的全球性市集，以最低的價格找到所需的人、商品或服務。而對於罪犯來說，網際網路則開啟了一個全新且充滿誘惑的管道，讓他們偷竊超過 10 億名消費者的商品、服務、錢或是資訊。

在網路上偷竊風險也較低。匿名使得許多罪犯看起來像是合法的身份，可以向網路商店下假訂單、攔截電子郵件偷取資訊，或透過病毒惡意關閉電子商務網站。網際網路一開始設計的目的並不是為了成為全球市集，也缺乏像電話系統或廣播電視系統所擁有之基本安全功能。網路罪犯使得公司和消費者付出相當大的代價。然而，網際網路和電腦安全已有改善，整體安全環境也因企業管理階層與政府官員的重視與投資而強化許多。

問題範圍

對組織和消費者來說，網路犯罪逐漸成為一個被重視的問題。像是遠端遙控網路（bot networks）、阻斷服務攻擊（DoS）和分散式阻斷服務攻擊（DDoS）、木馬程式、網路釣魚（主要是藉由電子郵件以欺騙的方式非法取得個人的財務資料）、資料竊取、身分竊取、信用卡詐欺，以及間諜軟體（spyware），皆為網路犯罪的手法之一。儘管網路犯罪已經引起大眾的重視，但要評估電子商務犯罪的實際發生數量卻很困難，部份原因來自企業因擔心失去客戶的信心，而不願透露遭遇網路犯罪；即使企業願意承認，其損失金額也難以估計是否會損及顧客對他們的信任。

網路犯罪的其中之一個資料來源為美國網路犯罪舉報中心（Internet Crime Complaint Center, IC3），IC3 與美國國家白領階級犯罪中心（National White Collar Crime Center, NW3C）和美國聯邦調查局（Federal Bureau of Investigation, FBI）為合作的關係。IC3 主要的重點在消費者與電子商務上。在 2007 年，IC3 收到超過 20 萬件來自消費者舉報的網路犯罪，而其中超過 9 萬件已由各級法院受理調查。總損失金額將近 2 億 4 千萬美元，比 2006 年增加了 21%，造成平均每件案子損失的金額約為 2650 美元。圖 5.1 為 IC3 提供的前 5 項網際網路詐欺的申訴類型；而圖 5.2 則顯示不同網路犯罪類型所造成的平均損失。由此可知，在舉報的事件中，網路拍賣詐欺為最常見的網路犯罪，然而就每件犯罪所造成金錢上最大損失的，則為奈及利亞詐騙信（一種網路釣魚行為）（National White Collar Crime Center and Federal Bureau of Investigation, 2008）。

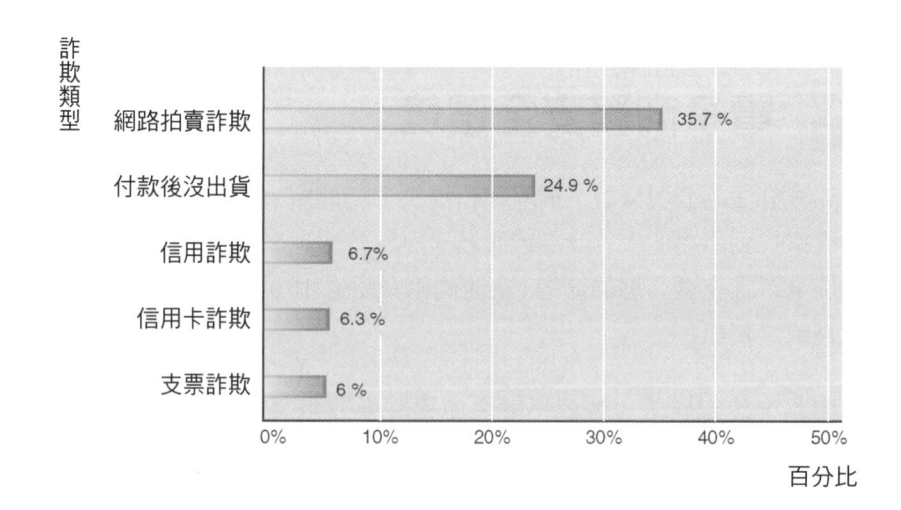

詐欺類型	百分比
網路拍賣詐欺	35.7 %
付款後沒出貨	24.9 %
信用詐欺	6.7 %
信用卡詐欺	6.3 %
支票詐欺	6 %

圖 5.1 向 IC3 舉報的前五項網路犯罪類型

圖 5.1 說明由消費者向 FBI 網路犯罪舉報中心所申訴前五項網路犯罪的類型。最為常見的網路犯罪為網路拍賣詐欺，約佔 36%的申訴比例；而第二名為付款後未出貨。資料來源：美國國家白領階級犯罪中心和美國聯邦調查局於 2008 年的調查資料。

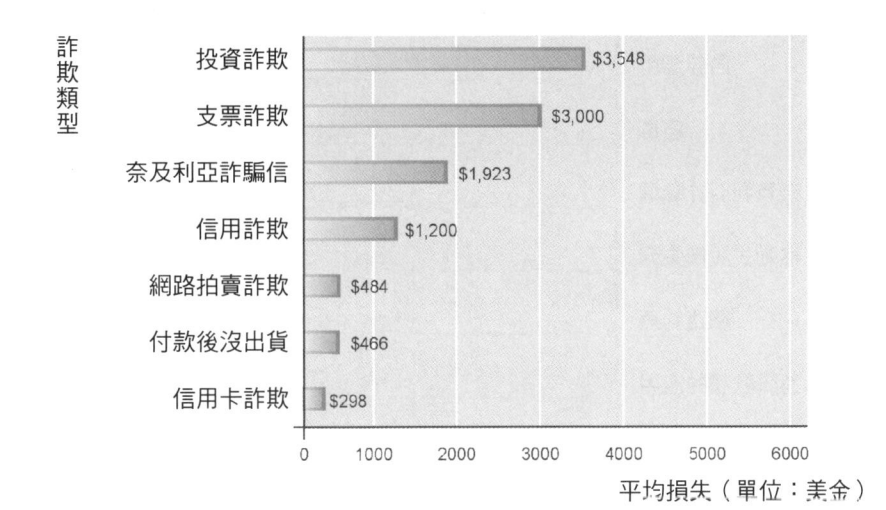

詐欺類型	平均損失（單位：美金）
投資詐欺	$3,548
支票詐欺	$3,000
奈及利亞詐騙信	$1,923
信用詐欺	$1,200
網路拍賣詐欺	$484
付款後沒出貨	$466
信用卡詐欺	$298

■ 圖 5.2 網路詐騙案件的平均損失

前七項網路犯罪的舉報類型所造成的平均損失，其範圍從投資詐欺的 3500 美元至信用卡詐欺的 300 美元不等。
資料來源：美國國家白領階級犯罪中心和美國聯邦調查局於 2008 年的調查資料。

　　美國電腦安全機構（the Computer Security Institute, CSI）的期刊「電腦犯罪與安全調查（Computer Crime and Security Survey）」為另一個網路犯罪的資料來源。在 2007 年的調查中，有將近 500 個美國地區的公司、政府單位、財務機構、醫療機構和大學等單位參與調查的過程。調查的結果指出，46%的組織曾在過去一年中發生電腦安全的事件。圖 5.3 顯示電腦系統所遭遇到不同的攻擊類型。圖中指出的攻擊類型不一定全部與電子商務有關，但不諱言許多的電腦攻擊是針對電子商務而來。在調查中所得知的金錢損失總共為 6700 萬美元，而平均每一年的損失將近 35 萬美元。造成最多金錢損失的電腦攻擊類型為財務詐欺（2100 萬美元）、電腦病毒（800 萬美元）和外來者入侵組織內部系統（680 萬美元）（Computer Security Institute, 2007）。

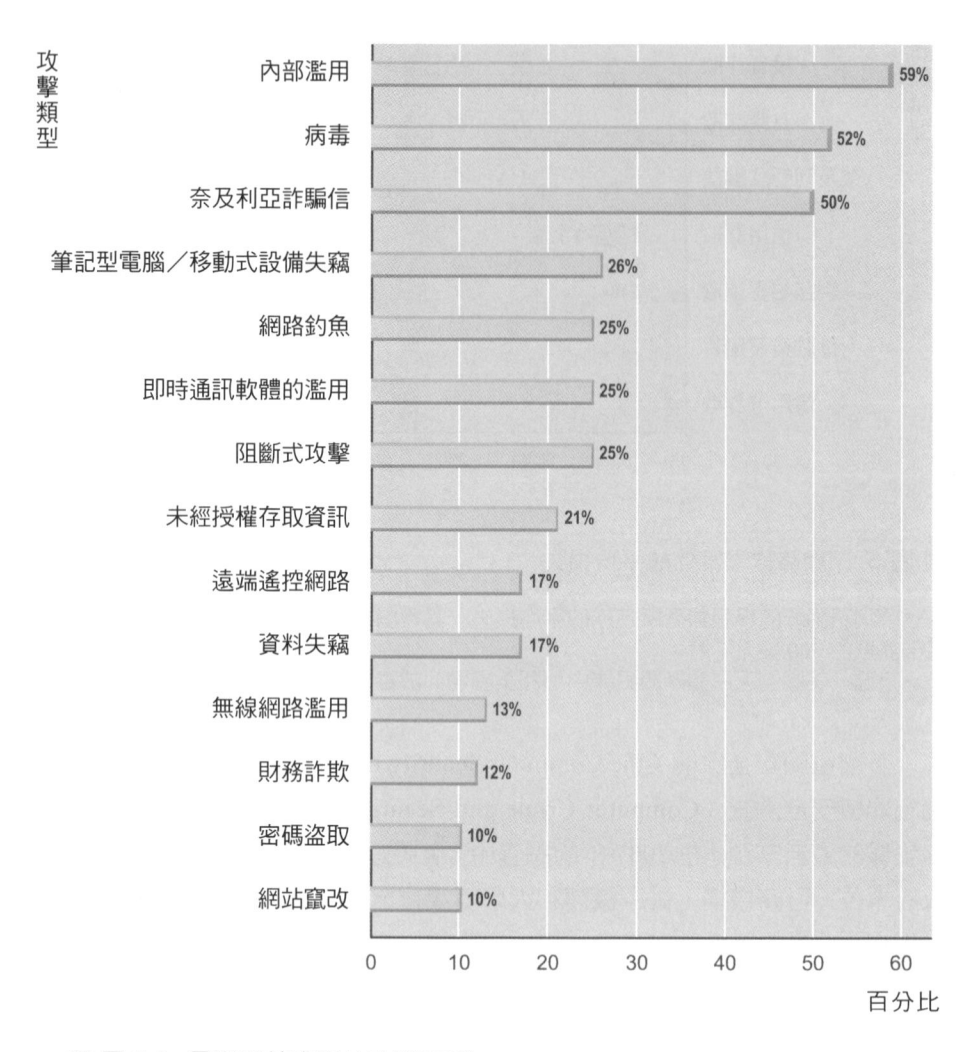

攻擊類型	百分比
內部濫用	59%
病毒	52%
奈及利亞詐騙信	50%
筆記型電腦／移動式設備失竊	26%
網路釣魚	25%
即時通訊軟體的濫用	25%
阻斷式攻擊	25%
未經授權存取資訊	21%
遠端遙控網路	17%
資料失竊	17%
無線網路濫用	13%
財務詐欺	12%
密碼盜取	10%
網站竄改	10%

■ 圖 5.3 電腦系統遭遇的攻擊類型

最為常見的電腦攻擊為內部對網際網路存取的濫用、病毒、筆記型電腦與移動式設備的失竊、網路釣魚、即時通訊軟體的濫用與阻斷式攻擊。以上的攻擊手法有些是特別針對電子商務的過程，而其他則不一定相關。
資料來源：電腦安全機構於 2007 年的調查。

　　而在 2007 年賽門鐵克收到的回報顯示，下半年有將近 50 萬新的惡意程式碼出現，相較於 2006 年同期成長 700%。一天平均約有 61940 個被遠端遙控程式感染的電腦，以及 87963 個網路釣魚主機的出現，相較於去年有 559%的成長率（Symantec, 2008）。

　　網路信用卡詐欺與網路釣魚大概是電子商務犯罪中最嚴重的事件。CyberSource 估計 2007 年美國網路信用卡詐欺金額高達 36 億美金。專家相信網路信用卡詐欺佔了信用卡總交易量的 1.6%－1.8%，大約信用卡詐欺的兩倍（CyberSource Corporation, 2008）。信用卡詐欺的出現代表竊賊已經從偷竊一張信用卡的卡號去網站上購買商品，演變成同時偷竊數百萬

計的信用卡卡號來進行犯罪的事實。也就是說,不僅是信用卡的卡號可以進行犯罪,偷竊信用卡上的資訊或是取得顧客申請信用卡的資料都可以進行所謂的身份詐欺(identify theft)。而身份詐欺的出現會更大幅度地增加了信用卡詐欺事件的發生。針對身分詐欺的部分,我們將會在本章之後的章節進行討論。

地下經濟市場:被竊取資訊的價值

網路犯罪者竊取網路資訊並不一定是要使用資訊,而是將資訊販賣給需要的其他人來取得延伸的價值,也就是所謂的「地下經濟提供者(underground economy servers)」。全世界有數以千計著名的販賣竊取資料的提供者,而一般民眾,即使是執行法律的警政單位,要找尋這些販賣資訊的人仍相當困難。表 5.1 為地下經濟交易的項目和價格。

表 5.1 地下經濟市場

北美地區的信用卡	0.40－2 美元
完整的身分資訊	1－10 美元
銀行帳戶	10－100 美元
一台可被入侵操控的電腦	6－20 美元
身分證號碼	5－7 美元
應用於釣魚網站的虛擬主機	3－5 美元
電子信箱的登入密碼	4－30 美元

並非所有的網路罪犯都是為了錢。有些時候,他們只為了篡改或破壞網站,而非想要盜取網站的商品或服務。此種攻擊的代價包括修復網站的時間與金錢、聲譽和形象、以及因攻擊而造成的損失。

針對網路犯罪,我們有一些心得。電子商務網站的犯罪手法一直改變,且不斷有新的威脅和風險出現。雖然網路犯罪造成企業嚴重的損失,但卻已受到穩定的控制,這是因為企業在安全措施上進行了投資。而個人在面臨網路詐欺的新風險時,通常會損失慘重,如金融卡或銀行帳號被詐騙。電子商務網站的管理者必須防備不斷改變的犯罪攻擊,並隨時注意最新的網路安全技術。

什麼是好的電子商務安全?

什麼是安全的商務交易?當你走進任一個市集時,你就面臨風險,包括私人資料(你買了什麼)的外漏。身為消費者,你所面臨最大的風險是你有

可能拿不到所買的東西。事實上,你有可能付了錢但卻什麼都得不到!更糟的是,有人偷了你的錢!而商店的風險則是你賣了東西卻拿不到錢。竊賊們拿了商品後,可能不付錢就走人,或用假鈔或偷來的信用卡付款。

儘管在數位環境之下,電子商務商店和消費者面臨一樣的問題。賊就是賊,不論他是在網路上盜取還是在傳統市集中偷竊。搶劫、破門而入、惡意破壞、竄改等,所有在傳統市集中會發生的事都會在電子商務的世界中出現。然而,降低電子商務的風險是一個複雜的過程,其中需要新技術、企業政策和程序、新的法令和產業標準,以授權執法單位調查與起訴罪犯。圖 5.4 顯示電子商務安全的多層關係。

為了達到最高等級的安全性,必須使用新技術。但技術本身並無法解決問題,必須配合企業政策和程序才能確保技術實行的有效性。最後,付款機制需要產業標準和法令配合,並且調查和起訴違法者。

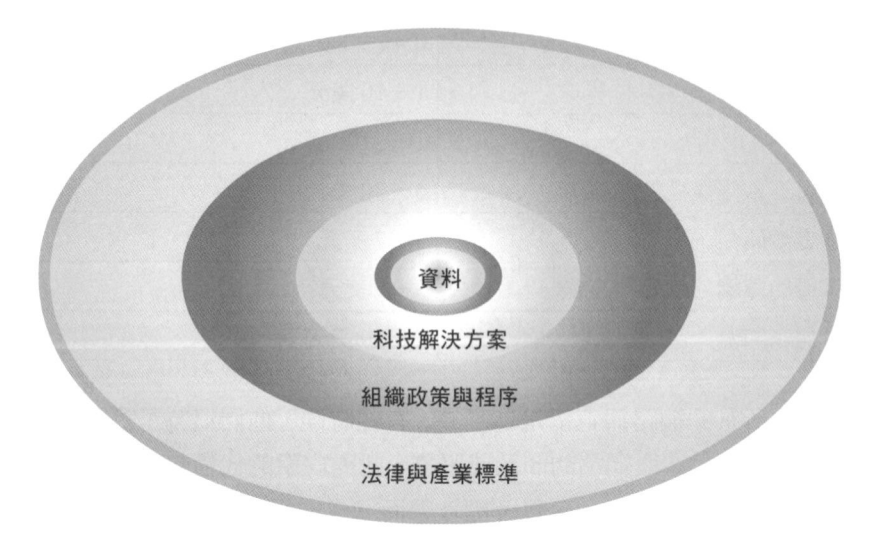

■ 圖 5.4 電子商務安全的環境

商務交易安全的歷史告訴我們,若擁有足夠的資源,則任何一種安全系統都是可破解的。安全並不是絕對的,而完美的安全性亦不必要,尤其是在資訊時代。資訊是具有時間價值的,有時保護資料幾個小時、幾天、或幾年就足夠了。由於網路安全是很昂貴的,我們必須在成本與需求之間取得平衡。最後,安全最容易在最脆弱的環節破功,因此我們的門鎖通常要比金鑰管理來得堅固。

我們可以說,好的電子商務安全需要法令、程序、政策與科技各方面的配合,以盡可能保護個人與組織免於不可預期的行為發生。

電子商務安全機制

電子商務安全有六個主要機制：完整性、不可否認性、身份辨識性、機密性、私密性、與可取得性（表 5.2）。

表 5.2 顧客和網路商店對電子商務安全機制的觀點

機制	顧客的觀點	網路商店的觀點
完整性	我傳遞或接收到的資訊有被更改過嗎？	網路上的資料有被未授權的更改嗎？被顧客接收到的資料是正確的嗎？
不可否認性	某一方可以拒絕承認對我做過的行為嗎？	顧客可以拒絕承認訂購產品嗎？
身份辨識性	我和誰進行交易？我如何確認與我交易的人與宣稱的是相同的？	顧客的真實身分為何？
機密性	除了接收者外，其他人可以讀取到我傳遞的訊息嗎？	訊息或機密性的資料會被其他沒有授權的人取得嗎？
私密性	我可以決定傳遞給網路商店的資料的使用嗎？	若要使用個人資料的話，個人資料可以做為電子商務交易的一部分嗎？顧客的個人資料可以被其他未授權的人使用嗎？
可取得性	我可以連結到這個電子商務網站嗎？	這個電子商務網站有持續營運嗎？

完整性是指確保顯示在網站上、或在網際網路上收送的資訊，不被未授權的第三者以任何方式修改。例如：若未經授權的人攔截並修改通訊的內容，像是修改轉帳訊息的轉入帳號，此時訊息的完整性就被破壞了，因為此通訊已跟原來的不相同。

不可否認性是指確保電子商務中的參與者不能拒絕承認他們在網站中所做的行為。例如：免費的電子郵件帳號讓寄出信件後再拒絕承認曾經做過這件事變得簡單。如同一開始的故事，就算客戶使用真實姓名與電子郵件進行交易，他也可在之後拒絕承認。在大部分的情況下，由於網路商店並沒有客戶的實體簽名，故發卡銀行會站在客戶這一邊，因為商店並無法在法律上證明客戶的確曾有購物行為。

身份辨識性是指辨別你在網路上進行交易的個人或企業的身份。客戶如何知道網站真的是他所宣稱的那個網站呢？商店如何保證客戶就是他本人呢？若某人宣稱的人其實不是那個人，則表示為假冒（spoofing）或是冒用的狀況。

完整性（integrity）
確保顯示在網站上、或在網際網路上收送的資訊，不被未授權的第三者以任何方式修改

不可否認性（nonrepudiation）
確保電子商務中的參與者不會拒絕承認他們的行為

身份辨識性（authenticity）
辨別在網路上進行交易的個人或企業的身份

機密性是指只有被授權的人才能夠獲得訊息或資料。機密性有時會與私密性搞混，私密性是指能否運用客戶資訊的權利。

電子商務商店對於**私密性**有兩個考量。他們必須制定內部政策以管理內部客戶資訊的使用，而且他們必須保護資料免於非法與未授權使用。例如：若駭客侵入電子商務網站，並取得信用卡和其他資訊，這不僅違反了機密性也違反了私密性。

可取得性是指保證電子商務能如預期般地持續運作。

電子商務安全就是設計來保護以上六種機制，若任一機制無法達到，就存在著安全的問題。

安全性與其他價值的關聯

有可能過於安全了嗎？答案是肯定的，這與一些人的想法可能不同，安全性高並不一定代表就比較好。電腦安全不但增加了商業營運所需的費用，也給與罪犯們隱藏犯罪動機與事實一個新的機會。

使用方便性

在安全性與使用方便性中免不了存在衝突。當傳統商店因過於害怕搶匪而將店門鎖起來時，願意進門消費的客戶就減少了。同樣的事情也發生在網路世界。一般來說，愈多的安全措施附加至電子商務網站上，網站就愈難使用，同時反應速度也降低許多。在讀完本章後，你會發現數位安全（digital security）是用 CPU 的速度與儲存設備的容量所換來的。安全性是技術上與商業上的額外支出，甚至可能會降低營運的效率。過多的安全性會影響公司的獲利，但安全性不足可能會使得公司無法繼續營運。

公共安全與罪犯使用網際網路

個人欲使用匿名，而政府官員需維持公共安全以避免罪犯或恐怖份子威脅，這兩者之間也存在著衝突。這並不是一個新問題，甚至在數位時代下也不是。政府會進行電話監聽，以防止罪犯利用電話或傳真進行非法勾當。在網際網路系統中也一樣，政府擔任著監督的角色。

最近，一名 Naval Postgraduate School 的教授指出：蓋達組織「已經瞭解網際網路可跨越時間與空間的藩籬」。根據美國與英國的專家的報告，蓋達組織利用網路提供混合毒劑與製作炸彈的訓練教材、做恐怖攻擊

的統籌、並集結相同想法的人成立更大的恐怖組織社群。網際網路的匿名性與滲透力,是罪犯與恐怖組織們理想的溝通工具(Peretti, 2008)。

5.2 電子商務環境中的安全威脅

從技術的觀點來看,在討論電子商務時,有三個脆弱的環節:用戶端、伺服器、與通訊管道。圖 5.5 表示顧客使用信用卡進行電子商務交易的過程。圖 5.6 表示在交易進行中,在網際網路通訊管道上、伺服器端與用戶端各脆弱環節可能出現的錯誤。

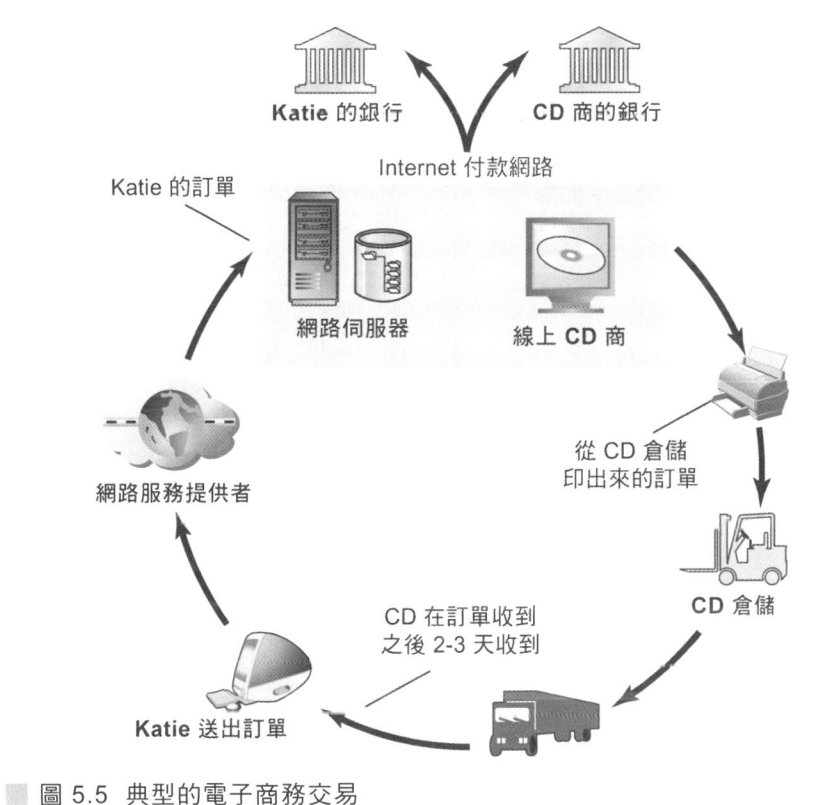

■ 圖 5.5 典型的電子商務交易

本節會描述多種電子商務網站最常見與最具殺傷力的安全威脅:惡意程式、有害程式、網路釣魚與身分詐欺、入侵和網路破壞行為、信用卡詐欺/盜取、欺騙(網址嫁接)與垃圾信件網站、阻斷式服務與分散式阻斷服務攻擊、網路監聽、內部手腳、和設計不當的伺服器和用戶端軟體。

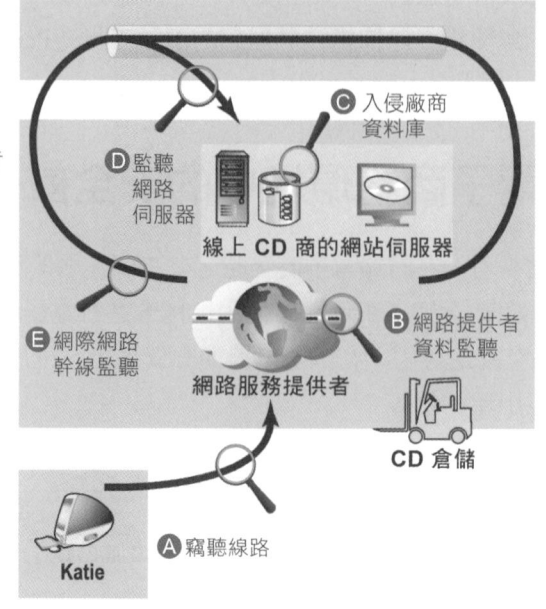

電子商務

資訊安全風險
側錄與竊聽
資訊竄改
偷竊與詐欺

網際網路傳輸

伺服器
網路服務提供者
廠商
銀行

C 入侵廠商資料庫
D 監聽網路伺服器
線上 CD 商的網站伺服器

阻斷服務攻擊
駭客入侵
惡意程式攻擊
偷竊與詐欺
線路竊聽
破壞公用設備

E 網際網路幹線監聽
B 網路提供者資料監聽
網路服務提供者
CD 倉儲

用戶端
企業
家庭

A 竊聽線路
Katie

惡意程式攻擊
線路竊聽
電腦損壞

圖 5.6 電子商務環境的弱點

惡意程式

惡意程式（malcious code; malware）
各式各樣的威脅，像是病毒、蠕蟲、木馬程式和遠端控制（bot）程式

病毒（virus）
一種擁有複製能力且能傳染其他檔案的電腦程式

惡意程式包括各式各樣的威脅，像是病毒、蠕蟲、木馬程式和遠端遙控程式。在 2008 年，微軟表示其惡意軟體移除工具的產品在 2007 年移除了將近 2500 萬個惡意程式（Microsoft, 2008）。病毒碼在過去僅用來損害電腦，現在則被用來盜取電子郵件地址、登入資訊、個人資料、與財務資料。近來，惡意程式越來越常被用來發展更有組織性的惡意軟體網絡來竊取資訊和金錢。

病毒是一支電腦程式，擁有複製的能力且能傳染其他檔案。除了複製的能力以外，大部分電腦病毒會傳送負載（payload）。Payload 可能不具破壞性，像是顯示一個訊息或圖片，但也可能具有高破壞性，像是毀壞檔案、重新格式化電腦硬碟、或讓程式不當運作。

最新的病毒傳播方式之一是將病毒內嵌在線上廣告中，如 Google 和其他廣告網站。舉例來說，在 2007 年 5 月，Google 的使用者點選 Tomsharedware.com 的網站卻被引導到會下載病毒和損害電腦的伺服器上，導致將近 10 萬台電腦遭受感染。而最近的調查則指出搜尋引擎有 7% 的文字廣告會連到可疑的網站（Steel, 2007）。在 2008 年 8 月，以 Flash 動畫設計的廣告程式中被插入連結而讓 Windows 作業系統安裝到假的安全軟體，因而遭受感染（Keizer, 2008）。病毒也被發現內嵌在 PDF 檔中。另外，病毒碼的作者也會使用電子郵件中的連結來夾帶或是讓民眾不小心

下載到病毒（Keizer, 2007）。更重要的是，病毒碼的作者有從業餘駭客轉移至犯罪組織的趨勢，以詐欺企業或個人。換句話說，跟以前相比，錢更成了犯罪主要的動機。

電腦病毒主要有以下幾種類別：

- 巨集病毒（Macro virus）是限定於應用程式上的，意思是病毒只會感染某些目標應用程式，像是 Microsoft Word、Excel、和 PowerPoint。當使用者在該應用程式開啟受感染的文件時，病毒便會複製自己至範本文件中，使得新文件都會被巨集病毒所感染。巨集病毒能輕易地透過電子郵件附件傳播。

- 執行檔型的病毒通常會感染執行檔，像是 *.com、*.exe、*.drv 或 *.dll 檔案。當被感染的檔案執行時，它們就會啟動且複製到其他的執行檔中。感染檔案病毒也非常容易透過電子郵件或檔案傳輸系統傳播。

- script 病毒（Script virus）是寫在描述語言的程式語言中，像是 VBScript（Visual Basic Script）和 JavaScript。只需點擊兩下受感染的 *.vbs 或 *.js 檔案，病毒就會被啟動。會覆寫 *.jpg 和 *.mp3 檔案的 ILOVEYOU 病毒（也被稱為愛情蟲）即是此種描述語言病毒最有名的例子。

巨集病毒、執行檔型病毒和 script 病毒通常會和蠕蟲組合。的確，大部分的研究者發現典型的病毒已愈來愈少見，而更危險的蠕蟲卻呈指數型成長。理由很簡單：病毒僅感染一部電腦，會造成損害但損失金額有限。當犯罪模式由業餘駭客轉為對錢有興趣的專業犯罪時，使得他們開始製造蠕蟲以繁殖至其他電腦，甚至是數以百萬的電腦。

不只是在檔案間傳播，**蠕蟲**是設計用來在電腦間傳播的惡意程式。蠕蟲並不需要藉由使用者或程式來啟動以進行複製。舉例來說：Slammer worm 主要攻擊 Microsoft SQL Server 資料庫軟體。透過網路，Slammer 在十分鐘內感染了全球 90%未受保護的電腦，尤其是在美國西南部，造成美國銀行印鈔機當機。其他著名的蠕蟲為 MyDoom、Sasser、Zotob、Nymex（Symantec, 2007; United States government Accountability Office, 2005）。

木馬程式看起來似乎無害，但卻會做一些你想像不到的事。木馬程式本身並不是病毒，因為它並不會複製，但它是引進其他病毒或惡意程式碼，如遠端控制程式或 rootkits（破壞電腦作業系統的一個惡意程式）的一個通道。木馬程式可能偽裝成一支遊戲，但卻隱藏著盜取你的密碼，並

蠕蟲（worm）
被設計用來在電腦間傳播的惡意程式

木馬程式（Trojan horse）
看起來似乎無害，但卻會做一些你想像不到的事。通常木馬程式是引進其他病毒或惡意程式碼的通道

寄給其他的程式。根據賽門鐵克在 2007 前半年的調查，前十個新的惡意程式中，有四個為木馬程式。而至 2007 年下半季，木馬程式佔前 50 個惡意程式中的 71%，與上半季相比成長 54%（Symantec, 2008）。在 2007 年 8 月，Monster.com 遭受到 Infostealer 木馬程式嚴重的攻擊而導致超過 1600 萬筆資料失竊（Kreizer, 2007b）。

遠端控制程式（bot）
一種擁有複製能力且能傳染其他檔案的電腦程式。一旦安裝後，電腦可被外界攻擊者的指令掌控

殭屍網路（botnet）
被挾持電腦的集合

遠端控制程式（bot 為 robot 的縮寫）是一種透過網際網路偷偷安裝在你電腦上的惡意程式。一旦安裝之後，bot 程式便會回應駭客所送的指令，因此你的電腦就被挾持而成為一 zombie。**殭屍網路**（Botnet）被設計用來讓攻擊者創造一個同質電腦的網路，以進行非法勾當，像是寄垃圾信、參與阻斷服務（Denial of Service）攻擊、從電腦盜取資訊、和儲存網路資料以供日後分析。在 2007 前半年，賽門鐵克發現一天平均有 61940 台遭受遠端控制程式感染的電腦在被使用，而一天則超過 500 萬台電腦被遠端遙控程式所感染。由於遠端控制程式和殭屍網路可以使用許多不同的技術來發動規模龐大的攻擊，因此我們可以說遠端控制程式和殭屍網路對網際網路和電子商務的影響甚鉅。在 2007 年，蠕蟲 Storm（也是木馬程式）結合大量的殭屍網路來迅速擴大蠕蟲複製的速度，因而估計 5000 至 6000 台電腦在 2007 年 1 月的時候成為殭屍網路的一分子來散播由電子郵件附加檔案中夾帶的超過 120 億個病毒。

上述的惡意程式對用戶端和伺服器都是威脅，即使伺服器一般都採取較嚴謹的防毒措拖。在伺服器端，病毒碼能迫使網站關閉，使得上百萬人無法使用該網站，但這樣的事件並不常發生。大部分的病毒碼攻擊事件是發生在用戶端，損害可經由網際網路迅速擴大至上百萬台電腦。表 5.3 列出了網際網路上常見的幾個惡意程式。

表 5.3 值得注意的惡意程式

名稱	種類	說明
Silentbanker	木馬程式	在 2007 年 12 月首次出現。竊取線上銀行的資訊，利用合法的交易手續來取得帳戶的金錢。記錄用鍵盤輸入的資料、捕捉電腦畫面和偷取機密性財務資訊後傳送至遠端的攻擊者。
Netsky.P	蠕蟲	在現在仍是大多數的調查當中最為常見的電腦蠕蟲。它在 2003 年初首次出現。透過將自己複製成電子郵件附件來散播。 它會收集被感染電腦的電子郵件通訊錄，並且寄送給通訊錄中的所有收件者。常被殭屍網路作為引起垃圾信和阻斷服務攻擊的工具。

名稱	種類	說明
Storm（Peacomm, NuWar）	蠕蟲／木馬程式	在 2007 年 1 月首次出現。它擴散的方式類似於 Netsky.P，也可能會下載並執行其他木馬程式與蠕蟲。
Nymex	蠕蟲	在 2006 年 1 月首次被發現。它主要是由大量的電子郵件進行擴散，在每個月的 3 號會啟動並企圖毀損某些類型的檔案。
Zotob	蠕蟲	在 2005 年 8 月首次出現。因感染美國多個傳播公司而聲名大噪。
Sasser	蠕蟲	在 2004 年首次出現。利用 Windows LSASS（Local Security Authority Service Server）的弱點而造成的網路問題來進行攻擊。
MyDoom	蠕蟲	在 2004 年 1 月首次出現。它為透過大量的電子郵件進行快速傳播的蠕蟲之一。
Slammer	蠕蟲	在 2003 年 1 月發動攻擊，造成廣泛的問題。
Klez	蠕蟲	2002 年最多產的病毒。Klez 附著在隨機產生主旨和信件內容的電子郵件當中。一旦被開啟了，它會將自己寄送給 Windows 通訊錄、ICQ 即時通訊軟體資料庫和被感染的電腦檔案中所有的電子郵件地址。
CodeRed	蠕蟲	在 2001 年出現，達到在釋出 10 分鐘內有超過 2 萬個系統遭到感染的感染率，而且最後散播到數十萬個系統。
Melissa	巨集病毒／蠕蟲	在 1999 年 3 月首次被注意到。在那時候，Melissa 是之前被發現的感染程式中傳播最快的。他攻擊微軟 Word 的 normal.dot 範本，以讓所有新建的文件都受到感染。它也會寄一個感染的 Word 檔給每個微軟 Outlook 使用者通訊錄中前 50 個連絡人。
Chernobyl	檔案感染病毒	在 1998 年首次出現。它非常具有破壞力。在每年 4 月 26 號（Chernobyl 核子事故紀念日）時，會毀掉硬碟中第一個 MB 的資料（使其他剩下的資料也無法使用）。

當病毒和蠕蟲快速增加的同時，檢舉這些病毒作者的腳步也跟著加快。在歐洲與亞洲當局也開始與美國政府合作來逮捕這些非法分子。

| 電子商務

有害程式

除了惡意程式碼之外，電子商務的安全環境亦受到有害程式的挑戰，如廣告軟體、瀏覽器寄生蟲程式、間諜軟體和其他應用程式會在未經過使用者的同意下安裝在使用者的電腦上。此類的程式隨著社交網絡和使用者自創內容網站的出現，讓許多使用者不小心下載了有害的程式碼（Symantec, 2007）。一旦有害程式被安裝，這些應用程式將很難從電腦中移除。

在使用者拜訪某些特定的網站時，廣告軟體（第 7 章有更進一步的說明）是典型被用來展現彈跳式的廣告。雖然彈跳式的廣告有時候很煩人，但廣告軟體並不是為了發展犯罪活動而設計出來的。ZangoSearch 和 PurityScan 即是在搜尋網際網路的關鍵字時會開啟網頁和彈跳式廣告的廣告軟體程式。**瀏覽器寄生蟲程式**是指可監控並改變使用者瀏覽器設定的一個程式。舉例來說，瀏覽器寄生蟲程式可以改變瀏覽器設定的首頁或是傳送使用者曾拜訪過的網站訊息給遠端的電腦。瀏覽器寄生蟲程式通常為廣告軟體的構成元件之一，如 Websearch 即為廣告軟體的元件之一，可修改 Internert Explore 預設的首頁和相關設定。

另一方面，**間諜軟體**可以用來取得使用者敲擊鍵盤所輸入的資訊、電子郵件和即時通訊的內容，甚至是直接截取使用者的畫面來得到密碼或其他機密性資料。如 SpySheriff 宣稱其可作為移除間諜軟體的工具，但事實上它是一個惡意的間諜程式。間諜軟體（稍後的章節將會討論間諜軟體與網路釣魚）通常被用來進行身分的竊取。

網路釣魚和身分竊取

網路釣魚是指第三方為了錢財而不當獲取機密性資訊的詐騙攻擊。網路釣魚並非透過惡意程式，而是利用身分誤認和詐欺等社交工程（social engineering）的技巧。最有名的網路釣魚攻擊為電子郵件詐騙。詐騙者利用電子郵件，寫著「一位富有的前奈及利亞石油部長正在尋找能短期藏匿幾百萬美金的戶頭，若你能提供銀行帳號給他，你就能得到一百萬美金做為回報。」這種類型的電子郵件詐欺也就是著名的奈及利亞詐騙信（見圖 5.7）。

瀏覽器寄生蟲程式
（browser parasite）

可監控並改變使用者瀏覽器設定的一個程式。

間諜軟體（spyware）

可取得使用者敲擊鍵盤所輸入的資訊、電子郵件和即時通訊內容的一個程式

網路釣魚（phishing）

第三者為了錢財，不當獲取機密性資訊的詐騙攻擊

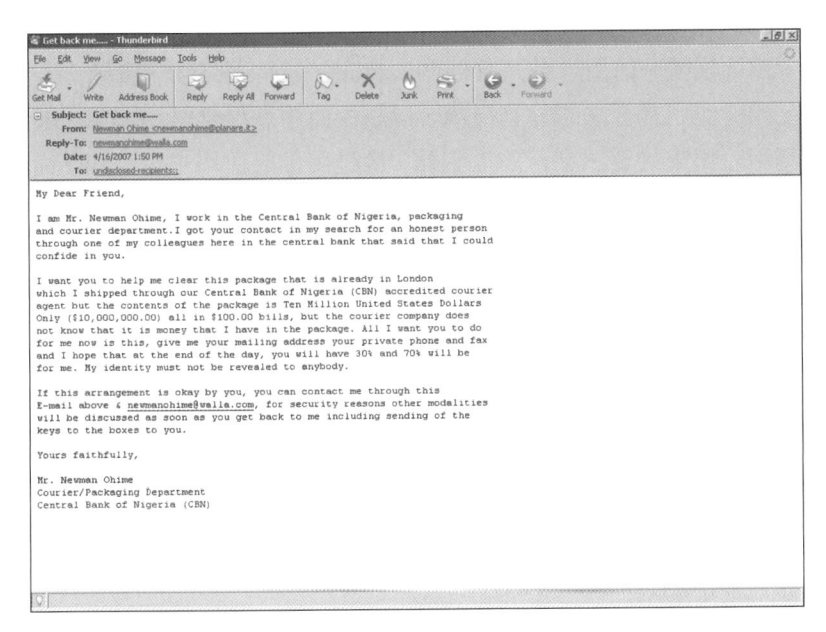

▓ 圖 5.7 奈及利亞詐騙信的範例

　　上千個網路釣魚攻擊使用其他的詐騙手法，有些假裝成是 eBay、PayPal 或花旗銀行寫了一封「帳號確認信」給你，當你點選電子郵件中的連結連到網站後，會要求你輸入銀行帳號和密碼等機密資料（見圖 5.8）。每天都有數以百萬計的網路釣魚電子郵件在流傳，不幸的是，有些人還是傻傻地透露自己的帳戶資訊。

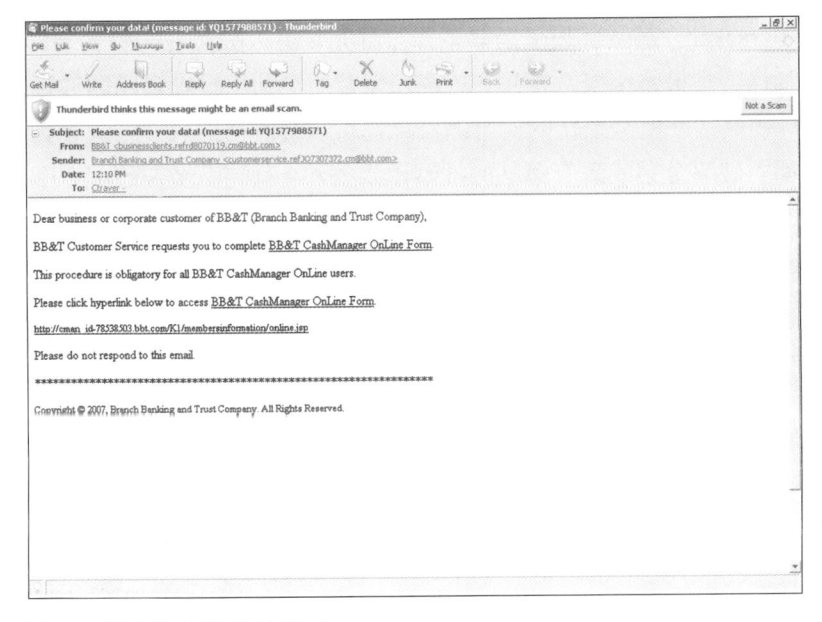

▓ 圖 5.8 網路釣魚攻擊的範例

此為典型網路釣魚使用的電子郵件內容，目的是取得個人的機密資訊。

5-17

網路釣魚是使用傳統的詐騙技倆，利用電子郵件騙取收件人自願提供密碼、銀行帳號、信用卡號及其他個人資訊。通常網路釣魚會建立一個假網站，號稱他們是合法的財務機構，以誘拐使用者提供財務資訊。網路釣魚者利用收集來的資訊進行詐欺犯罪，像是用你的信用卡買東西、從你的銀行帳戶中提錢，或是在其他管道冒用你的身份（身分竊取）。網路釣魚是電子商務犯罪中成長最快的之一。在 2007 上半年，賽門鐵克偵測到 207547 件新的網路釣魚電子郵件訊息，比 2006 下半年成長了 20%（Symantec, 2008）。在 2007 年 10 月，OpenDNS 將 30 萬個被發現的網路釣魚詐欺事件做為 PhishTank 的年刊內容。報告指出 eBay 和 PayPal 是兩個最容易被進行詐欺的商家，而前十名還有許多家的銀行以及大型的零售商，如亞馬遜網路商店和 Wal-Mart。另外，雖然有超過 30%的釣魚網站被發現是以美國的網路為據點，但發動大部分攻擊的 IP 位置卻是位在南韓、土耳其和智利（OpenDNS, 2007）。

在本節描述的許多安全弱點都是使用了叫做「社交工程」（Social Engineering）的技巧來繁衍。這種技巧假裝它就是它所宣稱的單位或人。例如：社交工程也協助了 Netsky.P 蠕蟲的傳播，透過看起來像是合法的電子郵件，誘拐使用者開啟附件而達到目的。

入侵與網路破壞行為

駭客（hacker）
指蓄意未經許可而入侵電腦系統的人

怪客（cracker）
在駭客社群中，怪客這個字眼則是指有犯罪意圖的駭客

駭客（hacker）是指蓄意未經許可而入侵電腦系統的人。在駭客社群中，**怪客（cracker）**這個字眼是指有犯罪意圖的駭客，雖然在一般的新聞中，駭客和怪客常被拿來交互使用。駭客和怪客通常利用網際網路開放性的優勢，尋找網站或電腦系統的安全弱點以進行未經許可的入侵。駭客和怪客通常都對破解企業或政府網站的挑戰感到狂熱。有時僅僅是破解電子商務網站的檔案就讓他們興奮不已，而有些人則企圖更惡意的進行網路**破壞行為**（cybervandalism），刻意地中斷或破壞網站，或使網站難以辨認。

入侵行為隨著時間推進而演化。一般而言，因法律的實施與企業學習如何偵測犯罪者，善意入侵和毀損網站外觀入侵已漸漸減少。駭客行為已擴展至盜取商品和資訊、破壞行為和造成系統損失。財務入侵行為漸漸變多，尤其是從國外的入侵事件。

白帽駭客（white hat）
好的駭客，協助企業找到並修復安全漏洞

一群被稱為老虎隊的駭客們被企業用來測試公司的安全措施。透過駭客從外入侵電腦系統，企業能得知他們的安全弱點為何。這些好的駭客成為著名的**白帽駭客（white hat）**，因為他們協助企業找到並修復安全漏洞。白帽駭客們受合約保護，並不會因為他們的入侵行為而遭到企業起訴。

相反地，**黑帽駭客**（black hat）則是進行相同的活動但沒有和目標企業進行簽約，並刻意造成傷害。他們侵入網站後便公佈機密性或私有的資訊。這些駭客們相信，資訊應該是免費的，所以他們認為分享秘密資訊是他們的任務之一。

在這兩者間是**灰帽駭客**（grey hat），這些駭客們相信他們是為了讓系統更好所以才入侵具有安全漏洞的系統。灰帽駭客發現系統安全弱點後便公佈它們，但並不損壞網站也不從中獲利。他們唯一的報酬就是來自於發現這些弱點而獲得的名聲。但灰帽駭客的行為仍令人懷疑，特別是當他們暴露某些系統漏洞而讓其他犯罪者有機可乘時。

> **黑帽駭客**（black hat）
> 刻意造成傷害的駭客
>
> **灰帽駭客**（grey hat）
> 認為是為了讓系統更好所以才入侵具有安全漏洞的系統的駭客

信用卡詐欺／竊取

什麼是最令人害怕的網路事件呢？盜取信用卡資料。因為信用卡資料容易被盜取的恐懼感，讓許多消費者不敢在網路上購買東西。有趣的是，這些恐懼感並不常被發現。盜取信用卡資料實際發生數要比使用者想像得少。專家相信線上的信用卡詐欺僅佔網路信用卡交易總數的 1.6%－1.8%（CyberSource, 2008）。

在傳統的商務中，雖然存在著許多的信用卡詐欺，但大部分的情況下，消費者還是受法律所保護。在過去，最常見的信用卡詐欺原因是卡片遺失或身份被他人盜取用來申請卡片。美國法律限制信用卡持卡人遺失卡片時最多僅需負擔 50 美元。而電子商務的信用卡詐欺則與傳統商務有些不同。在傳統商務中，持卡人最大的風險就是卡片遺失並負擔 50 美元，但在現在的電子商務中，持卡人最大的風險是他們的信用卡資訊會透過商店的伺服器而流落至歹徒手中。信用卡資料是網站駭客的主要目標。再者，電子商務網站還包含了珍貴的客戶資訊 — 姓名、住址和電話。這些資料都能被歹徒用來申請一張新的信用卡。

國際訂單是特別最容易被拒絕的。如果一個國外客戶下了訂單而後起了爭議，網路商店並無法得知貨物是否真的已運送，也無法確認客戶是否就是持卡人本人。

許多網站的解決之道就是建立一個身份認證機制，本章之後會討論。除非能確認客戶的身份為本人，不然網路商店要比傳統商店面臨更多的風險。現在聯邦政府正打算針對全球化和國際商務行為強調電子化簽章的身份認證機制（E-Sign law），來確保數位簽章在商務上可達到如手寫簽名一樣的授權機制，同樣也希望能讓數位簽章能更為普遍且易於使用。這項

法條對網際網路上大規模的商業交易有幫助,然而對 B2C 的商務模式帶來的影響則不大。

欺騙(網址嫁接)與垃圾信件網站

企圖隱藏真實身份的駭客通常會進行**欺騙**(spoofing),或利用假的電子郵件偽裝成其他人。網站欺騙通常也被稱為「網址嫁接」(pharming),它會將網站連結嫁接至另外一個頁面,並且假裝這個頁面就是原來欲連結的目標頁面,使得駭客們得以從中搞怪。而垃圾信件網站(Spam Web sites)則與網站欺騙有些不同。垃圾信件網站通常承諾提供一些產品或服務,但實際上它所提供的內容只是從其他網站上蒐集而來的廣告,有些廣告的連結甚至帶著惡意的程式碼。

> **欺騙**(spoof)
> 利用假的電子郵件或偽裝成其他人

雖然欺騙並不會直接損壞檔案或網路伺服器,但它對網站完整性造成威脅。舉例來說,如果駭客將消費者導引至一個看起來像真實網站的假網站,則他們即可收集並處理訂單資訊,有效地偷取生意。如果駭客的意圖是搞破壞而不是竊盜,則他們可以任意改變訂單內容,像是篡改商品數量或商品名稱,再將訂單送給商店處理,讓消費者對此網站的服務感到不滿意而直接影響到網站的營運。

除了完整性威脅,欺騙亦會造成身份認證威脅,它讓訊息的發送者難以辨識。聰明的駭客有辦法能讓人無法辨識真假身份和真假網站。

垃圾信件網站通常會以搜尋結果的方式呈現,而不是藉由電子郵件的傳遞。這些網站以類似合法的公司名稱做為掩飾,將網站名稱公布在論壇上,並讓連結到網站的流量轉到知名的垃圾信件網域(如 vip-online-search.info、searchadv.com、websourses.info)中。最近針對垃圾信件網站的調查發現,關鍵字 "drug" 和 "ringtones" 的搜尋結果,有超過 30%被導向到由許多主要廣告商所贊助的假冒網頁。而其中一項研究則發現 11%的網頁所回覆的 1000 個關鍵字是不真實的(Wang, et al., 2007)。

阻斷服務和分散式阻斷服務攻擊

在**阻斷服務**(DoS)**攻擊**中,駭客們利用大量且無用的流量灌爆網站並癱瘓網路。有愈來愈多的阻斷服務攻擊使用數以百計受害電腦所組成的殭屍網路,並以所謂分散式攻擊的方式進行。根據賽門鐵克的統計,在 2007 的下半年,美國地區主導的阻斷服務攻擊佔全球 56%的比例(Symantec, 2008)。阻斷服務攻擊會造成網站關閉,讓用戶無法使用。對於忙碌的

> **阻斷服務攻擊**(Denial of Service(Dos)attack)
> 利用無用的流量灌爆網站並癱瘓網路

電子商務網站來說，這類攻擊代價很高，因為它會讓消費者無法下訂單。而一個網站關閉的時間愈久，對其商譽影響也愈大。雖然此種攻擊並不會毀壞資訊或入侵受保護的檔案，但它們仍可破壞一家公司的線上生意。通常阻斷服務攻擊會伴隨著黑函，要求網站經營者拿出鉅額款項以贖回網站自由。

分散式阻斷服務攻擊（DDoS）利用數台電腦，從數個發送點發動攻擊。阻斷服務和分散式阻斷服務攻擊對系統營運是一大威脅，因為它可能造成網站無限期地關閉。像是 Yahoo 和微軟這樣的大型網站都曾遭受過阻斷服務攻擊，因此這些企業必須要很注意網站的安全弱點，並且引進新的預防措施以防堵未來的攻擊。最大規模的分散式阻斷服務攻擊發生在 2007 年的 2 月，由數千台電腦所組成的殭屍網路企圖將 VeriSign 營運系統關閉。這個攻擊影響 VeriSign 的 13 個網域名稱伺服器的運作，包含.com 和.org 等網域（Markoff, 2007）。所幸這項攻擊並未導致任何一台伺服器停止營運，否則網際網路將會有一段時間停止運作。

網路監聽

網路監聽程式（sniffer）是指監聽網路上資訊的側錄程式。當合法地使用時，網路監聽程式可協助找出潛在的網路問題點，但若為非法使用，它們破壞力很強且很難被偵測到。網路監聽程式讓駭客們擁有在網路上偷取私密資訊的能力，像是電子郵件訊息、企業檔案、和機密性報告。網路監聽的威脅在於機密性或個人資訊會被公開。不論對於企業或個人來說，殺傷力都極高。

網路監聽（sniffer）
監聽網路上資訊的側錄程式

電子郵件側錄軟體（e-mail wiretap）是監聽程式的一個變型。電子郵件側錄軟體藏匿在電子郵件訊息中，允許某人監看該郵件之後轉寄的所有訊息。電子郵件側錄軟體能安裝在伺服器和用戶端電腦。美國 FBI 就利用電子郵件側錄軟體來進行可能的犯罪調查與分析。

內部手腳

我們往往認為企業的安全威脅應該是來自組織外部。事實上，企業最大的財務威脅不是搶匪，而是監守自盜的人。同樣的事也發生在電子商務網站上。有些大型的服務阻斷、網站損壞、客戶信用卡和個人資訊外洩都是由內部最受信任的員工所做。員工能夠接觸特殊的資訊，在內部安全措施不嚴謹的情況下，他們就能在企業系統中為所欲為而不留下痕跡。在 2007 年 CSI 的調查報告中指出，內部人員濫用系統是常見攻擊類型中的第二名，且 64%的受試者認為內部人員是造成公司前幾年財務損失的部分原因

（Computer Security Institute, 2007）。此外，密西根州立大學的研究則發現有 70%的身份竊取是由內部人員所為（Borden, 2007）。而在某些事件中，內部人員不一定是執行犯罪的人，而是不慎地讓資料外洩。舉例來說，在 2007 年 9 月，花旗集團調查發現 5000 名顧客的個人資料曝光是因為一名員工在使用 P2P 檔案分享時導致內部資料外洩而發生的。

設計不當的伺服器和用戶端軟體

許多安全威脅的發生都是由於設計不當的伺服器和用戶端軟體所造成，有時是作業系統，有時是應用軟體（應用軟體也包含了瀏覽器）。軟體程式日益龐大且複雜，因而增加許多可供駭客入侵的弱點與漏洞。每一年安全公司發現大約有 5000 個在網際網路和個人電腦上的軟體弱點。在 2007 年下半年，賽門鐵克發現 18 個 Internet Explore 的弱點，88 個 Mozilla 瀏覽器的弱點，22 個 Apple Sarafi 以及 12 個 Opera 的漏洞。這些弱點有些是在很重要的部分（Symantec, 2008）。在 2008 年公布的前 10 名網際網路攻擊事件，都是針對 Microsoft Windows 伺服器和用戶端軟體，這些攻擊都是利用 Microsoft Win32 API 的弱點。個人電腦的設計包括了許多開放的通訊埠，用來和外部電腦傳送和接收訊息。其中被攻擊最多的是 TCP port 445。然而，所有的作業系統和應用軟體都存在著弱點，包括 Linux 和 Macintosh。另外，由於弱點與漏洞更新的修補與被攻擊時間之間的差距而衍生出零時差（zero-day）的攻擊方式。在 2008 年 9 月 1 號，美國電腦緊急應變團隊（US-CERT，隸屬於美國國土安全局）在伺服器和應用軟體上發現有 112 個新的弱點，其中 54 個則為具有高度嚴重性的漏洞（US-CERT, 2007）。

5.3 科技解決方案

乍看之下，你可能會認為似乎沒有什麼方法可解決網際網路安全侵害的猛烈攻擊。但事實上，許多私人資安公司、家庭使用者、網路管理員、科技公司、和政府部門正努力解決這類問題。主要有兩條防禦線：科技解決方案和政策解決方案。本節將鎖定科技解決方案，之後會再介紹政策解決方案如何運作。

對抗各式各樣電子商務安全威脅的第一道防禦線，是一組讓外部人員不能輕易侵入或損壞網站的工具。圖 5.9 列出了防禦網站安全幾個主要的工具。

圖 5.9 用以達成網站安全的主要工具

保護網際網路通訊

由於電子商務交易必須透過公用的網際網路傳送，因此，交易封包會經過上千台路由器和伺服器，安全專家認為最大的安全威脅是發生在網際網路通訊層。這與私有網路相當不同，因為私有網路具有通訊專線。已經有一些工具可用來保護網際網路通訊的安全，其中最基本的工具莫過於訊息加密。

加密

加密（encryption）是一種把明文或數據資料轉換成加密文字的過程，只有傳送者和接收者有辦法可以閱讀。其目的為：（a）保護儲存資訊的安全和（b）保護資訊傳輸的安全。在電子商務安全的六個主要機制（可見表 5.2）中，加密符合以下四項安全要求：

- 訊息完整性 — 確保訊息內容沒有被變動過。
- 不可否認性 — 防止使用者否認他曾經送出此訊息。
- 身份辨識性 — 提供寄送訊息的用戶或電腦的身份認證。
- 機密性 — 確保他人無法閱讀訊息。

加密（encryption）
把純文字或數據資料轉換成密碼文字的過程，只有傳送者和接收者有辦法閱讀。其目的為：（a）保護儲存資訊的安全和（b）保護資訊傳輸的安全

加密文字（cipher text）
指已被加密過的文字，除了傳送方和接收方可解讀外，其他人無法知道傳遞的內容

金鑰（key/cipher）
將明文轉為加密文字的任何方法

替代加密（substitution cipher）
以有系統的方式，將每個字母以另一個字母代替

移位加密（transposition cipher）
將每個字的字母順序以系統性的方法改變字母的順序

對稱金鑰加密法（symmetric key encryption）
接收者與傳送者使用相同的金鑰加密和解密訊息

資料加密標準（Data Encryption Standard, DES）
由美國國家安全局和IBM合力開發的56位元加密金鑰

把明文轉換成加密文字，要藉由**金鑰**（key 或 cipher）來完成。金鑰是指用來將明文轉換成加密文字的方法。在**替代加密**（substitution cipher）中，是以有系統的方式，將每個字母以另一個字母代替。例如：我們使用「每個字母加二位」金鑰，則"Hello"就會變成"Jgnng"。在**移位加密**（transposition cipher）中，是將每個字的字母順序以系統性的方法改變，像是把字母倒過來，所以"Hello"就變成"olleH"，要用鏡子才有辦法解密。

對稱金鑰加密法

要解開加密後的資訊，接收者必須知道加密的金鑰為何。此法被稱為**對稱金鑰加密法**（symmetric key encryption）或秘密金鑰加密法（secret key encryption）。在對稱金鑰加密法中，接收者與傳送者使用相同的金鑰加密和解密訊息。而接收者和傳送者如何擁有相同的金鑰呢？他們必須透過某些通訊媒介傳遞或私下交換金鑰。對稱金鑰加密法曾在第二次世界大戰時被廣泛使用，現在也仍是網際網路加密的一份子。

簡單的替代加密和移位加密的組合有無限多種，但它們都有嚴重的缺點。第一，在數位時代，電腦性能都很強大且運算快速，這些古老的加密很快就能被破解。第二，對稱金鑰加密法要求雙方都持有同樣的金鑰。為了要達到此目的，他們必須要透過可能不安全的媒介來傳送金鑰，故金鑰可能被盜取且用來解密。如果秘密金鑰遺失或被偷，則整個加密系統就沒用了。第三，在商業環境中，我們並非同屬於一個單位或軍隊，每一個和你交易的對象和你之間都必須擁有一組金鑰，也就是說，銀行有一組金鑰，百貨公司有一組金鑰，政府有一組金鑰。在大量使用者的環境中，會存在著 n(n-1) 組金鑰。故在充斥著數以百萬個網際網路用戶的世界中，就會需要數十億組金鑰以服務所有的電子商務消費者（估計光是在美國就需要1億1000萬組金鑰）。很顯然這會造成實務上的不便。

現代的加密系統都是數位化的，因此金鑰都是數字字串。（增加）現代安全防護的強度都是用金鑰的長度當作衡量標準。若是使用8位二進制的金鑰，最多只有 28 或 256 種可能性，利用電腦只需幾秒鐘的時間就能被破解了。故目前使用的有 56、128、256 或 512 位二進制的金鑰。使用 512 位二進制金鑰，將會有 2^{512} 種可能性，需耗費全世界所有的電腦十年的時間才能破解。

資料加密標準（Data Encryption Standard, DES）是在1950年代由美國國家安全局和IBM合力開發的。DES是用56位元的加密金鑰，為了應付更快速的電腦，已經改良成三重DES（Triple DES），就是把一個訊息

加密三次，每次使用不同的金鑰。而在現今，**進階加密標準**（Advanced Encryption System, AES）為最廣為使用的對稱金鑰加密法，金鑰長度分別為 128、192 和 256 位元。另外還有許多其他的對稱金鑰加密法，有的甚至使用 2048 位元金鑰。

公開金鑰加密法

在 1976 年，Whitfield Diffie 和 Martin Hellman 發明了一種新的加密方法，稱為**公開金鑰加密法**（public key cryptography）。公開金鑰加密法解決了交換金鑰的問題。在此法中，使用二組數字金鑰：公開金鑰和秘密金鑰。秘密金鑰是由擁有者收藏，而公開金鑰則是廣為散佈。這兩組金鑰都能用來加密或解密，但一旦金鑰被用來加密訊息，則無法使用同一支金鑰來解密。此法利用不可逆函數產生金鑰，所謂不可逆是指無法由輸出結果演算出輸入值。有許多食譜都是如此，例如：做個炒蛋很容易，但你無法從炒蛋中取回一顆完整的蛋。金鑰長度都長到（128、256、或 512 位元）足以讓最快的電腦運算好一大段時間才能獲取另一組金鑰。圖 5.10 為公開金鑰加密法的示意圖，藉此能瞭解使用公開金鑰和秘密金鑰幾個重要步驟。

使用數位簽章和雜湊摘要的公開金鑰加密法

公開金鑰加密法缺少部分的安全要素。雖然我們能確保訊息無法被第三人讀取或瞭解（訊息機密性），但仍無法保證傳送者真的是傳送者本人，也就是說，沒有進行傳送者身份認證。這表示傳送者有可能會否認他曾經送出此訊息（否認性），也無法確保訊息在傳送過程中未經篡改。例如："Buy Cisco @ \$25" 可能會意外地或故意被改為 "Sell Cisco @ \$25"。這顯示出系統缺乏完整性。

公開金鑰加密法改良後能達到身份辨識性、不可否認性、和完整性。圖 5.11 顯示出此強大的方法。

進階加密標準（Advanced Encryption System, AES）
世界上最廣為使用的對稱金鑰加密演算法，提供 128、192 和 256 位元的金鑰長度

公開金鑰加密法（public key cryptography）
使用二組數字金鑰：公開金鑰和秘密金鑰。秘密金鑰是由擁有者收藏，而公開金鑰則是廣為散佈。這兩組金鑰都能用來加密或解密，但一旦金鑰被用來加密訊息，則無法使用同一支金鑰來解密

電子商務

步驟	描述
1. 傳送者產生一個數位訊息	這個訊息可以是一個文件、試算表或任何數位的物件。
2. 傳送者從公開的目錄獲得接收者的公開金鑰，並且將它用在這個訊息上	公開金鑰是被公開散布的，也可以直接從接收者那獲得
3. 使用接收者的金鑰之後會產生一個加密過的密文訊息	一旦使用這個公開金鑰加密後，這個訊息不能被反向操作或利用同一個金鑰來解密。這個過程是不可逆的。
4. 加密過後的訊息透過網際網路被傳送	加密過後的訊息會被切割成網路封包並且經由不同的路徑傳遞，使攔截完整訊息變得相當困難（但並非不可能）
5. 接收者利用他的私有金鑰來解密訊息	唯有擁有接收者私密金鑰的人才能夠對這個訊息進行解密。但願，他會是合法的接收者。

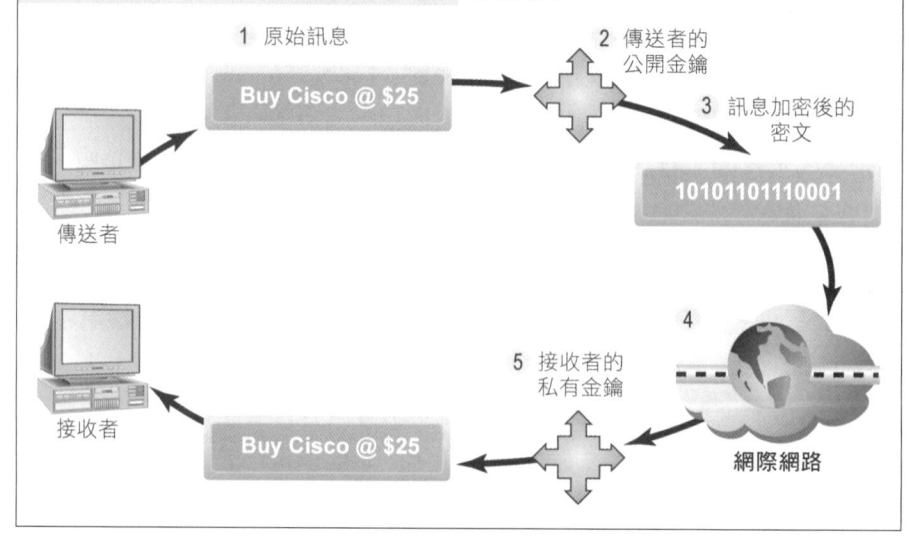

■ 圖 5.10 簡單的公開金鑰加密法範例

在公開金鑰加密法的使用中，傳送者用接收者的公鑰將訊息加密，然後將加密後的訊息放在網路上；而只有接收者可以用私鑰解密來讀取訊息。然而，在這個簡單的範例中不保證訊息的機密性或身分認證。

雜湊函數
（hash function）
產生稱為訊息摘要之固定長度訊息的演算法

為了檢核訊息的機密性，首先使用雜湊函數以產生訊息摘要。**雜湊函數**（hash function）是指產生稱為訊息摘要（message digest）之固定長度的訊息的演算法。雜湊函數可以簡單也可以複雜。現在已有標準的雜湊函數可用，如 MD4 和 MD5 分別可產出 128 和 160 個位元的雜湊函數（Stein, 1998）。這些複雜的雜湊函數所產出的結果，對每一個訊息都是唯一的。經雜湊函數處理過的結果由傳送者發出給接收者。一旦收到後，接收者便使用該雜湊函數處理訊息，並確認結果是否相同。如果相同，則表示訊息未經篡改。這時傳送者再用接收者的公開金鑰為雜湊結果和訊息加密（如圖 5.10 所示），產出一組加密文字。

5-26

步驟	描述
1. 傳送者建立一個原始訊息	這個訊息可以是任何數位的檔案
2. 傳送者使用雜湊函數，產生一個 128 位元的雜湊結果	雜湊函數根據訊息內容產生一個獨特的訊息摘要
3. 傳送者用接收者的公開金鑰對訊息和雜湊結果進行加密	這個不可逆的過程會產生一個只能被接收者用他的私有金鑰才能讀取的密文
4. 傳送者再利用他的私有金鑰對結果進行加密	傳送者的私有金鑰是個數位簽章。只有一個人能夠建立這個數位符號。
5. 這個雙重加密的結果被透過網際網路傳送	訊息以一系列獨立封包的形式在網際網路上遊走
6. 接收者利用傳送者的公開金鑰來驗證這個訊息	只有一個人可以傳送這個訊息，也就是傳送者
7. 接收者利用他自己的私有金鑰對雜湊函數和原始訊息進行解密。接收者會進行檢查以確保原始訊息和雜湊函數所產生的結果會跟收到的訊息一致	雜湊函數會被用來檢查原始訊息。這樣能夠確保訊息在傳送過程中沒有遭到更改。

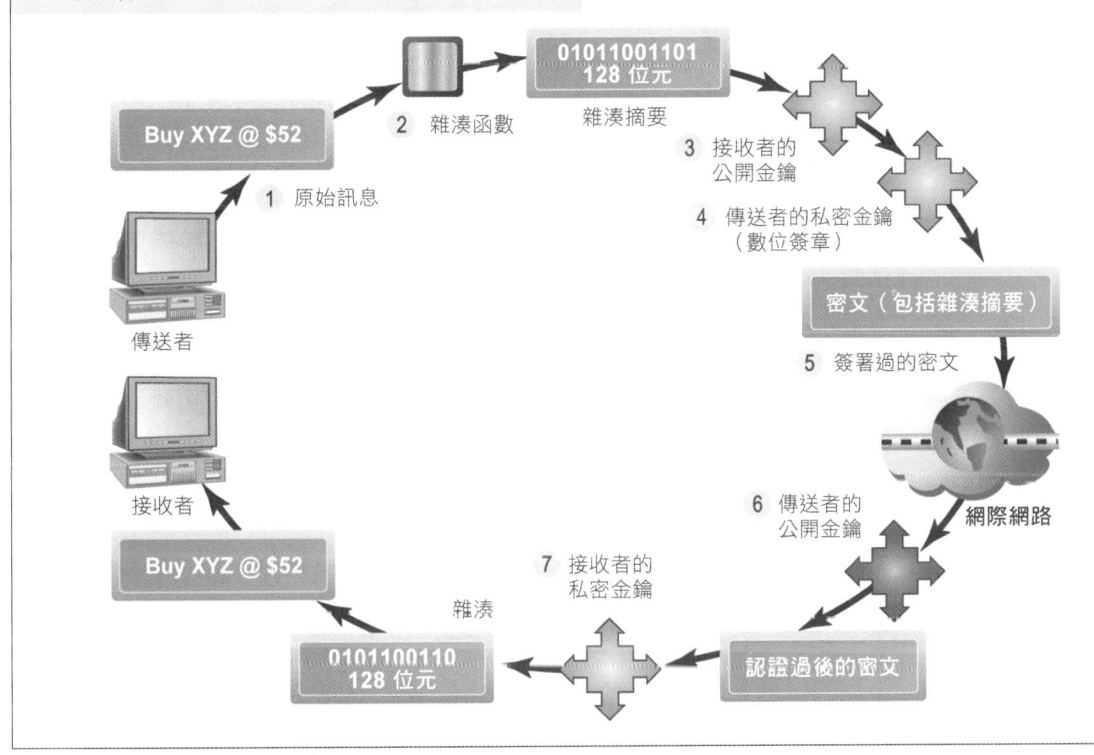

圖 5.11 使用數位簽章的公開金鑰加密法

此為更接近真實的公開金鑰加密法的使用範例。公開金鑰加密法可利用雜湊函數和數位簽章確保訊息的機密性以及認證傳送者的真實身分。只有擁有者或是傳送者可以用自己的私鑰將訊息加密，因此加密後的訊息本身即具有身分認證的功能。而雜湊函數則可確保訊息不會在傳送的過程中被任意的更動。而如同圖 5.10，只有接收者可以用自己的私鑰來進行解密的動作。

還剩下最後一步。為了確保身份辨識性與不可否認性，傳送者再次以傳送者的秘密金鑰將整組加密文字進行加密。如此便產生了可在網際網路上傳送的**數位簽章**（也稱 e-signature）或簽章加密文字。

數位簽章
（digital signature）

可在網際網路上傳送的，已簽章的加密文字

數位簽章就如同手寫的簽名一般，具有只有一個人擁有私密金鑰的獨特性。當數位簽章配合雜湊函數一起使用，數位簽章的獨特效果將遠大於手寫的簽名，也就是說數位簽章可以專屬於某個個人，而且可以用來簽章文件，讓文件也產生獨特性並記錄內容更改的過程。

收到數位簽章的接收者，首先利用傳送者的公開金鑰進行身份認證。身份認證通過後，接收者再利用他的私密金鑰解密，獲取雜湊結果和原始訊息。最後，接收者使用同一個雜湊函數運算原始訊息，並比較結果是否與傳送者的相同。如果結果相同，則接收者能得知訊息在傳送過程中未經竄改，表示訊息具有完整性。

數位信封

數位信封
（digital envelope）
用對稱金鑰加密法加解密文件，再用公開金鑰加密法將對稱金鑰進行加密

公開金鑰加密法在運算上很費時。如果一個人用 128 位元或 256 位元的金鑰加密大量文件 — 例如本章或本書，則會大幅降低傳輸速度與增加處理時間。對稱金鑰加密法在運算上較快，但如前所述，他有一個的弱點 — 金鑰本身必須經由不安全的環境傳輸。有一個解決方案是用對稱金鑰加密法加解密文件，再用公開金鑰加密法將對稱金鑰進行加密。此法被稱為數位信封（digital envelope）。圖 5.12 顯示數位信封的運作方式。

圖 5.12 中，一份外交文件用對稱金鑰加密，此對稱金鑰再用接收者的公開金鑰加密。如此，我們便擁有一個「鑰中鑰」（數位信封）。這份加密的文件和數位信封便透過網路傳送。接收者首先使用私密金鑰將對稱金鑰解密，再用該對稱金鑰將文件解密。這個方法因為使用對稱金鑰加解密文件而省去許多時間。

數位憑證和公開金鑰基礎建設

數位憑證
（digital certificate）
由具有公信力第三者憑證管理中心所發，包含用戶名稱、用戶的公開金鑰、數位憑證序號、到期日、發出日、憑證管理中心的數位簽章、和其他身份資訊

憑證管理中心
（certificate authority, CA）
能發與數位憑證且具公信力的第三者

上述的訊息安全制度仍存在一些缺陷。我們如何知道他們真的是他們所說的人？任何人都可捏造一組私密金鑰和公開金鑰，並說他就是國防部或聖誕老人。當你在 Amazon.com 上購物前，你也會想確認這是真的 Amazon.com 網站，而不是其他偽裝來詐騙的網站。

數位憑證和公開金鑰基礎建設就是用來解決數位身份問題的。**數位憑證**（digital certificate）是由具有公信力第三者**憑證管理中心**（certificate authority, CA）所發。憑證管理中心擁有用戶名稱、用戶的公開金鑰、數位憑證序號、到期日、發出日、憑證管理中心的數位簽章、和其他身份資訊（見圖 5.13）。

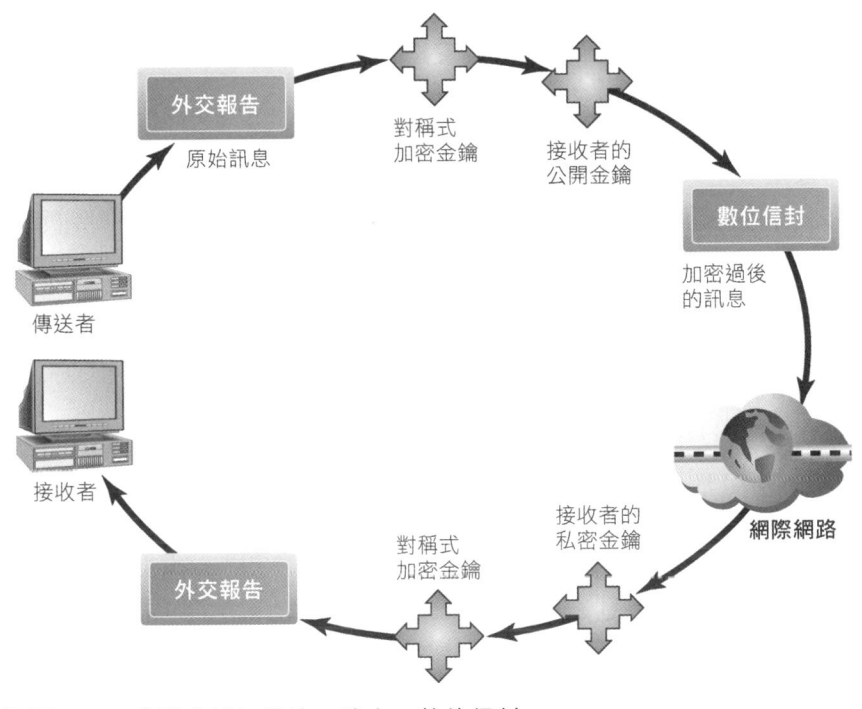

■ 圖 5.12 公開金鑰加密法：建立一數位信封

數位信封可以將對稱式金鑰用公開金鑰加密法加密，接收者收到後可解密並確保訊息不會在傳遞過程中被更改。

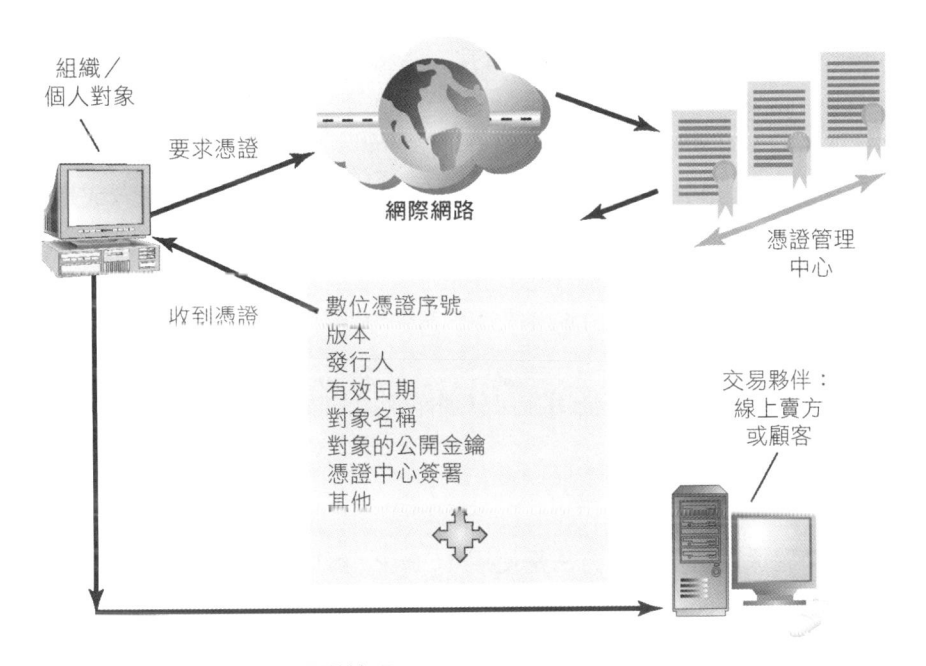

■ 圖 5.13 數位憑證和憑證管理

公開金鑰基礎建設包含憑證管理中心可發放、驗證並確保電子商務中交易個體身分的數位憑證。

5-29

公開金鑰基礎建設
（Public Key Infrastructure, PKI）
全部的人都接受的 CA 和數位憑證處理程序

事實上，CA 的階層已開始出現，許多小的 CA 由大的 CA 所認證，創造出互相認證的社群。**公開金鑰基礎建設**（Public Key Infrastructure, PKI）就是指經所有人接受的 CA 和數位憑證處理程序。

要產生一個數位憑證，用戶自己產生一組公開和私密金鑰，並將此需求和公開金鑰傳送給 CA 認證。CA 進行認證，接著 CA 會發出一個憑證，內含用戶的公開金鑰和其他相關資訊。最後，CA 使用憑證產生一訊息摘要並用 CA 的私密金鑰加以簽署。這個已簽署的摘要即稱為受簽憑證，一個獨一無二的加密文件。

在商務上有好幾種使用憑證的方法。憑證也有很多種類：個人、機構、網路伺服器、軟體出版商、和 CA 本身。你可以在 PGP 網站中輕易地取得個人、非商業使用的公開與私密金鑰。

加密解決方案的限制

公開金鑰基礎建設是一個強大的安全議題解決方案，但它有許多限制。公開金鑰基礎建設主要是為了保護在網際網路上傳輸的訊息，但無法防止自己人動手腳。大部分電子商務網站所保存的客戶資訊都未經加密。還有其他的限制。其一，像是你如何保管你的私密金鑰呢？大多數的私密金鑰都是放在不安全的桌上或電腦中。誰都不能保證是誰在使用你的電腦，還有你的私密金鑰。即使你沒有使用你的私密金鑰，你仍需為結果負責。再者，商店進行認證的電腦可能不安全。第三，CA 們是自選性組織，為的是可以做授權的生意。他們無法管理所有被認證的公司或個人。最後，廢除和更新憑證的政策又為何呢？目前大部分的 CA 都無此類管理政策，或是僅訂定一年將憑證更新一次（Ellison and Schneier, 2000）。

安全的通訊管道

公開金鑰加密法的觀念可沿用在保護通訊管道的安全上。

安全封包層協定

安全協調程序（secure negotiation session）
是一種主從式程序，將所請求的 URL、內容、表單內容、以及交換的 cookie 全都加密

最常用來確保通道安全的方法是使用 TCP/IP（可見第 3 章的說明）的安全封包層協定（Secure Socket Layer, SSL）。當你從網站透過安全通道接收訊息，表示你將使用 SSL 來建立安全協調程序（注意：URL 會從 HTTP 變成 HTTPS）。**安全協調程序**（secure negotiation session）是一種主從式程序，所請求的 URL、內容、表單內容、以及交換的 cookie，全都加密（見圖 5.14）。例如：你輸入表單的信用卡號會被加密。透過一連串的握手和

溝通，瀏覽器和伺服器透過交換數位憑證以確立彼此的身份、決定加密的形式、以及使用最強的共通程序金鑰進行後續溝通。**程序金鑰**（session key）是指僅為了此一程序而存在的唯一對稱金鑰。一旦使用了，它之後就無效了。圖 5.14 顯示出它是如何運作的。

程序金鑰（session key）是指僅為了此一程序而存在的唯一對稱金鑰

在實務上，大多數的個人用戶並沒有數位憑證，因此商店端並不會要求，但當商店伺服器建立安全程序時，用戶端瀏覽器會要求商店顯示憑證。

SSL 協定為 TCP/IP 連線提供了資料加密、伺服器認證、選擇性客戶端認證、以及訊息的完整性。SSL 有 40 位元以及 128 位元的層級，依所使用的瀏覽器，選擇一個最強的共通加密法。

SSL 被設計用來對抗身份認證威脅，讓使用者得以辨認其他用戶或伺服器。它也保護了訊息的完整性。然而，一旦商店收到加密的信用卡和訂單資訊，這些資訊會以未加密形式儲存在商店系統中。

雖然 SSL 協定提供了商店和消費者間安全的交易環境，但只保證商店的身份認證，因為用戶端的認證可有可無。

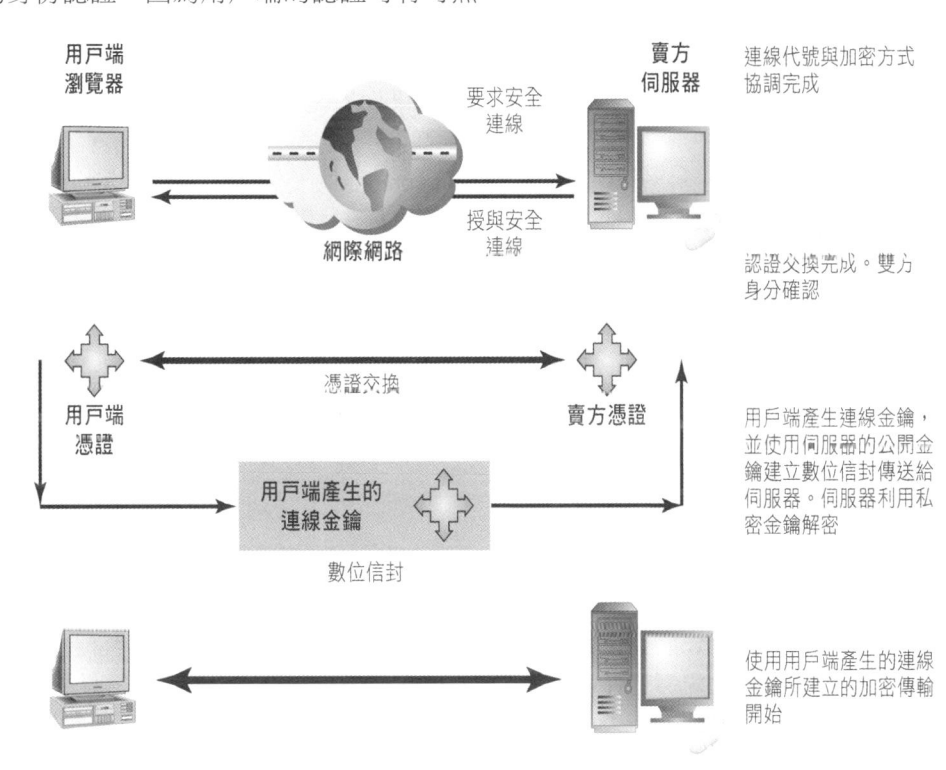

■ 圖 5.14 使用 SSL 的安全協調程序

社會觀點

追求電子郵件安全

你剛寄了一封有病毒的電子郵件給你的朋友，信件內容談及與你競爭同一個職位的同事。現在你希望你可以刪去你有寄過這封信的事實，因為有病毒的信件可能會透過你們之間共同認識的朋友而傳開。

你現在在紐約，而你想要寄一封電子郵件與在倫敦的另一家公司協商。然而由於想要避免競爭者進入議價，你希望協商的內容可以是私下運作而非公開的討論。

你寄了一封電子郵件給批發商，告訴他們停止送貨給某家剛宣布破產的零售商。如果商品被送往該破產的零售商，依手續這些商品會被認定是該公司的資產而被抵押。你需要不可否認的證據證明你的批發商收到你寄的郵件。如果批發商送出商品，你則不需要負擔法律責任。而你所需要的是如同一般郵件一樣，一封登記、憑證過的，並有收據性質的證明。

在美國，每天大約有 800 億封電子郵件產生，而五年前每天僅有 100 億封電子郵件產生。大部分的電子郵件程式未提供瞭解誰看過你寄的信、寄出的信件存在的時間，以及誰收到了信等等的協助。電子郵件很容易就可以被否認或是更改。事實上，你的電子郵件理論上可以被所有的人看到，而且你無法選擇是誰可以看到信件的內容。因此，你需要仔細地思考信件中要說什麼，以及如何說。但是現在電子郵件可以更安全了。

現在有許多免費的服務讓使用者可以寄出到期就自動刪除的電子郵件。

BigString 即為一例，它可以依據讀過的信件數量或是信件寄來的時間自動刪除信件。此外，它也會阻擋收件者對信件內容進行複製、傳送或是列印的動作。而針對任何一位電子郵件的客戶，該服務也提供隨插即用的方式。其他像是 Self-destructing-email.com 是針對網路的電子郵件客戶所設計的服務；而 Willseifdestruct.com 則是允許使用者為接收者創造一個單次使用的電子郵件安全介面。要取得電子郵件的內容是透過一個特殊的連結，隨即這個連結在使用後就會被刪除。

如果你對電子郵件為何不像傳統郵件一樣可被登記（registered），現在 RPost.com 提供一個可用在微軟 Outlook 中的方法。一封電子郵件收費 59 分美元，RPost 就會通知送件者說電子郵件已經被接收並開啟了。

根據微軟公司 office 溝通服務部門的總經理 William Kennedy 提到在 Outlook 2007 的應用程式將會加上電子郵戳、不能再繼續傳送和列印的信件方式。

但是刪去、毀壞或是更改信件都有違現代公司經營的法律規範。電子郵件在法庭上已逐漸與傳統郵件和合約具有相同的地位。它可做為行動、意圖和最終結果的證據。而公司的電子郵件內容則已有被視為與商業文件一般的地位。像是 2002 年的 Sarbanes-Oxley Act law 就要求所有公司要有一個合理的政策來保存商業活動的記錄，如電子郵件和即時通訊的內容。而保

存時間的長短必須是在合理的範圍，同時期政策必須被清楚的設定和執行。一個好的保存政策不能是選擇性，也就是說全部的文件都需要保留。因此，大多數的公司會儲存所有的電子郵件和即時通訊內容。在沙賓法的規定下，如果你改變、更動或是刪除商業活動的電子郵件，你可能會被判最多 20 年的刑期。因此，在現在的環境中，你必須要能夠在電子郵件的使用者控制與公司保存記錄的責任間維持平衡。

此外，SSL 並沒有提供不可否認性，消費者仍可發出訂單或下載資訊，再宣稱交易從未發生過。其他像是 SET（Secure Electronic Transaction Protocol）的協定為了保護財務交易，要求在交易中的各方都需使用數位憑證。

安全超文字傳輸協定（S-HTTP）

有一種安全的方法叫做**安全超文字傳輸協定**（Secure Hypertext Transfer Protocol, S-HTTP）。S-HTTP 是一種安全的訊息通訊協定，設計用來和 HTTP 一起使用，它可輕易地和 HTTP 整合。SSL 是要建立兩台電腦間的安全連線，S-HTTP 是要以安全的方式將訊息傳送給個人。並非所有的瀏覽和網站都支援 S-HTTP。若網站使用 S-HTTP，則它的 URL 開頭會是 "S-HTTP"。有了 S-HTTP，任何訊息都可以加上簽名、辨識身分、加密、或上述的任意組合。基本上，S-HTTP 試圖讓 IITTP 變得更安全。

安全超文字傳輸協（Secure Hypertext Transfer Protocol, S-HTTP）

一種安全的訊息通訊協定，設計用來和 HTTP 一起使用，無法保護非 HTTP 訊息

虛擬私有網路

虛擬私有網路（virtual private network, VPN）讓遠端使用者可以利用**點對點通道協定**（Point-to-Point Tunneling Protocol, PPTP），安全地在網際網路上存取內部網路。PPTP 是一種加密機制，允許一個區域網路透過網際網路連結至另一個區網。遠端使用者可以撥接到附近的 ISP，PPTP 就從 ISP 連線到公司網路上，就如同使用者直接撥接到公司網路。透過另一種協定連結至某一種協定的過程稱為通道（tunneling），因為 PPTP 在訊息外加了一層隱形的包裝以隱藏訊息內容，藉此產生私密連結。當訊息在網際網路間和企業網路上傳遞時，PPTP 的加密包裝保護訊息不受窺視。

虛擬私有網路（virtual private network, VPN）

讓遠端使用者可以利用點對點通道協定，安全地在網際網路上存取內部網路

點對點通道協定（Point-to-Point Tunneling Protocol, PPTP）

一種加密機制，允許一個區域網路透過網際網路連結至另一個區網

VPN 之所以為「虛擬」是由於它看起來像是使用專線，但事實上，它只是一條暫時的專線。VPN 主要的目的為讓企業合作夥伴（大型的供應商或客戶）間能建立起安全的溝通管道。專屬於企業合作夥伴間的專線非常昂貴。使用網際網路和 PPTP 能大幅降低安全通訊的成本。

保護網路

通訊管道受保護後，下一個要考慮的工具就是能保護網路、伺服器和客戶端的工具。

防火牆

防火牆和代理伺服器是用來在網路和相連伺服器與用戶端電腦外圍，建立一道保護牆，就像在真實世界中的防火牆一樣。防火牆和代理伺服器有某些共通點，但卻不相同。

> **防火牆（firewall）**
> 一種硬體或軟體，它能過濾通訊封包並根據安全政策防止部分封包進入網路

防火牆（firewall）是指一種硬體或軟體，它能過濾通訊封包並根據安全政策防止部分封包進入網路。防火牆控制伺服器和用戶端間的流量，禁止不信任網域的通訊，並且允許受信任網域的通訊處理。所有在網路上傳送或接收的訊息都會經過防火牆，由它判斷訊息是否符合企業建立的安全準則。如果符合，則允許訊息傳遞；若否，則阻擋該訊息。防火牆能根據封包屬性進行過濾，像是來源 IP 地址、目的通訊埠或 IP 地址、服務型態（如 WWW 或 HTTP）、來源網域名稱、和許多其他屬性。大多數硬體防火牆都有預設值，不需太多或太複雜的管理員介入就能有效防止從外部來的封包 — 防火牆只允許你所要求服務的伺服器連結。硬體防火牆（DSL 和 Cable Modem 路由器）常見的預設包含關閉 TCP port 445，一個最常被攻擊的通訊埠。防火牆的使用能有效的阻擋攻擊事件，因此駭客們轉為利用電子郵件附加蠕蟲或病毒。

防火牆有兩種主要確認流量的方法：封包過濾器（packet filter）和應用程式閘道器（application gateway）。封包過濾器檢查封包，以辨識它是否送給或來自受限制的通訊埠或 IP 地址（根據安全管理員的設定），它也會檢核封包型態是否允許傳遞。但封包過濾器有一個缺點，它無法阻擋欺騙行為，因為它不具有身份辨認性。

應用程式閘道器則根據所要求的程序應用進行通訊過濾。不同於封包過濾器是在網際網路層進行，應用程式閘道器的連線過濾動作發生在程序應用層。它是由中央控管，故可能會影響系統效能。

代理伺服器（proxy server）是軟體伺服器（通常位於固定的電腦上），可處理所有在網際網路上傳遞的通訊，為企業扮演著貼身保鑣的角色。雖然有些代理伺服器與防火牆功能相同，但其主要功用是限制內部客戶對外部網際網路伺服器的使用。代理伺服器有時被稱做 dual home system，因為它擁有兩個網路介面。對內部電腦而言，代理伺服器就是閘道，對於外部電腦來說，它可能是郵件伺服器或數字位址（numeric address）。

當內部網路的使用者要求一個網頁，此要求首先被送至代理伺服器。代理伺服器會確認使用者和要求是否合法，再將要求送往網際網路。如果允許，則網頁會經由內部網路的網站伺服器送至用戶端。禁止使用者直接與網際網路通訊，企業能限制某些網站的存取，像是色情網站、拍賣網站、或股票交易網站。代理伺服器也能改善網頁效能，因為它會將所要求的網頁儲存在本地端，降低上傳時間，並隱藏內部網路地址，讓駭客不易進行監聽。圖 5.15 顯示防火牆和代理伺服器如何防範區域網路不受入侵及防止內部用戶存取受限的網站。

> 代理伺服器
> （proxy server）
> 軟體伺服器，處理所有在網際網路上傳遞的通訊，為企業扮演著貼身保鑣的角色

保護伺服器與客戶端

作業系統控制和防毒軟體能進一步協助伺服器和用戶端不受某些攻擊威脅。

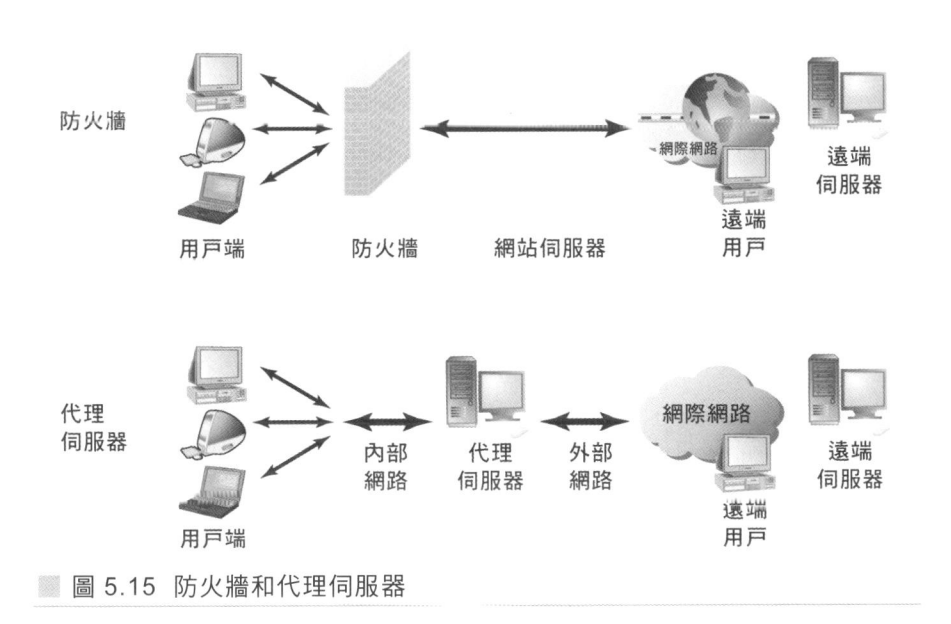

圖 5.15 防火牆和代理伺服器

加強作業系統安全性

保護伺服器與用戶電腦最直接的方法，就是利用 Microsoft 和 Apple 的自動電腦安全性更新。Microsoft 持續地更新 Windows 2003 和 Windows XP、

5-35

Windows Vista 作業系統的安全性弱點。這些更新是自動的,當你連上網際網路時,電腦會通知你現在有新的更新程式。使用者能免費下載這些安全性更新程式。只要保持作業系統在最新的狀態下,便能阻擋常見的蠕蟲和病毒。應用程式弱點也是用同樣的方法修正。舉例來說,Mozilla 瀏覽器和 Internet Explorer 可以自動下載更新而不需要使用者的介入。

防毒軟體

防止系統完整性威脅最簡單和最便宜的方法就是安裝防毒軟體。McAfee 和 Symantec(Norton AntiVirus)和其他公司都提供可找出並消除常見惡意程式的工具。防毒軟體能設定檢核電子郵件附件,故在你開啟一個含有病毒的附件前,該附件就會被清除了。然而,僅僅只是安裝軟體是不夠的。每天都有新病毒出現,所以必須每天進行病毒碼更新,有些高階的防毒軟體會每小時更新一次。

防毒套裝軟體和單獨販售的軟體都可排除入侵者,如遠端控制程式、廣告軟體和其他安全風險等的進入。像這樣的軟體,其運作模式與防毒軟體類似,主要是針對已知的駭客工具和被簽署行為。一但偵測到駭客行為,系統會出現警示,故需人員或服務監控以確保系統正常運作。

5.4 政策程序與法律

自 2000 年起到 2008 年,美國企業和政府單位已投入超過 1000 億美金在電腦安全措施上,這也是為什麼自 2000 年後,針對企業和政府單位的攻擊事件和金錢損失稍微降低了一些。但網站的攻擊卻有增無減,尤其是針對個人財務記錄與身份未授權存取資訊與盜取私密資訊,帶來了巨大的財務損失。

許多電子商務網站的 CEO 與 CIO 認為,光是靠科技本身是無法管理電子商務風險的。科技是基礎,但若缺良好的管理策略,就算有再好的科技也不堪一擊。我們也需要公共法律以及積極推動網路罪犯條例,以增加網路犯罪的代價與防止企業濫用資訊。以下將就管理政策做詳細的說明。

安全計畫:管理政策

為了降低安全性威脅,電子商務企業需要制定協調一致的公司政策,將風險本質、需受保護的資訊、相關程序和科技、以及建置和審核制度同時考量。圖 5.16 顯示制定堅固的安全計畫之重要步驟。

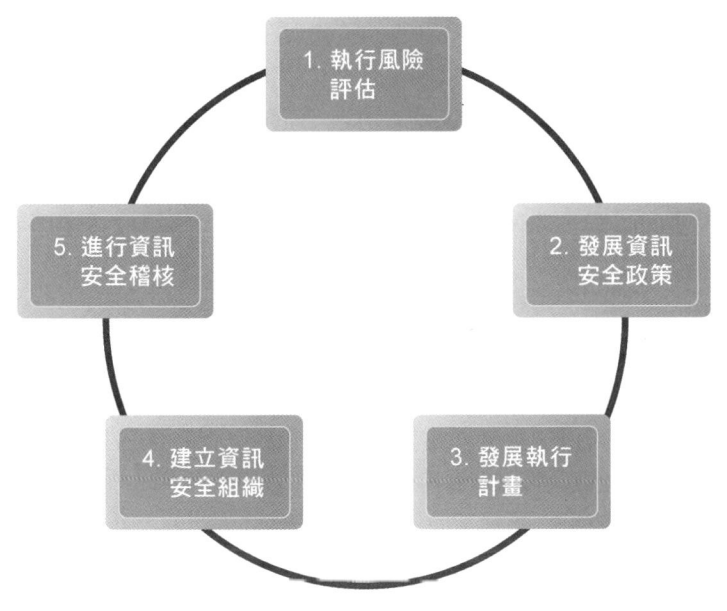

```
        1. 執行風險
            評估

5. 進行資訊              2. 發展資訊
  安全稽核                 安全政策

    4. 建立資訊        3. 發展執行
      安全組織            計畫
```

■ 圖 5.16 建立電子商務安全計畫

　　制定安全計畫的第一步是風險評估 ─ **評估風險**和安全弱點。首先，要將電子商務網站的資訊和知識資產儲存起來。什麼樣的資訊會面臨風險？是客戶資訊、專利設計、企業活動、秘密處理程序、或其他內部資訊嗎？試著評估所有資訊資產的價值，並乘上風險可能發生的機率，之後再做排序，就完成了一張依價值排序的資訊列表。

　　根據該列表，你可開始發展**安全政策** ─ 包含資訊風險層級的陳述，列出可接受的風險目標和達到這些目標的機制。你一定會想要從風險層級最高的資訊資產開始。在公司中是誰產生和掌握這些資訊？目前有什麼安全政策保護這些資訊？你建議做什麼改善以提升這些具有價值的資產安全？你願意每十年遺失客戶信用資料一次嗎？或者你追求的是建立超級安全的防護以防止任何災害？你必須評估要達到這些可接受的風險層級需要花多少成本。記住，全面的安全需要大量的財務資源。藉著回答這些問題，你漸漸會有一個安全政策。

　　接下來是**建置計畫** ─ 實現安全計畫目標的行動方案。特別是你必須決定如何將可接受的風險層級轉成工具、技術、政策和程序。你會需要什麼樣的技術以達到這些目標？什麼樣的新員工程序是必要的？

　　為了實現你的計畫，你需要一個專門負責安全性的單位和安全人員 ─ 掌管每日安全性的人。小型的電子商務網站的安全人員可能是負責網際網路服務或網站管理者；若在大型企業，則會有一個專職小組和一筆支援預

風險評估
（risk assessment）

評估風險和安全弱點

安全政策
（security policy）

包含資訊風險層級的陳述，列出可接受的風險目標和達到這些目標的機制

建置計畫（implementation plan）

實現安全計畫目標的行動方案

| 電子商務

安全小組（security organization）
教育和訓練使用者、讓管理階層瞭解安全性威脅和問題、和維護建置安全的工具

存取控制（access control）
決定哪些外部和內部使用者能合法存取你的網路

身份認證程序（authentication procedure）
包含使用數位簽章、管理機關憑證、和PKI

生物辨識技術（biometrics）
研究生物上或生理上的特徵

授權政策（authorization policy）
決定各層級的使用者能存取哪些層級的資訊資產

授權管理系統（authorization management system）
制定允許使用者能在何時、在何處存取網站的某部分

安全審核（security audit）
定期查看存取記錄（得知外部人士如何使用該網站，也知道內部使用者如何存取網站資產）

算。安全小組教育和訓練使用者、讓管理階層瞭解安全性威脅和問題、和維護建置安全的工具。

安全小組通常負責**存取控制**、身份認證程序、與授權政策。存取控制決定哪些外部和內部使用者能合法存取你的網路。外部存取控制包含了防火牆和代理伺服器，內部存取控制則主要由登入程序組成（使用者名稱、密碼、和存取密碼）。

身份認證程序包含使用數位簽章、管理機關憑證、和PKI。現在，電子簽章在法律上具有和紙筆簽名相同的效力，企業們正急於想出測試和確認簽章者身份的方法。企業通常讓簽署者打上他們的全名並點選按鈕，表示他們瞭解簽署的是合約或文件。

生物辨識裝置常與數位簽章一起使用，以確認個人的生理特徵，像是指紋或視網膜掃描、或是聲音辨識系統（**生物辨識技術**是在研究生物上或生理上的特徵）。例如：公司可能會要求個人進行指紋掃描後，才能存取網站或使用信用卡付款。生物辨識裝置提高駭客侵入網站的門檻，大幅降低欺騙和篡改的發生機會。

授權政策決定各層級的使用者能存取哪些層級的資訊資產。**授權管理系統**則是制定允許使用者能在何時、在何處存取網站的某部分。它們主要的功能是在企業網際網路的架構下，限制私人資訊的存取。雖然目前有好幾套授權管理產品，但大多以同樣的方式運作：系統將使用者工作階段加密，使之成為一把主鑰跟隨著使用者，並根據系統資料庫設定，僅允許使用者存取權限內的區域。藉著建立每個使用者的存取權限，授權管理系統會知道誰被允許存取何處。

發展電子商務安全計畫的最後一個步驟就是進行**安全稽核**。安全審核會定期查看存取記錄（得知外部人士如何使用該網站，也知道內部使用者如何存取網站資產）。每個月都會產生報表，以查看定期與非定期的存取作業，並找出異常的活動模式。先前提過，老虎隊通常被大型企業網站用來評估現存安全程序的強度。過去五年有許多像老虎隊這類型小公司如雨後春筍般出現，目的就是為了提供大企業這些服務。欲瞭解保護網路資訊安全的新方法，請見「科技觀點」的介紹。

法令與公共政策角色

現在電子商務的公共政策環境與早期十分不同,現在電子商務的環境是受管理與監督的。唯有強大的公共法令與執法機制,電子商務市場才能運作。法令會協助確保有秩序、合理、而公平的市場。這種成長的公共政策環境,正逐漸與電子商務一樣全球化。除了部份驚人的國際性攻擊美國電子商務網站事件,大部分具傷害性的攻擊事件的來源和介入人員都無法找到,也無法以法律制裁。

自願性和私人力量在辨識違法駭客和協助執法上,一直扮演很重要的角色。自從 1995 年開始,電子商務大幅成長,中央和地方法令執法活動也大幅擴張。新的法令已通過,賦予地方和中央管理單位新的工具和機制,以辨識、追蹤、起訴網路罪犯。表 5.4 列出最重要的聯邦電子商務安全法規。

表 5.4 電子商務安全法規

法律	重要性
Computer Fraud and Abuse Act(1986)	用來對抗電腦犯罪的主要聯邦法規
Electronic Communications Privacy Act(1986)	對存取、攔截或揭露他人私人電子郵件通訊的個體施與罰金與監禁
National Information Infrastructure Protection Act(1996)	使阻斷服務成為非法行為;在 FBI 建立了 NIPC
Cyberspace Electronic Security Act(2000)	減少了電子資訊輸出國外的限制
Computer Security Enhancement Act(2000)	保護聯邦政府的系統免於駭客攻擊
Electronic Signature in Global and National Commerce Act(the "E-Sign Law")(2000)	允許法律文件使用電子簽章
PATRIOT Act(2001)	允許對有嫌疑的恐怖份子使用電腦式監察
Homeland Security Act(2002)	允許建立國土安全局,負責發展保護美國重要資源和關鍵基礎設備的國家計畫;國土安全局變成所有虛擬世界資訊安全的主要仲裁者
CAN-SPAM Act(2003)	主要處理垃圾信件與公民、法律單位之間訴訟的問題,也制定可以防止傳送信件者在接收者的 ISP 或法律單位中隱蔽其身分或位置的辦法。此外,傳送情色的電子郵件而未標示之亦可用此法予以制裁。
U.S. SAFE WEB Act(2006)	加強 FTC 為消費者因間諜軟體、垃圾信件或網際網路詐欺而損失金錢的賠償之能力;同時也改善 FTC 蒐集資訊和協同調查的能力。

科技觀點

保護你的資訊安全：Cleversafe Hippie Storage

一般來說，如果你想要保存電腦中資料的安全，你大概會將資料備份並放在不同的儲存設備中，像是將筆記型電腦裡的資料備份到主要的伺服器中，或是將資料存入USB可方便晚上帶回家使用。備份三次通常是公司保護分散於不同系統的資料安全的做法，也就是LOCKSS(lots of copies keeps stuff safe)，越多的備份資料就越安全。

LOCKSS讓公司至少增加200%的伺服器和儲存設備數量，只為了要儲存這些檔案和資料的備份。而這樣的方式只會讓硬碟和伺服器製造商開心，但對於公司卻是相當大的成本。在數位的時代中，LOCKSS似乎不是個聰明的選擇。舉例來說，Goolge因為需要儲存大量的資料而在達拉斯、奧立岡與哥倫比亞河岸建立了全球最大的資料儲存中心（6萬8000平方英尺的磁碟和電腦）。現在儲存的資料量已經超過3萬7000個國會圖書館的大小，而資料量每三年就會加倍的成長。如果每個重要的資料都要備份三次，相信目前世界上是沒有足夠的電力可以維持的。

另外，傳統保護資料安全的方式也相當的不安全。如果一個儲存系統被入侵或是一台電腦的備份被誤置，都會導致全部的安全防護崩解。如TJMaxx即因為一個儲存裝置被入侵而被遺失超過4700萬份顧客信用卡的紀錄。再者，傳送資料至遠端的儲存設備時，也會增加被攔截的風險。

Cleversafe是一家隸屬於伊利諾科機構的公司，現在正發展另一種不同的儲存系統。相較於Google的目標是組織全世界的資訊，Cleversafe則希望能夠儲存全世界的資訊。Hippie storage（或稱 grid storage）是一個將資訊切成片段，分別加密並用網際網路放置在不同伺服器上的演算法。這個方式類似於 SETI@Home 計畫，演算法會隨著資料的移動替資料加上贅字、進行錯誤檢查並加密。

根據由電腦專家 Adi Shamir 所發表「How to Share a Secret」的論文，原始的資料可以由切成片段的資料重新建構。一般而言，資料會被放置在網際網路的11個有關聯的伺服器，並且可從其中四個伺服器建構出原來的資料。根據你的需求和風險，你可以決定要將資料分散到幾個伺服器中，又要由幾個伺服器來重建你的資料。這個方式與電腦網格運算類似：一組相互關聯的電腦彼此分享、處理各電腦的負載。即使其他六個伺服器被毀壞或入侵，你的資料仍可以安全的存在於其他的伺服器中。如果駭客闖入一兩個，或是三四個伺服器都不會造成問題，因為你仍然可以重建你的原始資料。而這個方式所造成的額外成本僅是 LOCKSS 的一小部分。相較於傳統的備份方式，一份資料備份的比率為5比1或6比1，而 Cleversafe 僅需要1.3比1的備份或是更少。

在2008年3月，Cleversafe 發行了第一個商業用的分散儲存產品。這個產品利用上述的方式保護資料的安全，而儲存24TB的資料量花費12萬7000美元。在2008年8月，Cleversafe 與其他五家重量級的公司結盟，共同銷售這個商品。

超過十億台個人電腦與網站連接，網格運算的方式將更為普遍。在未來，電子商務中的機密性資料可以這個方式儲存並相互分享。這不僅具經濟性，也可以在分享秘密的同時保護這些資料。

藉由加重網路犯罪的懲罰，美國政府正試圖建立防止駭客行為的威信。而讓駭客行為變成聯邦犯罪，美國政府能引渡國際駭客至美國，並且起訴他們。在 2001 年的 911 攻擊事件後，美國國會通過的條款中包含監控電子郵件和網際網路的使用。而在 2002 年的國土安全條款更企圖與網路恐怖分子宣戰，並加強政府對於這一方面的控管能力。

私人機關 & 私人機關與公家單位合作的力量

好消息是，電子商務網站在對抗安全性威脅的戰場上並不孤單。有些機構 — 部分公家單位部分私人機關 — 正投入打擊網路犯罪組織與個人犯罪。最有名的私人機構為卡內基美隆大學的 CERT Coordination Center。CERT 監視和追蹤由私人企業和政府單位所通報的網路犯罪活動。CERT 是由全職和兼職的電腦專家組成，他們找到網站攻擊的來源。他們的人員也協助企業找出安全性問題、發展解決方案、與和大眾對談駭客威脅話題。CERT Coordination Center 也提供產品評估、報告、和訓練，以增進大眾對於安全性威脅和解決方案的知識。美國國土安全部下的 United States Computer Emergency Readiness Team（US-CERT）負責協調網路事件警告並回報給政府或私人機構。

CERT Coordination Center
監視和追蹤由私人企業和政府單位所通報的網路犯罪活動

US-CERT
美國國土安全部內的一個組織，負責協調網路事件警告並回報給政府或私人機構

加密軟體的政府政策和管控

如本章之前所述，政府正積極限制加密軟體的取得和出口，以防止犯罪和恐怖主義。國際上，有四個組織影響著加密軟體的國際流通：OECD（經濟合作暨發展組織）、G-7/G-8（工業 8 大強國的領袖）、歐洲理事會、和瓦聖那協定（EPIC, 2000）。許多國家已提倡管控加密軟體的計畫，或至少防止罪犯取得這些強大的加密工具（見表 5.5）。

經濟合作暨發展組織指導綱領（OECD Guidelines）

在 2002 年 7 月，OECD 終於發表了資訊系統與網路安全指導綱領（Guidelines for the Security of Information Systems and Networks）。此指導綱領包含九項原則，目的為增加公眾常識、推廣教育、資訊分享、與安全性教育訓練。「安全性文化」代表著一種新思維 — 每個使用電腦和網路的人都負有責任。此指導綱領代表 30 個 OECD 會員國的共識，並且支持 OECD 更大的目標 — 推廣經濟成長、交易和發展。

表 5.5 政府對加密管理和控制的努力

管理方式	影響
限制強大的安全系統輸出	主要由美國方面的支持。將加密機制廣為流傳將減弱這項政策的成效。而此政策現在已逐漸轉為開放輸出
金鑰信託/金鑰復原方案	在 1990 年代晚期由法國、英國和美國所支持的政策，但現在大部分的內容已被廢除。原因在於缺少可信賴的第三方單位
依法律途徑取得並強制公開	逐漸獲得美國執法單位和 OECD 國家的支持
法定處理	所有的國家快速地擴張預算，同時加強執法單位對在科技技術監控或毀壞電腦、加密活動等等各方面犯罪的能力

5.5 付款系統

付款系統的類型

為了瞭解電子商務付款系統，首先需要熟悉各種普通付款系統，然後就能清楚電子商務付款系統所需符合的條件，並能瞭解電子商務技術對發展新付款系統所帶來的機會。付款系統有五種主要的類型：現金、支票、信用卡、儲值系統、累積餘額帳戶。

現金

現金（cash）
國家授權製造的法定貨幣，用來代表價值

現金是國家授權製造的法定貨幣，用來代表價值，是交易中最常見的付款形式。現金的主要特色就是它可以不用藉由任何其他的中介機構，可立即轉換成其他的價值形式。舉例來說，免費的航行哩數就不是現金，因為它不能立即轉換成其他價值形式 — 要將其轉換成私有價值（飛機票），需要由第三方（航空公司）擔任中介人。私有組織有時候可創造一個私有現金的形式，稱為「輔幣」，它可以藉由參與組織立即贖回貨物或現金。

為什麼今日現金仍然如此普遍呢？因為現金的攜帶性、不需要認證，而且可為擁有它的人提供購買力。現金可以做小額付款。而且現金是免費的，廠商和顧客使用它不需支付交易費。使用現金不需要任何補償性的資產，像是特別的設備或是帳戶，而且使用者只需很低的認知需求。現金是匿名且難以追蹤的，所以它是「隱密的」。其他付款形式必須要第三方的介入並且留下數位或紙本紀錄。

另一方面，現金被限制用於小額交易（你不大可能用現金購買車子或房子），它也容易被偷，而且不能提供任何「**流通期**」（在購買和實際支付之間的這段時間）；當它使用了，就沒有了。以現金來說，購買是不可撤銷的，除非賣方同意。

流通期（float）
在購買和實際支付之間的這段時間

支票

支票，代表透過一張簽過名的匯款單，將存款從顧客的帳戶移轉到廠商或其他人的帳戶，它是第二類常見的付款形式，但在交易總額則是最高的。

支票（checking transfer）
代表透過一張簽過名的匯款單將存款從顧客的帳戶移轉到廠商

支票可以使用在小額及大額交易中，雖然他們不常用在小額的付款（小於美金 1 元的支出）。支票有一些「流通期」（它可能要花十天進行確認），且沒用完的餘額可以產生利息。支票也可能為廠商帶來安全上的風險：支票比現金更容易偽造，因此需要確認。對廠商而言，相較於現金，支票也代表一些額外的風險，因為當他們結清帳戶或是在帳戶中沒有足夠的錢時，交易可以被取消。

信用卡

信用卡代表消費者信用的延伸，允許消費者展延付款，而且可以一次付款給多個賣方。VISA 和 MasterCard 等**信用卡組織**是非營利組織，它們制定標準，讓**發卡銀行**（像是花旗銀行）可以從事信用卡的發行和處理交易。其它的第三方（交易處理中心或票據交換所）通常是處理帳戶和餘額的確認。信用卡發行銀行扮演一個金融中介的角色，將雙方交易的風險降到最低。

信用卡（credit card）
信用卡代表消費者的延伸信用，允許消費者購買可定期付款而且可以一次對廣泛販售者付款

信用卡組織（credit card association）
為發行信用卡的銀行制定標準的非營利的組織

信用卡提供消費者某信用額度，可以立即進行大額或小額的購物。這樣的付款方式減少攜帶現金遭竊的風險，且增加了消費者的便利，因而廣受歡迎。信用卡也提供了消費者相當長的流通期。例如，消費者不需要立即支付貨款，可以在收到信用卡帳單的 30 天後再付款。消費者因使用信用卡的便利而增加消費，廠商則因此而獲利，但需要支付發卡銀行商品價格的 3% 到 5% 的交易費。此外，根據聯邦 Z 法規，大多數交易上的風險

發卡銀行（issuing bank）
從事信用卡的發行和處理交易的銀行

（例如信用卡詐騙、否認交易、或不付錢）是由廠商和發卡銀行承擔。聯邦 Z 法規限制，在未通知發卡銀行之前，持卡人未授權的交易金額最高為 50 美元。一旦通知信用卡遭竊，消費者不需對之後的任何費用負責。

信用卡比其它付款系統有彈性，因為消費者可以在某些特定的情況下反駁或否認購買，因此消費者承擔的風險有限，但廠商和發卡銀行的風險則增高。

儲值系統

儲值系統（stored-value payment system）
價值儲存付款系統是當有資金需求時，由一個帳戶支付或提取資金的系統

轉帳卡（debit card）
立即從支票或其他存款帳戶扣款的儲值方式

儲值系統是當有資金需求時，由一個帳戶支付或提取資金的系統。儲值系統在一些方面和支票相似，都必須有存款，但**儲值系統**不需開立支票。如轉帳卡、禮券、預付卡和智慧卡（本章之後會有更詳細的介紹）都是。轉帳卡很像信用卡，但不提供信用額度，是立即從支票或其他存款帳戶扣款。對很多消費而言，**轉帳卡**是為了消除開立支票的需求。現今，美國約有 3 億張有效的轉帳卡，而且在超過四分之一的美國零售店中流通。但是，使用轉帳卡，消費者銀行帳戶內的現金必須足夠，所以大額的購物仍傾向使用信用卡。且相較於其它國家，美國的轉帳卡使用較不普遍，部分原因是因為他們不受 Z 法規的保護，且也沒有任何的流通期。

PayPal 之類的 P2P 付款和儲值系統的概念不大相同。P2P 付款系統不要求要先付款，但要求要有一個儲值帳戶或支票帳戶，以及還未停用的信用卡。PayPal 通常使用 P2P 付款系統的原因在於可以讓小規模的商家和個人之間進行交易而不需要透過銀行或交易處理中心。

累積餘額帳戶

累積餘額付款系統（accumulating balance payment system）
累積餘額付款系統是累積費用且由消費者定期付款的系統

累積餘額付款系統是累積費用且由消費者定期付款的系統。傳統的例子包括公用事業、電話費和美國運通卡帳戶，這些全都是累積餘額，通常在經過一段指定的期間（通常是一個月）後，於指定期間的最後一天支付全部的金額。

表 5.6 整理各種付款系統的特點及系統中最重要的部分。首先，評估付款系統是一個複雜的過程，必須考慮許多層面。由表 5.6 可知企業想設計新的付款機制取代當前的付款系統（現金、支票和信用卡）有多麼困難。

表 5.6 也提出不同的交易方（利害關係人）對於付款系統有不同的偏好。在付款系統中的主要參與者是消費者、廠商、金融中介機構和政府主管單位。

表 5.6　付款系統的考慮層面

考慮層面	現金	個人支票	信用卡	儲值卡（轉帳卡）	累積餘額
無需中介可立即轉換成現金	是	否	否	否	否
大筆交易的交易成本低	否	是	是	是	是
廠商的固定成本較低	是	是	否	否	否
可拒絕付款	否	是	是	否／通常不是	是
消費者的財務風險	是	否	上限為 50 美元	有限	否
廠商的財務風險	否	是	是	否	是
消費者不需具名	是	否	否	否	否
廠商不需具名	是	否	否	否	否
可立即再消費	是	否	否	否	否
非授權使用的安全性	否	有些	有些	有些	有些
避免竄改	是	否	是	是	是
要求授權	否	是	是	是	是
特殊的硬體需求	否	否	對廠商是	對廠商是	對廠商是
買方有流通期	否	是	是	否	是
需要有帳戶	否	是	是	是	是
有立即的貨幣價值	是	否	否	是	否

　　消費者主要對於低風險、低花費、可退貨（可反悔或拒絕付款）、便利和可靠的付款機制感到興趣。消費者表示除非新的付款機制和現存的系統一樣好（或更好），否則他們不會使用新的付款機制。總之，多數消費者使用現金、支票或信用卡消費，但會因交易情況的改變而選擇特定的付款系統。例如，現金可能會使用在需保密及匿名的交易，但同樣的也有消費者要求留下購買汽車的交易紀錄。

　　廠商對低風險、低成本、不可撤銷、安全和可靠的付款機制感興趣。廠商現在需要承受許多支票和信用卡詐騙、購物後反悔的風險，以及高額的驗證付費硬體成本。廠商較喜歡現金、支票的付款方式，而不喜歡信用卡付款，因為這些通常有較高的手續費，且允許消費者退貨。

像銀行和信用卡網路等金融中介機構，則是喜歡能將風險和成本移轉給消費者和廠商的安全付款系統，再收取最高的交易費。因此金融中介機構最喜歡的付款機制是支票、轉帳卡和信用卡。

政府主管單位希望能維持金融系統的信任感；主管單位會尋求付款系統免於詐欺和濫用的保護措施。最重要的法規是 Z 法規、E 法規和規範 ATM 使用的 1978 年的電子資金轉換法案（EFTA）。Z 法規降低了消費者使用信用卡的風險。相反的，EFTA 和 E 法規卻讓消費者在使用轉帳卡或 ATM 金融卡時承擔較高的風險。例如，若你遺失了 ATM 金融卡或轉帳卡，你可能必須負擔這帳戶的任何損失。然而，Visa 和 MasterCard 的政策則是限制消費者只需負擔 50 美元的風險。

5.6 電子商務付款系統

電子商務的誕生創造了許多傳統付款系統無法滿足的金融需求。例如，新型態的購買關係（像是線上個人拍賣）就產生了點對點（peer-to-peer）的付款方式，允許個人使用電子郵件將款項付給其他人。新型態的線上資訊產品則需使用小額付款。廠商會想要在網路上販賣如個人單曲、報紙中的專欄和教科書中的某些章節等產品。換句話說，電子商務技術為建立新的付款系統以及改進現有系統提供了無數的可能性。因此，在本節中，我們將介紹目前電子商務付款系統的概況。

在美國，信用卡是主要的線上付款方式。在 2008 年，美國的線上交易大約有 60%都使用信用卡支付。圖 5.17 顯示線上各種付款方式的使用比例。而 PayPal 主要是以信用卡或轉帳卡做為線上付款方式（有關 PayPal 的訊息可見「線上儲值付款系統」）。

而在其他地區，電子商務的付款方式會依據傳統習慣與文化架構而有所不同。信用卡不一定會像美國一樣成為最主要的線上付款方式。如果你計畫在歐洲、亞洲或是拉丁美洲營運網站，你可能就需要發展其他的付款系統。在歐洲的顧客（尤其是德國）大多使用轉帳卡和信用卡。在中國線上購物則通常會使用支票或現金的方式支付款項。而在日本線上付款的方式則又不相同。

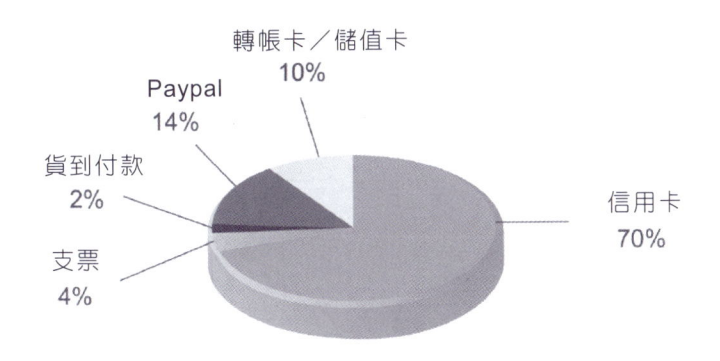

圖 5.17　美國地區的線上付款方式

雖然 PayPal 有逐漸成長的趨勢，傳統仍是以信用卡作為主要的線上付款方式。
資料來源：根據 eMarketer, Inc., 2008; Javelin Strategy & Research, 2008; U.S. census Bureau, 2007。

線上信用卡交易

由於信用卡是線上付款的主要方式，所以瞭解信用卡交易的運作方式，及其付款系統的優點和缺點是很重要的。網上信用卡交易與在商店購買商品的處理程序很相似，主要的差異，是線上廠商從未見過這張信用卡，沒有卡片的印象，也不需要簽名。線上信用卡交易比較類似 MOTO（mail order-telephone order，郵件下單或電話下單）交易。這類型的購物也稱作 CNP（Cardholder Not Present，持卡人不需在場）交易，這也是消費者日後可以反悔的主要原因，因為廠商從未看見信用卡，也沒收到顧客的簽名，當產生爭執時，廠商可能需要面對交易取消和退回的風險，即使廠商可能已經將產品送出或使用者已經下載某個數位產品。

圖 5.18 說明了網上信用卡購物的整個過程。網上信用卡購物包含五個部分：消費者、廠商、票據交換所、廠商銀行（有時稱為「收單銀行」），和消費者卡片的發卡銀行。為了接受信用卡付款，從事網路購物的廠商必須在銀行或金融機構有一個**廠商帳戶**。簡單地說，廠商帳戶就是允許公司處理信用卡付款和從這些交易中收取費用的帳戶。

如圖 5.18 所顯示，網上信用卡交易開始於一個購買行為（1）。當消費者要作一個購買的動作，他／她首先要將這項產品放進購物車。當消費者想要對購物車裡的商品做付款的動作，網路上會出現一個使用 SSL 創造的安全管道。SSL（secure socket layer）可以安全的將信用卡資訊寄送給廠商，且能保護信息不為侵入者所竊取（2）。SSL 不會對廠商或消費者進行認證，故交易雙方必須信任彼此。

廠商帳戶（merchant account）
是允許公司處理信用卡付款和從這些交易中收取費用的帳戶

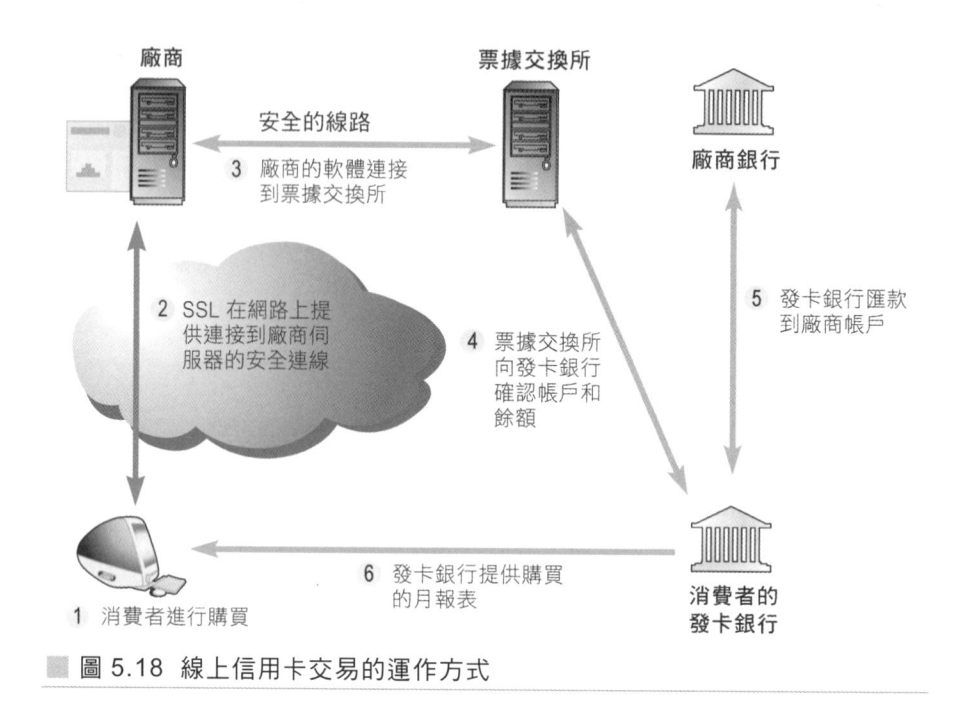

圖 5.18 線上信用卡交易的運作方式

廠商接收到消費者的信用卡資料後，就會和票據交換所連繫（3）。就像先前提到的，票據交換所是一個金融中介機構，負責對信用卡進行授權和驗證帳戶餘額。票據交換所與發卡銀行連繫驗證帳戶資料（4）。一旦驗證無誤，發卡銀行將匯款到廠商的廠商帳戶（通常是在晚上進行批次處理）（5）。在每月的月底，消費者的發卡銀行會傳送一份對帳單給消費者（6）。

信用卡在電子商務的應用

公司即使有了一個廠商帳戶，仍然必須購買或建立一個可以管理網上交易的工具；為確保廠商帳戶的安全性，只需將步驟（1）分為二個過程。今日，網路付款服款提供者可以提供廠商帳戶和處理網上信用卡消費所需的軟體工具。

例如，Authorize.net 是網路付款服務的提供者。Authorize.net 協助廠商自廠商帳戶提供者處取得一個帳戶，並在廠商的伺服器上安裝付款過程所需的軟體。軟體會收集廠商網站中的交易資訊，然後透過 Authorize.net 的付款閘道傳送到合適的銀行，確認消費者同意進行這筆交易。交易的金額之後會轉入廠商的廠商帳戶。

線上信用卡付款系統的限制

現存的信用卡付款系統有很多限制。最重要的限制包括安全性、廠商風險、成本和社會公平。

現有的系統非常不安全，不論是廠商或消費者都無法證實其身分。廠商有可能是收集信用卡資料的犯罪集團，而消費者也可能使用竊取或偽造的卡片。廠商面臨的風險很高：消費者可拒絕付款，即使商品已經運送或是產品已下載。銀行產業曾在 2000 年試圖建立新的網路通訊標準（SET）來解決安全上的議題，但由於其複雜性太高而失敗。

信用卡對於廠商的成本大約為購買價的 3.5% 加上每筆交易約 20－30 美分的手續費，再加上其它費用。這樣的高成本使得廠商無法在網站上出售成本低於 10 美元的物品。因此個人的文章銷售、音樂光碟或其他小產品就不適合使用信用卡付費。這類問題的解決方法，就是收集該名消費者在一段時間內的消費，然後一次收取費用。Apple 的 iTunes Music Store 是對每一首歌收取 99 美分。Apple 會合計消費者在 24 小時內下載的歌曲總數，然後合併計算這段時間內的所有費用，再送到信用卡帳戶一併扣款。但對於信用卡公司而言，這樣的方式則會減少他們原有應得的獲利。

數位錢包

除了信用卡之外，**數位錢包**、**數位現金**、線上儲值付款系統、線上累積餘額系統以及數位支票系統皆可成為新的付款方式。數位錢包希望能模擬與一般錢包相同的功能。數位錢包最重要的功能包括（a）透過數位認證或其他加密方法驗證消費者，（b）儲存和轉換價值，和（c）確保從消費者到廠商的付款過程的安全。早期有許多公司，如微軟，想要推廣數位錢包的使用但卻失敗了。而在最近 Google 發展出一項類似數位錢包的產品，為 Google Checkout。Google Checkout 是一款專為方便並簡化線上購物而設計的付款處理系統。它不像 PayPal 一樣是採取儲值的方式，而是將購買者在交易中需要使用到的信用卡與個人資料傳遞給賣家。當賣家收到由 Google 認證過的買家資料，賣家如同得到了交易的保證。而這項付款方式是否會成功現在很難確定。在 2008 年 9 月，儘管 Google 積極的推廣 Checkout，仍未趕上 PayPal 的普及度。其部分原因可能來自於 eBay 不允許廠商使用 Checkout 的付款方式。

> **數位錢包**（digital wallet）
> 透過數位認證或其他加密方法的使用驗證消費者、儲存和轉換價值、確保自消費者到商人間的付款過程的安全

> **數位現金**（digit cash）
> 是替代付款系統最早形式之一，是由消費者向廠商傳遞可代表實際現金價值的獨特、經過授權的憑證

數位現金

數位現金（有時稱為電子現金）是電子商務最早發展出來的替代付款系統。數位現金基本的觀念為數位現金付款系統是在網際網路上，由消費者向廠商傳遞獨特、經過授權的憑證，而此憑證可代表實際現金的價值。在這樣的架構下，使用者可將錢存在銀行或是提供信用卡，銀行負責發行代表現金的數位憑證（獨特的加密數字），讓消費者可以在網站上使用；而廠商則可將收到的憑證在銀行中存放。但是由於所需要的協定與實行上都太過複雜，導致 DigiCash、First Virtual 和 Millicent 所有數位現金的早期先進者都不再提供最初構想的服務。然而現在仍有幾家企業持續追求數位現金的夢想，如 E-go 和 GoldMoney。

線上儲值付款系統

線上儲值付款系統允許消費者靠著一個線上儲值帳戶，立即在線上付款給廠商和其他人。

> **線上儲值付款系統**（online stored value payment system）
> 允許消費者靠著一個線上儲值帳戶立即在線上付款給廠商和其他人

PayPal（2002 年被 eBay 收購）可以用電子信箱的帳號做為個人或公司的付款方式。而在 PayPal 以電子郵件的帳號作為線上儲值的付款方式後，在 2008 年前半年的期間，個人和公司的進帳大約為 300 億美元，相較於 2007 年同期增加 34%。PayPal 現已遍佈 190 個國家，至 2008 年 6 月 30 日，則約有 1 億 6500 萬個電子信箱帳戶，其中 6260 萬筆是仍被使用的帳戶。PayPal 在所屬的國家中建立一個既存的財物架構。一旦你確定交易時是以信用卡、轉帳卡或是支票的方式支付款項，即可取得在 PayPal 的帳戶。當你使用 PayPal 的付款方式，你會以電子郵件的方式寄出付款的明細給賣家在 PayPal 的帳戶。PayPal 則會將付款金額以你當初所確定的付款方式匯入賣家的銀行戶頭。這也就是 PayPal 的美好之處：沒有任何一筆個人資訊會被他人得知，而個人也可以利用它提供的服務支付小額的款項。但對於 PayPal 主要的挑戰是此種方式成本較高，而在詐騙發生或是收費重複時，亦缺乏對消費者的保護。針對 PayPal 的討論在本章最後的個案將有更深入的探討。

除了 PayPal 外，在現在的市面上有不同種類的線上儲值系統，像是 Valista 為廠商的平台；其他像是 QPass 則主要瞄準無線設備和出版商販賣個人文章的小額付款市場。

> **智慧卡**（smart card）
> 另一種儲值系統，在信用卡大小般的塑膠卡片內嵌儲存個人資料的晶片

智慧卡是另一種儲值系統，在信用卡大小般的塑膠的卡片內嵌儲存個人資料的晶片，而信用卡在背面的磁條只儲存一個付款帳戶，智慧卡可以

儲存 100 組以上的資料，包括多張信用卡號碼和關於保險、身分證和銀行帳戶等相關資料。智慧卡需要密碼，比信用卡多了一層保護。

根據使用的技術，智慧卡可分為接觸式和非接觸式二種類型。要讀取接觸式卡片的資料，必須透過卡片讀取機；非接觸式卡片則內建天線，因此不需實際接觸也可利用**無線辨識系統**的技術傳送資料。無線辨識系統（Radio Frequency Identification, RFID）是一個可自動辨識的方法，它利用小範圍的電波訊號來辨識物體和使用者。EZPass 這類高速公路通行付款系統就是非接觸式的實例，EZPass 的裝置是利用遙感器（remote sensor）讀取資料，接著自動自卡片扣除費用。

在歐洲與亞洲很常用智慧卡做為付款的方式，像是在英國發行的 Mondex 卡和在香港所使用的 Octopus 卡皆以智慧卡的儲值方式支付款項。至目前為止，智慧卡在電子交易的市場中尚未扮演重要的角色。然而，未來智慧卡將會與手機和無線付款的技術整合，在支援移動式的電子商務的同時，智慧卡會更為普及。

> **無線辨識系統**（Radio Frequency Identification, RFID）
> 一個可自動辨識的方法，它利用小範圍的電波訊號來辨識物體和使用者

數位餘額累積付款系統

數位餘額累積付款系統允許使用者在網路上進行小額付款和購物，至每月月底再寄一份累計的簽帳帳單給消費者。數位餘額累積系統適合於在網路上購買單曲、書中的一個章節或報上的文章等智慧財產。

Clickshare 則採取不同的方式。消費者在網站上有一個自己的帳戶，透過這個帳戶可以用來購買數位內容的產品而不需要輸入信用卡卡號或是個人資料。Clickshare 發現線上報紙和出版產業對這個方式的接受度很高，因為它也可以為主要的報紙網站提供訂閱、身分認證和交易帳目等功能。

> **數位餘額累積付款系統**（digital accumulating balance payment system）
> 允許使用者支付小額付款和網上購物，每月月底會寄一份累積借方帳戶餘額的單據

數位支票付款系統

在 2004 年 12 月，美國聯邦儲備局宣布有史以來電子付款（信用卡、轉帳卡和其他電子付款方式）的交易數量首次超越了紙張支票的交易數量。然而，支票並沒有因此走入歷史。根據 2007 年美國聯邦儲備局的調查，2006 年在美國仍有超過 330 億的紙張支票被使用。而數位支票付款系統的出現則是希望能夠在線上購物付款時，提供紙張支票延伸的額外功能。

PayByCheck 系統是以消費者既有的支票帳戶為基礎，當消費者希望能在提供這項服務的網站上以支票付款時，就會出現與紙本支票極為相似

的線上授權表格。使用者接著填好支票金額、銀行帳號等資訊。授權付款時，使用者必須鍵入個人的全名，若廠商要求，還必須輸入身分證號碼後四碼。付款資料會與 PayByCheck 的各種資料庫（如退票紀錄、消費者銀行帳戶的實際狀況、詐欺資料庫、以及驗證消費者姓名和地址的地址系統）進行比對。通過指紋等生物辨識的驗證後，PayByCheck 會傳送一張列有消費金額的電子支票或電子帳單給廠商。廠商會保留支票並傳送給消費者的銀行等待付款，就如同開立紙本支票一樣。

無線付款系統

2008 年 7 月，全球大約有 30 億使用中的手機裝置。在中國的手機用戶則已超過 5 億，比全美國據估計的 2 億 550 萬還多（TIA, 2007; PCWorld, 2008 年 7 月）。而在日本則是超過 95%的家庭擁有手機。

在歐洲、日本和南韓，手機做為付款設備已相當普遍。而日本無疑是提供行動商務中最為先進的國家。日本的手機可以做為條碼讀取器、全球定位系統的定位器、收聽廣播、記錄聲音和類比電視的頻率調整器、線上購買車票、報紙、餐點、雜物、書籍等等產品和服務。而日本現有的三種行動付款系統可以做為日後美國發展支援手機設備的付款方式，如數位現金、行動轉帳卡和行動信用卡。日本的手機是以類似數位錢包的方式，消費者可以在付款的時候以手機輕輕揮過店家的付款裝置來進行付款的動作。

在美國，行動付款系統尚未建立得很完備，手機最主要的收入（2007 年估計約有 1500 億美元）來自語音服務而非資料或是遊戲的服務（僅 125 億美元）。在美國，手機用戶最常使用手機的方式是下載鈴聲和付款給電信公司。而在歐洲和亞洲，手機使用者可以用手機裝置來購買產品和服務，也就是手機是有被整合至財務機構的一環（BusinessWire, 2008; Koblentz, 2008）。有關行動付款系統的未來可見「商業觀點」。

5.7 電子帳單和付款

在 2007 年，線上付款的帳單數量首次超過紙張支票的數量（CheckFree, 2007）。總值 13.2 兆美元的美國經濟市場及 9.3 兆美元的消費部分，的確是有很多帳單要付。事實上，全美家庭每年約有 250 億封的帳單和對帳單（U.S. Census Bureau, 2008; Flynn, 2005）。一些專家相信，一張帳單的成本（從開立到付款為止）約要 3 至 7 美元，且其中尚未包括消費者的時間成本。而電子帳單的處理成本僅需 20 至 30 分美元。

電子帳單傳送和付款系統（electornic billing presentment and payment system, EBPP system）是可在線上繳交每月帳單的新型態線上付款系統。EBPP 可讓消費者檢視電子帳單，並透過網路繳費。因此，越來越多的公司選擇採用電子帳單的方式，而不再寄送帳單郵件。

> 電子帳單傳送和付款系統（electornic billing presentment and payment system, EBPP system）
>
> 可在線上繳交每月帳單的新型態線上付款系統

市場規模與成長

美國在 2001 年雖然只有 1200 萬個家庭（佔全美家庭數的 11%）使用網路付款系統，但在 2008 年，這個數字成長為 6300 萬（約佔全美家庭數的 50%）。有些分析師預期，未年幾年 EBPP 的使用將成長 10%以上，且在 2012 年，超過 75%（9300 萬）的美國家庭會使用 EBPP（CheckFree Corporation, 2008; eMarketer, Inc. 2007b）。圖 5.19 說明 EBPP 估計在未年幾年的成長狀況。

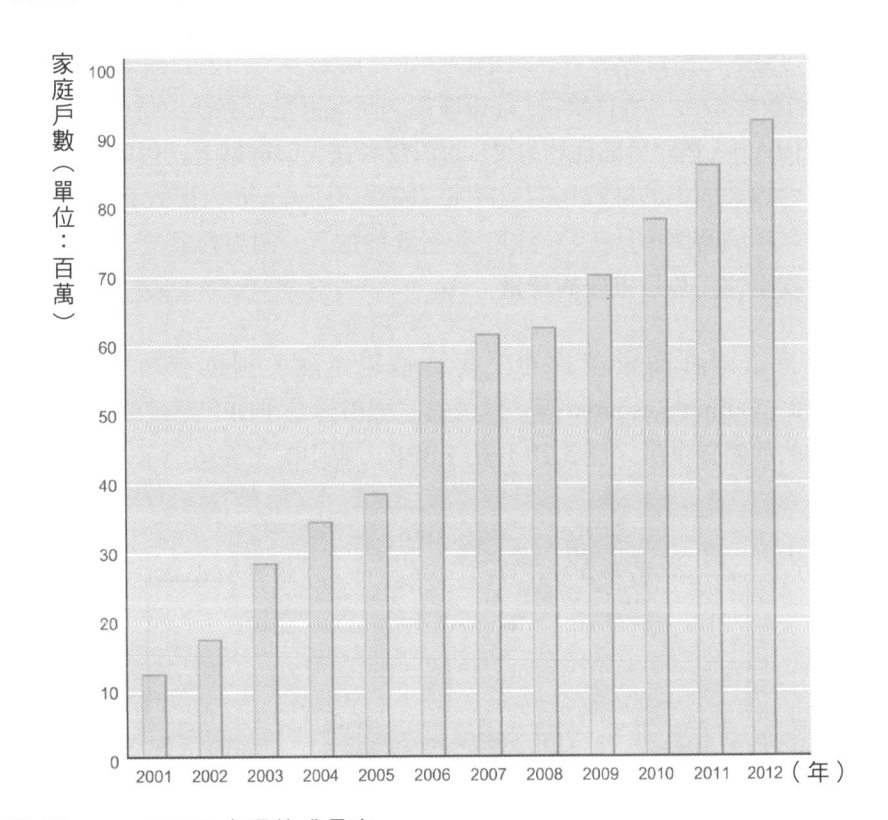

■ 圖 5.19 EBPP 市場的成長率

促使 EBPP 使用率激增的主要原因之一，是公司開始瞭解透過網上付款可以省下多少錢。除了可節省郵資和處理費用外，因可以較快寄出帳單（比紙本郵件快了約 3 到 12 天），所以也可較快收到貨款。在瞭解這些優點後，MCI、Earthlink、State Farm Insurance、和 USAA 等公司開始積極鼓勵客戶改用 EBPP，並對繼續使用紙本帳單的客戶收取費用。此外，

電子帳單也可以做為銷售和保住顧客的契機。也就是說電子帳單可以在行銷的時候提供更多的選擇方式，如折扣、交叉銷售等各種可能。

EBPP 的商業模式

EBPP 市場中有二個主要的商業競爭模式：直接帳單（biller-direct）和整合帳單（consolidator）模式。直接帳單模式一開始是由每月要寄出上百萬張帳單的公用事業所創造的。他們的目的是讓消費者能以較容易的網路付款方式，每月定期付款。今日，電話公司、信用卡公司和個人商店也提供這項服務。使用直接帳單系統的公司可自行發展自己的系統，安裝 EBPP 軟體廠商提供的系統，也可以使用應用服務提供者所提供的服務。

目前主要的 EBPP 商業模式是直接帳單模式。根據 Tower Group 的調查，超過 90%的電子帳單是藉由直接帳單網站提交給消費者。而第二種 EBPP 的模式是整合模式。在這個模型中，第三方（如金融機構或入口網站）為消費者整合了所有帳單，且在理想的狀況下是允許一次付清帳單(可付給任何人）。然而目前僅約有 2%的消費者在入口網站上支付線上帳單，主要整合模式面臨的挑戰包括：對開立帳單者而言，整合模式意味著會延長收到款項的時間，且在公司和消費者間增加了一個中介單位；對消費者而言，安全性仍舊是主要的考量。

支持這兩種商業模式的公司為基礎建設的提供者，如 Harbor Payment、Online Resourse 等，以及其它提供建造 EBPP 系統或處理帳單和付款的軟體提供者。圖 5.20 介紹 EBPP 市場中的主要角色。

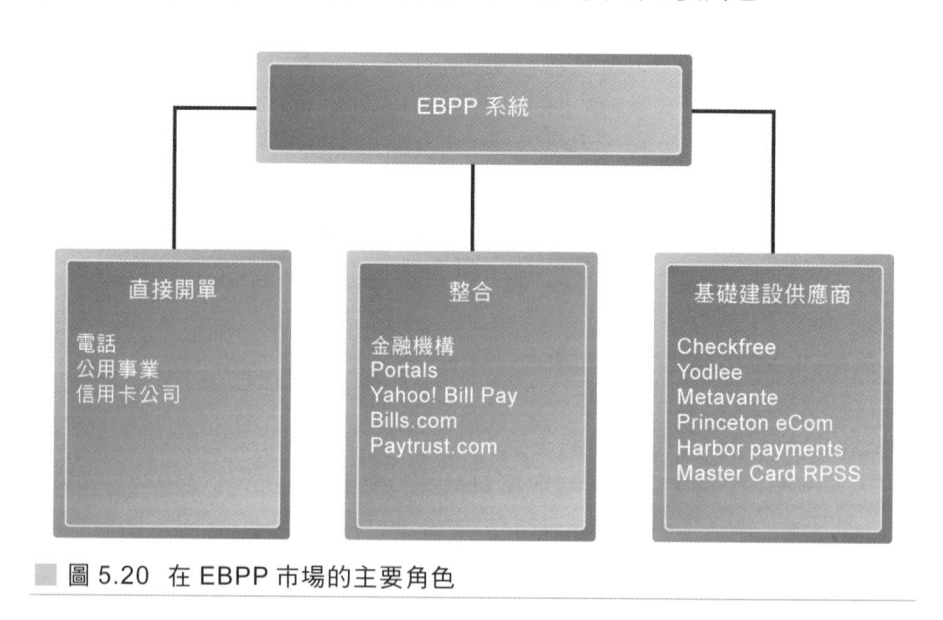

圖 5.20 在 EBPP 市場的主要角色

商業觀點

行動付款的未來發展：WAVEPAYME 和 TEXTPAYME

至少在美國，「行動商務」成為讓人失望的的代名詞。行動商務是希望可以購買所在地的產品或服務，但在過去，網站的地方性資訊常被忽略。用行動電腦可在 Amazon 購買衣服或音樂，但卻很難搜尋到所在地的餐館、火車時刻表或是博物館。此外，行動商務需要強大的行動平台，而目前仍未有這樣的技術。一個新的行動平台現在出現了：如 iPhone 和黑莓機這類以網路為主要功能的手機，它的螢幕具備足夠的大小和解析度，讓你可以使用它來搜尋所在地的資料。更重要的是，手機現在可以成為行動付款的平台。在手機成為行動付款的平台之前，智慧卡是亞洲和歐洲國家主要的行動付款方式，而美國的智慧卡則扮演類似電子轉帳卡的功能，會依據顧客銀行存款的餘額決定智慧卡的價值。此種方式可以用在很多地方，而且不用像信用卡需要經過線上認證系統即可購買產品和服務。但現在可上網的手機仍未如智慧卡般的普遍，而且誰需要再多一張卡？

現在全球進行大規模的實驗，希望能夠開發出讓手機成為非接觸式的付款方式的相關技術。非接觸式的付款系統讓使用者不需要刷卡的動作，消費者只需要在幾公尺之內向讀取器揮動手機便可完成付款。在日本，數以百萬計的消費者已可使用手機進行日常生活中的各項付款動作，如購買火車票、咖啡、報紙等。在現在 Nokia3220 推出一款內建 RFID 晶片的手機。RFID 包含讀取器與條碼，可以與其他使用電頻的設備傳送電波以辨識人和物體的位置。而 RFID 在付款方面的應用為：

當你向讀取器揮動內建 RFID 的手機時，RFID 晶片可以讓讀取器讀取顧客的資料，而讀取器則會要求使用者認證碼（像是 PIN）。一旦使用者輸入認證碼，購買商品的資料就會由顧客的帳戶轉入賣家的帳戶中。這個過程僅需要幾秒鐘便可完成。即使手機失竊了，竊賊也會因為不知道個人認證碼而無法用來付款。

在美國，2007 年由銀行和信用卡公司發行的非接觸式付款卡的數量為 3500 萬張，比 2006 年的 1900 萬張成長將近一倍。專家則估計現在已有超過 40 萬台非接觸式付款的讀取機被放置在 8 萬個以上的商家。而使用量會逐漸地增加，尤其是針對 25 到 34 歲的族群裡，幾乎 10%的人反映在一周內至少會使用非接觸式的付款系統。

未來手機設備可以以行動數位錢包的形式發展，也就是智慧手機配備的近距離無線通信（NFC）晶片。近距離無線通信技術是一種感應範圍較小的 RFID 技術，其晶片可與讀取器傳送電波的最遠距離為 10 英吋。現在，Nokia 和 Motorola 在手機中配置此技術，而有些專家相信到 2010 年，在美國會有 23%的手機是內建近距離無線通信的晶片。而目前萬事達國際組織和 7-11 便利連鎖商店則有根據 Nokia 手機設置試用的付款系統。你也可以用配置近距離無線通信晶片的手機處理銀行帳戶、檢查存款的餘額、付款或轉帳等等，你僅需揮揮你的手機就可以完成。

而為了不要被超越，PayPal 和其他幾家新創的公司都在探索手機簡訊與點對點

付款系統一起運作的可能性。PayPal Mobile 是建構在 PayPal 的架構中，讓顧客可以在 eBay 購買產品的一項服務。使用者以手機號碼登錄於 PayPal 以建立一個帳戶，並輸入 PIN 碼做為認證的方式。當顧客想要購買東西時，他們可以利用簡訊向 PayPal 要求付款，而 PayPal 收到簡訊會以電話的方式確認，之後再將顧客的錢轉給接收者。另一個類似的服務為 TextPayMe，Google 將此技術於 2007 年應用在 gPay 上，成為以文字簡訊為基礎、獨立平台的付款系統。而這類以簡訊和點對點付款系統結合的好處是使用者不需要配備近距離無線通信晶片的手機就可以達到行動商務的效果。

配備 RFID 的手機和簡訊的方式在未來都極有可能讓行動付款快速的成長。在現在，美國電信公司推出先進手機設備的速度仍相當緩慢，不過這表示一旦行動付款成為趨勢或是顧客對於行動商務的需求到達與歐洲與亞洲相同的程度時，行動付款仍是一個具有潛力獲利的方式。

個案研究 CASE STUDY

PayPal

現在為 eBay 所有的 PayPal 是第一家以網際網路為平台的電子商務付款系統服務的提供者。1999 年 11 月 16 日，Peter Theil 和他的朋友坐在餐館裡，當帳單送來時，Theil 使用他的手持裝置「傳送」他應負擔的部分給坐在他對桌的朋友。Theil 和他的朋友 Max Levchin 建立了一個可以透過手持裝置的紅外線來寄發金錢給另一個人的系統。這個想法是來自於最早的「點對點」付款系統：PayPal.com 讓個人可以透過電子郵件寄發金錢給另一個人。

PayPal 強調發送或接受金錢都很容易。這裡簡要的介紹它是如何運作的。首先，你要先在 PayPal 的網站填寫一張申請書，然後提供信用、轉帳、或銀行帳戶的資料來申請一個 PayPal 帳戶。只有 PayPal 知道這些私密資料，收款的一方並不會知道這些資料。當你使用 PayPal 付款時，錢將從信用卡、轉帳、或銀行帳戶傳送到自動票據交換所（ACH）網路，一個可以在兩家金融機構間追蹤並轉移資金的金融中介機構。當款項準備好時，收款方會收到電子郵件，告知錢已經準備好的。如果收款方有 PayPal 帳戶，錢將自動存入這個 PayPal 帳戶；如果沒有 PayPal 帳戶，他就必須開立一個 PayPal 帳戶，之後錢就會自動存入該帳戶中。一旦錢存入 PayPal 帳戶，收款人可以將錢轉換成支票，或透過 PayPal 再將這筆錢傳給任何人。

Levchin 和 Theil 最初對 PayPal 的構想是一種讓使用者以掌上型 PDA 傳送金錢的方法。當這個想法失敗後，他們轉而改變目標，安排互相認識的人之間的付款方式。然而，他們很快的瞭解到這樣也可以應用在像是 eBay 這樣的公司，讓買方和賣方節省運送貨品前的檢查支票和匯票的麻煩。此外，對小公司來說，在網上賣產品且要有能力接受信用卡付款是困難且昂貴的。信用卡公司僅對那些誠實的企業擴大他們的商業服務，這通常需要有一個實際的營業地址。

今日，PayPal 是最大且最受歡迎的網上付款服務，從 1999 年末期的幾名用戶成長到 2007 年的超過 1 億 6500 萬人使用，其中大約有 5700 萬人是有效的用戶。在 2007 年，PayPal 處理約 450 億美元的交易。PayPal 成長如此快速的原因之一，是因為網路經濟，或稱「病毒效應」：越多人使用 PayPal，消費者的好處越多。

PayPal 獲利的方式多元。一是提供網上賣家（可能是個人，或是想避免申請商用信用卡帳號麻煩的小公司）服務，收取交易費（30 分美元加上交易收入的 1.9%–2.9%），這費用少於廠商在一般信用卡交易所需支出的費用。而在 eBay，廠商的另一種好處是他們不需要一個商業銀行帳戶，但信用卡使用者需要。消費者不需因使用帳戶而付費。另一種收入來源，是 PayPal 賺取尚未自 PayPal 系統轉出的金額所產生的利息。

PayPal 的優勢有一部分是來自於它的簡單易懂：它可與現存的信用卡及支票系統相容，然而這也是它的弱點之一。據報導，相對於 PayPal 所依賴的信用卡系統，Paypal 會遭受較高的詐騙風險。為避免受騙，Paypal 要求超過 200 美元的交易都需要特別授權。

　　2002 年，PayPal 初次公開發行股票。PayPal 成長如此快速的一個主要原因，是因為它在 eBay 上的普及。為了不損失這個賺錢的生意，eBay 花了超過 1 億去推廣他們自己相似的系統（稱為 Billpoint），但卻毫無用處。在 2002 年 10 月，eBay 花 15 億美元（一股約 20 美元）買下 PayPal。當時，分析師覺得這個價格過高，但最後證實 eBay 是對的 — PayPal 目前價值 70－80 億美元，且佔了美國消費者電子商務付款 10%的市場，全球則佔 5%。在 2007 年，PayPal 為 eBay 產生 280 億的淨收入，佔 eBay 總收入的 25%。相較於 2006 年則成長 33%。

　　曾有一小段時間，PayPal 很滿意成為全世界僅有並廣為使用的線上付款平台，然而，這樣的情況並不長久。PayPal 最大的競爭者是由 Google 開發的線上數位錢包 Checkout 系統。Google Checkout 系統儲存使用者的財務資訊，一旦使用者想要結帳，Checkout 系統就會將儲存的資料傳送給廠商。顧客不需要填寫表單或是告訴廠商相關的資訊。Google 的 Checkout 系統目前並不支援點對點的付款方式。而 Google 並不想直接挑戰 PayPal 在點對點付款方式的市場，原因在於 eBay 是 Google 廣告收入的主要來源之一，但 eBay 的主要流量又大多是從 Google 而來。Google 可以利用 Checkout 系統來支援其廣告的收入，像是為線上店家打廣告讓它們增加點閱率的同時促進消費。而廠商也願意透過 Checkout 增加網站的流量，並可節省每筆交易費用 2%加上 20 分美元的手續費。

　　而對於 PayPal 在點對點付款的市場中更直接的挑戰來自於手機電信公司，如 ATT 和 Verizon。PayPal 和 Google 都是建立在既存的信用卡系統上，但如果信用卡服務不再被需要呢？在 2007 年六月，Verizon 宣布與行動付款公司 Obopay 合作，讓使用者可以使用手機在無線網路上進行轉帳和購物。現在我們知道全球有十億台個人電腦，但手機用量卻高達 40 億隻。像是在美國就大約有 2 億 5500 萬的人擁有手機。現在，Verizon 的顧客需要在 Obopay 的網站用信卡開一個帳戶。但在未來，Obopay 希望將系統與 Verizon 的帳單服務整合，如此一來付款的過程就不需要信用卡公司的介入，不僅可降低廠商與消費者的交易成本，也可以讓購物的過程更為簡便。

　　此外，PayPal 也面臨其他的挑戰。PayPal 以與較小的廠商合作、點對點的付款方式和低成本的拍賣聞名。而有些大公司因為品牌形象與 PayPal 的不同，因此可能就不會想要與 PayPal 合作。

　　PayPal 的獲利商機讓它很自然地成為詐欺的目標。廠商和消費者都可能沒有履行購買產品或服務的程序，或是外來者寄送詐欺信給顧客，想要取得顧客的密碼、信用卡卡號或個人資訊。在 2007 年，PayPal 的交易損失高達 1 億 3930 萬美元，佔全部付款量的 29%。雖然與 2006 年的損失比率相比稍低，但總損失金額卻增加了。PayPal 因此被迫去面對詐欺事件的發生，並加強顧客對其服務的信心。而 PayPal 對顧客提供的服務卻不如信用卡公司可以保護顧客的程度，舉例來說，如果你的信用卡被盜刷，你可以受法律保護只需付出 50 美元而不用去負擔刷卡的費用。但在 PayPal，你必須在 PayPal 把損失收回來或是滿足其它因素才有可能可

以回收你付出的金錢。從 2006 年開始，PayPal 與美國 28 個州的律師發展保護顧客的計畫，主要在某些商業的實作程序中鼓勵使用者直接把銀行帳戶的資料給 PayPal，因為如此 PayPal 不需要去負擔 2%的信用卡手續費，可以取得更高的獲利。然而，這樣的方式對顧客擁有的風險會更高。一旦你在銀行帳戶的存款被竊取了，你無法像信用卡盜刷一樣只需負擔 50 美元，而可能會損失帳戶內全部的金錢。

而為了要與新出現的競爭者競爭，如手機的電信業者，PayPal 不斷追求成長。PayPal 和 Napster 及 Apple 的 iTunes Music Store 簽約，作為它首度進入小額付款市場的合作對象。這個經驗證實是成功的，目前 PayPal 正在研究如何進入其他相似的小額付費市場，例如遊戲下載、電子賀卡、以及其他線上內容。而 PayPal 引進新的小額定價計劃，設計來提升和鼓勵低價數位商品的購買。PayPal 也尋求海外擴展策略。它在中國、澳洲、義大利、西班牙增加了地方性的網站，其版圖包括了加拿大、奧地利、比利時、法國、德國、荷蘭、瑞士和英國。在 2007 年，企業或消費者可以利用電子郵件，使用 PayPal 與 190 個國家進行網上付款，且可收到 65 個國家的付款。付款和收款可以使用 17 種不同的幣別。現在 PayPal 正企圖擴展除了 eBay 以外的網際網路大型廠商，如 Yahoo 和 Amazon 的合作關係，並希望可以共創佳績。目前 Amazon 擁有自己的信用卡並偏好 PayPal 的付款方式；而 Yahoo 則將 PayPal 用作推薦的付款方式。在 2006 年，PayPal 則引進了行動文字簡訊付款系統。它可以讓手機用戶用簡訊向廠商購買產品和服務，而現在有些學校的學生已經可以用 PayPal 的行動文字簡訊付款方式購買學校的午餐。

儘管面臨挑戰，PayPay 的未來仍然是光明的。事實上，一些分析師相信 PayPal 可能有一天會比收購它的 eBay 表現更為傑出。

個案研究問題

1. PayPal 提供給消費者和廠商的價值為何？
2. 與信用卡和轉帳卡相比，使用 PayPal 的風險為何？
3. 你建議 PayPal 採取什麼策略以維持未來五午的持續成長？
4. 為何手機網路是 PayPal 未來成長的威脅？

學習評量

1. 為何在網路上偷竊風險較低？請解釋罪犯欺騙消費者和商店的方法。
2. 請解釋什麼原因讓電子商務網站成為網路犯罪目標但卻不願進行通報。
3. 以電子商務安全六大機制，舉出違反安全性的例子。例如：什麼事件會影響私密性？
4. 你要如何保護你的公司免於阻斷式服務攻擊？
5. 請解釋為何美國政府想要限制功能強大的加密系統出口？為何其他國家會反對？
6. 請說出在典型網路交易中主要的安全性弱點。
7. 欺騙行為（spoofing）如何威脅網站營運？
8. 為什麼廣告軟體或間諜軟體被視為安全性的威脅？
9. 企業能採取什麼步驟以降低網路犯罪活動？
10. 請解釋現今加密法的缺失。為何現在的加密已不像之前那樣安全？
11. 請簡短解釋公鑰加密如何運作。
12. 請比較防火牆和代理伺服器，並描述它們功能上的差異。
13. 裝有防毒軟體的電腦是否就不受病毒威脅？為什麼？
14. 請指出並討論發展電子商務安全計畫的五個步驟。
15. 生物辨識技術如何協助改善安全性？它們特別能降低哪方面的安全威脅？
16. 什麼是老虎隊？誰使用他們？他們在工作上使用哪些戰略？
17. 四種主要付款系統間如何互相影響？
18. 比較儲值付款系統和票據交換。
19. 為什麼信用卡並未被認定為累積餘額付款系統？
20. 寫出使用現金當作付款方式的六種好處和六種缺點。
21. 描述信用卡組織和發行銀行之間的關係？
22. 什麼是 Z 法規，它如何保護消費者？
23. 扼要談論使用信用卡作為線上付款標準的缺點。
24. 描述在網上使用信用卡交易的主要步驟。
25. 比較智慧卡和傳統信用卡的差異。
26. 使用無線設備時，交易金錢如何轉移？
27. 討論為什麼 EBPP 系統越來越受歡迎。
28. EBPP 系統的二個主要系統彼此間有什麼相同或不同之處？

第3單元

商業概念與社會議題

第6章　電子商務行銷概念

第7章　電子商務行銷傳播

第8章　電子商務之道德、社會及政治議題

電子商務行銷概念

學習目標

讀完本章，你將能夠：

- 辨認網路使用者的關鍵特徵
- 具備消費者行為和購買決策的基本概念
- 瞭解消費者在網路上的行為
- 認識基本行銷概念以瞭解網路行銷
- 認識支援網路行銷的主要科技
- 瞭解電子商務行銷及品牌的基本策略

Netflix 發展並捍衛它的品牌

Netflix 是美國最大的線上娛樂註冊服務公司，提供了超過 10 萬套 DVD 影片給超過 800 萬名會員（總和超過 5500 萬片 DVD）。Netflix 的基本業務是以每個月 4.99 美元至 47.99 美元月費的方式，出租 DVD 影片給會員。從 1999 年開始，Netflix 的會員數量以每年 79%的速率增加，而營收則成長 113%，2007 年的營收即為 12 億美元。而當新的競爭者進入市場後，Netflix 會員數量與營收的成長就漸漸趨緩。

但市場上充斥著知名品牌如：百視達（Blockbuster）— 有超過 8000 家的出租店，提供了 8 萬 5000 片 DVD 影片給 2500 萬名客戶；Netflix 是如何與之競爭並建立起全國知名的成功品牌呢？

Netflix 是以地區的線上電影出租店發跡於加州 Los Gatos（在矽谷中心和舊金山灣區）。它能列出片名和主要演員的影片清單給灣區客戶，並以郵寄方式寄出影片，而租片的客戶若未能在一周內歸還影片，就會被收取逾期費用。即便是這樣簡單的商業模式和區域特性，也讓 Netflix 在 1998 年的總收入超過 100 萬美元，但虧損卻也超過 1100 萬美元。這幾乎稱不上是好的個開始，不過剛開始的幾年證明了線上影片出租的確有其市場。

2000 年，Netflix 將其商業模式改為全國性會員模式、加強與好萊塢製片公司的關係以加速取得最新影片的速度、擴充網站功能，並改變行銷策略目標成為全國知名的線上品牌。不同於當時大部分的地區性出租店，Netflix 將原本針對按片計費的出租收費方式，改為收取月費且可以無限制租片。客戶每個月都可以租所有他們想租的影片（但限制同一時間最多只能租三部影片）。針對某些熱衷的影迷，Netflix 有每個月 47.99 美元允許租看八部影片的方案。此外，Netflix 免去逾期要罰錢的規定 — 這是全國影片出租店客戶抱怨最多之處。為了要做到提供全國客戶租片的服務，Netflix 在全美 44 個個都會區建立了影片倉儲作業，並與美國郵政服務開始長期合作關係，以確保可以極低的郵資將大量的影片在一兩天內送到全國各地。Netflix 會對退回的郵件預先支付郵資，而這些郵資是由販賣 DVD 給租片客戶的收入來負擔。

為了要建立全國性的品牌知名度，Netflix 運用各種電子商務常用的方法。Netflix 在 Yahoo、MSN 及 AOL 購買了按績效付費的橫幅廣告。它利用搜尋引擎行銷，並且付費將廣告放置在主要的搜尋引擎和許可的電子郵件廣告（permission-based e-mail）上。它也發展

了一項有效的合作行銷方案，讓第三方將Netflix的廣告和商標放置在他們的網站，藉著引導客戶到Netflix的網站而收取報酬。Netflix還跟Best Buy（這是一家線上和離線的電子商店）建立了策略聯盟，將Netflix免費試用14天的傳單放在Best Buy裝運的每台DVD放影機裡。

Netflix在自己的網站上提供了免費試用及較低的費率。好萊塢製片公司會在電影上映後六個月發行家庭錄影帶，七個月後可以在付費頻道收看影片（pay-per-view, PPV），一年後優先提供給衛星及有線電視系統業者，而在二至三年後才提供給一般的寬頻電視和基本的有線電視業者。Netflix並未投資大筆金額自好萊塢購買DVD影片，它跟好幾家製片公司採取了利益共享的合作，讓Netflix可以用較低的價錢買到DVD，但必須讓製片公司分享租金的收入。如此Netflix可以用較少的投資而很快擁有大量的影片庫存。

建立品牌也代表跟客戶建立值得信賴的高價值關係，一種客戶無法從其它地方找到的獨一無二的價值主張，而且客戶甚至願意付出更多的代價來取得。要建立這樣的關係，Netflix將原先的數千片影片擴張到超過10萬片的庫藏，提供比一般大型百視達商店還多出十倍的影片量（並透過稍後進行討論的library effect提供顧客加值的服務）。

為了提供個人化的影片出租通知，Netflix在網站上提供了推薦系統。以它自己的客戶為資料基礎，要求客戶提供線上影評、建議及針對他們租用的影片做推薦。到目前為止，Netflix已收集了10億筆客戶的推薦，接著它將此運用到整個線上的客戶，成為一項有價值且無法被取代的資源。利用資料探勘與類似Amazon的協同過濾（collaborative filtering）工具，Netflix可以根據每個客戶之前的租片資料，或其它相似客戶的租片資料，推薦新片給客戶。當客戶選擇某個影片時，Netflix可以提供客戶「選擇此影片的其他客戶，也同時選擇下列影片」的資訊。利用資料探勘的結果，Netflix會根據客戶之前的租片歷史資料，寄送電子郵件給客戶，提供最新上市且可能引起客戶興趣的影片資料。

方便的選擇、個人化的服務等優越的顧客服務是Netflix目前能與百視達競爭的優勢。然而，Netflix與百視達的競爭主要仍取決於會員租片的價格高低，由此華爾街分析師預測Netflix的股票市值將會因為此競爭方式而出現連續幾年的下滑。去年，Netflix的股票即從一股40美元下跌至23美元。而在2006年，百事達開始發展自己的會員服務，因此會員人數從一開始的一百萬人到2008年增加為四百萬人次。然而，百事達很難從實體店面的經營模式轉型成線上DVD出租的經營模式。在2005年，百事達開始與Total Service Plan公司合作，顧客可以在2萬個任一的實體店面還片，甚至可以換租其他的DVD。此外，百事達提供數位隨選影片供顧客下載，並在2007年8月收購一家提供電影下載服務的公司Movielink。而百事達的出現也影響Netflix的議價空間。同時，Amazon也進入該市場，成為電影下載服務的提供者之一。而為了要解決此競爭局面，相對於線上協助，Netflix在其已建立口碑的顧客服務上增加真人應答的電話服務，以及提供會員免費的隨選視訊服務。同時，Netflix也控告百事達侵犯其專利，百事達亦還以顏色控告Netflix違反托拉斯法。隨著競爭的白熱化，Netflix的股東和執行長說道：「我們有很大的成長空間。我們的策略會決定Netflix和百事達的市佔率多寡。」而至目前為止，不論是百事達或是Amazon都未能成功取得Netflix的顧客。Netflix提供個人電腦1萬2000個影片下載的服務，同時也提供網際網路電視設置盒，可將電影直接在電視上播放。而百事達的股票市值在2007年從每股5美元下跌，到2008年已少於2美元。

Netflix 的例子說明了網際網路如何改變整個產業的本質，以及如何讓新的商業形式在高度競爭的環境下仍能成長。作為一項傳播工具，網際網路讓行銷人員能以低於傳統媒介的成本，接觸上百萬的潛在客戶。網際網路也提供收集客戶資訊的新方式 — 通常是即時且自發性的，用來調整產品的供應，並增加客戶價值。從 Netflix 以及接下來各個章節的例子中，我們可以發現網際網路已然成為企業瞭解顧客的新媒介，如搜尋引擎行銷、資料探勘、推薦系統和針對目標客戶發送電子郵件等。

本章及第 7 章將探討網際網路行銷與廣告的方法。本章的重點將放在基本的行銷概念，和評估電子商務行銷計畫。我們將審視消費者在 Web 的行為、品牌、電子化市場的特有性質，以及支援品牌推銷活動的特殊新技術。

6.1 線上的消費者：網路使用者和消費者行為

在網路上開始銷售產品之前，必須先瞭解網路上會有怎樣的人，以及這些人在線上市場的行為。本節將著重在 B2C 領域的個別消費者，但探討的許多因素也同樣適用於 B2B 領域，因為廠商的購買決策也是由個人決定。

網路使用者

首先分析美國網路消費者的基本背景統計數字。行銷與銷售的第一個原則是「認識客戶」。誰使用網路？誰在網路上購物？為什麼？以及他們買了些什麼。

網際網路流量規則：網路消費者資料側寫

在 2009 年，美國約有 8400 萬以上的家庭（大約是美國全部戶數的 70%）使用網際網路（eMarker, Inc., 2008a）。相較之下，美國現有 98% 的家庭擁有電視，94% 擁有電話。雖然網路使用人數在 1990 年代後期，以每年 30% 或更高的年成長率持續成長，但過去幾年成長率已經開始減緩，然而網際網路仍然是全國成長最快的通訊媒介。

使用密集度與使用領域

美國網路人口的成長趨緩,部分可藉由使用密集度與使用領域的增加來彌補。幾項研究顯示,網際網路使用者耗費更多時間在網路上。整體而言,使用者更常上網,美國每天有超過 72%(1 億 2400 萬人)的成年使用者使用網路(Pew Internet and American Life Project, 2008c)。根據 Pew Internet and American Life Project,使用者花愈多時間在網路上,就會愈熟悉網際網路的功能與服務,也就愈可能使用更多的服務。

比起以往,上網的人在網路上進行的活動越來越廣泛。雖然電子郵件仍是最常使用的網際網路服務,但常見的活動還包括使用搜尋引擎、研究產品與服務、掌握新聞消息、收集嗜好相關資料、尋找保健資訊、進行工作相關研究和確認財務資訊。表 6.1 指出美國典型網際網路使用者在網路上從事活動的比例,而一個百分比代表約 117 萬人。

表 6.1 網路使用者一天平均會從事的線上活動之成長比例

活動	網路使用者從事活動的比例
2008	
使用網路	72%
發送電子郵件	60%
使用搜尋引擎尋找資料	41%
閱讀新聞	37%
找尋有興趣的資訊	29%
為玩樂而瀏覽網站	28%
為工作而使用網路蒐集資料	23%
查天氣資訊	22%
使用線上銀行	21%
在 Youtube 或是 Google Video 等影片分享的網站上看影片	15%
查比賽的比數	15%
拜訪政府網站	14%
用手機傳送或接收簡訊	11%
在線上取得財務等相關資訊	10%
搜尋地圖或開車方向	10%
傳送即時訊息	10%
用無線裝置上網	10%
看影片或聽歌	10%

活動	網路使用者從事活動的比例
使用社群網站	9%
玩線上遊戲	9%
在維基百科網站上尋找資訊	8%
查旅遊資訊	8%
下載音樂	7%
對網路內容，如照片、部落格文章下標籤	7%
閱讀他人的部落格文章	7%
線上付款	7%
查手機電話或地址	7%
下載線上數位內容並付款	6%
使用線上分類廣告或網站	6%
尋找宗教相關資訊	6%
買東西	6%
下載其他檔案，如遊戲、影片或圖片	6%
下載影音檔	6%
尋找工作相關的資訊	5%
尋找住家地點的相關資訊	5%
上傳照片	5%
在網路聊天室或在討論區聊天	5%
搜尋你曾遇過的人	5%
尋找問題的解答	5%
尋找健康／醫療的資訊	5%
分享檔案	5%
訂購或預約旅遊行程	4%
在線上評分系統為商品、服務或人打分數	4%
在線上體驗某地的虛擬旅程	4%
取得學校資訊	4%
聽線上廣播	4%
線上創作	4%
發表曾買過的商品或服務的評論	3%
透過網路的資訊和材料進而形成個人的藝術創作	3%
參與線上拍賣	3%
使用網路視訊	2%

活動	網路使用者從事活動的比例
建立部落格	2%
使用線上聯誼網站	2%
為個人進修而線上學習	2%
打線上電話	2%
在網路上創造一個代表你自己的虛擬人物	1%
在網路上賣東西	1%
研究家族歷史	1%
下載 podcast	1%
為取得學位而線上學習	1%
線上捐款	1%
買賣股票或基金	1%
參觀成人網站	1%
下載線上成人資訊	1%

資料來源：Pew Internet & American Life Project, 2008a。

人口統計資料與使用情況

有些人口統計變數群組比其它群組有更高的網路使用比例。表 6.2 列出群組之間主要的差異和比例的改變。在調查期間，所有群組的網際網路使用量都會增加，但有些群組增加的速度更快。

網際網路和電子商務的人口統計數字從 1995 年以來已有大幅的改變。在 2000 年以前，單身、白種人、年輕、大學教育程度的高收入男性的網際網路使用人口，仍佔絕高的比例。而這樣使用網路的不對等狀況，引起人眾關心是否有「數位落差」（digital divide）的可能性。但近幾年來，女性、少數民族、中等收入家庭的網際網路使用率已有顯著的增加，讓先前不對等的網路使用情況有了明顯的改善，但並未完全消失。

性別

雖然在 2002 年網路的使用者大多為男性，但現在男性(71%)與女性(70%)所佔的比率幾乎趨近相等。女性也與男性一樣幾乎每天使用網際網路，雖然兩者在線上購物的情況有點不同。

年齡

在年齡群組中，18－29 歲的成年人網路使用率為 90%，為全部年齡層中網路使用率最高的一群。而 30－49 歲的年齡群組緊接在後，有 85%的使用

率。12 歲以下和 12－17 歲的青少年也快速成長，部份原因是學校與家庭環境愈來愈容易使用到電腦與網路。此外，65 歲以上的成人在使用網路的速度上亦呈現快速的成長，目前有 35%的人使用網路，將近 2002 年的兩倍。

種族

種族族群間的差異沒有年齡族群來得大。雖然過去白人使用網際網路的比例遠高於其它種族，而現在西班牙語系則已超過白人的網路使用率。非裔美人以 59%的些微差距落後。西班牙語系和非裔美人在 2002 年到 2008 年五年間的使用成長率比白人來得高，這有助於降低差距。

社群類型

在過去，農村的網路使用率比其他類型的社群都來得低。但自 2002 年起，網際網路在農村的滲透程度已經有顯著的成長，只落後都市和郊區 10 個百分點。

收入水準

如同表 6.2 所示，年收入在 7 萬 5000 美元以上的家庭有 95%使用網際網路，而年收入不到 3 萬美元的家庭中只有 53%。然而，低收入家庭上網的成長率比收入 7 萬 5000 美元以上的家庭還要快。

表 6.2 網路使用者統計資料中各群組之間差異

群組	每一群組的百分比	
	2008	2002
成年人總數	73%	50%
女性	73%	56%
男性	73%	60%
年齡		
18-29	90%	74%
30-49	85%	67%
50-64	70%	52%
65+	35%	18%
種族		
非西班牙裔之白人	73%	60%
非西班牙裔之黑人	59%	45%
西班牙裔	80%	54%

群組	每一群組的百分比	
社會型態		
都市	74%	67%
郊區	77%	66%
鄉下	63%	52%
家庭收入		
低於 3 萬美元／年	53%	38%
3 到 5 萬美元／年	76%	65%
5 到 7 萬美元／年	85%	74%
高於 7 萬美元／年	95%	86%
教育程度		
低於高中學歷	44%	N/A
高中學歷	63%	45%
大學學歷	84%	72%
大學學歷以上	91%	82%

資料來源：Pew Internet & American Life Project, 2008b; 2005a; 2005b。

教育

在 2008 年，低於高中教育程度的網路使用者佔 44%，相較於大學以上學歷的網路使用率則有 91%。故一般而言，教育造成網際網路使用率的差異遠高於其它因素。

整體而言，在年齡、收入、種族和教育，與網路使用率之間仍存在著非常強烈的關聯。所謂的「數位落差」雖然已經稍稍和緩，但伴隨著收入、年齡、教育和種族等因素，它仍是存在的。

上網方式：寬頻的影響

2008 年底前，有 7500 萬人在家用寬頻上網 — 約是所有上網人口的 62%（Pew Internet & American Life Project, 2008c）。之前的研究發現，寬頻使用者跟撥接使用者是兩個非常不同的族群（見表 6.3），而行銷人員在擬定行銷計畫時，應該把這點納入考慮。寬頻使用者的教育程度、財產和社會地位通常較高，且較常接觸網路且更能夠使用網路。對行銷人員而言，這個族群提供了可以使用多媒體廣告和市場行銷活動獨一無二的機會，並且可藉此找出產品定位，特別是那些適合此族群的產品。

表 6.3 寬頻使用者對網際網路活動的影響

活動	家用撥接上網	家用寬頻上網
使用搜尋引擎	80%	94%
查天氣資訊	75%	84%
閱讀新聞	61%	80%
拜訪政府網站	55%	72%
尋找 2008 年選舉的相關資訊	37%	62%
在 Youtube 或是 Google Video 等影片分享網站上看影片	29%	60%
尋找求職的相關資訊	36%	50%
傳送即時訊息	38%	44%
閱讀他人部落格文章	15%	40%
使用社群網站	21%	33%
線上捐款	9%	23%
下載 podcast	8%	22%
下載或分享檔案	17%	17%
在部落格上創作	8%	15%

資料來源：Pew Internet & American Life Project, 2008c。

社群效應：社會感染力

造成在網際網路上消費者購買行為的差異，在於消費者是否鄰近其他人在網際網路上購買的地點。這就是所謂鄰域效應（neighborhood effects），對於消費決策上具有社會仿傚（social emulation）的作用。而行銷人員瞭解這些社群之間的關係後，將有助於品牌行銷和產品銷售。在本章接下來的內容中，可以見到社群網站、部落格等都逐漸成為影響消費者行為的力量。

生活型態影響

網路的密集使用，會造成一些令人擔憂的影響。網際網路會導致傳統社交活動減少，例如減少跟鄰居和家人的交談。它可能會助長使用者花較少時間與家人和朋友相處，但卻花更多時間在家裡或辦公室工作。另一方面，電子郵件、即時訊息和聊天群組雖非面對面，但也屬於社交活動，都是最多人使用的網際網路服務項目。使用網際網路，使用者必須專注地坐在螢幕前面 — 很像看電視，但不同的是在網際網路上可能有極高程度的社會互動。

媒體選擇：網際網路與其它媒介通路

根據史丹佛大學的研究，個人花愈多時間使用網際網路，「就愈容易拒絕傳統媒體」——這是行銷人員甚感興趣的部份。使用者每在網路上多花一小時，就會相對減少花費在電視、報紙與廣播等傳統媒體上的時間量。傳統媒體與網際網路爭奪消費者的注意力，而目前看來網際網路似乎略勝一籌。此外，據研究指出，約有 1 億的美國網路成年使用者會一邊上網一邊開著電視，或是聽廣播、閱讀雜誌和報紙（eMarker, Inc., 2007a），顯示網路使用者一次使用多種媒體的行為亦逐漸增加。

消費者行為模式

一旦瞭解上網的人是誰後，就必須將注意力集中在消費者在網路上的行為。**消費者行為**（consumer behavior）研究是一門社會科學，企圖模擬人們在交易市集中的行為。這種研究牽涉社會學、心理學和經濟學等數門社會科學學科。消費者行為模式企圖預測或「解釋」消費者購買的東西、地點、時間、金額和原因，他們期望能瞭解消費者的決策過程，這樣廠商就更可以知道行銷與銷售產品的方法。圖 6.1 介紹一般消費者行為模式，其中考慮了影響消費者市場決策的各種因素。

> 消費者行為
> （consumer behavior）
> 一門試圖模擬和瞭解消費者在市場中的行為的社會科學學科

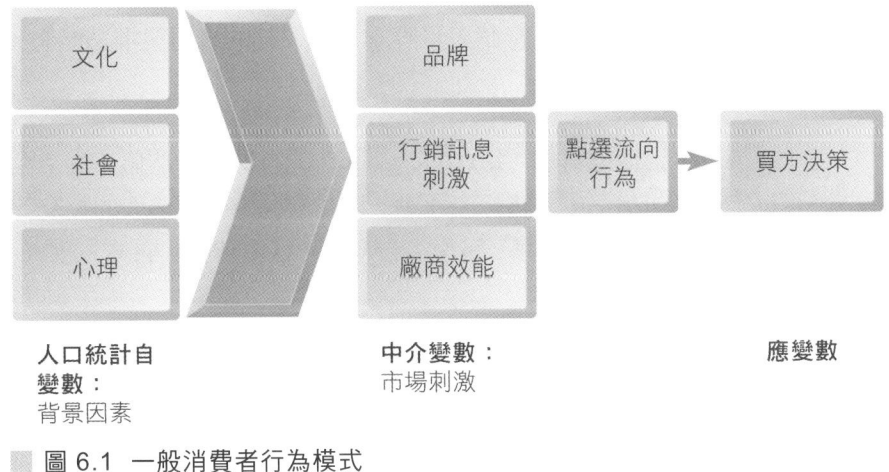

人口統計自變數：
背景因素 → 文化／社會／心理

中介變數：
市場刺激 → 品牌／行銷訊息刺激／廠商效能

→ 點選流向行為 → 買方決策（應變數）

圖 6.1 一般消費者行為模式

資料來源：摘錄自 Kotler and Armstrong, 2008。

消費者行為模式試著預測消費者所做的許多決定，這是根據統計因素的背景，及一系列介於中間、較可立即形成消費者最終決策的變數進行預測。

| 電子商務

文化（culture）
構成基本的人類價值、期望、認知和行為

次文化（subculture）
是文化的一部分，因主要社會差異（種族、年齡、生活型態和地域等而形成）

直接參考群體（direct reference group）
包括個人的家庭、職業或職位、宗教、居住地區和學校

間接參考群體（indirect reference group）
包括個人的生命週期狀態、社會階級和生活型態群組

意見領袖（opinion leader）
由於本身的個性、技能、或其它因素而影響其它人的行為

生活型態群體（lifestyle group）
包括活動、興趣和意見的整合模式

心理輪廓資料（psychological profile）
是一系列的需求、慾望、動機、認知與學習行為

背景因素包括文化、社會和心理方面。廠商必須確認與瞭解這些背景因素的行為意義，依此調整自己的行銷手法。**文化（culture）**是消費者行為最重要的因素，因為其形成了基本的人類價值、需求、認知和行為。文化創造了消費者進入市場時的基本期望，例如應該買什麼、以及應該付多少錢。一般而言，文化影響整個國家，且對國際行銷具有重要意義。

在各國家中，次文化對消費者行為非常重要。**次文化（subculture）**是文化的子集合，是因種族、年齡、生活型態和地域等主要的社會差異而形成。以美國為例，種族因素就在消費者行為的研究中扮演非常重要的角色。而在形成消費者行為的重要社會因素中，其中的參考群體，是所有消費者「所屬」的許多參考群體，可能是直接參與的成員，或者是有聯繫、聯盟、或渴望參與的非直接成員。**直接參考群體（direct reference group）**包括個人的家庭、職業或職位、宗教、居住地區和學校。**間接參考群體（indirect reference group）**包括個人的生命週期狀態、社會階級和生活型態群組。例如，社群網站的成立概念，就是來自於一般人會選擇成為表達和反映其興趣之群組或子群組的成員，例如自學社群、個人健康相關議題社群和娛樂活動社群。

每一類參考群體中都有因其個人特質、技能、或其它因素而影響其它人的行為的**意見領袖（opinion leader）**（或 Jupiter Media Metrix 所說的病毒影響者，viral influencer）。行銷人員尋求意見領袖的溝通與推銷能力，因為意見領袖能影響其他人。

有一種稱為**生活型態群體（lifestyle group）**的特殊參考群體，生活型態群體可以定義為包括活動（嗜好、運動、購物喜惡、一般參與的社交活動）、興趣（食物、流行、家庭、娛樂）和意見（社會議題、商業、政府）的整合模式。

生活型態群體分類系統企圖產生一種分類機制，捕捉一個人在生活、消費和行為上的整個模式。它的理論是一旦你瞭解消費者的生活型態，或一群人的典型生活型態，你就能專為這個生活型態群體設計產品與行銷訊息。生活型態分類於是成為區隔市場的另一種方式。

除了生活型態分類以外，行銷人員對消費者的心理輪廓資料也感到興趣。**心理輪廓資料（psychological profile）**是一系列的需求、慾望、動機、認知與學習行為 — 包括態度與信念。行銷人員可藉由調整產品設計、產品定位和行銷訊息，以符合消費者的心理輪廓資料。

網路消費者的性格分析資料

線上消費者行為與非線上消費者的行為有顯著的不同。所以先瞭解為什麼人們選擇網際網路的途徑來進行交易，是非常重要的。表 6.4 列舉消費者選擇網路作為消費管道的原因。而大多數的原因，是因為網路購物的便利性，可為消費者節省時間。而整體交易成本的降低似乎是選擇線上通路的主要動力，接著才是產品或服務成本的降低。

表 6.4 消費者選擇線上通路的原因

原因	比例
可隨時上網購物	88%
可同時研究許多商品	66%
可找到在實體商店沒有販賣的商品	54%
不會受到銷售人員的打擾	53%
可在線上取得更為詳細的商品	45%
相較於實體店面員工的協助，在網路上更容易找到商品相關的解答	44%
線上的價格更便宜	40%
購買的商品通常是庫存的商品	40%

資料來源：eMarketer, Inc., 2007b: Sterling Commerce and Deloitte Consulting, 2007。

線上購買決策

為什麼消費者實際上只在特定的網站購買產品或服務呢？有很多的模型和研究報告試圖提供這個問題的答案。**性格分析資料**（psychographic research）（結合了統計數字與心理資料，依照社會階級、生活型態和（或）性格特點，把市場分成不同族群的研究）針對目前電子商務購物者的輪廓資料，試圖瞭解會引導使用者進行網路購物行為的特質 — 特別是他們的各式生活型態。例如，Wharton Forum on Electronic Commerce 的研究中發現，預測電子商務購買行為最重要的因素是：（1）在線上尋找產品資訊，（2）「連線生活型態」（上網佔據工作與家庭生活可觀的時間的消費者），以及（3）最近從型錄訂購商品。

但除了個人特質之外，現在需要考慮購買者是如何進行真正的購買決策，以及網際網路環境如何影響消費者的決策。消費者決策過程包括五個階段：發現需求、搜尋更多資訊、評估各種選擇、真正購買決策和售後與廠商聯繫（Kotler and Armstrong, 2008）。圖 6.2 顯示消費者決策過程，

性格分析資料
（psychographic research）

依照社會階級、生活型態和（或）性格特點，把市場分成不同的族群

以及支援此過程,並希望在購買決策前、中、後影響消費者的線上及非線上行銷訊息的類型。

市場訊息	獲取訊息	搜尋	選擇的評估	購買	購買後行為（忠誠度）
非線上訊息	大眾媒體 電視、廣播 平面媒體	型錄 平面廣告 大眾媒體 銷售人員 產品評論 店面參觀	參考群體 意見領袖 大眾媒體 產品評論 店面參觀	促銷 直接郵件 大眾媒體 平面媒體	保固 服務電話 零件與維修 消費者團體
線上訊息	集中式橫幅廣告 插播式廣告 集中式活動促銷	搜尋引擎 線上型錄 網站參觀 集中式電子郵件	搜尋引擎 線上型錄 網站參觀 產品評估 使用者評估	線上促銷 抽獎 折扣 集中式電子郵件	消費社群 新聞信 客戶電子郵件 線上更新

■ 圖 6.2 消費者決策過程和支援訊息

資料來源:Lohse, Bellman, and Johnson, 2000。

　　如圖 6.2 所示,傳統大眾媒體、型錄及直接郵件宣傳,都可用來引導可能的購買者到網站。線上購買行為的不同處,在於 Web 能提供的新媒體行銷通訊的能力:社群佈告欄、聊天室、自動化郵件系統、橫幅廣告、合法的廣告郵件、搜尋引擎和線上產品介紹。簡單的說,Web 提供行銷人員更多的行銷通訊工具與力量,並讓消費者處於資訊豐富的購買環境中。

網路消費者行為模式

網路上的消費者行為,就與非線上消費者行為完全不同嗎?答案並非如此。消費者在線上與非線上的行為,都有相似與相異之處。電子商務的世界並不如有些人相信的這樣創新。例如,不管是線上或非線上消費者,他們的決策過程階段基本上都是一樣的。另外,為了考慮新的因素,一般的消費者行為模式必須修正。我們修正了圖 6.3 中的消費者行為一般模式,把重點放在使用者特性、產品特性和網站特色,同時加上品牌力量、特定的市場訊息(廣告)等傳統因素(Li, et al., 1999; Lohse, et al. 2000; Pavlou and Fygenson, 2005)。圖 6.3 試圖整理並簡化目前的研究。

第 6 章 電子商務行銷概念

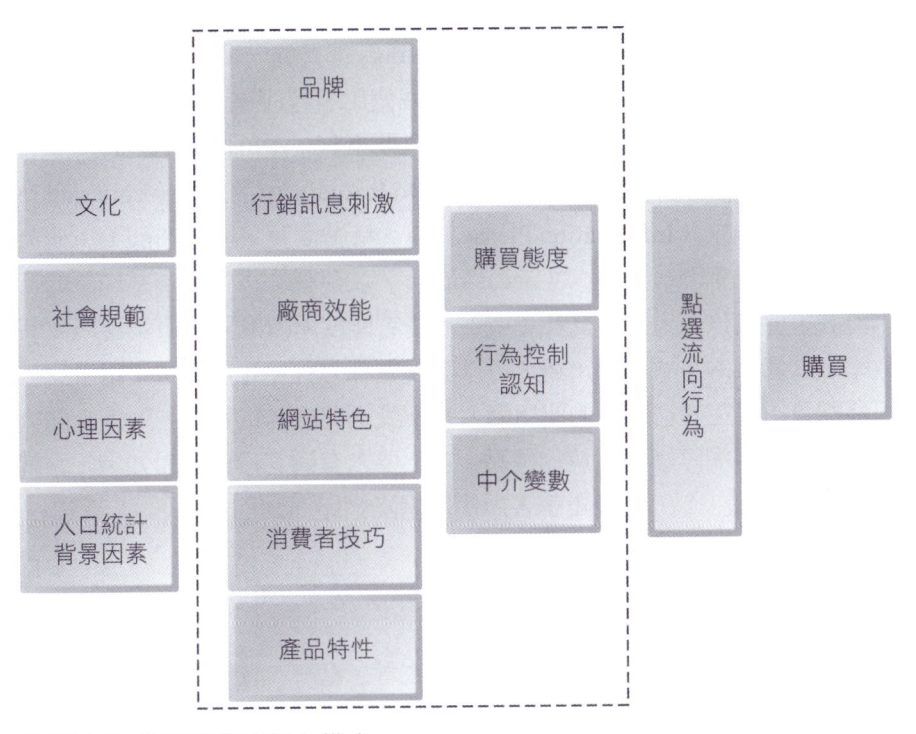

圖 6.3 網路消費者行為模式

在線上模型裡，網站特色伴隨著消費者本身的技能、產品特性、對線上購物的態度和對於在 Web 環境下控制的認知而湧現出來。網站特色包含了等待時間（下載的延遲）、可瀏覽性（navigability）、和對網站安全的信賴。適當的店面設計和精確追蹤消費者並不是什麼新鮮事 — 不過這在 Web 上的技術實作，以及它在 Web 上的低成本、普及性和精密度都是首見。

消費者技能代表消費者知道要如何在線上進行交易的知識（會隨著線上經驗而增加）。產品特性代表能經由網際網路很容易地描述、包裝和運送的一些產品（例如書籍、軟體和 DVD），但其它產品卻沒有的特點。與傳統的因素結合（例如品牌、廣告和公司能力），這些因素形成了對網站購物的特定態度（對網站的信賴和良好的客戶經驗），和一種消費者能控制他或她在線上環境的感覺。

點選流向行為（clickstream behavior）代表消費者在全球資訊網移動時所建立的交易記錄，從搜尋引擎和到多個網站，然後到單一網站，再到單一頁面，最後是購買的決定。這些珍貴的時刻類似於傳統零售裡的「購買時間點」。有些研究者認為瞭解網際網路使用者的背景統計資料已不再必要，而且不再具預測性。許多人相信，網路消費者行為最重要的預測數據，就是人們在線上的程序特性與很接近購買時刻的點選流向行為。

點選流向行為
（clickstream behavior）
代表消費者在全球資訊網（Web）移動時所建立的交易記錄

6-15

由 Booz Allen & Hamilton 和 NetRatings 進行的一項研究分析了 2466 位使用者的點選流向行為的 18 萬 6797 個使用者程序，定義出使用者程序的七種類別：「快手」（Quickies）、「只要事實」（Just the Facts）、「單一任務」（Single Mission）、「又一次」（Do It Again）、「閒逛」（Loitering）、「請給我資訊」（Information Please）和「持續瀏覽」（Surfing）。研究者把這些區隔稱為「情境」（occasions），並建議「以情境為基礎」的行銷方式，會比依照人口統計和（或）消費者態度所做的固定市場區隔更有效率。以這樣的方式區隔市場，可以發現在部分程序類型中，使用者比較可能購買；而在其它類型的使用者似乎不受網路廣告的影響。點選流向行銷是最能善用網際網路環境的優點。它不要求有關客戶的背景知識（也就是「尊重隱私」），且能隨著客戶使用網際網路而動態發展。

購物者：瀏覽者和購買者

雖然網路的使用者仍多集中在接受良好教育、富有，且年輕的族群，但是使用族群也逐漸多樣化。從點選流向分析可以知道，人們會為了不同的原因上網。線上購物也一樣複雜。研究顯示（見圖 6.4），大約 68%的線上使用者屬於「購買者」（buyers），會在線上購買東西。另外 12%的線上使用者（瀏覽者，browsers）利用網路研究產品，但不在線上購買東西。兩者加起來就構成「購物者」（shopper），佔網路使用者的 80%左右。在 2008 年，美國 14 歲以上的網路使用者據估計約有 1 億 7300 萬到 2 億人口，而線上購物市場就成長為 1 億 4000 萬到 1 億 6000 萬的消費者。

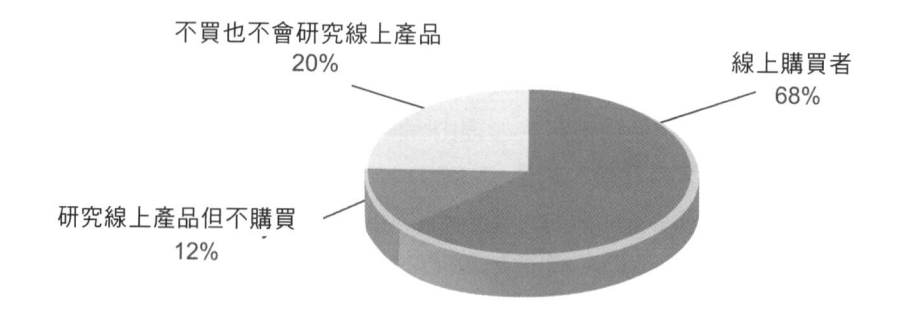

■ 圖 6.4 線上購物者與購買者

資料來源：eMarketer, Inc., 2008a。

　　電子商務是非線上商務的主要管道與產生者。反之亦然：線上流量受非線上品牌及購買行為所驅使。電子商務與傳統商務相輔相成，業者（和研究人員）應該這兩者視為消費行為的聯集，因為商務就是商務；客戶經常仍是同樣的人。網路業者應該建立網站資訊內容，以吸引尋找資訊、但

較不注意銷售相關訊息的網路瀏覽者,同時也可在部分使用者覺得較安全、自在的非線上環境提供產品。

消費者在線上都購買什麼

如果檢視線上產品的銷售業績,大致可區分成兩群:單價低與單價高產品。單價高的產品包含電腦設備和消費性電子產品,其每一筆的訂單通常都會超過 500 美元。而單價低的產品則像是衣服、書籍、健康補給品、辦公室文具、音樂、軟體、影片和玩具等,其每一筆平均消費的金額通常低於 100 美元。圖 6.5 顯示 2007 年消費者在線上前 500 大零售商所購買的產品種類。

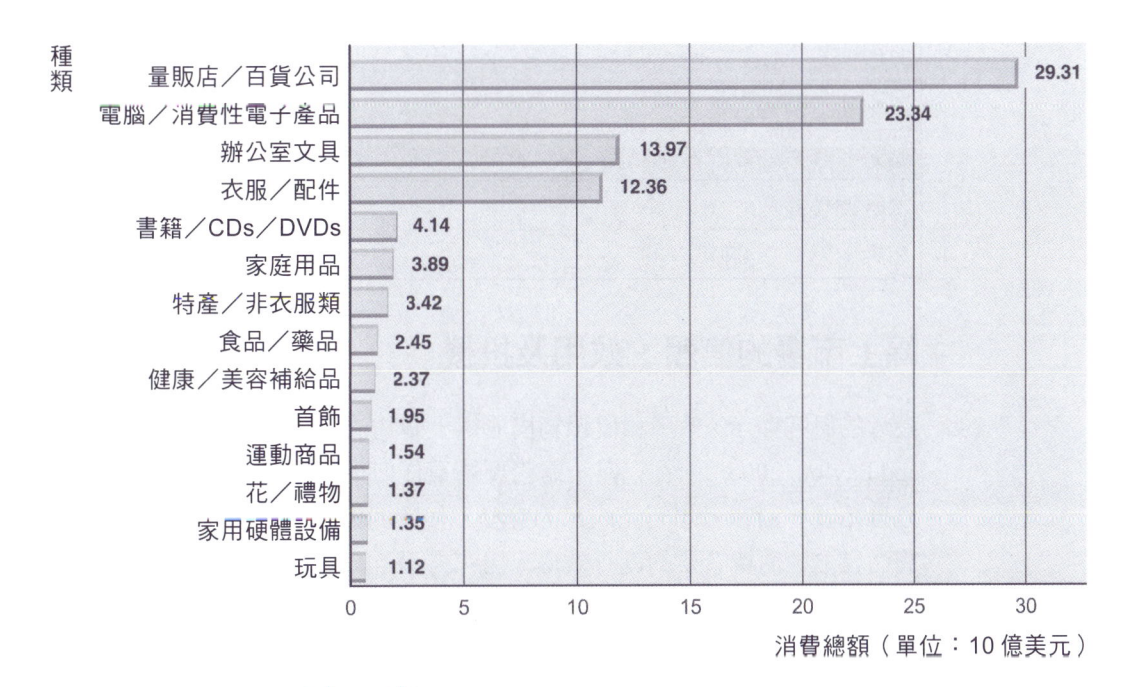

種類	消費總額（單位：10 億美元）
量販店／百貨公司	29.31
電腦／消費性電子產品	23.34
辦公室文具	13.97
衣服／配件	12.36
書籍／CDs／DVDs	4.14
家庭用品	3.89
特產／非衣服類	3.42
食品／藥品	2.45
健康／美容補給品	2.37
首飾	1.95
運動商品	1.54
花／禮物	1.37
家用硬體設備	1.35
玩具	1.12

圖 6.5 消費者購買的產品種類

購物者如何找到線上賣家

購物者很少會去點選網頁中的廣告,一旦購物者在線上,37%的消費者會使用搜尋引擎尋找他們想要的商品資訊;33%的消費者則會直接去商品的官方網站。而購物網站（17%）和商品評分網站（15%）同樣也對購物者在蒐集資訊上扮演重要的角色。因此,行銷者可以瞄準這樣具有目的和意圖的消費者行為,設計特定的溝通方式和網站內容來吸引購物者的注意。

為什麼許多人不在線上購物？

為什麼沒有更多線上使用者在線上購物？表 6.5 列出美國網際網路使用者線上購物主要考量的因素。從表中可以得知，影響越來越多使用者不願意在網路上購買產品的原因在於「信賴」。使用者害怕在網路上購買的行為會有信用卡資料外洩、個人隱私被侵犯和被迫接收到大量不願意收到的廣告信件。其次的原因則可總稱為「麻煩」，像是要考慮運費、退換貨和商品品質的問題等等。

表 6.5 網際網路使用者在購物的主要考量因素

線上信用卡不易使用	44%
個人隱私的考量	42%
收取運費	37%
沒有線上購物的需求	33%
偏好在購買前實際看過商品	32%
很難退換貨	27%
在線上沒有想要購買的商品	21%

線上市場的信賴、效用及投機

最近的研究顯示，效用和信賴為構成線上購物決策的兩項最重要因素（Ba and Pavlou, 2002）。在網路上是否要購買任何東西的決策，跟這兩項因素息息相關。消費者想要完成好的交易、便宜的價格、便利性和快速送抵。簡而言之，消費者要的就是效率。另一方面，賣方對商品的品質和銷售條件上的認知，通常比消費者來得多。這也造就了賣方的投機行為（Akerlof, 1970; Williamson, 1985; Mishra, 1998）。消費者在決定購買前必須要信任廠商。賣方則可以透過建立誠實、公正及運送優良產品的堅強信譽（品牌的最基本要素），讓消費者信任他們。

6.2　基本行銷概念

上一節介紹了 Web 的使用者、以及與購買決策相關的網路行為；本節要探討更廣泛的主題 ─ **行銷**（marketing）。行銷是公司所採取的策略和行動，藉此與消費者建立關係，並鼓勵消費者購買其產品或服務。**網路行銷**（Internet marketing）的主要目的，是利用全球資訊網 ─ 和傳統通路 ─ 與客戶（可能在線上或非線上）發展正面的長期關係，可藉此收取較競爭對手更高的產品價格或服務費用，為公司創造競爭優勢。

行銷（marketing）
公司所採取的策略和行動，藉以與消費者建立關係，並鼓勵消費者購買其產品或服務

網路行銷
（Internet marketing）
利用全球資訊網（Web）和傳統通路與顧客發展正面的長期關係，可藉此為公司創造競爭優勢，收取比競爭對手更高的產品價格或服務費用

第 6 章 電子商務行銷概念

行銷可直接解決產業與廠商間的競爭狀態。行銷尋求能創造獨一無二、有高度差異化的產品或服務,且該產品或服務是由一家可信賴的公司所生產或提供(小壟斷者,little monopoly)。有效行銷的產品或服務只有少數替代品,且新進入者難以達到該產品或服務的**特性集合**(feature set)(該產品或服務所提供的功能和服務組合)。這些小壟斷者若能成功,會降低消費者的議價能力,因為它們是產品唯一的供應來源;這也讓公司能對供應商行使極大的權力。

透過行銷,可避免單純的價格競爭,並創造投資報酬超過平均水準、競爭者有限的市場,且因其獨一無二,消費者會願意以高價購買無替代品的產品。行銷鼓勵客戶以產品的非市場(也就是非售價)品質作為購買的基準。各廠商利用行銷,避免所提供的產品或服務成為同質商品。**同質商品**(commodity)意指有許多廠商都可以提供的完全相同的產品或服務,且同一市場內所有產品的本質都相同。消費者唯一的選擇標準是價格與運送條件。小麥、玉米或鋼鐵都屬於同質商品。

特性集合(feature set)
產品或服務所提供的功能和服務組合

同質商品(commodity)
有許多廠商都可以提供完全相同的產品或服務

特性集合

行銷的主要任務,是要找出產品或服務的特性集合中,具唯一性、具差異化的功能和服務,然後將此傳達給消費者。圖 6.6 介紹了產品或服務的三個層級:核心、實際和附加產品。儘管以下的範例是實體商品,但這個概念同樣適用於數位產品或服務。

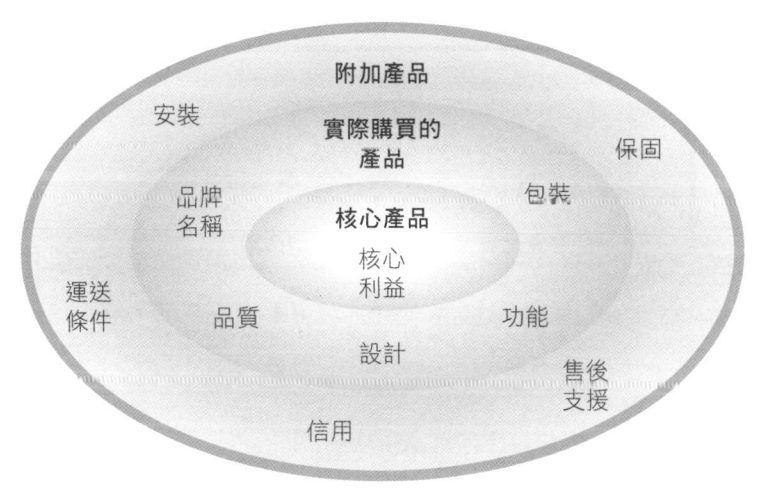

圖 6.6 特性集合

核心產品(core product)
顧客自產品所得到的核心利益

實際產品(actual product)
為了提供產品核心利益所設計的特性集合

特性集合的中心是核心產品。**核心產品**(core product)是客戶自產品所得到的核心利益。例如,我們的核心產品是一支手機。**實際產品**(actual product)是為了提供產品核心利益所設計的特性集合。行銷人員必須確定

6-19

附加產品
（augmented product）

除了內含核心產品的實際產品之外，對顧客有附加利益的產品

品牌（brand）

是顧客購買或考慮購買某特定公司的產品或服務時，所抱持的一些期望

手機的特性，以找出和其它製造商產品的差異。以 Apple iPhone 為例，實際產品就是擁有可以方便瀏覽網頁的大螢幕和可以快速地透過無線裝置連結到網際網路的手機和音樂播放器。**附加產品**（augmented product）就是除了內含核心產品的實際產品之外，對顧客有額外附加利益的產品。在 iPhone 的範例裡，附加產品就是一年保固、原廠支援服務和網頁，以及售後的服務。附加產品形成了建立 iPhone **品牌**（所謂的品牌化過程）的基礎，詳見以下說明。

產品、品牌和品牌化過程

在消費者心中讓產品真正獨一無二且可用以差異化的東西，是產品的品牌。品牌（brand）是客戶購買、或考慮購買某特定公司的產品或服務時，所抱持的一些期望。這些期望部分來自客戶過去實際使用產品的經驗，或其它可信賴的人購買此產品的經驗，以及各種行銷人員在不同通路和媒體讚揚該產品特有功能時所做的承諾。

品牌所產生的最重要期望，包括品質、可靠度、一致性、信賴、喜愛和忠誠度以及信譽。行銷人員製造承諾，而這些承諾會引起消費者的期望。化妝品製造商對消費者的承諾是：「如果你用這個產品，你會變得更美麗。」

品牌化
（branding）

創造品牌的過程

圖 6.7 說明創造品牌的過程，也就是**品牌化**（branding）。

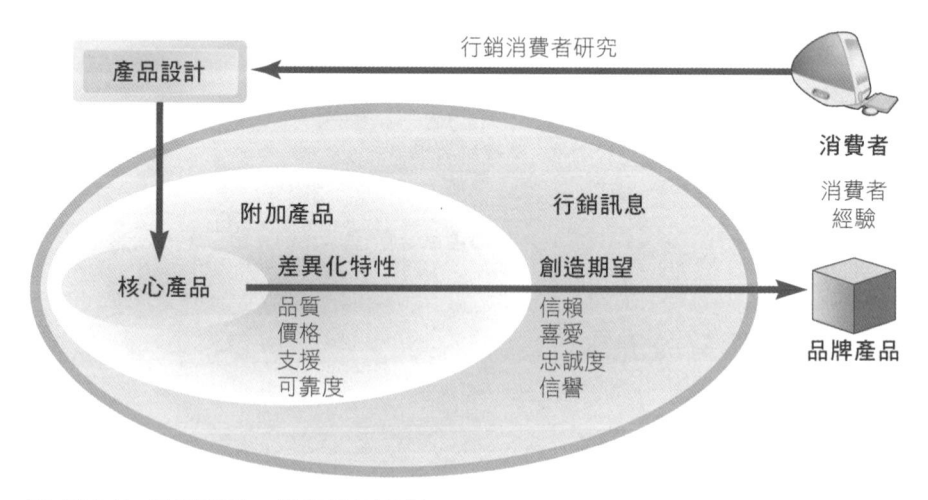

■ 圖 6.7 行銷活動：從產品到品牌

行銷人員找出實際與附加產品的差異化特性。他們從事各類的行銷傳達活動，告知消費者特性集合。消費者依照消費經驗和行銷人員在訊息中所作的承諾，對產品產生期望。例如，當消費者購買 Apple iPhone 時，

消費者希望得到一台獨特、高品質、容易使用的手機。消費者願意付出高價以取得這些品質。若 iPhone 無法達成這些期望，Apple 這個品牌將會動搖，且消費者也較不願意付出高價。換句話說，強大的品牌需要有強大的產品。但若 AppleiPhone 確實符合期望，則客戶對於產品與製造公司都將產生忠誠度（會再次購買，或推薦給別人）、信賴、喜愛，並認定有好的商譽。

在理想的狀況下，行銷人員會直接影響產品設計，以確保產品能具有所需的功能、高品質、正確的定價、產品支援和可靠度。若行銷人員能根據市場的研究與反饋，直接影響核心產品的設計，就稱為**封閉循環行銷**（closed cycle marketing）。儘管這是理想狀況，但大部分行銷人員都是「銷售」已經設計好的產品。我們接著將會看到，電子商務會提供一些達成封閉循環行銷的特有機會。

行銷人員設計並執行品牌策略。**品牌策略**（brand strategy）是突顯產品與其競爭者的差異，並在交易市場中有效地傳達這些差異的一系列計畫。在建立新的電子商務品牌時，創造並發展品牌策略的能力，是許多公司成敗的關鍵。

品牌的價值為何？品牌因其在市場上的影響力與價值而有不同。品牌可以如同資產般代表公司的價值，也可以代表客戶的忠誠度或喜愛，它也可以視為消費者跟產品間的一連串關係。**品牌效益**（brand equity）是品牌在與無品牌競爭者比較時，頂級顧客願意付出購買產品的估計價值（Feldwick, 1996）。由於品牌強化了未來的收益來源，因此品牌效益也會影響股價，同時品牌也是擁有市場價值的無形資產。

市場區隔、目標客群與產品定位

市場並不統一，因為市場事實上是由許多有不同需求的不同類型的客戶所構成。廠商希望依照產品需求把市場區隔成不同的客戶族群。一旦建立市場區隔，每個區隔就能將差異化的產品集中化。每個市場區隔中的產品被定位和品牌化為獨特、高價值的產品，特別是符合該市場區隔客戶的需求。

藉由市場區隔，廠商可以在各市場區隔中將產品差異化，使產品更貼近客戶的需求。廠商不再對相同的產品收取同樣的價格，可以在每一個市場區隔中，藉由在相同的產品上創造許多不同的差異，並收取不同價格的方式，將產生的收益最大化。這些都不是新玩意，網際網路提供獨特的機會，讓市場區隔能精細到達成個人化的產品。

封閉循環行銷（closed cycle marketing）
行銷人員可以根據市場研究與反饋，而直接影響核心產品的設計

品牌策略（brand strategy）
突顯產品與其競爭者間的差異，並在交易市場中有效地傳達這些差異的一系列計畫

品牌效益（brand equity）
在與無品牌競爭者比較時，頂級顧客願意付出購買品牌產品的估計價值

一旦完成市場區隔，就會針對每個市場區隔內的成員進行品牌化過程。例如，汽車製造商依照統計資料（年齡、性別、收入和職業）、地域（地區）、收益（特殊效能特點）和性格分析（自我形象和情感需要），進行市場區隔。他們針對每一種市場區隔提供獨特的品牌化的產品。

品牌合理嗎？

可口可樂是美國商業史上經營時間最久、最具影響力的品牌之一。它的核心產品是有色有味的碳酸糖水。而附加產品則是全世界都可買到，令人感到愉快、清新、商譽良好、口味獨特，且願意讓客戶付出比無品牌可樂高出兩倍價格的秘密配方的飲料。可口可樂是行銷所創造的小壟斷者；可口可樂只有一個，也只有一家供應商。但為何顧客願意付出高出無品牌可樂兩倍的價格來購買可口可樂？這合理嗎？

答案是肯定的。品牌藉由減少消費者的搜尋與決策成本，進而帶來市場效率。強大的品牌代表強大的產品。品牌附有資訊。在面對多種不同的飲料時，選擇可口可樂可能非常快、不用多加考慮，而且保證能獲得之前使用該產品所預期的經驗。品牌可減少消費者在擁擠的交易市場所需承受的風險與不確定性。品牌就像一種保障策略，對抗交易市場中令人不快的意外，讓消費者願意付出高價購買 — 以防萬一。

品牌能成為企業資產（以得到品牌效益）的能力，是根據客戶願意在未來付出的預期高價，也讓公司有建立比其它產品更符合客戶需求的產品的動機。因此，儘管品牌造成小壟斷者、市場成本增加、並產生高於平均水準的投資報酬（獨佔者租金，monopoly rent），但相對的也為消費者帶來市場效率。

對企業而言，品牌是主要的收入來源，且是合理的。品牌可降低客戶取得成本並增加客戶維持率。品牌聲譽愈強，就愈容易吸引新客戶。**顧客取得成本**（customer acquisition cost）是指把可能的顧客轉變成消費者的所有成本。**顧客維持成本**（customer retention cost）是指說服現有顧客再次購買產品時的所產生的成本。一般而言，取得一位新客戶的成本，要比維持一位現有客戶高出許多。由於第一年的顧客取得成本較高，因此電子商務網站在第一年在每位客戶身上損失約 20 到 80 美元；但是後來的幾年藉由維持忠實客戶，可彌補這些損失（Reichheld and Schefter, 2000）。不過在某些例子裡，電子商務公司在達到獲利之前就已結束營業了。

成功的品牌能夠構成長久、無法動搖的不公平競爭優勢。如第 2 章所討論的，競爭優勢若建立在創新、有效的生產過程上，或競爭者理論上能

顧客取得成本
（customer acquisition cost）

把可能的顧客轉變成消費者的所有成本

顧客維持成本
（customer retention cost）

說服現有顧客再次購買產品時的所產生的成本

夠模仿和（或）在市場上購買到，那就被視為「公平」。「不公平競爭優勢」無法在生產要素市場（factor market）購買，而專利、著作權、秘密程序、具特殊技能的專業人員和管理者，當然包括品牌名稱也是。品牌是無法購得的（除非買下整家公司）。

品牌能永遠存在嗎？

然而品牌並不一定能永遠存在，而且它所創造的小壟斷局面不可能長期穩定。在一項品牌持久性的研究中，Golder 發現從 1923 到 1997 年間，在 1923 年佔有大部分市場的公司，到了 1997 年只有 23%仍居於市場領導地位，且其中有 28%的領導者已經失敗（Golder, 2000）。1917 年的 Fortune 500 大公司中，目前仍存在的不到 10%（Starbucks and Nystrom, 1997）。領先的日子雖然甜蜜但通常是短暫的，而且隨著創新者比遲緩的市場領導者更快採用新技術和迎合新的大眾口味，長期來說市場效率就會再回復了。

品牌能在網際網路上生存嗎？網際網路上的品牌及價格歧異

第 1 章提過，在電子商務萌芽階段，許多學者與商業顧問假設 Web 將產生資訊對稱的新世界，產生「無阻力」商務。在這樣的世界中，新進獲得權力的客戶，可利用智慧型購物代理人和網際網路上近乎無限的產品與價格資訊，以最輕鬆的方式在全世界（且隨時）購物；價格將降到接近產品的邊際成本；且隨著客戶開始直接與生產者對應，仲介商將會在市場上消失（Wigand and Benjamin, 1995; Rayport and Sviolka, 1995; Evans and Wurster, 1999; Sinha, 2000）。其結果就應該是**單一價格法則**（Law of One Price）的情況：由於在完全的資訊市場中，有完全的價格透明度（price transparency），因此各項產品會產生全世界相同的價格。當然，「無阻力商務」就代表品牌行銷的結束。

但事實上並非是這樣運作的。價格尚未被證實是消費者行為唯一的決定因素。電子商務公司仍持續依賴品牌來吸引客戶並收取高價。網際網路技術可利用個人化、客製化和社群網路行銷技術等方式來無限制地差異化產品，進而可克服低搜尋成本和大量遍及全球的商品供應商所帶來的價格降低效果。

價格歧異（price dispersion）代表市場中最高價與最低價的差距。在完美市場中不該有任何價格歧異。其它證據顯示，由於消費者疲於應付這麼多供應商與比價，因此為了效率，會儘快買下可信賴、高價的供應商的商品。例如，與其它電子零售商或零售商店相較，亞馬遜（Web 上最強大

單一價格法則
（Law of One Price）

在完全的資訊市場中，有完全的價格透明度（price transparency），因此各項產品會產生全世界相同的價格

價格歧異
（price dispersion）

市場中最高價與最低價的差距

的品牌名稱之一）收取的價格相對就較高（Clay et al., 1999）。一般而言，最多人拜訪和使用的電子商務網站並非就是最低價網站（Smith et al., 1999）。

最近有關品牌及價格歧異的研究說明了網路行銷的複雜度，以及品牌和客戶忠誠度持續的影響力。一般來說，相較於非線上定價，網路上的定價是一直增加的（Baye, et al., 2002a；Scholten aand Smith, 2002）。而且，根據 Nash-equilibrium.com（是一個在網路上繪製價格走向圖的經濟學者所管理的網站）的資料，網路商品的「相對歧異」（relative dispersion）也增加了，這代表了有些網路商人在某些產品收取比其它人還高的費用。日常用品（記憶體晶片）相較於書籍或其它的市場區隔性高的產品，價格歧異度較低。網路老手會很有系統地找到最低的價格。賣方要很努力的找出差異化產品或服務的方法 — 像是建立線上品牌來對許多產品收取額外加值的費用。同一項產品因價格敏感度上的差異所造成的結果相當不同。

圖書館效應
（library effect）
試圖以提供的產品總數吸引顧客

網路賣方所使用的策略之一是**圖書館效應**（library effect，或目錄效應，catalog effect）。在亞馬遜上販賣的書籍數比 Barnes & Noble 之類的大型賣場多了 23 倍，且比一般大型獨立書店販賣的書籍數多了 57 倍。像亞馬遜這樣的商店會將其所提供的產品規模當作品牌形象及行銷訊息的一部分，以收取較高的價格。很明顯的，圖書館效應只適用於有龐大數量的庫存產品 — 如音樂、DVD、CD、書籍、旅遊服務、機票和其它可以在網路上買到的產品 — 但不適用獨特性高的收集產品。

從這些研究證明可以得出結論，在 Web 上「品牌」仍然存在，且消費者仍然願意以高價購買他們感覺有差異化的產品及服務，且比起實體商店，消費者願意在產品變化度大的網路上購物。在許多例子中，在網站上販售的價錢比零售商店還高，這是因為優質消費者願意付錢買取方便。擁有更多的選擇（而非價錢）是電子商務網站最大的優勢，也是消費者最好的福利。檢視這些資料的另一個重要方法，是當網路商家在追求因市場擴張而取得的規模經濟及圖書館效應時，可預期的是在他們之間擁有權有越來越集中的狀況。

6.3 網路行銷技術

網路行銷與一般行銷有許多相似與相異之處。網路行銷的目的是建立客戶關係，讓公司能達到超出水準的獲利（藉由提供較好的產品和服務，或者傳達特性集合給消費者）。因為媒介的性質及功能與之前所有的東西都不相同，因此網路行銷與一般行銷也非常不同。在瞭解不同的網路行銷的進行方式前，必須先熟悉一些基本的網路行銷技術。

網路行銷技術的演進

第 1 章介紹了電子商務技術的七個特性。表 6.6 說明些新的科技功能如何改變行銷。

表 6.6 電子商務技術特性對行銷的影響

電子商務技術面	對行銷的影響
普及性	行銷訊息延伸到家庭、工作與行動平台；行銷的地域限制降低。交易市集被「虛擬市場」所取代，並不在暫時且地理性的位置上。客戶的便利性提升，購物成本降低
全球可及	促成全球化客戶服務與行銷訊息。行銷訊息可能觸及數億名消費者
全球標準	由於網際網路共通的全球化標準，使得傳達行銷訊息和從使用者得到回應的成本降低
豐富性	影片、聲音和文字行銷訊息，都可整合成一個行銷訊息及消費體驗
互動性	消費者可參與依照消費者而動態調整的對談，使得消費者成為所銷售商品與服務的共同生產者
資訊密集度	第一時間就可收集與分析消費者即時行為的詳細資料。藉由「資料探勘」網路技術可每天針對行銷用途進行龐大的消費者資料分析
個人化／客製化	這項功能可使產品與服務差異化降到個人化的層次，因而能加強行銷人員建立品牌的能力
社群技術	使用者自行產生的內容和社群網站，如部落格中的文章和連結都是由網路使用者所創作和提供的。行銷人員可以針對這樣快速成長的消費族群，利用非傳統的媒體進行行銷。但要注意的是，行銷人員可能會無法控制使用者的言論而陷入困境。

總括來說，網際網路在行銷上有三點廣泛的影響。首先，以網際網路作為傳播媒介，根據能輕易接觸的人數來計算已擴大了行銷傳播的規模。第二，藉由在豐富訊息中結合了文字、影片和聲音等內容，網際網路增加了行銷訊息的豐富性。我們可以說，因為訊息的複雜度、各種主題可取得的龐大內容量，以及使用者能互動控制體驗的能力，Web 是比電視或影片更豐富的媒介。第三，網際網路大幅延伸交易市集的資訊密集度，提供行銷人員（和客戶）與市場中交易之消費者相關最詳細的即時資訊。

網站交易記錄

電子商務網站要如何才能比百貨公司更瞭解消費者的行為？網站上消費者資訊的主要來源，是來自於所有網站伺服器保有的交易記錄。**交易記錄**（transaction log）記錄下使用者在網站的活動。交易記錄內建於網站伺服器軟體中。

交易記錄
（transaction log）
記錄使用者在網站的活動

註冊表單
（registration forms）
收集個人資料，其中包含姓名、地址、電話、郵遞區號、電子郵件地址等必要資訊，和其他與興趣、喜好有關的非必要資訊等

購物車資料庫
（shopping cart database）
記錄所有的物品選擇、購買和付款資料

交易記錄資料若能加上註冊表單和購物車資料庫兩種參觀者產生的資料記錄，將會變得更有幫助。使用者會因各種原因（例如免費禮物或特殊服務）而在網站上填寫註冊表單。**註冊表單**（registration forms）收集個人資料，其中包含姓名、地址、電話、郵遞區號、電子郵件地址等個人資料（通常是必須填寫），以及其他與興趣、喜好有關的非必要資訊。如果使用者購買東西，他們也會在購物車資料庫輸入其他資訊。購物車資料庫（shopping cart database）記錄所有的物品選擇、購買和付款資料。其它可能的資訊來源包括使用者在產品表單、聊天群組，或利用大部分網站的「聯絡我們」選項所送出的電子郵件訊息。

這些交易記錄，連同來自註冊表單與購物車資料庫的資料，就足以成為個別網站及整個網路產業行銷資訊的寶庫。幾乎所有新的網路行銷功能，都建立在這些資料收集工具的基礎上。如以下的行銷問題都可以透過交易紀錄分析得知：

- 群組和個人主要的購買模式？
- 網路使用者在首頁之後會去的頁面為何？
- 如何辨別特定的個人消費行為？
- 如何讓網路使用者能夠清楚明瞭地找到想要的資訊？
- 如何設計網站鼓勵網路使用者參觀並購買高利潤的商品？
- 網站的拜訪者從何處而來？
- 如何針對個人使用者提供客製化的訊息、服務和商品？

記錄檔的輔助：cookies 和 Web bugs

交易記錄建立了線上資料收集的基礎，這些記錄是靠另外兩種資料收集技術補強它：cookies 和 Web bugs。我們在第 3 章提過，cookies 是參觀者參觀特定網頁時，由網站放進客戶端電腦的一個小文字檔。cookies 可讓網站在使用者電腦放置資料，並於日後再加以取得。

cookies 讓 Web 行銷人員可以很方便的識別客戶，並可瞭解他（她）之前在網站上的行為。網站可利用 cookies 知道有多少人正在參觀網站、是新客戶還是舊客戶，以及他們參觀的頻率。但由於共用電腦、或使用多台電腦、或者 cookies 可能被不經意或故意清除等因素，這些資料不見得是正確的。cookies 讓網站能做到購物車和「快速結帳」的功能，是因為當使用者在購物車加入東西時，網站能持續記錄。每一項加入購物車的物品，就連同參觀者特有的 ID 值一起存在網站資料庫裡。

Web bugs 是嵌入在電子郵件訊息及網站的小（1 個像素）圖檔。Web bugs 可用來自動傳輸使用者和參觀網頁的資訊給監視伺服器。例如，當接收者開啟 HTML 格式的電子郵件或開啟網頁時，要求圖檔資訊的訊息就會傳送到伺服器。行銷人員可藉此知道該訊息被開啟，知道這名接收者至少對標題感興趣。Web bugs 經常是透明或白色的，因此接收者無法看見它們。Web bugs 一般的大小為 1 像素，且包含在某個非提供該網頁之伺服器上。Web bugs 的行銷應用請見社會觀點。

資料庫、資料倉儲和資料探勘：發展輪廓資料

資料庫、資料倉儲、資料探勘和各類統稱為「輪廓資料」的行銷決策技巧，足網路行銷革命的重心。這些技術全都企圖精確找出誰是線上客戶，線上客戶的需求，並滿足客戶的條件。比起大眾行銷媒體或電話行銷所使用的粗略人口統計及市場區隔技術，這些技術更為加強大和精密。

為了瞭解交易紀錄、註冊表單、購物車、cookie、Web bug 和來自其他來源的資料，網路行銷人員需要容量大且強大的資料庫、資料管理系統和資料模擬工具。

社會觀點

Web bugs 的行銷應用

「透明的 GIF 圖片」（clear/invisible GIFs）、「網路信標」（Web beacons）聽起來似乎沒有那麼可怕，但其實這些名詞都是 Web bugs 的別稱，而網際網路的使用者也開始瞭解到名詞背後真正的意涵。Web bugs 有許多不同的變種，但基本的概念一樣。Web bugs 是指一個暗藏在網頁和電子郵件中，以圖片或是像素的形式隱藏的物件，讓目標網站可傳送使用者資訊和數據至第三方網站。

行銷人員宣稱他們使用 Web bugs 的目的是為了蒐集網路的使用數據，如特定網站有多少的訪客、網站中的哪些網頁最具有人氣，以及哪些網路廣告能取得最佳的銷售結果。搜尋引擎和入口網站等公司都有使用 Web bugs 的方式進行行銷，第一名的 Web bugs 使用者為 Google Analytics，接著是 Google Syndication、Google、Yahoo、Amazon，還有深受大多數人喜愛的 Web 2.0 的網站，如 Youtube、Photobucket、Filckr 等。任何時間只要你曾經拜訪過上面的網站，你在網站上的一舉一動就被記錄下來了。

Web bugs 常被用來記錄眾多廣告的促銷成效。如果缺乏這些數據的支持，廣告商認為他們將無法決定要使用何種行銷技巧去進行產品或服務的行銷。而由於所有資料蒐集都是以匿名的方式進行，也不會經由連結去連結到特定的個人。因此，在這樣的理由下，廣告商宣稱 Web bugs 是不具有傷害性的。然而，傳統的行銷資訊通常是由專責的公司從超級市場和信用卡公司蒐集，並且會定期將這些資訊販賣給需要針對目標客戶進行行銷的公司。由此，我們很難不去認為廣告公司不會去做相同的事情。

如果 Web bugs 是不具傷害性的，為什麼要花費力氣將他們隱藏在網頁或電子郵件之中呢？為什麼不讓使用者知道網頁是存在著記錄行為的程式，或是將這些程式標上注意的警示標語呢？這是因為這些程式可能涉及侵犯個人隱私的緣故。儘管 Web bugs 僅只是被用來提供網站流量的數據，但是當 Web bugs 蒐集到的資料與其他資訊結合後，它能提供給行銷人員完整的消費者個人的資訊，像是住址、線上帳戶餘額、帳號和所有使用者曾經輸入過的資訊。

一旦使用者拜訪暗藏 Web bugs 的網站，或是讀取內嵌 Web bugs 的電子郵件，有關使用者在線上的一舉一動都會被記錄下來，傳送到通常是行銷公司所扮演的第三方去進行資料的匯集。Web bugs 可以回報使用者拜訪網站時的 IP 位址、連結的 URL 和 cookie 資訊，並可透過電子郵件連結到之前的 cookie 資訊。最簡單以及最常見的 Web bugs 是以透明 GIF 圖片檔的形式，協同 cookies 將使用者在網路上的行為和數據傳送至第三方。GIF 圖片檔可以是一個使用者不會發現的 1×1 像素大小的物件，而在使用者不知不覺中執行的程式則是安裝在硬碟上蒐集使用者上網的各種資訊。此種形式的臭蟲藉由掃描電腦來找出包含關鍵字（如財務、醫藥等）的全部文件，甚至可以將這些文件全部打包帶走而不被查覺。所以，即便大多數的 Web bugs

可能是被用來做為追蹤使用者的網路瀏覽行為，使用 Web bugs 帶來的潛在用途卻很難被知道。

Web bugs 可以讓行銷人員知道現在誰在線上，哪些網站他們曾拜訪過，他們曾經在哪些網站消費過，以及這些人的住址等等資訊。當這些資訊與第三方連結在一起時，消費者的行為特徵將更容易被詳盡的描述出來，這都會造成個人隱私被嚴重的侵犯。

Web 2.0 的社群網站，如 MySpace、Youtube 等都透過使用 Web bugs 的技術做為行銷策略的立足基礎，而個人網頁和使用者產生的內容是 Web bugs 最愛放置的位置。蒐集消費者的資訊已經不是新聞，但是針對內容的資料蒐集，可以經由不斷的累積和結合其他資訊形成特定網際網路使用者個人的資料檔案，這就需要法條的規範。

美國隱私權基金會就曾針對 Web bugs 發佈使用守則。守則的內容建議 Web bugs 應該在螢幕上顯現，而此圖像應該要標示它的功能和放置此 Web bugs 的公司名稱。此外，如果使用者點選了 Web bugs，它應該要告訴使用者他將會蒐集哪些數據，而這些數據會如何被使用、哪些公司會收到這些數據、這些數據與其他 Web bugs 蒐集到的數據結合，以及 cookie 是否會與 Web bugs 協同合作等資訊。使用者可以選擇 Web bugs 可以蒐集哪些資訊，而 Web bugs 也不應該被用來蒐集如醫藥、財務、工作性質或是性別等敏感的數據。

為了強調個人隱私的觀念以及建立消費者信賴的線上環境，網路廣告聯盟（Network Advertising Initiative, NAI）為廣告產業發佈了自我控管的守則。NAI 將 Web bugs 更名為網路信標（Web beacons），並要求線上公司告訴消費者 Web bugs 在網頁和電子郵件中的使用和目的，同時聲明任何數據都不會傳送給他人。同樣的，NAI 也讓使用者選擇是否要將可辨識個人身分的資訊（personally identifiable information, PII）發佈給第三方使用，以及在同意使用 Web bugs 後，是否願意提供線上公司有關個人身分辨識的資訊。而這些限制不會針對網站本身進行規範。此外，NAI 提供一項機制，可以讓所有網路使用者避免其他線上廣告網絡蒐集非個人私密性的資訊。但是要達到這個目的，使用者必須下載一個 cookie 來通知網路不能針對此使用者進行蒐集資訊的動作。

針對個人隱私的問題可以透過瀏覽器或是電子郵件的提供者來解決。舉例來說，微軟將其 hotmail 服務加上可封鎖電子郵件中的 Web bugs，而 Outlook Express 和 Outlook 電子郵件程式都將會採取類似的功能。Mozilla 的電子郵件系統則是允許使用者不要開啟郵件中的任何圖像，以避免資訊回報給第三方。然而，此種保護的方式很難應用到滿佈圖片的網頁上。

到目前為止，網際網路使用者都未曾受到政府法規針對 Web bugs 使用的保護。大多數的使用者可能對於 Web bugs 毫無概念，也不瞭解要如何調整瀏覽器來

封鎖 Web bugs。舉例來說，有一家名為 Omniture 的公司使用 cookie 和 Web bugs 的技術在許多網站上蒐集 PayPal 付款系統的資訊（如款項付給誰）。然而，大多數 PayPal 使用者卻根本不知道有這樣一個蒐集的行為。

資料庫

資料庫
（database）
是一種儲存記錄與屬性的軟體應用程式

資料庫管理系統
（database management system, DBMS）
是組織用來建立、維護和使用資料庫的軟體應用程式

結構化查詢語言
（structured query language, SQL）
是關聯式資料庫所使用的產業標準資料庫查詢與操作語言

關聯式資料庫
（relational database）
以二維的資料表來表示資料，記錄為列，屬性為欄，就像試算表一樣；在不同資料表裡的資料可以有彈性地彼此聯繫，只要這些資料表有共同的資料元素

要轉譯大量的交易資料流，第一步是必須有系統地儲存資訊。**資料庫**（database）是一種儲存紀錄與屬性的軟體應用程式。電話簿就是儲存個人紀錄和姓名、地址、電話號碼等屬性的實體資料庫。**資料庫管理系統**（database management system, DBMS）是用來建立、維護和使用資料庫的軟體應用程式。常見的 DBMS 包括 IBM 的 DB2，以及 Oracle、Sybase 和其它廠商的各種 SQL 資料庫。

結構化查詢語言（structured query language, SQL）是關聯式資料庫所使用的產業標準資料庫查詢與操作語言。DB2 和 SQL 等**關聯式資料庫**（relational database）以二維的資料表來表示資料，筆記錄為列，屬性為欄，就像試算表一樣。資料表—與裡面全部的資料—可以有彈性地彼此連繫，只要這些資料表有共同的資料元素。

關聯式資料庫非常地有彈性，讓行銷人員與其它主管能從各種角度很快的檢視、分析資料。圖 6.8 顯示客戶關聯式資料庫的樣子。這些資料整理成四個資料表：客戶、訂單、產品和供應商。這些資料表至少有一個共同的資料元素。利用這個模式，就能查詢資料庫找出購買特定產品的客戶名單，或者傳送訊息給存貨低於特定數量的供應商（並在產品暫時無庫存時以電子郵件自動通知客戶）。

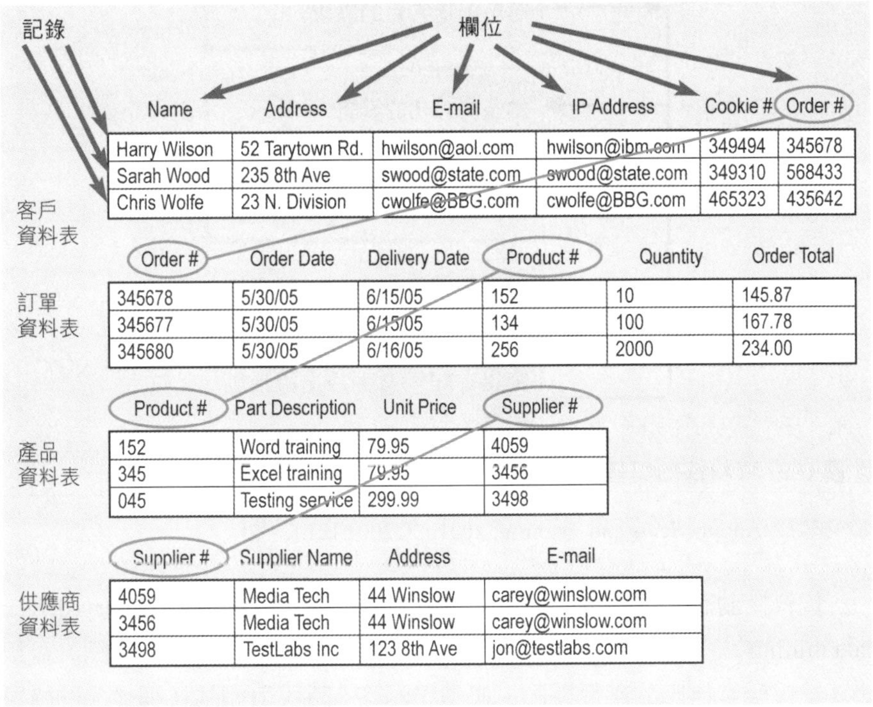

圖 6.8 電子商務客戶的關聯式資料庫

記錄 / 欄位

客戶資料表

Name	Address	E-mail	IP Address	Cookie #	Order #
Harry Wilson	52 Tarytown Rd.	hwilson@aol.com	hwilson@ibm.com	349494	345678
Sarah Wood	235 8th Ave	swood@state.com	swood@state.com	349310	568433
Chris Wolfe	23 N. Division	cwolfe@BBG.com	cwolfe@BBG.com	465323	435642

訂單資料表

Order #	Order Date	Delivery Date	Product #	Quantity	Order Total
345678	5/30/05	6/15/05	152	10	145.87
345677	5/30/05	6/15/05	134	100	167.78
345680	5/30/05	6/16/05	256	2000	234.00

產品資料表

Product #	Part Description	Unit Price	Supplier #
152	Word training	79.95	4059
345	Excel training	79.95	3456
045	Testing service	299.99	3498

供應商資料表

Supplier #	Supplier Name	Address	E-mail
4059	Media Tech	44 Winslow	carey@winslow.com
3456	Media Tech	44 Winslow	carey@winslow.com
3498	TestLabs Inc	123 8th Ave	jon@testlabs.com

資料倉儲和資料探勘

資料倉儲（data warehouse）是在單一位置收集廠商的交易與客戶資料的資料庫，讓行銷人員與網站管理者進行離線分析。這些資料來自企業的多個重要營運範圍，包括網站交易記錄、購物車、實體商店的銷售點終端機、倉儲存貨水準、現場銷售報告、合作廠商提供的外部資料，以及財務付款資料。資料倉儲的目的，是把廠商全部的交易與客戶資料收集到一個邏輯儲存庫，讓主管不需中斷或增加廠商主要交易系統與資料庫的負擔，就能分析與模擬資料。資料倉儲快速地演進為儲存庫，其中包含消費者在商店與網站行為的龐大（幾兆位元）資料。有了資料倉儲，廠商就能回答以下問題：各區域及城市中，利潤最高的產品為哪些？哪些區域性行銷活動是有效果的？廠商網站的店面促銷成效如何？透過資料倉儲，主管可快速取得資料，因此可能對客戶有更完整的瞭解。

資料探勘（data mining）是一系列不同的分析技巧，用以尋找資料庫或資料倉儲中的資料規則，或企圖模擬客戶行為。我們可以「探勘」網站資料，以發展瀏覽者與客戶資料輪廓（見圖 6.9）。**客戶資料輪廓**（customer profile）就是網站的客戶或客戶群組的典型行為描述。客戶測寫資料可在數百萬瀏覽者使用企業網站時，協助找出群組和個人行為的規則。

資料倉儲（data warehouse）
是在單一位置收集公司的交易與顧客資料的資料庫，以作為離線分析之用

資料探勘（data mining）
是一系列不同的分析技巧，用以尋找資料庫或資料倉儲中的資料規則，或企圖模擬顧客行為

顧客資料輪廓（customer profile）
對顧客或顧客團體在網站上的典型行為描述

| 電子商務

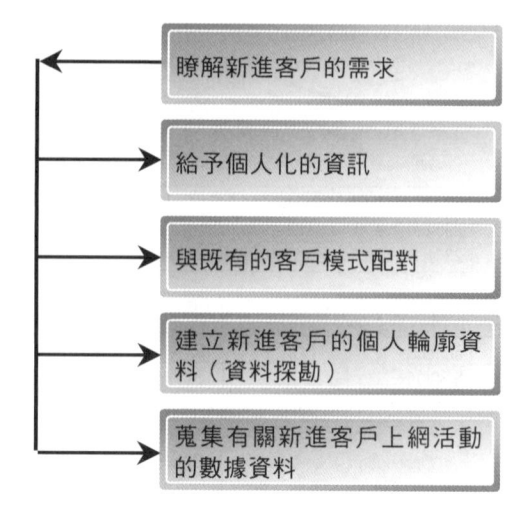

```
→ 瞭解新進客戶的需求
→ 給予個人化的資訊
→ 與既有的客戶模式配對
→ 建立新進客戶的個人輪廓資料（資料探勘）
→ 蒐集有關新進客戶上網活動的數據資料
```

■ 圖 6.9 資料探勘與個人化

資料來源：Adomavicius and Tuzhilin, 2001b. ©2001 IEEE。

查詢式資料探勘
（query-driven data mining）
根據特定查詢所做的資料探勘

模型式資料探勘
（model-driven data mining）
牽涉模型的使用，可分析對決策有利害關係的關鍵變數

規則式資料探勘
（rule-based data mining）
檢視網站中的團體和個人的人口統計和交易資料，企圖推導出訪客的一般行為規則

　　資料探勘有多種類型。最簡單的類型是**查詢式資料探勘**（query-driven data mining）─這是根據特定查詢所做的資料探勘。例如，當行銷人員根據直覺懷疑資料庫的某個關聯，或是想解答「時段與網站各種產品的購買行為有什麼關聯？」之類的特定問題時，行銷人員可以簡單地查詢資料倉儲，並產生一個依照時間排列的網站各時段前十大銷售產品的資料庫表格。行銷人員接著可改變網站內容，在不同時段強調不同產品，或於白天或晚上的特定時間將特定產品放上首頁，以刺激銷售量。

　　另一種資料探勘是模型式。**模型式資料探勘**（model-driven data mining）牽涉模型的使用，可分析對決策有利害關係的關鍵變數。例如，行銷人員也許想降低網站的存貨，移除銷售成績不好或無獲利的商品。我們可以建立出顯示網站上各項產品獲利能力的財務模型，在有足夠資訊的情況下完成決策。

　　比較有趣的一種資料探勘是以規則為主。**規則式資料探勘**（rule-based data mining）檢視網站中的團體和個人的人口統計和交易資料，企圖推導出訪客的一般行為規則。規則式資料探勘有事實化與行為化的方法，也有從市場區隔到個人化的不同精密程度。Engage Technology and Personify 等公司採用的事實化方法（factual approach）中，真實的人口統計與交易資料（購買價格、所購買的產品）和在網站上觀看的內容，都被分析並儲存在客戶測寫資料中，以把交易市場區隔成更詳細定義的群組。例如，購買產品的平均金額超過 50 美元的女性客戶，和觀看旅遊文章的客戶，可能就會看到旅遊廣告。這些規則，是由行銷主管依照經驗或採用試誤法（trial and error），

定義成一系列過濾器（filter），用來聚集參觀群組或市場區隔。由於可能有數千種參觀者類型，因此行銷人員必須產生幾千種行銷決策或過濾器。

資料探勘的行為化方法（behavioral approach）是**協同式過濾**（collaborative filtering）（請見「科技觀點」）。行為化方法試著「讓資料說話」，而不是強加由專業行銷人員設定的規則。協同式過濾首見於 MIT 媒體實驗室，並由 MIT 媒體實驗室支持的一家新創公司 Firefly 將產品商業化。這種作法並非讓專業行銷人員依據自己的「基本準則」、經驗和企業需求進行決策，而是與網站參觀者合作，依照共同的選擇把自己區分成不同「關聯群體」（affinity group）。因此只要查詢資料庫，就可找出購買相同產品的人。接著依據關聯群體中其它成員最近的購買行為，系統可以推薦產品。例如，也許可以向購買業餘飛行書籍的參觀者推銷小飛機飛行技巧的影片。然後，如果發現這群「業餘飛行興趣小組」的部份成員買了跳傘的書，就會建議小組的所有成員購買跳傘類的書籍，原因是其它「類似」的人也買了。這類的推銷就不是根據個人的統計資料。

這些技巧有許多缺點，最重要的是在數百萬條規則中，有許多是沒有意義的，且有些只有短期的效力。因此，這些規則需要擴大驗證與挑選（Adomavicius and Tuzhilin, 2001a）。另外，資料中也有數百萬個暫時或無用的關聯群體和其它資料模型。困難之處在於從資料中找出合理、強大（可獲利）的模式，然後快速利用觀察的規則創造銷售成績。

客戶關係管理系統

客戶關係管理系統是另一種重要的網路行銷技術。**客戶關係管理系統**（customer relationship management system）是客戶資訊的儲存庫，記錄客戶與公司（包括網站）的所有聯繫內容，並為公司內需要「瞭解客戶」的人產生客戶輪廓資料。CRM 系統也提供分析與使用客戶資料所需的分析軟體。客戶並非一定利用網站與廠商聯繫，也可能透過客服、業務人員、自動語音回覆系統、ATM 和資訊站（kiosk）、店內銷售點終端機和行動設備（m-commerce）與廠商聯絡。圖 6.10 顯示 CRM 系統將客戶資訊整合至單一的系統中。

協同式過濾
（collaborative filtering）

把網站訪客依不同喜好分群，再依同類型顧客曾經購買的物品來做推薦

客戶關係管理系統
（customer relationship management sysstem）

客戶資訊的儲存庫，記錄客戶與公司（包括網站）的所有聯繫內容，並為公司內需要「瞭解客戶」的人產生客戶輪廓資料。

科技觀點

長尾理論：暢銷商品與小眾商品

「長尾」原為解釋統計分配特性的口語化名詞，其性質為一個小量的群體擁有高振幅的特性，而一個大量的群體則擁有低振幅的特性。在 2004 年由美國連線雜誌（Wired Magazine）總編輯 Chris Anderson 提出後，以網路為研究對象的長尾理論開始成為學術界討論的議題，同時也挑戰線上行銷公司既有的行銷方式。這個道理很直觀，我們可以想一想好萊塢電影中大受歡迎的電影就會賣座，但有幾千部的電影通常都沒有人知道。這種情形在經濟學上，就是所謂的 80/20 法則，意指專注在 20% 的群體就可以達到 80% 的效益。而這些眾多非主流暢銷的產品就構成長尾的現象。Anderson 則發展一條新的 98% 法則：不論在網路上放上什麼產品或服務，某個人在某個地方就會有購買的行為產生。eBay 就是一個相當好的例子。

由於在網際網路中的存貨與配送成本幾乎等同於零，Amazon 才能提供高於傳統大型書店（約有 40 萬至 100 萬藏書）的三百萬本的書籍。而 CD、DVD、數位相機和 MP3 播放器同樣也可以在網路上銷售。因此，不論你在何地，你都可以發現原本小眾、非主流商品正大量且多樣的在網路上販售。網路上隨時充斥著以億為單位的使用者數量，即使是百萬件商品中的其中一件商品，都可能會有 1000 個使用者會看到而願意去購買。根據 Anderson 的研究，線上音樂網站一季可銷售將近 98% 的唱片；而 Netflix 則發現，10 萬件影片的 60% 在一天之中至少會被某人租借一次。不同於擁有實體店面的 Wal-Mart 和 Sears，網路商店不需要在實體店面和人力上花費成本，而可以以較低的資本額去經營。因此，網路商店可以將實體店面中很少販賣的商品放到網路上來銷售。

現在有許多長尾現象應用於網路行銷中。有些作家，如 Anderson 認為網路數位內容的突破性變革在於讓小眾產品更能夠獲取利潤，而這些小眾商品的獲利總合甚至可以大過於暢銷電影、歌曲和書籍的獲利。對好萊塢等以提供內容為主的公司而言，這代表與其針對暢銷影片提供百事達廣告預算，不如重視有穩定數量但觀眾群較小的影片來增加利潤及市場。而長尾理論的大眾化現象，讓即使原本不為人知的電影、歌曲和書籍，都能夠在網路的市場上找到。對經濟學家來說，長尾理論代表一種符合社會福利的網路商機，顧客可以在市場上找到自己真正需要的產品，而不一定要去接受強力主打的暢銷商品。

原本在長尾理論中被大眾忽視的產品，大多數是因為不為人所知的問題。產品可能受限於地區、小量的需求而導致被大眾集體性地忽略。此時，推薦系統則可以依據網路上其他使用者的意見去扮演指引消費者發掘類似商品的角色。

推薦系統透過先前累積關於使用者偏好或行為的數據，來預測新的使用者會有的行為。記憶基礎的系統使用資料庫來進行預測，而模組基礎的系統則利用過去的資料建構消費者行為的模型，並將此模型套用於新加入的消費者。使用相似性的分析技術，瞭解現在使用者的行為模式與系統中哪個使用者的行為或偏好最為類

似，以此推薦新加入的消費者可以參考的商品。而針對特定商品的消費偏好可以透過計算平均購買的習性來得知，推薦系統也可以依此平均值來推薦。

在很多個案中，推薦系統是以過去使用者的購買行為為基礎所建構的，但過去的數據不一定能夠反映現在使用者的需求和偏好。然而，推薦系統提供一個可以將可能選擇的範圍縮小，讓資訊蒐集的過程更有效率的功能。因此對於多數的使用者而言，推薦系統仍給予相當大的協助。

但是最近的研究開始懷疑長尾理論所帶來潛在的獲利。在某個奇怪的時間點上，線上 DVD 從未被播放的數量開始快速的增加，同時百事達採取的影片租借策略也不奏效，然而暢銷影片的數量卻大幅的成長，成為線上 DVD 獲利的主力。而從未在音樂網站上播放過的音樂亦從 2% 成長到 12%，在 2007 年甚至成長到 22%。當 Anderson 在 2004 年寫下長尾理論的應用時，使用者自行產生的數位內容正開始發芽，而現在在美國已經有 1100 萬的民眾擁有自己的部落格，但一個部落格擁有訂閱者和讀者的平均值僅剛好大於 1。同樣地，Youtube 擁有 8000 萬筆影片，而且每個月會增加 200 萬個新的影片。Youtube 尚未公布其影片從未播放的比例，但很有可能的現象是數以百萬計的影片僅累積了大量的灰塵。因此，對於行銷人員所得到的教訓來說，相較於長尾理論所帶來的利益，社群網站（social networking sites）受歡迎的程度讓人更容易相信其所具有的潛在獲利。而將廣告放在 Youtube 上也許不是一個好的行銷方式，因為要能夠讓線上的使用者觀看後，累積到大量的點閱率並達到廣告的效果，恐怕不是一件容易的事。

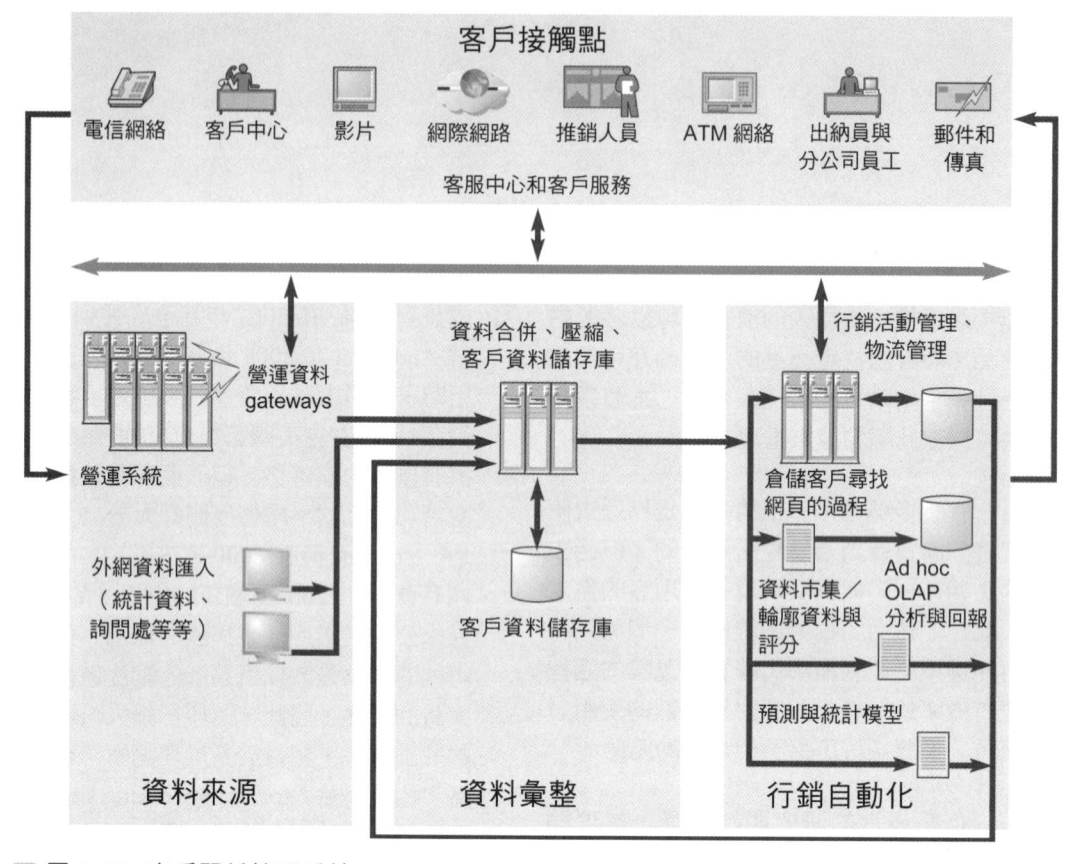

■ 圖 6.10 客戶關係管理系統

資料來源：Compaq, 1998。

　　CRM 是以客戶為中心、市場區隔為主的企業經營方式。同時，CRM 基本上是一種有強大效能的資料庫技術，可以處理個別客戶的需求，並可為每個客戶，提供差異化的產品或服務。客戶輪廓資料可包括以下資訊：

- 客戶與機構的關係圖
- 產品與使用的摘要資料
- 統計與心理特徵分析資料
- 獲利評估
- 聯繫記錄，彙整客戶與機構聯繫的大部分通路
- 行銷與銷售資訊，包括客戶使用的計畫及回應
- 電子郵件行銷活動回應

有了這些輪廓資料，就可利用 CRM 來銷售額外的產品和服務、開發新的產品、增加產品的使用率、降低行銷成本、找出並維持可獲利的客戶、將服務遞送成本最佳化、維持具有高終生價值的客戶、促成個人化溝通、改善客戶忠誠度，並增加產品獲利能力。

6.4 B2C 和 B2B 電子商務行銷與品牌策略

之前介紹的新行銷技術，目前已經產生了新一代的行銷科技，並為某些傳統科技注入了力量（例如顯示網站位址的直接郵件廣告）。本節將探討用來進入市場、取得客戶、維持客戶、定價，和處理通路衝突的各種網路行銷策略。必須注意的是，雖然 B2C 和 B2B 電子商務的確有不同的特性（例如，B2C 的行銷對象是個別消費者，但 B2B 的購買決策一般不會只有一個人做決定），但本節所討論的策略，在大多數情況下同時適用於 B2C 和 B2B 兩個範疇。

市場進入策略

不管是新公司或傳統已成立公司，都要選擇如何進入市場，以及建立在網路上存在的目標。圖 6.11 說明進入市場的四種基本策略。

圖 6.11 的第 1 與第 2 象限所表示的，是新公司所面臨的情況。在電子商務初期，一般的進入策略為純虛擬／先進者優勢，這是 Amazon、eBay 和 eTrade 等公司所使用的方法（第 1 象限）。先進入市場，並獲得「先進者」優勢 — 吸引使用者注意，緊接而來的是成功的消費者交易與體驗 — 並增加了品牌強度。根據這個時期的重要顧問所說，先進者將會歷經短暫的小壟斷者時期。在幾個月間他們是唯一的供應者，而後因為進入成本低，其他仿效者也跟著進入市場。為阻止進入市場的新競爭者，企業最重要的目標變成迅速擴大使用者規模，而非獲利與營收。遵循這種策略的廠商一般多把大多數的行銷預算（或許佔了他們可用資產的大部分）用在建立品牌（網站）知名度，在電視（超級盃足球賽的廣告）、廣播、報紙和雜誌等傳統媒體購買高曝光率的廣告。如果先進者取得特定類別（寵物、酒類、園藝用品等等）的大部分客戶，他們相信新進者將因客戶不願意付出轉換成本而無法進入市場。客戶將會被先進者的介面「鎖住」。除此之外，即使只要點選一下就可轉換到競爭者處，但品牌力量仍能抑制轉換。

	新公司	既有公司
純「虛擬」	**1** 先進者 Amazon.com eBay.com eTrade.com	**3** 快速跟進者 Barnes & Noble RiteAid-Drugstore.com Toys R Us
混合式「虛實合一」	**2** 合作夥伴 KBKids.com (BrainPlay.com/KB Toys)	**4** 品牌延伸者 REI LL Bean Wal-Mart

圖 6.11　一般的市場進入策略

　　回顧一下，對大多數公司而言，追求先進者優勢的行銷策略並非特別成功。雖然先進者會有令人關注的優勢，但也有可觀的責任。大多數商業領域的先進者歷史中，由統計上的數字來看他們大多數是失敗者，因為它們缺少長期競爭所需的互補性資產和資源。也許先進者有創意，但通常缺乏財務深度、行銷和銷售資源、忠實客戶、強大的品牌，以及一旦產品成功後，必須符合客戶需求所需的生產與履約設備（Teece, 1986）。

　　新公司的另一個機會是追求混合式虛實合一（bricks-and-clicks）策略，這是結合了線上網站與其它的銷售通路（第 2 象限）。然而，很少新公司可以負擔這個策略的「實體」部分。因此，採取這種策略的公司通常和既存的公司合作，這些既有的公司已經建立了品牌名稱、生產與配銷設備，以及和從事成功的網路事業所需的財務資源。例如，兒童商品零售商 BrainPlay, Inc. 與已成立的 Consolidated Stores Corporation KB Toys 建立聯盟關係，成為 KBkids.com 這個新的線上交易網站。

　　接著來看傳統公司。傳統公司面臨一些類似的選擇，但差異點在傳統公司有龐大的現金流和資金，可以長期提供電子商務事業所需的資金。例如，世界最大的書籍零售商 Barnes & Noble，在面臨成功的暴發戶 Amazon.com（第 1 象限）後，成立了一個追隨者網站 Barnesandnoble.com（第 3 象限）。這個網站是純網站的獨立公司，但它顯然利用了 Barnes & Noble 的品牌。同樣的，見到線上藥房的成功，Rite-Aid 也跟隨建立了自己的網站 riteaid.com，然後與 Drugstore.com 結盟，處理和服務 Drugstore.com 網站上的處方單（並完成後端的保險給付處理）。

　　已存在公司最常見的策略，是使用混合式的「虛實合一」策略來延伸事業和品牌，將網路行銷與非線上實體商店緊密結合（第 4 象限）。這些「品牌延伸」策略成為 REI、L.L. Bean、Wal-mart 等其它許多既存在的零

售廠商的特色。如同快速跟隨者一樣，這些公司享有現有品牌與關係的優勢。然而，更甚於快速跟隨者的，是品牌延伸者不必建立獨立的純網路商店，只要從一開始就把網路公司與傳統公司整合在一起即可。L.L. Bean 和 Wal-Mart 將網站視為現有訂單處理與履行、行銷及品牌化活動之延伸。

以上討論的各種市場進入策略各有其成功與失敗處。儘管最初的策略選擇是取決於公司既有的品牌、管理能力、營運優勢和資金來源（Gulati and Garino, 2000），但目前大部分公司都是選擇混合式的「虛實合一」策略，希望能更快達成獲利。

建立客戶關係

公司選擇好市場進入策略後，下個任務就是建立與客戶的關係。傳統的公關與廣告媒體（報紙、直接郵件、雜誌、電視，甚至廣播）對於公司建立知名度仍非常重要。但有些特殊的網路行銷技術已經出現，並已證明為網站帶來流量及購買佳績。本節將探討三種新技術：許可行銷、合作行銷與病毒行銷。關鍵字購買、付費排序和搜尋引擎排名（所謂的「搜尋引擎行銷」）的使用，請見第 8 章的討論。

廣告聯播網路

稱為廣告聯播網路的專業行銷公司已經出現，協助電子商務網站利用網際網路強大的追蹤與行銷潛力的優勢。**廣告聯播網路**（advertising network）提供集中式電子郵件販售、到品牌知名度計畫等多種服務，但他們的強項在於能根據資料庫中的使用者行為資料，提供橫幅廣告給使用者。廣告聯播網路是目前網際網路資料庫能力最精密的應用，並說明了網路行銷與傳統行銷有多大不同。

最知名的廣告聯播網路應該是 DoubleClick，它在 1996 年發表第一代的追蹤系統 DART，宣稱每個月「服務」600 億個橫幅廣告（大約每秒 24000 個廣告），且維護超過 1 億個不同網站消費者的使用者輪廓資料。專門的廣告伺服器用來儲存和傳送使用者適當的橫幅廣告。這些系統全都需要 cookie、Web bug 與大量的後端使用者輪廓資料資料庫，以推銷橫幅廣告給使用者，並記錄結果（包括銷售）。這個過程讓來自市場的意見能儲存在資料庫中。由於廣告聯播網路所帶來的廣告效益極高，故像是 Google 於 2007 年以 31 億美元收購 DoubleClick，顯示知名的大公司願意收購廣告聯播網路的公司並投注高達十幾億的資金來發展。

廣告聯播網路
（advertising networks）
根據使用者行為資料庫，呈現客製化的橫幅廣告給使用者

圖 6.12 說明這些系統是如何運作的。（1）一開始消費者向廣告聯播網路的會員請求網頁。（2）與第三方的廣告伺服器建立連線。（3）廣告伺服器讀取使用者的硬碟上的 cookie 檔，確認使用者的身份，並從使用者輪廓資料庫尋找使用者的輪廓資料。（4）廣告伺服器依照輪廓資料中使用者之前的購買記錄、興趣、統計數字、或其它資料，挑選出適當的橫幅廣告。（5）只要以後使用者上網和參觀任何聯播網路會員網站，廣告伺服器就能認出使用者，並提供相同或不同的廣告，不管網站的內容為何。廣告聯播網路透過 Web bugs 來追蹤使用者在各網站間的移動。

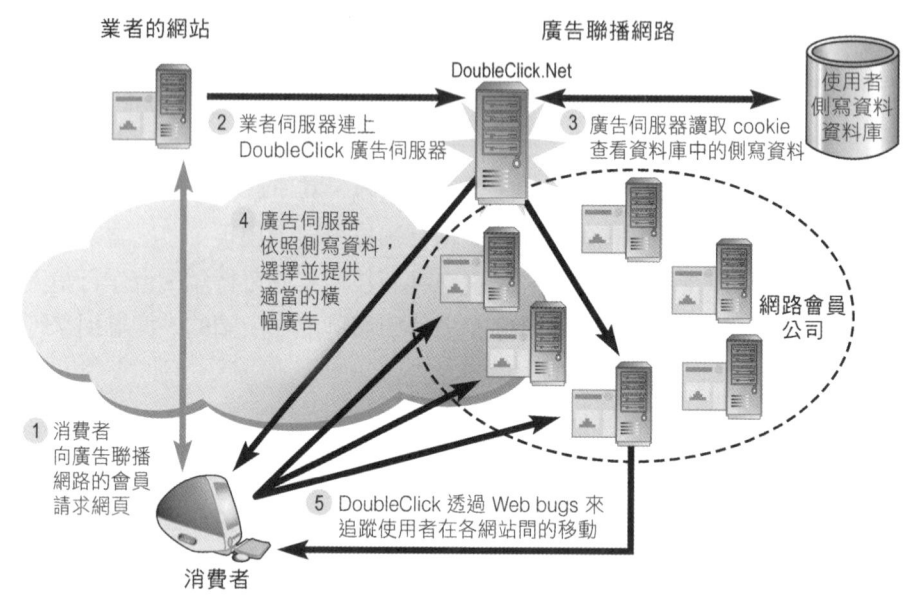

■ 圖 6.12 DoubleClick 廣告聯播網路的作法

許可行銷

許可行銷（permission marketing）是由 Seth Godin 所想出，是描述在傳送資訊或促銷訊息給消費者前，先向消費者取得許可的策略（Godin, 1999）。Godin 的假設是在傳送資訊給消費者前先取得許可，公司較可能可以建立起客戶關係。若消費者同意收到促銷訊息，那他們就是加入（opt-in）；若他們決定不想收到這類訊息，就是不參加（opt-out）。

許可行銷的關鍵要素是電子郵件。一般當消費者在網上下訂單後，可選擇是否接受以電子郵件發送的最新消息、新品上市和銷售訊息。在美國，預設值通常是「加入」，而消費者必須選擇取消選項才不會收到電子郵件。聯邦法現在要求商家在傳送電子郵件給消費者時，要在所有電子郵件上提供取消訂閱的按鈕。第 7 章會介紹以電子郵件做為行銷傳達工具。

許可行銷
（permission marketing）
以描述先向消費者取得許可，然後才傳送資訊或促銷訊息給他們的策略

合作行銷

在非線上世界,「介紹」是有效導引的最佳來源之一。**合作行銷**（affiliate marketing）是此種行銷方式的線上應用,網站同意付出佣金,給另一家為其介紹新商業機會的網站。合作夥伴在自己的網站上加入另一家公司的網站連結,並鼓勵瀏覽者參觀其行銷夥伴的網站。有些合作夥伴是根據產生的銷售量收取佣金,有的則依點選率或新註冊量進行收費,有的以固定費率收費,也有將以上各方式任意組合的收費方式。

例如,Amazon 網路書店有個包括超過 100 萬個參加網站的強大合作計畫,這個計畫是向這些網站收取經由它們介紹所產生之 10%的銷售金額。eBay 的合作計畫成員,則是可在每次增加一名註冊使用者到 eBay 時,就賺取 20 到 35 美元不等的佣金。Amazon、eBay 及其它有合作計畫的大型電子商務公司,一般都有執行此類計畫。想使用合作行銷的小型電子商務公司,通常會加入作為中介者的合作網路（有時稱為合作仲介,affiliate broker）。合作網路聚集願意成為合作夥伴的公司和尋求合作夥伴的公司,協助合作夥伴於網站中建立必要的連結,追蹤所有活動,且安排所有的付款。

合作行銷的主要優勢,在於「按業績付費」（pay-for-performance）的運作基礎。合作夥伴提供有效的銷售導引,以換取事先協定的報酬。然而另一個優勢,是行銷人員可以透過合作伙伴立即獲得既有的使用者基礎。對合作夥伴而言,吸引力是在於這樣的關係可以帶來的穩定收入 — 金額有可能很大。此外,其它公司的商標或品牌名稱可以提供聲望和可信度。

若未謹慎管理,合作行銷也有些缺點。例如,有太多與公司主要產品無關的連結,可能產生品牌混淆。合作行銷最佳的運作狀態,是合作夥伴選擇的產品可以配合與輔助他們本身網站的內容。網站上加入合作連結的網站也必須承擔「失去」客戶的風險,因為客戶可能點選了連結就不再回來;除非網站採取行動避免這些情況,例如,讓連結開啟一個新視窗,視窗關閉時客戶就必須回到原來的網站。

在 Web 2.0 環境的病毒行銷

病毒行銷（viral marketing）是透過客戶轉送公司行銷訊息給朋友、家人和同事的過程。這是線上版的口碑廣告,傳送的度度甚至比現實世界還要快。除了增加公司的客戶基礎,由客戶介紹也會有其它的優點:因為所有取得工作是由現有客戶完成,因此取得客戶的成本較低;同時也不需要太多的線上支援服務,只要拒絕建議者的意見即可。也由於客戶取得與維持

合作行銷
（affiliate marketing）
網站同意付出佣金,給另一家為其介紹新商業機會的網站

病毒行銷
（viral marketing）
是讓客戶傳遞公司行銷訊息給朋友、家人和同事的過程

的成本很低,所以比起以其他行銷方式取得的客戶,介紹而來的客戶會更早為公司帶來獲利。而在 web 2.0 的環境中,如部落格和社群網站所能引起並帶動的力量更逐漸成為病毒行銷的重要媒介之一。

部落格行銷

部落格已成為網路主流文化的一部分。在 2008 年,有將近 6700 萬名美國人瀏覽過部落格,而約有 2100 萬人(網際網路使用者的 12%)擁有部落格。部落格的流量從 2007 年到 2008 年就成長了 23%,同時也有數千個企業高階職員、政治家、新聞記者、學者和政府官員已經建立部落格。寫部落格的人 ─ blogger 通常是男性、年輕人、寬頻使用者、網際網路老手、富有的,且受過教育的。行銷人員不久便發現這為數眾多的「眼球」,因此開始尋求對這些人作行銷和廣告的方法。

像一般網站一樣,部落格同時能顯示不是針對銷售所做的品牌廣告,以及促進銷售的廣告。但因為部落格的建立通常是要滿足個人作出公開聲明的願望,因此 blogger 並不會擁有大企業的網路行銷和廣告資源,而且相較於大型的入口網站,部落格的瀏覽人數少很多。因此部落格行銷的問題,在於如何有效聚集小群的使用者,使之成為值得廣告客戶注意的一大批為數可觀的「眼球」。其中一個解決方法是建立一個 blogger 的廣告網路,讓 bloggre 加入這個網路,再於部落格上放置廣告,並根據瀏覽者的點選率支付費用給格主。CrispAds.com 就是這樣一個網路。這個服務的使用者可以選擇要顯示的廣告分類。

Google 的 AdSense 也是一個主要的部落格行銷者。AdSense 服務「讀取」部落格並確認這個部落格張貼文章的主題。AdSense 放置適當的廣告到部落格上,同時根據部落格的內容調整廣告。另外,blogger 可以下載 Google 搜尋列,而當瀏覽者點選搜尋選項並接著點選任何一個 Google 廣告時,blogger 就可獲得酬金。

現在部落格的行銷指標並不容易瞭解。沒有人知道部落格行銷現象的規模,也沒有人知道部落格行銷所產生的收入。但如果這現象持續成長,部落格行銷在接下來的幾年將可能會產生可觀的獲利。這現象也許與電子郵件行銷一樣有些限制。Blogsphere(網際網路上聚集的部落格社群)已有流言,說部落格只不過是創造了個人財富。

商業觀點

社群網路行銷：影響社會大眾消費的新方法

社群網路行銷是近十年來於線上行銷中成長最為快速的一種行銷方式。由於如 MySpace、Facebook 等社群網站每個月都會有超過 1 億的使用者拜訪，而這樣大量的網路流量，使得這些社群網站被行銷公司鎖定為探詢潛在顧客的目標。同樣地，社群新聞和書籤網站，如 Digg、Reddit、Del.icio.us、NewsVine 等網站吸引數以百萬計的使用者。使用者可以將商店或是書籍的連結放在社群新聞和書籤網站中，並根據網站中其他使用者點選連結的次數多寡決定該使用者的推薦等級。此外，如同線上論壇的部落格也是一個提供大眾表達自我，並且可以讓其他人回應，形成社會群體的方式之一。據估計，現在有將近 2700 萬件商品和品牌是透過社群網站，利用口耳相傳的口碑式行銷傳達理念並影響更多的人。

而針對社群網路行銷衍生的行銷機會，產生了以下新的語彙：

- 線上口碑式行銷（online word-of-mouth marketing）：讓人可以在線上傳達自己的產品理念
- 蜂鳴行銷（Buzz Marketing）：利用遊戲或新聞等容易受人矚目的方式，吸引他人討論你的產品
- 線上病毒式行銷（online viral marketing）：將宣傳產品的訊息透過電子郵件、部落格的連結傳播出去
- 線上社群網路行銷（online community marketing）：透過結合線上社群網站的方式，以共享利益為前提宣傳你的品牌
- 線上草根式行銷（online grassroots marketing）：將你的產品透過自願者或是付款給他人來連結他們所處的社群網絡
- influencer marketing：找出線上社群中的意見領袖或是主要影響者
- conversation marketing：透過有趣、好玩的線上廣告引起線上使用者利用電子郵件、部落格和網路等方式進行口耳相傳的宣傳
- brand blogging：以建立部落格、參與部落格的討論，或是雇請部落客（blogger）等方式來分享並行銷你的品牌經驗和價值

行銷者開始追尋這些隨著社群關係建立而衍生的行銷機會，在 2009 年即以社群網路行銷的方式創造 20 億元的商機。雖然這僅是所有線上行銷獲利的十分之一，卻以每年 52% 的速度成長著。而這樣的成長速度造就社群網路行銷成為線上行銷中成長最為快速的行銷方式。

然而，社群網路行銷如此快速的成長伴隨著風險。舉例來說，你無法控制部落客和網路使用者如何評價你的產品或品牌，以及他們回饋的意見是否對產品的設計或是改善上提供參考的價值，而這些對產品有著主觀、不公平的意見都可能減低產品的銷量。社群網路行銷很難如同傳統的行銷方式一樣地控制言論的方向和媒體。你要如何知道某個人對你的產品或品

牌的評價好壞,以及針對他們給予的意見要如何應對?社群網路行銷是一個在顧客與公司之間完全沒有限制的對話方式。為了解決上述這些問題,媒體市調公司 A.C. 尼爾森組成了 Nielsen BuzzMetrics 公司,利用搜尋引擎輸入字詞、意見、關鍵字、句子和圖像來瞭解影響網際網路使用者的品牌和產品,並分析包含這些字詞、語言模式和句子的意見所代表的正面或負面意義,從中解構出網路使用者給予意見的脈絡。也就是說,尼爾森公司是將網際網路視為一個線上的焦點團體來進行分析。而其他公司,如 Umbria、Cymfony 和 Biz360 也是提供類似的服務來掌握網路使用者對於產品或品牌的意見。Coke、ConAgra 和 Sony 公司則會透過這些網路行銷分析公司來瞭解如何瞄準顧客並進行有效的行銷。

而 Online brand intelligence 領域同樣也以能夠即時監控社群網路作為目標。在美國肯薩斯州 WPP 組織中的 VML 單位利用研發的 SEER 品牌管理工具來追蹤在部落格中即時發佈有關於各個品牌的文章,並且能夠透過視覺化的地圖介面指出文章發佈的位置、提到的公司品牌、部落格的訂閱者與之間的連結。他們可以利用這套軟體告訴其顧客,如 Adidas,部落格現在有人在抱怨足球釘鞋產品的顏色。由此,Adidas 可以對這些顧客的抱怨做即時回應。

社群網路行銷

社交購物
(social shopping)
在線上與好友一起分享如何選擇商品等意見交流

社群網路是連結一群自發性地與其它人在一段時間內持續溝通交流的人們。線上社群網路,像是 MySpace、Facebook、Xanga 等網站都可以讓使用者與其它人交流、建立密切的團體和個人的關係,並分享興趣、價值和想法。個人建立包含照片的線上個人簡介後,接著邀請他們的朋友建立他們的個人簡介,並連結至他們的個人簡介。網路藉著口碑以及電子郵件的連結而成長。公司開始利用這驚人的普及性,以及對參加者作行銷的社群網路網站的成長。而這個想法就是所謂的**社交購物**(social shopping),意思是消費者會傾向購買朋友所購買與推薦的東西。關於社群網路行銷,請見「商業觀點」。

品牌運用
(brand leveraging)
代表利用現有品牌力量,以取得使用新產品或服務的新客戶

運用品牌

品牌運用是最成功的網路客戶取得策略之一(Carpenter, 2000)。**品牌運用**(brand leveraging)代表利用現有品牌的力量,以取得使用新產品或服務的新客戶。例如,雖然 Tab 是第一家發現低糖可樂飲品龐大市場的公

司，但是可口可樂利用「可口可樂」這個品牌創造了健怡可樂這個新產品，最後還成功地成為市場霸主。

在網路的世界裡，有些研究者預測非線上品牌將無法移轉到 Web 上，因為客戶很快就會知道誰能提供最低價的非線上產品，品牌溢價（brand premium）將消失。但這情況並未發生。在零售業，Wal-Mart 和 JCPenney 這些公司在極短時間內就擠進前十大的網路零售商，絕大部分的原因是因其非線上品牌的力量，讓它們有能力吸引數百萬的非線上客戶。在內容提供者產業，華爾街日報和 Consumer Reports 都已成為最成功的訂閱內容提供者。在製造和零售業，戴爾電腦（Dell）已經成功地將其品牌從透過電話訂製電腦，轉變為從網際網路依訂單製作電腦（Kraemet et al., 2000）。品牌運用的主要優勢 — 與不具品牌認同的新創公司相較 — 在於大幅降低取得新客戶的成本（Kotler and Armstrong, 2008）。

維持客戶：加強客戶關係

網際網路提供幾種特別的行銷技巧，來與客戶建立強大關係，並差異化其產品及服務。

個人化和一對一行銷

沒有一種網路行銷技巧比「一對一」或「個人化行銷」更普及。**一對一行銷**（one-to-one marketing）是以個人（並非群體）做為市場區隔的基礎，根據精準且及時瞭解的客戶需求，將特定的行銷訊息傳遞給這些人，於是，相較於競爭者，產品被定位成獨一無二的（Peppers and Rogers, 1997）。一對一行銷是市場區隔、鎖定目標與定位的最終形式 — 而每個市場區隔是獨立的個體。

自從 1930 年代開始發展系統化市場研究和大眾媒體以來，朝向市場區隔的發展就持續進行著。然而電子商務與網際網路的不同點，在於它能大規模地進行個人化的一對一行銷。圖 6.13 說明了行銷的頻譜：從無差異化產品的大眾行銷，到個人化的一對一行銷。

一對一行銷（one-to- one marketing）
以個人（並非群體）做為市場區隔的基礎，根據精準且及時瞭解的客戶需求，將特定的行銷訊息傳遞給這些人，於是，相較於競爭者，產品被定位成獨一無二的

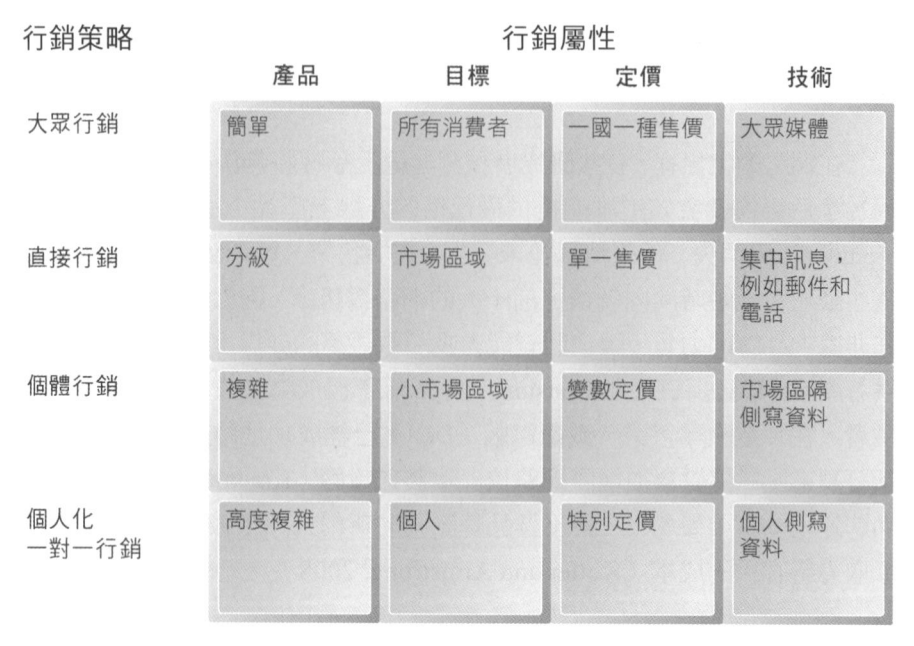

行銷策略	行銷屬性			
	產品	目標	定價	技術
大眾行銷	簡單	所有消費者	一國一種售價	大眾媒體
直接行銷	分級	市場區域	單一售價	集中訊息，例如郵件和電話
個體行銷	複雜	小市場區域	變數定價	市場區隔側寫資料
個人化一對一行銷	高度複雜	個人	特別定價	個人側寫資料

■ 圖 6.13 從大眾行銷到個人化的頻譜

　　針對全國群眾的全國媒體訊息，並且以單一國內售價為基礎的大眾行銷（Mass Marketing），適合比較簡單且以單一形式吸引所有消費者的產品。可口可樂、Tide 和麥當勞即是此類的範例。直接行銷（Direct marketing）利用直接郵件和電話訊息，並針對可能購買、且價格變化少的市場區隔（但對忠實客戶有特殊折扣），最常用於可分成不同類別的產品。個體行銷（Micromarketing）針對地理區域（鄰近地區或城市）或特殊市場區隔（科技愛好者），是第一種真正的資料庫行銷。

　　適合個人化一對一行銷的產品為：（1）可以非常複雜的形式、依照個人口味來生產，（2）售價可依照個人化水準進行調整，（3）可以有效評估個人的品味和偏好。實踐個人化的好例子是亞馬遜網路書店或 Barnesandnoble.com。這兩個網站歡迎已註冊瀏覽者（利用 cookie 檔），並依據使用者的偏好建議新書（依照資料庫的使用者輪廓資料），然後依據使用者之前的購買資料來加速結帳過程。

　　然而，個人化並不一定會是件商品。研究指出大多數消費者喜歡個人化原因，在於它增加了控制感與自由，例如，透過個人化的訂單追蹤、購買記錄和個人化資訊資料庫，可確保未來的交易程序更迅速，並可加入新產品和特殊促銷的電子郵件通知訊息。然而，參與 Wolfinbarger and Gilly 焦點團體的線上購買者認為個人化是負面的，因為這會產生未經請求的提議，或降低匿名的效果；這些特色被認為是剝奪了使用者的控制權和自由（Wolfinbarger and Gilly, 2001）。此外，儘管個人化技術在過去幾年有了長足的進步，但是電腦仍然難以精確瞭解與預測客戶的興趣與需求。無法

達到原先訂定的「個人化」目標的產品可能會讓客戶感到更失望（Waltner, 2001）。

客製化及客戶共同生產

客製化是個人化的延伸。**客製化**（customization）代表依照使用者的喜好來改變產品。網路環境的**客戶共同生產**（customer co-production）代表使用者實際上可以想出革新方法，並協助創造產品。例如，針對新的及改善過的產品的研究發現，許多想法是直接來自於密集的使用者。Linux 作業系統就是完全由使用者發展出來的（von Hippel, 2005；1994）。在全球資訊網（Web）的環境裡的客戶共同生產，將客製化更進一步帶到允許客戶以互動的方式來創造產品。

許多主流公司目前正大規模的在網路上提供「依訂單建立」的客製化產品，希望創造產品差異及顧客忠誠度。客戶似乎願意多付些錢購買獨特的產品。要能負擔這樣過程的關鍵，在於建立標準化架構，讓消費者可以組合多種選項。

資訊商品（商品的價值由資訊的內容決定）也適合這種程度的差異化。例如，紐約時報讓客戶選擇他們每天想看的新聞。有許多網站，特別是 Yahoo、MSN、Netscape 和 AOL 等入口網站，可讓客戶創造自訂的網站版本。這類網頁經常需要使用使用者名稱和密碼等安全性措施，以確保隱私與機密。

> **客製化**
> （customization）
> 依據使用者的喜好來改變產品內容
>
> **客戶共同生產**
> （customer co-production）
> 在全球資訊網（Web）的環境裡，將客製化更進一步帶到允許客戶以互動的方式來創造產品

動態資訊內容

根據許多研究指出，人們最常上網的理由是為了溝通和找尋資料，購物反而不是網際網路使用者最主要進行的活動。因此，行銷人員必須跟隨消費者的行為調整其行銷策略，而**動態資訊內容**（transactive content, Forrester Research, 1997; 1998）則是依此調整而產生的行銷方式。動態資訊內容是透過將傳統網路的內容，如網路文章和產品介紹，與產品資料庫結合，形成對於每一個使用者而言是依其需求和偏好的動態資訊內容。

> **動態資訊內容**
> （transactive content）
> 將傳統網路的內容，如網路文章和產品介紹，與產品資料庫結合，形成對於每一個使用者個別的動態資訊內容

客戶服務

網站的客戶服務方式會對行銷的努力造成很大的影響。線上客戶服務不僅是追蹤訂單處理情形，還必須處理使用者與公司溝通，並即時得到所需資訊的能力。客戶服務能協助消費者降低挫折感、減少放棄的購物數，並增加銷售。

根據研究（Wolfinbarger and Gilly），若很容易找到所需的資訊，大部分的消費者會希望自行解決問題。線上購買者大多數不希望或不喜歡「高度接觸」的服務，除了在遇到問題或麻煩時，他們才會希望針對個人的問題得到快速的回應。Wolfinbarger and Gilly 指出，研究的參與者表示，業者鞏固網路品牌的第一次機會，就在他們的訂單產生問題的時候；若線上消費者知道線上或免付費電話上有客服人員，且客服願意也能夠快速解決問題，則客戶忠誠度就會大幅提升。相反的，若無法在關鍵時刻得到滿意答覆，線上消費者會終止關係，並願意與收費較高但是客服較好的企業網站來往（Wolfinbarger and Gilly, 2001）。

企業為提高與客戶之間互動，並提供客戶滿意的服務，會使用如客戶關係管理系統、FAQs、客戶服務洽談系統與自動回覆系統等工具。**常見問答集**（Frequently asked questions, FAQs）是將客戶經常遇到的問題與解答以文字描述的方式呈現。在網站上提供 FAQs 的連結可以有效的幫助使用者更快找到資訊，並解決問題。即時**客戶服務洽談系統**（Real-time customer service chat systems）是指企業的專職客戶服務員工以交換文字訊息的方式提供一位或多位客戶在購物流程中及時的協助，如給予方向、回答問題和解決客戶遇到的麻煩。雖然此種方式在一次提供超過四位客戶時服務的品質會降低，且文字的敘述也很難如同電話詢問一樣清楚，但結果顯示，即時客戶服務洽談系統會讓預購商品的業績增加，原因是及時的洽談系統有助於企業直接參與客戶的決策過程。在第 3 章所描述的智慧型代理人（Intelligent Agents）技術是提供客戶線上購物協助的另一種方式，有助於降低企業客服專員與客戶互動的花費。**自動回覆系統**（Automated response system）是將客戶訂購商品的內容以電子郵件的方式進行確認的動作，或是提供客戶商品到達取貨地點的時間等資訊，如貨物運送的自動確認與訂單狀態的回報對線上購物的網路使用者來說已經是很常會去使用的工具。但要注意的是，部分客戶對於如此的溝通方式會感到反感，即使系統是以個人化的方式設計的。

網路定價策略

在競爭的市場中，公司透過價格、產品功能、營運範圍和核心產品來爭取客戶。**定價**（pricing）（為商品和服務標價）是行銷策略不可或缺的部分。價格和品質決定了客戶價值。已經有資料證明，連企業家和投資者都很難瞭解電子商務商品的定價。

在傳統公司中，傳統商品（如書籍、藥物和汽車）的價格通常是依照固定和變動成本，以及市場的**需求曲線**（demand curve）（各種價錢可售

常見問答集
（frequently asked questions, FAQs）
是將客戶經常遇到的問題與解答以文字描述的方式呈現。

即時客戶服務洽談系統
（real-time customer service chat systems）
是指企業的專職客戶服務員工以交換文字訊息的方式提供一位或多位客戶在購物流程中及時的協助

自動回覆系統
（automated response system）
是將客戶訂購商品的內容以電子郵件的方式進行確認的動作

定價（pricing）
為商品和服務標價

需求曲線
（demand curve）
各種價錢可售出的商品數量

出的商品數量）來決定。固定成本是建立生產設備的成本。變動成本是生產設備運作的成本 — 大部分為勞力。在競爭市場中，若製造商已經支付了營運的固定成本，則無差異性的產品售價會偏向邊際成本（生產第二件產品所增加的成本）。

公司通常藉由測試不同售價與容量包裝的方式，密切地注意其成本結構，進而「發現」產品的需求曲線。一般設定的售價是要賺取最大的利潤。利潤最大化的公司，會把售價設定在產品邊際效益（公司賣出第二件商品所得到的收益）剛好等於邊際成本之點。若公司的邊際效益大於邊際成本，就應該微幅調降價格，以求售出更多產品（如果可以多賣一些產品，為什麼要把錢留著不用？）。若銷售產品的邊際效益低於邊際成本，則公司可能就希望稍微減量，但收取較高的價格（不需要每多賣一筆就必須賠錢）。

在電子商務時期初期，有件不尋常的事情發生。賣方訂出的產品價格遠低於邊際成本。為什麼會這樣？新經濟？新科技？網際網路時代？不！網路廠商可以訂出低於邊際成本的售價（甚至免費贈送產品），很單純的只是因為有大量業者和創投認為值得這樣做 — 至少在短期以內。這想法是想以免費的產品和服務吸引「眼球」（eyeball），當消費者成為廣大而忠實的讀者後，就可向廣告主收取足夠的費用以產生獲利，且（也許）可向客戶收取加值服務的訂閱費（這是所謂的「piggy-back」策略，少數使用者被說服購買高階服務，而這些服務是倚賴更大群接受標準或減價服務之使用者所建立的）。想瞭解早期電子商務創業公司的作法，看看傳統的需求曲線是有幫助的（見圖6.14）。

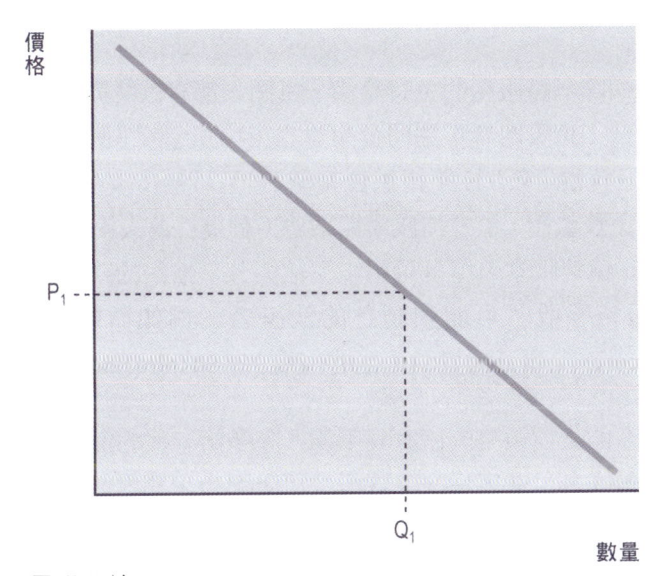

圖 6.14 需求曲線

需求曲線顯示在各種售價下（P）可售出的產品數量（Q）

差別定價
(price discrimination)
根據不同人和團體願意支付的價錢，來出售產品

少數客戶願意以高價購買產品 — 遠超過 P_1。大部分客戶樂於支付 P_1，甚至有更多人只願付少於 P_1 的價格。若銷售為零，需求可能趨近無限大！理想上，為將銷售與利潤最大化，廠商會希望以每個客戶願意支付的不同價格來銷售產品，以獲得到市場中所有的錢。這就是所謂的**差別定價**（price discrimination）— 依照不同人和團體願意支付的錢，來出售產品。如果有些人真的想要這個產品，就以高價賣給他。但卻要以更低的價格賣給對這個產品覺得可有可無的人，否則他們是不會購買的。若廠商能做到（a）確認每個人願意支付的價錢，並且（b）區隔各個客戶，不讓他們知道別人付出的價格，這種的方式才管用。也因此大部分廠商都採固定商品定價（P_1），或者針對產品的不同版本少數採用不同的售價。

早期的電子商務環境，即使是現在的 Web 2.0 的環境，電子商務公司願意收取遠低於成本的費用，有時甚至贈送加值服務以吸引龐大的使用者。有幾百萬的瀏覽者得到免費或接近免費的服務，還有售價低於成本的產品。

若生產一件商品的邊際成本為零呢？這些商品該如何定價？因為邊際成本為零，所以邊際效益不能等於邊際成本。網際網路主要充斥的是資訊商品 — 從音樂到研究報告、股票報價、新聞、天氣預報、文章、圖片和評論，當它在網際網路散播時，其生產邊際成本是零。因此，某些商品（例如資訊商品）在網路上會免費的另一個原因，就是以製造成本「出售」— 也就是網路內容的製造生產可能是零成本的狀況。

免費！

讓我們來看網際網路服務的免費定價。每個人都喜歡特價品，而最好的特價品就是免費！免費內容可協助企業建立市場知名度（例如免費的紐約時報線上版，只有當日新聞，不提供舊報導），且可為後續產品製造銷售量；若大量發佈免費軟體，也會造成網路效應（有幾百萬人使用附在 Windows 裡的 Winzip 免費版本，這是可用來壓縮與分享檔案的軟體）；最後，免費產品和服務擊敗了可能和真正的競爭者（例如微軟的免費瀏覽器 Internet Explorer 掠奪了網景瀏覽器的市場）（Shapiro and Varian, 1999）。

「免費」的定價策略的確有其限制。許多第一代的電子商務公司無法把「眼球」轉換為付費客戶。免費網站可吸引幾十萬對價格敏感、不想付錢買東西的「免費下載者」，但若要收費，他們就會轉換到另一家免費服務公司。網路中最大的訂閱服務是華爾街日報，它每年向 93 萬個訂戶收取 79－99 美元的訂閱費，但最大的免費財金新聞網站每天有超過 500 萬名的瀏覽者。許多公司一開始提供免費服務，但是現在則會收取年費。而

對於 Google 來說，提供網路使用者免費的產品是一項先進的支援服務方式，這不僅有助於建立其品牌形象，同時也可以將產品服務的使用者作為日後廣告的對象。

版本區分

解決免費資訊商品問題的方法之一，是**區分版本**（versioning）— 創造商品的多種版本，並把本質上相同的產品，以不同售價銷售給不同市場區隔。這種作法的售價是根據對消費者的價值而定。消費者會把本身區隔成願意對不同版本支付不同金額的不同群組（Shapiro and Varian, 1998）。區分版本相當於修正過的「免費」策略。價值降低的版本可以免費提供，而高級版本則以高價提供。什麼算是「價值降低的版本」？售價低 — 若是資訊商品，甚至是「免費」的版本 — 可能比高價版本較不方便使用、較不詳細、較慢、較不強大，且提供較少的支援。

區分版本（versioning）
創造商品的多種版本，以不同售價銷售本質上一樣的商品給不同的市場區隔

套裝組合

二十世紀初，紐約的一位歌舞雜耍表演的承包商「Ziggy」齊格飛，注意到在某些星期五的夜晚，戲院的座位會有三分之一是空位；而平常日子的表演，經常只有一半的客人而已。他想出一個辦法，把入場券組合成「半價優待票」（twofer）— 付全額買一張票，另一張就免費。半價優待目前仍是紐約百老匯劇院的傳統。這想法是根據（a）容納第二位顧客的邊際成本為零，且（b）很多人本來不想買單張票，但願意以相同或稍微高一點的價格買「一套」票。

　　線上資訊商品組合延伸了半價優待票的概念。**套裝組合**（bundling）以單一價格提供消費者兩個以上的商品。配套概念背後主要的想法是，儘管消費者對同一件產品的價值有非常不同的看法，但是他們相當認同以固定價格提供的套裝組合的價值。事實上，人們願意支套裝組合產品價格的意願，通常要比支付分開銷售的產品價格來得高。套裝組合降低了商品市場需求的變異度（歧異度）。圖 6.15 說明當資訊商品以套裝組合提供時，需求曲線的變化。

套裝組合（bundling）
以單一價格提供消費者兩個以上的商品

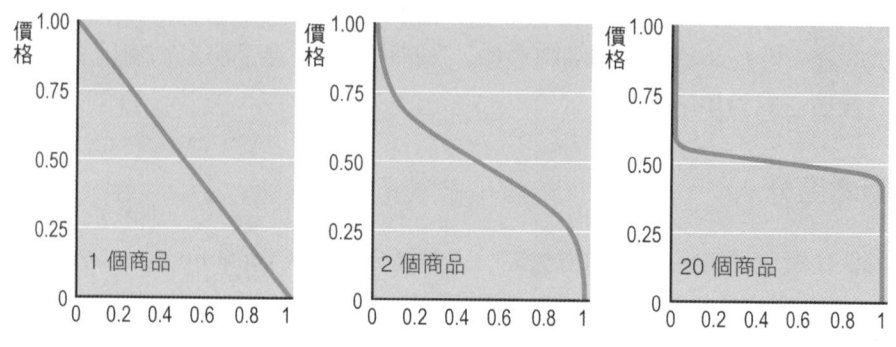

■ 圖 6.15 從 1 個到 20 個套裝販賣商品的各自需求

資訊產品市場多是套裝組合的例子。微軟把單獨的 Office 工具（Word、Excel、PowerPoint 和 Access）組合成一個 Office 套裝軟體。雖然多數人只想用 Word 和 Excel，極少人想用 Access 或 PowerPoint，然而，若將所有商品都放在同一套裡面，非常多人同意這麼多產品賣 399 美元左右（或者每個工具約 100 美元）是「一般」的售價。同樣的，微軟在基本作業系統中加入愈多的軟體應用組合，市場便愈同意就一個功能性的套裝軟體而言，這樣的訂價合理。理論上，套裝組合商比別人有更明確的競爭優勢。精確的說，對於供應方公司願意付較高價格購買內容；而對需求方，套裝組合商能夠比單一商品公司收取更高價格（Bakos and Brynjolfsson, 2000）。

動態定價

有兩種流行的動態定價機制：拍賣和利潤控制。拍賣已經使用了幾個世紀，用來建立商品的立即市場價格。拍賣是有彈性且有效率的市場機制，可訂定獨特或不尋常商品，以及常見商品（如電腦、花束及照相機）的價格。

利潤控制跟拍賣十分不同。拍賣是由幾千位消費者彼此出價來建立價格。而利潤控制則是管理者設定不同的市場價格，迎合不同市場區隔，以售出剩餘效能。利潤控制在某些限制情況下管用。一般來說，產品有時效性的，如果飛機沒有滿載乘客就起飛，那空機位就沒有價值了。也就是說需求有季節變化、市場區隔定義明顯、市場具競爭性且市場情況改變迅速等特性（Cross, 1977）。一般只有具備大量監視及資料庫系統的大型公司，才能負擔利潤控制技術。

通路策略：控制通路衝突

在電子商務的情境中，**通路**（channel）這個詞代表配銷和銷售商品的不同方式。傳統通路包括由製造商直接、或經由製造商的代表、配銷商、或零售商等仲介者售出。Web 上的新興電子商務已經創造了新的通路，且造成了通路衝突。**通路衝突**（channel conflict）發生在銷售產品或服務的新地點，可能破壞現有銷售商品地點時。通路衝突不是新東西，但 Web 讓商品及服務的製造者產生與消費者直接建立關係的動機，也因而去除配銷商和零售商等「中間人」。

許多製造商選擇不與其它通路直接對抗，而是採取合作模式。例如，Ethan Allen 家具建立了自己的網站，直接銷售整個家具產品線。同時，Ethan Allen 瞭解到獨立零售商店在運送、服務和支援方面的重要性，因此以網路營業額的 25% 作為提供給代理商的運送和服務費；就算代理商沒有參與，還是可拿到網路營業額的 10%。有些製造商則會為了避免通路衝突而將網路的使用僅用於行銷和品牌化的過程。

通路
（channel）

代表配銷和銷售商品的不同方式

通路衝突
（channel conflict）

發生在銷售產品或服務的新地點，可能破壞現有銷售商品地點時

個案研究 CASE STUDY

Liquidation.com：B2B 行銷的成功故事

Liquidation.com 提供類似於 eBay 的拍賣，替生產過量、商店的退貨及破產公司的商品創造了一個市場。這些公司是依存在別人的不幸，以小筆金額買進大量的產品再重新賣出以獲取高額利潤來創造財富，也就是所謂的「逆向供應鏈經營模式（reverse supply chain business）」。但這類清算網站要如何跟大型對手，像是同樣也提供清倉服務的 eBay 競爭呢？答案就是精確的網路行銷和品牌。

　　Liquidity Services, Inc.（Liquidation.com 的母公司）利用線上市集、B2B 產品銷售與行銷專業知識，以及加值的服務，並在 2007 年完成了約 50 萬筆批發交易。Liquidity Services 在 2006 年提出初次公開發行股票之申請，在 2007 年有 1 億 9800 萬美元的收入，並且從 2002 年開始獲利。公司的總部位於華盛頓特區，而全世界則約有 550 名員工。在非線上的環境中，清倉的過程充滿了尋求折扣的商人和當地的批發商時，賣方得到的只是很微薄的利潤。但在 Liquidation.com，賣方有全球的交易市集，商品在網站上的呈現有完整支援（包含了圖文敘述）並有交易上的支援（拍賣及出價引擎），因此可以讓賣方取得高於非線上清倉至少兩倍的價格。該網站上共有 67 萬 5000 名購買大批商品的合格職業買家。這些買家也許是來自美國和世界約 100 個國家的零售商、批發商或是 eBay 的強力賣家（Power Seller）。

　　Liquidation.com 上的拍賣每二至三天就會結束，且不允許中途插入（只觀望而不出價，然後在最後幾秒鐘突然出價而贏得拍賣）。每三分鐘出價一次，直到只剩一個出價的人為止。當有很多競標的人時拍賣會延長，這樣可以讓競標者提高出價，且對競標的人也較公平。

　　但 Liquidation.com 面臨到了許多關於行銷和品牌上的難題。首先，因為網站上的存貨需要每天更新，Liquidation.com 必須找出該如何吸引買家光顧網站，同時對於許多潛在的買家，他們永遠不知道網站上哪一天會賣什麼東西。再者，Liquidation.com 要吸引的是廣大的對於價錢合理的任何東西都感興趣的潛在買家。這與其說是具有明確目標的銷售模式，不如說是以全世界任一使用者為目標的生意。最後，Liquidation.com 必須在自己並未擁有商品的情況下，確保客戶會收到與在網路上出價買到的東西完全相同的商品，以建立客戶對網站的信賴。跟 eBay 一樣，Liquidation.com 只替買賣雙方提供交易平台，收取售出價格平均 20% 的佣金或利潤分享。

　　Liquidation.com 的行銷部門團隊必須明白網站有什麼東西正在運作、如何運作，接著必須將重點放在如何將客人引導到網站上。行銷團隊發現第一次參觀網站的人並不喜歡填寫網站上五頁的註冊表單，所以他將表單簡化成只剩半頁。這個作法增加了註冊及願意收到電子郵件訊息的人數。他也發現第一次瀏覽網站的人很少購買東西，且到他們第一次出價購買東西的平均時間為 60 天。因此，行銷團隊認為透過電子郵件或其它方式，跟第一次參觀網站的人和已註冊者保持聯繫是非常重要的。此外，行銷團隊發現把大批的商品分成小批銷售的

方式，可以賺取更多的收入。因此，透過將產品的供貨改成較配合客戶需求的量，同時也相對的可以提高收取的佣金。這些彈性的改變為 Liquidation.com 提高了參觀網站客戶的購買率，但如何為網站帶來人潮仍是個問題。行銷預算非常有限，但潛在的客戶卻是可觀的。

面對這個問題，Liquidation.com 採取的第一個策略是利用由 Google 及 Overture（現在為 Yahoo）提供的搜尋引擎行銷。他在 Overture 及 Google 購買了上百個會直接指向 Liquidation.com 的產品網頁的辭彙。同時他還檢查了 Google 的結構型搜尋列表（organic listing），查看他的產品頁面有沒有出現在 Google 網頁搜尋引擎的尋找結果中。若沒有，他就會購買關鍵字。

為了利用較少的花費帶來更多的流量，Liquidation.com 採用游擊式行銷公關活動，也就是盡可能地讓公司名稱出現在主要媒體的新聞報導中。去年當東岸的經濟不景氣時，PR 團隊立刻請都會區報紙的記者建議零售業利用 Liquidation.com 來清空庫存。

雖然 Liquidation.com 成立時的想法，是希望成為讓批發的賣家更容易找到零售的買家的網站，但 Liquidity services 意識到該網站同時還有另一個市場，是為了滿足要尋找供應商的零售商。2004 年 6 月，Liquidity Services 成立了 GoWholesale.com 來滿足尋找長期合作之批發供應商的零售商。透過仿傚 Google 的方式，讓批發商對網站上的贊助者名單上的關鍵字出價。零售商會先看到贊助者名單，接下來才是非贊助者的連結。

也許帶來流量最有效的作法是電子郵件行銷。Liquidation.com 租了一小筆願意收到電子郵件廣告的有效名單來發送廣告信。他們所採取的兩項預防措施是假設名單上的這些人已經是客戶，且不要太常發信也不要打擾到客戶。但電子郵件最有效的使用方式，是定期寄出郵件給 67 萬 5000 名在網站上註冊的會員，提供他們最新的產品訊息。名單中有四分之一的人會收到拍賣中某特定商品的信件。在註冊頁面，使用者會被要求以廣義詞描述他們的興趣，而這些自選的項目（比如協同式過濾）會被使用在目標電子郵件的活動裡。目標郵件的開啟、點選及轉換率約為 20%，比寄送一般郵件的活動來得高。

因為 Liquidation.com 成功的行銷及品牌策略，它將清倉業從原本沒有效率且侷限於當地市場，轉變成全球性、可信賴，且適合網路交易的市場。由此，在 2007 年，Liquidity services 因為其網站傑出的表現而贏得三項國際網路大獎。

個案研究問題

1. 為什麼 Liquidation.com 能夠與 eBay 競爭？
2. Liquidation.com 是如何建立它的網站及服務的信賴度？
3. 為什麼零售商寧願自己擁有一個用於尋找批發商的網站，而不是使用已經存在的 Liquidation.com 網站？
4. 什麼是 Liquidation.com 核心產品的關鍵要素，它又是如何建立增加的產品量？
5. 在 Liquidation.com 上找出一樣 eBay 也有賣的產品。比較它的單價。什麼造成了這樣的價格差異？

學習評量

1. 以使用者的觀點,網際網路可能一直成長嗎?若不是,是什麼原因導致它慢了下來?
2. 除了搜尋引擎,網路網路最普遍的用途有哪些?
3. 你認為網際網路促成或抑制社交活動?解釋你的看法。
4. 有些人使用網際網路的經驗,為什麼能增加以後的網際網路使用量?
5. 研究顯示,許多消費者會先在網際網路上調查購買的東西,然後才到實體店面真正買下該項物品。這對線上廠商而言,有什麼啟示?他們如何吸引更多的線上購買行為,而不只是純研究?
6. 舉出 Web 業者要鼓勵更多瀏覽者成為購買者可以做的四種改善措施。
7. 舉出購買者決策過程的五個階段,並簡單介紹互相影響的線上與非線上行銷活動。
8. 從行銷者的觀點來看,為何喜歡「小壟斷者」?
9. 從供應商與客戶的角度描述完美市場。解釋不完美市場為何對企業比較有利。
10. 解釋為何不完美市場對商業更具優勢?
11. 核心產品、實際產品和附加產品在功能上的內容有什麼不同?
12. 列出強大品牌的主要優點。強大品牌如何正面影響消費者購買行為?
13. 產品定位與品牌的關係為何?它們有什麼不同?
14. 列出資料庫、資料倉儲和資料探勘相異處。
15. 舉出網路行銷所使用的四種資料探勘方式的缺點。
16. 廣告聯播網路為何具有爭議性?我們可以怎麼做來克服對這項技術的抗拒因素?
17. 四種市場進入策略中,哪種最有利可圖?
18. 比較大眾行銷、直接行銷、個體行銷和一對一行銷方面,使用的四種行銷策略的相同相異之處。
19. 哪種定價策略結果變成初期電子商務,許多電子商務公司的致命傷?為什麼?
20. 差別定價和版本區分有差別嗎?為什麼?
21. 解釋版本區分如何運作。這與動態定價有何不同?

7

電子商務行銷傳播

學習目標

讀完本章,你將能夠:

- 辨別網路行銷傳播的主要形式
- 瞭解網路行銷傳播的成本與利益
- 認識網站作為行銷傳播工具的方式

影片廣告有效取代橫幅廣告：String Master

關於影片廣告存在時間的說法因人而異，主要在於你是否有注意到它。事實上，美國這國家似乎對影片相當的狂熱：在 YouTube 上每個月有超過 5000 萬的觀眾。每天數十萬的影片被下載，並且超過 1 億 2000 萬的網友觀看線上影片。觀看網路影片的觀眾非常的多，甚至比 AOL、Yahoo、Google 的訪客總和還要多，這使得影片成為一個明顯的廣告媒介。而且就在這個時候，網路使用者已經學會如何本能的將目光移動到螢幕的其他地方，以閃避傳統橫幅廣告。即使橫幅廣告被點擊的次數微乎其微，但影片廣告的作法又是另一個不同的故事了。如何將影片有效的運用於廣告活動中仍還需持續努力。

我們來看看 Evan Sofron 的經驗，他成立了 String Master，這是間販賣自動吉他調音器的公司。他的小小的線上公司 Actiontuners 位於佛羅里達州的 Deland，他的網站主要販售 String Master 調音器。此外，Evan 在 Google 的 AdWords 與文字廣告利用關鍵字與網站目標做宣傳。這方式成功了，他發現銷售量提升了 15%，但卻感覺僅僅透過文字廣告很難傳達產品的特點，或是瞭解它的樣貌，同時 Evan 也對於只有 0.5%的廣告點擊率感到失望。

大約在這個時候，Google 開始在 AdSense 網路上發展能夠播放影片廣告的能力。Evan 曾經從事商業影片產業 20 年之久，專門為各式各樣的企業和產品做電視廣告。他設計了 30 秒的廣告來展示 String Master 如何操作，接著他與 Google Content Network 合作，選擇各個吉他、音樂等網站播放他的影片廣告。

Evan 並非將重點放在如點擊率等傳統的衡量方式，而是希望能讓影片播放的次數以及觀眾在不同網站上觀賞廣告的時間最大化。在短短數週內他可以得知哪個網站最有生產力，並將廣告集中在這些網站播放，同時也將 Actiontuners 上原有的廣告撤掉。在數月內，Evan 增加了 40%的 String Master 銷售量。所有網站平均點擊率 8.5%，在某些特定網站上甚至高達 30%。

全球 500 大企業都學到了類似的課題：比起橫幅廣告或 Google 上的文字廣告，人們更喜愛觀看影片廣告，並且注意其內容。大型企業也開始投入各項活動與大筆預算來進入線上影片廣告的市場。

多芬香皂（Unilever 所有）為多芬自信基金會創造了最成功、流傳最廣的商業影片之一。其廣告訴求強調自我設定美的印象，並且對美下了一個廣泛的定義。它的口號為「在美容產業這麼做之前，先告訴妳的女兒」，而影片標題為「衝擊」，生動地說明女孩們暴露在美容產業如海嘯般的廣告中，並且美容產業還

提供一些不可能達成的圖片讓女孩們仿效。多芬將影片傳上 YouTube 後，獲得超過 80 萬的點閱次數，以及被加到我的最愛 2300 次。多芬也指出將影片傳到 YouTube 上廣告的壞處：有成千的網友自製短片來詆毀多芬影片與其品牌。

其他公司利用 YouTube 影片宣傳它們的產品與品牌。微軟於每周一晚上美式足球比賽期間強力放送 Halo3 遊戲的電視廣告，很快的廣告影片被網友分享於 YouTube 上，點閱次數至今已累積了 370 萬次。麥當勞透過一群年輕人談論麥克雞塊的方式，創造了一些關於麥克雞塊的笑話。此初版影片在 2006 年公開於 YouTube 上，到目前為止超過 70 萬觀賞人次，並被加到我的最愛 4000 次，以及 1300 次的評分、1400 個評論。

相反的，番茄醬製造商 H.J. Heinz 公司（其訴求為：「將平凡的事做得不平凡」）舉辦網友自製廣告比賽，為 H.J. Heinz 製作廣告。前 15 名由網友公開票選，最後贏家將得到 5 萬 7000 美元（Heinz 57 Ketchup 提供）。到目前為止，那些初賽影片已被觀賞 110 萬人次，共計 2200 人上傳影片，所有影片的觀賞次數總和超過了 50 萬次。這種購買媒體的方式，生產成本只需 3 萬 3000 美元！小小成本也能獲得大大的效果！

人們對影片廣告的關心與喜愛遠大於橫幅廣告與電子郵件。這使得影片廣告成為一個理想的宣傳媒介。目前所遇到的挑戰是要找出如何能更直接地包裝宣傳訊息到影片上，或是如何在數以百萬計的網友自製影片上搭順風車做宣傳，並嘗試衡量它們對銷售的影響。Google、Yahoo、AOL 以及數以千計的小企業都努力嘗試要將對的廣告聯繫在對的影片上，不過由於電腦無法瞭解影片內容（只能瞭解聲音腳本），所以這是一個很棘手的過程。沒有人希望他們的產品廣告被聯繫到偷竊、情色或是任何不適當的影片上。另一項挑戰是要如何在播放廣告的同時而不破壞觀眾視覺的體驗。

廣告公司與網站正試著超越傳統上使用者點擊影片，如在播放前強迫觀看廣告的方式。有多項新的技術：面板（skins），廣告顯示在螢幕的旁邊；bugs（重疊），廣告顯示在螢幕的下面；指示器（tickers），廣告預設於影片之中，當用戶點擊它時，正在觀看的影片會暫停，而一個新的螢幕會打開，用戶可觀看相應的廣告片。

最終挑戰是要如何避免觀眾關掉影片廣告，而變成另一個網路使用者對線上廣告視而不見的情況。

前面的個案故事提供了一個有趣的觀察，關於如何結合家庭和公司的寬頻與網際網路技術，同時廣泛地使用數位影片來影響顧客選擇並建立品牌印象。此外也說明當行銷者應用這些新式廣告時，應該注意的風險。

近兩年，網路廣告行情開始看漲。同一時期，廣告產業（不管是網路或非網路）也紛紛進入混亂的變革時期。網際網路與線上廣告擾亂了原本由電視與印刷媒體主導的傳統廣告產業。廣告預算隨著消費者的目光轉移到網路，這使得傳統印刷與電視廣告的預算被調降或維持不變。表 7.1 統整了 2008 到 2009 年間廣告產業的重要改變。

表 7.1　2008-2009 年間廣告產業的新發展

搜尋引擎	評判
網路廣告分享傳統廣告預算的比率成長	在美國，一年成長了 25%；在英國，一年成長了 40% 以及佔總市場的 15%。其主要的差異在於：在英國，廣告商可直接與出版商協調，控制廣告出現的地方，不像在美國，是由中間商如 DoubleClick 控制這項機制。
產業龍頭欣然接受網路廣告	大型的消費性包裝商品公司從美國的寶僑（P&G）公司到百威啤酒（Budweiser）都紛紛利用新的品牌廣告模式如影片與 BudTV 進入網路市場。
影片、遊戲、widget 與虛擬生活：新的廣告形式	在原來橫幅廣告刊登處，開始出現了影片廣告。像是在遊戲中出現廣告，在 widget 裡打廣告，以及在社群網路與虛擬網站上做廣告。
行為定位廣告：客製化廣告與網站	新的科技利用網路行為分析，提供更理想的廣告播映時間，以及廣告對象。
衡量方式：挑戰與解決方法	缺乏產業標準，新的技術如 AJAX，將衡量線上廣告影響，及評估多少廣告是值得留存之問題變得更為複雜。
Google、AOL、微軟與 Yahoo 進入展示廣告產業	網路巨頭藉由購買線上廣告，利用廣告搜尋加強他們網路地位以進入展示廣告產業。
社群網路行銷	社群網路聚集了大量的網友，因此廣告商也試著跟進。

　　歷經 2001 年網路泡沫化之後，積極主動式的廣告（例如，動畫橫幅廣告），或甚至在我們進入、離開網站或關閉瀏覽器時出現的彈出式廣告，都再次蓬勃發展；未經請求的電子郵件或稱為垃圾郵件也是，並且佔網際網路電子郵件 70% 到 80% 的流量；消費者使用搜尋引擎 Google、Yahoo、MSN 找尋資訊時，搜尋工具所提供的付費搜尋廣告（或稱被動式廣告）也廣受歡迎，成為線上廣告形式的最大宗。影片廣告雖仍只佔所有網路廣告市場的一小塊，但卻是成長速度最快的廣告形式。而網路廣告由於需求激增使得成本變高，仍舊遠低於傳統媒體廣告所需要的花費。

　　在第 6 章，我們形容品牌是消費者對產品銷售的期望。我們討論一些企業致力於建立這些期望的行銷活動。在本章，我們將重點放在對網路行銷傳播（online marketing communications）的瞭解，包括所有網路公司用來和顧客溝通、創造深刻品牌期望，以及誘使購買的各種方法。吸引人群造訪網站、並且將他們轉為顧客的最好方法是什麼？我們同時也會探索將網站當作行銷傳播工具的這種作法，以及網站的設計如何影響銷售？你要如何為搜尋引擎設計良好的網站？

7.1　行銷傳播

行銷傳播（marketing communications）有兩個目的：推行品牌以及銷售。行銷傳播的一個目的是藉由提供消費者關於公司產品與服務差異化特性的資訊，以發展與強化公司的品牌形象。另外，行銷傳播也常直接鼓勵消費者購買（越快吸引消費者購買越好）來促進銷售。行銷傳播中，品牌傳播與銷售的這兩個目的雖然難以區別但都很重要，因為品牌傳播與促銷傳播是不同的。**促銷傳播**（promotional sales communications）總是建議顧客當下購買，並且提供獎勵，鼓勵立即購買。**品牌傳播**（branding communications）則很少鼓勵立即購買，而是著重於讚揚購買商品或服務可得到的顯著利益。

網路行銷傳播有許多不同形式，包括網路廣告、電子郵件行銷、公關，就連網站本身也可以視為一種行銷傳播工具。

網路行銷傳播
（online marketing communications）
線上公司用以和客戶溝通以及創造品牌形象的方法

促銷傳播（promotional sales communications）
建議顧客當下購買，並且提供獎勵鼓勵顧客立即購買

品牌傳播（branding communications）
著重於讚揚購買商品或服務得到的顯著利益

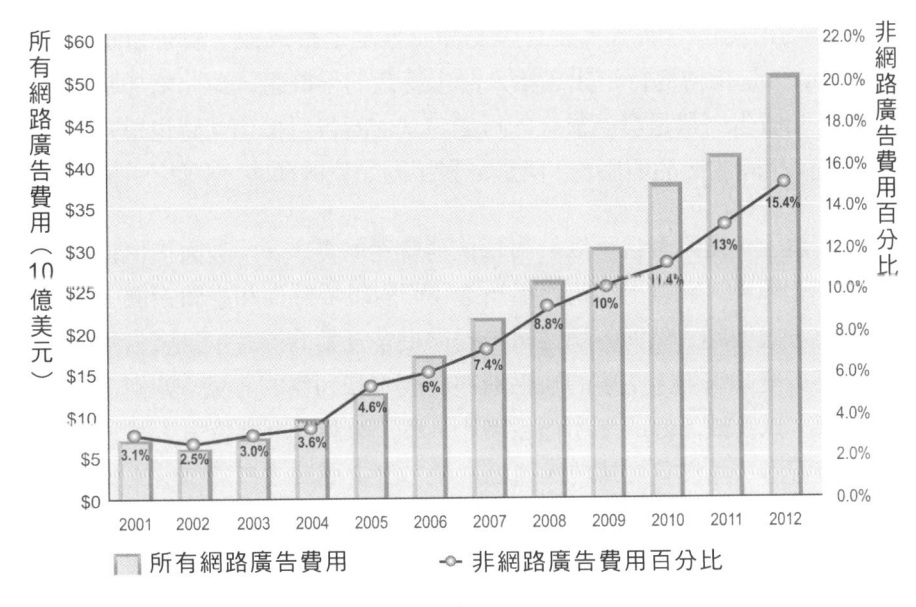

■ 圖 7.1　網路廣告（2001 到 2012 年）

線上廣告每年成長約 20%，為整個廣告市場成長速度的三倍快。佔所有廣告的 10%，2012 年將會佔總廣告的 15%。
資料來源：eMarketer, Inc., 2008a。

網路廣告

廣告是最為普遍、最為人知的行銷傳播工具。2009 年，估計各公司花費 2990 億美元於廣告上。**網路廣告**（online advertising）（定義如網站、付

網路廣告
（online advertising）
顯示於網站、線上服務、或其他互動媒體的付費訊息

費搜尋清單、影片、widget、遊戲，以及其他線上媒體，像是即時通訊等付費訊息）則佔約 300 億美元（見圖 7.1）（eMarketer, Inc., 2008a）。

過去五年內，網路廣告成長了 200%，而廣告主正積極增加網路廣告的花費，減少無線電台、電視、新紙等傳統通路的費用。然而，雖然網路廣告如此迅速發展，仍只佔所有廣告的一小部份。預測到 2012 年網路廣告所佔比例只會達到所有廣告的 15%。

不同產業投資於網路廣告的費用，有著懸殊的比例。前五名產業在網路廣告中所佔比例超過 75%，包括消費性產業（零售、汽車業、旅遊以及消費性包裝商品）、金融服務、電腦產業、通訊以及媒體（電視、廣播與印刷出版）（Interactive Advertising Bureau/PricewaterhouseCoopers, 2008）。

> **廣告目標化**
> （ad targeting）
> 傳送行銷訊息給人群中特定的子群組

網路廣告和傳統廣告媒體，如電視、無線電台、以及出版業（雜誌和報紙）相比，有許多優點和缺點。最大的優點是網際網路上的觀眾為動態的，特別是 18 到 34 歲，以及 65 歲以上的年齡層。第二大優點是可以針對較小的市場區隔廣告，並且幾乎即時性地追蹤成效。**廣告目標化**（ad targeting）是指傳送行銷訊息給人群中特定的子群組，藉此增加購買的可能性，和廣告一樣是發展很久的行銷方式。廣告目標化同時也是差別價格的基礎：相同的商品與服務，但是針對不同類型的顧客，收取不同的價格。

理論上，網路廣告可以針對每位消費者的需求、興趣與價值提供精確地個人化訊息。實際上，我們都知道我們對垃圾郵件和不斷接觸彈出式廣告沒有多大興趣。然而，網路廣告提供更多互動的機會，讓廣告主和潛在顧客得以雙向溝通。主要的缺點則在於成本和利益的考量、如何適當地評量結果、以及缺乏好的場所播放廣告。舉例來說，網站持有人銷售廣告空間（發行者）並沒有像傳統媒體商一樣，訂定標準或日常稽核來核對他們所聲稱的任何數目。

網路廣告的數種不同形式如下：

- 展示式廣告（橫幅廣告和彈出式廣告）
- 豐富媒體／影片廣告
- 搜尋引擎廣告
- 遊戲中廣告
- 社交網路、部落格與遊戲廣告
- 贊助

- 推薦（聯盟關係行銷）
- 電子郵件行銷
- 線上目錄

表 7.2 提供一些特定形式廣告花費的統計比較資料。目前各形式網路廣告中，收入最高的為付費搜尋，其次是展示式廣告，但成長最快的則是豐富媒體／影片廣告。接下來我們更深入討論各種網路廣告。

表 7.2 特定形式的網路廣告費用（單位：美元）

形式	2008	2012	增加幅度（％）
付費搜尋	$10,360	$19,023	84%
豐富媒體／影片廣告	$2,654	$9,444	256%
展示式廣告	$5,465	$9,394	72%
分類廣告	$4,287	$7,575	77%
引導性銷售	$2,124	$4,233	99%
電子郵件	$492	$765	55%
贊助	$518	$566	9%
總計	$25,900	$51,000	96%

資料來源：eMarketer, Inc., 2008a；Veronis Suhler Stevens；作者評估。

展示式廣告：橫幅廣告、按鈕和彈出式廣告

展示式廣告是第一個網際網路廣告，**橫幅廣告**（banner ad）顯示於電腦螢幕上方或下方長方框中的促銷訊息。橫幅廣告就如同傳統的印刷出版廣告，但增加了一些優點。點選廣告後，可以把潛在顧客直接帶往廣告主的網站；此外也比一般印刷廣告更多些動態表現，例如呈現多個圖片或是改變廣告外觀。

橫幅廣告有時也會利用 Flash 影片、動畫或是如動畫般的 GIF 圖片（快速顯示不同圖片，以達動畫般效果）呈現。互動廣告局（Interactive Advertising Bureau, IAB）產業組織，已經為橫幅廣告制定產業標準。最常見的全橫幅廣告，規定寬 468 像素（pixel）、高 60 像素（pixel），解析度為 72 dpi（dot per inch，每吋點數），以及檔案大小最大為 13KB。

IAB 準則囊括了幾乎所有型態的廣告與按鈕規格，包含摩天樓式橫幅廣告（一種長而窄的橫幅廣告，高度約為傳統垂直橫幅廣告的三倍）、各種不同大小的方形廣告、以及方形彈出式廣告（在不同視窗開啟），讓行銷者能開發出更有互動性、也更有創意的廣告。各種廣告類型（包含下一

橫幅廣告（banner ad）
顯示於電腦螢幕上方或下方長方框中的促銷訊息

按鈕（button）
永久存在的橫幅廣告

節提到的新式多豐富媒體／影片廣告）的設計，是為了幫助廣告主，打破典型使用者每天都會遇到眾多擾亂廣告的印象。網路廣告商如 DoubleClick 每年服務超過 5 兆種不同型態的廣告形象，並且調查公司估計每個網際網路使用者一天會接觸到超過 1000 個展示式廣告。圖 7.2 顯示一些由 IAB 制定不同種類的展示式廣告範例。

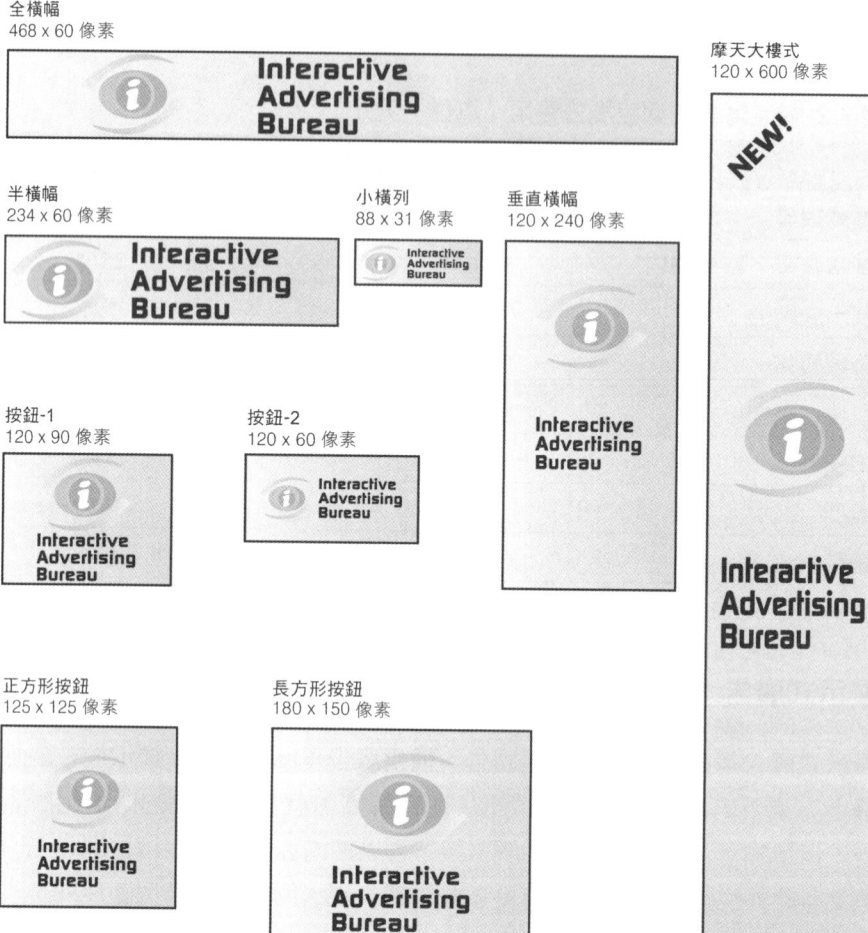

全橫幅
468 x 60 像素

摩天大樓式
120 x 600 像素

半橫幅
234 x 60 像素

小橫列
88 x 31 像素

垂直橫幅
120 x 240 像素

按鈕-1
120 x 90 像素

按鈕-2
120 x 60 像素

正方形按鈕
125 x 125 像素

長方形按鈕
180 x 150 像素

■ 圖 7.2 展示式廣告的種類

除了上面的展示性廣告外，互動廣告局也提供規格給中型、大型與垂直的方形廣告、方形彈出式廣告、寬的摩天樓式廣告、半頁廣告，以及稱作「計分板」的廣告（728 × 90 像素）。
資料來源：互動廣告局，2008。

第 7 章 電子商務行銷傳播

彈出式廣告（pop-up ad）是使用者沒有點選卻會自動出現在螢幕上的橫幅及按鍵廣告。一般而言，這些廣告符合 IAB 制定的橫幅廣告和按鈕的規格。彈出式廣告的其中一種類型是**背後彈出式廣告**（pop-under ad），自動出現於使用者正在瀏覽的視窗底下。這種廣告會持續出現，直到使用者手動關閉它。彈出式廣告在使用者使用網頁、前往目標網頁的過程、以及離開網頁時，會優先顯示在畫面上。

許多的調查都顯示，彈出式廣告大多會引起反感。網路使用者票選彈出式廣告是和電話訪問一樣惱人的行銷傳播。不少網際網路服務提供者和搜尋引擎及入口網站如 Yahoo、Google、AOL 以及 Earthlink，現在都提供消費者阻擋彈出式廣告的工具列，就如同網頁瀏覽器像 Mozilla Firefox 與 IE7、IE8 所做的一樣。不幸的是，研究發現，彈出式廣告比橫幅式廣告擁有高約兩倍的點閱率（雖然有些是因為使用者在研究如何關閉時，誤觸造成的點閱）。因此，不論反彈的聲浪如何，即便彈出式廣告和背後彈出式廣告的數目有些減少，但仍然不會完全銷聲匿跡。

豐富媒體／影片廣告

雖然傳統橫幅廣告無疑仍會佔大多數，但**豐富媒體／影片廣告**（rich media/video ad）（利用 Flash、動態網頁語言、Java、以及影音或影片串流技術的廣告）是成長比率最快的線上廣告形式，儘管在總收入上，豐富媒體／影片廣告金錢的投入只佔搜尋引擎廣告花費的五分之一。和展示式廣告一樣，IAB 也制定許多豐富媒體／影片廣告的規格標準。表 7.3 說明了一些 IAB 為影片廣告制訂的標準。豐富媒體／影片廣告也更有互動性，希望透過讓使用者和某些流行的互動，例如需要使用者組合螢幕上的東西，或是點選相關物品，讓使用者更融入其中。豐富媒體／影片廣告的目的更偏向品牌推行，而非刺激銷售。

為什麼豐富媒體／影片廣告會這麼有效呢？一項研究報告發現，豐富媒體／影片廣告能促進 10% 的品牌認知，然而以相同的研究方法針對橫幅廣告的大型方形廣告需要 3 倍的曝光才能達到相同的成長；摩天樓式橫幅廣告需要 6 倍曝光才能達到 8% 的成長；而普通橫幅廣告則需要 10 倍曝光才能得到 6% 的成長（Dynamic Logic, 2004）。產業報告指出，2008 年到 2012 年豐富媒體廣告的花費將成長 212%，比付費搜尋引擎廣告（估計同期成長為 92%）的成長更為快速（eMarketer, Inc. 2008a）。而廣告主也不僅僅只是利用影片散播訊息，他們也將他們的橫幅與影片廣告連結到數以百萬計的網友自製影片。表 7.4 說明各式網站提供影片播放，而這代表讓廣告主能夠獲得很棒的行銷機會。

彈出式廣告
（pop-up ad）

使用者沒有觸發而自動出現在螢幕上的橫幅及按鈕廣告

背後彈出式廣告
（pop-under ad）

自動出現於使用者正在瀏覽的視窗底下，除非使用者關閉視窗，否則不會關閉

豐富媒體／影片廣告
（rich media/video ad）

利用 Flash、動態網頁語言（DHTML）、Java、以及影音（或影片）串流技術的廣告

爆炸性成長的網路影片內容涵蓋主要新聞與娛樂網站、入口網站、幽默與網友自製網站，為品牌行銷者創造大量尋找目標觀眾的機會。現在在美國大約有 80%的網路觀眾（大約 1 億 3800 萬的觀眾）都有收看網路影片。這些觀眾到了 2012 年將會成長至 1 億 8300 萬人。在 21 世紀，網路影片將會成為觀眾的聚焦者，取代電視廣播網路與好萊塢電影製片人（eMarketer, Inc., 2008a）。

表 7.3 各式的網路廣告種類

形式	描述	何時使用	與什麼一起使用
線性影片廣告	插播廣告；接收；廣告在某特定期間內播映	影片播映前，兩部影片間，影片播映後	文字、橫幅廣告、豐富媒體面板（skin）廣告播放
非線性影片廣告	覆蓋；網路害蟲；廣告播放時間與影片相同，但不會遮蔽整個螢幕	影片播映間	
橫幅內影片廣告	豐富媒體；廣告在橫幅區域觸發，可能擴大到橫幅區域外	在網頁上，通常被內容圍繞著	無
文字內影片廣告	豐富媒體；當使用者滑鼠移到相關文字時播放廣告	在網頁上，指向相關內容中畫底線的字	無

表 7.4 美國十大網路影片網站（2008 年 7 月）（單位：百萬）

網站	訪客數	平均觀眾瀏覽
1. Google 網站（YouTube）	92.1	54.7
2. Fox Interactive Media（MySpace）	54.8	8.1
3. Yahoo! 網站	37.6	7.2
4. Microsoft 網站	32.6	8.7
5. AOL	23.0	4.1
6. Viacom Digital	21.1	11.7
7. Turner Network	18.7	9.2
8. Disney Online	15.9	11.7
9. Time Warner（excluding AOL）	15.3	3.2
10. Amazon 網站	11.7	2.5

資料來源：eMarketer, Inc., 2008b。

到底如何利用這個機會仍舊是個謎。小部分使用者會為線上內容付費，但大多數主要的網路使用者期望影片是免費的，以及支援廣告。只要廣告不要干擾，也不要太長，網路使用者會願意為了看短片而聽聽廣告內容。有許多種影片中播放廣告的形式，目前最普遍使用的是「播放前」（其次是播放中與播放後），指的是在使用者點選的影片播放前、播放中，或播放後強迫觀看廣告。當廣告公司成功銷售影片廣告的格式給企業時，這些主要的影片網站如 YouTube 和 MySpace 則為了要如何銷售廣告空間與從他們廣大觀眾群中謀利而有著一段艱難的時期。

目前有許多特殊影片廣告網站，像是 Videoegg、Advertsing.com、BroadBand、Roo 與其他等網站為國際性的廣告主播放一系列影片廣告，並且將這些影片放到他們各自的網站上。公司企業可以建立自己的影片和電視網站來推廣他們的產品。舉例來說，在 2007 年百威啤酒（Budweiser）建立了 BudTV，寶僑（P&G）公司創作網路情境喜劇 "Crescent Heights"。

插播式廣告（interstitial ad，插播的意思代表「在中間」）也被認為是一種豐富媒體廣告，是一種放置於使用者正在閱讀的網頁，以及目標網頁間的全頁廣告訊息。插播式廣告常常被插入於單一網站，於使用者網頁間出現，在給使用者足夠時間閱讀廣告後，才自動跳到使用者請求的網頁。此外，也可以使用於網路聯播網，讓廣告在使用者於網站間移動時出現。

由於網路是一個繁忙的地方，人們必須想辦法應付過度的刺激。應對方法之一就是所謂的過濾知覺輸入，這指的是人們學習如何過濾掉迎向他們的大量訊息。網際網路使用者很快就學會辨識橫幅廣告以及其他類似的東西，並過濾大部分不甚重要的廣告。影片廣告與插播式訊息就好像電視廣告一樣，試著利用訊息迷住觀看者，而典型的插播式廣告會持續不到 10 秒，並且強迫使用者在那段時間內觀看廣告。IBA 也為插播式廣告定制標準，限制長度。為避免使用者無聊，影片廣告一般都使用動畫圖片和音樂吸引觀眾，並傳遞訊息給他們。一個好的影片廣告或插播式廣告應該要提供「跳過」或「停止」的選擇給那些對廣告沒有興趣使用者。

超級插播式廣告（superstitial，目前由 Viewpoint 公司提供，有時候被稱為 Unicast Transitional with Flash）是一種可以大至整個螢幕 900 × 500（全螢幕超級插播式廣告）的任意大小豐富媒體廣告，檔案大小最大為 600KB。和插播式廣告不同的是，超級插播式廣告會預先下載至瀏覽器快取記憶體，下載完全前不會播放，當檔案完成下載之後，就像插播式廣告一樣，在使用者點選另一個網頁時，才以另一個視窗彈出顯示。目前影片廣告已取代了超級插播式廣告。

插播式廣告
（interstitial ad）
一種放置於使用者正在閱讀的網頁以及目標網頁間的全頁廣告訊息

超級插播式廣告
（superstitial）
一種預先下載至瀏覽器快取記憶體的豐富媒體廣告，會在完全下載以及使用者點選另一網頁時播放

橫幅廣告交換
（banner swapping）
一種公司間允許彼此免費放置橫幅廣告於其他合作夥伴網站上的約定

橫幅廣告交易
（banner exchanges）
安排公司間橫幅廣告交換

不論哪種類型的廣告方式，大多數的廣告主透過中介機構如廣告互聯網（像 DoubleClick），或是提供很好的廣告配置和創意員工的廣告代理商。其他選擇包括與其他網站做廣告交換，以及直接和出版者（將刊登廣告的網站）洽商。**橫幅廣告交換**（banner swapping）是一種公司間彼此允許免費放置橫幅廣告於對方合作夥伴網站上的約定。**橫幅廣告交易**（banner exchanges）安排公司間橫幅廣告交換，通常是負擔不起像 DoubleClick 這種昂貴廣告聯播網路的小公司才會採用。公司可以藉由顯示別家公司的橫幅廣告賺取點數，以換取在別的網站展示自己的橫幅廣告的機會。小公司比以前有更多的機會使用成本較低的橫幅廣告，像是利用 Yahoo Advertising、Google Ads 與微軟的 Digital Advertising Solutions。上述這些公司都提供目標化、區隔、交叉銷售技術與廣告客製化的服務。

搜尋引擎廣告：付費搜尋引擎收錄與配置

在過去五年內，網路行銷最顯著的改變可以說是搜尋引擎行銷的蓬勃發展。這是網路行銷傳播成長最快的形式之一：搜尋引擎創造的收益自 2000 年網路花費總額的 1%，成長至 2008 年超過 40%（見圖 7.3）。

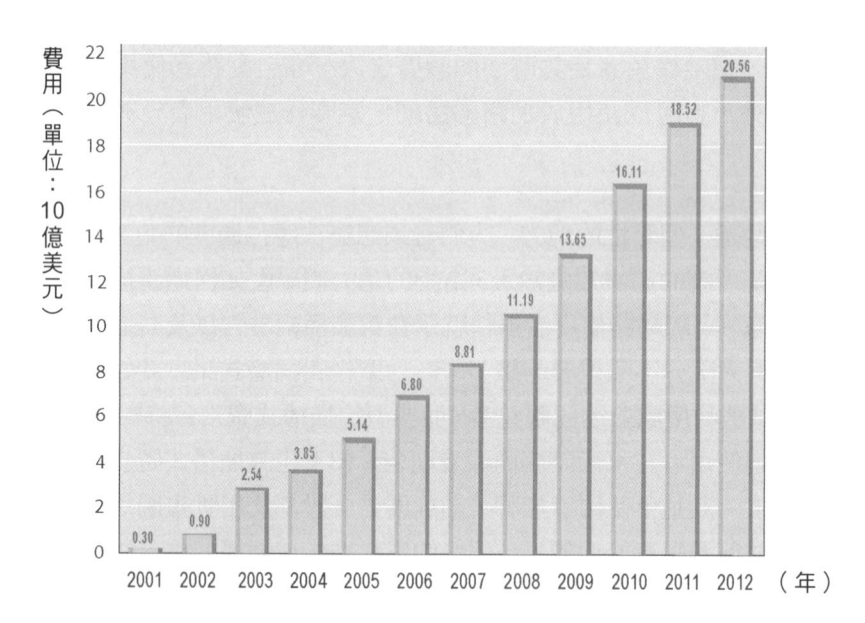

年	費用（10億美元）
2001	0.30
2002	0.90
2003	2.54
2004	3.85
2005	5.14
2006	6.80
2007	8.81
2008	11.19
2009	13.65
2010	16.11
2011	18.52
2012	20.56

■ 圖 7.3 搜尋引擎行銷收益

在所有線上廣告中，搜尋引擎行銷廣告大約佔 40%。
資料來源：eMarketer, Inc., 2008c, 2007a, 2005b；2005c；互動廣告局 PricewaterhouseCoopers, 2008, 2007, 2005。

雖然成長率是每年以緩慢的速度大約增加 20%到 25%（eMarketer, Inc., 2008c）。搜尋引擎的使用者眾多，約和電子郵件使用者不相上下，美國平均一天約有 7100 萬人（佔網路使用人口 40%）使用搜尋引擎（Pew

Internet & American Life Project, 2008）。總結來說他們每個月大約有 100 億的搜尋量。簡單來說，搜尋引擎是許多「眼球」匯聚的地方（至少一小段時間），所以在廣告與使用者興趣結合上可以發揮很大的效益。多年來，行銷搜尋的點擊率已呈相當穩定狀態，通常為 10%到 12%。

網路上有數以百計的搜尋引擎，並且大約有 20 間「主要」被搜尋的網站佔了大部分的搜尋流量。搜尋引擎行銷屬於高度集中。前三大搜尋引擎供應商（Google、Yahoo 與 MSN）為這些前 20 大網站提供超過 95%的搜尋量。隨著時間的推移，Yahoo 與 MSN 的搜尋引擎市場佔有率逐年降低，而 Google 則每年有 1%的成長。Ask.com 依舊維持約 4%的市佔率。

搜尋引擎行銷種類：搜尋引擎至少有關鍵字付費收錄或排序、關鍵字廣告、以及搜尋引擎式廣告聯播網路三種不同種類。搜尋引擎原本提供不偏頗的搜尋結果網頁，大部分的收益來自橫幅廣告。這種搜尋引擎結果通常被稱為**有機搜尋**（organic search），因為網站的搜尋與排列，皆由搜尋引擎內定規則組成的應用軟體決定。1998 年開始，搜尋引擎網站緩慢地轉變為數位黃頁，指的是為搜尋引擎清單收錄或特定的位置配置，又或是搜尋結果的排序付費，這稱為付費配置或付費排序。

大多數搜尋引擎都有提供**付費收錄**（paid inclusion）方案，只要付出費用，即可保證公司網站列於搜尋引擎的搜尋結果，得到搜尋引擎的經常造訪，以及在有機搜尋結果提昇的建議。搜尋引擎們都聲稱，這種一年花費某些商人數十萬美元的付費方案，並不會影響搜尋結果的網站排序，只是僅僅將其收錄於結果罷了。然而，當頁面收錄的廣告獲得越多點擊次數，排名就會更往前，造成有機搜尋演算法會較原本的排序結果將這些網站排得更前面。

有些搜尋引擎沒有付費收錄程式，但在搜尋結果上安置小的文字廣告到贊助商連結區，或有時候與有機搜尋結果混和在一起（使用者不知道）。儘管 Google 配置兩到三個贊助的連結在他們搜尋頁面的最上方，稱之「贊助的連結」，仍聲稱他們不允許公司用付費來決定有機搜尋的排序。有些搜尋引擎做法不同，他們讓使用者知道這些搜尋的排序是否為付費收錄，或是告知這些物件結果的搜尋準則。商人們拒絕付費而導致排在清單的最下面或是非第一頁，這形同商業死亡。

研究證明，有機搜尋和付費配置的排序都有顯著效果，然而有機搜尋的結果更能達到效果（見圖 7.4）。不過研究人員利用眼睛追蹤工具，紀錄使用者面對搜尋引擎時的行為。他們發現使用者採取「F」軌跡，自搜尋結果網頁上而下，大多偏重於網頁左邊尋找線索，他們只花很少的時間

有機搜尋
（organic search）
網站的搜尋與排列，皆由搜尋引擎內定規則組成的應用軟體決定

付費收錄
（paid inclusion）
付出費用，即可保證公司網站能夠列於搜尋引擎的搜尋結果，得到搜尋引擎的經常造訪，以及在有機搜尋結果提昇的建議

觀看右邊的付費文字廣告,而且經常只看前三個廣告。使用者通常都看有機搜尋的前三頁列表,很少看贊助商的連結列表(Shrestha and Lenz, 2007; Nielsen, 2006)。

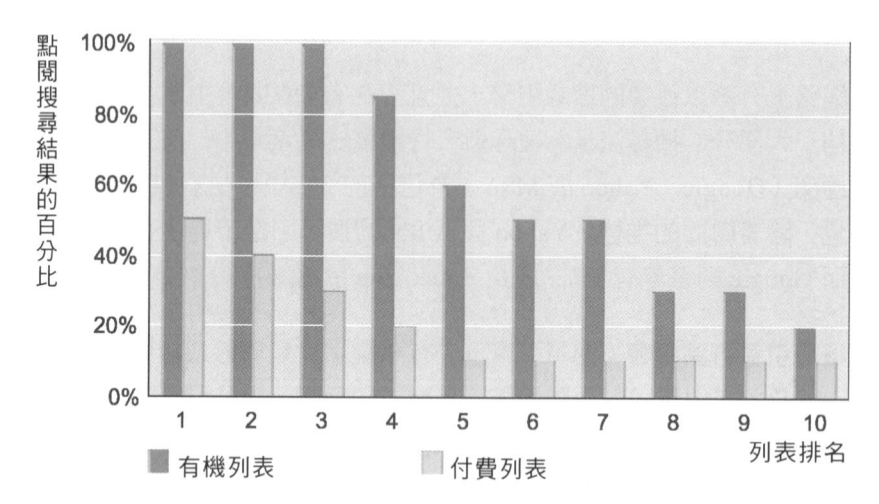

■ 圖 7.4 藉由顧客點閱率看出不同種類搜尋排序的重要性

幾乎每個人都會看有機排名的前三大結果,但讀者關閉 4-10 名的排名結果,使得百分比大幅降低。另外只有 50%的讀者看前幾排名的贊助商連結。
資料來源:Hotchkiss, et al., 2007。

搜尋引擎行銷的另外兩種類型,主要是在線上拍賣過程中販售關鍵字。

關鍵字廣告(keyword advertising)
商人透過投標過程在搜尋網站上購買關鍵字,顧客搜尋到那個關鍵字,廣告便會在搜尋網頁的某個地方出現

網絡關鍵字廣告(內容廣告)(network keyword advertising)(context advertising)
由出版者組成的網絡,接受 Google 於網站上放置廣告,抽取按下廣告所得的費用

關鍵字廣告(keyword advertising)是商人透過投標過程,在搜尋網站上購買關鍵字,顧客搜尋到那個關鍵字,廣告便會在搜尋網頁的某個地方出現,通常是放置於右邊的小型文字廣告,或是網頁最上方的列表。商人付的費用越多,他們的排名就會越前面,也越容易讓人在網頁上看到他們的廣告。一般來說,搜尋引擎雖然有監控使用的語言,但沒有對品質或內容做編輯上的鑑定。另外,有些搜尋引擎利用網站人氣而非僅只是廣告主的付費來做排序,所以這種廣告排序結果是根據金錢花費與單位時間的點擊數而來。Google 的關鍵字廣告程式為 AdWords,Yahoo 的叫做 PrecisionMatch,而 Microsoft 的稱之為 adCenter。

網路關鍵字廣告(內容廣告)(network keyword advertising/context advertising)於 2002 年由 Google 推行,與先前提到的關鍵字廣告不同。以下是這些搜尋引擎網路的運作方式:由出版者(擁有網站的公司)組成的網絡,接受搜尋引擎於網站上放置「相關的」廣告。這些廣告費用由那些想要將訊息公佈在網站上的廣告主支付,像 Google 的文字訊息是最常見的。點擊的收入均分給搜尋引擎與網站出版者,雖然有時候出版者會拿到一半以上收入。出版者沒有直接控制哪些廣告顯示於他們的網站上,廣

告主也不能控制他們的廣告出現在哪。但搜尋引擎使用各種工具（關鍵字分析與相近關鍵字）確保只有「相關」且「適當」的廣告出現。由於必須瞭解內容才能得知廣告在哪出現，所以網絡關鍵字廣告通常被稱做為「內容行銷」。Google 稱之為 "AdSense"，依據內容調整顯示的廣告。Yahoo 程式的叫做 "ContentMatch"。同時，關鍵字和網絡關鍵字廣告在搜尋引擎行銷中為收入增長最多的。如 Google 一半的收益大約來自 AdWords，另一半則來自 AdSense 中。

在這種情形下，比起網站本身，搜尋引擎大大地擴展他們的關鍵字廣告到成千上萬的其他網站上。不幸的是，這些程式也造就「垃圾 AdSense」，由網站上重新雜湊的連結所組成，並且當這些網站的訪問者點擊 adSense 上的連結後，非法盜獵者還能夠獲得金錢支付。

兩種關鍵字廣告的關鍵字費用，價格範圍從每次點擊的幾分美元到 25 美元，或針對某些高單價的熱門商品有更高的收費（見圖 7.5）。其中以法律公司為發掘潛在訴訟客戶所支付的關鍵字價格最高。「間皮癌」（mesothelioma）家族之關鍵字賣到每次點擊 800 美元的高價。抓準消費者搜尋你家公司產品的精準時刻，將你的公司清單放到消費者面前，應該要支付多少錢？當然，這要根據有多少消費者可能會到你的網站，而且也

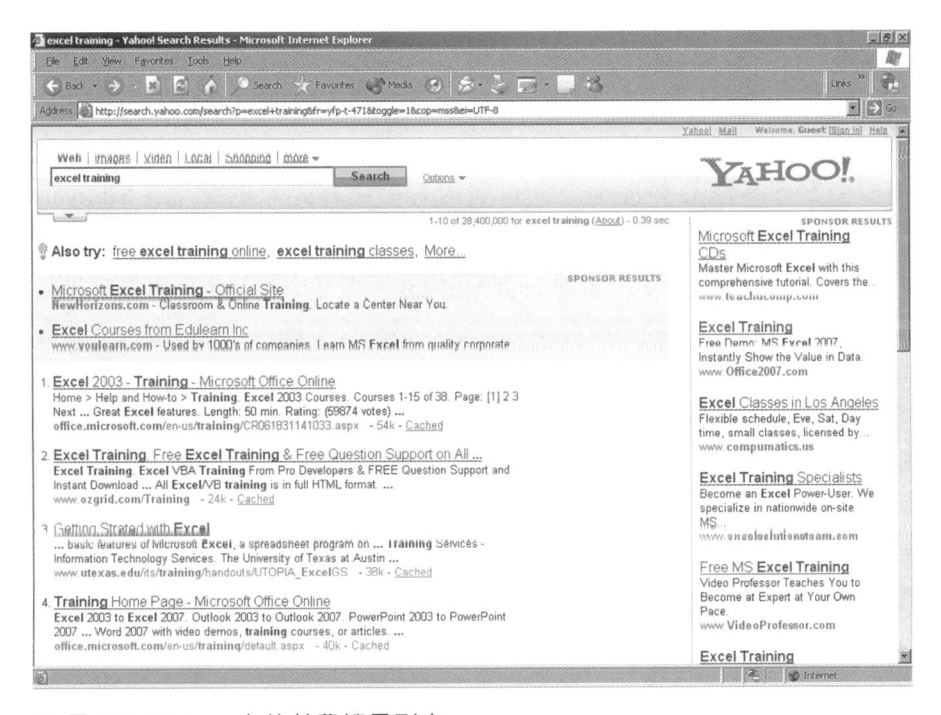

■ 圖 7.5 Yahoo 上的付費搜尋列表

在 Yahoo 搜尋引擎上搜尋 "Excel training"，帶來一系列付費收錄的網站清單。
資料來源：Yahoo.com。

依據你的競爭對手願意出多少價錢買這相同的關鍵字。在拍賣的環境中，很容易發生多付與少付的情形。

搜尋引擎行銷是趨近於理想的目標行銷技術：在消費者找尋產品的同時，關於此產品的廣告就隨之出現。廣告網路公司如 DoubleClick 與 Real Media 24/7 原本有這種念頭存在，但他們的資料庫技術不夠快且精確，無法即時地在消費者感興趣時傳送廣告。不像傳統那些由龐大資料庫搜尋出消費者檔案與資訊的網路或非網路目標行銷方式，搜尋引擎行銷是依據關鍵字搜尋可即時回應的概念達成更有效的行銷結果（雖然從先前 IP 位址的搜尋，或由其他資源像是 Google 的 Gmail 蒐集來的關鍵字也會影響搜尋引擎行銷結果）。一般來說，大致都沒有人使用包含點擊行為分析或人口背景統計的資料庫。對搜尋引擎行銷者最重要的事實為，顧客找尋商品就如同商家賣出商品。

在某些案例中，搜尋引擎通常不會告訴顧客，出現的搜尋排序是否受到付費公司的影響，或是讓顧客很難分辨是否為公正的搜尋。一些分析家認為，就像使用黃頁服務一般，使用者並不重視列表是否為付費收錄的結果，只要搜尋引擎出現相關關鍵字商品即可。然而，也有分析家認為，這種不告知的動作，會損害電子商務，畢竟使用者已經被訓練成「避免任何看起來商業化的東西」，如果他們知道列表被商業活動影響，他們也許就不會真的被說服或是點選相關連結。已經有不少投訴提交給聯邦貿易委員會（Federal Trade Commission, FTC），指控搜尋引擎沒有清楚說明他們接受付費來決定排序，涉及詐騙行為。2002 年 7 月，聯邦貿易委員會建議搜尋引擎產業應該要加強公開付費內容與搜尋結果的關係（Sullivan, 2003）。Consumer Reports WebWatch 後續追蹤報告發現，搜尋引擎公開的付費收錄解釋並不令人滿意；同時呈現多家搜尋引擎結果的總匯式搜尋引擎，也沒有充分公開付費配置與付費收錄的搜尋結果方式；並且，公開說明一般也很難被找到，使它們容易被消費者忽視。這份報告也發現，這些網站公開關於企業廣告主實行方式，以及如何影響搜尋結果的說明，通常易令人困惑且充斥著空洞的術語。某些搜尋引擎，如 Google（少數沒有被聯邦貿易委員會點明的主要搜尋網站）費盡心思努力讓付費結果從非付費結果中區分出來（Consumer Reports WebWatch, 2004; 2005）。搜尋引擎產業的線上使用者對這些結果從何而來感到非常困惑。一份 Pew Internet & American Life Project 的報告發現，有 62% 的搜尋引擎使用者不瞭解付費與非付費結果的差異，並有 70% 的人接受贊助結果的觀念。一半的人指出若他們發現搜尋結果的產出是不正當的，將會停用搜尋引擎（Pew Internet & American Life Project, 2005）。

為甚麼搜尋引擎行銷的運作如此成功，如此受業者和消費者歡迎？對於某些業者而言，搜尋引擎行銷非常接近理想的促銷手法。付費搜尋引擎收錄與配置是網路上最有效率的行銷傳播工具之一，每天大約有 7100 萬的美國人使用搜尋引擎找尋產品與資訊。

這種透過主要的搜尋引擎進行行銷的方式，對負擔不起高成本行銷活動的小公司來說非常有幫助，因為使用者使用搜尋引擎的目的，是為了尋找特定的商品與服務，這正是行銷者口中的「熱門候選人」：找尋資訊，然後通常會購買的人。另外，搜尋引擎依照點閱次數收費，對於業主而言，更是一大福音，代表他們不必為了沒有作用的廣告付費。最後，業者不必受那些他們大部分都不瞭解的排序和列表規則擺佈。沒有人知道 Google 如何決定排序順序，或是拒絕將哪些公司擺在前面的頁面選單；沒有人真的知道如何加進他們的排名（雖然有上百家公司聲稱他們瞭解）。事實上，根據 Google 自我描述他們的搜尋引擎，清單順序通常偏向於那些有很多人連結受歡迎的網站，並且忽視新成立的公司或是將他們擺後面。Google 編輯器用不明的干預方式來懲罰某些網路公司或獎賞其他網站。像 Google 這類的搜尋引擎方式束縛了小公司想要更多國際曝光的機會。因此，付費搜尋清單改變了這一切，公司只要付費給 Google，就可以依據他的出價，得知如何能將廣告出現於前幾頁搜尋結果列表的訣竅，對於負擔得起的業主而言，用錢來減低排序的不確定性非常值得。

那關於消費者呢？消費者也因為搜尋引擎行銷而獲利，因為業者的廣告只有在消費者尋找特定商品時才會出現，這邊沒有彈出式廣告、Flash 動畫、影片、插播式廣告、電子郵件等不相關的商業推銷。因此，搜尋引擎行銷提供消費者期望的資源。搜尋引擎行銷成功之原因，在於消費者導向模式，也就是由消費者主動接近業者提供的廣告。

搜尋引擎點閱詐欺和沒有意義的廣告：搜尋引擎行銷的唯一致命點是點閱詐欺。就如同垃圾郵件大大減低了電子郵件行銷的效益，點閱詐欺降低了搜尋引擎行銷對於業者的吸引力，並且提高費用。網際網路奠基於使用者開放、信任、道德的行為，然而詐欺行銷傷害了這些假設。

任何人包含競爭者，都可以點擊搜尋引擎廣告但不購買任何東西，以抬高商人的成本。假如你是網站出版者，你可以藉由朋友與親屬點擊這些 Google 或 Microsoft 放置於你網站上的廣告來增加收益。**點閱欺詐（click fraud）**發生於：（a）競爭者點擊競爭對手的廣告以提升他們的行銷成本，或（b）網站出版者點擊放置於他們網站上的廣告以提升收益。有些詐欺者甚至發展了「點擊小蟲」，利用上百個不同 IP 位址自動點閱廣告，並且使用殭屍電腦（在網路上被囊括的無保護的電腦）點擊，以

點閱欺詐（click fraud）
競爭對手雇請第三方（通常是低工資國家）詐騙地點閱對手廣告

避免被追蹤。另一種點閱詐欺的類型，是詐欺者蒐集含有競爭對手廣告的搜尋結果網頁，然後故意不點選對方廣告，這種作法可以降低廣告在 Google AdWords 和 AdSense 受歡迎排序，也就是導致廣告被移至結果網頁比較後面的排序。

搜尋引擎試著藉由觀察流量型態來監督與防止這些行為，但發現因為詐騙者可以隱藏他們境外的 IP 位址，所以很難追溯詐騙點擊的來源。目前的調查提出在美國點閱欺詐率大約佔所有點擊的 16%，並且其中 20% 是「高價錢的關鍵字」（Click Forensics, 2008）。出版者導向的點閱欺詐總和尚未得知。搜尋引擎行銷專業組織（The Search Engine Marketing Professional Organization, SEMPO）（一個部分由搜尋引擎公司贊助的行銷者貿易聯盟）報導指出有 40% 的大型廣告主認為點閱欺詐是個問題，19% 的廣告主嘗試去追溯點閱欺詐來源，並且大約有 50% 的廣告主因為點閱欺詐而降低他們在關鍵字搜尋的預算（Fair Isaac Corporation, 2007）。點閱欺詐雖然很困難但也不是完全不可能偵查。一個典型的點閱欺詐型態為某處點擊率提升但銷售持平或下降。與歷史點擊率差異很大的統計（像是一個標準差或更多）值得令人懷疑。像 Google 與 Yahoo 等搜尋引擎公司對令人質疑的情況會退還費用。

另一個比較不嚴重的議題是 Google 的 AdSense 利用軟體瞭解網站內容後，放置適當的廣告於上千網站中，也因而發生了「沒有意義的廣告內容」的問題。有時候起因於軟體發生錯誤，例如搜尋「走失狗」時，Google 提供大量關於走失狗的廣告，以及出現「生病」、「汙水」、「腐敗」等相關廣告，或是出現根本不相關的廣告。舉例來說，Kraft Foods 的起司廣告出現在使用「感恩」這個詞於他們網站的「白色民族主義」仇恨團體網站上。廣告主因為使用 Google AdSense，完全無法控制廣告出現的地方。

贊助

贊助（sponsorship）是指利用付費方式，讓廣告主的名字和資訊、事件、或地點連結，以一種正面、不過份商業化的手法加強品牌印象。贊助一般目的為品牌傳播而非立即銷售。最普遍的形式是目標內容（社論式廣告），讓社論內容和某些廣告訊息結合，使訊息更有價值並更能吸引他們的潛在觀眾。舉例來說，WebMD.com 這間位於美國之藥物資訊網站的領導者，在 WebMD 網站上提供「贊助商網頁」給贊助公司宣傳他們的商品，如飛利浦公司用來宣傳他們的家用電擊器，以及 Lilly 公司宣傳他們對有注意力集中障礙之孩童提供的藥劑。根據 eMarketer 2007 年的調查，贊助約佔網路廣告收益 5 億 3500 萬（eMarketer, Inc., 2008a）。

贊助（sponsorship）
利用付費方式，讓廣告主的名字和資訊、事件、或地點連結，以一種正面、不過份商業化的手法加強品牌印象

推薦（聯盟關係行銷）

聯盟關係（affiliate relationship）允許公司（原本網站）在另一公司（稱之為聯盟）網站上放置商標、橫幅廣告或文字連結，讓使用者可以從原本網站連結至聯盟夥伴的網站。數以百萬計的個人網站有放置亞馬遜（Amazon）或其他公司的商標，點擊它便將使用者連往亞馬遜網站，並以此賺取收益。在大的企業裡，聯盟關係有時候被稱之為「租賃交易」，因為他們允許公司長期「租用」另一個網站。亞馬遜與為數不小的零售商有著聯盟關係。推薦（聯盟行銷）在 2008 年產生約 210 萬美元的收益（eMarketer, Inc., 2008a）。在某些情況下，企業間會藉由分享特定單一母公司或投資集團，來建立其旗下子公司間的相互聯結，以尋求所有公司都能達到最佳化的表現。在其他情形中，當兩家網站販賣互補性商品，公司可能會簽訂聯盟關係合約，使他們的顧客更容易地找到他們想要的商品。

> **聯盟關係**
> （affiliate relationship）
> 允許公司在另一公司網站上放置商標或橫幅廣告，供使用者得以點閱至聯盟夥伴的網站

電子郵件行銷與垃圾信轟炸

在電子商務早期，**直接電子郵件行銷**（direct e-mail marketing，透過電子郵件，直接將行銷訊息寄送給有興趣的使用者）是最有效的行銷傳播手法之一。直接電子郵件行銷是寄給「加入」的網際網路使用者，他們在某個時刻，曾經表達對於收到廣告主訊息的意願。未經請求的電子郵件不常見。藉由傳送廣告給加入的網際網路使用者，廣告主以有意願的消費者為目標市場。依據目標區隔與清新的名單，合法且選擇性電子郵件的活動平均超過 6%。直至目前為止，內部的電子郵件名單比購買的電子郵件名單還更有效率。由於高回覆率和低成本，讓直接電子郵件行銷變成網路行銷傳播最普遍的手法。根據 McKinsey &Company 調查，在 2008 年，超過 80%的全球企業使用電子郵件爭取顧客，總計美國公司花在電子郵件行銷的費用大約 4 億 3000 萬美元（McKinsey & Company, 2007）。合法電子郵件點擊率依據促銷活動（提供者）、產品、以及目標定位的總和，平均為 5%到 7%，高於郵政郵件的回應率（低於 2%到 4%）。儘管垃圾郵件氾濫，電子郵件仍是與現有客戶通訊以及找尋新客戶的各類方法中，最節省成本的方式。

> **直接電子郵件行銷**
> （direct e-mail marketing）
> 透過電子郵件，直接將行銷訊息寄送給有興趣的使用者

　　電子郵件行銷和廣告費用低廉，而且即使發送的郵件數目不同，費用也是不怎麼改變的。發送 1000 件郵件的成本與發送 100 萬件的成本相同。電子郵件行銷成本主要花費於購買發送電子郵件的清單，每個名字通常花費 5 到 20 美分，因目標族群而異。事實上，發送電子郵件不需要成本。相反的，直接郵寄 5×7 吋明信片之費用約 15 美分，但印刷和郵寄

成本提高總成本約 75 至 80 美分。傳送合法電子郵件訊息給高效益、自動加入的讀者的成本為每千封 5 至 10 美元，直接郵寄的成本卻高到 500 至 700 美元。

然而，在 2008 年，電子郵件不再受人重視，原因有三：垃圾郵件、在收件夾中刪除垃圾郵件的軟體、未目標化的電子郵件清單。**垃圾郵件（spam）** 是使用者未表示對商品感興趣的意圖，即寄送的商業電子郵件，更糟的是，有些更會嘗試傳送色情、詐騙交易和服務、公然騙局、或是沒有經過大多數文明社會認同的商品。由於垃圾郵件的氾濫，合法直接的選擇性電子郵件行銷的成長速度，但並沒有像行為定位橫幅廣告、彈出式廣告以及搜尋引擎行銷般來得快速。即使是合法電子郵件，顧客對他們的反應也變得更謹慎。將近四分之三與公司有交易的網路使用者表示他們在電子郵件中看到價值，而若電子郵件由那些沒有交易的公司寄來，只有 17% 的使用者看到價值（Acxicom, 2006）。當網路使用者對垃圾郵件的篩選越來越有經驗時，越來越多的人（目前大約 70%）在開啟郵件前根據「寄件者欄位」或「標題」的判斷刪除垃圾郵件。超過 60%的人看到商業垃圾郵件會感到不悅，並且有 20%因為垃圾郵件而使整體電子郵件的使用率降低（eMarketer Inc., 2007c）。一般而言，電子郵件工作者在維持顧客關係方面做得很好，但在挖掘新客戶上表現則是很糟糕。

若說點擊詐欺為搜尋引擎行銷的致命缺點，那麼垃圾郵件就是電子郵件行銷的有效復仇。2007 年垃圾郵件估計大約佔所有電子郵件的 70%（Symantec, 2008; MessageLabs, 2008）（見圖 7.6）。

> 垃圾郵件（spam）
> 未經請求的商業電子郵件

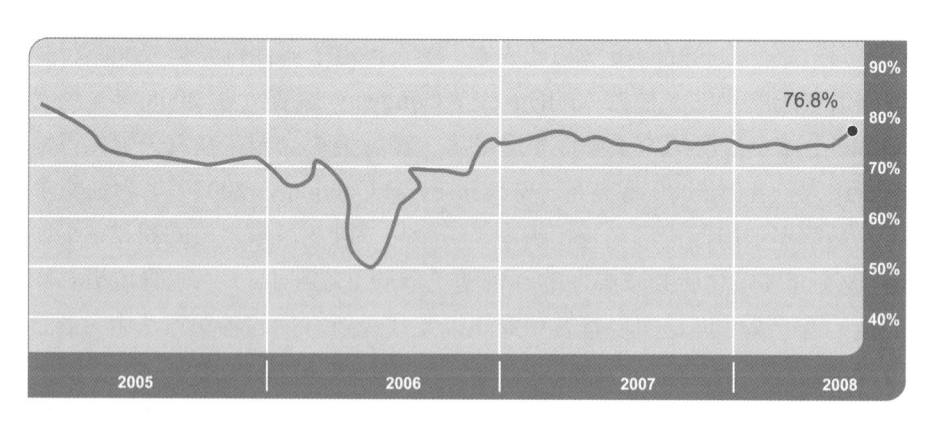

■ 圖 7.6 垃圾郵件佔所有郵件百分比

經過一段時間的下滑，垃圾郵件量又因為大量的「殭屍垃圾郵件」與「殭屍網路」而再度成長。垃圾郵件有季節週期性，每月因不同新技術、新舉發起訴，以及季節性之產品和服務需求的衝擊，而有不同的影響。垃圾郵件高峰期似乎在 6 月。
資料來源：Messa geLabs.com, 2008。

圖 7.7 說明了最普遍的垃圾郵件分類分佈，資料來源是根據 Symantec 和其子公司 Brightmail（一家舊金山反垃圾郵件的軟體公司）在 2008 年前半年的研究。

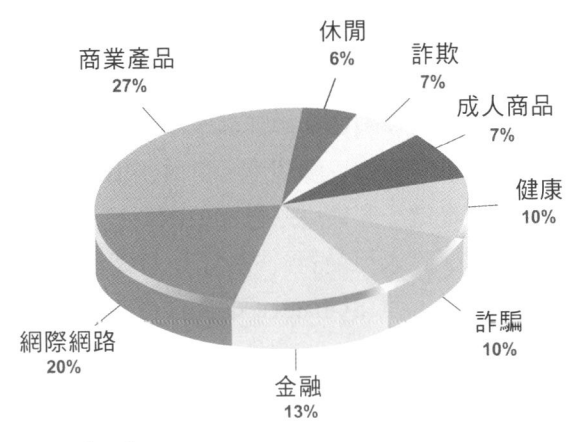

商業產品 27%
休閒 6%
詐欺 7%
成人商品 7%
健康 10%
詐騙 10%
金融 13%
網際網路 20%

■ 圖 7.7 垃圾郵件類別

平均而言，在 2007 年上半年領先的垃圾郵件類別為商業產品，緊隨其後的是金融和健康（毒品提供）。
資料來源：Symantec, 2008。

　　進入垃圾郵件產業的成本很小，有數以百計支可以在網路上買得到的程式，協助垃圾郵件傳送者從論壇或聊天室蒐集電子郵件地址和帳號。垃圾郵件傳送者因為是利用控制的主從電腦散發訊息，所以在散發垃圾郵件上不需要成本。垃圾郵件的氾濫，使得防止垃圾郵件變得越來越難，以下有四種解決垃圾郵件的方法：透過技術、政府立法、自願自我約束規範，以及自願者盡力辨認垃圾郵件發送者並將其關閉，或告知相關當局處理。但很顯然地，直至今日都沒有成功，每種方法都有許多企業和擁護者。然而，也許整合這些方法才能有顯著的效果。

　　過濾軟體幫助了企業和個人的電腦對抗垃圾郵件，然而，垃圾郵件傳遞者也同樣購買這些軟體以瞭解破解方法。不過，公司的郵件伺服器仍舊充斥著垃圾訊息。若將垃圾郵件壓縮或減成較小的檔案，這對公司伺服器來說，能大幅提升過濾效率且降低伺服器負擔。垃圾郵件傳送者在家或辦公室控制上千台未受保護的個人電腦，並在電腦所有人不知道的情形下，利用它們產生垃圾訊息，因此雖然大型 ISP 如 AOL 與 MSN 能夠過濾大部分訊息，但卻無法過濾全部。ISP 設定了「誘糖陷阱」，利用假的電子郵件帳號，很快收取垃圾郵件，透過研究郵件主題，開發特定的文字和句子過濾器。垃圾郵件傳遞者則以文字多樣化做反擊，這類方法通常是加入無意義的字元，像是"Vlagra"與"F*A*S*T*M*O*N*E*Y"等。

許多有前景的技術，都來自於大型技術參與者和網際網路服務提供者的合作。AOL、Yahoo、EarthLink、還有美國最大 ISP 業者 Microsoft 已經對於 Sender ID 的技術標準有了共識，同意需要大型電子郵件業者向 ISP 驗證身份後，才得以發送郵件。目前，垃圾郵件傳送者可以在電子郵件協定中隱藏自己身份，而且使用特定 IP 位址發送電子郵件，不會受到限制。更積極的方法是由 IBM 推行的 FairUCE，以及由 Symantec 推行的相似軟體。IBM 的服務是透過龐大資料庫，辨別名單中發送垃圾郵件電腦的特定 IP，將他們加入垃圾清單中。一旦辨認出，這些送出的垃圾郵件，便會轉寄回垃圾郵件機器（不是電子郵件中來自欄位的位址），讓發送垃圾郵件的電腦負載過重或阻塞。不過目前對於 IBM 的技術運作能否在大規模的情形下運作還不是很清楚。而 Symantec 則為企業開發之軟體可以利用緩慢數據機來刻意放慢自己的流量，減緩垃圾郵件發送過程。

法規機構對於垃圾郵件尚無法成功管控，美國 38 州對垃圾郵件都有法規管控和禁止（National Conference of State Legislatures, 2008）。州法規對垃圾郵件要求必須在郵件主旨列註明「廣告」、對消費者有清楚的選項、並禁止含有錯誤路由或網域資料的郵件（幾乎所有垃圾郵件傳送者都會隱藏他們的網域、ISP、以及 IP 位址）。有些州如加州、德拉威州，對於州公民傳送接收任何未經請求之郵件有更嚴苛的限制，要求在消費者傳送訊息前，須提供「加入」的選擇。在維吉尼亞州，傳播垃圾郵件視為觸犯重罪。

美國國會在 2003 年通過了第一個國家反垃圾郵件法（Controlling the Assault of Non-Solicited Pornography and Marketing Act, CAN-SPAM），並於 2004 年 1 月生效。它不禁止未經請求的郵件（垃圾郵件），取而代之的是要求未經請求的商業電子郵件須做標籤記號（雖然沒有一個標準規格），並且包含選擇性的操作指示與傳送者的實體位址。它禁止這些訊息使用欺詐的標題、主旨。FTC 被授權（非必要）設立「非電子郵件」登記處。即使國家法令預防周全，要求標籤未經請求的商業電子郵件或禁止訊息欄位空白的這類訊息，詐騙依舊可能會存在。這項法令對每個未經請求的色情圖片電子郵件處以 10 美元罰鍰，並且授權州檢察長對這些電子郵件傳送者提起訴訟。這項法令雖然勒令禁止某些欺騙性的做法，並藉由提供退出選擇做為一個小小的控制措施，但仍明顯地讓大量未經請求的電子郵件（所謂的垃圾郵件）合法化。在這種情形上，批評者指出，CAN-SPAM 很諷刺地竟合法化那些遵循規則走的垃圾郵件，而忽略該郵件對消費者而言是沒有意義的。由於這個因素，大多數的垃圾郵件傳送者成為此法案最大宗的支持者，而消費者團體則為此法案最嚴厲的批評者。大多數的企業利益團體也遊說反對 CAN-SPAM 法案。花旗集團（Citicorp）、Schwab、

寶僑公司（P&G）、全國零售基金會（the National Retail Foundation）、美國證券業協會（the Securities Industry Association）與美國保險業協會（the American Insurance Association）都爭論這項法令會傷害合法的電子郵件行銷，並給了電子商務一項大缺陷。

有許多國家與聯邦垃圾郵件起訴案件，以及由大型ISP如微軟提出之私人民事訴訟。舉例來說，在2007年，一個27歲的西雅圖男人Robert Soloway，也是被廣為人知的「垃圾郵件王」被大陪審團以16件郵件詐騙、電子郵件詐騙、電信詐騙與加重身份盜竊等罪名起訴後逮捕。根據起訴說明，Soloway在名為「Newport Internet Marketing」的組織下運作，聲稱有1億5800萬筆電子郵件地址的名單，並對傳送15天、2000萬封電子郵件索取495美元。Soloway藉由「收獲」程式與間諜程式在受感染的電腦上取得電子郵件清單，他賣名單給那些自稱只有拿到選擇加入之電子郵件的企業。然後，利用遙控殭屍電腦，在同一時間發送2000萬至1億封垃圾訊息。在2007年，原告獲判賠780萬美元，並於2008年3月，聯邦刑事指控Soloway沒有從垃圾郵件收入中繳納所得稅，他坦承認罪。Soloway得面對26年的牢獄監禁。目前FBI與美國司法部（Justice Department）正深入調查超過100件的垃圾郵件與網路釣魚案件。

產業的自願式努力，也是另一個潛在的管理，一個代表使用郵務系統和電子郵件吸引顧客的工業貿易團體DMA（Direct Marketing Association，直銷協會），除了自發性的指導規範之外，目前更強烈支持對於垃圾郵件的立法規範。DMA目的於保護合法使用電子郵件成為一個行銷工具，組織了一個15人的反垃圾郵件小組以及每年花費50萬美元辦識垃圾郵件傳送者；DMA同時也是國家網路認證與培訓聯盟（National Cyber-Forensics & Training Alliance）之支持者，此聯盟與FBI緊密連結，共同運作一個名為「抓垃圾郵件小組」（Operation Slam Spam）程式，試圖辨識濫發郵件者的IP位址，並已有超過400個已知垃圾郵件傳送者的資料庫。

線上型錄

線上型錄（online catalogs）就相當於紙本的型錄，原本是早期電子商務相當流行的手法，但後來因為將紙本型錄下載的速度太慢而不再流行。不過在2009年，有89%的用戶透過寬頻高速上網，讓圖片網頁下載的速度加快，也因此廣告主願意將紙本型錄照片重複使用於網站上，造成線上型錄的重生。2009年線上型錄個數較2005年多了兩倍。美國多通路零售商的

電子型錄銷售大約增加 36%（Direct Marketing Association, 2008; eMarketer, Inc., 2008f）。

型錄的主要功能是展示業者商品（見圖 7.8），典型的電子版本內容包含產品的彩色圖像與商品描述，如大小、顏色、組成成分與價格資訊。可分為兩種不同類型：全頁伸展以及格狀展示。大多數線上零售商利用格狀展示，將他們不同的商品檢視於小型如郵票的照片中，典型的代表像是亞馬遜（Amazon）、LLbean.com 與 Gap.com；全頁伸展則是利用大型圖片展示一種或兩種產品，如 HammacherSchlemmer.com、Landsend.com 與 Restorationhardware.com。對於小型網站，建立線上型錄的價錢約在 3 萬到 5 萬美元之間，上千種商品則要花費上百萬美元。

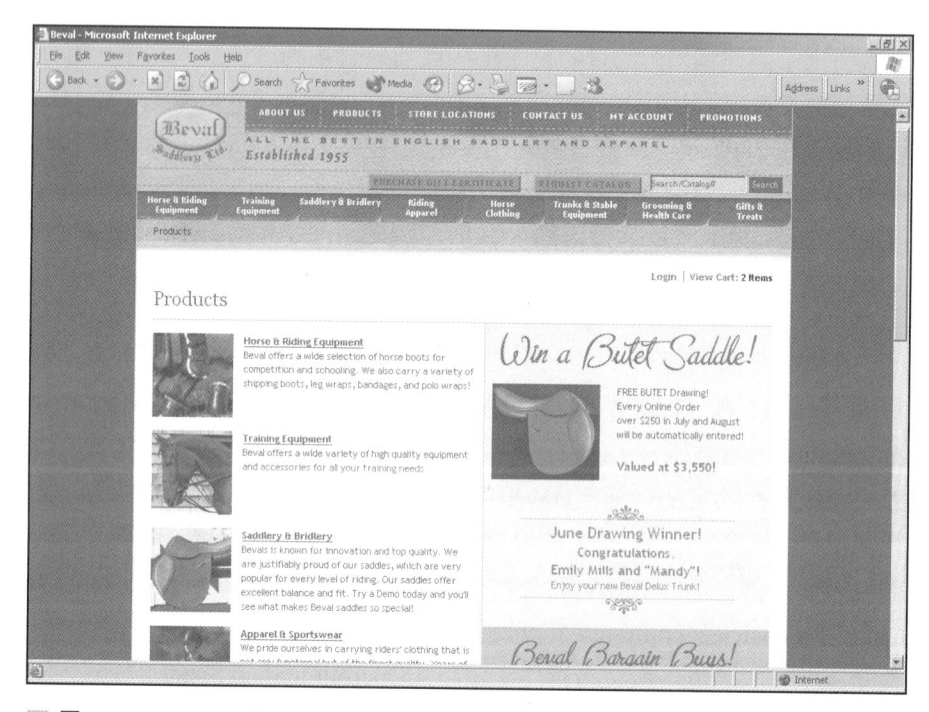

■ 圖 7.8 Beval 的線上型錄

Beval Saddlery Ltd 的網站提供多款騎馬服裝與設備。消費者可以點選列在左半邊螢幕的產品目錄，產生一頁的該目錄產品清單。點選特定產品則帶領消費者到另一個頁面，裡頭包含產品敘述、照片以及訂購按鈕。
資料來源：Beval.com, 2008。

公司如何整合實體型錄和線上型錄呢？大多數直接寄送型錄的公司繼續使用實體的郵件型錄，而純線上公司則開始使用實體型錄來補充他們的線上廣告。直接郵寄公司可以藉由在寄送實體型錄前寄送線上型錄，增加運作效能。業者也發現，一般而言，若線上與實體型錄間的關係是互補，而且無法互相取代，則當兩個管道同時使用時，品牌認知度會大增且訂單

也會增加。另一方面研究表示，一些微妙的影響很大程度上取決於消費者的類型和其先前的網際網路體驗。

社群行銷：部落格、社群網路與遊戲

兩個 Web 2.0 最關鍵的組成為使用者自製內容型態激增，以及利用網際網路社交與分享。40%的使用者每月至少造訪一次社群網站。每個月 MySpace 有 7200 萬使用者，Facebook 有 3200 萬人，6700 萬的人閱讀部落格，以及 7000 萬的 YouTube 拜訪者，這也難怪行銷者與廣告主對於主宰新興觀眾的前景非常看好。微軟對收購 Facebook 有興趣，如同 Google 有興趣收購 YouTube，在在顯示出社群行銷在社群網路的廣告潛力。雖然在過去，主要品牌皆不願意在他們無法掌握內容的網站上冒險做廣告，不過他們現在開始實驗一些新的形式。在 2009 年，所有形態的社群行銷期望能達到 28 億美元的營收，並期望到 2012 年能高達兩倍，超過 40 億美元的收益。

「社群行銷」很難精確地下定義，但一個工作定義為：在中央發送相同的訊息給數百萬人，因此它的廣告是採用多對多模式，而不是傳統廣告的一對多模式。舉例來說，單月有超過 40 萬名觀眾收看微軟 Halo 3 trailer 在 YouTube 上的影片，並且大約有 2500 人加到「我的最愛」清單，同時又廣播給所有他們的朋友。所以這種由多人組成的社群網路傳送訊息給更多的人。

就像傳統的口耳相傳與文字行銷，它利用預先存在的社群網路傳遞訊息，所以這種行銷稱為「社群」。然而，在這個例子中，社群網路是存在於網際網路上，可以又快又廣的傳遞訊息。這些大量的線上社群網路會員在現實生活中大多也是朋友，或是朋友的朋友（Ellison, et. al., 2006），因此現實與線上世界存在著緊密的連結。

以下為三種主要社群行銷方式：部落格、社群網路與遊戲廣告。

部落格廣告

部落格常是經營管理者優先考量的行銷手法。預估 2009 年部落格廣告收益大約為 5 億 4900 萬美元（線上廣告總花費為 10 億），並期望在 2012 年攀升至 7 億 4600 萬美元（eMarketer, Inc., 2008e）。但由於大多數的部落格內容都是非常個人化和有個人習慣的表達方式，因而只有少數部落格能吸引大量的讀者，因此不容易藉由部落格賺錢。搜尋引擎在判斷內容上很困難，無法確切瞭解在這些部落格上適合放置哪些類型的廣告。因此，

大多數廣告費用都集中在那些有連續性主題且吸引廣大觀眾的前百大部落格上。部落格廣告（blog advertising）的效益尚未清楚顯現，因為部落格的閱讀者都是受過良好教育、高收入、有主見的人，同時也是許多產品和服務廣告理想的接收者。那些在部落格的特殊廣告網路提供廣告配置的一些效能，如同部落格網路般，聚集小部分受歡迎的部落格，由中央管理團隊協調整合，以帶給廣告主大量的觀眾。

社群網路廣告

雖然社群網路廣告仍在發展初期，但卻是發展最快的社群廣告形式，2009年估計產生了 20 億美元的收益。網路社群有幾種不同的型態，從一般用途（MySpace），到專業或興趣組成的利基網路，再到由企業建立的贊助商網路。然而，大多數的廣告活動都聚集在領導網站上－MySpace（8 億5000 萬美元）、Facebook（3 億 500 萬美元）以及 YouTube（1 億 3000 萬美元）。這三間網站合計估了總社群網路廣告的 94%（eMarketer, Inc. 2007d）。

社群網路提供廣告主可以在入口網站與搜尋網站上找得到的所有廣告形式，包含橫幅廣告（最常見）、影片放映前後的短廣告插播，以及贊助內容。例如愛迪達（Adidas）、漢堡王（Burger King）、General Electric、Toyota Yaris 與 Verizon 在 MySpace 上都有營利組織頁面，而其他國際廠牌名字也有被貼到 YouTube 上。其他如 Chevrolet、Geico 與 Mars 鼓勵使用者創作自己的廣告，並贊助比賽選出最好的廣告。

不過使用社群網路廣告也是有些危險的情況發生。用戶自製廣告可以產生明顯的負面訊息，並廣為散播。許多 YouTube 影片與 MySpace 營利頁面的內容讓美國消費者感到反感，雖然這讓那些娛樂公司可以獲得利益，但可能會使這些允許不雅內容播放的公司名聲受到影響。當 Google 和 YouTube 正在發展影片播映中，文字與背景廣告顯示的方法時，許多廣告主仍然不願相信這些軟體可以為廣告選擇適當的影片播放。

雖然我們很容易誇大了社群行銷的成長，但通常卻忽略它也是很危險的。目前，前三大搜尋引擎／入口網站比起最大的社群網站還要多使用者使用，甚至也比所有社群網站加起來的總人數還多。Google 與 Yahoo 每月有超過 1 億 4000 萬名的使用者，微軟 1 億 2000 萬名，AOL 則有 1 億 1100 萬名，這些使用者人數是社群網站的兩倍之多。不過社群網站還是有龐大的觀眾群。因此，行銷人員除了持續投入搜尋引擎與入口網站的廣告外，同時也應該開始試驗社群行銷的效果。根據目前趨勢在未來五年後，

社群網路使用人數可能會與那些主要入口網站與搜尋引擎相當，挑戰廣告平台中這些「老」場所的優勢地位。

遊戲廣告

在美國大約超過 1 億人口在玩電動遊戲機。2008 年上半年，Xbox 360s 賣出 1100 萬台，Nintendo 賣出 1100 萬台，而 Sony Playstation 3s 賣出 500 萬台。每年在美國大約有 6000 萬台遊戲機被賣出，全球總銷售量將近 1 億 2000 萬台。現今大多數的遊戲都在同一空間或網路上與多人共玩。由於現在數位電動遊戲已成熟地影響社群環境，因此我們將它歸類於社群行銷來討論。當然，有許多款遊戲由遊戲贊助商廣播出去－2008 年有超過 8 億個贊助遊戲被數以百萬的使用者下載。因此我們把利用贊助遊戲提升品牌知名度的方式稱之為「廣告遊戲」（advergames）。可口可樂、漢堡王與 Taco Bell 等多家國際大廠都有利用廣告遊戲。這些類型的遊戲可以被視為是一種獨特的廣告顯示方式，互動性高，但不一定很社會化。

在 2009 年，美國電動遊戲內廣告預估聚集 5 億 1000 萬美元，以複合成長率 15%的速度成長，2012 年將接近 6 億 5000 萬美元。當我們一直認為線上玩家大多為男性時，其實有 47%的玩家為女性。當 Nintendo Wii 問世後，女性玩家有明顯成長的現象，目前已經超過 40%。超過 50 歲的玩家佔四分之一，18 至 49 歲則多達一半。

由於大多數遊戲內容主要是以吸引年輕男性女性為主，而非廣大觀眾，因此這便是遊戲廣告的一項限制。大部分的廣告主不希望他們的品牌與現今電動遊戲中經常出現的暴力、惡意傷害、戰爭與情色等情境連結在一起。「社會觀點：社群網路時代的孩童行銷」將探討網路上對於孩童行銷的社會議題。

社會觀點

社群網路時代的孩童行銷

一份 FTC 的報告指出，許多美國公司耗費約 16 億美元對兒童做廣告，而大約有一半的兒童未滿 12 歲。這些網站提供行銷者影響小孩的一個新場所。沒有人知道食品公司等花費了多少金錢在網路廣告上，批評者認為影響最大的應該是食品廣告，不僅造成兒童肥胖且危害健康。

三至四歲的孩童經常在他們學會閱讀以前，便學會辨別物品的商標以及狀態，有 73% 的四歲孩童會向父母詢問過特定的品牌。這種認知讓行銷者為之振奮。在美國，每年約 5300 萬的學齡兒童花費他們自己或是家人的錢在食物、飲料、影片與電子產品、玩具與衣服約 1000 億美元；而孩童對於家庭花費決策的影響，也達到 1650 億美元。為了擄獲這些孩童的心，並期望自己能在孩童消費中佔一席之地，行銷業者對於孩童行銷越來越感興趣。

利用傳統的橫幅廣告、商品描述、遊戲、以及調查，行銷業者不僅影響使用者行為，同時也收集了關於消費偏好、家庭成員等有用資訊。與電視、電玩遊戲、行動電話、和其他數位器材結合，開創了附帶有一條通往孩童們心靈大道的數位文化。然而，孩童們的心靈尚未成熟，未必能認知他們被行銷，以及被灌輸了錯誤或有害的資訊。

然後是社群網站，虛擬世界也開始瞄準兒童市場。一項由微軟、News Corp.（MySpace）與 Version 的研究發現，每週有 70% 的兒童造訪社群網站，並超過 50% 的人有參加某種形式的廣告商品牌活動。因此行銷者正在積極使用社群網路與病毒式行銷，讓孩子能在早年就開始迷上品牌。

那麼這種改變認知的行銷手法是否合乎道德呢？有些人持反對看法。根據 1996 年媒體教育中心（Center for Media Education, CME）調查顯示，年幼的孩童們不瞭解透露私人訊息可能造成的影響，他們也無法辨別網路世界中的真實與廣告。當有些父母試著監控孩童的網路使用，卻往往因為時間、電腦技能、以及潛在風險認知的不足而失敗。以孩童為行銷目標導致了大量私人資訊外流，而這的確激發了規章管理的需求。

專家認為，既然孩童無法在 8 至 9 歲以前辨認出這些說服性的廣告，無法區分廣告與現實社會，那麼對這些孩童行銷，是不合乎道德的行為。其他人則認為，花言巧語的行銷在現今的社會，是這些孩童要成為大人一個重要、也是必要的成長過程。但是這樣的論點，在孩童們有越來越多管道接觸不道德活動的資訊時，是否仍然被認同？

1998 年，美國國會在 FTC 調查發現，有 80% 的網站蒐集孩童資料，但其中只有 1% 是經過父母同意後進行蒐集，因而決議通過兒童線上隱私保護法案（COPPA）。COPPA 規定公司必須在其網站公告隱私保護政策，詳細說明蒐集、使用資料的方式、以及保護顧客隱私的程度，尤其公司不得向 13 歲以下孩童蒐集資訊，除非先得到來自家長的可驗證的同意書。然而，在數位簽章尚未廣泛使用之前，似乎沒有辦

法提出線上可驗證同意書。於是，FTC 制定了一條暫時性法規（現在為永久法規），規定如果公司想要於內部使用孩童的個人資訊，必須有一封家長的電子郵件，以及另外一項可驗證資料（例如信用卡或是電話號碼）來當作家長同意書。如果要販售這些孩童的個人資料，公司則必須受更嚴格的限制，也就是除了一封電子郵件之外，還必須有一封實際寄送的同意書、或是信用卡交易、或是工作者報稅編號、或是帶有認證密碼的電子郵件。

一般而言，大部分網站都會小心的避免蒐集到兒童個人資料來做為他們行銷目標，但有些網站卻是故意針對兒童做資料蒐集。如 ClubPenguin、Webkinz 與 NeoPets 都提供線上工具與遊戲環境讓年輕使用者可以互動、養虛擬寵物、玩贊助遊戲以及洩漏個人資訊。在遊戲的過程中，兒童便為產品設計者提供行銷資訊。雖然這些網站的隱私政策，都聲稱嚴格遵守兒童線上隱私保護法案的要求，但目前還不清楚他們是如何弄清誰是超過 13 歲，而誰又未滿 13 歲，又或者有些未滿 13 歲的人是否有經過父母同意。而更讓人不清楚的是，行銷者將品牌影片上傳到社群網站上後，他們要如何保護那些每次加入我的最愛影片時，就洩露朋友電子郵件的兒童身份與隱私。

行為定位：個人化

在第 6 章，你學到了行銷區隔的六個主要方法 – 透過行為、人口統計、心理變數、技術背景與線上搜尋的資料蒐集。網路的一項原始功能保證它可以根據客戶資料，為客戶量身打造專屬的行銷訊息，接著衡量點擊網頁或購買產品的結果。但對目前大多數技術來說，離這個理想目標的實現還差得很遠。由大多數線上廣告網路所擁有的資料品質雖然很好，但他們理解與回應的能力卻很弱，阻礙了公司快速理解回應消費者線上行為的夢想。對很多公司來說，非目標廣告表現得與目標廣告效果相當，且很多廣告公司還沒有準備對相同廣告提供數以百計或上千不同的介面，來滿足客戶喜好，而每個介面的改變都會造成成本提升。

有幾個後續發展產生。第一，只有使用主要入口網站的使用者暴露在廣告下，但這些廣告與他們的個人興趣、意向無關。第二，搜尋引擎行銷是唯一最能夠揭露消費者意向的方式。在 2003 年，作家 John Battelle 創造下面這一段說法與網路為「人類意圖資料庫」的概念：

「人類意圖資料庫簡單來說就是：曾經進入的每個搜尋之結果聚集，曾經提出的每個結果清單，並將每個路徑視為是一個結果。它存在於很多地方，但只有三到四個地方擁有大部分的資料（如 MSN、Google 與 Yahoo）。這資訊顯示，一張總匯表內存在著多數人類的意圖 — 慾望、需求、需要，這些都可以被發掘、儲存、追溯與利用。如此的野獸在歷史文化中從未存在，但從今而後牠們幾乎會呈指數成長。這個人工製品可以告訴我們關於我們是誰以及我們想要什麼，而它也可能被濫用於一些出人意料的形式上。」（Battelle, 2003）

然而，現在搜尋引擎行銷的成長逐步趨緩，開始轉往利用網站拜訪者線上透露的資訊，或者可能的話如 Acximo.com 一般，由公司將網路資訊結合非網路身分與消耗資訊做蒐集，來達成內容客製化、銷售最佳化的目的。所謂「行為定位」即是根據拜訪者使用網站的即時資訊，包含頁面瀏覽、內容瀏覽、搜尋詢問、廣告點擊、影片欣賞、他們分享的內容以及購買的產品而定。一旦資訊經蒐集與分析，行為定位程式便試著去發展使用者的檔案輪廓，然後對使用者顯示他們可能最感興趣的廣告。在 2008 年，美國的公司將花費 10 億美元於行為定位上，而在 2012 年將會成長為四倍，成為線上行銷技術中成長最快速的形式（eMarketer, Inc., 2008f）。由最近的四個併購宣告點燃了大家對這個領域的高度興趣：Google 併購 DoubleClick，Yahoo 併購 Right Media，WPP Group 併購 24/7 Media，與微軟並購 aQuantive。大部分的這些技術並不新，只是從非網路的技術延伸而來。唯一的差別在於，資訊在使用者不知道的情形下從線上蒐集而來，即時動態分析資訊，並在可容忍的 1 至 2 秒回應時間內採取適當的行動。

不過這些能力尚未完全發展，企業仍持續嘗試更精確的目標分類方式。如 Snapple 公司使用行為定位方式（在網絡廣告公司 Tacoda 的幫助下）來識別會被 Snapple 綠茶所吸引的民眾類型，調查發現：這些人喜歡藝術與文學，各處旅遊，並且會瀏覽與健康有關的網站；而微軟提供 MSN 廣告主從 2.63 億 Hotmail 使用者中取得個人資料，部分廣告主指出他們有增加超過 50%的廣告點擊率；通用汽車透過 Digitas（一間位於波士頓的線上廣告公司）為他們新型的 Acadia 跨界車廣告創造好幾百個版本，最初提供給觀眾的廣告主要為宣揚品牌、特性等，接著在隨後的宣傳上，他們主要以地區、生活型態與行為來區分廣告內容，為男人設計的廣告版本主要強調引擎、規格與性能，而對女人則著重於舒適、可及性與家庭（Story, 2007）。

由於成長之快速,行為定位的取得與範圍開始引起隱私團體與聯邦貿易委員會的注意。在 2007 年 11 月,聯邦貿易委員會召開了聽證會,考量隱私擁護者的提案,提倡「不追蹤名單」,並在線上提供明顯的線索警告人們會被追蹤,以及供民眾做是否同意追蹤的選擇。於 2008 年 6 月,參議院主持了關於行為行銷與隱私的聽證會,如 Google、微軟與 Yahoo 都請求法律能保護他們免於遭受那些消費者對他們提出之訴訟的傷害,而聯邦貿易委員會不為保護網路使用者隱私設立新法,取而代之要求產業自我約束。或許核心問題為:對於在自我私人網路空間活動的使用者,我們有什麼權力去探索?有觀賞與編輯的權利嗎?又或是誰可能掌握整個文化的意圖?我們在第 8 章將有更深入的探討。

混合非網路和網路行銷傳播

許多早期電子商務的支持者相信,倚賴大眾傳播的傳統世界行銷方式不再能應用在爆炸性成長的線上商業世界,並且在「新網路經濟」中,幾乎所有行銷傳播都發生在線上。但事實證明,這種情況並沒有發生。為什麼會如此是因為那些顧客導向產業的非網路行銷強勢團體,學習了如何利用網路對教育良好、富有、具電腦文化的線上觀眾來擴張他們的品牌形象與銷售。大型廣告機構特別在大眾媒體開闢了網際網路的做法,並很快地學習如何整合線上和離線的廣告系列。純網路公司則學習如何使用傳統的印刷與電視廣告來刺激網站的銷售。

最成功的行銷傳播是結合網路和非網路手法,而不是單純使用其中一種,只期望將人潮帶往網站。此目的為吸引那些已經在線上的人們之注意,並遊說他們造訪另一個新的網站,以及吸引那些近期內將會進入線上世界的人們造訪網站。許多調查發現,最有效果的網路廣告,是同一時間也在其他媒體執行相同形象的廣告(Briggs, 1999)。像電視和廣播等非網路大眾媒體,在美國大概有 100% 市場,深入 1.2 億個家庭,另外每天有超過 5500 萬份報紙發行量,網路公司如果不好好利用這些受歡迎的媒體,將流量引導到線上的商務世界,那未免是一件蠢事。在電子商務發展的早期,網際網路的觀眾與一般大眾截然不同,或許單純使用線上行銷會是最好的方法,但當網際網路群眾與一般大眾越來越像時,單純僅使用線上行銷可能就不會那麼具有廣告的效果。

許多線上企業利用非網路行銷技術增加網站流量、加強意識與建立品牌資產。舉例來說,LendingTree.com 利用電視廣告吸引觀眾到它的網站尋求抵押貸款;2007 年,Sears 百貨利用它印刷與線上兩種型態都有的「假

期許願目錄」吸引消費者到網站瀏覽。如此引刷產品與公司網站的「搭售」方式，已被證明是非常成功的推動網路流量之手法（Elliot, 2007）。

另一個網路和非網路行銷結合的例子，是純網路公司製作紙本型錄，寄給顧客，以增進彼此關係。

多管道行銷的發展和傳播反應了使用者多管道行為的演進（參見第 9 章）。大約 40% 的顧客在非網路通路購買因為網路而得知的商品，且美國所有線上零售銷售的 75%由多通路零售商獲得，也就是由除了網站之外，擁有實體店面和型錄的零售商（eMarketer, Inc., 2007g）。

「商業觀點：有錢人和你我大不同」將檢視精品供應商如何達成線上行銷結合實體行銷的策略。

商業觀點

有錢人和你我大不同：Neiman Marcus、Tiffany & Co. 與 Armani

「有錢人和你我大不同」這是在小說 The Great Gatsby 中，Nick Carroway 的觀察。棕櫚灘（Palm Beach）上有沃思大道（Worth Avenue）、紐約有第五大道、洛杉磯有羅迪歐大道（Rodeo Drive），以及芝加哥有壯麗大道（Magnificent Mile），那麼在網路上要去哪裡尋價值 5000 美元的宴會禮服，或是 3000 美元的義大利西裝？

有錢人似乎對好的事物永遠不會感到滿足。對網路上的精品來說時間是很重要的：在美國，大約有 80%、淨利價值超過 500 萬美元的消費者每天使用網際網路，在網路上購買衣服、珠寶，甚至是常見的音樂與影片，並大約有 60%富裕的網路使用者與社群網路交往甚密。根據 Forrester Research 的調查發現，美國精品電子商務三年後的銷售額預估成長近三倍，從 2007 年的 25 億美元成長到 2010 年的 70 億美元。精品廠商 Coach.com 的銷售額在 2007 年成長了 50%，但 2008 年稍微趨緩，只有 30%的成長。除了政府網站外，成長第二快的網站類別是珠寶（精品）商品（配件）網站。Yoox、Saks.com、Zagliani 與 Marni 都指出目前他們的線上銷售量與他們的旗艦店銷售量很接近。

然而精品零售商如 Neiman Marcus、Tiffany、Armani 與 Christian Dior 在對他們富裕客戶發展線上存在印象時，曾經度過了一段艱困的時間。批評者則認為他們的困難應該在於是否瞭解他們富裕的線上客戶上，精品牌與零售商應該不只是取悅舊有的富裕客戶，而也應該對使用線上購物的年輕孩童下些功夫。

舉例來說，Neiman Marcus 推出第一個內含 Kate Spade 手提包與 John Hardy 銀袖扣兩種精品的網站時，網頁設計師對圖片展示與姿態設計非常講究。但因為產品太少加上網站操作不易上手，導致消費者對網站興趣缺缺。時髦的網頁素材，在現今已成過去式，Neimanmarcus.com 現在沒有動畫、Flash 圖片，但增加了依類別整齊排列的更多商品，簡單來說，就像 JCPenny 的線上型錄一樣。雖然批評者認為很難在 Neiman Marcus 的網站上推出廣受歡迎的非網路行銷手法，但現在 Neiman Marcus 網站仍舊因簡單明瞭的設計與有效率的網站導覽而獲得很好的評價。精品的銷售雖然無法保證不會衰退，但它的確是能夠抵抗衰退。精品在網路上的銷售已從過去每年 30%的緩慢成長，提升到 2008 年下半年 25%的成長。

世界知名珠寶品牌 Tiffany& Co. 於 1999 年重新設計它的網站時，面臨到如何在利用線上行銷方式增加公司接觸消費者機會的同時，又能維持專營品牌形象的問題。

Tiffany 的第一個網站是由 Oven Digital Inc. 設計，畫面遍佈柔和、淡灰色彩，加上極簡文字，以及在螢幕中漸漸淡去的圖片。網站顯示購物的部分，只一個大項目，與一些可以點擊放大，位於螢幕

底部較小的照片,而網站裡也包含購買與保養珠寶的資訊。不過批評者抱怨 Tiffany 網站上產品太少、Flash 圖片播放太慢、太多無謂的動畫,以及可取得之產品線規畫不良。當 Tiffany 聲稱他們有 2000 種商品在線上時,發現找尋或購買產品卻變成一項艱鉅的過程。批評者抱怨網站設計浪費許多空間、搜尋過程冗長乏味,只有不趕時間的人才有空閒去慢慢摸索。為了使產品更容易聚焦,於是 Tiffany 網站由內部團隊重新設計。而目前,Tiffany 也漸漸將直接行銷活動由非線上型錄轉移到線上型錄上,獲得非常好的效果。在 2006 年,線上銷售額提升至 1.2 億美元,增加了 10%的比率,並在加拿大、英國和日本增設網站,包含 5 大類別超過 2800 種商品:鑽石、珠寶、手錶、餐桌擺設、禮物與配件。

在經歷一段艱困的過程後,一些精品網站開始不情願地將網站外包出去。例如 Louis Vuitton、DKNY 和 Armani 都將他們的線上精品外包給像是擁有長期網站經驗的時裝零售商 Yoox 等。以 Armani 為例,Emporio Armani 親身指示線上設計。為避免型錄看起來廉價,他的商店設計團隊交出在米蘭旗艦店的建築計劃,以便 Yoox 可利用它作為網站的一個象徵和雛型。現在網站訪客就如身處米蘭商店般,可以左看右看,體驗商品陳列的虛擬旅程。

當大多數精品零售商都遭遇要如何迎合線上交易並維持專營品牌形象的難題時,只有 Nordstorm(總部設在華盛頓的高級百貨商店,以服務與顧客忠誠度聞名)例外。不用驚訝,Nordstorm.com 網站設計就是這麼簡單,很少花招與配件設計,沒有 Flash 動畫、愉快顧客的影片或遊記,相反地,你會發現所有 5000 多項商品都用大而清楚的相片展示出來!

7.2 瞭解網路行銷傳播的成本與利益

我們在 7.1 節曾探討過,網路行銷傳播只佔整體行銷傳播的一小部份,這當然有許多原因,主要的兩個原因是:不確定網路廣告是否管用,以及如何正確估計網路廣告的成本與利益。我們將會在本節討論這兩個問題,不過我們將先定義一些探討網路行銷效果的重要術語。

網路行銷計量單位:詞彙

為瞭解行銷傳播與轉換顧客到你公司的過程,你必需熟悉網路行銷術語。表 7.5 列舉了一些常用的術語來描述線上行銷的影響和結果。

前九個計量單位主要集中於網站引導購物者到網站,以達讀者或市場佔有率。電子商務早期,這些測量單位經常取代銷售利潤等資訊,因為電子商務企業家希望能讓投資者及大眾注意到網站「吸引眼球數」(參觀者)的成功。

曝光量(impressions)是廣告出現的次數。**點閱率**(click-through rate, CTR)計算實際點擊橫幅佔所有可看見網路廣告的百分比。因為不是所有的廣告都立即得到點閱的反應。因此產業發展了新的術語,以計算長期的點選數:**閱覽率**(view-through rate, VTR)計算 30 天內對於廣告做出反應的比率。**點選數**(hit)是公司伺服器收到 http 請求的個數。點選數會錯估網頁的活動量,因為一次點選,不代表請求一個網頁,如果一個網頁含有多個影像和圖片,那麼就可能有多次點選。也就是說,一個造訪者,就可以產生數百個點選,即便點選數容易測量,仍無法正確顯示網站的流量。**頁面瀏覽量**(page views)是造訪者請求的網頁數量,不過隨著把網頁分隔成不同區隔的網頁框架使用量增加後,一個有三個框架的網頁會產生三個頁面瀏覽量,讓頁面瀏覽量也變得不是那麼有用的測量單位。

黏著性(stickiness)(有時候被稱為持續期間,duration)計算造訪者平均停留在網站上的時間長度。這對於行銷者很重要,因為造訪者對於網站花費的時間越多,購買的可能性就越大。例如網路上最有黏著性、最能獲利的 eBay,就經常被當作黏著性代表成功的舉例。不過,像 Google.com 也是很受歡迎的網站,卻有著相當低的**黏著性**(Weber, 2001)。他的創立者把這當作達到他們目的(馬上將顧客送往他們想去的網站)的指標。

曝光量(impressions)
廣告出現的次數

點閱率(click-through rate, CTR)
計算實際點擊橫幅佔所有看見網路廣告的百分比。

閱覽率(view-through rate, VTR)
30 天內對於廣告做出反應的比率

點選數(hits)
公司伺服器收到 http 請求的個數

頁面瀏覽量(page views)
造訪者請求的網頁數量

黏著性(stickiness / duration)
造訪者平均停留在網站上的時間長度

表 7.5 行銷計量詞彙

一般行銷計量單位	描述
曝光量	廣告出現的次數
點閱率	點擊廣告次數的百分比
閱覽率	30 天內對於廣告做出反應的比率
點選數	公司伺服器收到 http 請求的個數
頁面瀏覽量	造訪者請求的網頁數量
黏著性	造訪者平均停留在網站上的時間長度
造訪人次	計算網站的不同造訪者
忠誠度	一年內再度造訪的購買者百分比
普及率	市場上會參觀網站的顧客百分比
再次造訪天數	造訪之間相隔的平均天數

| 電子商務

造訪人次
（unique visitors）
計算網站的不同造訪者人數

忠誠度（loyalty）
一年內再度造訪的購買者百分比

普及率（reach）
市場上會參觀網站的顧客百分比

再次造訪天數（recency）
造訪之間相隔的平均天數

取得率
（acquisition rate）
註冊或造訪產品網頁的造訪者的百分比

轉換率
（conversion rate）
購買商品的造訪者的百分比

瀏覽購買比
（browse-to-buy ratio）
瀏覽的商品真正被購買的百分比

閱覽加入比
（view-to-cart ratio）
閱覽的商品被點擊加入購物車的百分比

購物車轉換率
（cart conversion rate）
加入購物車的商品實際被訂購的百分比

結帳轉換率（checkout conversion rate）
開始結帳的商品實際被訂購的百分比

一般行銷計量單位	描述
取得率	註冊或造訪產品網頁的造訪者的百分比
轉換率	購買商品的造訪者的百分比
瀏覽購買比	瀏覽的商品真正被購買的百分比
閱覽加入比	閱覽的商品被點擊加入購物車的百分比
購物車轉換率	加入購物車的商品實際被訂購的百分比
結帳轉換率	開始結帳的商品實際被訂購的百分比
放棄率	開始購物車表單，但最後沒有完成表單的消費者百分比
保持率	持續規律購買商品的現有顧客百分比
耗損率	曾經購買的顧客，一年內未再光顧的百分比
電子郵件計量單位	
開啟率	開啟電子郵件並且閱讀訊息的顧客百分比
傳送率	實際收到電子郵件的接收者百分比
點閱率（電子郵件）	實際點擊電子郵件內容的接收者百分比
退回率	沒有被傳送的電子郵件
取消訂閱率	接收者取消訂閱的百分比
轉換率（電子郵件）	接收者實際去購買的百分比

　　造訪人次（unique visitors）計算網站的不同造訪者人數，不在意造訪者觀看的網頁個數，造訪人次大概是目前最普遍的計量單位。**忠誠度**（loyalty）計算一年內再度造訪的購買者比率，是顯示網站未來的指標，同時也代表購物者對於網站的信賴。**普及率**（reach）計量市場上會參觀網站的顧客百分比，例如10%的書籍購買者，一年都至少會到Amazon購買一次，這說明了網站吸引市佔率的能力。**再次造訪天數**（recency），類似於忠誠度，是指測量一個網站製造再次參觀的能力。計量方法是計算購物者或顧客兩次造訪相隔的平均天數，例如再次造訪天數 25 天，代表平均每位顧客會在 25 天之後再次造訪。

　　目前為止介紹的計量單位，都沒有說明太多商業活動、或造訪者成為顧客的轉換過程，以下幾種計量單位，將會對於這些說明較有幫助。**取得率**（acquisition rate）計算註冊或造訪產品網頁的造訪者百分比（代表對於產品有興趣）。**轉換率**（conversion rate）計算購買商品的造訪者百分比，根據跨產業調查，轉換率平均約在 3%至 5%之間（Internet Retailer, 2008）。**瀏覽購買比**（browse-to-buy ratio）計算瀏覽的商品真正被購買比率。**閱覽加入比**（view-to-cart ratio）計算閱覽的商品被點擊加入購物車比率。**購物車轉換率**（cart conversion rate）計算加入購物車的商品實際被訂

購比率。**結帳轉換率**（checkout conversion rate）計算開始結帳的商品實際被訂購比率。**放棄率**（abandonment rate）計算開始購物車表單，但最後沒有完成表單、並且離開網站的消費者百分比。放棄率暗示了一些潛在的問題：表單設計不良、顧客的不信任、或其他因素引起的顧客購買的不確定性。MarketLive 的一項調查發現，59%的消費者在結帳之前，丟棄一些購物車內的物件，原因是因為想起運送和處理的額外費用（eMarketer, Inc., 2008g）。既然高達 80%的線上消費者在造訪網站時，都有購買的意願，高放棄率暗示了大量銷售損失。**保持率**（retention rate）代表持續規律購買商品的顧客與現有顧客百分比。**耗損率**（attrition rate）計算曾經購買的顧客，一年內未再光顧的百分比（忠誠度和保持率的反面）。

電子郵件也有一些計量單位。**開啟率**（open rate）是開啟電子郵件並且閱讀訊息的顧客百分比。一般而言，開啟率相當高，約在 50%或是更高的比率。不過，大多瀏覽器一旦滑鼠指標移過郵件主旨列，便會造成郵件開啟，讓開啟率的計量變得困難解釋。**傳送率**（delivery rate）計算實際收到電子郵件的接收者百分比。**點閱率**（click-through rate (e-mail)）計算實際點擊電子郵件內容的接收者百分比。**退回率**（bounce-back rate）則是沒有被傳送的電子郵件百分比。

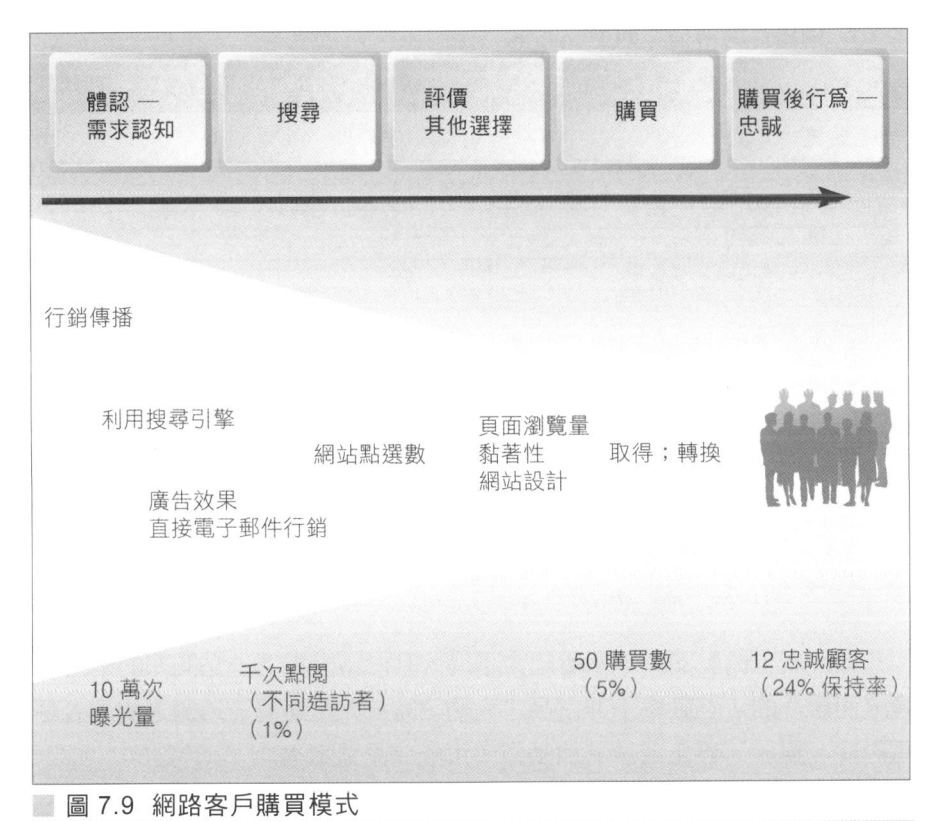

放棄率
（abandonment rate）
開始購物車表單，但最後沒有完成表單的消費者百分比

保持率（retention rate）
持續規律購買商品的現有顧客百分比

耗損率（attrition rate）
曾經購買的顧客，一年內未再光顧的百分比

開啟率（open rate）
開啟電子郵件並且閱讀訊息的顧客百分比

傳送率（delivery rate）
實際收到電子郵件的接收者百分比

點閱率（電子郵件）（click-through rate）
實際點擊電子郵件內容的接收者百分比

退回率（bounce-back rate）
沒有被傳送的電子郵件百分比

■ 圖 7.9 網路客戶購買模式

從造訪者轉換為顧客，再成為忠誠顧客是一個複雜且長期的過程，通常需要花費數個月來達成。

7-37

從簡單的網路廣告曝光量、網站造訪人次、頁面瀏覽量、商品被購買、到公司獲利，還有一段很長的路要走（見圖 7.9）。首先，必須要讓顧客認知到對於公司產品的需求、引導他們到網站，說服他們你擁有比其他提供者更好的價值：品質和價錢，讓他們相信你公司處理交易的能力（透過提供安全的環境和快速的處理過程）。一旦成功，若干百分比的顧客還會保有忠誠度、願意再次光臨購買，並且向別人推薦你的網站。

網路廣告運作得多好？

網路廣告（online advertising）的效益依活動的目的、產品的本質、網站的品質而有不同。同時也取決於計量單位，包含購買郵件名單的費用、廣播和電視廣告製作費用、以及因為產品的不同造成的不同收益。例如：和報章雜誌、電視廣告比較起來，網路的購買比較偏向較小的物品。

表 7.6 列出了使用不同種類網路行銷傳播工具得到的點閱率，目標化郵件得到最高的回應率，而點閱率則是在這五年中都呈現 4%至 5%的範圍內（未經請求的電子郵件和垃圾郵件的反應率更低，之中甚至有 20%是使用者不經意點選），增加收件人名字在標題上可以獲得雙倍的點閱率。

表 7.6 網路行銷傳播：典型點閱率

網路行銷手法	典型點閱率
橫幅廣告	.1% － .2%
插播式廣告	.2% － .3%
超級插播式廣告	.2% － .3%
搜尋引擎付費收錄／放置	3% － 7%
影片與豐富媒體	.4% － .6%
贊助	1.5% － 3%
聯盟關係	.2% － .4%
內部清單的電子郵件行銷	4% － 5%
購買清單的電子郵件行銷	.01% － .02%
線上型錄	3% － 6%

影片廣告的點閱率似乎看起來不高，但它為橫幅廣告點閱率的兩倍之多。而影片的「互動率」非常高，大約 7%。「互動率」指的是使用者點選影片，播放、停止或做其他動作（可能完全跳過廣告）。

使用者越來越習慣於新的網路廣告型態，導致點閱率下滑（見圖 7.10）。橫幅廣告回應率在過去四年內下降了 40%，而電子郵件也從很高

的比率下滑。但這並不表示影片／豐富媒體廣告的回應率仍持平，或許這要歸功於持續增長的網路影片市場。

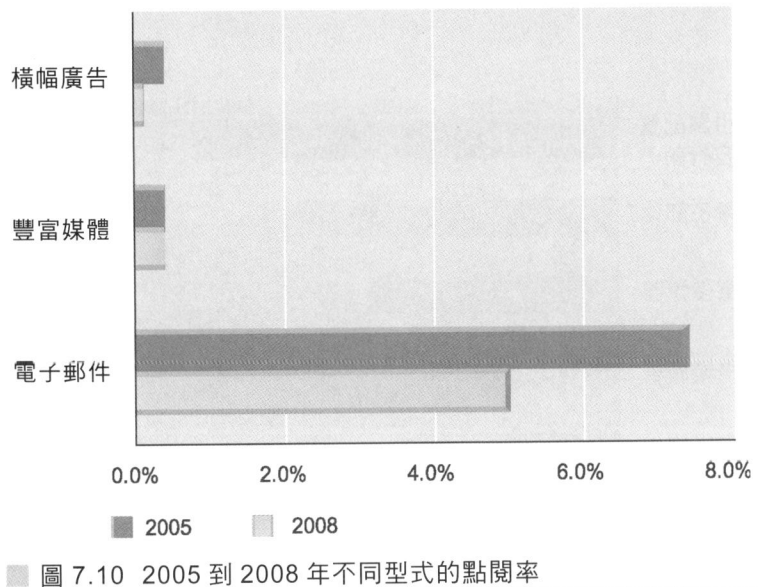

圖 7.10　2005 到 2008 年不同型式的點閱率

資料來源：Doubleclick, 2007a, b；eMarketer, Inc., 2008h；作者評估。

和非網路廣告相比，網路廣告的效益如何呢？圖 7.11 提供了關於這問題的一些見解。一般而言，網路通路（電子郵件、橫幅廣告和豐富媒體廣告）比傳統通路表現更好。搜尋引擎行銷在過去兩年中已成長為最具成本效益的行銷傳播形式，目標化、選擇性加入的電子郵件形式之成本效益依然非常強大。

越來越多的證據顯示搜索引擎行銷的成本效益已達高峰，成本效益可能會開始下降。這是由於零售商購買的關鍵字數量正在擴大，從自己的核心關鍵字延伸到更多的周邊關鍵字，造成關鍵字的成本顯著增加，使得品牌周邊關鍵字點擊成本提高、效益降低（DoubleClick, 2007b）。在不久的將來，搜索引擎廣告的收入成長可能放緩，因此搜尋引擎公司開始藉由購買廣告網路、進入傳統媒體如報紙、電視等的廣告經紀業務尋求成長的機會。

一份比較非網路和網路廣告影響力的研究指出，最有力的行銷廣告是同時包含多種行銷型態。而一致認為多通路消費者較單一通路消費者花費得更多，一部分是由於他們有更多自由花費的錢，另一部分也因為行銷人員正在為消費者合併「接觸點」，消費者行銷通路中成長最快的即為多通路購物者。

而橫幅廣告若能鎖定特定時機，如特別關鍵字搜尋評論，或在使用者的特定使用輪廓中投入適當廣告，將會更有效率。通常這樣精確的廣告投入需要有 DoubleClick 或 24/7 Real Media 等公司提供網路廣告服務方可達成。

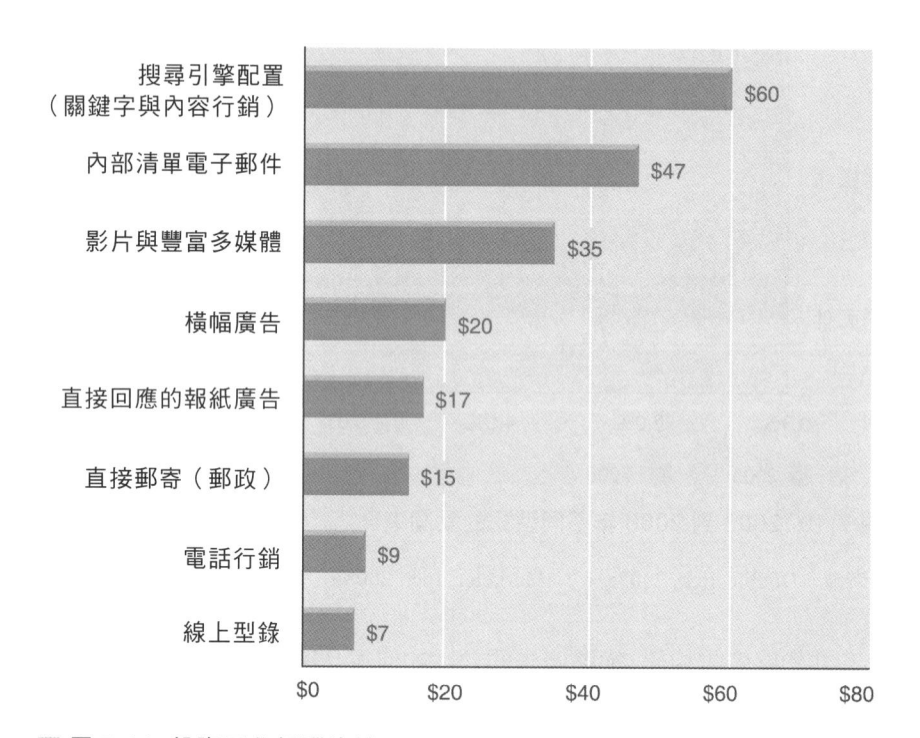

廣告類型	金額
搜尋引擎配置（關鍵字與內容行銷）	$60
內部清單電子郵件	$47
影片與豐富多媒體	$35
橫幅廣告	$20
直接回應的報紙廣告	$17
直接郵寄（郵政）	$15
電話行銷	$9
線上型錄	$7

圖 7.11 投資回收報酬比較

這張圖說明花費每塊錢於不同廣告技術上的平均回收金額。搜尋引擎配置超越電子郵件成為最具成本效益的線上廣告形式。
資料來源：Industry sources；作者評估。

網路廣告的成本

考慮有效性不能不分析成本。大多廣告一開始以交換，或**千次計價**（cost per thousand, CPM）為主，也就是廣告主付給每千次曝光量的費用。現在也發展了其他定價模式：**點選計價**（cost per click, CPC）是廣告主依照廣告被點擊的次數付出預先約定好的費用；**動作計價**（cost per action, CPA）則是廣告主只在使用者做出特定動作時才付費，例如註冊或購買；或是包含兩種或多種模式的混合約定（見表 7.7）。

千次計價（cost per thousand, CPM）
廣告主付給每千次曝光量的費用

點選計價（cost per click, CPC）
廣告主依照廣告被點擊的次數付出預先約定好的費用

動作計價（cost per action, CPA）
廣告主只在使用者做出特定動作時才付費

表 7.7 網路廣告的不同計價模式

計價模式	說明
以物易物	利用等價東西交換廣告位置
千次計價	廣告主付給每千次曝光量的費用
點選計價	廣告主依照廣告被點擊的次數付出預先約定好的費用
動作計價	廣告主只在使用者做出特定動作時才付費，例如註冊或購買等
混合	混合使用以上兩種或多種模式
贊助	期限制；廣告主付出固定費用

初期的電子商務時代，只有少數網站為獲得一位顧客花費約 400 美元在行銷廣告上，平均來說成本花費不會太高。表 7.8 列出不同型態媒體獲得一位顧客的平均成本。

表 7.8 2008 年，美國之特定媒體獲得單一客戶之平均成本（單位：美元）

網路搜尋	$8.50
黃頁	$20.00
線上展示式廣告	$50.00
電子郵件	$60.00
直接郵件	$70.00
報紙	$25.00
雜誌	$19.00
電視	$17.00

資料來源：產業人士；作者評估。

當非網路的顧客獲取比網路顧客的成本還高時，表示這些非網路的產品比起來昂貴得多。若你在《華爾街日報》上刊廣告，表示你在挖掘那些對買島嶼、噴射機、其他公司或法國豪宅有興趣的富裕人口。《華爾街日報》國際版的全頁黑白廣告要價 17 萬美元，然而其他則大約在 10 萬美元的範圍。

線上行銷的一項優點是，線上銷售量一般都與線上行銷的努力有直接相關。線上商家可以由橫幅廣告或發送到潛在客戶的電子郵件來精確衡量多少收入產生。其中一項線上行銷成效的衡量方法，是看額外收入除以系列廣告費用的比例（收入／成本），若為正數則表示此系列廣告是值得投資的。

比較複雜的情況，是網路和非網路的銷售量同時都受網路行銷影響，大部分的網路使用者利用網站「逛街」，在實體店面購買。如 Sears 與 Wal-Mart 使用電子郵件知會註冊會員關於實體或線上特殊商品資訊。不幸地，在實體商店採購並不能列為電子郵件廣告系列的效益，在這種情形下，商家就必須仰賴較不精準的衡量方式，如店內的顧客問卷調查來判定線上系列廣告的效益。

不論哪一種情形下，衡量線上行銷傳播效果與銷售對象為盈利的重要關鍵。為正確測量行銷效果，你必須瞭解不同行銷媒體，以及線上目標對象轉換為顧客過程的成本。

總體而言，以 CPM（千次計價）的角度看，網路行銷傳播比傳統大眾媒體行銷更花費成本，不過也更有效。表 7.9 提供了典型網路和非網路行銷傳播的成本資訊。

表 7.9 傳統以及網路廣告成本比較（單位：美元）

傳統廣告	
當地電視	電影間的 30 秒廣告收費 4000 美元；高收視率的節目可達 4 萬 5000 美元
電視網	黃金時段 30 秒計價 8 萬到 60 萬美元；平均為 12 萬到 14 萬美元
有線電視	黃金時段 30 秒廣告 5000 到 8000 美元
廣播	60 秒收費 200 至 1000 美元，依據時段和節目收視率而定
報紙	每 1000 份報紙的全頁廣告收費 120 美元
雜誌	每 1000 份國際雜誌的地區版廣告收費 50 美元；每 1000 份當地雜誌的地區版廣告收費 120 美元
直接郵件	每傳送 1000 份折價單收費 15 到 20 美元；每 1000 份夾於報紙中的廣告收費 25 到 40 美元
廣告牌	1 到 3 個月的公路廣告牌收費 5000 到 2 萬 5000 美元
網路廣告	
橫幅廣告	網站上每 1000 次曝光量收費 2 到 15 美元，依據廣告的目標化而不同（廣告越目標化，價錢越高）
影片與豐富媒體	依據網站人數的不同，每 1000 則廣告收費 20 到 25 美元不等
電子郵件	每 1000 封目標郵件收費 5 到 15 美元
贊助	每 1000 個瀏覽者收費 30 到 75 美元，依據贊助的獨占性而定（越獨占價錢越高）

測量網路行銷成果的軟體

有許多軟體可以自動測量網站上的活動。圖 7.12 說明網站可能提供的活動分析資訊。

其他的軟體和服務，可用於幫助行銷主管瞭解哪些行銷活動成功、哪些則否，WebSideStory.com 可以提供這樣的服務。請見「科技觀點：現在是晚上 10 點，你知道誰在你的網站上嗎？」

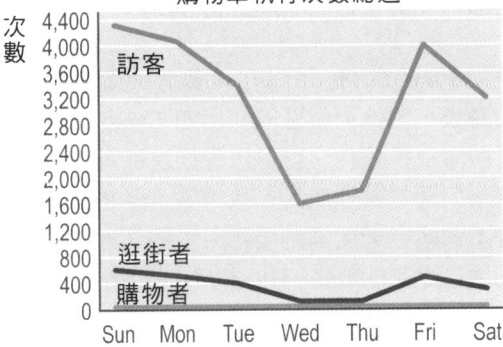

購物車執行次數總述	
所有訪客	24,134
參與率	16.7%
所有逛街者	4,301
放棄率	97.4%
轉換率	0.4%
所有購物者	103

購物車執行次數總述 ─ 幫助購物車

放棄率 ─ 逛街者沒有成為購買者的比率，包含購物車放棄與結帳放棄
轉換率 ─ 訪客成為購買者的比率
參與率 ─ 訪客成為逛街者的比率
所有購買者 ─ 拜訪網站的購買者人數中，那些到達你認為是完成訂單網頁的人。
所有逛街者 ─ 拜訪網站的逛街者人數中，那些到達你認為是購物網頁的人。
所有訪客 ─ 時間內到你網站拜訪的人數。

■ 圖 7.12 網站活動分析

科技觀點

現在是晚上 10 點，你知道誰在你的網站上嗎？

如果你知道每個小時，網站上的使用者的類型，那麼就可以因此來調整行銷策略、廣告訊息、商品組合、商品擺放、並且讓更多造訪者轉型成為購買者。

Omniture 正是用來幫助網路管理者瞭解網站點擊流量。Omniture 是一應用程式服務提供者（applications service provider, ASP），主要是販賣網站分析資料，以及提供最佳化服務給其他公司。2007 年 Omniture 產生 1.43 億美元的營收，在美國與歐洲約有將近 4 萬 4000 名顧客，大多數都訂購它們的主要產品—SiteCatalyst，一種蒐集的工具，允許管理者觀看目前有誰在網路上，多少消費者經過他們網站、以及瞭解哪一個網頁是最受歡迎且最有效益的。

SiteCatalyst 透過瀏覽器的活動，蒐集、處理、儲存、以及回報網際網路使用者的行為。這些報告讓顧客得知哪個行銷手法最受使用者回應、顧客使用哪些搜尋引擎、打入哪些關鍵字搜尋、每一網頁停留時間、線上購買哪些商品、何時放棄購物車、以及居住地點。有效的報告應包含網站瀏覽分析、計算長期價值顧客的轉換率、行銷活動評估、以及供未來行銷用途的使用者辨別分析。

SiteCatalyst 可以評估拜訪者網站上的逐頁瀏覽路徑，此服務藉由嵌入一小段程式碼到想要追蹤分析消費者之顧客的 HTML 網頁裡。對顧客的一項好處是，SiteCatalyst 解決了截取、存放與過程記錄的需要，以往這些動作在執行與維持上非常昂貴，並消耗顧客的時間與資源。

SiteCatalyst 不需要安裝在顧客電腦或基礎建設上，反而是運作在網路伺服器上。由於沒有「安裝」的動作，因此維護與執行的成本都由 Omniture 負擔。

SiteCatalyst 可以在消費者瀏覽網頁的時候，對他們做區隔。例如，一些消費者前來更換零件，就可以趁機在這過程中銷售公司的其他產品。找尋墨水匣？為什麼不考慮今天促銷的全新印表機？大多數網站（特別是微軟、HP 或 Macy's 等品牌）的參訪者是在找尋特定產品。但只要他們在你的網站上，為什麼不要誘惑他們考慮相關產品或服務呢？假設 LL Bean 的消費者到 llbean.com 找尋睡衣褲，Omniture 便能判斷哪些廣告與提示能引導更多的銷售。一般來說，找尋睡衣褲的人可能也會買睡眠與溫暖相關的產品，如內衣、毛毯和枕頭。

為了不讓 Web 2.0 專美於前，Omniture 也提供「社群網路最佳化」工具。如果你的網站有社群網路元素，像是使用者評論、使用者產生內容、影片分享或網路書籤，Omniture 網路最佳化工具會幫助你瞭解拜訪者消費與創造的習慣，確定有多少社群網路元素添加到銷售中，利用誘導的內容吸引使用者，以及幫助建立感情聯繫到你的產品和品牌上去。

世界最大個人電腦與印表機製造商之一 HP，利用 Omniture SiteCatalyst 管理它的網站 HP.com。原來有著令人難以置信的複雜業務，現在 HP 區隔出幾個主要的獨立產品和服務群組：印表機、個人電腦、商業伺服器、商業印表機與軟體。它也進

行市場區隔：家用／辦公室、小型公司、企業公司、政府系統與圖形藝術設計。

從拜訪該網站顯示出，由單一網站傳遞服務給所有區隔市場的消費者是非常複雜。過去在這種情形下，HP 沒有一個有系統的方法來瞭解使用者如何瀏覽網站，找尋想要的東西並購買。消費者拜訪網站時並未追蹤消費者資料，因此它不會知道購買印表機的顧客是否也會是個人電腦或公司類的顧客。而且也是個別業務團體提供自己希望有何種待遇的看法，因此產生許多不同且不一致的行銷訊息。

為了達到顧客完全追蹤的目的，HP 於 2006 年開始使用 SiteCatalyst。由於能夠知道誰拜訪網站、取得他們電子郵件，並對產品與服務寄發適當的行銷郵件，使得 HP 電子郵件的轉換率是過去的三倍之多。HP 也藉由觀察顧客在網站上的點擊路徑，加強網站的瀏覽路線。當人們迷失在網站上時，他們通常會隨便點擊以找尋他們想要去的地方。瞭解這些不完善的瀏覽區域後，HP 也做出相對應的修正，減少「迷失使用者」的現象。例如：顧客經驗小組（一個新成立的小組，專門負責 HP.com 的整體運作）發現，若線上找尋零件的拜訪者能在一到兩次的點擊中（比舊網站的瀏覽路徑要短）找到零件倉庫，則他們更可能在 HP 網站上購買。HP 預估，零件倉庫的路徑瀏覽改善，每年帶來 77 萬 5000 美元的增收。

7.3 網站作為行銷傳播工具

功能性網站是最強大的線上行銷傳播工具之一，一旦存在消費者所需要的內容，便可迅速地搜尋到。因此網站可以視為一種擴充的線上廣告，一個適當的網域名稱、搜尋引擎最佳化、以及良好的網站設計都是行銷傳播工具策略的一環，同時也是電子商務成功的必要條件。

網域名稱

電子商務網站首先傳播給顧客的訊息是他的網址，因此網域名稱（domain name）對於加強或是發展品牌印象十分重要。理想的網域名稱應該簡短、好記、不容易和其他混淆、不容易拼錯、以及和業務性質關聯。網站名稱不一定都有反應出公司業務的性質，如一些主要品牌就都沒有做到。那些選擇與公司業務性質不相關之名稱的公司，大多需要更多時間、努力和金

錢來建立名稱的品牌形象。特別在美國，.com（而不是.net 或.org）網域名稱仍然被認為是最佳的選擇。

不過今日，大多數好的網域名稱都被使用了。還有一些公司會出售網域名稱（例如 GreatDomains.com 和 BuyDomains.com）。大多數網路註冊網站，如 Networksolutions.com、Godaddy.com、Register.com，都有工具可以幫助你找到合適的名字。

搜尋引擎最佳化

每天都有 7100 萬美國人使用搜尋引擎，而半數的人藉此搜尋商品和服務，因此，網站應該加強讓搜尋引擎找到的能力。除了付費加入（非排序），透過最佳化網站也可以提高在有機搜尋的排序，增加在搜尋結果最重要的第一頁出現的機會。

要提昇公司在搜尋引擎排序的第一步，是盡量去搜尋引擎註冊，讓尋找類似網站的使用者可以發現公司網站。幾乎所有搜尋引擎都有註冊頁面，另外有些網站每年索取約 50 美元的「收錄費」。

第二步是確保公司網站描述的關鍵字和大多數預期客戶使用的搜尋關鍵字類似。例如大多數潛在消費者都搜尋「燈具」（lights），而你卻使用「檯燈」（Lamps）作為關鍵字，這一點幫助也沒有。每個搜尋引擎皆不相同，但大多數搜尋引擎為了瞭解及索引網頁內容，都只看首頁標題、中繼標籤（metatag）與其他首頁的文字內容。

第三步是將關鍵字放在中繼標籤和頁面標題上。中繼標籤是一種特別的 HTML 標籤，包含一些對網站的形容，常被搜尋引擎用來確認使用者對相關網站經常使用的搜尋字詞。標題標籤也提供對網站簡單的內容描述，因此在中繼標籤和標題標籤的文字應該都要與首頁文字相符合。另外，把一些與消費者搜尋主題相關的參考資料包含在首頁中，也是一個聰明的選擇。大多數的爬行器只會索引首頁的文字內容，而不會深入到網頁的第二層頁面。

第四步是盡可能從網站連結到其他許多網站，包含向內與向外連接。搜尋引擎評估兩種連結數與網站品質，來決定網頁的受歡迎程度以及它如何連結到網站的其它內容。如 Google 猜測，當你為一項產品送出查詢條件時，該產品就有可能是位在高度連結網站中。這假設認為當越多連結到某個網站上時，則表示此網站必定是越有幫助。公司要如何增加網站的連結數呢？放置廣告是一個方法：讓橫幅廣告、按鈕、插播式廣告和超級插

播式廣告全都連結到公司網站。或者你也可以架設網站，甚至好幾百個，專門用來連結到你的主要網站，不過這樣做搜尋引擎可能會發現，然後把你放到最後一頁的搜尋結果。另外與其他網站建立聯盟關係也是一種方法。而搜尋引擎目前正在試圖取消掉那些用盡努力誤導搜尋引擎的花招。

以上所列出的步驟，都只是開始，要提昇公司的排序仍是一門學問，需要有全職專家努力苦思描述中繼標籤、關鍵字、和網路連結，這通常需要花費數個月的時間，且因為各搜尋引擎索引方式不同，改變索引方式使得優化搜尋引擎更複雜。

網站功能

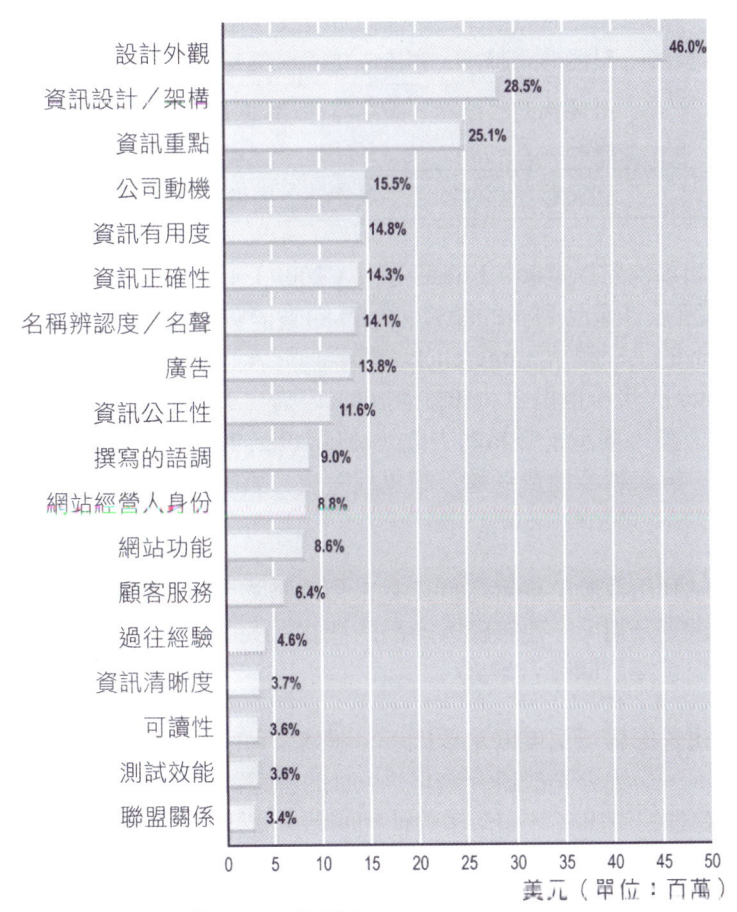

項目	百分比
設計外觀	46.0%
資訊設計／架構	28.5%
資訊重點	25.1%
公司動機	15.5%
資訊有用度	14.8%
資訊正確性	14.3%
名稱辨認度／名聲	14.1%
廣告	13.8%
資訊公正性	11.6%
撰寫的語調	9.0%
網站經營人身份	8.8%
網站功能	8.6%
顧客服務	6.4%
過往經驗	4.6%
資訊清晰度	3.7%
可讀性	3.6%
測試效能	3.6%
聯盟關係	3.4%

美元（單位：百萬）

■ 圖 7.13 網站可信度的要素

在評估網站可信度上，調查參與者指出，網站外觀設計超越網站的其他功能要素。
資料來源：Fogg, et al., 2003。

行銷的目的是吸引使用者到網站，但是一旦使用者到達網站，銷售過程就開始了，這代表當顧客在網站找到所需要的商品／服務後，才會決定他們要購買或是放棄。根據一份 2600 位參加者對於網站可信度的研究報

告指出，影響網站可信度的前三因素為外觀設計、資訊設計架構、以及資訊重點（Fogg, et al., 2003）（見圖 7.13）。

研究者也發現許多行銷主管應該注意的網站設計要素（見表 7.10）。

表 7.10 影響網路購物的網站特性

設計特性	說明
吸引人的體驗	提供互動性、娛樂、符合人類興趣；網站使用經驗應該有趣
社論式的內容	提供協助內容、選擇、興趣選項給造訪者，增加黏著性
快速的下載時間	越快越好；如果太長，應提供娛樂
簡單的商品清單瀏覽	顧客可以輕易找到他們想要的商品
少次點選即可購買	點閱清單越少，銷售成功機率越大
顧客選擇代理器	推薦式的代理器／設定器，以幫助消費者做出快速正確的決定
回應度	個人電子郵件回應；於網站上提供免付費電話

雖然設計的簡單性難以定義，Lohse 等人（2000）發現，預測每個月銷售量最重要的因子為產品列表的瀏覽，以及節省消費者時間的選擇功能，因此 Amazon 的「一鍵」（one-click）購買功能就是增加銷售最強大的工具。eMarketer 的報告也指出，50% 到 60%的購物車都被感到困惑和惱怒的購物者所丟棄，揭示了交易的失敗（eMarketer, Inc., 2008g）。在經濟不景氣時期，越來越多消費者進入購買程序後，卻在可能決定購買時抽身離去。

越來越多網站利用互動的顧客導向工具來幫助購物者選擇。推薦代理人是會依照顧客調查及檔案，建議顧客產品的程式；Dell 也利用網路設定器，幫助顧客決定選擇訂購哪台電腦。

網站的回應也是影響可信度的重要因子。雖然公司已有所努力，但還有很長的路要走。一份大公司的研究發現，90%的公司都有隱私權保護策略，但是 75%沒有告知使用者該如何銷毀他們的私人資訊以防止被他人使用；12%的大公司沒有針對電子郵件詢問做回應；21%會回應半數送至網站的詢問。一般而言，大公司的網站在「設計簡潔和便利使用」受到稱讚，但鮮少在回應顧客的排名中獲得好成績（Walker, 2004; Customer Respect Group, 2005）。另一項研究發現，消費者大多在有良好隱私政策以及熟悉的網站上購物（Tsai, et. al., 2007）。

不論非網路或網路的行銷活動多麼成功，網站如果無法提供資訊、顧客便利、以及回應，始終都會陷入災難中。多下功夫於網站設計要點，可以幫助確保成功。

個案研究 CASE STUDY

廣告軟體、間諜軟體、廣告炸彈、埋伏行銷、以及搶奪顧客：網路上侵略性行銷技術成長

釣魚軟體、垃圾郵件、間諜軟體攻擊，有時候你會不禁思考，到底網路正在自我毀滅或者是發展電子商務呢？廣告和行銷的宗旨，是在正確時候將正確訊息傳達給正確的人。如果這是真的，那沒有人會收到他不想看到的廣告，或者沒有任何廣告花費被浪費。電子商務的初期版本之一，是隱私權和效率的抉擇：讓我們多瞭解你一點，那麼我們將會展示你有興趣的廣告和商品。但是你的電子郵件位址很容易就被行銷公司發現，和其他行銷公司分享，因此你每個星期都被數百封電子郵件砲轟。如此不僅沒有達到廣告的宗旨，大多數網路行銷甚至完全忽略你是誰以及你想要尋找什麼。

廣告軟體是不需要使用者資訊或使用者不知情狀況下，就會自動蒐集私人資訊以及顯示廣告的軟體，這些資訊會定期傳送給廣告軟體的擁有者，然後賣給合法廣告商以及垃圾郵件傳送者。

間諜軟體是在未經使用者許可就自動安裝的軟體，用以追蹤使用者網路行為、例如電子郵件、建立的文件、造訪的網站、以及下載的文件。軟體包括鍵盤錄製、螢幕捕捉裝置、以及木馬程式。某些情形下，間諜軟體是父母或公司追蹤孩童或員工網際網路使用行為的合法軟體，或是法律及智慧代理人所用。不過大多的情況下，間諜軟體都用於惡意目的。

為了更瞭解廣告軟體的運作方式，以下將敘述一個未受廣告軟體阻擋器保護的系統被「廣告炸彈」攻擊的例子。假設有個 10 歲小孩到你家，並且要求「玩電腦」，你有 DSL 服務。正當他瀏覽一個遊戲網站時，他看到有提供 100 美元「免費」獎品，於是點閱，然後出現了一個彈出式廣告，上面寫著「點閱此以取得你的免費獎品」。小孩按下了，接著跳出十種從免費 CD 到免費衣服的免費獎品圖片。不過背後卻有個程式被偷偷下載到你的電腦，讓你的電腦每幾分鐘就向廣告聯播網路，發出一個彈出式廣告的請求，甚至不需要你開啟瀏覽器，因為程式會在想要廣告時，自動開啟瀏覽器。

隨著其中一個廣告，找尋起源網站，你會發現一個 Zango.com 的直銷公司，專門蒐集數以百萬顧客提供的免費影片、遊戲、螢幕保護程式與音樂。為了確保得到你的免費禮物，你必須填下你的名字和電子郵件位址，接著 Zango.com 會將你的名字加入他蒐集之數以百萬計的電子郵件位址中。接著，當你下載你的免費內容後，Zango 便自動安裝一支程式，追蹤你在線上的每個動作，回報給 Zango 主機，Zango 便將這些資訊賣給想以你為目標顧客的公司。

而你為了要移除電腦上的廣告炸彈，聯繫上廣告聯播網。技術人員便在電子郵件中回應他們只是提供廣告，對於程式下載不負任何責任。他們解釋：「你一定是在不知情的情況下，從這些網站中下載了應用程式，然後這些應用程式向我們廣告伺服器要求廣告。請記住，我們沒有下載任何應用程式到你電腦，也沒有控制那些下載程式到你電腦上的網站。」但這些網路廣告技術人員卻沒有提到，這些主動回應廣告的廣告主有支付他們薪資。然而，網路也提供了一些幫助。技術支援建議你當廣告出現時關閉視窗，或按 CTRL+N 顯示廣告主的網址，然後傳送網址到網路上去，這會通知廣告主將你從他們的名單中除名。最後你打開 Windows 的新增移除程式，瀏覽程式列表之後，你發現了一個不熟悉的程式，猜想那奇怪名稱的程式應該就是始作俑者，於是你移除他，終於結束了廣告炸彈事件。在此個案中，有時候廣告軟體是完全隱藏在 Windows 下。Zango 或其他廣告軟體傳送者的立場認為，當消費者安裝檔案交換或其他軟體時，在安裝頁面下都有小小的文字說明：「你同意從我們網站或我們的相關聯盟網站接收廣告訊息。」因而認定消費者是自願同意接收廣告的。但消費者團體和聯邦政府不以為然，認為這些軟體是在未經過消費者同意或理解的情況下安裝的。

Claria（之前稱為 Gator.com）是第一家採用稱作埋伏行銷的廣告軟體技術，原本以客戶端的電子錢包起家，儲存個人資訊、並自動填寫表單。除此之外，Claria 新增了一項 OfferCompanion 的商品，用來追蹤使用者在網路上的活動，例如使用者一旦瀏覽了 Staples.com，便會通知 Claria 主機，從資料庫尋找 Staples 對手（如 OfficeMax）購買的廣告，並以一個小型廣告牌直接顯示在 Staples 的網站上。

點對點等檔案交換音樂服務，也都附有會自動執行於消費者電腦的程式，讓他們或是聯盟者可以搶奪顧客。這是一個很大的市場，同時對於一些小型聯盟行銷網站有很大的殺傷力。運作方法如下，當你下載檔案交換軟體時，你同時也下載（並自願安裝）了攔截劫持程式。當你點閱任何知名並帶有聯盟程式的網站時，廣告軟體便會攔截交易，並以聯盟公司的號碼取代原本網站聯盟程式發出的號碼。這樣的後果是大型零售商所付的 5%佣金會交給音樂網站或他的聯盟公司，而不是你造訪的聯盟網站。

廣告軟體和間諜軟體帶來的問題有多大呢？2005 年，一個月大約有 1200 億廣告曝光量，並由上千個公司為此付費，沒有人知道這之中有多少是由廣告軟體產生，但美國聯邦貿易委員會相信大約有 10%左右。

為什麼企業要使用廣告軟體？調查顯示，廣告軟體是其他網路廣告效益的兩倍，當使用者搜尋產品，或試著進入競爭對手的網站（代表有興趣且有意願購買），那項產品的廣告會馬上出現於使用者面前，或是讓使用者轉向競爭對手的網站。

雖然大多數企業都反對間諜軟體，但如硬體、軟體、金融服務、搜尋引擎與手機營運商等主要機構，都希望能夠下載程式給使用者，掃瞄電腦以瞭解是否有非法複製的軟體、試圖攻擊網站以及其他非法的活動。新成立的行銷公司（如 NebuAd.com）試圖在 ISP 伺服器上安裝「深度封包檢測」軟體來控管你的網路流量。「深度封包檢測」允許 ISP 和行銷公司追蹤你在網路上的每一個動作，雖然深度封包檢測沒有涉及安裝廣告軟體，但它利用 ISP 完成相同的目的，利用追蹤你的線上活動獲得利益。隱私團體反對這種監視行為，因此一旦 NebuAd 計畫公開，

便會引起國會的關注。2008 年 8 月，當七家 ISP 廠商減少使用 NebuAd 軟體或從事深度封包檢測計畫（包含 CableOne）後，NebuAd 開除了他們的 CEO，且縮減市場上的產品量。

個案研究問題

1. 你認為廣告聯播網路應該要為放置在你電腦上的廣告炸彈負責嗎？那 Zango 呢？為什麼？
2. 這樣的程式會產生更「目標化」的廣告，或者他們就只是像電視上的大眾行銷一樣呢？
3. 哪種產業或是政府規章應該控制這類的廣告？
4. 廣告軟體如何增加行銷效益？廣告軟體是否增加消費者選擇、搜尋產品的速度、或是增加配對買方和賣方的效率？

學習評量

1. 解釋行銷和行銷傳播的不同。
2. 解釋品牌傳播和銷售／促銷傳播的不同。
3. 有哪些因素導致網路廣告只佔整個廣告市場的 9%？
4. 哪些商品最適合網路廣告？
5. 插播式廣告和超級插播式廣告的差別在哪？
6. 有哪些因素導致今日橫幅式廣告的點閱率低落？如何使之更有效能？
7. 為甚麼有些聯盟關係稱作「租用」交易？和純粹的聯盟關係有什麼不同？
8. 對於搜尋引擎付費配置的作法，目前仍有些爭議。有哪些相關議題？為什麼消費者可能反對這種作法？
9. 直接電子郵件行銷有哪些優點？
10. 為什麼非網路廣告仍有其重要性？
11. 點選數和頁面瀏覽量有什麼不同？為什麼這些不是計算網路流量的最好方法？哪個才是網路流量最好的計量單位？
12. 定義 CTR、CPM、CPC、以及 CPA。
13. 好的網域名稱有哪些要素？
14. 公司要最佳化他的搜尋引擎排序需要哪些步驟？
15. 列出並描述會影響網路購物意願的網站設計因素。

電子商務之道德、社會及政治議題

8

學習目標

讀完本章，你將能夠：

- 瞭解為何電子商務會引起道德、社會及政治議題
- 認識電子商務所引起之主要道德、社會及政治議題
- 檢視道德兩難問題之分析過程
- 瞭解關於隱私權的基本概念
- 認識電子商務公司在實務上如何威脅隱私權
- 描述不同的線上隱私權保護方式
- 瞭解智慧財產權的各種型態及保護智慧財產權時所面臨的挑戰
- 瞭解網際網路治理之演進歷程
- 解釋為何電子商務課稅會引發起治理及司法問題
- 檢視電子商務所引起之主要公共安全及福利議題

第二人生（Second Life）得到另一種生活：探索虛擬世界的法律與道德

「第二人生」（Second Life）是一款大型多人線上角色扮演遊戲，超過 100 萬的主動用戶（與超過 1500 萬的獨特用戶）體驗參與線上虛擬活動，從一般的閒聊到賺錢、買賣東西，甚至偷竊。另外林登（Linden）幣提供了現金支付能力，使得它可以由真實錢幣兌換（1 美元=250 到 270 林登幣）。你所創造的虛擬人物可以買賣商品與服務等的虛擬資產，從漢堡與汽車，到真實財產、虛擬人物設計、服裝，以及配件服務等。一些受歡迎的服務包含模擬賣淫、脫衣舞夜總會與賭博。「第二人生」（Second Life）每天產生 25 萬至 100 萬美元的收益。

大多玩家來這裡的目的不是為了與其他人競爭，而是自我娛樂、逃離他們的真實世界。其他玩家則試圖創造利潤，少部分玩家則是專門來惹事生非的。

惹事生非，是現實世界的法律和習俗中主要欲抑制的目標行為，但在沒有法律的虛擬世界中這是一項有趣的挑戰。然而，線上採取的行動也可能傷害現實世界的人民和公司。

舉例來說，在「第二人生」（Second Life）裡販賣的許多資產、商品與服務都不屬於販賣者所有。由幾位律師共同帶領的小型研究顯示，「第二人生」（Second Life）中隨便挑選 10 家虛擬商店，有 7 家販售有明顯商標侵權的仿冒品，有些商家甚至只賣名牌商品。但由於這些全都是虛擬的，所以那些商標所有者迄今仍沒有針對玩家提起訴訟。律師指出，除非公司在面對侵權時，積極捍衛其商標，否則他們就會完全失去商標的所有權。從實際的角度來看，在某些時候，幾乎所有公司都有一個虛擬的存在，而當他們尋求在虛擬網站上發展自己的商標時，通常不希望與數百或數千的仿冒品販賣商競爭。

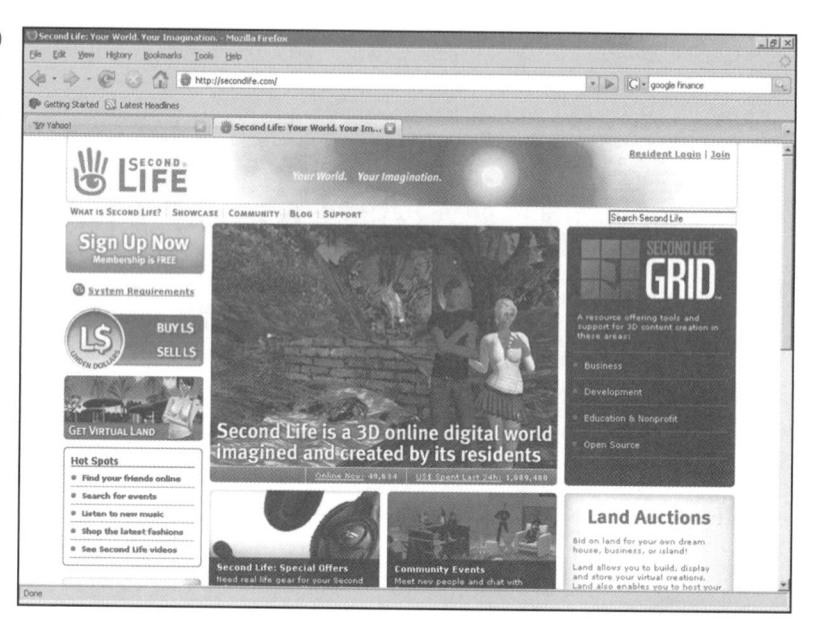

更進一步浮現出的法律和道德問題，「第二人生」的 6 位主要內容創作者對一名居住在紐約皇后區的民眾 Thomas Simon 提出真實世界的版權與商標侵權訴訟。Simon 稱他在「第二人生」程式中找到弱點，使用第三方拷貝程式複製數以千計原創者的產品。他被指控的還有包含虛擬人物的衣服、皮膚和形狀、腳本對象與家具等等。為瞭解更多真相，原告在 Rase Kenzo（Simon 創的虛擬化身）的 skybox 中找到侵權的證據。2007 年 12 月，在 Simon 同意以 525 美元的賠償下，原告解束了訴訟。林登

（Linden）實驗室採取的立場認為，他只是千禧著作權法案（Digital Millennium Copyright Act）下的網際網路服務提供者，因此本身並不負責任何侵犯版權的用戶。

林登實驗室為了「第二人生」的管理與道德議題倍感掙扎。它禁止六項行為：偏執（包含群體辱罵）、騷擾、攻擊（包含利用軟體工具攻擊別人的虛擬人物）、揭露別人真實世界的資訊、猥褻以及擾亂治安。林登管理者會強制對違規者提出警告、停權或驅逐。這邊沒有再上訴或合法訴訟的程序。

虛擬與真實生活世界中大規模的商標和著作權侵害意識逐漸抬頭。在虛擬世界偷竊就形同真實世界的偷竊般，不過賭博又是另一個問題。林登實驗室的服務團隊禁止任何非法活動，但其公司本身也無法確定世界上的賭博與性交易是否有跨越這條虛擬線。2007年4月，FBI和聯邦檢察官受邀到「第二人生」賭博活動中，但他們沒有對此合法活動發表任何意見。根據 Bussiness Affairs 副總裁 Ginsu Yoon 所言：「就法律上來說，我們並不清楚 3D 模擬的賭場是否視為跟真的賭場一樣，我們也不瞭解執法當局的權利到何種程度。」即便法律是清楚的，他聲稱公司也沒有辦法去監視或防止真實世界的賭博行為，就如同執法當局無法監督每個臨近地區的撲克牌遊戲一樣。Yoon 也說：「有數以百萬的註冊帳戶，與數十萬不同的物件在『第二人生』裡；所以即使我們想要監控也不是一件容易的事。」這聽起來似乎沒有人在控制中，現實世界的法律並不適用。2007年7月，林登實驗室決定排除所有賭博性的形式活動。

林登實驗室和「第二人生」有著非常自由的歷史。其創始人將「第二人生」設想為一個自我調節的社區，讓大家都可以在自己幻想的世界中獲得娛樂。由「第二人生」中不斷增長的濫用投訴證明他們會員的成長。建議林登的高階主管應該要開始思考他們創造了什麼，以及他們要如何管理監控。若沒有，真實世界的檢察官也會對他們做監控。「第二人生」必須再成長的更加完整。

決定如何管理虛擬行為只是在現實世界中眾多因電子商務快速演進所引發的倫理、社會和政治議題中的其中之一。這些問題不只是我們個人想要解答的道德問題，它們也牽涉如家庭、學校、企業公司等的社會機構。而這些問題有明顯的政治尺度，因為它們涉及到關於我們應該如何生活與哪種法律是我們想要在此之下生活的集體選擇。

本章將討論於電子商務中所引發之道德、社會及政治議題，提供一個架構以組織這些議題，並且提供建議給那些被賦予在普遍可接受之標準下運作電子商務公司之責任管理者。

8.1 瞭解電子商務之道德社會及政治議題

網際網路及其在電子商務之使用，已經引起了許多大規模的倫理、社會及政治議題。報章雜誌的版面頻繁地記載著網際網路所帶來的社會衝擊，但是為什麼會是這樣？為什麼網際網路會是處於眾多爭論中的根源？部分的答案在於網路科技（Internet technology）的基本特色，及那些已被企業公司所利用的方式當中。網路科技與它在電子商務之使用，分裂了現存之社會和企業的關係及理解。

在表 1.2 中列出了電子商務科技獨有的特色。相對於考慮每個獨有特色的商業結果，表 8.1 檢視實際或潛在的科技其道德、社會及／或政治結果。

我們生活在一個「資訊社會」當中，一個權力及財富漸漸依賴資訊與知識等核心資產的地方。關於資訊的爭論通常是在於權力、財富、影響及其他被認為是有價值的事物之事實不一致上。就如蒸汽、電力、電話及電視等其他科技，網際網路及電子商務促成社會進步。然而，同樣的科技也可以被用來進行犯罪、剝奪環境，並且威脅珍貴的社會價值。在有汽車之前，很少有州與州之間的犯罪，也很少有對於犯罪的聯邦管轄權。同樣在網際網路上：在網際網路之前，很少有所謂的「電腦犯罪」（cybercrime）。

許多公司與企業都從商業網路的發展得到好處，但同時這些發展也讓個人、組織與社會上付出了一些代價。在新環境中，那些追尋道德與社會責任決策的人，必須仔細衡量這些利益與成本。問題是：當你是管理者，公司在不同電子商務環境下時，從保障消費者點選流向的隱私到確保你公司網域名稱的一致性，你要如何為公司行為做出合理的判斷？

表 8.1 電子商務之特有性質，以及各自於道德、社會及政治層面的意涵

電子商務的技術層面	可能的道德、社會及政治層面含義
普及性 — 網際網路／Web 技術是隨處可得的：工作、家中，及透過行動裝置的任何地點、任何時間	工作及購物入侵了家庭生活；購物可能使得工作者在工作時分心，而降低生產力；行動裝置的使用可能導致交通或工廠意外
全球可及 — 這項技術跨國界且遍及世界	可能減少產品的文化差異，並且強化全球化大型公司、削弱地方性小型公司；製造業生產將移到世界上低薪資的區域；同時減弱所有國家 — 不論大小 — 控制資訊命運的能力

電子商務的技術層面	可能的道德、社會及政治層面含義
全球化標準 — 只有一套技術指標，稱作網際網路標準	增加對病毒及駭客攻擊的脆弱程度，一次影響全世界數百萬人；同時增加「資訊」犯罪及詐騙的可能性
豐富性 — 可以有影片、聲音和文字等訊息內容	「影像技術」減少了文字的使用及閱讀之可能性，而改為使用影片和聲音訊息。具說服力的訊息建立，較不需依靠多種獨立的資訊來源
互動性 — 這項技術透過跟使用者的互動而運作	商業網站的互動性質也許空洞且無用。客戶電子郵件通常不再由人工閱讀。客戶也不再像「共同生產」銷售那樣地「共同生產」產品。產品客製化的程度降到最小，只限於預定的平台及外掛程式選項
資訊密集性 — 這項技術減少了資訊成本，提升品質	各方人士可取得的資訊總量增加，但錯誤及誤導性資訊、不想要的資訊、以及侵犯個人空間的資訊也增加。資訊的可信度、真實性、正確性、完整性以及其他品質可能降低。個人及組織能有效利用過剩資訊的能力降低
個人化／客製化 — 這項技術允許傳送個人化的資訊給個人及團體	開啟前所未有、因商業及政府管理用途而密集侵害隱私的可能性
社群技術 — 這樣技術允許使用者產生內容與社群網路	增加網路霸凌、語言濫用與掠奪的機會；挑戰隱私、公平使用以及使用公開訊息的觀念；產生管理者與企業監督到私人生活的新機會。

組織各類議題之模式

電子商務和網際網路已經產生許多難以分類的道德、社會和政治議題，也因此彼此之間的關係相當複雜。清楚地說，道德、社會和政治議題是相互關聯的。其中一個組織環繞電子商務之道德、社會和政治尺度的方式顯示於圖 8.1。在道德議題的個人層次 —「我該如何作？」— 是反映在社會和政治的層次 —「作為社會和政府該如何作？」。作為一個使用網站的企業管理者你面對了道德的兩難（dilemma），迴響及反映於社會與政治的辯論當中。主要的道德、社會和政治議題於過去九至十年在電子商務中的發展可以大略分類為四個主要的面向：資訊權（information rights）、財產權（property rights）、治理（governance）和公共安全及福利（public safety and welfare）。

在每個領域中所引起的一些道德、社會和政治議題如下：

- **資訊權**（information rights）：當網路科技使得資訊蒐集變得如此無所不在且有效率時，個人在公共市集或其私人家中，應該擁有哪些權利以保有對其個人資訊之控制？個人擁有哪些存取關於企業公司及其他組織之資訊的權利？

- **財產權**（property rights）：當受保護的作品可以被完整的複製並且輕易透過網際網路散佈至世界各地時，傳統的智慧財產權該如何被執行？

- **治理**（governance）：網際網路和電子商務應該受公共法律之管制嗎？如果是如此，哪個立法團體擁有管轄權 — 州的、聯邦的或是國際的？

- **公共安全與福利**（public safety and welfare）：應該要進行哪些努力以確保網際網路與電子商務管道之公平存取？政府應保證學校及大學之網際網路的取得嗎？某些線上的內容及活動 — 如色情及賭博 — 對於公共安全及福利是否造成了威脅？是否應允許在移動的交通工具上使用行動商務？

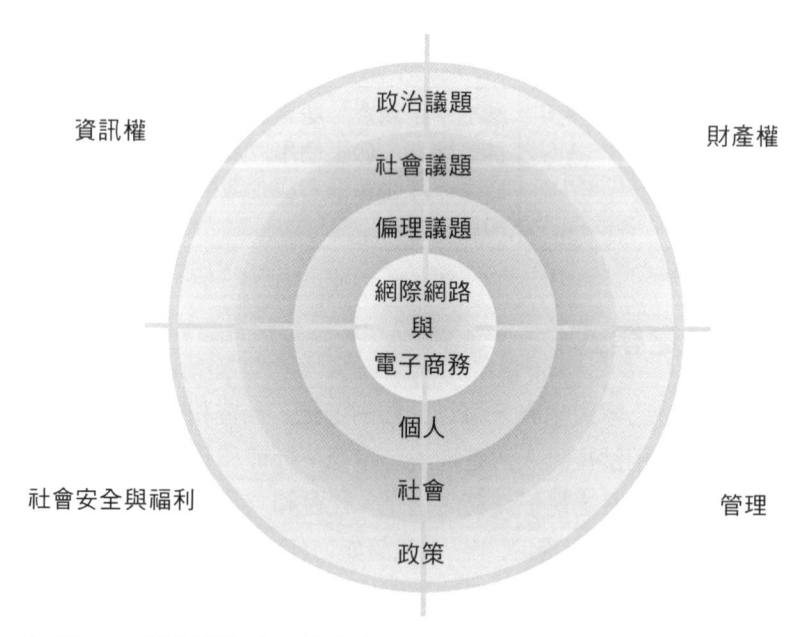

■ 圖 8.1 網際網路社會的道德層面

網際網路與電子商務的引進衝擊了個人、社會與政治機構。這些衝擊可分為四個道德層面：財產權、資訊權、管理與社會安全及福利。

為了說明，請想像在任何時刻，社會及個人或多或少都處於一個由個人、社會組織及政治機構三者之協調所產生的道德平衡。個人知道自己

被期待的是什麼；如企業公司等社會組織瞭解其限制、能力及角色；而政治機構提供一個市場規章、銀行業及商業法律的支持架構，並給予違法者制裁。

在深入探討電子商務的四個道德層面之前，將先簡單介紹道德推論的一些簡單概念，可將之作為道德決策的指南，也可作為將來面對網際網路社會及政治問題時的一般性推論原則。

基本道德概念：行為責任、告知責任和法理責任

道德是網際網路裡社會及政治爭論的重心。**倫理學**（ethics）是一門研究個人及組織可用來定義各類行動對錯之原則的學問。倫理學中假設個人是自由的道德個體，可以做出選擇。如果面臨各種行為作法，哪個是正確的道德選擇？道德也許可能難以從個人延伸至商業公司，甚至整個社會，但是也並非不可能。只要有個決策主體或個人（例如公司的董事長或 CEO，還有社會中的管理機構），就能依照各種道德原則來判斷他們的決策。

如果你瞭解一些基本的道德責任，你將能夠增進自身推論大型社會和政治議題之能力。在西方文化中，所有的道德思想學派都有三種基本原則：行為責任、告知責任和法理責任。**行為責任**（responsibility）代表自由道德代理人、個人、組織及社會必須為他們所作所為負責。**告知責任**（accountability）代表個人、組織及社會之行動產生的結果，應對於他人負責。第三種原則 — **法理責任**（liability） — 是把行為責任及各自責任的概念延伸到法律範圍之中。法理責任為政治系統之特色，其法律主體會存在於適當之處，並允許個人從來自於其他行動者、系統或組織的傷害中恢復。**正當流程**（due process）是法治社會的一種性質，代表法律被充分認識及瞭解，並且有能力向更高權力單位上訴，以確保法律被正確地運用的過程。

分析道德之兩難

道德、社會和政治爭論通常使其自身陷入兩難。兩難為一個同時存在兩個以上之互相衝突的情況，每個行動皆有令人渴望的結果。當面對這樣呈現出道德兩難的情況時，你該如何分析並理解？以下是五個應該有幫助的步驟：

1. **辨別並清楚地描述事實**。找出誰對誰做了什麼、在哪裡、何時以及怎麼做的。在很多情況下，你會對一開始所報告的事件中之錯誤感

倫理學（ethics）
一門研究個人及組織可用來定義各類行動對錯之原則的學問

行為責任
（responsibility）
如同自由道德代理人、個人、組織及社會必須為他們所作所為負責

告知責任
（accountability）
關於個人、組織及社會之行動產生的結果，其應對於他人保持誠信

法理責任（liability）
為政治系統之特色，其法律主體會存在於適當之處，並允許個人從來自於其他行動者、系統或組織的傷害中恢復

正當流程
（due process）
一個被廣為傳承且理解的流程，其有能力訴諸更高權力層級，以確保法律已被正確地實施

兩難（dilemma）
為一個同時存在兩個以上之互相衝突的情況，每個行動皆有令人渴望的結果

到訝異，而且你經常發現，只要直接找出事實，就能定義出解決辦法。它也能幫助發現牽涉道德兩難的反方同意存在的事實。

2. **定義衝突或兩難並辨識出當中具較優先的價值觀**。道德、社會和政治議題總會提出更高價值。否則，也就不會有所謂的爭論存在。各方皆在爭論中宣稱其在追求更高價值（例如自由、隱私權、保護財產權，及自由之企業系統）。舉例來講，如 DoubleClick 等使用廣告網路的支持者宣稱，追蹤消費者之網站移動行為可以增進市場效率及整個社會的財富。反對者則認為這種效率必須付出個人隱私權的代價，廣告網路應該停止他們的行動，或讓網路使用者可選擇不參與此項追蹤。

3. **辨別利害關係人**。每個道德、社會及政治問題都有所謂的利害關係人（stakeholder）：遊戲中的參與者會從結果中獲得利益，具有投資行為，並且通常會表達意見。辨識出這些團體，及他們想要的為何。這在之後的設計方案上應會有所幫助。

4. **辨別你可以理性地選取的選擇方案**。你可能會發現沒有一個可以完全滿足各方利益的選擇，但是有些選擇確實比其他的好一點。有時候，被認為是「好」或合乎道德的解決辦法，並不一定總是能在利害關係人之影響中取得平衡。

5. **辨別你的選擇之潛在結果**。有些選擇也許在道德上正確，但是從其他角度來看卻是災難。其他選項也許在某些情況下適用，但是在其他相似情況卻不成立。總是問自己：「如果我一直選擇這個方式會怎樣？」

一旦分析完成，你可以參考以下建立完備的道德原則，來幫助你達成決策。

候選之道德原則

雖然你是唯一一個可以決定你要在各個道德標準當中選擇哪個及如何安排優先順序的人，深植於許多文化當中一些久存於歷史的道德原則仍然可以幫助你進行決策：

- **黃金原則**：己所不欲，勿施於人。從其他人的角度來思考，將自己當作決策的目標，可幫助你思考決策之公平性。

- **普遍主義**：如果一個行為在各種情況下都是不正確的，則在任何特定的情況下也一定是不正確的（康德的至高令式，Immanuel Kant's categorical imperative）。請自問：「如果我們在每個情況下都採用這項規則，組織或社會是否能夠存活？」

- **滑坡理論**：如果一個行動無法被反覆執行，那就不該完成它（笛卡爾的改變論，Descartes' Rule of Change）。某些動作可能一種情況下可解決問題，但是如果重複動作，則會導致負面的結果。簡單來說，該定律可被陳述為：「一旦開始沿著斜坡滑下，你便無法停止了。」

- **集體功利主義**（Collective Utilitarian Principle）：採取能夠為整個社會帶來更好價值的行為。該規則假設你可以排序出價值的優先順序，並瞭解每個行為方式背後的後果。

- **風險趨避**：採取產生最少傷害、最低潛在成本的行為。有些行為的失敗成本很高且獲利機會很小（例如在都會區興建核能電廠），或者是失敗成本極高而獲利機會中等（超速及汽車事故）。即使可能失敗，也應該選擇那些不會導致大災難的行為，避免高失敗成本的行為。

- **沒有白吃的午餐原則**：假設除非有特別宣告，不然幾乎所有有形及無形的事物都由他人擁有（這是道德之「沒有白吃的午餐」規則）。如果別人所創造的某些東西對你有用，它即是有價值的，而你應假設創作者會希望由這些成果獲得補償。

- **紐約時報測驗（完美資訊原則）**：假設你對於某件事的決策將會成為隔天紐約時報的頭條，讀者的反應會是正面的還是負面的呢？你的父母、朋友及小孩是否會對於你的決定感到驕傲？大部分的罪犯和不道德行為者假設資訊是不會被完全揭露的，因此假設他們自身的決定和行為永遠不會被揭發。當進行牽涉道德兩難的決策時，明智的作法是假設完美資訊市場。

- **社會契約原則**：你是否希望生存在一個社會，當中你所支持的原則將會成為整個社會的組織原則？

例如，你可能覺得能夠下載非法音樂複製品是一件很棒的事，但是卻又不想生存在一個不尊重財產權的社會；例如，你家車道上車子的財產權，或是你對於學期報告及原創藝術作品的權利。

這些法則沒有一個是絕對的指南，且全部都存在一些例外及邏輯上的困難處。儘管如此，那些無法輕易滿足以上這些準則的行為，都需要非常密切的關切及小心，因為不道德行為的表象就如同你好像真正做了該行為，會對你的公司造成許多傷害。

現在你已經具備一些基本的道德概念，就讓我們更進一步地看看電子商務已經引起的主要之道德、社會及政治爭論。

8.2 隱私權與資訊權

隱私權（privacy）是個人擁有之單獨保留的道德權利，使其可遠離監視或是來自其他個人、組織及國家的干擾。隱私權是支撐自由的支柱：如果少了可以獨立、無懼的思考、寫作、計畫及與別人聯繫的隱私權的話，社會及政治自由將被削弱，甚至毀滅。**資訊隱私權**（information privacy）為隱私權之子集合。資訊隱私權的權利同時包括主張某些資訊不應該被所有政府組織及企業蒐集，及主張個人要能控制其所有被蒐集之資訊的使用。個人對私人資料的控制權為隱私權概念之核心。

正當流程也在定義隱私權上扮演重要的角色。正當流程在法律上最佳的陳述，是於 1970 年代早期所發展出的公平資訊原則（Fair Information Practices doctrine），其並於 1990 年代延伸至線上隱私權的爭論上（接著將會介紹）。

網際網路對於個人隱私權的威脅有以下兩種：一為源自於私領域的威脅，像是有多少私人資訊被商業網站所蒐集及其如何被使用。第二個威脅則源自於公領域，像是有多少私人資訊被聯邦、州政府及地方政府授權機構所蒐集，及他們如何使用這些資訊。雖然這些威脅來自不同的觀念，但實際上，當聯邦政府越來越信賴網路公司提供特定個人和團體情報，以及當搜尋引擎公司或其他公司（如 Amazon）紀錄網路行為被視為是合法權力時，他們是相關的。

隨著攝影科技和八卦記者入侵私人和有錢企業主的生活，對擁有隱私權的訴求以及跟隱私權相關的想法，開始在 19 世紀末的美國盛行。而在 20 世紀，隱私權的想法觀念和立法專注於限制政府對於個人資訊的蒐集及使用。隨著 1995 年起以網頁為主的行銷公司蒐集私有個人資訊的爆炸性成長，對於隱私權之關切開始上升，並傾向限制私人公司蒐集及使用來自網頁之資訊的行為。隱私權之要求也開始在工作場所中出現。數以百萬計的員工遭受各種型態的電子監視並在很多個案中是由公司之內部網路及網路科技所助長。舉例來說，大多數的美國公司會監視其員工所拜訪的網站，及員工的電子郵件與即時訊息；員工貼在訊息佈告欄與部落格的資訊也同樣被監視（Vaughan, 2007）。

隱私權（privacy）
個人擁有之單獨保留的道德權利，使其可遠離監視或是來自其他個人、組織及國家的干擾

資訊隱私權（information privacy）
同時包括主張某些資訊不應該被所有政府組織及企業蒐集，及主張個人要能控制其所有被蒐集之資訊的使用

一般而言，網際網路為企業和政府提供了一個理想的、適合侵害數以百萬使用者隱私的環境。與電子商務與隱私相關的最主要道德問題如下：在什麼條件下，我們應該侵犯他人隱私？透過不明顯監視、市場調查與其他方式入侵他人生活，哪些是合法的？與電子商務和隱私相關的道德議題主要關心的是「個人主觀之隱私期待」與隱私準則，以及公眾的態度。而與電子商務與隱私相關的最主要政治議題與電子商務相關之法規的發展。應該要如何克制那些可能不願意放棄從個人資料獲得利益的公營與私營組織？在接下來的章節中，我們先來看看電子商務公司構成隱私威脅的各種作法。

電子商務網站所收集之資訊

就如前面幾章所學，電子商務網站常蒐集那些拜訪其網站並在上面消費的消費者所提供的各類資訊。其中的一些資料構成了**個人可辨別資訊**（personally identifiable information, PII），其定義是指任何可以被用來辨別、定位或聯繫某個個人的資料（Federal Trade Commission, 2000a）。其它資料為**匿名資訊**（anonymous information），包括人口統計學及行為的資訊，如年齡、職業、郵遞區號、種族、及其它生活特徵等不會辨識出你的真實身份的資料。表 8.2 列出一些線上電子商務網站經常蒐集的個人識別資訊。這並非是個完全詳盡陳列的清單。

個人可辨別資訊（personally identifiable information, PII）

指任何可以被用來辨別、定位或聯繫某個個人的資料

匿名資訊（anonymous information）

指不包含任何個人資訊辨別線索之人口統計學及行為的資訊

表 8.2 電子商務網站所收集的個人資訊

姓名	銀行帳戶	教育程度
地址	信用卡帳號	喜好資料
電話號碼	性別	交易資料
電子郵件	年齡	點選流向資料
社會安全號碼	職位	瀏覽器種類

廣告網路和搜尋引擎也從上千個熱門網站中追蹤了消費者的行為，而非僅止於一個網站，其可能透過 cookies、spyware 及其他技術來達成。

表 8.3 說明線上公司蒐集消費者資訊的一些主要方法。

表 8.3 網際網路蒐集資訊的主要工具及其對隱私之影響

網際網路能力	隱私影響
cookies	用來追蹤網站上使用者資訊。
「第三方」cookies	放在外面第三方廣告互聯網的 cookies。利用監視與追蹤線上行為、搜尋，以及數以千計屬於廣告互聯網的網站拜訪，以達成顯示「相關的」廣告目的
間諜軟體	可以用來紀錄使用者鍵盤活動，包含網站拜訪與驗證碼的使用；也可以依據使用者的搜尋或其他行為來顯示廣告給使用者
搜尋引擎行為定位（Google 或其他搜尋引擎）	使用先前的搜尋歷史、人口統計、展露的興趣、地理位置或其他使用者輸入的資料來做廣告定位
深度封包檢測	使用安裝於網際網路服務提供者（ISP）的軟體追蹤所有使用者的點擊行為，販賣這些資訊給廣告商，試圖為使用者展示「相關廣告」
購物車	可以用來蒐集詳細付款與購買資訊
表單	線上表單是使用者為換取利益或獎勵而自願填寫，這些獎勵主要依據使用者的點擊及其他的行為資料進行連結所得到使用者的數據圖表
網站交易紀錄	可以用來收集與分析顧客瀏覽頁面內容的詳細資料
搜尋引擎	可以用來追蹤使用者在網路群組（newsgroup）、聊天群組與其他公開之網路論壇上的狀態與看法，用以描繪使用者的社會與政治觀點。當電話號碼被輸入時，Google 回報電話、地址，並連繫到指示地址的地圖
數位錢包（單一登入服務）	顧客端錢包與軟體顯示個人資訊給網站，以驗證顧客身份
數位版權管理（DRM）	軟體（Windows Media Player）要求使用者在網路媒體在觀看有版權的內容前先驗證自己
電腦信靠系統（Trusted Computing Environment）	軟硬體控制觀看受版權保護的內容，並要求用戶識別

資料分析及行為定位

平均每天有 1.25 億的美國人上網（Pew Internet & American Life Project, 2008）。廠商想知道這些人是誰，他們對什麼有興趣，以及他們購買些什麼。越是精確、完整的資訊，也就越代表了預測性及行銷工具的價值。在這些資訊的助益下，藉由瞄準特定的團體或個人進行特定的廣告，可讓廣告活動更具效率，甚至能夠為特定族群調整廣告。

大部分的網站都允許第三者 ─ 包括如 aQuantive、DoubleClick 及其他的線上廣告網路 ─ 在瀏覽的硬碟中放置「第三方」cookies，以便從數以千計之廣告網路成員的網頁中側寫使用者的行為。第三方 cookies 被用來追蹤橫跨數以百計或千計的廣告互聯網之會員。**資料分析**（profiling）是指創造可用來描述個人或團體之行為特徵的數位化形象。**匿名資料分析**（anonymous profiles）是指以匿名方式來辨識人們是分別屬於哪個高度特殊或目標的團體，例如 20 到 30 歲的男性、擁有大學學歷、年收入超過 3 萬美元、並對高價流行服飾有興趣（根據最近的搜尋引擎使用）。**個人資料分析**（personal profiles）則是指將個人電子郵件地址、郵件地址或電話號碼增加至行為資料中。有越來越多線上公司嘗試把網路資料分析和現有的零售或型錄公司加以聯結。在過去，個人會把有關其客戶行為所蒐集的資料放置在一個地方，用來瞭解消費者的行為，並且依據這些資訊來改變店面的設計。此外，許多店家也會蒐集消費者的購買及花費資料 ─ 通常在發生購買行為之後許久 ─ 而這些資料會被用來集中郵寄廣告和店內的宣傳活動上，或是大眾媒體的廣告上。

另一種不同型態的資料側寫和更新穎的行為定位形式為 Google 以結果為基礎的個人化廣告。在 2005 年 10 月，Google 申請了一個專利，允許廣告商使用 Google 的 AdWords 方案，並分析 Google 使用者過去的搜尋紀錄及資料，以進行聚焦的廣告，這些資訊包含使用者上傳給 Google 或是 Google 自行獲得的資訊，如年齡、人口統計資料、地域、及其他網站活動（如 blogging）。Google 也為另一個方案申請了第二個專利，Google 幫助廣告商選擇關鍵字並依照搜尋的歷史紀錄，依不同市場區隔設計廣告，例如幫助服飾網站創造並測試年輕女性的廣告。2007 年 8 月，Google 開始利用行為定位根據關鍵字幫助放置更相關的廣告。根據 Google 指出，新功能的目的是為能夠對使用者意圖有更全面的瞭解，進而提供更好的廣告（Tehrani, 2007）。Google 的 Gmail，其為一個免費的電子郵件服務，提供強大的介面，並於 2008 年 7 月釋出的 7.1G 免費容量。同樣地，Google 電腦讀取所有內部及外部的電子郵件，並且放置「相關的」（relevant）廣告在郵件的邊緣。資料分析已經發展至個人使用者，並以其電子郵件內

資料輪廓（profiling）
指創造可用來描述個人或團體之行為特徵的數位化形象

匿名資料輪廓（anonymous profiles）
以匿名方式來辨識人們是分別屬於哪個高度特殊或目標的團體

個人資料輪廓（personal profiles）
指將個人電子郵件地址、郵件地址或電話號碼增加至行為資料中

容為基礎（Story, 2007a）。並且放置「相關的」（relevant）廣告在郵件的邊緣。資料分析已經發展至個人使用者，並以其電子郵件內容為基礎（Story, 2007a）。

追蹤與資料分析分析的技術不斷發展。在 2008 年，Google 公佈自行研發的網頁瀏覽器 Chrome。當使用者輸入搜尋的字詞時，Chrome 會自動建議相關的關鍵字與網站。但批評者指出，這種「關鍵字紀錄」裝置會永遠記載使用者每一次的鍵盤使用情形，因此 Google 已經宣佈在 24 小時內會將資料匿名。

深度封包檢測（deep packet inspection）是用來紀錄 ISP 層中每位使用者的每個鍵擊之新技術（無論他們身在何處，最終都會進入網站），然後使用這些資訊做建議與定位廣告。當廣告互聯網受限制、甚至 Google 不能達成全面的搜尋時，而位於 ISP 層的深度封包檢測確是能夠確實掌握全面的網路使用者。NebuAd 即為此科技的先驅公司。2008 年多家 ISP 公司完成軟硬體測試後，引發隱私擁護者與國會的強烈抗議，導致這些 ISP 公司必須退出實驗，而 NebuAd 的產品則無法上市（Nakashima, 2008）。

> 深度封包檢測（deep packet inspection）
> 用來紀錄 ISP 層中每個鍵擊的技術

網路廣告公司宣稱網路資料分析可以讓消費者和企業雙方都獲益。資料分析允許目標廣告，確保消費者看到的大部分是他們真的感興趣的產品和服務，企業也因為不用花錢購買廣告給對他們的產品和服務沒興趣的消費者而獲益。產業認為藉由廣告效果的增加，網際網路就會得到更多效益，因而能夠讓網際網路免費內容的品質提昇。最後，產品設計者及企業也能因為分析使用者的搜尋及分析資料，而發現新的產品及服務需求。

批評者認為，資料分析忽略大部分人使用網際網路時，對於匿名及隱私的期望，並且把本來應為私人的經驗，變成個人每個動作都被紀錄的過程。當人們開始發覺其每個動作都遭受監視時，他們將更不可能去探索那些敏感的主題、瀏覽網頁、或閱讀具爭議性的議題。在大部分的情況下，使用者是看不到資料側寫過程的，有時甚至會隱藏起來。消費者在進行資料分析時不會被告知。資料分析能夠集結上百或是上千個無關網站上的資料。而廣告網路所放置的 cookie 是永久的，可能長達數天、數月、數年，甚至永遠。他們的追蹤會進行很長一段時間，並會在每次個人登入至網際網路上時繼續進行。這種點擊流向資料可用來產生分析資料，可包括每個消費者數百種不同的資料欄位。要結合所謂的匿名資料分析和個人資訊相當簡單，公司可以在不知會消費者的情況下更改其政策。有些評論者相信資料分析將導致網路束縛（weblining）—根據分析資料（profiles）來對一些客戶收取更高的產品或服務費用。儘管網路廣告商所蒐集的資訊通常是匿名的（非 PII 資料），但在許多情況下，

藉由追蹤消費者網路行為而產生的分析資料，會連結或混合個人之可識別資訊。DoubleClick 和其他廣告網路公司已試圖向離線行銷公司購買其所蒐集的離線消費者資料，以配對個人在離線及線上狀態的行為資料。然而，大眾的反應相當負面，以致於沒有一家網路廣告公司公開承認其有配對離線 PII 及線上分析資料。儘管如此，客戶網站鼓勵造訪者註冊並且獲得獎品、紅利或是內容之使用權，以取得如電子郵件地址及實體地址等個人資料。匿名行為資料如果能夠連結離線之消費者行為、電子郵件地址和郵寄地址，將會更有價值。

這些消費資訊也可以跟顧客的離線購買資訊合併，或是藉由調查與註冊表從消費者身上直接收集資訊。當顧客使用的網路連結技術由動態分配 IP 位址的電話數據機，改為使用 DSL 與纜線數據機的固定 IP 時，連結匿名形象到個人名字與電子郵件會變得更簡單且更普遍。

從隱私保護的觀點來看，廣告互聯網提升了關於私人公司擁有的資料會被誰看或是被誰使用之關切議題，如使用者分析是否會被連結到真實的個人驗證資訊（如名字、身分證字號與銀行信用帳戶），或者缺少消費者對這些資訊的控制、不多的消費者選項、不足的消費者提示，以及缺乏的編審與修訂程序。

網際網路及電子商務—如同我們在前面幾章所見—已加強政府及私人公司蒐集、儲存及分析個人資料的能力，而其程度為隱私權保護者及立法者所無法預知的。有了網路技術之後，侵犯個人隱私權變成低成本、可獲利且有效率的一件事。

網際網路及政府之隱私權侵犯：電子商務監視

按照常規，現今電子商務中消費者之行為、分析資料及交易紀錄，可被政府機構和執法授權機關大規模的使用。然而這卻助長了線上消費者的恐懼，在很多情況下，他們甚至會退出線上市集。在過去曾認為政府無法控制或監視網際網路，事實上這是背離事實的想法。在許多法令中早已強調執法授權機構可根據法庭命令及司法複審來監督任何形式之電子通訊，這是以其認為犯罪正在進行的合理信念為基礎。這包括了監視進行電子商務的消費者。在網際網路中，可藉由放置嗅探器（sniffer）軟體和伺服器於 ISP 的方式，監視目標嫌疑犯，其類似電話監聽所使用的 pen register 和 trap-and-trace 裝置之方式。美國通訊輔助強制法案（CALEA）、愛國者法案（USA PATRIOT ACT）、網路安全加強法案（Cyber Security Enhancement Act）及國土安全法案（Homeland Security Act）皆強化了執法機構監視網際網路使用者的能力，且不需告知。同時在某些據稱生命處

於危機的情況下，並不需受到司法的監督。此外，政府機構也是利用如 ChoicePoint、Acxiom、Experian 和 TransUnion Corporation 這類私有企業商業資料仲介者的最大用戶。這些機構收集大量消費者資訊，從各種離線及線上公共來源，如公共紀錄和電話目錄，以及非公共來源，例如從徵信機構而來的「信用人頭」（credit information）資訊（包括姓名、別名、生日、社會安全號碼、現在跟過去住址、及電話號碼等典型的資訊）。個人參考服務資料庫包含的資訊可從純粹的識別資訊（例如姓名和電話號碼）到更具延伸性的資料（例如駕駛紀錄、刑事及民事紀錄、財產紀錄、證照紀錄等）。這些資訊可以和那些從其他商業網站所蒐集的線上行為資訊加以連結，並組成一個廣泛的個人線上及離線行為的分析資料（Frackman, Ray, and Martin, 2002; Federal Trade Commission, 1997）。

國會已察覺到此類未受規範之政府入侵網際網路通訊的危險，及其對於電子商務隱私權的威脅，因而於 2004 年在總統府創立了隱私權及市民自由監督委員會（Privacy and Civil Liberties Oversight Board），以確保反恐怖主義法律不會大量毀滅其他的隱私權保護法。此委員會於 2006 年召開會議，並於 2007 年 4 月向國會發表了其第一份年度報告（Privacy and Civil Liberties Oversight Board, 2007）。

法律保護

在美國、加拿大和德國，立國文件（如憲法）及其他特定法律都已明確地賦予隱私權之權利。在英國和美國，隱私權的保護也出現於基本法中，主要是有關個人侵犯和傷害罪的一些法庭決策。例如，在美國，已定義四個隱私權相關的侵權行為，而其個人傷害是由私人團體所引起：為了商業用途而侵犯個人隱私、公開私人事務、錯誤地宣傳他人、以及擅自挪用他人之姓名或喜好（大部分與名人有關）（Laudon, 1996）。在美國，對抗政府入侵的隱私防護主要是由憲法第一修正案保障之言論自由和結社自由來保護，而憲法第四修正案用來保護對抗不合理的個人文件或居家搜索與扣押，第十四修正案則保障正當程序。

除了共同的法律和憲法外，同時也有聯邦法律和州法律保護個人免遭政府的入侵，以及在某些情況下，對於特定私人組織—如金融、教育與傳媒機構（電纜電視和影像出租）—訂定的隱私權（見表 8.4）。

表 8.4 聯邦和州隱私法律

名稱	描述
一般聯邦隱私法	
1996 年資訊自由法	給予人民檢視掌握在政府單位中與其相關的文件資料的權利；同時根據公眾權利，允許其他個人與組織有權利要求公開政府紀錄
1974 年修訂隱私法	管制聯邦機構資料蒐集的使用與公佈；給予個人檢視與校正紀錄的權利
1986 年電子通訊隱私權保護法案	管制違反安全之非法電子通訊
1988 年電腦比對與隱私保護法	管制不同政府機構所有檔案的電腦比對
1987 年電腦安全法	管制違反安全之非法電腦化檔案
1994 年駕駛人隱私保護法	限制由合法商業目的來取得州監理所持有之個人資料。也給予駕駛人防止公開駕照資訊給市場商人與一般大眾之選擇
2002 年電子化政府法案	管制聯邦機構對個人資料的收集與使用
聯邦隱私法影響私營機構	
1970 年公正債務報告法案	管制信用調查與報告產業。給予人民當他們被拒絕提供信用以及校正資訊程序時，有權力檢視信用紀錄
1974 年家庭教育權利及隱私法案	要求學校與學院給予學生及其家長取得學生資料的權力，並且允許他們挑戰與修正資訊；限制公開這些紀錄給第三方團體
1978 年財務隱私權法	管制金融業使用個人之金融紀錄；建立政府機構取得這些紀錄須遵守的程序
1980 年隱私權保護法	禁止政府人員對新聞辦公室和文件進行突擊搜查，若當時沒人在辦公室則被懷疑在犯罪
1984 年線纜傳播政策法	管制電纜產業收集與揭露訂閱者的資訊
1988 年影帶隱私保護法	在沒有法院命令與同意之下，防止揭露個人的影帶租閱紀錄
1988 年兒童線上隱私保障法	禁止在網路上對兒童欺騙性地收集、使用和／或揭露個人資料
1999 年金融服務業現代化法（亦稱 Gramm-Leach-Bliley 法）	要求金融機構知會消費者他們的隱私政策，並允許消費者可以控制他們自己的某些紀錄
1996 年醫療保險及責任法	要求健康照顧提供者、保險人和其他第三方人士對消費者公開隱私政策與建立適當的處理程序

名稱	描述
幾則州隱私法	
線上隱私政策	2003 年加州線上隱私權保護法為美國第一個要求商業網站或線上服務發表隱私政策的州法律。這些政策必須辨識網站拜訪者的個人訊息收集類別，以及這些資訊可能會分享到哪些第三方的類別。不遵守則會因不正當商業行為被控告有罪。內華達州與賓州禁止線上隱私政策有錯誤或欺騙的陳述。至少有 16 州要求要求政府網站建立隱私政策或程序，或把機器可讀的隱私政策放到網站上
間諜法規	某些州，包含加州、猶他州、亞利桑那州、阿肯色州與維吉尼亞州，皆通過間諜法規，未經使用者同意便安裝間諜軟體為非法
安全漏洞的揭露	2002 年，加州頒布法令要求擁有經授權之個人資料的國家機構或企業，若他們的感受到資訊中有安全漏洞需通知居民；超過 22 州頒布類似法令
個人資料隱私	內華達州與明尼蘇達州要求 ISP 保管它們客戶的個人訊息隱私，除非客戶同意公開資訊。明尼蘇達州也要求 ISP 須在揭露訂閱者的線上瀏覽習慣以前，須先得到訂閱者的同意
資料加密	2007 年 10 月，內華達州通過對交易的客戶個人資料加密。該法於 2008 年 10 月 1 日生效

告知後同意

告知後同意（informed consent，被定義為在擁有足夠進行理性決策的關鍵事實知識之下的同意）的概念在保護隱私權當中扮演重要角色。在美國，商業公司（及政府機構）可在尚未取得個人告知後同意之情況下，即蒐集市場上所產生的交易資訊，然後利用這些資訊來進行其他的行銷用途。在歐洲這被認為是非法的。歐洲之企業不能將其市場交易資訊運用在目前交易之外的其他用途之上，除非取得個人的書面同意書或是填寫表單。

傳統上告知後同意有兩種模式：選擇加入和選擇退出。**選擇加入**（opt-in）模式需要經過客戶贊成之行動後，才得以被允許蒐集和使用客戶資訊。例如，使用選擇加入模式，消費者會先被詢問是否同意被蒐集和

告知後同意
（informed consent）
在擁有足夠進行理性決策的關鍵事實知識之下的同意

選擇加入（opt-in）
需要經過客戶贊成之行動後，才得以被允許蒐集和使用客戶資訊

使用資訊，如果他們同意就會被導引去勾選一個選取方塊。除此之外，預設是不會允許資料的蒐集。在**選擇退出**（opt-out）模式，除非消費者勾選或者填寫表單，並採取確切行為表示不同意資料之蒐集，否則預設允許資料之蒐集。

> **選擇退出（opt-out）**
> 除非客戶採取贊成行動來避免其資料之蒐集，則預設是可以蒐集任何資料

直到最近，許多美國電子商務公司仍然拒絕接受告知後同意的觀念，取而代之只是簡單地在他們網站上發表了訊息使用的政策。美國企業主張告知消費者資訊如何被使用，即足以表示取得使用者的告知後同意。大多數美國網站將告知後同意做為預設選擇，若使用者不同意，必須到特定網頁請求選擇退出活動。有些網站在他們資訊隱私聲明頁面的最下方提供選擇退出選取方塊，但那裏很容易被消費者忽略。隱私倡導者認為，許多美國網站的資訊／隱私政策聲明都含糊不清，難以理解，並且合理化任何私人資訊之使用行為。舉例來說，Yahoo 在一開始的隱私政策便說明「Yahoo! 認真考量你的隱私」，接著它說「不會將你的個人相關資訊出租、販售或分享給其他人或未合作的公司」，然而這邊有許多例外情形明顯的削弱了這項說明，例如，Yahoo 可能會將資訊提供給任何一間與他們有合作關係的可信任夥伴公司。

聯邦交易委員會之公平資訊實施原則

在美國，聯邦交易委員會（Federal Trade Commission, FTC）首先進行線上隱私權之研究，並且向國會建議立法。FTC 為內閣層級的單位，負責促進市場功能的有效運作，保護消費者免於遭受不公平或是詐欺之行為，並藉由促進競爭之方式來增進消費者之選擇。除了報告和建議之外，FTC 也控告其認定違反聯邦公平交易法的公司，以執行現存的立法。

在 1995 年，FTC 根據侵犯線上隱私權可能牽涉詐欺或不公平行為的信念，展開一系列的線上隱私權調查。1998 年，FTC 提出公平資訊實施（Fair Information Practice, FIP）原則，並提出對於線上隱私權之評估與建議。表 8.5 描述了這些原則。其中兩項原則是保護現今線上隱私權之基本「核心」（core）原則，而其他實施原則的重要性則較低。FTC 之 FIP 原則，將政府研究團隊於 1973 年所發展的公平資訊實施法案（Fair Information Practices doctrine）以符合線上隱私權之形式重新修正及加強（U.S. Department of Health, Education and Welfare, 1973）。

表 8.5 聯邦交易委員會的公平資訊實施原則

通知／察覺 （核心原則）	網站必須於收集資料之前公開資訊實施辦法。包括收集者的身份、資料用途、資訊的其他接收者、收集性質（主動／被動）、自願性或必須、拒絕的影響，以及保護機密性、完善性和資料品質所採取的步驟
選項／同意 （核心原則）	必須有選擇機制，讓消費者選擇他們的資訊可以用在除了進行交易以外的其它用途，包括內部使用和移轉給第三者。必須有選擇加入／選擇退出的模式
取用／參與	消費者必須能以及時、低廉的程序，來審查和爭論有關自己被收集資料的正確性和完整性
安全性	資料收集者必須以合理作法，確保消費者資訊正確、且不受未經允許的使用
強制執法	必須有強制執行 FIP 原則的機制。可能包括自我規範、規定如何合法補償消費者的條例、或者聯邦法規

資料來源：Federal Trade Commission, 1998; 2000a。

FTC 的 FIP 原則為美國電子商務和其他網站所採取的正當隱私權保護程序之建立基準 — 包括政府和非營利組織網站。

在此時，FTC 的 FIP 原則是指導原則，而非法律。這刺激了私人公司和產業協會開始發展自己的私人指導原則（之後討論）。然而，FTC 的 FIP 指導原則已被用來當作新的立法之基礎。目前受 FTC 的 FIP 原則所影響之最重要的線上隱私權立法是兒童線上隱私保護法（Children's Online Privacy Protection Act, COPPA）（1998），其要求網站在蒐集未滿 13 歲兒童的資訊之前，必須先經過家長的許可。

在 2000 年 7 月，FTC 向國會建議立法保護線上消費者隱私權，使其免於受到廣告網路公司的威脅。表 8.6 摘要說明了委員會的建議。FTC 之資料分析建議大大地強化了 FIP 的告知與選擇原則，另一方面也加入了可蒐集資訊的限制。雖然 FTC 努力支持產業制訂自我規章，但是還是建議透過立法來確保所有使用網路廣告的網站，及所有的網路廣告商遵守法規。然而直到今天，國會仍未通過諸如此類的法律。

2007 年 11 月，FTC 舉行了為期兩天的研討會探討線上廣告、行為定位與線上隱私問題。消費者隱私權團體要求該機構「不追蹤」的制度要類似於 FTC「不打電話」之電話銷售條例，這讓人們更易於選擇退出行為追蹤程式，以及公開告示目前正在進行追蹤，並且要讓消費者能夠在廣告互聯網建立的資料中，查看和修改關於自己的資料分析。毫無意外地，線上廣告業認為 FTC 的規範會扼殺產業的創意。雖然至少有一個 FTC 成員在

會議上建議,需要建立關於隱私的政策,並且 FTC 需要增加在線上定位的監督,不過在不久的將來是否有任何新的 FTC 法規會因這些努力而成立仍舊不明(Story, 2007b)。

2008 年,搜尋引擎公司收購大型廣告互聯網的行為,強化了大家對廣泛行為定位的恐慌(如 Google 購買 DublicClick),導致 6 月召開國會聽證會。產業龍頭 Google 與 Microsoft 呼籲採取新的保護隱私權法,將他們的行為定位程序更加合理化。不過不論是國會或 FTC 都不願意通過新的法案。2008 年 8 月,四名立委致函給 33 家網路公司,其中包括熱門的搜尋引擎公司,要求他們詳細解釋他們的隱私政策(Clifford, 2008)。

表 8.6 FTC 有關線上資料分析方面的建議

原則	建議說明
通知	對使用者完全透明化,提供網站公開資料和選項。「確實有效的」PII 通知(收集的時間/位置;在開始收集之前)。對於非 PII 有明確且明顯的告示
選項	選擇加入就有 PII,選擇退出則是拒絕 PII。不能未經同意從非 PII 轉成 PII。可從網站上的某個網頁退出任何或所有的網路廣告
取用	有合理的條款以作檢查並更正
安全性	採合理作法來防止資訊失竊、誤用、或不正當使用
強制執法	由獨立的協力公司完成,例如批准系統和標誌計畫
限制收集	廣告聯播網路不能收集機密金融資訊或醫療相關主題、性行為或性向等資訊,也不能利用社會安全號碼來作資料分析

歐洲之資料保護行動

在歐洲,隱私權保護要比美國更強大。在美國,私人組織和企業被允許在未經過消費者事先同意的情況下,蒐集商業交易中所獲得的個人可辨別資訊,來進行其他的商業目的(即所謂的 PII 二次使用)。美國並沒有一個負責執行隱私權法律的聯邦機構。取而代之的是,隱私權的法律大都透過企業的自我規章來執行,而由個人主動向法院控告機構或公司以取得傷害賠償,但其代價昂貴且很少被完成。歐洲的隱私權保護取向,在性質上更為詳細且嚴格。歐洲國家並不允許企業在未經消費者的同意下就使用 PII。他們藉由創立資料保護機構的方式,並按照市民所提出的抱怨來執行隱私權法令。

1998 年 10 月 25 日,歐盟之資料保護指令(European Commission's Directive on Data Protection)已經標準化並擴大隱私權的保護於各歐盟國

家。這份指令是依照公平資訊實施原則條款所制訂，但另外延伸了個人對私人資訊的控制權。這份指令要求公司在蒐集與人們相關的資訊時必須主動告知，並且公開其如何儲存和使用。客戶必須在任何公司可以合法的使用這些資料之前，提供自己的告知後同意，並有權取得該資訊、修正、或是要求其不得再繼續蒐集資訊。此外，這份指令禁止將 PII 轉移給沒有同樣強大隱私權保護政策的國家。這代表由美國企業公司在歐洲所蒐集的資料不能被移轉或至美國處理（美國的隱私權保護法較弱）。這可能會潛在干擾美國與歐洲之間每年 3500 億美元的貿易流通。

美國商務部和歐盟委員會合作，為美國公司發展了一安全避風港架構。**安全避風港**（safe harbor）是一個符合政府之治理規章及法律目的，但不包含政府之正式規章或實施的私人自治政策和執行機制。然而政府扮演認證安全避風港的角色。決定參與此項計畫組織，必須發展符合歐洲標準的政策，並必須公開簽署商務部所維護的網路註冊名錄。以政府公平貿易法令之執行為後盾，美國開始按照自訂政策和規範來推動隱私權的保護。更多有關安全避風港程序和 EU 資料保護指令的資訊，請見 http://www.export.gov/safeharbor/。

安全避風港
（safe harbor）
一個符合政府之治理規章及法律目的，但不包含政府之正式規章或實施的私人自治政策和執行機制

私人產業之自我規章

美國的線上網路產業在過去一直非常反對隱私權之立法，認為產業本身能比政府在隱私權保護上作的更好。然而，如 AOL、Yahoo 與 Google 等私人公司，透過自己的政策，努力解決人民關注之關於互聯網上的個人隱私。線上產業在於 1998 年組成了線上隱私權聯盟（Online Privacy Alliance, OPA）以鼓勵自我規範，用來回應越來越多的公眾關切，及 FTC 和隱私權倡導團體所提出的立法威脅。

美國私人產業已從政府的管制中，創造了安全避風港的想法。例如，COPPA 包括了規定產業團體及其他團體取得 FIP 同意之自我規章指導原則，以實行 FIP 原則和 FTC 規則中之保護。2001 年 5 月，FTC 在 COPPA 條款的規定下，通過了 TRUSTe 網路隱私權保護方案作為安全避風港。

OPA 已經發展了一系列的隱私權指導原則，而其會員必須要加以執行。產業努力的主要重點是在於發展出線上「標章」（seals），以證明其網站有實作隱私權政策。Better Business Bureau(BBB)、TRUSTe、WebTrust和其他主要會計公司 — 位於 PricewaterhouseCoopers 的 BetterWeb — 已建立網站的標章。如果想要有標章，網站管理者必須遵照某些隱私權原則、擁有抱怨解決程序、並接受標章發行者的監督。目前約有 2250 個網站擁有 TRUSTe 標章，以及超過 4500 網站有 BBB 信賴標章。不過，線上

隱私標章對網站隱私實踐的影響有限，批評者認為標章計畫並沒有對維護隱私特別有效。因此根據這些理由，FTC 尚未將標章計畫視為「安全避風港」（除了兒童線上隱私保護法下 TRUSTe 的兒童隱私標章除外），該機構繼續推動立法，以強制執行的隱私保護原則。

廣告聯播網路產業也已組成一產業聯盟 — 網路廣告組織（Network Advertising Initiative, NAI），以發展隱私權政策。NAI 之會員公司包括 Advertising.com、Atlas（aQuantive 的一部分）、DoubleClick、Revenue Science、Tacoda 和 27/4 Real Media。NAI 和 FTC 已發展一系列的隱私權政策。NAI 政策有兩個目標：提供消費者選擇退出廣告網路的機會（包括電子郵件活動），並提供消費者資訊濫用的補償。為了達到選擇退出，NAI 創立了一個網站 — Networkadvertising.org，讓消費者可以使用全面性的選擇退出功能來避免網路廣告機構將他們的 cookie 放置到使用者的電腦中。如果消費者有抱怨，NAI 有一個連結到 Truste.org 的連結，可讓消費者在此提出申訴（Network Advertising Initiative, 2008）。雖然消費者仍然會像之前一樣收到互聯網廣告，但這些廣告不會對其瀏覽器的行為做定位。

為回應民眾對線上追蹤的擔憂，AOL 建立選擇退出策略，允許使用者在他們網站不被追蹤；Yahoo 根據 NAI 的原則，也允諾可以對追蹤和網路信標（網路臭蟲）做選擇退出；Google 則降低追蹤資料的保留時間。

普遍來說，產業在線上隱私權之自我規章的努力，並未成功降低美國人民對於從事線上交易時害怕隱私權遭受入侵之恐懼。充其量來說，自我規章提供消費者對於隱私權政策存在之察覺，但並非提供其看見、修正、使用或是控制其資訊的機會，其未提供具承諾的資訊安全，也未提供執行的機制（Hoofnagle, 2005）。在此同時，FTC 和國會指出，自我規章的努力是不在此區域立法的原因。請閱讀「商業觀點：隱私長」，來看看產業自我規章的另一種方式。

商業觀點

隱私長

你要如何向人證明你所擁有的公司在實務上確實遵守了你在網站上所聲明的隱私權政策？你的企業如何跟上新的隱私權相關立法之變革及歐洲政策的改變？很多公司的答案是創造一個新的主管職務：隱私長（Chief Privacy Officer, CPO）。IBM、AT&T、Eastman Kodak、DoubleClick、New York Life、ChoicePoint、Marriott International 和其他許多公司都已將這個職位新增至其高階管理部門的層級當中，並且這在健康照顧、財務服務、科技與消費性商品產業越來越普遍，這一部分是歸功於越來越多法規要求對個人資料的隱私保護。

CPO 究竟在做什麼？這項工作內容包含幾個方向。通常，CPO 的第一個工作是想出公司可以遵照的隱私權政策、監督新科技的開發並確保其注重到客戶的隱私、及告知並教導公司員工有關隱私權的概念。

另一個工作是幫助公司避免觸碰到隱私權的地雷，這是指那些在政策上或科技上犯的錯誤，使得任何人可能感到有隱私權上的疑慮，甚至有引起隱私權保護團體之抗議風暴的可能性。舉例來說，IBM 的 CPO 主張禁止使用基因資料庫數據做為員工招募與升遷評判的依據。

強調隱私權的新公司也替大型會計公司 PricewaterhouseCoopers 創造了新的生意，即其全球風險管理解決方案（Global Risk Management Solutions）之一。PWC 已經執行了上百件隱私權稽核。公司皆非常嚴肅的看待這個問題，因為資料的遭竊、遺失及隱私權的侵犯會直接威脅到公司的品牌形象。隱私權稽核可以辨識公司所面臨的風險並且指引正確的行動來避免團體訴訟（class action suit）、網路上的抗議及股東的敵意。而稽核者可以發現的是由 PWC 所稽核的公司中有 80% 沒有遵守其所聲明的隱私權政策。在大部分的情況下，這是缺乏訓練與人工錯誤所造成的結果。

那 CPO 會擔心什麼？在面對那些重視隱私權的自家員工及如何改變政策來處理風險等問題上，他們通常會遭遇困難。在 ChoicePoint 遺失 14 萬 5000 筆個人檔案給偽裝成真公司的罪犯的案例中，ChoicePoint 已經聘請了一個 CPO，其直接向董事會及 CEO 報告，並且改變了它以往驗證那些宣稱是合法企業其權限的程序。在這次的資料庫遭受入侵之前，ChoicePoint 並未驗證那些宣稱有存取其資料庫之需求的人之權限及合法性。

或許 CPO 所面臨的最大挑戰是聯邦立法。立法要求公司告知客戶他們的隱私權政策。1999 年的 Graham-Leach Bliley 法案要求所有財務服務公司告知客戶其隱私權政策。這造成數千萬的小冊子被送到客戶手中，而大部分是以難以理解的法律術語寫成。美國資訊安全規範（HIPAA），這個設計用來讓健康照顧機構之間的資訊紀錄傳送更加有效率，且保障隱私權的法律，已經解開了那些難以理解的隱私權宣導小冊子的束縛。HIPAA 要求所有的健康照護提供者及保險業者必須要有隱私長，

即使在那些只有 7 位醫師的小型醫療業務也是如此。而那些專業的協會，如隱私權專家國際協會（International Association of Privacy Professionals），已經公開表示對於聯邦法律的立法承諾未將消費者的真正利益及公司策略性的涉入列入考慮感到擔憂。

隱私權倡導團體

網路上已有許多監督隱私權發展的隱私權倡導團體。有些網站是由產業所支持，而有些則是依賴私人基金及捐助。表 8.7 中列舉了一些較知名的網站。

表 8.7 隱私權倡導團體

倡導團體	重點
Epic.org	位在華盛頓州的監督團體
Privacyinternational.org	追蹤國際上的隱私權發展
Cdt.org（民主與科技中心，Center of Democracy and Technology）	由基金會扣企業支持的團體，以立法為重點
Privacy.org	由 EPIC 和 Privacy International 贊助的交流中心
Privacyrights.org	教育性交流中心
Privacyalliance.org	產業支持的交流中心

科技解決方案

已有很多隱私權強化之科技被發展以保護使用者在與網站互動時的隱私權（見表 8.8）。這些工具大多數強調安全性 — 也就是個人保護本身之通訊與檔案免於受到非法竊取的能力。這只是隱私權的其一元素，其他是靠發展私人及公共政策，讓消費者在市場交易進行中的資料蒐集與使用得以控制。

表 8.8 線上隱私權的科技保護

技術	產品	保護
間諜軟體攔截器	Spyware Doctor, ZoneAlarm, Ad-Aware, Spybot（免費軟體）	偵測並移除間諜軟體和廣告軟體、密碼紀錄器和其他惡意的軟體
彈出式廣告攔截器	瀏覽器：FireFox 和 Internet Explore 6.0 SP2 與 7；工具列：Google、Yahoo 與 MSN；外掛程式：StopZilla、Adblock、NoAds	避免廣告伺服器傳遞彈出式廣告和其他類型的彈出廣告；根據使用者之要求限制圖像之下載
安全電子郵件	ZL Technologies; SafeMessage.com; Hushmail.com Pretty Good Privacy（PGP）	電子郵件和文件加密
匿名回覆地址	W-3 Anonymous Remailer; Jack B. Nymble; Java Anonymous Proxy	傳送電子郵件並且不留下紀錄
匿名瀏覽	Freedom Websecure; Anonymizer.com; GhostSurf	瀏覽並且不留下任何紀錄
Cookie 管理器	CookieCrusher 和大多數的瀏覽器	避免使用者電腦接受 cookie
磁碟／檔案刪除程式	Multilate File Wiper; Eraser; DiskVac 2.0	完全清除硬碟和磁片的檔案
政策產生器	OECD 隱私權政策產生器	自動發展符合 OECD 的隱私政策
隱私政策閱讀器	P3P	自動傳達隱私政策給使用者的軟體
公開金鑰加密	PGP Desktop 9.0	加密郵件及文件的程式

消費者在 spyware 阻擋程式、cookie 阻擋程式及瀏覽器的彈出控制等功能的使用率的成長，已經對於那些仰賴為廣告網路所放置的 cookie 的線上廣告產業造成直接的威脅。

或許其中最精密之科技的隱私權保護成果就是 P3P，其為 W3C（全球資訊網聯盟：一個國際性、非營利、由產業支持的網站標準團體）所贊助的**隱私權偏好平台**（Platform for Privacy Preferences）。P3P 是一個設計來與網路使用者建立網站隱私權政策之溝通管道，並將該政策與使用者的偏好加以比較的標準，或是指其他如美國聯邦交易委員會（FTC）的公平

隱私權偏好平台
（Platform for Privacy Preferences, P3P）
一個設計來與網路使用者建立網站隱私權政策之溝通管道並將該政策與使用者的偏好加以比較的標準，或是指其他如美國聯邦交易委員會（FTC）的公平資訊實施原則及歐盟個人資料保護指令等標準

資訊實施原則，及歐盟個人資料保護指令等標準。P3P 本身並不建立隱私權標準，而是仰賴政府和產業來發展。

P3P 是透過使用者的網頁瀏覽器來運作。在伺服器端，P3P 讓網站將隱私權政策轉譯成標準的機器可讀取之 XML 格式，使其可被瀏覽器及其他安裝的軟體外掛程式所讀取。而在使用者客戶端，瀏覽器會自動抓取網站的隱私權政策並且告知使用者。圖 8.2（A）說明了其運作方式。

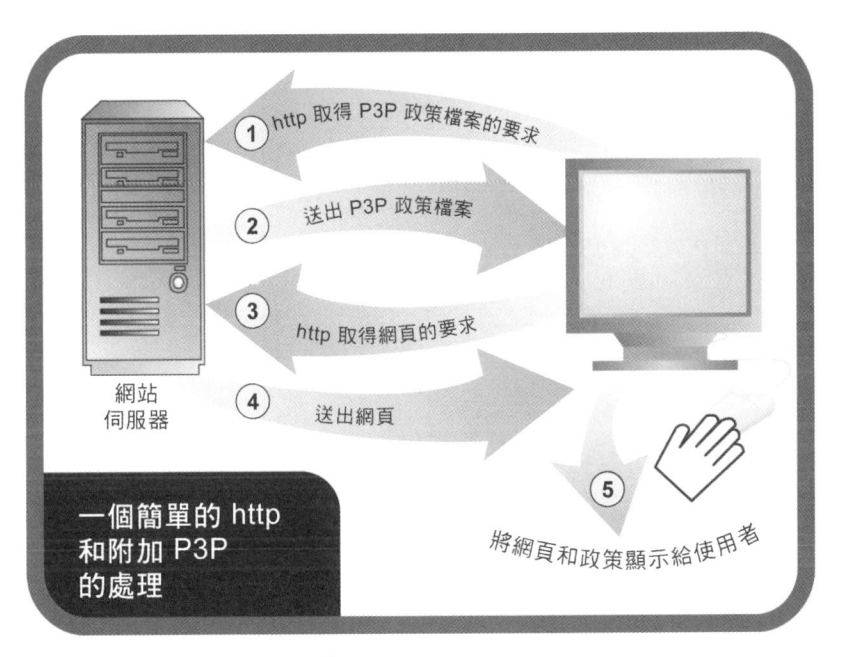

■ 圖 8.2(A)　P3P 之運作方式

隱私權偏好平台能自動在電子商務網站與顧客間做隱私政策的溝通。
資料來源：W3C Platform for Privacy Preferences Initiative, 2003。

P3P 現在已內建於 Firefox 和 Internet Explore 6.0/7.0 等瀏覽器當中。藉由捲動軸，使用者可以設定他們所想要的隱私權政策，而其瀏覽器將會自動讀取其所拜訪網站之隱私權政策，並且在該網站不符合其偏好時警告使用者（見圖 8.2(B)）。根據 Carnegie Mellon 調查指出，整體而言約 10% 網站，與超過 20%的電子商務網站目前實施 P3P，約為前 100 大網站的三分之一（eMarketer, Inc., 2007c）。

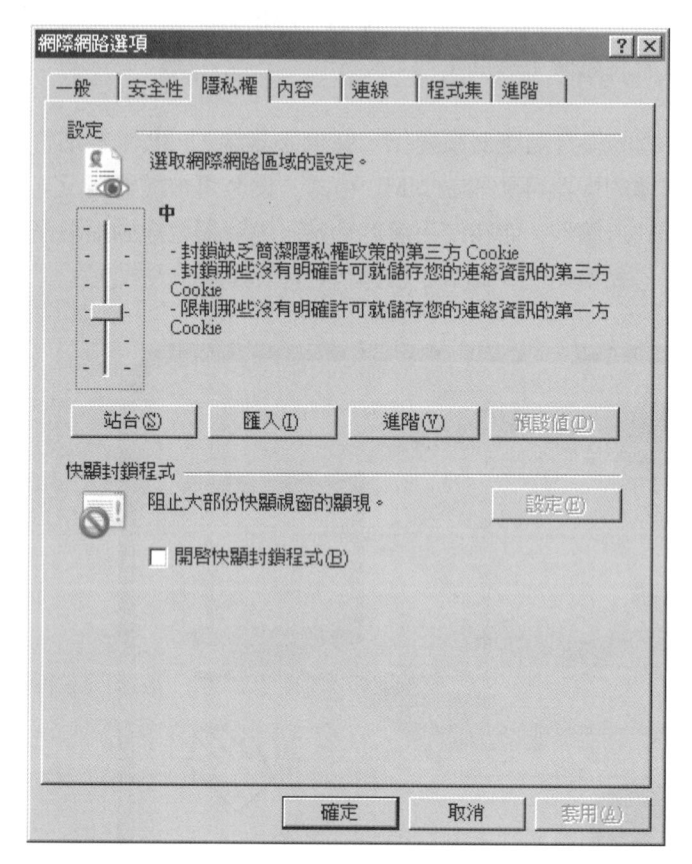

■ 圖 8.2(B) IE 7 的 P3P 作法

要在 IE 7 執行你的 P3P 個人隱私權設定，先點選工具指令，然後選擇網際網路選項。接著點選網際網路選項中的隱私權標籤。

當 P3P 作為增進消費者察覺與理解網站隱私權之方向的一個步驟，卻也無法達到其他的合理資訊政策的目標，如哪些資料被蒐集的限制、個人資訊之使用、使用者對於個人資訊控制、安全、和隱私權權利的執行。由此來看，它也無法有效增加消費者進行線上購物時的信任。大多數的使用者只是知道在 P3P 之預設設定為「中度」（medium），而不知道這到底是指什麼意思（Van Kirk, 2005）。

「科技觀點：隱私權拉鋸戰」中描述了一些可同時用來侵害及保護隱私權的新科技。

科技觀點

隱私權拉鋸戰：廣告商 VS. 消費者

我們正處於一個介於讓侵犯和保護消費者隱私權更加容易的兩種科技的拉鋸戰中。在隱私權侵犯這一塊，Experian 將網站連結至其資料庫中，並且即時提供瀏覽者的姓名與地址資訊。而像是 Acxiom 等公司則是將離線及線上的採購與行為資料結合成一個集中式的資料庫。2007 年 10 月 Acxiom 推出一個新服務 Relevance-X，利用資料庫決定哪些線上廣告要播放。MySpace 發展了他們的 HyperTargeting 廣告程式，利用使用者興趣搜索分析，然後傳遞相關廣告。2007 年 11 月，Facebook 引進一個廣告系統 Beacon，可以廣播會員在其他網站的活動給你 Facebook 上的朋友。Beacon 在會員與隱私團體中掀起了反對的風暴。2007 年 12 月，Facebook 執行長 Mark Zuckerberg 向 Facebook 會員道歉並改變 Beacon 程式，讓使用者可以明確地接受分享他們的活動給其他人。2008 年 8 月，Facebook 因違反聯邦及州法律中禁止未經授權的個人訊息發佈被起訴。目前，Beacon 須要求使用者做是否選擇加入程式的動作。

同時，你必須要避免開啟一些電子郵件的夾帶檔案，或是點選一些保證可以讓你獲得「立即獎賞」（instant rewards）的網站。這些舉動可能會使你意外地下載並且安裝某些 spyware 或 adware 程式，用以追蹤你的每一個鍵盤的敲擊，或是仁慈一點的，只是將廣告放置在你不想見到的地方，將你的螢幕畫面淹沒。

究竟這些廣告商是如何正當化地侵犯我們網際網路的私人使用行為？答案非常令人感到有趣。根據 DoubleClick 廣告網路的高階主管想法：在「自由」（free）網際網路背後隱含的協議（bargain），是消費者可以因為看廣告而取得網際網路的內容。你不會在意你花費 1000 美元買了 PC，和一個月花費 20 至 50 美元的網際網路服務費用。拿掉廣告或是其他的方式，將會使你在網際網路的資訊獲取上付出一些代價。在這些侵犯行為背後的主要理由，是行銷的效率與效能：當廣告商更瞭解你時，他們更能夠客製化及個人化廣告，在適當的時間提供你真正想尋找的資訊；當然，他們也更能夠向那些付費要求打廣告的客戶收取更多的費用。線上廣告商相信消費者正在說「拿走我的隱私權，但是請給我內容」。

問題是大部分消費者並不接受這樣的想法。廣告商可能並不十分瞭解客戶。在最近一項針對 1000 名網路使用者的產業調查當中顯示，只有 14% 的人表示想要提供資訊給網站以獲得客製化的內容，而有 71% 的人表示他們不喜歡這樣做，除非真的有必要得到一些內容或資訊。另一項研究報告發現，過去六個月，有 41% 的人因為不想分享個人資訊，因此提供不正確的資訊到那些要求個人資料的網站上。消費者似乎正在說「給我內容，但是要讓我保有我的隱私權！」。有些研究提出許多青少年與年輕人不如年紀長的成人關心隱私，但隱私專家相信這是因為他們不瞭解有多少關於他們的資訊被蒐集。

在隱私權保護方面，僅僅在幾年前便有許多的工具供消費者使用。一般認為，

P3P 這個讓使用者提防網站隱私政策並提供某些隱私選擇的軟體，並沒有非常成功。但現在 ISP 與獨立軟體公司提供一系列容易使用的工具：AOL 最近宣布它將提供「不追蹤」服務，連結消費者到大型廣告網路的選擇退出清單；開放原始碼的瀏覽器 Firefox 與 IE6、IE7 都有效阻擋彈出式廣告與圖像；Google、Yahoo、MSN 與 AOL 也釋出工具列提供類似的幫助。當軟體製作者如賽門鐵克將 cookie 阻擋與反間諜軟體等軟體當作軟體套件的一部分而自動安裝後，使用它們的人逐漸增加。例如最近一項調查發現，在美國有超過 80%的網路成人使用者使用防毒、防間諜與防火牆軟體，並有超過三分之二的人安裝瀏覽器或作業系統以阻擋彈出式廣告，拒絕 cookie 或阻擋特定的網站。即使這些估計約小於 50%，但表示相當數量的廣告實際上並沒有顯示在消費者面前。

這些消費者自救的行為讓傳統的網站廣告商十分擔憂。如果客戶拒絕彈出式廣告、追蹤其行為及儲存他們所有資訊又會如何呢？若是客戶不接受「有廣告的自由網際網路」（free Internet with ads）的交易又會如何？假使 50%的網路使用者都採用 ISP 所提供的隱私權保護，或是在市場上購買等同的產品又會如何？當網路廣告商阻止華盛頓州有效的保護隱私立法，及當其產業聯盟無法引起有意義的自治時，市場已經透過提供消費者一些強大的工具，以保護其自身隱私權的方式來作出了回應。

8.3 智慧財產權

國會應擁有權力去「促進科學與實用藝術之進步，讓作者與發明者在有限時間內，對各自作品及發現，享有專有的權利。」

— 美國憲法第一條第八節，1788 年

除了隱私權外，另一個和電子商務相關之最具爭議性的道德、社會和政治議題，就是智慧財產權的破壞。智慧財產權包含了人類心智所有的有形及無形產品。在美國，智慧財產的創造者擁有其創作。例如，如果個人開發一個電子商務網站，它將完全屬於你，而你擁有廣泛的權利可以用各種合法方式來使用這項「財產」（property）。但網際網路潛在地改變了一些事情。當智慧財產作品被數位化之後，將變得更難以控制其存取、使用、分配及複製。這些便是智慧財產權所嘗試控制的領域。

數位媒體與書籍、期刊及其他媒體不同，它很容易複製、傳播與更改；軟體作品很難歸類至程式、書籍、甚至音樂中；精簡性，使得竊取更為容易；而獨特性建立也變得更加困難。在網際網路被廣泛地使用之前，軟體、書籍、雜誌文章、或是電影的複製本都必須儲存在實體媒體中，如紙張、電腦磁碟片、錄影帶，這也造成了散播上的負擔。

在技術上，網際網路允許數百萬人把各種作品變成完美的數位複製品 ─ 從音樂到戲劇、詩文和期刊文章等 ─ 並在之後以接近零成本的方式將其傳播給數億的網路使用者。此項創新的增長如此迅速，以致於只有少數企業家會停下來思考自己網站使用的商業技術或方法的專利權究竟屬於誰。Web 的精神是如此的自由，因而使得許多企業家忽略了商標法，並註冊了容易和他家公司之註冊商標混淆的網域名稱。簡單來講，對於發展近兩世紀的智慧財產權法律，網際網路已展現其破壞傳統概念和實作之能力。

智慧財產權之類型

智慧財產權保護之型態主要有三種：著作權、專利及商標法。在美國，智慧財產權法律的發展始於 1788 年的美國憲法，它命令國會規劃出一份著作權法以促進「科學及實用藝術之進步」。國會在 1790 年通過第一個著作權法來保護原著作長達 14 年，如果作者仍然活著，會再給予 14 年的更新。從那時開始，著作權之想法開始延伸至音樂、電影、翻譯和攝影，而最近（1998 年）則延伸至 200 英呎以下的機身設計上（Fisher, 1999）。著作權法在過去四十年已被修正了 11 次。

智慧財產權法的目標在於平衡兩個相互競爭的利益 ─ 大眾及私人。大眾利益藉由創造或散佈發明品、藝術品、音樂、文學等作品，和其他形式的智慧表達來維持。而私人利益則透過一有限時間的獨佔權利，來賦予創作作品的個人專門使用權利。

維持利益平衡一直是新科技發明的一項挑戰。一般而言，上個世紀的資訊科技，從收音機、電視到光碟機、DVD 和網際網路，於一開始便削弱了智慧財產權法的保護效用。智慧財產擁有者常常成功的施壓國會與法院加強智慧財財權法對科技威脅的賠償，甚至擴張保護的時間與全新保護領域範圍。在網際網路和電子商務科技下，智慧財產權再一次受到嚴重挑戰。在接下來的內容中，我們將討論各個領域的重大發展：著作權、專利及商標。

著作權：完美複製品和加密之問題

在美國，**著作權法**（copyright law）保護如文學作品（書籍、期刊、授課筆記）、藝術、圖畫、照片、音樂、電影、表演與電腦程式等原始狀態之表達，使其於一段時間內免於遭受他人複製。從 1998 年開始，著作權法可保護個人作品直至其死後 50 年，至於工作之創作或是像迪士尼公司的米老鼠這種由公司所擁有的作品，則從開始創作後 75 年內都受到保護。著作權並不保護概念（ideas）── 它只保護如紙張、磁帶或手寫筆記等有形媒介的表達。

> **著作權法**（copyright law）
> 保護如文學作品、藝術、圖畫、照片、音樂、電影、表演與電腦程式等原始狀態之表達，使其最少 70 年免於遭他人複製

外觀與感覺

「外觀與感覺」（look and feel）著作權侵害官司，正是關於概念和其表達之間的區別。舉例來說，1988 年蘋果電腦控告微軟和惠普侵犯了其在 Macintosh 介面上的著作權。其中，蘋果電腦宣稱被告複製了重疊視窗之表達。蘋果電腦在 1960 年代末期發明此項電腦螢幕資訊表達方式時，未能成功申請到重疊視窗概念的專利。被告反駁，認為重疊視窗的概念只能有單一的表達，因此不能夠受著作權法之「混同」（merger）條款的保護。當概念和表達混同（例如只有一種表達概念的方式時），表達便無法取得專利權，但生產此表達的方式可以申請專利（Apple v.s. Microsoft, 1989）。

合理使用條款

著作權，如同所有的權利，並不是絕對。在某些情況下，嚴格執行著作權法可能會對社會造成傷害，並潛在地限制其他如表達與思考之自由等權利。因此，合理使用條款便創立了。**合理使用條款**（doctrine of fair use）允許教師和寫作者可在某種特定情況下，未經許可即可使用有版權資料。表 8.9 描述了五個法院在認定是否符合合理使用時的評估因素。

> **合理使用條款**（doctrine of fair use）
> 在某種特定情況下允許未經許可的使用有版權資料

表 8.9 著作權保護的公平使用考量

公平使用因素	解釋
用途性質	非營利或教育用途（相較於營利用途）
作品性質	戲劇或小說的創作性作品，比報紙報導等事實陳述得到更大的保護
使用的作品量	允許使用詩中的一節或書本的一頁，但不能使用整篇詩和書的一整章
使用之後的市場效應	使用之後會傷害原始作品的市場性嗎？ 是否已經傷害到交易市場上的產品？
使用情境	課堂上未經計畫的使用（相較於計畫性的侵害）

合理使用條款是根據第一修正案中對於言論（和寫作）所做的自由保障。記者、作家和學術人士必須要先參照或引用著作權之作品之後，才能對於著作權作品進行批評或討論。教授可以在上課前剪下當代的文章，將之複印，並且發給學生作為課堂討論主題的範例。然而，他們不能未補償著作權擁有者，就將該篇文章放入下學期的課程中。

制定合理使用的問題常是最近一些案例中探討的議題，其中包括本章最後介紹 Google 圖書搜尋的個案研究，以及許多近來的訴訟案。在 Kelly v. Arribasoft Corp 案 (2003) 與 Perfect 10, Inc. v. Amazon.com, Inc. 案 (2007)中，聯邦巡迴上訴法院的第十巡迴上訴法院裁定，因應搜尋需求而顯示縮圖的作法視為合理使用。Field v. Google, Inc. 案 (2006) 另一個類似的結果，內華達州地方法院認為 Google 利用頁庫存檔 (Cache) 的網站儲存與顯示也屬於合理使用範圍。在所有這些個案中，法院接受了以下主張：因應搜尋需求而做的內容儲存與顯示不僅僅是公開利益，同時也為版權所有人達到另一種形式的內容行銷，因而強化內容的商業價值。合理使用也是 2007 年 3 月 Viacom 對抗 Google 與 Youtube 的訴訟議題，於下面內容做深入探討。

1998 年千禧年著作權法案

1998 年的**千禧年著作權法案**（The Digital Millennium Copyright Act, DMCA）是第一個企圖使先前的著作權法也能在網路時代適用的努力。該法案是由美國主要的著作權擁有者（出版業、樂譜、唱片及商業影片產業）、網際網路服務供應商、及圖書館、大學和消費者等版權資料的使用者之間對抗的結果。社會和政治機構有時被認為是「慢的」，而網際網路則是「快的」，但在這個例子中，擁有著作權之有力團隊，已期盼如 Napster 這種網路音樂服務有數年。Napster 成立於 1999 年，但世界智慧財產權組織（World Intellectual Property Organization）— 一個由北美、歐洲及日本等主要著作權擁有國所組成的世界性組織 — 的工作開始於 1995 年。表 8.10 概述了 DMCA 之主要規定。

千禧年著作權法案
（Digital Millennium Copyright Act, DMCA）
第一個使先前的著作權法在網際網路時代也能適用的努力

表 8.10 千禧年著作權法案

章節	重要性
標題 I，WIPO 條款實行	若規避保護著作權物的技術性方法，而使用或複製作品，或是規避任何電子權利管理資訊，都是違法行為
標題 II，網路侵權責任限制	要求 ISP 如果侵犯著作權就「拿下」網站，並要求搜尋引擎封鎖對侵權網站的使用。規範 ISP 和搜尋引擎的責任

章節	重要性
標題 III，電腦維護及修理	允許使用者作電腦程式的備份，以供維護或修理電腦之用
標題 IV，其他條款	要求著作權部門向議會報告著作權物在遠距教學上的使用；允許圖書館製作作品的數位複製品，僅供內部使用；把音樂著作權擴充到「網站廣播」

資料來源：美國版權局，1998。

蓄意違反 DMCA 的懲罰包含對因傷害而受到損失的受害團體賠償。初犯者處罰包含 50 萬美元以上罰金或五年監禁，再犯者則是處以高達 1 百萬美元罰金與 10 年監禁，是很嚴重的懲罰。

DMCA 試圖解釋網路時代中兩個令人困擾的問題。第一，當任何實際使用的加密計畫都被駭客破解並且將結果散佈世界各處，社會要如何保護線上著作權？第二，有數以千計的 ISP（網際網路服務提供者）常常擁有侵權網站，或是提供網路服務給那些常常做侵權行為的個人，社會要如何控制這些 ISP 的行為呢？ISP 聲稱他們就像是電話服務提供者，只負責傳遞訊息，且他們並不想將他們的使用者暴露在監督之下或是侵犯使用者的隱私。不過 DMCA 認定，ISP 對他們消費者使用設施的行為有部份的掌握。

DMCA 落實世界智慧財產權組織（World Intellectual Property Organization, WIPO）於 1996 年的一項協定，宣告凡是製作、散佈或使用那些用以規避保護著作權物之技術性方法的設備皆為犯法，並對違反者處以嚴厲罰金與監禁判決。一般來說，ISP 無須侵入其用戶，然而，當著作權所有人通知 ISP 說有網站或個人使用者有侵權行為，他們就必須立即「記下」此網站以免責與免罰金。ISP 也必須通知訂閱者關於他們的著作權管理政策。著作權所有人可以傳喚任何使用 ISP 的個人侵權者。一些重要的 ISP 禁令，大多是關於 ISP 在不知情的情況下，短時間的瞬間資料存取。然而，若 ISP 從侵犯者身上獲得收益，將與侵犯者負相同的侵權責任，受到相同懲罰。

DMCA 的標題 I 為駭客行為的兩難提供一個部分的解答，有技能的駭客可能可以很輕易的解開任何目前在使用的加密技術，這表示大部分解密程序可能已經存在。WIPO 規定接受這種可能性，只是這樣做，或使這種解密程序散佈，甚至儲存和傳輸解密的產品或工具是非法的。

除了上述嚴格的著作權保護規範外，也有幾個免責的例外規定：非營利性圖書館審查之檢視工程、使用其他軟體以達互通性的還原工程、加密研究、隱私權保護與安全性測試。許多公司如 YouTube、Google 和 MySpace

都細讀 DMCA 中關於著作權擁有人要求移除侵權內容規定，以避免承擔著作權侵害的責任。分寸的界定，目前正由 Viacom 對抗 Google 與 YouTube 的 10 億元訴訟案，以及維旺迪環球音樂集團（Vivendi's Universal Nusic Group）對抗 News Corp.'s MySpace 的訴訟案中釐清。

專利：商業方法及流程

「不論是誰發明或發掘任何新的且有用的程序、機器、製造、或合成物，或任何新的且有用的改良，皆可以按照此標題的條件及需求，取得專利。」

— 美國專利法第 101 節

專利（patent）授予擁有者對於其發明背後之構想一個長達 20 年的獨有專利權。國會在專利法背後的意圖，是希望確保新的機器、儀器或工業方法的發明者，可由其付出的心力中得到全額的財務資金或其他獎勵，且一方面在專利擁有者的授權下，提供詳細說明給那些想利用此創意概念的人，以推動此項發明之廣泛使用。專利來自於 1812 年成立的美國專利商標局（U.S. Patent and Trademark Office, USPTO）。要取得專利權，比取得著作權保護（其只要作品創作完成即自動生效）更加困難且耗時。專利必須透過正式申請，且由專利局審查人員依照一系列嚴格的規定，來決定是否認可該專利。最後，由聯邦法院決定專利之有效與否及其受侵害的情況。

專利和著作權有很大的不同，因為專利所保護的是概念本身，而不是只有其表達而已。專利法規定，有四種發明得以享有專利：機器、人造產品、合成物，以及處理方法。最高法院已決議將專利擴展至「太陽之下任何的人造物品」（*Diamond v. Chakrabarty*, 1980），只要其同時符合專利法的其他條件。有三種東西無法取得專利：自然法則、自然現象、及抽象的概念想法。例如，數學演算法無法取得專利，除非其落實為有形的機器、或產生具「有用」結果的處理程序（數學演算法除外）。

想要取得專利，申請者必須證實其發明為新的、原始的、新奇的、不同於一般的，且沒有證據顯示過去有類似的藝術或作品存在。專利之取得和著作權一樣，已遠遠超出國會當初第一條專利法案的原意，也就是希望保護工業設計及機器。專利保護已延伸至製造規定（1842）、植物（1930）、手術及醫療程序（1950）以及軟體（1981）上。專利局原先並不接受軟體專利的申請，直到 1981 年最高法院決議將電腦程式歸屬於可獲得專利之程序的一部份，從那時開始，數千個軟體專利因而產生。現在幾乎任何創新、不顯而易見的軟體程式皆可取得專利。

專利（patent）

授予擁有者對於其發明背後之構想一個長達 20 年的獨有專利權

專利的危險在於其提高了產業的進入障礙，抑制市場競爭。專利迫使市場的新進入者須付出授權費用，而由於授權申請的漫長程序與延誤，因此而減慢創新概念技術應用的發展。

電子商務專利

大部分網際網路的基礎建設和軟體，是在美國和歐洲政府資助科學和軍事方案中發展出來的。不同於 Samuel F. B. Morse 發明了電報並取得摩斯密碼的專利，大部分形成網際網路和電子商務的發明，其發明者並未獲得專利。早期網際網路的特色，在於發展全球性社群的精神，和不分貴賤的創意分享（Winston, 1998）。早期的網際網路精神，在全球資訊網（World Wide Web, WWW）於 1990 年代中期朝向商業化發展之後開始改變。

1998年的 State Street Bank & Trust v. Signature Financial Group, Inc. 案例，是個合法決策的里程碑，為網際網路的商業方法專利鋪設了一條道路。在該案中，聯邦巡迴上訴法庭許可了 Signature Financial 的有效專利申請，其為給予一種允許主管監督並紀錄合作基金所產生之金融資訊流的商業方法。在先前，商業方法被認為是無法申請專利的。然而，法庭認為沒有理由不准許商業方法取得專利權的保護，或其他「以此條款廣義之解釋來看，任何牽涉到演算法的電子、化學或機械性的步驟程序」（State Street Bank & Trust Co. v. Signature Financial Group, 1998）。State Street 之決策引起了電子商務「商業方法」專利申請的爆炸性成長，在 2007 年便有超過 11000 個申請案（見圖 8.3），並且專案申請總數也有戲劇性的增長，從 1995 年的 23 萬 7000 件到 2007 年的將近 45 萬 6000 件。

表 8.11 列出一些有名且具爭議性的電子商務專利，檢視這些，你可以理解評論家與企業關注些什麼。部份專利宣告的範圍非常廣（舉例來說，「自己定價」的銷售方式），在網路發展之初已有先例（購物車），並且似乎「很明顯」（單點擊購買）。線上企業方法專利的評論家認為專利局對於如此的專利允許以及大多數的案例都太過寬鬆，這些自以為的發明僅僅只是複製網路發展之初的方法，不構成「發明」（Harmon, 2003；Thurm, 2000；Chiappetta, 2001）。讓情況更複雜的，是歐洲專利會議（European Patent Convention）以及大部分歐洲國家的專利法，並不承認商業方法，除非該方法是透過某些科技來實作（Takenaka, 2001）。

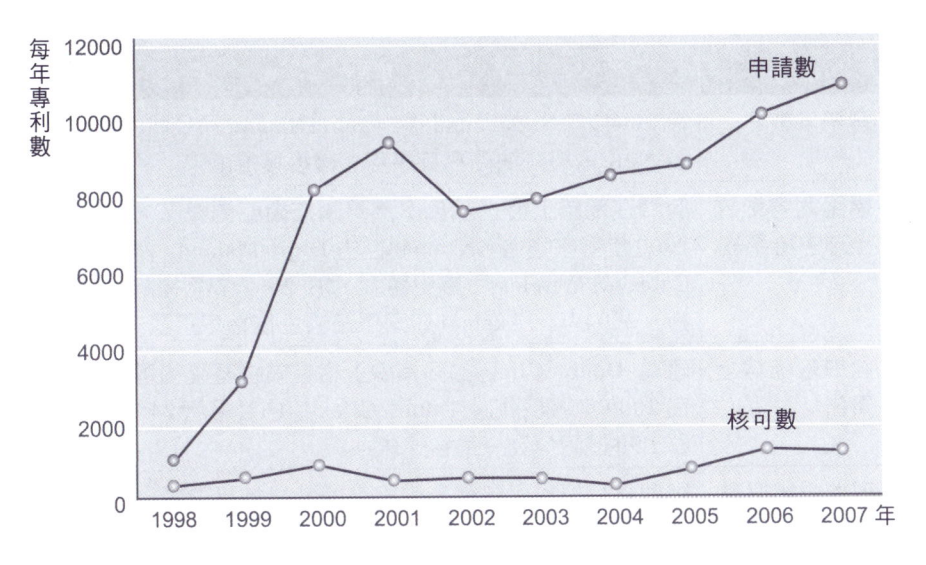

圖 8.3 網際網路及電子商務企業方法的專利

由於 1998 年一項法律決策鼓勵，這種專利的新申請也大幅增加，從 1998 年的 1337 件申請數增加到 2001 年的 9288 件申請數。2002 到 2005 年間，申請數相對地趨於穩定，平均每年約 7500 到 8500 件。但到了 2006 年，又再一次劇烈的增加，超過 10000 件申請。

資料來源：美國聯邦專利與商標局，2008。

表 8.11 一些電子商務專利

公司	主題	更新
Leon Stambler	安全通訊	擁有七項適用於電子通訊認證專利（1992 到 1998）的非官方發明者。在 2003 年德拉威州的評審委員會發現 RSA Security 和 VeriSign 並沒有違反專利。2005 年 2 月，Stambler 上訴到美國聯邦法庭的訴訟被駁回
Amazon	點選購物	亞馬遜（Amazon）企圖利用它在 1999 年通過的專利強逼 Barnes & Noble 的網站進行改變，但是聯邦法院最後推翻之前核准的禁止令，最後庭外和解。在 2007 年 8 月美國專利局（USPTO）駁回大部分的專利，因為證據顯示其他的專利時間較早，且送回給專利審查員重新考慮
Eolas Technologies	網頁中嵌入互動內容	加州大學資產分配的 Eolas Technologies 獲得 1998 年的專利。Eolas 在 1999 年對微軟在網路瀏覽器中侵犯其專利提起訴訟，並於 2003 年判賠 5 億 2 千萬。2005 年，決議部分被撤銷並送回地方法庭進行審判
		專利於 2005 年 9 月由美國專利局（USPTO）重新審查，在 2007 年 7 月 Eolas 和微軟最後以未公開的條約解決
Priceline	顧客導向的出價拍賣	最先是由研發實驗室 Walker Digitl 所發明，然後讓渡給 Priceline。由美國專利局（USPTO）在 1999 年核准。之後很快地，Priceline 向微軟及 Expdia 提出抄襲專利的訴訟。在 2001 年，Expdia 同意支付專利權利金

公司	主題	更新
Sightsound	音樂下載	在 2004 年，Sightsound 提出 Bertelsmann 子公司 CDNow 及 N2K 音樂網站侵犯其專利，最後獲得解決
Akamai	網路內容散佈全球主機系統	有關在網路上發送訊息串流相關技術範圍較廣的專利在 2000 年審核通過。Akamai 控告 Digital Island（隨後收購 Cable & Wireless）侵犯專利，於 2001 年獲得陪審團支持。2004 年，Akamai 在同意賠償金後結束訴訟
DoubleClick	動態散佈線上廣告	建構 DoubleClick 的商業線上橫幅廣告基礎的專利起初在 2000 年審核通過，DoubleClick 控告競爭者 24/7 Media 和 L90 侵犯專利，最後達成共識
Overture	效能報酬搜尋	針對電腦搜尋引擎所產生出來的結果進行位置排放的系統及方法的專利在 2001 年審核通過。競爭者 FindWhat.com 控訴 Overture 以不當法的手段獲得專利，Overture 以控告 FindWhat.com 及 Google 違反專利作為反擊，2004 年，Google 同意支付許可金給 Overture 進行和解。FindWhat 的訴訟在 2005 年於大陪審團決議，兩方聲稱勝利
Acacia Technologies	影音串流媒體傳輸	由 Greenwich Information Technologies 所創立的接收及傳送數位聲音或這影片內容的串流專利最初在 1990 年年代審核通過。這個專利在 2001 年被 Acacia 收購，希望可以建立加強這項專利，接著 Acaciau 便獲得許多的許可
Soverain Software	購買技術	所謂的購物車（shopping cart）專利是一個以網路為基礎的系統，包含了賣方、買方及付費系統所有交易，換句話說就是網路交易（e-commerce），一開始是屬於 Open Markets，接下來是 Divine Inc，現在是 Soverain。在 2004 年，Soverain 對 Amazon 提出侵犯專利的訴訟；Amazon 最後在 2005 年 8 月以 4000 萬和解
MercExchange（Thomas Woolston）	拍賣技術	人對人的拍賣及資料庫搜尋專利最初在 1995 年審核通過。在 2003 年，eBay 因為侵犯專利權，被要求支付 2 千 5 百萬美金。2007 年 7 月，美國地方法院否決對 eBay「馬上買」（Buy It Now）功能的永久禁令申訴，但仍判決處以賠償金。第二個專利的相關議題被延後，等候美國專利局（USPTO）重新審查
Google	搜尋技術	Google 網頁排序的專利在 1998 年申請失敗，在 2001 年核准

專利革新

一些關於企業方法專利的議題，專利「流氓」（如 Acacia 科技集團專門投機地收集廣泛專利，然後藉此威脅那些他們聲稱是違反專利的公司）混淆法律問題的決策，促使過去幾年中人們越來越要求專利改革，尤其是公司的技術部門。這種立法的目標之一為試圖強迫控制那些不生產專門收集專利的公司。2000 年，Nathan Myhrvold 成立一間新型態的專利投資公司 — 創意工廠（Intellectual Ventures）。前微軟技術長 Myhrvold 在數位科技範疇中累積超過 2 萬個專利，包含從小公司與企業買來的電子商務，當他發現哪些大公司侵犯這些專利，便威脅要起訴（Sharma and Clark, 2008）。

2007 年 9 月，美國眾議院通過專利改革法案，其中包括改變下列規定，專利制度從「先發明」制度改成「先申請」制度、改變專利侵權損害賠償的計算、提供一條法庭外挑戰專利的新途徑、限制專利訴訟的申請地區（以防止案件在其有聲譽的地區被起訴，使其更有利）以及惡意侵害之標準提高。參議院將在 2009 年審理同樣的法案。

商標：線上侵權與淡化

商標是「使用於商業...用來辨別和區分個人與他人所製造或銷售的商品，並指出商品來源...的任意文字、名稱、符號、裝置或任何組合。」

— 商標法案，1946 年

商標法是商標（trademarks）— 一種用來辨別及區別商品並指出其來源的符號 — 之智慧財產保護。商標保護皆存在於美國之聯邦及州政府層級。而商標法的目的主要有兩個。第一，商標法保護市場上之大眾，確保其能夠買到所支付且想要的東西。第二，商標法保護擁有者？那些已經花費時間、金錢和精力將產品帶到市場的人 — 免於受到剽竊或是濫用。商標已經從單一文字延伸至照片、形狀、包裝和顏色上。有些東西無法取得商標：單純屬於敘述性的常見單字（「時鐘」）、州政府旗幟和國旗、不道德或詐欺的標誌、或是那些屬於別人的標誌。聯邦商標之取得，第一種是用於跨州之商務，而第二種是向美國專利商標局（USPTO）申請註冊。商標將被授與十年之有效期，並可以無限期更新。

商標（trademark）
一種用來辨別及區別商品並指出其來源的符號

聯邦商標之爭論牽涉到侵權行為之構成。侵權行為之檢驗方式有兩面：混淆市場或惡意誤導（bad faith）。使用與現有商標混淆的商標，讓消費者產生交易錯誤、或誤認產品之來源，這屬於侵權行為。除此之外，也禁止蓄意誤用市場上的文字和符號，而侵犯到合法商標之擁有者的利益。

電子商務

商標淡化（dilution）
指任何會使商標和商品之間的連結削弱的行為

1995 年，國會通過了聯邦商標淡化法案（Federal Trademark Dilution Act），其使得淡化著名商標的行為成為了聯邦訴訟之一。該新法案免除了市場混淆的檢驗（但還是必須要控告侵權），並將保障擴展至著名商標的擁有者，以**對抗淡化**（dilution）行為，即指任何會使商標和商品之間的連結削弱的行為。淡化行為可藉模糊（削減商標與商品之間的連結）和玷污（以某種方式來使用商標，使該商標公司之產品變得看似不好或不安全）產生。

商標與網際網路

反網域名稱搶註消費者保護法（Anticybersquatting Consumer Protection Act, ACPA）
創造法定的責任給那些蓄意經由註冊具相同、或令人困惑的相似度及淡化商標特徵的網域名稱來從現有之有名且具辨別度的商標中獲益的人

為了回應越來越多發現自己之商標名稱已被網站企業所挪用的著名商標擁有者之申訴，國會在 1999 年 11 月通過了**反網域名稱搶註消費者保護法**（Anticybersquatting Consumer Protection Act, ACPA）。ACPA 創造法定的責任給那些蓄意經由註冊具相同、或令人困惑的相似度及淡化商標特徵的網域名稱，來從現有之有名且具辨別度的商標中獲益的人。這項法案並未規定刑罰。其禁止以「惡意誤導」之網域名稱來從現有商標的擁有者中詐取金錢（網路蟑螂，cybersquatting）；也禁止使用惡意誤導之網域名稱來將網站流量轉移到誤導之網域，造成原商標所代表產品之傷害，使得市場產生混淆、玷污、或毀謗商標（網際網路侵害，cyberpiracy）。該法案也禁止登記者在未經他人同意之情況下，登記由現存姓名、或類似名稱所組成的網域名稱，並企圖將此網域名稱加以販售至原擁有者而藉此牟取利益。

網路上的商標濫用有很多種形式。表 8.12 列出網際網路上幾個主要衝擊商標法的行為，以及所產生的法庭訴訟案件。

表 8.12 網際網路及商標法例子

行為	說明	訴訟案範例
網路蟑螂	登記與他人商標類似或雷同的網域名稱，以從合法擁有者處侵佔利益	E. & J. Gallo Winery v. Spider Webs Ltd., 129 F. Supp. 2d 1033（S.D. Tex., 2001）aff'd 286 F. 3d 270（5th Cir., 2002）
網際網路侵害	登記與他人商標類似或雷同的網域名稱，以轉移網站流量到自己的網站	Ford Motor Co. v. Lapertosa, 2001 U.S. Dist. LEXIS 253（E.D. Mich., 2001）; PaineWebber Inc. v. Fortuny, Civ. A. No. 99-0456-A（E.D. Va., 1999）; Playboy Enterprise, Inc. v. Global Site Designs, Inc., 1999 WL 311707（S.D. Fla., 1999）
		Audi AG and Volkswagen of America Inc. V. bob D'Amato（No. 05-2359; 6th Cir., November 27, 2006)

行為	說明	訴訟案範例
萬用標籤（metatagging）	在網站的萬用標籤中使用商標文字	Bernina of America, Inc. v. Fashion Fabrics Int'l, Inc., 2001 U.S. Dist. LEXIS 1211（N.D. lll., 2001）; Nissan Computer Corp., 289 F. Supp. 2d 1154（C.D. Cal., 2000), aff'd, 246 F. 2rd 675（9th Cir. 2000）
關鍵字	把商標關鍵字放在網頁中，不論看的見或看不見	Playboy Enterprise, Inc. v. Netscape Communicationsm Inc., 254 F. 3rd 1020（9th Cir. 2004）; Nettis Environment Ltd. v. IWI, Inc., 46 F. Supp. 2d 722（N.D. Ohio, 1999）; Government Employees Insurance Company v. Google, Inc., Civ. Action No. 1:04cv507（E.D. Va, 2004）; Google, Inc. v. American Blind & Wallpaper Factory, Inc., Case No. 03-5340 JF (RS)(N.D. cal., April 18, 2007)
連結	不經由首頁而連結到其他網站的內容頁面	Ticketmaster Corp. v. Tickets.com, 2000 U.S.Dist. Lexis 4553（C.D. Cal, 2000）
加框架	把其他網站的內容放進侵權者網站的框架中	The Washington Post, et al. v. TotalNews, Inc., et al.,（S.D.N.Y., Civil Action Number 97-1190）

網路蟑螂（cybersquatting）

涉及 ACPA 之前幾個案件中，其一是酒精飲料 "Ernest and Julio Gallo" 註冊商標之擁有者 E. & J. Gallo Winery，其控告 Spider Webs Ltd. 使用網域名稱 "Ernestandjuliogallo.com"。Spider Webs Ltd. 是家網域名稱的投機商家，擁有許多包含著名公司名稱之網域名稱。Ernestandjuliogallo.com 網站裡面有關於飲用酒精之風險和關於 E. & J. Gallo Winery 的反企業文章，網站的建置也相當粗糙。法庭裁定 Spider Webs Ltd. 違反 ACPA，且其模糊行為構成淡化，因為從 Ernestandjuliogallo.com 所連結的網頁上的每一個頁面都顯示該網域名稱。Spider Webs Ltd. 被禁止利用此特定商標來作為網域名稱（E. & J. Gallo Winery v. Spider Webs Ltd., 2001）。

網路蟑螂（cybersquatting）
包含以搶先註冊的方式來侵犯網域名稱或是其他對於商標的網際網路使用，目的是為了從合法擁有者中勒索報價

網際網路侵害

網際網路侵害（cyberpiracy）與網路蟑螂涉及相同的行為，但是多了將合法網站之流量轉移至侵權網站的意圖。在 Ford Motor Co. v. Lapertosa 案例中，Lapertosa 已經註冊並使用一個稱作 Fordrecalls.com 的成人娛樂網站。法庭認定 Fordrecalls.com 違反了 ACPA，因其惡意誤導並企圖將流量引至其 Lapertosa 的網站，並藉此淡化福特完整商標（Ford Motor Co. v. Lapertosa, 2001）。

網際網路侵害（cyberpiracy）
包含和網路蟑螂相同的行為，但是以從合法網址移轉網站流量至侵犯網址為意圖

萬用標籤

使用著名或顯著的商標來作為萬用標籤（metatagging），其法律狀態較一般更為複雜且微妙。只要不牽涉到誤導或是混淆消費者的意涵，在萬用標籤中使用商標是可以被允許的。而這通常得視網站的內容而定。汽車經銷商如果銷售知名廠牌的汽車，其可被允許使用其知名的汽車商標來作為萬用標籤，但是如果是色情網站就不能使用同一個商標，而競爭製造商的業者也同樣不能使用。福特經銷商如果在萬用標籤中使用了"Honda"便足以構成侵權，但若是使用"Ford"則不算侵權（福特汽車公司不會想對其經銷商申請禁制令）。

關鍵字

使用商標作為搜尋引擎之關鍵字（keywording）的許可性也很微妙，要根據其用法所產生「初次客戶混淆」之程度，或視其搜尋結果的內容而定。

在 Playboy Enterprise, Inc. v. Netscape Communications, Inc. 之案例中，Playboy 反對 Netscape 和 Excite 搜尋引擎在使用者輸入如"playboy"、"playmate"和"playgirl"等搜尋參數時，顯示與 Playboy 雜誌無關的橫幅廣告。第九巡迴上訴法庭否定了被告提議的總結判決，並認為當廣告商的橫幅廣告尚未貼上標籤以資辨明來源時，其行為將因造成消費者混淆而構成商標之侵權（Playboy Enterprise, Inc. v. Netscape Communications, Inc., 2004）。

Google 也已經面對了宣稱其廣告網路非法地利用其他人之商標的訴訟。例如，GEICO 保險公司指責 Google 允許其競爭者的廣告在搜尋者查詢"Geico"時出現之作法。在 2004 年 12 月，美國區域法庭裁定此項作法並未違反聯邦商標法案，只要"Geico"未被使用在廣告的文字當中（Government Employees Insurance Company v. Google, Inc., 2004）。Google 迅速地停止了後者的行為，該案件和平解決（Associated Press, 2005）。

連結

連結（linking）是指建立一網站與網站之間的超文字連結。這顯然是網際網路設計的主要特色和好處。**深度連結**（deep linking）包含跳過目的網站的首頁，直接連結到內容頁面。在 Ticketmaster Corp. v. Tickets.com 之案例中，Tickets.com 在活動售票市場直接與 Ticketmaster 競爭。當 Ticket.com 沒有某項活動的票時，會將使用者引導至 Ticketmaster 的內部網頁，跳過

連結（linking）
指建立一網站與網站之間的超文字連結

深度連結（deep linking）
包含跳過目的網站的首頁，直接連結到內容頁面

了 Ticketmaster 之首頁。儘管 Ticketmaster 的標誌是顯示在內部網頁中，但其還是反對這項作法，因為此類「深度連結」違反了其網站使用條款與網站使用情況（各自的網頁可見相關說明，而 Ticketmaster 將此視為等同於包裝認證），構成了負面廣告，並且違反了著作權。然而法庭發現這樣的深度連結並非違法，因其沒有複製行為，並不構成侵犯著作權，而條款與情況之使用並不明顯，也並未要求使用者閱讀所有活動的使用條款與情況之頁面。法庭拒絕支持 Ticketmaster，卻也使得授權議題上有了更大的爭議。在庭外和解時，Ticket.com 仍然同意停止深度連結之作法（Ticketmaster. v. Tickets.com, 2000）。

加框架

加框架（framing）包含將其他網站的內容以框架或是視窗方式顯示於個人網頁。使用者不需離開加框架者的網頁即可看見廣告，而目標網站的廣告會因此而被扭曲或去除。加框架者不一定會承認內容之出處。在 Washington Post, et al. v. TotalNews, Inc. 案例中，華盛頓郵報（Washington Post）、CNN、路透社（Reuters）、和其他幾個新聞組織一起對 TotalNews Inc.提出了告訴，宣稱 TotalNews 在 TotalNews.com 網站中利用框架侵犯了各原告之著作權與商標權。原告並聲稱 TotalNews 之加框架作法，有效地剝奪了原告之網站廣告收益。

> **加框架（framing）**
> 包含將其他網站的內容以框架或是視窗方式顯示於個人網頁

該案子後來於庭外和解。這些新聞組織允許 TotalNews 連結至其網站，但禁止加上框架、或是任何暗示與這些新聞組織有合作關係的行為（The Washington Post, et al. v. TotalNews, Inc., 1997）。

挑戰：平衡財產權保護及其他價值

在著作權、專利權法和商標法的領域當中，社會已快速回應來保護智慧財產免於網際網路所引發的挑戰。在這些領域中，傳統智慧財產權之觀念不只被提出，甚至更加強化。DMCA 似乎限制記者和學術人士使用加密的有版權資料，然而該保護卻未套用在傳統文件上。專利已經延伸至商業方法，且由於對網路蟑螂的恐懼，商標變得更受到保護。在 2001 年之前的早期電子商務年代，許多評論家相信網際網路技術將會掃除各公司保護智慧財產之力量（Dueker, 1996）。Napster 和數位音樂檔案之案例就是個有力的例子，說明了新技術如何能瓦解根深蒂固的商業模式及整個產業。在 Napster 案例中，產業贏得了法律訴訟，而 Napster 則被迫結束營業。產業界獲得了一分。Napster 很快就被新的科技所取代（真實點對點網路，true peer-to-peer networks）。這次換檔案交換者獲得一分。然而，美國最高法院和澳洲法庭已發現 Grokster 和其他 P2P 網路必須對其所造成的侵權行為

負責。澳洲法庭下令使用 Sharman Network 的 P2P 網路軟體來追蹤超過 3,000 個單字（作者和歌曲名稱），並將其從他們的網路當中移除。2005 年 11 月，與唱片產業合法和解條件之一是關閉 Grokster，並且付出 5000 萬美元之損害賠償（McBride, 2005）。

顯然目前的公司已經有一些非常強大的法律工具可用來保護其數位財產。在 2008 年，唱片產業控告了超過 3 萬名從事分享檔案行為之個人（Kravets, 2008）。另外，現在已有五個仲裁小組正在審理商標之爭議：WIPO、ICANN、國際仲裁論壇（National Arbitration Forum，其位於明尼蘇達州）、eResolutions Consortium（其位於麻州之 Amherst）、及位於紐約之 C.P.R. Institute for Dispute Resolutions。現在的困難點在於，我們已經過度保護那些強大且富有一方的財產利益，使得模仿的網站或內容無法得到廣泛的散佈與被認識，因而干涉第一修正案所確保之表達自由的實踐。

8.4 治理

治理（governance）
和社會控制有關：誰將控制電子商務，哪些元素將被控制，及這些控制如何被執行的

治理與社會控制有關：誰將控制網際網路？誰將控制電子商務當中之流程、內容及活動？哪些元素將被控制，而這些控制將如何被實作？一個自然且需要答案的問題便如此產生：為什麼我們身為社會之一份子，需要去「控制」電子商務？因為電子商務與網際網路之間密切相關（雖然只是不完全相同），控制電子商務也因此牽涉到網際網路之規範。

誰治理電子商務及網際網路？

網際網路與電子商務之治理皆已經過了四個階段。表 8.13 概述了電子商務治理之演進階段。

表 8.13 電子商務治理的演進

網際網路治理時期	說明
政府管制時期（1970－1994）	由 DARPA 和國家科學委員會控制網際網路，為完全由政府資助的計畫
民營化（1995－1998）	NSI 獨佔和指定及追蹤高階網際網路網域名稱。骨幹網路被售予私人電信公司，而政策問題尚未決定
自我規章（1995－目前）	柯林頓總統以及商務部鼓勵創立半民營組織 ICANN，來處理越來越多的衝突並建立政策
政府規章（1998－目前）	全世界的行政、立法及司法機關，開始對網際網路及電子商務執行直接控制

在 1995 年以前，網際網路屬於政府計畫。而自從 1995 年開始，私人公司開始被賦予科技基礎建設的管理權，也負責管理及授予 IP 位址以及網域名稱。然而，這段時間之內所形成的 NSI 獨佔企業無法代表網際網路之國際使用者，其也無法應付日漸增加的公共政策議題，如商標和智慧財產之保護、分配網域之公平政策。

在 1995 年，柯林頓總統利用商務部資金成立一個叫做網際網路名稱與位址管理機構（Internet Corporation for Assigned Names and Numbers, ICANN）的國際組織，希望能夠代表更多國家及利益團體解決日益浮現的公共政策議題。ICANN 想要成為一個網際網路／電子商務產業自我規章的組織，而非成為另一個政府機構。

網際網路與電子商務的爆炸性的成長創造了許多 ICANN 無權管理的議題，包括色情、賭博和侵犯性文字及圖片等，以及智慧財產權等商業議題，開啟了網際網路及電子商務將被世界各地政府進行規範的新時代。此時，我們正處於混合模式的政策環境中，各種網際網路政策及技術團體推動的自我規章，和有限的政府規範並存著。

網際網路可以被控制嗎？

早期的網際網路倡導者認為網際網路和從前的科技並不相同。他們認為網際網路是無法受控制的，因為它與生俱來的分散式設計、跨越國界之能力，以及其所利用的封包交換技術，使得監視與控制訊息內容變得不可能。很多人仍然相信這些說法在今天還是真實的。「資訊想要自由」和「網路無所不在」這些口號是在隱喻：電子商務網站（事實上指的是任何型式的網際網路網站）的內容和行為並不能像收音機和電視等傳統媒體一樣地「受控制」。然而，當很多政府和公司開始擴張其對於網際網路和全球資訊網的控制時，人們的態度已經開始改變（Markoff, 2005）。

事實上，網際網路在技術上是非常容易從集中位置來加以控制、監視或規範的（如網路存取點、及伺服器和路由器）。例如，中國、沙烏地阿拉伯、北韓、泰國、新加坡和許多其他國家，其網路存取是由國家擁有之集中式路由器所控制，引導國內外之流量或透過嚴格管制的 ISP 在國內運作，如中國的"Great Firewall of China"，允許政府封鎖對於美國或歐洲網站的存取，或須通過國家內嚴格規範的 ISP 營運。舉例來說，在中國，所有的 ISP 必須從資訊產業部（Ministry of Information Industry, MII）取得執照，並禁止傳播任何損害國家或色情、賭博或宣傳邪教的資訊。此外，ISP 與搜尋引擎如 Google、Yahoo 和 MSN，通常要自我審查其亞洲內容只能使用政府批准的新聞來源，MySpace 也在自我審查內容，因為他們認為

可能會觸怒中國政府。儘管如此，在 2007 年 10 月，據報導，中國將網路流量從 Google、微軟與 Yahoo 轉向中國經營的 Baidu.com（Ho, 2007；Elgin and Einhorn, 2006）。2008 北京奧運期間，中國也定期檢查西方媒體常用的網站，包括 BBC.com。

某些公司也會和中國政府合作追蹤寫部落格的人與新聞記者，做為在中國持續營運的條件。例如，Yahoo 曾被舉發幫助中國政府對一名傳送資訊到美國網站的男人做出十年監禁判決。

在美國，如我們在智慧財產權中的討論，當電子商務網站違反當下法律時可被移除，以及 ISP 可以強制「取下」引發爭議或被盜的內容。政府安全機構如 FBI 可獲得法庭命令監控 ISP 流量與數以百萬件電子郵件訊息。依據 2001 年 911 恐怖攻擊事件後通過之美國愛國法（USA PATRIOT Act），美國情報單位允許去竊聽任何他們認為與恐怖主義活動有關的網路流量，且在某些情況下可以不用經過司法審查。而許多美國公司正開始限制員工在工作時的網路使用，以避免員工從事賭博、購物或其他和商業目的無關的活動。

公共政府及法律

政府存在的理由，在表面上是為了規範和控制國家內部的各種活動。但我們忽略了大部分發生在其他國家的事情，儘管環境與國際貿易問題需要跨國合作。電子商務與網際網路提出了一些獨特的議題給致力於管理國內活動的公共政府。國家擁有形塑網際網路的力量。

課稅

很少問題能夠比電子商務銷售的課稅問題更能說明其治理上和司法上的複雜性。在歐洲和美國，政府皆仰賴按照販售商品種類和販賣商品價值的銷售稅。在歐洲，這些稅沿著整個價值鏈被蒐集，包括最後賣給消費者的銷售金額在內，而被稱為「加值稅」（value-added taxes, VAT）。而在美國，課稅金額是按照最後賣給消費者的銷售金額來計算，並稱為消費稅。美國有 50 個州、3000 個郡和 12000 個自治區，各有不同的稅率及政策。一般認為消費稅是一種退步的作法，因為這對那些消費佔大部分收入的貧窮者來說並不公平。

線上電子商務與離線商務之混合使得課稅問題更加複雜。目前，幾乎所有前 100 大的線上零售商中在訂單傳送至位於各州的實體店舖時收取稅金。但是其他像是 eBay 等公司仍然拒絕收取或支付任何稅金，它認為所

謂的課稅簡化計畫,最後終止於每個稅有多達 49000 個郵遞區號,幾乎不可能簡化(Broache, 2005)。課稅情況在服務上也是相當複雜。舉例來說,沒有一家專營線上旅遊網站會抽取全額的州和地方旅館居住稅。不選擇在消費者採購的全額金額上加上銷售稅,這些網站選擇從其旅館房間及票券的批發價上來收取稅金(Hansell, 2002)。

歐洲的稅務情況以及歐洲和美國之間的貿易情況也是同樣的複雜。由歐洲、美國和日本政府所組成的經濟政策協調組織:經濟合作發展組織(Organization for Economic Cooperation and Development, OECD),目前正在研究不同機制來對下載數位化商品收取消費和營業稅金。於 2003 年,EU 也開始對由外國公司運至消費者手上的音樂和軟體等數位商品收取加值稅。在先前,歐盟的企業被要求在對歐盟的銷售上收取稅金,但美國公司則不需如此。這給予了美國公司很大的稅金優勢。

網路中立性

「網路中立性」很像是政治標語,它意味著將不同的事交給不同的人。目前,網際網路骨幹所有者視網路流量為公平使用,所有活動(如文字處理、電子郵件與影音下載等)不論使用多大的頻寬都依統一的比率處理。然而,電話與有線電視公司讓網路骨幹可以根據網路上內容傳送的頻寬消耗索取不同的價錢。他們也可以配額頻寬,如此在過度需求的時候,他們會減緩某些流量(bandwidth hags,幾乎佔用網路中所有有效頻寬的機台或經常大量消耗網路中頻寬的伺服器),以讓其他流量(如電子郵件)能持續進行。有兩個方式可以達到這種配額做法:價錢或速度(頻寬控制)。龐大頻寬使用者若超出一些使用限制,可以被索取較高的費用,這就是所謂「交通擁擠收費」(Congestion Pricing)或「網路計量」(web metering)。

同樣地,下載大量音樂檔案的個人家庭使用者比起只利用網路收發信件與搜尋的使用者來說,要支付較高的月租費給網際網路服務商。舉例來說,2008 年美國最大的 ISP 公司 Comcast,開始降低使用 Bit Torrent 協定的流量,不過不是因為其內容涉及侵權,而是因為這些影音使用者消耗了 Comcast 大量的效能。在尖峰下載期間,Comcast 聲稱他的政策是管理效能的合理方式。但美國聯邦通訊委員會(FCC)不認同,於 2008 年 8 月裁定 Comcast 在共享軟體中非法抑制使用者應有之高速網路,Comcast 目前正申請上訴處理。目前時代華納有線電視(Time Warner Cable)正於德州波蒙特(Beaumont)與德克薩斯州進行用量計費測試,超過 5 gigabyte 基本服務的部份,每 gigabyte 收費 1 美元。

一分鐘的高畫質影音約 50 megabyte，為 800 字電子郵件的 10000 倍大。這違反了網路計量的概念，並且被索取較多費用的大寬頻使用者一直在遊說美國國會創建一個新層的網際網路管理，要求網路供應商用非歧視的方式來管理他們的網路。到目前為止，雖然這議題仍有層出不窮的問題，如線上影音與其他共享軟體消耗了越來越多的頻寬，國會仍尚未通過任何法案。

8.5 公共安全與福利

各地的政府皆宣稱其追求公共安全、健康及福利。這樣的行動產生了管理所有東西的法律，從重量之度量一直到國家高速公路，再到廣播與電視的內容。各種電子媒體（如電報、電話、廣播和電視）過去都曾受到政府所規範，以嘗試發展出合理的商業通訊環境並控制媒體內容 — 其可以批評政府，或冒犯社會的有力團體。

在美國，電子商務的重要議題集中在保護兒童、強力處罰大眾媒體上的色情、控制賭博，以及限制藥物與香菸販售以保護大眾的健康。

保護兒童

色情是非常成功的網際網路商業。根據許多不同的統計資料，2007 年線上色情網站產生了高達 20 到 30 億的收益，根據 comScore Media Metrix，每個月有超過三分之一的美國網路使用者造訪成人網站，並且 4%的總網站流量與 2%網站瀏覽時間都貢獻在成人網站上（eMarketer, Inc., 2007d；Moore, 2007）。

為了控制網際網路成為色情的媒介，1996 年國會通過了通訊端正法案（Communications Decency Act, CDA）。該法案規定，利用各種電信裝置來傳送「任何猥褻、粗俗、淫穢、卑鄙或不當之評論、要求、建議、提案、圖像或其他訊息」給任何人，尤其是給 18 歲以下之個人，屬嚴重犯罪之行為（Section 502, Communications Decency Act of 1999）。在 1997 年，最高法院以違反憲法之名駁回了 CDA，因其削弱了第一修正案所保障的言論自由。正當政府宣稱 CDA 就像是一種分級制度，准許超過 18 歲的人可以使用「成人」（adult）網站，但是法院發現 CDA 完全禁止任何內容，因此駁回了行政官員的「網路分級」（cyberzoning）論點，認為這是不可能做到的。

在 1998 年，國會通過了兒童線上保護法案（Children's Online Protection Act, COPA）。這項法案規定以「商業目的」（commercial purposes）「對未成年人傳達任何有害之資料」的行為屬於嚴重犯罪。有害資料之定義為淫亂、描述色情動作、對未成年者缺乏價值的資訊。這項法案與 CDA 不同之處，在於專門將重點放在「商業言論」（commercial speech）和未成年人。

在 2001 年，國會通過了兒童網際網路保護法案（Children's Internet Protection Act, CIPA），要求美國內學校和圖書館必須安裝「科技保護之措施」（過濾軟體），阻擋色情圖片以保護兒童。其他立法，如 2002 年的網域名稱法案（Domain Name Act），試圖預防從引誘兒童到以混淆的網域名稱或兒童所知道的角色來偽裝的色情份子等不道德的網站操作者，而 2002 年的少數兒童法案（Dot Kids Act）則授權了網際網路第二層網域名稱的創立，其內所有的網站必須宣告未包含對兒童有害的資料。

除了政府規章外，來自組織團體的私人壓力已經成功的迫使一些網站開始排除色情資料。2008 年 6 月，為回應來自紐約州總檢察長安德魯‧庫莫（Andrew Cuomo）的施壓，Verizon 通訊公司、時代華納有線電視以及電信巨人 Sprint 同意限制部份或所有 Usenet 群組的存取，以阻擋兒童網路色情內容的傳播；2008 年 7 月，T&T AOL 與 Comcast 亦跟進。

香菸、賭博及藥品：網路真的無疆界嗎？

在美國，州政府及聯邦政府皆已採取立法來控制某些活動與產品，以保護公共健康與福利。香菸、賭博、醫療藥品、當然還有上癮性的娛樂藥品，它們不是被禁止，就是被聯邦和州法律嚴格規範（見「社會觀點：網際網路藥品市場」）。然而這些產品和服務很適合透過電子商務網站在網際網路中散佈，因為這些網站可以設立於海外，且能運作於州和聯邦司法的管轄範圍外。至於香菸，州及聯邦當局已經相當成功地關閉美國境內的免稅香菸網站，一些主要的快遞公司如 UPS、FedEx 和 DHL 也被要求拒絕運送未稅香菸。在 2008 年 9 月，美國眾議院通過一項法案，將對那些透過電話或郵件或網際網路販售捲菸和無菸煙草的販售者加重課稅與要求保存紀錄，並把不遵從州稅法視為重罪。這樣法案也要求網路與其他遠端銷售的販售者要確認購買者的年齡，並禁止使用美國郵政服務來運輸。目前有一項類似法案正等待參議院決議（Abrams, 2008）。Philip Morris（美國知名菸品集團）也同意不提供香菸給那些被發現從事非法網際網路與郵購銷售的香菸經銷商。然而，東歐網站和位於美國印地安保留區的網站持續地接受使用支票和現金訂單的付款方式，並以郵政系統做為貨運夥伴，但

是他們的商業水準已經大幅衰退，這是由於消費者害怕州政府稅捐單位會揭發他們使用這些網站，而對其提出金額龐大的繳稅帳單。由於這些壓力以及最終會對此網站的消費者課稅之威脅，線上免稅香菸的銷售已經劇烈地下滑。

博奕也是一個有趣的例子，這是關於傳統司法與宣稱為無國界、不受控制的網路之間的衝突。線上賭博市場大多數位於海外，主要在英國與不同的加勒比海島嶼，於 2000 年到 2006 年間大幅度的增長，每年產生約 500 到 600 億美元的收益，主要是從美國消費者而來（估計高達 50%）。雖然聯邦政府爭辯根據美國聯邦法律線上賭博是非法的，但連同各聯邦法院提供之綜合意見，他們最初是無法阻擋的。在 2006 年 10 月，國會通過違法網路賭博執行法案（Unlawful Internet Gambling Enforcement Act），禁止信用卡、線上付費系統等金融業者提供線上博弈相關金融服務。這有效限制線上賭博公司在美國的合法經營，並且此後不久，一些領先的上市公司終止其在美國的業務。然而，該法案並沒有讓美國所有的線上賭博消失，一些小公司仍然提供境外賭博服務。線上賭博協會也提出法律違憲的質疑，聲稱網路賭博是憲法第一修正案所保護的隱私權利，並且他們擁有過濾技術，可確保兒童和強迫性賭徒無法訪問境外賭博網站。一些國家還根據世界貿易組織的規範，認為美國限制線上賭博是非法的，因此要求美國賠償（Parry, 2007; Rivlan, 2007；Pfanner, 2006）。

2008 年 9 月，美國眾議院金融服務委員主席 Barney Frank 要求聯邦機構界定「非法互聯網賭博」，理由是現有的立法和規章沒有規定這樣做，應由金融機構自己理解處理任一交易是否合法。

社會觀點

網際網路藥品市場

2008年8月，Hi Tech Pharmaceutical 總裁與其他公司的高級幹部為在非法的情況下共謀及散佈攙假及未經同意藥物的罪名進行辯護。這間公司透過垃圾郵件行銷煩寧（安眠藥）、贊安諾（抗憂慮藥物）、偉克適（消炎藥）、威而剛及犀利士（壯陽藥）等價格不高的偽藥，原以為這些藥物是在加拿大生產，但卻是在貝里斯一棟有四個房間的屋子裡製造。被告將面臨5年的刑期及每人25萬美元的罰金。這間公司對於這項詐欺的行為將面臨50萬美元以上或者雙倍的罰金。在2006年被迫關閉前，這間公司共賣了價值數百萬的藥物。

另一個案例是發生在2008年7月的Alvin Woody。北卡羅來納州兩間藥局的所有人在為被指控利用不合法的處方籤來散佈未受控制的藥物及洗錢進行辯護。根據起訴者的供詞，在2002年8月到2006年5月期間，Youronlinedoctor.com 的所有人兼經營者 Kathleen Giacobbe 及其他的四位被告，其中包含一位醫生與 Woody。他們利用非法的處方籤，共謀散佈數以百萬計效力強大且會使服用者上癮的止痛藥及憂鬱藥物給全國數以千計的消費者。而這種有目的的處方籤只需從網站上取得藥品的訂貨單，然後經由北卡羅來納州事先安排不會對訂貨單提出法律質疑的藥局填寫。這個網站雇用了一位醫生來製造合法的表象，利用醫師簽名的影印本，作為上傳訂單時之用。

根據在賓州大學（University of Pannsylvania）的 Trcatment Reaserch Institute 的研究，每年散佈沒有處方籤，使人上癮及有危險藥物的網站全世界超過兩百萬，這些網站通常是建立在對管制藥物相當少的國家。在 Columbia University 的 National Center on Addiction and Substance Abuse 在2006年發現大部分販售需要處方籤管制藥品的藥局大多忽略處方籤的機制。MarkMonitor 是一間專攻於線上商標的保護，在2008年的夏天調查了2968個藥局，發現目前有問題的交易超過預期。此外，利用 Google 搜尋「藥品」「不用處方籤」則可以得到超過2百萬個回應。

販賣不用處方籤的藥並不是網路藥品市場製造的唯一個危險。線上詐欺的藥局也許會販賣偽藥及不允許販賣的藥品。

儘管有這些缺點，線上藥局仍保有極具吸引人之處，且是快速成長的商業模式之一。而特別的是，一些年長的民眾（通常是一些守法的公民）會購買比較便宜的藥品。前1000大的藥局可以產生40億美元的產值。而線上藥品網站的主要吸引點是價格。他們通常位於那些處方籤藥品受價格控制的國家，或在價格結構比較低的國家，如墨西哥。美國市民通常可以從位於其他國家的線上藥房之購買中節省50%至75%的金錢。

目前拼湊式的管理建構了線上販賣藥品的管理機制。再以聯邦的層面來看，根據1938年的食品、藥物和化妝品法（Food, Drug and Cosmetic Act），處方籤藥物必須經過醫師開立才可購買，並且要以聯邦認證之藥品來配藥。為了逃避這個限制，一些線上藥局利用填寫問卷的方式來進行診

斷，在拿到這些問卷之後再經由醫師複查並開立處方籤。是否這些所謂的「有效」的處方籤，即藥局及藥物的服用會因為不同洲而有不同的標準。國會已經考慮立法，針對有效的處方籤建立一個全國性的標準，但是至今這個立法尚未通過。而問題是許多的線上藥局是在國外營運的，使得要以聯邦或者州權力行使司法權時會相當困難。在 2008 年 9 月，美國國會通過 Ryan Haight Online Pharmacy Consumer Protection Act 增強他對線上藥局的規定，除非有已經開業且至少一位的病人醫師的處方籤，否則不能在網路上販賣藥品。這個動作江也會要求線上藥局必須遵守他們商業行為所在州的法律。

在這樣的環境下，FDA 強烈要求消費者在從線上藥房購買任何處方藥物之前，應該先參考聯邦藥品管理協會（National Associa- tion of Boards of Pharmacy, Nabp.net）提供的資訊。其中包含 Drugstore.com、Caremark.com、CVS.com、Walgreens.com。然而仍有數以千計的網站是消費者需要特別注意的。

個案研究 CASE STUDY

[線上] 列印圖書館：究竟 Google 是合理使用，還是只是想賺錢？

Google 正極力想要將所有東西數位化儲存至其伺服器上，其創辦人也在沾沾自喜的宣佈中向我們保證，透過他們的努力，將可存取「世界上所有的資訊」（all the world's information）。結果證明這是自吹自擂，他們其實是在以你為目標，出售那些與你所搜尋的資訊相關的廣告。然而，當 Google 想要放置那些不屬於他們的資訊到伺服器時，問題就產生了。我們都熟悉有版權音樂及影片的情況，公司通常在美國之外的地方營運，不受美國法律的限制、並且變相鼓勵網際網路使用者在不需花費一毛錢的情況下，非法下載有版權的音樂，同時這些公司也從那些願意在他們的網路上刊登廣告的公司身上，迅速賺進了上百萬美元的廣告收入。

但 Google 並不是一個犯罪組織。對一個以「不作任何傷害」（Do no harm）為座右銘的公司來說，當他們出售廣告空間，並將數百萬塞進口袋但卻未將收益分給出版者和作者時，不太可能會在未經准許的情況下，使用一個會掃瞄數以百萬計未擁有版權的書籍的程式，並且讓搜尋引擎使用者可以免費存取這些書籍。而 Google 和檔案分享公司的最主要差異，在於 Google 有一個很深且裝滿現金的錢包，並且因其位於美國，而成為極佳的法律目標（legal target）。

這是一個有來自各方誇大說法的複雜故事。2004 年，Google 宣佈一個叫做「Google Book Search Project（之前稱為 Google Print）」的新方案，這個方案有兩個部分，出版商將會給予 Google 掃瞄其書籍之許可，或是同意掃瞄，並讓其部分作品或是參考書目的資訊（書名、作者和出版商）放到 Google 的搜尋引擎當中。無庸置疑的：出版商和作者得到了一個可以找到更大市場的機會，而 Goolge 則得以出售更多的廣告。

這個方案第二部分是比較有爭議的，在「Library Project（之前叫做 Google Print Library）」下，Google 打算掃瞄大學及圖書館中數百萬的書籍，允許使用者搜尋關鍵詞組，並顯示與其「相關的」（relevant）部分的本文文字，但全部不經過出版商同意，也不支付權利金。Google 表示該方案將「不會在未經著作權擁有者授權的情況下顯示整頁之內容」，而只會顯示「相關的」（relevant）部分。Google 給出版業直至 2005 年 11 月不想被採用書的清單。

Google 取得幾個頗負盛名的圖書館的背書，如密西根大學、哈佛大學、史丹佛大學、紐約公共圖書館及牛津大學等等。但並不是所有的圖書館館長都同意。有些人相信這是對於公眾取得圖書館收藏品的一項不可思議的擴展。而也有其他圖書館館長害怕這會對於作者和出版商造成傷害。一些知名的圖書館例如史密森尼博物館及波士頓公立圖書館，及東北 19 個研

究學術的圖書館聯名拒絕參與，一部分是和 Goggle 願意投資在收集這些資料上的限制。跟 Google 在不能將其內容做為商業搜尋用的前提下與已合作的圖書館合作。

Google 宣稱他們也是在執行一項公共服務，以建立書籍及相關部分內容之索引的方式，供數百萬的網路使用者取用，而且甚至可以幫助出版商賣出更多滯銷的新書。出版商不同意 Google 的說法，且有兩個訴訟很快地在紐約聯邦法庭提出訴訟。第一個訴訟團體是由 Authors Guild 提起訴訟；第二個則是由五個主要的出版商公司（McGraw Hill、Pearson Education、Penguin Group、Simon & Schuster 和 John Wiley & Sons）所聲稱的侵犯著作權。美國出版商協會（American Association of Publishers）宣稱 Google 想要得到權利去「單方面的改變著作權法並且可複製任何東西，除非有人告訴他們讓那些智慧財產團體當中的人來運作。他們（Google）持續談論這些事情之作法，因為它們對世界是好的。但是這從來不是一個法律的原則。他們「不做邪惡的事」（do no evil），除了他們正在竊取人們的資產」。或者，就像一位愛說笑的人所說，這就像是一位竊賊闖入你家中並幫你打掃廚房 — 這仍然算是一種破壞及闖入。

Google 宣稱這項使用是合理的並且遵照「合理使用」（fair use）條款，其源於數年來許多的法庭決策，並且於 1976 年被編納至著作權法案（Copyright Act）中（參照表 9.8）。自從 1930 年代末期，在圖書館和出版商之間「紳士的協議」（gentleman's agreement）下，在圖書館中複印或借閱書籍已被認為是屬於合理使用，而圖書館免除條款也於 1976 年編納至著作權法案的第 108 項中。圖書館借書籍給資助者一段有限制的時間，並且要求他們至少必須購買一本書。很多人會在閱讀完圖書館借的書之後將其推薦給朋友，而這些朋友通常會購買這些書而不會花費時間和精力到圖書館去。圖書館也被許多出版業者認為可協助他們將書籍行銷至更廣大的民眾，圖書館甚至被認為是在以增加識字及教育的一項公共服務。

微軟計畫在 2006 年開放其自己的書本即時搜尋（Microsoft Live Books Search），跟 Google 類似，但是在獲得原版權擁有者的許可下進行掃描，在 2007 到 2008 年間的來回競爭，微軟跟 Google 被迫發佈釋出一些與其簽約的出版商，最後在 2008 年 5 月微軟結束這個已經掃瞄 75 萬本書及 8000 萬篇學術文章的專案，微軟表達在這方面並沒有發現一個有價值的商業模式。

同時，開放內容聯盟（Open Content Alliance, OCA）已經開始一項龐大的書籍掃瞄專案，以創造一個開放式的書籍內容資料庫，而該資料庫允許任何搜尋引擎的存取，包括 Google 的搜尋引擎。整體來說，開放內容聯盟（Open Content Alliance, OCA）將會專注在公共領域且具歷史重要性的書籍上。但是對那些依然有著作權保護的書籍，他們會在掃瞄之前先取得出版商的許可。相較之下，Google 則是想要擁有並且控制其書籍資料庫。OCA 的提議者逐漸擔心允許一間以牟利為主要目的的私人公司，例如 Google，支配書的數位翻譯是一個危險的提案。主要公立及學術的圖書館（例如史密森尼博物館及波士頓公立圖書館）已經拒絕加入 Google 的計畫，卻希望已經掃描的書本可以在沒有商業的限制下被用於各個搜尋引擎及網路儀器。

幾乎所有的數位內容已經在 Google 統治網路搜尋產業的計畫中。當 Google 可以為更多的數位內容建立索引（地圖到音樂、電視節目、書籍、報紙和報導等），則其閱聽眾也將更多，也可以從出售廣告空間給廣告客戶中獲得更多的金錢。

個案研究問題

1. 誰受到了 Google 的 Print Library 方案的傷害？請建立一份受傷害團體的清單，並嘗試為每個團體提出一項可以排除或減輕其傷害的解決辦法。

2. 如果妳是圖書館館長，你會支持 Google 的 Print Library 方案嗎？原因為何？

3. 你相信 Google 所宣稱的，掃瞄整本書符合合理使用的概念之說法嗎？試說明原因。

4. Google 的 Print Library 方案和開放內容聯盟方案有哪些重要的差異？

5. 為什麼 Google 要進行 Print Library 方案？對 Google 來說它擁有了什麼？請列出 Google 受惠的清單。

學習評量

1. 倫理學對於個人有什麼基本假設？
2. 道德有哪三個基本原則？正當流程是如何被介入的？
3. 解釋 Google 認為 Youtube 並未違反出版商和作者的智慧財產權之立場。
4. 定義應用在道德方面之普遍主義、滑坡理論、紐約時報測驗、和社會契約規則。
5. 解釋為何一個有病情嚴重的人，會考慮在線上，例如透過醫療搜尋引擎或製藥網站，來研究自己的情況。請舉例有何種技術可以避免洩漏個人身分？
6. 列舉一些網站所蒐集的造訪者個人資訊。
7. 透過線上表單所蒐集的資料，和網站交易紀錄有何不同？哪一種能提供較完整的消費者個人資料？
8. 告知後同意之選擇加入模式為何和選擇退出不同？在哪一種模式中消費者保有較多的控制？
9. FTC 的合理資訊實施原則的兩個核心原則為何？
10. 安全避風港是如何運作的？政府在其中的角色為何？
11. 列舉出三種線上廣告網路已改善、或增加傳統離線行銷策略的技巧。
12. 解釋為何網際網路資料檔案應該對消費者和企業都有好處。
13. 隱私長在工作上會遇到哪些挑戰？
14. 網際網路將如何改變對於智慧財產的保護？哪些能力使其更難以執行智慧財產權法？
15. 數位千禧年法案想做些什麼？為何制訂此法案？其企圖避免哪些型態的違法行為？
16. 定義網路蟑螂，並說明網路蟑螂和網際網路侵害有何不同？網路蟑螂涉及哪一種智慧財產權侵害？
17. 什麼是深度連結？為何這是個商標議題？比較其和加框架有何相似和不同處？
18. 賭博招待室和賭場等違法企業，是運用哪些技巧才能成功的逍遙法外，並在網際網路上運作？

第4單元

運作中的電子商務

第 9 章　　線上零售與服務業

第 10 章　　線上內容與媒體

第 11 章　　社交網路、拍賣與入口網站

第 12 章　　B2B 電子商務：供應鏈管理與協同商務

線上零售與服務業

學習目標

讀完本章,你將能夠:

- 瞭解今日線上零售部門的營運環境
- 解釋如何分析網路公司的經濟可行性
- 確認不同類型的線上零售業面對的挑戰
- 說出零售部門的主要特徵
- 討論線上金融服務的產業趨勢
- 描述線上旅遊服務的主要產業趨勢
- 確認線上職涯服務產業的現今趨勢

電子商務

Blue Nile Sparkles — 為了你的埃及豔后

想要替你的埃及豔后找一個特別的禮物，但是又不願意花費很多的時間逛街嗎？想要找到一個由美國寶石學院（Gemological Institute of America, GIA）或是美國珠寶協會實驗室（American Gem Society Laboratories, AGSL）認證過的「Big Rock」，但是又不願意花費一大筆費用嗎？零售價能不能打個四折？不確定鑽石未來的價值？那麼珍珠、黃金、或是白金如何？

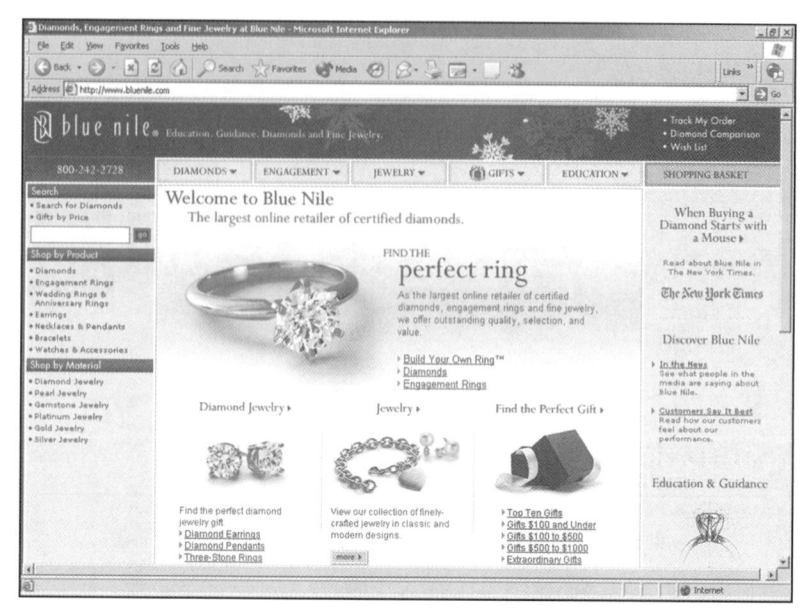

這些問題都有答案：BlueNile.com 在網路上提供了超過六萬顆鑽石讓人選擇，每一顆鑽石都從克拉（尺寸）、車工、顏色以及淨度四個方面評定等級，同時也都有一份由 GIA 驗證，可以直接在網路上瀏覽的報告。你可以很簡單地買下來切割開後磨光，或是直接在網路上選擇要製作成戒指、手鐲、耳環、項鍊、墜飾、手錶、或是胸針。為了方便起見，克拉等單位被轉換成毫克，一克拉相當於 200 毫克。只要問問她想要什麼樣的尺寸，然後看看你的錢包。雖然這網站絕大多數的訪客是女性，但是 85% 的顧客是男性。

2007 年 6 月，Blue Nile 售出了網路史上最大的物品，一個價值 150 萬美元、相當於一枚硬幣大小的 10 克拉、2000 毫克鑽石。而這只是透過一個簡單的滑鼠點擊，這隻滑鼠吼叫了嗎？

BlueNile.com 於 1999 年 3 月在西雅圖（Seattle）開始營運，當時的名稱為 RockShop.com，成立後旋即於 4 月買下一間西雅圖當地擁有網站的珠寶公司 — Williams and Son，並將其名稱改為 Internet Diamonds, Inc；11 月，正式啟用 Blue Nile 這個品牌，將公司改名為 Blue Nile, Inc；12 月，公司網站 BlueNile.com 開始上線；2004 年 3 月，Blue Nile 公開上市的發行股價為 20 美元，經過第一個交易日，旋即跳到 28 美元，整整上漲了 38%。但是在 1999 年網路中學到的智慧卻告訴我們：網際網路絕對不是一個能夠銷售珠寶的地方，CD 或者書籍則是頗有機會。原因為何？

購買珠寶，特別是高單價的鑽石的這個行為，被行銷學者稱為「顯著事件」，因為購買鑽石當作禮物的這種行為，通常會伴隨著一些顯著的事件出現，像是訂婚、結婚、或是週年紀念日。一般來說，這些事件都是與重要的伴侶兩人一同進行的，但是在網路上購物，無論是一個人或是兩個人一起，都無法營造出可與在浪漫的夜，手牽手，走進一間擁有柔和燈光、氣氛浪漫、說著花言巧語且擦著香水的銷售員的 Tiffany 專賣店比擬的感受。鑽石表示高額的花費，但通常很少有消費者真正瞭解他們的價值與價格，根據調查顯示，大多數消費

者認為他們以過高的價格買下鑽石,但卻缺乏相關的資訊與知識好幫助他們取得更好的價格 — 甚至連要分辨手中購買物的品質好壞都沒有辦法。消費者在選購鑽石時通常面臨到的狀況是:沒有清楚合理的方法來比較鑽石、在單一商店中選擇有限、店員可能得同時服務數名客人。大部分的專家都認為,在顯著情感以及對於所購買鑽石的不確定兩大因素下,只有極少數的消費者會在網際網路上一口氣砸下5000美元或更高的金額,在那些他們可能在好幾天內沒法看到或碰觸到的鑽石上面。

但伴隨著 2004 年的高度成長率以及驚人的平均銷售交易水準,珠寶業者以及時尚零售業者卻引領了第二次的網路零售業變革。結果證明,零售珠寶產業是理想的網路銷售候選人,原因如下段所述。

在美國,總值 510 億美元的傳統珠寶產業是一個拜占庭式的 12 萬 6000 間分散各地的實體商店集合,包含 2 萬 8000 間珠寶專賣店。大約有 95% 以上的珠寶公司只擁有一間店面,為了供應這個零散的市場,原鑽從經銷商、鑽石切割商、鑽石批發商、珠寶製造商、珠寶批發商、到最後的區域經銷商,共歷經好幾層的批發商以及中間人。但未經加工的鑽石原料則是由一間公司 — DeBeers 所壟斷,而這間公司同時也控制了世界上超過三分之二的鑽石市場,零碎的供應鏈與配銷鏈使得替鑽石原料定價的巨大權利全被壟斷。如今,一般零售商店所販賣的鑽石,標高價格(markup)已從數年前的 51% 下降到今天的 48%。而BlueNile 則是僅有 20%。

然而從 2003 年開始,網路上的鑽石商店每年從美國鑽石市場賺取超過 48 億美元,Blue Nile 就佔了其中的 6%。Blue Nile 在 2007 年的收入到達 3.05 億美元,比前一年上漲了 21%。在 2008 年的上半年,賺進 1.44 億美元,淨利也有 580 萬美元。這一整年可望會有可觀的成長。近年來的新創公司,像是 BlueNile.com、Ice.com、Abazias.com、Diamond.com、甚至Amazon 都開始經營珠寶生意。以 Blue Nile 為例,在供應鏈上,Blue Nile 透過「接單後訂製」(顧客下單後才訂購鑽石並付款)的方式簡化供應鏈,排除數層中間商,直接跟鑽石批發商以及珠寶製造商訂貨,藉由這樣的過程,將庫存可能造成的成本以及風險壓力降至最低;在配銷方面,Blue Nile 沒有昂貴的實體店面、店員、美麗但所費不貲的玻璃盒,取而代之的是一個網站,在這個網站上,Blue Nile 可以積極的滿足數以千計訪客對鑽石的要求,提供比傳統零售商店更具吸引力的消費體驗,合理化供應鏈與批發的結果,是大幅降低成本。因此Blue Nile 可以用 850 美元的價格向供應商購買一對圓形祖母綠與鑽石的耳環,並以 1020 美元的價格賣給消費者,而傳統零售商會對同樣的商品開價 1258 美元。

為減少顧客因不瞭解鑽石的價值所產生的焦慮,Blue Nile 及其他的線上零售商的網站同時包含關於鑽石的入門指南以及評鑑系統,提供消費者大量相當於珠寶鑑定師所能給予的資訊,並由非營利的第三方機構(例如GIA)針對每一顆鑽石提供獨立的品質評價,更提供三十天內無條件全額退費的保證 — 藉由建立這種以知識及信任為基礎的環境,改善消費體驗。

儘管因為低廉的售價,使得毛利率偏低,然而平均起來,每售出價值 1.29 億美元的珠寶,傳統實體連鎖珠寶業者需要 116 間商店以及 900 名員工,Blue Nile 則僅需一個網站,一萬平方英呎的倉儲空間以及 115 名員工,這種效率使得 Blue Nile 即使與全美最大實體連鎖珠寶業者 — Zales Inc(其非線上的主要競爭者)相較,Blue Nile 仍然有著較高的淨利。

經過快速成長的 2007 年,Blue Nile 的股價在 2008 年維持於 40 到 70 美元之間,2008年 9 月的股價約為每股 50 美元。Blue Nile 公司的鑽石平均價錢是 5500 美元,而其他的零售商則是 2500 美元。

目前為止，Blue Nile 的低邊際成本以及網路的高效率優勢，已經嚴重衝擊到傳統的珠寶店，這幾年大約有 3000 家小型零售商消失。而像 Tiffany、Zales 這些較大型、仍擁有比 Blue Nile 還多銷售額的商店，則是繼續在這個產業中得利。Tiffany 跟 Zales 都有網站，Tiffany 的比較像是個宣傳性網站，將顧客吸引進他們的實體店面。而 Zales 的網站比較多實際的銷售，也有在線上訂製鑽戒的服務。不過在驗證上還沒有像 Blue Nile 做得那麼好。雖然 Blue Nile 已經相當成功，但還是需要緊緊看住他的競爭者，因為他們並沒有落後太多！不過截至目前為止，Blue Nile 的前途仍然相當看好。

相較於傳統的零售業者，純粹由網際網路起家的零售商，有著不同的優勢與劣勢，Blue Nile 的實例說明了這一點。一個純粹的電子零售商，能夠以網際網路為基礎，徹底地改良既有產業供應鏈，發展出一套全新地、遠比傳統業者有效的配銷系統，並重新定義對顧客的價值定位（Value proposition），改善服務，提升顧客滿意度；另一方面，純粹的電子零售商通常只有很低的邊際利潤，同時缺少實體商店網絡支援，無法將商品銷售給那些不接觸網際網路的消費者，更糟糕的是，他們的商業模型通常架構在未經證明的假設之上 ─ 這些假設很可能在短期內很有效果，但是卻不適合長期營運。大型的非線上零售商，像是 Wal-Mart、JCPenny、Sears、與 Target，都已經建立起各自的品牌、具有忠誠度的基礎客戶、以及有效率的存貨管控與交貨系統。我們將會在本章看到，傳統的實體商店零售業者甚至更具優勢，我們也會發現，為了充分運用資產和核心競爭力，這些擁有實體商店的零售商必須培養新的競爭力以及詳細規劃網站營運計畫。

針對零售物品，純粹網路服務提供者的優勢就是能夠提供優質的服務以及給百萬消費者們相當大的方便，而由於成本較實體商店便宜，依然能夠回本。這樣子的服務自然轉成電子商務，因為其中的許多價值都是以收集、儲存、交換資料為基礎。事實上，線上服務一直在銀行業、經紀業、旅遊、尋找工作上相當成功。提供給顧客做決策的財務、旅遊、職業規劃等等的線上資訊，不論是質或量，都比以前沒有電子商務的時代還要進步。

線上零售業這樣子的線上服務單位，同時展現出了爆炸性的成長和一些讓人印象深刻的失敗。若不談這些失敗，線上服務已建立了顯著的據點，並且在顧客上網時扮演很重要的角色。在仲介、銀行業、旅遊，線上服務有非常多成功的故事，也改變了這些產業。至於零售商，許多早期的創新者，例如 Kozmo、WebVan 以及像是 BizConsult.com 這樣的顧問公司已經消失。但也有一些成功的例子，例如 E*Trade、Schwab、Expedia、Monster。許多現有的服務提供者，像是 Citigroup、JPMorgan Chase、Wells Fargo、Merrill Lynch 還有大型航空公司，也都發展了成功的線上電子商

務網站。在 5 至 7 節，我們會更細節的討論三個最成功的線上服務案例：金融服務（包括保險業跟不動產）、旅遊服務、職業服務。

9.1 零售部門

表 9.1 整理了 2008 至 2009 年線上零售業的主要趨勢。不論是線上零售商還是實體零售商，他們都整合了營運項目，以不同方式服務客戶。

表 9.1 線上零售業 2008－2009 年的主要趨勢

- 社群網站的快速成長，使用者產生的內容推動了「社群網路購物」，消費者可以在網路上互相推薦並且發表評論。
- 線上零售業藉由收益的成長來增加可獲利的營運項目，也更重視營運的效率。網路仍然是成長最快速的零售通路，而且預估將在 2010 之前超越電子郵件以及電話訂購。
- 線上購物已經變成相當平常的主流行為、甚至是每天的例行公事。約有 80%的美國上網者都會在網路上購物。
- 隨著顧客的經驗成長以及信任增加，線上購物的項目已經包括了像是珠寶等奢侈品，以及家具、酒、汽車等昂貴的物品。
- 線上購物的每年總消費額持續在成長。
- 線上零售商越來越重視顧客的消費體驗，包括操作介面的改進還有線上存貨的更新。
- 線上零售商開始使用互動式多媒體行銷科技和部落格等具有 Web 2.0 概念之技術。也提供了一些虛擬實境的商品展示功能，像是放大縮小、顏色切換等等。
- 零售商藉著整合多重的銷售通路，包括實體店面以及網路店面，可以大大的提高效率以及績效。
- 私人物品例如服飾等，在銷售上有很大的獲利，也開始在越來越多的網站上販賣。
- 線上購物變為日常行為，而不再只是逢年過節要送禮、偶爾出現的特殊行為。
- 超過半數的線上購物發生在工作時間內。不過隨著在家上線購物的人數變多，晚上變成成長最快速的消費時間點。

在總值 13.2 兆美元的美國零售市場中，個人於零售商品與服務方面的消費總額合計超過 9 兆 3000 萬美元，大約佔國內生產毛額的 70%，幾乎超過了全美經濟活動的三分之二（U.S Census Bureau, 2005）。

在個人消費的項目中，其中有 59% 是服務，12% 是耐用品，消耗品佔 29%。服務的種類包括醫療、教育、財金和食品服務。**耐用品**（durable goods），是指那些可以長期消耗使用的東西（通常超過一年），例如汽車、電器、和傢具。**消耗品**（nondurable goods）則是指那些消耗快速且生命週期短的產品，包括一般商品、服飾、音樂、藥物、和食品雜貨。

存在於「商品」和「服務」之間的分別正隨著時間變得愈來愈不易分辨。有愈來愈多的製造商和實體商品零售商開始銷售支援服務，好替他們的實體產品增加附加價值。很難想像在市面上存在著一種複雜精密的實體產品，其售價中是不包含大量服務的。在套裝軟體市場中，可以很明顯地看出「將服務架構在產品上」的這種傾向，例如 Microsoft 的 Windows XP 與 Office XP，都在 Microsoft 的各個網站上，提供各種額外的附加價值服務給產品購買者。為所提供的服務收取費用，特別是對以月為單位付出訂閱費的情況，有著很高的利潤。例如：保固、保險政策、售後維修、和購物貸款等，都逐漸成為製造商和零售商的一大獲利來源。不過本章仍將以「零售商品」這個名詞代表包含多種服務的實體產品，以「零售商」代表銷售實體商品給消費者的公司。

零售產業

零售產業由許多不同類型的公司所組成，圖 9.1 將零售產業分成八大類型：餐飲業、耐用品、一般商品、食品業、專賣店、燃料汽油、MOTO（Mail Order Telephone Order，指使用信用卡，透過電話或郵寄消費）、以及線上零售公司。

每個類型都有提供線上零售服務，不過彼此利用網際網路的方式則或有不同，有些餐飲業者透過網站來告訴消費者們商店所在的位置以及店內提供的菜單，有的則提供透過網路下單後外送的服務（儘管這已經被證明不是一個成功的模式）。雖然消費者已經有了改變，變得開始會直接從網際網路上購買一些像是傢具、修繕房屋的材料等物品，但耐用品的零售商仍舊以網路當作傳達資訊的工具，而非讓消費者直接購買工具，例如汽車製造商不會透過網站直接販售汽車，而是提供足夠的資訊，協助消費者在幾個車款間進行選擇。事實上，在美國有超過 70% 的消費者，會先在網路上研究新車資料，接著才會前往車店賞車與試駕（J.D. Power and Associates, 2007）。

耐用品
（durable goods）

是指那些可以長期消耗使用的東西（通常超過一年），例如汽車、電器、和傢具

消耗品
（nondurable goods）

則是指那些消耗快速且生命週期短的產品，包括一般商品、服飾、音樂、藥物、和食品雜貨

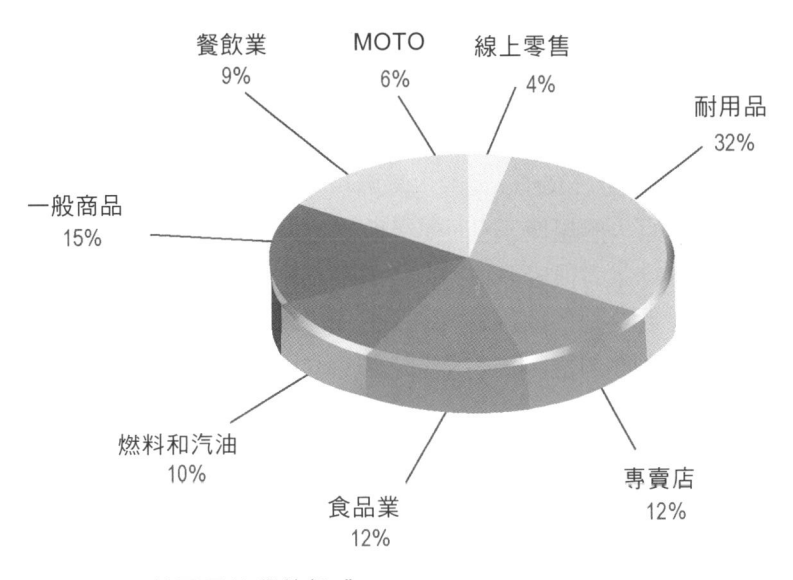

圖 9.1 美國零售業的組成

餐飲業 9%
MOTO 6%
線上零售 4%
耐用品 32%
一般商品 15%
燃料和汽油 10%
食品業 12%
專賣店 12%

佔美國零售市場最大比例的是耐用品，接下來是一般商品。這些區塊，特別是一般商品，是高度集中並且充滿大公司壟斷的。這些大公司發展了高度自動化的即時存貨控制系統（此系統可從各個收銀台收集銷售點資料、更新存貨紀錄、通知合作廠商庫存狀況）、大量的全國性顧客群以及含有詳細資料如購買紀錄的客戶資料庫。

一般商品的業者則總是與那些被稱為「專賣店」的傳統零售公司對抗，當我們提到「購物」這件事時，通常是指要逛鞋店、逛服飾店、逛藥局、逛食品店等等。事實上，現在的零售商已經透過將小型的零售商店聚集在同一個位置，發展成大型購物中心，來吸引消費者前往參觀選購──在二十世紀，針對大眾市場設立的百貨公司是零售產業中成長最快速的一環。六〇年代時，精品店及專賣店滿足了一些特定的小眾市場，因此成為當時成長最快速的零售產業，一些像是 Gap、Banana Republic、Athlete's Foot、Sports Authority、Victoria's Secret、Staples、Circuit City、以及許多其他的國際連鎖商店都將策略鎖定喜好高價位、高品質商品的消費者，這零售業者成功的原因，在於建立獨特的市場區隔、提供消費者良好的服務、以及極富有說服力的消費體驗，藉此來建構品牌形象。

MOTO 是與線上零售最相似的類型，由於沒有實體商店，MOTO 零售業者必須發送數百萬份實體型錄（這是他們最大的開支），再透過龐大的電話服務中心接收訂單，最後發展出非常有效率的訂單處理中心，通常可以在接到訂單後的二十四小時內將商品寄送出去。MOTO 是七〇年代到八〇年代間成長最快速的零售產業，它的興起是直接受益於全國免付費電話系統的改良、長途電話價格的降低、以及最重要的──信用卡

產業及相關技術的發展。沒有這些，MOTO 和電子商務不可能成長到全國性的規模，MOTO 也同時是在電子商務出現前，最後一個「技術性」零售業的革新。

與一般商品業者一樣，MOTO 業者也具備複雜的存貨控制系統、大量的客戶資料庫、以及巨大的規模，因而使得他們在市場上具有明顯的影響力。除此之外，MOTO 業者很容易地轉型成電子商務，並在線上零售產業的競爭中佔有優勢，因為他們擁有高效率的訂單處理系統和流程 — 這是一般商品業者缺乏經驗的部份。根據這些因素，MOTO 業者是在線上零售產業中成長最快速的類型之一。

線上零售產業

線上零售產業大概是網路上最大宗的電子商務類型了，在過去的十年間，這個產業經歷了爆炸性的成長，以及滑鐵盧般的失敗。

許多早期進入零售市場的純網路公司已經遭遇失敗，企業家與投資者在判斷進入這個市場所需的關鍵成功因素上，犯了很嚴重的錯誤，而在這波淘汰後，現在仍然存活下來的公司，包括傳統未上線的一般商品和特別商品零售商、新興公司、電子零售商，體質變得更健全，並且隨著電子零售市場的快速成長，不斷地增加其自身財富及規模。

電子商務零售：願景

在電子商務的早期，大約有數千家以網路為基礎的新興企業投入線上零售市場，因為這可能是美國經濟體中最大的市場。很多企業家一開始認為要進入這個市場很容易，早期的作家預言美國零售市場將會被徹底革新，也就是會被「數位化」 — 如此的預測是由兩位顧問在哈佛商學院出版的書上提出（Evans and Wurster, 2000）。這種革新的基礎可以分為四方面來看：首先，由於網際網路大幅度地降低了搜尋和交易的成本，消費者將會透過網際網路，尋找價格最低的商品，這個行為會產生幾種結果：消費者會逐漸將網路當作主要的購物工具，進而使得市場上最後只剩成本低、服務品質好的線上零售業者。經濟學家假設這群網路消費者是理性且受到成本驅動的，而非因為受到像是價值感或品牌這種非理性的因素驅動。

第二，進入線上零售市場的成本被認為遠比建立實體店面來的更加低廉，而且線上業者對於行銷及訂單處理，本來就比一般非線上的業者來得有效率，相較於倉儲、處理中心、以及實體店面的成本，建立功能完整而強大的網站的成本，被認為微不足道。同時由於科技成本每年下降百分之

五十,加上技術會快速發展成熟,建立複雜的訂單輸入系統、購物車、和處理系統將易如反掌,甚至連找尋消費者的成本都被認為較低,因為搜尋引擎可以很快的讓客戶連到線上廠商。

第三,隨著價格降低,傳統的離線實體商店業者將會被迫失去市場,一些新興的企業,像是 Amazon,將會取代傳統商店。線上零售市場被認為具有顯著的先進者效應:如果線上業者成長迅速,他們將會擁有先進者優勢,佔領市場,並使動作太慢的傳統公司無法進入市場。

第四,在某些產業,例如電器、服飾、和數位內容等,製造商和批發商會進入市場與消費者建立直接關係,降低市場對於零售仲介或中間人的需求,使得市場無仲介化,在這樣的環境中,像是實體商店、店員、和銷售人力等傳統零售通路,將會被一種獨佔性的通路:網路所取代。

另一方面,許多人預測以高度中間化(hypermediation)為其主要概念的虛擬公司,將會替線上零售商取得優勢:靠建立起的線上品牌名稱吸引顧客,再將倉儲或訂單處理等昂貴的作業外包 — 這就是 Amazon 和 Drugstore.com 一開始的想法。

當這波潮流過了以後,發現這些預測極少是正確的,美國零售市場的結構從來沒有數位化、「無仲介化」、或是以傳統定義中能夠被稱為「革命」的方式革新掉,線上零售商們沒有辦法在獨立平台上建立起純粹依靠網路便能成功的商業模式。事實證明,消費者們在網際網路上消費時,並不會單純只受到價格驅動,而是會考慮到品牌、信用、耐用程度,以及運送時間等因素,這些因素對消費者而言,至少都與價格一樣重要(Brynjolfsson, Dick and Smith, 2004)。

儘管如此,網際網路的確已經創造出一個嶄新的場所,讓擁有多重通路的公司可以建立起非線上的強壯品牌,在通路的革新中,線上零售產業成為發展最快速的零售通路。網路已經替數以百萬的消費者創造出一個可以方便購物的新市場,網際網路及網站將會持續地提供新機會,孕育出使用新商業模式提供新線上產品的公司 — 像是 BuleNile.com,這種新的線上通路,可能會跟直銷、實體商店、郵購等其他零售通路業者發生衝突,但這種多重通路之間的衝突,是可以藉由管理轉化為助力的。

今日的線上零售業

雖然線上零售是整個零售業中最小的市場,目前只佔整個零售市場的 3%,但它正以超乎預期的速度成長,每天都有新的功能與產品線加入(見圖 9.2)。

當提到線上零售產業時,通常不將一些像是旅遊、求職、或是音樂等線上服務的收益計算在內,本章將專注在透過網路銷售實體商品的線上零售產業。網際網路提供了線上零售商獨特的競爭優勢與挑戰,表 9.2 整理出線上零售業的優勢與挑戰。

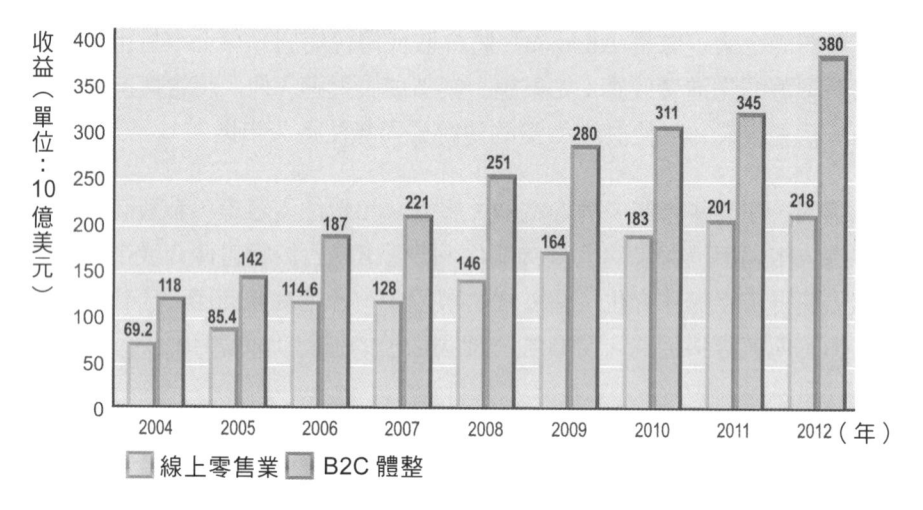

收益（單位：10億美元）

年	線上零售業	B2C 整體
2004	69.2	118
2005	85.4	142
2006	114.6	187
2007	128	221
2008	146	251
2009	164	280
2010	183	311
2011	201	345
2012	218	380

■ 圖 9.2 線上零售業和 B2C 電子商務仍好好的存活著

線上零售業的營業額預期在 2008 和 2012 年可達到 1460 億跟 2180 億。B2C 電子商務的整體收入預計將在 2012 年前可超過 3800 億。

表 9.2 線上零售業者的優勢與挑戰

優勢	挑戰
較低的供應鍊成本並且提高購買力	消費者關心線上交易的安全問題
較低的配銷成本	消費者關心在網路上購物的個人隱私問題
能夠服務廣大地域客戶的能力	與直接前往實體店面相比,取得商品速度較慢
快速因應顧客需求及喜好的能力	退貨不方便
快速改變售價的能力	對整體線上品牌較缺乏信任
快速改變商品展示的能力	
免除型錄與實體信件遞送的成本	
更多個人化與客製化的機會	
能大幅改善要提供給消費者的資訊和知識	
降低消費者整體花費的能力	

儘管早期的線上零售商失敗率極高,但還是有愈來愈多的消費者在網路上購物,對大多數的消費者來說,在網路上購物的優點大於缺點。在 2008 年,14 歲以上的網際網路使用者（約 1 億 2000 萬人）中,有大約 65 到

70%的比例曾經在線上零售商店中購物，貢獻約 1460 億美元的營業額，網際網路使用者成長的速度，隨著全美十四歲以上的人口中有將近70%的網路使用人口而逐漸減緩，但這個減緩的趨勢並不會影響線上零售產業的成長，因為在網路上有愈來愈多的東西可以購買，每人在線上購物的平均花費正逐年增加中，舉例來說，在 2003 年時，平均每人每年在網路上的總花費是 675 美元，到了 2007 年，跳升到了 1153 美元（eMarketer, Inc., 2005a）。另外如第 6 章所介紹，有數以百萬的消費者因為在網路上研究產品，而影響到他們在實體商店購物時的決策。

消費者成長的受惠者，並非先進入市場的 dot.com 公司，反而是已建立起品牌形象、擁有支援性基礎建設、和具備足夠財務資源能成功進入線上市場的零售商。目前線上銷售額前十五大零售商的營業總額，大約佔了整體線上零售產業的三分之一。對於那些高度仰賴網路營業額的純網路公司而言，他們的挑戰是要想辦法將瀏覽的訪客轉變為消費的顧客，同時發展出更有效率的營運方式，好讓公司能擁有長期的利潤；至於對於電子商務依賴程度低的傳統公司，則是面臨必須將實體與網路兩種通路整合，好讓顧客可以很簡單地從一個環境轉到另外一個，不會產生排斥。

多重通路整合

很清楚地，在 2008 到 2009 年，對電子商務中的零售產業而言，最重要的就是像 Wal-Mart、Target、JCPenny、Staples、以及其他傳統廠商整合網路與實體商店，好提供消費者「整合性購物體驗」的能力，零售商們正持續在不同通路間發展出新的連結。表 9.3 展示了幾種傳統零售商整合線上和實體商店營運的方法，藉以發展多重通路購物，這個清單並不是唯一的，許多零售商仍然繼續在發展通路之間的連結。

表 9.3 零售產業的電子商務：多重通路整合方法

整合方式	說明
線上下訂單，實體店面取貨	可能是第一種整合方式
線上下訂單。實體店面搜索清單和存貨	當線上沒有存貨時，顧客會被引導到實體店面網絡尋找存貨。
在小型實體店面中透過網路下訂單。宅配服務	當店家沒有現貨時，顧客在店裡下訂單，然後在家收貨。顧客對網路有一定的熟悉為前提
在小型實體店面中透過網路下訂單，但有店員協助。有宅配服務。	和上一點類似，不過店員會協助檢查店裡是否沒有現貨
線上下訂單，在實體店面可以退貨或者換貨。	當收到瑕疵品時，顧客可以到任何實體店面要求退貨

整合方式	說明
線上產品型錄	彌補實體產品型錄的不足,且線上產品型錄通常可以提供更大量的產品展示
製造商利用網站宣傳,吸引顧客至零售商店購買	Colgate-Palmolive 和 P&G 等消費性產品製造商利用網路來設計新產品並且加強推銷現有產品,增加銷售。
優惠卷、集點兌換等增加顧客忠誠度的活動可以在任何管道使用	不論是在實體或者線上商店,顧客都可以使用這些優惠

在過去,通常都是擁有傳統實體商店的零售商朝發展強大的網路管運發展,但是在未來,一些像是 Amazon 與 eBay 等純粹的線上零售商可能將會開始發展出實體的店面,好處理退貨,甚至是販賣商品。舉例來說,一些當地的企業透過 eBay 開設託售商店,與傳統託賣的商店一樣,eBay 託售商店接受一些太過忙碌,或是對在 eBay 上進行拍賣不感到興趣,但又想嘗試在 eBay 上銷售物品的人的委託,並保持超過 50%的收益。

線上零售提供了實例,證明有力的角色仍舊可以在零售交易中扮演中間人,而不是去仲介化。既有的非線上零售商可以很快的贏得線上零售市場的佔有率。消費者會被穩定、具知名度、可信任的零售品牌與零售商所吸引(見第 7 章),而不是純粹受價格驅動。而其他因素,如可靠度、信賴感、滿足感、以及消費者服務也都相當重要。

9.2 分析線上公司的可行性

在本章和之後的內容中,將探討一些特定電子商務模式的範例,並分析其可行性,主要是希望瞭解這些公司與其商業模式,在近中期(一至三年)的經濟可行性。**經濟可行性**(economic viability)是指在特定期間,公司可以存活並獲利的能力,為了解答這個問題,我們採取兩種商業分析的方法:策略分析與財務分析。

經濟可行性
(economic viability)
是指在特定期間,公司可以存活並成為可獲利公司的能力

策略分析

經濟可行性的策略方法主要是鎖定在公司經營的產業與公司本身(見第 2.4 節),關鍵的產業策略因素包括:

- **進入障礙**:新進入者會因為高額的資金成本、或智慧財產權形成的障礙(像是專利權跟著作權),而無法進入產業嗎?

- **供應商力量**：供應商擁有支配產業高價的能力嗎？還是廠商可以從多間供應商中選擇？公司能達成有效的經濟規模，因而擁有與供應商議價的權力嗎？
- **客戶力量**：客戶可以從多間彼此競爭的供應商中選擇，因而擁有反對高售價與高利潤的能力嗎？
- **替代品的存在**：產品或服務所提供的功能，可以從其他通路或競爭的產品上取得嗎？未來是否可能出現相近的替代性產品或服務呢？
- **產業價值鏈**：產業中的生產與配銷鏈，是朝向對公司有利還是有害的方向改變呢？
- **產業內部的競爭本質**：產業內的競爭是不是鎖定在提供不同的產品、服務、價格、商品範圍、或商品焦點？競爭的本質如何改變？這些改變對公司是好是壞呢？

有關公司及其相關業務的策略因素包括：

- **公司價值鏈**：是否因為採納了一些商業流程或作業方式，使得公司的營運成為產業中最有效率的？科技的改變是否會因而使得公司必須重新設計商業流程？
- **核心競爭力**：公司是否擁有其他廠商無法輕易複製的獨特競爭力與技能？科技的改變是使公司原有的競爭力降低還是增加？
- **共同合作**：不論是全部擁有、還是透過策略聯盟，公司是否能取得相關廠商的競爭力和資產？
- **科技**：公司是否需要自行開發能夠擴大需求的新技術？公司是否發展了持續經營所需的營運技術（例如客戶關係管理、供應鏈管理、存貨控制、以及人力資源系統）？
- **社會與法律的挑戰**：公司是否將「消費者信賴」議題視為政策的一環（隱私權與個人資訊安全）？公司的商業模式是否可能會有法律上的問題，如智慧財產權的歸屬？公司會因為網際網路稅法或其他法律的改變，而受到影響嗎？

財務分析

策略分析幫助我們瞭解公司的競爭狀況，財務分析幫助我們瞭解公司實際的表現。財務分析包括了營運報告跟資產負債表。營運說明可以幫助我們瞭解以目前的銷售與成本下，公司的獲利（或損失）狀況；資產負債表則是說明公司有多少資產可以運用在現在和未來的營運上。

以下為營運報告內需要注意的關鍵因素：

- **收益**：收益是否成長？且成長比例為何？如同建立起嶄新的通路一般，很多電子商務公司都經歷過令人印象深刻地、甚至是爆炸性的收益成長。

- **銷售成本**（cost of sales）：相較於收益，銷售成本的情況如何？一般來說，銷售成本包括產品本身的成本以及所有相關的花費，相對於收益，銷售成本越低，毛利就越高。

- **毛利率**（gross margin）：公司的毛利為何？它是增加還是減少？毛利率是將毛利除以淨收入後得到的數字，這個數字可以告訴你，對於重要的供應商來說，公司的市場力量是增加還是減少。

- **營業支出**（operating expenses）：公司的營業支出包括哪些？它是在增加還是減少？營業支出傳統上包括行銷、科技、行政管理的成本，同時，根據專業的會計標準，它還必須包括員工的股票選擇權、商譽攤銷、無形資產、以及其他投資損失，對電子商務公司來說，這是非常重要的支出。許多電子商務公司提供員工配股或股票選擇權，許多電子商務公司將併購其他公司視為成長策略的一環。不少公司在併購時選擇用公司股票來高價併購，而非使用現金，很多案例指出，因此而市價一落千丈的公司不在少數，這些項目都包含在營運支出內。

- **營業毛利**（operating margin）：公司從現有的營運中賺取了什麼呢？營業毛利是將公司的營業收入除以銷售淨收入後得到的數值。營業利率指出公司在扣除營運支出後的稅前營收，是用來衡量公司獲利能力的重要指標。

- **淨利率**（net margin）：淨利率可以告訴我們，當公司扣掉所有的支出後，還能保有的銷貨總收入的比例。淨利率的計算方法是將淨利（或淨損）除以銷售淨收入後得到的數值，由此數字可以知道公司運用每一分錢去商場上賺取利潤的成功率為何，也能夠透過評估公司扣掉所有的支出後還能保有的銷貨收入，知道公司的效率如何。在單一產業中，可以利用淨利率評估公司在眾多競爭廠商中的相對效率。淨利率同時也將許多非營運費用（像是利息跟股票補償計畫）列入考量。

評估一間電子商務公司的財務報告時，要瞭解線上公司常會根據一般公認的會計原則（GAAP）而選擇不公佈自己的淨利。這些原則是由美國財務會計標準委員會（FASB）所公佈的，這個委員會從 1934 年的證券交易法後，便開始扮演重要的角色，並在美國經濟大蕭條時尋求財務會計的

營業毛利
（operating margin）
將公司的營業收入除以銷貨淨收入後得到的數值。

淨利率（net margin）
當公司扣掉所有的支出後，還能保有的銷貨總收入比例。淨利率的計算方法是將淨利或淨損，除以銷售淨收入後得到的數值。

改進，是一個建立專業會計原則的會計師委員會。在電子商務興起早期，許多電子商務公司選擇用一種稱為擬制性盈餘（pro forma earnings）的全新計算方式來報告財務（也可稱為 EBITTA，是扣除利息、稅務、和折舊前的盈餘），因為擬制性盈餘沒有扣除股票津貼、折舊、與攤還，因此其數字通常會較根據 GAAP 所算出之盈餘來的亮眼。在 2002 與 2003 年，SEC 通過一項新規則（Regulation G），禁止公司在他們的官方報告中列出擬制性盈餘給 SEC，但他們仍舊可以在自己的公開說明中提出這個部份（Weil, 2003）。在本書中，我們所提到的所有公司收入或損失，都是以 GAAP 為標準。

資產負債表提供公司在特定日期內資產和負債的財務狀況。**資產**代表儲存起來的價值；**流動資產**是現金、證券、應收帳款、存貨、或其他可以在一年內轉換成現金的投資；**負債**是指公司需要償付的款項；**流動負債**是指公司在一年內會到期的負債。至於一年以上才到期的債務，則歸類為**長期負債**。只要檢視**營運資金**（公司現有資產減去負債），很快就能知道公司的短期財務狀況，如果現有營運資金只有一點點，或甚至是負數，公司很快就會面臨到短期的債務問題，如果公司擁有大量的流動資產，那麼尚可支撐一段期間的營運損失。

9.3 運作中的電子商務：電子零售的商業模式

到目前為止，我們將線上零售產業當做是單一實體來討論，事實上，線上零售產業可分為四種主要的商業模式：虛擬業者、多重通路業者、型錄業者、以及製造業直營業者。除此之外，還有一些小型零售商利用 eBay、Amazon、Yahoo 銷售平台來開創自己的商店。不同類型的線上零售業者都面臨不同的策略環境，以及不同的產業與公司生態。

虛擬業者

虛擬業者（virtual merchants）所有的收入幾乎都來自線上販售，是單一通路的網路公司，他們必須面對龐大的策略挑戰：必須很快的建立起自己的商業與品牌名稱，並與這個全新銷售通路中的許多其他競爭者競爭（特別是在小型的利基市場）。因為這些公司是完全的線上公司，不需負擔建立和維護實體商店的相關成本，但卻必須面對建立和維護網站的龐大成本、建立訂單處理的基礎建設、以及建立品牌名稱。同時，取得客戶的成本也很高，學習曲線陡峭，而且就像所有的零售商一樣，利潤（在商品零售價

資產負債表
（balance sheet）

提供公司在特定日期內資產和負債的財務狀況

資產（assets）

公司目前所擁有，儲存起來的價值

流動資產
（current assets）

是現金、證券、應收帳款、存貨、或其他可以在一年內轉換成現金的投資

負債（liabilities）

是指公司需要償付的款項

流動負債
（current liabilities）

是指公司在一年內會到期的負債

長期負債
（long-term debt）

一年以上才到期的債務

營運資金
（working capital）

是將公司現有資產減去負債後得到的數字

虛擬業者
（virtual merchant）

所有的收入幾乎都來自線上販售，是單一通路的網路公司

與成本之間的差額）很低。因此虛擬業者必須達成高效率的營運方式，才能保有利潤；必須儘快建立起品牌知名度，好吸引足夠的客戶以支撐營運成本。大部份這個類型的業者都採取降低成本的簡易策略，透過極為有效的訂單處理系統，確保客戶可以在最快的時間內收到訂購的商品。在接下來的「運作中的電子商務」中，將會深入探討虛擬業者的龍頭 Amazon.com 的策略與財務狀況。

運作中的電子商務

Amazon.com

設立於西雅圖的 Amazon，是全球最知名的純網路公司之一。Amazon 創辦人 Jeff Bezos 在一年一度的報告中公開宣佈，Amazon 的目標就是「提供全球最多的選擇，成為全球最以消費者為中心的公司，消費者可以在這邊找到任何他們想要購買的東西」，更精確來說，這份宣言的意義以及如何達成，對投資者與消費者來說皆仍是一個問題，儘管如此，這並未打消 Bezo 與其團隊想要成為全球網路上最成功且創新的純網路公司的意圖。

很少有公司在早期蒙受巨額的損失後，還可以在之後達到損益兩平的，也很少有公司會同時承受大力的讚揚與激烈的批評，無論興論如何，從股價的變動就可以看出些許蛛絲馬跡 — Amazon 的股價從 1999 年第二季的每股 105 美元，到 2001 年跌至每股 6 美元，在 2003 年又重新攀升至每股 60 美元，2004、2005 年這兩年大致上都在 30 美元至 50 美元間徘徊，2006 年則是下降到了 26 美元的低點，然後於 2007 年又超過 100 美元。從 2007 年年底至 2008 年大致維持在 80 美元左右的股價。這個現象告訴我們，現在，Amazon 是網際網路淘汰後的倖存者，而且很有可能長期經營下去。在 2002 年秋天，Amazon 首次獲利，2003 年是 Amazon 第一個完整獲利的年份。Amazon 同時也是電子商務有史以來最創新的線上零售商，從電子商務早期，Amazon 就不斷的靠著自身的市場經驗以及對線上消費者的瞭解，不斷的調整其商業模式。

願景

Jeff Bezos 與其團隊原本對網際網路的願景是：這是一個革命性的新商務平台，只有很早就成為真正大規模的公司（忽略收益或虧損），才有辦法生存下來。據創辦人 Bezos 所言，成功之道是提供消費者三種條件：最低的價格，最好的選擇，以及便利性（也就是豐富的內容、書與

商品的評論、快速可信賴的交貨、使用簡單）。現在 Amazon 提供消費者百萬種獨特、新的、二手的、或可成為收藏品的東西。若消費者在 Amazon 搜尋不到產品時，網站系統會協助消費者前往與 Amazon 合作的網站搜尋，或甚至去網路上其他的地方搜尋。簡單來說，Amazon 已將成為網路上最大、單一、一次購足的零售商了，同時也結合了「購物入口網站」與「產品搜尋入口網站」兩種特性，這也使得 Amazon 必須直接與如 eBay、Yahoo、Msn.com，或甚至是 Google 等其他大型網站競爭。

商業模式

Amazon 的業務可分為兩個部份：Amazon Retail 和 Amazon Services。Amazon Retail 的作法是先跟供應商買進商品，再將商品銷售給客戶，就像傳統的零售商一樣。此外，Amazon 公司也包含了 Alexa.com、a9.com 和 Imdb.com 3 家子公司，前兩者提供了搜尋和瀏覽功能，第三家公司則是電影相關之線上資料庫。Amazon Services 提供了兩種基本服務：商業服務（merchant services）和開發者服務（developer services）。

　　商業服務中，Amazon Enterprise Solution 允許第三方的用戶（個人、小型、或大型公司）將自身的產品整合進 Amazon 的網站中，透過 Amazon Marketplace 與 Merchant@ 程式來使用 Amazon 的客戶服務技術：Amazon Marketplace 通常是服務個人或小型企業，Merchant@ 則是針對較大、具品牌知名度的企業。由於 Amazon 並不擁有自己的商品，因此將產品的運送等工作交給第三方廠商，自己收取固定的手續費，或根據營業額收取佣金（通常是收取售價的 10%到 20%當作佣金），在這個部份，Amazon 的模式比較像是線上大型購物中心，向承租的商店收取佣金，提供類似下訂單以及付款機制的網站服務；第三部份是 Amazon Services 計畫，在這個計畫中，Amazon 會提供其他公司電子商業服務、幫忙經營網站、銷售商品，甚至也會提供如 Target.com 的服務。

　　現在來衡量 Amazon Web Services 的影響力還有成功與否似乎有點過早，但 Amazon 藉此提供了許多的網路服務，讓開發者可以直接取得 Amazon 的技術平台，並且可以在這個平台上自行建立應用服務。Amazon 在 2002 年啟動了這項計畫，五年後，已經有超過 20 萬的自願者在上面建立應用程式以及服務，藉此加強了 Amazon 的業務。但 Bezos 對許多應用程式並未感到滿意。2006 年 3 月，Amazon 推出了幾項新的服務來扭轉這家企業的未來。透過 Simple Storage Service（S3）和 Elastic Compute Cloud（EC2），Amazon 打入了效用計算（utility computing）

市場。他們瞭解到在科技上的 20 億美元投資，對其他公司也會相當有價值。Amazon 有很強大的電腦計算能力，不過像大多數公司，同時會被使用到的比例很少，更重要的是，Amazon 的基礎架構在世界上也算是非常健全。於是 Amazon 開始以使用次數為基礎販賣其在電腦運算上的能力，就像電力公司賣電力那樣。S3 這個資料儲存的服務，可以讓開發者更容易負擔以網路為主的運算。顧客每月每在 Amazon 的網路磁碟上儲存 15 gigabyte 的資料，就要支付 15 分美元的費用。而每傳輸 20 gigabyte，則是收費 20 分美元。結合 S3，EC2 讓企業運用 Amazon 的服務來做運算工作，像是軟體測試。EC2 以每小時 10 分美元為收費標準，提供了 1.7 GHz x86 的處理器以及 1.75GB 的 RAM，還有 160GB 的硬碟，每秒 250MB 的頻寬。其他的網路服務還包括了 Simple Queue Service（SQS），提供了在電腦間傳遞的訊息儲存等候隊伍服務。SimpleDB 則是網路上的資料庫服務。Flexible Payment Service（FPS）則是提供開發者們一個付款服務。Amazon Mechanical Turk 提供了一個需要人工智慧的的市場。

目前為止，Amazon 主要靠在國內外的網站上販賣書籍、影片、電子產品，還有數以千計的其他產品賺取利潤。65%的利潤來自書籍、CD、DVD 以及音樂下載。除了在美國營運，Amazon 也在日本、德國、英國、法國和加拿大經營網站。Amazon 在國際化的成功還有很大部份沒有被列出來。例如，2007 年 Amazon 在海外得到了 67 億美元的淨利，佔總收入 148.35 億美元的 45%，國際營收在這年成長了 39%。當 Amazon 成為一個線上販賣書籍、CD 跟 DVD 的商家之後，2002 年開始 Amazon 使商品更加多樣化，增加了百萬種其他商品。然而，在 2007 年的財報顯示，62%的收益（約有 9.2 億美元）來自書籍媒體的銷售，只有 37%來自電子產品跟其他一般商品。因為主要依賴書籍媒體的銷售，Amazon 並不能說真正達到商品的多樣化，也不如其他實體商店例如 Wal-Mart、Costco、Sears。

Amazon 的商業模式已改變過數次，早期是無庫存的書籍經銷商與消費者之間的中間人角色，當時它是專門銷售書籍與媒體的網路書店，宣稱自己對網路有獨特的影響力，後來，Amazon 的野心不僅只於單純的書籍業務，開始朝向一般商店的路線發展，Amazon 開始需要擁有自己的庫存，因此在透過策略分析後，找出五個地點當作倉儲中心，完成訂購商品的配送服務。然而 Amazon 並未放棄自己成功的零售模式，開始為小型企業提供讓他們銷售各自商品的服務，並從中抽取佣金，就像實體世界中的大型購物中心一樣。在 2001 年，Amazon 開啟了一個稱為 Z-Stores 的計畫，讓第三方的業者可以在 Amazon 的網站上設立他們自

己的商店，這些商店完全與 Amazon 提供的零售服務分割，很難從 Amazon 自己的網站上找到這些商店。這個計畫因為缺乏足夠的拓展服務範圍空間、缺乏與 Amazon 購物軟體的整合、缺乏可見度而失敗。

在 2003 年，Amazon 開啟了一項大型計畫：允許小型和大型零售商利用 Amazon 的服務，建立自己的店面，並將這些店面的商品，整合進 Amazon 的搜尋引擎內。一些大型的零售商，像是 Toy "R" Us Inc.、Target 都有嘗試這個計畫。這樣的好處，是零售商可以專注在「銷售」這件事情上，Amazon 會負責處理訂單與維護網站。有數以千計的小型公司加入這個計畫，提供的商品中也包括 Amazon 自己也在銷售的商品，因而形成競爭，甚至與 Toy "R" Us 對抗。例如，一個在 Amazon 網站銷售的商品，可能會同時列在 Amazon Merchant@ 計畫中，或甚至由個人以全新品、二手品、收藏品的方式在 Amazon Marketplace 或 Amazon Auctions 上銷售。

Amazon 的 Third Party Seller 在很多方面很有效的與 eBay 直接競爭，這個網路上最成功的第三方零售商業平台，在任何時間都有 8400 萬的已註冊買方與賣方同時在線上。事實上，eBay 也藉由鼓勵賣方在網站直接銷售產品的方式（而非用拍賣的方式），朝向接近 Amazon 的商業模式發展（eBay 上大約有 40%以上的商品是以「直接購買」的方式銷售的）。

2007 年，Amazon 藉由 Fulfillment 計畫使一些獨立、甚至沒有透過 Amazon 的賣家使用公司的 20 個配送中心來實現他們的訂單。參與者將他們的物品寄給 Amazon 存放，然後根據重量或者運送成本繳交費用給 Amazon。

財務分析

Amazon 在 1998 年的總收入約 6 億美元，到了 2007 年成長到 148 億 350 萬美元，在最近這三年，Amazon 的營收成長率超過了 65%（見表 9.4），這是非常令人驚訝、爆炸性的成長。為了增加吸引力，Amazon 提供了只要價格超過 25 美元就可以享有免費運送的服務，這樣的作法增加了營運成本，降低了淨利率，使得投資者擔心。

然而，Amazon 靠著降低營運支出，停止在實體雜誌與電視上的行銷花費，成功的抵銷了低價策略與免運費政策帶來的支出。實際來說，行銷成本一直以來都只佔收益的 2%左右，儘管在 2007 年銷售額增加了 72%，但是來自行銷的收入仍維持在同一水準；一般管理的成本佔銷售

額的比率也幾乎是固定不變的。這意味著，Amazon 大量增加的營業額並不是因為大量增加的行銷費用、工作人數、或經常費用而來，反而是靠著增加的第三方商店而來，它靠實力證明可以在不快速增加管理費用的情況下，擴充營運的範圍。靠著這樣減少成本的方式，Amazon 將它的淨利提高了十倍（從 2003 年的 3500 萬美元到 2007 年的 4 億 7600 萬美元）。淨利率也從 2003 的 0.7%，提高到了 2004 年的 8.5%，2007 年則是 3.2%。根據降低成本的評估結果，Amazon 已經有能力增加其淨利。在 2007 年，淨銷售額中的每一塊錢，可以替 Amazon 賺回約三分美元的利潤，但與其他任何的實體零售商相比，就顯得相當不理想，原因很清楚，免運費與低價策略降低了淨利率。但就財務分析來看，這比起 Amazon 早期每賣一次就虧一次比起來，狀況要好的多。

表 9.4 Amazon 在 2005 到 2007 年營運綜合損益表及資產負債表摘要

營運綜合損益表（單位：千元）

會計年度結束於 12 月 31 日	2007	2006	2005
收益			
服務收益	$14,835,000	$10,711,000	$8,490,000
銷貨成本	$11,482,000	8,255,000	6,451,000
毛利	3,353,000	2,456,000	2,039,000
毛利率	22.6	23%	24%
營業成本			
銷售及行銷費用	344,000	263,000	198,000
訂單履行	1,292,000	937,000	745,000
科技與內容	818,000	662,000	451,000
一般管銷費用	235,000	195,000	166,000
其他營運費用	9,000	10,000	47,000
營業總成本	2,698,000	2,067,000	1,607,000
營業收入	655,000	389,000	432,000
營業毛利	4.4%	3.6%	5.1%
非營業總收入	5,000	(12,000)	(4,000)
稅前盈餘	660,000	377,000	428,000
所得稅費用	184,000	187,000	95,000
會計原則變更前的收入	476,000	190,000	333,000
會計原則變更的累積效果	—	—	26,000
淨利（負）	476,000	190,000	359,000
淨利率	3.2%	1.8%	4.2%

資產負債表摘要（單位：千元）

12 月 31 日	2007	2006	2005
資產			
現金,現金等值,有價證券	3,112,000	$2,019,000	$2,000,000
所有流動資產	5,164,000	3,373,000	2,929,000
所有資產	6,485,000	4,363,000	3,696,000
負債			
所有流動負債	3,714,000	2,532,000	1,899,000
長期負債及其他	1,574,000	1,400,000	1,521,000
營運資金	1,450,000	841,000	1,030,000
股東權益	1,197,000	431,000	246,000

資產負債表顯示，Amazon 對長期借貸的依賴甚深，在 2007 年 12 月底，Amazon 大約擁有價值 31 億美元的現金及有價證券，這些現金及有價證券是從營業額、銷售庫存、創投、機構投資者等處而來。表列 Amazon 的總資產超過 64 億美元。Amazon 強調自身「自由現金流」的強度是財務強度的象徵，同時擁有高於足以支付短期債務的可用現金。在過去三年，資產負債表中的資產與負債比已有改善，Amazon 的現金資產也應該足夠支付近期內會造成的赤字。然而，12 億 8,000 萬的長期借貸與每年 7,700 萬的利息費用，都使投資者不得不小心翼翼的決定是否要繼續投資，也讓 Amazon 的經營團隊承受這股必須一直獲利與降低長期借貸的龐大壓力。根據股價表現，可以看出投資者對於 Amazon 未來的發展並不是很確定。股價於 2000 年 1 月爬昇到 100 美元，2001 年 12 月下滑到了 6 美元，然後逐漸上升，直到 2003 年 12 月達到 60 美元。這段時間股價非常的不穩定，都在 35 到 100 美元間徘徊。華爾街的分析師對 Amazon 的財務報告相當失望，認為該公司沒有好好針對財務結果提出解釋。

策略分析 — 商業策略

Amazon 採取多種不同的商業策略，像是將售價降低到接近成本的程度，以追求最佳的銷售數成長。它的兩個主要收益成長策略分別為藉由擴充第三方賣家（third-party seller），朝向更廣博的交易平台邁進，以及將產品分類放置於主要目錄下，以銷售更多的產品。去年，Amazon 將販賣者與產品聚集在一起，建立了數個新的線上商店，包括如美容、美食、運動產品、珠寶與手錶、以及健康與個人照護、西班牙語等的雙語產品、摩托車跟 ATV 商店。結果顯示，這些商店成長的速度都較其整體成長的速度為快，特別是珠寶與手錶商店。Amazon 仍然遵循 Wal-Mart 與 eBay 的例子：嘗試成為擁有低價位、高銷售量、最大市佔率等特質，且幾乎可以找到任何東西的線上超級市場。處於這種環境，且同時仍需提供良好的服務，甚至免運費的情況下，為了獲利，Amazon 投入大量資源至供應鍊管理與訂購履行策略上，好將成本降至最低。

為增加收入而提出的特別計畫：免運費服務（讓 Amazon Retail 訂單增加 25% 的策略）、更多的產品選擇、縮短交貨時間等方案持續進行中。長期以來，網際網路的消費者都因為昂貴的運費以及交貨速度緩慢而感到灰心，Amazon 排除了高額的運費，並與 Manhattan 貨運公司合作，提供 Amazon 網站客戶當日或隔日運送服務。在 Amazon 賣出的商品旁邊可以看到一個計時鬧鐘，顯示距離這項商品送到客戶手中，還有多少時間。

Amazon 在 2002 年開始了 Merchants@和 Amazon Marketplace 計畫，讓企業主跟個人賣家在 Amazon 上販賣一些新的、用過的、或收藏品。這些產品已經和 Amazon 整合，消費者可以透過簡單的程序購買。目前此計畫可提供消費者超過 500 個品牌，例如 Target stores。Amazon 也在 Amazon Services Merchant.com 計畫中經營其他企業的網站，在 Amazon 的 Syndicated Stores 計畫中，Amazon 將自己的產品放在其他企業網站販賣，付給該企業部份酬勞做為佣金。

Amazon 在 2008 年也做了幾項策略併購案，對象包括 Audible.com（頂尖的線上有聲書供應商）、Abebooks.com（提供二手、稀少或是絕版書）以及 Fabric.com（一家線上的織品店，提供顧客量身打造、剪裁布料，還有服裝剪裁的樣本、裁切器具）。

在成本方面，Amazon 在過去兩年間採用了一個重要的步驟來降低營運成本：延攬專業的數學家與計算專家，找出全美六個最佳的倉儲地點、最合適的送貨數量、合併訂單進行大量批次出貨。同時 Amazon 也提高郵寄的比例，將部份貨品透過美國郵政體系寄送。

策略分析 — 競爭

不論是實體或是線上的一般商家都是 Amazon 的競爭者，其中包括最大的線上競爭者 eBay；Mal-Mart、Sears、JCPenny 等擁有多重通路的競爭者；以及 L.L Bean 與 Land's End 等型錄業者。身為全球最大的網路書店，Amazon 同時也要對抗如 Barnesandnoble.com 之類的專業書店；一些提供網路拍賣或是銷售產品功能的入口網站（如 MSN 與 Yahoo），也是 Amazon 的競爭對手。除此之外，提供網站、購物車、訂購服務的公司也同樣是競爭者。提供影音相關下載的 iTunes、Netflix、百視達（Blockbuster）也會是競爭者。Amazon 在 2007 年開始販賣沒有 DRM（Digital Rights Management）保護的 mp3 音樂檔，這些非 DRM 音樂檔並未受限於只能在 iPod 上播放。截至 2008 年 9 月，Amazon 提供的歌曲超過 600 萬首，可在任何硬碟或者音樂軟體上播放，同一時間，Amazon 也推出了 Amazon Video On Demand Service，閱聽眾可以在電腦上觀看數千部電影、電視節目，也可以將檔案下載到電腦或者 Tivo box 裡。

策略分析 — 科技

如果有人說「IT 並不會帶來改變」，很明顯的，他對 Amazon 的瞭解不夠深入，Amazone 擁有線上零售產業中最多且最複雜的技術服務，發展

出網站管理、搜尋、與客戶互動、推薦、交易處理、訂購服務、以及結合了自身科技特性與商業可行性的系統。Amazon 的交易處理系統可以處理數百萬種商品、數種不同的查詢狀態、指定包裝方式、以及產品運送方式等，消費者可以任意選擇單一或是數種運送方式，並且追蹤訂單處理狀態。Amazon 的科技觸角也延伸到員工身上，倉儲中心的每位員工都配備有一台結合條碼掃描器、顯示器、與兩端資料傳輸的手持裝置。2007 這一年，Amazon 花了 8 億 1800 萬美元（大約是總收入的 5.5%）在科技上，而在 2008 的前半年則投資了 4 億 9200 萬美元在科技應用的內容上，投資項目包括了賣家平台、網路服務、數位開發、還有一些現存或者新的產品類別。

策略分析 — 社會與法律上的挑戰

Amazon 正面臨集體訴訟的問題，許多證券持有人宣稱，Amazon 在 1999 年到 2001 年間違反了多種美國證券交易法，在 2005 年 3 月，Amazon 靠保險公司支付的 2,750 萬美元與部份訴訟達成和解；在 2000 年，Amazon 面臨違反了反托拉斯法（anti-trust law）的訴訟，因為 Amazon 同時也經營 Borders.com，形成共同品牌；其他還有像是不正當地遺失銷售資料來免稅、用個人名義報稅、故意建立錯誤的銷售紀錄與聲明。同時，Amazon 也遭遇了數件關於侵犯專利權的訴訟，

或許對 Amazon 來講，最麻煩的訴訟是來自於他的夥伴，Toys "R" Us 在 2004 年控告 Amazon 侵犯了他們銷售玩具的專屬授權，而報告中提出自侵犯開始一直到 2010 年為止，所需支付的求償金額高達兩億美元，這份控訴是針對 Amazon 的第三方賣家，Toys "R" Us 認為根據原本的合約，在 Amazon 網站上只能找到他們公司所生產的玩具，剛開始並沒有問題，因為在 Amazon 上，除了 Toys "R" Us 的商店外，幾乎很難找到玩具，不過 Toys "R" Us 表示後來有 4000 項玩具鑽了漏洞。Amazon 向 Toys "R" Us 提出抗告，2006 年 3 月，紐澤西的高等法院做出有利於 Toys "R" Us 的裁決，Toys "R" Us 得以和 Amazon 解約，但不得要求任何賠償。Amazon 繼續上訴，要求續約且 Toys "R" Us 必須賠償 Amazon 的損失。由於 Amazon 想來想倚賴「最大的第二方零售商」這種品牌形象，若加上這層不能銷售其他玩具的限制會對其造成不小的麻煩，像是 eBay 等競爭者並沒有此種「排他性」（exclusivity）的限制。

在 2008 年 5 月，Amazon 對紐約州提出了告訴，紐約州在 2008 年 4 月修正了營業稅法，要求在紐約州之外的線上零售商若是透過設立於

紐約的網站取得顧客，就必須繳稅。Amazon 認為這樣的條款違憲而且定義過於廣泛、模糊，目前告訴還在審理當中。

未來前景

Amazon 現階段透過良好的經營績效和銷售成績，使得財務績效益發亮眼。在 2007 年，總銷售額上漲了 36%達到 148 億美元，淨利為 4 億 7600 萬美元。在 2008 年第二季，Amazon 在銷售淨額、營業收入、淨利等相較於前一年度都有顯著的成長。在 2008 前半年，有 82 億美元的銷售額，2007 年同時期只有 59 億美元。營業收入則是 15 億對 11.5 億的差距，淨利則是 4 億 2500 萬美元比 2 億 5500 萬美元。預測整年度的銷售淨額將會有 30%至 35%的成長（由 190 億美元提升至 200 億美元）。雖然很多人擔心 Amazon 是否有足夠的能力繼續提供高水準的客戶服務，但是 Amazon 在客戶服務、正確交貨、處理訂單的速度上，幾乎都是名列線上電子商務網站的前五名。由於油價上漲，使得傳統零售商的銷售下降，而像 Amazon 這樣的線上零售網站的獲利則是不斷增加。Amazon 提供了消費者拜訪郊區購物商城的一個可行方案。

與零售業中獲利驚人的巨人 Wal-Mart 比較起來，則因為淨利率低，遇到經濟不景氣的時候，容易由盈轉虧。雖然 Amazon 似乎已經由谷底翻升，並連續好幾年獲利，但其投資報酬率與銷售獲利率持續成長的速度，若想與 Wal-Mart 相同，則還有一段很長的路要走。在許多評論家眼中，Amazon 是一個非常優秀的網路書店經營者，但這並不表示在一般商品的領域內，他也可以同樣的出色，Amazon 尚未證明自己在一般商品市場可以長期獲利。分析中顯示出了 Amazon 在 2009 年之後的樂觀面和悲觀面，年度的銷售成長率從 2006 年第一季的增加 20%，在經過十季後，以 2008 年第二季的 41%做結。儘管股價反覆無常，Amazon 仍是個很好的投資標的，因為其資產負債表中現金與長期負債比為正值。

多重通路業者：虛實合一

也可稱為「多重通路零售商」，虛實合一（bricks-and-clicks）公司擁有實體商店作為主要的零售通路，但也在網路上營業，這些多重通路公司包括如 Wal-Mart、JCPenny、Sears、以及其他擁有品牌的業者。虛實合一的業者需面對高成本的實體建築與龐大的銷售人員，同時也有著像是品牌名稱、全國性的基礎客戶、倉儲、大規模的市場（使其擁有與供應商議價的

權利)、以及訓練良好的員工。由於擁有品牌名稱，因此這些公司取得客戶的成本相對較為低廉，但是卻也必須面臨協調各種通路售價、以及處理跨通路退貨等問題。然而，這些零售業者已經很習慣低利潤的情形，同時為了控制成本，也投資大量的資源在採購與庫存控制系統上，也會協調不同地點的退貨問題。虛實合一的業者在進入網路市場時遭遇許多挑戰，像是在網路上有效運用優勢與資產、建立可信賴的網站、僱用新的技術人員、建立反應迅速的訂單輸入與處理系統。根據網路零售商在 2007 年的相關資料，前 25 大公司就佔去了線上零售銷售額中的 330 億美元（超過 30%）。然而還是有成長的空間，因為有許多公司的線上銷售額佔不到總銷售額的 5%（包括 Dillard's、Kohl's、CVS、Walgreen 和 Lowes）。

JCPenny（在 2007 年更名為 JCP.com）就是一個從傳統實體商店與少量的型錄營運，成功轉移到多重通路的網路商店的很好範例。

James Cash Penney 在 1902 年創立了 JCPenny 這間公司。他原本的想法是要以新興的商店經營模式（百貨公司），建立起一個全國性的連鎖商店。這種商業模式是在同一個中心位置集合大量的零售店，通常選擇的地點是在交通要道附近，同時，Penny 也想利用全國性的郵購商業模式與 Sears 競爭。JCPenny 現在已成為最大的連鎖百貨公司之一，在美國和波多黎各擁有超過 1000 家分店。除了百貨公司外，JCPenny 也是美國最大型錄業者之一，每年發送超過 4 億份產品型錄。

與許多傳統零售業者相同，JCPenny 必須改變原本的經營模式，以符合網際網路與消費者對於低價位、多產品選擇的需求，這只能透過加強網路上的營運來達成，JCPenny 在 1998 年開始經營網站，將所有的型錄商品放到網路上，它的百貨公司與網路通路將服務目標放在同一個市場：時髦的富豪、剛具備高消費能力的族群，或者年收入超過 5 萬美元的中產雙薪家庭。

在 JCPenny，消費者可以購買服飾、珠寶、鞋子、配件、家具，而且無論是透過實體商店、型錄、或者是網際網路購物，都可以經由商店或是郵寄的方式退貨。成功的多重通路零售業者有一項重要特徵：將單一品牌經驗透過完整的虛實整合呈現給消費者在 2007 年時已做的相當好，而另一項特徵是：瞭解消費者的喜好，因而能在不同的通路販賣適合該通路的產品。舉例來說，消費者不僅僅是可以在本地商店領取與退換在 JCPenny 上購買的產品，也可以在商店購買那些商店中沒有、但網站上有的商品。實體商店內的銷售點系統與網路上的型錄整合，使用同一個庫存系統，方便存貨控制。許多在實體商店中太過昂貴的商品，都可以在網站上以經濟實惠的價格銷售。JCPenny 也在最新的網站互動繪圖工具上投資，例如提

供消費者 14 萬 2000 種窗戶周邊裝飾商品的模擬組合，還有讓消費者可以隨意將產品拉近放大，更容易挑選到適合自己的牛仔褲。

藉由一些良好的決策，JCPenny 成功的經營網站：把諸如女性用品與家具等 25 萬種產品上線、提供多於競爭者的產品選擇、設定女性為主要消費族群、並且將網站設計成讓消費者可以輕鬆的在不同目錄間瀏覽。因為擁有龐大的產品種類，JCPenny 可以直接與 Amazon 競爭，特別是在服飾方面。因此，JCPenny 的網站上吸引了一批年輕的新消費者，其中有 25%的人從未在 JCPenny 買過任何東西。根據 2008 年的資料顯示，90%的JCPenny 網站的顧客也會去實體店面逛街，網站、實體店面和型錄間的銷售呈互補的狀態，三者間的銷售並未受到影響。消費者透過這三種管道購物的花費，比單純在零售商店購買的金額多了四倍（約 1000 美元）。

JCPenny 經歷了線上網站銷售額快速成長，以及從百貨公司／型錄業者轉型成商店／網站業者。網路銷售額在 2007 為 15 億美元，比 2006 成長了 15.4%。藉由持續深耕這個市場，並將目標鎖定在 Amazon 與 eBay 表現不佳的市場（如利潤高的家庭服飾），JCPenny 應有機會持續改善長期績效，預測 JCPenny 接下來幾年在網路上的銷售應可達 20 億美元。

型錄業者

像是 Lands' End、L.L. Bean、Eddie Bauer、Victoria's Secret、及 Lillian Vernon 等型錄業者，是已具規模的公司，他們有著全國性的最大實體型錄作為零售管道，但近來也發展了線上功能，JCPenny 這種擁有大規模型錄事業的公司，也被歸類在此種類型當中。型錄業者每年必須面臨印刷與郵寄數百萬份型錄的高成本 — 其中許多型錄有效的時間甚至只在客戶客戶收到後的三十秒內。儘管如此，型錄業者還是零售產業中擁有最高利潤的一群，因為他們的經營非常有效率。一般來說，他們會有一些實體商店、集中式的訂單處理和客服中心、特別服務、和優秀的快遞公司（例如 UPS）合作提供極佳的交貨速度。在八○年代早期，型錄業者每年平均有 30%的成長，雖然近年來已經沒有如此傑出的表現，但相較於一般零售業者，型錄業者仍有較高的成長率。因此型錄業者必須多角化經營其通路，像是開設商店（L.L.Bean）、併購有實體店面的公司（Sears 併購 Lands' End）、或建立網路上的品牌知名度。

就像許多實體商店一樣，型錄業者也碰到許多挑戰，他們必須運用現有的資產和競爭優勢來適應新的科技變遷，建立值得信賴的網站，聘用新的員工。他們有獨特的優勢，因為他們已經擁有了很有效率的訂單回覆以

及訂單履約系統（fulfillment system）。在 2007 年，前 25 大的型錄業者結合網站銷售，創造了 130 億美元的業績。

毫無疑問的，LandsEnd.com 可以說是最成功的線上型錄業者之一。這間公司從 1963 年一間位於芝加哥製革區的地下室起家，當時販賣帆船用品跟服飾，生意好時一天會有 15 張訂單。後來擴展為型錄業者，每年發送超過 2 億份型錄，販賣傳統的運動服飾以及家庭產品。Lands' End 在 1995 年啟用了網站，上面有 100 個產品和旅行相關文章。Lands' End 公司位在威斯康辛州的 Racine，現在已經變成最成功的服飾網站之一。

Lands' End 的科技總是居於線上零售商的領導地位，因而使得他們的個人化行銷與客製化產品顯得相當突出。例如 My Virtual Model 允許消費者建立一個個人的 3-D 模型，嘗試讓自己在螢幕上「穿上」衣服；My Personal Shopper 讓消費者可以建立一個個人化的服裝顧問，建議該買些什麼；Lands' Live 提供消費者在線上與客戶服務代表聊天的功能；Lands' End Custom 則允許消費依照自己的尺寸，自己塑造一件衣服。在早期的線上零售產業，這種讓顧客自己創造衣服的功能被認為只是花招，但是到了今日，Lands' End 銷售的服裝中，有 40% 是客製化的，My Virtual Model 的顧客有 25% 是第一次跟 Lands' End 購買東西（Landsend.com, 2005）。在 2003 年，Lands' End 被 Sears 併購（Sears 自己則在 2004 年被 Kmart 併購），但是仍然有保有許多獨立的線上功能與型錄運作，Sears 則在自己的網站 Sears.com 增加了許多 Lands' End 的技術。

製造商直營

製造商直營（manufacturer-direct）是擁有單一或多重通路的製造商，他們直接在網路上販售給消費者而不經過中間零售商。預期製造商直營業者將在電子商務市場中扮演重要的角色，但目前尚未廣為發生任各領域。主要的例外是電腦硬體產業，像是 Dell、HP、Gateway、IBM、與 Apple 等公司，合起來就佔有線上電腦零售營業額的 70%，這些公司有些在網路還沒有出現前就有零售經驗（像 Dell 就是以直銷模式建立），有些則沒有直銷經驗（像 HP）。

如同在第 6 章曾討論過的一樣，製造商直營公司面臨著通路衝突的問題，當商品的實體零售商必須在價格與庫存流通上，與沒有存貨維護成本、實體商店、與銷售人員的製造商直接競爭時，就產生了通路衝突。之前沒有直銷經驗的公司，還必須面臨開發能迅速回應的線上訂購及處理系統、取得客戶、與按照市場需求協調供應鏈等額外的挑戰。從**供給推動模式**（supply-push model，先依照預估的需求製造產品，之後再接受訂單）

製造商直營（manufacturer-direct）
是擁有單一或多重通路的製造商，直接在網路上販售給消費者而不經過中間零售商

供給推動模式
（supply-push model）
依照預估的需求製造產品，之後再接受訂單

電子商務

需求帶動模式
（demand-pull model）
直到收到定單後才開始生產

轉換成**需求帶動模式**（demand-pull model，直到收到定單後才開始生產），已經被證明，這對傳統製造商來說極端困難，不過就許多產品來說，製造商直營業者已擁有全國性品牌、大量的客戶基礎、以及甚至低於型錄業者的成本結構等優勢，這是因為販賣者就是商品製造者，不需要把利潤付給別人，因此，製造商直營業者應該擁有更高的利潤。

最常被引用的成功製造商直營零售業者是全球最大的電腦系統直接供應商 Dell Inc.，Dell 直接從位於德州奧斯汀（Austin, Texas）的總部，提供電腦產品與服務給企業、政府機關、中小企業、以及個人。儘管銷售業務員提供企業用戶、個人、以及中小企業可以直接透過電話、傳真、或網際網路訂購 Dell 產品的服務，但透過線上銷售產生的收入就高達 4 億美元。

1984 年，Michael Dell 在大學宿舍內創立這間公司，當時他的想法只是很簡單的幫客戶組裝電腦，去除中間人，提供更有效、更符合客戶需求的服務。時至今日，這間公司不僅銷售個人電腦系統，也提供企業桌上型和筆記型電腦，以及安裝、財務、維修、以及管理服務。靠著先接單後生產（build-to-order）的生產程序，Dell 提高了存貨週轉率（僅需五天），同時也降低了零件和成品的庫存量，這樣的策略確實減少了產品過時的機會。

直營模式簡化了公司的營運，排除了量販和零售網路，有效降低成本，且讓 Dell 得以完全控制客戶資料庫。除此之外，Dell 製造和運送客製電腦給顧客的速度，幾乎和郵購供應商一樣快速。

為了擴展這種直銷模式的優勢，Dell 積極的將銷售、服務、支援移至網路上，Dell.com 可供 80 國瀏覽的網站規格，每個月都會有約 1500 萬至 1600 萬的訪客數（不重複的造訪人數）。Dell.com 提供的 Premier 服務可以讓企業隨時在線上檢視產品供應狀況、下單和購買、即時追蹤、或瀏覽訂購紀錄。它建立了線上虛擬帳戶管理者，對小型企業客戶提供過剩商品訂購系統，以及可以直接檢閱技術支援資料的虛擬 help desk。由於瞭解到個人電腦銷售過慢會明顯衝擊到收入基礎，因此 Dell 持續把提供的產品推展到純產品銷售以外，另提供保固服務、產品整合與安裝服務、網路存取、軟體、週邊商品、以及技術顧問等「Beyond the box」項目，這包括接近三萬種來自領導品牌製造商的軟體和週邊商品，可以與 Dell 的產品結合在一起。Dell 同時也運用了 Web 2.0 的概念，像是如何建立、維護部落格，線上編輯發佈影片，建立和分享照片。Dell Lounge 讓訪客可以建立影音應用，StudioDell 將展示出使用者是如何處理數位相片和影片，並藉由上傳影片展示其如何應用 Dell 的技術。

為了改善客戶服務，Dell 於 2007 年在加拿大設立了一個新的電話客服中心，提供更進階的線上客戶服務程式，如 DellConnect，這項服務可以讓客服人員透過寬頻連線遠端存取客戶的電腦，為客戶解決問題（Dell, Inc., 2008; Internet Retailer, 2008）。

線上零售產業的共同議題

在前一節中，我們已經看了一些非常不同的公司，從純粹的網路企業，到已具規模的實體巨人，線上電子商務的確吸引一些零售商，特別是已經擁有品牌的非線上零售商。線上零售是零售產業中收益基礎成長最快、客戶基礎成長最快的通路，且有許多類型的非必需品產品的滲透率也都在成長中。但是在另一方面，對於新興企業，獲利是相當難以達成的，就連 Amazon 這樣的公司都到 2003 年才首次獲利。

線上零售商要達成獲利必須面對的難題現在很清楚了。零售商想要成功，必須擁有一個地點適中，可吸引更多消費者的地點；必須收取足以支付產品成本和行銷費用的價格；建立高效率的倉儲與訂單處理系統，如此公司可提供比競爭者更低的價格，同時仍保有利潤。許多線上零售業者無法滿足這些基本的條件，將商品價格降到低於商品與營運總成本的程度，或者缺乏有效率的商業流程，或在取得客戶與行銷上耗資過度。從 2002 年開始，線上零售業者提高某些產品售價，好配合實體商店的售價，而消費者在能夠獲得線上購物的便利性、節省前往商店或購物中心的成本的情況下，願意接受較高的價格。

大體而言，去中間化（disintermediation）並未真正發生，零售業的中間商也沒有消失。事實上，虛擬業者和已開始線上交易的大型實體業者，除了在某些電子商品和軟體的銷售上有例外，大多維持了他們對零售顧客的拉力。電子產品以外的製造商，都利用網站為主要的資訊來源，吸引顧客透過傳統的零售通路來購買商品。

實體零售巨人 Wal-Mart 與 JCPenny，型錄業者 Lands' End 與 L.L. Bean，是在線上成長最明顯的公司，許多純網站的先進者因為無法獲利，先後在 2000 年與 2001 年因資金用罄而關門。傳統零售業者是快速跟隨者（雖然其中有許多不算是「快」的），大部份在網路上可能成功者，都是藉由將傳統的競爭力和資產延續到線上。依這種感覺來看，電子商務科技的創新，正遵照其他技術驅動商業改變的歷史規則，就如汽車到廣播到電視一般。

要在網路上成功，既有的業者必須將型錄、商店、與線上體驗合而為一、創造出整合的購物環境，這些業者擁有強大的交貨、存貨管理、供應鏈管理與其他競爭力，可以直接運用在線上通路。這些業者儘管已經移到線上，但他們的電子商務營運卻不一定能夠獲利，想在線上成功，這些業者還需要拓展品牌、提供讓消費者願意利用線上通路的刺激、避免通路衝突，並與 AOL、MSN、Yahoo 這種入口網站建立合作關係。

第二種成長迅速的線上零售業者是新興大量的專賣店，專門販售高級、流行、豪華的商品，像 BlueNile 這種線上鑽石商店，或是販售有折扣的電子產品（如 BestBuy.com）、服飾（如 Gap.com）、或辦公室用具（如 OfficeDepot.com）。以 Gap 為例，該公司 2007 年的網路銷售成長了 23.7%，實體店面則是下降 4%。這些公司顯示了網際網路的活力、開放、與創新，使得更多的商品延伸到網路之上，許多虛擬業者已經擁有大量的網路基礎客戶，也擁有對客戶行銷所需的線上工具，這些線上業者可以透過結盟與建立夥伴關係，增加存貨管理與交貨服務的競爭力，進一步強化品牌形象。虛擬業者需要建立營運上的強度與效率，才有辦法真正獲利。

純網站與既有的實體商店都希望增加在電子商務的收益，也都會在未來因新的零售技術而受惠 — 從藉由高速網路接觸主要的潛在客戶，到使用行動電話的行動商務，再到增強購物網站的新服務，相關內容請見「科技觀點：在網站上買東西買到手軟」的說明。

科技觀點

在網站上買東西買到手軟

最初的想法相當簡單，就是運用電子商務科技許多獨特的特點：建立一個陳列著上千種產品的網站，讓顧客可以比較價錢和產品特色、其他顧客對產品的評價、商家的聲譽。接著，顧客可以前往商家的網站購買物品。這些商家則付用金給網站，以感謝他們幫忙招來顧客。所以顧客再也不用逛街逛到走不動，他們可以很方便的在一個網站上比較價錢，購買最物美價廉的產品。為了增加顧客和銷售，商家也會願意和網站合作，提供產品的價錢等相關資訊。

　　這個想法最早是在 1990 年代中期一篇有關網路上的潛在用戶的學術論文中提出的，這稱為「購物機器人」（Shopping robots）。現在，購物機器人市場龐大，在 2008 年大約就有 60 個這樣的網站。當我們提到比價網站（comparison shopping site）時，會想到數以百萬被追蹤的商品。舉例來說，在比價網站中執牛耳地位的 Shopping.com，在 2008 年時每個月有超過 1800 萬的不重複瀏覽量，這家公司已在 2005 年 6 月被 eBay 以 6 億 3,400 萬的價格併購（Shopping.com 的前身是 Dealtime.com，並且同時包含另一個讓消費者能在線上討論評價商品的平台 Epinions.com）。第二名的比價網站 Shopzilla.com（擁有一個使用者評論商品的網站 Bizrate.com）有著每月 1800 萬的訪客量，也在 2005 年 6 月被 E.W. Scripps 公司以 5 億 2500 萬併購。其他還沒被併購的競爭者包括了 NexTag.com 和 PriceGrabber.com 以及 Amazon 這樣一般的網站、Yahoo 與 AOL 之類的入口網站、以及 Google 這樣的搜尋引擎業者，都會建立屬於他們自己的比價功能。

　　根據 Jupiter Research 的資料指出，大約有 60% 的消費者曾使用比價網站，且這個數字以每年 10% 的速度快速增加中。比價網站成為併購方案中深具吸引力的候選人──因為他們能夠吸引很多瀏覽訪客，又擁有良好的獲利。例如 Shopping.com 與 Shopzilla.com 在 2005 年時都擁有 1 億 3000 萬美元左右的收入。

　　比價網站最初是用來追蹤消費性電子產品與個人電腦的線上售價，消費性電子產品幾乎都是由少數品牌製造商所生產，有統一的售價，因此可以很容易的在數種產品之間進行比較 ── 輸入數位相機，選擇想要的畫素，輸入價格範圍，按下鍵盤上的 Enter 鍵，之後就會收到一串長長的數位相機與製造商清單，選擇中意的產品後，進入到購買程序，並在決定購買前先看看商店的評價。

　　然而，雖然 Shopping.com 和 Shopzilla.com 各自宣稱他們握有 6000 萬和 3000 萬筆商品資料，但這些商品中，女性才會購買的「軟性商品」（soft goods）卻僅佔少數，而女性在網路上的購買能力幾乎和男性一樣。1998 年時，網路上的購買行為中有 65% 是男性消費者，今天，60% 為女性，而且她們更喜歡在網路上尋找服飾、珠寶、配件、皮箱、禮物等軟性商品。基於這個原因，比價網站們正努力將軟性商品增加到服務當中。

但這件事的難度可不像比較數位相機或數位電視之類的硬性商品（hard goods）一樣簡單，比價網站的強項是將非常相似或完全一樣，但卻列在不同商店擁有不同價格或信譽的商品列出來，一般來說，電子產品的功能與供應商（比較有名的品牌）有限，但在一些像是服飾或珠寶等產業中則相當複雜，甚至沒有標準存在。事實上，這些產業的製造商也特別強調他們的獨特性，而非相似度。解決這個問題的方法之一，是鎖定在軟性商品的品牌，但非價格。像 Gucci 的包包、Bennton 的毛衣、REI 的登山用具。Yahoo 與搜尋引擎業者 MSN、Google，正將他們的比價服務的模式轉向以品牌為主，因為在消費者購買軟性商品時，價格變得愈來愈不重要。

當愈來愈多的焦點集中到比價網站時，比價網站的業者已不再只是幫顧客找出最低價商品，同時還不斷創新並增加新服務。Shopping.com 持續追蹤顧客，透過在每一類商品中顯示最受歡迎的商家給瀏覽者的方式，協助消費者決定買什麼、去哪裡買。如 Shopzilla 發展出 Robozilla 的資料分類技術，好幫助他們加快處理速度；PriceGrabber 將目光放在增加產品介紹與內容，像是第三方的評論，或是討論區；NexTag 提供消費者產品的歷史價格表與自動發送電子郵件提醒價格的功能，針對業者則提供自動匯入新資料的功能。

同時每天也有新公司持續不斷的進入這個市場，像是展示超過 36 萬個健康醫療產品的 HealthPricer、還有會根據消費者的興趣口味幫忙找商品的 StylePath，它有著來自 1500 個線上商家的 10 萬件商品。

另一個網站 DiscountMore 在 2007 年重新啟用了它的搜尋引擎，可以在一個頁面中提供消費者來自前 26 大購物網站的資訊。

除了這些創新，大部分的比價網站還是著重在價錢的比較。85%的訪客會按下「根據價錢排序」的按鈕。很明顯的，比價網站已經在與 Google 等搜尋引擎網站競爭著。搜尋引擎上的關鍵字廣告價錢已經提高，而比價網站相對來說就便宜許多。但從 2008 年起，許多商家開始抱怨比價網站越來越貪心，收取過高的佣金。JellyFish 這家被 Microsoft 併購的新購物網站有一套解決方法，就是根據每項交易來收取佣金，而不是根據點擊次數。而且 JellyFish 還將一半的佣金存進顧客的帳戶。Shopping.com 也開始改變他們的價格策略，讓賣出較少商品的商家不用付那麼多錢。

9.4 傳統和線上服務業

服務業是美國、歐洲及一些亞洲先進國家經濟發展中，規模最大、發展最快的產業。在美 74 國，（廣泛定義的）服務業雇用了 1 億 800 萬人（76%的勞動力），並產生約 7.7 兆美元（約 58%）的美國國內生產毛額。約有低於 1/4 的工作者是從事製造業的。

反之，服務業的生產力遠落後於工業或農業。服務業的生產力在最近十年間平均約為 1%，而農業及工業的生產力平均約為 5%。自 1995 年以來，資訊技術資本投資的擴張無疑增加了整體生產力，但服務業「白領階級」勞工並沒有從中獲得跟工業勞工相等的利益。某種程度上來說，這是因為原始的服務，及高度個人化與客製化的服務較難享受到電腦化的益處。醫生、律師、會計師和企業顧問並未明顯因資訊科技普及而受到影響，雖然他們的工作品質還是提升了。可惜，提升服務品質並不計入生產力的統計。例如讓顧客找到從紐約飛到洛杉磯的最低價機票，這種服務上的改善將不會計入生產力的統計中。而這代表的是：就如電子商務網站可以提供資訊、知識和交易效率般，服務業也提供很好的機會。

什麼是服務？

什麼是服務？美國勞工局對**服務行業**（service occupations）的解釋是「在家戶、商業公司，及機構內部與周圍執行任務的職業」。美國人口調查局對**服務業**（service industries）的定義則是「提供服務給消費者、企業、政府，及其他組織的機構集合」。主要的服務業包括金融業、保險業、不動產業、旅遊業、專業服務（例如法律、會計）、商業服務（包括顧問、廣告、行銷，以及資訊處理）、健康醫療服務，以及教育服務。

服務業的分類

服務業可進一步區分為**交易仲介服務**（transaction brokering）與實質服務兩類。例如，金融服務需要股票經紀商扮演買方和賣方的交易仲介。線上抵押公司（例如 LendingTree.com）把顧客轉介給實際上核發抵押貸款的公司，人力銀行讓勞動人力的勞資雙方聯繫。這些都是促成交易的例子。

相較之下，法律、醫療、會計是對客戶提供實質服務。在這兩類服務上電子商務的機會有所不同。現在醫生和牙醫不能透過網際網路治療病

服務行業（service occupations）
在家戶、商業公司，及機構內部與周圍執行任務的職業

服務業（service industries）
提供服務給消費者、企業、政府，及其他組織的機構集合

交易仲介（transaction brokering）
扮演幫助交易的中間商角色

人。然而，網際網路可藉由提供病人資訊、知識，和溝通管道，以協助牙醫和醫生的實質服務。

知識和資訊的密集度

除了部分例外情況（例如，提供實質的打掃、園藝等服務），服務業最重要的特點就是密集的知識和資訊。為了提供價值，服務業處理許多資訊，並雇用高技術性、受過教育的工作人員。例如，為了提供法律服務，你需要聘雇具有法律學位的律師。律師事務所必須處理龐大的資訊，醫療服務亦同。金融服務的知識密集並沒有那麼高，但需要投資更多的資訊處理設備，以便持續追蹤交易和投資。事實上，金融服務業是資訊科技的最大投資者，他們超過 80%的資金投資於購買資訊設備與服務。

基於這些原因，很多服務業適合電子商務與網際網路的應用，因為它們收集、儲存和傳播高價值的資訊，並且提供可靠而快速的溝通。

個人化和客製化

服務業被要求個人化與客製化的程度不一。有些服務業需要高度的個人化，例如法律、醫療和會計服務，亦即針對單一顧客的明確需求來調整服務。其他服務，例如金融服務，可藉由允許顧客從限定的項目中自行選擇客製化方案來獲利。個人化與客製化的網際網路與電子商務技術，是促使電子商務迅速成長的主因。未來電子化服務的擴張，將依賴電子商務企業提升目前的客製化服務，從目錄選擇轉變成真正的個人化服務，例如可以根據數據給予顧客獨特的建議，並保持跟專業服務人員一樣的親切感。

9.5 線上金融服務

金融服務（財務、保險和不動產）對於美國國內生產毛額貢獻超過 2.7 兆美元。線上金融服務業是電子商務的成功案例，但是這樣的成功與早期專家對電子商務的預測有所差異。創新的純網路公司幫助經紀業改造，但電子商務對銀行業、保險業和不動產業的衝擊較有限，這些產業中的消費者利用網際網路研究資訊，但仍透過傳統供應商完成交易。例如多通路的傳統金融服務公司，他們跟隨電子商務的腳步較緩慢，但反而成長最快速，且長期經營的可能性最大。

金融服務業的趨勢

金融服務業提供四種服務:儲蓄與資金運用、財產的保護、財產的增值,以及資金的流動。過去這些金融服務是由不同的機構所提供(見表 9.5)。

然而,在金融服務業有兩項對線上金融服務公司造成直接影響,改變金融服務制度的兩項重要全球趨勢,其中的一個趨勢是產業合併(圖 9.3)。

表 9.5 金融服務的傳統提供者

金融服務	提供機構
儲蓄與運用資金	銀行、貸款公司
保護財產	保險公司
財產增值	投資公司、經紀業
資金的流動(付款)	銀行、信用卡公司

資料來源:eMarketer, Inc., 2005。

在美國,銀行業、經紀業和保險業因為 Glass-Steagall 法案而被分割,該法案禁止銀行、保險公司,和經紀公司之間互相擁有重大利益,其用意是避免如 1929 年股市人崩盤所造成的金融業連鎖反應。Glass-Steagall 法案亦禁止大銀行在其他州擁有銀行。但是這種法令上的分隔,使得美國的金融組織無法提供整合金融服務給顧客,而且不能在全國各地經營,其結果是造成小規模且效率的擴張。美國可說是世界上最多銀行的國家。西歐和日本的金融組織並沒有受到類似的限制,這使美國的金融業處於不利的狀況。1998 年的 Financial Reform 法案修改了 Glass-Steagall 法案,允許銀行、經紀公司和保險公司合併,以及發展全國性連鎖的銀行。新法案促成許多金融組織的合併。

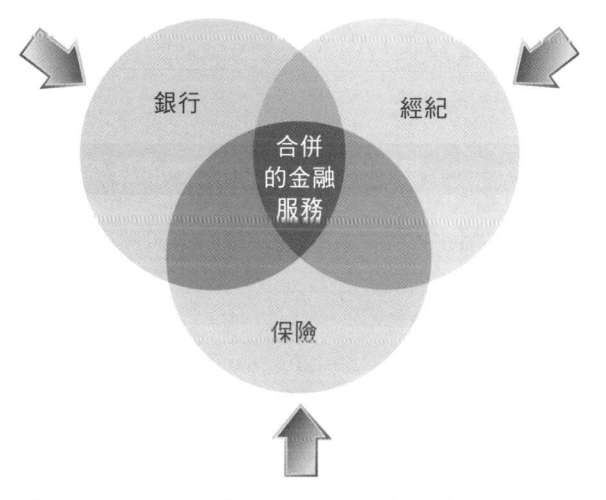

■ 圖 9.3 產業合併與金融服務的合併

財務超級市場（financial supermarket）

在單一實體中心或銀行分行提供多樣化的財務產品和服務

第二個趨勢是金融服務整合。一旦允許銀行、經紀公司和保險公司合併，他們可以提供顧客真正想要的：信任、服務和方便。金融服務整合始於 1980 年，Merrill Lynch 發展出第一個「現金管理帳戶」，整合經紀業務和現金管理服務，提供 Merrill Lynch 客戶單一帳戶。每天，客戶帳戶內多餘的現金將會用來投資貨幣市場基金。在 1990 年，花旗銀行和其他大型銀行發展「金融超級市場」概念，客戶可以在某個實體中心或銀行分行獲得整合型服務。現在幾乎所有大型的全國性銀行都已經提供整合型的財務規劃與投資服務。

網際網路的技術基礎讓線上金融超級市場概念得以運作，但大部分的理想尚未實現。它還不能為開設在單一金融機構的帳戶安排汽車貸款、獲得抵押、接受投資建議、和設立退休基金。然而，這是大型銀行機構的走向。

長遠來看，網際網路的承諾是讓金融機構藉由更精確掌握消費者行為、生命週期狀態、以及獨特的需求，進一步發展真正的個人化與客製化服務，來繼續推動金融超級市場模式。這需要長期發展技術基礎建設，改變消費者行為，以及建立與消費者更深入的關係。

線上消費者行為

調查顯示，消費者被金融網站吸引的原因，是因為他們想要節省時間和使用資訊，而不是為了省錢。雖然省錢也是經驗豐富的顧客的主要目的。Pew & American Life Report 指出，約有 40%的線上用戶是為了獲得金融資訊或使用其他金融服務而上網。大多數線上消費者為了管理財務而使用金融服務網站，例如，檢查帳戶餘額。一旦習慣於線上金融管理活動，消費者獲得經驗後會考慮使用更多個人金融管理工具，例如支付貸款等。表 9.6 顯示美國網際網路成人使用者在過去 12 個月內的線上金融活動調查結果。

表 9.6 線上消費者的金融活動

活動	過去十二個月參與活動的百分比
檢查銀行帳戶	65%
轉帳／提款	43%
申請信用卡	25%
買賣股票	9%
申請抵押	6%

資料來源：eMarketer, Inc., 2007a; eBrain Market research, 2006。

現在使用線上金融服務的最大障礙，是對於資訊安全與保密的顧慮。一般來說，消費者使用線上購物的意願比起線上金融交易來得強烈。例如根據 Conference Board 與 TNS NFO 最新的調查發現，比起線上購物、線上通訊或使用搜尋引擎等，用戶更擔憂金融交易的安全。根據電腦協會在 2008 年 7 月的調查顯示，58%的受訪者認為許多金融機構並未在網路安全性下足夠的工夫。消費者尤其關心身份被竊取的可能性、詐欺以及帳戶被入侵的風險。

線上銀行業務與經紀業務

線上銀行業務分別由 NetBank 和 Wingspan 於 1996 年及 1997 年在美國開創。傳統銀行開發了電話銀行業務，但直到 1998 年才使用線上服務。雖然晚了一、兩年，但在線上存款快速成長之際，傳統的全國性銀行在市場佔有率上還是大幅領先。表 9.7 列出了線上銀行存款量的排名，其中包括了提供線上服務的傳統銀行。NetBank 原本名列其中，但因次貸風暴，在 2007 年 10 月被迫宣佈破產。

表 9.7 線上銀行排名（2007 年 11 月）

銀行	存款量
ING Direct（純線上）	470 億
Citibank Direct（額外提供線上服務）	90 億
Emigrant Direct（額外提供線上服務）	60 億
HSBC Direct（額外提供線上服務）	48 億

根據 eMarketer 的調查，2008 年約有 9100 萬美國消費者在線上使用金融服務，較 2007 年成長了 14%，這個數字預期在 2012 年成長至 1 億 5900 萬（見圖 9.4）。

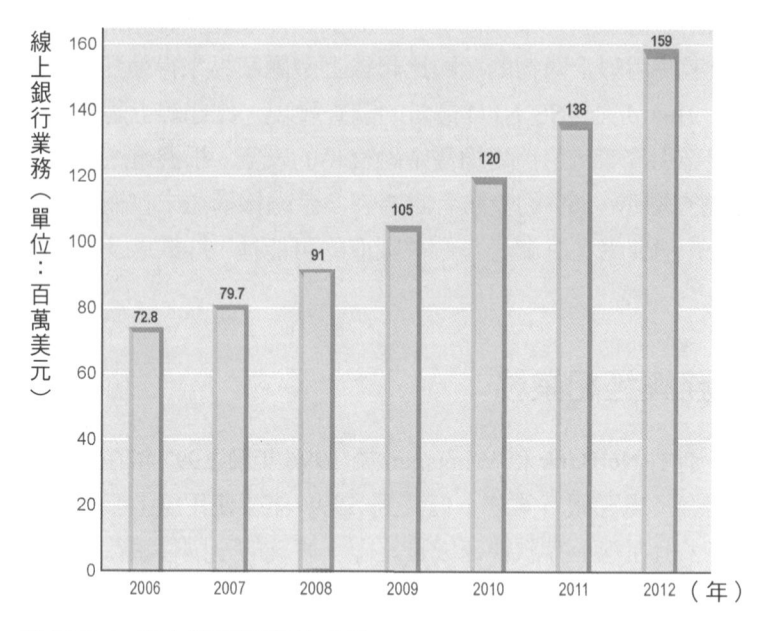

■ 圖 9.4 線上銀行業務的成長

使用線上銀行業務的數量預期在 2012 年成長至 1 億 5900 萬。
資料來源：eMarketer, Inc., 2007a。

　　線上經紀業務的歷史與線上銀行業務類似。早期的創新者 — 例如 E*Trade 和 Ameritrade — 的領先地位被 Charles Schwab 以及 Fidelity 所取代。隨著科技股和 dot.com 在 2000 年春天崩盤後，Ameritrade 和 E*Trade 等純網路公司的交易量也跟著大幅減少，但 Fideity 和 Merrill Lynch 等傳統品牌的交易量則相當穩定。

　　根據 Forrester Research 調查，美國約有 600 萬戶家庭在線上進行交易，預計這個數量在 2011 年將到達 1200 萬。另一份針對過去 12 個月線上金融活動的調查指出，在美國網際網路成人使用者之中，有 9%是進行股票交易。另一份調查，發現美國有 6%的線上家戶購買或進行股票、債券或其他證券交易。根據 Nielsen 的資料，在 2008 年 7 月，美國網際網路使用者認為最好、最常造訪的交易網站是 Fidelity Investments，訪客數量約 520 萬（見表 9.8）。

表 9.8 頂尖的線上經紀商

公司	不重複的使用者數（2008 年 7 月）
Fidelity Investments	520 萬
Schwab.com	254 萬
Scottrade	243 萬
TD Ameritrade	240 萬

公司	不重複的使用者數（2008年7月）
Vanguard	210萬
E*Trade	158萬
Charles Schwab	143萬
Merrill Lynch	114萬
Troweprice.com	95萬

資料來源：eMarket, 2008b; MarketingCharts.com, 2008; Nielsen/NetRatings Netview。

多通路與純網路金融服務公司

線上消費者喜歡參觀有實體銷售據點或分行的金融服務公司網站。多通路金融服務公司因為有實體分行或辦公室，比沒有實體存在的純網路公司成長更快，而且成為現在的市場領導者。傳統銀行通常都有數以千計的分行，顧客可以開帳戶、存錢、付款、取得房屋貸款，並且租用保險箱。頂尖的線上經紀商並沒有和銀行一樣的實體據點，但其有力的實際營業和電話的使用加強了他們的真實性。Fidelity擁有位於都市的分行，但它主要依賴電話與投資者互動。Charles Schwab決定在全國各地開設投資中心，這是它線上策略不可或缺的一部分。

純網路銀行和經紀商無法提供顧客許多需要親自辦理的服務。純網路銀行和經紀商欠缺實體客戶取得管道，因此必須依靠網站和廣告吸引顧客。而多通路機構可以在更低廉的成本下，轉換現有分行顧客成為線上顧客。純網路組織的使用者因為實體分行的各種服務經驗，更加密集地使用網站，而傳統多通路機構網站使用者較少進行線上交易且較少參觀網站。然而，純網路組織的顧客較常進行比價選購，容易受價格驅動，忠誠度較低。

金融入口網站與帳戶整合者

金融入口網站（financial portals）是幫助消費者選購服務、提供獨立的財務建議，以及財務規劃服務的網站。獨立的入口網站不自行提供金融服務，但扮演指揮各金融服務提供者的角色。他們藉由收取廣告費、介紹費，以及訂購費來創造收入。例如Yahoo! Finance提供消費者信用卡消費追蹤、市場概觀、即時股市行情、新聞、財務建議、金融新聞的串流視訊，以及電子帳單的呈遞與支付。其他獨立金融入口網站還有Intuit的Quicken.com、MSN的MSN Money、CNN Money，以及美國線上的Money and Finance Channel。

財務入口網站
（financial portals）
幫助消費者選購金融服務、提供獨立的財務建議，以及財務規劃服務的網站

一般來說，金融入口網站不提供金融服務，反而加劇線上金融服務的價格競爭。他們採行與大銀行組織相反的策略：引誘顧客使用高轉換成本、單一品牌、單一帳戶的金融系統。

帳戶整合是將顧客所有的金融與非金融資料整合於單一個人化網站的過程，包括經紀業務、銀行業務、保險、貸款、個人化新聞等。例如，消費者能看他／她的 Merrill Lynch 經紀業務帳戶、Fidenlity 的 401（k）帳戶、Travelers Insurance 年金保險帳戶，以及美國航空的累積里程數等，所有的資訊全部顯示在單一的個人化網站上。這個想法可讓消費者輕鬆的擁有來自不同金融機構的投資組合概覽。

帳戶整合技術的主要提供者是 Yodlee。Yodlee 使用螢幕擷取和其他技術，從 8000 個不同資料來源擷取資訊。它使用了智慧映射的技術，亦即如果鎖定的網站資訊改變，擷取軟體便即時調整，並且仍然可以找到相關資訊。

金融入口網站率先採用 Yodlee 的帳戶整合技術。傳統的金融組織最初反對獨立的帳戶整合者，因為這對他們的顧客基礎造成威脅。但多數這樣的組織自從與 Yodlee 簽署交易契約後，也在他們的網站提供帳戶整合服務。根據 Yodlee 指出，超過 500 萬個消費者與 100 個以上的金融組織和入口網站（例如 American Express、AOL、BOA、Fidelity、JPMorgan Chase、Merrill Lynch、MSN、Wachovia 以及 Yahoo）在使用 Yodlee 的整合平台。

帳戶整合產生一些議題。為了使用帳戶整合服務，消費者必須傳送他們所有的登錄帳號和密碼給整合者。如果所有帳戶資訊由一個組織擁有，消費者將面臨失去自行管理個人資訊的風險。雖然整合網站要求在沒有明確的許可下，帳戶整合者不能使用客戶資訊進行宣傳產品，但帳戶整合者也許會想要對顧客交叉推銷商品。

網上抵押和貸款服務

在電子商務發展的早期，數百家企業開始從事純網路線上抵押，爭奪美國房屋貸款市場。早期的進入者希望完全地簡化及改變傳統抵押的價值鏈，加速貸款程序，並且透過提供更低的價格與消費者分享利益。

在 2003 年以前，這些早期加入的純網路公司有一半以上都失敗了。早期純網路線上抵押組織的難題為開發品牌、提供合理的價格、以及簡化

帳戶整合
（account aggregation）
將顧客所有的財務資料（或非財務資料）整合於單一個人化網站的過程

抵押程序。他們必須承受高額的建置成本、高額的管理成本、高額的顧客取得成本、上漲的利率，以及粗劣執行的執行策略。

儘管這個開端困難重重，線上抵押市場依然成長。這個市場由線上銀行、其他線上金融服務公司、傳統抵押公司，以及幾家成功的線上抵押公司所支配。

根據 TowerGroup 指出，半數以上的顧客會研究線上抵押服務，但只有少數會實際提出申請。然而這個比率正在成長，根據 2006 年的調查，有 6%的顧客曾在過去 12 個月內申請抵押服務，這個數字在 2000 年僅為 1%。雖然線上抵押僅為所有抵押業務的一小部分，但線上抵押的數量在未來幾年肯定會繼續增長。

線上抵押供應商有三種基本的類型：

- 傳統的銀行、經紀、及貸款機構，例如 Chase、Bank of Amerca/Countrywide Credit Industries、Wells Fargo 和 Ameriquest Mortgage。
- 純網路抵押公司，例如 E-loan.com、QuickenLoans.com 以及 E*Trade Mortgage。這些公司打算加速抵押選購和起始程序，但仍需要大量的書面作業來完成抵押。
- 抵押仲介商，例如 Tress.com（前身為 LendingTree）。這些公司將抵押需求者仲介給數百個抵押供應商來出價競標業務。

消費者從線上抵押得到的好處包括減少處理時間、獲得市場利率情報，以及因為相關機構共享資料庫而帶來的流程簡化。抵押貸款人從低成本的線上程序受惠，費用比傳統實體抵押服務稍微低一點。

然而，線上抵押產業並未改變抵押程序。市場成長的一個重大阻礙就是抵押流程的複雜性，抵押流程要求實體署名和實體文件、各種機構的配合、以及複雜的財務細節等，這讓比價選購顯得困難。然而，消費者在線上尋找低利率抵押服務的能力，已經足以迫使傳統抵押業者降低利率與費用。

線上保險服務

在 1995 年，對一個健康的 40 歲男性來說，50 萬元的 20 年期定期壽險保單，一年要付 995 美元。在 2008 年，同樣的保單所需付的費用大約為 350 美元，減少了 65%。而其他物價在同一個期間上漲 15%。在定期壽險的研

究中，Brown 和 Goolsbee 發現網際網路的使用導致整個定期壽險（包含傳統和線上）的價格降低了 8%至 15%，每年增加的消費者剩餘（consumer surplus）約 1 億 1500 萬美元。初期，定期壽險的價格產生分歧現象，但隨後因為消費者越來越會使用網路取得保險行情資訊而使價格下降。

不同於書和 CD，保險在線上價格分歧的現象高於傳統通路，且在許多情況下，線上價格高於傳統通路價格。支持網路電子商務的普遍看法，即網路可以降低搜尋成本，方便比較價格，並且降低線上價格。定期壽險屬於大宗商品，然而在其他產品線，網際網路提供保險公司新的產品或服務差異化與差別定價的機會。

保險業佔金融服務業 2.7 兆美元的一大部分。它有四個主要部分：汽車險、壽險、健康險、以及產險、意外險。保險產品可以是非常複雜的。例如，有許多不同的非汽車產險和災害保險的類型：責任險、火險、房屋險、工安險、意外險以及其他險種。填寫這些保單是資訊密集的工作，通常需要個人的資產審查，而且要求相當多的經驗和資料。壽險業也開發了讓消費者無法輕易比較，只能藉由有經驗的銷售人員來解釋及販賣的保單。傳統上，保險業靠地方辦公室和經紀商銷售複雜的產品給獨特的對象。保險市場複雜化是個事實，因為保險業未接受聯邦的統一法令管理，而是由受到地方保險經紀商強烈影響的各州保險委員會所管理。保險業必須獲得州政府許可才能在網路上提供報價服務或銷售保單。

如同線上抵押產業，線上保險業成功地吸引到想購買保險的顧客，但要讓他們在線上購買卻沒那麼成功。不過，在比較不複雜的汽車險與定期壽險方面，網路保險的成效較佳。例如，comScore 調查顯示，2007 年在線上購買汽車險的比例較去年增加了 37%，有 200 萬筆購買紀錄，而且約三分之二的受訪者表示願意在線上購買汽車險。

最初，許多保險公司並未直接在網路上提供具有競爭力的產品，因為這可能傷害他們傳統的業務。現在幾乎所有大公司的網站都已提供線上報價。根據線上保險訂購數，2007 年全美前五大汽車險公司為：Progressive（市佔率 33%）、GEICO（31%）、Esurance（15%）、Allstate（8%）、State Farm（7%）。即使消費者沒有真的在線上購買保單，但網際網路明顯減少搜尋成本並改變詢價流程，對消費者購買保險的決策產生重大影響。

表 9.9 為一些主要線上保險公司的描述。

表 9.9 主要的多產品線上保險服務公司

公司	2007 年收入（單位：百萬美元）	說明
InsWeb	33.2	提供消費者比較選購；以完全擁有的兩家保險代理機構來賺取保單的佣金；汽車險、壽險、健康險以及房屋險的報價；公開上市公司
Insure.com（Quotesmith）	18.02	公開 200 家保險公司的全方位保險行情，且不加收服務費。經營保險代理機構和經紀業務並且從保險公司的主要客戶賺取收入和佣金。公開上市公司
Insurance.com（由 ComparisonMarket 經營）	未公開	據報導是全國最大的線上汽車保險公司。消費者可從 12 個不同的媒介去比較行情，並且可以在線上從許可的代理機構購買保險。其他產品包括壽險、健康險、房屋險、旅遊險、牙醫險，以及寵物健康險。以前為 Fidelity 所有，現為私人擁有
QuickQuote.com	未公開	公開保險報價行情。收入來自廣告與主要客戶。以前為 ING Group 所有，現為私人擁有
Answerfinancial.com	未公開	一站購足，以汽車險、房屋險、壽險、健康險、牙醫險，長期護理險、年金險、寵物險，以及更多產品為其特色。提供超過 230 種產品，透過企業內網路、網際網路、代理機構、和免費客服電話提供服務
NetQuote	未公開	提供汽車、房屋、健康、壽險、商業險等的報價行情。和超過一百家保險公司（如 GEICO、Progressive、Allstate）有合作關係。據稱為瀏覽率最高的保險網站

線上不動產服務

不動產是個價值 1.7 兆美元的產業。商用不動產的規模約為 490 萬棟商業建築，折合約 720 億平方呎的樓板面積。2008 年第二季，約有 1870 萬個居住單位待售、380 萬個居住單位待租。2007 年，商用不動產的投資超過 2700 億美元。不動產行銷金額一年約為 110 億美元，佣金轉了一年約 550 億美元。總之，不動產的交易金額相當於約 12% 的美國國內生產毛額，使不動產成為一個非常有吸引力的市場。

在電子商務早期，網際網路的革命似乎最適合在不動產業發生：把傳統地域性、複雜、壟斷消費者資訊、以地區代理商為主的活動加以合理化。網際網路和電子商務有可能將這個巨大的市場反中介化，讓買方、賣方、承租人、屋主直接交易，降低搜尋成本，並顯著地降低價格。然而，這些

預期並未成真。真正發生的，是對買方、賣方和仲介業者極其有利的另一種發展。曾經約有 10 萬個不動產網站，而許多網站現已消失。剩下的網站則開始朝改造產業的方向發展。另外，多數地區性不動產經紀商有自己的網站，而且他們會加入數千個由其他網站所提供的聯賣服務。表 9.10 是一些主要的線上不動產網站名單。

不動產與其他種類的線上金融服務不同，因為要在線上完成不動產交易是不可能的事。不動產網站的主要作用是影響客戶離線的決定。網際網路成為不動產專家、建商、資產管理者，以及附屬服務提供者最佳的溝通工具。根據 California Association of Realtors 做的 2008 年房屋買主調查，發現超過 78% 的首次購屋者在線上進行部份購屋流程，相較於 2000 年的比率只有 28%。另一個調查發現，網路上的買方比較年輕、富裕、教育程度高，並且多已婚。超過 9 成的買家同意網路幫助他們更瞭解購屋流程，他們喜歡網路上提供的動態體驗，勝於報紙廣告上的靜態體驗。

表 9.10 主要的線上不動產網站

公司	說明
Realtor.com	全美房地產協會的官方網站。由 Move, Inc. 管理，包括一個大約 400 萬個待售房屋的查詢資料庫；目錄內容來自超過 1000 個聯賣服務網站
HomeGain.com	產生線上銷售合約，提供不動產行銷資源，沒有與任何傳統不動產代理商有關係。在 2005 年 7 月被 Classified Ventures（六家主要媒體公司的合資企業）併購
RealEstate.com	不動產經紀和代理商最重要的線上銷售合約產生者。為 IAC/InterActive Corp 所有
ZipRealty.com	第一個利用網路提供折扣服務的住宅不動產經紀商。在 11 個州和哥倫比亞特區經營，提供賣方 1% 的佣金折扣，以及給買方 20% 的佣金回扣
Move.com	提供租借資訊建築商資訊、新成屋資訊，以及住宅計畫。由 Move, Inc. 經營
Rent.com	出租房屋資料庫，有數百萬筆出租公寓資料。為 eBay 所有
Apartments.com	出租房屋的目錄，是超過 150 家報紙公寓目錄的獨家供應商。為 Classified Ventures 所有
Craigslist.com	地方性分類廣告討論區，包括在全世界超過 190 個社區的住宅廣告。為 eBay 部分所有
Loopent.com	重要的線上商業不動產服務，有超過價值 2400 億的房地產待售和 27 億平方呎的空地待租
Zillow	提供房屋販售資訊和房屋估價的線上房地產服務

不動產網站提供的主要服務是房屋目錄。一般業者會提供詳細的特色描述、多張相片，以及360度虛擬瀏覽。根據統計，Realtor.com 總共擁有超過 400 萬筆房屋資料，在 2008 年 7 月有超過 630 萬名不重複的訪客。消費者能與抵押貸款業者、信用報告機構，房屋檢查員，以及鑑價員聯繫。也有線上貸款試算、評估報告、鄰近地區的售價歷史、學區資料、犯罪報告，以及鄰近地區的社會和歷史資訊。線上不動產經紀商收費大致少於傳統業者（約銷售價格的 6%）。他們可以收取低廉的費用，因為買方（以及某些案例中的賣方）自助完成許多原本屬於傳統業者該做的工作，例如勘察房屋、選擇鄰居、以及確認房屋符合買方需求。例如，Move.com 提供一個「找鄰居」的特別服務，可讓顧客考量學校品質、人口年齡、附近有小孩的家庭數，以及可利用的社會和娛樂資源等因素後，選擇他們想要居住的地區。

儘管資訊發生變革，但不動產的產業價值鏈卻沒有改變。網站上的不動產目錄仍由地區不動產經紀商所支持的聯賣服務所提供。而且通常房屋地址是看不到的，線上用戶會被轉介到房屋賣方所雇用的地區代理商。傳統的地區代理商接手向顧客展示房屋，並且處理所有交易細節以賺取服務費。典型的服務費是交易價格的 5% 到 6%。更多關於不動產處理網路上威脅的應對方式，「社會觀點」中有更深入的探討。

社會觀點

Turf 之戰：反壟斷與線上不動產市場

電子商務一項很好的前景就是它提供了一個相當公平的園地，讓上千個廠商跟消費者可以用非常有效率的方式議價。當諸如批發商、大盤商、配銷商這些中間商都被賣主跟買主中間直接的商業行為取代時，一切就變成很有效率了。

雖然這樣的情形可能在某些電子商務領域出現，但在某些領域我們看到了幾乎是被三到四家大廠獨占且壟斷的情況。電子商務有時造成的不是去中間化（disintermediation）外，而是更增強了現存的中間商在市場的獨占。在某些市場像是電話跟作業系統，網路效應（network effect）容易發生，造成只有少數競爭者留下來的情形。在其他情況之下，少數製造商對市場之控制只是前幾大競爭者的市場協定作用。有時候，美國司法部（U.S. Department of Justice）跟聯邦貿易委員會（Federal Trade Commission）參與會造成集中力量跟線上共謀情形加劇。

美國房地產經紀商協會（National Association of Realtors, NAR）的官方網站 Realtor.com，透過 Move 這間前身是 Homestore 的公司營運。上面有超過了四百萬筆房屋資料，並與超過 900 家房屋仲介經紀管理系統（MLSs）的本土貿易組織有獨家授權契約，也代表有 120 萬名以上的房地產經紀人。除此之外，Move 公司最近的整合網站 Move.com，處理了 4 萬個資產出租，散佈於全國 5500 個城市的 550 萬個公寓。如今，它在房地產產業的網際網路（Realtor.com, Moving.com, Seniorhousingnet.com）是顧客搜尋房子的最主要去處，每個月吸引了超過九百萬個訪客。Move 同時也是 AOL, City Guide, CompuServe, Netscape, MSN 跟 Yahoo 租屋的主要房地產資料的獨家提供商。Move 的目標是提供正準備要搬家的消費者所有跟搬家有關的資訊跟服務。

2000 年 4 月，美國司法部對 Homestore, Realtor.com 和美國房地產經紀商協會展開了一項調查，議題是 Homestore 跟美國房地產經紀商協會的獨家授權契約以及其對房屋仲介經濟管理系統（MLSs）的潛在壟斷性。2001 年 2 月，Homestore 藉由買下 Move.com 消除了它最大的競爭者。這個併購案使 Homestore 得到了超過 25%產業的經紀人跟交易，和超過 20 萬個本土房地產經紀人有聯繫。或許 Move.com 併購案獲得的最大寶藏是買到三個 Cendant 最有價值的經銷權，包括跟 Century 21、Coldwell Banker、ERA 的 40 年的獨家授權名單以及國內最大的租屋市場代理人（NRT 跟 Rent.net）的七年獨家名單協定。這代表了 Homesore 擁有了美國三大房地產實體公司的獨家取得權。Move.com 併購案也帶出了反壟斷（antitrust）的議題，因為這讓 Homestore 有潛力取得超過 90%的線上房地產名冊。Homestore 的主管堅持他們沒有違反壟斷法或者貿易限制，他們只是單純的成功成長到如此壯大。產業專家宣稱競爭方可以從其他本土的房屋仲介經濟管理系統（MLSs）取得本土名冊。例如，從地區性的報紙，雖然不如 MLSs 來的有效率。美國司法部在這兩種觀點中搖擺，而在 2001 年 7 月，它結束了對現在叫做 Move 公司的 Homestore 的調查而不多做評論。

然而，美國政府對房地產市場的競爭議題的興趣並沒有就此減少，2005 年 3 月，司法部控告 Kentucky 房地產委員會，指稱地方法令禁止代理商給顧客佣金的部份回扣（這個策略對很多線上房地產代理商像是 Ziprealty 跟 RealEstate.com 來說很關鍵），而這違反了反壟斷法。司法部接下來把焦點放在美國房地產經紀商協會（NAR）對網路上房屋仲介管理系統的政策。2005 年 9 月，司法部提出控訴，認為比起實體業務，這樣的政策讓以網路為主的經紀業務處於很不利的情勢。這項指控宣稱代理商可以單方面的保留他們的 MLS 名冊不讓這些東西在競爭者的網站上出現，而在同時又讓這些名冊出現在 Realtor.com，已經違反了反壟斷法。

換句話說，美國房地產經紀商協會的條例使線上房地產網站無法得到地區的 MLS 名冊。根據司法部的說法，傳統的代理商因此可以取得完整的線上 MLS 名冊，這是阻擋他們的競爭者相當重要的要素。就政府的觀點來看，這項政策使代理商在新科技的運用以及商務模式上勝過其他的代理商、減少了在質跟量上的競爭、剝奪了消費者的利益。司法部的這個行動受到非傳統的房地產公司歡迎。美國房地產經紀商協會對這個案件做出的回應是，強力主張自己原本政策的正當性，本意只是要保護代理商在名冊上的擁有權。2006 年房地產經紀商協會駁回這項控訴，芝加哥的地方法庭在 2006 年 9 月駁回這個駁回。

2008 年 5 月，司法部表示已經跟美國房地產經紀商協會達成協議，經紀商協會將會撤回這些反競爭的條例並且要求附屬 MLS 撤回跟這條例相關的政策。同時，它也會制定新的政策，讓線上跟傳統的代理商不會有差別待遇。在新的政策下，參與房地產經紀商協會附屬網站名冊的代理商不會有能力獨占這些資源，也無法排除其他的虛擬網站業者。

每年，有 150 萬個房屋被賣出，大部分是透過 MLS 的工具。美國房地產經紀商協會和它的會員不知還能維持在地區 MLS 的優勢及 6%的佣金多久。毋庸置疑的，Google 和 eBay 部份持有的 Craigslist 最近都看上了傳統房地產經紀商每年 600 億美金的佣金。另外，以 FsboMadison.com 這間最大之一的房屋自售網站當作未來的例子，它佔有 Wisconsin, Dane County 20%的房地產資訊。在這網站上發表一則賣屋訊息只需要支付 150 美金的費用。過去消費者可能會害怕沒有專業的經紀人幫助下，做如此人的一筆交易，現在他們已經比較相信他們可以自己完成這項行為。現在賣方也更知道如何開出合適的價錢。建立擁有圖片、價目表的資料庫已經非常平常且便宜。總之，種種因素都讓美國房地產經紀商協會可以繼續像往常一樣經營事業。

9.6 線上旅遊服務

旅遊業貢獻 1.1 兆美元的美國國內生產毛額，這當中新興起的線上旅遊服務也佔了一大部分。線上旅遊是最成功的 B2C 電子商務之一，比任何其他線上電子商務業務種類的收入更多。網路成為消費者查詢及研究旅遊方案最普遍的管道，可以尋找最好的價格、預訂機票車票、預訂旅館、租車、預訂郵輪旅行，或參加旅遊團等。eMarketer 做的調查顯示，2007 年有 4200 萬個美國家庭在線上旅遊訂票，也是在線上訂票（51%）比率首度超過非線上訂票的一年。預計在 2012 年之前，線上訂票的收入將達到 1620 億美元，大幅超過 2008 年的 1050 億美元（見圖 9.5）。

為何線上旅遊服務這麼熱門？

線上旅遊網站提供消費者一站購足、方便的休閒旅遊或商務旅行體驗。在網路上顧客能找到具體內容（假期和設施的描述）、社群（聊天群組和佈告欄）、商務（購買所有的旅行元素）、以及顧客服務（通常透過電話服務中心）。網站宣稱可以比傳統旅行社提供更多旅遊資訊及旅遊方案選擇。對於供應商而言（即旅館業者、租車業者、航空公司等），線上旅遊網站集結數百萬的消費者，讓供應商可以高效率地進行廣告和促銷。網站可以創造一個集合眾多供應商和消費者，又具有低交易成本的高效率市場。

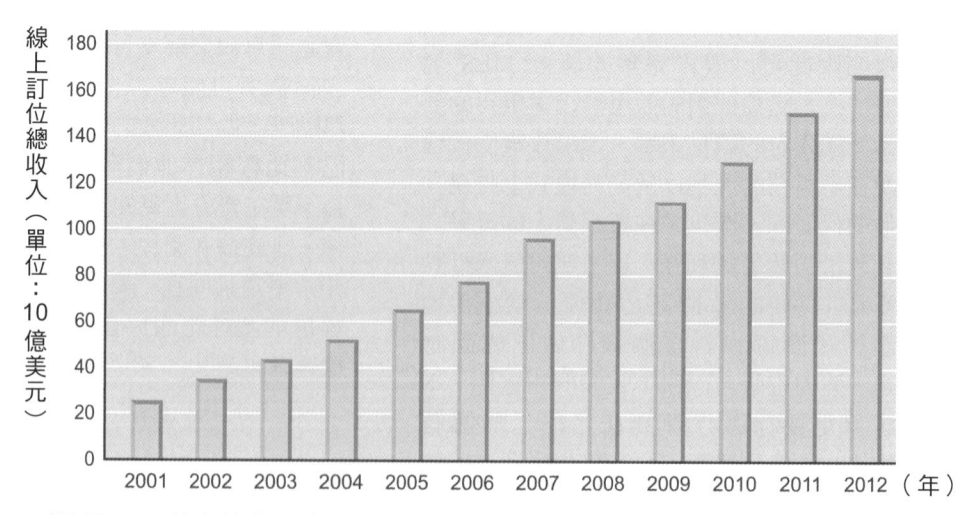

圖 9.5 線上旅遊服務收入

旅遊服務的線上收入預計到 2012 年都會持續的成長。
資料來源：eMarketer, Inc., 2008c。

旅遊服務對於網際網路來說似乎是一項完美的應用。旅遊是一個資訊密集的產品，消費者需要密集地研究相關資訊。旅遊的資訊需求，如規劃、研究、比較選購、訂位和付款，大部分可以在數位環境中被完成。在實際服務方面，旅遊不需要任何存貨。產品的供應商（即旅館業者、航空公司、租車公司以及導遊等）非常分散而且經常產能過剩，總是在尋找顧客以填滿產能，因此供應商常急於降價並且願意刊登網路廣告。Travelocity.com、Expedia.com，以及其他線上旅行社不需要部署實體辦公室與員工來服務顧客。旅遊服務較不需要採取如同線上金融服務昂貴的多通路虛實並存策略，所以旅遊服務規模較容易擴充，收入成長比成本成長更快速。

線上旅遊市場

旅遊市場上有四個主要業務：機票預訂、旅館訂房、租車，以及郵輪和旅行團。機票預訂是線上旅遊最大的收入來源，在 2008 年時估計約 500 億美元，預計每年成長 10%，到 2012 年會成長到 640 億美元。旅館和租車雖然規模不如機票預訂市場，但預估成長速度更快（見圖 9.6）。

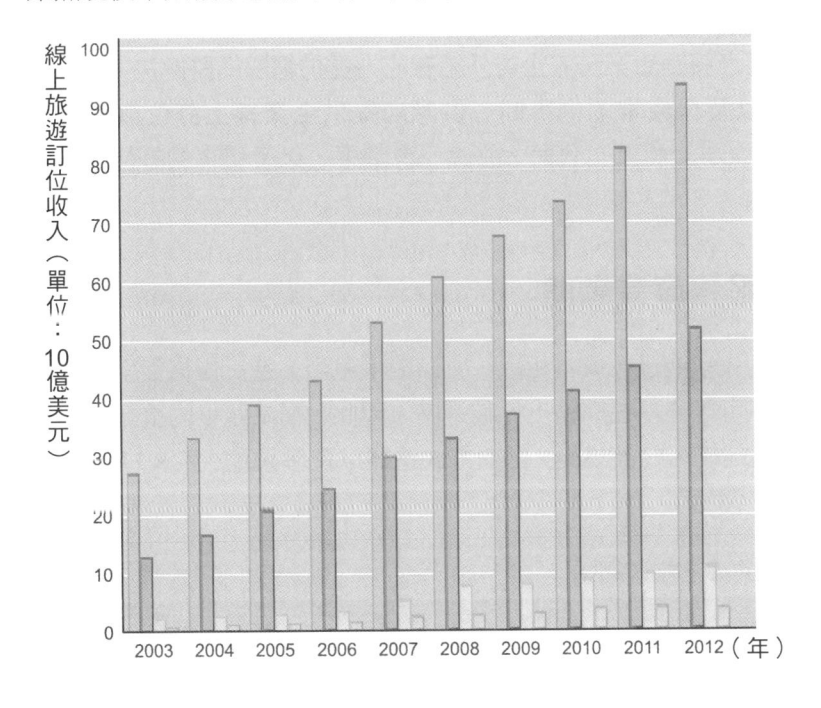

	2003	2004	2005	2006	2007	2008	2009	2010	2011	2012
機票	26.9	32.8	38.5	42.6	54	61	67	74	84	94
訂房	12.6	16.4	20.5	24.1	30	34	37	41	46	52
租車	2.0	2.3	2.7	3.2	7	8	8	9	10	11
遊輪／旅行團	.6	.9	1.1	1.4	2	2	2	3	3	3

圖 9.6　線上旅遊市場預估的成長

雖然飯店跟租車預訂有較快的成長速度，但機票預訂業務預估將繼續主宰線上旅遊市場。
資料來源：eMarketer, Inc., 2008c, 2007c, 2005b。

機票預訂的龐大規模和持續成長反映幾個因素：預訂機票服務屬於大宗商品，可以輕易的在網站上描述。租車也一樣，多數人能依賴電話或網路進行租車，並且可得到符合期待的產品。雖然旅館比較難描述，不過旅館的品牌、網站說明（包括文字描述、相片，以及虛擬導覽），可以提供顧客足夠的資訊，讓他們感覺好像知道購買了什麼，放心在線上租車（見「商業觀點」的介紹）。雖然飯店較難以描述，網站對飯店品牌的描述包括了文字敘述、照片、虛擬導覽，大致上可以讓顧客瞭解到他們要購買的是怎麼樣的東西，並且對線上訂票感到比較舒服。

分析師將旅遊市場分成兩項主要業務：休閒旅遊或未管理的商務旅遊，以及被管理的商務旅遊。線上旅遊業大多集中在休閒旅遊或未管理的商務旅遊市場，但這現象可能會改變，因為被管理的旅遊市場有更高的成長機會。中大型的企業正努力加強管理員工的差旅計畫以控制企業的差旅成本。過去五年，企業的差旅開支大增，許多企業不同意報銷未經內部報備程序、未經簽約旅行社安排、未使用網路解決方案（例如 Sabre 的 GetThere.com）的差旅費用。

企業線上訂位解決方案（Coporate Online-booking Solutions, COBS）

在單一網站提供整合的機票、旅館、會議中心，以及租車訂位服務

企業正逐漸將差旅業務完全委外給有能力提供網際網路解決方案、高品質服務，以及低成本的供應商。供應商提供**企業線上訂位解決方案（COBS）**給企業，將航空公司、旅館、會議中心以及租車的訂位服務整合於單一網站。

線上旅遊服務產業動態

旅遊服務屬於大宗商品，成本相近，所以競爭激烈。進行價格競爭十分困難，因為顧客可以輕易在網路上比較選購。因此，網站競爭的重點傾向於服務範疇、網站使用的簡易性、付款方式選擇以及個人化。表 9.11 列出一些知名的旅遊網站。

表 9.11 主要的線上旅遊網站

公司	描述
休閒旅遊／未管理的商務旅遊	
Expedia.com	最大的線上旅遊服務網站，著重休閒旅遊市場
Travelocity.com	第二大線上旅遊服務網站，著重休閒旅遊市場，為 Sabre Holdings 所有
Orbitz.com	一開始為供應商所擁有的預訂系統，現在為 Cendant 所有
Priceline.com	「自己喊價」模式，著重休閒旅遊市場

公司	描述
CheapTickets.com	機票折扣、旅館預訂以及汽車租賃。Cendant 所有
Hotels.com	最大的旅館預訂網站,著重休閒和商務旅遊。Expedia 所有
Hotwire.com	根據航空公司剩餘的機位提供折扣票價,Expedia 所有
有管理的商務旅遊	
GetThere.com	提供企業線上訂位解決方案(COBS)。為 Sabre Holdings 所有
Egenica.com	提供美國和歐洲的企業客戶線上旅遊產品,特別著重在中小企業
Travelocity Business	提供全服務的企業旅行代理商

　　線上旅遊服務業經過產業整併,演變成出強大的傳統企業,例如 Cendant(2004 年以 12.5 億美元買下 Orbitz,並且在早先就已買下 CheapTickets 和 Travel.com)和 Sabre Holdings(目前擁有 Travelocity、Lasminute.com 和 Site59.com)收購較差及價格低廉的線上旅行社,以建立更強大的多通路旅遊網站。Expedia 最初由 Microsoft 所投資,後來被 Barry Diller 的 IAC/InterActiveCorp 收購,現在再次成為獨立的公司,並加入了 IAC 的 Hotel.com、Hotwire.com、TripAdvisor.com 和 Travelnow.com。

　　除產業整併之外,線上旅遊業也受到整合式搜尋引擎技術的影響。這種技術可以在網路上搜尋旅遊和住宿的最佳價格,然後將顧客轉介到最低價格的網站並收取費用。例如,Kayak.com 試圖建立一個單一使用步驟的網站,消費者可以藉由搜尋超過 100 個網路旅遊網站找到最低價的機票與旅館,並且依照費用排序。類似的旅遊整合網站有 SideStep、Yahoo 的 FareChase、以及 Mobissimo.com。這些網站進一步讓旅遊服務大宗商品化,造成過度價格競爭,侵蝕已大量投資的品牌公司的利潤。Kayak 和其他類似網站被 Expedia 及 Travelocity 拒絕搜尋其內容,而且他們只搜尋已得到許可的旅遊網站,這解釋了為什麼他們到現在還沒被控告。整合式搜尋引擎與眾多小型旅遊網站合作雖未證明利潤多寡,但其收入成長迅速。

商業觀點

ZIPCARS

要怎麼樣你才能享受車子所有的性能，卻不必煩惱擁有一台車所需要保險、維護費等等麻煩事？就算是到傳統的租車仲介，也需要特別跑去辦公處排隊、填寫一堆表單，而且還會有至少要租一天以上的時間限制。

這樣的夢想聽起來像是個不可能實現，不過你錯了。1990 晚期，歐洲的一些創業家利用網路的力量，創造了租車的新型商業模式。Zipcar 和其他 30 家小公司，都是用這樣子的模式來持續成長。

Zipcar 從 1999 年開始，位在麻省康橋，當時只有幾百名會員和 25 台車。會員（稱為 Zipsters）可以從市內的停車廠中挑選汽車並且愛使用多久就使用多久，最後再把車子歸還到原本的停車處。2005 年，Zipcar 有 700 台車、50000 名每年付 35 美元的會員，並且拓展到紐約、波士頓、華盛頓特區、舊金山，大約有 1500 萬美元的收入。2007 年 11 月，Zipcar 和它最大的競爭者 Flexcar 合併。現在他們共有 5500 台車以及 22 萬 5000 名會員，會員年費為 50 美元，租車費率為每小時 10 至 11 美元。

為了讓這樣子的模式成功，Zipcar 運用了很多科技，希望能夠減少人力成本來降低多餘的費用。顧客付了訂閱年費得到 Zipcar 卡，然後上網或者打電話以每小時 10 美元、一天 56 美元的費用訂車。當一台車被訂走時，中央系統會啟動這台車的鑰匙系統允許特定使用者可以進入車內並且發動。顧客把車子歸還到同一個地方，再從信用卡扣款。透過座落於每個城市裡辦公室裡面的無線科技、網路、自動聲音辨識軟體，Zipcar 得以維持很低的成本。

Zipcar 也得到了大學和市政府的支持，來降低車子的數量並且提昌車輛共享的概念，可以減少交通擁塞還有空氣污染。Zipcar 和 Johns Hopkins、Michigan、North Carolina、Ohio State、Wellesley、等等大學有獨立的合作關係，這些大學保證 Zipcar 的每台車每年會有一定的收益，否則他們必須補償差價。

Zipcar 的顧客不在美國中部，這個擁有超過 2 億台車的地方。大多數 Zipcar 的顧客是城市的年輕專業人士、大學或者更高學歷的學生。Zipcar 引進了 VW Beetles 車隊，也提供 Honda 的 Civics、Toyota Prius Hybrids、Ford 的 Escapes 系列、Mazda 3s 系列。對大學生的誘因是可以省下買車的錢。在城市地區，Zipcar 的會員說他們每個月可以省下 500 美元的停車以及其他使用費。想想曼哈頓吧，一間小公寓每個月就要 2500 美元，有四個輪子的車子停車位每個月可是要 300 美元。

車輛共享同時也相當環保：研究指出每台共用車可以取代 20 個私有車輛。有些重要城市的公司已經開始考慮縮減用車，開始使用車輛共享服務。

然而，不管這樣子的租車服務在大學還幾個大城市裡面擴展的如何，在郊區可能不會進行得很順利。因為顧客必須要開車才能到達 Zipcar 的租車據點。另外，

Zipcar 拓展到了很多大城市。管理階層看到未來城市區域大概可以用一百萬台共用車取代兩千萬台私有車，大約是美國私有車的十分之一。而在郊區呢？傳統的租車公司開始回應 Zipcar，在附近開始開設小型的租車據點，讓租車可以更方便。但是這些公司對網路不在行，也缺乏基礎科技架構來做更有效率的競爭。畢竟 Zipcar 花了超過 50 萬美元在跟顧客聯繫的租車系統、網站、汽車本身。想找租車嗎？快撥 800。

去中間化和再中間化的機會

旅遊業的價值鏈複雜（見圖 9.7）。旅遊元素供應商（例如大型航空公司、國際連鎖旅館、汽車出租公司，以及旅行團經營者）必須透過一個中間商系統（稱為**全球通路系統**，GDSs）以及旅行社間接與消費者交易。GDSs 從供應商大量預訂服務，然後轉售「存貨」給旅行社，旅行社再把存貨零售給消費者，或者創造新的產品組合轉賣給其他旅行社。過去供應商跟消費者建立直接關係是困難的，因此 GDSs 的利潤常高達 50%。相較之下，零售旅行社收到的服務費和佣金很少超過消費者支付總額的 10% 到 15%。

全球通路系統
（global distribution systems, GDS）

中間商從旅遊元素供應商大量預訂服務，然後轉售「存貨」給旅行社，接著旅行社再把存貨零售給消費者，或者創造新的產品組合轉賣給其他旅行社

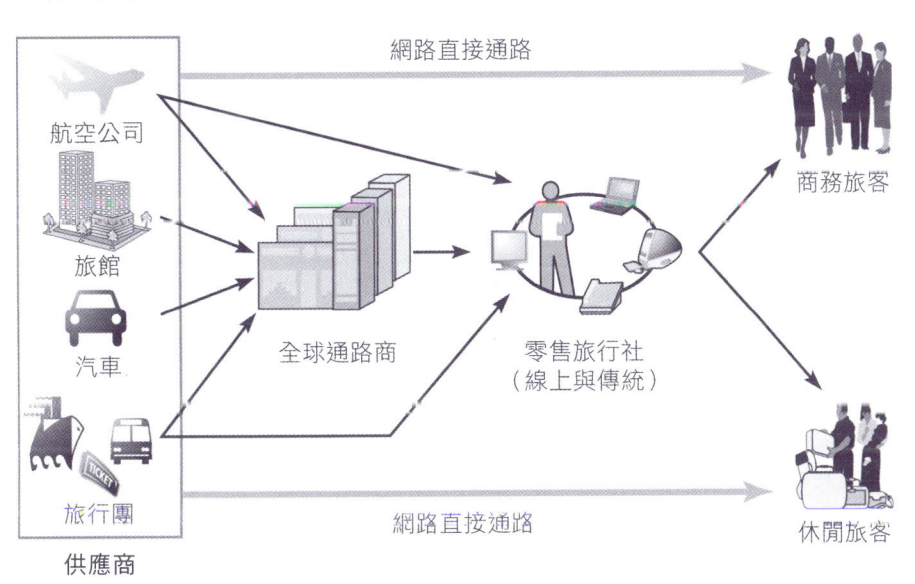

圖 9.7 旅遊服務的價值鏈

旅遊服務業是由供應商、全球通路商、零售旅行社以及商務和休閒旅客所組成。旅遊網站是電子商務創造新中間商，弱化現有中間商的例子。

9-53

| 電子商務

GDSs 和旅行社受到來自供應面和企業需求面的雙重壓力。例如航空公司、旅館以及汽車出租公司等供應商，希望消滅中間商，發展與消費者的直接關係。現在幾乎所有航空公司和連鎖旅館都可以讓大眾直接線上預訂。主要的租車公司也開始建立直接服務顧客的網站（例如 Alamo.com，Budget.com 以及 Hertz.com）。

另一方面，成功的線上旅行社亦試圖藉由批購存貨再轉售給大眾來與 GDSs 競爭，以賺取較高的利潤。當然他們這麼做也承擔了更大的風險。

在接下來的電子商務實際案例中，我們將探討有關線上旅遊業者 Expedia 更多的細節。

運作中的電子商務

Expedia

Expedia 是一間位於華盛頓貝樂芙的線上旅遊服務公司，提供行程安排、價錢、班機、飯店、租車等資訊。Expedia 最早是 Microsoft 的一個營運單位，IAC/InterActiveCorp 先於 2001 年買下其 70%的股權，在 2003 年再買下 30%。2005 年 8 月，Expedia 從 IAC 獨立出來，變成最大的線上旅遊服務公司，2007 年的營收達到 27 億美元。整個線上旅遊產業的營業額是 7 兆美元，Expedia 或許還有一些進步空間。

願景

Expedia 的願景是創造一個全球性的旅遊市場，讓旅遊服務供應者可以把事業拓展到網路，讓消費者可以搜尋、規畫、購買旅遊服務。Expedia 對顧客的價值主張是減少消費者的交易以及搜尋成本，並且增加價格的透明性。藉由許多取代傳統旅行社的功能，Expedia 是有改變整個產業結構的潛力。

Expedia 大致上已經達到了它的願景，透過 Expedia，消費者以及商務旅客不論任何時間都可以從超過 450 間航空公司、35000 間住宿業者、主要的租車公司處取得即時行程以及報價。訪客可以從網站查看不同旅遊地點的各類相關訊息；查詢旅遊資訊和得到專家意見；也可以透過留言板、聊天室得知其他旅客的經驗。在取得了所有需要的資訊後，消費者即可在網站訂票。

Expedia 也擁有提供訂房服務的 Hotels.com；假期租屋服務的 Vacationspot；提供折扣機票、飯店訂房、租車、郵輪旅遊和套裝度假行程

的 Hotwire；整合旅遊文章和訪客的旅遊分享的線上旅遊搜尋引擎 TripAdvisor；以及在中國北京具知名度的 eLong 旅遊網。

商務模式

Expedia 主要有兩種商務模式：代理模式跟經銷商模式。代理模式下，Expedia 跟傳統旅行社的獲利方式很像，從每筆交易中跟旅行供應者抽取佣金。若是航空業的交易，Expedia 也從 GDS 的服務跟運送費中收取費用。

經銷商模式中，Expedia 從供應商處以批發價購買存貨，再以零售價賣給消費者。這讓 Expedia 可以提供更具有競爭性的價格，比起以佣金為主的代理模式擁有較高的淨利，經銷商模式提供了旅行業者更划算、更有效率的方案，來增加品牌行銷。

除此之外，Expedia 從供應商（例如航空及飯店業者）取得廣告費用，還有跟西北航空、美國運通收取平台授權費用。

財務分析

Expedia 的總營收在 2005 至 2007 年間成長了 25%，從 2005 年的 21 億成長到 2007 年的 27 億美元。淨利從 2005 年的 2 億 2900 萬成長到 2007 年的 2 億 9600 萬美金（見表 9.12）。

根據 Expedia 的調查，2007 年營收的成長主要來自全球飯店業的成長，有一小部分則是因為廣告媒體費用的收益。國際的營收成長了 34%，北美則成長了 13%，這表示北美市場相對來說已經成熟趨近於飽和，海外市場前景看好。

全球的飯店業營收增加了 19%。機票營收在 2007 減少了 2%，因為每張票的收益下滑了 12%，把在銷售量上的 12%成長抵銷掉了。

成本方面，2007 年的營運費用些微上漲。行銷費用在 2007 年由於人事費用上漲了 20%。一般管銷費用因為人數成長而增加了 14%。這些變化的結果，營收成長，營運收入成長了 60%，2007 年的淨利比前一年成長了 20%。

2007 年的結果顯示一個即使緩慢，仍持續從虧轉盈的財務表現。早些年，銷售額成長的非常快速，但是成本成長的更快，造成淨利率下滑。歷史資料顯示，在成長過程中公司變得沒有效率，人事及行銷費用比銷售額

成長的更快速。2007 年，Expedia 靠著積極的成本控制來扭轉這個情形，這年的淨邊際利益率大約是 11.1%。

看看損益表，目前的資產總共是 10 億 4000 萬美金，負債是 17 億 7000 萬。資產有慢慢追上負債的趨勢，在 2005 年負債還是資產的三倍。

表 9.12 Expedea 公司 2005 到 2007 年營運綜合損益表及資產負債表摘要

營運綜合損益表（單位：千元）

會計年度結束於 12 月 31 日	2007	2006	2005
收益			
服務收益	2,665,332	$2,237,586	$2,119,455
銷貨成本	562,401	502,638	470,716
毛利	2,102,931	1,734,948	1,648,739
毛利率	79%	77.5%	77.7%
營運成本			
銷售及行銷費用	992,560	786,195	697,503
一般管銷費用	321,250	289,649	211,515
科技與內容	182,483	140,371	130,507
非現金及行銷費用攤提	—	9,638	12,597
無形資產攤提	77,569	110,766	126,067
無形資產損傷	—	47,000	
營業總成本	1,573,862	1,383,619	1,098,127
營業收入	529,069	351,329	397,052
營業毛利	20%	15.7%	18.7%
總收入	(32,085)	33,569	16,819
息稅前盈餘	496,984	384,898	413,871
所得稅費用	(203,114)	(139,451)	(185,977)
Minority interest in loss (income) of consolidated subsidiaries	1,994	(513)	836
淨利	295,864	244,934	228,730
淨利率	11.1%	10.9%	10.8%

資產負債表摘要（單位：千元）

12 月 31	2007	2006	2005
資產			
現金,限定用途現金,現金等值	634,041	$864,367	$321,001
應收帳款及票據	268,007	211,430	174,019
所有流動資產	1,045,655	1,182,685	590,244
所有資產	8,295,422	8,269,184	7,756,892
負債			
應付帳款	852,277	720,737	642,821
遲交商家訂票	609,117	466,474	406,948
所有流動負債	1,774,352	1,400,125	1,438,225
所有負債	3,477,341	2,364,894	2,023,099
股東權益	4,818,081	5,904,290	5,733,763

策略分析 — 商業策略

Expedia 的管理階層想辦法與其他旅遊公司競爭，更加拓展服務的構面，以及往國外例如亞洲等地區拓展。

Expedia 靠著發展一系列互補的旅遊服務拓展事業。它在 2000 年併購了 Travelscape、Vacationspot，2002 年併購了 Classic Custom Vacation 和 Metropolitan Travel。Expedia 之前的母公司 IAC，在 1999 年併購了 Hotels.com、2003 年併購 Hotwire、2004 年買下 TripAdviosr 和 Egencia（歐洲的旅遊服務公司）、2005 年買下了 eLong。這些併購都包含在 2005 年 8 月才獨立出去的 Expedia 裡。

2008 年，Expedia 也有一些併購案，包括了 Holidaywatchdog，英國最知名的使用者生產旅遊網站、Airfairewatchdog 這間飛機票價銷售公司、線上租車直銷公司 Carrentals.com、和 29000 間歐美飯店及早餐企業有合作關係的 Venere.com。

Expedia 同時也藉由拓展客製旅遊規劃來追求多通路的策略。Expedia 營運 Classic Vacation 這個在夏威夷、墨西哥、歐洲、澳洲、紐西蘭等地方有著客製奢華假期的公司，還有為歐美企業提供全套旅遊服務的管理公司 Expedia Corporate Travel。

瞭解到拓展美國外業務的重要性，Expedia 在各地發展出地區化的網站，包括加拿大、法國、德國、荷蘭、英國、印度、紐西蘭、西班牙。Hotels.com 在美國、歐洲、亞洲、南美洲都有地區化的版本。這些網站反映出了語言和文化的差異，以及購買習性的差別。

策略分析 — 競爭者

Expedia 主要和其他線上商業旅遊網有競爭關係，主要的對手有 Travelocity、Orbitz（以及其他 Cendant 擁有的旅遊網站）、Priceline。它面對了來自直接提供旅遊服務的供應商越來越激烈的競爭，像是直接把商品在線上提供給顧客的航空業、飯店業、租車公司。傳統的旅行社也開始建立自己的網站，瞄準同樣的顧客群。最值得擔心的可能是來自供應商的存貨。Expedia 是個中介者，主要依賴存貨的擁有者將產品提供給 Expedia 像是飯店空房、飛機空位。如果這些供應者不透過 Expedia 直接走向市場跟顧客接觸，Expedia 的存貨供給量將會受到很大的擠壓。例如，InterContinental Hotels 集團（Holiday Inn、Crowne Plaza）停止在 Hotels.com 和 Expedia 上提供 3500 間飯店名單，而是跟 Sabre Holdings 的 Travelocity 簽約。除此之外，像是西南航空、JetBluc 這些快速成長的低價航空業者也開始直接建造自己的網站。當建造線上旅遊服務變得不再昂貴艱澀時，這些供應商將會直接走向市場。這會擠壓到 Expedia 這種旅遊網站可以提供的產品量，增加行銷費用。Expedia 的因應方式包括了在品質和產品廣度上做出差異化。

策略分析 — 科技

為了確保網站成長時兼顧可靠性、安全性、還有拓展性,在微軟的幫助下,Expedia 開發了多層面的平台來處理非常大的交易量。同時也建立了多個強力的搜尋工具來幫助消費者找尋旅遊資訊。

Best Fare Search 是一個以 Windows 為基礎的訂購跟比價引擎,讓消費者可以看到各種行程路線的價錢。Expedia 的專家搜尋跟比價平台用了兩個東西來驅動公司的全球旅遊服務。一個是更深更廣的搜尋航班費用的費用搜尋引擎,另一個是一般的資料庫平台,讓不同的旅遊服務可以變成套裝行程。Expedia 在 2007 年得到了企業資料倉儲的好處,具有資料聚集以及資料採礦的能力。Expedia 和競爭者面對一個嚴峻的考驗,就是顧客量的減少,有些分析家將原因歸於線上旅遊訂票老舊的科技不足以妥善服務顧客。預訂系統也沒有跟上時代的腳步。

管理階層在 2007 年增加了 7% 在科技投資上的預算。當產品變得更複雜科技費用會跟著上升,公司同時也在擴展海外業務,Expedia 期待在 2008 年不論是在實際費用或者是佔收入的比例上都能提高在科技上得投資。

策略分析 — 社會與法律的挑戰

Expedia 和它原先的母公司 IAC 的分道揚鑣是股東對 IAC 採取法律行動的催化劑。

Expedia 以及其他旅遊網站,面對了三個其他法律議題:稅務、國際法令的挑戰、興起的個人資料辨識法令。舉例來說,不像在某個實體區域營運的地方旅行社,Expedia 無法收集所有飯店房間跟租車的稅務,來提供消費者更好的價錢。地方的司法對此表示抗議,所以 Expedia 和競爭者們有著許多訴訟案。國際市場提供了 Expedia 成長機會,特別在中國地區,但中國的司法制度尚未穩定到可以保證所有投資都安全。最後,像其他旅行社一樣,Expedia 維持了可延伸的顧客旅行興趣以及行為資料庫。這些個人資訊將帶來隱私權的相關議題,未來 Expedia 也可能需要有更多的營運費用在處理隱私權問題。

未來展望

Expedia 面臨了一些挑戰:因為經濟不景氣造成的北美區銷售成長緩慢、供應傷得競爭以及成本控制。最近,美國的旅遊需求因為高油價而減少了許多,美元走弱,還有恐怖攻擊的威脅。為了克服這些問題,Expedia 專

注在併購其他旅遊網站來增加收益並且拓展到海外市場，這樣的策略是有成效的。然而，來自航空、飯店、租車公司這些供應商的直接競爭威脅，仍然是個問題，這將會提高營運跟行銷費用。

Expedia 現在已經是一間獨立的公司了，會有流通的股票來做併購以及其他策略的應用。例如，Expedia 可以將服務拓展到更客製化的旅遊計畫並且加深它跟更廣泛顧客的關係。除了給消費者更低的成本外，Expedia 的客製化旅遊計畫將比大眾市場的航空座位還要有利可圖。

9.7 線上人力招募服務

人力招募服務亦是最成功的線上服務之一。人力招募網站提供個人履歷的免費張貼，以及許多附屬的相關服務。為了收取服務費，他們也列出徵才公司委託張貼的工作機會。人力招募網站也從其他來源賺取收入，例如提供使用者加值服務，或從相關服務供應商收取服務費。估計目前約有 4 萬個徵才網站，包含來自公司直接發布的職缺清單，以及約 5000 個獨立於徵才公司之外的人力招募網站。

線上人力招募市場目前由三大網站主宰：Monster、Careerbuilder、Yahoo HotJobs。這些主要網站每年向雇主和消費者收取的服務費超過 10 億元，根據不重複的訪客量來看，人力招募網站是成長速度排名第十的網站類別。

傳統上，企業有五種招募員工的途徑：分類和印刷廣告、招募博覽會、校園徵才、獵人頭公司、以及內部員工推薦方案。與線上招募相比，這些途徑都有些許缺點。分類和印刷廣告可以提供的資訊有限，而且只能在有限的時間內刊登。招募博覽會無法事先篩選應徵者，而且面試主考官分配給應徵者的時間有限。獵人頭公司收費高且通常只選擇當地的求職者。校園徵才中能與主考官談話的應徵者數量有限，並且要花時間巡迴許多校園。內部員工推薦方案常因不當獎勵而有不正確的誘因，造成員工推薦不適任的應徵者。

線上招募克服了這些限制，提供一個聯繫雇主和應徵者的高效率管道，減少招募所花費的總體時間。線上招募網站使求職者更容易建立、維護以及發送他們的履歷給徵才公司，收集關於未來雇主的資訊，以及搜尋工作。

只有資訊：完美的網路事業？

線上招募似乎是理想的網路事業。雇用的流程是資訊密集的、需要瞭解個人的工作技能和薪資要求，並且完成配對。為了完成配對，招募工作初期並不需要有面對面互動，或太多個人化的需求。在網際網路出現之前，這些資訊分享的過程是藉由朋友、熟人、前雇主、親戚，以及為求職者建立文件檔的仲介公司所完成。網際網路可使這些資訊流程自動化，減少相關人員的時間和成本。

表 9.13 列出一些最熱門的招募網站。

表 9.13 熱門的線上人力招募網站

人力招募網站	簡略的描述
一般招募網站	
Careerbuilder.com	Tribune Company 和 Knight Ridder 在 2000 年 8 月成立的合作事業。與超過 1000 個公司包括 AOL、MSN 以及 150 家報紙合作
Monster.com	最早出現的商業網站之一，在 1994 年出現。現今是提供工作搜尋的網站，範圍包含 23 座城市，每年有 10 億美元營收
Yahoo HotJobs	一般的工作搜尋。和 Hearst, Cox, MediaNews General, Scripps 等公司合作交換職缺訊息
Job.com	在 70 個領域都有職缺訊息。2007 年 8 越超過 700 萬註冊會員。是瀏覽量第四大網站
Kenexa（前身為 Brassring）	管理階層的招募和工作搜尋
Craigslist	當地流行的分類廣告
Indeed	整合型網站
SimplyHired	整合型網站
主管職缺網站	
FutureStep	低階主管招募
Spencerstuart	中階主管招募
Execunet	主管搜尋公司
利基型工作網站	
USAJobs	聯邦政府職缺
HigherEdJobs	教育產業
EngineerJobs	工程類職缺
Medzilla	醫療產業
ShowBizJobs	娛樂產業

人力招募網站	簡略的描述
Salaesjobs	銷售與行銷職缺
Dice	資訊技術產業
MBAGlobalNet	MBA 導向的社群網站

　　為什麼許多求職者和雇主使用人力招募網站？招募網站之所以廣受歡迎，是因為可以為求職者和欲尋找新成員的雇主節省時間和金錢。對雇主而言，工作佈告欄可以擴展搜尋人才的地理範圍、花費較低的成本，且可以更快速的決定。

　　對求職者而言，招募網站讓他們的履歷表得以廣泛流傳，而且提供各式各樣的求職相關服務。目前招募網站所提供的服務比起 1996 年剛出現時增加了許多。最初，招募網站只提供報紙分類廣告的數位化版本，現今的網站提供許多其他服務，包括工作技能評估、人格評估、個人化帳戶管理、組織文化評估、工作搜尋工具、雇主攔截功能（防止雇主看到你的求職履歷）、員工攔截功能（防止員工看見你的職缺清單），以及電子郵件通知等。例如，Monster.com 有一項叫做 MyAgent 的服務，當有適合的職缺登錄時，會寄發電子郵件通知求職者。招募網站也提供一些教育服務，例如履歷撰寫諮詢、軟體技能，以及面試秘訣等。

　　大致上招募網站是有效的，但它只是人們找工作的許多方式之一。一項研究調查發現，多數求職者仍然相信傳統方法是找工作的最佳方式：70%的求職者主要依賴網路跟報紙上的資訊找工作，有一半的人靠的是朋友介紹，四分之一的人靠職業介紹所。然而對於在網路上張貼履歷的人，其結果也經常是正面的。因為張貼履歷的成本幾乎是零，這種作法的邊際效益非常高。

　　但可以輕易在網路上張貼履歷，也給求職者和面試主考官帶來新的問題。如果你是求職者，你要如何從數以千計，甚至數以萬計的求職者中脫穎而出？如果你是雇主，當你公告一個職缺時，你要如何從數以千計的履歷中去分析與挑選人才呢？也許影音履歷是一個新的花招，這樣的方式能完整的檢視求職者的專業簡報和台風，相信這會是未來的一個趨勢。CareerBuilder 是第一個引進影音履歷工具的網站。

　　人力招募網站可能已經面臨效用遞減的狀況。網路和電子郵件的盛行大幅增加了求職履歷表的供應，數量之大，超出可以被一一合理評估的程度。另一方面，許多大公司很依賴以企業網站招募員工。事實上，許多大公司靠企業網站找到最有價值的應徵者。一項在 2006 年做的調查發現，

有 20% 的網路雇用是透過企業網站。求職者要避免大量競爭的方法，是鎖定特定公司參加應徵，若你是招募者，則要鎖定利基型網站來招募員工。利用企業網站招募員工可能成為趨勢，因為新的網域名稱 .jobs 已經出現，有助於企業進行線上招募。

或許招募網站更重要的作用在於建立勞動市場的價格與交易條件，以及發現勞動市場的變化趨勢。招募網站替雇主和求職者確認每種職缺的薪資水準，並將工作技能分類，以符合薪資水準。因此，招募網站建立起交易條件趨於一致的全國線上勞動市場。例如，在 2004 年，Monster.com 編製了 U.S. Monster Employment Index，這個指標監控超過 1500 個招募網站的工作機會，並計算國家、地區，以及特定職業的就業需求。這些全國性招募網站的存在使得勞動薪資的合理化、產生了更好的勞動流動性，以及更高的招募效率。

招募服務的市場區隔

人力招募服務有三個市場區隔。最大的市場是一般工作的招募，是針對個人技能和薪資水準進行廣泛的配對。過去，一般工作的招募是由政府勞工處和私人職業介紹所負責，主要透過報紙分類廣告運作。第二個市場是主管工作招募服務，主要撮合年薪超過 10 萬美元的經理人職務。獵人頭公司為雇主尋找合適的經理人，一般收取第一年薪資的三分之一作為服務費。第三個市場是專業工作介紹服務，這部分經常由專業的協會負責執行，例如塑膠工程師協會網站（4spe.org）以及警察招募網站（Policeemployment.com）。

線上招募服務過去主要集中在最大的市場，即一般的工作招募服務。然而，許多網站（例如 Monster.com）開始張貼中低階主管工作職缺。因為收費相當高，主管工作招募服務可創造較好的收入。傳統的私人職業介紹所，例如 Korn/Ferry 和 Spencer Stuart，感受到來自網站的威脅，也開發了自己的網站，為中低階經理人尋找年薪 10 萬美元以上的工作。Pitney Bowes 和 Accenture 就透過網路雇用中階甚至高階主管，每找到一個人就節省 5 萬美元的介紹費用。

線上招募服務業的趨勢

在 2008 到 2009 年間線上招募服務的趨勢如下：

- **產業整併**：目前前三大的招募服務公司分別為 Monster、CareerBuilder（由眾家報社所有），以及 HotJobs（由 Yahoo 所有）。

這三間公司佔了市場的絕大部分，2008 及 2009 年也將引領線上招募服務業經歷一段快速整併時期。

- **多樣化**：當全國線上招募市場變得更大，並合併成少數幾個網站時，有特色的利基型工作網站將會盛行，提供特殊的專業工作介紹。這將創造工作的多樣性和增加選擇機會。

- **在地化**：當報紙的地方分類廣告仍是找工作的重要資訊來源時，大型招募網站也在大都會發展地方佈告欄，與地方報紙直接競爭。地方報社也作出反應，建立在地化的網站，介紹不會出現在全國網站上的在地工作，尤其是計時工作與約聘工作。Craigslist.com 是尋找在地工作的另一個資訊來源。因為市場中的參與者越來越重視在地工作市場，因為通常它是許多工作機會最先出現的地方。

- **工作搜尋引擎**：跟線上旅遊服務業一樣，搜尋引擎也對人力招募網站造成新的威脅。例如 Indeed.com、SimplyHired.com 以及 JobCentral.com 為求職者從數千個網站搜尋與整理出指標化的工作機會列表，而且此項服務免費。因為這些公司並未向徵才公司收取費用，他們目前的收入模式是向廣告商收費，或者依求職者的點擊收費。

- **社群網站**：LinkedIn 可能是最知名的以商業目的為導向的社群網站，在 2008 年 9 月已經有超過 2500 萬名來自 150 個不同產業的使用者。會員在這裡建立商業上的聯繫和人脈，也有些雇主會在這邊尋找有潛力的未來員工。2007 年 8 月，CareerBuilder 在 Facebook 上寫了一個應用程式，讓使用者可根據公開的個人檔案來做職業配對媒合。雇主可透過社群網站「調查」合適人選的背景資料。調查顯示有 77% 的雇主是透過網路、社群網站來找尋合適的人選，也有超過三分之一的人因為在網站上的檔案不討喜而被過濾掉。

個案研究 CASE STUDY

IAC/InterActiveCorp：線上服務集團

2008 年 8 月，經過將近一年的奮戰，網路界的巨人 IAC/InteractiveCorp 的執行長 Barry Diller 終於執行了「大整頓」，將 IAC 拆成五大事業體：

- IAC：以廣告業務為主的網路事業，包括了 Ask.com、Match.com、Evite 和 CitySearch。
- HSN：零售業公司，以家庭購物為主要通路。
- Ticketmaster：各種表演的售票。
- Interval International：提供訂房服務。
- LendingTree：提供線上借貸服務。

　　這個累積超過 6800 億瀏覽次數、創造出超過 60 億美元收益的成功網站，為什麼還需要分割呢？從 2002 年以來，Diller 就展開一系列的併購計畫，許多併購的目標都在不同的產業，彼此間也沒有產生什麼綜效，分析師對於他的作法抱持懷疑的態度，而 Diller 則相當堅持自己的策略，看好網路的發展。但他在 2007 年承認「不斷的強調我們在做什麼以及我們的策略，這樣的作法妨礙了投資人對我們的瞭解。我們發展交易性商業的一項理由是，我們需要這些收益來投資網路事業。現在他們已經有了真正的網路單位，該是進行重整的時候了。」

　　就像梅鐸這個典型的傳統媒體人一樣，Diller 早就把網路事業視為是媒體下一個大機會。梅鐸從報紙轉往衛星電視，然後是網站，他在 2005 年買下了 MySpace（當時社群網站還沒有那麼受歡迎）。Diller 從好萊塢電影和電視節目，轉往有線電視系統，然後從 2002 年開始轉向網路。這年當大家看壞電子商務、嘲笑 Pets.com 之流的公司在網路泡沫化中倒閉、許多股票投資者的退休美夢泡湯時，Barry Diller 繼續以 IAC/InterActiveCorp 進行數十億美元的併購計畫。從 2000 年到 2005 年，IAC 約花了 200 億美元收購網路公司，IAC 在網路上經營近 60 個品牌。IAC 投資的業務包括了旅遊、飯店、金融、售票、搜尋等網路服務。

　　Diller 是個好萊塢傳奇人物。他從 William Morris（一家優秀的好萊塢經紀公司）的收發室員工一路發展至今天的地位。他當過 ABC Entertainment 的副執行長，Paramount Pictures Corporation 的董事長與執行長，後來成為集團總裁。1984 年 10 月至 1992 年 4 月，他在 Fox 擔任執行長，將 Fox Broadcasting Company 發展成全美排名第四的電視網路。1992 年離開 Fox 後，他到 QVC Home Shoping Network 工作直到 1994 年，在 1995 年成為 Silver King Communications 的董事長。1996 年，Silver King、Home Shopping Network、Savoy Pictures 合併，取名為 HSN，HSN 經過一連串的併購成為 USA Interactive，在 2003 年改名為 IAC/InterActiveCorp（IAC）。

Diller 對電子商務不陌生，他早在 1993 年提出「穿著內衣買內衣」的名言，很早就洞察百萬網路族想在家中購物的需求。1998 年 IAC 企圖收購搜尋引擎公司 Lycos，但最後因條件未談妥而作罷。之後，IAC 退出市場，看著網路公司股價滑落，在股市接近低點時，又大舉進場收購網際網路資產。2002、2003 年間，IAC 完成了對 LendingTree、Expedia、英國公司 uDate.com、TV Travel 集團、Interval International 等公司的併購，也買了 Hotels.com 和 Ticketmaster 流通在外的股票。2004 年又併購了 TripAdvisor 和 ServiceMagic，一間連結消費者與家庭專業服務的線上公司。2005 年 4 月，IAC 以接近 7 億 1500 萬美元併購了 Cornerstone Brands 這間公司，其資產主要分為印刷型錄以及販賣家用商品、休閒服飾的零售網站。2005 年 7 月，以 19 億美元併購了 Ask Jeeves（現已改名為 Ask.com）搜尋引擎。接下來的兩年，還多買下了零售商品網站 Shoebuy、經營 CollegeHumor 的 Connected Ventures、還有 Garage Games 遊戲網站、比價逛街網站 Pronto。

　　IAC 收購的公司所從事的業務大部分是商務互動供需之間的中間商與輔助業務，這讓 IAC 比較像 eBay 而不是 Amazon。除了 HSN、Cornerstone、Home Shopping Europe 外，IAC 的公司幾乎不需要存貨，因此可以有較低的營運成本與較高的利潤。「我們希望成為最大、利潤最高、經營多品牌的電子商務公司」，Diller 這麼表示。IAC 經營多種品牌與事業模式，有些事業收取交易費，有些收取訂閱費，有些則收取廣告費。Diller 說：「網際網路只不過是搜尋與購物」。

　　然而，經營 60 個品牌的做法並未使華爾街人士信服。2005 年旅遊業開始變得更加競爭，Expedia 跟 Hotels.com 的前景開始變壞，更多網站轉往瓜分航空和飯店訂票業務的市場。因為這樣子的改變，2005 年 8 月，Diller 將 IAC 分割成為兩部份：所有旅行業務交給以 Expedia 為品牌的獨立公司 Expedia Inc.，其他品牌與業務（如 LendingTree、Ticketmaster、Match.com 和 Ask Jeeves）仍由 IAC 負責。2005 年 8 月，IAC 執行了這個分割計劃，現在 Expedia 是個股票獨立交易的公司，2007 會計年度的營收約 27 億美元。

　　至於其他品牌，Diller 希望可以創造一個「流量的生態系統」，使用者可以從 IAC 的網站到其他網站去。Ask.com 和其他 IAC 的網站，跟 MSN、Yahoo 的顧客群有部分重疊。Diller 曾經身為廣告人，追求的是瀏覽量，他相信線上搜尋的廣告業績會在接下來的五年快速成長，更多廣告主會從傳統媒體轉移到網路上來和消費者溝通。

　　IAC 的股價在 2003 年 7 月時達到高點，為 88 美元，2005 年 8 月 Expedia 獨立出去後，在 2007 年 2 月變成了 40 美元，之後大多在 16 至 33 美元徘徊。華爾街顯然未接受 IAC 所屬眾多公司的總合價值高過他們個別價值的加總。

　　結果，2007 年 9 月前，Diller 決定放棄整合金融、訂票、個人服務、搜尋在同一間公司的想法。解決之道就是將 IAC 分成五大事業體。2008 年 8 月，Diller 在 NASDAQ 上將 IAC 分成了五大公司：Tree.com（LendingTree.com 和其他金融服務）、HSN（家庭電視和網路購物）、Ticketmaster（世界最大的訂票公司）、Interval Group（分時渡假業務）、原本的 IAC/InterActive 公司（經營超過 35 個品牌，像是 Ask.com、Match.com、Evite.com）。新公司們的股價開始有了變化。IAC 反彈了 8%、Ticketmaster 7%、HSN 21%。Diller 因此可以將股票套現，拿 13 億美元發展其他的網路事業。但這些早期的獲利，現在都消退了，這五間公司的市值現在也只比當初的 IAC 公司稍微高一點。目前沒有看到有人真正得到好處。IAC 下的 35 個公司如果

各自分離出去會不會有更好的價值也是個值得探討的議題。如果 Match.com 這間頂尖的配對網站獨立出去可以有 7 億美元的價值，為什麼硬是要把 Match.com 跟 Evite.com 擺在一起？他們有什麼相似之處嗎？

Diller 宣佈將收回成立兩年虛擬世界 Zwinky.com，公司的名稱為 ZwinkyCuties。這個網站瞄準了 Disney 很受歡迎的企鵝俱樂部，這個網站很受 6 到 12 歲女孩的歡迎。Zwinky.com 鎖定年輕女孩，擁有 1600 萬個註冊會員。

同時，Ask.com 經營的很不錯，它和 Google 將繼續合作，Google 會提供廣告給 Ask.com 的搜尋引擎。這會為 Ask.com 接下來幾年帶來約 35 億美元的利潤。Ask.com 在線上搜尋的市佔率在 2007 大約是 5%，比 IAC 買下它時的 2%成長了不少。Ask.com 在 2001 年買下了 Teoma 搜尋引擎。Teoma 替網站排序時是以相同類型的網站群的互相連結為基準，將最容易被連到的網站排在最前面，它宣稱這是比 Google 的搜尋進步的地方。有一群搜尋專家也表示 Ask.com 的搜尋結果更相關、更準確。

只有時間能證明 Diller 的「新」IAC 是否會成功。許多金融觀察家認為 Diller 做對了，他應該捨棄舊的成長較慢的商業模式，轉移到成長快速的搜尋以及以娛樂為主的網路廣告市場。提到 IAC 的 11 億美元現金，Diller 說：「上帝知道我們有很多錢可以搞砸」。如果如此，IAC 的股票相當便宜，比起 Yaoo 或 Google 股票本益比 35 至 45 間，IAC 的本益比只有 16。Diller 已經準備好一系列新的併購計畫。IAC 在矽谷成立了一間叫做 Primal Ventures 的創投公司，來確認網路事業的機會。目前為止，Primal 的老闆 Jim Safka 看好健康、心理、人力招募、遊戲、兒童娛樂這些領域。

個案研究問題

1. 有哪些方法可以讓 Diller 的眾多電子商務線上服務公司共同創造與傳遞優越的價值給顧客？

2. 你是否建議 IAC 推出一個讓消費者可以找到所有服務的入口網站？為什麼？

3. 根據本章的內容，將大部分 IAC 的網際網路資產貫通的脈絡是什麼？這些資產應該如何利用網際網路的特性來創造價值？

4. 請針對 AOL 與 Time Warner 的合併以及 IAC 的併購歷史進行對照。IAC 應該避免哪些 AOL/Time Warner 的錯誤？

5. 該如何利用 Ask Jeeves 協助 IAC 的眾網站建立「網路流量生態系」，請提出你的建議。你認為是否應該告知使用者這項交叉行銷的手法？

學習評量

1. 為什麼那麼多創業者要以線上零售業做為事情的起步？
2. 網路事業賺錢與否，通常是什麼原因造成的？
3. 實體零售業有什麼部份跟線上零售是相似的？為什麼？
4. 舉出美國零售業中銷售最好的部份，解釋為何在這部份有如此大的獨佔市場。
5. 談談科技進步對電子商務造成的影響。哪些創新能改善線上零售業？
6. 舉出兩個早期電子商務分析師提出的有關消費者及其購買行為的假設，後來被證明是錯的。
7. 為什麼在網路上獲得消費者的成本較低？原因為何？
8. 你會怎麼描述選擇前十大線上零售公司？他們在網路事業中所佔的比例是多還是少？
9. 請提出兩個曾經年成長率曾經超過50%的零售產品分類。
10. 對照並比較虛擬業者（virtual merchants）跟實體公司，哪一類線上零售公司比較像虛擬業者？
11. 供應方推力（supply-push）和需求方拉力（demand-pull）的銷售模式有什麼不同？為什麼部份直營製造商很難轉型為其中之一？
12. 有哪五個策略性議題跟公司的能力有關？他們跟產業上的策略性議題又有什麼差別？
13. 哪一個是衡量公司財務情形較好的指標：收入、毛利、淨利率？為什麼？
14. 在線上環境提供服務會遇到哪些困難？有哪些因素使服務類跟零售類有所差異，請舉例。
15. 對照並比較兩個主要的線上服務產業種類。他們各有什麼和其他產業不同的獨特服務？
16. 列舉並描述三種線上抵押業的類型。使用線上抵押網站的主要優點為何？這種服務業務成長趨緩的因素又是什麼？
17. 影響全國線上保險產業成長的最大阻力為何？
18. 定義通路衝突並解釋此現象如何發生於抵押與保險產業。舉出兩家線上保險公司或中介商。
19. 最常使用不動產網站的方式為何？大多數消費者如何使用這些網站？
20. 列舉並描述在網路上提供金融服務的四種主要類型。
21. 當前全世界金融產業整合的發生有哪些主要的參與者？
22. 解釋影響金融服務產業結構的兩大全球趨勢及對線上營運的影響。

23. 旅遊服務供應商如何自消費者使用旅遊網站中受惠？
24. 旅遊市場的兩大區隔為何？哪一個市場成長最快？為什麼？
25. 解釋 GDSs 的功能。
26. 列舉並描述公司會用來辨識及吸引應徵者的五種傳統招募方式。這些方式相較於新型線上網站有什麼缺點？
27. 除了將工作應徵者與職位相配，線上工作網站更大的功能為何？解釋這些網站如何影響薪資和現有的利率。
28. 舉出線上招募網站的普及程度，為何分類廣告仍然是許多求職者和員工偏好資訊來源？

10

線上內容與媒體

學習目標

讀完本章,你將能夠:

- 分辨媒體消費與線上內容的主要趨勢
- 討論媒體匯流的概念與面臨的挑戰
- 描述五種基本的內容收益模式
- 討論內容生產者與擁有者面臨的關鍵挑戰
- 瞭解影響線上報紙、電子書和線上雜誌產業的關鍵因素
- 瞭解影響線上娛樂產業的關鍵因素

從華爾街日報電子報看 Web 2.0

華爾街日報由道瓊新聞社在1889年創立，結合國內外新聞與深入的財經報導。1996年4月設立WSJ.com網站。2008年付費訂戶超過100萬人、非付費者則有400萬人，而使華爾街日報電子報成為網上營收的典範。目前會員訂戶每年付49美元訂電子報，非會員付99美元。

但華爾街日報與大部分報紙不同。除了40份小報外，現在有1萬份電子報是免費訂閱，因為報商多認為線上讀者都希望免費看電子報。Salon網路雜誌因改成線上會員付費而流失90%的讀者。此後，Salon讀者人數穩定下來並持續成長。電子報就和傳統報紙數百年來一樣，都以廣告或賣分類廣告為主而不靠收報費支撐。雖然報紙閱報率下降（尤其是有18到49年歷史的老報），但網上廣告的需求在2007到2008年間卻增加26%以上。線上讀者的需求之大，現有的網頁無法滿足他們，而像華爾街日報這樣的報紙就可乘勢提供網頁。在2004年，道瓊公司買下一間叫做MarketWatch.com的線上商業投資網，這個網站每月有700萬名瀏覽者，將可以大量增加其廣告展示頁數。

為什麼唯獨華爾街日報電子報會成為網上營收的典範，而其他報紙不行？品牌當然是原因之一，美國投資者對華爾街日報品牌極具信賴感，其股價報價、財經及一般新聞皆首屈一指。但像紐約時報、洛杉磯時報、華盛頓郵報等許多一流報紙品牌，卻不收訂戶費用。紐約時報引進了一個叫做Times Select的付費模式，當顧客想閱讀進階內容時需付費，但這個模式在2007年宣告失敗，因為大部分的顧客會因此轉往其他網站，像是Yahoo和Google。

或許華爾街日報成功的關鍵在於：付費訂戶可以讀取優質的內容，包括2萬5000篇公司背景的深入報導、1996年至今的新聞檔案以及存取來自7000份報紙、雜誌、財經新聞的目前和歷史文章的道瓊出版圖書資料庫（Dow Jones Publication Library）。若股票分析師或投資者想要某公司的資料，使用這樣的資料庫只需繳交少許的年費即可。加上精密的搜索引擎，華爾街日報資料庫成為獨特的電子報提供者。

使用OminiMark's Content Engineering system所發展的結構化印刷科技，記者及編輯可以同時製作網路及報章上的文章，而且創作出與華爾街日報所要求相同的獨特印刷方式。這套系統也可以讓他們將新聞內容作大幅度的修改，依需求加長或縮減內容卻不需花費金錢重新設計網頁。因為使用OmniMark system，記者及編輯可以24小時隨時刊登上百條新聞，而無須更動標題、文章間距、按鈕

位置、廣告位置。這套系統也建立訂戶可搜尋的新聞及意見資料庫。以此觀之，網路銷售科技將內容創作及傳送結合，使得不論報紙或網路，新聞就是新聞。像其他的電子報一樣，現在列在網頁上的影片可以有延伸用途，將作者轉變成訪問者，更緊密的將新聞人物以及時事結合。

這種新科技突破傳統紙張新聞的限制，能帶給讀者跟電視、廣播一樣即時的新聞。WSJ.com 提供的個人化功能更讓訂戶選取偏好的專欄、整理股票投資組合、公司新聞。透過華爾街日報的 RSS 訂閱功能，使用者可以隨時獲得來自不同出板者的有趣主題和內容。華爾街日報擁有了多個免費網站，從 MarketWatch 到不動產、大學報，這些將可以讓使用者充分運用新科技來提高訂閱費用。

當多數新聞編輯和記者對網路的衝擊怨聲連連時，能瞭解網路的優點與特性並加以利用的報紙，反而創造了前所未有的閱報經驗。但即使華爾街日報充分的掌握了趨勢，仍然從 2005 年開始遇到獲利平平及股價表現不彰的情形。2007 年 8 月，Bancroft 家族這個最大的股票持有集團以及 1899 年創辦報紙的 Charles Dow 其後代，決定以 50 億美元將道瓊公司賣給梅鐸的新聞集團，梅鐸是新聞集團（News Corp）這間世界最大的報紙印刷媒體公司的創辦人，同時他也擁有了 MySpace 這個很受歡迎的社群網站。梅鐸期望可以擴展華爾街日報的讀者群，增加頁面數以及廣告收入。目前為止還沒有達到目標，且他們的收入來源繼續維持以訂閱為主，不過提供了非訂閱戶更多可以免費觀看的內容、以及少量但持續增加的廣告量。

2008 年，梅鐸重新設計了華爾街日報的頁面編排，商業新聞仍然是焦點之一，但增加了更多一般性新聞，頁面格式變得更小，同時也出版了週報以和紐約時報競爭，同年 9 月，梅鐸也重新設計了線上的版本。

新的線上版本更能反映出網路和 Web 2.0 的威力。有報導者的部落格、使用者對每篇文章和影片的評論，這些都是即時更新的。最大的改變是加入了社群網站的概念，百萬個訂閱戶可以對任何文章發表評論，以及提出問題討論，也可以互相以 email 來聯絡、編輯自己的個人檔案，他們互相可以得知對方在網站上的動態。這樣一來，可以增加讀者的忠誠度，增加讀者在網站上停留的時間。當然，這些都增加了收益，這樣子的改變為那些傳統報紙的未來發展指點出了一條道路。

華爾街日報的例子顯示，傳統的媒體公司如何透過提供線上顧客線上的內容體驗（包括使用部落格、影音、或者遊戲等互動性高的項目）來把握網路機會。傳統的這些內容像是新聞、音樂、影片，未來都將上線。今日的報紙跟雜誌等出版產業，將遭遇到很大的挑戰。廣播以及電視這些依靠實體媒體的產業，也正在跟過時的商業模式奮鬥。已有的媒體大公司，都持續在線上內容、新科技、新的數位頻道以及新的商業模式上做鉅額的投資。本章主要針對這些逐漸將原有的傳統媒體轉移到網路上的出版和娛樂產業進行探討。

10.1 線上內容

美國經濟最大的挑戰莫過於網路對內容產業的衝擊，這包括所有以印刷、電視或電影傳播內容的產業，及經由有線電視、衛星、印表機、內容零售店（音樂和錄影帶出租店等）傳播的內容。以傳播媒介來說，網際網路是一種線上內容來源。本章會深入探討出版（報章雜誌、書籍等）和娛樂（音樂、電影、電玩和電視）所佔有的龐大商業內容市場，其中有強大的非線上廠牌、重要的網路供應新秀、消費者的限制和機會、各種法律問題、還有線上內容快速發展的科技限制。

表 10.1 顯示了 2007 到 2008 年線上內容的趨勢。

表 10.1　線上內容 2008-2009 年的趨勢

- **媒體消費**：美國人一年花超過 3800 個小時在各種媒體上，是他們花在工作上的兩倍。網路的使用量快速成長，已經超過報紙、音樂，不過仍然離傳統的電視及廣播有一段距離。
- **收益**：從網路上得到的收益是成長最快的媒體。
- **眼球數（eyeballs）**：傳統媒體的觀眾轉往網路，網路觀眾的年成長率也超越了其他媒體。
- **使用者產生內容（User-generated content）**：網路和傳統不一樣的地方在於，可以讓每位使用者都產生內容。社群網站和像 Youtube 這樣的影音網站、個人部落格、相簿，都有驚人的成長，嚴重威脅到傳統的娛樂公司媒體業。使用者自己產生的影音和電視秀越來越能吸引觀眾。
- **科技**：智慧型手機和電腦進入市場，讓這些網路音樂、新聞等娛樂都能隨時隨地被收看。
- **廣告**：越來越多的網路收看者，讓網路廣告快速擴張。網路的商業模式和傳統的媒體一樣 — 作為免費收看內容的交換，使用者必須看廣告。
- **商業模式**：訂閱模式和廣告模式以及在一些歌曲、電視節目、電影上單品使用者付費的方式混合，被證明特別成功。
- **收費跟免費的內容共存**：使用者已經越來越能接受「網路資訊不全代表免費資訊」的觀念，他們願意花錢購買內容。
- **匯流（convergence）**：傳統的報紙、雜誌、電台，越來越向新科技和產業靠攏。報紙跟雜誌開始在自己的網站上放上影片資訊。Yahoo、Google、AOL、MSN、Apple 等網路公司也會借助傳統的媒體，像是電視、電話、電影來傳播他們的網路服務。

- **印刷媒體**：報紙和雜誌在網路廣告的誘因下忍痛轉往線上，但這一時還無法彌補他們在廣告收入上的損失。
- **娛樂內容**：音樂為主流，線上影片越來越流行，大眾也越來越感興趣。網路已經逐漸成為繼廣播網絡、衛星系統之後的強力娛樂工具。
- **顧客的喜好**：顧客想要控制他們自己的節目選擇，他們希望能夠在任何時候任何地點看到他們想要的東西，這就是現在的個人電腦、手機、PDA所帶來的利益。

內容觀眾與市場

到 2010 年，美國成人每年使用各種媒體的時間將從現在的 3800 小時提高到 4000 小時，是他們工作時間的兩倍（2000 小時）（見圖 10.1），平均一天 11 小時。媒體使用時間每年的成長率約 2.5%，網路媒體的成長率每年為 5%，是所有媒介中成長最快速的。而媒體收益在 2008 年大約達到 6540 億美元，預期將以 9% 的速度繼續成長。

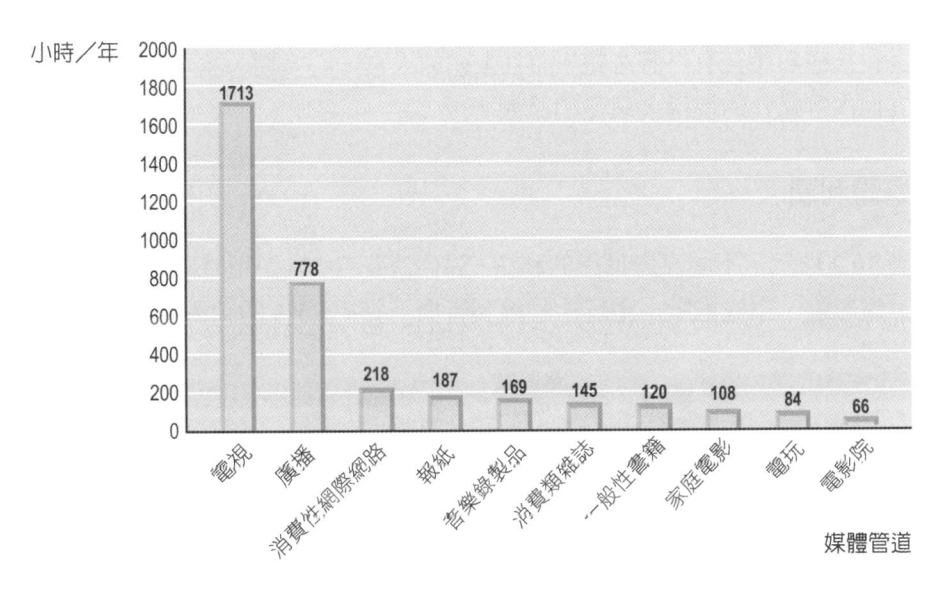

媒體管道	小時/年
電視	1713
廣播	778
消費性網際網路	218
報紙	187
音樂錄製品	169
消費類雜誌	145
一般性書籍	120
家庭電影	108
電玩	84
電影院	66

圖 10.1　媒體使用

媒體使用

最受歡迎的媒體是電視，排名在後的是廣播和網際網路。這三種媒體佔媒體使用時間超過 80%。網際網路雖然還排名第三，但它的使用成長率不可小覷。如果將花在文字媒體（書籍、雜誌、報紙）的時間加總，將會超過音樂錄製品。令人驚訝的是，非電視的娛樂（家庭電影、遊樂器、電影院）每年只有 258 個小時。

網路和傳統媒體：調撥 vs. 互補

研究顯示用戶花在網路上的時間將減少他們觀看其他媒體的時間。有大量的消費者轉移到網路上，在 2008 年，消費者花超過 47% 的上線時間收看內容，較 2003 年的 34% 成長許多。USC 的調查指出，四分之一的網路使用者會花較少時間在傳統的印刷媒體上，35% 的人會因此少看電視。一般來說，網路使用者減少了大約 15 到 20% 的時間閱讀書籍、報紙以及雜誌、看電視，也花較少的時間講電話或者聽廣播。但另一方面，網路用戶對各種媒體的涉獵比非網路用戶多，表示網路用戶知識比較豐富，資源較多，對科技較熟悉且有媒體意識。而且上網的人常一心多用，並不會完全冷落其他內容媒介的使用，只是稍微減少。

媒體利潤

圖 10.2 顯示了不同媒體獲得的利潤。只佔消費者 5% 使用時間的娛樂種類（電影院、家庭電影、電玩、和錄製音樂）獲得 25% 的利潤。

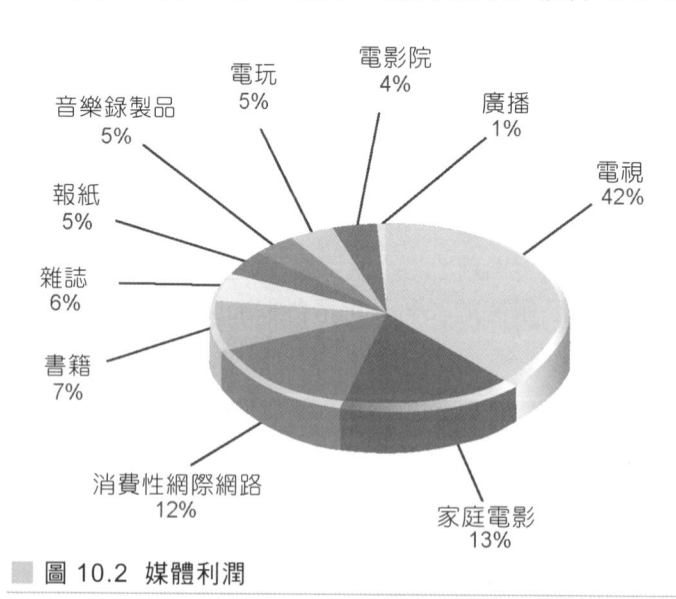

媒體	比例
音樂錄製品	5%
電玩	5%
電影院	4%
廣播	1%
電視	42%
報紙	5%
雜誌	6%
書籍	7%
消費性網際網路	12%
家庭電影	13%

■ 圖 10.2 媒體利潤

電視、家庭電影以及消費性網際網路（Consumer Internet）為絕大多數，佔全部收益的 67%。報紙雜誌等傳統媒體的佔有率緊縮，而書籍出版的收益則多年保持不變。

電視（廣播、衛星電視、有線電視）仍是最主要的媒體利潤（42%）來源，而報紙從 10%下降到 5%。

網際網路佔了總利潤的 12%，比 2004 的 5%成長不少。下節將就線上內容的市場進行討論。

圖 10.3 顯示以個人花費為主，不同種類內容市場的相對市場大小。電視和家庭電影加起來超過網路的三倍，不過線上內容的成長率則是他們的兩倍。相信在未來，線上的收益將會超過家庭電影，並也會超越廣播以及電視。

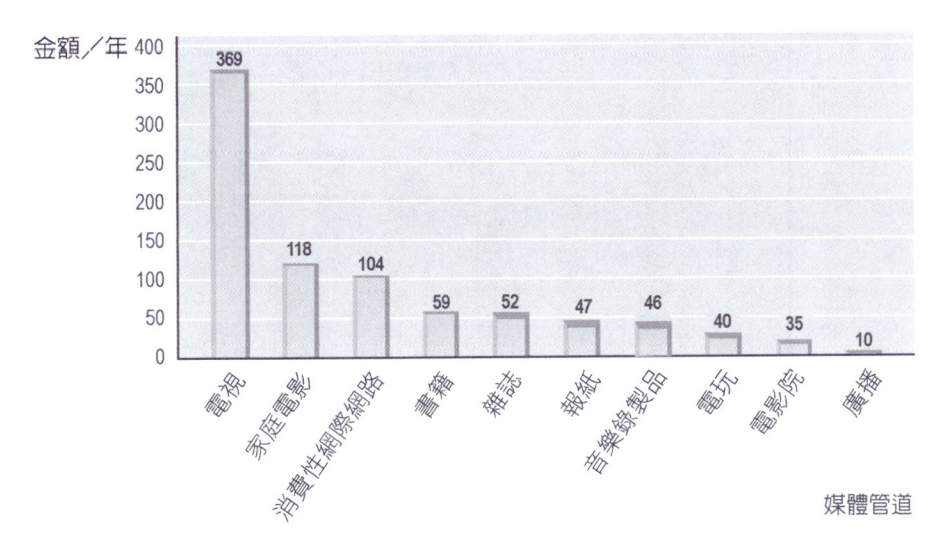

媒體管道	金額/年
電視	369
家庭電影	118
消費性網際網路	104
書籍	59
雜誌	52
報紙	47
音樂錄製品	46
電玩	40
電影院	35
廣播	10

圖 10.3 以個人花費金額為主的內容市場相對大小

數位內容傳遞的兩種模式：付費及使用者產生內容

在網路上傳遞內容有兩種商業模式：付費以及廣告商贊助的免費內容。完全免費的使用者自行產生內容的部份我們會在後面討論。和先前的預測不同，免費的內容並沒有把收費內容排擠出場，現在兩種模式都蓬勃發展。消費者越來越傾向花錢購買高品質、方便、擁有獨特性的內容，他們也接受廣告商贊助免費的內容，尤其當這些內容的價值還不到需要花錢購買但仍有一定的娛樂性時。這兩種模式就像協力車一樣共同協力，並沒有任何的牴觸：免費內容可以驅使使用者購買付費內容，就像音樂公司發現的一樣。

現在我們來看看消費者在線上買了什麼樣的數位內容。約有 37%的網路用戶（6400 萬人）曾下載音樂，17%曾付費下載音樂，少於 1%的人會購買影片。而這些線上付費內容的閱聽眾每年大約成長 16%，比網際網路

的成長還要快速，網路已經從溝通媒介變成娛樂媒介，觀眾群的成長對於音樂娛樂區塊貢獻良多。

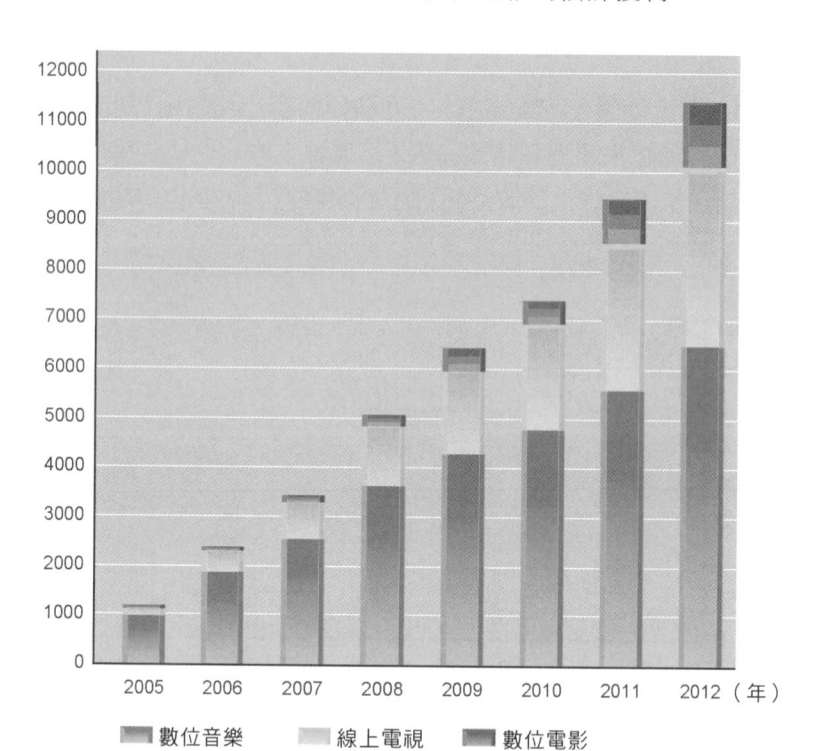

圖 10.4 顯示了數位音樂、線上電視和電影的估計獲利。

■ 圖 10.4　2005 至 2012 年付費數位音樂、電視、跟電影在美國的收益（單位：百萬美元）

　　現在我們來看使用者產生的數位內容。這些內容的觀眾群龐大且成長快速。使用者在部落格上發表的音樂、影片、文字都是免費的，而且通常會有廣告贊助商。大約有 6400 萬個用戶自行產生數位內容，而觀看過的數量則是 7000 萬。廣告商在 2008 年產生的收益為 15 億美元，預估 2012 年將增加到 40 億美元。因此，這些以使用者自行產生內容為主的網站，將會在 2011 年之前獲得跟付費音樂一樣多的利潤，也會成為主流。表 10.2 顯示了前幾名的影片以及使用者自行產生內容網站。後者可以分成七類：影片、音訊、照片、資訊（如新聞）、私人資料、評論、推薦。目前最大最有潛力的是影片類，約有 50%的線上影片都是使用者自己產生的，預估將在 2012 年增加到 55%。

　　YouTube 成為頂尖的廣告贊助影音網站並不讓人意外（每月有 7000 萬名不重複訪客），線上的影片觀眾群遠多於傳統電視觀眾，傳統電視最受歡迎的節目大概也只會有 1000 萬名觀眾，而 YouTube 在尖峰時間可以

有 2000 萬名不重複訪客。社群網站開始學習如何把這些觀眾群透過廣告商轉換成利潤，不過目前他們仍未完全成功。

表 10.2 前十名線上影片網站（2008 年 7 月）

網站	瀏覽量(百萬)	每名觀眾的觀看數量
1. Google YouTube	92.1	54.7
2. 福斯互動媒體(MySpace)	54.8	8.1
3. Yahoo!	37.6	7.2
4. Microsoft	32.6	8.7
5. AOL 美國線上	23.0	4.1
6. 衛康數位(Viacom Digital)	21.1	11.7
7. 特納網路(Turner Network)	18.7	9.2
8. 迪士尼線上	15.9	11.7
9. 時代華納	15.3	3.2
10. Amazon	11.7	2.5

　　網路上免費跟付費內容的共同成長，顯示了它們在某些案例裡是可以互補並一同成長的。不過在報紙跟雜誌上就不太行得通，線上內容可能會降低他們的閱讀群，並會被取代。而音樂上則是一個可以互補的例子。違法的 P2P 檔案傳輸在過去相當普遍，現在可以在 iTunes 這些網站看到付費內容的成長，也證明付費跟免費內容是可以共存的。

　　仍有一個問題存在，電影、音樂、文字這些內容產業，可以靠著收費模式賺取足夠的錢，再藉由廣告商贊助來彌補對傳統模式所造成的損失嗎？

從免費到收費：使用者對於付費內容的態度以及對廣告的忍受度

許多研究顯示網路使用者還是會希望不要付錢，不過他們仍會願意為某些獨特、方便下載、高品質的內容在 iTunes 付費下載好萊塢電影，也會願意忍受頁面上的廣告以觀看免費的影片內容。一項調查顯示，63%的美國網路用戶同意在有品質的內容之前或之後觀賞廣告，28%會每個月付費來觀看影片，只有 6%會願意付跟購買 DVD 一樣的錢來當月費。相對來說，大多數使用者會希望新聞類的內容是由廣告商贊助而免費的，這樣的模式已被廣泛接受，也在持續成長當中。

媒體產業結構

在 1990 年之前,媒體內容產業充滿了獨立公司,各自發展影視、書籍雜誌等各方面的市場。但是經過 1990 年這段整合時期,娛樂與出版界出現了媒體企業集團(見表 10.3)。

表 10.3 媒體巨擘

2007 年營收(單位:10 億美元)	
娛樂	
美國線上/時代華納	$46.48
迪士尼(美國廣播公司)	$35.51
新聞集團(福斯)	$32.99
Vivendi	$31.09
Viacom(哥倫比亞廣播公司)	$27.49
Bertelsmann	$27.04
出版	
Thomson Reuters	$12.44
Pearson PLC	$7.64
McGraw-Hill	$6.77
報紙	
Gannett(USA Today)	$7.44
華盛頓郵報	$4.18
紐約時報	$3.19
McClatchy Co.	$2.26
道瓊(華爾街日報)	$1.78

　　媒體企業主要還是以三大分支運作,並各有幾間主要公司,我們沒有將像是 AT&T、Verizon、Sprint、Dish Network 或 Comcast 這些平台傳播公司包括進來。一般公司都有本身固定的領域,不會往其他方向發展。新聞報紙不會製作好萊塢影片,出版商不會出版報紙和影集。即使是在媒體企業集團內,通常都由各公司分支控制各種不同媒體的製作。美國線上(AOL)/華納(Warner)就形成六個獨立的部門(分別是有線電視網、出版、音樂、電影、電視編排和數位媒體/網際網路),各自擁有獨立的製作、行銷、銷售、還有業務分配。企業分公司之間的競爭不亞於其他市場上的競爭。美國線上(AOL)可能想要在網路上播放電視節目,但是這樣不免會影響到華納(Warner)電視網的運作。然而這種利益衝突,在觀眾陸續流向網際網路的情況下,就算是企業集團也得配合市場。

媒體產業是如此的高度集中，而在這些媒體公司之間仍有縫隙。更大的媒體生態系統包括了百萬名個體用戶和獨立創業者在部落格、YouTube、MySpace 上發表影片、音樂及文章。漸漸的，這些人數眾多的小人物的瀏覽量快超過了這些媒體巨擘。

媒體匯流：科技、內容和產業結構

媒體匯流是個很常見但定義模糊的名詞。至少有三種類型的媒體有整合的動作：科技、內容（藝術設計、生產和行銷）、產業的整體結構。整合最終可以讓消費者隨時找到任何需要的內容，以任何平台下載，不管是 iPod、無線 PC 還是筆記型電腦。

科技匯流

科技上討論的匯流是指綜合各種不同媒體平台（報章雜誌、電視電影或是廣播音樂等）的複合式設備發展。例如結合了聲音、網路、Wi-Fi、媒體服務的 iPhone、黑莓機（Blackberry）以及 Palm Treo。iPod 就是可以提供音樂、影片、文字的手持設備；市面上還有很多手持設備，它們是可以當作手機使用的 PDA、可以上網的數位電視、可以上網的遊戲機台、可以錄製和播放音樂的電腦等…。

> **科技匯流（technological convergence）**
> 綜合各種不同媒體平台的複合式設備發展

內容匯流

內容匯流包括設計、生產和行銷三方面。

> **內容匯流（content convergence）**
> 內容的設計、生產和行銷整合

過去有很多媒體成功的從較老舊的科技轉換到新科技。由於不同媒體間的整合，消費者能輕鬆的在之中轉換，而藝人和製作人可以學習如何使用新的媒體發表創作。創作家漸漸習慣並瞭解新科技媒體的優勢，加以利用，進而改變了創作的產生方式，這就是內容匯流產生改變的例子，因為新工具的新特性，藝術也變得不一樣了。十五世紀時，義大利、法國、瑞典的繪畫大師們開始使用光學儀器，像是鏡片、鏡子、可以投影出近似照片品質的影像的早期投影裝置──暗房（camera obscura），這些新的科技讓他們繪畫人像以及風景有了不一樣的突破，擬真度也大幅提昇。今天也是一樣，藝術家跟作家可以利用數位器材應用在他們的創作上，例如 Apple 的車庫團（GarageBand）讓預算不多的獨立團體能混製八個數位頻道的音樂，製作出專業水準的音樂。

在製作生產方面，新的數位剪輯處理工具（電視電影用）可以讓成品在多平台上播出，於是多數的影像製作都使用這些新的數位科技以確保最

10-11

高的相容性。一旦數位化，影片可以存檔、剪接成極小的片段、重新製作給其他的管道使用。

行銷方面，最重要的是批發商和消費者都要有適當的裝置去接收、儲存、體驗商品。一些科技公司已經成功提供消費者行動裝置來取得線上內容，但對於內容擁有者來說，要建立這樣的平台是比較困難的，因此音樂產業原本的唱片行模式發生了危機，電影公司也必須對於線上影片採取對策。好萊塢片廠現在以卡車把電影的拷貝運送到全國各地上千個電影院。每部劇情長片可能需要六個又大又重的 35 毫米底片。如果可以利用衛星數位化下載電影，各地的電影院必須具備伺服器、容量大的硬碟以及新的數位投影設備。這個轉變還需要多年才能達成，而且，該由片廠還是戲院來負擔轉換的成本呢？

圖 10.5 以書籍為例，描繪了媒體匯流的流程和轉變。書本剛開始是經由傳統文字以及網路來傳遞，可以算是在媒體轉換（media transformation）的階段。而在接下來的日子裡，同一本書可能會以同時具有視覺以及聽覺的純數位產品的形式在不同的數位裝置上出現。屆時，「學習經驗」將會發生改變。傳統的實體書本依然可取得，但比較可能的是，消費者將根據他們自己的需求使用印表機自行列印。

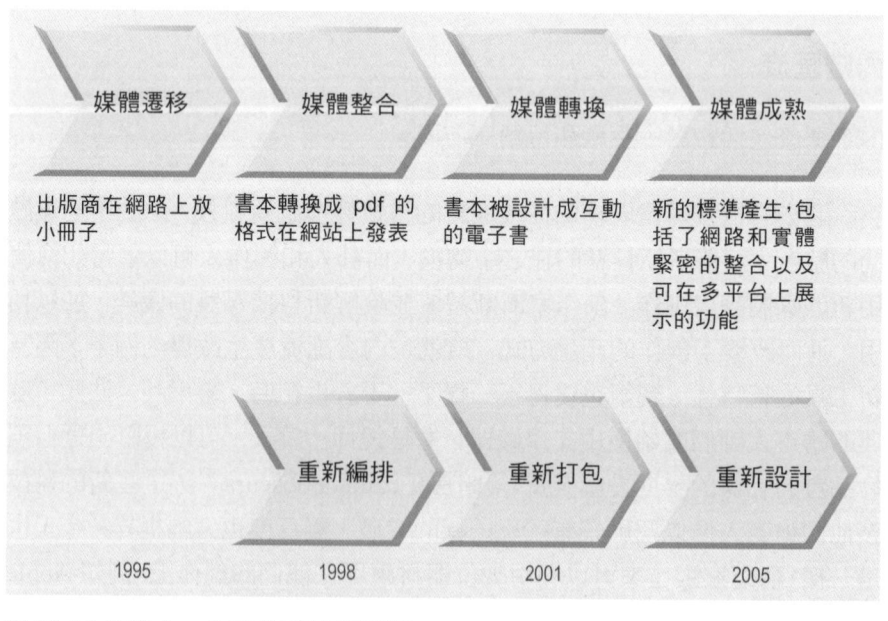

媒體遷移	媒體整合	媒體轉換	媒體成熟
出版商在網路上放小冊子	書本轉換成 pdf 的格式在網站上發表	書本被設計成互動的電子書	新的標準產生，包括了網路和實體緊密的整合以及可在多平台上展示的功能
	重新編排	重新打包	重新設計
1995	1998	2001	2005

■ 圖 10.5 書本：內容的匯流跟轉變

產業匯流

第三種匯流的面向是各種媒體產業的結構。產業匯流係指媒體產業間的合併，合併成強大、具協同作用（synergistic）的組合，而能夠推出跨平台的內容，同時也能使用多種平台創造新的作品。這種組合可以透過併購或策略聯盟而達成。傳統上，每種媒體 — 電影、文字、音樂、電視 — 都有各自由大量參與者所構成的產業。例如，娛樂電影工業就長期被少數幾個好萊塢的工作室所獨霸，而書籍出版與音樂界亦然。

然而，以往匪夷所思的組合在今日的網際網路世界中看來理所當然，甚至勢在必行！媒體的整合對於提供科技平台與內容所需的財務支援上，也許是必要的措施。然而傳統的媒體公司通常無法自己掌握核心競爭力、財務上的重心、內容或管道的所有權來實現網路媒體的匯流。

媒體匯流最廣為人知的例子，是 2001 年 1 月美國線上（AOL）與時代華納（Time Warner）的合併案。時代華納曾是美國最大的多媒體集團，不過本身沒有自己的網站內容（且已營過建構網站失敗的經驗）。美國線上為這件合併案帶來美國最大的線上觀眾群（大約全美 40% 的網路用戶）、相當可觀的 ISP 營運（是一項收取月費的生意），與相當成功的網路服務與內容提供記錄。合併案需要兩個公司為創造與散佈高價值的內容而提供單一的法人平台。美國線上／時代華納將生產與銷售（分配）結合。雙方資深的經理人都相信，新的內容將會透過傳統與新的通路（像網際網路）推銷出去，而成功的傳統媒體（例如有線電視的訂閱費、電影與電視）的收益將會提供媒體與內容的轉型，以達到網路科技應用的最大效益。然而，在這個理想完全實現前，時代華納就基於廣告收益與觀眾等考量因素，將 AOL 的 5% 股權授予 Google。

梅鐸的新聞集團（News Corporation）是另外一個例子，2005 年，新聞集團（現在已經加入了報紙和衛星的發佈）買下了網路上成長最快速的社群網站 MySpace。這項購併相當成功而 MySpace 也繼續獲利。如果傳統媒體公司沒有整合或者買下其他網路平台公司，Apple、微軟、Google 這些科技擁有者將會做的更好。Apple 建立了自己的線上音樂商店，現在已經比其他零售商賣出更多音樂了，微軟擁有自己開發的 xBox 360，Google 買下了線上音樂儲存的社群網站，並建立了包括多種娛樂內容的軟體應用程式。

最後，消費者對內容的需求是隨時隨地的、並且是在任何裝置上的。這驅使擁有科技或者擁有內容的公司朝向匯流體驗（convergence experience）的方向發展。

> **產業匯流**（industry convergence）
>
> 媒體產業間的合併，合併成強大、具協同作用（synergistic）的組合，而能夠推出跨平台的內容

表 10.5 線上內容之混合收益模式應用實例

公司	內容
Salon Media Group	優惠型訂閱方案：年繳 35 美元（去除廣告）或月繳 6 美元，繳年費的用戶可以得到免費或者打折的雜誌訂閱，可下載到 PDA 或者手機裡
Yahoo	即時文章訂閱(quotes)：每月 10.95 或 13.95 美元 Yahoo 電子信箱：無廣告的加值郵件服務每年 19.95 美元 Yahoo Geocities 加上個人網頁：基本型 4.95 美元／月，加值型 8.95 美元 Yahoo 遊戲：Allstar 每月 7.95 美元或者每年 59.95 美元，沒有廣告，可以取得某些特殊遊戲
RealNetworks	Realone Unlimited：加值內容與廣播，12.95 美元／月 Realone Music Pass：100 個下載，100 個線上串流觀看，加上 40 個免費廣播電台 9.95 美元 Realone Superpass Gold：12.95 美元／月
MSN	Hotmail：免費，加值服務每年 19.95 美元。
紐約時報	填字遊戲每年 39.95 美元或者每月 6.95 美元 文章搜尋及分類引用：每篇文章 3.95 美元，10 篇 15.95 美元
Financial Times	基本訂閱每年 109 美元，加值型每年 299 美元

線上內容收益模式與企業流程

我們先前已經討論過免費及付費的商務模式，但情況其實更加複雜，有幾種不同的獲利方式，幾種較基本的內容獲利模式包括：行銷、廣告、計次收費（pay-per-view）、訂閱、加值、以及混合模式（請見表 10.4）。

行銷收益模式（marketing revenue model）中，媒體公司常免費提供內容以誘導讀者購買非線上版本。因此，網站對這些公司而言是行銷的手段，激起並加深消費者興趣，甚至透過口耳相傳獲取更大的利益。消費性產品公司（如 Proctor & Gamble）就採用這種模式。然而，此模式所產生的利潤頗難被直接評估；網站營運的成本也常隱藏於整體行銷的預算中，而週邊商品的銷售利潤常有助於這部分的收支平衡。此模式對於加深消費者對產品的正面情緒是有幫助的，而該正面情緒有利於忠誠度的培養。汽車、新電影等都常看到此模式的應用。

表 10.4 線上內容收益模式

收益模式類型	描述	評論
行銷模式（Marketing）	免費的內容刺激非線上業務的收益	對於擁有品牌或獨特性的商品較有用。用於深化使用者的印象與經驗。例：Tide.com
廣告模式（Advertising）	內容仍是免費提供給消費者，但廣告業者得付費以刊登廣告	跟線上廣告、觀眾的數量與成長息息相關。例：Yahoo
計次收費模式（Pay-per-view/Pay-for-download）	為進階內容收費。而內容可以是「ala carte」（例：單曲）或者是整個作品（例：電子書）	為單件數位產品提供機會；與整合的平台最能配合。例：iTunes 線上音樂商店
訂閱模式（Subscription）	每月定期繳費	是當前主要的付費內容模式（80% 以上）。最適用於高價值商品。例：Rhapsody.com
混合模式（Mixed）	組合前述的模式	市場區隔機會使這種模式格外吸引人，也為優惠服務收費。例：MSN

在廣告收益模式（advertising revenue model）中，消費者可以免費取得內容；廣告商則被要求為了刊登廣告而付費。近年來，這種模式於擁有廣大讀者群的網站例如入口網站、搜尋引擎、社群網站和表現優異的利基網站上運作得格外優異，YouTube、Facebook 和 Photobucket 都是採用這種方式。傳統報業也使用這種模式和加值內容訂閱結合，而約有一半的讀者已經轉移到網路版本，它們將會更依賴廣告收益模式。值得注意的是，廣大的客群是這個模式運作的必要條件，像是 Salon.com 這樣的小公司可能不適合。

在計次收費收益模式（pay-per-view/pay-for-download model，或稱「a la carte」）中，內容提供者會對享受特別內容（影片、書籍、新聞、文件庫）的使用者收費。Apple 的 iTunes Music Store 就是最經典的例子。一般而言，這種模式對於擁有高價值內容的業者才有用。最大的障礙，就現階段而言仍是網路頻寬供不應求（運動比賽或者高畫質的影片，加上大量使用者的下載需要相當的網路資源）。畢竟，品質還是觀眾觀看與否相當重要的指標。但可預見的是，未來網路將可提供現在有線電視一樣的品質，參考有線電視的案例，我們可以預期此模式將會是個不錯的選擇。

在訂閱收益模式（subscription revenue model）中，像華爾街日報與 Consumer Reports 等內容提供者常收取月費或年費，而允許消費者對線上資料進行大量的存取。舉例來說，音樂網站如 Rhapsody 與 Napster 每月收取 9.95 至 14.95（行動服務）美元。免費的 P2P 對於收費模式與訂閱模式都具有威脅性，但基於消費者的信任（要求收費的網站通常有合法授權，而品質也通常較有保障），這二種模式有長足的進步空間與亮眼的表現，近年來也有著二位數的成長率。

訂閱模式對於高價值、具獨特性的內容尤其有效。除了 Hoovers.com 外，RealNetworks 也是個值得探討的成功案例。RealPlayer 是該公司的產品，但它同時也是經營著擁有 225 萬用戶（每人每月付 9.95 美元）的線上影像業者。更明確地說，RealNetworks 是個內容蒐集者，負責從 CNN、NASCAR、ABC 等來源彙集各種內容供消費者選擇。在加值收益模式（value-added revenue model）中，內容提供者同樣為了進階內容收取費用，而特別的是，它應用了價格差異（price discrimination）模式來最大化收益（請見表 10.5）。

混合模式似乎已為大部分線上內容出版者所採用。例如，線上雜誌 Salon 收益的 40% 來自於訂閱費用（2006 年它擁有 9 萬個訂閱者）、60% 則來自於廣告收益。除此之外，Salon 同時也為論壇服務收費。事實上，大部分以往只提供免費內容的網站如今都轉向這種模式了。

從線上內容中創造利潤：從免費到收費

儘管在電子商務的經營初期有阻力，線上消費者必須為某些內容付費已成為共識，大約增加了 25% 的使用者願意付費。而一個網站選擇同時提供免費與付費的內容則比較有機會達到利潤最佳化。

淨價值（net value）
客戶價值中可觀察到且對於內容可從網上取得一事實有貢獻的部分

要為線上內容收取費用需要 4 個因素：聚焦於特定族群、提供特別的內容、壟斷內容來源、淨價值高且易於觀察（圖 10.6）。**淨價值**（net value）係指客戶價值中可觀察到且對於內容可從網上取得一事實有貢獻的部分。淨價值延伸自消費者即時取得網上內容、搜尋廣大且深入的歷史資料、及轉移線上資料到其他文件的能力。例如，Hoover's Online 是一個精闢的全球商業與執行者資訊來源，每年收取 2995 美元作為訂閱其文件庫之費用。分析 Hoover 的內容可發現，它確實專注在一個特定的市場（商業分析與執行者搜尋公司）；它也有特殊的內容（資料都是由它自己的記者蒐集而來）；它同時也是這類資料的唯一提供者；最後，它因為能夠輕易地存取、搜尋並下載資料以提供決策的輔助，因而具備可觀察到的高淨價值。一般而言，為內容付費的情況依內容與使用者的性質而定。

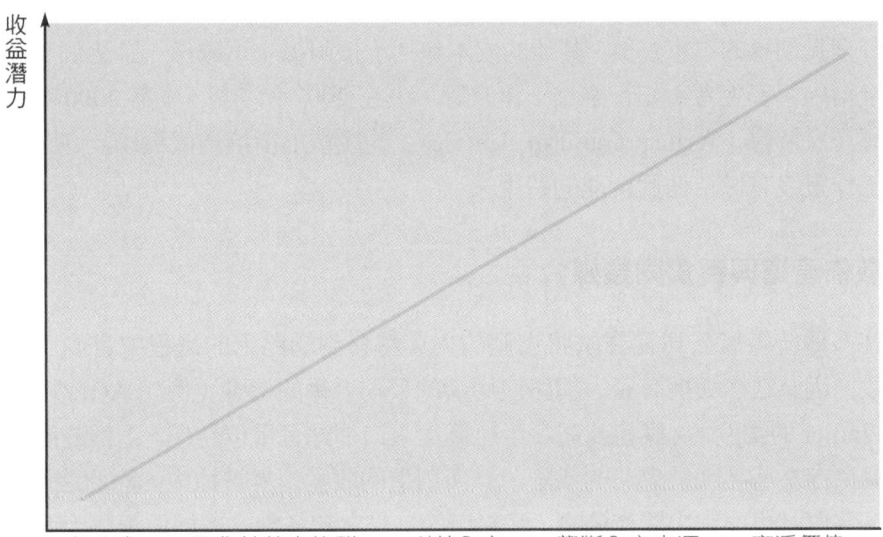

圖 10.6 收益與內容特點

內容生產者與擁有者所面臨的關鍵挑戰

儘管找尋一個可獲利的模式不容易，對於線上內容公司而言還有其它挑戰不容逃避。

科技

過去科技上的相關議題（包括低頻寬、不穩定的電腦作業系統、速度不夠快的行動網路、不好的數位平台）阻礙了線上內容的成長，但現在情況不同，如今科技平台可以有效的提供線上內容。除了頻寬還不足以負擔全螢幕、有著如同電視一般畫質的影片、也無法提供跟 CD 一樣品質的音樂外，已經比以前要進步多了。

成本

網路派送的成本是遠高於想像的。媒體公司於遷移（migrating）、重新包裝（repackaging）、設計（redesign）內容上都得投入龐大的成本。最簡單、最節省成本的方法是單純的將現有的資料轉移到網站上，但執行這個動作仍需要新的技術、機制、人員參與和投入。遷移的成本只能增加非線上單位的銷售合理化。重新包裝則需要相當創意的輸入與管理，而最花心力的部分在於重新設計內容（媒體轉換的第三階段），創意的成本不容忽視，作家、製作人、導演往往花費上千個小時完成他們的作品，這些新的內容可以利用網路科技，但往往製作過程還是包含了許多傳統的技術。比

如說，將傳統以拍攝為主的電影製作轉換成電腦動畫，需要千萬美元以及許多具創意的專家參與。其他的成本包括了依照每次下載付一定比例的佣金給內容產生者（如音樂家、作家等）。在 2007 年 7 月，1 萬 2000 名美國作家協會（Writers Guild of America）的成員上街抗議電視以及好萊塢工作室沒有付給他們合理的費用。

散佈管道與吞食同類媒介

許多傳統媒體公司在嘗試將它們的內容轉移到網路上的過程中嘗到了挫敗。因為缺少與擁有廣大網路使用者的公司合併的機會（例如 AOL/Time Warner 的案例），媒體公司多半企圖與入口網站等單位合作。這樣的同盟關係存在著品牌被忽略的風險，且所創造的收益也得被抽成。除此之外，這些收益也要跟中間商分享，好萊塢的工作室和多數的廣播電視臺大多都想要自己直接將影片、節目傳播給觀眾，唯有藉由 Apple 的 iTunes 商店傳播影片的迪士尼例外，不過這是比較不常見的情形。這些內容製造者反對某些像 YouTube 這樣的社群網站將有版權的影片放在網路平台上，這樣子的衝突將牽扯到訴訟以及協商議題。

　　一個更複雜的挑戰就是「併吞同類媒介」。想想看，當網路上能以半價取得跟店裡販售一樣的商品，那些店家會遭逢什麼樣的命運呢？內容製造商必須對於定價與價值格外謹慎，以免不小心摧毀了其它的銷售管道。

數位權利管理

內容保護的不確定性很明顯是更高品質內容未能在網路上呈現的一大原因。這對於商業性影像內容尤其真實。數位權利管理（Digital Rights Management, DRM）意指透過技術與法律的結合以達到保護數位內容的目的，避免未授權的行為（eMarketer, Inc., 2006）。舉例而言，Apple 企圖用 iTune Music Store 來控制音樂檔案的散佈，措施包括：限制拷貝次數為 5 次、使用與 MP3 裝置不相容的檔案格式（Advance Audio Coding, AAC）、限制只能燒錄 7 張 CD（當然，這些限制也透過合約知會客戶）這些行動顯示 Apple 在音樂下載市場有很高的地位 — 90%的市佔率。最後，它們也訴諸數位千禧年版權法令以嚇阻駭客的攪局。儘管有上述的限制，網路上關於將 AAC 轉為 MP3 的研究仍方興未艾，不過那只是少數狂熱分子的特例而已，大多數 iPod 使用者還是願意遵守法律的。

　　有些有付費機制的公司採用限制使用時間（而非次數）來防止未授權使用。舉例來說，如果用戶在未繳月費的情況下從 Napster 與 RealOne 下載檔案，該檔案會在 30 天後自動銷毀，除非用戶透過正當管道獲得授權。

數位權利管理（Digital Rights Management, DRM）
意指透過技術與法律的結合以達到保護數位內容的目的，避免未授權的行為

DRM 也常牽涉到內容擁有者跟駭客之間在散佈跟使用免費音樂上的拉鋸戰。有許多產業因為這些違法、任意的音樂下載而受益。Apple、Intel、Sony、微軟都可說是其中的受益者，電腦（以及 Sony 的光碟燒錄機）的銷售跟這些殺手級應用（如 P2P）、音樂竊盜密切相關。同樣的，Verizon、SBC Communications、Time Warner 有線也因為越來越多的網路下載用戶而受益。Apple、Google、Yahoo、微軟這些公司在內容的產生上貢獻並不多，主要著重在裝置、軟體跟平台的發展，通常支持 DRM 的會是其他內容創作跟擁有的公司，這些公司不靠販賣軟體或者平台賺錢，他們主要靠生產的內容。一般來說，電信公司基於自己的利益考量也希望消除 DRM。在 10.3 節我們會討論更多內容擁有者採取的行動，有些音樂公司開始免費散播部份音樂，電視台也將部份內容免費釋出，這些都是想要以口碑式行銷的方式推銷給更多顧客，P2P 跟網路都會是他們行銷很好的管道，最終目的還是使專輯或者電視節目的銷售成長（更多內容請參閱「商業觀點」）。

10.2　線上出版業

沒有什麼東西對於文明的貢獻能和文字比擬。文字幫助人們記錄、傳達他們的想法、以及曾有的歷史與文明。即使是影片也需要有字幕輔助。今日，出版業（包括報紙、書籍、雜誌）是個 1200 億美金的產業（U.S. Census Bureau, 2007），而且正快速的轉往網際網路當中。網路提供出版業一個讓報紙、雜誌、書籍邁向新時代的機會，這些出版品可以透過網路，在任何時間、任何地點、任何裝置上來生產、處理、儲存、分配和銷售。同時，那些現存以印刷為主的產業若無法適時轉變並繼續獲利，網路也有機會摧毀他們。

線上報紙

根據美國報紙協會的調查，現在每年有 5300 萬人訂閱報紙，這比 1998 年的 6000 萬人次少得多。平均每天有 9500 萬人閱讀報紙，星期日則有 1 億零 500 萬。即使和 YouTube 比較（一天 1000 萬訪客），這也是很驚人的數字。這些年來報紙的閱讀量一年大約下降 2%，而線上閱讀報紙的人數在 2008 年大約是 7000 萬，一年增加了 9%。這些線上讀者加速了報紙媒體的成長。實體報紙的廣告收入在 2008 年約有 420 億美元，一年衰退 10%。線上報紙在同年的廣告收入則是 32 億美元，每年成長 18%。簡單的說，報業遇到的問題就是：如何加速線上報紙的成長來彌補實體報紙每年的損失？

商業觀點

DRM：誰擁有你的檔案？

市場調查公司（NPD）最近的報告指出，只有 55% 的消費者透過合法管道取得音樂（51% 購買 CD、4% 從合法網站下載）。剩下的 45%，不客氣地說，都在竊取。超過 15% 從非法的 P2P 站下載，29% 自行複製朋友的 CD。這一連串的現象已經使以音樂電影娛樂業為首的整個內容產業大為光火，並積極尋求技術上的抵制，其中一種技術就是數位權利管理（digital rights management, DRM）。

以往，你購買一個錄音帶，你就擁有對其做任何處置的權力，再賣出並不會違反著作權，這就是所謂的「第一次銷售原則」（first sale doctrine）。要複製出數以百計的拷貝錄影帶或 CD 不是那麼容易，因此盜版問題雖然無法可管，但也不至太過猖獗。然而，在數位時代中不受控制的大量拷貝跟散播變容易了！DRM 軟體則因此問世，消費者只能從事版權擁有者同意的行為，這表示，消費者擁有的只是檔案的許可，而非檔案本身，詳細的條款跟細節會在網站或者商品內頁註明。這就是使用者授權合約（End User License Agreement, EULA），當你打開包裝時，你必須同意這個條款。

DRM 軟體被嵌入於媒體檔案（歌曲、電影、電子書）裡來決定這些檔案可被允許的使用方式。DRM 軟體叫人又愛又恨，大部分的消費者討厭它，不過若是商品不錯就可以容忍。DRM 為音樂 CD 下了一些該怎麼使用的限制。

最廣為人知的 DRM 是 Apple 的 Fairplay，你必須以 99 分美元的代價取得音樂，而該檔案只能在 5 台電腦上被播放、燒製 7 張 CD，而雪上加霜的是，這些檔案只能以預設的 Apple iPod AAC 格式下載（因此不能在 MP3 裝置上播放）。使用者無法編輯歌曲，Apple 也保留了隨時改變 DRM 的權利。其實，Apple 也是身不由己。因為若不如此做，內容提供業者便不願意授權。但 DRM 帶來的不方便並沒有趕走消費者使用 iPod，他們仍然佔了隨身聽市場的 70%，iTunes 音樂商店更有著全美合法線上音樂 85% 的市佔率。2007 年 2 月，Apple 的執行長 Steve Jobs 公開發表對 DRM 的看法：「DRM 永遠不會有效，也無法終止音樂竊盜」。如果四大音樂公司允許的話，Jobs 非常渴望擁抱免 DRM 的音樂銷售環境。不過也是 Apple DRM 將 iTunes 音樂商店侷限在 iPod 上使用，沒有其他播放器可以播放從此處下載的 AAC 格式音樂，因為 Apple 拒絕授權給其他廠商。

Windows Media Player 內建的 DRM 軟體驅動了其他音樂網站（如 Yahoo 與 Rhapsody）對外承租存取音樂的權限，如果用戶沒有履行每月繳費的義務，用戶將損失所有收藏。這些音樂都是 MP3 的檔案格式，無法與 iPod 相容。你可以將歌曲轉移到其他的裝置（如電腦）上儲存，雖然那些轉移的歌曲同樣受到每月上網認證的限制。另外，不同公司對他們的音樂有不同的限制，例如允許多少檔案轉移，這些規則多少會讓使用者感到混亂。

另一種抵制盜版的方向是 Sony 於 2005 年的秋天所推出的 BMG CD 加密防拷計畫，他們釋出了 19 張有著加密軟體的專輯。但是這新的產品卻有個嚴重的缺陷：當使用者想將這類 CD 轉進電腦時，通常會導致電腦嚴重出錯而產生極大的風險。最後 Sony 撤回了 400 萬張 CD，這是近年來在版權維護上較令人心酸的例子。

對消費者而言，DRM 代表著不方便、不相容與諸多限制。不過它也確保了使用者能取得合法、完整品質的音樂、影像與書籍。

有別於消費者，音樂、影片、文字作品的版權擁有者是熱愛 DRM 的，他們厭倦了上百萬人偷竊他們的產品、減少他們的收入。想像一下，你將自己的愛車停在路邊，而路過的任何人可以將其開走的畫面。這是何等不合理的情況。想像一下，如果妳是家電影公司的老闆，而在你砸下 2000 萬製作出一齣戲時，卻發現網路上已是人手一片了！事實上，電影院熱映中的前 50 部電影，網路上都已經有上萬個檔案在流通了。對於此時的你，即使是更激烈的抵制方案應該都會同意吧！

事實上，社會上已經有一群有志之士堅信：再不加以限制這些盜版行為，創作產業將會枯竭甚至滅亡。對於這種說法，身為版權擁有者的大老 MPAA 美國電影協會表示不以為然。但不爭的事實是，在音樂界終於有了 iPod 與 Rhapsody 作為後盾的同時，電影業者為了避免步上音樂界的後塵，也致力於自己 DRM 等規章的設計與執行，希望可以減少像 CinemaNow 和 Movelink 這樣子的下載網站對他們造成的威脅。

在這兩個死對頭中存在著中間地帶嗎？2007 年 9 月，Amazon 開始了它的音樂商店，從四人主要的唱片公司賣出了超過 500 萬首沒有 DRM 或其他限制的歌曲，這些歌曲可以用 89 到 99 分美元下載，整張專輯則是 5.99 至 9.99 美元。EMI 是美國第四大的唱片公司，排在 Sony BMG 跟華納音樂集團這間控制超過 50%市場的公司底下。2008 年 2 月，Amazon 的音樂商店超越了 Wal-Mart，成為第二大的付費音樂下載網站，只排在 Apple iTunes 之後。為什麼唱片公司要賣沒有 DRM 的音樂呢？其中一個理由是，他們相信目前的 DRM 限制了線上付費下載的發展。EMI 將 DRM 限制從部份的音樂拿掉之後，收益明顯增加了，其他公司也在 Amazon 跟進，希望在付費音樂下載領域的收益能夠成長。

目前消費者很明顯地已經接受 Apple iPod 與其它 DRM 系統的方案，在各方權益間取得了一個更好的平衡。今天，使用合法管道下載音樂的用戶（透過 iTunes 音樂商店、Rhapsody、Yahoo、Amazon、Napster）首度超越使用非法管道（如 P2P 技術）的用戶。Amazon 的音樂商店從百事公司以及其他廠商處取得支持，企圖改變 Apple 在線上音樂的壟斷地位。2008 年，有 10% Amazon 的顧客來自 Apple。儘管非法網站仍然吸引相當數量的 25 歲以下使用者，而 30 歲以上的用戶中，只有 4% 左右仍然誤入歧途。最高法院也相當抵制這些檔案分享網站，上一個案例是 BearShare 這個提供檔案分享服務的網站，因為被控告違反著作權，在 2006 年賠了 3000 萬美金。不過仍然有許多類似的網站，繼續透過 P2P 下載將檔案提供給 20 歲以下的群眾。

閱報戶規模與成長

世上有超過 1 萬種線上報紙，線上報紙的收益每年成長 18%，2008 年前八個月線上讀報人數大約是 6500 至 7000 萬（Newspaper Association of America, 2008）（圖 10.7 為前十大線上報紙網站）。平均每位讀者的線上停留時間是 20 分鐘，大約跟 Yahoo 這個最多訪客之一的網站的停留時間相同。從這些可觀的數字我們可以得知：報紙的未來存在於網路上。

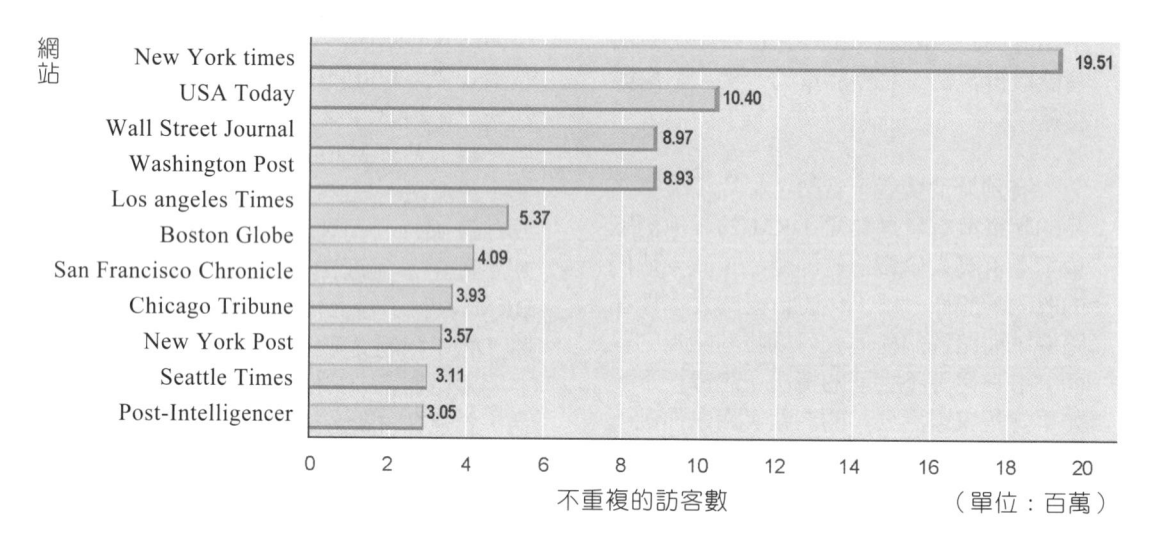

網站	不重複的訪客數（單位：百萬）
New York times	19.51
USA Today	10.40
Wall Street Journal	8.97
Washington Post	8.93
Los angeles Times	5.37
Boston Globe	4.09
San Francisco Chronicle	3.93
Chicago Tribune	3.57
New York Post	3.11
Seattle Times	3.05
Post-Intelligencer	

圖 10.7 前十大線上報紙每月不重複訪客量

　　線上報紙的成功是非常具代表性的。網際網路提供了傳統報業推銷品牌、吸引新（線上）客戶的機會，同時也允許企業透過不同於傳統報紙的管道提供服務（例如：分類的求職列表）。近幾年間，線上報紙（尤其是地域性的新聞）的成長率都高達兩位數，在 2005 年第一季，美國國內主要的線上報紙之利潤都提高了 20－30%。由此觀之，線上報紙是傳播與獲取美國地域性新聞等消息最佳的選擇。

　　儘管線上報紙已經頗為成功地吸引了相當的客群，但要達到損益平衡點卻普遍仍有一段距離。這是有原因的：入口網站加入內容提供的戰場、分類廣告的損失、許多免費服務的提供、以及像 Craigslist 這樣提供免費分類廣告服務的網站。據報導 Craigslist 使舊金山紀元（San Francisco Chronicle）損失了 500 萬的分類廣告收益。

　　網路提供了報紙拓展它們原有品牌的機會，但也在同時給創業家有機會搶奪報紙裡天氣、分類廣告、國內及國際新聞的機會（除了本土新聞）。

　　網路公司的興起對報紙的分類廣告上產生了威脅，Monster、Craigslist、Autobytel、CNET 這些網站積極的發展求職、汽車、不動產的

分類廣告，有些則是專精在某些領域例如電腦、照相機、休閒嗜好等。這些網站在更專門深入的領域裡搶走了線上報紙的讀者，也開拓了一個新的市場，使本土報紙的分類廣告收益顯著下跌，分類廣告原本佔廣告收入的 40%。

線上報紙收益模式與結果

紐約時報是最大的線上報紙，它放棄了訂閱歷史檔案的服務。而 Financial Times 試著提供更多的免費內容，同時保留原有的有價值內容訂閱服務。至於和 Financial Times 競爭的華爾街日報，據說將會採取跟 Financial Times 一樣的策略。

傳統報業透過收取訂閱費用與廣告費用來賺取利潤。廣告商大部分都是報紙發行地區的服務及產品提供商。廣告佔報紙收益的 41%，比 1980 年的 30% 要來的多，而訂閱收益則是全部收益的 50%，即使線上收益快速成長，卻很少超過 10%。他們發現他們很難以線上讀者取代實體報紙讀者，因為他們還無法自線上讀者獲取足夠的利潤，而廣告商對於印刷報紙願意提供的廣告費也比較高。依據單一客戶的收益比，來自傳統印刷產業與線上產品的收益比約為 3 比 1。舉例來說，平均每個實體報紙訂閱者可以貢獻 900 美元的利潤，而線上讀者卻只能貢獻 300 美元。也許是我們需要更多的線上讀者，或者是應該想辦法從每個線上讀者身上賺取更多的收益。

因應利潤成長的膠著情況，報紙開始跟其他強大的科技公司展開合作，例如 Yahoo 跟 Google，針對那些純分類廣告網站展開因應措施，並發展其他網站以及加值收益與市場競爭。為了和 Monster.com 競爭，紐約時報、Tims-Mirror 公司、Tribune、還有華盛頓郵報，設立了一個叫做 CareerBuilder.com 的網站，上面有超過 150 萬個工作列表，每月超過 2000 萬個訪客。Gannett、McClatchy 和 Tribune 公司，結盟創立了 Open Network，提供廣告商一次購足的全國性報紙廣告服務。Yahoo 也和七家報業的財團合作來分享內容、科技、以及廣告，主要的想法是讓報紙將廣告放在 Yahoo 的分類徵才網站，並且使用 HotJobs 科技來執行他們的線上徵才廣告。使用索引跟標籤功能後，Yahoo 可以讓這些報紙的內容很輕易在網路上搜找到，Google 也建立了一套系統來讓大型報紙公司（如 Gannett、Tribune、紐約時報、Hearst 等）來競標廣告。

匯流

我們講的「匯流」包含了科技、內容和產業結構，報紙開始慌忙的朝這個匯流模式在發展，很快的報紙可能會為某些地方社群提供社群網站。

科技 將內容轉上網路是科技匯流的第一步。線上報紙業者所面對最令人卻步的技術挑戰是內容管理的軟體。該軟體幫助使用者有效率地控管動態的新聞資料流，並以客製化的方式呈現整理的結果。在客製化呈現方面，許多線上報紙已經允許讀者按自己的喜好篩選內容與風格，並提供 RSS 功能主動通知有興趣的內容更新、部落格、還有讓使用者發表意見的討論區。

內容 線上報紙開始提供各種形式的數位內容給多媒體平台，四種內容轉變相當明顯：加值文摘內容、精準的搜尋、影片報導、RSS 訂閱。圖 10.8 整理了這些線上報紙的轉變。

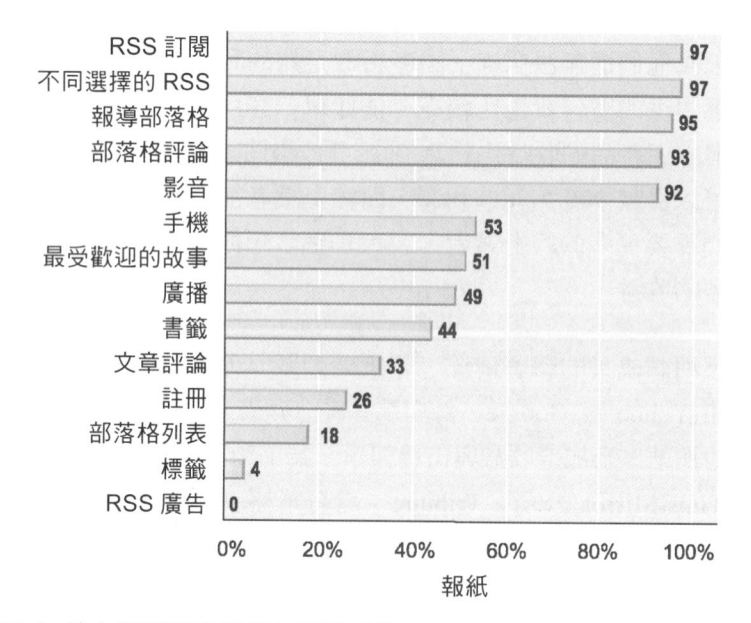

項目	百分比
RSS 訂閱	97
不同選擇的 RSS	97
報導部落格	95
部落格評論	93
影音	92
手機	53
最受歡迎的故事	51
廣播	49
書籤	44
文章評論	33
註冊	26
部落格列表	18
標籤	4
RSS 廣告	0

圖 10.8 線上報紙網站提供的互動功能

線上環境讓傳統報紙的內容得以有可觀的延伸，譬如，報紙可以提供加值文摘來讓使用者搜尋過去的主題，精準的搜尋服務也讓使用者可以更簡單的取得想要的資訊，最大的改變就是時間，線上報紙不用受到時間的限制，也可以隨時針對新聞做即時更新，也因為這樣，線上報紙可以跟電視、廣播在即時新聞上競爭。看看紐約時報跟華盛頓日報的網站，你就會發現有很多即時的新聞，這是相當大的改變。

產業結構 報紙業是個成熟的產業，足以向網路上發展。報業的統一曾經發生過 — 區域性的報社被大集團收購屢見不鮮，現在這些鏈結必須再整合，以創造真正的全國性廣告市場、善加利用地區性的讀者（這是 Google、微軟、Yahoo 所沒有的）。許多有錢的媒體公司買下了報紙、在新科技上大量投資，但卻還沒有回本。報業間的購併相當常見，McClatchy 公司在 2006 年 6 月買下了第二大的報紙公司 Knight Ridder。2007 年 4 月，Sam Zell 這間芝加哥的房地產公司，以 82 億美元買下了 Tribune，不過目前卻只得到很少的回饋，還需要承擔 80 億美元的欠債，大部分是員工的退休金。比較少見的成功案例是新聞集團（一間以報業出發，後來卻擁有了 Fox 電視跟 MySpace 的公司）買下華爾街日報的出版商道瓊公司（Dow Jones）。

挑戰：分裂性的科技

線上報業的出現，有可能會成為科技在實體商品跟配銷上破壞傳統商業模式的典型例子，不過一切都還沒有下定論，報業有許多資產，優質的內容撰寫、數量可觀的地區讀者群以及廣告商，接近一億的觀眾群（超越了 Google、Yahoo 和微軟）。擁有內容就擁有了一切，上千個部落格作者還是依賴報導媒體產生的內容來寫部落格，如果沒有這些專業報導者和新聞集團的原創，部落格會成為一個內容乏味的地方。報紙讀者跟 YouTube 用戶有很多不同的地方，前者教育程度高、比較有錢、較年長，對於廣告商這是個較好的人口統計資料。報紙的線上觀眾會繼續快速的成長，也仰賴更高品質的內容跟服務。這個產業在網頁內容的創造跟傳遞上的科技投注了很多的資金。許多全國性的報紙減緩投資的理由是因為還沒有開始獲利。持續大量的投資將會是報業的一項挑戰，如果這個產業還有未來，一定會是在網路世界發展。

書籍：電子書革命

2000 年 4 月，美國最受歡迎的作家史蒂芬·金出版了一部中篇小說《子彈列車》（Riding the Bullet），而這部小說只有電子書版本！出版商 Simon & Schuster 安排透過 Amazon.com 等平台銷售，在第一天有 40 萬次（讓 Amazon 的伺服器面臨多次危機）下載，而在第一週內共有 50 萬次下載，這個 66 頁的小說價格是 2.5 美元，大約和印刷精裝版的售價差不多，Amazon 在免費推出二週後正式開始銷售（之前是免費），但生意仍然非常好。儘管電子書身世坎坷、起起落落，如今它仍存在且持續茁壯。Stephen King 的 Riding the Bullet 嘗試使電子書聲名大噪，更重要的是，它證明了電子書是個商業上可行的書籍出版模式。對書商而言，關鍵的問題是：儘

管讀者們願意購買實體書,但他們願意購買電子版本嗎?接踵而至的問題是:他們願意為電子書付出多少錢?最後是關於書的觀念,該如何改進以促進電子書的銷售?

網際網路已經造成書籍銷售與配置上極大的變革,對於設計、創造以及生產等方面的影響方興未艾。書籍本身及閱讀經驗已開始型變。電子書、多媒體書都使得傳統被動的閱讀形式轉為互動與豐富。

現在的書跟 17 世紀出現在歐洲的書並沒有太大的差別。傳統的書有著非常簡單、非數位的作業系統:文字從左至右排列、每一頁都有頁碼、有封面和封底、每頁之間以膠裝或線裝裝訂。學術性質的參考書籍,最後會附上按照字母編號排列的索引表供查詢使用。當這些傳統的書變成可攜帶、容易使用又具有彈性,則代表電子書將平行地開展一個屬於它自己的天地。

電子書

電子書曾有一段輝煌的歷史,從問世到死亡,再到重新問世、又再次死亡。現在它回來了,這次擁有 Amazon、Sony、Yahoo、Google、微軟這些公司的強力後援。2009 年,科技公司、讀者和一些出版商依然接受電子書會是下一個殺手級應用。Google 的書籍搜尋專案在大學圖書館裡掃描百萬本書籍,當你按下某一個搜尋到的結果,你會看到這本書的目錄,或者是一些你所搜尋的關鍵字的前後文。如果著作權允許,你甚至可以下載整本書來瀏覽,也會提供網路書店的連結讓你進一步購買或者是顯示可以借到此書的圖書館。Google book 將只能在 Google 搜尋引擎中被搜尋到,然後不會跟微軟或者 Open Content Alliance 的會員相容。

電子書在網際網路之前就存在了。1971 年,伊利諾大學的 Michael Hart 開始了古騰堡計畫(Project Gutenberg),將獨立宣言等 2000 餘本經典文獻以 ASCII 碼輸入進電腦。雖然因為大家不習慣閱讀這種型式的書而不了了之,但這確實開啟了電子書的先河。1990 年,Voyager 這家位於紐約的媒體公司,開始把侏儸紀公園、愛麗絲夢遊仙境這些書籍製作成 CD。不過除了百科全書或者是大型的參考書籍,流行書製作成 CD 永遠不會成功,他們不論是生產或者是散佈都太過昂貴,而且早在 CD 版出現之前大家就都看過了。

網際網路的發展大幅增加了電子書的可能性。網站給予出版商一個低成本的推廣平台,而不同於早期的電子文件,隨著 Adobe 的可攜式文件格

式（Portable Document Format, PDF）問世，書籍精美的排版都得以被原汁原味地呈現。

商業型電子書有許多不同的種類（參見表 10.6），其中最普遍的兩種是**網頁存取式**（Web-accessed）與**網頁可下載式**（Web downloadable）。網頁存取式電子書中，內容被存在業者的伺服器中，由讀者自行進站閱覽。這類型最成功的例子是百科全書網站（大英百科與 Wikipedia），還有一些開放原碼百科全書，如 Wikipedia.com。CourseSmart 是由六家最大的教科書出版公司新推出的電子教科書服務，大學生可以用原書的半價在線上訂閱教科書並下載，也可以列印其中的章節。

網頁可下載式電子書（Web-downloadable e-books）有著比較親切的使用者介面，由網站提供給客戶下載檔案，之後可以印出來成紙本（雖然有些被廠商加了限制）。最大的可下載電子書庫是 NetLibrary（2008 年有 15 萬本書），其次是 Questia（大約有 6 萬 7000 本）。要存取這些電子書庫必須透過實際參與的圖書館或大學等機構。

> **網頁存取式電子書**（Web-accessed e-book）
> 電子書的內容被存在業者的伺服器中，由讀者自行進站閱覽
>
> **網頁可下載式電子書**（Web downloadable e-book）
> 可從網站上下載電子書檔案儲存在使用端電腦，或甚至可以列印成紙本

表 10.6 電子書類型

電子書類型	描述
網站存取式（Web-accessed）	電子書被保存於出版業者的網站上隨時供付費使用者點閱（計量收費）
網站可下載式（Web downloadable）	電子書檔案可被下載到用戶的電腦（但不一定能列印）。消費者為初始下載與閱讀付款；往後的使用可能為計量收費或免費
電子書專屬閱讀器（dedicated e-book readers）	電子書內容只能被載入此類裝置以供閱讀（直接從網路或是透過電腦）
多用途 PDA 閱讀器（general-purpose PDA reader）	電子書內容可被從網路載入此類多功能裝置（如 Palm 或 iPhone）以供閱讀
需求列印式電子書（print-on-demand book）	書的內容存在網站伺服器裡；可按需求印刷、裝訂

電子書專屬閱讀器（dedicated e-book readers）是單一目的的裝置，擁有自己的作業系統來處理電子書的下載與呈現。其中最有名的品牌是 Franklin eBookMan，售價大約介於 129 到 199 美元間，不過後來銷售不如預期，在 2001 年左右就停產了。其他廠商之後也慢慢投入這個市場，2007 年 Sony 推出了行動的電子書閱讀器 Sony Reader，外表時髦、重量九盎司、厚約半吋、螢幕六吋，並且使用電子墨水讓書展示起來有著傳統印刷墨水的效果，Sony Reader 可以儲存 160 本書。世界最大的書籍零售網站 Amazon，推出了 Kindle 閱讀器，重量 10 盎司、螢幕 6 吋，也使用了電子

> **電子書專屬閱讀器**（dedicated e-book readers）
> 是單一目的的裝置，擁有自己的作業系統來處理電子書的下載與呈現

墨水的科技,並且連接到 EVDO 無線網路,讓消費者可以直接從 Amazon 上購買電子書閱讀。Kindle 商店有超過 10 萬本書,Kindle 閱讀器則可儲存超過 200 本書,在 2008 年 Kindle 是賣得最好的電子書閱讀器。

在 2008 年新的發展是將智慧型手機例如 iPhone 和黑莓機(Blackberry)當作電子書閱讀裝置。譬如,紐約時報開發了 iPhone 應用程式,可以將最新的紐約時報展示在 iPhone 上。經過特殊設計,在 iPhone 上展示得很成功,甚至比網站上的更容易閱讀。電子書專屬閱讀器在 2007 年只賣出了 20 萬台,不過在 2008 拓展到 100 萬台,預計在 2012 將會賣出 1800 萬台。

隨選印書(print-on-demand book),或稱為客製化出版(custom publishing),雖然較鮮為人知,但它身為最大型式的電子出版卻當之無愧。這類書通常屬於專業或教育性質、儲存在大型主機上,隨時準備好處理要求。舉例而言,大學出版社常為教授們準備「客製書方案」(custom book program)、允許教授們自行依照課程需要編印講義(可將多本教材截長補短)。一般而言,這類書籍成本並不低,但其彈性仍使它們不可或缺。事實上,「隨選印書」是種美稱,網路上這種自行出版的情況比比皆是,該市場也因而難以被估計與定義。

書籍讀者群規模與成長

在 2009 年,消費者將花費 590 億美元購買 32 億本書,其中 270 億花費在大眾類的書,320 億花在專業與學術書籍(U.S. Census Bureau, 2008)。

藉由提高價格,出版業者在出版量減少的情況下仍然能維持穩定的收益。和報紙不同,書本的讀者群比較穩定,而且大部分落在 40 歲以上。2008 年,每人平均花在大眾類書籍的錢大約是 106 美元,遠超過遊戲的 93 元、電影院的 12 元。由此觀之,書籍的需求市場是非常龐大的,而且專業的學術書籍,印刷量成長是美國經濟成長的兩倍。

不像線上報紙,在線上閱讀書籍並不是個普遍的活動。網路用戶大概只有 3% 會在線上看書(eMarketer, 2008)。2008 年電子書的銷售(包括線上或下載閱讀)締造了 5 億的收入。也就是說,電子書尚有很大的發展空間(自 2004 年以來電子書的年成長率高達 45%,成為文字內容最快的遞送平台)。另外,購買實體書是網路上名列前茅的活動,這廣大的讀者群對書的銷售產生巨大的影響,並且象徵著電子書極具潛力的未來。此時,「人們會願意買電子書嗎?」、「電子書的銷售還有多少成長的空間?」

都是需要不斷省思的關鍵問題。如果消費者願意購買電子書,那其潛在市場將非常的龐大。

圖 10.9 描述線上電子書銷售的預期成長趨勢。電子書沒有單一的目錄,所以難以估計每年新電子書的總量。然而,根據推測(不包括數以千計自行印製的書籍),2009 年將有 2000 至 3000 本。

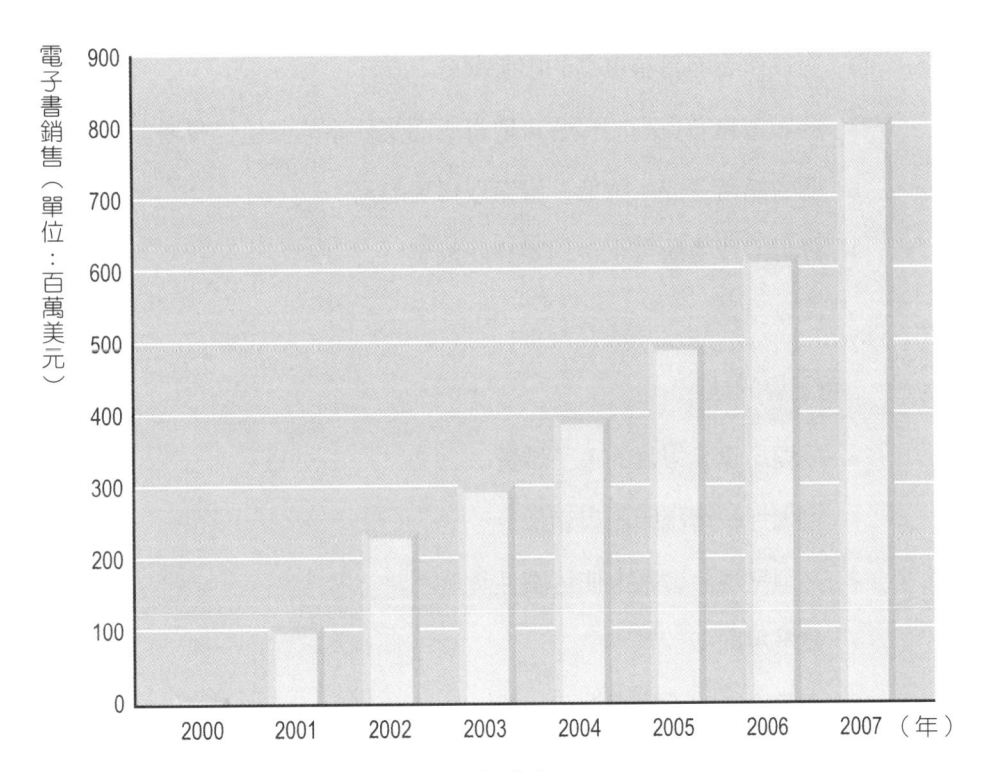

■ 圖 10.9 2003 到 2012 年電子書銷售的成長

電子書毋庸置疑將是出版產業最快速成長的形式,但仍僅佔出版產業的一小部份。

內容:電子書的優缺點

世界最大書局 Barners&Noble 的執行長 Stephen Riggio 在回答電子書的未來這個問題時,表示「這是非常、非常小的市場。書本是完美的科技,如果是在今天被發明,會是場大革命。友善的介面跟可攜帶性,還有相對來說便宜的價格,書本就像實體物品一樣有價值,而且可以保存一輩子」。然而,相較於傳統印刷的書籍,電子書提供了許多優點:

- 透過即時下載降低使用者交易成本
- 整個資料庫有更高的存取性(accessibility)
- 搜尋功能

- 新舊文章的易整合性（透過剪貼等編輯功能）
- 內容模組化的可能性（可以句子或單字為單位）
- 更新容易
- 低生產與發送成本
- 持久性高
- 對於作者而言有更高的出版機會
- 絕版書籍有更高的機會可取得，而文件庫的價值也會增加
- 圖書館營運成本降低，書籍取得更容易
- 降低消費者所需支付的零售商成本
- 減少重量

電子書的缺點：

- 需要昂貴且複雜的電子裝置
- 可攜性較傳統印刷書籍低
- 必須呈現於螢幕上使可讀性降低
- 競爭規則多
- 商業模式的不確定性
- 版權管理與作者們的忠誠議題

就如某評論家所說，讀電子書感覺跟普通書籍差不多，但需要一台昂貴、不易攜帶的機器，這使得一切變得不容易。更糟的是，你必須換電池，且在海灘等陽光強的地方根本就看不到！當然，出版業者與許多科技實驗室正努力嘗試解決這些問題。Amazon 跟 Sony 的專門閱讀器價格下跌、儲存能力持續地提升、顯示效果變好、電池壽命再延長。更好的是，Kindle 跟 iPhone 可將上百本書透過無線網路下載，即使你人在海灘渡假。

電子書產業的收益模式

電子書產業由中間零售商、傳統出版業者、科技研發人員、自費出版商（vanity presses）所構成，這些成員列在表 10.7，他們發展了各種商務模式，結盟合作一同將文字推到電腦螢幕上。

在傳統商業性書籍的商業模式中,出版商提供編輯、行銷、銷售上的專業,並支付作者為其寫書的稿費,最後將成品授予全國經銷商或直接提供給大型的零售書籍連鎖店銷售。在非商業的書籍部分,作者自行尋求出版的贊助者,例如自費出版,得到很少的編輯和行銷支援。而電子書已經為這傳統的模式帶來了改變。

表 10.7 電子書產業公司實例

公司	電子書活動
經銷商	
Amazon.com	客群廣大的線上零售商,開發了 Kindle 電子書閱讀器
Barnesandnoble.com	線上銷售印刷書籍外,也身兼電子書出版商
NetLibrary.com	是第二大線上圖書館,現在為 OCLC 所有(館藏達 5 萬冊)
Questia	最大的會員制線上研究圖書館與電子書網站(館藏達 6 萬冊)
Ebrary	會員制線上研究圖書館與電子書網站,並採用與電腦相容的專用閱讀器
Fictionwise	多平台電子書的經銷商
Adobe eBook Store	線上銷售電子書(同時展示 Acrobat 平台)
科技研發者	
Adobe Systems Inc.	是 Acrobat、PDF 檔案格式的擁有者
InterTrust Technologies	DRM 軟體工具開發者
Microsoft	其 Microsoft Reader 軟體可將電子書呈現於 PDA 與 PC 上;支持 OEB 標準的制定
Palm	最普遍的 PDA 硬體與作業系統,也支援電子書功能
Sony	PDA 硬體的製造商
MobiPocket	法國公司。跨平台閱讀與數位版權管理軟體的創造者。也推出了加密(使用硬體裝置的序號)的電子書
傳統出版商	
Pearson PLC	開發教育性電子書的新模式
Thomson Learning	教育出版業者,計畫在 2010 年前從電子化產品中獲取 50% 利潤
Random House	最大的書籍交易商,如今已經為電子書成立獨立的部門
CouseSmart	六家最大的教科書出版商合作數千本電子教科書,以半價提供給學生們。

公司	電子書活動
自費出版商（vanity e-presses, on-demand publishers）	
Xlibris（Random House）	自行線上出版
Ebooks-online	線上銷售與出版
Iuniverse	自行線上出版
GreatUnpublished	自行線上出版
Authorhouse	自行線上出版

最主要的電子書收益模式是下載收費型，包括傳統出版商跟作者建立了電子版本的書，然後建立線上銷售的平台例如 Barnesandnoble.com 與 Amazon.com 等線上書籍中介商，其餘基本的運作模式與傳統書籍差不多。一般而言，出版商還未發展線上直銷的能力。Barnesandnoble.com 是個特例，身兼出版商與零售商雙重身分。

另一個電子書的收益模式牽涉到授權整個電子文件庫的內容，這個市場包含了一些公共團體性質消費者，例如學校圖書館。授權（licensing）跟訂閱模式（subscription model）很類似；用戶定期繳費以取得存取的權限。NetLibrary 是此種模式一個經典的例子，它是第一個大規模、牽涉到整個大學教育體系的電子圖書系統。很多公共的圖書館已經開始爭取線上的用戶：紐約市的圖書館如今有 3000 筆電子書紀錄；華盛頓的 King County Library 則有超過 8500 項線上館藏。

匯流

出版產業正持續地朝媒體匯流（科技平台、內容、產業結構）方向邁進。在過去，不佳的商務模式和缺乏財務資源是發展遲緩的主因。今天，原因則是科技公司間的貪婪和激烈競爭，各個公司都在發展自有的電子書解決方案以及可實行的商務模式。

科技 大家或許認為，既然都是以文字為基礎的媒體，整合書與網站應該不是件太難的事。但其實有四個技術上的問題：電腦螢幕糟糕的解析度、缺乏可攜帶性及可與傳統書籍匹敵的閱讀裝置、缺少強大的 DRM 系統以保障版權、電子書缺少跨平台的標準。這些問題的解決方案直到 2006 年才陸續被提出。

如前所述，解決攜帶性問題最可行的方案是智慧型手機，例如 iPhone 跟黑莓機（Blackberry），但目前 PDA 的螢幕都還太小以致於使用起來並不舒服。印刷頁面的解析度為每英吋 1200 點；而電腦的則是每英吋 72 到

96 點，低解析度會讓眼睛疲勞。為了解決低解析度的問題，Microsoft's Reader 採用了 ClearType，Adobe 則用了 CoolType（兩者都是**子像素顯示科技**，sub-pixel display technologies），能夠將整個螢幕以子像素為單位切割，並在每個子像素中填上灰色以使畫面視覺上更具一致性，水平軸的解析度因此比以前增加了約 30%，ClearType 跟 CoolType 現在都可以在微軟跟 Adobe 的網站免費下載。其他的解決方案包括了 LCD 螢幕跟 MIT 在 1990 年代晚期開發的「電子紙張顯示」（electronic paper displays, EPDs）。EPD 外表看起來像一般的紙張，但事實上是一種超薄的塑膠薄膜，其中包藏了充電的粒子，能依照電子信號於白色黑色間切換。EPD 讓使用者感覺像在使用紙本，但具備可更新性。它也不太耗費電力，且在陽光下清晰可見，更不易破。Sony 的電子書閱讀器已經採用了此科技。

子像素顯示科技
（sub-pixel display technologies）
有助於增進電子書閱讀器顯示螢幕的解析度的科技

　　如前所述，很多家科技公司（如 Adobe 與 Intertrust）已經開發出「**數位版權管理軟體**」（Digital Rights Management, DRM software），協助防止未授權的檔案散佈。Adobe 的 Acrobat 就缺乏足夠的 DRM 軟體來控制列印、拷貝以及下載，駭客的破解能力使得出版商不願意將產品於網上公布。MobiPocket 已經開發出能夠加密內容並按硬體（PDA）序號核發金鑰的 DRM 系統。這代表該內容只能在被授權裝置上顯示，甚至更進一步限制重播次數等性質達到防治非法的散佈。

數位版權管理軟體
（digital rights management (DRM) software）
協助防治未授權的檔案散佈的軟體

　　表 10.8 描述了現行主要的電子書標準。最常使用的是 Adobe Acrobat PDF 檔案格式，上千萬個電腦用戶都使用此檔案格式的軟體。它保留所有版面設定包括文字、格式、圖形位置，並且可在 Macintosh、UNIX、PC 等平台上使用。開放電子書（Open E-Book, OEB）是個正在成形、由產業（包括出版業、軟體業）主導的標準。OEB 電子書內容的呈現規格以 HTML 與 XML 為基礎，使它更具跨平台的特性。然而，目前 OEB 只支援以文字為主的文件，還無法處理複雜的圖形與文字混合。

　　ONIX（Online Information Exchange）是整個產業資料（關於書籍）傳輸標準。例如，書套上包含了評論回顧、內容簡介、作者自傳、照片等資訊。目前仍沒有制式的方法將這些資料於整個供應鏈中傳輸。關於內容的格式，ONIX 也採用如 XML 的標籤架構，例如：「<PublisherName>Scribner's</PublisherName>」，非常結構化並易讀，可以有效的跟經銷商及零售商溝通。

　　內容　電子書於內容方面的整合並沒有很大的進展。大部分的電子書只包含了文字與圖（多半以 PDF 的檔案格式，用於出版商與印刷業者間）。事實上，電子書目前正處在媒體整合的階段（指內容格式依照硬體顯示種類而決定）。這對於出版業者是有利的，低成本需求使它們可以將資源投

注在線上遞送網路的建構。如本章「社會觀點」內容所述，很多公司都開始嘗試提供互動性更高的閱讀經驗，使電子書朝著多媒體的方向發展，包括課程講座、演講、作者的專訪、線上測驗等等。

表 10.8 電子書標準

電子書標準/軟體	描述
螢幕顯示	
Microsoft Reader ClearType	免費軟體，有助於提升 LCD 的文件顯示品質（使用支援 Microsoft CE 的「子像素繪圖技術」）
Adobe CoolType	免費軟體，有助於提升 LCD 的文件顯示品質（使用支援 PDA 的「子像素繪圖技術」）
E-Ink	LCD 的電子墨水顯示
格式	
Open e-book（OEB 與 OEB.LIT）	Microsoft 贊助的組織，負責定義電子書標準。OEB.LIT 加入 DRM 功能
Adobe Portable Document Format（PDF）	Adobe 的免費電子文件閱讀軟體，可在 PC 和 PDA 螢幕顯示文字、字型、格式，與 PC 相容性最高。新版本包含版權管理的能力
TK3（NightKitchen）	處理 CRT 與 LCD 的多媒體（文字、影音等）顯示
MobiPocket	所有手持設備適用的專用格式
書籍產業的產品描述	
ONIX	國際通用的產業標準，以 XML 為基礎

產業結構 相較於音樂產業，網際網路對於書籍產業造成的影響也許沒那樣大，但書籍產業確實也面臨了其他的挑戰，例如，Google 和微軟所發展為版權書籍做索引並且提供部分內容的計畫，這樣的需求來自很多地方：來自學生、家長、政府機關對低成本教科書的需求；來自大型的書店）像是 Barners&Noble）想減低印刷成本，朝使用者自行產生內容或者是部落格的形式的需求；也來自成長緩慢的實體書銷售。

書籍產業至今仍是由少數幾家龍頭主導的態勢，有越來越往大型的媒體公司如 Bertelsmann 靠攏的傾向，也常看見大型的出版公司像是 Pearson、Thomson、McGraw Hill 併購小公司的案例。無論如何，網際網路也給作者、出版商、經銷商與特別書籍的零售商帶來許多機會。創業型的公司（如 NetLibrary）展現平價的數位圖書館確實有其需求與市場。線上書籍經銷商大至 Amazon.com 與 Barnesandnoble.com，小至特別書籍的經銷商也發現線上銷售傳統書籍有利可圖。而作者們也有機會透過部落格以及自費出版直接與大眾接觸（跳過傳統出版商的介入）。Wikipedia 等

科技觀點

電子書的未來

想到一本書時，你會想到什麼？它該是長得什麼樣子？很可能你想到的是傳統的書，使用紙張印刷，用軟皮或者硬皮當作書皮。不過，現在對於一本書的傳統印象即將被打破，不論是在形式上和格式上。

舉例來說，你已經在本章讀過不同種類的電子書。你可以在 Kindle、Sony Reader、iPhone 或者 iPod 上閱讀書籍，不過這仍然只是傳統書籍另一種形式的展現。未來，2012 年，很可能會進展為更豐富的學習環境，有大量的音訊、影片、社群參與，電子書將不只有文字。你可以在華爾街日報的網站上看到電子書的未來，那裡有最成功的商業出版品跟影片、報導部落格、讀者評論、即時報導、專訪、廣播等整合。如果報紙可以做到這樣，電子書為什麼不行？

但書本身的形式呢？誰說書就只能有單一或少數的作者？又有誰規定看書只能有一個人？口耳相傳的英雄事蹟便有許多作者。透過網路，由讀者形成的社群可以貢獻他們閱讀的經驗，也可以貢獻文章撰寫，這可以稱為「社群出版」（social publishing）或「社群撰寫」（social writing）。舉例來說，Wikipedia 就是一個持續被更新的線上電子書百科，由數千位貢獻者撰寫內容。Wikibooks 是 Wikipedia 比較少人知道的兄弟，將 wiki 的概念延伸到教科書的創作上。紐約時報的記者 David Carr 和 Simon、Schuster 合作創立了 TheNightoftheGun.com，這個網站是 Carr 回憶錄 "The Night of the Gun" 的一部分，Carr 利用資料庫儲存了很多內容，包括上百個小時的訪問、文件、報導、信件、照片、以及紀念品。這個網站提供了非常豐富多樣的多媒體經驗，彷彿故事就在眼前發生一般。

Unigo.com 提供了另外一種電子書未來的面貌。如果你像大多數大學生一樣，當你開始申請學校時，你第一個找尋資訊的地方可能是傳統的大學指引書籍，像是「普林斯頓導覽」、「行家的大學導覽」等書，不過受到頁數和可提供資訊類型的限制，很難提供全國上千家大學的所有資訊。Jordan Goldman 是一個剛從衛斯理安大學畢業的 26 歲畢業生，他對於這個問題的解決之道很可能會威脅到許多出版大學資訊的出版社。

Goldman 的願景在 Soros 私人基金管理公司的前總裁 Frank Sica 支持下，在 2008 年 9 月得以實現，就是 Uligo.com，這個網站免費、透過廣告商贊助，提供了由學生自己產生的北美大學的指南。每所大學有編者撰寫的概覽，但主要的內容都是由學生提供的，包括照片、影片、論文問卷的回應。剛創立時就有超過 3 萬篇內容提交。在 Davidson 大學，有 230 位學生（是全校學生的 1/8）上傳了照片、評論和影片。除了從指南書上得知這所學校座落於湖旁外，還可以在網站上看到學生在漂亮的校園內漫步的影片。

所有加入 Unigo 的學生都會有自己的個人檔案，使用者可以搜尋和他們相似的作者所貢獻的題材。譬如，使用者可以搜尋主修英文的人所提供的哈佛大學評論，

然後聯絡作者繼續發問。使用者可以以校園大小、地區、學費搜尋大學。加入社群網路的概念，網站裡的「我的 Unigo 專區」可以讓使用者根據他們的喜好，組織和貢獻網站的內容。

就像 Goldman 提到的：「以前大家對一個四年、花費 20 萬美元的決定，最重要的參考書籍都是這些沒有照片、影片、沒有互動性，幾年才會更新一次的書籍，一點都沒有幫助」。他和 Oligo 的擁護者認為他們所開發的網站，扭轉了傳統出版商對大學資訊的控制，也將改變學生對大學就讀的決策。

如同我們在本章所談的，網路改變了消費者的娛樂，甚至教育。大眾對於參與其中和自我控制有著更高的期待，因此會轉向可以提供這些體驗的網站和內容提供者，這為有創意的出版者提供了新的機會。

共享資源的運動則提供了難以想像的豐富、深入的資料。即便出版商自己（例如 Random House）也受惠於全新、能直接將篩選過的作品分配給大眾的管道（並沒有排除使用 Amazon.com 等線上經銷商）。科技業者如 Adobe 開發了限制電子書散佈的產品；Palm 則購買了（Peanutpress.com）電子書的資產並做起電子書銷售的生意。從這個角度來看，整個產業較過去顯得格外多樣化，且因電子書的成功而受惠。

在「運作中的電子商務」中，我們可以看到 CNET Networks 這樣的公司，如何從電視製作，轉變為以網站為主的出版公司，還有其在過程中會遇到的一些議題。

運作中的電子商務

CNET Networks 公司

CNET Networks 是一間在 1992 年成立的電視製作公司。它的第一個秀 CNET Central — 這是個探討全球資訊科技、網路的每週半小時、雜誌型態的節目，在 1995 年開始在 USA Networks 頻道播放，CNET 於是重新定位自己並且將核心競爭力往網路發展，同一年創立了 CNET.com 這個最大的資訊科技產品來源網站。對瀏覽者來說內容是免費的，網站靠廣告賺取收益。CNET.com 網站很快包含了產品的評論、價錢、廠商以及科技新聞。在 2001 年以前，經過多次併購，CNET Network 轉變為一個網路界的巨人，成為前十大的網站。在 2008 年，CNET Networks 是全球第九大的網站，每月有超過 2 億名來自全球的不重複訪客。

願景

CNET 的使命就是成為一間互動媒體公司，為顧客帶來他們感興趣的事物，例如賭博、音樂、娛樂、科技、商業、食物、及對子女的教養問題。自從 1992 年成立以來，CNET 在美國、亞洲、歐洲有很高的知名度，最早是從較狹隘的利基開始，提供資訊科技相關專業的線上資訊以及論壇，現在擴展到更大眾的市場，不過仍然專注在內容以及利基品牌。

CNET 是一間獨特的網路內容公司，它結合了新聞、雜誌深度報導、購物評論以及比價、影片、社群服務等元素。本質上，CNET 是間運用品牌提昇跟延伸網路機會的網路內容公司。這是第一間成功靠網路內容來賺取廣告收益的網路內容公司。

大致來講，CNET Network 上所有的內容都是由廣告商贊助，對使用者來說免費的。CNET 著重在利基市場中有深度又豐富的內容。就像我們在本章中看到的一樣，成功的廣告跟網路內容銷售奠定於有深度、豐富、有利基的內容，並且鎖定某一個市場區塊。CNET 成功的吸引到富有、受良好教育、年輕、瞭解科技的使用者，這對科技市場的廣告商非常理想，iPhone、黑莓機、個人電腦、Macs、手機等等都是很好的廣告商，不是嗎？

CNET 曾經擁有出版事業 — Computer Shopper 這本提供購物比較資訊的雜誌，不過在 2006 年 2 月 CNET 賣掉了這本雜誌。CNET 在 2006 年也賣出了叫做 Webshots 的照片網站，以下是其剩下發展穩定的其他

網路品牌現狀：

- CNET 專注在科技及消費電子產品。
- Gamespot 提供遊戲玩家遊戲資訊。
- TV.com 提供了電視節目簡介、新聞等詳細介紹。
- MP3.com 提供了獨立音樂製作者尋找觀眾的很好管道。
- 在 2006 成立的 FilmSpot 是一個結合線上電影評論、摘要、預告片、新聞和照片的網站。
- TechRepublic 提供了資訊科技專業的資訊、文章、評論。
- ZDNet 著重在商業科技，並且鎖定科技及系統管理者。
- 在 2007 年創立的 BNET，提供商業經理人實用的工具以及報導。
- 在 2007 年創立的 CNETTV，提供一系列的影片、部落格，著重在消費性電子產品。
- Urbanbaby 鎖定新手媽媽，提供幼兒照護還有職涯規劃等資訊。
- Chow.com 是個鎖定年輕的專業族群的飲食網站。

財務分析

從 2000 年起，CNET 偶爾會有鉅額的損失。2002 年，它的損失是 3 億 6100 萬美金，而收益是 1 億 8300 萬美金，但在 2004 年，它的純益為 180 萬美金。之後，2005 年賺了 1900 萬美金，2006 年滑落至 700 萬，然後在 2007 年因為異常的稅務利益，收入又重新躍升至 1 億 7600 萬（見表 10.9）。2007 年之前，每年收入平穩的成長 10%，但成本也是如此。銷售及行銷費用增加了 14%，一般管銷費用也提高了 10%。當進行購併案以及重整公司時，收益可能會因部門賣掉而新的投資還沒有回收而下降。

從資產負債表中可以發現在，2007 年底 CNET 有 2 億 4000 萬美金的流動資產，流動負債則是 8000 萬，這樣 3:1 的比例是相當健全的，可以考慮購買更多的網路資產，或者是被其他的合適者併購。

2008 年 5 月，CBS 以 180 億美金買下了 CNET，每股 11 元，大約比市價高出了 45%。CBS 的網路觀眾相當有限，大部分都集中在它的運動網站 CBSSports.com。CBS 的執行長 Leslie Moonves 表示「買下像 CNET 這樣子獲利、成長快速、管理良好的公司會有不少機會，CBS 跟 CNET Network 結合將可以在快速成長的廣告區域有更高的曝光機會，也可以加速內容、促銷、廣告等方面的成長」。Moonves 希望能夠將

CNET 的收益和獲利成長增加 2%，華爾街則是調降對 CBS 股票價格的評估。

表 10.9 CNET Networks 公司 2005 到 2007 年的營運綜合損益表及資產負債表摘要

營運綜合損益表（單位：千元）

會計年度截止日期：12 月 31 日

	2007	2006	2005
收益	405,895	$369,259	$319,765
收益成本	170,595	159,881	144,062
毛利	235,300	209,378	175,703
毛利率	58%	57%	55%
營業成本			
銷售及行銷費用	107,636	94,445	76,783
一般管銷費用	67,112	61,771	50,113
股票選擇權調查	8,438	13,745	—
折舊	27,050	21,491	16,706
無形資產攤提	9,177	7,622	6,001
資產損傷	—	2,793	1,613
總營運成本	390,008	361,748	295,278
營業收入	15,887	7,511	24,487
營業毛利	4%	2%	8%
其他收入			
私下投資的已實現收入	2,190	558	1,913
私下投資的損傷	—	—	(2,083)
利息收入	3,680	4,871	1,989
利息費用	(5,702)	(5,023)	(3,086)
其他	1,470	(596)	19
總非營運收入	1,638	(190)	(1,248)
稅前盈餘	17,525	7,321	23,239
所得稅費用	(178,718)	1,334	(183)
持續營運收入	196,243	5,987	23,422
營運中斷損失	(19,768)	(849)	(3,839)
淨收入	176,475	6,836	19,583
淨利率	43%	2%	6%

資產負債表摘要（單位：千元）

12 月 31 日

	2007	2006	2005
資產			
現金及現金等值	88,626	$31,327	$55,895
有價債務證券投資	18,296	30,372	41,591
應收帳款	97,122	89,265	85,312
延期稅務資產	23,745	141	—
其他流動資產	12,758	10,371	14,337
所有流動資產	240,547	161,476	197,135
有市債務證卷投資	510	13,915	12,432
限制用途現金	1,417	2,200	2,248
房地產及設備	72,547	72,625	72,000
其他資產	16,677	15,116	15,000
長期延期稅務資產	193,549	438	—
無形資產	28,998	34,978	—
商譽	84,039	133,059	129,658
所有資產	638,284	433,807	455,566
負債			
流動負債	79,729	164,240	63,122
長期與其他負債	55,108	4,498	139,908
股東權益	498,983	264,343	252,536

策略分析 — 商業策略

CNET 跟 CBS 的管理階層計畫了多項策略來改進公司在 2009 年的績效。過去五年，CNET 非常靈巧的建立了大量的線上國際觀眾群，並為他們發展了購物服務、建立了廣告平台、創造了深入又豐富的內容。最重要的是，CNET 試著將原本的科技市場多元化，拓展到更廣泛的大眾市場例如遊戲、電視、音樂、戲劇、商業管理以及飲食（Chow.com）。

　　CNET 也快速拓展在國外市場的營運。目前，它在九個國家都有網路事業，並使用多國語言的資料庫儲存上千樣產品資訊。CNET 特別重視中國大陸的成長，在當地經營 20 個不同的網路事業。CNET 開始經營 B2B 商務網站 ChannelOnline，將增值分銷商（value added resellers, VARs）跟需要提供者的潛在商業客戶做連結。CNET 也將觸角拓展到廣播節目，創立了 CNET Radio 這個專門介紹科技類主題的電台，還有 CNET TV。CNET 企圖建造所有跟 Web 2.0 有關的體驗，包括了使用者自行產生內容。

策略分析 — 競爭者

CNET 跟許多鎖定資訊科技市場或者其他大眾化內容的提供者都有競爭關係，像是華爾街日報、電腦世界、遊戲雜誌…等等。CNET 最主要的競爭者是 United Business Media、International Data Group、Internet.com 以及 Ziff-Davis Media 等等公司。每個競爭者都有大型的雜誌跟商務通訊出版品（例如：Computerworld 和 Information Week），也有非常多的關心科技的網路觀眾。因為內容相當容易在網路上被搜尋引擎搜尋到，CNET 在資訊科技內容、產品資訊、價格資訊上並沒有壟斷的地位，CNET 的地位也因為沒有成功的實體雜誌或者是商務通訊出版而減弱。

策略分析 — 科技

因為 CNET 經營了很多不同的網站，有些是同時被併購的，在網站更新以及重新設計上需要很大的成本，而在各個網站之間又缺乏良好的合作。2001 年，CNET 啟用了一個發展全球標準的傳送平台，在 2005 年推出了一套全球內容平台，可以將同樣的內容提供給各個不同網路事業。2008 年，這個平台已經達到一定的經濟規模，可以支援九大 CNET 主要的網站，這減少了很多網站維護的費用，讓公司可以在同一時間在不同網站介紹新科技，且增加在不同網站間廣告資料的協調合作。

策略分析 — 社會與法律的挑戰

CNET 沒有遇到嚴重的社會及法律層面的挑戰。國家對營業稅政策的改變對所有電子商務網站都會有影響，包括 CNET。在 Ziff-Davis 公司的併購案之後，CNET 繼承了許多在股價下滑後的股東跟員工訴訟案，控告 Ziff-Davis 公司違反信託責任以及未正確揭露財務狀況。如果這些訴訟案成功了，將對 CNET 的財務狀況產生些許小影響。2004 年，CNET 被社會運動組織控告，對方主張 CNET、Google、MSN 跟其他搜尋網站違反了加州對於賭博類網站搜尋回傳時需註明的法律條款。

未來展望

問題是，CNET 跟 CBS 的合併對彼此來說有什麼好處？CBS 從前缺乏的網路廣告真的因為有網路平台而提高了嗎？還是只是因為有 CNET 的內容增加了瀏覽次數，而到底要賣什麼給廣告商？CBS 從 2006 年起，其廣播電視產業就因為網路廣告的發展而成長平平。CNET 提供 CBS 一個拓展網路平台的機會。不過若跟 Yahoo、Amazon、YouTube、MySpace 其他網路公司比起來，CNET 本身並沒有在收入或者利潤上獲得明顯的成長。不過還是有些潛在的綜效在兩者之間，CBS 新聞的明星 Katie Couric 開始在 CNET 的網頁上出現，CNET 的報導者在 CBS 新聞節目上貢獻內容，CBS 使用新聞跟評論節目來驅使使用者訪問 CNET 的網站。雖然目前綜效還沒有在這個商業世代得到好的名聲，但還是有可能出乎大家意料之外的。

　　如何讓生活、科技、遊戲、影音、音樂等不同主題的網站彼此相關連？答案並不明確。但 CNET 管理階層拓展原本狹隘主題的動作值得讚賞場。專注於某一塊市場通常不會變成大贏家，而且成長的幅度也有限。因為這些主題都很不同，所以彼此的綜效也不多，除了架構相同外，也沒有理由將他們合併在一起。除了多樣性外，CNET 主要的收益來自它科技相關的網站。往好處想，2 億的觀眾群是非常珍貴的資產，將其轉換為金錢的方式就是發展強大的廣告平台。

10.3 線上娛樂產業

娛樂產業一般認為是由四種傳統商業角色與一個新生兒所組成：電視、廣播、好萊塢電影、音樂與遊戲（新生兒）。圖 10.10 說明了 2008 年這些商業娛樂市場的相對比例；顯然最大的娛樂生產者是電視（無線電視、衛星電視與有線電視），接下來是電影、廣播、遊戲與音樂。當個人電腦與遊戲機成長到比電影票房收入還要大時，電影收入必須加入 DVD 販售與出租、授權許可與配套產品等方式才能勝過遊戲產業。

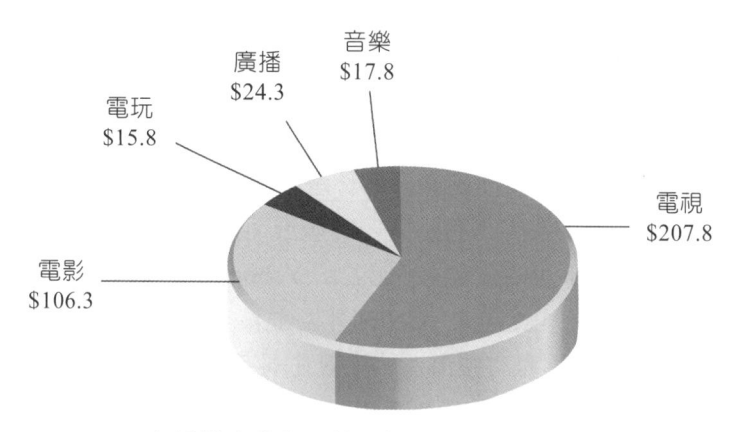

音樂 $17.8
廣播 $24.3
電玩 $15.8
電影 $106.3
電視 $207.8

■ 圖 10.10 2008 年娛樂產業主要的五個成員（單位：10 億美金）

娛樂市場正面臨因網路所帶來的改變，且受到的衝擊比其他內容產業更大。幾個不同的外力正在影響著它。例如，對 iPod 音樂平台的快速接受已經影響了消費者的愛好，並增加了透過網路設備傳輸影像、電視與遊戲娛樂的模式（搭配訂閱或按次付費模式的機制）。其他的社群網路平台也刺激了將娛樂內容傳遞到桌上型電腦、筆記型電腦、手持裝置和電話上。iPod 與其他合法的音樂訂閱服務（如 Rhapsody）也已經證明了一個可行的模式，可讓數百萬的消費者願意為高品質、可攜帶且方便的內容支付合理的價錢。高頻的成長顯然讓透過有線或無線網路傳遞各種形式的娛樂可能性提高，將來可能會取代有線或無線電視網路。幾項數位版權管理計畫的發展（包含蘋果電腦、RealNetworks 與 Napster），已經證明了有版權的內容可以合理安全的形式在網路上傳播，這些因素在 2008 年為娛樂產業帶來改變。

理想的線上內容電子商務世界會允許消費者在任何他們想要的時候，使用任何方便的網路設備去觀看任何電影、收聽任何音樂、觀賞任何電視節目並可以玩任何遊戲。消費者可以用月費形式，從單一的網路服務

提供者獲得並使用這些服務。達到整合媒體世界的理想化版本還有許多年的距離，但很清楚的，這是網路娛樂產業在 2008 年的一個方向。

當我們想到現實世界的娛樂生產者，我們傾向於往 ABC、NBC 或 CBS 等電視網路思考；好萊塢電影工作室像是 MGM、迪士尼、派拉蒙與二十世紀福斯；以及唱片公司像是 Sony BMG、Atlantic Records、哥倫比亞唱片與華納唱片。有趣的是，這些國際知名品牌並沒有任何一個在網路上擁有重要的娛樂事業，雖然像電視、好萊塢電影等傳統形式的娛樂才正在網路上出現，電視及電影產業都沒有建立起整個產業範圍的傳輸系統，取而代之的是，它們與 Yahoo、Google、AOL、MSN 等入口網站及蘋果電腦（媒體傳播的新角色）聯盟。

當產業龍頭動搖，線上消費者會重新定義與大幅拓展娛樂的概念。我們把「非傳統」娛樂指向任何以使用者產生內容的形式，其娛樂價值包括把影片上傳到 YouTube、個人照片上傳至 Photobucket 以及部落格分享，使用者產生的內容反映了一些消費者偏好：人們想要參與內容的創造與散佈。

線上娛樂使用者的規模和成長

測量網路內容的使用者的規模與成長是很不精準的，而測量電視的觀眾就較為單純，因為在網路上並沒有使用者測量的服務。使用者規模的估計通常是用測量的而不是透過真正使用者的行為。

線上傳統娛樂

在瞭解測量網路使用者的困難後，接著將先體驗一下「傳統」娛樂內容的使用，像是電影、音樂、運動與遊戲；接著將會看一下非傳統的線上娛樂。圖 10.11 顯示音樂、線上廣播、線上遊戲、網路電視以及線上影片的現況與預計的成長。音樂下載名列前矛，接著是線上遊戲、電視、廣播與電影。

2012 年之前會有一些令人驚訝的改變，線上遊戲跟網路廣播將會快速超越線上音樂下載。如果好萊塢工作室決定倚賴到府運送系統，線上影片還落在後頭的情況將會改變。線上音樂下載以及網路電台是 2008 至 2012 年最大的收益產生媒體。網路廣播本身的收益並不高，但在 2008，美國有 2900 萬人每個禮拜都會收聽網路電台，很多都是在工作時收聽，這讓網路電台成為一個十分理想的廣告管道。

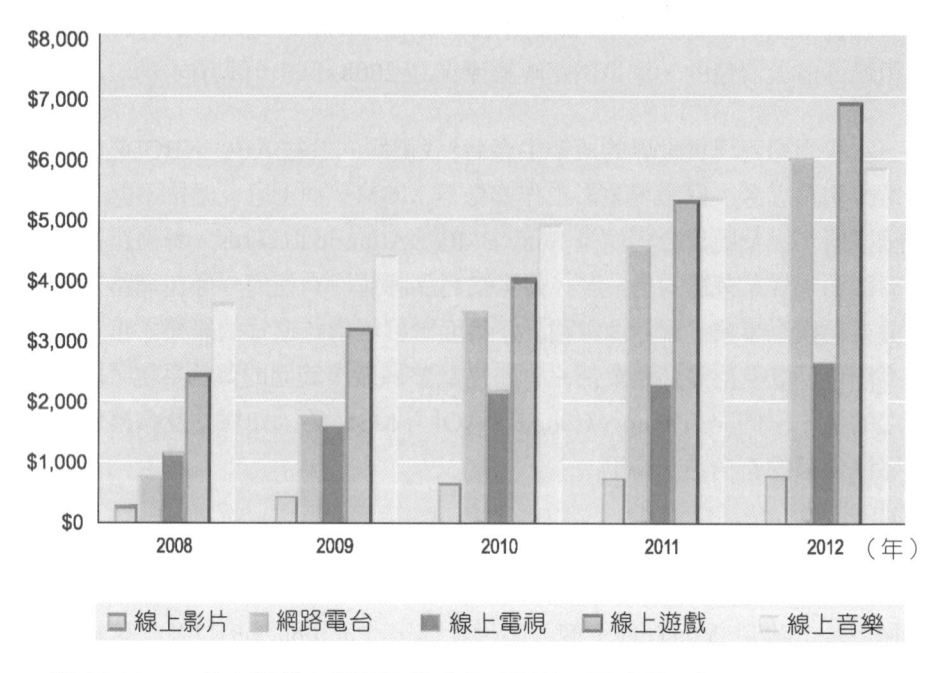

[圖表：線上娛樂產業預估的成長，顯示 2008-2012 年線上影片、網路電台、線上電視、線上遊戲、線上音樂的收益]

圖 10.11 線上娛樂產業預估的成長（單位：百萬美元）

在大眾娛樂產業中，音樂下載扮演了很重要的角色，在 2008 年帶來了可觀的收益（且前景看好）。但線上遊戲跟網路電台的收益將會在 2012 年取代音樂下載。

使用者產生內容

鑑於傳統娛樂是由專業的娛樂家與生產家所生產，使用者產生內容涉及到所有其他人們為了有趣而自願從事的活動，這些活動包括拍攝影片、拍照、錄製音樂和分享、撰寫部落格。我們在前面的章節已經談過了使用者產生內容的現象，本章想要探討的問題是：這些內容如何與整個線上娛樂產業配合，它的定位在哪呢？

答案是，使用者產生內容是傳統娛樂產業的替代品，也是互補物。當使用者花較多時間產生內容時，他們就會花較少時間消化吸收內容。社群網路跟 YouTube 這些共有將近 9000 萬觀眾的平台的廣告收益成長時，商業媒體上的成長反而並不是那麼多。另一方面，電影票房跟 DVD 影片的銷售還沒有因為其他影片形式的出現而下滑，觀眾是觀賞更多各種形式的影片。

圖 10.12 從兩個面向來描繪出不同型態的網路娛樂之特性：使用者焦點與使用者控制。提供使用者產生內容的網站是獨特的，因為它們提供對大量數位檔案的存取、遠端精細搜索，並讓使用者可以創造他們自己的檔案，但也因為它們允許使用者對節目內容和節目焦點有高度的控制權；舉例來講，社交網站像是 MySpace 提供使用者產生的內容，別人把這些內容當作是一種「娛樂」。有個假說，是提供高度的使用者焦點與使用者控制

的網站會有最快的成長速率，MySpace 就是這個假說的例證，MySpace 以一個獨立音樂導向的社交網站起家，尚未被唱片公司簽下的新樂團可以在那裡找到他們的新聽眾，而人們也可以透過建立自己的個人網頁並展示個人意見、文字、圖像與音樂來組成一個朋友網絡。透過給予使用者控制的權力並把網站的焦點放在使用者身上，這個網站在 2008 年平均每月吸引超過 3500 萬名的瀏覽者。

使用者控制

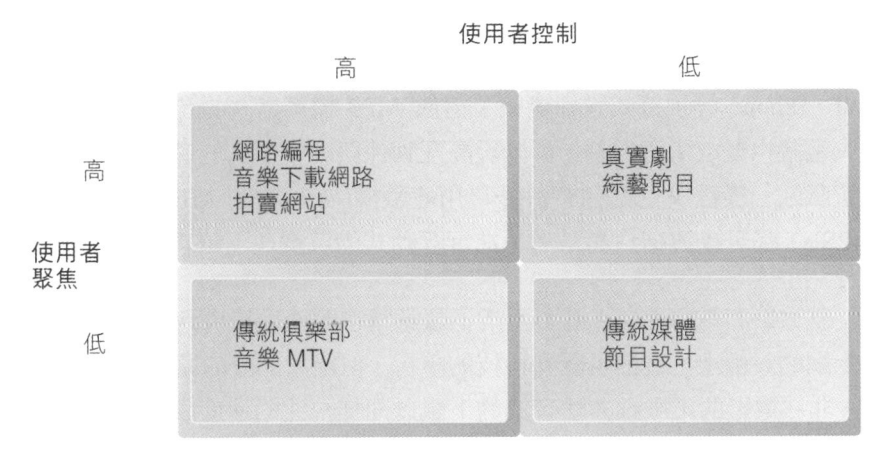

	高	低
使用者聚焦 高	網路編程 音樂下載網路 拍賣網站	真實劇 綜藝節目
低	傳統俱樂部 音樂 MTV	傳統媒體 節目設計

■ 圖 10.12　娛樂產業中使用者角色

受歡迎的網站一般都給予使用者相當程度的管理與使用者聚焦。傳統媒體的節目設計多半以名人為主軸，如今增加參予度、並更聚焦在消費者身上（雖不及網際網路的互動性與使用者能貢獻內容的程度）已是莫之能禦的趨勢。

內容

網路已經大幅改變了傳統娛樂內容的包裝、傳輸、行銷與販售，尤其對音樂衝擊最大。音樂可以當作電影與電視部份相似改變的前兆，在音樂這個案例，從傳統平均每張 15 首歌的 CD 唱片，到下載單曲，換句話說，網際網路的影響已經剝離了傳統音樂的包裝，允許消費者只買他們要的；傳輸方面則已經從消費者到零售商店購買實體產品，變成從網路傳輸，並且可以在 iPod、個人電腦、PDA 等多種數位設備重覆播放。最後，行銷與販售也改變了，新的群體有他們自己的網站，可以在 MySpace 或其他網站找到他們利基的觀眾，以在某種程度上建立大眾化音樂品牌的過程。建立群體可以越過傳統的行銷與販售組織，透過建立起他們自己的線上配銷網路。很多已建立的族群並沒有完整的依循這個流程，但大多數這樣的族群使用網路來行銷他們自己。

線上娛樂產業獲利模型

如同我們在之前表 10.4 呈現的一樣，線上娛樂網站已經採取過許多不同的獲利模型：行銷、廣告、單次使用付費、訂閱、加值內容付費以及混合型。

電視、好萊塢工作室開始在 iTunes 還有他們自己的公司網站上以單次使用付費的方式銷售影集。

匯流

當在科技平台、內容與產業結構有清楚的合併動作時，合併動作會因為科技與市場制度的因素而變得趨緩。

科技 音樂娛樂的科技平台已經整合，像是個人電腦與蘋果電腦的 iPod、iPhone 等手持式設備變成了播放 MP3 檔案格式的音樂收聽電台。個人電腦也變成了遊戲站，可以玩高互動性與影音豐富的遊戲，並像專用的遊戲站一樣輕快，相反的，許多專用遊戲機（如微軟的 XBox 360 與 Sony 的 PSP）都可以連結到網路上，進行互動式的遊戲並下載新的遊戲軟體。

就電影和電視而言，電影產業不願意將它的產品提供到一個可以大範圍上網的設備上，這會阻礙到科技的整合，但絕大部分的原因是剽竊與盜版。非法電影的下載跟非法音樂的下載以同樣快速的速度成長，但因為電影的檔案很大，且電影產業努力要關掉非法電影分享網站，因而使得非法電影下載的量並不如非法音樂那樣多。這個產業估計因為網路剽竊每年損失了 30 億美元的銷售額，而有 40 億美元的損失則是來自盜版 DVD（2008 年整個產業的總收入為 1010 億美元）。

當好萊塢與紐約電視網認真的關注日益猖獗的盜版活動與網路安全的問題，它們在 2007 跟 2008 年透過合法的網路散佈進行一些小措施，讓人可以從它們控制的電影網站下載電影，或是從同盟公司或像是 Apple 電腦的 iPod 等其他平台擁有者下載檔案。現在有很多獨立的或是產業贊助的企業：MovieFlix.com、Movies.com、Movielink 與 iFilm。MovieFlix.com 提供過時甚至是無版權電影的下載，其中有些甚至是免費的，它與 Yahoo 及其他線上入口網站的電影結盟；Movies.com 便是由迪士尼贊助，打算用來播送迪士尼的電影。Miramax 與 20 世紀福克斯計劃使用高速網路或數位有線電視系統，但這些計畫尚未成形。目前的 Movies.com 只提供電影預告片、電影院訂位資訊與一般資訊服務。iFilm 是一個提供一般資訊的電影入口網站，它打算提供合法電影的下載，但卻被 Viacom 買下，現在是 MTV 網的一部分，只提供廣告的短片剪輯。只有 Movielink（Metro-Goldwyn-Mayer、Paramount Pictures、Sony Pictures、Universal 與 Warner Bros 的聯合企業）與 CinemaNow 是產業支持的網站，提供當代電影長片的網路下載。使用 DRM（數位版權管理）封裝，使用者可以下載約 500MB 的電影，平均每部約 1.99 到 4.99 美元，消費者有 30 天的期限可以收看電影，一旦電影被啟動，消費者只可以在消費者的電腦中觀看 24 小

時，等到時間過了，這部電影就無法再播放。你也能以 99 分美元的低價來租電影，CinemaNow 擁有透過公開網路或私人寬頻網路點播且最齊全的內容供應的網路散佈權。CinemaNow 的內容庫裡包含約 7500 筆從超過 205 個電影製作工作室授權的正片電影、短片、音樂會、與電視節目。當這些產業結盟發展出了顯著的產品傳送能力，若上百萬美國人決定在禮拜六晚上透過網路下載電影時會是個問題，超過 50%的網路頻寬都在此時消耗，造成部份地區停電跟伺服器中斷。到 2008 年以前，電影跟電視製作公司開始授權某些內容給 Amazon，希望能夠抵擋 Apple 在電影跟電視串流下載的壟斷情形，Amazon 目前在網站上有幾千部電影跟電視影集銷售。

至於標準議題，大部分都已經被電影網站解決，使用者可以自行決定要使用怎樣的檔案格式來下載電影：微軟的 Windows Media Player、RealNetworks Real System 或是 Apple 的 Quick Time。

內容 在一個匯流的世界，娛樂內容的創造、生產與散佈會全部數位化，只有極少數的類比設備或實體產品與其實體散佈管道。網路逐步加入有線電視和衛星頻道的戰局中，然而，來自數位與網路散佈的挑戰與日俱增，因此，內容在使用者的控制下逐漸從實體發布平台轉往網路發布平台。

在內容創造與生產的領域，數位工具已經有重大的進展。好萊塢的製片商正在增加使用數位攝影機的拍攝場景，而數位化的影響對許多電影而言扮演很重要的角色，現在許多的電影剪輯都在數位化編輯電腦工作站上執行。獨立與低預算的電影製片用數位攝影機來製作正片長度的電影，在數位化的環境下編輯，然後直接在網路上發送，以針對這些獨立製片公司網站的喜好者進行銷售。對電視而言，當製作與生產幾乎全是數位化的時候，經常會使用數位攝影機。同樣的，就音樂本身而言，錄製的工作也是在數位化設備上執行，再使用數位混音器混音，最後才錄製到數位化 CD 上。獨立樂團直接把他們的音樂從混音器傳到網路上，完全跳過生產 CD 的階段；作曲家、編曲家與樂曲家已經廣泛採用兩種樂譜程式：Finale 與 Sibelius 來創造樂譜。

產業結構 現有的產業價值鏈是非常沒效率且分裂的。對娛樂產業而言，要侵略性的轉移到網路上去需要對價值鏈有清楚的認識，不管是公司合併，或策略聯盟，或兩者並行。在重新組織的過程，當網路取代傳播媒體的角色，傳統的批發商（像是有線電視與無線電視）很有可能會經歷對它們企業模式很嚴重的阻力。

圖 10.13 說明現有的媒體與產業價值鏈及三項替代安排。娛樂產業從來沒有完整的描述，有很多的角色與外力（包含政府法規與法院）讓這個

產業成形。在現有的模式中，娛樂的創造者（像是音樂公司、或電視生產者）先賣給配銷商，然後再轉賣給零售商店與地方電視台，最後才販賣或租給消費者。在電影產業，1930 與 1940 年代的法院決定以反托拉斯的理由強迫生產工作室放棄地方電影院的所有權，害怕龐大的好萊塢生產工作室會壟斷電影產業。一種解決方式是內容擁有者直銷模式（content owner direct model），網路提供娛樂內容生產者（唱片公司、好萊塢電影製片廠與電視內容生產者）一個機制，透過去除配銷商與零售業者並直接販售給消費者的方式，支配產業價值鏈。迄今為止，這還不算是個成功的模式，因為內容生產者對於網路知道的不多且在網路上的經營也尚未成功；第二種可能為聚合者模式（aggregator model），在這個模式上，像是 Yahoo、Google、Amazon 與 MSN 這些聚集了大量人群的網路中介者與內容擁有者進入一個策略聯盟，將內容提供給聚合者。Yahoo 也融入這個模型，因為它已經開始聘用它自己專屬的新聞記者並提供資金給獨立製片商，並讓它可以在 Yahoo 的入口網站進行散佈。

圖 10.13 娛樂產業價值鏈

第三個可能的模式為網路創新模式（Internet innovator model），發展科技平台的成功網路科技公司（像是蘋果電腦與微軟）與網路通訊平台提供者（如 Verizon 與 Comcast Cable）一樣回到價值鏈中並開始創造它們自己的內容，只在它們私有的平台或管道獨家銷售，好的例子包括微軟的 xBox 遊戲平台、蘋果電腦的 iTunes 音樂商店與 Verizon 的 DSL 寬頻的加價服務套餐（Grant, 2004）。「科技觀點」將探討好萊塢製片商如何在網路所帶來的議題上艱困地前進。

科技觀點

好萊塢需要一個新的劇本

這對於電影業而言是個艱困的一年。美國的電影院票房在 2007 年的銷售額是 96 億美元（全球為 270 億美元），這個數字相當於 2002 到 2004 年的水準。在 DVD 出租店，銷售也相當慘淡，較去年下滑了 3%。問題的關鍵在於好萊塢倚賴 DVD 平台以增加收益，一片 DVD 大約是 17.62 美元，一年可賣出 170 億片，在全美創造的總收益大約是 160 億美元。整個產業的收益表現平平，在美國大約是 600 億美元，這有可能是因為產品價格的不穩定及產品本身成長緩慢有關。但好萊塢影片的平均製作費每部大幅上漲 1 億美元，在 2007 年最賺錢的影片是蜘蛛人 3，在票房上賺進了 3 億 3600 萬美元，隔年在 DVD 的銷售上賺了 1 億美元。

好萊塢試著重新包裝舊電影，重新改版推出，試圖延長 6 萬 8000 片 DVD 產品的獲利壽命，但卻沒有成功。問題出在好萊塢過於依靠 DVD 平台來增加收益，售票系統則淪為宣傳與操作的道具，DVD 的邊際利潤宣稱有 45% 以上，是個搖錢樹。但當成本不穩定時，這個搖錢樹無法充分發揮作用，讓好萊塢的投資者跟生產者相當頭疼。產業專家相信 DVD 銷售將會在 2010 下滑 20%。香檳酒已經在好萊塢裡消聲匿跡了，而大家都把矛頭指向網際網路，認為它是罪魁禍首。

現在有許多讓人頭暈目眩的新科技跟傳輸工具。DVD 出租店在 Netflix 的網路／郵件服務下持續擴展，並且和百視達（Blockbuster）的郵件和零售店通路競爭。出租店的問題在於，每張出租的 DVD 好萊塢只能賺取 2.25 元美元。付費電視也是相同：工作室也只會在每次下載中賺取大約相同的錢。新科技引進了很多低利潤的銷售管道，並且減少了消費者對於以前高利潤的銷售管道的需求。

考慮一下網路帶來的衝擊，在 2008 年，估計有 6 萬 2500 部數位影像能從網路非法地下載（其中不乏過去五年裡的電影鉅作），而每天全世界平均有 100 萬次非法的下載。要找到這些非法的載點一點都不困難，只消在 Google 鍵入片名。只花幾個小時，就可以得到品質還不錯的免費電影（當然那種在戲院裡用攝影機偷拍的版本另當別論）。也有一些合法下載電影的途徑，Netflix、Independent Movie Channel、RealTime、Joost、Limelight、Brightcove 跟許多公司提供了串流服務，由於串流科技，電影可以以良好的品質即時在網站上播放，而使用者不能下載到電腦或者重複播放。接著有一些像是 Wal-Mart、Apple 的 iTunes 音樂商店、CinemaNow 跟電影工作室網站（例如由百視達營運的 Movielink 等下載網站）開始與好萊塢的工作室共同合作。下載電影只要兩至三個小時，有些高品質的檔案可能要下載一整夜。下載電影到個人電腦上很簡單，但如果要轉移到電視可能就會有問題。你並沒有真正擁有你付了 12.95 美元的這部電影，他們會在 30 天後消失，在開始看這部電影後，你也只有 24 個小時可以使用。CinemaNow 開始試著為這些下載燒錄 DVD，不過只是少數一些影片而已。

由於低利潤數位通路的增長，盜版的威脅變得更加嚴重。這個產業宣稱在 DVD 租售上每年損失了 50 億美元。而新的科技

如 BitTorrent 則讓情況變本加厲，它大幅地增進了下載伺服器的效能。電影產業從來沒有預料到會有個美國程式設計師 Bram Cohen 發明了這個「傑作」。

Cohen 的 BitTorrent 通訊協定將龐大的影像檔案切成數個小個片段（稱為「種子」，大小約 256KB）。而這些片段（依照連線的頻寬）被散佈到網路上的用戶。想要下載的使用者將先取得一個清單（是擁有檔案種子的使用者列表），然後跟某些用戶取得其所持有的檔案片段，而在網路上形成一陣「位元風暴」。在種子到齊後，它們將被重組回原來的龐大檔案。每個 BitTorrent 的用戶同時扮演了下載者與分享者的角色！由於角色的分擔，整個網路將不再會超載。事實上，「網路效應」在這裡是存在的 — 越多人參與產量就越高。傳統的架構裡，數以千計的用戶同時對單一的伺服器發出要求，在伺服器分身乏術的情況下，人越多當然效率越低。

電影工業成功地將 BitTorrent 網站帶進法律的管轄範圍（2005 年的 Grokster v. MGM 決議）。該年 Cohen 跟美國電影協會（MPAA）達成協議並同意將所有非法的連結從網站中移除。2006 年，Cohen 的 BitTorrent 網站開始進入合法的電影下載產業，和七家美國大型的製作公司合作。這項協議代表 BitTorrent.com 必須要遵守「數位千禧年版權法案」（Digital Millennium Copyright Act, DMCA），但問題在於 Cohen 發展出的這套通訊協定是公開的，大部分的非法電影下載網站仍然使用 BitTorrent 來傳播電影檔案。在 2008 年，BitTorrent.com 將自己宣傳成合法的內容散佈商，提供 10 萬部合法影片下載。有著超過 1 億 6000 萬用戶下載，這個網站將自己視為消費者對於軟體跟內容散佈的標準。

更加屈辱受傷的是，好萊塢發現自己和 Google 的 YouTube 網站、搜尋引擎以及其他社群網站有衝突之處。這些網站容許偷竊、有版權的影片被公開在網路上。Google 的使命是想要組織整個世界的資訊，而這個資訊包括了電影。所以提供數位電影的零碎資訊也在 Google 的範疇內。Google 在 YouTube 上投資了不少，這也是一個 Google 可以造成殺傷力的地方，因為它不需為使用者的行為負責。Google 不管理使用者，反而是請版權擁有者發現有作品不當被貼在 YouTube 上時，自己寫信請他們將影片拿掉，就像 DMCA 要求的一樣。還記得之前的 Napster 嗎？Viacom 向 Google 求償一億美金，其他的工作室很快的跟進。Google 同時發展影片的鑑別軟體，可以預防有版權的影片被上傳，早先它們也公佈了一套過濾系統，可以辨認有版權的影片。

好萊塢並未放棄對付盜版，面對 Naspter、Kazza 這些檔案分享系統，「娛樂警察」的成軍就是代表。它們受僱於 MPAA，負責在網上搜尋免費的院線強片。一旦發現便寄發侵權通知給該 IP 的擁有者。同時，它們也通知網際網路服務提供者。當它們發現了集體盜版的情況，會主動告知執法單位。至今，MPAA 已經發出不計其數的信函給學術單位與公司，包

括 Fortune 前 1000 大企業網站的 CEO，提醒它們勿淪為盜版的幫兇。

MPAA 建立發展新科技的研究計畫，以對付那些違法的檔案拷貝跟分享，MPAA 與六大工作室一起成立了電影研究室（Motion Pictures Laboratiores）、發展網管科技、流量分析工具（偵測 P2P 軟體），以遏止日益猖獗的盜版。一個可行之道是 Tulsa 大學的 John Hale 與其研究生開發出的「逮到啦」解決方案。該方案係指混入一些有缺陷的陷阱檔案（但會如一般檔案片段般正常運作），會造成原始檔案的失真，當這些檔案播放時，會發出噪音以及宣告，呼籲這些違法影片的觀賞者：「下次請先付錢！」不過這個產業長期的願景是可以將影片以數位化的格式釋出，但不會失去對內容的控制，並且也能維持邊際獲利。就某種程度上來說，唯一的希望是發展使用者合法付費下載或者串流觀看好萊塢電影的管道。Amazon 在 2008 年啟用了一項叫做隨選視訊（Video on Demand）的新服務，讓使用者付費線上即時觀賞 4 萬個影片或者電影，不論使用的作業系統是 Windows 或者麥金塔。在沒有收費管道的情況下，好萊塢電影的製作費將會沒有著落，最後留在 YouTube 上的將會只有那些在家裡自行拍攝的 5 分鐘短片。

個案研究 CASE STUDY

Google 與 YouTube 的結合：
Google 有辦法讓 YouTube 賺錢嗎？

自從 Google 在 2006 年 11 月買下 YouTube 以來，許多人就在想 Google 到底要如何使這個 16.5 億美元的併購案值回票價。另一方面，華爾街從不對 Google 的成功質疑，Google 的股價很快的從 2007 年史無前例的 500 美元漲到 11 月空前的新高—— 700 美元。這讓 Google 股票的本益比達到 49。它 2000 億美金的市場資本額，超越了世界最大的汽車公司通用汽車的 10 倍。在 2008 年，Google 的股價跌了 40%，來到 425 美元，本益比降到 28，但仍比許多公司高。為什麼 Google 對 YouTube 的購併在一開始時被大眾看好，但後來卻又不太一樣了呢？那些質疑者的說法是什麼？還是他們只是單純嫉妒 Google 可以買下這間吸引最多觀看者網站（每月有 7000 萬不重複訪客）的 YouTube？

Google 給的答案是，它打算利用這個全球最大的影片儲藏庫以及最大的影片觀眾群，發展下一個在廣告上的殺手級應用，這將是歷史上最大的廣告平台，比搜尋引擎要大、比電視要大。YouTube 有多少影片？目前為止，估計有超過 2000 萬部影片儲存在散佈全世界、容量 600TB 的硬碟裡，影片總長度大概一共有 100 億分鐘。而每年影片量都以一百萬部的速度增加，如果照這個程度發展下去，預計在 2012 年，YouTube 將會有 4000 萬部影片。

有多少人會被這些影片吸引，又會被吸引多久呢？YouTube 宣稱每個月有約 1 億 3000 萬不重複訪客（不過有些獨立的網路行銷公司估計是 7000 萬），他們平均會在網站上停留五分鐘，每次觀看約兩部影片。分析師估計 YouTube 每個月大約播放超過 1 億部影片。只有 2%的訪客是每天造訪的，Yahoo 的訪客則有 40%天天造訪，而每個月有 1 億 3000 萬名不重複訪客，平均每個使用者待 1 個小時，讓瀏覽頁數量達到 370 億！每一個瀏覽頁數量都是廣告機會。Google 大約有 1 億 1200 萬每月不重複訪客，在前往他們的搜尋目的網站前，大約不會停留超過 24 分鐘，總共產生每月 100 億瀏覽頁數量。大約有 30%的 Google 訪客是天天使用。所以即使 YouTube 以爆炸性的速度成長，仍然有很多必須追上 Google 跟 Yahoo 的地方，例如在停留時間、瀏覽頁數量跟訪問網站的頻率。

YouTube 需要的不只是更多內容，而是有品質的內容，那些真正有趣的內容才能讓上百萬名訪客天天來看。也許這不是指使用者自製的影片，這些影片平均只有 10 個觀眾，只有在一開始出現時會被列在上頭，但很快的就被其他影片淹沒了。真正受歡迎的使用者自製影片或者唱片公司的音樂錄影帶，擁有 200 萬瀏覽次數，不過這並不常見，通常都是一些已成名的音樂家、歌手，或者是違法上傳受歡迎的有版權影片。

不，YouTube 需要的是精心製作的影片，哪裡可以得到這些影片呢？答案是使用者上傳好萊塢電影片段，以及像黑道家族（The Sopranos）、脫口秀等電視節目。但這樣的情況會使版權所有者相當生氣，就如 Google 被求償 1 億美金如此龐大的金額。

許多 Google/YouTube 的質疑者，認為 YouTube 過於依賴本質上是偷竊有著作權的影片，是其致命的弱點，就像之前的 Napster 跟 BitTorrent 依靠違法的音樂跟影片分享一樣。到底 YouTube 的 7000 萬名訪客都看些什麼影片呢？他們是因為那些專業的有著作權的影片而來呢？還是想看他們朋友或者親戚自己拍攝的有趣影片？Vidmeter 是一間錄製線上影片的公司，表示違反著作權而從 YouTube 網站上移除的只有其中的 9%。批評中指出這是一個被忽視的問題，有太多有版權的影片在 YouTube 上，而很多版權擁有者並沒有發現，因為整天去搜尋 YouTube 太花時間跟成本。據稱，25% 的 YouTube 影片都違反了著作權，並且佔了總瀏覽量的 80%。真正的數字沒有人知道。不過已經足以讓質疑者有幸災樂禍的理由。

先不提頁數瀏覽量都是從哪來的，Google 打算從投資中回本的計畫是什麼呢？據說這個 16.5 億美元的投資，Google 打算以每年 1 億 5000 萬美元的利潤來回收，而這個計畫就靠每個月 7000 萬名不重複的訪客來實現。有個問題是，大多數的使用者希望影片是免費的，而且沒有廣告。事實顯示，影片播放時的廣告回應率很低，只有 0.4%，然而這是橫幅式廣告的兩倍。一般的影片開始前的廣告會變成觀眾殺手，一半的觀看者會直接回到先前的頁面，或者直接按下「跳過廣告」的按鈕。

2008 年分析者相信 Google 最後達到了廣告收益 1 億 5000 萬至 2 億美元的目標。然而，華爾街對這個數字感到失望，指出 YouTube 巨量的影片數無法支撐廣告的事實。什麼樣的廣告會讓 Fortune 前 1000 大企業想要擺在業餘的影片旁邊？分析者估計只有 4% YouTube 上的影片是有足夠品質來支持廣告的。

為了彌補使用者對影片中廣告的忽視跟不喜歡，Google 想出了一個新的成功方法，以一個 Flash 動畫重疊在影片視窗的底端，在影片剛開始的前十秒出現，過十秒若使用者沒有點擊廣告會自己消失。Google 的研究指出這比傳統橫幅式廣告的點擊率多出十倍，點閱率大約是 1%，低於 10% 的人會將廣告關閉，若是點擊了廣告，影片會暫時停止。這樣子會引來使用者反感嗎？

先不管使用者對於影片中斷的不滿意，考慮一下品牌廣告商大多不希望他們的廣告訊息出現在有爭議的使用者自製影片，或是從電視、DVD、CD 偷來的影片旁。瞭解這點之後，Google 計畫是只把廣告放在內容擁有者或者是像是華納音樂集團（WMG）這樣的合作夥伴旁邊。華納是唯一一個跟 YouTube 合作的大型內容擁有者，提供音樂錄影帶、電視節目像一些幕後花絮短片、採訪等等影片資料庫給 YouTube。雖然財務方面沒有公開，但 WMG 將會得到一定比例的廣告收益。YouTube 跟華納的合作延伸到一個創造希爾頓派瑞絲專屬頻道的計畫上，用以宣傳她的新唱片。YouTube 也跟 NBC 有結盟關係，在網站上合作 The office 跟 The Tonight Show with Jay Leno 等電視節目。

為了處理好萊塢大型工作室還有紐約電視台製作者的抱怨，YouTube 只將廣告放在那些通過版權規定的影片頁面上。Google 也發展了叫做影片 ID 的軟體，目前有 300 個版權擁有者用來掃描 YouTube 的影片資料庫，檢查是不是有屬於他們版權的內容存在。他們有兩個選擇：一個是要求 YouTube 將影片移除，或者是他們可以將自己的廣告放在違法的影片旁，真的是很聰明！用這樣的方式，Google 將版權擁有者之前的反對立場轉變成一個新的機會。大部分大型廣告商不希望廣告被擺在業餘影片旁，他們希望把廣告放在高品質、有版權的影片旁邊。Universal Pictures 和其他工作室，使用 YouTube 來播放他們的短片，並且利用這個平台來做病毒式行銷。現在版權擁有者會說：「看這個影片、然後忽略它、進來看我們的電影！」

　　遵守合法途徑，只把廣告放在經過版權擁有者允許的影片旁邊，結果是 Google 每年只需要從合法、高品質的影片邊的廣告得到 2 億美金的收益就夠了。真正受歡迎的使用者自製影片，像是 Lonelygirl15 氣憤的離開了 YouTube，因為它無法從這裡得到任何廣告收益。換句話說，如果 YouTube 繼續走合法的路線，可能會遠離這一類型的影片貢獻者。就像 JupiterResearch 的分析師 Emily Riley 說的，「如果大家進到首頁來發現一切變得商業化，就好像進到一間購物商場或者是雜貨店，而不是跟你的朋友交談」，YouTube 的觀眾可能不再是 Google 原先期待的那一群，也可能不會是大公司廣告的理想平台。在最近的影集，一部 ESPN 的禮拜一足球之夜（Monday Night Football）商業短片被放在 YouTube 首頁上。在短短幾個小時之內，YouTube 的使用者在該頁面上留下了各式各樣的評論，包括了三字經謾罵、詆毀美國足球。ESPN 很快的移除了廣告，並再也沒有出現在 YouTube 上。

　　也許華爾街高估了 YouTube 對 Google 的貢獻？

個案研究問題

1. 就你對 YouTube 的經驗跟觀點，一般的 YouTube 使用者可以接受在看影片時出現廣告嗎？

2. 對於網站上那些有版權的檔案，YouTube 有什麼責任來將之移除？YouTube 宣稱遵守數位千禧年版權法案（DMCA）裡對於內容擁有者權益遭到侵害時需告知網站的陳述。為什麼這對 YouTube 來說是好的解決方案，對版權所有者來說卻不是呢？

3. 假設你是運動用品的製造商，希望將 YouTube 當作一個行銷工具來建立並推廣你的品牌，有哪些事情是你需要考量的？

4. Google 宣稱使用者對於影片下方 Flash 式的廣告的點擊率，是傳統橫幅式廣告的十倍，你相信這樣子的廣告回應率是合理的嗎？而你相信這樣子的方式可以長久維持個五年嗎？

學習評量

1. 匯流包含哪三個面向？每一個匯流的領域需要什麼？
2. 為什麼媒體產業的匯流並未如預期般的快速？線上內容有哪五個基本收益模式？而它們的主要挑戰為何？必須做哪些事情克服這些障礙來獲利？
3. 什麼是計次收費收益模式？哪種類型的內容適合，而預期它何時會成功？
4. 內容供應商必須做哪四件事來產生有意義的收入？
5. 內容製造者與擁有者在技術上所面臨的挑戰為何？
6. 分辨與解釋內容製造者與擁有者面臨的四個其他挑戰。
7. 網路如何影響報紙所能提供的內容？
8. 報紙的分類廣告部門會發生什麼改變？
9. 線上報紙產業所面臨的關鍵挑戰為何？
10. 電子書的優點跟缺點為何？
11. 網路如何改變傳統唱片業的包裝、配銷、行銷與販售？
12. 什麼原因導致非傳統式、獨特的娛樂網站如此受使用者歡迎？
13. 娛樂產業所追求的完整內容匯流為何？它發生了嗎？

11 社交網路、拍賣與入口網站

學習目標

讀完本章，你將能夠：

- 解釋傳統社交網路和線上社交網路的差異
- 瞭解社交網路與入口網站的不同
- 描述社交網路與線上社群的不同類型及其商業模式
- 描述拍賣的主要類型、優勢和成本，還有它們如何運作
- 瞭解企業應該於何時使用拍賣
- 辨別拍賣濫用與詐騙的可能性
- 描述網路上主要的入口網站類型
- 瞭解入口網站的商業模式

社交網路風潮蔓延至各專業領域

數年前，社交網路剛興起時，許多人普遍認為這個現象只會出現在已瘋狂著迷、花費大量時間於電視遊樂器的青少年身上。許多在矽谷與華爾街的人都認為社交網路只是曇花一現，而將大部分的注意力都放在搜尋引擎、搜尋引擎市場以及擺放廣告的位置上。但是當社交網路的人口使用量從 5000 萬，接著是成長到 7500 萬時，甚至是技術菁英都瞭解到大量的使用者並非只是來自於一群青少年，而是整個美國社會都在參與時，微軟的執行長史蒂夫鮑爾默便在 2007 年 9 月表示：我認為社交網路正在興起，是一股吸引年輕人的風潮。這是在微軟預估 Facebook 價值 150 億美元且投資 2.5 億美元於其中的一個月前。在這同時，MySpace 也超越 Yahoo 成為最多人瀏覽的網站。Google 的執行長艾瑞克史密特在投資 16.5 億美元於 YouTube 之前也曾說：「我知道許多人認為社交網路興起只是一個暫時的現象，但它是真實且認真的發展。」

社交網路的熱潮顯然已喚醒了發展技術的專家，但他們最注意的是聚集了大量使用者的一般性社交網站，例如 MySpace、Facebook、YouTube 以及 Orkut（Google 的社交網站，在巴西是最多使用者的社交網站，但在美國卻發展不順利）。然而，社交網路如此成長快速是著眼於社群的參與者和擁有特定主題的團體。

以最廣為人知的商業網路網站 LinkedIn 為例，就擁有超過 2400 萬來自全球 150 個不同行業的使用者。大約每隔 25 天，就會有 100 萬的新使用者加入 LinkedIn。LinkedIn 讓使用者可以建立包含相片的個人資料，寫入自己的專業成就。成員的網絡包括了有商業關係的客戶、客戶的客戶們，以及本身認識的人，也許可以連結到數千人。

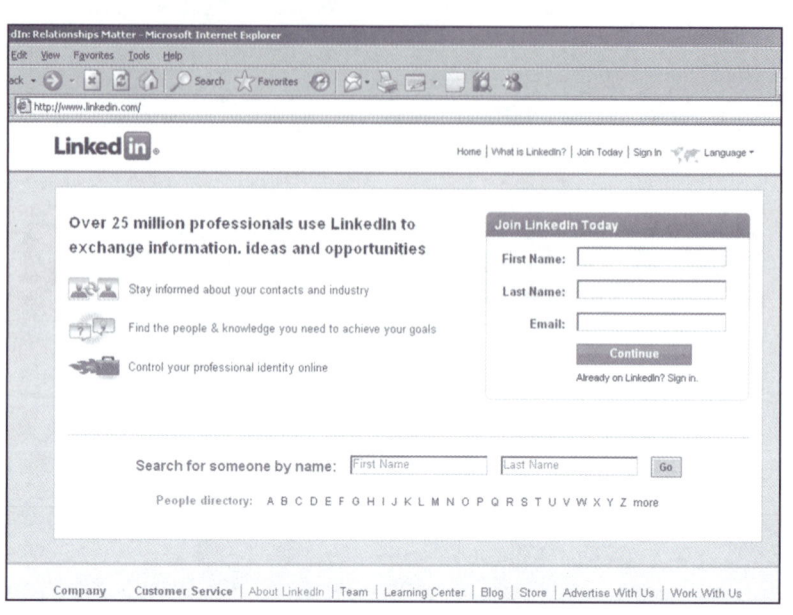

也有許多與股票市場相關的網站興起，目的在於讓股票投資者可以與其他投資者分享想法。這些社交網路不是像公告欄一樣只有匿名的評論，而是會確認使用者身份，並根據使用者選擇股票的成果做出績效排名。32 歲的喬伊多拉，是位在邁阿密從事電腦網路架構的工作者，他每天都會登入擁有大約 2500 個成員的 StockTickr，登入後首頁會列出他的朋友所投資的股票以及他們選擇股票的分數。多拉表示：「如果你知道某些使用者的投資策略與你的十分相似，他們通常會提及某些你沒注意到的股票。」

就像許多規模更大的社交網路網站，金融網站讓使用者們能夠與其他投資者連絡，討論股票市場議題，或僅僅只是展現出使用者的投資能力。這類型的新網站包括 BullPoo（這聽

起來像一個可靠的消息來源嗎？），使用者可以評論其他使用者的「虛擬」投資組合所產生的結果；Caps.fool.com，使用者對各股是否能達到 S&P500 指數作預測；TradeKing，使用者可在此搜尋有相似投資作風的人和暸解近期的交易。對每天都在進行金融交易的人來說，因為工作上很少與人接觸，這些社交網站讓他們有機會進行社交活動和聊天。由於大部份這類型的網站都才剛成立不久，使用者相對較少（少於 5000 人）。MotleyFool 是最廣為人知的線上股票投資網站，現今已吸引了 4 萬 4000 名成員。

不難發現性質類似的社交網路網站在許多專門的團體中開始出現，如關於健康保健的 DailyStrength.org、關於法律的 LawLink、關於醫生的 Sermo、關於 Reuters 顧客的 NewReuters、無線產業主管的 INmobile.org、專業廣告人的 AdGrabber.com。這些社交網站讓成員們可以討論專業領域的話題與實務經驗，並分享自己的成功與失敗。也有一些商業性的社交網站（如 LinkedIn、Ecademy、Ryze）是為了讓使用者能拓展職場的人際關係，讓事業發展更順利。

這些專業的社交網站成長如此快速，正說明了現在社交網路的概念是如何的吸引全世界的目光。電子郵件雖然仍然是網路上最熱門的活動，但與社交網路相比卻相形失色。為何社交網路有如此大的吸引力呢？電子郵件在與個人或是小的團體溝通上是非常適合的，但卻無法暸解團體中其他人的想法（尤其是人數眾多的團體）。而社交網路最具優勢之處，就是它可以展現出團體中的意見、價值觀及各種經驗。

本章將討論社交網路、拍賣及入口網站。有些人也許會問：「到底社交網路、拍賣和入口網站有什麼共通點？」他們都是建構在分享興趣與自我認同上。社交網路和線上社群讓人們可以分享自己的喜好、政治觀點與興趣。拍賣網站 eBay 起初就是一個由喜歡互換東西的人們所組成的社群，而後這個社群逐漸變大 ─ 比多數人想的都還要大。入口網站也同樣擁有社群的元素 ─ 他們提供社群的功能，如電子郵件、聊天室、佈告欄和討論區等等。

11.1　社交網路與線上社群

網路原來是設計成一個讓科學家得以透過電腦與全美國的科學部門溝通的媒體。最初，網路是打算讓科學家創立社群以即時分享資料、知識和意見（Hiltzik, 1999）。這結果讓早期的網路成為第一個「虛擬社群」（Rheingold, 1993）。網路在 1980 年代末期快速成長，各學科的科學家、數以千計的大學也加入了虛擬社群的行列，利用特別的方式（像是 E-Mail 和電子佈告欄）彼此溝通。在 1980 年代中期到後期，第一次藉由這新興網路社群推出了文章和書籍（Kiesler et al. 1984; Kiesler, 1986）。TheWell 是網路上最為知名的社群，目前有數以千計的會員活躍著。藉由網際網路

在 1990 年代初期的發展，數百萬的人們開始取得網際網路的帳號和網頁 e-mail，加上社群的成立更壯大了網際網路的衝擊。在 1990 年代後期，線上社群的商業價值被認定為新興潛力的商業架構（Hagel and Armstrong, 1997）。

早期的線上社群包括了網路愛好者和對科技、政治、文學、思考等特別有興趣的人。在技術的限制下，社群只能提供在電子佈告欄上發布消息的功能、一對一或一對多的電子郵件。除了這些功能，The Well 還有額外提供 GeoCities（讓使用者能開放自己的個人網頁）。然而到了 2002 年，線上社群的本質開始改變。手機和行動網路工具的興起，讓人們與親朋好友能夠達到接近即時通訊，讓人們以之前不可能達到的方式保持聯繫。Blog（部落格：使用者建立的個人網站）變得既便宜又很容易架設。這些技術的改變讓使用者更容易分享多媒體影音檔（例如因數位相機、數位攝影機、具照相功能的手機、隨身聽等開始廣泛使用，而產生的許多照片、影片檔案），突然之間，分享興趣及活動的人數大增。

一種新的文化開始出現。技術的進步讓社交網路不用侷限成一個小的團體，而是可以讓大量的人使用，其中又以 9 到 13 歲的小孩、青少年、大學生最快接受這類新技術。新的社交網路文化是非常個人、自我為中心的，人們在自己的個人檔案中可放入個人照片、活動、興趣、習慣、交友關係等。社交網路不只是技術層面的現象，也是社會化的現象。

今日，參與社交網路已經是一項普遍使用網路的行為。大約有 44%的美國網路使用人口（大約是 7600 萬的美國人）曾有過一次到兩次接觸線上社群的經驗（Pew Internet and American Life, 2008）。MySpace 已存取超過 1 億筆的個人資料，成長十分快速的 Facebook 也有 9000 萬筆的個人資料。

什麼是線上社交網路？

社交網路
（social network）
包括一群人；分享的社會互動；共通的聯繫方式維繫著成員間連結；以及在一段時期中、分享一個地區的人們

我們要如何定義線上**社交網路**？它和那些非線上的社交網路有何分別？社會學最常評論的議題之一，就是現代社會已經開始摧毀傳統的社群，但不幸地，它們並沒有給予人們關於社交網路和社群明確的定義。社會學家如今給社群以下的定義：社交網路包括 (a) 一群人，(b) 分享的社會互動，(c) 共通的聯繫方式維繫著成員間連結，(d) 在一段時期中、分享某一個領域的人們（Hillery, 1955; Poplin, 1979）。社群並不必有共同的目標、企圖、或者目的。事實上，社群可以單純定義為人們用來打發時間和溝通的地方。

現在用最簡短的方式來定義**線上社交網路** — 一個區域上的網路，人們可以彼此聯繫和互動。這定義相當接近 Howard Rheingold（早期 TheWell 論壇的一名參與者）的看法：「將虛擬社群認定為當有足夠的人群在網路中相遇而彼此激盪的文化聚合體。這群人不一定能夠在真實生活中碰面，但他們能透過網路這個媒介交換心得或意見。」網路消除了傳統社交網路在時間與空間上的限制，讓人們不用面對面，也不用處在同一個空間和時間。

線上社交網路（online social network）

一個區域上的網路，人們可以彼此聯繫和互動

社交網路和入口網站的不同

11.3 節將探討入口網站。入口網站一開始是為搜尋引擎，接著加入更多的內容、網路和電子商務服務。為了生存，入口網站增加許多社群的特色（像是聊天群組、電子佈告欄、免費網頁設計和架設）。許多的特色都是為了讓瀏覽者可以在網站上停留，互動和分享他們的興趣與意見。舉例來說，雅虎（Yahoo!）就是透過深入垂直的網頁，延長使用者停留的時間以獲得最大的獲利。要評估這些入口網站的成功與否，取決於它們是否具備社交網路一般的特色。例如，Yahoo 已經購買的幾間網路公司（如 Flickr（相簿分享網站）、HotJobs）都擁有著社交網路的特色。入口網站致力於獲取並留住上網的人口以增加利潤。而由使用者創造的內容（User-generated content）已經成為吸引使用者留在網站上（當使用者留在網站上時，會看到更多廣告，網站可藉此創造獲利）的主因之一。

另一方面，一般網站也開始增加入口網站的特色。例如 iVillage.com，一個關於女性議題的網站，就提供了網頁搜尋、新聞、天氣、旅遊資訊、電子商務等服務。Mozilla 的 Firefox、微軟的 IE7 等瀏覽器也開始加入社交網路的特色。簡言之，社交網路和入口網站已經變得越來越類似而難以區分。

社交網路及線上社群的成長

MySpace、Friendster、Tribe Networks、Flickr、和 Facebook 都是線上社群正熱門的證明。圖 11.1 列出了前十大的社交網路網站，這些網站的使用人口總和大約佔網路上使用社交網路人口的 90%。

| 電子商務

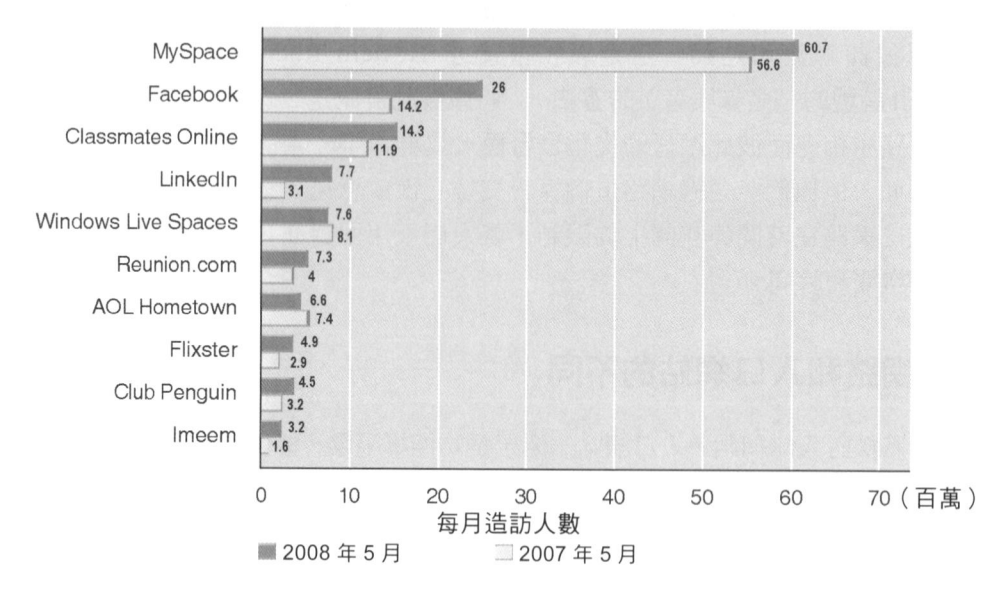

```
MySpace              60.7 / 56.6
Facebook             26 / 14.2
Classmates Online    14.3 / 11.9
LinkedIn             7.7 / 3.1
Windows Live Spaces  7.6 / 8.1
Reunion.com          7.3 / 4
AOL Hometown         6.6 / 7.4
Flixster             4.9 / 2.9
Club Penguin         4.5 / 3.2
Imeem                3.2 / 1.6
```

每月造訪人數（百萬）
■ 2008 年 5 月　□ 2007 年 5 月

圖 11.1　前十大社交網路網站

資料來源：Marketcharts.com, 2008; Hitwise, 2008。

　　每個月有 6000 萬個訪客的 MySpace 很明顯是最大的社交網路，並佔了所有社交網路造訪量的 50%，但年成長率卻由 25% 下降為 7%。在最近幾年，Facebook 成長了 83%。原本社交網路的使用者大多是 35 歲以下，但現在 MySpace 和 Facebook 有超過一半的使用者大於 35 歲、富裕（平均收入超過 7 萬 5000 美元），且大多有大學學歷（eMarket, Inc., 2008）。社交網路不只侷限於青少年及大學生，而是整個社會現象。

　　對社交網路重要性很容易被高估或是低估。訪客人數只是其中一種評估方法。頁面的瀏覽量、在站上的時間、注意度（訪客在站上時間除以訪客在網路上時間的百分比）、造訪頻率等，也可以更詳盡的說明社交網路現今發展狀況。儘管 MySpace 每個月有 6000 萬名訪客，Yahoo 則有 1 億 3300 萬名訪客；前十大的社交網路訪客量總和有 1 億 4300 萬名訪客，前十大的入口網站（Google、Yahoo、Ask 等）則有超過 8 億名訪客（約 1 億 7500 萬到 2 億的訪客會造訪超過一個以上的網站）。以頁面的瀏覽量來看，MySpace 每個月約有 670 億的頁面瀏覽，Yahoo 則有 500 億；以造訪頻率來看，MySpace 和 Facebook 的使用者只有 2% 會每天造訪，而 Yahoo 的使用者卻有 31%；而以注意度（訪客在站上時間除以訪客在網路上時間的百分比）來說，Yahoo 以 8% 超前，MySpace 則是有 4%。

　　也許廣告收益是最有效的衡量方式。前四大的入口網站（Yahoo、Google、AOL、MSN）的年收入加總約為 120 億美元。2008 年美國所有的社交網路網站的廣告收入約為 14 億美元，2007 年則是 9.2 億美元

（eMarket, Inc., 2008b）。社交網路雖然成長最快速，但在使用集中程度和廣告收入卻不像傳統搜尋引擎或入口網站一般強大。但這些都在快速改變中，就現在社交網路的成長速度，或許會在到達率、使用程度和範圍上超越傳統的入口網站（eMarket, Inc., 2006; Compete.com, 2008）。

將社交網路轉換成商業角度

雖然早期的社交網路在募集資金及獲利方面有許多困難，但今日頂尖的社交網站都已經知道如何讓廣大的使用者成為資金的來源。早期網站是以訂閱會員機制（subscription）為基礎，現在的社交網站則是依賴廣告收入。入口網站和搜尋引擎的使用者也寧願網站的資金是來自廣告而非由使用者付費。圖 11.2 說明社交網路的廣告收入。

社交網站	廣告收入（百萬美元）
MySpace	$755
其他社交網站	$370
Facebook	$265
工具和應用	$40

圖 11.2 社交網路廣告收益

資料來源：eMarket, Inc., 2008b。

社交網路的類型與其商業模型

現在有許多方法可以分類社交網路和線上社群。最受歡迎的**一般社交**網路大多採取廣告模式，也有些社交網路有其他的收入來源。社交網路有著不同的贊助商，不同的會員，舉例來說，有些是由公司（例如 IBM）成立，用來服務公司的員工（所謂公司內部的商業社群或是 B2E）；有些則是成立給供應商和中間商（組織之間的商業社群或 B2B）；其他的則是架構給個人或是有著相似興趣的人（P2P（人對人）的社群活動）。本章主要探討 B2C 的活動，此外也會簡短地描述在實務上的 P2P。

表 11.1 說明五種線上社群的形式：一般、實務、興趣、贊助和喜好。各種形式都可以有商業內容或是商業的目的。我們將利用藉此探索商業模型以及商業社群。

一般社群（general communities）

線上一般主題的討論區，提供會員與一般大眾互動的機會

表 11.1 社交網路和線上社群的類型

社交網路／社群類型	說明
一般	網路上的社交聚集地，可以認識朋友、分享各種內容、彼此興趣。如 MySpace 和 Facebook
實務	實踐者、藝術創作者所組成的社群。如 JustPlainFolks.com（音樂家）、LinkedIn（商業人士）
興趣	因一個共同利益或興趣（例如：遊戲、運動、政治、健康、財務、外交事務、生活型態）所建立的社群。如 E-democracy.org（政治討論）、SocialPicks（股票市場討論）
喜好	成員的自我認同（如：女性、非裔美籍）相同之社群。例如 BlackPlanet.com（非裔美籍人士的社群）、iVillage（女性為主的社群）
贊助	商業組織、政府或非營利組織為達成多樣化目的所成立之社群。如 Nike、IBM、Cisco 或政治候選人網站

　　一般社群讓大眾可以於此討論一般的話題，讓有共同興趣的會員分享彼此的意見，這主要是透過廣大的討論群來吸引更多的會員。而一般社群的商業模式就是傳統的廣告模式，將網頁中的廣告位置提供給廣告商。

實務社群（practice communities）
提供會員間的討論群組、協助、資訊、以及知識的分享

　　實務社群（practice community）提供會員間的討論群組、協助、資訊、以及知識的分享。舉例來說，Linux.org 是個為了促進開放程式碼（open source）領域進步而組成的非營利社群。全球有數以千計的程式設計師為了 Linux 作業系統開發程式碼，並將成果免費與其他人共享。其他尚有討論藝術、教育、藝術交易、攝影和護理的線上社群。這類社群可以是營利或是非營利組織，資金來源包括廣告商或是來自使用者的捐款。

興趣社群（interest communities）
專注於會員們共同感到興趣的特別主題

　　興趣社群專注於會員們共同感到興趣的特別主題，像是職場、航海、騎馬、健康、滑雪等。藉由明確且專注的主題維持著穩定的客群，也吸引對於廣告租賃和贊助方案感興趣的業者。像是 Spoke、Jigsaw、Fool.com、Military.com 和 Sailinganarchy 都是這類的例子。這類社群通常資金來源是廣告。

喜好社群（affinity communities）
提供會員討論以及互動的場所，分享相同的喜好

　　喜好社群提供會員共享相同喜好的討論及互動場所。喜好指的是自己以及群體意識。舉例來說，人們可以自我認定自身在宗教、信仰、性別、性向、政治理念、地理區位等領域中的立場。像是 iVillage.com、Oxygen、Condenet 和 NaturallyCurly 都是設計來吸引女性的社群，其中有著專注於

嬰兒、美容、書本、飲食和身材、娛樂、健康以及家庭、園藝等主題的論壇。這類型的網站收入除了廣告外，還包括產品的販售。

贊助社群是為了追求組織性目的，由政府、營利或非營利組織創立的線上社群。而組織目的很多樣化，例如：由政府創立的 Westchestergov.com，主要目的在於提供更多資訊給居民；以拍賣為目的的 eBay；由非線上產品公司贊助，以產品銷售為目的的 Tide.com。而 Cisco、IBM、HP 以及幾百家的公司都已發展企業內部網路以達到知識分享的目的。

> **贊助社群（sponsored communities）**
> 為了追求組織性（通常也是商務性）目的而創立的線上社群

社交網路特性與技術

雖然並非所有的網站都有相同的特性，但大型社群有一項共通點：社交網路會開發應用軟體以符合使用者的使用需求。這些軟體有些是內建在網站中，有些則是使用者可自由加入個人頁面的小工具。表 11.2 說明部份社交網站上的功能。

表 11.2 社交網路特色與技術

特色	說明
個人檔案	使用者可以在網頁中以各種面向來介紹自己
好友網絡	可以連結好友
網絡發展	可以連結他人網絡，認識更多群組與好友
最愛功能	可設定喜好的網站、書籤、內容等的連結
e-mail	在社交網路的網站中向好友發送電子郵件
儲存	有空間供社群成員進行檔案分享
即時通訊	及時與社群成員進行一對一的溝通
消息欄	公布給整個社群成員
線上民調	調查社群用戶的意見
聊天	IRC（Internet Relay Chat）允許線上多人直接溝通
討論群組	按照主題成立的討論小組或論壇
線上專家	通過鑑定的專家回答特定領域的問題
會員管理工具	網站管理者可管理內容及對話、移除不適當的內容、保障安全和隱私

社交網路的未來

從前十大的一般網站中,可看出現在的網站高度著重在社交網路的發展。社交網路的興起是來自於一小群從一般網站中外流出的人。一般的網站無法結識新朋友,而且社交網路可展現出朋友關係與彼此的連結。

現在人們會使用社交網路網站,但是在未來,包括了瀏覽器、入口網站(例如 Yahoo、Google),甚至是一般的網站都會開始加入社交網路的功能,人們不需要再特別使用社交網路網站,因為社交網路就在你身邊(請見「科技觀點」)!現在最大的電子郵件服務已經開始提供使用者社交網路的功能,像是追蹤好友、建立個人資料、參加群組。Yahoo 的 2 億 5000 萬電子郵件使用者被認為是全世界最大的尚未發展的網絡。網路內容的匯集也開始出現,SocialURL、ProfileFly、ProfileLinker 讓人們可以匯集不同社交網路中的資料,而不需分別造訪各個社交網路網站。

11.2 線上拍賣

拍賣(auctions)
是一種買賣雙方透過競爭而使得產品或服務的價格被改變的市場

線上**拍賣**網站是最受歡迎的「消費者對消費者」(C2C)電子商務網站,這類網站的領導者是 eBay.com,他擁有全球 2.41 億的註冊使用者(名列最大的線上註冊使用者網站),在美國就有 8500 萬的使用者,每天有 1200 萬個品項被刊登,共有 1 萬 8000 個種類。在 2007 年,他們在網上有 76 億美元的營收,與前一年相較成長幅度達 29%。在美國就有幾百個拍賣網站,某些專精於獨特的收集品,如郵票和錢幣,其他的則是拍賣一些屬於普羅大眾的物品。入口網站和線上零售商(從 Yahoo 和 MSN 到 JCPenney 和 Sam's Club)也漸漸加入線上拍賣的行列。而如 12 章所提,在 2008 年 B2B 電子商務是拍賣的重要元素,而有超過三分之一的採購單位是藉由拍賣取得貨品。有什麼可解釋拍賣的受歡迎程度?消費者永遠都能藉由拍賣取得更便宜的價錢嗎?儘管價格可能會偏低,但為何零售商仍願意利用拍賣的方式販售商品?

定義和評估拍賣以及動態定價機制的發展

動態定價
(dynamic pricing)
商品的價格依供需雙方的特性而變

拍賣是一種買賣雙方透過競爭而改變產品或服務價格的市場,是一種**動態定價**機制,商品的價格隨著供需而有漲跌。這是個有各種方式的動態定價市場,從簡單的討價還價到以物易物,以至於買賣雙方的談判,甚至更複雜的公開拍賣 ─ 其中可能有數以千計的買家和賣家,就像在單一股票市場中也有很多的股份。

社會觀點

社交作業系統：FACEBOOK 與 GOOGLE 的對決

一場關於宣傳與實質、幻想與實際、傲慢與謙虛的戰爭正在進行著，這是在矽谷發生的科技之爭。Google 想要組織全世界的資訊、Amazon 想要成為世界的商店，而根據 Facebook 的創辦人兼執行長 Mark Zuckerberg 所言，Facebook 想要成為網際網路中的「社交作業系統」（social operating system），將全世界連結成一個社交網路。微軟桌上型電腦的市場佔有率（目前為 95%），可能會因為 Facebook 的目標而增加。

社交作業系統會是什麼？當我們想到作業系統時，會想到 Windows、MAC 作業系統、Linux 這些軟體工具，是我們電腦中應用程式的平台，也負責我們電腦中的資源分配。Facebook 可以取代嗎？答案是不行。但是 Facebook 可以研發應用軟體，甚至是鼓勵他人研發。像是 iLike，可以讓你找到與你一同分享音樂的朋友；Popfly 工具可以讓人在 Facebook 頁面放上應用程式（以微軟 Popfly 網頁製作工具寫出的應用）；華盛頓郵報的 political compass 應用程式，可讓人瞭解週遭的政治傾向；提供遊戲，像是 Red Bull Roshambull（這是一個剪刀、石頭、布的經典遊戲）；另外還有新功能 Poke（戳一下），通常對想要認識的異性使用。在 Facebook 上的 iLike 現在越賺越多錢，除了廣告收入，還有販售音樂、演唱會門票，甚至超越自己本來的網站 iLike.com。

在 2007 年的 5 月，Zuckerberg 宣佈 Facebook 的新策略 — 開放技術平台給外部的軟體開發者，讓他們可以開發在 Facebook 網站執行的應用程式。簡言之，Facebook 主要的資產有兩項：每月 2500 萬到 3000 萬的使用者和技術，而現在它要提供給所有人。這也讓開發者可以開發小工具（widgets）或其他 Java 應用程式，甚至有些小工具有置入性行銷的廣告，這些都可增加收益。Facebook 現在已變為一個平台，讓使用者製作網頁，這些網頁互相連結成網絡，而應用程式也是由外部的軟體開發者提供。

未來也許會出現辦公室應用軟體（如文字處理工具、報表工具），也可能不會（因為微軟或其他公司的產品已臻完善）。也或許企業會轉向使用 Facebook，讓員工透過合作與會議工具增加生產能力。微軟會擔心 Facebook 的發展嗎？也許不會，因為使用者仍然需要 Windows、MAC 或其他作業系統來使用 Facebook，所以社交網路作業系統並不是作業系統的代替品。而微軟想要於此領域競逐嗎？答案是肯定的。2007 年 10 月，微軟投資了 2.5 億美元在 Facebook，佔 1.6% 的股份。這是預估 Facebook 值 150 億美元，由此也可看出微軟是如何渴望進入這個新的領域。在 2007 年，Facebook 整年的收益僅只有 2 億美元，2008 年預估會在 3 億到 3.5 億美元之間，但都與 150 億美元的預估價值相差甚遠。

不希望在起步時就被超越，Google 絕不放棄成為矽谷中引領創新的指標地位。如果 Facebook 想要連結全世界，則 Google 認為最起碼要達到 Facebook 的目標。事實上，Google 想要創造一個社交網路世界，

並制定一套標準，讓現在以及未來的所有社交網路都根據這個標準運行。Facebook 現存的問題就是太過於封閉，開發的應用只能在 Facebook 上使用。而現在又有成千上萬專業型的社交網路，成長的比一般性的社交網路（像是 Facebook、MySpace）更為快速。相反的，Google 制定了一套標準程序（可參見 Opensocial.com），讓三種一般社交網路的核心功能可以依此標準運行，並適用於所有社交網路。核心功能有個人檔案資訊（使用者資料）、好友資訊（社交群組）和活動（如新聞、行程表、好友動態等）。

Opensocial 已有很多的參與者：Engage、Friendster、hi5、Hyves、imeem、LinkedIn、MySpace、Ning、Oracle、Orkut、Plaxo、Salesforce.com、Six Apart、Tianji、XING。而參與開發的則包括：Flixster、iLike、Friendster、Viadeo、Oracle 以及還有成千上萬的個人開發者。截至 2008 年 10 月，所有參加 Opensocial 的社交網路，使用者已達到 5 億人。而對開發者最大的好處是，寫出的任何應用可以在所有的社交網路使用，另一個好處是這些功能也可以加入各種程式、瀏覽器、甚至是微軟 Office 應用。舉例來說，若你有問題時，可以線上即時求助精通此領域的朋友。社交網路的功能可加入所有程式中，因此再也不需要透過單一社交網路網站（例如 Facebook）。畢竟，社交網路是一個功能，而不是一串網址。

而最大的社交網路網站 MySpace 則沒有加入這個趨勢。MySpace 建立封閉式的平台，不讓外部的開發者開發應用，當然也沒有因此增加廣告獲利。MySpace 的孤立狀況能保持多久仍有待觀察。

在動態定價機制中，賣家會根據兩種認知改變價格 — 客戶對於此項商品的認定價值以及賣家自己想要賣這項產品的程度；同樣地，買家決定要不要買也是基於兩個概念 — 賣家是否想賣、自己對於商品的需求程度。如果你是一個非常想要某件商品的買家，你在動態定價機制的體系下就會被索取較高的金額，因為你寧願花多一點的錢，也不要等到更便宜的價錢再買。例如，若你要立刻啟程飛到紐約去開一場會議，並且之後要盡快返回，則你被索取的金額會比那些願意待一個週末的旅客高兩倍。

反之，傳統大眾市場普遍都用**固定定價** — 全國統一，且不論地方或對象。定價始於 19 世紀，當時大眾市場正在發展，且零售商能夠直接販賣東西給全國民眾；在這之前，所有的價格都不固定且有地區性的差異，

固定定價
(fixed pricing)
不論對象、不論地點，價格都一樣

最後的價格是由買賣雙方協商議價而得。而電腦和網路將動態定價機制又帶回來，透過網路，動態定價機制變得全球化、不間斷且成本低廉。

在網路出現前就已經有多種動態定價的機制存在：航空公司在 1980 年代就在還有空位、或者是在商務旅客願意花點小錢馬上劃位的情況下，進行票價的調整。航空公司的營收管理軟體必須確定「不能保存的物件」能在時限內以高於「免費」的價格賣出（飛機起飛後，空座位就不具價值）。

送折價券給指定客戶，或是學校頒發獎學金以吸引學生，這些都是差別定價和動態定價機制的操作。在這些例子中，價格會隨著供需的情況調整，因而某些消費者可能必須花較多的錢，才能購得其他人花較少錢就能入手的東西。

在網路上新的動態定價機制包括：套裝組合、使用率定價、個人化定價。就如第 6 章所討論的，套裝組合的定價方式是將軟體組合在一起銷售，以求整體利潤增加。**觸動式定價**（trigger pricing）目前常應用於行動商務，是根據消費者的所在位置來調整價格。舉例來說，走在某家餐廳的附近時，身上的攜帶式網路裝置可能會收到 10%折扣的晚餐折價券。**使用率定價**（utilization pricing）是視使用情況定價，例如 Progressive 保險公司視交通工具行駛的里程數來決定每年的保險支出。**個人化定價**（personalization pricing）則是由賣方評估買方對物品的重視程度來決定價格。例如，網路商家會讓死忠的樂迷在上市前就以比較貴的價錢先拿到DVD，精裝版的高價書會先賣給某作家的死忠書迷，而較不狂熱的書迷則是等待便宜平裝版上市。想瞭解與動態定價機制相關的爭議性問題，請參閱本章的「社會觀點」。

觸動式定價
（tigger pricing）

看消費者的所在地來調整價格

使用率定價
（utilization pricing）

視使用情況（例：里程數）而定價

個人化定價（personalization pricing）

由賣方評估買方對物品的重視程度來決定價格

社會觀點

動態定價：這個價錢對嗎？

如何給網上商品定價？遵照腓尼基人的公式：大多數零售商的定價為成本的兩倍。但這只是定價過程的開始。古代商人開始群聚至市場買賣後，通常要經過一番討價還價才能完成買賣，因此價錢在一開始可能會定的稍高。這是最早在市場出現的動態定價：根據市場狀況（例如：一般需求、特定商品需求、供應、顧客狀況）調整價錢。

現在有許多線上或非線上的動態定價工具，可根據使用者輸入的時間、個人狀況，來判斷當時的市場可以接受的價格。有了以網路為基礎的這些工具，任何時刻都可以找出適當的價錢！

動態定價有許多形式。以時間為基礎的動態定價（time-based dynamic pricing），是抓住消費者喜新厭舊的心理，剛推出的產品擁有較高的價錢。尖峰負荷動態定價（peak-load dynamic pricing）則是在供給相對固定的時刻調整價格（如當庫存滿的時候會調整價錢）。清倉動態定價（clearance dynamic pricing）顧名思義是在商品已經失去其價值時所採取的方案。各種形式的動態定價都是根據顧客透過不同的管道、不同的時間點的付款意願來區隔市場。所有關於動態定價的經濟模型，都是假設消費者是絕對理性，且會即時對市場價格作出反應。

SAP, DemandTec Inc. 的 Hewlett-Packard 所開發的以網路為基礎的動態定價系統，能夠將大量的即時資料去蕪存菁，從而制定適當的定價方案。網路環境的優點在於調整價格的成本低廉、執行容易。對實體店家而言，未來可以透過在購物車上加裝電子購物車螢幕的技術來達到動態定價的效果。Gartner 公司預估全球 2000 大零售企業有 50% 會以動態定價作為主要的定價策略。

DHL Worldwide Express 曾使用守舊的定價方式 — 單一定價，而該定價往往與其競爭者（UPS, FedEx）相形見絀。「到底該降多少？」為了解決這個關鍵的問題，DHL 購買 Zilliant 公司的動態定價系統，目前營收及毛利已有顯著成長。

一項對動態定價的調查可看出許多產品價格的變化，例如巴諾網路書店公司（BarnesandNoble）的一本精裝書，價格從禮拜三的 20.80 美元到禮拜五變成 26.00 美元；Zappons 公司的一雙鞋則是在四天內漲了 3.95 美元。而實際在美國兩大旅行網站 Expedia、Travelocity 做旅遊預約後發現，一樣的旅遊行程卻因網站瀏覽器的不同和是否有過瀏覽記錄而有不同的開價。

動態定價也是有對手的。根據研究，不少消費者表達了對於「不同人不同價」的不滿，而有更高比例的受試者表示反對「透過分析消費習慣來決定售價」。雖然消費者對於這種訂價方式並不贊同，但是有專家認為動態定價本來就是市場的自然反應，只要這種價差不要牽扯到種族與宗教問題就好。不過如果讓消費者知道被索取了較高的價錢而產生不滿，則廠商可能損失更大。

舉例來說，在 2009 年 9 月，消費者在線上聊天室中發現他們在 Amazon 購買同一張 DVD，但卻被索取不同價錢。Amazon 的創辦人 Jeff Bezos 對此宣稱此價差不是根據顧客消費習慣的紀錄而決定，而是為了測試產品市場價格出現的隨機價格。儘管有出面澄清，整件事情最後仍以道歉並退款給 7000 名消費者收場。現在的 Amazon 強調絕對不會動態定價，不過依舊有傳言指出 Amazon 會根據顧客放入購物車的物品調整價格。

儘管有些消費者對於被索取較高的費用不滿，但有部份動態定價機制的報導顯示，客戶是願意多花一點錢在更好的服務和品質上（不管有沒有真的感覺到）。舉例來說，很多客戶會願意花相當高的費用以期能立刻收到商品。這代表有些動態定價機制是可被接受的。研究發現，當消費者能夠得知各種不同價位，動態定價的差異是可以被接受的，例如：消費者覺得走去攤位買一罐飲料的價錢，比起攤販送至眼前的飲料還便宜是公平的。同樣的，消費者也覺得在網路書店購書（但必須等一個星期才能拿到書）比在實體書店（馬上拿書）買書便宜是公平的。所以消費者會認為動態定價不公平的情況是：沒有辦法得知、選擇較低的價錢。

不幸的是，網路上的動態定價十分常見，消費者也不易察覺。當價錢的透明度減少，價差就會很容易出現。網路上的消費者由於資訊不齊全，無法及時反映價格，也無法稱為絕對理性（unbounded rational）。而網際網路（Internet）的興起增加了價格透明度，但仍然存在著上述情況。

拍賣是一種動態定價機制的形式，正廣泛地運用於電子商務中，最廣為人知的就是**消費者對消費者式的拍賣（C2C）**。這裡的拍賣場所，僅僅只是媒介市場製造者所提供讓買賣雙方能夠找到價錢和交易的討論區。**企業對消費者式的拍賣（B2C）**則是較少人知道，企業擁有資產並用動態定價去決定價格，既有的線上商家也設立了 B2C 拍賣機制以刺激額外的銷售。這種類型的拍賣或動態定價也隨著 C2C 拍賣而不斷成長。在 2008 到 2012 年間，線上拍賣預期每年有 12%到 18%的成長，某些公司（例如 eBay）更因為拓展國際新市場，成長速率更為驚人。在 2008 年，美國 C2C 拍賣網站產生約 250 億美元的營業額，而 B2C 拍賣則有 190 億美元左右（圖 11.3）。

消費者對消費者式的拍賣 (consumer-to-consumer auctions)
拍賣場所是個媒介市場，提供一個討論區，讓買賣雙方能夠找到價錢和交易

企業對消費者式的拍賣 (business-to-consumer auctions)
拍賣場所拍賣自有產品，並用動態定價去決定價格

11-15

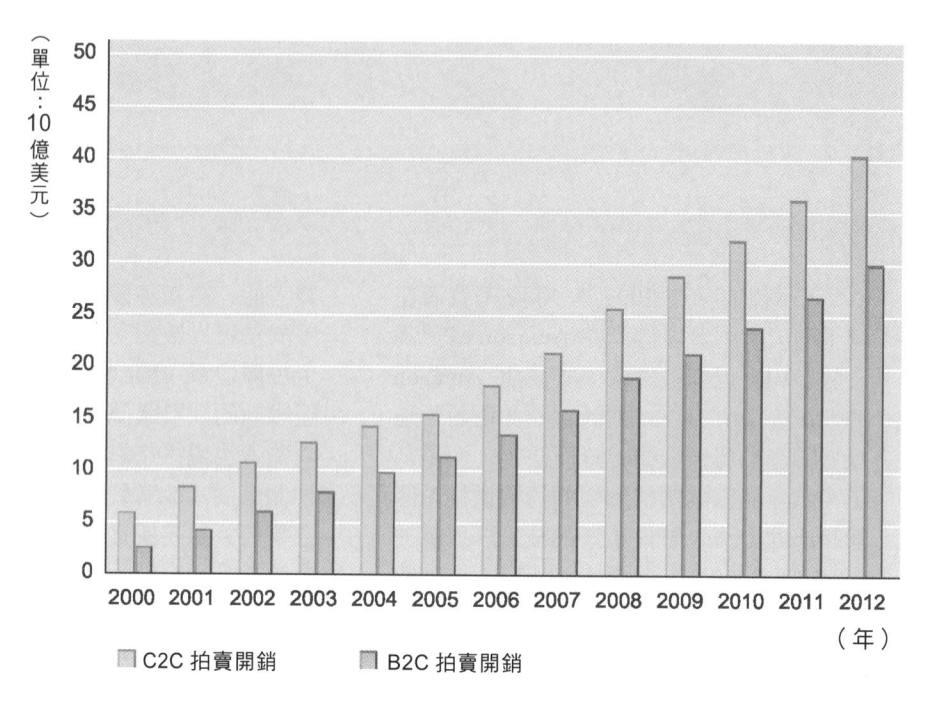

圖 11.3 拍賣利潤成長預測

一直到 2012 年,美國的 C2C 與 B2C 拍賣預期會以兩位數的速率持續地成長。
資料來源:eMarketer, 2005; Jupiter Research, 2001,作者評估。

表 11.3 為目前主要的拍賣網站。拍賣並非限制在商品以及服務,還可以用在競標者間的資源分配。例如,若你想要為神職工作者訂立一個最適當的職務表,讓他們競標職務是個非常有效率的解決方法。簡言之,拍賣(就像所有的市場)對於個人(競標者)來說就是分配資源的方法。

表 11.3 主要的線上拍賣網站

一般性	
eBay	是世界的拍賣領導者:每月 6800 萬名訪客,有成千上萬的交易商品
uBid	從 1997 年開始至今,uBid 有超過 500 萬的顧客和販售了超過 20 億美元的商品。現在每月吸引 200 萬的訪客
BidZ	一般的消費者拍賣。每月超過 400 萬訪客
Auctions.amazon	處理一般消費者或公司的清算拍賣。每月超過 100 萬訪客
Bid4Assets	拍賣來自政府、公共部門、企業、企業重組、破產的資產。每月超過 20 萬訪客
Auctions.samsclub	Sam's club 銷售各類型的品牌。每月超過 40 萬訪客

專業性	
Racersauction	跑車零件專賣網站
Philatelicphantasies	專業的郵票網站，每月舉行線上拍賣
Teletrade	美國最大的全自動、認證的錢幣拍賣公司（也提供運動卡）
Baseball-cards.com	網路上第一個棒球卡商店。每個禮拜提供 5000 筆以上的拍賣，拍賣物品包含棒球、橄欖球、籃球、曲棍球等卡片商品
Oldandsold	高品質古董的線上拍賣服務。業者須支付 3%的銷售交易手續費

為什麼拍賣這麼受歡迎？拍賣的好處與成本

網路要為拍賣的再起負最大的責任。儘管 1980 年代晚期就已出現以網路為基礎的拍賣（如日本的 AUCNET，一種為二手車設立的電子化拍賣），當時所需成本非常昂貴；而網路提供全球性環境及非常低廉的修護和操作成本，透過進入障礙低的媒介（指網路瀏覽器）造福了全球的消費者。

拍賣的好處

先不談拍賣有如遊戲一般的樂趣，對於消費者、商家、和社會而言，參與網路拍賣也具有很多經濟利益，例如：

- **流動性**：賣家能找到自願的買家，買家也能找到賣家。網路強化傳統拍賣的流動性，以往需要所有的參與者都出現在同一個房間裡，現在，買賣雙方能在全球任何地方找到彼此。同樣重要的是，雙方能找到一個在網路出現以前並不存在的稀有品項的市場。

- **價格易尋性**：買家與賣家能迅速並有效地為難以估價的商品定價。商品價格的訂定需視供需與分布情況。例如，賣家或買家如何評估一個西元前 550 年製的希臘油燈的價錢（這只是一個可在 eBay 上找到的例子）？消費者如何在不藉助網路的情況下找到一只希臘油燈？那對所有人來說都是極為困難和昂貴的。

- **價格透明度**：大眾網路拍賣讓世界上每一個人都能看到商品的競標資料，因此商家很難對商品定出不同的價格（對某些客戶索取較高的價錢）。但就算是大如 eBay 這樣的拍賣網站，也不可能容納全世界所有的拍賣物品，所以某些特定商品還是會有高出在世界市場售價的情況（市場間存在的價格差異）。

- **市場效率**：拍賣也有可能導致價格降低，進而導致商家的利潤也跟著降低，但相對的也會增加消費者的福利，這就是一種市場效率。

線上拍賣可讓消費者找到幾乎不用錢的東西；它們也提供了極多的選擇管道（畢竟消費者不可能跑遍每一家實體店面）。

- **更低的交易成本**：和實體世界的市場相比，拍賣能夠以非常低廉（不至於免費）的成本完成交易，造福買賣雙方。

- **聚集消費者**：大型拍賣網站能聚集希望在某一市集買東西的消費者，而網站的搜尋引擎能夠指引消費者找到他們想要的商品，這些特質都有助於刺激消費。

- **網路效應**：拍賣網站越大（以瀏覽的訪客和商品的拍賣數當作衡量標準），其價值就越高（表現在上述的諸項優點，例如較低的交易成本、較好的市場效率、價格更加透明）。舉例來說，因為 eBay 實在太大（佔美國 C2C 拍賣交易將近 90%），你更可能以很好的價錢找到想要的東西，也同樣更可能找到理想的買家。

消費者和商業行為的拍賣成本和風險

參與拍賣會牽涉到多種風險和成本，而在某些情況下，拍賣市場會失敗，需注意的重要風險和成本包括：

- **延遲付款成本**：網路拍賣可以持續好幾天，而寄送會再耗費更多時間。向郵購公司購買東西，會希望能越快收到越好，但如果是去實體商店，馬上就可以取得商品。

- **追蹤成本**：參與拍賣需要花時間監控競標的情況。

- **設備成本**：網路拍賣系統除了建構的成本外，運作（上網、操作人員培訓等）也需要成本。

- **信任風險**：事實上，線上拍賣是網路詐騙最大的來源。

- **完成成本**：一般來說，買家會負擔完成成本（包括包裝、運送和保險）。在實體店面中，這些成本已經涵蓋在售價中。

拍賣網站（如 eBay）已經採取多種措施來降低消費者的參與成本和信任風險。例如，拍賣網站想藉由評價系統來解決信任的問題——透過先前的客戶經驗給予商家評分。儘管有用，這種解決方案並非全然有效。在電子商務環境裡，拍賣詐騙事件層出不窮。一個針對追蹤成本（monitoring cost）的局部解決方案，很諷刺地，就是固定定價。在 eBay 上，消費者可以藉由點擊「馬上買」來降低追蹤成本，而「馬上買」的價格和拍賣價格之差異就是追蹤成本。大多數線上拍賣是藉由提供「**守望名單**」（watch lists）和「**代標機制**」（proxy bidding）來降低追蹤成本：追蹤清單允許消費者追蹤某些特別感興趣的拍賣，這需要消費者高度關注最後幾分鐘的

守望名單（watch lists）
允許消費者追蹤某些特別感興趣的拍賣

代標機制
（proxy bidding）
允許消費者先鍵入願意購買的最高金額，然後由軟體自動一點點地下標直到達到輸入的金額為止

競標情形。代標機制則允許消費者先鍵入願意購買的最高金額，然後由軟體自動一點點地下標直到達到輸入的金額為止。

然而，儘管有上述的種種成本，通常拍賣中的低價商品基本上就是要補償消費者可能產生的其他花費；另一方面，消費者只須負擔較低的搜尋以及處理成本，因為其中並沒有其他媒介（當然，若賣家本身就是在經營拍賣網站，則自己維持該網站的成本是難以避免的），此外，一般來說並不會有「地區或州稅」的問題。

商家也會遇到風險和成本問題。在拍賣中，若價錢遠低於傳統市場的價格，賣家會結束正在競標中的物品。商家也會遭遇收不到錢、誤標、競標詐欺、追蹤、拍賣網站索取處理費用、信用卡手續費、以及輸入金額和產品資料等處理成本。本章將會探討更多與賣家利益和風險相關的議題。

市場決策者的利益：拍賣作為電子商務的典範

線上拍賣已經是最成功的零售和 B2B 商業模式。網路上最賺錢的拍賣網站 eBay 幾乎在營運初期就有獲利！eBay 現在已經擴展成三項產品線：線上商場（一開始的業務）、付費（結合了 PayPal）以及通訊（結合了 Skype），這樣的策略就是為了從拍賣的整個過程中賺錢。像 eBay 這樣的拍賣網站的收入來源包括：依拍賣的價格收取處理費用、依物品的展示收取刊登費、向 PayPal 之類的付費系統收取財務服務費、賣家想要額外的特殊刊登或是為自己商品打廣告，則會被收取廣告和配置費用。此外，eBay 收購了網路電話公司 Skype，讓買家跟賣家在拍賣的過程中可以使用線上通訊。Skype 現在依然是最大的免費網路電話服務提供者。

但就成本而言，線上拍賣的確具有比普通零售和分類網站更顯著的利益。拍賣網站不需要倉庫、運輸和設備，這些費用是由買賣雙方自己承擔。這樣說來，只需傳達訊息的線上拍賣是一種理想的數位生意。

儘管 eBay 已經非常成功，但線上拍賣的成功關鍵在於市場被高度集中。eBay 稱霸了線上拍賣市場，再來則是 BidZ 以及 Amazon 拍賣。許多規模較小的拍賣網站無法獲利，因為他們缺乏足夠的賣家和買家以達到高流動性。在拍賣中，網路效應是非常具有影響力的，但這只發生在一兩個特別大的拍賣網站，其餘幾百個特殊拍賣網站（指拍賣特殊產品，如郵票）則幾乎無利可圖。

拍賣的範例和類型

拍賣理論的主要研究領域屬於經濟學範疇（McAfee and McMillan, 1987; Milogram, 1989; Vickrey, 1961）。這些研究多半是理論性的，在拍賣出現在網路上之前，少有關於拍賣的經驗或是拍賣中行為的資訊。先前的內容已經介紹過多種拍賣形式，有些傾向賣家，有些則傾向買家。網路拍賣和傳統拍賣（Morgan Stanley Dean Witter, 2000）有極大的差異，傳統拍賣相對地時間較短（如蘇士比藝術拍賣），而且有固定參加人數（且通常必須出現在同一個房間）；而線上拍賣可以持續更久（一週），還有不固定的競標者在不同拍賣區域出現。

網路拍賣的原理

企業在轉換以拍賣當作行銷管道前，必須先瞭解部分線上拍賣的原理。

在動態定價的市場中，市場的力量和趨向 動態定價的市場並非一直都是「公平的」，因為市場力量的分布（通常不平衡）會影響價錢。圖 11.4 說明四種不同的動態定價市場趨向。

動態定價市場可以是中立或是偏向買方或賣方。

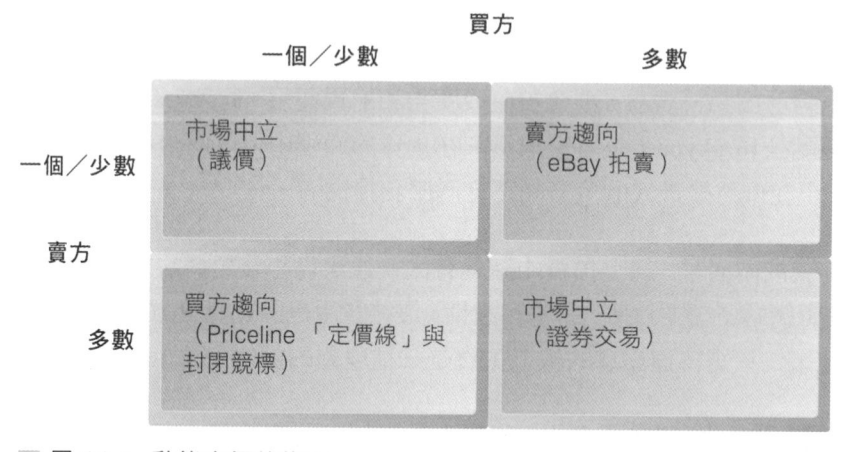

	買方 一個／少數	買方 多數
賣方 一個／少數	市場中立（議價）	賣方趨向（eBay 拍賣）
賣方 多數	買方趨向（Priceline「定價線」與封閉競標）	市場中立（證券交易）

■ 圖 11.4 動態定價的趨向

在賣家和買家的數量不多或兩者相差無幾的情況下，市場就屬於中立的。一對一談判、以物易物、證券交易等都有這種中立的性質（儘管專家和市場決策者會因為撮合買賣雙方而抽取些許佣金）；在證券交易中，因為投標和出價是持續的，所以往往被稱為「雙重拍賣」，很多買家和賣家會持續喊價直到交易達成。相反的，eBay 的拍賣與 Priceline 的反向拍賣則有固定的趨向。在 eBay 上，單一或少數賣方對數以百萬計、相互競爭的買方推銷著供應有限的產品是常見的情況。而 Priceline 的反向拍賣，與

密閉競標市場有許多相似之處，是由買方開出他的需求，由賣方來爭取服務的機會。當然，固有的趨向並不代表買賣雙方間的「好交易」不存在。

然而，這樣的趨向卻讓買賣雙方更加謹慎，因為當競標過熱時，售價常常過高或過低於其**公平市場價值**（fair market value）。公平市場價值是在多樣動態並固定價格的市場中，產品或服務的平均價。在之後的章節我們將會繼續探討其他拍賣市場的失敗。

價格分配規則：單一 vs. 差異定價 建立拍賣的得標價與售價有各種不同的規則可循。例如，在**單一定價規則**（uniform pricing rule）中，會有許多得標者且他們都付出同樣（最低）的得標價（亦稱「市場清空價」）；而在**差異定價**（discriminatory pricing）中，得標者是根據自己的出價而付錢，例如 Ubid.com 就是拍賣來自製造商的多種貨品。正如其他的拍賣規則，定價分配可以影響出價的策略。舉例而言，在單一定價拍賣中，拍賣品為 10 台 IBM 的電腦，若你算準對手不會跟進，則可為其中的幾台出高價，但最後只需付最低的清倉得標價。競標最後一台的人很有可能只以你的 75% 出價，但這卻是你實際付的價錢。然而，在差別定價中，你一定得付自己開的高價！由此可見，單一定價是較受買方歡迎；而差異定價則受賣方青睞。

動態定價市場中的公開 vs. 私人資訊 在許多的定價市場中，出價是不公開且僅為一方知道。例如當一家公司要眾多承包商競標一棟新建築的電力供應時，競標者得提交密封的出價，由出價最低者得標。這裡的風險在於「**出價騙局**」（bid rigging），也就是競標者事先互相串通，藉以提高得標價而圖利自己。這是封閉競標市場的常態，然而，在一般的拍賣市場中，競標價是公開的。如此風險便成了賣家自己哄抬售價。公開的市場會促成**價格配對**（price matching）的形成，也就是有一個賣方同意的銷售的底價，若低於底價就不賣。一般而言，這樣的共謀只存在於只有少數人致力於穩定價錢的賣方。

拍賣的類型

在學習了基本的拍賣市場規則及作法，接下來要介紹一些主要的動態定價市場及拍賣，包括了線上和非線上的形式。表 11.4 介紹了拍賣的主要類型，每個類型是如何運作和偏向，也看出各個拍賣的許多差異：分為差異定價與單一定價，後者則是較常見；分為單一物件拍賣或數個物件拍賣。主要的網路拍賣類型包括英式、荷蘭式網際網路、自己出價與集體購買。分述如下：

公平市場價值（fair market value）
在多樣動態並固定價格的市場中，產品或服務的平均價

單一定價規則（uniform pricing rule）
會有許多得標者且他們都付出同樣（最低）的得標價

差異定價（discriminatory pricing）
得標者根據自己的出價而付錢

出價騙局（bid rigging）
競標者事先互相串通，藉以提高得標價而圖利自己

價格配對（price matching）
一個賣方同意的銷售的底價，低於底價就不賣

表 11.4 拍賣的類型與動態定價機制

拍賣類型	機制	偏向
封閉的競標市場（B2B 電子採購 — Ariba Sourcing; eBay's Elance.com）	封閉的競標市場、要求開價（RFQs）。由最低出價且兼具品質者得標	買方趨向：多個供應商互相競爭
Vickrey 拍賣（私人拍賣）	封閉的競標市場，單一物件；最高出價者以第二高的出價得標	賣方趨向：單一賣方與買主互相競爭
英國式拍賣（eBay.com）	公開上升定價，單一物件；最高出價者以高於第二高的出價得標。買方可以不必參與每次出價而等待最高價時再進場	賣方趨向：單一賣方與買主互相競爭
荷蘭式傳統（荷蘭花朵市場）	公開下降定價，單一物件；賣方降低售價直到有買方購買	賣方趨向：單一賣方與買主互相競爭
荷蘭式網際網路（eBay.com, Dutch Auction）	公開上升定價，數個物件；買方競標品質與價格。最終的單位售價是最低的得標價，同時訂為一致售價（單一定價規則）	賣方趨向：少數賣方與多數買方
日式（私有拍賣）	公開上升定價，單一物件；最高出價者以高於第二高的出價（保留價）得標。但買方必須參與每次出價以維持資格	賣方趨向：單一賣方與多數買方
洋基拍賣－網路（荷蘭式拍賣的變形）	公開上升的定價，數個物件；買方競標品質與價格。競標者被依單位出價、單位、時間來分級。得標者得支付其所開出的價格（差異定價規則）	賣方趨向：單一賣方與多數買方互相競爭
反向拍賣	公開反向的英式拍賣。下降的定價，單一物件。賣方競標產品或服務的售價；得標者是出價的最低者。近似於封閉的競標市場	買方趨向：多數賣方互相競爭
集體購買（eSwarm）	公開反向的拍賣。下降的定價，數個物件。買方競標單位售價；賣方們競標價錢，得標者是最低價提供者。	買方趨向：多數賣方互相競爭
自己出價（Priceline.）	除了消費者願意出的價是固定且出價不公開之外，類似於反向的拍賣。必須有第一次出價時就購買的決心	買方趨向：多數賣方為了各自的生意互相競爭
雙向拍賣（NASDAQ 與股市）	公開的競標－要求談判。由賣方要求，買方競標。銷售完成於參與者於品質與售價上有了共識	中立：多數買賣雙方互相競爭。市場趨向：交易專家（撮合者）

（註：「公開」代表所有參與者都可以看到出價）

第 11 章 社交網路、拍賣與入口網站

英式拍賣　是最易瞭解且在 eBay 中最常見的一種。由單一賣方提出單一物件。有時間限制、底價（保密）與遞增的價差設定。在時限內出價最高者得標（出價必須達到或超過底價）。英式拍賣因為買方相互匿名的競爭而被認為是以賣方為基礎的。

英式拍賣
（English auction）
最常見的一種拍賣型式。由出價最高者得標

傳統的荷蘭式拍賣　在荷蘭 Aalsmeer 的拍賣場裡有 5000 名花農正在向 2000 名買家推銷自己的產品。會場中有個鐘，其上顯示花農們想要的價錢。價格隨著時間遞減，而買家可以按按鈕來接受當時的售價。這樣的拍賣很有效率：Aalsmeer 平均一天進行 5 萬筆交易，賣出 1500 萬朵花。如今透過網路，交易的效率又大為提升，買家不必親自到市場競標，賣家也不用將花放至鄰近倉庫，而是最後競標成功後直接從農場運輸到買家手上。

荷蘭式網際網路拍賣　荷蘭式網際網路拍賣（例如 eBay.com, OnSale.com 等），規則和方法都與傳統式的荷蘭式拍賣不同，對於擁有許多相同商品的賣方非常有利。首先賣方定出起標價與要販售的數量；競標者則開出競標價與需求量。使用的是單一定價規則，得標者可以用最低成功出價的價格來買商品。市場清倉價可以低於出價。若買方遠多於商品，則由第一個成功出價者得標。一般來說，高出價者可以最低的成功出價取得他們想要的量，但對於低出價者則不保證如此。這種拍賣通常非常快速，因此不適用代理出價（proxy bid）。表 11.5 是採取此種拍賣方式交易桌上型電腦的實例。

荷蘭式網路拍賣（Dutch Internet auction）
公開漸增價錢、多件數拍賣。以最低的得標價作為最後售價，由最高出價者得標

在表 11.5 中，投標者先按價錢再按數量排序。在單一定價規則下，最低得標價（清倉）是 568 美元，且所有的得標者都要付這個價錢。然而，最低得標者 JB505 只能得到 3 台（不是 4），因為高出價者可優先權取得需要的量。

自己出價式拍賣　Priceline 所使用的是第二種最常見的網路拍賣型式。儘管 Priceline 也扮演著中間人的角色（協助以折扣價購買旅行套票，並以較低的零售價出售），它是自己出價式拍賣（買方開出自己願意出的價格而由眾賣方來競標）的最佳代表。這裡價錢是固定的：消費者一開始的報價，即代表願意以此價格來購買。在 2007 年，Priceline 有超過 1600 萬的註冊使用者，每個月有 510 萬的訪客，以及有超過 10 億元的營收。同時也是美國排名第八名的旅遊網站。現在 Priceline 也有新車的買賣、旅館住宿預約、汽車租借、長途電話服務以及家庭財務等拍賣項目。

表 11.5 多件商品的荷蘭式網際網路拍賣

拍賣結案資料	
貨品編號	8740240
總件數	10
說明	HP Pavilion dv5000t 筆記型電腦;Win Vista; Intel Celeron 1.73GHz, 1 MB L2 cache; 15 吋螢幕; 1MB 記憶體; Intel graphics accelerator
保留價格（最低價格）	無

投標人	日期	時間	出價	數量
JDMTKIS	10/25/08	18:35	$575	4
KTTX	10/25/08	18:55	$570	3
JB505	10/25/08	19:05	$568	4
VAMP	10/25/08	19:10	$565	2
DPVS	10/25/08	19:20	$565	1
RSF34	10/25/08	19:24	$560	1
CMCAL	10/25/08	19:25	$560	2

表 11.6 說明 Priceline 的自己出價式拍賣所提供的商品與服務。很明顯地，Priceline 最吸引人之處在於低價（六折）。品牌供應商持續競爭，以提供服務給消費者。然而 Priceline 的商業模式還未能應用到其他種類的商品上，汽油以及雜貨經由 Priceline 拍賣都宣告失敗。

表 11.6 Priceline 自己出價式拍賣的出售物

服務／產品	說明
機位	航空業者爭取消費者，推銷「不能保存的」商品直到最後一刻
旅館房間	飯店業者爭取消費者，在「最後一刻」的基礎上推銷「不能保存的」服務
出租車	出租公司爭取消費者，在「最後一刻」的基礎上推銷「不能保存的」服務
度假方案	飯店業者與航空公司爭取消費者，推銷「不能保存的」服務直到最後一刻
乘船遊覽	觀光船公司爭取著消費者，尤其在淡季更顯激烈

Priceline 的六折優惠是如何達到的？首先，Priceline 隱藏起各家提出的價錢，減少了傳統管道（包括直銷）裡的衝突。其次，所銷售的服務是「會過期的」：如果 Priceline 的消費者不出價於空的機位、出租車輛、旅

社房間等商品與服務,則賣方將無利可圖,這給了賣方足夠的動機於關鍵市場中開出低價(當然不至賠本)。

這個提供給賣方的策略是為了盡可能在更高獲利的管道中提高銷售量,而在關鍵市場中拋售多餘的空位。這樣的做法對消費者、賣方和 Priceline 都有利,因此會向賣方收取交易費用。

集體購買式拍賣:匯集需求(demand aggregator)促進了集體購買,配合大量的購買量提供動態折扣。匯集需求的創始者是 Mercata,從 1998 年成立到 2001 年中止營運前,是最大的零售需求匯集網站,同時也有數個線上需求匯集的專利。目前最大的匯集需求軟體供應商為 Ewinwin,也是 B2B 的匯集需求商。一般而言,匯集需求不適用於零售業,不過對於 B2B 商務而言,卻是很好的組織集體購買的方法。貿易協會、產業購買團傳統上即是靠大量的需求量來達到降低成本的目的。

匯集需求
(demand aggregator)
由供應商將本來不相關的買家組成單一的集體以提供較低的售價(大購買量就有大折扣)

線上的匯集需求有兩個原則:第一,量大時賣方更容易降價。第二,價錢低時,買方更可能增加購買量。訂購的數量與賣方的動機會動態地影響定價。

雖然線上網站致力於零售團體採購並不成功,但他們所用的軟體及商業方法被整合在 B2B 及企業對政府式的拍賣(B2G),成為一種動態定價機制。例如,美國聯邦政府的國土安全局要建立中央採購部門,從不同機構中匯集所有 IT 產品的需求(如電腦、路由器或是其他產品),這將有利於降低成本。大致上來說,匯集需求適用於一次需求量大的商品(商品類產品)。

專業服務拍賣 這種拍賣是屬於自由業者(程式設計師、圖形設計等)的封閉式出價、動態定價市場。以 Elance.com 為平台,當公司需要專業服務時就到 Elance 網站上發表專案的描述與需求,而提供服務的人參與競標此項工作,最後買家可從同樣價錢的競標者中選擇評價最好的。這是逆向的「Vickrey 型」拍賣(各方投標資料不公開,而由最低成本者得標),類似的網站有 SoloGig.com。

匯集拍賣(大拍賣,mega auctions) 如何在網上找到適合的拍賣?讓**拍賣聚集**(auction aggregator)來為你解決吧!匯集拍賣使用軟體匯整眾拍賣網站資料(產品資訊、出價、拍賣期限、出價增額等),並提供使用者查詢。當使用者查詢一項產品時,會列出以固定價格拍賣的網站和特價拍賣的網站清單。匯集拍賣常常秘密地刺探網站資料,但這種狀況如今已被許多網站遏止,必須要有網站的許可才可執行。

匯集拍賣
(auction aggregator)
使用電腦程式搜尋多個拍賣網站,並蒐集產品、出價、拍賣期限、出價遞增量等資訊

11-25

在商業環境下,何時該使用拍賣(原因為何)

很多情況下,拍賣是個相當理想的通路。本章會以消費者的觀點探討這個問題。消費者的目標不外乎以最低的價錢取得最高的價值。轉換成企業的觀點,企業的目標是透過發現其服務與商品真正的市場價值而將利潤最大化,而在拍賣的環境中,價值一般被預期為比固定的價格高出許多。表 11.7 整理出選擇拍賣時所要考慮的因素。

表 11.7 選擇拍賣時要考慮的因素

考慮因素	描述
產品類型	稀有、獨特、大宗貨、不能保存
產品生命周期的階段	早、中、晚
通路管理議題	與零售經銷商的衝突;差異化
拍賣類型	賣方 vs. 買方趨向
初始定價	高 vs. 低
出價價差	高 vs. 低
拍賣期限	長 vs. 短
物件數量	單一 vs. 多數
定價分配規則	單一 vs. 差異
資訊分享	封閉 vs. 開放競標

- **產品類型**:線上拍賣最常被應用於稀少、獨特的產品(難以定價且不一定有現成市場)。然而,Priceline.com 已經成功地發展出不能保存的商品(機位)之拍賣環境,而一些 B2B 的拍賣牽涉到大宗貨品(鋼,常被以低價出售)。新衣飾產品、新數位產品、新電腦等通常不會出現在拍賣中,因為新產品很容易可以找到定價,且這些產品具有保存性,通常已有合適的銷售通路(線上或非線上)。

- **產品生命周期**:拍賣常常於商品生命周期的最後階段登場,因為透過拍賣比較有機會取得較高的價錢。然而,現今越來越多的商品在剛推出的階段就被拍賣售出。例如:音樂、書籍、影片、遊戲、數位產品多半因為消費者追求新潮的心態而熱賣。而體育活動或音樂會的線上售票也日趨盛行,在美國已佔所有售票的 25%。

- **通路管理議題**:企業(例如 JCPenney 和 Wal-Mart)必須避免拍賣活動影響到現存的獲利管道。因此,出現在既有零售網站拍賣的商品,多屬於其生命周期晚期的商品,且常有購買數量的要求。

- **拍賣類型**：很明顯的，賣方該選擇買方多、賣方少的拍賣。英國式升價拍賣（例如 eBay.com）是對賣方最有利的，因為越多的競標者就可以讓價錢衝得越高。

- **初始定價**：研究顯示，拍賣商品應該從較低的競標價起跳以刺激更多的競標者參與（參考「出價價差」）。（起始）價錢越低就能吸引越多的競標者，價錢也就有機會攀升。

- **出價價差**：一般而言，維持低價差是比較保險且有利的作法，可增加競標人數與出價次數。若能說服競標者相信只要再加碼一點點就可以得標，則往往競標者會致力於加碼，並忘記他們的總加碼數。

- **拍賣期限**：一般而言，拍賣期限越長，能吸引到的競標者越多，且價錢也能攀得越高。然而，若新出價出現的頻率趨近於 0，則標價會漸趨穩定。eBay 大部分的拍賣期限為 3 天。

- **物件數量**：當商品是以一定的數量一起銷售時，買方通常會期待「量的折扣」，而這樣的期待常導致較低的競標價。所以賣方應該考慮將大量的商品變成較少數量來分批拍賣。

- **定價分配規則**：大多數買家都認為在多單位的拍賣中，大家都該付一樣價錢，那麼單一定價策略就該被推薦。eBay 荷蘭式網際網路拍賣鼓勵這種期待，而部分買家必須為他們各自特別的需求付額外的費用這種想法並不被支持。所以想要有價格差異的賣家應該將相同商品分配到不同地區或時間的拍賣中以避免比價。

- **封閉 vs. 開放式競標**：封閉式競標對賣方是有利的，因為它在不冒犯到買方的情況下允許價格差異。而開放式競標則具有「群聚效應」（herd effects）與「獲勝效應」（winning effects，簡言之，就是消費者間的競爭本能，將在公開的資訊下刺激價格飆漲）。

拍賣中的賣方與消費者行為

除了這些結構性的考量，你也應該考慮拍賣網站中消費者的行為。相關的研究雖然日漸興盛但仍屬於剛起步階段。然而，早期的研究成果還是提供了一些有趣的成果。

賣方利潤：到達率、拍賣長度、單位數量

賣方利潤是個由到達率、拍賣長度、單位數量構成的函數。然而，這些關係中利潤在到達最佳點後都難免驟降（Vakrat and Seidman, 1998; 1999）（圖 11.5）。因此，在現實世界的拍賣中（如 eBay），要銷售大量商品

的賣家通常會將其商品（平均）分配到多個拍賣去（期限一般為 3 天）。如此一來，拍賣將有足夠的時間吸引大部分有興趣的買家，卻又不至因時間太長而使成本過高。拍賣人氣越高，期限就應該越長（但仍該低於達到最佳點的時間）。熱門物品拍賣的價錢與出價者的數量、拍賣時間長度和單位數量都有關。

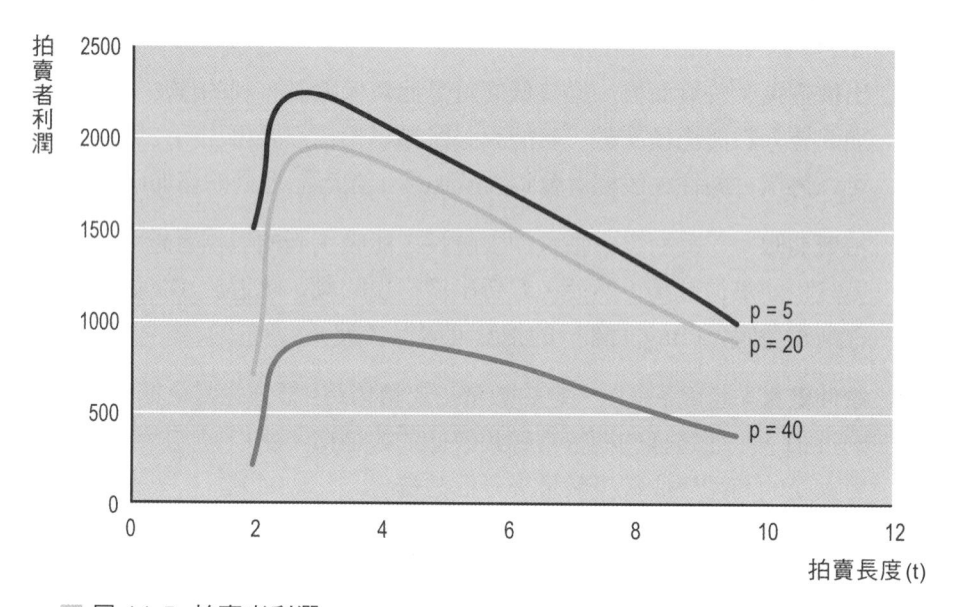

圖 11.5 拍賣者利潤

拍賣者的利潤是根據到達率 (p)、拍賣長度(t) 而定。在一開始利潤會快速升高，但在成本提高後快速下降。在單位數量到達某個最適值以前利潤也會升高，過了最適值之後則會快速下降。
資料來源：來自 Vakrat and Seidman 1998 的數據資料。

網拍價：是否為最低價？

一般人認為網拍價是低於一般固定市價的。而研究證據顯示有著各種結果，Vakra 和 Seidmann（1999）發現網拍價平均比市價要低 25%；Brynjolfsson 和 Smith（2001）發現 CD 的拍賣價格比線上商店售價更低；而 Lee 發現在日本二手車網站（AUCNET）的拍賣價比車行裡的售價要高，原因是網拍出售的二手車具有較高的品質（Lee et al., 1999－2000）。

事實上，網拍價比市價要高的原因很多，甚至在不同網拍市場中也存在著價格差異。可靠的研究顯示，消費者的行為並不是完全由價格決定的，還會受環境因素、錯誤的認知訊息影響（Simonson and Tversky, 1992）。拍賣是個社會型事件，出價者將受之前出價者的影響（Hanson and Putler, 1996），而產生價格上升的效應（Arkes and Hutzel, 2000）。對 ebay 數百項拍賣（其中包括新力遊戲機、CD 隨身聽、墨西哥陶器、義大利絲

質領帶)進行調查的研究中，Soltysinski(2001)發現消費者總是習慣投標已經有人投標的商品，之前無人投標的商品則乏人問津，這種現象稱之為**群聚效應**(herd behavior)。在市價越明確的商品中，群落效應就越不明顯，例如新力遊戲機對比於義大利絲質領帶市價就較明確。消費者不會願意花較多的錢購買高於市價的商品。

在網拍的行為中，常產生一些非預期的結果。例如：得標者會有後悔的心態，認為商品真正價值低於拍賣價，這稱之為**成功者的惋惜**(winner's regret)。賣方因為不知道最終得標價，而會有覺得自己賣得過於便宜的心態，稱之為**銷售者的悲嘆**(seller's lament)。而對於競標失敗者，會有出價太低無法得標的怨念，則稱之為**失敗者的悲嘆**(loser's lament)。總而言之，拍賣常讓得標者覺得標價過高，讓賣方覺得賣的價錢過低，不過這種狀況會在拍賣物品的價格非常明確時降到最低。

消費者對拍賣的信任

拍賣網站就如其他電子商務網站一般，也面臨創造顧客信任感上的難題，尤其是拍賣網站的經營者實際上無法控制商品品質，也無法提供擔保給消費者，因此提高了詐欺的可能(詐欺有可能來自賣家或買家)。eBay 就是網路上最大的詐欺來源之一。許多研究發現，當使用者獲得更多經驗，它們的信任與信譽也會增加。若網站能呈現受信任第三方的標誌，或提供多種追蹤服務，這樣就可以給使用者一種可掌握的感覺(Krishnamurthy, 2001; Stanford-Makovsky, 2002; Nikander and Karnonen, 2002; Bailey, et. al., 2002; Kollock, 1999)。信任是線上消費行為不可或缺的一環，因此 eBay 和許多拍賣網站也致力於建立賣方和買方評價、信託付款服務與真實性保證等自動化信任促進機制。

當拍賣市場失靈：欺詐和濫用拍賣

市場在以下四種情形下，無法產生社會預期的結果(達不到消費者福利的最大化)：資訊不對稱、壟斷的力量、公共財、外部性。

拍賣市場特別容易發生詐欺！詐欺造成賣家和買家間、買家之間的資訊不對稱，而這又造成市場失靈。透過網際網路犯罪投訴中心(Internet crime complaint center, IC3)調查發現，中心所收到的詐欺投訴中有 35.7% 跟線上拍賣有關，最常見的情況是商人收了貨款卻未運送貨物給買家，或是買家收到貨之後沒有付款(National White Collar Crime Center/FBI, 2005)。這損失的中位數是 484 美元，而最常見的欺詐付款機制是匯票與信用卡。聯邦貿易委員會在 2008 年公佈了一個好消息，網路拍賣詐欺投

群聚效應
(herd behavior)
傾向投標於已經有人投標的商品

成功者的惋惜
(winner's regret)
得標者在競標後覺得自己付出太多

銷售者的悲嘆
(seller's lament)
永遠無法未卜先知最終得標情況的感嘆

失敗者的悲嘆
(loser's lament)
出價太低無法得標的怨念

訴最近在網路事件投訴類別中落至第七位 — 總共只有 24,000 個詐欺案件投訴，盜竊則是位居首位。然而，這些資料沒有考慮到拍賣詐欺的整體程度，因為許多消費者在遇到拍賣詐欺的案件時並不會去投訴。表 11.8 列出最常見與主要的詐欺。

eBay 與其他許多拍賣網站曾研究過各單位接到的消費者投訴。然而，龐大的用戶數與驚人的流量，迫使 eBay 還是得高度仰賴賣家操守與消費者遵守規矩。

表 11.8 拍賣詐欺類型

詐欺的類型	描述
回饋罪行	
誘餌回饋	使用另一個使用者 ID 或其他拍賣網站成員去提高自己的評價
回饋濫用	任何回饋討論區的濫用
回饋勒索	威脅要送出不好評價的回饋以獲得利益
回饋誘惑	要約出售，交易，或者購買回饋
購買罪行	
交易干擾	寄電子郵件給買家們以警告他們不要跟某個買家接觸
非法競標取消	使用取消選項去創造高標價，找出現在最高標價的競價者，然後取消競價
持久性招標	持續喊價不管不歡迎競價的警告
不受歡迎的買家	在違反賣方市場條件的情形下購買
競價屏蔽	利用另一個 ID 或其他成員，以人為哄抬一個物品競標價
購買後不付款	透過高價競標使阻擋其他合法買家購買，然後不付款
販賣罪行	
誘餌競標	使用另一個 ID 或實際上不想購買的競價者去人為哄抬某物品的價格
賣家不履行	收到付款之後而沒有運送承諾的商品或是沒有照原先說好的方式運送貨品
不賣的賣家	在拍賣程序成功後拒絕收款或不運送貨品
逃避費用	各種可以逃避陳列費的機制
交易攔截	假裝是某個賣家然後收下付款
聯絡資訊／身分罪行	
謊報身分	宣稱是某個拍賣網站的員工；或表示自己是另一個網站成員
假的或遺失聯絡資料	提供假的資訊或遺漏資訊

詐欺的類型	描述
無法使用或不正確的電子郵件信箱	提供不正確的聯絡資訊
未成年使用者	18 歲以下的使用者
其他罪行	
干擾網站	使用軟體干擾拍賣網站的運作
競標流失	寄電子郵件給其他買家以提供較低價的相同物品
寄垃圾信／廣告信	寄送邀約優惠給競標者

11.3 電子商務入口網站

"port" 源自於拉丁文的 "porta"，代表著入口或閘門。

入口網站通常有著極高的造訪率，也常是許多人瀏覽器的首頁。主要的入口網站像是 Yahoo、AOL、MSN 每月都有數以百萬計的瀏覽者，帶領大家連到網際網路上超過 500 億個網站。也許入口網站最重要的功能，就是幫助使用者找到需要的資料。早期的電子商務入口網站其實就是搜尋引擎，使用者透過搜尋引擎入口網站找到更豐富、更多細節、更深入的資料；現在的入口網站則是整合了許多網站，提供新聞、娛樂、地圖、圖片、社交網路、深入的資訊內容，甚至是更多的主題。今日的入口網站追求的不只是像個入口，而是像電視網路般，身為消費者尋尋覓覓的終點（消費者留越久越好，因為廣告收益扮演了重要的角色）。

也有專門服務企業等各種組織的入口網站，例如**企業入口網站**（enterprise portals），協助傳遞員工人力資源資訊；大學網站引導學生進入註冊頁面、得到教室資訊、公布各種重要的學生活動資訊。某些企業入口網站甚至也有提供全方位新聞以及來自組織外部的即時財經消息（例如來自 MSNBC 的新聞）。本章會將重點放在電子商務的入口網站。

企業入口網站
（enterprise portals）
幫助員工了解企業人力資源訊息及公司內容

入口網站的成長與革新

正如以上所述，今日大部分著名的入口網站都是從搜尋引擎起家的（例如：Yahoo、Lycos、Excite、AltaVista、Ask Jeeves、Google 等）。它們的索引式內容為使用者帶來了相當的便利性。初期，這些業者只期待瀏覽者在它們網站上停留幾分鐘。到了 1990 年代末期，搜尋網站的訪客隨著

上網的人數越多而不斷成長，開始有少數人發現搜尋網站可以藉由導覽使用者至想要的網站而獲利。而這些搜尋網站吸引了可觀用戶，奠定了今日銷售與廣告的基礎。發現如此驚人的發展潛力，商務（銷售、廣告）、內容（從起初的新聞、氣象到今日的投資、遊戲、健康等多元主題）以及其他業者的內容都相繼被加入。以上三個特徵已成為 2006 年入口網站的定義：提供網頁導覽、商務、內容三種功能的網站。

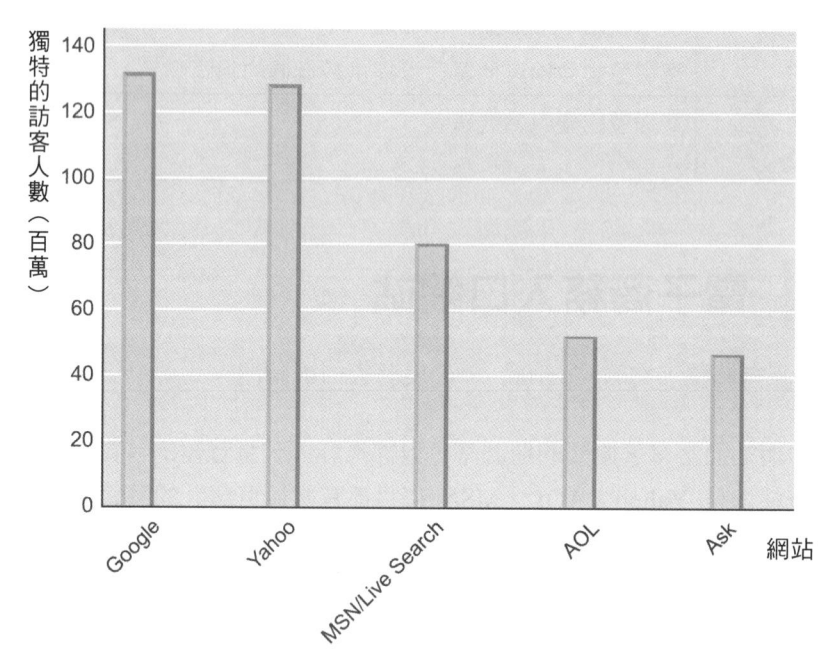

■ 圖 11.6 美國前五大入口網站/搜尋引擎網站

對於廣告業者和內容擁有者而言，入口網站的價值即是所吸引的瀏覽者數量，因此各個入口網站彼此會互相競爭使用者到達程度及獨特的使用者。「到達」被定義為一個月間網路使用者到訪的百分比；「獨特的訪客人數」則是指一個月內有多少個使用者造訪過（同一個人重複造訪不計在內）。入口網站有明顯的「網路效應」：當使用者越多，效益越大（入口網站的價值與客戶數都上升）。這些效應導致了入口網站市場被分為 3 層：少數多功能大網站（擁有 60－80%的用戶），第二層的多功能網站（20－30%的用戶），以及第三層的專門的垂直市場入口網站（吸引 2－10%的用戶）。如第 3 章所述，前五名搜尋引擎（Google、Yahoo、MSN、AOL、Ask.com）提供了 90% 的線上搜尋服務。由圖 11.6 可知前幾大入口網站及搜尋引擎網站的集中程度。但隨著越來越多人開始使用社交網路網站、且數百萬的使用者將這些網站設為首頁，這張圖形上的數據分布將會有巨大的變化。

要瞭解前幾大入口網站的競爭及改變，請參閱本章的「商業觀點」。

商業觀點

入口網站間的戰爭

NBC、ABC、CBS 這三家美國最大的廣播公司之間有何差異？如果你認為沒有差異，則是與大多數的美國人一樣無法分辨三家公司的差別。AOL、MSN、Yahoo、Google 間有何差異？最顯而易見的是 Google 沒有自己的內容，大家使用 Google 連向其他網站（不過其實 Google 還是有提供像是 Google Earth、 Google Maps、圖片、影片等），而其餘三家則同時還是內容提供者。這樣的差異也決定策略的不同。不過每一個入口網站都想成為最大的入口網站，因為越多的造訪者會吸引越多的廣告商，將賺取更多的利潤。

這場入口網站間的戰爭，競爭者有 Google、Yahoo、MSN、AOL，而每個網站有著不同的強項，也想藉著以下方向贏得勝利：最主要的強項、比其他競爭者更快速發展新產品與服務、發展他人佔有優勢的領域借以打擊競爭者、與他人聯盟或是併吞其他競爭者。以下是這些公司的現況，也許能為五年後（西元 2013 年）的狀況作出預測。

Google 和微軟是最成功也最積極的競爭者。Google 的強項在於搜尋引擎，一項查詢也許能找出 500 億筆網頁資料！7100 萬的美國人平均每月共有 100 億筆資料查詢。在 2008 年，Google 佔了其中 58% 的比例，遠超過 Yahoo（22%）、MSN.com（10%）、AOL（5%）、Ask（4%）。當 Yahoo 和 MSN 的搜尋引擎使用人口正在流失時，Google 的使用人數正緩慢成長。Google 每個月有 1 億 1900 萬的訪客（不包括瀏覽 YouTube 者），平均每個訪客一個月花一小時又 15 分鐘在站上。Google 可以藉著在搜尋頁面上出現文字廣告，跟廣告商收取廣告費用。此外，Google 也想收購廣告網路 DoubleClick 發展自己的廣告事業。Google 的弱項在於沒有夠多的內容吸引使用者停留在站上，當使用者搜尋到自己想要的內容就會離開。有鑒於此，Google 開始發展各種產品，例如 Gmail、Google Apps、photo sites、Google Maps，好讓使用者在站上停留更長的時間，才有機會接觸到更多的廣告。除了廣告方面，Google 也積極發展電腦應用軟體，像是文字處理工具、試算表、日曆等，試圖打擊競爭對手微軟：從微軟的強項電腦作業系統和應用程式下手。

以財務的角度來看，Google 更是十分成功！從 1998 年一家小的網路公司開始，到 2003 年股票以 85 美元上市，2008 年則是有 400 到 700 美元的股價，市價總值高達 1380 億美元，現金（包含約當現金）有 250 億美元。

微軟是世界上最大的軟體公司，微軟作業系統以及 Office 系列應用更是壟斷市場（95%的個人電腦都有使用）。現在微軟也試圖發展入口及搜尋引擎網站（MSN.com），在 WindowsLive.com 上以網路為基礎的服務、電動遊戲機的軟體和硬體。但很明顯地，微軟在網站這方面的發展不甚成功：微軟的搜尋引擎（Live Search）只佔線上搜尋 10%的比例，且正慢慢萎縮中；入口網站 MSN.com 約有 1 億的使用人口，但平均每月只花 44 分鐘在站上，遠遜於其他競爭者。微軟無法從搜

尋事業或入口網站中獲利，MSN 在 2008 年的廣告收入僅僅只有 30 億美元，而線上服務事業則以每年 10 億美元流失。為了與 Google 競爭，微軟發展自己的網路服務事業（WindowsLive），但也同樣無法吸引使用者。為了與 Google 及 Yahoo 競爭橫幅廣告和廣告市場，微軟以 60 億美元的價格收購了廣告網路公司 aQuantive。儘管微軟在搜尋及入口網站等方面表現不佳，但擁有約 650 億美元的現金、市價總值 2380 億美元（約是 Google 的兩倍），仍然是個可怕的競爭對手。微軟的股價在 2000 年達到 50 美元，而在 2008 年則有 25 美元。

Yahoo 可以說是最大的入口網站。擁有每個月超過 1 億 3000 萬的訪客，每個訪客每月平均在站上 3 小時（約是 Google 的三倍）。Yahoo 的電子郵件服務也頗受歡迎，大約是 Gmail 使用人數的十倍。Yahoo 的網頁上內容豐富，是個以內容為導向的入口網站，提供像是新聞、天氣、評論、焦點議題的深入資訊等內容。在網路服務方面則是有提供電子郵件、行事曆、即時訊息。Yahoo 的廣告收入每年約有 70 億美元。雖然從 2004 到 2008 年，Yahoo 的盈收成長為雙倍，但在過去幾年中成長明顯地漸漸變緩。在搜尋引擎方面，Yahoo 佔了搜尋的 23%，大幅領先微軟跟 AOL，但仍然只有 Google 的一半。

Yahoo 在 2007 年積弱的財務表現，導致微軟有機會在 2008 提出以 450 億美元收購的計畫。Yahoo 試圖抗拒微軟的收購，並與 Google 達成協議，在 Yahoo 搜尋引擎的頁面上放置 Google 的廣告，這也讓 Yahoo 可以每年增加 4 到 8 億美元的收入。但這樣的協議不但被司法部質疑，也被大型廣告公司反對。

AOL 是個成功的入口網站，提供的內容有新聞、天氣、運動和電子郵件，在是全美排名前三，每月吸引了 1 億 1000 萬的訪客。此外，即時訊息服務（AIM）在美國也是遙遙領先。再加上 MapQuest Maps、AOL mail 等服務，不論是在提供網路服務、娛樂、新聞、深入內容方面都是最大的供應者。

最初 AOL 是配合網路撥接的訂閱付費，而後轉變成廣告付費的模式。AOL 的訪客平均每月待在站上 4 小時（遠超過其他入口網站），所以有許多時間可以展示廣告，在 2007 年也帶來了 22 億美元的廣告收入。但這筆收入仍無法彌補付費用戶減少的損失。2005 年，AOL 的母公司 Time Warner 決定將 AOL 5% 的股權賣給 Google，因此 AOL 跟 Google 開始數年的合作關係，Google 在 AOL 的內容頁面放置廣告，一年付給 AOL 4.5 億美元。

很明顯的，AOL 跟 Yahoo 無法成為另外兩大競爭對手的威脅，Google 跟微軟不但要在搜尋及網站服務方面競爭，還要為了併吞 AOL 跟 Yahoo 而競爭。目前為止，Google 為贏家，微軟則是輸家。

AOL 因為與 Google 合作，所以現在同時兼具內容及搜尋功能，比起 Yahoo 而言更具競爭力。同時，2007 年 Yahoo 的股價在 25 美元徘徊許久，直到董事會開除了

執行長 Terry Semel，並請回了創辦人楊致遠擔任執行長。為了加速成長速度，2005 年 Yahoo 嘗試要併購 MySpace 卻告失敗，2006 年要併購 YouTube 也輸給 Google。Yahoo 有最多的使用者，內建的社交網路，卻發展失敗。就如同營救 AOL 一般，Google 給了 Yahoo 生存的機會，成功阻止微軟併購 Yahoo。最終，這場戰爭演變成 Google 與微軟之戰。

傳統的入口網站還面臨了新興起的社交網路網站。這些傳統入口網站不知要如何面對本來的使用者轉向使用社交網站的局面，而入口網站該如何因應呢？入口網站的戰爭也許會結束，但對於群眾注意力和廣告收入的戰爭，則只是提升到不同的層級。

入口網站的類型：一般性目的與垂直市場

入口網站有兩種形式：一般性目的與垂直市場式。一般性目的的嘗試吸引大量瀏覽者，並藉由提供深入精闢的內容留住瀏覽者。某些**一般性目的的入口網站**（如 MSN 和 AOL）也提供了 ISP 服務（通常與大型通訊業者結合）、網路搜尋引擎、免費的電子郵件信箱、個人首頁、聊天室、社群建構軟體與佈告欄。垂直內容管道提供運動賽事比數、股市行情、健康祕訣、即時通訊、汽車資訊與拍賣等內容。

垂直市場入口網站（有時亦被稱為終點網站（destination sites）或整合入口網站）是藉由對社群或專門內容的高度興趣，試圖吸引高度專注、具忠誠度的客戶。除了上述專門的內容外，這類網站近期也開始增加許多一般目的入口網站的特色（譯註：根據 Dr.eye 的解釋，"vertical" 是指某一行業由上至下的垂直整合）。

觀眾集中於入口網站的現象反映出（除了前述的網路效應外）消費者有限的時間預算。這種有限性對於一般性目的之入口網站是有利的。因為在時間有限的情況下，大多數的消費者每月只造訪少於 30 個網站。因此，若單一網站能一次滿足多種需求與興趣（例如天氣、旅遊資訊、股票、運動、娛樂資訊等），這對消費者的吸引力是很大的。

一般性目的之網站（如 Yahoo）想吸引所有類型的瀏覽者（不管是偏好「博」或是「精」）。如今 Yahoo 已成為網路上最大的新聞來源，大多數使用者都會瀏覽 Yahoo 新聞而不是其他的線上新聞。然而最近網路使用者行為的改變顯示「隨意瀏覽」（surfing of the web）越來越少，專門的搜尋、調查

一般性目的入口網站（general purpose portals）

營試吸引大量瀏覽者，並藉由提供深入精闢的內容留住瀏覽者

垂直市場入口網站（vertical market portals）

藉由對社群或專門內容的高度興趣，試圖吸引高度專注、具忠誠度的客戶

及參加社交網路則是越來越多！這個趨勢有利於有特別目的之網站（垂直市場網站）的發展。

一般而言，一般性目的之網站相較於專門的網站擁有更高的知名度。圖 11.7 列出了一般性目的之網站實例與垂直市場入口網站的兩種主要類別。

```
        一般性目的              垂直市場入口網站
        入口網站          喜好團體              專注的內容

        Yahoo!         iVillage.com          ESPN.com
        MSN            Newblackvoices.com    Bloomberg.com
        AOL            T-online.com          NFL.com
        Ask.com        Aflcio.org            WebMD.com
                       Law.com               Greenpages.org
                       Ceoexpress.com        Gamers.com
                                             Away.com
                                             Econline.com
                                             Sailnet.com
```

■ 圖 11.7 入口網站的主要兩種類別：一般性目的與垂直市場入口網站。

入口網站有兩種主要類別：一般性目的與垂直市場入口網站。垂直入口網站以喜好團體和專注內容為基礎。

入口網站的商業模式

入口網站的收入來源是多元的，而它的收益基礎是動態且多變的，許多主要的收益來源也逐漸下降。表 11.9 是主要入口網站收益來源的摘要。

表 11.9 典型的入口網站收益來源

入口網站收益來源	描述
ISP 服務	提供網站存取與 email 服務（一般需要月費）
一般的廣告	為傳遞的形象收費
租貸關係	保證一定數量的形象刊登、獨家合夥、單獨的供應者
銷售的手續費	對獨立提供者在網站上完成的交易收費
訂閱費用	為了特別的內容收費

對入口網站而言，ISP 服務是個具相當規模但收益卻逐漸下降的收益來源。越來越多的美國人改用大型電信公司或有線電視公司提供的寬頻服務。不論是一般性的入口網站或是垂直式入口網站的商業策略，都因為搜尋引擎的廣告和網頁置入性廣告（如 Google 的 AdSense，會自動檢索網頁的內容，然後撥放與該網頁目標對象和網站內容相關的廣告）的成長而

有顯著的改變。一般的入口網站如 AOL、MSN、Yahoo 等由於沒有特別強大的搜尋引擎，沒有像 Google 成長如此快速，因此現在也投資數十億於其中以期趕上 Google。但另一方面來說，這些入口網站提供的其他內容，是 Google 所沒有的（不過 Google 有提供地圖、圖片、及一些軟體應用）。Yahoo 及 MSN 的使用者會因為閱讀新聞、內容、收發郵件而停留在網站很長一段時間。一般性目的之入口網站正努力於提供更多加值優惠的特別內容，以鎖定它們客群中的子社群。入口網站的廣告業者對這類優惠內容特別感興趣。

例如，財經公司就願意付特別費用在專門的 Yahoo! Finance 網頁刊登廣告。就如本書之前提到的，從客戶方面得到的收益與重點客戶市場有相當大的關連（圖 11.8）。

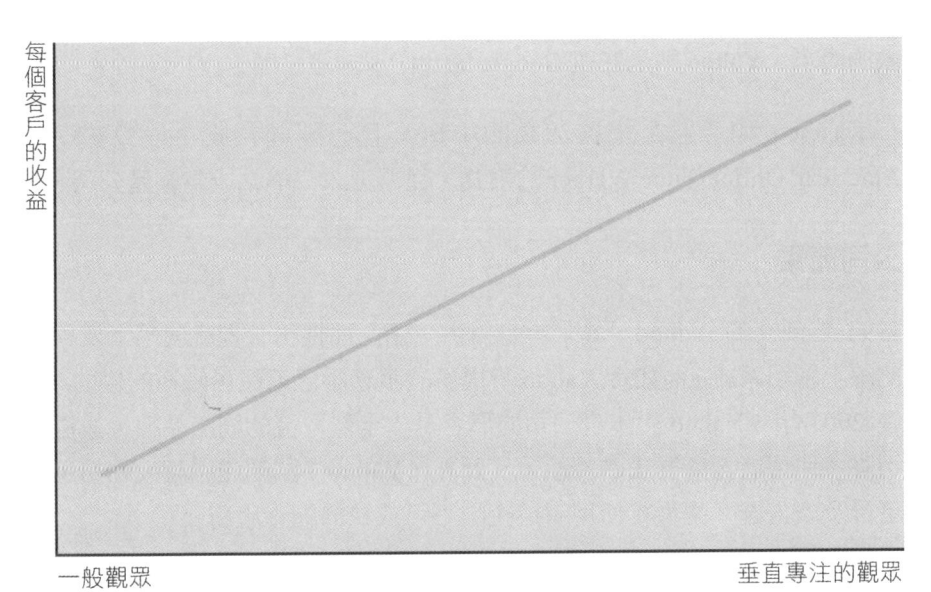

圖 11.8　每個客戶的收益與市場焦點

消費者越被鎖定與注意，就越有機會能透過適當的產品從而獲得收益。

因此對一般性目的之入口網站而言，生存之道便是發展深入、豐富、垂直的內容以爭取客戶。而對較小型的垂直式入口網站而言，需要聚集一批垂直式入口網站以形成網路，進而提供豐富的內容。對 Google 這種搜尋引擎網站而言，則是應該用更多內容去吸引使用者停留，並且讓使用者接觸更多的廣告。

「運作中的電子商務」將說明 Yahoo 如何適應消費者與廣告商行為的改變。

運作中的電子商務

Yahoo! Inc.

Yahoo 從 1994 由兩個史丹福學生（David Filo 與 Jerry Yang）創立至今已經成長為一個價值 70 億美元的線上巨人。在 2001 年時，Yahoo 也曾經經歷沒有獲利的時期，但在 2002 年到 2005 年，淨收益則急速上升，從 2002 年的 4200 萬美元到 2005 年成長為 18.9 億美元。它的成功奠基於網路廣告的復甦、寬頻的普及、（美國）用戶對於新聞口味的轉變、娛樂與資訊的發展。然而，由於財務會計標準的改變，2006 年淨收益跌至 7.5 億美元，2007 年更跌至 6.6 億美元。在 2008 年，Yahoo 面臨管理上的巨變，包括了推翻創辦人及面對股東的反彈。很少有人能逃離微軟的魔爪，Yahoo 則是在與 Google 的合作下未遭併購。

Yahoo 如今已是網路活動的中樞，且已經頗為成功地效法了 American Online/Time Warner 的模式，從單純入口網站成為媒體公司。

公司願景

1994 年創立的 Yahoo，其宗旨是提供一個全面性、直覺且使用者友善的線上導引系統，而如今 Yahoo 所提供的服務早已遠超過當初的目的。在 2007 年，Yahoo 對本身公司的形容是「全球一流的網路品牌，並導引許多使用者至所要去的網站。」此外，Yahoo「試圖透過龐大的使用者群及廣告群，提供給使用者或企業不可或缺的網路服務。」

Yahoo（http://www.yahoo.com）提供的一般搜尋服務包括了在 Yahoo 搜尋、Yahoo 工具列、移動通訊產品上的 Yahoo 搜尋；社群搜尋服務則是有提供網路書籤的 del.icio.us、Yahoo Answers、搜尋 Flickr 中的相片、搜尋影片的 Yahoo Video。除了搜尋之外，Yahoo 還提供了許多線上市場：Yahoo 購物，提供購物搜尋與比價工具，有時還會有折扣優惠，Yahoo 拍賣也是其中一部分；Yahoo 房地產，提供資訊與服務給想要買賣房子或是租借房子的使用者；Yahoo 旅遊，提供綜合的線上旅遊搜尋和各種訂票網站；Yahoo 汽車，讓使用者能在線上研究、定價、比較汽車；Yahoo 交友提供線上約會服務。資訊跟娛樂的提供則是有：Yahoo 新聞（匯集了來自 Associated Press、Reuters、ABC 新聞、CBS 新聞）、Yahoo 財經（提供財經來源及個人理財工具）、Yahoo 美食、Yahoo 科技、Yahoo 健康、Yahoo 運動、Yahoo 音樂、Yahoo 電影、Yahoo 電視、Yahoo 遊戲、Yahoo Kids。

Yahoo 提供的通訊及社群功能包括：電子郵件、即時通（含語音）、社群、相片。與生活有關的功能則有：Yahoo 汽車、Yahoo 寬頻、Yahoo 數位家庭，試圖將 Yahoo 提供的內容透過電視或其他裝置傳遞。

以商業觀點來看，為了提供廣告平台，Yahoo 也發展了 Yahoo Hotjobs（工作搜索引擎）、Yahoo 小型企業（其中有包括 Yahoo 網域、Yahoo 虛擬主機、Yahoo Merchant Solution、Yahoo 商業電子郵件）。

企業模式

Yahoo 提供許多免費服務（例如：搜尋、相片與影片分享、地圖、交友、當地天氣預報），而從市場服務（如廣告）、優惠內容費用中獲得利潤。Yahoo 在 2007 年大約有 88%的收益來自廣告銷售，剩下的部分則來自其他的費用。Yahoo 的行銷服務包括了橫幅廣告、多媒體、贊助、與直接行銷、銷售交易費等。Yahoo 也提供合作夥伴接觸它的使用者群（以費用與收費之抽成作為代價）的機會。

財務分析

2007 年，Yahoo 的淨收入持續成長，達到了 69 億美元（比 2006 年成長了 9%，請見表 11.10）。總體而言，從 2004 到 2007 年，收入成長為兩倍。很明顯的，Yahoo 正走在一條康莊大道：受惠於越來越廣大且能接受網路的人口（為潛在的廣大用戶）以及極具潛力的廣告社群。對 Yahoo 來說，最關鍵的問題是：它該如何維持這種成長？

Yahoo 的收益成本主要包括流量獲得成本（traffic acquisition costs，調查哪些網站有放置 Yahoo 廣告、哪些有加入 Yahoo 搜尋、以及付費給網頁有直接導向 Yahoo 網站的公司）、第三方內容提供商、網路連線供應商與其自身網站建構成本。Yahoo 的成本逐漸提升，毛利率則是維持不變（2006 到 2007 年）。

Yahoo 的營運收益雖然還是正值，但卻逐漸下降。2005 年的淨收益率為 36%，2007 年已降到 9.5%。收入從 2005 到 2007 年有 36%的成長，生產服務的花費比例維持不變，但營運費用的提高（例如：銷售與行銷費用就提高了 56%）卻讓淨收益下降。為了與 Google 搜尋引擎競爭，Yahoo 致力於開發強大的搜尋引擎 Panama，再加上發展新的廣告展示系統 APT，使得產品開發預算變為兩倍。而這段期間裡，Yahoo 的人事費用增加了 85%。自由現金流量則是由 2005 年的 17 億美元成長到 2007 年的 19 億美元。Yahoo 到 2007 年底的總資產是 122 億美元，其中 20 億

美元是現金與短期投資、24 億美元是流動負債。Yahoo 的資產負債表結構依然強健，可以支援日後的擴張計畫。許多的現金也讓 Yahoo 成為吞併目標。

表 11.10 Yahoo! 的營運報表與資產負債表摘要

Yahoo! 公司經營的合併財務報表（單位：千元）

會計年度截止日期：12 月 31 日

收益	2007	2006	2005
淨收益	6,969,274	$6,425,679	$5,257,668
收益入成本	2,838,758	2,675,723	2,096,201
毛利	4,130,516	3,749,956	3,161,467
毛利率	59%	58%	60%
營業費用			
銷售與行銷	1,610,357	1,322,259	1,033,947
產品開發	1,084,238	833,147	569,527
管銷費用	633,431	528,798	341,073
商譽攤銷	107,077	124,786	109,195
總營業費用	3,435,103	2,808,990	2,053,742
營業收益（虧損）	695,413	940,966	1,107,725
營業毛利	10%	15%	21%
其他所得（費用）	154,011	157,034	1,435,857
稅前盈虧會計變動	849,424	1,098,00	2,543,582
溢利稅準備	(337,263)	(458,011)	(767,816)
股本權益收入	150,689	112,114	128,244
子公司少數股東權益	(2,850)	(712)	(7,780)
稅後淨利	660,000	751,391	1,896,230
稅後淨利率	9.5%	12%	36%

資產負債表摘要（單位：千元）

12 月 31 日	2007	2006	2005
資產			
現金與約當現金	1,513,930	$1,569,871	$1,429,693
短期投資	487,544	1,031,528	1,131,141
應收帳款	1,055,532	930,964	721,723
預支費用與其他流動資產	180,716	217,779	166,976
流動資本	937,274	2,276,148	2,245,481
總資產	12,229,741	11,513,608	10,831,834
負債			
流動負債	2,300,448	1,473,994	1,204,052
長期負債	384,208	870,948	1,061,367
業主權益	9,532,831	9,160,610	8,566,415

策略分析 — 商業策略

Yahoo 透過自身組織的成長與對外的併購而成為目前最大的入口網站。它積極地向外拓展海外市場，如今海外市場佔 32% 的收益來源。它也持續加強美國地區網站的內容與功能。而海外市場的拓展不但增加了使用人數，也將 Yahoo 事業拓展至許多國家。

此外，Yahoo 也積極地收購網路資產與功能，而成為網上最大的媒體集團（幾年來陸續收購了 Four11、GeoCities、Broadcast.com、Launch Media、HotJobs.com）。為因應 Google 的壯大，Yahoo 在 2003 年 3 月併購了 Inktomi，增強了它的搜尋引擎能力。Inktomi 的搜尋引擎功能包括有：改善搜尋內容的相關性、付費搜尋、XML 介面的使用、更多的索引、其他可以讓使用者優化搜尋的功能。2003 年 10 月，Yahoo 收購了 Overture（搜尋引擎付費廣告的創始者），因此有能力與 Google 競爭搜尋引擎的付費廣告。2004 年 Yahoo 以 5.71 億美元收購 Kelkoo（歐洲的比價網站）、1.58 億美元收購 MusicMatch（註冊機制近似於 iTune、Rhapsody 等音樂網站）。2005 年 Yahoo!中國以 10 億美元現金取得 Alibaba.com 46%的股份（爭取到中國相當大的市場），11 月則是以 5.01 億美元買回了 Yahoo!歐洲和 Yahoo! 韓國在外流通的股份，12 月收購網路書籤網站 Del.icio.us。2006 年買下 RightMedia（線上廣告公司）20%的股份，隔年買下 80%。2007 年則是以 3 億美元收購了 BlueLithium、1 億美元買下 Alibaba 1%的股份。

另外 Yahoo 還收購：

- Zimbra：電子郵件公司，以 3.5 億美元收購。
- Rivals.com：提供大學、高中體育消息的體育網站。
- Right Media：廣告買賣線上交易公司，Yahoo 認為這個收購案是改變廣告發布人與觀眾關係的關鍵步驟。

Yahoo 現在也持續發展搜尋引擎 Panama，現在可以將搜尋到的網頁根據適當程度、受歡迎的程度進行排序（如同 Google 的搜尋引擎）。由上述列出的收購案可看出，Yahoo 正努力拓展全球性的廣告平台。2008 年 Yahoo 推出了新的陳列式網路廣告（display advertising）平台，可讓廣告商在全美數百個報社網站、Yahoo 旗下網站及某些大網站上刊登傳統式網路廣告，如橫幅或跳出視窗等。廣告商可以選擇目標族群（例如：21 到 35 歲的女性），而系統就會找出這個族群較常出現的報社網站或其他網站。總而言之，Yahoo 的管理經營策略都相當反映出所面臨的挑戰與機會，而其策略購併等措施使其穩穩的抓緊使用者並能確保在網際網路上的地位。

Yahoo 也致力於與主要的內容提供者（ABC News、AccuWeather、Reuters、SportsTicker）形成策略上同盟與合作，以降低內容支出。Yahoo 也與 Verison 公司有策略性的合作，透過 SBC 的 DSL／寬頻與撥接管道提供共同品牌的網路存取及各自精選的產品。2007 年，Yahoo 將美國

西班牙裔的網站事業與 Telemundo（美國的西班牙語電視公司網站）結合。在廣告方面，Yahoo 與 eBay 合作，成為美國 eBay 網站唯一的廣告供應商。Yahoo 也與超過 150 家的美國報社合作，提供搜索，閱覽和分類廣告。為了拓展手機市場，Yahoo 與 RIM 及 Motorola 合作，提供 Yahoo Search、Yahoo Go 給 RIM 的黑莓機及某些 Motorola 手機。

除了策略性的收購與合作，Yahoo 也致力於發展新產品及服務：重新設計了 Yahoo 首頁、推出 Yahoo Answers（可讓使用者發問及解答問題的平台）、新版本的 Yahoo Messenger（提供高品質的電腦對電話、電話對電腦通話）、供手機使用的 Yahoo Go、加強地圖產品、新版本的 Yahoo Video（多了搜尋和社交網路特點）、藉由旗下的照片分享網站 Flickr 增強多媒體服務。

策略分析 — 競爭者

Yahoo 主要的競爭對手是 Google 和 MSN，Time Warner（AOL）也有部分的威脅性。2005 年以前，Yahoo 認為 AOL / Time Warner 與微軟的 MSN 是最大的競爭對手，因為他們都有提供內容、擁有廣大的使用群、具備 Yahoo 所缺少的對使用者直接收費關係。而 MSN 與 AOL 標榜自己為多用途的入口網站，就這點而言，與 Yahoo 所提供的服務是重疊的。當 Google 興起，吸引了廣大的使用者後，Yahoo、MSN、AOL 也開始努力改善搜尋能力。而當 Google 增加了更多的內容與服務（Google Earth、Google Scholar、電視和影片搜尋、電子郵件、即時訊息等），並吸引廣大用戶之後，Yahoo 以及其他競爭者才發現 Google 是最具威脅性的競爭者（尤其是在 Google 收購 YouTube 之後）。此外，社交網路 MySpace 和 Facebook 也可視為是競爭者，但這些網站依然沒有像 Yahoo 提供如此多元的功能。

Yahoo 認為最主要的競爭因素有：搜尋的品質，以及提供的線上服務是否有用、能夠提供個人化。以吸引廣告客戶的方面來說，Yahoo 認為主要的競爭因素是：行銷服務是否具備可達性、有效、效率，以及行銷方法的創意。

策略分析 — 科技

Yahoo 的技術需求（網站的運作和管理）都是由第三方提供，像是：網際網路連線、網絡連結、主機和伺服器運作、電子郵件及其他服務的連線。許多功能也是由第三方技術提供者供應：傳遞新聞和財經消息、聊天室服務、街道地圖、電話清單、分流技術等。但這些技術的外包還是

存在著一定的風險。Yahoo 今日的成功有部分原因是來自網際網路建設不斷的成長及維持。而一些線上的安全議題，像是間諜程式、病毒、拒絕服務攻擊（denial of service attack）可能會對 Yahoo 造成影響。另外，某些阻擋線上廣告的技術，可能會影響 Yahoo 的營運。

策略分析 — 社會與法律上的挑戰

現階段 Yahoo 面臨的挑戰主要在於內容版權的爭議。數位化千禧年著作權法案（Digital Millennium Copyright Act）已經傾向減少線上服務提供者的侵權責任。儘管如此，當他人使用 Yahoo 服務造成侵權問題，Yahoo 還是有可能要負責。其他網路犯罪，例如點擊詐欺，也有可能會讓 Yahoo 有法律上的問題。

未來展望

在 2008 年 Yahoo 的前景相當不被看好。2 月時，微軟向 Yahoo 提出 440 億美元的收購案，5 月時被 Yahoo 董事會拒絕。6 月時，迫於股東及華爾街壓力（股價大跌），Yahoo 開除了執行長 Terry Semel，並請回了創辦人楊致遠擔任執行長。為了生存，Yahoo 轉與 Google 合作，雙方協議由 Google 一年付 5 億美元，則可以在 Yahoo 搜尋頁面上放置 Google 的文字廣告。這個合作卻被美國大型廣告公司反對，也遭到美國司法部調查。在楊致遠被請回時，曾承諾要在一百天內讓 Yahoo 出現轉機，但 2008 年 9 月時 Yahoo 的股價卻跌到谷底，原因是投資人認為無法與微軟、Google、AOL 競爭。Yahoo 花大錢發展的搜尋引擎成效不彰，其他服務也無法賺進華爾街股民預期的利潤。

Yahoo 在內容提供、使用者數量方面依然還是居於領先，然而在搜尋引擎方面卻不如 Google，還存在著許多競爭者，包括有微軟、Google、AOL。在投資額外的 10 億美元於中國之後，Yahoo 在亞洲取得領導地位，遠超越其他競爭者。在這同時，如同其他入口網站，Yahoo 也面臨社交網路網站（像是 Facebook、MySpace）吸引了大量使用者的問題。Yahoo 未來的發展端看其與 Google 合作關係能否加強搜尋市場、能否保持在內容方面的領先地位、是否能把全世界的 Yahoo 使用者連成一個世界最大的社交網路。

個案研究 CASE STUDY

iVillage：發現成功之路

iVillage 創立於 1990 年代，屬於垂直市場入口網站，主要提供關於女性議題的內容。iVillage 融合社群、商務、和內容，無疑是最成功的網站之一。現在的 iVillage 屬於 NBC 公司，儘管領先的地位已經被 Glam Media 公司的 Glam.com 取代，但仍然是十分受歡迎的女性線上社群。

iVillage 的收入從 1998 年的 1200 萬美元成長到 2006 年的 1 億萬美元，但虧損也從 1998 年的 4100 萬美元增加為 2000 年的 1 億 7900 萬美元。直到 2004 年獲得 270 萬美元的淨利、2005 年獲得 950 萬元的淨利，iVillage 才開始賺錢。在 2006 年，NBC 以 6 億美元的價格收購了 iVillage，GE 公司（NBC 的母公司）和 iVillage 的股價都因而上升。

在數年的經營下，iVillage 不只是提供關於女性的新聞、消息，也匯集了許多網站的女性話題，包括：Women.com、gURL.com、Astrology.com、Substance.com、Promotions.com、Healthology.com、Gardenweb.com，而這些網站匯集起來創造了 1 億美元的收入（2006 年）。而 NBC 因為對 iVillage 的收購案開始跨足網路領域。

究竟是 NBC 提升 iVillage 或是 iVillage 提升了 NBC 原有的網路產物呢？而其方法是在 iVillage 再次播放新聞及娛樂節目（例如：Today Show、Access Hollywood）。而這種再次播放的行為是公司所喜愛的，因為製作成本高，播放次數越多越好。

但在 2007 年來看，這個併購案還不算是十分成功。NBC 試圖在 iVillage 上播放 Today Show 來提升 iVillage 的使用狀況，但卻稍受 iVillage 的網路流量限制影響。而 Today Show 的女性觀眾們明顯地很少使用 iVillage。另外，iVillage 將總部移至紐澤西州，因為造成許多員工離職。此外，為了增加觀眾群，推出了聯合的電視節目 iVillage Live，但因收視率不佳在 2000 年停播；而後重新開播，改名為 In the Loop with iVillage，一樣因收視率不佳而在 2008 年 2 月停播。

將網路公司與以電視為主的媒體企業合併，都會遇到像 iVillage 跟 NBC 併購後的問題。一般來說，電視節目的競爭策略並不一定適用於網路。而在併購時，iVillage 的技術已經過時，產品也不是走在時代尖端。焦點應是放在女性的美容產品，而不是財務計畫、投資建議。新的 iVillage 跟舊的 iVillage 共通點是：內容都是由專家提供，而不是由使用者建立內容。

在 2007 年 9 月，新的 iVillage 網站出現，其主軸依然不變，仍舊是將資料呈現給女性觀眾，而不是由觀眾自己創造內容。有專家認為，iVillage 應該轉變成 MyVillage，且應該與 MySpace 競爭。同時，iVillage 也面臨競爭者的威脅，在 2007 年 6 月，Glam.com 取代它成為領先的女性線上網站。Glam.com 從 2003 年開始發展，包含了雜誌、網站、部落格，內容則

是有健康、美容、購物。Glam 與許多獨立網站簽訂長期合約，也不忘發展自有的網站內容。為了與日漸壯大的 Glam 競爭，iVillage 與 BlogHer 簽了三年的合約。NBC 也推出了以女性為目標的數位廣告銷售網路 Women@NBCU。但 iVillage 的這些努力有沒有結果，則是有待觀察。

個案研究問題

1. iVillage 是關於女性的一般性入口網站？還是垂直入口網站？請參觀 iVillage 網站，並列出網站的特點以支持你的想法。你覺得瀏覽者會比較喜歡一般特色還是重點特色。

2. 請問你會建議什麼具有價值的服務給 iVillage？如果你是女性，什麼原因會吸引你更常瀏覽 iVillage 網站？

3. NBC 是在什麼樣的前提下選擇購買 iVillage？這些想法是否正確呢？你認為 6 億美元的價格合理嗎？為什麼呢？

4. 請問你從 iVillage 的案例中看到電子商務的什麼重要概念？

5. iVillage 該如何發展成 MyVillage，並採用類似 MySpace 的商業模式呢？

學習評量

1. 為什麼大多數的社群在早期的電子商務會失敗？造成今日線上垂直社群蓬勃發展的因素為何？
2. 社群網路與入口網路的差異與相似各為何？
3. 什麼是喜好社群？它的經營模式為何？
4. 何謂個人化或個人價值代價？而它如何應用在品牌生命週期開始期間，以增加產品收入？
5. 簡短描述拍賣市場的三種好處。
6. 顧客參與拍賣時的四大成本為何？
7. 什麼情況下拍賣市場會採用賣方傾向？何時會採用買方傾向？
8. 拍賣市場價格配置的規則是哪兩種？解釋它們的差異。
9. 什麼是匯集拍賣，它如何工作？
10. 什麼類型的產品適合拍賣市場？拍賣市場在產品生命週期的哪個點可以顯示出對廠商有利？
11. 哪三項特徵是今日對入口網站的定義？
12. 什麼是垂直市場入口網站？而近來在顧客行為改變的趨勢如何有助於這個經營模式？
13. 垂直市場入口網站有哪兩種主要型態，它們之間如何區分？
14. 列出或簡短的描述入口網站的主要收入來源。

12

B2B 電子商務：
供應鏈管理與協同商務

學習目標

讀完本章，你將能夠：

- 定義 B2B 商務，瞭解其範疇與歷史
- 認識採購流程、供應鏈和協同商務
- 認識 B2B 電子商務的主要類型：網路市集和私有產業網路
- 瞭解網路市集的四種類型
- 確認網路市集發展的重要趨勢
- 確認私有產業網路在供應鏈改造中所扮演的角色
- 瞭解私有產業網路在支援協同商務上的角色

福斯集團建立 B2B 網路市集

福斯公司是歐洲最大的汽車製造商，每年生產 610 萬輛汽車、卡車和貨車。福斯集團旗下有許多高級車廠，如奧迪（Audi）、賓特利（Bentley）、布卡堤（Bugatti）、藍寶基尼（Lamborghini），以及西班牙的 SEAT、捷克的 Skoda 等家庭車種。福斯擁有 32.5 萬名員工，營運據點遍及歐洲、非洲、亞太邊緣和美國。

福斯集團旗下多間公司每年購買的汽車零組件、非直接材料價值 620 億歐元（約 880 億美元），佔福斯年收入的 84%。顯然採購流程和與供應商之間的關係，是影響福斯成功的關鍵因素。

時至今日，福斯集團幾乎完全透過網際網路來管理採購的需求。在 2000 年開始建立網際網路平台 — VMGroupSupply.com，尋求與供應商間建立更有效率的關係，且能減少採購流程紙本成本的方法。然而，這間公司的自動化採購並不像使用一個公開獨立的交易平台或產業聯盟，因為這必須改變本身特有的企業流程，而變成許多組織會使用的一般性架構。福斯希望透過建立自有的 B2B 網路，更有效的與其他汽車製造商競爭，因此決定不要加入由福特、通用汽車和戴姆勒克萊斯勒等主要車商組成的汽車產業聯盟巨頭 Covisint。

福斯集團選擇了一個能更緊密整合供應商與企業流程的私有平台，可更準確控制要邀請誰加入。VMGroupSupply.com 目前處理福斯集團 90% 的全球採購，包含所有汽車和部份零件，是全球汽車產業中最全面的網路市集之一，這個以 Web 介面為基礎的線上平台可以處理報價請求（requests for quotations, RFQs）、契約協商、型錄購買、請購單管理、工程變更管理、車輛專案管理和款項等。此平台的技術來源有 Ariba、IBM、i2 等公司。

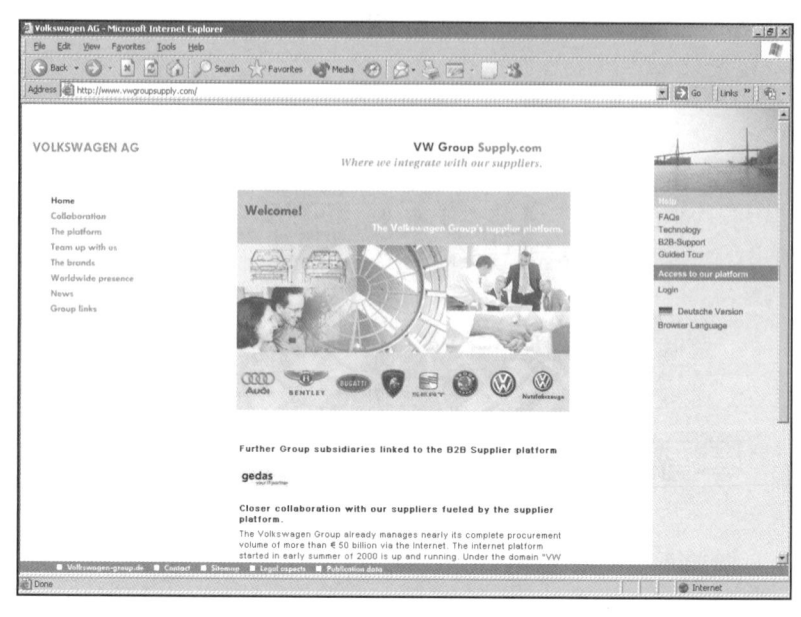

網站僅限曾經與福斯集團旗下公司進行過交易、或潛在的新供應商通過認證流程，系統會維護一個資料儲存庫，記錄每個供應商關於採購、後勤、生產、品質、技術設計、財務等細節。

到 2007 年 10 月為止，網站的線上目錄共有 210 萬筆品項，由 530 個來自全球的供應商提供。有 1 萬 4200 個內部使用者透過線上目錄下單，總額達 3.2 億歐元（4.86 億美元）。所有的供應商都必須以 eCl@ss 的標準來分類要加入此目錄的物品。

線上協商包括了供應商對每個購買合約的多次出價。VMGroupSupply 會保證所有的參與者都有達到技術及商業認證。在開始協商

之前，也會提醒使用者協商規則。在 2007 年，有 6850 間公司在線上產生 3300 份合約協商，價值為 119 億歐元（174 億美元）。

市場需求的轉換對福斯的生產活動及供應商交付能力有劇烈的影響，若供應商未能預防突然增加的需求，將會造成生產的瓶頸；若是供應商囤積過多存貨，則會導致產能過剩的額外成本。VWGroupSupply.com 擁有一項稱為電子化產能管理（electronic Capacity Management, eCAP）的應用程式，預先對福斯與供應商雙方作趨勢變化的警示。

eCAP 可以讓供應商們即時追蹤福斯集團的生產計劃，藉此計劃產品供應量。而如果福斯集團的產品需求有變化，也會馬上通知各方、即時作出反應。到 2008 年 6 月為止，eCAP 負責了 400 個供應商和 4000 個主要零件間的資料維繫。

而在網站開始運作的前三年內，就讓原料成本減少、生產力增加，總計成本因此減少了超過 1 億歐元（1.22 億美元）。

VWGroupSupply 個案說明了 B2B 電子商務降低生產成本、加速新產品交貨，最終徹底改革從 20 世紀早期延續而來的製造流程和購買產業產品的方法。VWGroupSupply 只是其中一種 B2B 電子商務的例子，但是還有其他許多同樣大有可為的方式，可以利用網際網路改變製造商與供應商之間關係。VWGroupSupply 的成功，正好可與早期由產業贊助的網路市集 Covisint 對照。Covisint 於 1999 年由全球五大的汽車製造商（通用汽車、福特、克萊斯勒、Nissan、標緻）投資成立，希望提供一個連接數千家供應商與使用拍賣、採購服務的大型買家的電子市集。雖然一開始是成功的，但 Covisint 在 2004 年 6 月解散並廉價出售，它的拍賣業務賣給早期的一間 B2B 拍賣公司 FreeMarkets；剩餘的採購軟體和營運則賣給軟體服務公司 CompuWare，保有 Covisint 品牌名稱並對汽車產業中使用 Covisint 的廠商提供軟體服務。

Covisint 的失敗和同時期成長的 B2B 電子商務成果（如 VWGroupSupply），說明早期要建立電子商務達成願景的艱難。從 2000 年 1500 個線上 B2B 交易平台的最高點，逐漸減少到現在剩下不到 200 個生存者。目前 B2B 市集已經鞏固、進化、發展為更容易達成的夢想。在過程中許多 B2B 的努力歷經令人驚奇的成功，但同時也有許多失敗的考量值得作為所有管理者的借鏡。

本章將詳細檢視許多以網路為基礎，不同型態的 B2B 電子商務。在 12.1 節會定義 B2B 商務和其在供應鏈管理趨勢中的定位，最後是 B2B 商務的目標 ─ 幫助企業管理供應生產需求的流動。接下來的內容將介紹兩種 B2B 電子商務的基礎形式：網路市集和私有產業網路，內容會說明四種網路市集的主要型態，它們的偏向（賣方、買方、中立）、存取性質（私

有或公開)、價值創造動態，接著介紹以網路為基礎的私有產業網路的興起，聯繫少量組織加入協同合作的商務系統。

表 12.1 整理 2008 到 2009 年 B2B 電子商務的主要趨勢，許多商業公司也開始利用網際網路與供應鏈中的合作者進行購買、付款、協同商務。

表 12.1 2008-2009 年 B2B 電子商務的主要趨勢

- B2B 電子商務隨著商業公司自開拓網際網路取得的經驗與技術，持續以每年 12-14%的兩位數成長。
- 提高網際網路安全性與付款安全水準，對擴張 B2B 通路的使用有所幫助。
- 逐漸體認到 B2B 商務的最重要利益不是較低的原物料成本(雖然成本的確有降低)，而是從供應鏈效率、較佳的支出管理和改善企業流程中得益。
- 獨立交易中心成長衰退，但電子採購商與私有產業網路快速成長。
- 以私有網路為基礎的 B2B 協同商務應用快速成長。
- B2B 網路市集持續整合，軟體業者市場變少，較健全的企業會買下誕生於 B2B 電子商務早期卻表現較弱的企業。

12.1　B2B 電子商務與供應鏈管理

商業公司間的交易代表著一個巨大的市集，2008 年在美國的 B2B 交易總額約為 12 兆美元，其中 B2B 電子商務貢獻了大約 3.8 兆美元(U.S. Census Bureau, 2008a, b)。估計美國 B2B 電子商務在 2012 年之前會以每年 12 到 14%的成長率達到約 6.3 兆美元。

商業公司間交易產生的流程複雜，且需要人為介入，因此耗費相當多資源。有一些公司估計公司每筆訂單平均花費至少 100 美元在管理費用上。管理費用包含紙本處理、核准購買決策、耗費時間在使用電話和傳真機來搜尋產品和安排購買、安排運送和接收貨品，而這些應該能自動化。由網際網路輔助部份的採購流程，節省的經費可以用來更具生產力的運用、消費者物價可能下跌、增加生產力、甚至國家的經濟財富得以擴張。B2B 電子商務的挑戰是改變現有的採購模式和系統，設計並實行運用網際網路的新 B2B 方案。

定義和評估 B2B 商務的成長

在網際網路出現之前，企業對企業的交易僅在於貿易或採購流程。**總體企業間交易**（total inter-firm trade）這個名詞是關於企業間的整體價值流。現在我們以 **B2B 商務**（B2B commerce）來說明電腦實行的各類企業間交易的類型，像是使用網際網路和其他網路技術來交換跨組織的價值。B2B 商務的定義不包含發生在單一企業範圍內的數位交易，例如在子公司間轉移商品和價值，或使用內部網路來管理公司。我們使用**網際網路 B2B 商務**（Internet-based B2B commerce）或 B2B 電子商務（B2B e-commerce）來明確地表達 B2B 商務中透過網路進行的部分。

B2B 商務的演化

B2B 商務已有超過 35 年的歷史，期間跨越多種不同技術主導的階段（見圖 12.1）。B2B 商務的第一步是在 1970 年代中期，牽涉使用電話數據機寄送數位化訂單給 Baxter Health Care 之類保健產品公司的**自動化訂單輸入系統**（automated order entry systems）。Baxter 將電話數據機放在客戶的採購辦公室，能從 Baxter 的電腦化存貨資料庫自動下訂單。這項早期的技術被使用私有網路的個人電腦和電子化線上目錄取代。自動化訂單輸入系統是**賣方方案**（seller-side solutions），是由供應商擁有的偏賣方市場，只展示單一賣方的商品。因這些系統可降低客戶的庫存補貨成本，客戶可因而獲益，而且系統主要由供應商負擔。自動化訂單輸入系統在 B2B 商務中一直扮演著重要的角色。

總體企業間交易
（total inter-firm trade）
企業全部的價值流活動

B2B 商務
（B2B commerce）
電腦實行的各類企業間交易的類型

網際網路 B2B 電子商務
（B2B e-commerce）
B2B 商務中透過網路進行的部分

自動化訂單輸入系統
（automated order entry systems）
牽涉到使用電話數據機傳送數位化訂單

賣方方案
（seller-side solutions）
由單一賣方擁有、展示商品的偏賣方市場

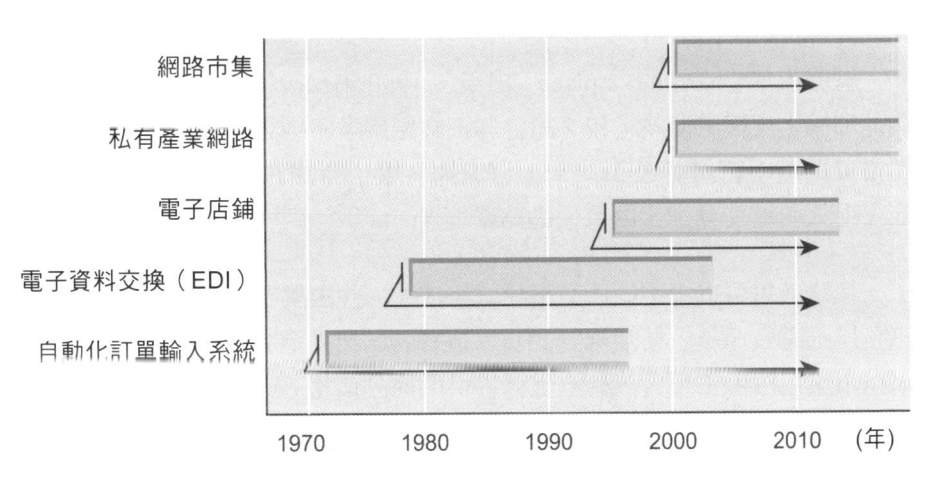

圖 12.1 B2B 商務技術平台使用的演進

從 1970 年代開始 B2B 商務已經跨過多個發展階段。每個階段反應一次技術平台的重大改變，從大型主機到私有專屬網路，最後發展到網際網路。

1970年代後期，一種電腦對電腦的新通訊型態出現，稱為**電子資料交換**（electronic data interchange, EDI）。EDI是在一群公司間分享企業文件，例如發票、訂單、發貨單、產品庫存數（SKU）和處理資訊的一種通訊標準。事實上所有大公司都有EDI系統，在產業中多數群體有產業標準來定義文件。EDI系統是由買方擁有，因此是**買方方案**（buyer-side solutions），目標是減少買方進貨的採購成本。透過交易自動化，EDI系統也能讓賣方因減少服務客戶的成本而獲益。EDI系統的網絡如同**集中星型**（hub-and-spoke）的架構，買方位於架構中心。供應商經由不公開的網絡連絡買方。

EDI系統一般服務垂直市場。**垂直市場**（vertical market）是為特定產業提供專業技術與產品，如汽車產業。相對來說，**水平市場**（horizontal markets）則服務許多不同的產業。

電子店鋪在1990年代中期隨網際網路的商業化興起，**B2B電子店鋪**（B2B electronic storefronts）或許是最簡單也最容易理解的B2B電子商務形式，因為它僅由單一供應商提供，用於開放式電子市集的產品線上目錄。因為是由供應商擁有，展示由單一供應商提供的產品，因此是屬於賣方方案並偏向賣方。

電子店鋪可說是自動化訂單輸入系統的衍生產品，但有兩個重要的差異(1)便宜且更普遍的網際網路成為通訊媒介並取代私有網路，(2)電子店舖傾向服務水平市場 — 備有足以服務各產業的商品。電子店鋪的出現雖早於網路市集，也被認為是網路市集的一種。

網路市集（Net marketplace）出現於1990年代後期，是電子店鋪自然延伸和擴大規模的產物。12.2節會詳細介紹許多不同類型的網路市集，網路市集的基本特質是吸引成千上百家擁有電子目錄和數千購買者的供應商，進入引導交易進行的單一網路環境。

網路市集可以由不同所有權模式組成，一些由獨立第三方擁有，一些則是以既有公司為主要或唯一的市場擁有者，另外還有一些是兩者混合。網路市集用四種主要方式確立他們提供的商品價格 — 固定的目錄價格，或更動態的定價，如協商、拍賣、出價／詢價。網路市集也有多種賺取收入的方式，包含交易費、訂閱費、服務費、軟體授權費、廣告和行銷、資料和資訊的銷售等。

電子資料交換
（electronic data interchange, EDI）
公司間分享企業文件和處理資訊的一種通訊標準

買方方案
（buyer-side solutions）
由買方所擁有的偏買方市場，目標是減少買方的採購成本

集中星型系統
（hub-and-spoke system）
供應商藉由不公開的網絡連絡位於網絡中心的買方

垂直市場
（vertical market）
為特定產業提供專業技術與產品

水平市場
（horizontal markets）
服務許多不同產業的市場

B2B電子店鋪（B2B electronic storefronts）
由單一供應商提供，用於開放式電子市集的產品線上目錄

雖然網路市集的主要利潤和基礎是依據每個個案的所有權與定價機制決定，但網路市集的個案時常是傾向對抗供應商，因為可以迫使供應商在市集中對其他供應商揭露其價格和條件。網路市集試圖讓買賣公司的採購價值鏈自動化，為電子店舖帶來利益。

私有產業網路也是在 1990 年代後期出現，像是 EDI 系統以及現存大型產業龍頭與供應商發展的緊密關係所做的自然延伸。細節請見 12.3 節，私有產業網路（private industrial networks）是以網際網路為基礎的通訊環境，更進一步延伸從採購到包含真正協同商務的運作，有時也歸類為私有交易平台（private trading exchange, PTX）。私有產業網路允許買方企業和主要供應商共享產品開發與設計、行銷、存貨、生產排程和未結構化的通訊。私有產業網路為買方擁有、偏向買方的買方方案，直接改善大型產業公司的成本定位和彈性（Kumaran, 2002）。

參與產業主要購買廠商的直接供應鏈，使得供應商可以同時增加收入和利潤，這是因為只有少數供應商會被包含在私有產業網路中，因此環境中不會有競爭對手。這類網路在網際網路 B2B 商務中最為普遍，也持續擁有可預見的未來。

2001－2012 B2B 電子商務的成長

在 2008 到 2012 年期間，預估 B2B 電子商務（含 EDI）佔美國總體企業間交易的比例，會從 32% 成長到 40%，或從 2008 年的 3.8 兆美元增加到 2012 年的 6.3 兆美元（見圖 12.2）。

圖 12.2 顯示，對於電子市集會成為 B2B 電子商務主宰者的看法，在最初並未得到支持。其次，私有產業網路無論現在和未來都在 B2B 電子商務中佔有優勢地位。第三，非 EDI 的 B2B 電子商務是 B2B 電子商務中成長最快的類型，而 EDI 仍佔有很大一部分（但已逐年下降）。根據研究，超過 80% 的美國企業在網路上購買間接物料，佔所有間接物料購買的 11%；直接投入生產的物料也有 70% 透過網路購買，在所有直接物料購買中佔 10%（eMarketer, Inc., 2004）。

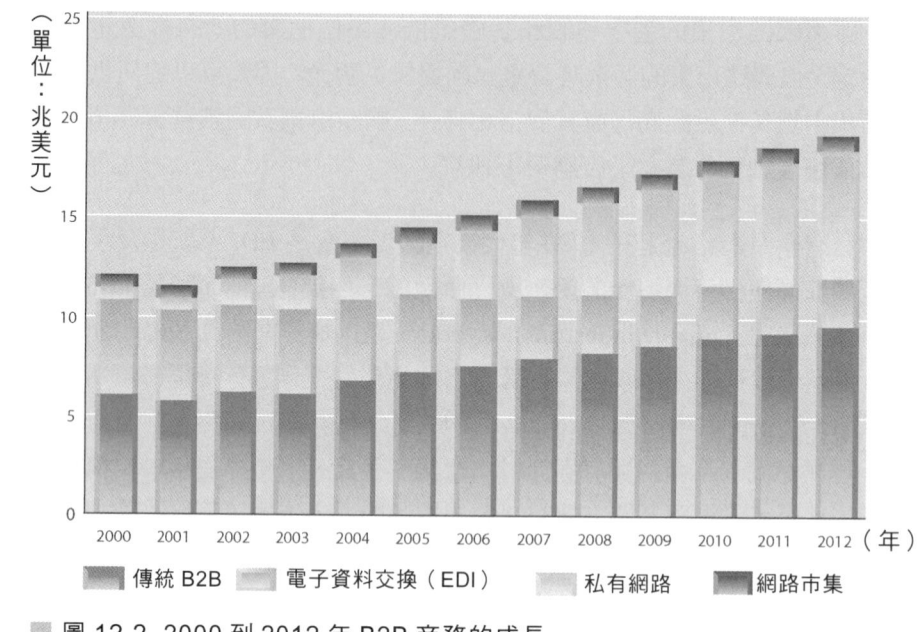

■ 圖 12.2　2000 到 2012 年 B2B 商務的成長

線上 B2B 電子商務發展最快的是私有產業網路。

產業預測

並非所有產業都會受 B2B 電子商務影響，或是從 B2B 中獲利。許多原因會影響各種產業轉移至 B2B 電子商務的速度及交易量。某些已大量使用 EDI、著重發展資訊科技和網路架構的產業，將最早開始使用 B2B 電子商務，國防航空業、電腦業和工業設備生產業都是符合這些條件的產業。某些市場高度集中在買方單邊、賣方單邊或兩者都有的產業，B2B 電子商務的成長也會十分快速，例如能源產業、化學產業。在健康保健方面，政府機關、醫療照顧提供者（醫生及醫院）、主要保險公司都快速建立了醫療記錄系統，並使用網路來管理醫療給付。

B2B 電子商務的潛在利益

不管 B2B 電子商務的明確型式為何，整體而言，網際網路 B2B 商務對買賣雙方參與的公司承諾許多策略的效益，並對整體經濟有令人印象深刻的收穫。B2B 電子商務能夠：

- 降低管理成本
- 降低購買者的搜尋成本
- 藉由增加供應商間的競爭（提升價格透明度）減少庫存成本和存貨最低標準

第 12 章 B2B 電子商務：供應鏈管理與協同商務

- 消除紙張作業和自動化部分採購流程降低交易成本
- 擔保零件及時（just in time, JIT）交付增加生產彈性
- 透過增進買賣雙方合作改善產品品質和減少品質問題
- 與供應商共享設計與生產排程，減少產品週期時間
- 增加供應商與配銷商的合作機會
- 創造較佳的價格透明度 — 觀看市場中真實買賣價格的能力

B2B 電子商務也為個體廠商提供潛在先進優勢者的策略效益。率先將採購流程線上化的公司將會體驗到在增加生產力、降低成本、更快引進高品質新產品等重大獲益。雖然競爭對手會開始仿效並也從中獲利，但根據 B2B 電子商務演進的歷史來看，持續在資訊科技和 B2B 電子商務投資的公司，通常可以快速掌握最新科技，創造一連串的先進者優勢。

採購流程與供應鏈

B2B 電子商務的題材可能非常複雜，因為有太多種利用網際網路來協助商品交易和組織間付款的方法。最主要的，B2B 電子商務是與改變世界上無數公司的採購流程（procurement process，企業購買用來生產最後要銷售給消費者的商品所需之物料的方式）有關。

進入網際網路 B2B 商務領域的一種方法，是檢視現有的**採購流程**（見圖 12.3）。企業從一群供應商購買商品，而供應商再轉而向他們的供應商購買投入生產的物料，這群企業由一系列的交易連結，稱為供應鏈。**供應鏈**（supply chain）不僅包含企業本身，也包含它們之間的關係和連接它們的流程。

採購流程（procurement process）
企業購買用來為消費者生產商品之物料的方式

供應鏈（supply chain）
購買商品的公司與其供應商，以及供應商的供應商。不僅包含企業本身，也包括他們之間的關係和連結彼此的流程

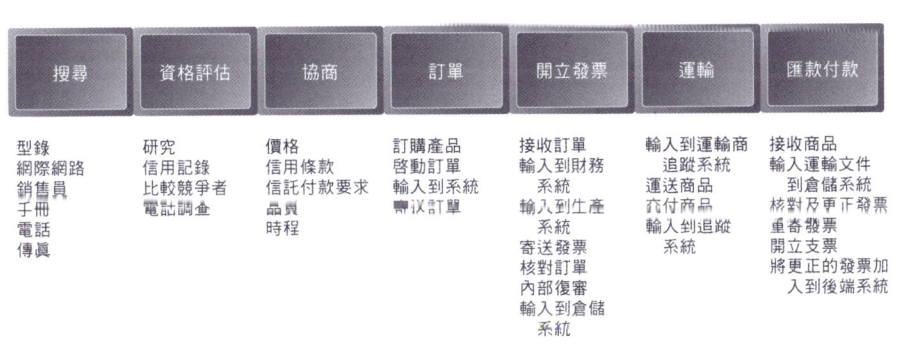

搜尋	資格評估	協商	訂單	開立發票	運輸	匯款付款
型錄 網際網路 銷售員 手冊 電話 傳真	研究 信用記錄 比較競爭者 電話調查	價格 信用條款 信託付款要求 品質 時程	訂購產品 啟動訂單 輸入到系統 審議訂單	接收訂單 輸入到財務系統 輸入到生產系統 寄送發票 核對訂單 內部覆審 輸入到倉儲系統	輸入到運輸商追蹤系統 運送商品 交付商品 輸入到追蹤系統	接收商品 輸入運輸文件到倉儲系統 核對及更正發票 重查發票 開立支票 將更正的發票加入到後端系統

圖 12.3 採購流程

採購流程是冗長而複雜的步驟，牽涉賣方、買方和運輸公司一系列連貫的交易。

12-9

在採購流程之中有七個獨立的步驟。前三個步驟牽涉向誰購買和支付什麼：搜尋特定產品的供應商；確認供應商和其銷售的產品是否合格；協商價格、信用條款、信託付款要求、品質和配送排程。一次採購流程包含從供應商的確認、發出訂單、寄送發票、商品運送到購買者付款，流程中每一個步驟都由許多獨立的子活動組成，每一項活動都必須記錄在賣方、買方和運送者的資訊系統，通常這些資料記錄不是自動化，而是需要許多手動的人力。

採購類型

要瞭解 B2B 電子商務如何改善採購流程，有兩項區別十分重要。第一，企業從供應商購買兩種不同類型的物料：直接物料和間接物料。**直接物料**（direct goods）是投入生產流程不可或缺的物料，例如汽車製造商購買鐵片生產車體。**間接物料**（indirect goods）是不會直接投入生產流程的所有其他物料，像是辦公室用品和維修產品，通常被稱為 MRO 物料 — 為維護（maintenance）、修理（repair）和運作（operations）使用的物料。

第二，企業使用兩種不同方式購買物料：契約購買和現貨購買。**契約購買**（contract purchasing）牽涉在一致同意的條件和品質下，在一段時間內購買特定商品的長期書面協議。一般而言，公司都是經由長期的合約購買直接物料。**現貨購買**（spot purchasing）則是根據立即的需求，在擁有許多供應商的大型市集購買。儘管在一些個案中，企業會在現貨市場購買直接物料，但一般來說，企業會在現貨市場購買間接物料。

根據幾項估計，企業間交易約 80% 牽涉直接物料的契約購買，20% 是間接物料的現貨購買。雖然採購流程包含物料的購買，它仍是極度資訊密集，資訊需要在許多現有的公司系統中移動。目前的採購流程也非常勞力密集，在美國，直接牽涉這類工作的員工超過 350 萬名，且還不包括流程中從事運輸、財務、保險或一般行政人員（U.S. Census Bureau, 2008a）。

長期來看，B2B 電子商務的成功與否在於能否改變這 350 萬人的日常行為，而其中最關鍵的人就是採購管理者，通常是決定向誰購買、買什麼物品以及以何種方式購入的人。採購管理者也是決定是否採用 B2B 電子商務的主要決策者。

網際網路能夠藉由引導購買者和銷售者共同進入單一市集，簡化採購流程，並減少搜尋、調查、協商的成本，這顯然會對間接物料的現貨購買非常有幫助。採購流程的後期，網際網路可以單純作為有力的溝通媒介，

直接物料（direct goods）
直接投入生產流程的物料

間接物料（indirect goods）
不直接投入生產流程的所有其他物料

MRO 物料（MRO goods）
為維護、修理和運作使用的物料

契約購買（contract purchasing）
牽涉在一致同意的條件和品質下，在一段時間內購買特定商品的長期書面協議

現貨購買（spot purchasing）
根據立即的需求，在擁有許多供應商的大型市集購買

在買賣雙方和配送者間傳遞資訊,協助管理者協調採購流程,這些對直接物料的契約購買有相當大的助益。

儘管圖 12.3 只表示採購流程中的部分複雜程度,但對於瞭解企業從數千家供應商購買上千種產品還是很重要,供應商會轉而向其供應商購買他們的投入產品,像戴姆勒克萊斯勒這種大型製造商擁有超過兩萬家零件、包裝和技術的供應商,第二級和第三級供應商的數量至少一樣多,合起來成**多階層供應鏈**(multi-tier supply chain,初級、第二級和第三級供應商的鏈結),構成產業經濟基礎建設的決定性觀點。圖 12.4 描繪出一家企業的多階層供應鏈。

多階層供應鏈
(multi-tier supply chain)

初級、第二級和第三級供應商的鏈結

■ 圖 12.4 多階層供應鏈

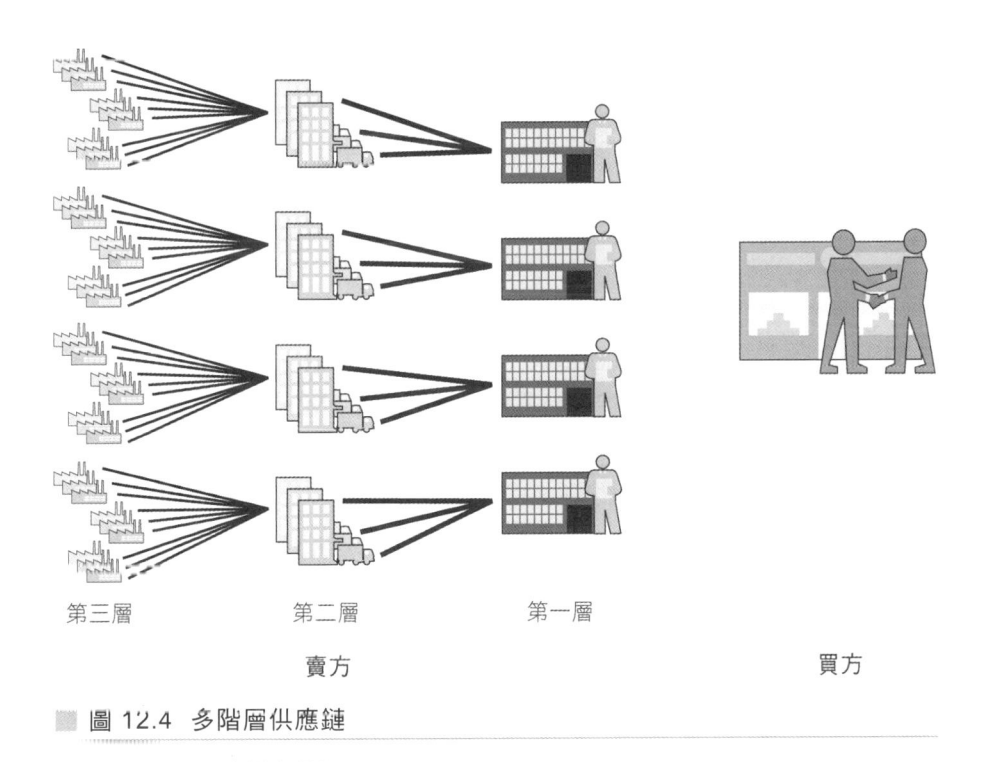

每一間廠商的供應鏈由多階層的供應商組成。

圖 12.4 中描述的供應鏈是為圖解目的而簡化的三階層鏈結,事實上,Fortune 雜誌的 1000 大企業都擁有數以千計的供應商,供應商本身又有數千家小型供應商,複雜性就像是所謂的組合爆炸。假設一家製造公司有四個主要的供應商,四個供應商又分別有三個主要供應商,而這三個供應商又分別擁有三個主要供應商,則在整個供應鏈中的供應商高達 53 個(包括購買的公司)。這還未包括也同樣與交易有關的運送公司、保險公司、財務公司。

從圖 12.4 可以看到採購流程牽涉到非常多的供應商,而且每一個都必須與最終的購買者 — 購買的公司協調生產需求。

現存舊電腦系統的角色

會使協調供應鏈中許多企業的任何努力變得複雜,是因為每一間公司普遍擁有一套舊電腦系統,通常是自行發展,難以傳遞資訊到其他系統。**舊電腦系統**(legacy computer systems)一般而言是指在生產、後勤、財務、人力資源等企業多種功能領域中,用來管理關鍵企業流程且較老舊的大型主機(mainframe)和微型電腦(minicomputer)系統,要將這些較舊的系統轉換成網際網路和主從式架構的新系統非常昂貴,常需耗費多年。

一種典型的老舊系統是**物料需求規劃系統**(materials requirements planning (MRP) system),MRP 系統能讓公司預測、追蹤、管理所有構成製造複雜產品的各個部份,例如汽車、機床和工業設備。MRP 系統儲存和產生物料清單(bill of material, BOM),列舉所有製造產品需求的零組件,MRP 系統也會產生一份生產排程,描述訂單中哪些零件被使用和每個生產步驟的生產時間。物料清單和生產排程可產生出要交給供應商的訂貨清單。

許多大企業已經設置**企業資源規劃系統**(enterprise resource planning (ERP) system),一種更高度發展的 MRP 系統,包含人力資源和財務部份。適當的使用 ERP 系統,顧客的訂單可以轉譯為 BOM、生產排程、人力資源和財務需求,包含通知財務部門開立發票給顧客和付款給供應商。然而,ERP 系統最初的設計目的,並非要用來協調一大群供應商間的資訊流,此外,必須花費昂貴的修改費用才能成為全企業 B2B 系統的一部分。

供應鏈管理的趨勢和協同商務

要瞭解 B2B 電子商務的實質與潛在貢獻、能否發展成功,勢必要先瞭解在電子商務發展之前,是如何藉由各種供應鏈管理方案改善了採購流程。

供應鏈管理(supply chain management, SCM)是關於企業與產業用來協調採購流程中關鍵參與者的各種活動。大多數情況,採購經理靠電話、傳真機、面對面會談和直覺來工作,依賴長期信任的供應商的貨物採購性策略,而將其直接涵蓋於產品生產流程。

網際網路發展之前,供應鏈管理在過去二十年來已有四項重大發展,並藉此建立 B2B 電子商務成功運作(或失敗)的規則。這四項發展分別為供應鏈簡化、電子資料交換(electronic data interchange, EDI)、供應鏈管理系統與協同商務。

供應鏈簡化

許多製造商已經花上二十年的時間縮減其供應鏈規模,並與一小群「策略」供應商更緊密運作,在改善品質的同時也降低產品成本與管理成本。留意日本工業的領導產業,例如汽車產業,已經有系統的減少供應商數量達50%。大型製造商選擇與策略夥伴簽訂長期合約,取代開放式出價,保證供應商業務,同時確立品質、成本和時程目標,這些策略夥伴計畫是及時生產模式的必要條件,通常包含聯合產品研發設計、電腦系統整合、多間公司生產流程的緊密連結。**緊密連結**(tight coupling)是確保供應商能準確地在特定的時間、特定地點交付訂購產品零件的方法,藉以保證生產流程不會因為缺少這些零件而中斷。

> **緊密連結**
> (tight coupling)
> 確保供應商能準確地在特定的時間、地點交付訂購的產品零件的方法,來保證生產流程不會因為缺少這些零件而中斷

電子資料交換(EDI)

如同前一節提到的,B2B 電子商務源自於 EDI 這些於 1970 年代中期到 1980 年代率先發展的技術。EDI 是一種在電腦間交換文件而廣泛定義的通訊協定,採用美國國家標準學會(American National Standards Institute)發展的技術標準(ANSI X12 標準)和國際組織如聯合國的標準(EDIFACT 標準)。

EDI 的目的,是用來降低訂單、運輸文件、報價單、款項、顧客資料等文件採用手動交換發生的固有成本、延遲和錯誤。EDI 和未結構化訊息的不同點在於它的訊息對商業交易中每一塊重要資訊都以明確的欄位組織,例如交易日期、購買的產品、數量、寄送者姓名、地址和接收者姓名。

在美國,許多主要的產業都有訂定屬於各個產業的電子文件架構及訊息欄位。EDI 通訊最主要是依賴私有點對點交換通訊網路和私有加值網路來連絡供應鏈中的各個參與者(Laudon and Laudon, 2009)。預估 EDI 交易總額在 2008 年會達到 2.8 兆美元,佔 12 兆的企業間總貿易額的 25%(U.S. Census Bureau, 2008a, b),也就是說,EDI 在 B2B 電子商務的發展中佔有舉足輕重的地位。

自 1980 年代以來 EDI 已經有顯著的發展(見圖 12.5)。EDI 開始著重在文件的自動化(第一階段)。採購代理者會以電子化方式產生訂單,並寄送給交易夥伴,後者再以履行訂單和將電子化通知送回給購買者,接著產生發票、款項和其他文件。這些早期行動取代郵政系統傳送文件,而且訂單可以當天出貨(郵政系統可能會有一周的延遲)、減少錯誤、降低成本。

EDI 發展的第二階段始於 1990 年代早期，主要是由內部產業流程的自動化、轉向及時生產與持續生產所推動。新的生產方法希望在排程、運輸、供應資金達到更好的彈性。EDI 被用以消除書面文件。為了支援供應商的新自動化生產流程，EDI 消除訂單和其他文件，以生產排程和存貨結算取代。供應廠商每個月收到生產需求報告和精確安排的交付時間，訂單便能持續完成，每月月底再調整存貨和款項。

第三階段從 1990 年代中期開始，供應商得以在簽訂長期合約下，在線上取得採購公司生產和運送排程的某些部分，且必須自行符合這些排程而不經由購買代理者的干涉。EDI 朝持續存取模式發展，是因為 1990 年代大型製造商和處理公司（如石油和化學公司）建置 ERP 系統的刺激，這些系統需要經企業流程標準化，以使得生產、後勤和許多財務流程自動化。新的流程需要與供應商有更緊密的關係，供應商必須更精確排定運送時間並更有彈性處理存貨管理。此階段也進入了持續補貨的時代，例如 Wal-Mart 和 Toys "R" Us 讓它們的供應商可取得商店的存貨量，並要求供應商要讓貨架上物品維持在預先指定的目標。

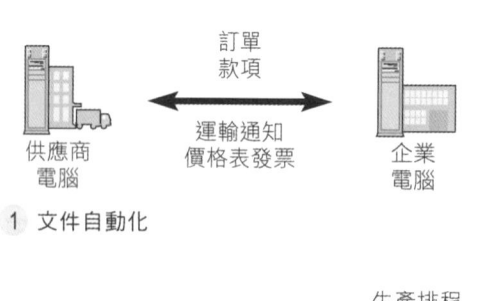

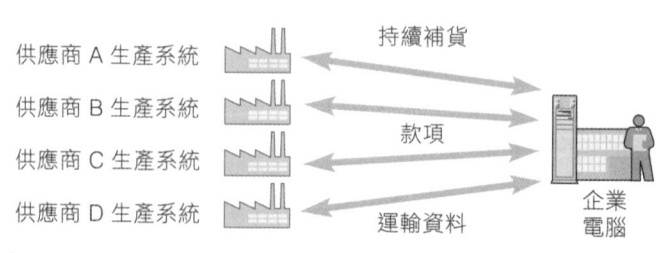

■ 圖 12.5 EDI 作為 B2B 媒介的演進

EDI 從簡單的點對點通訊媒介，進化到能夠多對一持續補貨的工具。

現今，EDI 被認為是在商業流程中提供電腦應用程式間資訊交換的普遍技術。同時 EDI 也是個重要的工業網路技術，可以讓合作夥伴在長期的交易關係中彼此溝通。目前的 EDI 技術平台已經從大型主機轉變為個人電腦，通訊環境由私有專屬網路變成網際網路（被稱為網際網路 EDI）。大部分產業群體傾向以 XML 做為表示 EDI 商業文件和通訊的語言。

EDI 的長處在於對產業網路中策略相關的企業支援直接商務交易的能力，但這也是其弱點。EDI 支援公司直接的雙邊通訊，而不允許真實市集的多邊、動態關係，EDI 不在大量供應商間提供價格透明度，不能輕易擴大容納新的參與者，而且也不是一個即時的通訊環境，它是種「批次處理」環境，不適合發展電子市集。EDI 沒有豐富的通訊環境，無法同時支援電子郵件訊息、分享圖形文件、網路會議或對使用者友善的彈性資料的建立與管理。EDI 也是個昂貴的提案，在大公司裡需要有專職的導入程式設計師；在一些個案中，也需要相當多的時間改寫現有的企業系統以運用 EDI 通訊協定。小型公司必須使用 EDI 與大型企業往來，在架設 EDI 系統時就會選擇較省錢的方式。

供應鏈管理系統

供應鏈簡化、著重生產流程的策略夥伴、ERP 系統和持續補貨是當代供應鏈管理（SCM）系統的基礎。**供應鏈管理系統**（supply chain management systems (SCM) systems）持續連結從供應商到購買企業的購買、製作、轉移產品等活動，以及藉由在流程中納入訂單輸入系統，整合企業平衡中的需求端。擁有 SCM 系統和持續補貨機制，存貨可被消除而僅在接到訂單時開始生產（見圖 12.6）。對於易腐壞的產品或生產後市場價值快速衰退的產業格外重要，個人電腦即符合這項描述。

惠普（HP）已經發展一套 Web 基礎的訂單導向供應鏈管理系統，可於顧客線上開出訂單或接收業者訂單時啟動。訂單由訂單輸入系統轉交給 HP 的生產與配送系統，再轉給 HP 的契約供應商，例如在加州的 Synnex。Synnex 會以電腦與 HP 核對訂單並驗證訂單內容，確保 PC 是可以製造的（例如不會缺少零件或不符合 IIP 設定的設計規格）。接著訂單會轉送到電腦生產控制系統，配給一個條碼生產標籤給組裝工廠，同時會傳一份零件訂單給 Synnex 的倉庫和存貨管理系統，一名工人組裝電腦，經過裝箱、貼標籤，然後運送給顧客。傳遞過程受到 HP 的供應鏈管理系統監控和追蹤，並直接與等快遞公司的系統連結，從訂單輸入到送出貨品的時間為 48 小時。擁有這種系統，Synnex 和 HP 消除持有 PC 庫存的需求，將庫存的週期時間由一週降低到 48 小時，並減少錯誤。HP 已經延伸這套系統成為

供應鏈管理系統
（supply chain management systems (SCM) systems）
持續連結從供應商到購買企業，購買、製作、轉移產品等活動，相當於透過在流程中納入訂單輸入系統，整合企業平衡中的需求端

全球電腦客戶的 B2B 訂單追蹤、報表和支援系統。這個網站目前以 10 種語言在 200 個國家運作（Synnex Corporation, 2008; Hewlett-Packard, 2008）。

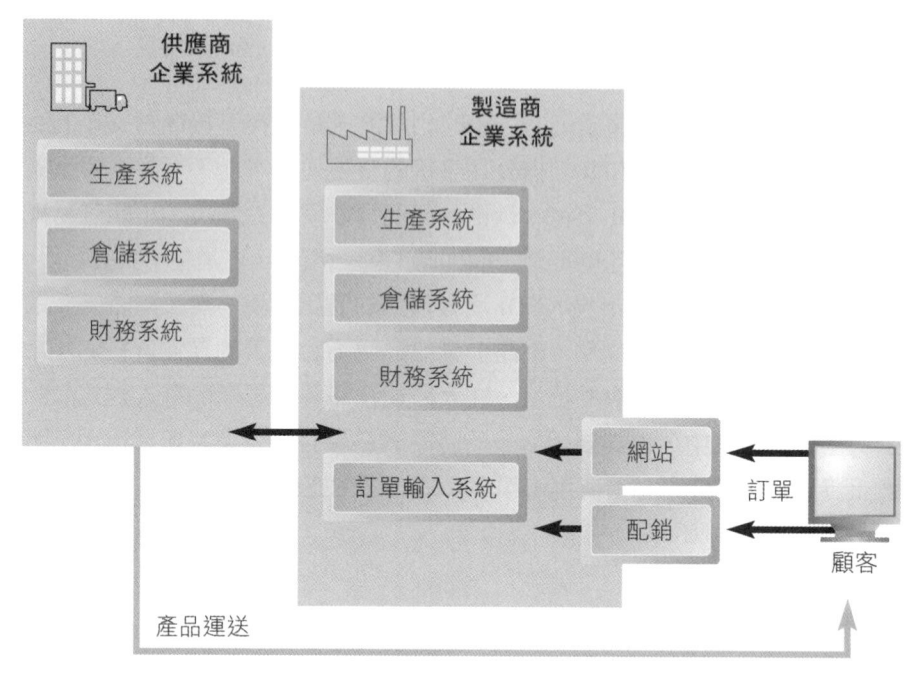

■ 圖 12.6 供應鏈管理系統

SCM 系統協調供應商、運輸商和訂單輸入的活動，使生產、付款、運輸等商業流程的訂單輸入自動化。

然而建置一套訂單導向的 Web 式供應鏈管理系統並非易事，可參考「科技觀點」的介紹。

科技觀點

RFID 自動辨識：讓你的供應鏈看得見

現在是晚上十點。你知道你的貨櫃在哪裡嗎？如果今天你在世界各地做生意，而且牽涉到實體商品，那你生意上的貨品很有機會仰賴貨櫃運輸。事實上，每年有 2 億個海運貨櫃在世界各海港間移動，美國每年有接近 50% 的輸入是透過海運貨櫃送達。這些貨櫃也符合卡車和鐵路運輸的規格，所以當貨櫃從船上卸下，可以從港口移到卡車或火車繼續它們的旅程，這是運輸貨櫃最快、最有效率的方式。標準的貨櫃是長 20 英尺，寬 8 英尺，高 8 英尺 6 英吋。

貨櫃的出現徹底改變海運，大量提高生產力並減少損壞，但要持續追蹤 2 億個貨櫃便顯得困難重重。當每個貨櫃擁有自己永久的 ID 號碼並漆在側邊時，就等同於一個條碼辨識標籤，但這個號碼必須由碼頭工人手動輸入或接近貨櫃來掃描，貨櫃辨識會因而容易出錯或緩慢。如果你已經知道一個貨櫃在貨櫃量超過 1000 個的碼頭，你要讀取它的 ID 號碼除非是能先找到你要的那一個貨櫃。

追蹤貨櫃只是許多較大的 B2B 產品辨識問題的其中一部分。Wal-Mart、Target 和 Amazon 等零售商發現，要在它們的倉庫或銷售樓層之外追蹤每年數百萬個貨運不僅困難也昂貴；汽車產業發現在工廠裡同步化零件的移動既花錢又困難；美國國防部發現要追蹤軍隊補給的移動十分困難；航空產業經常在運送過程中遺失包裹。

二十年前，商品通用條碼（Uniform Product Code, UPC）的發展和到處存在的條碼標籤朝向商品自動化辨識邁出第一步。但是 1970 年代的條碼技術仍然需要人力，或有時候用機器來掃描產品，這種條碼問題不會被提出 — 因為它們是被動標籤，勢必要讀取或掃描。

一種取代條碼的新技術正快速在大型製造商和零售企業間採用。無線射頻辨識（Radio frequency identification, RFID）將標籤黏貼在產品或產品貨櫃上，標籤會在 850MHz 到 2.5GHz 範圍間發送無限信號，不斷向倉庫、工廠、零售樓層或運輸中的無線接收器辨識自己。RFID 標籤實際上是極小的電腦晶片加上一個電池，被用來傳送產品的電子產品代碼給鄰近的接收器。

RFID 有幾項關鍵優勢勝過傳統的條碼辨識技術。RFID 消除條碼必須在視線範圍內讀取的需求，和大幅提升掃描可以執行的距離，從短短幾吋提高到 90 呎。RFID 系統幾乎可以在任何地方使用 — 從服裝標籤到飛彈、寵物識牌、食物 – 任何需要唯一辨識系統的地方。RFID 標籤可以攜帶的資訊簡單到寵物的名字和地址，或是毛衣的清洗說明，也能複雜到如何組裝一台車的操作指南。最好的一點，是再也不必在塞滿數千個包裹的倉庫裡費力尋找，更何況包裹還不會講話！你可以接收到這上千個相同包裹各自發出獨特的代碼，向你辨識它們自己，要找到單一個包裹便簡單許多。RFID 標籤可以產生穩定的數據流，並可輸入到網路 — 例如以內部網路為基礎的 SCM 和 ERP 系統。

在 2007 年，零售部門約使用了約 3.75 億個 RFID 標籤。在未來五年，如微軟、IBM 和 HP 等主要電腦廠商都投資數億元來開發連接 RFID 和企業 SCM 系統的 RFID 軟體。全世界最大的零售商 Wal-Mart 將 RFID 的發展視為供應鏈政策中重要的一環，開始要求前一百大供應商在所有要運送至 Wal-Mart 集散中心的箱子及貨櫃上加裝 RFID 標籤。現在，在美國約有 600 個 Wal-Mart 供應商已在運輸的某些產品上加裝 RFID 標籤，約有 1000 家 Wal-Mart 購物中心可以使用 RFID 技術，另外還有 400 家購物中心、6 個貨物集散中心也準備在 2007 年年底之前安裝。自 2008 年 1 月起，若供應商運輸貨品的貨板上未加裝 RFID 標籤，Sam's Club 將會跟供應商額外收取每個貨板 2 美元的處理費用。雖然 Wal-Mart 重用 RFID 技術並估計可藉此增加 2.87 億美元的銷貨收入，截至目前為止結果仍未明確。

RFID 透過在產業供應鏈中大幅減少追蹤貨品的成本、減少錯誤、增加產品送給對的顧客的機會，會對網際網路 B2B 商務帶來深刻影響。

協同商務

協同商務
（collaborative commerce）
使用數位技術，使組織間可以共同在產品生命週期中合作設計、發展、建立和管理產品

協同商務是供應鏈管理與供應鏈簡化的延伸。**協同商務**（collaborative commerce）定義為使用數位技術，使組織間可以在產品生命週期中合作設計、發展、建立和管理產品。這比起 EDI 或是單純管理組織間資訊流的任務更為廣泛。協同商務牽涉在供應鏈參與者中由交易集中到關係集中的決定性改變，促進供應商和購買者間內部敏感資訊的分享，而不是與供應商間的敵對關係。管理協同商務需要確切知道哪些資訊要分享給誰。協同商務超出供應鏈管理的活動範圍，包括多間合作廠商在新產品和服務上的協同研發。

Group Dekko 是協同商務一個很好的例子，由 10 家位於印度 Kendallville 的獨立營運製造公司組成。Group Dekko 生產多種元件，包含線圈、模具化塑膠件、汽車鈑金、儀器、辦公室設備等，集團每年約有 3 億的收入。為了與汽車與儀器製造商等大型顧客合作，Group Dekko 遵照 ISO 9000 國際標準實施品質控制程序。Group Dekko Services Department 使用套裝軟體 Lotus Domino 建立一個 ISO 文件共享的資料庫。Lotus Domino 是協同文件管理和通訊套裝軟體 Lotus Notes 的網際網路版，利用這個方法，個別的 Dekko 公司可以分享標準、文件、圖形與實施品質標準

的經驗。這樣的環境正延伸到共享新產品的工程繪圖、材料清單、定價與配送資訊。此目標是使 Group Dekko 的公司和他們的供應商與顧客參與完整的設計與產品資訊流（Dekko, 2008; IBM, 2005; 2003）。

儘管協同商務可以將顧客如同供應商般納入產品研發中，大多數的情況下，協同商務與發展一個豐富的通訊環境有關，使企業間可以彼此分享產品設計、產品規劃、存貨水準、運送排程，甚至是共有產品的研發（見圖 12.7）。

在 1970 年代後期，位於帕羅奧多市的 Xerox Parc, Xerox Corporation 研究中心讓供應商和購買商之間的協同關係更加緊密。1990 年代早期，Lotus 開發公司發展了更適合通訊的軟體。溝通媒介網際網路的發展則是取代了私有的軟體工具，時至今日，協同商務幾乎都是使用網際網路科技去分享圖形設計、文件、訊息及線上會議。

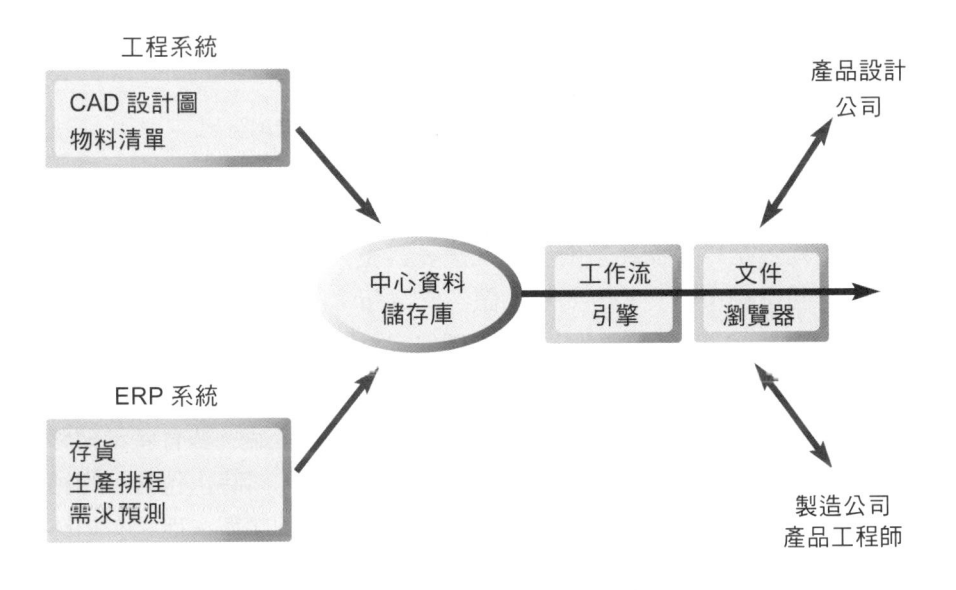

圖 12.7 協同商務系統元素

協同商務應用包含了一個中心資料儲存庫，讓不同公司的員工可以儲存工程圖或其他文件。工作流引擎可決定誰可以瀏覽這些資料、呈現資料在各個工作站的規則。瀏覽器可在工作站上運作。

協同商務和 EDI 有很大的不同。EDI 是企業結構化通訊的一種技術，協同商務更像是供應鏈成員間互動式遠距會議。EDI 和協同商務共有一項特質：它們不是開放、競爭的市集，反而是在技術上連接供應鏈裡策略夥伴的私有產業網路。

第 12.3 節更深入討論協同商務為私有產業網路的促成技術。

網際網路 B2B 商務的主要類型

有兩種一般性的網際網路 B2B 商務系統：網路市集和私有產業網路（見圖 12.8）。這兩大類別都各有許多子類型，請見以下內容。

網路市集　　　　　　　　　　　**私有產業網路**

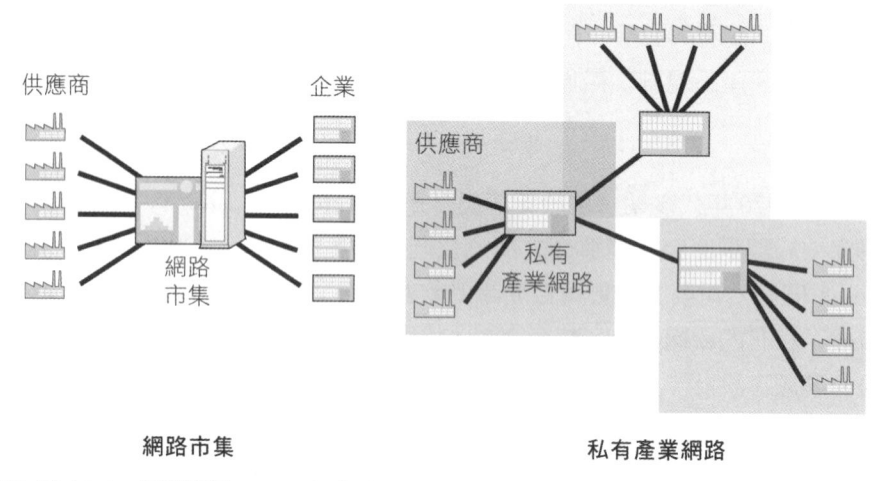

■ 圖 12.8　網際網路 B2B 商務的主要類型

這是網際網路 B2B 商務的兩種主要類型：網路市集和私有產業網路。

　　網路市集吸引成千上萬的賣家與買家一同聚集在以網路為基礎的單一數位市場，是以交易為基礎，並支援多對多、一對多的買賣關係。也適用於一些金融市場交易，如紐約證券交易所。網路市集有數種不同的類型，是根據不同的定價機制、傾向、價值定位進行區分（Kerrigan, et al., 2001），12.2 節會有更詳細的介紹。私有產業網路聚集了策略合作的公司，可協同發展高效能的供應鏈及符合顧客需求的產品。私有產業網路是以企業關係為基礎，支援多對一、多對少的關係，同時也包含了網路協同作業環境。12.3 節將會詳細介紹私有產業網路的類型。而私有網路產業現在顯然是 B2B 電子商務的最大宗，其所獲得的利益大約是網路市集的十倍。

12.2　網路市集

B2B 電子商務最引人注目的願景，就是在一個網際網路的電子市集，會引來數千家分散的供應商與許多產業商品的主要購買者接觸，以構成「無摩擦力」的商務。它希望這些供應商會在價格上與其他人競爭，交易會自動化並降低成本，使產業供應品的價格下降。藉由向買賣雙方在每筆交易收取費用，第三方中介市場製造者可以獲取重大的利潤。當交易量增加使這

些網路市集（net marketplace）快速擴張時，只要增加更多電腦和通訊設備即可。

為了達成這個願景，早期電子商務有超過 1500 家網路市集崛起。不幸的，至今有許多市集消失，而預期穩定後的總數為 200 家。

網路市集的類型及特性

網路市集有很多令人困惑的類型，也有許多不同的分類方式。例如，有些根據定價機制分類，有些則根據服務的市場特性、所有權來歸類。表 12.2 描述網路市集的一些的重要特質。

表 12.2 網路市集的其他特性：B2B 相關詞彙

特性	意義
偏向	賣方 vs. 買方 vs.中立。誰有利益優勢：買方、賣方或沒有偏向？
所有權	產業 vs. 第三方。誰擁有這個市集？
定價機制	固定價格的型錄、拍賣、出價／詢價、計畫需求（RFP）／報價請求（RFQ）
範疇／焦點	水平 vs. 垂直市場
價值創造	它們提供什麼利益給顧客？
市場存取性質	在公開市場，任何企業都能進入，但在私有市場，只有受邀的企業能進入

網路市集的類型

表 12.2 所提供的內容雖有助於描述網路市集的現象，但沒有著重在提供的核心商業功能，而且不能自行描述網路市集的多變性。

圖 12.9 中展示一種著重在商業功能的網路市集分類；也就是這些網路市集為企業提供了什麼方案。我們用網路市集的兩個面向來產生一個四象限的分類表。我們將網路市集區分為提供間接物料或直接物料，並將市場區別為提供契約購買或現貨購買。這些面向交叉產生四個相對單純的網路市集主要類型：電子配銷商（e-distributor）、電子採購網路（e-procurement network）、交易中心（exchange）和產業聯盟（industry consortia）。然而必須注意的是，在現實世界中許多網路市集是某些類型的綜合，也隨著商業模式改變、機會的出現與消失而改變。

根據兩個面向：企業如何購買和企業購買什麼，可以決定出網路市集的四種主要類型。第三個面向 — 水平市場 vs.垂直市場，也能區別網路市集的不同類型

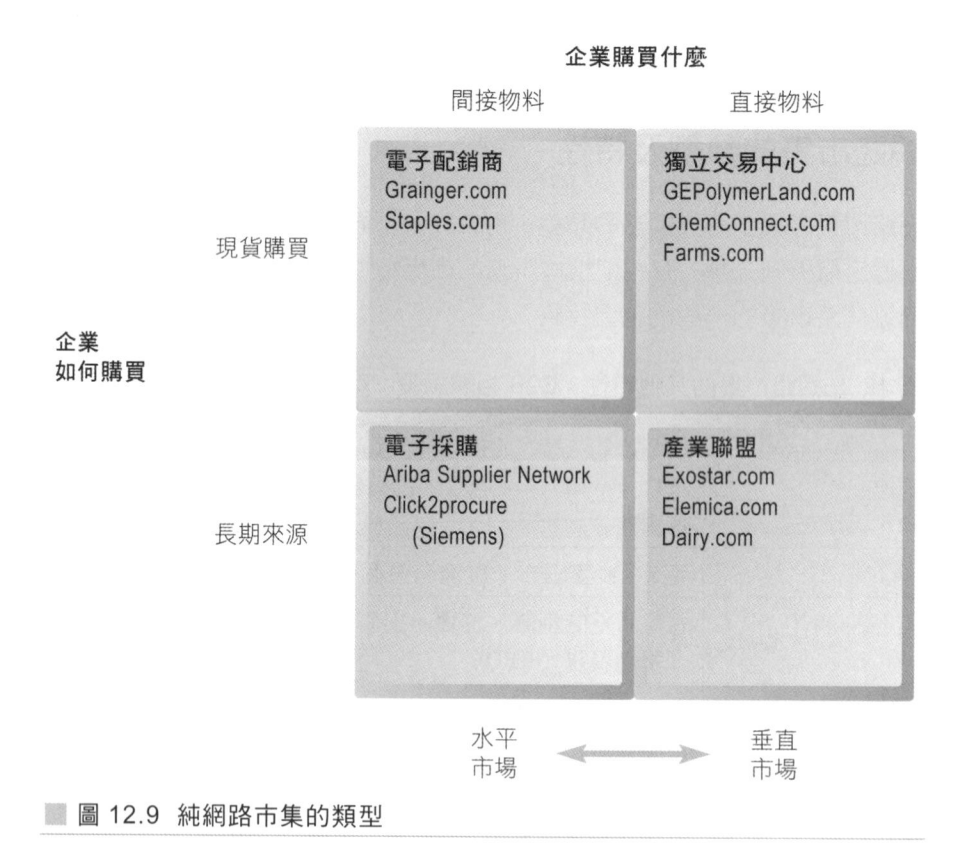

```
                          企業購買什麼
              間接物料              直接物料

              電子配銷商            獨立交易中心
              Grainger.com         GEPolymerLand.com
   現貨購買    Staples.com          ChemConnect.com
                                   Farms.com
企業
如何購買
              電子採購              產業聯盟
              Ariba Supplier       Exostar.com
              Network              Elemica.com
   長期來源    Click2procure        Dairy.com
              (Siemens)

                    水平市場 ←→ 垂直市場
```

■ 圖 12.9 純網路市集的類型

每一個網路市集尋求以不同方式提供顧客價值，以下內容將更詳細討論每一種網路市集的類型。

電子配銷商

電子配銷商是最普遍也最容易瞭解的網路市集。電子配銷商（e-distributor）提供電子型錄來呈現上千個直接製造商的產品（見圖 12.10），等同於 Amazon.com 在產業中的地位。電子配銷商為獨立擁有的中介商，當產業顧客有需求時，提供產業顧客從單一來源以現貨訂購間接物料（通常稱為 MRO）。根據報告指出，約有 40%的公司對於經由現有合約採購的商品不夠滿意，而必須使用現貨購買的方式。電子配銷商根據配銷的商品收取費用。

各種行業的組織及公司都需要 MRO 的供應。MRO 作用為對商業建築（包含了這些建築裡的機器，如暖氣、通風、中央空調系統和照明裝置）進行保養、維修，並保證其運行。

供應商　　　電子配銷商　　　購買者
　　　　　　線上型錄

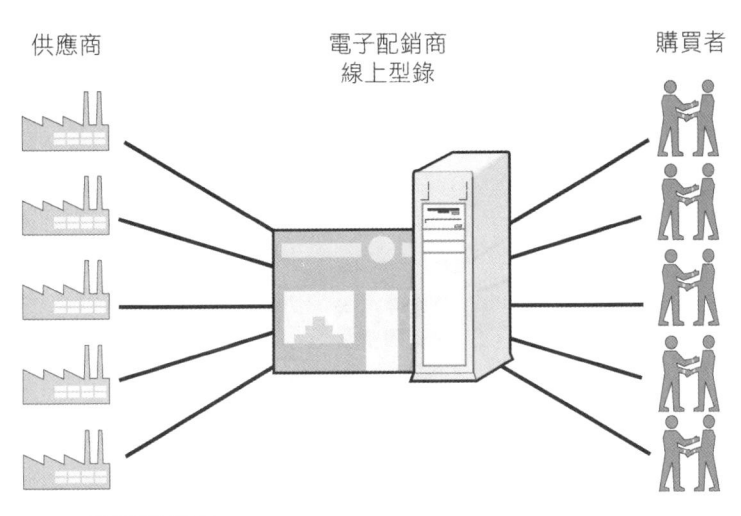

■ 圖 12.10　電子配銷商

電子配銷商是單一企業，將數千家供應商的產品整合到單一線上電子型錄，銷售給數千家購買的企業。電子配銷商有時候稱為一對多市場，一個銷售者服務多家企業。

電子配銷商在水平市場中營運，因為它們提供多個產業來自多個供應商的產品。電子配銷商在「公開」市場運作，企業可以從型錄訂購產品；相對的則是「私有」市場，成員限定在選定的企業。

電子配銷商的價格通常是固定的，但是大型顧客會有購買的折扣與誘因，比方說信貸、財務報表、以及受限的企業購買規則（例如沒有訂單就不能購買超過 500 元的單品）。對於產業顧客的主要利益在於較低的搜尋成本、較低的交易成本、廣泛的選擇、快速交貨和低價。

公開電子配銷商市場最常被引用的例子是 W.W. Grainger。Grainger 同時包含長期系統化來源和現貨購買，但著重於現貨購買。Grainger 的商業模式已經變成 MRO 供應商的世界領導級來源，而其收入模式是基本零售商。它擁有產品，且在銷售商品上加收價格。使用者會有電子版本的 Grainger 目錄，並有完整的線上訂購及付款機制（W.W. Grainger Inc., 2008）。

電子採購

電子採購網路市集（e-procurement Net marketplace）是獨立擁有的中介者，連接許多線上供應商，對付費加入市場的企業提供數百萬個維護與修理的零件（見圖 12.11）。電子採購網路市集是間接物料（MRO）長期契約購買的典型；它們創造線上水平市場，但它們也提供成員 MRO 供應的現貨購買。電子採購公司透過收取每筆交易的百分比、授權顧問服務和軟體、存取網路使用費而獲利。

電子採購網路市集
（e-procurement Net marketplace）

獨立擁有的中介者，連接許多線上供應商，針對付費加入市場的企業提供數百萬個維護與修理的零件

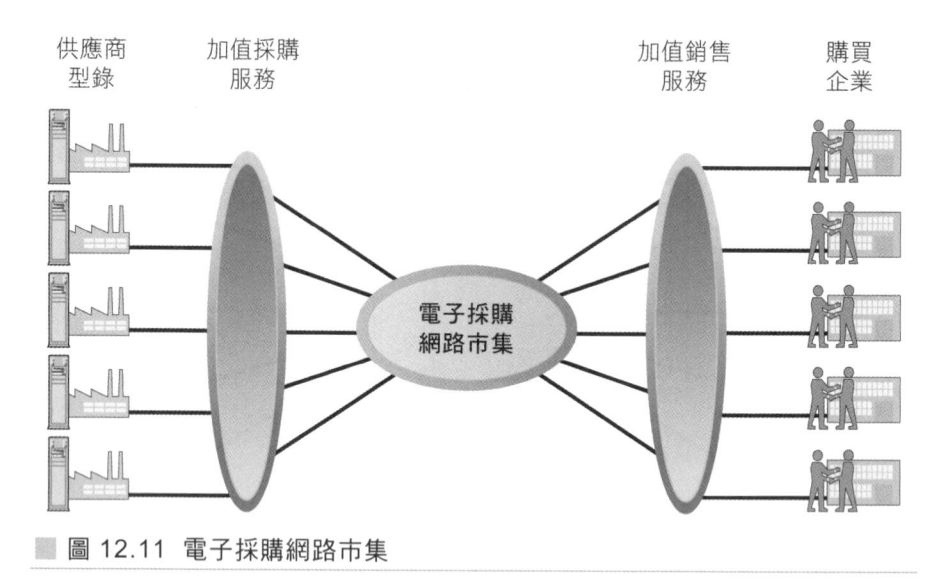

供應商　　加值採購　　　　　加值銷售　　購買
型錄　　　服務　　　　　　服務　　　　企業

■ 圖 12.11 電子採購網路市集

電子採購網路市集在單一市集中集合數百份型錄，讓企業可以有效使用，通常依據習慣只反映參與廠商想要交易的供應商。

電子採購公司藉由收錄數百間供應商的線上目錄，和對買賣雙方提供價值鏈管理服務，擴張成較簡單電子配銷商的商業模式。**價值鏈管理服務**（value chain management (VCM) services）由電子採購公司提供，包含買方的企業整體採購流程自動化和賣方銷售業務流程的自動化。對購買者而言，電子採購公司自動化訂單、申請單、商品來源、商業規則實施、發票和付款。對供應商而言，電子採購公司提供目錄創造和內容管理、訂單管理、訂單履行、發票、運貨和結算。

電子採購網路市集有時候稱作多對多（many-to-many）市場。由代表買賣雙方的獨立第三方為仲介，因此必須為中立。因為它們會同時包含競爭供應商和競爭電子配銷商的型錄，因此很可能偏向買方。儘管如此，由於聚集大型買方企業進入網路，它們為供應商提供顯著的行銷利益，降低了顧客取得成本。

在這種市場區隔的參與者包含 Ariba（它在 2004 年買下其主要競爭者 FreeMarkets）、Perfect Commerce、Verticalnet、A.T. Kearney Procurement Solutions、Emptoris。超大型的企業軟體廠商 Oracle、SAP、i2 和 JDA 軟體集團（2006 年併購 Manugistics），現在也提供採購方案給它們的顧客，與市場中早期進入者直接競爭。

General Dynamics 是最大的國防承包商之一，每年都會使用 Ariba 的 e-sourcing 軟體花費約 83 億美元的費用，並藉由 Ariba 的線上拍賣、自動報價請求軟體（automated RFQ software）來減少購買直接物料和間接物料的成本、整體交易成本。General Dynamics 宣稱透過新的系統，原料購買

價值鏈管理服務
（value chain management (VCM) services）

包含在買方的企業整體採購流程自動化和賣方銷售業務流程的自動化

的成本減少了 10%到 15%（Ariba,2007; Hannon, 2003）。「運作中的電子商務」將深入討論 Ariba 的網路市集。

運作中的電子商務

ARIBA

Ariba 是電子採購網路市集的最佳例證。Ariba 提供支出管理（Spend Management）方案來管理一間公司所有非薪資類費用。支出管理方案是一系列產品和服務，利用分析、尋找貨源（開源）、採購和供應商管理，協助企業確認支出和節省成本。這些方案包含應用軟體、服務和網路存取設計，用以簡化和自動化與採購流程相關的企業流程。1996 年成立於加州 Menlo Park，在 25 個國家銷售軟體與服務，客戶集中在 Fortune 全球 1000 大企業。

Ariba 平台始於 Ariba Buyer，是最初用來自動化單一公司內採購商務流程的應用系統。這個平台從交易採買和市集平台進一步成長到包含多重應用軟體，允許使用者在其內部網路建立 B2B 市集，或在公開網路涵蓋整個「支出」的生命週期（從規劃到開發票）。這些應用系統還整合 Ariba Supplier Network，一個以網際網路為基礎、連結供應商到顧客和夥伴的網路。企業可以使用 Ariba Supplier Network 搜尋交易夥伴的開放式型錄，包含全世界超過 17 萬 4000 家供應商；訂閱並管理目錄內容；實行交易，包括訂單管理與履行、開發票和結算。使用 Ariba Supplier Network，企業得以透過較佳的流程效率、更好的員工與遵守契約、降低存貨、公平定價機會來節省成本。

Ariba 應用系統可以在目前市場上主要的既有系統和後端系統上運作，刪除了以手動方式將 Ariba 的資料轉移到 ERP 系統（如 SAP 和 Oracle）的需求。在 2006 年，Ariba 開始採用以網路為基礎的 on-demand（需求隨選）版本的應用。

Ariba 的支出管理方案有六個主要功能，(1) 花費能見度 (2) 開源 (3) 合約管理 (4) 採購及費用 (5) 發票與付款 (6) 供應商管理。

- 能見度方案：包含 Ariba Anaylsis、Ariba Data Enrichment、Ariba Spend Visibility On-Demand，是一個以網路為基礎的服務，讓管理人員能分析花費、流程、成果，藉此找出節省成本的機會以及做出更具效率的決策。

- 開源方案：包含 Ariba Sourcing、Ariba Supplier Performance Management、Ariba Category Management、Ariba Sourcing On-Demand，是一個以網路為基礎的服務，讓公司能經由大範圍的目錄去確認供應商，以此協調採購事項、集合支出、管理採購合約。

- 採購及費用方案：包含旗艦型 Ariba Buyer 應用系統、Ariba Category Procurement、Ariba Travel and Expense 和 Ariba Procure-to-pay On-Demand，是一個以網路為基礎的服務，提供關於申購與採購各方面支出的應用服務。

- 合約管理方案：包含 Ariba Contract Workbench、Ariba Contract Compliance、Ariba Contract Management On-Demand，是一個以網路為基礎的服務，讓公司能夠簡化與自動化從建立合約到合約管理的合約程序。

- 發票與付款方案：包含 Ariba Invoice and Settlement 及 Ariba Electronic Invoive Presentment and Payment On-Demand，是一個以網路為基礎的服務，讓公司能夠簡化與自動化發票與付款程序，改善速度及正確性。

- 供應商管理開源方案：包含 Ariba Supplier Connectivity，提供 Ariba Supplier Network 的存取，經由花費管理生命週期最佳化買方及供應商間的互動。

顧客可以購買 Ariba Spend Management 方案軟體應用模組的永久或長期使用許可、訂購對特定品項的需求方案、根據公司需求而選擇的付費服務。Ariba 有三種套裝方案（基本型、專業型、企業型），分別有不同的價格及功能層級。

Aribe 目前的顧客每天都從超過 5000 個不同的目錄中購買超過 4 億 5000 萬美元，Atiba 每年管理超過 1700 億美元的採購花費，而其採購軟體可以在超過 400 萬家公司的電腦桌面看到。

願景

Ariba 的願景是成為「企業支出管理方案」的主要提供者，換句話說就是提供協助企業管理採購的軟體與服務。

在電子商務早期（1996－1997），Ariba 結合 Commerce One 和 Verticalnet 等其他早期 B2B 改革者，努力推動大型企業採購與供應流程

的革命。Ariba 希望以網際網路基礎的電子市集聚集數千家供應商，取代由大型企業協調固定價格的老化 EDI 平台；開放市場價格可以根據供給與需求動態制定價格；產生價格透明度確保買方以最低價格購買貨品。在 1997 年，世界上 95%的企業購買是由千百家購買代理商使用紙筆文件、傳真機、電話來完成。EDI 普遍被限制於直接物料的購買，僅佔所有企業間交易的 5%，而完全忽略佔了 33%的 MRO 部分。以紙張作業為基礎的交易平均花費是 75－175 美元。傳統採購流程付款給供應商的速度較慢，且從供應商配送到企業使用者需花費好幾週甚至數個月的時間。根據 AMR 的研究，所謂的「特立獨行的採購」（maverick purchasing）在美國企業間的採購過程成長超過 30%，導致 15%－27%的溢價。Ariba 允諾運用網際網路徹底改變採購流程，並發展會帶來採購大變革的工具。然而，Ariba 沒有考慮到事實上在大型企業建置軟體是複雜、耗時且昂貴的工作。它沒有想到現有 EDI 系統的威力，或是 EDI 轉移到 Web 的能力。大部分情況，若是想要使用 Ariba 的方案，顧客必須對企業流程做出重大的改變，並對現有系統執行昂貴的改變。

因為多數顧客沒有 B2B 電子商務的經驗，Ariba 必須與顧客投入冗長又昂貴的訓練計畫。這些考量不可避免的延遲了銷售週期成為 6－9 個月，並減緩實行和付款的速度。Ariba 也沒有考慮到 Oracle、IBM、SAP 和其他主要技術參與者的競爭回應，每一個對手都會提供競爭的產品。最後，Ariba 沒有考量面對供應商加入 Ariba Supplier Network 的困難。供應商對加入這樣的買方支配網路會感到猶豫不決，在此處他們的產品和服務必須直接與其他廠商競爭。這減少網路市集的流動性，且也會降低購買者感受到的價值，也因而減少了付給 Ariba 的交易費。

商業模式

Ariba 最初的商業模式，是對使用其軟體收取授權和維護費用。對於企業買方，Ariba 預期能減少採購成本、降低供應成本，加快取得週期並減少錯誤。Ariba 提供供應商的成本降低、加速付款、以及聚集數百家企業購買力的優勢。Ariba 在 1999 年發展的商業模式，是建立其擁有的網路市集（Ariba Supplier Network）在交易夥伴間依交易額收取費用。藉由提供企業快速和容易存取此網路市集，Ariba 相信可以吸引購買代理商和企業使用這套可以立即使用的方案，採用的企業不需要徹底改變行為、安裝軟體或實施花錢的組織改造方案。在 2006 年，Ariba 改變了其商業模式的焦點，從授權／販賣應用變成以訂閱或維修為基礎的 on-demand 軟體方案獲利。Ariba 預期這種由長期供應模式變成以訂閱為基礎的 on-demand 遞送模式將會持續進行。

財務分析

在 1997－2001 年 Ariba 的營業額有驚人的成長，從 76 萬美元成長到 3 億 9900 萬美元。這些早年的收入增長源自於一些因素，包含併購、新顧客成長、與電腦服務巨頭（如 IBM 和 Oracle）的策略關係成長，後者提供以 Ariba 為基礎的方案給顧客。在營業額成長的這些年，營運費用隨總收入成長而暴增，主要因為大幅增加了銷售人力津貼、廣告和顧客教育計畫等行銷和銷售費用。當 Ariba 併購其他公司時，承接這些企業進行中的研究專案，因而研究發展成本和管理成本也快速增加。在 2001 年時經濟成長開始變得遲緩，同時企業也開始減少資訊科技花費，這使得 Ariba 收入急速下降，在 2002 年為 2 億 2900 萬美元。在 2002－2004 年間，Ariba 為了併購公司，花費的金額更高出被併購公司帳面價值 22 億！還好（對 Ariba 而言）對收購案的付出多半是股票。不幸的是那些取得股票的人！Ariba 的股價由最高點的每股 183 美元狂降到最低點 8 美元，到現在大約每股只有 16 美元。

現今，Ariba 開始重新找回自己的路，令人訝異的是卻仍未獲利。表 12.3 為 Ariba 的營運結果以及 2005－2007 年的資產負債表摘要。

2007 年的結果顯示 Ariba 的收入有些微的上升，從 2006 年的 2.96 億美元增加到 2007 年的 3.01 億美元，收入成本則從 1.74 億美元降至 1.61 億美元，營運費用由 1.79 億美元降至 1.66 億美元。Ariba 的淨損失減少趨勢也一直持續著。Ariba 2005 年的淨損失為 3.5 億美元，這與併購數家公司所產生的費用及呆帳有關。到 2007 年，淨損失就降至 1500 萬美元。

從收入的角度來看，授權收入持續下滑，因為從終身軟體授權轉換到更多訂閱和主機期限授權，以及反應在企業 IT 投資減緩，特別是在大型企業軟體處理。訂閱與維護收入增加約 11%，服務及其他收入有 2% 的小幅下降。在這樣的趨勢下，Ariba 的收入組合有所改變，授權收入從 2006 年佔總收入的 8% 下降到 2007 年的 6%，訂閱及維護收入是 2007 年佔總收入 46%、2006 年佔總收入 43%，服務及其他收入在 2007 年佔總收入 48%、2006 年佔總收入 49%。Ariba 的毛利率從 2006 年到 2007 年是增加的，但卻不像 2005 年那麼高。

資產負債表顯示這間公司在 2007 年 9 月 30 日流動資產約 4350 萬美元。正面來看，這家公司只有少量的長期負債（7500 萬美元）。Ariba 仍然有些許機會成為一家獲利的公司 ─ 如果它能在短期內做出正確的決策。

然而，Ariba 在 2008 年稍稍退步，在前九個月收入是 2.43 億美元、2007 年同樣的時期是 2.26 億美元，收入成本從 2007 年的 1.23 億美元減少到 2008 年的 1.15 億美元，然而營運費用則從 1.23 億美元增加到 1.7 億美元。因此淨損失從 2007 年的 1100 萬美元增加到 2008 年的 3500 萬美元。2008 年 6 月 30 日，其資產負債表顯示流動資產有 7850 萬美元。

策略分析 — 企業策略

在 2007 年，Ariba 將其未來發展押注在以訂閱為基礎的 on-demand 軟體服務。在 2007 年 9 月，Ariba 宣佈同意以 9300 萬美元收購競爭者之一的 Procuri（也有提供網路為基礎的花費管理方案）。Procuri 大部分的顧客屬於中間市場，讓 Ariba 的客群範圍擴大（以往大多為前 1000 大企業）。Ariba 在 2004 年也有三項大型收購案，分別收購了 Alliente（企業流程外包的提供者）、FreeMarkets（最大也最成功的獨立網路市集／交易中心營運商）、Softface（擁有支出分析、型錄和合約管理專業知識的公司）。

策略分析 — 競爭

Ariba 是市場上 B2B 電子商務軟體的先鋒，但很快就出現強大的競爭者，如 IBM、Oracle、GE Information Services 以及其他像是 Commerce One、FreeMarkets。Commerce One 現在已經破產，而 FreeMarkets 被併購而消失，Ariba 則是少數仍然存活的 B2B 網路市集。這間公司面臨與 SAP、Oracle 這些已經發展出自有網際網路應用採購系統的主要企業軟體廠商，以及其他利基業者像是 Emptoris、Ketera Technologies、Verticalnet、Frictionless Commerce 與重生的 Commerce One（在 2006 年 2 月被 Perfect Commerce 收購）的重要競爭。B2B 電子商務軟體市場的進入障礙低，在這些提供的軟體之間有一些技術區隔的特徵差異。信任度、壽命長、穩定性逐漸變成顧客評估競爭產品與企業時的重點。

　　Ariba 與 IBM、i2Technologies 等競爭者成為策略夥伴，以針對特定顧客發展出口標解決方案。

策略分析 — 技術

Ariba 是 B2B 軟體應用公司。Ariba 所有的軟體為了在 Internet 上使用，以 HTML、Java 和 XML 等標準軟體工具建立。或許可以在 Ariba Supplier Network 上發現最與眾不同的軟體技術，這個網路是一個開放式標準、多重通訊協定的交易網路，在購買者與供應商間使用 XML、CXML

（XML 作為商業交易之用的網際網路版本）、網際網路 EDI、VAN EDI、OBI（開放式購買網路，Open Buying Internet）、HTML、e-mai 等這些最主要的電子商務技術標準來轉送與轉譯交易。無論買賣雙方使用哪種通訊協定，都能與對方進行交易。

策略分析 — 社會與法律挑戰

Ariba 與許多在 dot.com 爆炸時走向公眾化的其他電子商務公司一樣，曾在收入與股價崩盤時掙扎，在許多宣稱其 IPO 不法活動和影響企業財務健全資訊的後續活動之訴訟中辯護。這間公司也被與 FreeMarkets 購併相關的股東提起訴訟，它也正面臨由 ePlus inc. 提起的專利侵權訴訟，指稱 Ariba Buyer、Ariba Marketplace 和 Ariba Category Procurement 三項產品侵犯三項 ePlus 擁有的美國專利。在 2005 年，Ariba 付出 3700 萬美元解決這個案件。在 2007 年 9 月 Sky 公司也向 Ariba 提出專利侵權訴訟，Ariba 在 2008 年 1 月付出 590 萬美元解決。在 2007 年 4 月，Ariba 控告 Emptoris 專利侵權，而在 2007 年 11 月 Emptoris 反控告 Ariba。

像 Ariba 這樣的公司也可能面臨重要的責任，避免軟體不能運作或 Ariba Supplier Network 不能使用。當企業為採購變得更依賴 Ariba，任何運作中的小故障所付出的代價可能會非常高。

未來展望

在網際網路泡沫化之後，Ariba 面臨一些令人氣餒的挑戰，而它已經成功渡過這個風暴期，重現的公司約為先前規模的一半，但財務上更健全。在電子化採購網路市集事業中，Ariba 經由併購已經擴大其服務市場，雖然面臨 SAP 及 Oracle 等軟體公司的競爭，仍然是目前市場上最好的採購軟體。

Ariba 預期軟體業務由授權轉變為訂閱銷售的部分在 2009 年會持續成長。它也相信藉由顧問服務的持續擴張和採購外包業務的成長，服務收入將會持續成長。不過，與預期軟體授權收入的持續下滑相抵銷，它預估總收入在此年度會相對持平。從支出觀點來看，它已經確定改組活動大部分完成，預期 2009 年的成本和支出會與 2008 年的成本支出維持相當水平。

顯然 Ariba 的多種策略已經生效可避免公司完全失敗，公司看起來似乎更強健、更穩定，但投資者相信這間公司還沒正式脫離險境。在 2008 年，其每股股價約在 8－17 美元。在這樣的低價，Ariba 已經變成

現有想要強化產品的 B2B 軟體公司購併的目標,甚至它其中一個大型顧客想買下它,利用已建立的公司知名度站上有利的位置,嘗試建立自己的網路市集(請見本章最後的案例)。

交易中心

交易中心(exchange)是獨立擁有的線上市集,在一個動態、即時的環境連結數百甚至數千家潛在的供應商和購買者(見圖 12.12)。交易中心一般創造垂直市場,著重在單一產業大型廠商的現貨購買需求,例如電腦與通訊、電子、食品、工業設備產業,不過這種歸納也有例外,本節會有進一步敘述。交易中心是電子商務早期網路市集的原型,如前面所提,曾有超過 1000 家交易中心的出現,但最後大多是失敗的。

交易中心藉由收取交易佣金來獲利。定價模式可以是線上協商、拍賣、請求報價(RFQ)或固定買賣價格。交易中心提供顧客的好處包含減少零件或備用品的搜尋成本。供應商得到的好處在於可以接觸一個全球購買環境以及解決生產過剩的問題(儘管是非常競爭的價格和低利潤)。即使它們是私有的中介者,交易中心允許任何有誠意的買賣方參與。

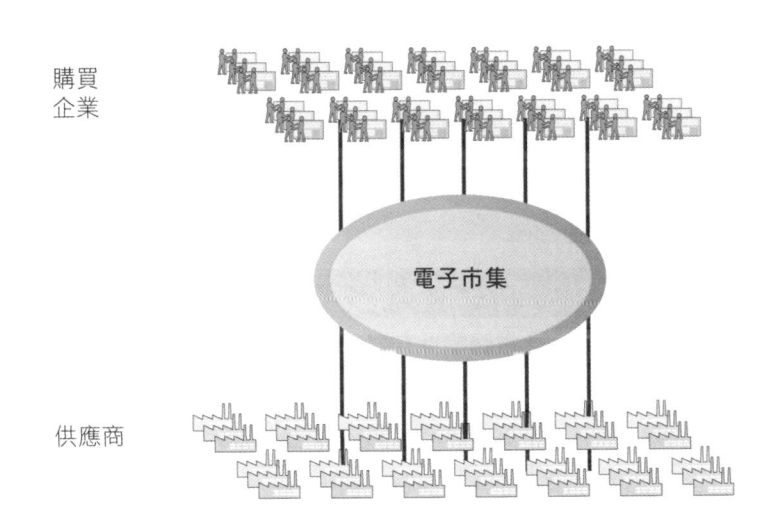

購買企業

電子市集

供應商

市場製造者自有軟體封裝

■ 圖 12.12 交易中心

獨立交易中心將數千家潛在的供應商集中於一個垂直(產業特有)市場,銷售產品給數千家潛在的購買企業。交易中心有時候被稱為多對多市場,因為它們有許多供應商服務許多購買企業。

雖然交易中心獨立營運且假定為中立，交易中心仍傾向偏袒買方。對供應商不利的原因，在於交易中心將它們暴露在與全世界其他相似供應商的直接價格競爭中，因而使得利潤率下降。交易中心因為供應商拒絕加入而走向失敗，因此現存的市場流動性非常低，擊垮了交易中心原有的目的與利益。流動性（liquidity）一般以市場中買賣雙方的數量、交易量和交易規模來衡量。若你幾乎可以在任何希望的時間，以任何規模的訂單購買或販賣，就可以知道這個市場是流動的。根據這種標準衡量，由於參與者非常少、交易數少、每筆交易價值小，許多交易中心是失敗的。不使用交易中心最常見的理由就是其缺少傳統、值得信賴的供應商。

大部分的交易中心都是傾向於提供直接物料的垂直市場，但有些交易中心是提供間接投入，如提供電和能源、運輸服務、專業服務。表 12.4 列出現今一些獨立交易中心的例子。

以下提供幾個交易中心的起源和目前提供的功能的概要描述。

Global Wine & Spirits（GWS）在獨立交易中心間相當獨特，不僅是存活下來的新公司，也是 B2B 電子商務族群的晚進者。GWS 在 1999 年開張，但直到 2001 年 5 月才開始交易產品。由 Mediagrif Interactive Technologies Inc.營運，位於魁北克的蒙特婁，GWS 將其營運切割成兩個部份：一個公開電子市集和一個叫作 GWSBusiness Solutions 的分部。分布全球 100 個國家，有超過 5000 家的葡萄酒和烈酒公司（2900 家的製造商，2100 家的批發商、進口商與零售商）藉由 GWS 技術建立的私有或公開的葡萄酒和烈酒入口網站進行連結（Global Wine & Spirits, 2008）。

表 12.4 獨立交易中心的例子

交易中心	焦點
PowerSource Online	電腦零件交易
Converge	半導體和電腦周邊設備
Smarterwork	從網頁設計到法律諮詢等專業服務
Active International	交易未被充分利用的製造能力
Foodtrader	食物產品業最大的 B2B 現貨交易網站
IntercontinentalExchange	交易超過 600 種日用品的國際線上市集

Farms.com 交易中心的數個競爭者都已經失敗，它不只試圖存活，也有獲利。Farms.com 的產品和服務包含了 Farms.com 的資訊入口網站、一個關於豬隻的線上交易市集（Mandftrading）、提供養豬行業知識管理及訂製軟體的 PigCHAMP、提供大宗農業商品貨運配對服務的 AfFreight、

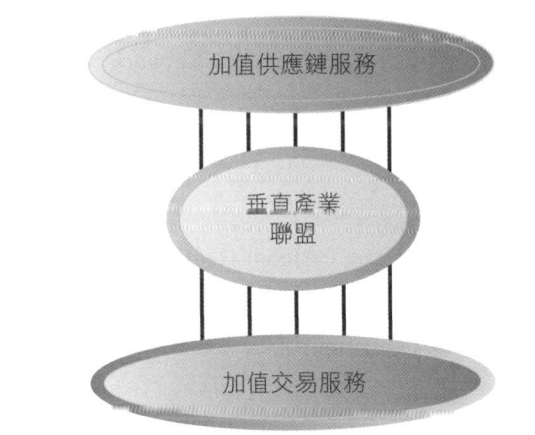

提供科技產品及服務的 AgSoftware、營運線上工作招募的 AgCareers、提供農業各部門時事通訊的 AgPromote。

　　Inventory Locator Service（ILS）已有非線上中介者的基礎，為航太產業提供修配零件的列名服務。1979 年開張，ILS 一開始與政府採購專家合作，共同以電話和傳真提供航空業者與技工修配零件市場名錄。1984 年初期，ILS 在 RFQ 服務加上電子郵件功能，1998 年它已經開始實行難以找到零件的線上拍賣。現在 ILS 維護一個網際網路可存取的資料庫，有超過 50 億筆航太和海運產業零件，同時發展出 eRFQ 特色協助使用者簡化開源流程。這個網路有來自 93 個國家、2 萬個訂閱者，每天存取網站超過 5 萬次（Inventory Locator Service, 2008）。

產業聯盟

產業聯盟（industry consortium）是產業自有的垂直市場，使買方能夠從有限的受邀參與者中購買直接原料（包含產品和服務）（見圖 12.13）。產業聯盟強調長期契約購買、發展供應鏈穩定關係，和制定產業資料標準和同步化的努力。產業聯盟的終極目標是透過共同資料定義、網路標準和運算平台，達成整個產業內的供應鏈統一。此外，產業聯盟由產業共同進軍，這表示任何從營運產業聯盟的獲利會回到產業中的企業。

產業聯盟
（industry consortium）
是產業自有的垂直市場，使買方能夠從有限的受邀參與者中購買直接原料（包含產品和服務）

圖 12.13　產業聯盟

產業聯盟帶來數千家供應商，與小量超大型購買者直接聯繫。市場製造者為買賣雙方的採購、交易管理、運輸、付款提供加值軟體服務。產業聯盟有時稱作多對少市場，許多供應商（雖然是由購買者選擇）服務少數超大型購買者，並有多種加值服務做為媒介。

產業聯盟出現於 1999 和 2000 年，部分是反應早期獨立擁有交易中心的發展；大型產業（例如汽車和化學產業）視交易中心為市場干涉者，不會直接服務大型購買者的需求，反而會填滿風險資本投資者自己的荷包。相較於「付費來參加」，大型企業決定「付錢擁有」它們的市場。而企業另外的考量是，網路市集的順利運作必須取決於是否有大量的供應商及買方的參與、以及是否有流動性。獨立交易中心無法吸引足夠的使用者去到達流動性。此外，交易中心通常無法提供改善整個企業價值鏈的增值服務，如將新的市集連結到公司的 ERP 系統。現存的產業聯盟超過 60 個，許多產業不只一個產業聯盟（見表 12.5）。

有最多聯盟的是食品、金屬和化學產業，但並非最大的產業聯盟。許多 Fortune 500 大公司和私人企業都是多個產業聯盟的投資者。例如 Cargill 在食品產業相關的價值鏈中六個不同的產業聯盟都有投資。

產業聯盟有多種不同的獲利方式。產業成員通常會支付建立聯盟的費用，並貢獻初始營運資金。產業聯盟向購買者和銷售者收取交易與訂閱費用。產業成員預期可以透過採購流程合理化、業者競爭、廠商緊密關係來獲取遠高於其貢獻的利潤。

表 12.5 各產業的產業聯盟（2008 年 9 月）

產業	產業聯盟名稱
航太	Exostar
汽車	SupplyOn
化學	Elemica、RubberNetwork
金融	MuniCenter
食品	Dairy.com、eFSNetwork（iTrade Network）
餐旅	Avendra
醫療服務及用品	GHX（Global Health Exchange）
金屬及採礦業	Quadrem
紙張及林業	Liason
貨運	OceanConnect
紡織	TheSeam(Cotton Consortium)
運輸	Transplace

產業聯盟提供許多定價機制，依據產品和情況，從拍賣、固定價格到 RFQ 皆可。價格也可以議價，且雖然環境具競爭性，但限制只有少數經挑選、可靠、長期的供應商加入，這些供應商通常會被視為「策略性產業」夥伴。產業聯盟明顯偏向大型購買者，它們控制這個賺錢的市場通路，從相互替代的供應商競爭定價中獲益。供應商的獲利來自存取大型購買企業的採購系統、長期穩定關係和大規模訂單。

產業聯盟可以、也時常強迫供應商使用產業聯盟網路和私有軟體，作為銷售給產業成員的條件。儘管交易中心會因缺乏供應商和流動性而失敗，但產業成員的市場力量會確保供應商的參予，因此聯盟可能得以避免自願交換的命運。而產業聯盟與獨立交易中心相比還是佔有優勢，有較強大的金融後援和流動性（大型公司的訂單量較穩定）。然而產業聯盟還是個新現象，這些聯盟的長期獲利率（特別是單一產業有多個產業聯盟時）還沒獲得證實。

以下為兩個產業聯盟證明其生命力與成長潛力的概要描述。

Exostar 是個航太產業聯盟。它的合夥創辦廠商包括 BAE Systems、Boeing、Lockheed Martin、Raytheon、Rolls-Royce。Exostar 以緩慢但穩定的方式建立技術平台。其持續專注在直接採購和大型成員的供應鏈需求，並花費時間發展符合需求的技術方案投資組合。現有產品包含 Supply Pass（使供應商可以經由網際網路處理與購買者交易的套裝工具）、SourcePass（提供買賣雙方動態出價環境）、ProcurePass（使購買者能夠處理供應商的線上交易）。到 2008 年 9 月，Exostar 服務超過 4 萬個交易夥伴。在 2007 年，Exostar 執行超過 1000 萬筆交易，總值 385 億美元（Exostar, 2008）。

Quadrem 服務的行業包括礦業、金屬業，在 2000 年 5 月開始時有 14 家創始成員。而現在的股東包含某些世界最大的天然資源公司，如 Alcoa、DeBeers、Phelps Dodge，而也代表了 900 億美元的年度支出。截至 2008 年，Quadrem 的網路包含了超過 5 萬 5000 位供應商和 1100 位買家，處理超過 170 億美元的年度訂單，而交易的數量也以每個月 21% 的累積率成長（Quadrem International Ltd., 2008）。

網路市集的長期動態

因為早期交易中心大多失敗，關鍵參與者逐漸領悟到僅在它們可以改變整個採購系統、供應鏈和企業間合作的流程，才能獲得 B2B 電子商務的實質價值。許多產業聯盟已經以產業資料標準和同步化論壇改造自己。網路

市集歷經 2003 和 2004 年的合併後，剩下的公司更加穩固，且再次開始快速成長。事實上，全世界及美國的 B2B 線上交易量每年都以 20%－30% 成長。

圖 12.14 描述了一些改變。純網路市集正遠離單純的「電子化市集」願景，朝著扮演改變採購流程的核心角色邁進。獨立交易中心是產業聯盟理想的收購目標，因為它們通常發展了技術基礎建設。聯盟和交易中心正開始在選擇的市場共同合作。同樣的，電子配銷商正在保衛大型電子採購系統的許可權，並與間接物料供應商一樣尋求進入產業聯盟。

其他值得注意的趨勢包括從現貨購買的簡單交易，轉變到同時牽涉間接與直接物料的長期契約關係（Wise and Morrison, 2000）。交易的複雜性與期間增加，買賣雙方變成習慣於數位環境工作，減少傳真機和電話的使用。迄今網路市集以及私有交易網路，都在對超大型企業間大規模合作的友善政治氛圍中完成。然而，網路市集會提供一些企業理想的平台好串通定價、共享市場、取得市場這樣的可能性是存在的，這都將造成反競爭行為並降低網路市集的效率。請見「社會觀點」的介紹。

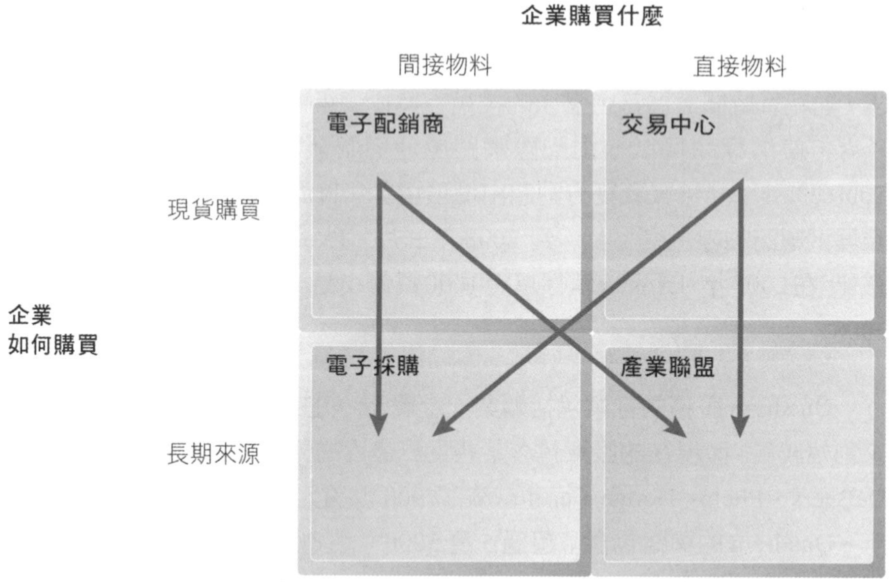

企業購買什麼

	間接物料	直接物料
現貨購買	電子配銷商	交易中心
長期來源	電子採購	產業聯盟

企業如何購買

■ 圖 12.14 網路市集趨勢

電子配銷商和交易中心正轉移其商業模式，透過提供電子採購服務和加入產業聯盟，朝更持久、與購買企業間高附加價值關係發展。

社會觀點

網路市集是反競爭的壟斷組織嗎？

雖然網路市集和私有產業網路提升公司和整個產業的效率，但也減少了市場競爭、提高了消費者的購買價錢且缺少了市場的多樣性。反壟斷（antitrust）可分為兩個重點：物品的市場和 B2B 市集的市場。

在商品市場中，最主要涉及反壟斷的是資訊分享，在這樣的情況下將會鼓勵固定價格、獨佔壟斷（發生在壟斷集團或壟斷買家將輸入價格壓低於物品該有的價格）和排他（新的公司難以進入市場）。

例如，當產業中大型參與者擁有網路市集（如化學產業交易中心 Elemica），成員間可以共謀希望的輸入價格。價格共謀並不需要正式的協議，在高效率的市場可以藉由「協同定價」，或經由供應商之間非正式的協議來訂定價格。

訊息分享也可能導致製造商們達成分佔市場的協議：將市場分成數個部份，製造商只製造滿足分配到的市場的商品。在壟斷方面，大型買家可藉著購買較少的輸入數量而控制輸入價格。網路市集可用來排除競爭對手，強迫競爭對手付較高的價格輸入物品。舉例來說，化學公司如果不支持 Elemica，也許無法得到市場上最佳的價格。

網路市集的過往簡史可看出：每個產業往往會自然形成一到兩個網路市集，並變成這個產業市場的主導者；從網路市集可看出網路效應，越大的網路市集就吸引越多廠商加入；在經濟規模方面來看，當網路市集越大，變得越有效率跟流動性。

綜合以上幾點因素，存活下來的網路市集將擁有十分強大的市場力量。這些問題主要發生在產業聯盟，但也同樣是獨立交易中心的問題。

在網路市集的市場中，由於過高的轉換成本和網路效應，一個大型的網路市集將會阻止其他市場製造者創立新市集。這類的市集可能也會制定規則，禁止其成員從其他市場購買。此外，當一個網路市集吸引了市場中 90%的買家和賣家，將會有強大的網路效應和高度流動性，變成買家和賣家的數量足夠、能支援貿易系統的唯一市集。

即使 B2B 網路市集是新出現的，但反壟斷的議題和概念並非如此。競爭者之間的資訊分享、獨佔壟斷、排除進入的議題都出現在航空公司預定系統、鐵路終站設施和電影業的影片發行。司法部制定的規章（競爭對手合作準則）描述了競爭者間可允許的資訊分享及合作。大量的案例法和研究發展決定了競爭者之間的合作是否違法的規則。一般而言，法院和學者都試圖禁止妨害市場競爭、因提高價錢或減少選擇損害顧客權益的行為，而除非造成上述結果，不然許多行為都是可容許的。

在 B2B 市場的競爭報告中，美國聯邦貿易委員會（FTC）認為不需要採取行動去維護 B2B 市場的競爭。然而，FTC 持續監控著大型網路市集的行為，像是交易、共謀的跡象、獨佔壟斷的力量和排他性行為，這些行為都有可能損害到競爭關係。

12.3 私有產業網路

私有產業網路（private industrial network）是 B2B 電子商務最大的部分，無論是否在網際網路上。產業分析師估計在 2009 年大型企業約有 50%的 B2B 花費是為了發展私有產業網路。私有產業網路可以視為「擴大企業」的基礎，企業可以延伸其界線和企業流程，涵蓋到供應鏈與物流夥伴。

什麼是私有產業網路？

私有產業網路是直接衍生自現有 EDI 網路，與大型企業現存的 ERP 系統緊密結合。私有產業網路(有時稱為私有交易中心，private trading exchange, PTX)是用來協調跨組織企業流程（有時又稱為協同商務）的 Web 網路。跨組織企業流程（tans-organizational business process）是指至少需要兩個獨立企業來執行的流程（Laudon and Laudon, 2009）。這些網路的範圍能夠涵蓋整個產業，但剛開始通常是集中在一間超大型製造商為和周遭一群供應商的自發性協調。私有產業網路可以視為「延伸企業」（extended enterprise），通常是由作為單一企業的 ERP 系統開始，然後擴張到涵蓋（往往使用外部網路）企業的主要供應商。圖 12.15 所示，是 P&G（Proctor & Gamble）在美國最早建立的私有產業網路，協調其供應商、配銷商、貨運商和零售商間的供應鏈。

> **跨組織企業流程**
> （trans-organizational business process）
> 指至少需要兩個獨立企業來執行的流程

圖 12.15 展示的 P&G 私有產業網路中，自收銀機擷取顧客銷售量後，接著啟動資訊流把資訊傳回到配銷商、P&G 和其供應商。這些資訊告知 P&G 和供應商數千種商品確切的需求水平，接著會用來啟動生產、供給和運輸流程，對配銷商和零售商進行產品補貨。這個流程稱為高效率顧客回應系統（efficient customer response system，一種需求拉動生產模式），而且依靠等同效率的供應鏈管理系統來協調供應端。

並沒有許多關於私有產業網路的詳細資訊，這是由於許多公司及參與其私有網路的公司皆認為這個網路與競爭優勢有關，因此不願意透露關於成本及如何運作的資訊。

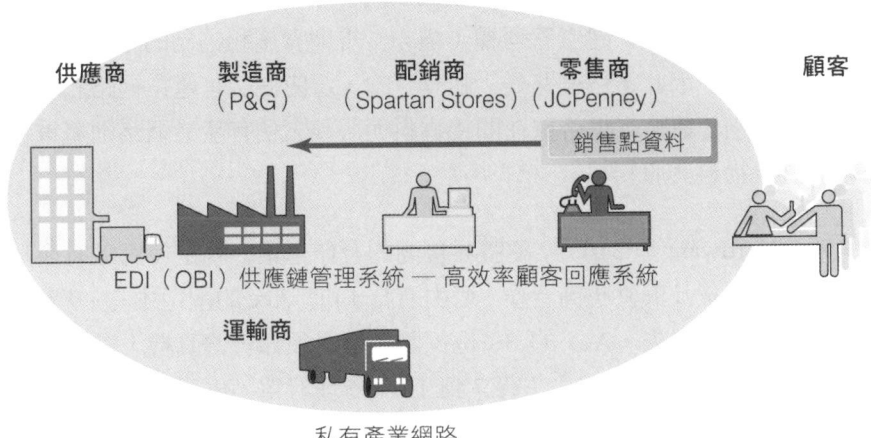

圖 12.15 P&G 私有產業網路

P&G 的私有產業網路嘗試協調它在消費性產品產業中所處理的多家企業的企業流程。

奇異（GE）、戴爾電腦（Dell Computer）、思科系統（Cisco Systems）、微軟（Microsoft）、IBM、Nike、可口可樂、Wal-Mart、Nokia 和惠普（HP）為企業運作私有產業網路的成功範例。

私有產業網路特性

私有產業網路的核心焦點，是提供整個產業達成最佳效率的全球方案。私有產業網路的具體目標包括：

- 發展整個產業有效率的購買與銷售企業流程
- 發展整個產業資源規劃以補足企業資源規劃
- 提升供應鏈能見度 — 知道買賣雙方的存貨水準
- 達到買方與供應商更緊密的關係，包含需求預測、通訊和衝突解決
- 以全球規模運作 — 全球化
- 透過預防供需失衡的方式降低產業風險，包含發展金融衍生產品、保險和期貨市場

私有產業網路與網路市集服務的目標不同。網路市集主要是交易導向，私有產業網路則著重在公司間持續的企業流程協調。這不僅包含供應鏈管理，還有產品設計、開源、需求預測、資產管理、銷售和行銷。私有產業網路能支援交易，但那不是它們的重點。

私有產業網路通常集中於單一發起公司，其「擁有」這個網路，根據本身的考量制定規則、建立管理權（權力、規則實施和控制的結構），及邀請企業加入。因此這個網路是「私有」的，這使得私有產業網路和產業聯盟會有區別。網路市集著重在間接物料與服務，私有產業網路則著重在策略性直接物料與服務。

Ace Hardware 是 5100 家硬體零售商的合作企業，就是使用私有產業網路來管理存貨及與供應商合作（藉由連結 14 個 Ace 的配送中心、9 家主要供應商）。在過去，Ace 的 30 位採購經理必須靠著傳真機、電話、較舊的 EDI 系統購買物品，並花費 7 到 10 天處理訂單。供應商因為無法瞭解零售店及 Ace 配送中心裡的存貨狀況，只能用猜測來預估產品需求。Ace 的大供應商 Manco，現已使用私有產業網路來正確估計超過兩百種要供應給 Ace 的產品需求。而這更加順暢的訂購流程讓 Manco 減少了 28% 的配送成本、18%的運費（VICS, 2004; ADX Corporation, 2004; Gleason, 2003）。

或許沒有任何一家企業比 Wal-Mart 更能夠證明發展私有產業網路的好處，請見「商業觀點」的介紹。

私有產業網路與協同商務

私有產業網路不只可以使用在供應鏈及高效率顧客回應系統，私有產業網路也可以涵蓋單一大型製造商的其他活動，包括產品與工程圖設計、行銷計畫與需求預測。企業間的合作能夠以多種形式產生，牽涉廣泛的活動─從供應鏈管理，到協調市場反應給供應商的設計者（見圖 12.16）。

協同合作的其中一種型態（或許是最具深度的一種），是產業協同資源規劃、預測及補貨（collaborative resource planning, forecasting, and replenishment, CPFR），包含與網路成員共同運作預測需求、發展生產計劃、協調運輸、倉儲和進貨活動，確保補貨的數量正好滿足零售與批發商貨架的空間。如果達成這個目標，產業就能壓縮好幾億元的存貨與產能過剩問題。這是發展私有產業網路最大的好處。

協同合作的第二個領域是需求鏈能見度（demand chain visibility）。過去不可能知道供應與配銷鏈中何處的產能或供應過剩。例如，零售商的貨架可能很明顯的有過多的進貨，但不知情的供應商和製造商甚至可能生產更多，而使得產能及供給過剩。存貨過多會提高整個產業的成本，給折扣機制帶來額外的壓力，降低每個人的利潤。

第 12 章 B2B 電子商務：供應鏈管理與協同商務

■ 圖 12.16 協同商務的拼圖

協同商務牽涉供應與銷售企業與單一大型企業藉由私有產業網路密切互動，所衍生的許多合作活動。

　　協同合作的第三個領域是行銷協調與產品設計（marketing coordination and product design）。使用或生產高精密零件的製造商運用私有產業網路協調內部設計與行銷活動，以及供應和配銷鏈夥伴的相關活動。透過將供應商納入產品設計和行銷案中，製造商可以確保生產的零件確實滿足行銷人員的要求。以反向的流動來看，顧客的回饋能由行銷人員直接向企業和供應商的產品設計者表達。所以，第 6 章提到的「封閉循環行銷」便可成員。

　　舉例來說，戴姆勒克萊斯勒為 2 萬家供應商發展稱為 Chrysler Corporation Supply Partner Information Network（SPIN）的協同商務應用。SPIN 是一個使用外部網路的供應鏈管理與支援系統，允許全世界 3500 個地點的供應商員工存取克萊斯勒的即時採購、存貨和需求預測系統，以及長期策略應用系統。估計這已經為整個「延伸企業」的供應商家族提升 20% 的生產力。

12-41

商業觀點

Wal-Mart 發展私有產業網路

Wal-Mart 是應用網路技術協調供應鏈的著名領導者。在 2008 年結束前，銷售額已超過 3740 億美元，Wal-Mart 已經能夠使用資訊科技達到決定性的成本優勢。一如所想，全世界最大的零售商也擁有全世界最大的供應鏈，Wal-Mart 在全世界有超過 6 萬間的供應商。在接下來五年，Wal-Mart 計畫將美國的 4000 家店面擴充到 5000 家，增加汽車、鋼琴、食品雜貨、時裝和個人電腦等商品。而要達到這些目標，Wal-Mart 需要更適合的私有產業網路。

1980 年代後期，Wal-Mart 使用 EDI 基礎的 SCM 系統建立起協同商務的開端，這套系統需要大型供應商使用 Wal-Mart 的私有 EDI 網路，以回應來自 Wal-Mart 採購經理的訂單。1991 年，Wal-Mart 引進 Retail Link 擴大 EDI 網路的功能。這套系統將 Wal-Mart 最大的供應商連接到 Wal-Mart 自有的存貨管理系統，要求大型供應商追蹤店面的實際銷售，以及根據需求支配和 Wal-Mart 定下的規範進行補貨。Wal-Mart 同時也引進金融付款系統以確保當產品到達並上架之後才屬於 Wal-Mart。

1997 年，Wal-Mart 將 Retail Link 轉移到外部網路，允許供應商直接在網際網路上連結到 Wal-Mart 的存貨管理系統。2000 年，Wal-Mart 雇用一間外部企業，將 Retail Link 由供應鏈管理工具，升級為更能協同預測、規劃及補貨的系統。使用 Atlas Metaprise Software 提供的需求整合軟體，Wal-Mart 採購代理商現在可以將 Wal-Mart 分散於美國各地的 4000 個店面的需求，整合為一份提供給供應商的 RFQ。這讓 Wal-Mart 即使面對最大的供應商都有極驚人的影響力。Wal-Mart 和 Atlas 計畫最先建造全球採購網路。在此之前，Wal-Mart 位於國外的買家必須依靠電話、傳真和電子郵件來溝通花費預測，現在則可依靠網路預測。Atlas 的軟體幫助了 Wal-Mart 採購部門能夠選擇出價及協調最終合約。

此外，供應商現在可以立即存取存貨資訊、訂單、發票狀態和銷售預測，是根據 104 週的線上、即時、各項目資料所產生。而這個系統現在不需要小型供應商採用昂貴的 EDI 系統方案，只需要標準瀏覽器和個人電腦，即可從 Wal-Mart 網站下載免費軟體。目前有超過 2 萬家供應商加入 Wal-Mart 的網路。

2002 年，Wal-Mart 轉換成完全採用網際網路的私有網路。Wal-Mart 採用套裝軟體 AS2，這是由 iSoft Corporation 研發。AS2 實作 EDI-INT（一種網際網路 EDI），使得通訊成本可以徹底減少。Wal-Mart 選定 Sterling Commerce（產業 EDI 通訊系統的最大提供商）和 IBM 支援這個 EDI 啟動案的研發。AS2 的啟動讓供應商透過網際網路安全的連接、傳送、驗證和回應資料。IBM 協助 Wal-Mart 的供應商選擇及設置最符合他們需求的 AS2 方案。Sterling Commerce 則提供 Wal-Mart 和供應商之間中介服務 EDI-INT AS2 的連結。

Wal-Mart 的成功已經刺激零售業中的競爭者，發展整個產業的私有產業網

路，例如 Global NetXchange（現在是 Agentrics），正努力仿效 Wal-Mart 的成功經驗。Wal-Mart 管理階層表示：它們不會加入這些網路，任何產業發起的聯盟，或是獨立交易中心，因為這樣做只會幫助其競爭者達到 Wal-Mart 已經利用 Retail Link 實現的成果。為了能與 Wal-Mart 所達到的效能競爭，其他的零售業者如 JCPenney 也獨立發展龐大的私有產業網路來將供應商與店裡庫存經由網路連結。JCPenney 甚至已經把存貨控制和產品選擇交給它最大的服飾供應商 - 香港的 TAL Apparel Ltd.。

實行障礙

儘管私有產業網路代表著 B2B 大部分的未來，但完整的實行存在許多障礙（Watson and Fenner, 2000）。參與的企業需要與供應鏈上下游的事業夥伴分享敏感資料，過去被視為專有且秘密的資料現在必須分享。在數位化環境，控制資訊共享的限制可能很困難。一間企業樂意給予最大客戶的資訊，最後可能會變成與競爭最激烈的競爭對手分享。

將私有產業網路整合進現有的 ERP 系統和 EDI 網路，需要投注龐大的時間與金錢。多數 ERP 系統最初並非要在外部網路運作，或傾向使用網際網路。多數 ERP 系統以完全在企業內部的企業流程模式為基礎而建立。

採用私有產業網路也需要員工改變心態與行為。實質上，員工必須將對企業的忠誠改變為對更廣大的跨組織企業，並瞭解到其命運是與供應商和配銷商交織在一起。供應商轉而需要改變管理和分配資源的方法，因為它們的生產與私有產業網路上夥伴的需求緊密連結。除了大型網路擁有者外，所有供應與配銷鏈中的參與者都喪失了一些獨立性，也必須為了參加網路而啟動大型的行為改變計畫（Laudon, 2000）。

產業整體私有產業網路

單一企業網路可以為整個產業所採用而如此成功，也可以用來協調不同產業的企業間的活動。舉例來說，先前提過的 P&G 系統，因為十分成功，

先是賣給 IBM，而後是賣給美國的整個消費類產品行業。P&G 相信唯有改變整個產業的供應、採購、配送才能達到效率和效益的目標。

產業整體私有產業網路的例子包括 1SYNC 和 Agentrics。1SYNC 是在 2005 年 8 月由 UCCnet 和 Transora 合併成立。1SYNC 提供交易夥伴的合作社群，包含 4,000 家酒類及飲料、汽車、娛樂、雜貨、保健、辦公用品產業的領導製造商。1SYNC 提供大範圍資料同步化服務，能夠消除代價昂貴的資料錯誤、提高供應鏈效率，以及促進如電子產品碼（Electronic Product Code）等下一代技術的發展（1SYNC, 2008）。

Agentrics 於 2000 年由世界八大零售商：Sears、Carrefour、Coles Myer、KarstadtQuelle、Kroger、MetroAG、Pinault-Printemps-Redoute 和 Sainsbury 建立，名為 GNX。2005 年，GNX 與零售產業聯盟 WorldWide Retail Exchange 合併，並改名為 Agentrics。Agentrics 著重在拍賣和其他服務，以及零售產業的標準。這個合併的企業是由 45 家世界最大的零售商和供應商資助，表示超過一兆美元的銷售（Agentrics, 2008）

圖 12.17 描述產業整體私有產業網路。

除反壟斷的干預之外，未來我們可以預期許多產業私有網路將擴大為更大型的產業整體網路，尋求協調垂直產業中數以千計的關鍵參與者。

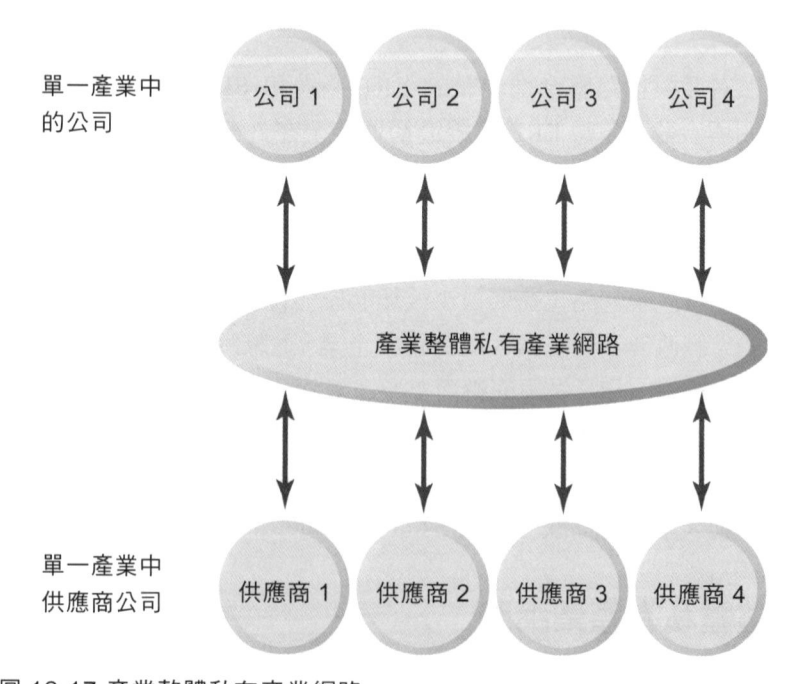

■ 圖 12.17 產業整體私有產業網路

某些私有產業網路會擴展到整個產業，協調產業中供應商、運輸者、製造公司和最後的批發商和零售商之間的商業流程。

私有產業網路的長期動態

顯然公司變得越來越習慣於同時與供應鏈夥伴和需求端的配銷商緊密合作，它們將追求推動網路範圍延伸到跨整個產業、其他產業，為自己與其他企業的角色作詳盡規劃。舉例來說，電腦製造商 HP 發現經由其私有產業網路，樹脂製造商會對運送至模具製造商（製造 HP 電腦塑膠外殼）的樹脂收取更高的價錢。模具製造商常常很晚才付款，導致樹脂供應商提高價錢。HP 變成市場製造者，以市場價錢向供應商購買樹脂，然後再以同樣價錢賣給模具製造商。比起樹脂製造商，HP 對模具製造者的聚集購買有影響力。接下來的五年，我們可能看到獨立大型廠商將為了克服原先隱藏在製造商的瓶頸，而介入全球供應關係。

在一些案例中，發展網路市集的努力雖失敗，但使得合作網路得以發達。例如建築業的線上交易中心暴增，是為了同時吸引買賣雙方進入單一的數位化市集。建築公司與供應商早已彼此認識，而且擁有長期建立的關係。建築公司對於和它們的供應商與顧客緊密的合作更感興趣，希望達成交換和儲存計畫與文件、管理專案成本與排程、發展新商業模範等目的（Fuscaldo, 2002）。

個案研究 CASE STUDY

西門子：點擊 Click2procure

從 1999 年開始，西門子已經花費超過 8 億 7000 萬元，使用 Commerce One 和 SAP 提供的技術，建立其名為 Click2procure 的電子化採購系統。西門子是德國電機與電子產業的巨頭，在 190 個國家擁有超過 47 萬 1000 名員工，2007 年銷售超過 730 億歐元。這個跨國企業集團是自動與控制系統、通訊、照明、醫療、半導體、電力、運輸產品與服務的領導製造商。

今天，Click2procure 被 6000 位專業購買者和 3 萬 5000 名員工使用。西門子每年在直接與間接物料購買超過 450 億歐元。現在，Click2procure 有大約 9000 家註冊的供應商。供應商能以「基本註冊」免費註冊，或每年付 3000 歐元的訂閱費註冊「進階企業服務」，給予供應商附加行銷支援的權力，像是西門子相關顧客的聯絡資訊，以及供應商個別競爭定位的分析。Click2procure 已經處理西門子超過 40 億歐元的購買量，執行西門子內超過 1400 筆電子化拍賣。供應商在系統內創造約 170 個電子型錄，40 種不同類別中超過 180 萬筆有效的直接與間接物料資料。每個月處理多達 8 萬筆交易，西門子表示平均的節省處理成本為 30%–60%。

Click2procure 提供一套私有的 Web 平台標準化及自動化採購活動。這個系統也對外部廠商提供開源、採購和供應鏈管理服務。西門子最初建立分割的企業 Siemens Procurement and Logistics Services（SPLS）作為一個獨立事業單位，以發展 Click2procure 為一個利潤中心。SPLS 已經在 2004 年 10 月整合到西門子的 Global Procurement and Logistics（GPL）。

在 Click2procure 發展之前，西門子全球每一個事業單位都執行本身的採購，並依循個別的規則。這使得單就 MRO 物料來看，供應基礎就達到 5000 家個別的供應商。分散化的購買系統意味著西門子不能集合跨所有事業單位的訂單取得較佳的價格，大量的不服從購買（maverick purchasing，地方性單位不依據契約上購買的行為）也會發生。

西門子希望集中控制全球採購到單一的單位。它希望根據五項特性來建構解決方案：

- 全球可達：支援超過 90 個國家的採購
- 有效型錄管理：提供整合和管理數百家供應商型錄的能力
- Web 搜尋引擎：提供比較多家供應商的能力
- 規則基礎及批准過程追蹤：提供根據產品類型套用本身企業規則在購買上的能力，以及追蹤批准購買的流程
- 與舊型系統整合：提供一套能夠輕易整合現有各種舊系統與 ERP 系統的軟體方案

依據這些準則，西門子選擇 Commerce One 的套裝軟體 Net Market Maker Soultion。Net Market Maker Solution 有效操作在 Commerce One 運作的 Web 網路市集 CommerceOne.net 上。

CommerceOne.Net 提供型錄管理和交易處理功能。此外 CommerceOne.Net 還提供型錄管理、交易處理、拍賣和電子報價請求（e-RFQs）等商業服務的存取權。使用 CommerceOne.Net 的套裝方案，讓西門子在四個月內就開發出「私有」的 Click2procure 版本。如果西門子選擇自行建置系統，這麼強大的系統可能要花費三到五年。

對供應商而言，Click2procure 自動化開發票與付款流程，確保供應商可以快速收到款項。過去供應商收到款項會花上數個月，因為要等到發票流通到區域和全球層級許多不同應收付款系統之後。GPL 每個月對所有在 Click2procure 處理的訂單發出一張支票給供應商。此外，供應商能取得 Click2procure 快速擴張的購買者網路和潛在大量聚集的訂單。比方說，過去西門子事業單位由許多不同來源購買 PC 電腦，現在透過所有事業單位整合訂單，西門子能夠從單一業者 Dell 購買價值超過 3000 萬元的 PC，幾年前只有 200 萬元而已。

西門子描述了 Click2procure 幾項重大的利益：

- 付出的商品價格減少 10%
- 管理成本減少 75%，購買訂單成本降到 25 元
- 訂單生命週期降低 60%，從超過 8 天降到 48 小時
- 應付帳款明顯減少，現在帳單都及時支付
- 強化存貨與資產利用
- 改進需求規劃與預測

儘管有這些利益，西門子許多事業單位最初仍抗拒加入。參加 Click2procure 意味著區域單位必須放棄自有的購買流程與形式，完全改變它們的採購企業流程。區域單位也會喪失協調最偏好條件的權力，轉交這項活動給集中購買者，而他們可能不瞭解當地的需求。為了矯正這個問題，西門子提升 Click2procure 的地位作為企業標準，表示所有西門子營運團體都需要使用它的服務和應用。這套哲學，在西門子當中就是著名的「共享服務觀念」（Shared Service Concept），西門子全部 14 個營運團體在 Click2procure 裡「合夥」。Click2procure 的投資組合、策略和預算由各事業群體的購買經理組成的指導委員會共同規劃。這樣的組織結構已經是保障 Click2procure 成功的重要因素。

個案研究問題

1. 如果你是西門子區域單位的經理，在你的單位使用 Click2procure 系統可能會有哪些缺點？

2. 如果你是考慮加入 Click2procure 的製造商經理，緊密整合 Click2procure 和你的後台舊型 ERP 系統會有哪些考量？你會對上級管理階層提出哪些建議以應付你的考量？

3. 西門子的 Click2procure 系統以什麼方法提高使用者的轉換成本？如果你是使用者要如何將此成本最小化？

學習評量

1. 解釋總體企業間交易、B2B 商務和 B2B 電子商務的差異。
2. 電子店舖的主要特性為何？是哪些早期技術的後裔？
3. 列出至少五種 B2B 電子商務的潛在利益。
4. 列舉並定義企業實行的兩種不同採購類型。解釋兩者之間的差異。
5. 列舉並定義採購物料的兩種方式。
6. 定義供應鏈，並解釋 SCM 系統嘗試做些什麼。供應鏈簡化該做些什麼？
7. 解釋水平市場和垂直市場的不同。
8. 電子採購商提供的價值鏈管理服務如何讓買方獲益？它們提供給供應商哪些服務？
9. 根據電子採購市場的商業功能性，有哪三種面向可以描述其特徵？舉出電子採購網路市集的兩項其他市場特性。
10. 列舉並扼要解釋網路市集中固有的反競爭可能性。
11. 列舉私有產業網路的三項目標。
12. 許多早期電子商務發展的獨立交易中心失敗的主要理由為何？
13. 解釋產業聯盟和私有產業網路間的差異。
14. 什麼是 CPFR？它能為私有產業網路的成員達成什麼利益？
15. 完全實行私有產業網路的障礙為何？